T0281730

Schaltungstechnik

Johann Siegl · Edgar Zocher

Schaltungstechnik

Analog und gemischt analog/digital

6., neu bearbeitete und erweiterte Auflage

Mit Download Möglichkeit von über 250 PSpice- und
VHDL-AMS-Beispielen

 Springer Vieweg

Johann Siegl
Altdorf bei Nürnberg, Deutschland

Edgar Zocher
Nürnberg, Deutschland

Ergänzendes Material zu diesem Buch finden Sie auf http://extras.springer.com

ISBN 978-3-662-56285-7   ISBN 978-3-662-56286-4   (eBook)
https://doi.org/10.1007/978-3-662-56286-4

Die Deutsche Nationalbibliothek verzeichnet diese Publikation in der Deutschen Nationalbibliografie; detaillierte bibliografische Daten sind im Internet über http://dnb.d-nb.de abrufbar.

Springer Vieweg

Gedruckt auf säurefreiem und chlorfrei gebleichtem Papier

Springer Vieweg ist Teil von Springer Nature
Die eingetragene Gesellschaft ist Springer-Verlag GmbH Deutschland
Die Anschrift der Gesellschaft ist: Heidelberger Platz 3, 14197 Berlin, Germany

Vorwort zur 6. Auflage

Analysen, Aussagen und Abschätzungen zur Schaltungstechnik soll der Leser in über 250 vorbereiteten Experimenten eigenständig per Simulation nachvollziehen und näher untersuchen können. Ein vielfältiges Angebot von praktisch verifizierbaren Beispielen ist die Grundlage für den erfolgreichen Einstieg in die Welt der analogen und gemischt analog/digitalen Schaltungstechnik. Die Entwurfsmethodik von Schaltkreisen wurde ergänzt um eine an praktischen Beispielen orientierte Einführung in VHDL-AMS. Das Kapitel Schaltungsintegration ermöglicht einen Einstieg in den Entwurf integrierter Schaltkreise (Full Custom IC-Design).

Nürnberg   Johann Siegl
im November 2017   Edgar Zocher

Extras Online: 1. Experiment_Workspaces, readme.html
                       2. VHDL-AMS_Beispiele, readme.html

finden Sie unter http://extras.springer.com/2018/978-3-662-56286-4

Vorwort zur 1. Auflage

Das Stoffgebiet der analogen und gemischt analog/digitalen Schaltungstechnik ist außerordentlich umfangreich. Die hier getroffene Stoffauswahl soll wichtige Grundlagen zum Verständnis analoger und gemischt analog/digitaler Schaltkreise vermitteln. Fundierte Kenntnisse der Schaltungstechnik auf Transistorebene bilden eine unverzichtbare Basis für die Entwicklung von Elektroniksystemen. Trotz fortschreitender Digitalisierung ist das Thema „Analoge Schaltungstechnik" für Elektronikentwickler hoch aktuell.

Der Inhalt zu den Grundlagen der analogen und gemischt analog/digitalen Schaltungstechnik gliedert sich in die Hauptsäulen: Entwicklungsmethodik, Verstärkertechnik, Funktionsprimitive und Funktionsschaltungen von Schaltkreisen. Funktionsprimitive sind die Bausteine von Schaltungen. Erkennt man und kennt man die Eigenschaften der Funktionsprimitive einer komplexeren Schaltung, so erschließt man sich sehr viel leichter deren Funktionsweise. Die funktionsorientierte Vorgehensweise wird auch vielfach mit „Functional Design" gekennzeichnet. Die Einführung in die Entwicklungsmethodik beinhaltet auch eine Einführung in rechnergestützte Entwurfsverfahren zur Designbeschreibung und zur Designverifikation. Mit Orcad-Lite/PSpice (http://www.flowcad.de/Free_Download.htm)[1] steht dem Anwender ein gängiges „Toolset" für die Designbeschreibung und die Designverifikation zur Verfügung, mit dem alle wesentlichen Funktionen nach heutigem Stand der Technik dargestellt und verifiziert werden können. Für nahezu alle behandelten Schaltungen steht ein gebrauchsfertiges „Experiment" zur Verfügung. Am Experiment lassen sich mit dem Simulator wie in einem virtuellen Labor die Eigenschaften einer Schaltung „messen". Neben der Einführung in PSpice erfolgt eine Einführung in die Hardwarebeschreibungssprache VHDL-AMS. Beispiele von Modellbeschreibungen und Testbenchbeschreibungen wichtiger Funktionsprimitive und Funktionsschaltkreise erläutern die Anwendung von VHDL-AMS (siehe „Download").

Nach einer Einführung in die Entwicklungsmethodik von Elektroniksystemen stehen im Vordergrund die Probleme der „inneren" Schaltungstechnik von wichtigen

---

[1] „Download": http://extras.springer.com/2018/978-3-662-56286-4.

Funktionsbausteinen für Elektroniksysteme und deren Zusammenschaltung zu komplexeren Funktionseinheiten. Naturgemäß ist die Verstärkertechnik mit die wichtigste Analogfunktion, geht es doch darum, schwache und verrauschte Signale geeignet aufzubereiten, um sie dann der „digitalen Welt" wieder zuführen zu können. Gefördert werden soll das „Denken" in einfachen Modellen und Makromodellen, um sich ein Schaltungsverhalten durch eigenes Abschätzen mit vereinfachten Modellen erschließen zu können.

Voraussetzung für erfolgreiches selbständiges Entwickeln ist das Abschätzen der statischen Eigenschaften und des dynamischen Verhaltens im Frequenz- und Zeitbereich, sowie der Schnittstelleneigenschaften von Schaltungen. Die Auswahl einer Schaltung zur Lösung einer praktischen Aufgabenstellung erfolgt immer auf Basis von geeigneten Funktionsprimitiven und Funktionsschaltkreisen, um bestimmte vorgegebene charakteristische Eigenschaften zu erfüllen. Können mit einer ausgewählten Schaltung vorgegebene Eigenschaften nicht realisiert werden, so muss auf alternative Schaltungskonzepte zurückgegriffen werden. An zahlreichen Praxisbeispielen wird die Zerlegung einer Schaltung in Funktionsprimitive und die Ermittlung der Eigenschaften einer Schaltung durch Abschätzanalyse auf der Basis vereinfachter Modelle geübt. Die Experimente und ein reichhaltiges Übungsprogramm zu allen Hauptkapiteln bieten die Möglichkeit zur Vertiefung des Lehrstoffs. Experiment-Workspaces und Übungen sind über „Download" erhältlich. Sämtliche über „Download" verfügbaren „Experimente" sind unmittelbar mit der Demo-Version des Schaltkreissimulators Orcad-Lite/PSpice ausführbar. Damit kann der Anwender in über 250 vorbereiteten Experimenten eigene vertiefende Erfahrungen im Umgang mit einer genaueren Schaltungsanalyse zur Bestätigung der Abschätzungen für die Ermittlung von Schaltungseigenschaften sammeln. Um das selbständige Experimentieren auf Basis der vorbereiteten Beispiele zu erleichtern, wird in die Handhabung und Funktionalität der Schaltkreissimulation mit Orcad-Lite/PSpice eingeführt.

Wegen des umfangreichen Stoffgebietes werden bewusst textuelle Erläuterungen so knapp wie möglich gehalten, zugunsten der Darstellung von Sachverhalten anhand von Ergebnissen an begleitenden Experimenten. Dank gilt dem Verlag für die zuteilgewordene Unterstützung und Kooperationsbereitschaft.

Altdorf   Johann Siegl
im Sommer 2003

Inhaltsverzeichnis

1   Einführung   1

1.1   Motivation für die analoge Schaltungstechnik   1

1.2   Wichtige Grundbegriffe   3

2   Entwicklungsmethodik und Entwurfswerkzeuge   9

2.1   Methodik zur Elektroniksystementwicklung   9

  2.1.1   Prozessablauf bei der Elektroniksystementwicklung   10

  2.1.2   Beispiele für Anwendungen der analogen
            Schaltungstechnik   15

  2.1.3   Technologien zur Realisierung von Schaltungen   18

  2.1.4   Strukturierung der Schaltungstechnik   20

  2.1.5   Prozessablauf bei der Schaltungsentwicklung   25

2.2   Schaltungsanalyse mit PSpice   28

  2.2.1   Prozessablauf bei der Schaltkreissimulation   29

  2.2.2   Beschreibung und Analyse einer Testanordnung   34

  2.2.3   DC/AC/TR-Analyse dargestellt an einer
            Beispielschaltung   44

2.3   Abschätzanalyse   56

  2.3.1   Zur Systematik bei der Abschätzanalyse   56

  2.3.2   Frequenzbereichsanalyse – Bodediagramm   60

2.4   Wärmeflussanalyse   71

2.5   Die Hardwarebeschreibungssprache VHDL-AMS   76

  2.5.1   Aufbau und Beschreibungsmöglichkeiten   76

  2.5.2   Wichtige Sprachkonstrukte   80

  2.5.3   Beispiel   85

3   Modelle von Halbleiterbauelementen   93

3.1   Modellbeschreibungen von Dioden   93

  3.1.1   Modellbeschreibungen einer Diode für die
            Schaltkreissimulation   93

	3.1.2	Vereinfachte Modelle für die Abschätzanalyse	102
	3.1.3	Modellbeschreibung einer Diode in VHDL-AMS	104
3.2		Grundlagen des Rauschens	105
	3.2.1	Zur Beschreibung von Rauschgrößen	105
	3.2.2	Modellierung von Rauschquellen	108
3.3		Modellbeschreibungen für Bipolartransistoren	112
	3.3.1	Wichtige Kennlinien eines Bipolartransistors	112
	3.3.2	Physikalischer Aufbau und Grundmodell	117
	3.3.3	DC-Modellvarianten für die Abschätzanalyse	125
	3.3.4	AC-Modellvarianten für die Abschätzanalyse	127
	3.3.5	Rauschen eines BJT-Verstärkers	129
	3.3.6	Gummel-Poon Modell	132
	3.3.7	Verhaltensmodell in VHDL-AMS	137
3.4		Modellbeschreibungen von Feldeffekttransistoren	140
	3.4.1	Aufbau, Eigenschaften und Kennlinien von Sperrschicht-FETs	140
	3.4.2	AC-Modell und Rauschen von Sperrschicht-FETs	145
	3.4.3	Aufbau, Eigenschaften und Kennlinien von Isolierschicht-FETs	147
	3.4.4	Grundmodell eines Isolierschicht-FETs.	151
	3.4.5	AC-Modell und Rauschen von Isolierschicht-FETs	152
	3.4.6	MOSFET-Level-i Modelle	153
	3.4.7	Verhaltensmodell in VHDL-AMS	155
4	**Grundlegende Funktionsprimitive**		159
4.1		Passive Funktionsgrundschaltungen	159
	4.1.1	Funktionsgrundschaltungen mit Spannungsteilern	159
	4.1.2	Übertrager	163
	4.1.3	RC-Resonator.	165
	4.1.4	LC-Resonatoren	166
	4.1.5	Angepasster Tiefpass/Hochpass.	172
4.2		Funktionsgrundschaltungen mit Dioden	173
	4.2.1	Gleichrichterschaltungen und Spannungsvervielfacher. . . .	174
	4.2.2	Anwendungen der Diode als Spannungsquelle	181
	4.2.3	Signaldetektorschaltungen	182
	4.2.4	Begrenzer-, Klemm- und Schutzschaltungen.	190
	4.2.5	Wirkprinzip von Schaltnetzteilen.	194
5	**Linearverstärker und Operationsverstärker**		199
5.1		Eigenschaften von Linearverstärkern – Makromodelle	199
	5.1.1	Grundmodell eines Linearverstärkers	199
	5.1.2	Schnittstellenverhalten	205
	5.1.3	Aussteuergrenzen eines Linearverstärkers.	207
	5.1.4	Rauschen von Verstärkern	210

5.2   Rückgekoppelte Linearverstärker 216
        5.2.1   Rückkopplung allgemein und Schwingbedingung 216
        5.2.2   Frequenzgang des rückgekoppelten Systems........... 221
        5.2.3   Seriengegengekoppelte LV mit gesteuerter
                Spannungsquelle 224
        5.2.4   Seriengegengekoppelte LV mit gesteuerter
                Stromquelle 226
        5.2.5   Parallelgegengekoppelte LV mit gesteuerter
                Spannungsquelle 228
        5.2.6   Parallelgegengekoppelte LV mit gesteuerter
                Stromquelle 232
5.3   Stabilität und Frequenzgangkorrektur von LV................... 234
        5.3.1   Analyse der Schleifenverstärkung 234
        5.3.2   Frequenzgangkorrektur des Geradeausverstärkers 236
        5.3.3   Frequenzgangkorrektur am Rückkopplungsnetzwerk 240
5.4   Operationsverstärker 246
        5.4.1   Erweiterung des Makromodells..................... 246
        5.4.2   Gleichtaktunterdrückung und Aussteuergrenzen
                von OPs 253
        5.4.3   Einflüsse der DC-Parameter auf die
                Ausgangsoffsetspannung 257
        5.4.4   Rauschen von OP-Verstärkern 260
        5.4.5   Slew-Rate Verhalten eines OP-Verstärkers 261
5.5   OP-Verstärkeranwendungen 265
        5.5.1   Instrumentenverstärker............................ 265
        5.5.2   Sensorverstärker................................. 266
        5.5.3   Treppengenerator 267
        5.5.4   Kompressor/Expander-Verstärker 268
        5.5.5   Aktive Signaldetektoren........................... 269
        5.5.6   Tachometerschaltung zur analogen
                Frequenzbestimmung............................. 271
        5.5.7   Analoge Filterschaltungen 272
        5.5.8   Virtuelle Induktivität 274
        5.5.9   Schmitt-Trigger 276
        5.5.10 Astabiler Multivibrator............................ 278
        5.5.11 Negative-Impedance-Converter 279

6   Funktionsgrundschaltungen mit BJTs 281
    6.1   Vorgehensweise bei der Abschätzanalyse 281
            6.1.1   Vorgehensweise bei der DC-Analyse................. 281
            6.1.2   Vorgehensweise bei der AC-Analyse................. 282
            6.1.3   Seriengegengekoppelter Transistor 284
            6.1.4   Parallelgegengekoppelter Transistor 286

6.2   Arbeitspunkteinstellung und Stabilität.   288
        6.2.1   Schaltungsvarianten zur Arbeitspunkteinstellung   288
        6.2.2   Arbeitspunktbestimmung und Arbeitspunktstabilität.   293
6.3   Wichtige Funktionsprimitive mit BJTs   302
        6.3.1   RC-Verstärker in Emittergrundschaltung.   302
        6.3.2   RC-Verstärker in Basisgrundschaltung   310
        6.3.3   Emitterfolger   315
        6.3.4   Der Bipolartransistor als Spannungsquelle   320
        6.3.5   Der Bipolartransistor als Stromquelle   322
        6.3.6   Darlingtonstufen.   324
        6.3.7   Kaskode-Schaltung   328
        6.3.8   Verstärker mit Stromquelle als Last.   331
6.4   Differenzstufen mit BJTs.   334
        6.4.1   Emittergekoppelte Differenzstufen   334
        6.4.2   Basisgekoppelte Differenzstufen   347
        6.4.3   Differenzstufen in Kaskodeschaltung   356
6.5   Schalteranwendungen des Bipolartransistors   359
        6.5.1   Spannungsgesteuerter Schalter   359
        6.5.2   Gegentaktschalter.   363
6.6   Weitere Funktionsprimitive mit BJTs   366
        6.6.1   Logarithmischer Verstärker   366
        6.6.2   Konstantstromquellen   368
        6.6.3   Konstantspannungsquellen.   375
        6.6.4   Schaltungsbeispiele zur Potenzialverschiebung.   378
7   Funktionsgrundschaltungen mit FETs.   383
7.1   Vorgehensweise bei der Abschätzanalyse   383
        7.1.1   Vorgehensweise bei der DC-Analyse.   383
        7.1.2   Vorgehensweise bei der AC-Analyse.   385
7.2   Arbeitspunkteinstellung und Arbeitspunktstabilität.   385
7.3   Grundschaltungen mit Feldeffekttransistoren   393
        7.3.1   Verstärkerschaltungen mit Feldeffekttransistoren   393
        7.3.2   Anwendung des Linearbetriebs von
                  Feldeffekttransistoren.   404
        7.3.3   Differenzstufen mit Feldeffekttransistoren   408
7.4   Digitale Anwendungsschaltungen mit MOSFETs.   412
        7.4.1   NMOS-Inverter   412
        7.4.2   CMOS-Inverter.   419
        7.4.3   Schalter-Kondensator-Technik.   427

8 Funktionsschaltungen für Systemanwendungen 433
  8.1   Treiberstufen 433
        8.1.1   Treiberstufen im A-Betrieb 434
        8.1.2   Komplementäre Emitterfolger im AB-Betrieb. 440
        8.1.3   Klasse D Verstärker 446
  8.2   Linearverstärker auf Transistorebene. 447
        8.2.1   OP-Verstärker μA741– Abschätzanalyse. 447
        8.2.2   Zweistufiger Linearverstärker mit BJTs. 451
        8.2.3   Regelverstärker mit BJTs. 458
  8.3   Beispielschaltungen der Kommunikationselektronik 460
        8.3.1   Oszillatorschaltung – AM/FM modulierbar. 461
        8.3.2   Spannungsgesteuerter Oszillator – VCO 467
        8.3.3   Phasenvergleicher. 469
        8.3.4   Doppelgegentakt-Mischer 472
        8.3.5   Schaltungen zur digitalen Modulation. 474
        8.3.6   Bestandteile eines Funkempfängers. 483
  8.4   PLL-Schaltkreise 486
        8.4.1   Aufbau und Wirkungsprinzip. 487
        8.4.2   Funktionsbausteine einer PLL 489
        8.4.3   Systemverhalten. 502
        8.4.4   Anwendungen 511
  8.5   Beispiele von Sensorschaltungen. 514
        8.5.1   Optischer Empfänger als Photodetektor 514
        8.5.2   Induktiver Abstandssensor 516
  8.6   Sekundär getaktetes Schaltnetzteil. 519

9 Analog/Digitale Schnittstelle 523
  9.1   Zur Charakterisierung einer Logikfunktion. 523
        9.1.1   Modellbeschreibung einer Logikfunktion 524
        9.1.2   Ereignissteuerung. 531
        9.1.3   Entsprechungen zwischen Schematic- und
                  VHDL-Beschreibung. 534
  9.2   Digital/Analog Wandlung 535
  9.3   Abtastung analoger Signale. 539
        9.3.1   Abtasttheorem 540
        9.3.2   Quantisierungsrauschen. 541
        9.3.3   Abtasthalteschaltungen 542
  9.4   Analog/Digital Wandlung 545
        9.4.1   Zählverfahren. 545
        9.4.2   Sukzessive Approximationsverfahren 548
        9.4.3   Parallelverfahren 552

9.5		Delta-Sigma Wandler	557
	9.5.1	Zum Aufbau von Delta-Sigma Wandlern	557
	9.5.2	Rauschverhalten und Rauschformung	564

10 Schaltungsintegration **567**

10.1		Mikroelektronische Prozesstechnologie	568
	10.1.1	Planartechnik	570
	10.1.2	Prinzipieller Herstellungsablauf	572
	10.1.3	Strukturierung mit Lithografie	572
	10.1.4	CMOS-Prozessfolge	573
	10.1.5	Realisierung von Dielektrika, Oxid-Schichten	581
	10.1.6	Dotierverfahren, Diffusion, Ionenimplantation	583
	10.1.7	Abtragen von Schichten, Ätzen, Polieren	584
	10.1.8	Polykristallines Silizium (Poly-Si)	584
	10.1.9	Metallisierung	585
10.2		CMOS-Varianten	586
	10.2.1	Latchup-Effekt	589
	10.2.2	Wirkelemente im CMOS-Querschnitt	591
	10.2.3	CMOS-Standardprozess	592
10.3		Layout	593
	10.3.1	Layout-Regeln	593
10.4		Integrierte Widerstände	597
	10.4.1	Widerstände, Elektrische Eigenschaften	597
	10.4.2	Ausführungsvarianten, Widerstandstypen	599
	10.4.3	Zusammenfassung	601
	10.4.4	Kontaktwiderstände	602
10.5		Entwurfszentrierung, Toleranzverhalten, Matching	602
	10.5.1	Entwurfszentrierung	602
	10.5.2	Toleranzverhalten, Matching	604
	10.5.3	Common-Centroid-Layout	605
	10.5.4	Layout-Strukturen	608
	10.5.5	Design-Empfehlungen	608
10.6		Kapazitäten	610
	10.6.1	POLY-POLY Kondensator	613
	10.6.2	Multi Metall Kondensator	615
	10.6.3	Zusammenfassung	617
10.7		Integrierte Induktivitäten	618
10.8		Integrierte Leitungen	618
	10.8.1	Allgemeines Leitungsmodell	618
	10.8.2	Modell der integrierten Leitung	619
	10.8.3	Beispiel einer typischen Signalleitung	621
	10.8.4	Leitungskopplung	623
	10.8.5	Zusammenfassung	624

10.9		Signal-Übertragung, „Elmore-Delay"	624
	10.9.1	Konventionelle Definitionen	624
	10.9.2	„Elmore-Delay"	625
10.10		Integrierte MOS-Feldeffekttransistoren	631
	10.10.1	NMOS-FET Aufbau und Modell (DC)	632
	10.10.2	Zusammenfassung: NMOS-Modell Level 1	637
	10.10.3	PMOS-FET Aufbau und Modell (DC).	637
	10.10.4	Zusammenfassung: PMOS-Modell Level 1	639
10.11		Modellerweiterungen für integrierte MOSFETs	639
	10.11.1	Body Effekt (Substratsteuereffekt).	639
	10.11.2	Temperaturverhalten	640
	10.11.3	Subthreshold (Unterschwellstrom) Verhalten	640
	10.11.4	Kurzkanal Effekte	641
	10.11.5	SPICE DC-Modell	644
	10.11.6	Vergleich Lang-, Kurzkanal-Transistoren und MOS-Modelle	645
	10.11.7	Kapazitätsmodell	647
	10.11.8	Kapazitäts-Parameter im SPICE Modell	650
	10.11.9	Dynamisches SPICE-Großsignalmodell	650
	10.11.10	Kleinsignal- (AC-) Modell.	651
	10.11.11	MOS-FET Layout	652
10.12		Digitale Basiszellen	653
	10.12.1	Allgemeines Schaltermodell des MOS-FET (switch model)	653
	10.12.2	Logik-Schaltermodell des MOS-FET (logic switch model), (Tab. 10.11).	654
	10.12.3	Komplentäre Schaltungsstruktur bei CMOS Logikgattern.	654
	10.12.4	Beispiele von CMOS Logikgattern	656
	10.12.5	Dimensionierung von CMOS Logikgattern.	659
	10.12.6	Dimensionierung beliebiger Logikgatter	663
	10.12.7	Ein-, Ausgangs-, Lastkapazitäten.	664
	10.12.8	Verlustleistung	665
	10.12.9	Transmission-Gate (CMOS-Signalschalter)	666
	10.12.10	Transfer-Gate (MOS-Signalschalter).	668
	10.12.11	Multiplexer.	669
	10.12.12	D-Flip-Flop	669
10.13		Design einer digitalen Zellbibliothek.	672
	10.13.1	Konzept, Vorüberlegungen zur Zell-Geometrie	673
	10.13.2	Standard-Inverter *inv1*	674
	10.13.3	Ringoszillator *ringo5*	683
	10.13.4	NAND-Standardzelle *nand2*	685

       10.13.5   NOR-Standardzelle *nor2* 689
       10.13.6   D-Flip-Flop Standard-, Makro-Zelle
                     (Kompaktdesign) *dff*1 692
       10.13.7   Zusammenfassung, Datenblätter 698

Literaturverzeichnis 701

Sachverzeichnis 703

Formelzeichen

a	Schalttransistor: Ausräumfaktor
A	Parameter: Stromverstärkungsfaktor beim Transistor $A = I_C/I_E$
A_F	Parameter: „Flicker" Rauschen, Exponent
A_L	Induktivität pro Windungsquadrat
B	Parameter: Stromverstärkungsfaktor beim Transistor $B = I_B/I_C$
B	Bandbreite
B_r	Äquivalente Rauschbandbreite; z. B. Bandbreite der Leistungsverstärkung
$BETA$	PSpice-Parameter: Transkonduktanzkoeffizient, $BETA = \beta/2$
BF	Parameter: Maximale Stromverstärkung im Normalbetrieb eines BJT
BR	Parameter: Maximale Stromverstärkung im Inversbetrieb eines BJT
b_i	Binärer Wert
BV	Parameter: Durchbruchspannung eines pn-Übergangs
C	Verhältniszahl
$CMRR$	Parameter: Gleichtaktunterdrückung
$C1$	Kapazität: Referenzbezeichner
C_{oo}	Koppelkapazität: Kurzschluss im Betriebsfrequenzbereich
C_D	Kapazität: Diffusionskapazität eines pn-Übergangs
Cj	Kapazität: Sperrschichtkapazität eines pn-Übergangs
$CJ0$	Parameter: Sperrschichtkapazität eines pn-Übergangs bei 0 V
CJC	Parameter: Sperrschichtkapazität der CB-Diode eines BJT bei 0 V
CJE	Parameter: Sperrschichtkapazität der EB-Diode eines BJT bei 0 V
CJS	Parameter: Substratkapazität eines pn-Übergangs bei 0 V
CGD	Parameter: Gate-Drain Kapazität eines FET
CGS	Parameter: Gate-Source Kapazität eines FET
CDS	Parameter: Drain-Source Kapazität eines FET
c_0	Lichtgeschwindigkeit $c_0 = 2.997925$ m/s
D	Digitalwort
$D1$	Diode: Referenzbezeichner
dB	Logarithmisches Maß einer Verhältniszahl a in dB: $20log(a)$
dBm	Logarithmisches Maß einer Leistung a bezogen auf 1 mW: $10log(a/1$ mW$)$

$E1$	Spannungsgesteuerte Spannungsquelle: Referenzbezeichner
e	Konstante: $e = 2.7182818$
e	Elementarladung $1{,}602\,\mathrm{E} - 19\,\mathrm{As}$
EG	Parameter: Bandabstand (bei Si ist $EG = 1{,}11\,\mathrm{eV}$)
F	Rauschzahl
$F1$	Stromgesteuerte Stromquelle: Referenzbezeichner
FC	Parameter: Koeffizient zur Beschreibung der Spannungsabhängigkeit der Sperrschichtkapazität Cj eines pn-Übergangs
f	Frequenz (allgemein)
$f_g,\ f_1, f_2$	Eckfrequenzen
f_T	Parameter: Transitfrequenz
$G1$	Spannungsgesteuerte Stromquelle: Referenzbezeichner
$\underline{g}$	Komplexe Schleifenverstärkung
g_m	Kleinsignalsteilheit im Arbeitspunkt
$H1$	Stromgesteuerte Spannungsquelle: Referenzbezeichner
I	Strom; DC-Wert bzw. statischer Wert, Amplitude
$I^{(A)}$	Strom im Arbeitspunkt
$\underline{I},\ \underline{I}_1$	Strom; komplexer Zeiger: AC-Wert
i, i_1	Strom; zeitlicher Momentanwert: TR-Wert
$\mathbf{i}$	Zweigströme in Vektorform; zeitlicher Momentanwert
$\hat{I}, \hat{I}_1$	Strom, Scheitelwert des zeitlichen Momentanwerts
I_{CB0}	Parameter: Transistor-Sperrstrom von Kollektor zu Basis bei offenem Emitter
$I_{C\ddot{U}}$	Schalttransistor: maximaler Strom bei Übersteuerung
I_{f0}	Parameter: DC-Offsetstrom
$\underline{I}_{IB}$	Parameter: DC-Eingangsruhestrom
I_r^2/df	Rauschstromquadrat, spektrale Größe
IBV	Parameter: Knickstrom beim Übergang eines pn-Übergangs in den Durchbruchbereich
IKF	Parameter: Knickstrom eines pn-Übergangs in Flussrichtung, oberhalb dessen gilt der „Hochstrombereich"
IKR	Parameter: Knickstrom der Rückwärts-Stromverstärkung eines BJT
IS	Parameter: Sättigungssperrstrom eines pn-Übergangs (bei Si ist in etwa $IS = 10^{-15}\,\mathrm{A}$)
ISC	Parameter: Sättigungssperrstrom der CB-Diode beim BJT
ISE	Parameter: Sättigungssperrstrom der EB-Diode beim BJT
ISR	Parameter: Rekombinationssperrstrom, bei Si beträgt ISR bei Normaltemperatur ca. 1 nA, sehr stark exemplarstreuungsabhängig
ISS	Parameter: Sättigungssperrstrom der Substrat-Diode
$I1$	Stromquelle: Referenzbezeichner
$J1$	Sperrschicht-Feldeffekttransistor: Referenzbezeichner
k	Boltzmannkonstante; $k = 1.38\,\mathrm{E} - 23\,\mathrm{Ws/K}$
$\underline{k}$	Rückkopplungsfaktor

K_0	VCO-Konstante
KF	Parameter: „Flicker" Rauschen, Koeffizient
K_d	Phasendetektor-Konstante
KP	Parameter: Übertragungsleitwertparameter eines MOS-Transistors
L	Kanallänge eines MOS-Transistors
$L1$	Induktivität: Referenzbezeichner
$LAMBDA$	Kanalängenmodulation, $LAMBDA = \lambda$
M	Parameter: Gradationskoeffizient eines pn-Übergangs
MJC	Parameter: Gradationskoeffizient der CB-Diode eines BJT
MJC	Parameter: Gradationskoeffizient der EB-Diode eines BJT
MJS	Parameter: Gradationskoeffizient der Substrat-Diode
$M^{(...)}$	Modellparametersatz
M	Übertrager: Gegeninduktivität
M	Modulationsindex
$M1$	Isolierschicht-Feldeffekttransistor: Referenzbezeichner
N	Parameter: Emissionskoeffizient eines pn-Übergangs (idealtyp. Diode)
NR	Parameter: Emissionskoeffizient eines pn-Übergangs (Korrektur-Diode)
NC	Parameter: Emissionskoeffizient der CB-Diode eines BJT
NE	Parameter: Emissionskoeffizient der EB-Diode eines BJT
NS	Parameter: Emissionskoeffizient der Substrat-Diode
$\underline{p}_i$	komplexe Nullstellen
$\underline{P}$	komplexer Zählerausdruck in der Frequenzbereichsdarstellung
P	Leistung; Mittelwert
P_I	Impulsverlustleistung
P_N	Nennverlustleistung
P_V	Verlustleistung
P_{Vmax}	Maximal zulässige Gesamtverlustleistung
p	Leistung; zeitlicher Momentanwert
dP_r/df	Rauschleistung
dP_r/df	Spektrale Rauschleistungsdichte
PER	Parameter: Pulsperiode
PW	Parameter: Pulsweite
$1/\underline{Q}$	komplexer Nennerausdruck in der Frequenzbereichsdarstellung
$\underline{q}_i$	komplexe Polstellen
Q, Q_0	Güte eines Resonators
$Q1$	Bipolartransistor: Referenzbezeichner
Q_{DE}	Diffusionsladung eines BJT
q	Elementarladung eines Elektrons: $e = 1{,}6\,E - 19\,As$
r_b, RB	Basisbahnwiderstand eines BJT
RBM	Parameter: Minimaler Bahnwiderstand eines BJT
r_D	Differenzieller Widerstand einer Diode im Arbeitspunkt
r_e	Differenzieller Widerstand der Emitter-Basis Diode im Arbeitspunkt

r_0	Early-Widerstand eines BJT
$R1$	Ohmscher Widerstand: Referenzbezeichner
$R_L{}^*$	Wirksamer Lastwiderstand; Zusammenfassung wirksamer Widerstände
RS	Parameter: Bahnwiderstand einer Diode
R_{th}	Wärmewiderstand
$R_{th,jG}$	Wärmewiderstand zwischen „Junction" und Gehäuse
$R_{th,jU}$	Wärmewiderstand zwischen „Junction" und Umgebung
$R_{th,GK}$	Wärmewiderstand zwischen Kühlkörper und Gehäuse
$r_{th,jG}$	Dynamischer Wärmewiderstand zwischen „Junction" und Gehäuse
$r_{th,jU}$	Dynamischer Wärmewiderstand zwischen „Junction" und Umgebung
$\underline{s}$	komplexe Frequenz $\underline{s} = j\omega$ (ohne Realteil)
s	„free" Quantity
$S1$	Spannungsgesteuerter Schalter: Referenzbezeichner
T	Temperatur in $^\circ C$ bzw. absolut in K
T_j	Sperrschichttemperatur eines Halbleiters
T_{jmax}	Maximal zulässige Sperrschichttemperatur eines Halbleiters
T_G	Gehäusetemperatur
TF	Parameter: ideale Vorwärts-Transitzeit eines BJT
TR	Parameter: ideale Rückwärts-Transitzeit eines BJT
TT	Parameter: ideale Transitzeit einer Diode
T_U	Umgebungstemperatur
t	Zeit
t_d	Verzögerungszeit
t_f	Schaltzeit: Abschaltzeit
t_p	Pulsdauer
t_r	Schaltzeit: Einschaltzeit
T	Periodendauer
U	Spannung; DC-Wert bzw. statischer Wert, Amplitude
$U^{(A)}$	Spannung im Arbeitspunkt
$\underline{U}, \underline{U}_1$	Spannung; komplexer Zeiger: AC-Wert
$\underline{U}_{11'}$	Spannung; komplexer Zeiger: AC-Wert zwischen Knoten 1 und 1'
u, u_1	Spannung; zeitlicher Momentanwert: TR-Wert
u	Knotenspannung bzw. Zweigspannung in Vektorform; zeit. Momentanwert
$U_{B,E}$	Spannung von der inneren Basis B' zum Emitter E
ü	Übertrager: Übersetzungsverhältnis
$\ddot{u}$	Schalttransistor: Übersteuerungsfaktor
U_{I0}	Parameter: DC-Offsetspannung
U_{id}	Eingangsdifferenzspannung
$\underline{U}_{id}$	Eingangsdifferenzspannung; komplexer Zeiger
$\overline{U_r^2}/df$	Spektrales Rauschspannungsquadrat
$\overline{U_r}$	Rauschspannung (quadratischer Mittelwert)
U_p	Schwellspannung eines FET ($U_P = VTO$)

U_S	Schwellspannung einer Diode
U_T	Parameter: Temperaturspannung $kT/e = 26\,\text{mV}$ bei Normaltemperatur
$U1$	Referenzbezeichner einer Logikfunktion
v	Verstärkung
$\underline{v}$	Komplexer Wert der Verstärkung
v_{ud0}	Differenz-Spannungsverstärkung bei tiefen Frequenzen
$\underline{v}_{ud}$	Komplexe Differenz-Spannungsverstärkung
v_{ug}	Gleichtakt-Spannungsverstärkung
$\underline{v}_{21}$	Komplexe Verstärkung von Knoten 1 nach Knoten 2
V_A	Parameter: Early-Spannung eines BJT
VAF	Parameter: Early-Spannung eines BJT im Normalbetrieb
VAR	Parameter: Early-Spannung eines BJT im Inversbetrieb
$V1$	Spannungsquelle: Referenzbezeichner
V_i	Knotenpotenzial: Spannung von Knoten i zum Bezugsknoten
V	Spannungen von Knoten i zum Bezugsknoten in Vektorform
VJ	Parameter: Diffusionsspannung eines pn-Übergangs
VJC	Parameter: Diffusionsspannung der CB-Diode eines BJT
VJE	Parameter: Diffusionsspannung der EB-Diode eines BJT
VJS	Parameter: Diffusionsspannung der Substrat-Diode
VTO	Parameter: Abschnürspannung eines FET
W	Kanalbreite eines MOS-Transistors
XTI	Parameter: Temperaturexponent des Sättigungssperrstroms IS
XTB	Parameter: Temperaturkoeffizient der Stromverstärkung eines BJT
Z	Impedanz
Z	Zählerstand
$\underline{Z}, \underline{Z}_1$	Impedanz; AC-Wert
$\underline{Z}_{id}$	Impedanz; AC-Wert: Differenz-Eingangswiderstand
$\underline{Z}_a$	Impedanz; AC-Wert: Ausgangswiderstand
$\underline{Z}_{11'}$	Impedanz: AC-Wert zwischen Knoten 1 und 1'
α_0	Kleinsignal-Stromverstärkungsfaktor $\alpha_0 = \Delta I_C/\Delta I_E$ bei tiefen Frequenzen
β_0	Kleinsignal-Stromverstärkungsfaktor $\beta_0 = \Delta I_C/\Delta I_B$ bei tiefen Frequenzen
β	Transkonduktanzwert beim Feldeffekttransistor
Δ	Änderung einer Größe
ε_r	Permittivitätszahl
ε_0	Elektrische Feldkonstante $\varepsilon_0 = 8,854 \times 10^{-12}\,\text{As/Vm}$
η	Wirkungsgrad bei Treiberstufen
λ	Kanallängenmodulation
μ_n	Ladungsträgerbeweglichkeit der Elektronen
μ_r	Permeabilitätszahl
μ_0	Magnetische Feldkonstante $\mu_0 = 1,256 \times 10^{-6}\,\text{Vs/Am}$
v	Tastverhältnis $v = t_p/T$

ξ	Dämpfungskonstante
π	Konstante $\pi = 3,1415926$
ϕ	Phasenwinkel
$\varphi_{1/\underline{Q}}$	Phasenwinkel des komplexen Ausdrucks $1/\underline{Q}$
$\varphi_{\underline{U}_2/\underline{U}_1}$	Phasenwinkel des komplexen Ausdrucks $\underline{U}_2/\underline{U}_1$
$\underline{\Theta}$	Laplacetransformierte eines Phasenwinkels
ω	Kreisfrequenz $\omega = 2 \cdot \pi \cdot f$
ω_n	Eigenkreisfrequenz

Einführung

1

In der Einführung gilt es deutlich zu machen, wofür Kenntnisse der analogen Schaltungstechnik benötigt werden und wie der Lehrstoff für die Erarbeitung der Kenntnisse eingeteilt wird. Im Weiteren erfolgt eine kurze Wiederholung von wichtigen Grundbegriffen aus den Grundlagen der Elektrotechnik.

1.1 Motivation für die analoge Schaltungstechnik

Die analoge Schaltungstechnik ist trotz der fortschreitenden Digitalisierung ein wichtiger Bestandteil der Elektroniksystementwicklung. Die Physik und allgemein die Natur gibt uns analoge Zustandsgrößen in Form von Temperatur, Kraft, Druck, Feuchte, Dichte, Weg, Beschleunigung u. a. vor. Bei der Informationsübertragung über eine Funkstrecke oder über eine längere leitungsgebundene Übertragungsstrecke ist am Empfangsort das ankommende Signal sehr schwach und verrauscht. Die analoge Schaltungstechnik hilft schwache verrauschte Signale aufzubereiten, um sie dann der „digitalen Welt" zuführen zu können. Ähnliches gilt für zumeist schwache Sensorsignale. Zusammenfassend lässt sich feststellen: Kenntnisse der analogen Schaltungstechnik sind u. a. notwendig für:

- „Frontend"-Funktionen bei der Informationsübertragung – Aufbereitung des Signals für den Transmitter (Sender), Regenerierung des Signals am Empfangsort (Empfänger).
- Synchronisation autonomer Systeme – z. B. Synchronisation zwischen Sender und Empfänger,u. a. durch Phasenregelkreise (PLL: Phase Locked Loops).
- Sensorelektronik – Aufbereitung von Sensorsignalen; Sensoren sind Messfühler für physikalische Größen.
- Leistungselektronik – Ansteuerung von Leistungsfunktionen; Leistungsfunktionen sind u. a. Motoren, Stellglieder, Lautsprecher.
- Entwurf neuer Schaltkreiszellen für die Integration von Schaltkreisen auf Silicium.

© Springer-Verlag Berlin Heidelberg 2018
J. Siegl und E. Zocher, *Schaltungstechnik*,
https://doi.org/10.1007/978-3-662-56286-4_1

- Störungsanalyse von Elektroniksystemen – Abblockmaßnahmen, Koppelmechanismen, parasitäre Einflüsse, Einführung von I/O-Modellen für die Analyse von Reflexions- und Übersprechstörungen.

In digitalen Systemen ist bei zunehmender Signalverarbeitungsgeschwindigkeit ein analoges Grundverständnis und eine analoge Sicht für die Übertragungswege und Kopplungswege erforderlich. Bei höheren Signalverarbeitungsgeschwindigkeiten sind den Signalleitungen, den Versorgungsleitungen und der „Groundplane" elektrische Eigenschaften zuzuordnen, die sich beispielsweise beim Schalten eines Transistors ungünstig auswirken können. Als Folge davon ergeben sich unter Umständen „Spikes" (Störungen) auf Signalleitungen, Versorgungsleitungen und Groundplanes (Bezugspotenzial), die gegebenenfalls das Verhalten des Systems beeinträchtigen.

Die Entwicklungsmethodik der analogen Schaltungstechnik unterscheidet sich grundsätzlich von der Vorgehensweise in der digitalen Schaltungstechnik. In der digitalen Schaltungstechnik gibt es eine systematische Methodik zur Beschreibung von Logiksystemen mittels synthesefähiger Hardwarebeschreibungssprachen. Die Vielfalt der Funktionsprimitive (u. a. Gatter, Buffer, Flip-Flops, Register, ALUs, Multiplexer, Demultiplexer) ist begrenzt. Bei geeigneter Beschreibung des Verhaltens oder der Struktur eines Logiksystems mittels einer Hardwarebeschreibungssprache bildet ein Logik-Synthesewerkzeug automatisch die gegebene Modellbeschreibung in durch die ausgewählte Schaltkreistechnologie vorgegebene Funktionsprimitive ab. Die analoge Schaltungstechnik ist durch eine wesentlich höhere Anzahl von Funktionsprimitiven und Funktionsbausteinen gekennzeichnet. Es gibt beispielsweise weit über einige Hundert bekannte und bewährte Oszillatorschaltungen. Für den Schaltungsentwickler stellt sich die Frage: Welche der bekannten Oszillatorschaltungen ist für einen konkreten Anwendungsfall mit bestimmten Anforderungen (z. B. für 433 MHz) geeignet? Welche Eigenschaften soll der Oszillator aufweisen und welche konkrete Oszillatorschaltung hilft die Eigenschaften zu verwirklichen? Für die Beantwortung dieser Frage gibt es noch keine systematisch automatisierbare Vorgehensweise.

Zur systematischen Einführung in die analoge Schaltungstechnik ist es notwendig, zuallererst in die Analyse- und Entwicklungsmethodik einzuführen (Kap. 2). Kapitel 3 beschäftigt sich mit der Modellierung von Halbleiterbauelementen. Anschließend werden in Kap. 4 wichtige passive Anwendungsschaltungen und Schaltungsbeispiele mit Dioden vorgestellt und behandelt. Hier soll aufgezeigt werden, dass jede derartige Anwendungsschaltung bzw. dass jedes Funktionsprimitiv ein Verhalten und Eigenschaften aufweist, die helfen, bestimmte Probleme in konkreten Anwendungen zu lösen. Eine komplexe Anwendungsschaltung besteht aus einer Vielzahl von Funktionsprimitiven. Erkennt man die Funktionsprimitive und kennt man deren Eigenschaften, so erschließt man sich damit das Verständnis um eine Schaltung. Ein Oszillator besteht beispielsweise aus folgenden Funktionsprimitiven:

- Verstärkerelement;
- Frequenzbestimmender Resonator (Resonanzoszillator) oder frequenzbestimmendes Laufzeitlied (Laufzeitoszillator);

- Begrenzer (auch im Verstärkerelement enthalten);
- Treiberstufe.

Die Grundlage der analogen Schaltungstechnik bildet die systematische Kenntnis wichtiger analoger Funktionsprimitive und Funktionsschaltungen (u. a. passive Funktionsprimitive, Diodenschaltungen, Verstärkerelemente, Konstantspannungsquellen, Konstantstromquellen, Rückkopplungsschaltungen).

In Kap. 5 wird in die Verstärkertechnik eingeführt. Dies beinhaltet auch die Einführung in die Anwendung von Operationsverstärkern. Naturgemäß ist die wichtigste Aufgabe der analogen Schaltungstechnik die Verstärkung kleiner verrauschter Signale und deren Aufbereitung. Was geeignet analog aufbereitet ist, muss nicht aufwändig digital nachbearbeitet werden. Es schließt mit Beispielen wichtiger Anwendungsschaltungen ab. In Kap. 6 erfolgt die Einführung in wichtige Anwendungsschaltungen mit Bipolartransistoren. In Kap. 7 geht es um die Einführung in Anwendungsschaltungen mit Feldeffekttransistoren. Kapitel 8 behandelt übergeordnete wichtige Funktionsprimitive (u. a. Differenzstufen, Stromquellen, Spannungsquellen, Treiberstufen) von in der Praxis häufig vorkommenden Funktionsschaltungen (u. a. Verstärker, Regelverstärker, Mischer, optische Empfänger), mit Blickrichtung auf integrierbare Funktionsprimitive und Funktionsschaltungen. In Kap. 9 wird die analog/digitale Schnittstelle behandelt.

1.2 Wichtige Grundbegriffe

Signale: Signale sind Informationsträger. Prinzipiell unterscheidet man zwischen deterministischen Signalen und nichtdeterministischen Signalen (z. B. Rauschen). Deterministische Signale lassen sich durch geschlossene mathematische Ausdrücke beschreiben. Nichtdeterministsche Signale sind Zufallssignale oder stochastische Signale, die mit Mitteln der Statistik zu behandeln sind. Rauschgrößen werden u. a. durch den Leistungsmittelwert charakterisiert. Deterministische Signale weisen eine das Signal „tragende" physikalische Größe auf. Dies kann eine elektrische Spannung/Strom sein. Darüber hinaus gibt es u. a. akustische Signale, optische Signale oder Signale, die einer elektromagnetischen Welle aufgeprägt sind. Im Folgenden werden elektrische Signale betrachtet, deren zeitlicher Momentanwert durch einen mathematischen Ausdruck beschrieben wird. Im mathematischen Ausdruck sind Parameter enthalten. Bei einer sinusförmigen Größe sind dies u. a.: Amplitude, Phase, Frequenz.

Ein analoges Signal kann innerhalb gerätetechnisch bedingter Grenzen jeden beliebigen Wert annehmen. Im Gegensatz dazu wird ein diskretes Signal innerhalb bestimmter vorgegebener Grenzen nur mit diskreten Werten beschrieben. Ein binäres Signal ist ein diskretes Signal, das nur zwei Werte „0" oder „1" annehmen kann. Abbildung 1.1 zeigt ein zeitdiskretisiertes Signal dargestellt mit 8 binären Signalen. Damit lassen sich $2^8 = 256$ Amplitudenstufen realisieren.

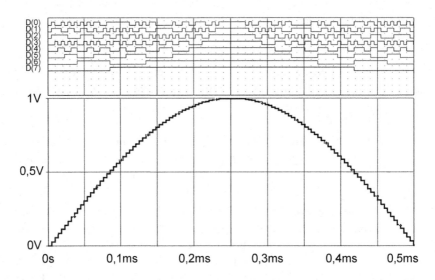

Abb. 1.1 Zeitdiskretisierte sinusförmige Halbwelle dargestellt mit 8 binären Signalen D(0)–D(7)

Grundsätzlich ist einem Signal eine Signalquelle zugeordnet. Durch Auswahl der Signalquelle und durch geeignete Wahl der Parameter der Signalquelle wird eine bestimmte Signalform eingestellt. Eine besondere Bedeutung haben periodische, insbesondere sinusförmige Signalquellen als Testsignale für analoge Schaltungen (Signalgeneratoren). Prinzipiell lässt sich ein periodisches Signal immer im Zeitbereich (Oszilloskop) und im Frequenzbereich (Spektrumanalysator) darstellen.

Experiment 1.2-1: AD-DA-Wandler.

Spannungen und Ströme im Zeitbereich: Eine sinusförmige Wechselspannung mit einem Gleichspannungsanteil (DC-Anteil) wird folgendermaßen dargestellt.

$$u(t) = U^{(DC)} + U^{(AC)} \cdot \sin\left(\omega t - \varphi_u\right). \qquad (1.1)$$

$u(t)$:   zeitlicher Momentanwert der Spannung;
$U^{(DC)}$:   Gleichspannungsanteil;
$U^{(AC)}$:   Wechselspannungsamplitude;
f: Signalfrequenz; $\omega = 2\pi f$;
φ_u: Nullphasenwinkel;
φ_u/ω: Verzögerungszeit des ersten Nulldurchgangs;

In der Regel wird auf eine besondere Kennzeichnung des Gleichspannungsanteils (DC) bzw. der Wechselspannungsamplitude (AC) durch den hier verwendeten hochgestellten Index verzichtet. In Abb. 1.2 ist der zeitliche Momentanwert einer sinusförmigen

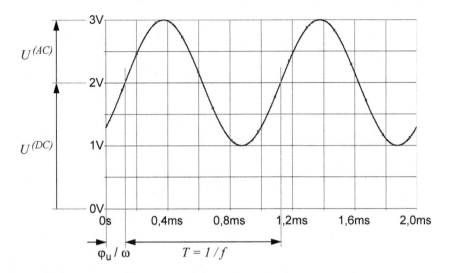

Abb. 1.2 Zeitlicher Momentanwert einer sinusförmigen Spannung mit DC-Anteil

Wechselspannung mit Gleichspannungsanteil dargestellt. Der Effektivwert einer sinus-förmigen Wechselspannung ergibt sich aus der Amplitude mit $U_{\text{eff}} = U/\sqrt{2}$. Ohne besondere Kennzeichnung stellt bei sinusförmigen Größen der Großbuchstabe die Amplitude (Spitzenwert) dar. Nichtsinusförmige periodische Signale lassen sich nach Fourier durch Überlagerung vieler sinusförmiger Signale mit im Allgemeinen unterschiedlichen Amplituden und unterschiedlichen Nullphasenwinkeln darstellen (Spektrum). Typische Signale sind: Tonsignale (Frequenzbereich von 50 Hz bis 20 kHz), Videosignale (Frequenzbereich bis 5 MHz), Sensorsignale und insbesondere Datensignale mit unterschiedlichen Kurvenformen und Bitraten. Unter einem Bit versteht man eine binäre Einheit, die „0“ oder „1“ sein kann.

Komplexe Darstellung von Spannungen und Strömen: Mit Hilfe der Beziehung $e^{j\alpha} = \cos\alpha + j\sin\alpha$ lässt sich der zeitliche Momentanwert einer sinusförmigen Spannung durch die Projektion eines rotierenden komplexen Zeigers auf die Imaginärachse darstellen (Abb. 1.3).

In Abb. 1.3 bleibt der DC-Anteil unberücksichtigt. Zum praktischen Rechnen wird in der Regel nur die komplexe Amplitude $\underline{U}$ benötigt. Komplexe Zeiger lassen sich wie Vektoren behandeln. Zwei komplexe Amplituden gleicher Frequenz ergeben die komplexe Summe im Zeigerdiagramm. Ein wesentlicher Vorteil der komplexen Darstellung von Spannungen und Strömen u. a. ist, dass deren zeitliche Ableitung durch die Multiplikation mit $j\omega$ vereinfacht wird.

Überlagerungssatz: Bei linearen oder linearisierten Schaltungen mit mehreren unabhängigen Signalquellen kann der Überlagerungssatz angewandt werden. Im Beispiel

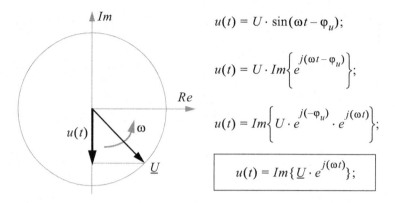

$$u(t) = U \cdot \sin(\omega t - \varphi_u);$$

$$u(t) = U \cdot Im\left\{ e^{j(\omega t - \varphi_u)} \right\};$$

$$u(t) = Im\left\{ U \cdot e^{j(-\varphi_u)} \cdot e^{j(\omega t)} \right\};$$

$$u(t) = Im\{\underline{U} \cdot e^{j(\omega t)}\};$$

Abb. 1.3 Komplexer rotierender Zeiger mit der Abbildung auf die Imaginärachse

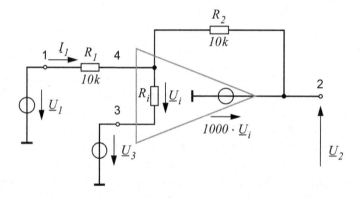

Abb. 1.4 Schaltung mit zwei unabhängigen Signalquellen und einem Verstärkerelement

(Abb. 1.4) ist eine Schaltung mit zwei unabhängigen Signalquellen $\underline{U}_1$, $\underline{U}_3$ und einer spannungsgesteuerten Quelle (gesteuert durch $\underline{U}_i$) gegeben. Bei Anwendung des Überlagerungssatzes wird zunächst die Signalquelle $\underline{U}_3$ ausgeschaltet und die Wirkung von $\underline{U}_1$ auf den Ausgang betrachtet, dann wird die Wirkung von $\underline{U}_3$ bei ausgeschalteter Signalquelle $\underline{U}_1$ ermittelt. Die gesteuerte Quelle ist in beiden Fällen wirksam.

Im Folgenden werden die beiden Teillösungen ermittelt, zunächst die Wirkung von $\underline{U}_1$ bei abgeschalteter Signalquelle $\underline{U}_3$:

$\underline{U}_3 = 0$, $\underline{U}_i \ll \underline{U}_1$ und Ri sehr hochohmig:

$$\underline{U}_1/R_1 = \underline{U}_2/R_2; \quad \underline{U}_2/\underline{U}_1 = R_2/R_1. \tag{1.2}$$

Sodann gilt es die Wirkung von $\underline{U}_3$ bei abgeschalteter Signalquelle $\underline{U}_1$ zu betrachten:

$\underline{U}_1 = 0$, $\underline{U}_i \ll \underline{U}_3$:

$$\underline{U}_3/R_1 = -(\underline{U}_3 + \underline{U}_2)/R_2; \quad \underline{U}_2/\underline{U}_3 = -(R_2/R_1 + 1). \tag{1.3}$$

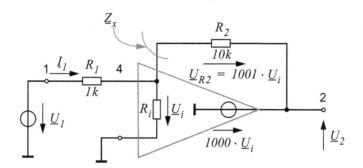

Abb. 1.5 Zur Ermittlung einer Zweigimpedanz in einem Schaltkreis

Durch Überlagerung der beiden Teillösungen erhält man die Gesamtlösung für die Ausgangsspannung $\underline{U}_2$:

$$\underline{U}_2 = \underline{U}_1 \cdot R_2/R_1 - \underline{U}_3 \cdot (R_2/R_1 + 1). \tag{1.4}$$

Knotenspannungen, Zweigströme und Zweigimpedanzen: Knoten-Differenzspannungen sind Zweigspannungen von einem Netzknoten zu einem anderen. Knotenspannungen oder Knotenpotenziale sind Spannungen von einem Netzknoten zum Bezugspotenzial (in PSpice: Knoten 0 ist identisch mit dem Bezugspotenzial „Ground"). Unter einem Zweigstrom versteht man den Strom durch einen Stromzweig von Knoten x nach Knoten y. Im Beispiel (Abb. 1.5) ist der Strom $\underline{I}_1$ der Zweigstrom im Stromzweig von Knoten 1 nach Knoten 4; $\underline{U}_1$ ist die Knotenspannung bzw. das Knotenpotenzial von Knoten 1 gegen das Bezugspotenzial.

Eine Zweigimpedanz erhält man aus dem Quotienten einer Knotenspannung und dem betrachteten Zweigstrom. Es soll nunmehr die Zweigimpedanz $\underline{Z}_x$ in der gegebenen Schaltung bestimmt werden. Die Zweigimpedanz bestimmt sich im konkreten Beispiel aus der Knotenspannung $\underline{U}_i$ und dem Zweigstrom durch R_2, sie stellt eine „virtuelle Impedanz" gegen das Bezugspotenzial dar.

$$\underline{Z}_x = \underline{U}_i/(1001 \cdot \underline{U}_i/R_2) = R_2/1001. \tag{1.5}$$

Für die „virtuelle" Zweigimpedanz $\underline{Z}_x = R_2/1001$ ergibt sich im betrachteten Beispiel ein Wert von ca. 10 Ω. Vom Eingang aus gesehen wirkt die Zweigimpedanz $\underline{Z}_x$ also von Knoten 4 zum Bezugspotenzial (Abb. 1.6). Je höher die Verstärkung der spannungsgesteuerten Spannungsquelle ist (im Beispiel ist die Verstärkung 1000), um so niederohmiger wird bei der gegebenen Schaltungsanordnung Knoten 4 durch die transformierte Zweigimpedanz mit $\underline{Z}_x = R_2/1001$ belastet. Der Zweigstrom $I_1 \approx \underline{U}_1/R_1$ bei genügend kleinem $\underline{U}_i$ fließt somit bei genügend hochohmigem Widerstand R_i über R_1 nach R_2 und bildet dort die Zweigspannung $\underline{U}_{R2} = \underline{I}_1 \cdot R_2$. Mit $\underline{U}_{R2} \approx \underline{U}_2$ ist schließlich $\underline{U}_2 = \underline{U}_1 \cdot R_2/R_1$. Abbildung 1.6 zeigt die Belastung von Knoten 4 mit der Zweigimpedanz $\underline{Z}_x = R_2/1001$. Der Zweigstrom $\underline{I}_1$ fließt also in den niederohmigen Stromzweig mit der Zweigimpedanz $\underline{Z}_x$.

Abb. 1.6 Belastung von
Knoten 4 durch R_2; es
wirkt die transformierte
Zweigimpedanz Z_x

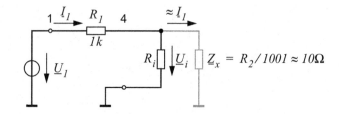

Insbesondere für die Abschätzanalyse ist es wichtig den Hauptsignalweg zu finden. Dazu
bedarf es oft der Abschätzung wirksamer Zweigimpedanzen.

Ist in einer Schaltung ein Netzknoten gekennzeichnet (z. B. in Abb. 1.5 Knoten 4),
so steht implizit $\underline{U}_4$ für die Spannung von Knoten 4 zum Bezugspotenzial. Im Beispiel
ist dann $\underline{U}_4 = \underline{U}_i$. Dazu muss nicht extra der Spannungspfeil angegeben werden. Soll die
Phasenlage der Knotenspannung um 180° gedreht sein, wie z. B. bei $\underline{U}_2$ in Abb. 1.5, so
lässt sich explizit die Phasendrehung durch den gedrehten Spannungspfeil kennzeichnen.
Ansonsten ergibt sich für $\underline{U}_2$ ein negativer Zahlenwert.

Entwicklungsmethodik und Entwurfswerkzeuge

2

Eingeführt wird in die Entwicklungs- und Analysemethodik von analogen und gemischt analog/digitalen Funktionsschaltkreisen für Elektroniksysteme auf Transistorebene. Wichtig dabei ist die Kenntnis des allgemeinen Entwicklungsprozesses und der dafür eingesetzten Methoden zur Beschreibung von Schaltungen und deren Verifikation.

2.1 Methodik zur Elektroniksystementwicklung

Es geht um eine Kurzdarstellung zur Einführung in die Elektroniksystementwicklung. Dabei stellen sich die Fragen, wo wird die analoge Schaltungstechnik benötigt, wie werden derartige Schaltungen systematisch entwickelt, verifiziert und in einer Zieltechnologie realisiert. Die analoge Schaltungstechnik behandelt die Grundlagen für die Elektroniksystementwicklung auf Transistorebene. Derartige Grundlagen werden benötigt für die Schaltungsentwicklung analoger und gemischt analog/digitaler Systeme (Mixed A/D). Die Schaltungsentwicklung ist ein Teilgebiet der Elektroniksystementwicklung. Im Folgenden soll die Schaltungsentwicklung im Umfeld der Elektroniksystementwicklung betrachtet werden, dabei wird auf nachstehende Aspekte näher eingegangen:

- Prozessablauf (Workflow) bei der Elektroniksystementwicklung;
- Signifikante Beispiele für Anwendungen der analogen Schaltungstechnik;
- Realisierungsmöglichkeiten von Schaltungen: Schaltungstechnologien;
- Strukturierung der Schaltungstechnik.

© Springer-Verlag Berlin Heidelberg 2018
J. Siegl und E. Zocher, *Schaltungstechnik*,
https://doi.org/10.1007/978-3-662-56286-4_2

2.1.1 Prozessablauf bei der Elektroniksystementwicklung

Als erstes erfolgt eine Kurzdarstellung des Produktentwicklungsprozesses. Zur Förderung der Übersicht wird in die wesentlichen Prozessschritte und Grundbegriffe des Elektroniksystementwicklungsprozesses eingeführt. Bei der Entwicklung eines Hardware-Produktes in der Informationstechnik/Elektronik werden folgende Phasen des Produktentwicklungsprozesses durchlaufen:

• Konzeptphase → Systementwurf, Systemkonstruktion, Spezifikation, Systemaufteilung;
• Feinentwurf bzw. Subsystementwurf → Schaltungsentwicklung;
• Physikalischer Entwurf → Layouterstellung und Erstellung der Fertigungsunterlagen für Labormuster;
• Musterfertigung und Modulfertigung;
• Modultest und Systemtest;
• Vorserie→Prototypfertigung, Systemprüfung, Fertigungsfreigabe.

Eine Produktidee wird nach einer eingehenden Marktanalyse zu einem Entwicklungsauftrag. Erfahrene Systementwickler entwerfen ein Systemkonzept und spezifizieren Anforderungen. Kritische Funktionen sind vorab in einer Machbarkeitsstudie eingehend zu untersuchen. Insgesamt wird auf Systemebene oft durch Systemsimulation das Konzept verifiziert und dessen Machbarkeit auch insbesondere unter Kostengesichtspunkten geprüft. Nach Abschluss des Systementwurfs erfolgt der Feinentwurf. Die Funktionsblöcke müssen mit realen Schaltkreisen „gefüllt" werden. Ist der Feinentwurf hinreichend verifiziert, so muss der Entwurf in ein fertigbares physikalisches Design umgesetzt werden. Abbildung 2.1 erläutert den prinzipiellen Ablauf der Elektroniksystementwicklung bis zur Erstellung der Fertigungsunterlagen in einer vorgegebenen Zieltechnologie.

Die analoge Schaltungstechnik ist Teil des Feinentwurfs insbesondere von analogen und gemischt analog/digitalen Funktionsblöcken des Systementwurfs. Sie behandelt die „innere" Schaltungstechnik auf Transistorebene. Soweit möglich werden Funktionsblöcke durch vorgefertigte oder käufliche Bausteine realisiert. Sind Funktionsblöcke in hohen Stückzahlen erforderlich, so sind anwendungsspezifisch integrierte Bausteine interessant. Die Entwicklung voll kundenspezifisch integrierter Bausteine (ASIC: Application Specific Integrated Circuit) erfordert u. a. solide Kenntnisse der analogen Schaltungstechnik. Im Folgenden wird in die wichtigsten Begriffe des Elektroniksystementwicklungsprozesses eingeführt mit jeweils einer kurzen Erläuterung.

Produktidee und Marketing: Ausgehend von einer Produktidee bzw. eines Verbesserungsvorschlags für ein bestehendes Produkt erstellen Marketingexperten ein „Marketing Requirement Document – MRD". Dieses Dokument enthält genaue Anforderungen an ein Produkt bzw. an eine Produktweiterentwicklung, um das neue Produkt von vergleichbaren Angeboten am Markt abzuheben. Eine Marktanalyse gibt Aufschluss über

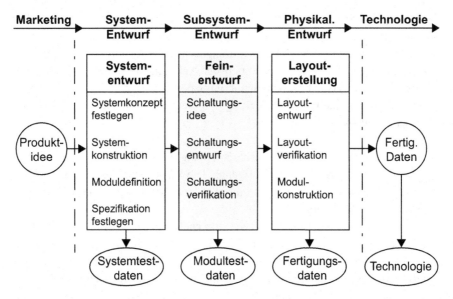

Abb. 2.1 Phasen der Elektroniksystementwicklung von der Marktanforderung (Marketing Requirements) bis zur Erstellung der Fertigungsunterlagen für die notwendigen Module; Einordnung des Schaltungsentwurfs im Umfeld der Elektroniksystementwicklung

die Marktchancen, das mögliche Marktvolumen, die Absatzchancen, die Umsatz- und Gewinnmöglichkeiten und die dafür erforderliche Vertriebsstrategie. Die Aufgabe des Marketing ist somit u. a. die Beobachtung des für die Firma relevanten Marktsegmentes, Marktanforderungen zu analysieren, zu definieren und eine strategische Produktplanung zu erstellen. Nicht zuletzt gilt es auch geeignete Unterlagen zur Präsentation der Leistungsmerkmale eines neuen Produkts aufzubereiten.

Systementwicklung: Die Systementwicklung befasst sich mit der konzeptionellen und planerischen Umsetzung von Produktanforderungen. Eine wichtige Aufgabe ist der Entwurf der Systemarchitektur und daraus abgeleitet die Systemspezifikation. Wie bereits erwähnt, müssen vorab kritische Funktionen in einer Machbarkeitsstudie auf Risiken hinsichtlich der Realisierbarkeit untersucht werden. Erfahrene Systementwickler erstellen das Systemkonzept bzw. die Systemarchitektur. Im Ergebnis werden u. a. Funktionsblöcke definiert und Grundanforderungen festgelegt, u. a. deren Funktionsdefinition, verfügbare Versorgungsspannungen, maximal zulässige Stromaufnahme, maximal zulässige Verlustleistungsaufnahme, Temperaturbereich, Umwelteinflüsse (z. B. Verschmutzung, Dämpfe, Gase), Baugröße und Bauraum. Unter Moduldefinition versteht man die Aufteilung des Gesamtsystems in Systemmodule und damit u. a. auch die Aufteilung der Entwicklungsverantwortung und die Festlegung der Schnittstellen. Für das Gesamtsystem und die Systemmodule ist eine detaillierte Spezifikation erforderlich. Die Spezifikationsvorgaben legen u. a. die Modulfunktionen und deren Schnittstellen fest.

Nach Festlegung des Systemkonzepts ist u. a. auch zu definieren, wie und mit welchen Testaufbauten die vorgegebenen Eigenschaften getestet und überprüft werden sollen. Bei einer Auftragsentwicklung beschreibt der Auftraggeber im Lastenheft die Gesamtheit der Anforderungen. Im Pflichtenheft dokumentiert der Auftragnehmer, wie er die Anforderungen konkret zu lösen gedenkt (Implementierungsspezifikation).

Nachstehend erfolgt eine kurze Erläuterung der wichtigsten Punkte einer Systemspezifikation oder Modulspezifikation:

- Funktionsbeschreibung: Die Funktionsbeschreibung enthält u. a. die genaue Funktionsdefinition, sowie deren Ein- und Ausgänge. Die Verhaltensbeschreibung im Allgemeinen oder die Übertragungsfunktion im Besonderen bestimmen u. a. die Festlegung der Funktion eines Systemmoduls.
- Rahmenbedingungen: Die Einhaltung von vorgegebenen Grenzdaten, wie z. B. die maximal zulässige Stromaufnahme, die maximal zulässige Leistungsaufnahme und der verfügbare Bauraum sind zu beachten. Weiterhin sind das Masse/Versorgungssystem und die vorgesehenen Versorgungsspannungen als Vorgaben zu definieren.
- Schnittstellenbeschreibungen: Hier gilt es die Interaktionsstellen eines Systems oder eines Systemmoduls (u. a. Ports), deren Eigenschaften und Signalformen, deren Grenzwerte und Ansteuerbedingungen festzulegen.
- Aufbau- und Verbindungstechnik: Darunter versteht man die Festlegung des Systemaufbaus bzw. des Aufbaus eines Systemmoduls. Es muss klar sein, in welcher Technologie ein Systemmodul gefertigt werden soll und wie der Gesamtaufbau des Systems erfolgt.
- Strukturbeschreibung: In einer hierarchischen Darstellung wird das Zusammenwirken von Systemmodulen und Teilfunktionen beschrieben.
- Systemumgebung: Darunter versteht man den Temperaturbereich, den ein System oder ein Systemmodul ausgesetzt ist, sowie die mögliche Strahlenbelastung oder weitere Umwelteinflüsse in Form von z. B. chemischen Belastungen. Nicht zuletzt gilt es Anforderungen an die Elektromagnetische Verträglichkeit zu beachten. Ein System oder ein Systemmodul darf andere Systeme in nicht unzulässiger Weise beeinflussen.

Systemkonstruktion: Der Systemkonstrukteur definiert den möglichen Einbauplatz und den mechanischen Aufbau eines Produkts. Aus Sicht des Elektronikentwicklers spielen u. a. auch Kühlmaßnahmen für die Elektronik eine wichtige Rolle (s. Abschn. 2.4). Insbesondere bei hohen Packungsdichten bereitet die geeignete Verlustleistungsabfuhr oft erhebliche Probleme.

Feinentwurf: Hier sind die Vorgaben der Systemkonzepterersteller im Rahmen eines Feinentwurfs umzusetzen. Der Schaltungsentwurf stellt den Feinentwurf von Elektroniksystemmodulen dar. Ausgehend von der vorgegebenen Modulfunktion, den Schnittstellenbedingungen und sonstigen Spezifikationsvorgaben gilt es eine dafür geeignete Schaltung auszuwählen und die Schaltung an die gegebenen Anforderungen anzupassen, um die Spezifikationsvorgaben erfüllen zu können. Nach Auswahl einer geeigneten

Schaltungsidee ist der Schaltungsentwurf so auszulegen, dass vorgegebene Eigenschaften erfüllt werden können. Die Schaltungsauslegung erfolgt zumeist auf Basis von Abschätzungen des Schaltungsentwicklers. Der Schaltungsentwurf wird bei analogen und gemischt analog/digitalen Systemen im Allgemeinen durch einen Schaltplan (Schematic) beschrieben. Anhand von geeigneten Testanordnungen wird der Schaltungsentwurf verifiziert. Zunächst erfolgt die Schaltungsverifikation durch Schaltkreissimulation und damit verbunden die Optimierung der Dimensionierung mit Blickrichtung auf u. a. Parameterstreuungen (Exemplarstreuungen), Temperatureinflüsse und Alterungseffekte von verwendeten Komponenten. Ein wichtiger Punkt vor Abschluss des Feinentwurfs eines Systemmoduls ist die Festlegung des modulspezifischen Testkonzepts. Nicht zuletzt ist genau zu definieren, was wie und unter welchen Bedingungen mit welchen Testaufbauten die vorgegebenen Eigenschaften getestet und überprüft werden sollen.

Layoutentwurf und Modulkonstruktion: In dieser Phase geht es um die Erstellung des „physikalischen Entwurfs" unter Berücksichtigung von Vorgaben durch den Schaltungsentwickler betreffs der Gestaltung des Masse-Versorgungssystems, der Platzierung und der Layoutgestaltung kritischer Schaltungsfunktionen. Elektroniksysteme werden zumeist auf Baugruppenträgern realisiert. Basis eines Baugruppenträgers ist eine Leiterplatte (PCB: Printed Circuit Board). Dazu muss die symbolische Schaltungsbeschreibung in die physikalische Beschreibung einer Zieltechnologie umgesetzt werden. Die zweidimensionale Abbildung der physikalischen Beschreibung ist das Layout eines Schaltungsentwurfs. Hierzu werden Werkzeuge für die Layouterstellung verwendet, das sind u. a. Layout-Editoren bzw. Auto-Router. Nach Erstellung des Layouts eines Schaltungsentwurfs sind die Einbauplätze der Schaltkreisfunktionen und die Verbindungsleitungen bekannt. Insbesondere bei höheren Frequenzen ergeben sich zusätzliche parasitäre Einflüsse durch die Aufbautechnik und durch die Verbindungsleitungen, die in einer Schaltungsverifikation unter Berücksichtigung dieser Einflüsse analysiert werden müssen. Schließlich benötigt der Baugruppenträger Befestigungselemente und z. B. eventuelle spezielle Kühlmaßnahmen, die in der Modulkonstruktion beschrieben werden.

Fertigungsdaten: In einem Fertigungsdatensatz sind alle für die Fertigung eines Systemmoduls erforderlichen Unterlagen enthalten. Bei einer Elektronik-Baugruppe ist dies u. a. die Stückliste, der Dokumentensatz für die Erstellung der Leiterplatte, sowie der Dokumentensatz für die Entwurfsbeschreibung und der Testvorgaben. Der Layoutdatensatz enthält im engeren Sinn alle für die Fertigung einer Leiterplatte erforderlichen Fertigungsdaten, u. a. Dokumentensatz mit Layoutdaten im geeigneten Datenformat, Filmdaten, Bohrlochdaten, Bestückdaten.

Prototypenfertigung: Nach Erstellung der physikalischen Designdaten für die im System benötigten Baugruppen erfolgt die Musterfertigung und anschließend die Musterprüfung. Vor einer Fertigungsfreigabe wird das Konzept nach einer Prototypenfertigung einer eingehenden Erprobung durch Systemtests unterzogen. Abbildung 2.2 zeigt den

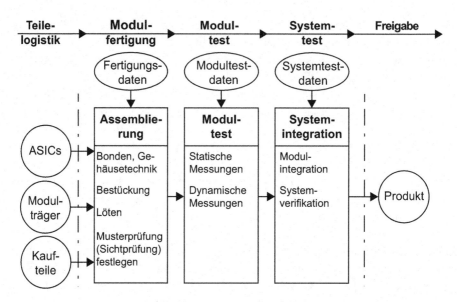

Abb. 2.2 Phasen der Prototypenfertigung eines Elektroniksystems; Modulfertigung, Modultest bis zur Systemintegration und den Systemtests

prinzipiellen Ablauf einer Prototypenfertigung. Mit Blickrichtung auf den Prozessablauf, dargestellt in Abb. 2.2, werden im Folgenden die wichtigsten Begriffe der Prototypenfertigung erläutert.

Teilelogistik: Ausgangspunkt der Fertigung eines Elektroniksystemmoduls sind der Baugruppenträger (nackte Leiterplatte), die elektronischen und elektromechanischen Bauteile als Kaufteile und die anwendungsspezifisch integrierten Bausteine (ASIC). Die Teilelogistik kümmert sich um die Verfügbarkeit der erforderlichen elektrischen, elektromechanischen und mechanischen Teile in der erforderlichen Qualität. „Application Specific Integrated Circuits" werden insbesondere bei höherem Stückzahlbedarf von Systemmodulen verwendet, um den Platzbedarf sowie die Kosten zu reduzieren und die Zuverlässigkeit zu erhöhen. Komplette Systemmodule lassen sich anstelle des Aufbaus auf einer Leiterplatte direkt als integrierter Baustein (IC) realisieren. Dazu muss der Schaltungsentwurf in eine geeignete ASIC-Technologie abgebildet werden.

Modulfertigung: Die Modulfertigung bzw. Baugruppenfertigung „verbaut" die im Fertigungsdatensatz vorgegebenen Bauteile. Dafür werden verschiedene Techniken eingesetzt. Unter Assemblierung versteht man allgemein das Zusammenfügen von Komponenten zu einem Subsystemmodul. Assemblierungstechniken sind u. a. Bonden, Kleben, Löten. Je nach Anforderung können ungehäuste Halbleiterbauelemente auf einem Submodulträger montiert und dann speziell abgedeckt bzw. gehäust werden. Üblicherweise werden „nackte Halbleiter" in ein Gehäuse montiert und über Bondverbindungen angeschlossen. Unter Bestückung versteht man den Montagevorgang von Bauteilen auf dem Baugruppenträger.

Dieser Vorgang lässt sich mit Bestückautomaten automatisieren. Beim Lötvorgang werden die Anschlüsse von Bauteilen mit den auf dem Baugruppenträger gegebenen Anschlusspads verbunden. Man unterscheidet Schwall-Löten und Reflow-Löten. Beim Reflow-Löten wird eine Lötpaste auf den Baugruppenträger aufgedruckt. Der Lötvorgang erfolgt bei Einhaltung eines bestimmten Temperaturprofils in einem Durchlaufofen. Beim Schwall-Löten durchläuft die bestückte Baugruppe ein Schwall-Lötbad.

Musterprüfung: Als erstes erfolgt eine Sichtprüfung der gefertigten Baugruppe. Dazu verwendet man u. a. automatische Sichtprüfungsgeräte mit komplexer Bildverarbeitung. Vor der Weiterverarbeitung müssen Systemmodule einem eingehenden elektrischen Test unterzogen werden. Man unterscheidet grundsätzlich zwischen statischen Messungen und dynamischen Messungen. Statische Messungen sind erste einfache Tests, u. a. Stromaufnahme, Leistungsaufnahme und die Überprüfung von Arbeitspunkten. Dynamische Messungen sind weitergehende Messungen zur Ermittlung von Systemeigenschaften im Zeitbereich oder im Frequenzbereich.

Systemintegration und Systemverifikation: Unter Systemintegration versteht man den Zusammenbau von Systemmodulen zu einem System. Das zusammengefügte System muss einem eingehenden Test unterzogen werden. In Systemmessungen werden die Eigenschaften eines Systems in der Gesamtheit analysiert und überprüft inwieweit die erwarteten Spezifikationsdaten auch unter gegebenen Umweltbedingungen und Fertigungsstreuungen erfüllt sind. Dazu zählen auch Tests, um nachzuweisen, dass geltende Vorschriften (u. a. VDE-Vorschriften, CE-Kennzeichnung) eingehalten werden. Nach erfolgreichen Tests anhand einer Prototypenserie erfolgt schließlich die Produktfreigabe.

2.1.2   Beispiele für Anwendungen der analogen Schaltungstechnik

Anhand von signifikanten Anwendungen wird aufgezeigt, wo die analoge Schaltungstechnik trotz fortschreitender Digitalisierung unverzichtbar ist.

Wie bereits erwähnt, gibt uns die Physik analoge Größen vor. Für die elektronische Sensorsignalaufbereitung sind im Allgemeinen Kenntnisse der analogen Schaltungstechnik erforderlich. Ein Tonsignal am Mikrofonausgang ist analog. Das Signal am Antennenfußpunkt bei einer Funkstrecke ist sehr schwach und verrauscht, dasselbe gilt am Ende einer längeren leitungsgebundenen Übertragungsstrecke. Bei höheren Taktfrequenzen in Logiksystemen genügt es nicht, das System auf rein logischer Ebene zu betrachten. Die Signaltreiber bilden mit den Verbindungsleitungen und den Signaleingängen wiederum eine Übertragungsstrecke. Reflexionsstörungen und Übersprechstörungen können auftreten. Zweifellos ist heute die Analogtechnik zunehmend auf sogenannte „Frontend"-Funktionen beschränkt. Abbildung 2.3 verdeutlicht die „Frontend"-Funktionen bei der Informationsübertragung, bei der Messwertaufnahme (Signalaufnahme durch Sensoren) und bei Leistungsfunktionen (Ansteuerung von Aktuatoren). Auch bei digitaler

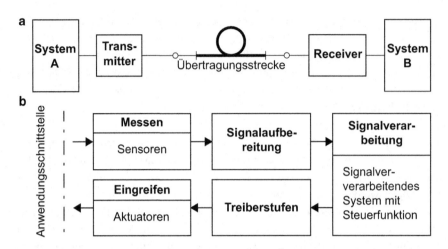

Abb. 2.3 Frontend-Funktionen; **a** Informationsübertragung; **b** Messaufnahme und Stellfunktionen: Signalaufnahme (analog), Signalaufbereitung (analog/digital), Signalverarbeitung (digital) und „Einwirken" in einen Prozess (meist analog)

Informationsübertragung ist das Signal am Empfangsort quasi analog. Es muss erst regeneriert und aufbereitet werden bevor es digital weiter verarbeitet werden kann. Bei Bitraten oberhalb ca. 100 MBit/s ist die Digitaltechnik ohne ein Basiswissen der analogen Schaltungstechnik nicht zu beherrschen.

Im Frequenzbereich unterhalb einigen Megahertz können viele Analogfunktionen durch Standard-IC's (beispielsweise u. a. mit Operationsverstärkern) realisiert werden. Der Anwender braucht dabei kein sehr tiefes Verständnis über das Innenleben dieser Standard-IC's. Bei Anwendungen, die keine Massenstückzahlen ermöglichen, können mit zunehmender Frequenz oberhalb des Megahertz-Bereichs zunehmend weniger allgemeine Standard-IC's für Analogfunktionen eingesetzt werden. Der Anwender muss sich aus Funktionsgrundschaltungen die geforderte Schaltungsfunktion realisieren. Bietet ein Anwendungsbereich hohe Stückzahlen, so werden zumeist von Halbleiterherstellern integrierte Funktionsbausteine für den Anwendungsbereich angeboten oder der Anwender entwickelt selbst einen vollkundenspezifisch integrierten Funktionsbaustein. Insbesondere für die Entwicklung von vollkundenspezifisch integrierten Funktionsbausteinen sind solide Kenntnisse der analogen Schaltungstechnik auf Transistorebene erforderlich.

Die Signalübertragung bei einem Übertragungssystem gemäß Abb. 2.3a kann u. a. erfolgen über eine Funkstrecke, eine Infrarotstrecke, eine Ultraschallstrecke oder eine leitungsgeführte Strecke. Wird ein Plastik-Lichtwellenleiter als Übertragungsmedium verwendet, so benötigt man einen dafür geeigneten optischen Sender (Transmitter) und Empfänger (Receiver). Den beispielhaften Schaltplan eines optischen Empfängers zeigt Abb. 2.4. Auf die Schaltung wird später noch detailliert eingegangen (s. Abschn. 8.5.1). Hier geht es zunächst nur darum, in einem praktischen Projektbeispiel das Ergebnis einer Schaltungsentwicklung im Prototypenstadium vorzustellen.

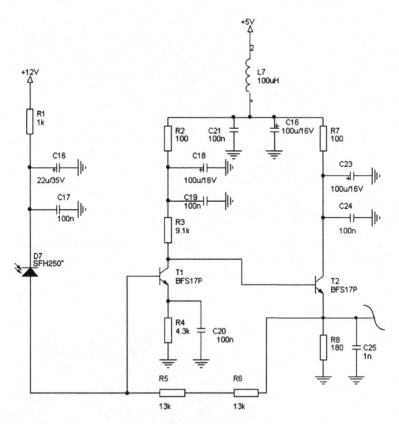

Abb. 2.4 Auszug aus dem Schaltplan eines optischen Empfängers für Plastik-Lichtwellenleiter; (Bildquelle: Dipl.-Ing. (TH) E. Bluoss, TH Nürnberg)

Hinsichtlich der Aufbautechnik ist in besonderem Maße auf das Masse/Versorgungssystem zu achten. Die Masseführung auf der Leiterplatte ist sorgfältig elek-trisch mit dem Modulgehäuse zu verbinden. Als Modulgehäuse verwendet man im Experimentierstadium oft ein Standard-Weißblechgehäuse. Abbildung 2.5 zeigt den praktischen prototypischen Aufbau eines optischen Empfängers.

Ein weiteres praktisches Beispiel aus dem Bereich Sensorelektronik zeigt einen induktiven Abstandssensor (Abb. 2.6). Die Induktivität ist Teil eines Parallelresonanzkreises. Die Eigenschaften des Parallelresonanzkreises werden bei Annäherung eines metallischen Gegenstandes verändert. Das magnetische Feld des Resonanzkreises erzeugt im angenäherten metallischen Gegenstand einen Wirbelstrom, der Wirbelstromverluste verursacht, die wiederum sich u. a. als Bedämpfung des Resonanzkreises bemerkbar machen. Mittels einer geeigneten Sensorschaltung kann ein Sensorsignal erzeugt werden, das im Idealfall proportional zur Entfernung des metallischen Gegenstandes ist. Derartige Sensoren werden in anderer Ausprägung u. a. auch als Drehratensensor in Anti-Blockier-Systemen (ABS-Systemen) eingesetzt. Eine Prinzipschaltung der Sensorelektronik für induktive Abstandssensoren behandelt Abschn. 8.5.2.

Lichtwellen-
leiteranschluss

Empfänger
ausgang

Abb. 2.5 Praktischer Aufbau eines optischen Empfängers für Plastik-Lichtwellenleiter; (Bildquelle: Dipl.-Ing. (TH) E. Bluoss, FH Nürnberg)

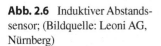

Abb. 2.6 Induktiver Abstandssensor; (Bildquelle: Leoni AG,
Nürnberg)

2.1.3   Technologien zur Realisierung von Schaltungen

Die abstrakte Beschreibung einer Schaltung mittels z. B. eines Schaltplans gilt es in einer vorgegebenen Zieltechnologie physikalisch zu realisieren. Vorgestellt werden die wichtigsten Schaltungstechnologien zur Realisierung von Funktionen für elektronische und informationstechnische Geräte und Systeme.

1. **Leiterplattentechnik** (PCB: Printed Circuit Board – Technik) – auf einem geeigneten Trägermaterial (Beispiel: Handelsname FR4) werden in einer oder mehreren Lagen Leitungsstrukturen durch Photo/Ätztechnik aufgebracht. Die Leiterplatte wird dann mit bedrahteten oder mit oberflächenmontierten Bauteilen (SMD: Surface Mounted Devices) bestückt. Abbildung 2.6 zeigt ein praktisches Beispiel.

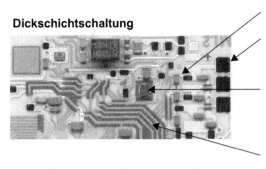

Dickschichtschaltung

SMD-Kapazität

Integrierter Widerstand, realisiert durch aufgedruckte Widerstandspasten

Integrierter Schaltkreis, gehäuselos montiert

Zweilagen-Verbindungs-leitungen, realisiert durch auf-gedruckte Leiterpasten und Iso-lationspasten

Abb. 2.7 Ausschnitt einer Schaltung zur Getriebesteuerung realisiert in Dickschichttechnologie; (Bildquelle: Firma Temic, Nürnberg)

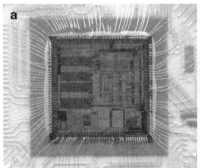

Abb. 2.8 Integrierte Schaltung; **a** Integrierter Funktionsbaustein; **b** Verdrahtungsebene auf Silizium; (Bildquelle: Firma Temic, Nürnberg)

2. **Hybrid-Schaltungstechnik** – Dickschicht- oder Dünnfilmtechnik auf Keramiksubs-traten (Al_2O_3); Leitungen, Widerstände und evtl. Kapazitäten werden „aufgedruckt", die übrigen Bauteile diskret bestückt und im Reflow-Lötverfahren mit Anschlusslei-tungen verbunden. In Abb. 2.7 ist der Ausschnitt eines praktischen Beispiels für eine Hybridschaltung dargestellt. Die Dickschichttechnik eignet sich insbesondere für die Realisierung von Leistungsfunktionen mit speziellen Anforderungen (z. B. Treiberstu-fen im Automotive-Bereich).

3. **Monolithisch integrierte Schaltungstechnik** – alle passiven und aktiven Schal-tungselemente werden auf einem Halbleitergrundmaterial (z. B. Silizium) integriert. In Abb. 2.8a ist ein integrierter Funktionsbaustein mittels Bondverbindungen in die umliegende Schaltung eingebaut. Bei hohem Stückzahlbedarf werden soweit wie möglich integrierte Funktionsbausteine eingesetzt. Falls keine Standard-Bausteine (z. B. Chipsatz) verfügbar sind, müssen Funktionsbausteine anwendungsspezifisch entwickelt werden.

Tab. 2.1 Diskrete Schaltkreiselemente

Schaltkreiselement	Symbol	Package	Footprint
R ... Widerstand			
C ... Kondensator			
L ... Induktivität			
K ... gekoppelte Induktivitäten			
D ... Diode			
Q ... Bipolartransistor			
J ... JFET			
M ... MOSFET			

2.1.4 Strukturierung der Schaltungstechnik

Bauelemente sind die Basis der analogen und gemischt analog/digitalen Schaltungstechnik. Tabelle 2.1 zeigt wichtige diskrete Schaltkreiselemente. Jedes diskrete Schaltkreiselement wird durch verschiedene Sichten (Views) repräsentiert. Eine Repräsentation ist ein

Abb. 2.9 Beispiele von Gehäuseformen (Packages); **a** Bedrahtete Aufbautechnik (TO92, TO220, DIP16); **b** oberflächenmontierte Aufbautechnik (SOT23, SOT323, SOT363). Die Darstellungen sind nicht maßstäblich

das Schaltkreiselement charakterisierendes Symbol. Ein Symbol steht für eine bestimmte Schaltkreisfunktion. Symbole werden für die Schaltplaneingabe benötigt. Daneben ist dem Schaltkreiselement eine Bauform (Gehäuse: Package) bzw. eine zweidimensionale Abbildung der Gehäuseform in Form des „Footprints" („Physical View" im Layout) zugeordnet.

Das physikalische Verhalten eines Schaltkreiselements beschreibt ein Modell. Das Modell wird durch Modellparameter charakterisiert. Im Modell sind die physikalischen Eigenschaften des Schaltkreiselements (z. B. darstellbar durch Kennlinien) abgebildet. Aus Schaltkreiselementen werden Funktionsprimitive und Funktionsschaltkreise gebildet, denen man wiederum ein Funktionsmodell zuordnen kann.

Beispiele möglicher Gehäuseformen von diskreten Schaltkreiselementen sind in Abb. 2.9 dargestellt. Grundsätzlich unterscheidet man zwischen der bedrahteten und der oberflächenmontierten Aufbautechnik (SMD: Surface Mounted Devices). Je größer die Gehäuseform ist, um so günstiger kann die Wärmeableitung vom aktiven Schaltkreiselement zur Umgebung gestaltet werden.

Die Bezeichnung „Schaltkreisfunktion" stellt einen unscharfen Überbegriff dar. Einem geeignet beschalteten integrierten Operationsverstärker kann beispielsweise eine Schaltkreisfunktion zugeordnet werden. Im Prinzip lässt sich allgemein eine Funktion in jeder Hierarchiestufe durch ein Symbol repräsentieren. Dem Operationsverstärker selbst ist ein Symbol bzw. ein Gehäuse zugeordnet. Vielfach können mehrere Schaltkreisfunktionen in einem Gehäuse untergebracht sein. Die Abbildung von Schaltkreisfunktionen – repräsentiert durch Symbole – in ein bestimmtes Gehäuse beschreibt das „Mapping". Das „Mapping" definiert also die Abbildung der Symbole und deren Schnittstellen in ein Gehäuse auf die Schnittstelle des Gehäuses (Abb. 2.10). Dabei wird auch die Vertauschbarkeit von Symbolen und von Symbolpins festgelegt. Die Vertauschbarkeit von Symbolen und von Symbolpins erleichtert oft die Erstellung des geometrischen Layouts, um Überkreuzungen von Signalleitungen zu vermeiden.

In der hier vorgenommenen Stoffauswahl geht es vornehmlich um die Vermittlung von Kenntnissen über wichtige analoge und gemischt analog/digitale Funktionsschaltkreise. Im Folgenden wird eingeteilt in:

- Schaltkreiselemente (z. B. R für Widerstand, L für Induktivität, C für Kapazität, K für gekoppelte Induktivitäten, D für Diode, Q für Bipolartransistoren, J für Sperrschicht-Feldeffekttransistoren, M für Isolierschicht-Feldeffekttransistoren);

Abb. 2.10 Mapping: Zuordnung der Symbole von Schaltkreisfunktionen auf ein Dual-Inline-Package mit Anschlussbezeichner (TLE2084 Operational Amplifier)

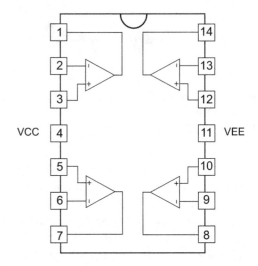

- Funktionsprimitive bzw. Funktionsgrundschaltungen (z. B. kapazitive Spannungs-teiler, Verstärkergrundschaltungen bzw. Verstärkerelemente, Konstantstromquellen, Konstantspannungsquellen, Darlingtonstufen, Kaskodestufen, Differenzstufen, elektro-nische Strombegrenzungen);
- Funktionsschaltkreise (z. B. Verstärker, beschaltete Operationsverstärker, Treiberstu-fen, Mischer, Oszillatorschaltungen, Phasenregelkreise bzw. PLL-Schaltkreise, Analog/ Digital-Wandler, Digital/Analog-Wandler);
- Systemmodule (z. B. Optischer Empfänger, Überlagerungsempfänger, Sensorelektro-niksystem z. B. zur Kraft-, Druck-, Beschleunigungs-Erfassung).

Einige passive Funktionsprimitive gebildet aus passiven Schaltkreiselementen werden im Abschn. 4.1 vorgestellt und erläutert. Abschn. 4.2 enthält eine Auswahl von Diodenschal-tungen als Funktionsgrundschaltungen für bestimmte Anwendungen. Ein kapazitiver Spannungsteiler kann beispielsweise als Impedanztransformator wirken, wenn bestimmte Randbedingungen eingehalten werden. Damit lässt sich eine niederohmige Schnittstelle auf eine hochohmige Schnittstelle transformieren (Funktion: Impedanztransformation). Kapitel 6 und 7 behandeln u. a. Funktionsprimitive bzw. Funktionsgrundschaltungen gebildet mit Bipolartransistorschaltungen bzw. Feldeffekttransistorschaltungen. In Kap. 8 wird in weitere wichtige Funktionsprimitive und Funktionsschaltungen eingeführt, wie sie in vielen Anwendungen, u. a. auch in integrierten Schaltungen dafür gegeben sind.

Abbildung 2.11 zeigt die Schaltung des altbekannten integrierten Operationsverstär-kers uA741 als Auszug aus einem Datenblatt. Die Schaltung in Abb. 2.11 besteht aus fol-genden Funktionsprimitiven:

- Differenzstufen (s. Abschn. 6.4):
  - Kaskode-Differenzstufe mit Q1 bis Q4;
  - Basisgekoppelte Differenzstufen Q5, Q6; Q8, Q9; Q10, Q11; Q12, Q13;

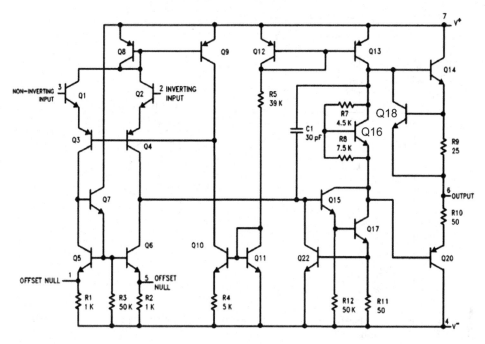

Abb. 2.11 Schaltplan eines integrierten Standard-IC's (uA 741: Datenblattauszug)

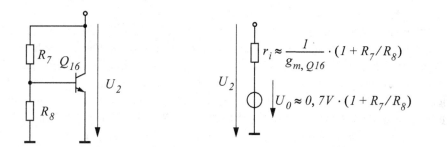

Abb. 2.12 Beispiel für eine Teilschaltung, die eine Konstantspannungsquelle als Funktionsprimitiv darstellt (s. Abschn. 6.3.4)

- Stromquellen (s. Abschn. 6.6.2): die basisgekoppelten Differenzstufen wirken als Stromquellen;
- Konstantspannungsquelle mit Q16, R7, R8 (s. Abschn. 6.3.4 und 6.6.3);
- Darlingtonstufe mit Q15, Q17 und R12 (s. Abschn. 6.3.6);
- Treiberstufe mit Q14, Q20 (s. Abschn. 8.1.1);
- Elektronische Strombegrenzung mit Q18, R9, Q22, R11.

Differenzstufen, Konstantstromquellen und Konstantspannungsquellen werden in Kap. 6 eingehend behandelt. Mit diesem Kenntnisstand (u. a. Darlingtonstufe) und dem für

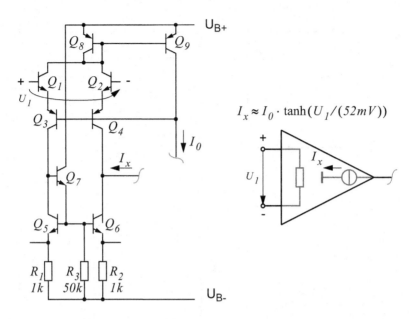

$$I_x \approx I_0 \cdot \tanh(U_1/(52mV))$$

Abb. 2.13 Spannungsgesteuerte Stromquelle als Funktionsmodell oder Makromodell für die erste Stufe der Schaltung in Abb. 2.11

Treiberstufen in Abschn. 8.1 ist die Schaltung in Abb. 2.11 relativ leicht zu verstehen (s. Abschn. 8.2).

Die Grundlagen zur analogen Schaltungstechnik konzentrieren sich daher vornehmlich auf das Verständnis der Eigenschaften von Funktionsprimitiven und Funktionsschaltkreisen. Sie bilden die Basis für die Entwicklung von Funktionsschaltungen als den „Bausteinen" für Elektroniksystemmodule. Am Beispiel des Schaltkreises von Abb. 2.11 wird die schon mehrfach getroffene Aussage deutlich: kennt man die Eigenschaften der Funktionsprimitive, so erschließt man sich sehr viel leichter das Verständnis der Schaltung. Dazu sei beispielhaft die Teilschaltung mit $Q16$, $R7$, $R8$ in Abb. 2.11 herausgegriffen.

Die Teilschaltung stellt eine Konstantspannungsquelle zur Vorspannungserzeugung für $Q14$ und $Q20$ dar. Die Spannungsquelle lässt sich durch die Leerlaufspannung und den Innenwiderstand charakterisieren, wobei der Innenwiderstand möglichst niederohmig sein soll. Der Teilschaltung kann demnach ein Makromodell bestehend aus der Konstantspannungsquelle U_0 und einem Innenwiderstand r_i zugeordnet werden (s. Abb. 2.12). Die gewünschten Ersatzwerte U_0 und r_i ergeben sich durch geeignete Dimensionierung der Teilschaltung. In Abschn. 6.6.3 wird auf diese Schaltung näher eingegangen.

Die gesamte erste Stufe mit $Q1$ bis $Q9$ der Schaltung von Abb. 2.11 lässt sich durch eine spannungsgesteuerte Stromquelle darstellen, wobei die Stromübertragungsfunktion als bekannt vorausgesetzt wird. Abbildung 2.13 zeigt die Beschreibung der ersten Stufe durch eine spannungsgesteuerte Stromquelle mit gegebener Stromübertragungsfunktion. Auch hier gilt: kennt man das Funktionsmodell der Teilschaltung gemäß Abb. 2.13, so erschließt man sich das Verhalten der ersten Verstärkerstufe in Abb. 2.11 mit insgesamt neun Bipolartransistoren. Bei der Erarbeitung der Grundlagen zur Schaltungstechnik muss es also darum gehen, möglichst viele derartiger Funktionsprimitive bzw. Funktionsschaltkreise zu verstehen, um dann geeignete Funktionsmodelle oder Makromodelle zuordnen zu können.

Die hier beschriebene beispielhafte Zerlegung eines Funktionsschaltkreises in Funktionsprimitive gilt im Prinzip für alle Funktionsschaltkreise. Wesentliche Aufgabe des hier vorliegenden Lehrbuches ist es, diese Sichtweise und Vorgehensweise herauszuarbeiten und zu fördern. Allgemein stellt sich nunmehr die Frage, wie kommt man zu Schaltungen für einen bestimmten Funktionsbaustein. Als Beispiel sei hier ein Oszillator herausgegriffen. Im Falle eines FM-Tuners mit einer Zwischenfrequenz von 10,7 MHz hat der Oszillator Schwingungen im Frequenzbereich von ca. 96 MHz bis 118 MHz zu erzeugen. Der Oszillator muss über die Abstimmspannung einstellbar sein und mittlere Anforderungen hinsichtlich des Phasenrauschens erfüllen. Von den weit über 100 bekannten und bewährten Oszillatorschaltungen kommen für den geforderten Frequenzbereich mit den gegebenen Anforderungen nur noch wenige in Betracht. Dazu bedarf es der Kenntnis möglicher Oszillatorschaltungen und deren Eigenschaften, die u. a. den Einsatzbereich definieren. Anders als bei digitalen Schaltungen ist hier eine automatisierte Schaltungssynthese nicht möglich. Die Schaltungssynthese in der analogen Schaltungstechnik beschränkt sich auf die Dimensionierung und Optimierung einer gegebenen ausgewählten Schaltung, um vorgegebene Eigenschaften zu erfüllen.

2.1.5 Prozessablauf bei der Schaltungsentwicklung

Der systematische Ablauf (Designflow oder Workflow) der Schaltungsentwicklung und die dafür erforderliche Entwicklungsumgebung im Rahmen eines „virtuellen" Elektroniklabors bzw. eines realen Elektroniklabors wird aufgezeigt. Abbildung 2.14 skizziert die prinzipielle Vorgehensweise bei der Schaltungsentwicklung eines Funktionsbausteins.

Der Systementwickler legt in seinem Systemkonzept die Anforderungen an den Funktionsbaustein fest. Er definiert verfügbare Versorgungsspannungen, deren Stabilität, den zulässigen Leistungsverbrauch, die Umgebungsbedingungen, die Schnittstellenbedingungen und nicht zuletzt die eigentliche Schaltungsfunktion. Diese Spezifikation stellt den Ausgangspunkt für den Schaltungsentwickler im Rahmen des Feinentwurfs dar. Er wählt mit seiner Erfahrung oder eventuell unter Zuhilfenahme eines Informationssystems für bewährte Funktionsschaltungen eine geeignete Schaltung aus und dimensioniert sie gemäß der gegebenen Anforderungen. Als nächstes gilt es die ausgewählte Schaltung der Anwendung anzupassen, sie zu optimieren, zu verifizieren und zu prüfen, ob die geforderten Eigenschaften erzielt werden. Dies geschieht als erstes per Schaltkreissimulation. Ein Schaltkreissimulator stellt ein „virtuelles" Elektroniklabor dar. So wie im realen Labor Messgeräte zur Verifikation der Schaltungseigenschaften zur Verfügung stehen, bietet ein Schaltkreissimulator verschiedene Analysemethoden zur Designverifikation anhand einer Testanordnung (Testbench). Kritische Schaltungen werden experimentell so aufgebaut, dass der Aufbau auch der Zieltechnologie entspricht, um parasitäre

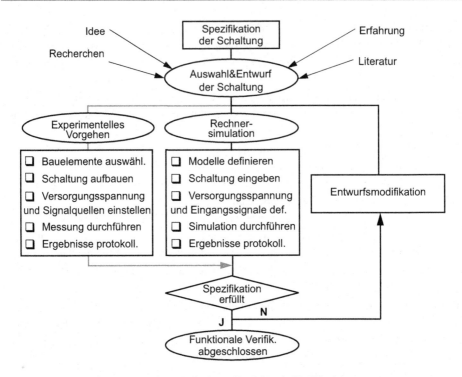

Abb. 2.14 Ablauf einer Schaltungsentwicklung: Funktionale Verifikation

Eigenschaften der Aufbautechnik hinreichend genau zu erfassen. Durch geeignete Messungen erfolgt die Schaltkreisverifikation und Optimierung, solange bis die Spezifikationsvorgaben eingehalten werden können. Neben der elektrischen Analyse gilt es auch in einer Wärmeflussanalyse die Verlustleistungsabfuhr von kritischen Bauelementen zu betrachten. Darüber hinaus ist gegebenenfalls in einer Störungsanalyse das mögliche Störpotenzial eines Schaltungsaufbaus zu untersuchen, um einschlägige Vorschriften einhalten zu können.

Nach erfolgreicher Schaltungsverifikation (Funktionale Verifikation) wird der Entwurf in die Zieltechnologie umgesetzt und der Prototyp verifiziert. Um den Einfluss von Bauteilstreuungen studieren zu können, muss die messtechnische Verifikation anhand einer Vorserie an mehreren Entwicklungsmustern eingehend studiert werden. Den Ablauf für den Aufbau von Prototypen und die Prototypenverifikation zeigt Abb. 2.15.

Zur Verifikation von Musteraufbauten bzw. Testbenches ist ein Elektroniklabor erforderlich. Den prinzipiellen Aufbau eines Elektroniklabors zeigt Abb. 2.16; es besteht im Allgemeinen aus:

- Versorgungsspannungsquellen (Power-Supplies) für Gleichspannungen (DC-Spannungen);
- Signalquellen (Sinus-Quellen u. a. modulierbar) für Frequenzbereichs- und Transienten-Analyse (AC- und TR-Analyse);

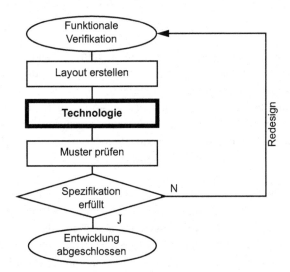

Abb. 2.15 Schaltungsverifikation am Prototyp realisiert in der Zieltechnologie

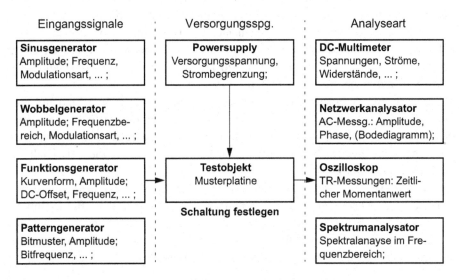

Abb. 2.16 Prinzipieller Aufbaueines Elektroniklabors zur Schaltungsverifikation

- Funktionsgeneratoren (Signalquellen mit Dreieck-, Rechteck-, Trapez-, Sinus-Kurvenform) für TR-Analyse;
- DC-Multimetern für DC-Analyse;
- AC-Multimetern für Breitband-AC-Analyse;
- Oszilloskop für TR-Analyse;

Spezialmesssysteme sind:

- Spektrumanalysator für die Frequenzbereichsanalyse linearer und nichtlinearer Schaltungen – dargestellt wird das Frequenzspektrum über einen bestimmten Frequenzbereich (Spektralanalyse mit Spektraldarstellung);
- Netzwerkanalysator für die lineare komplexe AC-Analyse (u. a. auch Vektorvoltmeter), damit lassen sich Übertragungsfunktionen, Verstärkungsfrequenzgänge und Impedanzverläufe nach Betrag und Phase darstellen;
- Rauschmessplatz zur Ermittlung der Rauschzahl.

Für den experimentellen Aufbau wird eine Schaltung oft auf einer Testplatine (z. B. Lochrasterplatine) erstellt. Die Testplatine wird in einem Testadapter gefasst. Mit dem Testadapter erhält man definierte Anschlussbedingungen für die Testsignale. Die zu untersuchende Schaltung zusammen mit der Spannungsversorgung und den Eingangssignalen bildet einen Testaufbau bzw. eine Testbench. Man unterscheidet im wesentlichen drei Analysearten:

- DC-Analyse (DC: DirectCurrent): Gleichspannungs- und Gleichstromanalyse mit DC-Multimetern; Ergebnis der DC-Analyse sind die Betriebspunkte bzw. Arbeitspunkte der verwendeten Schaltkreiselemente. Ein Bipolartransistor, der verstärken soll, muss im Normalbetrieb arbeiten. Im Normalbetrieb muss der Transistor einen Arbeitspunktstrom aufweisen. Zudem ist zu prüfen, ob die Ausgangsspannung des Transistors mittig zum Aussteuerbereich ist.
- AC-Analyse (AC: AlternateCurrent): Lineare Frequenzbereichsanalyse mit dem Netzwerkanalysator; Ergebnis sind Frequenzgänge von Übertragungsfunktionen, Verstärkungen oder von Schnittstellenimpedanzen. Eine Spektralanalyse nichtlinearer Schaltungen im Frequenzbereich erfolgt mit dem Spektrumanalysator (Darstellung von Frequenzspektren).
- TR-Analyse (TR: Transient): Zeitbereichsanalyse der zeitlichen Momentanwerte von Signalen linearer und nichtlinearer Schaltungen mit dem Oszilloskop. Bei Definition einer Signalperiode und periodischer Fortsetzung der definierten Signalperiode kann prinzipiell das Ergebnis der Zeitbereichsanalyse mittels Fouriertransformation in eine Spektraldarstellung im Frequenzbereich transformiert werden.

2.2   Schaltungsanalyse mit PSpice

Die Schaltungsanalyse ermittelt systematisch die Eigenschaften von Funktionsschaltkreisen. Für eine gegebene Anforderung ist ein für die Realisierung der Anforderung geeigneter Funktionsschaltkreis auszuwählen und so zu dimensionieren, dass die gestellten Anforderungen erfüllt werden können. Die Kenntnis der Eigenschaften von Funktionsschaltkreisen hilft bei der richtigen Auswahl eines Schaltkreises. Die „handwerkliche"

Vorgehensweise zur Ermittlung der Eigenschaften von Schaltungen ist der Kern dieses und der folgenden Abschnitte. Soweit sinnvoll, wird das Grundprinzip der Vorgehensweise am Beispiel von PSpice aufgezeigt (Spice: **S**imulation **P**rogram with **I**ntegrated **C**ircuits **E**mphasis, University of California, Berkeley). Die Vorgehensweise unterscheidet sich nicht prinzipiell von anderen „Toolsets" zur Schaltkreisdefinition und Schaltkreisverifikation. Insofern haben die Ausführungen allgemeinen Charakter.

2.2.1   Prozessablauf bei der Schaltkreissimulation

Vorgestellt wird der Prozessablauf und die dafür erforderlichen Werkzeuge zur Designdefinition und Designverifikation mittels Schaltkreissimulation. In einem „virtuellen" Elektroniklabor lassen sich die Eigenschaften von Schaltungen verifizieren.

Eine Testanordnung, geeignet beschrieben durch einen Schaltplan lässt sich mittels Schaltkreissimulation verifizieren. Ein Schaltkreissimulator weist ebenfalls die drei wichtigsten genannten Analysearten auf. In der Regel geht die Schaltkreissimulation immer dem praktischen Experiment voraus. Mittels Schaltkreissimulation gewinnt man ein tieferes Verständnis der Eigenschaften der zu untersuchenden Schaltung. Insbesondere gilt es, das funktionale Verhalten einer gegebenen Schaltung zu analysieren und die Auswirkungen von Parameterstreuungen auf die geforderten Eigenschaften einer Schaltung zu studieren. Alle hier beschriebenen Experimente werden mit dem Schaltkreissimulator Orcad-Lite/PSpice (registered Trademarks of Cadence Design Systems) verifiziert. Die notwendigen Softwaremodule eines „virtuellen" Labors und den Prozessablauf zur Verifikation einer Schaltung mittels eines Schaltkreissimulators zeigt Abb. 2.17.

Experiment 2.2-1: Linearverst – Designbeispiel für den Prozessablauf.

In einem ersten Experiment soll beispielhaft die Vorgehensweise zur Beschreibung und Verifikation einer Schaltung praktisch dargestellt werden. In dem Beispiel geht es nicht darum die Schaltung zu verstehen, vielmehr liegt das Augenmerk auf den Werkzeugen zur Schaltungsdefinition, zur Schaltkreissimulation und zur Darstellung der „gemessenen" Ergebnisse. Auf die Schaltung selbst wird in Abschn. 8.2.1 näher eingegangen.

Der in Abb. 2.17 skizzierte Designflow ist bei allen EDA-Systemen (EDA: Electronic Design Automation) ähnlich. Die Schaltungsdefinition oder Designdefinition erfolgt mit einem Werkzeug zur symbolischen Beschreibung eines Schaltplans (*Capture* bzw. *Schematic*). Dazu werden Symbole für Schaltkreiselemente benötigt, die in einer Symbol-Library (hier: *.olb) abgelegt sind. Die Erstellung und Bearbeitung von Symbolen ermöglicht der *Symbol Editor*. Über bestimmte Attribute am Symbol wird die Referenz vom Symbol zu einem dazu gültigen Modell aufgelöst. Komplexere Modelle bzw. Modellparametersätze sind in einer Model Library (hier: *.lib) hinterlegt. Im projektspezifischen „*Workspace*" werden alle projekt- und designspezifischen Objekte (hier: *.opj, *.dsn, *.sim, *.net, *.dat, u. a.) abgelegt, dies gilt auch für designspezifische Symbole und Modelle. Die Design-Hierarchie mit Project/Design/Schematic/Page ist aus

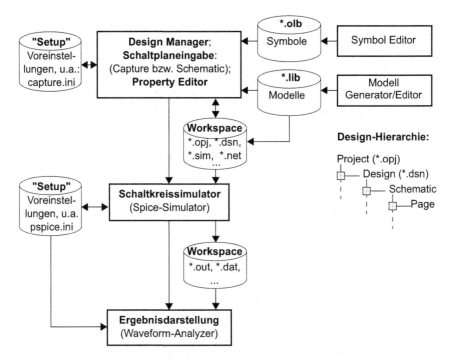

Abb. 2.17 Softwaremodule eines „virtuellen" Labors und Prozessablauf mit Schaltplaneingabe, Schaltkreissimulator und graphischer Ergebnisdarstellung mit Design-Hierarchie

Abb. 2.17 zu entnehmen. Ein *Project* kann aus mehreren *Designs* bestehen, ein *Design* wiederum aus mehreren *Schematics*, ein Schematic verteilt sich auf ein oder mehrere *Pages*. Der *Design Manager* ist ein „Project-Browser"; er stellt in einer Baumstruktur alle Design-Ressourcen dar, u. a. lassen sich Objekte auswählen und darauf verfügbare Methoden anwenden. Alle Voreinstellungen (z. B. Librarypfade, Fenstergestaltung, Schriftarten und Schriftgrößen) sind im „*Setup*" definiert. Die Grundvoreinstellungen werden im *.ini File bzw. in der „Registry" festgelegt.

   Im ersten Schritt muss ein Projekt über das Menü <*File/New/Project*> in einem, dem Projekt zugeordneten „Workspace" mit der Option „Analog or Mixed A/D" angelegt werden (*.opj). Dabei ist der „Workspacepfad" zu definieren. Soll auf ein existierendes Projekt (*.opj) zugegriffen werden, so ist dieses mit <*File/Open/Project*> zu öffnen. Die Definition der Schaltung erfolgt durch die Schaltplaneingabe in einem *Designsheet* (Arbeitsblatt) eines Designs (*.dsn), bestehend aus *Schematic* mit zugeordneter *Page*. Je nach Auswahl des Design Manager Fensters oder des Fensters zur Schaltplaneingabe erscheinen unterschiedliche „*Taskleisten*" mit unterschiedlichen Funktionen. Bei Auswahl des Fensters zur Schaltplaneingabe ist eine zusätzliche „Taskleiste" am rechten Rand verfügbar, über die wesentliche Funktionen zur Erstellung des Schaltplans aufgerufen werden können. Abbildung 2.18 zeigt links die Oberfläche des *Design Managers*, rechts die Schaltplaneingabe mit zugehörigen Taskleisten.

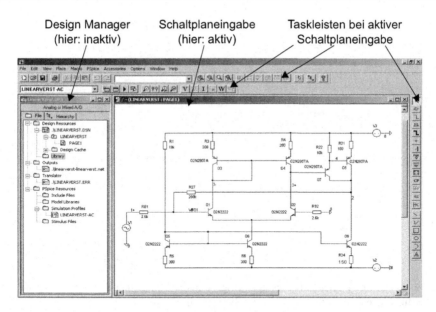

Design Manager   Schaltplaneingabe   Taskleisten bei aktiver
(hier: inaktiv)   (hier: aktiv)   Schaltplaneingabe

Abb. 2.18   Orcad-Lite/PSpice-A/D Bedienoberfläche: *links* Design-Manager mit Design-Ressourcen, *rechts* Schaltplaneingabe – Designsheet (Schematic „Linearverst" mit Page1)

Jedes Schaltkreiselement, jede Schaltkreisfunktion wird durch ein Symbol repräsentiert. Symbole für gegebene Schaltkreiselemente können aus einer *Symbol Library* (*.olb) ausgewählt und in das Designsheet instanziiert werden; sie werden dann zu einer Desiginstanz. Über die Instanziierungsfunktion („*Place Part*") der „Taskleiste" am rechten Rand der Schaltplaneingabe lassen sich Symbole auswählen und instanziieren. Wird ein Symbol aus einer Symbol Library in einem Designsheet instanziiert, so wird das Symbol zu einer Designinstanz mit eigenem Namen (Reference bzw. Reference-Designator, z. B. R21). Abbildung 2.19 zeigt die aktive Instanziierungsfunktion in der rechten „Taskleiste" und die Auswahl einer Symbol Library (z. B. eval.olb). Dazu müssen die verwendeten Symbol Libraries registriert sein. Die Registrierung erfolgt u. a. im *.ini File. Eine Nachregistrierung ist über „*Add Library*" im „*Place Part*" Menü möglich (s. Abb. 2.19).

Der Schaltplan besteht aus den instanziierten Symbolen und den Verbindungen zwischen den Anschlusspins (Schnittstellen) der Symbole. Für die Definition der Verbindungen steht die Funktion „*Place Wire*" zur Verfügung. Sie befindet sich direkt unterhalb der „*Place Part*" Funktion in der „Taskleiste" am rechten Rand des Fensters zur Schaltplaneingabe. Alle instanziierten Symbole sind im „*Design Cache*" aufgelistet.

Jedem Symbol muss ein Modell zugeordnet sein. Neben den „*Intrinsic*"-Modellen eines Schaltkreissimulators gibt es nutzerspezifische oder projektspezifische Modelle. Die Eigenschaften der PSpice-Modelle werden durch Modellgleichungen und Modellparameter festgelegt. Modellparametersätze sind in einer *Model Library* (*.lib) abgelegt. Die Bearbeitung eines Modellparametersatzes erfolgt mit dem *Model Editor*. Bestimmte Attribute am Symbol referenzieren auf ein Modell bzw. auf einen Modellparametersatz,

Place Part (Instanziierung)

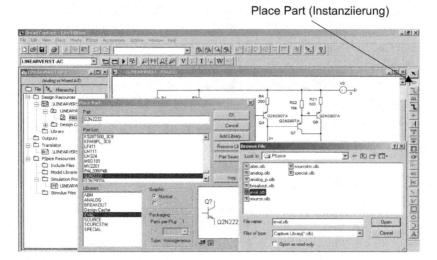

Abb. 2.19 Orcad-Lite/PSpice-A/D Schaltplaneingabe mit Auswahl einer Symbol Library aus der Schaltkreisfunktionen – repräsentiert durch ein Symbol – instanziiert werden

der in einer registrierten Model Library verfügbar sein muss. Die Bearbeitung von Attributen u. a. an Symbolen, an Symbolpins und an Verbindungsnetzen erfolgt mit dem *Property Editor*.

Nach Fertigstellung der Schaltungsdefinition im Schematic wird beim Aufruf des Simulationsprozesses zunächst die Datenbasis für den eigentlichen Simulationsprozess aufbereitet, u. a. wird eine textuelle Netzliste (*.net) erstellt. Der Simulator benötigt neben der Netzliste Angaben über „was/wie" simuliert werden soll (u. a. Analyseart). Die Definition dieser Angaben erfolgt im Simulation Profile bei Aufruf der entsprechenden Funktion zur Festlegung des *Simulation Profile* (*.sim). Die nötigen Einstellungen lassen sich über ein Menü vornehmen, s. Abb. 2.20. Konkret wird im Beispiel eine AC-Analyse ausgewählt. Dazu muss u. a. der Frequenzbereich und der „*Sweep Type*" (hier: logarithmisch) definiert werden.

Nachdem alle Vorgaben vollständig und gültig sind (Netzliste und Simulation Profile) kann der eigentliche Simulationsprozess durchgeführt werden. Der Start der Simulation erfolgt durch Betätigung des Funktionsknopfs rechts neben der Definition des Simulation Profile. Die Ergebnisse des Simulationsprozesses sind bei einer analogen Schaltkreissimulation Knotenspannungen und Zweigströme.

Alle Knotenspannungen und Zweigströme werden vom Schaltkreissimulator in ein Ausgabe-File (*.dat) geschrieben. Die tabellenartig vorliegenden Simulationsergebnisse in Form der Knotenspannungen und Zweigströme können nun mittels des „Waveform-Analyzers" (in PSpice: *Probe*) graphisch dargestellt werden. Damit lassen sich Ergebnisspalten (Knotenspannungen und Zweigströme) aus der Ergebnistabelle auswählen und zu einem gültigen Ausdruck formen, s. Abb. 2.21. Der „Waveform-Analyzer" ist eine Art „Tabellen-Calculator" mit graphischer Darstellungsmöglichkeit.

Definition des Simulation Profile

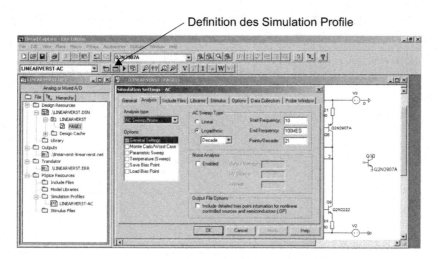

Abb. 2.20 PSpice A/D: Definition des Simulation Profile

Aufruf der "Simulation Output Variables"

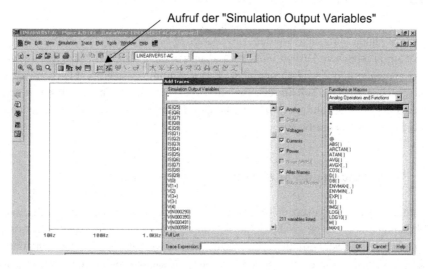

Abb. 2.21 Waveform-Analyzer und Auswahl von Knotenspannungen und Zweigströmen zur Definition eines darzustellenden Ausdrucks (Trace Expression)

Das Ergebnis der Simulation schließlich zeigt Abb. 2.22. Die Genauigkeit der Schaltkreissimulation hängt von der Modellgenauigkeit der verwendeten Modelle für die Instanzen eines Schaltkreises ab. Effekte die in Modellen der Schaltkreiselemente nicht abgebildet sind, lassen sich somit durch die Simulation nicht erfassen. Gegenüber dem messtechnischen Experiment hat der Simulationsprozess den Vorteil, dass gezielt Einflussgrößen auf das Schaltungsverhalten studiert werden können. Beispielsweise kann bei einer Transistorschaltung speziell der Parameter „Sperrschichtkapazität" auf das

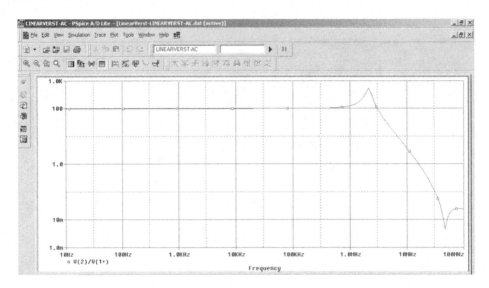

Abb. 2.22 Ergebnisdarstellung des ausgewählten Ausdrucks V(2)/V(1 +)

Schaltungsverhalten untersucht werden. Eine derartige Separierung eines einzelnen Parameters ist im praktischen Aufbau unmöglich. Ein weiterer Vorteil ist, dass man an alle Knotenspannungen und Zweigströme ideal „heran" kommt, was im praktischen Aufbau so nicht gegeben ist. Die Schaltkreissimulation dient vor allem dazu, sich ein tieferes Verständnis über das Schaltungsverhalten und deren Einflussgrößen nach vorangegangener Abschätzanalyse zu erarbeiten.

2.2.2 Beschreibung und Analyse einer Testanordnung

Unabhängig von den eingesetzten Werkzeugen wird die Systematik zur Beschreibung von Schaltungen aufgezeigt, so dass eine Schaltung mit einem „virtuellen" Elektroniklabor anhand einer Testanordnung verifizierbar ist. Allgemein ist bei der Schaltungsanalyse eine dimensionierte Schaltung vorgegeben. Gesucht werden die Eigenschaften der Schaltung. Die Eigenschaften lassen sich u. a. charakterisieren durch das Schnittstellenverhalten (z. B. Schnittstellenimpedanzen) und durch das Übertragungsverhalten (z. B. Verstärkung im Frequenzbereich und Zeitbereich). Im Gegensatz dazu sind bei der Schaltungssynthese die Eigenschaften vorgegeben, gesucht ist die Dimensionierung einer Schaltung so, dass die gewünschten Eigenschaften eingehalten werden. Basis der Schaltungssynthese ist die Schaltungsanalyse. Eine geschlossene Synthese lässt sich in der analogen Schaltungstechnik im Allgemeinen nur für reguläre Schaltungsstrukturen vornehmen (z. B. Filterstrukturen); u. a. helfen Optimierungsalgorithmen reguläre Schaltungsstrukturen so zu dimensionieren, dass geforderte Eigenschaften erfüllt sind. Dazu muss eine Zielfunktion vorgegeben werden, weiterhin sind geeignete Schaltungsparameter als Optimierungsparameter zu definieren.

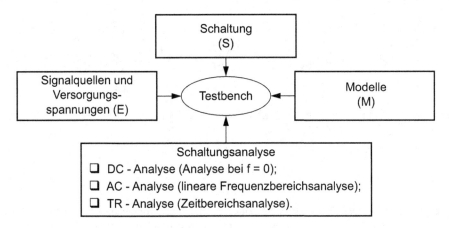

Abb. 2.23 Prinzipielle Vorgehensweise bei der Schaltungsanalyse

Prinzipielle Vorgehensweise bei der Schaltungsanalyse: Gegeben sei eine dimensionierte Schaltung. Die Aufgabe ist gestellt, diese Schaltung mittels eines Schaltkreissimulators zu analysieren. Dazu sind folgende Teilschritte erforderlich:

a) Definition der Schaltung (S) mit der Schaltplaneingabe „Capture";
b) Festlegung der Modelle (M) durch Referenz auf Modelle bzw. Modellparametersätze;
c) Festlegung der Signalquellen (E) und Versorgungsspannungen mit der Schaltplaneingabe „Capture";
d) Festlegung der Art der Analyse (DC-, AC-, TR-, Rauschanalyse) im „Simulation Profile".

Die prinzipielle Vorgehensweise bei der Schaltungsanalyse per Schaltkreissimulation zeigt Abb. 2.23. Diese Konstellation bildet eine Testanordnung bzw. eine Testbench. Die Beschreibung einer Schaltung (S) und deren Signalquellen (E) bzw. Versorgungsspannungen kann erfolgen durch:

- Symbolische Beschreibung mittels eines Schaltplans (z. B. mit Capture in *.dsn mit Schematic und Page);
- Nutzung einer Hardwarebeschreibungssprache (z. B. VHDL-AMS: Strukturbeschreibung);
- Textuelle Beschreibung mittels einer Netzliste ohne Graphiksymbole (z. B. in *.net).

Symbole für Schaltkreiselemente: In der analogen Schaltungstechnik ist die symbolische Beschreibung mittels Schaltplan üblich. Jedes in einem Design verwendete Schaltkreiselement, jede Schaltkreisfunktion wird durch ein Symbol repräsentiert. Abbildung 2.24 zeigt einige Symbole für unabhängige Quellen mit Referenzbezeichner und den sichtbar geschalteten Attributen (auch Properties genannt) am Symbol.

Symbole für Schaltkreiselemente bzw. Schaltkreisfunktionen werden aus einer Symbol Library ausgewählt, sie sind dann im Designsheet nach der Instanziierung als Designinstanz „gegenständlich" mit einem eigenen Referenzbezeichner (Reference bzw.

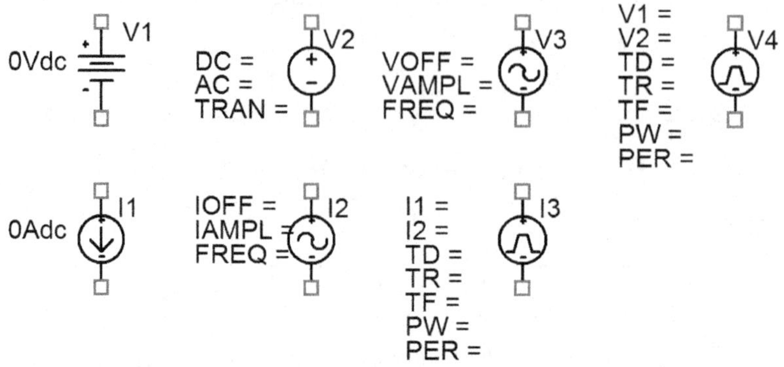

Abb. 2.24 Beispiele von Symbolen für Spannungsquellen und Stromquellen aus der **SOURCE**-Library für die *DC-*, *AC-* und *TR*-Analyse mit Parametern zur Definition u. a. der ausgewählten Signalformen

Reference-Designator). Der Referenzbezeichner kennzeichnet das jeweilige Schaltkreiselement u. a. in der Netzliste und in der Stückliste (BOM: Bill of Material). Einige PSpice-Symbol-Libraries (*.olb) sind:

- **ABM** – Analogue Behavioral Modelling: enthält u. a. funktional gesteuerte Quellen; z. B. stellt das Symbol EValue eine spannungsgesteuerte Spannungsquelle mit einer Übertragungsfunktion definiert durch einen Ausdruck (Expression) dar; GValue ist entsprechend eine funktional spannungsgesteuerte Stromquelle (s. Beispiel in Abb. 2.13).
- **ANALOG**: beinhaltet u. a. die Schaltkreisprimitive, wie z. B. R, L, C, T (Transmission Lines), K (gekoppelte Elemente) und linear gesteuerte Quellen: E, G, H, F.
- **EVAL**: enthält physikalische Bauteile, wie z. B. die Diode 1N4148, den Transistor 2N2222 und darüber hinaus digitale Bausteine wie z. B. Gatter, Flip-Flops, Register, Zähler.
- **SOURCE**-Library: hier finden sich Symbole für Signalquellen (Spannungsquellen und Stromquellen), sowie Symbole für Versorgungsspannungen.
- **USER**: anwendungsspezifisch, enthält die für die Ausführung der Experimente erforderlichen Symbole, wie z. B. für Operationsverstärker und experimentspezifische Dioden und Transistoren.

Wie später noch gezeigt wird „hängen" am Symbol und an den Symbolpins sichtbare und unsichtbare Attribute. Attribute werden benötigt, um u. a. eine Designinstanz zu kennzeichnen, um komponentenspezifische Eigenschaften festzulegen, wie z. B. Bauteilwerte und um Referenzen zum Modell oder Referenzen zum Footprint auflösen zu können.

Symbole für gesteuerte Quellen: Im Gegensatz zu den funktional gesteuerten Quellen (z. B. EValue, GValue) in der ABM-Library sind die proportional gesteuerten Quellen (E, G, H, F) in der ANALOG-Library abgelegt. Mit funktional gesteuerten Quellen lassen sich u. a. nichtlineare Übertragungseigenschaften darstellen.

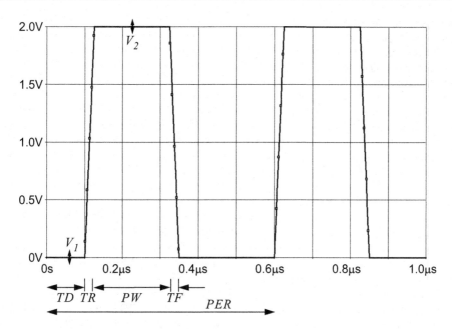

Abb. 2.25 Zeitverlauf einer trapezförmigen Impulsquelle VPULSE mit den Parametern *V1*, *V2*, *TD*, *TR*, *TF*, *PW*, *PER*

Symbole für unabhängige Quellen (Eingangssignale und Versorgungsspannungen): Abbildung 2.24 zeigt die Symbole der wichtigsten Signalquellen bzw. der Versorgungsspannungen entnommen aus der SOURCE-Library.

In Abb. 2.25 ist beispielhaft der Zeitverlauf einer trapezförmigen Impulsquelle aufgezeigt. Wie bereits dargelegt, bilden die Eingangssignale (E) zusammen mit der Schaltung (S) eine Testanordnung. Die Aufgabenstellung definiert die Art und Weise der zu untersuchenden Eigenschaften einer Schaltung. Speziell bei der TR-Analyse sind vielfältige Testsignal- bzw. Eingangssignalformen, je nach Problemstellung, erforderlich. Die Art des Eingangssignals wird durch das instanziierte Symbol aus der SOURCE-Symbol-Library festgelegt. Durch Attribute am Symbol lassen sich die Signalparameter definieren; der DC-Wert gilt für die DC-Analyse, der AC-Wert für die AC-Analyse. Darüber hinaus ist für die TR-Analyse die Kurvenform (u. a. Sinusquelle *VSIN*: *VAMPL*-Amplitude, *VOFF*-Offset, *FREQ*-Frequenz; pulsförmige Signalquelle *VPULSE*: *V1*-Amplitude, *V2*-Amplitude, Einschaltverzögerung *TD*, Anstiegszeit *TR*, Pulsdauer *PW*, Abfallzeit *TF*, Pulsperiode *PER*) festzulegen. Wie in Abb. 2.25 für den Zeitverlauf einer pulsförmigen Spannungsquelle *VPULSE,* lassen sich in ähnlicher Weise mit entsprechenden Attributen am jeweiligen Symbol der Signalquelle andere Zeitverläufe von Spannungsquellen und Stromquellen definieren und parametrisieren.

Symbolische Beschreibung einer Schaltung: In der Schaltplaneingabe werden Symbole in das *Designsheet* (Arbeitsblatt) instanziert. Ist dem Schaltkreiselement ein reales Bauteil zugeordnet, so spricht man von einer *physikalischen Instanziierung*, ansonsten von einer

Abb. 2.26 Schaltung
mit Eingangssignal und
Versorgungsspannung,
Schematicdarstellung (**a**) mit
zugehöriger Netzliste (**b**)

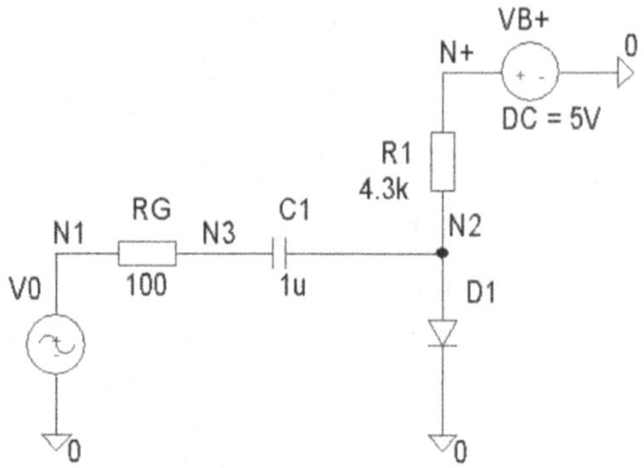

b

Design-instanz	Verbin-dungen	Attribut-Einträge in der Netzliste
C_C1	N3 N2	1u
R_RG	N1 N3	100
D_D1	N2 0	D1N4148-X
R_R1	N2 N+	4.3k
V_VB+	N+ 0	DC 5V AC 0
V_V0	N1 0	DC 0V AC 0.1V
+		SIN 0V 0.1V 10kHz 0 0 0

„virtuellen" Instanziierung. Bei einer virtuellen Instanziierung muss in einem späteren Prozessschritt vor Erstellung des physikalischen Layouts ein physikalisches Bauteil zugeordnet werden. Ein reales (physikalisches) Bauteil bzw. Part ist charakterisiert u. a. durch einen Part-Identifier, ein Datenblatt, durch das Gehäuse (Package) und durch die zweidimensionale Abbildung des Gehäuses (Footprint) mit Anschlussflächen (Pads). Wie Symbole in das Gehäuse abgebildet werden beschreibt das Mapping. Das instanziierte Symbol wird dann zu einer Designinstanz – gekennzeichnet durch einen designspezifischen Referenz-Bezeichner (Reference-Designator). Im Weiteren müssen die Anschlüsse der Symbole verbunden werden. Signalquellen werden ebenfalls in Form von Symbolen dargestellt und geeignet mit instanziierten Schaltkreiselementen verbunden. Abbildung 2.26 zeigt eine Beispielschaltung. Sie enthält die Designinstanzen *V0*, *VB+*, *RG*, *R1*, *C1* und *D1*, sowie die Netze *N1*, *N2*, *N3*, *N+* und das Groundnetz „0" des Bezugspotenzials. Dem Kondensator *C1* muss zunächst kein physikalisches Bauteil zugeordnet werden. Für das Schaltungsverhalten genügt es den Kapazitätswert von 1 µF anzugeben. Soll ein Boardlayout erstellt werden, ist allerdings zwingend vorher ein physikalisches Bauteil der Instanz *C1* zuzuordnen. Im Beispiel in Abb. 2.26 ist auch die Netzliste (*.net) angegeben als Ausgangsbasis für die Schaltkreissimulation. Die Netzliste enthält pro Zeile eine Designinstanz. Zeilen mit „+" beginnend stellen Fortsetzungszeilen dar. Jede Designinstanz beginnt mit der Kennung (*R* für Widerstände, *C* für Kapazitäten, *L* für Induktivitäten, *D* für Dioden, *Q* für Bipolartransistoren, *V* für Spannungsquellen, u. a.) gefolgt von einem Referenzbezeichner (z. B. C_C1). In der zweiten Rubrik sind die den Anschlusspins des Symbols zugeordneten Netze aufgeführt. In der dritten Rubrik schließlich sind Attribut-Einträge enthalten, die

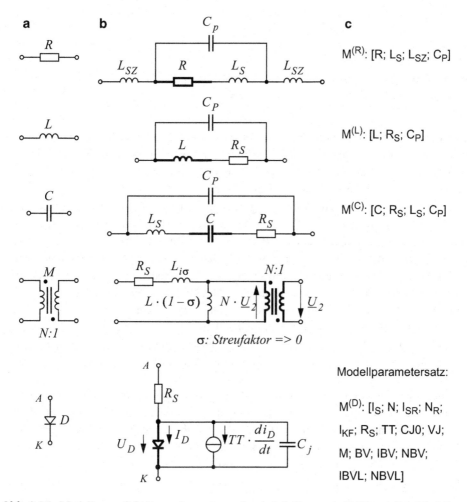

Abb. 2.27 Modelle von Schaltungselementen; **a** Symbol; **b** Ersatzschaltbildmodell; **c** Modellparametersatz

u. a. je nach Designinstanz den Widerstandswert, den Kapazitätswert, den Modellnamen oder Attribute zur Definition der Kurvenform einer Signalquelle festlegen.

Modelle: Zur Schaltungsanalyse benötigt man für jedes Schaltungselement ein für den jeweiligen Betriebsfrequenzbereich geeignetes Modell. Je nach Bauform ist es besonders bei höheren Frequenzen von großer Wichtigkeit das reale Verhalten der Bauteile einschließlich der Zuführungsleitungen und parasitärer Effekte zu berücksichtigen. In Abb. 2.27 sind beispielhaft Modelle für die Bauteile R, L, C, K, D dargestellt. Die Modelle für Dioden und Transistoren (D, Q, J-FET, M-FET) werden in Kap. 3 behandelt. Darüber hinaus gibt es Makromodelle (s. Kap. 5) zur Beschreibung des funktionalen Verhaltens eines Schaltkreises oder einer Schaltkreisfunktion.

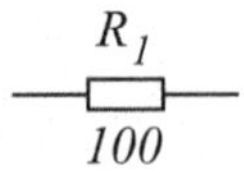

$$\frac{R_1}{\boxed{}}$$
$$100$$

Abb. 2.28 Beispiel einer Designinstanz mit „Intrinsic"-Modell ohne Modell-Parametersatz mit dem Instanzbezeichner *R1* und dem sichtbarem Value-Attribut 100

Das System zur Schaltkreissimulation findet das einem Schaltkreiselement zugeordnete Modell über die Modell-Referenz. In Orcad-Lite/PSpice wird die Modell-Referenz definiert und aufgelöst durch spezielle Attribute am Symbol. Der Attribut-Name: „*Implementation*" mit dem Attribut-Wert in Form des Modellnamens für einen gültigen Modell-Parametersatz in einer registrierten Model Library legt beispielsweise die Referenz zu dem Modell-Parametersatz fest. In ähnlicher Weise finden sich am Symbol Attribute zur Festlegung der Referenz zu einem „*Part*", einem „*Package*" (Gehäuse) oder einem „*Footprint*". Die Modell-Referenz legt in der Regel nur den Modellnamen fest. In den dem System bekannten (registrierten) Model Libraries wird dann nach dem Modell mit dem Modellnamen gesucht, um es dann in die Beschreibung des Schaltkreises einbinden zu können.

Bei Makromodellen wird eine Schaltungsfunktion im Wesentlichen durch funktional gesteuerte Quellen beschrieben. Ein Makromodell für Linearverstärker bzw. für Operationsverstärker wird in Kap. 5 behandelt. Grundsätzlich kennt der Schaltkreissimulator Spice vier verschiedene Arten von Modellen für Schaltkreiselemente bzw. Schaltkreisfunktionen:

- **„Intrinsic"-Modelle ohne Parametersatz** mit Wertangabe durch das Value-Attribut am Symbol (z. B. bei *R*-, *L*-, *C*-Wert). Abbildung 2.28 zeigt einen Widerstand mit dem Instanzbezeichner *R1* und dem Wert des Value-Attributs. Die Modellgleichung ist im Simulator „hart" codiert. Von „außen" kann nur der Wert über das Value-Attribut am Symbol eingegeben werden. Widerstände, Kondensatoren, Induktivitäten u. a. weisen im Allgemeinen „Intrinsic"-Modelle ohne Parametersatz und damit ohne parasitäre Eigenschaften auf.

- **„Intrinsic"-Modelle mit Parametersatz,** hier wird über die Modell-Referenz am Symbol auf einen Parametersatz in einer registrierten Model Library referenziert. Die Modellgleichungen sind auch hier „hart" codiert. Dioden-Modelle und Transistor-Modelle sind „Intrinsic"-Modelle mit Referenz zu einem Modell-Parametersatz. In PSpice ist der Wert des „Implementation"-Attributs mit dem Modellnamen zu belegen. Der Wert des „Implementation Type"-Attributs muss *PSpice Model* sein. Der Modell-Parametersatz selbst ist in einer registrierten Model Library abzulegen. Die Registrierung erfolgt u. a. im „Setup" oder im Simulation Profile unter dem Menü „Libraries". Abbildung 2.29 zeigt die Diode *1N4148* mit dem Instanzbezeichner *D1*. Unter dem Modellnamen *D1N4148-X* ist in einer registrierten Library **.lib* beispielsweise der angegebene Modell-Parametersatz abzulegen.

- **„Schematic"-Modelle,** das sind symbolisch beschriebene Ersatzschaltbilder. In Abb. 2.30 ist für den Widerstand *RHF1* ein Ersatzschaltbild-Modell dargestellt. Die Auflösung der Referenz vom Symbol auf die Ersatzschaltung ermöglichen die *Implementation*-Attribute

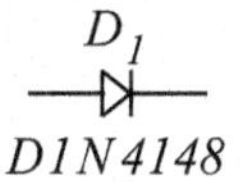

$$D_1$$

$$D1N4148$$

.model D1N4148-X D(Is=0.002p N=1.0 Rs=5.5664 Ikf=44m Xti=3 Eg=1.11 +Cjo=4p
M=.3333 Vj=.5 Fc=.5 Isr=0.5n Nr=3 Bv=20 Ibv=100u Tt=11.54n)

Abb. 2.29 Beispiel einer Designinstanz $D1$ mit „Intrinsic"-Modell mit Referenz auf den angegebenen Modell-Parametersatz $D1N4148-X$, abzulegen in einer *.lib

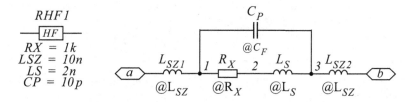

Abb. 2.30 Beispiel eines Widerstandssymbols mit Referenz auf ein parametrisierbares Schematic-Modell für einen Widerstand mit Hochfrequenzeigenschaften

$$RHF1$$
$$\boxed{HF}$$
$$RX = 1k$$
$$LSZ = 10n$$
$$LS = 2n$$
$$CP = 10p$$

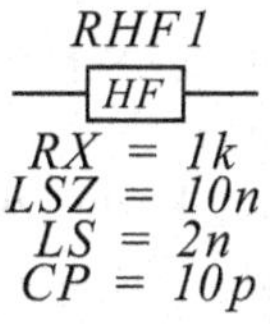

```
***** HF-Widerstand
.SUBCKT RHF a b
+ PARAMS: RX=1k LSZ=10n LS=2n CP=10p
LSZ1  a 1 {LSZ}
RX    1 2 {RX}
LS    2 3 {LS}
LSZ2  3 b {LSZ}
CP    1 3 {CP}
.ENDS RHF
```

Abb. 2.31 Beispiel eines Widerstandssymbols mit Referenz auf ein parametrisierbares Subcircuit-Modell für einen Widerstand mit Hochfrequenzeigenschaften

am Symbol. Im Beispiel ist die Ersatzschaltung parametrisierbar. Die Werte der Ersatz-
schaltbildelemente werden über Attribute am Symbol definiert. Die in Kap. 5 eingeführten Makromodelle sind u. a. symbolisch beschriebene Ersatzschaltbildmodelle.

- **„Subcircuit"-Modelle,** das sind textuell beschriebene Ersatzschaltbilder. Im Beispiel
  von Abb. 2.31 beschreibt eine textuell dargestellte parametrisierbare Subcircuit-Beschreibung die dem Widerstand zugeordnete Ersatzschaltung. Über die *Implementation*-Attri-
  bute am Symbol wird auf das Subcircuit-Model in einer registrierten Model Library *.lib*
  referenziert. Textuell beschriebene Ersatzschaltbilder sind leichter austauschbar, weil
  ohne systemspezifische Graphik.

Attribute an Symbolen: Wichtig für das Verständnis von rechnergestützten Entwurfsmethoden ist das Attribut-Konzept. Allgemein lassen sich an Objekte (u. a. Symbolkörper, Symbolpins, Netze) Attribute anfügen, um Eigenschaften und Merkmale von
Objekten zu definieren, die u. a. zur Identifikation, zur Kennzeichnung, zur Auflösung

	Attribut-Name	Attribut-Wert
R_1	Reference	R1
▭	Value	100
100	PSpice Template	R^@REFDES %1 %2 @VALUE
	...	...

Abb. 2.32 Beispiel von Attributen am Symbol für einen Widerstand

	Attribut-Name	Attribut-Wert
	Reference	D1
D_1	Value	-
	Implementation	D1N4148-X
▷	Implementation Path	-
	Implementation Type	PSpice Model
$D1N4148$	PSpice Template	D^@REFDES %1 %2 @MODEL
	...	...

Abb. 2.33 Beispiel von Attributen am Symbol einer Diode mit Referenz auf einen Modell-Parametersatz mit dem Namen *D1N4148-X*

von Referenzen zu anderen Objekten und zur Steuerung nachgeordneter Prozesse oder für Check-Funktionen in nachgeordneten Prozessen benötigt und verwendet werden. Ein *Attribut* (auch Property genannt) hat einen *Attribut-Eigner* (z. B. Symbolkörper), einen Attribut-Identifier (auch *Attribut-Name* genannt) und einen *Attribut-Wert*. Viele Attribute von Objekten sind im Schaltplan nicht sichtbar, um die Lesbarkeit des Schaltplans nicht zu beeinträchtigen. Attribute werden wiederum durch Attribute charakterisiert, um deren Eigenschaften (Typ, Darstellungsart: Font, Ausrichtung, Lage im Bezug zum Eigner, Sichtbarkeit, u. a.) festzulegen. Die Festlegung der Attribute erfolgt oft über ein „Attribut-Dictionary". Mit dem „*Value*"-Attribut wird der Bauteilwert für ein „Intrinsic"-Modell ohne Referenz auf einen Modell-Parametersatz festgelegt. Das „PSpice Template"-Attribut steuert den Eintrag von Attributen und die Formatierung des Eintrags in die Netzliste (s. Netzliste in Abb. 2.26). Schließlich dienen das „*Implementation*"-Attribut (auch „*Model*"-Attribut genannt), das „*Implementation Path*"-Attribut und das „*Implementation Type*"-Attribut zur Auflösung der Referenz zu einem Modell-Parametersatz, einem Schematic-Modell oder zu einem Subcircuit-Modell. Weitere Attribute werden u. a. zur Auflösung der Referenz zu einem physikalischen „Part" oder zu einem Footprint für die Erstellung des Layouts benötigt. Im Folgenden sind einige Symbole dargestellt mit Angabe der wichtigsten Attribute u. a. zur Auflösung der Modell-Referenz für die Schaltkreissimulation. Wie bereits erwähnt, sind nicht alle Attribute am Symbol „sichtbar"; viele sind „versteckt" angefügt, sie werden erst sichtbar bei Auswahl des Attribut-Eigners und Aufruf des Attribut-Editors. In Abb. 2.32 sind wichtige Attribute an einem Standard-Widerstand ohne Referenz auf ein Modell dargestellt. Der Widerstand referenziert auf ein „Intrinsic"-Modell und verwendet keinen Modellparametersatz. Aufgrund des PSpice-Template Attributs wird folgender Eintrag in die Netzliste: R_<Wert Reference-Attr.> <Netzname an Pin1> <Netzname an Pin2> <Wert Value-Attr.> generiert.

Wichtige Attribute einer Diode mit Referenz auf einen Modell-Parametersatz sind in Abb. 2.33 dargestellt. Das Value-Attribut bleibt unbesetzt, es wird nicht ausgewertet.

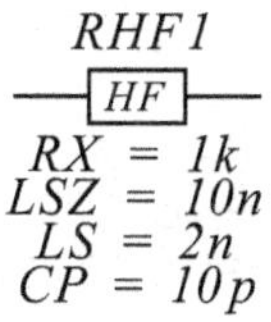

Attribut-Name	Attribut-Wert
Reference	RHF1
Value	-
Implementation	RHF-Schematic-Model
Implementation Path	.\RHF1\RHF-SCHEMATIC-MODEL.dsn
Implementation Type	Schematic View
PSpice Template	-
RX	1k
LS	2n
LSZ	10n
CP	10p
...	...

RHF 1

─┤ *HF* ├─

$RX = 1k$
$LSZ = 10n$
$LS = 2n$
$CP = 10p$

Abb. 2.34 Beispiel von Attributen eines speziellen Widerstandssymbols mit Referenz auf ein Schematic-Modell mit dem Namen „RHF-Schematic-Model" für einen Widerstand mit Hochfrequenzeigenschaften. Achtung: die Pin-Namen am Symbol müssen konsistent zu den Pin-Namen im Schematic-Modell sein

Die Festlegung der Modell-Referenz erfolgt durch die drei Attribute „*Implementation*", „*Implementation Path*" und „*Implementation Type*". Bei Referenz zu einem Modell-Parametersatz in einer dem System bereits bekannten Model Library wird der Wert des „*Implementation Path*" Attributs nicht ausgewertet. Bei gegebenem Namen des Modell-Parametersatzes (Wert des Implementation-Attributs) sucht das System automatisch nach Modell-Parametersätzen mit dem definierten Namen in allen registrierten Model Libraries. Eine Registrierung einer Model Library kann unter dem Menüpunkt „Libraries" im „Simulation Profile" erfolgen. Zunächst wird in Model Libraries des Workspaces gesucht, sodan in den übrigen registrierten Model Libraries. Enthält keine dem System bekannte (registrierte) Model Library einen Modell-Parametersatz mit dem angegebenen Namen, so erfolgt eine Fehlermeldung. Zur Beschleunigung der Suche wird ein Suchindex (*.ind) automatisch aufgebaut, in dem alle Namen der Modell-Parametersätze in den registrierten Model Libraries erfasst sind.

Aufgrund des *PSpice Template Attributs* wird mit $D^\wedge @REFDES$ nach der Kennung „D" für die Diode der aktuelle Wert des „Reference"-Attributs in die Netzliste eingetragen. Sodann folgen in der Netzliste die Netznamen an *Pin1* und *Pin2*. Mit *@MODEL* erfolgt an dieser Stelle der Eintrag des aktuellen Werts des „Implementation"-Attributs in die Netzliste.

Parametrisierbare Schematic- und Subcircuit-Modelle: Für parametrisierbare Schematic-Modelle oder Subcircuit-Modelle müssen zusätzlich am Symbol Attribute für Modellparameter angefügt werden. In der Modelldefinition (s. Abb. 2.30, 2.31) sind Platzhalter (z. B. @RX, @LS, @LSZ, @CP bzw. {RX}, {LS}, {LSZ}, {CP}) eingeführt für Werte von Modell-Parametern, die von Attributen an der Designinstanz am Symbol aktuell besetzt werden. Damit lassen sich bei Mehrfachinstanziierungen des Symbols in einem Design an jeder Designinstanz unterschiedliche Werte von Modell-Parametern festlegen, bei Verwendung eines gemeinsamen Modells. Abbildung 2.34 zeigt ein spezielles Widerstandssymbol mit Referenz auf ein parametrisierbares Schematic-Modell und den dafür erforderlichen Attributen. Der Wert des „Implementation"-Attributs muss mit dem *Schematic-Namen* der

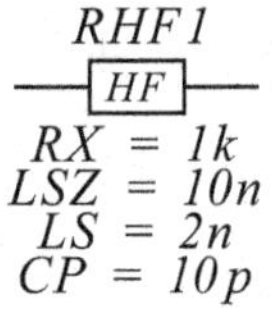

Attribut-Name	Attribut-Wert
Reference	RHF1
Value	-
Implementation	RHF
Implementation Path	-
Implementation Type	PSpice Model
PSpice Template	X^@REFDES %a %b @MODEL
	PARAMS: RX=@RX LS=@LS
	CP=@CP LSZ=@LSZ
RX	1k
LS	2n
LSZ	10n
CP	10p

$RHF1$

HF

$RX = 1k$
$LSZ = 10n$
$LS = 2n$
$CP = 10p$

Abb. 2.35 Beispiel von Attributen eines speziellen Widerstandssymbols mit Referenz auf ein Subcircuit-Modell für einen Widerstand mit Hochfrequenzeigenschaften. Achtung: die Pin-Namen „a" und „b" am Symbol müssen konsistent zu den Pin-Namen im Modell (s. Abb. 2.31) und im Template-Attributeintrag sein

Modellbeschreibung belegt sein. Im „Implementation-Path"-Attribut wird der Pfad zum *Designsheet* (*.dsn) des Schematic-Modells festgelegt. Das Beispiel verwendet mit „\" eine relative Pfadangabe, relativ zum Workspace. Das Schematic-Modell ist demnach im Unterverzeichnis *RHF1* vom Workspace abzulegen. Im „Implementation-Type"-Attribut ist der Typ mit „Schematic-View" zu besetzen. Das „Value"- und das „PSpice-Template"-Attribut ist hier nicht relevant, es wird nicht ausgewertet. Speziell bei Schematic-Modellen und Subcircuit-Modellen ist auf die Konsistenz der Pin-Namen am Symbol, in der Modell-Definition und im „PSpice Template"-Attribut zu achten. Pin-Namen am Symbol sind Attribute, deren Eigner der Pin am Symbol ist, nicht der Symbolkörper.

In Abb. 2.35 ist ein spezielles Widerstandssymbol dargestellt mit Referenz auf ein Subcircuit-Modell. Aus dem Bild sind die dafür erforderlichen Attribute zu entnehmen. Wichtig dabei ist auch hier insbesondere das „PSpice Template"-Attribut, es steuert und formatiert den Eintrag verfügbarer Attribute in die Netzliste. Eine Subcircuit-Instanz beginnt mit der Kennung „X" gefolgt vom Reference-Designator. Im Weiteren müssen die Parameter des Modells definiert werden. Über „@MODEL" wird der Wert des „Implementation"-Attribut und damit der Name des Subcircuit-Modells in die Netzliste eingetragen.

Zusammenfassung: Ein genaues Verständnis des Attribut-Konzeptes von Design-Objekten in rechnergestützten Entwurfsmethoden ist unverzichtbar für das erfolgreiche Arbeiten mit den Designwerkzeugen. Wichtig für die Schaltkreissimulation ist eine korrekte Netzliste. Mit dem „PSpice-Template"-Attribut wird der Eintrag von Attributen in die Netzliste gesteuert.

2.2.3 DC/AC/TR-Analyse dargestellt an einer Beispielschaltung

Anhand von sehr einfachen Beispielschaltungen wird in die Analysemethodik des Schaltkreissimulators PSpice eingeführt. Dabei geht es um ein grundsätzliches Verständnis darüber was „hinter" dem Bildschirm bei der Schaltkreissimulation abläuft. Ohne ein

Abb. 2.36 Einfache nichtlineare Schaltung mit der Möglichkeit der Einstellung eines Arbeitspunktes

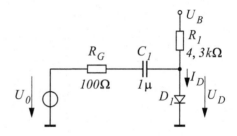

grundsätzliches Verständnis der zugrundeliegenden Verfahren können die Methoden und deren Steuerparameter nicht richtig gewählt und definiert werden. Der Aufwand für die Schaltungsanalyse hängt von der Schaltungsart und Analyseart ab. Prinzipiell lassen sich Schaltungen einteilen in:

- **Lineare Schaltungen:** z. B. passive Filterschaltungen mit R, L, C, lineare Übertrager.
- **Linearisierte Schaltungen:** Das sind im Grunde nichtlineare Schaltungen, die im Arbeitspunkt linearisiert werden. Der Arbeitspunkt wird durch eine *DC-Analyse* bestimmt. Die Linearisierung gilt im Allgemeinen nur für einen kleinen Aussteuerbereich um den Betriebspunkt bzw. Arbeitspunkt. Damit können Schaltungen im Frequenzbereich mit den herkömmlichen Methoden für lineare Schaltungen (komplexe Rechnung, Bodediagramm, Laplace-Transformation) berechnet werden. Abbildung 2.38 verdeutlicht die Vorgehensweise bei einer *AC-Analyse* von linearisierten Schaltungen im Frequenzbereich. Ein wichtiges Werkzeug u. a. zur Veranschaulichung des Frequenzgangverhaltens einer Schaltung ist das Bodediagramm. Für lineare Schaltungen anwendbar ist auch die Laplace-Transformation, um vom Frequenzbereichsverhalten auf das Zeitbereichsverhalten schließen zu können.

Beispiel zur Linearisierung von nichtlinearen Schaltungen: Im Arbeitspunkt (nach DC-Analyse) werden alle nichtlinearen Kennlinien linearisiert (Taylor-Reihe erster Ordnung mit konstantem Term und linearem Term). Die Linearisierung und Aufteilung in eine DC-Lösung und in eine AC-Lösung veranschaulicht das Beispiel in Abb. 2.36. Im Flussbereich gilt näherungsweise für die Diode:

$$I_D = IS\left(\exp\left(\frac{U_D}{N \cdot U_T}\right) - 1\right) = I_D^{(A)} + \Delta U_D / r_D. \qquad (2.1)$$

Dabei ist r_D der differenzielle Widerstand der Diode im Arbeitspunkt (s. Gl. in Abb. 2.37). DC-Lösung und AC-Lösung lassen sich getrennt ermitteln. Die Gesamtlösung entsteht durch Überlagerung der Teillösungen.

Das Verhalten der Beschaltung und der Diode bei DC-Analyse ergibt sich aus:

$$\begin{aligned} &1)\ I_D = \frac{U_B - U_D}{RI}; \\ &2)\ I_D = f(U_D). \end{aligned} \qquad (2.2)$$

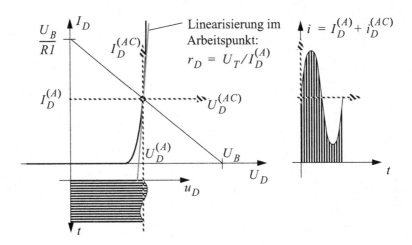

Abb. 2.37 Graphische Lösung zur Arbeitspunktbestimmung der Diodenschaltung mit Wechsel-spannungsaussteuerung im Arbeitspunkt

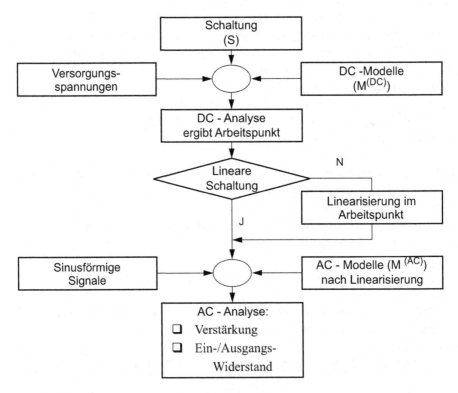

Abb. 2.38 Vorgehensweise bei der AC – Analyse; die AC-Analyseist eine lineare Analyse

Damit sind zwei Bestimmungsgleichungen für zwei Unbekannte I_D, U_D gegeben. Ist offensichtlich die Diode im Flussbereich betrieben, so reduziert sich mit $U_D = 0{,}7$ V das Gleichungssystem auf eine Bestimmungsgleichung (Gleichung 1) von (2.2)) für den gesuchten Arbeitspunkt $I_D^{(A)}$. Im Arbeitspunkt kann eine Linearisierung der nichtlinearen Schaltung vorgenommen und eine lineare AC-Analyse durchgeführt werden. Abbildung 2.37 veranschaulicht die Arbeitspunktbestimmung anhand einer graphischen Lösung.

- **Nichtlineare Schaltungen:** Speziell bei Großsignalaussteuerungen oder bei Schaltungen, deren Schaltungsfunktion die Nichtlinearität voraussetzt, muss das nichtlineare Verhalten der Schaltungselemente berücksichtigt werden. Die Berechnung des dynamischen Verhaltens von nichtlinearen Schaltungen durch die *TR-Analyse* ist im Allgemeinen sehr aufwändig. Erforderlich ist die zeitkontinuierliche Lösung nichtlinearer Differenzialgleichungssysteme. Dies realisiert ein Simulator zu diskreten Zeitpunkten so, dass Lösungen für zeitkontinuierliche Vorgänge mit hinreichender Genauigkeit zu diesen ausgewählten Zeitpunkten ermittelt und dargestellt werden können.

Bei der Abschätzung des Schaltungsverhaltens begnügt man sich häufig damit, die Abschätzwerte des eingeschwungenen Zustands von Ausgleichsvorgängen zu ermitteln. Das dynamische Übergangsverhalten kann oft nur sehr näherungsweise abgeschätzt werden.

Nur bei linearen oder linearisierten Schaltungen lässt sich für eine Induktivität $j\omega L$ und für eine Kapazität $1/j\omega C$ (AC-Analyse) bei harmonischer Anregung schreiben – es kann die komplexe Rechnung angewandt werden. Ansonsten muss für den Zusammenhang zwischen Spannung und Strom für eine Induktivität $u_L = L \cdot (di_L/dt)$ bzw. für eine Kapazität $i_C = C \cdot (du_C/dt)$ (TR-Analyse) geschrieben werden. Eine Analyse nichtlinearer Schaltungen im Frequenzbereich ist allgemein mit Spice-basierten Simulatoren nicht möglich. Nichtlineare Eigenschaften lassen sich im Frequenzbereich im eingeschwungenen Zustand z. B. mit der *Harmonic Balance Methode* ermitteln (in PSpice nicht verfügbar). Signalquellen erzeugen dabei diskrete Frequenzen (Frequenzspektrum) an jedem Netzknoten. Daraus lassen sich Verzerrungen aufgrund von Nichtlinearitäten ermitteln.

Anhand einer einfachen Beispielschaltung sollen die drei wichtigsten Analysearten mit PSpice durchgeführt werden. Die Diode *D1* bringt eine Nichtlinearität ein, insofern handelt es sich in der Beispielschaltung um eine nichtlineare Schaltung. Als erstes wird eine DC-Analyse zur Bestimmung des Arbeitspunktes der gegebenen Schaltung durchgeführt.

DC-Analyse am Beispiel: Die DC-Analyse ermittelt das statische Verhalten von Schaltungen (s. Abb. 2.39). Mögliche Kapazitäten bleiben unberücksichtigt, Induktivitäten stellen einen Kurzschluss dar. Im konkreten Beispiel wurde der Wert des DC-Attributs der Signalquelle auf 1,7 V geändert.

Die Festlegung der Analyseart erfolgt im „Simulation Profile" (s. Abb. 2.39). Im dann erscheinenden Menüpunkt „Simulation Settings" zur Einstellung der Analyseart ist die Analyse „Bias Point" gemäß Abb. 2.39 einzustellen. Im Abb. 2.39 ist das Ergebnis der Arbeitspunktbestimmung in der Schaltung dargestellt. Zur Einblendung der DC-Werte der Knotenspannungen und Zweigströme ist im Schaltplan in der Taskleiste „V" bzw. „I" zu aktivieren.

Funktionsknöpfe zur Darstellung der Knotenspannungen und Zweigströme im Schaltplan

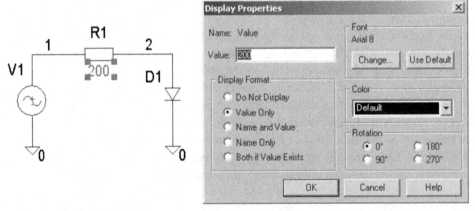

Abb. 2.39 Designbeispiel: Arbeitspunktbestimmung – Bias Point

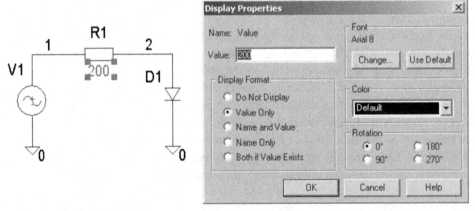

Experiment 2.2-2: ErstesDesign_mit_Vorstrom – DCAnalyse mit Ermittlung des Arbeitspunktes; Auswahl und Einstellung des Simulation Profile.

Abb. 2.40 Schaltplan: Änderung des Widerstandswertes – Änderung des Value-Attributes

In der gegebenen Beispielschaltung soll nun der Widerstand *R1* von 100 Ω auf 200 Ω geändert werden. Dazu ist das Value-Attribut am Symbol des Widerstandes neu zu definieren (s. Abb. 2.40). Mit Doppelklick der linken Maustaste auf das Value-Attribut am Symbol erscheint ein Menü zur Änderung des Value-Attributes. Nach Eintrag des neuen Widerstandswertes wird das Menü mit „OK" abgeschlossen. Der neue Wert ist dann gültig.

AC-Analyse am Beispiel: Die Einstellungen zur AC-Analyse sind in Abb. 2.41 dargestellt. Im Beispiel ist der DC-Wert der Eingangsspannung $V1^{(DC)} = 1,8$ V, also wird die

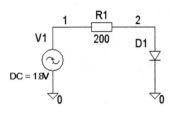

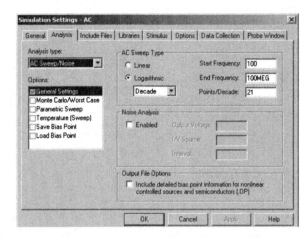

Experiment 2.2-3: ErstesDesign_mit_Vorstrom – Auswahl und Einstellung des Simulation Profile für AC-Analyse; zur Festlegung der AC-Analyse ist der Frequenzbereich und der Sweep-Mode zu definieren.

Abb. 2.41 Zur Festlegung der AC-Analyse der Beispielschaltung: Frequenzbereich von 100 Hz bis 100 MHz; Sweep-Mode: Dekadisch mit 21 Punkten pro Dekade

Diode im Flussbereich betrieben. Der Strom im Arbeitspunkt beträgt bei $R1 = 200$ Ω ca. 5 mA. Im Arbeitspunkt des Flussbereichs der Diode $D1$ erfolgt dann die Linearisierung (s. Abb. 2.37). Das setzt allerdings auch voraus, dass um den Arbeitspunkt entsprechend nur mit kleinen Signalamplituden ausgesteuert wird. Signalverzerrungen können dabei nicht berücksichtigt werden.

Im Arbeitspunkt der Diode mit einem Arbeitspunktstrom von ca. 5 mA beträgt der differenzielle Widerstand ca. $r_D = U_T/I_D^{(A)} \approx 5$ Ω. Unter Berücksichtigung des Bahnwiderstandes R_S von 5,6 Ω ergibt sich im unteren Frequenzbereich an der Diode ein Spannungsabfall von ca. 5 mV bei einer Signalamplitude von 100 mV. Bei höheren Frequenzen schließt die Diffusionskapazität C_D den differenziellen Widerstand r_D kurz, es verbleibt der Bahnwiderstand R_S von ca. 5,6 Ω (siehe Ergebnis der AC-Analyse im Experiment).

TR-Analyse am Beispiel: Aufwändiger ist die TR-Analyse zur Ermittlung des zeitlichen Momentanwerts von Knotenspannungen und Zweigströmen. Im Prinzip sind nichtlineare Differenzialgleichungssysteme für diskrete Zeitpunkte zu lösen. Als Parameter für die Transientenanalyse ist der zu analysierende Zeitbereich, die Auflösung und die maximale Zeitschrittweite anzugeben.

Im Beispiel in Abb. 2.42 weist das Eingangssignal einen sinusförmigen Verlauf mit 1 V Amplitude und einem DC-Wert von 0,7 V auf. Die positiven Signalamplituden steuern die Diode in den Flussbereich aus. Allerdings ist der Strom im Flussbereich durch den Vorwiderstand begrenzt. Der maximale Flussstrom bei einer Signalamplitude von 1 V beträgt hier ca. 10 mA. Für Aussteuerungen unterhalb der Schwellspannung ist die Diode gesperrt, es fließt der Sperrstrom. Das Ergebnis der TR-Analyse zeigt Abb. 2.42 unten.

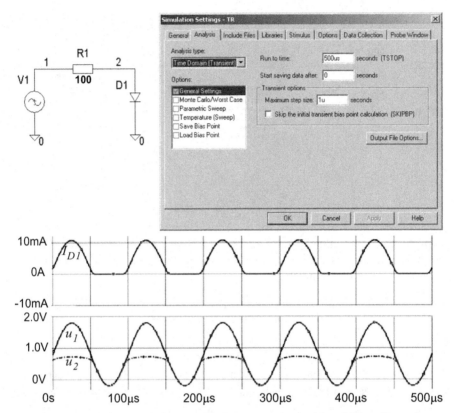

Experiment 2.2-4: ErstesDesign_mit_Vorstrom – Auswahl und Einstellung des
Simulation Profile für TR-Analyse

Abb. 2.42 Zur Festlegung der TR-Analyse mit Ergebnisdarstellung

TR-Analyse allgemein: Zur Vermittlung eines Grundverständnisses soll das numerische Lösungsverfahren für nichtlineare Schaltungen skizziert werden.

Dem Schaltkreissimulator PSpice liegt als Verfahren zur Lösung nichtlinearer Differenzialgleichungssysteme die MNA-Methode (MNA: Modified Nodal Analysis)
zugrunde. Der bestimmende Algorithmus des Lösungsverfahrens für nichtlineare Differenzialgleichungssysteme im Zeitbereich ist in Abb. 2.43 skizziert. Der Anwender eines
Schaltkreissimulators sollte eine Vorstellung von dem zugrundeliegenden numerischen
Lösungsverfahren haben. Aus dem skizzierten Algorithmus zur quasi zeitkontinuierlichen Lösung eines Netzwerks nach der MNA-Methode gewinnt man ein Grundverständnis für das zugrunde liegende Lösungsverfahren bei der TR-Analyse. Allgemein muss
klar sein, dass bei ungeeigneten Modellen oder der Vorgabe von nicht passend gewählten
Steuerparametern die Lösung falsch sein kann. Um so mehr ist eine Problemabschätzung
durch den Anwender unverzichtbar.

Festlegungen:	Schaltung: **(S)**, Eingangssignale: **(E)** definiert in *.net; Modelle definiert in *.lib; TR-Analyse – Zeitsteuerung: h_{max}, T_{max}; definiert in *.sim;
Ergebnisse:	Knotenpotenziale, Zweigströme: $z(t_n) = [V(t_n), I(t_n)]$.
Anmerkungen:	n: Zeitschritt, i: Iterationsschritt.

DC-Lösung:

BEGIN Schaltkreisanalyse von (**S**, **E**, h_{max}, T_{max}):

Lösung bei t = 0; $z_0^{(1)}$ = Anfangsbedingungen;

   BEGIN $i = 0$
      Repeat
         $i = i + 1$;
         Aufstellen der Netzwerkmatrix A und der Erregung b
         mit Linearisierung der Modellgleichungen;
         iterative Lösung von $A \cdot z_0^{(i)} = b$;
         Until $\left| z_0^{(i)} - z_0^{(i+1)} \right| < Eps$
   END
   END

Zeitschleife
TR-Lösung:

BEGIN $t = h_1$; $n = 1$;

FOR $t \leq T_{max}$ DO
   BEGIN $i = 0$
      Repeat
         $i = i + 1$;
         Aufstellen der Netzwerkmatrix A und der Erregung b
         mit Linearisierung der Modellgleichungen;
         iterative Lösung von $A \cdot z_n^{(i)} = b$;
         Until $\left| z_n^{(i)} - z_n^{(i+1)} \right| < Eps$
   END
   Bestimmung von h_n;
   $t_{n+1} = t_n + h_n$; $n = n + 1$;
END

Abb. 2.43 Algorithmus zur quasi zeitkontinuierlichen Lösung eines Netzwerks nach der MNA-Methode

Das gegebene Netzwerkproblem wird zeitdiskret zu den Zeitpunkten t_n gelöst. Die Schrittweitensteuerung erfolgt über die Zeitschrittweite h_n. Zunächst wird das Netzwerkproblem bei $t = 0$ unter Berücksichtigung von Anfangsbedingungen von Netzwerkelementen (Initial Conditions) gelöst (DC-Lösung). Anfangsbedingungen lassen sich beispielsweise an einem Kondensator in Form einer Spannung oder an einer Induktivität in Form eines Stromes angeben. Die Festlegung erfolgt mittels eines Instanz-Attributs am jeweiligen Symbol. Für jeden diskreten zeitlichen Momentanwert t_n ist das nichtlineare Netzwerkproblem iterativ zu lösen, bis der Lösungsvektor $|z_n^{(i)} - z_n^{(i+1)}| < Eps$ eine gegebene Abbruchschranke unterschreitet. Der Lösungsvektor beinhaltet die Knotenpotenziale und Zweigströme einer gegebenen Schaltung. Nichtlinearitäten werden für jeden

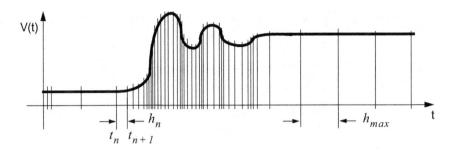

Abb. 2.44 Zur adaptiven Schrittweitensteuerung bei numerischen Lösungsverfahren

Abb. 2.45 Einfaches
Beispiel zur Aufstellung
der Netzwerkmatrix:
Formulierung von „Knoten-
Admittanzgleichungen"
entsprechend der
Knotenpunktgleichungen für
Knoten *1* und *2*

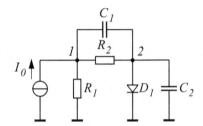

Iterationsschritt i linearisiert, so dass im Prinzip das nichtlineare Differenzialgleichungs-system in ein lineares Gleichungssystem $\mathbf{A} \cdot z_n^{(i)} = \mathbf{b}$ übergeführt wird.

Bei adaptiver Schrittweitensteuerung hängt die Zeitschrittweite h_n von der „Ände-rungsgeschwindigkeit" der Signale ab. Oft wird eine Maximalschrittweite (h_{max}: „Maxi-mum Step Size") vorgegeben, um zu verhindern, dass kurzzeitige schnelle Änderungen übersprungen werden. Die adaptive Schrittweitensteuerung veranschaulicht Abb. 2.44. Nicht alle ermittelten Lösungsvektoren werden in den Ergebnisspeicher (*.dat) ein-getragen; „Print-Step" bestimmt in welchen zeitlichen Abständen Lösungsvektoren in den Ergebnisspeicher eingetragen werden. Die Schrittweitensteuerung der zeitdiskreten Lösung stellt ein besonderes Problem dar. Wenn sich die Signale des zugrundeliegenden Netzwerks langsam ändern, kann die Schrittweite groß gewählt werden. Bei schnellen Signaländerungen ist die Schrittweite vom System automatisch geeignet zu reduzieren. Wie schon dargelegt, kann der Anwender eine maximale Schrittweite h_{max} vorgeben, um zu vermeiden, dass bei der automatischen Steuerung schnelle Signaländerungen über-sprungen werden.

Zur Veranschaulichung der Aufstellung der Netzwerkmatrix wird ein Beispiel betrachtet. Das Beispiel in Abb. 2.45 enthält mit der Diode *D1* ein nichtlineares Schalt-kreiselement. Die Netzwerkgleichung für die Kapazität C1 lautet im Zeitbereich mit $dt = h_n$ für den Strombeitrag der Kapazität an Knoten 1 und Knoten 2:

$$i_{C_1} = C_1 \cdot \frac{du_{C_1}}{dt}; \Rightarrow \begin{bmatrix} \frac{C_1}{h_n} & -\frac{C_1}{h_n} \\ -\frac{C_1}{h_n} & \frac{C_1}{h_n} \end{bmatrix} \cdot \begin{bmatrix} V_1 \\ V_2 \end{bmatrix} = \begin{bmatrix} \frac{C_1}{h_n} \cdot U_{C_{1,n-1}} \\ -\frac{C_1}{h_n} \cdot U_{C_{1,n-1}} \end{bmatrix}; \Rightarrow \mathbf{A} \cdot z_n^{(i)} = \mathbf{b}. \quad (2.3)$$

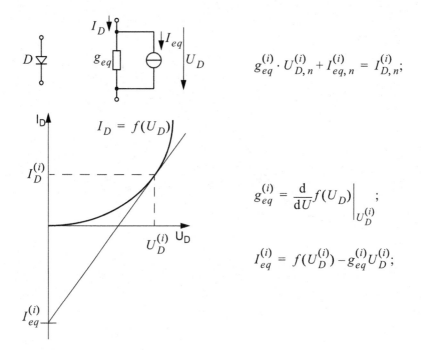

$$g_{eq}^{(i)} \cdot U_{D,n}^{(i)} + I_{eq,n}^{(i)} = I_{D,n}^{(i)};$$

$$g_{eq}^{(i)} = \left. \frac{\mathrm{d}}{\mathrm{d}U} f(U_D) \right|_{U_D^{(i)}};$$

$$I_{eq}^{(i)} = f(U_D^{(i)}) - g_{eq}^{(i)} U_D^{(i)};$$

Abb. 2.46 Zur Linearisierung der Diode mit $I_D = f(U_D)$ im Flussbereich

Nichtlineare Schaltkreiselemente, wie z. B. Dioden müssen linearisiert werden. Abbildung 2.46 zeigt die prinzipielle Vorgehensweise bei einem Iterationsschritt i zu einem Zeitschritt n.

Zum Zeitschritt n sind die Knotenspannungen V_{n-1} bzw. Zweigströme I_{n-1} des Zeitschritts $n-1$ als gegeben vorauszusetzen. Im Iterationsschritt i wird die Diode durch einen Diodenstrom $I^{(i)}_{eq,D1}$ und durch die Steilheit $g^{(i)}_{eq,D1}$ dargestellt (siehe Linearisierung der Diode $D1$ in Abb. 2.46). Damit erhält man für die Beispielschaltung folgende „Knoten-Admittanzgleichungen" entsprechend der Knotenpunktgleichungen für die Netzknoten 1 und 2:

$$
\begin{bmatrix}
G_1 + G_2 + \dfrac{C_1}{h_n} & -G_2 - \dfrac{C_1}{h_n} \\[2ex]
-G_2 - \dfrac{C_1}{h_n} & G_2 + g_{eq,D1}^{(i)} + \dfrac{C_1}{h_n} + \dfrac{C_2}{h_n}
\end{bmatrix}
\cdot
\begin{bmatrix}
V_1 \\[1ex]
V_2
\end{bmatrix}
$$

$$
=
\begin{bmatrix}
I_0 + \dfrac{C_1}{h_n} \cdot U_{C_1,n-1} \\[2ex]
-I_{eq,D1}^{(i)} - \dfrac{C_1}{h_n} \cdot U_{C_1,n-1} + \dfrac{C_2}{h_n} \cdot U_{C_2,n-1}
\end{bmatrix}.
\tag{2.4}
$$

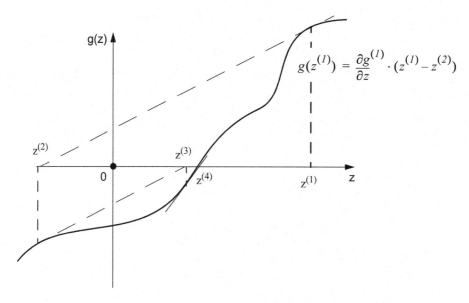

Abb. 2.47 Newton-Methode zur Lösung eines nichtlinearen Gleichungssystems

Im Allgemeinen lässt sich u. a. nach der Newton-Methode für eine nichtlineare Gleichung $g(z)$ nach endlich vielen Iterationsschritten die Nullstelle von $g(z)$ finden. In Abb. 2.47 ist beispielhaft eine nichtlineare Gleichung skizziert mit dem Verfahren zur iterativen Bestimmung der Lösung $g(z) = 0$.

Das Aufstellen der Netzwerkmatrix wird über die Netzliste gesteuert. Jedes Schaltkreiselement wird entsprechend seiner Anbindung an die Netzwerkknoten in die Netzwerkmatrix eingetragen. Abbildung 2.48 zeigt einige Schaltkreiselemente und deren Vorschrift zur Eintragung in die Netzwerkmatrix gemäß der Stellung im Netzwerk. Probleme ergeben sich bei einigen Schaltkreiselementen, wie z. B. einer Spannungsquelle oder auch bei Induktivitäten. Neben der Formulierung der Netzwerkgleichungen in Form der „Knoten-Admittanzgleichungen" (Abb. 2.48) als Knotenpunktgleichungen, gibt es die Formulierung der Netzwerkgleichungen mittels „Maschen-Impedanzgleichungen" gemäß den Maschengleichungen von Zweigen.

Während „Knoten-Admittanzgleichungen" im Lösungsvektor die gesuchten Knotenpotenziale enthalten, befinden sich bei den „Maschen-Impedanzgleichungen" die Zweigströme des Schaltkreiselementes im Lösungsvektor als unabhängige Veränderliche. Spannungsquellen und Induktivitäten werden beispielsweise in Form der „Maschen-Impedanzgleichungen" in die Netzwerkmatrix eingetragen. Abbildung 2.48 zeigt für einige ausgewählte Schaltkreiselemente die Einträge in die Netzwerkmatrix in Form von „Knoten-Admittanzgleichungen" bzw. in Form von „Maschen-Impedanzgleichungen". Auf der rechten Seite der Netzwerkgleichungen (RHS) in Abb. 2.48 sind bekannte Größen, bzw. Größen, die aus dem vorhergehenden Zeitschritt bekannt sind. Das MNA-Verfahren erlaubt beide Eintragungsmöglichkeiten. Somit stellen sich nicht

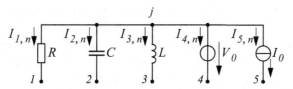

Knoten-Admittanzgleichungen und **Maschen-Impedanzgleichungen**

R — Knoten-Admittanzgleichungen:

	$V_{j,n}$	$V_{1,n}$	RHS
Lj	$1/R$	$-1/R$	
L1	$-1/R$	$1/R$	

R — Maschen-Impedanzgleichungen:

	$V_{j,n}$	$V_{1,n}$	$I_{1,n}$	RHS
Lj				1
L1				-1
W1	1	-1	$-R$	

C — Knoten-Admittanzgleichungen:

	$V_{j,n}$	$V_{2,n}$	RHS
Lj	$\dfrac{C}{h_n}$	$-\dfrac{C}{h_n}$	$\dfrac{C}{h_n}U_{C,\,n-1}$
L2	$-\dfrac{C}{h_n}$	$\dfrac{C}{h_n}$	$-\dfrac{C}{h_n}U_{C,\,n-1}$

L — Maschen-Impedanzgleichungen:

	$V_{j,n}$	$V_{3,n}$	$I_{3,n}$	RHS
Lj			1	
L3			-1	
W3	1	-1	$\dfrac{L}{h_n}$	$-\dfrac{L}{h_n}I_{L,\,n-1}$

V_0 — Maschen-Impedanzgleichungen:

	$V_{j,n}$	$V_{4,n}$	$I_{4,n}$	RHS
Lj			1	
L4			-1	
W4	1	-1		V_0

I_0 — Knoten-Admittanzgleichungen:

	$V_{j,n}$	$V_{5,n}$	RHS
Lj			I_0
L5			$-I_0$

Abb. 2.48 Knoten-Admittanzgleichungen und Maschen-Impedanzgleichungen für ausgewählte Schaltkreiselemente und deren Eintragung in die Netzwerkmatrix gemäß der Stellung im Netzwerk; *RHS*: rechte Seite der Gleichung; Lj, L1, L2,…: „Knoten-Admittanzgleichungen"; W1, W2,…: „Maschen-Impedanzgleichungen"

die erwähnten Probleme für z. B. Spannungsquellen. Darüber hinaus lassen sich gesteuerte Quellen in ähnlicher Weise in die Netzwerkmatrix eintragen.

Zur Veranschaulichung der Bildung von „Maschen-Impedanzgleichungen" soll in der Beispielschaltung in Abb. 2.45 die Stromquelle durch eine Spannungsquelle mit der Spannung U_0 und dem Zweigstrom I_0 (in die Quelle fließend) ersetzt werden. Die zwei vorhandenen „Knoten-Admittanzgleichungen" sind um eine „Maschen-Impedanzgleichung" zu ergänzen. Nach entsprechender Umformung erhält man das nachstehend skizzierte Gleichungssystem für das Testbeispiel.

$$
\begin{bmatrix}
G_1 + G_2 + \frac{C_1}{h_n} & -G_2 - \frac{C_1}{h_n} & 1 \\
-G_2 - \frac{C_1}{h_n} & G_2 + g_{eq,D1}^{(i)} + \frac{C_1}{h_n} + \frac{C_2}{h_n} & 0 \\
1 & 0 & 0
\end{bmatrix}
\cdot
\begin{bmatrix}
V_1 \\
V_2 \\
I_0
\end{bmatrix}
$$
$$
=
\begin{bmatrix}
\frac{C_1}{h_n} \cdot U_{C1,n-1} \\
-I_{eq,D1}^{(i)} - \frac{C_1}{h_n} \cdot U_{C1,n-1} + \frac{C_2}{h_n} \cdot U_{C2,n-1} \\
U_0
\end{bmatrix}.
\tag{2.5}
$$

Die hier gezeigten einfachen Beispiele mögen aufzeigen, wie die Schaltkreissimulation vonstatten geht und welcher Aufwand sich dabei „hinter" dem Bildschirm verbirgt. Selbstverständlich ist diese kompakte Darstellung nur ein erster Einstieg in die numerische Analyse von nichtlinearen Schaltkreisen.

2.3 Abschätzanalyse

2.3.1 Zur Systematik bei der Abschätzanalyse

Ziel und Zweck der Abschätzanalyse ist es, die geeignete Dimensionierung von Schaltkreisfunktionen zu unterstützen, sowie die Ergebnisse der Simulation und Ergebnisse aus Messungen zu kontrollieren. Für eine „Vor"-Analyse oder Abschätzanalyse von Eigenschaften einer Schaltkreisfunktion bedient man sich vereinfachter Analysen auf Basis vereinfachter Modelle.

Zur Abblockung von Schaltkreisfunktionen: Eine Schaltkreisfunktion muss im Allgemeinen mit einer Vorspannung versorgt werden, damit die Schaltkreiselemente in einem geeigneten Arbeitspunkt betrieben werden. Die Zuführungsleitung der Versorgungsspannung weist mit Längsinduktivitäten und Querkapazitäten parasitäre Elemente auf, die am Einspeisepunkt der Versorgungsspannung an der Schaltkreisfunktion zu einer komplexen Versorgungsimpedanz führen. Bei Stromänderungen Δi am Einspeisepunkt der Versorgungsspannung ergeben sich demnach störende Änderungen in der Versorgungsspannung. Dies kann zu Fehlfunktionen der Schaltkreisfunktion führen. Um die Spannungsänderungen Δu bzw. Störspannungen am Versorgungseingang einer Schaltkreisfunktion so klein wie möglich zu halten, ist jede Schaltkreisfunktion mit

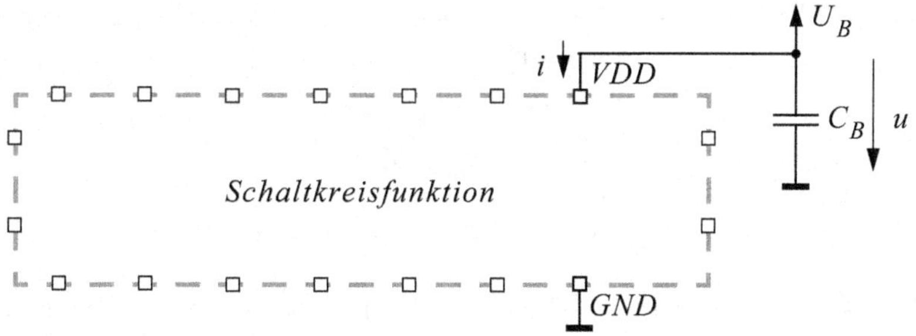

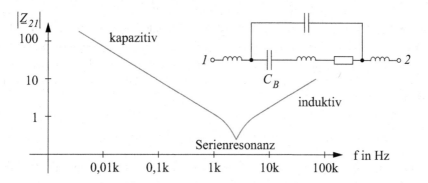

Abb. 2.49 Zur Abblockung einer Schaltkreisfunktion

Abb. 2.50 Betrag des kapazitiven Widerstandes $\underline{Z}_{21}$ einer Kapazität C_B mit parasitären Elementen

einem geeigneten Abblockkondensator am Einspeisepunkt der Versorgungsspannung zu beschalten. Abbildung 2.49 zeigt schematisch die Abblockung des Einspeisepunktes *VDD* der Versorgungsspannung U_B einer Schaltkreisfunktion mit C_B. Der Abblockkondensator wirkt als „lokale" Ladungsquelle. Schnelle Stromänderungen können darüber auf kurzem Weg versorgt werden.

Als Abblockkapazität verwendet man in der Regel am Eingang einer Baugruppe einen 220 µF Elko und im Inneren der Baugruppe an einzelnen Schaltkreisfunktionen jeweils einen 100 nF Keramik-Kondensator in SMD-Bauform. Wegen der geringen Eigeninduktivität dieses Kondensators erzielt man eine breitbandige Abblockwirkung. Allerdings sind die Werte der Abblockkondensatoren von der Betriebsfrequenz abhängig.

Abblockkondensatoren stellen für die Betriebsfrequenz einen Kurzschluss dar. Sie sorgen dafür, dass die Versorgungsimpedanz am Einspeisepunkt möglichst niederohmig ist. Jedoch ist zu berücksichtigen, dass aufgrund der Zuleitungsinduktivität und der parasitären inneren Induktivität der kapazitive Widerstand eines realen Kondensators eine Serienresonanz aufweist. Oberhalb der Serienresonanz verliert der Abblockkondensator seine Abblockwirkung. Abbildung 2.50 zeigt beispielhaft den Frequenzgang des kapazitiven Widerstandes zwischen den Klemmen 1 und 2 einer Kapazität C_B mit parasitären Elementen (u. a. Zuleitungsinduktivitäten, innere Induktivität, innere ohmsche Verluste).

Tab. 2.2 Typische Werte für Abblockkondensatoren

Anwendungsfrequenzbereich	Wert des Abblockkondensators
10 kHz (NF)	10 µF
1 MHz (Mittelwellenbereich)	100 nF
100 MHz (UKW-Bereich)	1 nF
1000 MHz (UHF)	100 pF

Für die Frequenzbereichsanalyse (AC-Analyse) wirken die Abblockkondensatoren als Kurzschluss. Tabelle 2.2 zeigt typische Werte für Abblockkondensatoren, sie sind so groß wie nötig und so klein wie möglich – je nach Anwendungsfrequenzbereich – zu wählen.

Wie schon erwähnt, macht der Abblockkondensator die Versorgungsimpedanz wieder niederohmig. Er stellt gleichsam eine lokale Ladungsquelle dar, so dass kurzzeitige Last-Stromänderungen aus dieser lokalen Ladungsquelle versorgt werden. Bei einem Induktivitätsbelag der Versorgungsleitung von ca. 1 nH/mm und einer Leitungslänge von 1 m ergibt sich eine Induktivität von 1000 nH. Verursacht ein Funktionsbaustein eine Stromänderung von 20 mA innerhalb von 10 ns, so ergibt sich dabei eine Störspannung auf der Versorgungsleitung von:

$$\Delta u = 1000\,\text{nH} \cdot \frac{\Delta i}{\Delta t} = 2\,\text{V}. \tag{2.6}$$

Eine Störspannung von 2 V auf der Versorgungsleitung ist unakzeptabel. Geeignet gewählte Abblockkondensatoren vermeiden diese Störspannungen.

DC-Analyse: Bei Abschätzung der DC-Analysewerden die DC-Eigenschaften der Schaltkreiselemente zugrunde gelegt. Eine Induktivität ist ein Kurzschluss, eine Kapazität ein Leerlauf, ein pn-Übergang eines Si-Halbleiterbauelements in Flussrichtung ist eine Spannungsquelle mit 0,7 V Spannung, ein pn-Übergang eines Si-Halbleiterbauelements in Sperrrichtung ist eine Stromquelle (ca. 1 nA Sperrstrom bei Normaltemperatur und ca. 1 µA Sperrstrom bei 100 °C).

Die DC-Abschätzanalyse soll Abb. 2.51 veranschaulichen. Dem Beispiel liegt eine einfache Verstärkerschaltung zugrunde. Die Versorgungsspannung beträgt 15 V. Die Kapazitäten $C11$ und $C12$ sind Abblockkondensatoren für den Betriebsfrequenzbereich von 100 MHz (s. Tab. 2.2). Die Drosselspule $L1$ ist ein Kurzschluss. Der pn-Übergang des Bipolartransistors $Q1$ stellt von Knoten 3 nach Knoten 1 im Flussbereich eine Spannungsquelle von 0,7 V dar. Damit ist eine einfache Analyse möglich. Bei genügend großer Stromverstärkung des Bipolartransistors ist der Basisstrom vernachlässigbar. Für die Knotenspannungen erhält man $U_3 = 2,3$ V und $U_1 = 1,6$ V. Somit ergibt sich für den Emitterstrom $I_E = 2$ mA.

AC-Analyse: Hier müssen die für die Schaltkreiselemente geltenden Ersatzschaltungen für den Betriebsfrequenzbereich der Schaltkreisfunktion verwendet werden. Abblockkondensatoren sind im Betriebsfrequenzbereich ein Kurzschluss, Drosselspulen

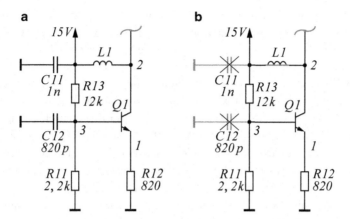

Abb. 2.51 Beispiel für eine DC-Abschätzanalyse; **a** Verstärkerelement mit $Q1$ inklusive Maßnahmen zur Arbeitspunkteinstellung, $C11$ und $C12$ sind Abblockkondensatoren, $L1$ ist eine Drosselspule; **b** Vereinfachung der Schaltung: $C11$, $C12$ hochohmig, $L1$ Kurzschluss

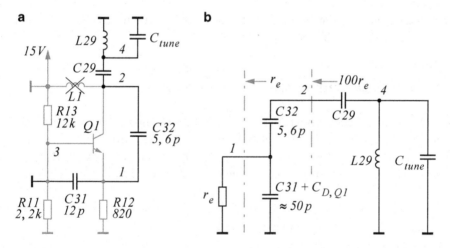

Abb. 2.52 Beispiel für die AC-Abschätzanalyse eines Rückkopplungspfades; **a** Verstärkerelement mit $Q1$ inklusive Beschaltung für einen Colpitts-Oszillator; **b** Vereinfachung des Rückkopplungspfades von Knoten _2_ nach Knoten _1_

ein Leerlauf. Ein pn-Übergang eines Halbleiterelementes in Flussrichtung wird durch den differenziellen Widerstand ersetzt. So ist zwischen Emitter und Basis eines Bipolartransistors im Normalbetrieb der differenzielle Widerstand $r_e = 26$ mV/I_E wirksam. Als Beispiel für die AC-Abschätzanalyse soll der Rückkopplungspfad der Schaltung in Abb. 2.51 in Erweiterung zu dem für die DC-Abschätzanalyse behandelten Beispiel untersucht werden. Die Induktivität $L1$ ist jetzt ein Leerlauf. Der Knoten 3 (Basisknoten) ist mit _GND_ verbunden. Unter Berücksichtigung der Beschaltung mit $C31$, $C32$, $C29$, $L29$ und C_{tune} erhält man das in Abb. 2.52b skizzierte AC-Ersatzschaltbild für

die Rückkopplungsschleife. Es besteht aus einem Parallelresonanzkreis gebildet aus
$L29$, C_{tune} und der Ersatzkapazität der Reihenschaltung aus $C31*$, $C32$ und $C29$. $C31*$
berücksichtigt die Diffusionskapazität des pn-Übergangs zwischen Emitter und Basis
des Bipolartransistors. Der kapazitive Spannungsteiler aus $C31*$ und $C32$ wird mit dem
differenziellen Widerstand r_e des Bipolartransistors belastet. Die Belastung durch $R12$
kann demgegenüber vernachlässigt werden. Im Vorgriff auf das Verhalten eines kapazitiven Spannungsteilers (Abschn. 4.1.2) transformiert dieser den ohmschen Widerstand r_e
an der Schnittstelle von Knoten 1 nach GND auf den für das Beispiel geltenden Wert
($100r_e$) zwischen der Schnittstelle von Knoten 2 nach GND. Das Beispiel zeigt die vorteilhafte Anwendung der Transformationseigenschaft eines kapazitiven Spannungsteilers,
auf den bei passiven Funktionsgrundschaltungen näher eingegangen wird. Der Bipolartransistor $Q1$ bildet im Beispiel mit dem Parallelresonanzkreis am Ausgangsknoten 4
und dem kapazitiven Spannungsteiler einen Colpitts-Oszillator.

TR-Analyse: Bei der TR-Analyse müssen für nichtlineare Schaltungen Differenzialgleichungen gelöst werden. In der Regel begnügt man sich mit der Analyse des eingeschwungenen Zustands für einen stationären Wert des Eingangssignals. In diesem Fall
kann wiederum eine DC-Analyse vorgenommen werden. Somit umgeht man die Formulierung und Lösung von Differenzialgleichungen.

2.3.2   Frequenzbereichsanalyse – Bodediagramm

Das Bodediagramm ist ein Hilfsmittel zur Veranschaulichung des Frequenzgangs eines
gegebenen Ausdrucks bei der AC-Analyse linearer oder im Arbeitspunkt linearisier-
ter Schaltungen. Es ist vor allem hilfreich zum Abschätzen eines Frequenzverlaufs. Der
Ausdruck für einen Frequenzgang einer konkreten Schaltung kann beispielsweise sein
ein:

- Verstärkungsfaktor bzw. Übertragungsfaktor;
- Eingangs-/Ausgangs-Impedanzverlauf.

Zunächst wird beispielhaft das Ergebnis eines Frequenzgangverlaufs dargestellt und das
zugehörige Bodediagramm betrachtet. Abbildung 2.53 zeigt den Frequenzgang der Verstärkung einer Schaltung nach Betrag und Phase.

Es handelt sich um den Frequenzgang einer Verstärkerschaltung mit einem Bipolar-
transistor. Bei der Skizzierung des Bodediagramms geht es oft nicht um den genauen
Frequenzgangverlauf. Vielmehr steht im Vordergrund die Ermittlung des asymptotischen
Verhaltens und der zugehörigen Eckfrequenzen, dargestellt im Betragsverlauf und im
Phasenverlauf. In Abb. 2.53 sind neben dem realen Verlauf des Frequenzgangs der Ver-
stärkung die Asymptoten und Eckfreqenzen skizziert. Die Frequenzganganalyse mit dem
Bodediagramm ermittelt diese Asymptoten und Eckfrequenzen.

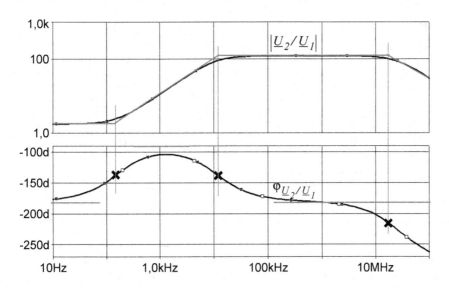

Abb. 2.53 Beispiel des Frequenzgangs der Verstärkung; Betragsverlauf und Phasenverlauf

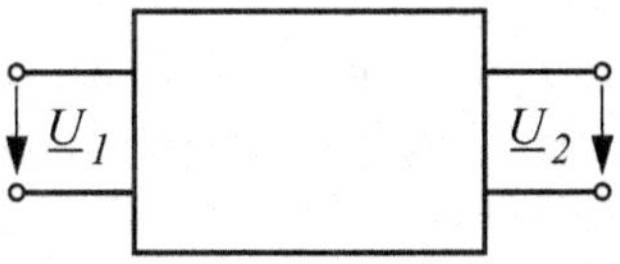

$$T(\underline{s}) = \frac{\underline{U}_2}{\underline{U}_1} = \frac{b_0 + b_1\underline{s} + \dots + b_m\underline{s}^m}{a_0 + a_1\underline{s} + \dots a_n\underline{s}^n};$$

$$T(\underline{s}) = \frac{\prod \underline{P}_i(\underline{s})}{\prod \underline{Q}_j(\underline{s})}; \qquad T(\underline{s}) = k \cdot \frac{(\underline{s} - \underline{p}_1) \cdot (\underline{s} - \underline{p}_2) \cdot \dots \cdot (\underline{s} - \underline{p}_m)}{(\underline{s} - \underline{q}_1) \cdot (\underline{s} - \underline{q}_2) \cdot \dots \cdot (\underline{s} - \underline{q}_n)};$$

mit: $\underline{s} = j\omega;\ m \le n$ Nullstellen: $\underline{p}_1 \cdots \underline{p}_m$ Polstellen: $\underline{q}_1 \cdots \underline{q}_n$

Abb. 2.54 Zur Polynomdarstellung eines Frequenzgangausdrucks

Verallgemeinerung eines Frequenzgangausdrucks: Gemeinhin lässt sich ein Frequenzgangausdruck $\underline{T}(\underline{s})$ in normierter Form auf eine Polynomdarstellung bringen bzw. in Polynomform als rationale Funktion formulieren. Dabei muss der Grad des Zählerpolynoms m stets kleiner gleich dem Grad des Nennerpolynoms n sein. Abbildung 2.54 zeigt einen Funktionsblock, dessen Verhalten durch die Übertragungsfunktion $\underline{T}(\underline{s})$ charakterisiert wird.

Wegen dieser Eigenschaft kann man einen Frequenzgangausdruck in Primitivfaktoren zerlegen. Als Primitivfaktoren werden allgemein zweckmäßig drei Grundtypen eingeführt. Bei den nachstehenden Betrachtungen wird $\underline{s} = j\omega$ gesetzt. Die Grundtypen können als Zählerausdruck $\underline{P}_i$ oder als Nennerausdruck $1/\underline{Q}_i$ auftreten.

Primitivfaktor Typ1:

$$\underline{P}_i = \frac{j\omega}{\omega_i}; \qquad \frac{1}{\underline{Q}_i} = \frac{1}{(j\omega/\omega_i)}. \tag{2.7}$$

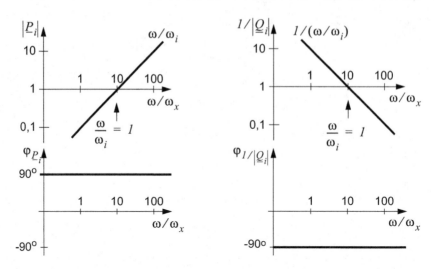

Abb. 2.55 Asymptotisches Verhalten des Primitivfaktors Typ1 – ohne Eckfrequenz

Die Asymptoten des Primitivfaktors vom Typ1 sind in Abb. 2.55 dargestellt. Bei der Bezugskreisfrequenz $\omega = \omega_i$ weist dieser Primitivfaktor den Betrag 1 auf.

Ansonsten erhöht sich der Betrag des Zählerausdrucks P_i um den Faktor 10 bei zehnfacher Frequenz, bzw. erniedrigt sich der Betrag von $1/\underline{Q}_i$ entsprechend bei Erhöhung der Frequenz um eine Dekade. Die Phase ist frequenzunabhängig $+90°$ bzw. $-90°$. Eine Eckfrequenz zur Bereichsunterscheidung liegt bei diesem Primitivfaktortyp nicht vor.

Als nächstes werden Primitivfaktoren vom Typ2 betrachtet, deren Zählerausdruck $\underline{P}_i$ bzw. Nennerausdruck $1/\underline{Q}_i$ wie folgt aussieht, dabei ist ω_i eine Bezugskreisfrequenz.

Primitivfaktor Typ2:

$$P_i = 1 + \frac{j\omega}{\omega_i}; \qquad \frac{1}{\underline{Q}_i} = \frac{1}{1 + (j\omega/\omega_i)}. \tag{2.8}$$

In diesem Fall ist eine Bereichsunterscheidung zu treffen. Bei $\omega \ll \omega_i$ ist in beiden Fällen der Betrag 1 und die Phase $0°$. Bei $\omega \gg \omega_i$ erhöht sich der Betrag des Zählerausdrucks P_i bzw. erniedrigt sich der Betrag von $1/Q_i$ um den Faktor 10 bei zehnfacher Frequenz (1 Dekade). Die Phase des Ausdrucks ist dann $+90°$ bzw. $-90°$. Der Sonderfall $\omega = \omega_i$ stellt die Eckkreisfrequenz dar. Bei der Eckkreisfrequenz ist der Zählerausdruck $1+j$ bzw. der Nennerausdruck $1/(1+j)$. Damit beträgt die Phase bei der Eckkreisfrequenz $+45°$ bzw. $-45°$. Im Gegensatz zu Primitivfaktoren vom Typ1 weisen Primitivfaktoren vom Typ2 eine Eckfrequenz auf, dort wo der Realteil des Zähler- bzw. Nennerausdrucks gleich dessen Betrag des Imaginärteils ist (Abb. 2.56).

Schließlich werden Primitivfaktoren vom Typ3 betrachtet. Sie enthalten einen quadratischen Frequenzterm im Zählerausdruck $\underline{P}_i$ bzw. Nennerausdruck $1/\underline{Q}_i$. Die allgemeine normierte Form ist aus der folgenden Gleichung zu entnehmen.

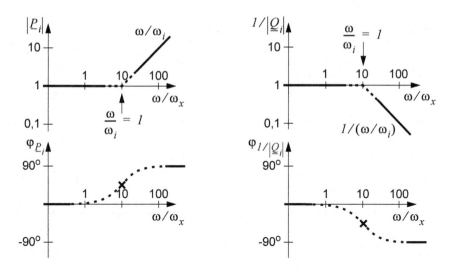

Abb. 2.56 Asymptotisches Verhalten des Primitivfaktors Typ2 – Eckfrequ. bei $\omega = \omega_i$

Primitivfaktor Typ3:

$$\underline{P}_i = 1 + \frac{j\omega}{\omega_i} \cdot \tan\delta + \left(\frac{j\omega}{\omega_i}\right)^2 ;$$

(2.9)

$$1/\underline{Q}_i = 1/(1 + j\omega/\omega_i \cdot \tan\delta + (j\omega/\omega_i)^2).$$

Primitivfaktoren vom Typ3 weisen eine Eckfrequenz auf, dort wo der normierte quadratische Term gleich -1 ist. Bei der Eckfrequenz verbleibt dann der Ausdruck $j\tan\delta$ bzw.$1/(j\tan\delta)$. Die Bereichsunterscheidung erfolgt unterhalb bzw. oberhalb der Eckkreisfrequenz, gegeben mit $\omega = \omega_i$. Die Phase unterhalb der Eckfrequenz beträgt $0°$, bei der Eckfrequenz liegt die Phase bei $+90°$ bzw. $-90°$. Oberhalb der Eckfrequenz ist die Phase des Zählerausdrucks $+180°$ und des Nennerausdrucks $-180°$. Der Betrag des Zählerausdrucks P_i nimmt oberhalb der Eckfrequenz um den Faktor 100 zu, der von $1/Q_i$ um den Faktor 100 ab, bei Erhöhung der Frequenz um den Faktor 10 (Abb. 2.57).

Die Typ3-Primitivfaktoren nehmen eine gewisse Sonderstellung ein. Es gilt diesen Typ näher zu betrachten. Das Beispiel in Abb. 2.58 zeigt eine Übertragungsfunktion mit Primitivfaktor Typ3. Im Beispiel ist: $\omega_i = (10^3/s)$; $\tan\delta = 0,1$.

Die Eckfrequenz ergibt sich für die Kreisfrequenz ω bei der man für den quadratischen Term -1 erhält. Dies ist hier bei $\omega_i = 10^3/s$ der Fall. Durch Koeffizientenvergleich des in Abb. 2.58 gegebenen Ausdrucks mit dem normierten Ausdruck in Gl. (2.9) erhält man $\tan\delta = 0,1$. Der Frequenzgang des Beispiels ist in Abb. 2.59 dargestellt. Es ist zu beachten, dass auf der Abszisse die Frequenz und nicht die Kreisfrequenz aufgetragen ist. Die Amplitude bei der Eckfrequenz beträgt $1/(\tan\delta)$.

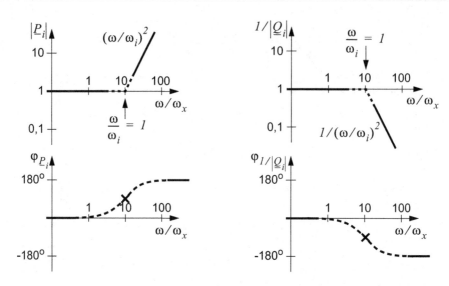

Abb. 2.57 Asymptotisches Verhalten des Primitivfaktors Typ3 – Eckfrequ. bei $\omega = \omega_i$

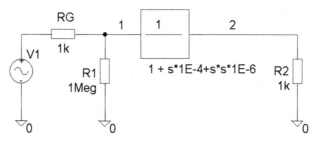

Experiment 2.3-1: Bode_Primitivfaktor3 – Beispiel einer Übertragungsfunktion nach Typ3.

Abb. 2.58   Übertragungsfunktion mit $1/\underline{Q}_i = 1/(1 + j\omega/\omega_i \cdot \tan\delta + (j\omega/\omega_i)^2)$

Ist $\tan\delta < 1$ so ergibt sich eine Überhöhung bei der Eckfrequenz. Bei $\tan\delta > 1$ stellt sich keine Überhöhung ein, in diesem Fall ließe sich der Primitivfaktor Typ3 in ein Produkt aus zwei Primitivfaktoren vom Typ2 umwandeln.

Impedanznomogramm für Induktivitäten und Kapazitäten: Bei der Bestimmung von Eckfrequenzen müssen Frequenzen ermittelt werden, für die u. a. mit $R = 1/(\omega_i C)$ der kapazitive Widerstand $1/(\omega_i C)$ gleich einem gegebenen ohmschen Widerstand R ist. Zur Abschätzung von gegebenen komplexen Teilausdrücken werden die Impedanzverläufe von Induktivitäten ωL und Kapazitäten $1/(\omega C)$ benötigt. Beispielsweise ist eine charakteristische Frequenz (Eckfrequenz) gesucht, für die $R = 1/(\omega_i C)$ bzw. $R = \omega_i L$

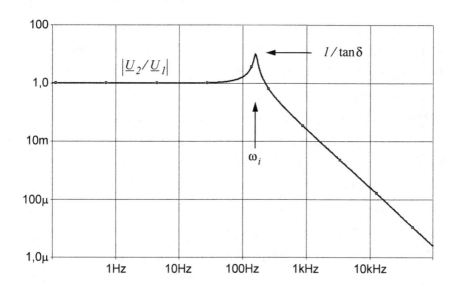

Abb. 2.59 Betrag der Übertragungsfunktion gemäß Primitivfaktor Typ3

oder $\omega_0 L = 1/(\omega_0 C)$ gilt. Die Impedanzverläufe von Induktivitäten und Kapazitäten können aus dem Nomogramm in Abb. 2.60 entnommen werden.

Damit lassen sich sehr einfach die Impedanzwerte abschätzen, bzw. die charakteristischen Eckfrequenzen ermitteln. Für eine Eckfrequenz gilt z. B. $R = 1/(\omega_i C)$. Ist beispielsweise $R = 1$ kΩ gegeben und $C = 16$ nF, so erhält man als charakteristische Eckfrequenz aus dem Nomogramm $f_i = 10$ kHz. Ist die charakteristische Frequenz zu bestimmen, für die $1/(\omega_0 C) = \omega_0 L$, so liegt bei $L = 160$ μH und bei $C = 160$ pF diese charakteristische Frequenz bei 1 MHz. Derartige Abschätzungen werden im Weiteren benötigt. Aus dem Impedanz-Nomogramm bestimmen sich graphisch die Impedanzwerte für Induktivitäten und Kapazitäten. Darüber hinaus lassen sich charakteristische Eckfrequenzen ermitteln.

Nach der allgemeinen Betrachtung über häufig vorkommende typische Primitivfaktoren von komplexen Frequenzgangdarstellungen und deren Ermittlung der Eckfrequenzen zur Bereichsunterscheidung werden in konkreten Beispielen die Asymptoten bekannter Primitivfaktoren angewandt und daraus der Gesamtausdruck gebildet.

Erstes Beispiel: Anhand einer einfachen Schaltung soll die Vorgehensweise zur Darstellung des asymptotischen Verhaltens des Frequenzgangs eines komplexen Ausdrucks betrachtet werden. Gegeben sei die passive Schaltung bestehend aus einem RC-Glied, das Tiefpassverhalten aufweist (Abb. 2.61).

1. **Schritt:** Netzwerkanalyse der Schaltung zur Bestimmung des gewünschten Ausdrucks. Hier sei nach der Übertragungsfunktion $\underline{T} = \underline{U}_2/\underline{U}_1$ und dem Eingangswiderstand $\underline{Z}_{11'}$ gefragt.

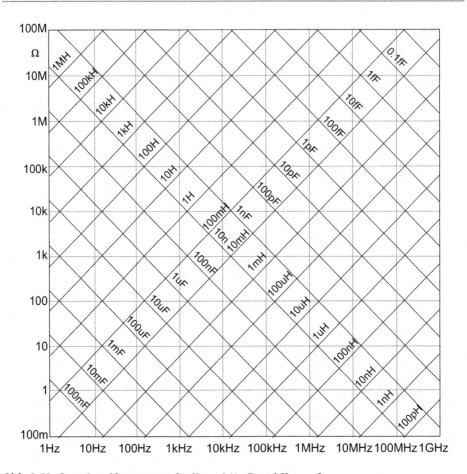

Abb. 2.60 Impedanz-Nomogramm für $X_C = 1/(\omega C)$ und $X_L = \omega L$

Abb. 2.61 Bestimmung des
Bodediagramms für einen
RC-Tiefpass

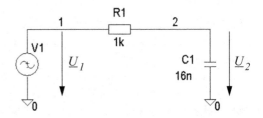

Ergebnis der Netzwerkanalyse sind die beiden Zielfunktionen. Sie ergeben sich in der
folgenden Form:

$$\underline{T} = \frac{\underline{U}_2}{\underline{U}_1} = \frac{1/(j\omega C)}{R + 1(j\omega C)}; \qquad Z_{11'} = R \cdot \left(1 + \frac{1}{j\omega CR}\right). \qquad (2.10)$$

Abb. 2.62 Asymptotisches
Verhalten der gesuchten
Übertragungsfunktion

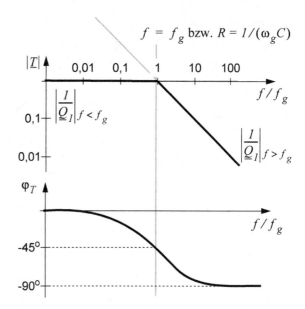

$$f = f_g \text{ bzw. } R = 1/(\omega_g C)$$

2. **Schritt:** Im zweiten Schritt muss der zu untersuchende Ausdruck normiert und in bekannte Primitivfaktoren zerlegt werden.

$$\underline{T} = \frac{1}{1 + j\omega CR} = \frac{1}{1 + j\omega/\omega_g} = \frac{1}{\underline{Q}_1} = \left|\frac{1}{\underline{Q}_1}\right| \cdot e^{j\varphi_{1/\underline{Q}_1}} = |\underline{T}| \cdot e^{j\varphi_{\underline{T}}};$$

$$\frac{Z_{11'}}{R} = \frac{1 + j\omega/\omega_g}{j\omega/\omega_g} = \underline{P}_1 \cdot \left(\frac{1}{\underline{Q}_2}\right) = |\underline{P}_1| \cdot \left|\frac{1}{\underline{Q}_2}\right| \cdot e^{j(\varphi_{\underline{P}_1} + \varphi_{1/\underline{Q}_2})}; \qquad (2.11)$$

mit: $\omega_g = \dfrac{1}{RC} \text{ bei} R = \dfrac{1}{\omega C}.$

Es ergibt sich für die Übertragungsfunktion $\underline{T}$ ein Primitivfaktor $1/\underline{Q}_1$; für den Eingangswiderstand $\underline{P}_1$ und $1/\underline{Q}_2$. Betreffs der Typisierung der Primitivfaktoren gilt: Primitivfaktor $1/\underline{Q}_1$ ist vom Typ2; Primitivfaktor $\underline{P}_1$ ist vom Typ 2; Primitivfaktor $1/\underline{Q}_2$ ist vom Typ1.

3. **Schritt:** Zur Bestimmung des asymptotischen Verhaltens der Primitivfaktoren wird eine Bereichsunterscheidung unterhalb und oberhalb der Eckfrequenz vorgenommen. Grenzbetrachtung des Primitivfaktors $1/\underline{Q}_1$:

$$1/Q_1 : \omega \ll \omega_g : |1/\underline{Q}_1| = 1; \qquad \varphi_{1/\underline{Q}_1} = 0°;$$

$$\omega \gg \omega_g : |1/\underline{Q}_1| = \omega_g/\omega; \qquad \varphi_{1/\underline{Q}_1} = -90°;$$

$$\omega = \omega_g : |1/\underline{Q}_1| = 1/\sqrt{2}; \qquad \varphi_{1/\underline{Q}_1} = -45°$$

Damit erhält man den in Abb. 2.62 skizzierten Frequenzgang.

Abb. 2.63 Asymptotisches
Verhalten des
Eingangswiderstandes

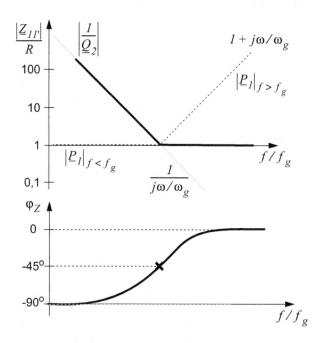

$\underline{T} = 1/\underline{Q}_1$ Als nächstes werden die Primitivfaktoren des Ausdrucks für $Z_{11'}/R$ betrachtet. Die Grenzbetrachtung des Primitivfaktors P_1 ergibt:

$$\underline{P}_1 : \omega \ll \omega_g : |\underline{P}_1| = 1; \qquad \varphi_{\underline{P}_1} = 0°;$$
$$\omega \gg \omega_g : |\underline{P}_1| = \omega/\omega_g; \qquad \varphi_{\underline{P}_1} = 90°;$$
$$\omega = \omega_g : |\underline{P}_1| = \sqrt{2}; \qquad \varphi_{\underline{P}_1} = 45°.$$

Der Primitivfaktor $1/\underline{Q}_2$ weist keine Eckfrequenz auf:

$$1/\underline{Q}_2: \text{unabhängig von } \omega \text{ ist:} |1/\underline{Q}_2| = \omega_g/\omega; \quad \varphi_1/\underline{Q}_2 = -90°;$$
$$\text{bei } \omega = \omega_g \text{ist:} \qquad |1/\underline{Q}_2| = 1; \qquad \varphi_1/\underline{Q}_2 = -90°.$$

Die ermittelten Asymptoten werden nun in ein Bodediagramm eingetragen. Dazu ist die Frequenzachse als Abszisse logarithmisch aufzutragen. Ebenso wird die Ordinate des zu untersuchenden Ausdrucks im logarithmischen Maßstab eingeteilt. Die ermittelten Asymptoten stellen einfach zu skizzierende Geraden bzw. Grenzwerte dar. Abbildung 2.63 zeigt das asymptotische Verhalten des Frequenzgangverlaufs der Eingangsimpedanz.

Besteht der betrachtete Ausdruck aus dem Produkt mehrerer Primitivfaktoren, so erfolgt in einem 4. Schritt die Überlagerung der Primitivfaktoren zum Gesamtausdruck. Der Gesamtausdruck wird durch Schaltkreissimulation in nachstehendem Experiment bestimmt.

Mit dem Ergebnisdarsteller *Probe* kann der Betrag des Verhältnisses der Knotenspannungen *V(2)/V(1)* und die Phase mit *P(V(2)/V(1))* graphisch veranschaulicht werden (s. Abb. 2.64).

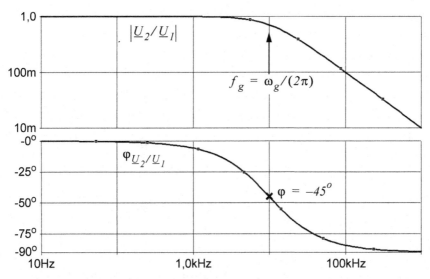

Experiment 2.3-2: Bode_TP1 – Bodediagramm Tiefpass.

Abb. 2.64 Ergebnis Tiefpass: Betrags- und Phasenverlauf der Übertragungsfunktion

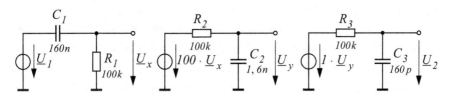

Experiment 2.3-3: Bode_Verst1 – Beispielschaltung mit PSpice mit f1=10 Hz, f2=1 kHz, f3=10 kHz.

Abb. 2.65 Verstärkerschaltung mit zwei Stufen jeweils realisiert durch eine gesteuerte Spannungsquelle; am Eingang liegt eine kapazitive Einkopplung vor

Zweites Beispiel: In einem weiteren Beispiel soll die Vorgehensweise zur Ermittlung des Bodediagramms aufgezeigt werden. Das Beispiel ist bewusst so gewählt, dass die typische Vorgehensweise klar wird. Es handelt sich um eine zweistufige Verstärkerschaltung mit vorgeschaltetem Hochpass. Die Verstärkung der ersten Stufe beträgt 100, die der zweiten Stufe 1; deren Verhalten wird beschrieben durch spannungsgesteuerte Spannungsquellen.

1. **Schritt:** Der erste Schritt ist die Ermittlung des zu untersuchenden Ausdrucks. Gegeben sei folgender Ausdruck als Ergebnis der Netzwerkanalyse der Beispielschaltung in Abb. 2.65:

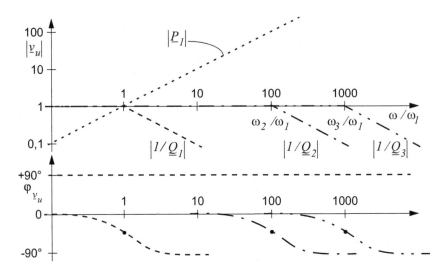

Abb. 2.66 Asymptotisches Verhalten der Primitivfaktoren des betrachteten Beispiels

$$\underline{v}_u = \frac{100 \cdot j\omega \cdot R1 \cdot C1}{(1 + j\omega \cdot R1 \cdot C1) \cdot (1 + j\omega \cdot R2 \cdot C2) \cdot (1 + j\omega \cdot R3 \cdot C3)}. \qquad (2.12)$$

Der Ausdruck stellt die Verstärkung $\underline{U}_2/\underline{U}_1$ der zweistufigen Verstärkerschaltung dar. Die Teilausdrücke (s. Gl. (2.13)) werden auf eine normierte Form gebracht. Ziel ist es, einen gegebenen Ausdruck in bekannte (normierte) Teilausdrücke (Primitivfaktoren genannt) zu zerlegen.

2. **Schritt:** Obiger Ausdruck lässt sich auf die nachstehende normierte Form bringen und in Primitivfaktoren zerlegen.

$$\underline{v}_u = \frac{100 \cdot j\omega/\omega_1}{(1 + j\omega/\omega_1) \cdot (1 + j\omega/\omega_2) \cdot (1 + j\omega/\omega_3)} = \frac{100 \cdot \underline{P}_1}{\underline{Q}_1 \cdot \underline{Q}_2 \cdot \underline{Q}_3};$$

$$\text{mit}: \quad \omega_2 = 100 \cdot \omega_1;$$

$$\omega_3 = 1000 \cdot \omega_1. \qquad (2.13)$$

Die asymptotischen Frequenzverläufe der Primitivfaktoren (Teilfaktoren) sind bekannt, sie lassen sich einzeln darstellen.

3. **Schritt:** Als nächstes erfolgt wiederum die Grenzbetrachtung der Primitivfaktoren (Asymptoten). Dabei wird jeder Primitivfaktor unterhalb, oberhalb und bei der möglichen Eckfrequenz betrachtet (Abb. 2.66).

4. **Schritt:** Es folgt die Überlagerung der Primitivfaktoren beschrieben durch deren asymptotisches Verhalten (s. Abb. 2.67). Die Überlagerung der Primitivfaktoren führt zum Gesamtergebnis des gesuchten Frequenzgangs.

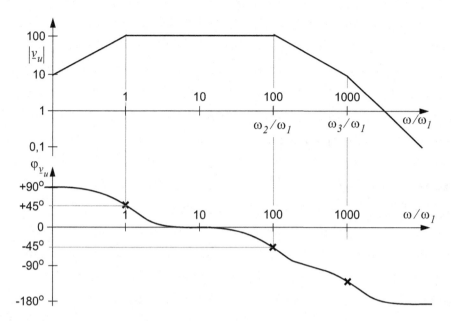

Abb. 2.67 Überlagerung von Teilausdrücken für das betrachtete Beispiel

2.4   Wärmeflussanalyse

Neben der Analyse des elektrischen Verhaltens von Schaltkreisen gilt es, u. a. das thermische Verhalten der verwendeten Bauelemente zu analysieren. Je höher die Betriebstemperatur eines Bauelementes ist, desto geringer wird dessen Lebensdauer. In einem Elektroniksystem muss ein Wärmestau durch geeignete Kühlmaßnahmen verhindert werden. Dazu ist die Leistungsbilanz insbesondere von jenen Bauelementen zu analysieren, die eine signifikante Leistung aufnehmen.

Leistungsbilanz: Allgemein nimmt ein Bauelement eine Signalleistung P_1 an dessen Eingängen auf und gibt eine Leistung P_2 an den Ausgängen ab. Darüber hinaus muss das Bauelement in einem geeigneten Arbeitspunkt betrieben werden und nimmt dabei eine Versorgungsleistung $P_{Versorg}$ auf. Die Differenz zwischen der aufgenommenen Leistung und der abgegebenen Leistung wird im Inneren des Bauelements in die Wärmeverlustleistung P_V umgewandelt. Die Wärmeverlustleistung ist in geeigneter Weise an die Umgebung des Bauteils abzuführen, um eine unzulässige Erwärmung zu vermeiden. Abbildung 2.68 veranschaulicht den Sachverhalt betreffs der Leistungsbilanz.

Die vom Bauelement aufgenommene Leistungsdifferenz P_V (t) ist allgemein zeitabhängig. Damit erwärmt sich das Bauelement auf die Temperatur $T(t)$ und gibt eine Wärmeleistung an die kältere Umgebung ab. Im stationären Zustand ist die aufgenommene Wärmeverlustleistung zeitunabhängig. Es liegt ein thermisches Gleichgewicht vor.

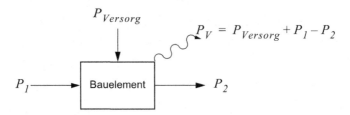

Abb. 2.68 Zur Leistungsbilanz eines elektronischen Bauteils

Abb. 2.69 Lastminderungskurve im stationären Zustand
mit Wärmeübergangswider-
stand

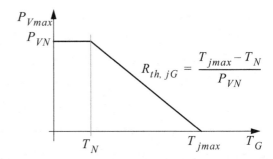

Die Wärmeverlustleistung muss vom Innern des Bauelementes über Wärmestrahlung, Wärmeleitung oder Wärmeströmung (Konvektion) an die Umgebung abgeführt werden.

Die aktive Zone im Innern des Halbleiterbauelementes (u. a. Transistor oder Chip) wird vereinfachend mit „Junction" gekennzeichnet. Ihr wird die Temperatur T_j zugeordnet. Aus dem Datenblatteines Bauelementes ist die maximal zulässige Temperatur T_{jmax} zu entnehmen, sie hängt ab vom Halbleiterbasismaterial. Bei Silicium liegt dieser Grenzwert bei ca. 175 °C. Der Grenzwert ist auch von der verwendeten Technologie abhängig. Weiterhin ist im Datenblatt angegeben die maximal zulässige Gesamtverlustleistung P_{Vmax}, auch P_{tot} genannt. Sie ist abhängig von der Gehäusetemperatur T_G des Bauelementes. Die zulässige Gesamtverlustleistung bei der Temperatur $T_G = T_N$ (oft 298 K oder 25 °C) wird auch mit Nennbelastbarkeit oder Nennverlustleistung P_{VN} bezeichnet.

Es entsteht ein Wärmestrom von der Wärmequelle („Junction") im Innern des Halbleiters nach außen und damit auch ein Temperaturgefälle. Wenn die Gehäusetemperatur T_G größer als T_N ist, vermindert sich die im stationären Zustand dem Bauelement zuführbare maximale Verlustleistung P_{Vmax} (s. Lastminderungskurve in Abb. 2.69). Die vorgegebenen Grenzwerte dürfen im Betrieb nicht überschritten werden.

Das eigentliche Halbleiterbauelement umgibt ein Gehäuse. Die zugeführte elektrische Leistung P_V wird im Bauelement in Wärmeleistung umgewandelt und im stationären Fall über das Gehäuse mit der Temperatur T_G an die Umgebung mit der Temperatur T_U in einem gewissen Abstand vom Gehäuse abgeführt. Dabei spielt die Wärmeleitfähigkeit zwischen „Junction" und Gehäuse, sowie zwischen Gehäuse und Umgebung eine entscheidende Rolle. Der Wärmewiderstand $R_{th,jG}$ ist gleich der Temperaturdifferenz zwischen der aktiven Zone T_j und dem Gehäuse T_G bezogen auf die abführbare Verlustleistung P_{Vmax}. Die abführbare zulässige Verlustleistung P_{Vmax} ergibt sich nach Abb. 2.69 bei $T_G > T_N$ aus:

$$P_{V\,max} = P_{VN} \cdot \frac{T_{j\,max} - T_G}{T_{j\,max} - T_N}. \tag{2.14}$$

Die Wärmeabfuhr lässt sich durch einen eventuell vorhandenen Kühlkörper verbessern. Mit Kühlkörper erhält man einen geringeren Wärmewiderstand $R_{th,jU}$. Die Wärmeabstrahlung kann u. a. begünstigt werden durch eine schwarze Oberfläche. Zur Verbesserung der Konvektion ist eine Gebläse- oder Wasserkühlung vorteilhaft.

Thermische Ersatzschaltung im stationären Zustand: Im stationären Zustand ist die Verlustleistung P_V konstant. Beim Transistor ist die Verlustleistung im Arbeitspunkt näherungsweise

$$P_V = U_{CE}^{(A)} \cdot I_C^{(A)}; \tag{2.15}$$

durch das Produkt der Ausgangsspannung U_{CE} und dem Strom I_C im Arbeitspunkt gegeben. Der Wärmeübergangswiderstand $R_{th,JU}$ von der aktiven Zone des Halbleiterelementes zur Umgebung bestimmt bei gegebener Umgebungstemperatur T_U die Temperatur T_j im Innern des Halbleiters.

$$T_j = T_U + P_V \cdot R_{th,jU}. \tag{2.16}$$

Bei maximaler Umgebungstemperatur T_{Umax} und der gegebenen Gesamtverlustleistung muss gelten:

$$T_{j\,max} > T_{U\,max} + P_V \cdot R_{th,jU}; \tag{2.17}$$

damit der Grenzwert T_{jmax} nicht überschritten wird. Für den Wärmetransport gelten folgende Entsprechungen einer elektrischen Ersatzanordnung nach Abb. 2.70:

Wärmetransport	Elektrische Ersatzanordnung
Verlustleistung P_V	Strom I
Temperaturunterschied ΔT	Spannungsdifferenz ΔU
Wärmewiderstand R_{th}	Widerstand R
Wärmekapazität C_{th}	Kapazität C

Daraus lässt sich eine thermische Ersatzanordnung für ein Bauelement angeben. Im stationären Zustand kann die Wärmekapazität entfallen.

Der Wärmewiderstand R_{th} in K/W charakterisiert den Widerstand für die Wärmeabfuhr von einer Schnittstelle zu einer anderen. Bei gegebener Verlustleistung ergibt sich aus dem Wärmewiderstand das Temperaturgefälle. Das Temperaturgefälle $T_j - T_G$ von der aktiven Zone („Junction") zur Gehäuseoberfläche bestimmt sich damit aus:

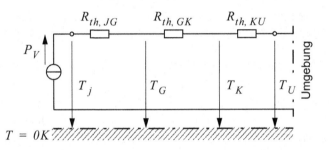

Abb. 2.70 Thermische Ersatzschaltung für ein Bauelement im stationären Zustand. J Junction, G Gehäuse, K Kühlkörper, U Umgebung

$$P_V = \frac{T_j - T_G}{R_{th,JG}}. \tag{2.18}$$

Der Wärmeübergangswiderstand $R_{th,JG}$ ist aus dem Datenblatt zu entnehmen. Nimmt die Gehäuseoberfläche nicht die Umgebungstemperatur an, so ist zusätzlich ein Wärmewiderstand $R_{th,GU}$ zu berücksichtigen. Der Wärmewiderstand $R_{th,jU}$ ist die Summe aus den beiden genannten Wärmeübergangswiderständen.

$$R_{th,jU} = R_{th,jG} + R_{th,GU}. \tag{2.19}$$

Für ein Bauelement ohne Kühlkörper findet man den Wärmewiderstand $R_{th,jU}$ ebenfalls im Datenblatt. Mit Kühlkörper wird der Gesamtwärmewiderstand

$$R_{th,jU} = R_{th,jG} + R_{th,GK} + R_{th,KU}. \tag{2.20}$$

Der Wärmeübergangswiderstand $R_{th,GK}$ liegt typisch im Bereich 0 bis 2 K/W. Er hängt ab von der Oberflächenbeschaffenheit zwischen Gehäuse und Kühlkörper. Mittels einer Wärmeleitpaste kann $R_{th,GK}$ klein gehalten werden. Die Wärmeableitung eines Kühlkörpers wird bestimmt von der Kühloberfläche A_K und einem von der Beschaffenheit eines Kühlkörpers abhängigen Konvektionskoeffizienten α_K. Es gilt

$$R_{th,KU} = \frac{1}{\alpha_K \cdot A_K}. \tag{2.21}$$

Der Konvektionskoeffizient α_K beträgt bei ruhender Luft ca. 10 bis 20 W/(m²K). Für einen Luftstrom von 10 m/s liegt dann der Konvektionskoeffizient bei ca. 100 W/(m²K).

Verlustleistung im Pulsbetrieb: Aufgrund der gegebenen Wärmekapazität eines Körpers kann die Verlustleitung im Pulsbetrieb größer sein, als die maximale statische Gesamtverlustleistung. Die Wärmekapazität wirkt wie ein Kondensator in der elektrischen Ersatzanordnung. Ähnlich wie der Kondensator keine schnellen Spannungsänderungen zulässt, verhindert die Wärmekapazität schnelle Temperaturänderungen. Somit wirkt die Wärmekapazität integrierend. Die thermische Ersatzanordnung ist also um die Wärmekapazitäten $C_{th,i}$ zu ergänzen (Abb. 2.71).

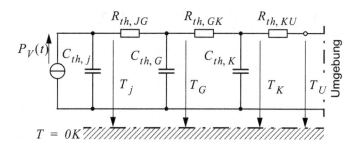

Abb. 2.71 Thermische Ersatzanordnung eines Bauelementes mit Berücksichtigung der Wärme-kapazitäten

Abb. 2.72 Beispiel eines Wärmewiderstands im Pulsbetrieb

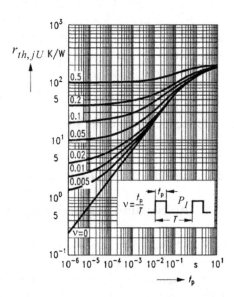

Wird in einem Bauelement bei Impulsbetrieb nur kurzeitig Verlustleistung umgesetzt, so ist im Allgemeinen eine höhere Leistung verträglich. Dies ist um so mehr der Fall, je kürzer das Zeitintervall ist, in dem Leistung umgesetzt wird. Bei Leistungshalbleitern findet man im Datenblatt ein Diagramm über den dynamischen Wärmewiderstand $r_{th,jG}$ bzw. $r_{th,jU}$. Die Angaben hängen ab von der Impulsdauer t_p und von dem auf die Periodendauer T bezogenen Tastverhältnis $v = t_p/T$. Ein Beispiel für den Wärmewiderstand im Pulsbetrieb zeigt das Abb. 2.72. Die mittlere Verlustleistung ist bei gegebener Pulsleistung P_I:

$$\bar{P}_V = v \cdot P_I. \tag{2.22}$$

Bei Pulsbetrieb gilt ähnlich wie in Gl. (2.17)

$$T_{jmax} > T_{Umax} + P_I \cdot r_{th,jU}. \tag{2.23}$$

Häufig findet man im Datenblatt eines Halbleiterbauelements ein Diagramm über den Wärmewiderstand $R_{th,jG}$ bzw. $r_{th,jG}$. Weiterhin ist oft der Pulsleistung P_I eine Gleichstromverlustleistung $P_V^{(DC)}$ überlagert. In diesem Fall bestimmt sich die Grenzbedingung für die Temperatur in der aktiven Zone des Bauelements gemäß der nachstehenden Beziehung:

$$T_{j\max} > T_{U\max} + (P_V^{(DC)} + v \cdot P_I) \cdot R_{th,GU} + P_V^{(DC)} \cdot R_{th,jG} + P_I \cdot r_{th,jG}. \quad (2.24)$$

Die Wärmeverteilung im Kristall des Halbleiterbauelements ist bei Belastung nicht gleichmäßig, sondern hängt ab vom Strom und der angelegten Spannung. Bei größeren Spannungen verändert sich mit steigendem Temperaturgradienten im Kristall der am Stromfluss beteiligte Querschnitt im Halbleiter, so dass es zu einer vom Arbeitspunkt abhängigen Zunahme bzw. zu einer spannungsabhängigen Zunahme des Wärmewiderstandes $R_{th,jG}$ bzw. $r_{th,jG}$ kommt. Dieser Effekt führt auch zu einer Abnahme der maximal zulässigen Gesamtverlustleistung P_{Vmax}. Mittels eines Korrekturfaktors K_U kann dieser Einfluss berücksichtigt werden.

$$R_{th,jG}^{(U)} = K_U \cdot R_{th,jG}; \quad \text{bzw.} \quad r_{th,jG}^{(U)} = K_U \cdot r_{th,jG}. \quad (2.25)$$

Ohne Berücksichtigung dieser Stromeinschnürung ist $K_U = 1$, wie in Gl. (2.24) angenommen.

2.5   Die Hardwarebeschreibungssprache VHDL-AMS

2.5.1   Aufbau und Beschreibungsmöglichkeiten

Der Vorteil einer Hardwarebeschreibungssprache liegt in der standardisierten, flexiblen, graphik- und systemunabhängigen Beschreibungs- und Modellierungsmöglichkeit von Schaltkreisfunktionen und deren Komponenten. Die Hardwarebeschreibungssprache VHDL-1076-1993 (VHD L: VHSIC Hardware Description Language; VHSIC: Very High Scale Integrated Circuits) bietet eine standardisierte Beschreibung von Modellen für Logikfunktionen und Logiksysteme mit der Möglichkeit der Systemverifikation. VHDL wird darüber hinaus vielfach als „Input" für die Logiksynthese verwendet. In neueren Schaltkreissimulatoren ist es möglich, mittels der analogen Erweiterung VHDL-AMS (AMS: Analog Mixed Signal) der weit verbreiteten Modellierungssprache VHDL für Logiksysteme eigene analoge und gemischt analog/digitale Modelle zu definieren, einzubinden und bei der Schaltkreisverifikation zu berücksichtigen. Bei der Verifikation von Logiksystemen werden keine Netzwerkgleichungen auf der Basis von Knotenspannungen und Zweigströmen gelöst. Vielmehr beschränkt man sich auf die Ermittlung von Ereignissen und Folgeereignissen ausgehend von den Anfangsereignissen gegeben durch ein „Stimuli" für eine Schaltung. Man nennt diese Vorgehensweise „Ereignisgesteuerte Designverifikation". Die Beschreibung des analogen Teils führt auf Differenzial-Algebraische-Gleichungssysteme (DAE: Differential Algebraic Equations) unter Berücksichtigung von Knotenspannungen und Zweigströmen. Seit 1999 gibt es

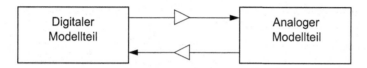

Abb. 2.73 Datenaustausch zwischen analogen und digitalen Modellteilen

Inputs: Schaltung **S** mit Modellen für Komponenten,
                     Delays der Schaltkreisfunktionen und Subcircuits: **ScD**,
                     Eingangs-Ereignisse (vom Stimuli): **IE**
Results: Logikzustände von Netzen in Abhängigkeit von t.
PROCEDURE EventScheduling (**S**; **ScD**; t)
Event-Queue: **EQ**,
BEGIN
    EQ = IE;   -- Anfangsereignisse
    WHILE **EQ** ist nicht leer DO
    BEGIN
        Zeitschritt t_n für nächstes Ereignis in **EQ**;
        P = alle Ereignisse von **EQ** zum Zeitpunkt t_n;
        FOR all **P**(j) DO
        BEGIN
            F(j) = Folgeereignisse von **P**(j);   -- Folgeereignisbestimmung
            FOR all **F**(j) deren Zustand sich ändert DO
                F(i), t_n+**ScD**(i) in **EQ**;   -- Eintrag der Folgeereignisse
        END
    END
END

Abb. 2.74 Algorithmus für die ereignisgesteuerteLogiksimulation (digitaler Systemteil)

mit dem IEEE-Standard 1076.1 als Erweiterung vom bisherigen Standard-VHDL neue
„port"-Typen, neue Objekte und Datentypen, neue Statements, sowie neue Attributdefi-
nitionen. Die analoge Erweiterung von VHDL benötigt einen Simulator mit einem neuen
zusätzlichen Algorithmus zur Lösung der analogen Modellgleichungen. Die digitalen
Modellteile werden wie bisher mit einem ereignisgesteuerten Logiksimulator behandelt.
Beim Zusammenwirken von analogen und digitalen Systemfunktionen müssen zwischen
den analogen Modellteilen und den digitalen Modellteilen Ereignisse bzw. Signale aus-
getauscht werden. Dem analogen Modellteil werden die auf die analoge Schnittstelle
gewandelten digitalen Schnittstellen-Signale übermittelt, dem digitalen Modellteil die
digitalisierten analogen Verläufe. Abbildung 2.73 verdeutlicht den Datenaustausch.

Digitaler Modellteil: Den Ablauf der Logiksimulation des linken Blocks in Abb. 2.73
zeigt Abb. 2.74. Ausgangspunkt ist eine Schaltung beschrieben durch ein VHDL-Modell.

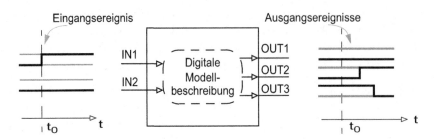

Abb. 2.75 Prinzip der digitalen Modellbeschreibung mit funktionsspezifischen Delays

Weiterhin müssen die Eingangsereignisse in Form eines Stimuli für das Modell bekannt sein. Jede Schaltkreisfunktion reagiert auf Eingangsereignisse verzögert. Die „Delays" der Schaltkreisfunktionen müssen im Modell enthalten sein. Der Logiksimulator verwaltet eine Ereignistabelle („Event-Queue"). Ein Ereignis stellt einen Signalwechsel dar. Zunächst werden die Anfangsereignisse in die Ereignistabelle eingetragen. Die Modelle der Schaltkreisfunktionen reagieren auf die Anfangsereignisse mit verzögerten Folgeereignissen, die wiederum in die Ereignistabelle eingetragen werden und erneut Folgeereignisse generieren. Die Abarbeitung der Ereignisse erfolgt solange, bis die Simulationszeit abgelaufen ist, oder die Ereignistabelle leer ist. Man spricht von einer ereignisgesteuerten Logiksimulation, bei der keine zeitkontinuierlichen Netzwerkgleichungen gelöst werden.

Das Modell eines digitalen Schaltkreises beschreibt die Wirkung von Eingangsereignissen auf die Ausgänge. Durch die Modellbeschreibung werden für Eingangsereignisse die daraus resultierenden Folgeereignisse am Ausgang bestimmt. Abbildung 2.75 stellt das Grundprinzip einer digitalen Modellbeschreibung dar. Die Verwaltung der Ereignisse erfolgt dabei im Simulator. Für die Modellbeschreibung von Logikfunktionen bietet VHDL eine Reihe von Sprachkonstrukten an (u. a. „Concurrent Signal Assignment", „Process", „Component Instantiation"). Ereignisse sind nur Signalen zugeordnet. Nur sie werden in der Ereignistabelle des Simulators erfasst. Ein Signal entspricht einem Netz in der Schematic-Darstellung. Einem Signal ist ein Name, ein Wert und einem Signalwechsel eine Zeit zugeordnet. Prinzipiell unterscheidet man zwischen Verhaltens- und Strukturmodellen.

Analoger Modellteil: Ein VHDL-AMS-Schaltkreissimulator muss für den analogen Teil ein Gleichungssystem lösen, bestehend aus charakteristischen Beziehungen (simultaneous statements) in der allgemeinen Form:

$$g(u, \dot{u}, i, \dot{i}, s, \dot{s}, a_{in}, \dot{a}_{in}, a_{out}) = 0. \tag{2.26}$$

Dabei sind u die zeitlichen Momentanwerte der Knotenspannungen bzw. Knoten-Differenzspannungen und deren mögliche zeitliche Ableitungen $\dot{u}$, i sind die Zweigströme mit deren möglicher zeitlicher Ableitung $\dot{i}$, s sind die zusätzlichen inneren Größen („free"

QUANTITY) mit deren möglicher zeitlicher Ableitung $\dot{s}$, a_{in} bzw. $\dot{a}_{in}$ und a_{out} sind Eingangs- bzw. Ausgangsgrößen von Funktionsblöcken. Allgemein lassen sich demnach in VHDL-AMS folgende zeitkontinuierliche Größen einführen:

- Knotenspannungen bzw. Knoten-Differenzspannungen (Differenzgrößen): u;
- Zweigströme („through" QUANTITY bzw. Flussgrößen): i;
- Zusätzliche innere Größen („free" QUANTITY): s;
- Eingangsgrößen (QUANTITY ... IN): a_{in};
- Ausgangsgrößen (QUANTITY ... OUT): a_{out}.

Allgemein unterscheidet man in Analogsystemen zwischen „konservativen" Systemen und „nichtkonservativen" Systemen. Die Knotenspannungen und Knoten-Differenzspannungen, sowie die Zweigstöme (Flussgrößen) zwischen Knoten in einem elektrischen Netzwerk bilden ein „konservatives" System. Deren Zusammenhänge werden durch die Knoten- und Maschenregeln, sowie durch den Energieerhaltungssatz definiert. Der VHDL-AMS-Simulator bildet aus den Modellgleichungen ein Gleichungssystem, um alle unbekannten Größen zu ermitteln. Bei „nichtkonservativen" Systemen werden die Funktionsblöcke im Allgemeinen durch ihr Verhalten beschrieben. Die Übertragungsfunktion eines regelungstechnischen Systemblocks ist ein typisches Beispiel hierfür. An den Klemmen treten gerichtete rückwirkungsfreie Signale auf. Es gelten keine impliziten Nebenbedingungen (z. B. Energieerhaltungssatz). Das Ausgangsverhalten wird für gegebene Eingangsgrößen bestimmt.

Auf den Ablauf der Schaltkreissimulation des analogen Teils wird später noch eingegangen. Zunächst wird die Einführung in VHDL-AMS beschränkt auf die Modellbeschreibung und Schaltungsbeschreibung als Ausgangspunkt für die Schaltkreissimulation. Die Modellbeschreibung beeinflusst ganz erheblich die Effizienz des Lösungsverfahrens. Ungeeignete bzw. unvollständige Modellbeschreibungen führen zu einem nicht lösbaren System. Eine notwendige Bedingung für die Lösbarkeit des Systems ist, dass die Unabhängigkeit der charakteristischen Beziehungen bzw. Gleichungen gegeben sein muss. Dazu ist u. a. erforderlich, dass die Anzahl der charakteristischen Beziehungen gleich der Anzahl der Zweige mit Flussgröße („through" Quantity), plus der Anzahl der inneren Größen („free" Quantity), plus der Anzahl der „nichtkonservativen" OUT-Klemmen ist. Mit anderen Worten konkreter ausgedrückt: Es müssen genügend unabhängige Netzwerkgleichungen für die eingeführten Netzwerkgrößen (Spannungen, Ströme u. a.) und genügend unabhängige Gleichungen zur Charakterisierung der Funktionsblöcke formuliert werden.

Basis für das Strukturmodell eines analogen Schaltkreises sind die äußeren und inneren Knoten, repräsentiert durch „Terminals". Mathematische Gleichungen beschreiben das Verhalten der Schaltkreiselemente zwischen den „Terminals". „Terminals" stellen die äußeren und inneren Knoten in einem „konservativen" System dar. Am Beispiel des Modells für einen Widerstand in Abb. 2.76 mit parasitären Elementen soll ein analoges Strukturmodell mit den dafür erforderlichen Sprachkonstrukten erläutert werden.

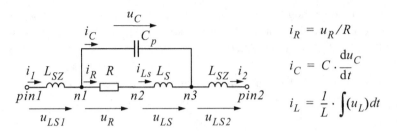

Abb. 2.76 Zur Modellbeschreibung für einen Widerstand mit parasitären Elementen mit äußeren und inneren Knoten, den Knoten-Differenzspannungen, den Zweigströmen und den „Simultaneous Statements"; *pin1, n1, n2, n3, pin2* sind Terminals

2.5.2   Wichtige Sprachkonstrukte

Terminals: Die allgemeine Definition eines „Terminals" lautet:

```
terminal name_list : nature_name;
```

„Terminals" definieren Anschlüsse. Einem „Terminal" kann eine „Nature" zugewiesen werden. „Natures" definieren physikalische Eigenschaften von Terminals. In der skizzierten Definition wird die Potenzialdifferenz und der Fluss (erzeugt durch die Potenzialdifferenz) festgelegt, u. a. auch ein Referenzknoten:

```
nature scalar_nature_name is
     type_name across
     type_name through
     reference_node_name reference;
```

Libraries und Packages: Die gezeigten Festlegungen für eine „Nature" und weitere Deklarationen werden u. a. zweckmäßig in einem „Package" zusammengefasst. Eine Library enthält gebrauchsfertige Deklarationen, Funktionen und Prozeduren. Ein „Package" ist ein Teil einer Library. Um die Library für eine Modellbeschreibung verfügbar zu machen, ist im Kopf der Modellbeschreibung folgendes Konstrukt zu verwenden:

```
library library_name1, library_name2, ...;
use package_name;
```

Mit „Use" wird ein bestimmtes „Package" eingebunden, das in einer Library enthalten ist. Ein Beispiel für ein „Package" mit u. a. Typ-Deklarationen zeigt:

```
package electrical_systems is
  -- subtype declarations
  subtype voltage    is real tolerance "default_voltage";
  subtype current    is real tolerance "default_current";
  subtype charge     is real tolerance "default_charge";
  subtype resistance is real tolerance "default_resistance";
  subtype capacitance is real tolerance "default_capacitance";
  ...
  -- use of UNIT to designate units
  attribute UNIT of voltage     : subtype is "volt";
  attribute UNIT of current     : subtype is "ampere";
  attribute UNIT of charge      : subtype is "coulomb";
  attribute UNIT of resistance  : subtype is "ohm";
  attribute UNIT of capacitance : subtype is "farad";
  ...
  -- nature declarations
  nature electrical is
      voltage across
      current through
      electrical_ref reference;
  ...
end package electrical_systems;
```

Branch Quantities: Besitzen die „Terminals" *pin1, n1, n2, n3* und *pin2* im Beispiel in Abb. 2.76 die „Nature" *electrical*, so lassen sich mit „Branch Quantities" die Knoten-Differenzspannungen und Zweigströme definieren. Allgemein gilt:

```
quantity [across_aspect] [through_aspect] terminal_aspect;
```

Im Beispiel liegen folgende „Branch Quantities" vor:

```
quantity v     across pin1 to pin2;
quantity vc    across ic  through n1 to n3;
quantity vls1  across i1  through pin1 to n1;
quantity vls2  across i2  through n3 to pin2;
quantity vls   across ils through n2 to n3;
quantity vr    across ir  through n1 to n2;
```

Free Quantities: Neben den „Branch Quantities" können „Free Quantities" eingeführt werden. Eine „Free Quantity" wird definiert durch:

```
quantity name_list: real_type_name [:=expression];
```

Damit ist es u. a. möglich Größen von „nichtkonservativen" Systemen zu erfassen. Sie können aber auch als zusätzliche abgeleitete Größen in „konservativen" Systemen eingeführt werden, deren Verlauf durch den Simulator ermittelt werden soll. Ein Beispiel dafür wäre in Abb. 2.76 die Summe der beiden Zweigströme durch den Widerstand *R* und die Kapazität C_p. Ein weiteres Beispiel wäre die Bestimmung der Verlustleistung als Produkt von Knoten-Differenzspannung und Zweigstrom als abgeleitete Größe. Da der Datentyp nicht, wie bei den Branch Quantities, von einem „Terminal" abgeleitet werden kann, muss er bei der Deklaration explizit angegeben werden.

Entity: Das Modell in Abb. 2.76 soll ein neues Schaltkreiselement werden. Dazu ist für das neue Schaltkreiselement eine neue „Entity" (Funktionseinheit) zu definieren. Eine „Entity" entspricht einem Symbol in der Schematic-Darstellung. Sie legt die Schnittstellen des Modells nach außen fest. Im Beispiel soll zusätzlich neben *pin1* und *pin2* die Temperatur *temp* als Schnittstellengröße eingeführt werden, um die Temperaturabhängigkeit des Widerstandes beschreiben zu können. Der „Entity" wird ein Name (im Beispiel *R_temp*) zugeordnet, anschließend erfolgt die Schnittstellenfestlegung in der „Port"-Deklaration. Hier ist *temp* eine „nichtkonservative" Schnittstellengröße, *pin1* und *pin2* sind „konservative" Anschlußklemmen. Die Festlegung der „Entity" für das Beispiel in Abb. 2.76 lautet:

```
entity R_temp is
   port (quantity temp      : in temperature;
         terminal pin1, pin2 : electrical);
end R_temp;
```

Die „Quantity" *temp* vom Subtype „temperature" repräsentiert einen zeit- und wertkontinuierlichen Temperaturverlauf. Eine „Free-Quantity" in der „Port"-Festlegung einer „Entity" besitzt ähnlich wie ein Signal eine Wirkungsrichtung („Mode"). Im Beispiel ist der „Mode" gleich „IN".

Generic-Attribute: In der Weise, wie an ein Symbol Attribute „angehängt" werden können, lassen sich der „Entity" Attribute anfügen, die dann bei der zugehörigen Modellbeschreibung verwendbar sind. Das folgende Beispiel zeigt eine „Entity"-Deklaration für einen einfachen Widerstand (ohne parasitäre Elemente), bei dem der Wert des Widerstandes als „Generic-Attribut" übergeben wird:

```
entity Resistor is
   generic (
      r_val : real);                -- Value of the resistor
   port (terminal pin1, pin2 : electrical);
end Resistor;
```

Über „Generic-Attribute" ist es möglich, u. a. Modellparameter an die Modellbeschreibung zu übergeben.

Quantity-Attribute: Quantities sind analoge (physikalische) Größen. Ähnlich wie bei den Signalen in digitalen Systemen lassen sich für die analogen „Quantities" Attribute anhängen, mit denen „Eigenschaften", u. a. auch „Filter-Eigenschaften" einer Größe festgelegt werden können. Es gibt eine große Vielfalt möglicher Attribut-Anwendungen. Einige Beispiele für Attribute von „Quantities" sind:

`quantity_name'dot`	Ableitung nach der Zeit
`quantity_name'integ`	Integral von t=0 bis zum Simulationszeitpunkt
`quantity_name'ltf(num,den)`	Laplacetransformierte mit num = Zähler und den = Nenner

Architecture: In der „Architecture" wird die eigentliche Modellbeschreibung für eine „Entity" festgelegt. Allgemein gilt für die „Architecture"-Beschreibung:

```
architecture architecture_name of entity_name is
      {declaration_part}
      begin
         {simultaneous_statement}
      end architecture_name;
```

Unter Verzicht auf die Temperatur als Schnittstellengröße lässt sich die Modellbeschreibung für das Beispiel in Abb. 2.76 wie folgt formulieren:

```
architecture R_HF of resistor is
      -- inner terminals
      terminal n1, n2, n3 :electrical;
      -- branch quantities
      quantity v across pin1 to pin2;
      quantity vc    across ic   through n1 to n3;
      quantity vls1 across i1    through pin1 to n1;
      quantity vls2 across i2    through n3 to pin2;
      quantity vls   across ils through n2 to n3;
      quantity vr    across ir   through n1 to n2;
      -- free quantities
      quantity i : current;
   begin
      ic    == Cp * vc'dot;
      vls1 == Lsz * i1'dot;
      vls2 == Lsz * i2'dot;
      vr    == R * ir;
      vls   == Ls * ils'dot;
      i     == ic + ir;
   end R_HF;
```

Im ersten Teil der „Architecture" werden die nicht in der „Entity" erklärten inneren Knoten deklariert, sowie alle analogen Größen in Form der „Branch Quantities" und „Free
Quantities". Danach erfolgt die Beschreibung der Modellgleichungen durch „Simultaneous Statements" zwischen „Begin" und „End".

Simultaneous Statements: Das Konstrukt für einfache „Simultaneous Statements" lautet allgemein:

```
[label:] simple expression == simple expression [tolerance
                             string_expression];
```

Damit lassen sich mathematische Ausdrücke für analoge Größen einführen. Darüber hinaus gibt es bedingte „Simultaneous Statements" der Form:

```
[label:] if boolean_expression use
                 {simultaneous_statement}

         {elsif boolean_expression use
                  {simultaneous_statement}}
         {else   {simultaneous_statement}]
         end use [label];
```

Mit Hilfe von bereichsabhängigen „Simultaneous Statements" können in Abhängig-
keit von einer Bedingung verschiedene „Simultaneous Statements" ausgewählt werden.
Damit lassen sich in der Modellbeschreibung für ein Schaltkreiselement für unterschied-
liche Bereiche spezielle mathematische Gleichungen formulieren. Ein weiteres wichtiges
Konstrukt ist das „Simultaneous Case Statement", bei dem in Abhängigkeit von einem
Ausdruck unterschiedliche „Simultaneous Statements" ausgeführt werden:

```
[label:] case expression use
            when choice {|choice} =>
                {simultaneous_statement}
           {when choice {|choice} =>
                {simultaneous_statement}}
         end case [label];
```

Zur Beschreibung des analogen Verhaltens mit Hilfe sequentieller Statements steht das
Konstrukt „Simultaneous Procedural Statement" zur Verfügung. Ähnlich wie bei dem
„Process"-Konstrukt bei digitalen Systemen gilt zwischen „Begin" und „End" in dem
„Simultaneous Procedural Statement" eine sequentielle Ordnung.

```
[label:] procedural [is]
            {declaration_part}
            begin
               {sequential_statement}
            end procedural [label];
```

Abb. 2.77 Testanordnung für
eine Diodenschaltung

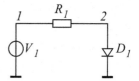

Im Rahmen der Grundlagen zur analogen Schaltungstechnik ist eine ausführliche Einführung in Hardwarebeschreibungssprachen nicht möglich. Vielmehr mögen einfache Beispiele veranschaulichen, wie mit der Hardwarebeschreibungssprache VHDL-AMS eine Testbench für eine Schaltung (Abb. 2.77) beschrieben wird, um diese mit einem dafür geeigneten Schaltkreissimulator verifizieren zu können. Dabei ergeben sich Analogien zur Schematic-Darstellung, die herausgestellt werden sollen.

2.5.3   Beispiel

Beschreibung einer Testschaltung: Abbildung 2.77 zeigt eine Testanordnung für eine Diodenschaltung. Diese Schaltung soll nunmehr beispielhaft mit der Hardwarebeschreibungssprache VHDL-AMS beschrieben werden.

Zunächst benötigt man eine Modellbeschreibung in VHDL-AMS für die in der Testbench verwendeten Schaltkreiselemente. Abbildung 2.78 zeigt die Modellbeschreibung eines idealen Widerstandes. Für die Modellbeschreibung werden Library-Funktionen benötigt, die in den obersten Zeilen durch „Library" bzw. „use" eingebunden werden. Die „Entity"-Declaration entspricht dem Symbol mit den Anschlusspins definiert in der „Port"-Declaration. Im Beispiel werden als „Terminal" die Anschlusspins „pin1" und „pin2" vom Typ „electrical" festgelegt. So wie am Symbol die Schnittstellen in Form der Anschlusspins festgelegt werden, so sind in der „Port"-Declaration ebenfalls die Schnittstellen der „Entity" erklärt. Der Widerstandswert wird in Form eines „Generic"-Attributs innerhalb der „Entity"-Declaration definiert. Wie man sieht, entsprechen „Generic"-Attribute den Symbol-Attributen (z. B. Value-Attribut) an einem Symbol für ein Schaltkreiselement. Die „Architecture"-Beschreibung legt das elektrische Verhalten fest, das einer „Entity" zugeordnet ist, ähnlich wie das Symbol auf ein Modell referenziert. In der „Architecture" sind die Modellgleichungen allerdings nicht in Form von „hart" codierten „Intrinsic"-Modellen gegeben, vielmehr kann der Anwender eigene Modelle mit speziellen Effekten festlegen und einführen. Mit der Deklaration

```
quantity v across i through pin1 to pin2;
```

wird die Knoten-Differenzspannung „v" von „pin1" nach „pin2" in Form einer Differenzgröße und der Zweigstrom i von „pin1" nach „pin2" in Form einer Flussgröße definiert. Über „Assert"-Anweisungen lassen sich Warnungen bzw. Fehlerhinweise u. a. bei

```
library IEEE, Disciplines;
use Disciplines.electromagnetic_system.all;
use IEEE.math_real.all;
entity Resistor is
  generic (
    r_val : real);                    -- Value of the resistor
  port (terminal pin1, pin2 : electrical);
end entity Resistor;
architecture resistor0 of Resistor is
  quantity v across i through pin1 to pin2;
begin  -- resistor0
  assert r_val > 0.0 report "Negative resistor value!"
                     severity WARNING;
  assert r_val/=0.0 report "Value of resistor is 0!"
                     severity WARNING;
  i == v/r_val;
end architecture resistor0;
```

Abb. 2.78 Modellbeschreibung eines Widerstandes in VHDL-AMS

Bereichsüberschreitungen ausgeben. Die Warnung wird ausgegeben, wenn die angegebene Bedingung „nicht wahr" ist. Die eigentliche Modellgleichung für einen idealen Widerstand lautet:

`i == v/r_val;`

Damit wird das Verhalten des Widerstandes festgelegt.

Als nächstes benötigt man eine Modellbeschreibung für die Diode der Testschaltung in Abb. 2.77. Die beispielhafte Modellbeschreibung einer Diode zeigt Abb. 2.79. Als Schnittstelle der Diode nach außen werden in der „Port"-Declaration innerhalb der „Entity" mit „Terminal" die Anschlussklemmen „anode" und „cathode" festgelegt.

Über Generic-Attribute in der „Entity"-Declaration sind die Modellparameter für das Diodenmodell erklärt und vorbesetzt. In der „Architecture"-Beschreibung lässt sich das elektrische Verhalten durch die Modellgleichungen für die Halbleiterdiode festlegen.

Dazu kann u. a. eine Ladung (qc) definiert und deren Ableitung (qc′dot) gebildet werden. Zwischen den Anschlusspins „anode" und „cathode" werden mit

`quantity vd across id, ic through anode to cathode;`

die Spannung „vd" von „anode" nach „cathode" und die beiden Zweigströme *id* und *ic* von „anode" nach „cathode" als Flussgrößen definiert. Die Modellgleichungen der Diode lauten schließlich:

```
id == iss * (exp((vd-rs*id)/(n*vt)) - 1.0);
qc == tt*id - 2.0*cj0 * sqrt(vj**2 - vj*vd);
ic == qc'dot;
```

```
library IEEE, DISCIPLINES;
use IEEE.math_real.all;
use DISCIPLINES.electromagnetic_system.all;
entity Diode is
  generic (
    iss                   : real := 1.0e-14;
    n, rs                 : real := 1.0;
    tt, cj0, vj           : real := 0.0);
  port (terminal anode, cathode : electrical);
end entity Diode;
architecture level0 of Diode is
  quantity vd across id, ic through anode to cathode;
  quantity qc: charge;
  constant vt : real := 0.0258;     -- thermal voltage
begin   -- Level0
  id == iss * (exp((vd-rs*id)/(n*vt)) - 1.0);
  qc == tt*id - 2.0*cj0 * sqrt(vj**2 - vj*vd);
  ic == qc'dot;
end architecture level0;
```

Abb. 2.79 Modellbeschreibung einer Diode (level0) in VHDL-AMS

```
library IEEE, DISCIPLINES;
use IEEE.math_real.all;
use DISCIPLINES.electromagnetic_system.all;
entity v_dc is
  generic (
    dc_value : real := 0.0);              -- Voltage level
  port (
    terminal plus, minus : electrical);  -- plus and minus pin
end entity v_dc;
architecture v_dc_simple of v_dc is
  quantity v across i through plus to minus;
begin
  v == dc_value;
end architecture v_dc_simple;
```

Abb. 2.80 Modellbeschreibung einer DC-Quelle in VHDL-AMS

mit „vt" als Konstante (Temperaturspg.) im Deklarationsteil der „Architecture" definiert und den Modellparametern „iss", „rs", „n", „tt", „cj0", „vj", erklärt und mit „Default"-Werten vorbesetzt in der „Generic"-Deklaration der „Entity".

Als drittes Schaltkreiselement der Testschaltung in Abb. 2.77 muss neben dem Modell für den Widerstand und die Diode ein Modell für die Spannungsquelle eingeführt werden. Abbildung 2.80 zeigt das Modell für eine DC-Spannungsquelle. Die Anschlussklemmen der Spannungsquelle werden als „Terminal" vom Typ „electrical" mit „plus" und „minus" deklariert. Die Übergabe des DC-Wertes der Spannungsquelle erfolgt über ein „Generic"-Attribut.

```
library disciplines;
use disciplines.Electromagnetic_system.ALL;
library my_lib;
entity diode_dc_test_testbench is
end diode_dc_test_testbench;
architecture structure of diode_dc_test_testbench is
  terminal n1, n2 : electrical;
begin  -- structure
  D1: entity my_lib.Diode (level0)
    generic map (
      iss => 1.0E-15; n => 1.0; rs => 5;
      tt => 20.0E-9;
      cj0 => 5.0E-12; vj => 0.7)
    port map (n2, electrical_ground);
  R1: entity my_lib.Resistor (resistor0)
    generic map (
      r_val => 100.0)              -- R-Value
    port map (n1, n2);
  V1: entity my_lib.v_dc (v_dc_simple)
    generic map (
      dc_value => 1.0)             -- DC-Value
    port map (n1, electrical_ground);
end architecture structure;
```

Abb. 2.81 Modellbeschreibung der Testbench für die Diodenschaltung in Abb. 2.77

Nachdem nunmehr für alle drei verwendeten Schaltkreiselemente der Testanordnung in Abb. 2.77 geeignete Modelle eingeführt sind, ist die eigentliche Testbench zu
beschreiben. Die Modelle für den Widerstand, die Diode und die Spannungsquelle sind
in der Library „my_lib" abgelegt. Die Beschreibung der Testanordnung in Abb. 2.77
mittels VHDL-AMS ist in Abb. 2.81 dargestellt. Neben den Standard-Libraries und
Packages muss die Library „my_lib" eingebunden werden. Die „Entity" der Testbench
weist keine Schnittstelle nach außen auf. Die Modellbeschreibung der Testbench selbst
erfolgt mittels „Component Instantiation" in der „Architecture". Dazu werden die in
der Library „my_lib" abgelegten Komponenten *D1*, *R1* und *V1* in der „Architecture"-
Beschreibung der Testanordnung instanziiert, ähnlich wie dies in der Schaltplaneingabe
auch geschieht. Bei der Instanziierung muss über das „Port"-Mapping festgelegt werden,
welcher Anschluss der Komponente mit welchem „Netzknoten" der Schaltung verbunden werden soll. Dieser Vorgang entspricht der Verdrahtung in der Schematic-Darstellung. Neben der Zuordnung der Anschlüsse erfolgt in „generic map" die Festlegung der
Instanz-Attribute, ähnlich den Symbol-Attributen. Damit ist klar, dass sich mit einer
Hardwarebeschreibungssprache auch Schaltungen und Testanordnungen beschreiben lassen, analog zur symbolischen Darstellung in der Schaltplaneingabe.

Die einfache DC-Spannungsquelle soll als nächstes durch eine DCSweep-Spannungsquelle ersetzt werden. Dazu ist ein Modell für die DCSweep-Spannungsquelle zu erstellen (Abb. 2.82). In der Testbench ist dann an Stelle von *V1* folgender Eintrag zu ändern:

```
library IEEE, Disciplines;
use IEEE.Math_real.all;
use disciplines.Electromagnetic_system.ALL;
entity V_DCSweep is
  generic (
    vramp_start : real := 0.0;       -- Ramp start voltage
    vramp_end   : real := 1.0;       -- Ramp end voltage
    risetime    : real := 10.0;      -- time to reach vramp_end in sec
    falltime    : real := 0.0;
    delay       : time := 1.0 ns);
  port (
    terminal plus, minus : electrical);
end entity V_DCSweep;
architecture VDCSweep0 of V_DCSweep is
  quantity v across i through plus to minus;
  signal vsig : real := 0.0;
begin
 vsig <= vramp_start, vramp_end after delay;
 v == vsig'ramp(risetime, falltime);
end architecture VDCSweep0;
```

Abb. 2.82 Modellbeschreibung einer DCSweep-Spannungsquelle

Abb. 2.83 Erweitertes
Widerstandsmodell mit
Bezeichnung der Netzknoten

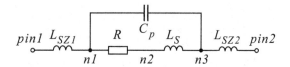

```
V1: entity my_lib.V_DCSweep (VDCSweep0)
    generic map (
      vramp_start => -10.0,          -- Ramp start voltage
      vramp_end   => 1.0,            -- Ramp end voltage
      risetime    => 100.0)
    port map (n1, electrical_ground);
```

Die DCSweep-Spannungsquelle enthält eine Rampenspannung, die im Beispiel bei −10 V startet und bis 1 V verändert wird. Die Änderungsgeschwindigkeit ist mit 100s sehr langsam gewählt, um dynamische Effekte zu vermeiden.

Das ideale Widerstandsmodell soll nunmehr gemäß Abb. 2.83 erweitert werden. Das erweiterte Modell in Abb. 2.83 beinhaltet zusätzlich Induktivitäten und eine parasitäre Kapazität. Die Ersatzschaltung weist zwei äußere und drei innere Knoten auf.

Die zugehörige VHDL-AMS Beschreibung zeigt Abb. 2.84. In der „Entity" werden die äußeren Anschlussklemmen „pin1" und „pin2" vom Typ „electrical" als „Terminal" deklariert. Über „Generic"-Attribute lassen sich in der „Entity" die Induktivitäten Lsz, Ls, die Kapazität Cp und der Widerstand als Attribute mit Wertvorbesetzungen einführen.

```
library ieee, disciplines;
use disciplines.electromagnetic_system.ALL;
entity resistor is
  generic (
    Lsz : real := 0.0;           -- Zuleitungsinduktivitaet
    Ls  : real := 0.0;           -- innere Induktivitaet
    Cp  : real := 0.0;           -- Kapazitaet
    R   : real := 0.0);          -- Widerstand
  port (
    terminal pin1, pin2 : electrical);
end entity resistor;
architecture level1 of resistor is
  terminal n1, n2, n3 : electrical;
  quantity i : real;
  quantity v across pin1 to pin2;
  quantity vc across ic through n1 to n3;
  quantity vlsz1 across ilsz1 through pin1 to n1;
  quantity vlsz2 across ilsz2 through n3 to pin2;
  quantity vls across ils through n2 to n3;
  quantity vr across ir through n1 to n2;
begin  -- level1
  ic   == Cp * vc'dot;
  vlsz1 == Lsz * ilsz1'dot;
  vlsz2 == Lsz * ilsz2'dot;
  vr   == R * ir;
  vls  == Ls * ils'dot;
  i    == ic + ir;
end architecture level1;
```

Abb. 2.84 Modellbeschreibung eines realen Widerstandes mit parasitären Eigenschaften

In der „Architecture" müssen die inneren Knoten „n1", „n2" und „n3" als „Terminal" vom Typ „electrical" deklariert werden. Im Weiteren sind die „Quantities" zu deklarieren. Die eigentliche Modellbeschreibung erfolgt zwischen „Begin" und „End" innerhalb der „Architecture".

Um das neu eingeführte Widerstandsmodell testen zu können, benötigt man dafür eine eigene Testbench mit geeigneter Spannungsquelle. Als Spannungsquelle wird eine AC-Quelle eingeführt. Ähnlich wie das Symbol der AC-Spannungsquelle in PSpice benötigt man Attribute zur Festlegung der Eigenschaften der Spannungsquelle, sie werden durch „Generic"-Attribute deklariert. Mit

```
quantity phase_rad : real;
```

wird eine „free"-Quantity festgelegt, die bei der Verhaltensbeschreibung der Spannungsquelle benötigt wird.

Die Modellbeschreibung einer Testbench für den realen Widerstand angesteuert mit einer AC-Spannungsquelle zeigt Abb. 2.85. Wie üblich weist die „Entity" der Testbench

```
library ieee, disciplines;
use ieee.math_real.ALL;
use disciplines.electromagnetic_system.ALL;
entity V_AC is
  generic (
    freq      : real;           -- frequency,      [Hertz]
    amplitude : real;           -- amplitude,      [Volt]
    phase     : real;           -- initial phase,  [Degree]
    offset    : real;           -- DC value,       [Volt]
    df        : real;           -- damping factor, [1/second]
    ac_mag    : real;           -- AC magnitude,   [Volt]
    ac_phase  : real);          -- AC phase,       [Degree]
  port (terminal
        plus,                              -- positive pin
        minus : electrical);               -- minus pin
end entity V_AC;
architecture behave of V_AC is
  quantity v across i through plus to minus;
  quantity phase_rad : real;        -- effective phase
  -- Declaration of signal in frequency domain for AC analysis
  quantity ac : real spectrum ac_mag, math_2_pi*ac_phase/360.0;
begin
  phase_rad == math_2_pi *(freq * NOW + phase / 360.0);
  -- The item "ac" will be active only in AC analysis.
  v == offset + amplitude * sin(phase_rad) * EXP(-NOW * df) + ac;
end architecture behave;
```

Abb. 2.85 Verhaltensmodell einer AC-Spannungsquelle

in Abb. 2.86 keine Anschlussklemmen nach außen auf. In der „Architecture" wird ein
innerer Knoten „node" deklariert. Ansonsten erfolgt die Festlegung der Testbench wie
gehabt über „Component Instantiation". Die Modelle für den realen Widerstand und für
die AC-Spannungsquelle müssen in der Library my_lib abgelegt sein.

Die vorgestellten Beispiele sollen einen Eindruck vermitteln von den Möglichkeiten
der Schaltungs- und Modellbeschreibung mittels der Hardwarebeschreibungssprache
VHDL-AMS. Mit einem geeigneten Schaltkreissimulator lassen sich die so beschriebenen Schaltungen und Modelle simulieren und verifizieren. Die Ergebnisse und die
Ergebnisdarstellung sind vergleichbar mit den Möglichkeiten von PSpice.

Über die „Download"-Funktion sind zahlreiche Beispiele mit VHDL-AMS Modellbeschreibungen u. a. von hier vorgestellten Testschaltungen verfügbar. Die Beispiele
wurden mit SystemVision (registered Trademark der Firma MentorGraphics) erstellt und
getestet. Für die Beispiele stehen mit SystemVision ausführbare Workspaces zur Verfügung. Im Unterverzeichnis „hdl" eines Workspaces finden sich die *.vhd Quellen.

Ohne auf Hardwarebeschreibungssprachen weiter im Detail einzugehen, soll im Folgenden vornehmlich die symbolische Beschreibung von Schaltungen verwendet werden.
Dazu benötigt man ein Toolset mit u. a. einer graphischen Schaltplaneingabe (Capture).

```
library disciplines;
use disciplines.Electromagnetic_system.ALL;
library my_lib;
entity resistor_ac_testbench is
end entity resistor_ac_testbench;
architecture structure of resistor_ac_testbench is
  terminal node : electrical;
begin
  R1 : entity my_lib.Resistor (level1)
    generic map (
      Lz => 20.0e-9,
      Li => 5.0e-9,
      Cp => 16.0e-12,
      R  => 1000.0)
    port map (node, electrical_ground);
  V_AC1 : entity my_lib.V_AC (behave)
    generic map (
      freq      => 1000.0,
      amplitude => 10.0,
      phase     => 0.0,
      offset    => 2.0,
      df        => 0.0,
      ac_mag    => 10.0,
      ac_phase  => 0.0)
    port map (node, electrical_ground);
end architecture structure;
```

Abb. 2.86 VHDL-AMS Modellbeschreibung für eine Testbench zur Überprüfung des Verhaltens des realen Widerstands

Über die „Download"-Funktion steht ein derartiges Toolset in Form von Orcad-Lite/ PSpice zur Verfügung (Orcad and PSpice are registered Trademarks of Cadence Design Systems, Orcad-Lite or Orcad-Demo is not for commercial use). In der über „Download" erhältlichen Kurzeinführung werden die wichtigsten Funktionen von Orcad Lite/PSpice vorgestellt und erläutert. Die Beispiele sind auch mit aktuell verfügbaren Versionen ausführbar. Die hier beschriebene Funktionalität stellt den heutigen Stand der Technik dar. Insofern haben die Darstellungen prinzipiellen Charakter. Es geht um ein funktionales Grundverständnis zur rechnergestützten Schaltkreisdefinition und Schaltkreissimulation. Um sich mit der Schaltkreisanalyse mittels Schaltkreissimulation vertraut zu machen, wird das einfache Beispiel in Abb. 2.77 gewählt. Am konkreten Beispiel werden die wesentlichen Funktionen erläutert. Selbstverständlich kann die Kurzdarstellung eine ausführliche Beschreibung (in Help-Funktion: u. a. „Learning Capture") nicht ersetzen. Die Kurzdarstellung soll den Anwender soweit einführen, dass er anhand von ihm bekannten Experimenten „arbeitsfähig und experimentierfähig" ist.

Modelle von Halbleiterbauelementen

3

Zur Analyse von Schaltungen werden Modellbeschreibungen der verwendeten Halbleiterbauelemente benötigt. Die Genauigkeit einer Analyse durch Schaltkreissimulation hängt ganz wesentlich von der Modellgenauigkeit der verwendeten Komponenten ab. Hinreichend vertiefte Kenntnisse über Modellbeschreibungen, insbesondere von Halbleiterbauelementen sind daher unverzichtbar. Werden wesentliche Eigenschaften für die Anwendung in den Modellen nicht erfasst, so ist das Analyseergebnis falsch.

3.1 Modellbeschreibungen von Dioden

Eine Diode ist ein Halbleiterbauelement bestehend aus einem pn-Übergang. Der p-Anschluss ist die Anode (A), der n-Anschluss die Kathode (K). Unterhalb einer bestimmten Schwellspannung ist der pn-Übergang gesperrt. Die Schwellspannung beträgt bei Silicium als Halbleitermaterial ca. 0,7 V. Erreicht die äußere Spannung nicht die Schwellspannung der Diode, so bildet sich eine von beweglichen Ladungsträgern freie Raumladungszone. Oberhalb der Schwellspannung wird die Raumladungszone abgebaut, es kommt ein Stromfluss zustande.

3.1.1 Modellbeschreibungen einer Diode für die Schaltkreissimulation

Schaltkreissimulatoren basierend auf der Hardwarebeschreibungssprache VHDL-AMS erlauben die Formulierung der Modellgleichungen durch den Anwender. Im Gegensatz dazu sind die Modellgleichungen für eine Diode im Schaltkreissimulator Spice „hart" codiert. Die individuellen Eigenschaften einer Diode lassen sich durch Modellparameter einstellen. Der Modell-Parametersatz einer Diode ist in einer Model-Library *.lib* abgelegt. Die Charakterisierung einer Diode in Spice erfolgt durch das „hart" codierte „Intrinsic"-Modell mit

© Springer-Verlag Berlin Heidelberg 2018
J. Siegl und E. Zocher, *Schaltungstechnik,*
https://doi.org/10.1007/978-3-662-56286-4_3

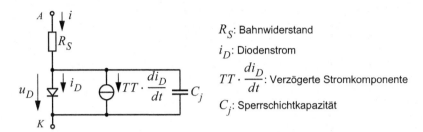

Abb. 3.1 Modell einer Diode mit Bahnwiderstand *RS*, verzögerter Stromkomponente charakterisiert durch *TT* und Sperrschichtkapazität C_j

einem zugeordnetem Modell-Parametersatz. Das System findet den Modell-Parametersatz durch Auflösung der Referenz vom Symbol der Diode auf den Modell-Parametersatz, der in einer registrierten Model-Library abgelegt sein muss. Dazu müssen bestimmte Properties am Symbol geeignet besetzt sein (siehe Abschn. 2.2.2). Im Folgenden soll das Modell einer Diode und deren Modellparameter erläutert werden (Abb. 3.1). Gleiches gilt im Prinzip in erweiterter Form für Bipolartransistoren bzw. Feldeffekttransistoren.

Die Gleichung für den Strom im obigen Dioden-Modell lautet:

$$i = i_D + TT \frac{di_D}{dt} + C_j \frac{du_D}{dt}. \tag{3.1}$$

Der Strom i_D ist der Diodenstrom, eingeteilt in Flussbereich und Sperrbereich. Die durch den Parameter *TT* charakterisierte verzögerte Stromkomponente setzt einen dynamischen Stromfluss voraus, wirkt also im Flussbereich. Die Sperrschichtkapazität C_j stellt die Kapazität der Raumladungszone bei Sperrbetrieb dar. Die Sperrschichtkapazität ist zudem abhängig von der Sperrspannung.

Ermittlung der statischen Kennlinie einer Diode: Die statische Kennlinie einer Diode ist mit Testanordnung in Abb. 3.2 dargestellt. Entscheidend dabei sind die Modellparameter, mit denen das Verhalten einer Diode im Durchlassbereich (Abb. 3.2), im Hochstrombereich, im Sperrbereich und im Durchbruchbereich (Abb. 3.3) festgelegt wird. Von besonderer Bedeutung sind das Temperaturverhalten und Exemplarstreuungsschwankungen, die bei Anwendungen zu berücksichtigen sind.

Experiment 3.1-1: Diode_Testbench_Kennl – DCSweep-Analyse zur Darstellung der Kennlinie einer Diode bei einer Temperatur von − 40 °C, 25 °C und 125 °C.

Das Verhalten einer Silicium-Diode im Flussbereich bei unterschiedlichen Temperaturen ist aus Abb. 3.2 zu entnehmen. Der Temperaturkoeffizient der Schwellspannung beträgt ca. − 2 mV/°C Die Schwellspannung liegt typisch bei Normaltemperatur bei ca. 700 mV. Die Kennlinie im Sperrbereich zeigt Abb. 3.3. Im gegebenen Beispiel stellt sich bei ca. − 20 V der Durchbruchbereich ein. Der Sperrstrom ist spannungsabhängig und liegt bei Normaltemperatur im Bereich nA.

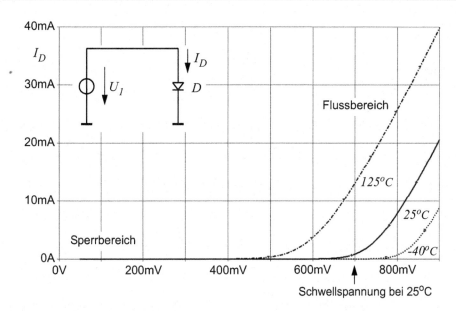

Abb. 3.2 Kennlinie einer Diode im Flussbereich bei einer Temperatur von − 40 °C, 25 °C und 125 °C mit zugehöriger Testschaltung

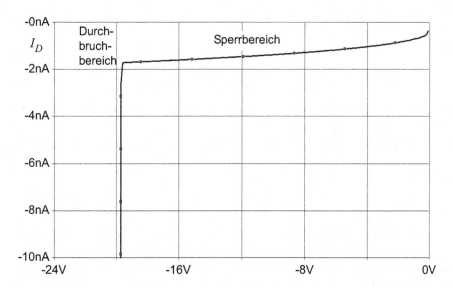

Abb. 3.3 Kennlinie einer Diode im Sperrbereich mit Durchbrucheffekt

Idealtypische Diode: Der idealtypische Diodenstrom ist mit den Parametern *IS* und *N* definiert durch:

$$I_D = IS \cdot \left(\exp\left(\frac{U_D}{N \cdot U_T} \right) - 1 \right); \qquad U_T = \frac{kT}{q}. \tag{3.2}$$

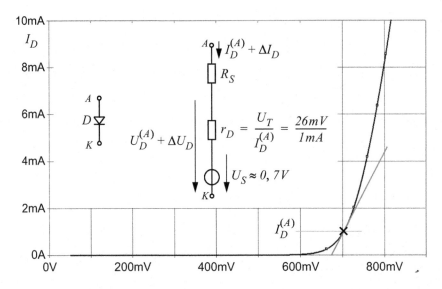

Abb. 3.4 Diodenkennlinie im Flussbereich mit Linearisierung in einem gegebenen Arbeitspunkt

U_T ist die Temperaturspannung, sie beträgt bei $T = 300$ K ca. 26 mV; k ist die Boltz-mann-konstante und q die Elementarladung.

Für die Temperaturabhängigkeit des Transportsättigungssperrstroms IS gilt näherungsweise:

$$IS(T) = IS \cdot \left(\frac{T}{T_0} \right)^{(XTI/N)} \cdot \exp\left(\frac{q \cdot EG(T_0) \cdot (T/T_0 - 1)}{N \cdot k \cdot T} \right). \tag{3.3}$$

mit den zusätzlichen Parametern T_0 (Normaltemperatur), T (Analysetemperatur), XTI und EG (Bandabstand). Der Transportsättigungssperrstrom IS beträgt bei Silicium bei Normaltemperatur ca. 10^{-15} A. Im Arbeitspunkt $I_D^{(A)}$ im Flussbereich lässt sich die Kennlinie linearisieren (siehe Abb. 3.4):

$$I_D = I_D^{(A)} + \Delta I_D; \qquad \Delta I_D = \Delta U_D/r_D. \tag{3.4}$$

wobei r_D der differenzielle Widerstand im Arbeitspunkt ist.

$$r_D = U_T/I_D^{(A)}; \qquad U_T = (kT)/q = 26\text{mV}|_{Normaltemperatur}. \tag{3.5}$$

Im Flussbereich ist die Diode näherungsweise eine Spannungsquelle mit dem Innenwiderstand r_D (bei $R_S = 0$) – siehe dazu Abb. 3.4. Der differenzielle Widerstand r_D im Arbeitspunkt im Flussbereich stellt insbesondere bei der AC-Analyse einen Ersatzwiderstand für die idealtypische Diode dar. Beträgt der Strom im Arbeitspunkt beispielsweise 1 mA, so ist der differenzielle Widerstand $r_D = 26$ Ω.

Diode mit Rekombinationssperrstrom: Um das reale Sperrverhalten der Diode beschreiben zu können, benötigt man eine „Korrektur"-Diode zur Charakterisierung des Rekombinationssperrstroms im Sperrbereich mit den Parametern *ISR, NR, VJ* und *M:*

Abb. 3.5 Realer Sperrstrom
einer Diode (Auszug aus dem
Datenblatt der Diode 1N4148
(1) $U_R = 75$ V, (2) $U_R = 20$ V

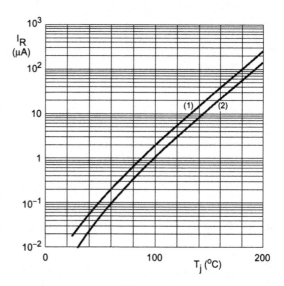

Idealtypische Diode   „Korrektur"-Diode für den Sperrbereich

$$I_D = IS\left(\exp\left(\frac{U_D}{N \cdot U_T}\right) - 1\right) + ISR\left(\exp\left(\frac{U_D}{NR \cdot U_T} - 1\right)\right) \cdot \left(\left(1 - \frac{U_D}{VJ}\right)^2 + 0{,}005\right)^{\frac{M}{2}}. \quad (3.6)$$

Der reale Sperrstrom einer Diode liegt bei Normaltemperatur etwa im nA-Bereich,
bei 100 °C beträgt der Sperrstrom ca. µA. Der Auszug aus dem Datenblatt der Diode
1N4148 in Abb. 3.5 zeigt die starke Temperaturabhängigkeit des Rekombinationssperrstroms. Er ist darüber hinaus auch stark abhängig von Exemplarstreuungen.

Die Modellgleichung der Korrekturdiode berücksichtigt die Spannungsabhängigkeit
im Sperrbereich. Der Hauptparameter für den Rekombinationssperrstrom ist *ISR*, er
ist stark temperaturabhängig. Während sich die Modellgleichung für die idealtypische
Diode aus dem physikalischen Verhalten eines pn-Übergangs ergibt, stellt die Modellgleichung für den Rekombinationssperrstrom eine Näherung dar, um das reale Verhalten
im Sperrbereich hinreichend genau zu beschreiben. Für die Näherung gibt es unterschiedliche Ansätze. In Gl. (3.6) ist ein beispielhafter Näherungsausdruck für das Verhalten der Korrektur-Diode im Sperrbereich angegeben.

Statische Modellparameter einer Diode: Abb. 3.6 zeigt schematisch die statische
Kennlinie einer Diode mit den drei Bereichen:

- Flussbereich (idealtypischer Bereich: *IS*, *N*);
- Hochstrombereich (oberhalb *IKF*: Hochstromeinfluss);
- Sperrbereich (*ISR*, *NR*, *M*, *VJ*) (Tab. 3.1):

Abb. 3.6 Schematisch
skizzierte Kennlinie einer
Diode bei $U_D > 0$ mit
Modellparametern

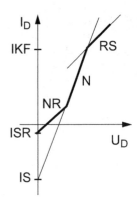

Tab. 3.1 Parameter

Name	Bedeutung	typ. Wert
IS	Transportsättigungssperrstrom	10^{-15} A
N	Emissionskoeffizient	1
RS	Ohmscher Widerstand	10 Ω
ISR	Rekombinationssperrstrom	10^{-9} A
NR	Emissionskoeffizient	2
IKF	„Knickstrom"	10 mA

Weitere Parameter sind erforderlich, um u. a. die Temperaturabhängigkeit von *IS* und *ISR* zu beschreiben. Gemäß Gl. (3.7) gilt für den Sperrstrom demnach (mit U_R als Sperrspannung der Diode):

$$I_{D,R} = IS + ISR \cdot \left(\left(1 + \frac{U_R}{VJ} \right)^2 + 0{,}005 \right)^{M/2}. \tag{3.7}$$

Diode mit Durchbrucheffekt: Bei höheren Sperrspannungen überlagert sich zusätzlich der Durchbruchstrom im Sperrbereich. Der Übergang vom Sperrbereich zum Durchbruchbereich ist in Abb. 3.7 dargestellt, mit *BV*: Durchbruchspannung.

Im Durchbruchbereich gilt näherungsweise für den Strom $I_{D,\,BR}$:

$$I_{D,BR} = IBV \cdot \exp\left(\frac{U_R - BV}{NBV \cdot U_T} \right). \tag{3.8}$$

Es sei nochmals darauf hingewiesen, dass U_R die Sperrspannung ist. In der obigen Gleichung weisen also U_R und *BV* positive Zahlenwerte auf. Im Durchbruchbereich ist die Diode eine Spannungsquelle mit niederohmigem Innenwiderstand.

Diode mit Sperrschichtkapazität: Zur Beschreibung des dynamischen Verhaltens der Diode müssen parasitäre Effekte berücksichtigt werden. Näherungsweise gilt für die Sperrschichtkapazität der Raumladungszone im Sperrbetrieb der Diode:

Abb. 3.7 Durchbruchkennlinie einer Diode mit den
Parametern *IBV*, *BV* und *NBV*

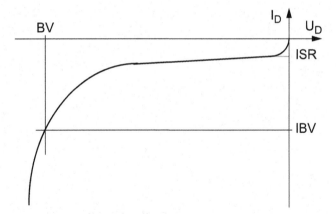

Abb. 3.8 Sperrschichtkapazität eines pn-Übergangs mit
den Parametern: *CJO*, *VJ*, *M*

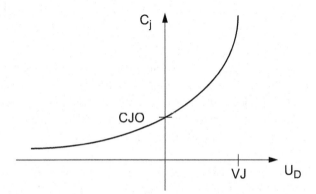

$$C_j = CJO \cdot \left(1 - \frac{U_D}{VJ}\right)^{-M}. \tag{3.9}$$

Die Sperrschichtkapazität ist also abhängig von der anliegenden Sperrspannung. Mit größer werdender Sperrspannung erhöht sich die Raumladungsweite des pn-Übergangs, damit verringert sich die Sperrschichtkapazität. Dieser Effekt wird ausgenutzt bei Varakterdioden bzw. Kapazitätsdioden. Der Arbeitspunkt von Kapazitätsdioden muss also im Sperrbereich liegen. Abbildung 3.8 zeigt den typischen Verlauf der Sperrschichtkapazität in Abhängigkeit von der Sperrspannung. Die Wirkung der Raumladungszone ist bis zur Diffusionsspannung *VJ* (typisch 0,7 V) gegeben.

Zur Ermittlung der Sperrschichtkapazität ist eine dafür geeignete Testanordnung zu wählen (siehe Abb. 3.9). In der Testschaltung wird eine Rampenspannung von 20 V/20 ns im Sperrbereich der Diode angelegt. Dabei ist:

$$i_D \approx C_j \cdot \frac{du_D}{dt}. \tag{3.10}$$

Bei einem Anstieg der Sperrspannung von 20 V/20 ns erhält man einen Strom von 1 mA pro 1 pF. Mit zunehmender Sperrspannung verringert sich der kapazitive Strom aufgrund geringer werdender Sperrschichtkapazität.

Abb. 3.9 Kapazitiver
Strom einer Diode in
Sperrrichtung bei Anlegen
einer Rampenspannung
von 20 V/20 ns mit
zugehöriger Testschaltung;
1 mA entspricht 1pF
Sperrschichtkapazität

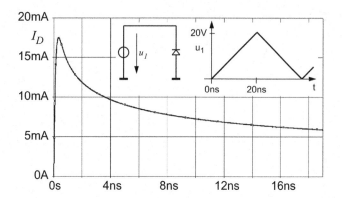

Experiment 3.1-2: Diode_Testbench_CJ – TR-Analyse zur
Bestimmung der Sperrschichtkapazität einer Diode.

Dem Beispiel liegt eine Diode mit $C_{j0} = 20$ pF zugrunde. Das Testergebnis (Abb. 3.9)
zeigt, dass bei 0 V Sperrspannung dieser Wert näherungsweise erreicht wird. Ansonsten reduziert sich mit zunehmender Sperrspannung die Sperrschichtkapazität. Bei einer
Varaktordiode wird die dargestellte Veränderung der Sperrschichtkapazität ausgenutzt,
um mit einer in Sperrrichtung wirkenden Steuerspannung eine einstellbare Kapazität zu
erhalten (spannungsgesteuerte Kapazität).

Diode mit Diffusionskapazität: Im Flussbereich wirkt eine verzögerte Stromkomponente (Abb. 3.1). Sie beschreibt die Trägheit der Minoritätsladungsträger im Flussbereich. Daraus abgeleitet ergibt sich die Diffusionskapazität C_D

$$TT \cdot \frac{di_D}{dt} = C_D \cdot \frac{du_D}{dt};$$

$$C_D = TT \cdot \frac{di_D}{du_D} = \frac{TT}{r_D}\bigg|_{\text{im Arbeitspunkt } I_D^{(A)}}. \tag{3.11}$$

Dabei ist r_D der differenzielle Widerstand der Diode im Arbeitspunkt nach Gl. (3.5). Bei
Aussteuerung der Diode in den Flussbereich wird der pn-Übergang mit frei beweglichen
Ladungsträgern besetzt, es erfolgt ein Abbau der Raumladungszone. Beim Umschalten
in den Sperrbereich müssen die überschüssigen beweglichen Ladungsträger aus dem
pn-Übergang abgeführt werden, um wiederum eine von beweglichen Ladungsträgern
freie Raumladungszone aufzubauen. Dazu ist ein Ausräumstrom erforderlich. Es macht
sich ein Speichereffekt bemerkbar, der durch den Parameter TT charakterisiert wird.
Eine Testschaltung soll den Parameter TT erläutern (siehe Abb. 3.10). Bei Ansteuerung
mit einem Rechteckimpuls wird bei positiver Signalamplitude (5,7 V) die Diode in den
Flussbereich ausgesteuert. Es fließt ein Strom von ca. 5 mA. Nach Umschaltung der
Signalspannung auf 0 V bleibt die Diode in Flussrichtung, solange nicht die überflüssi-
gen Ladungsträger aus dem pn-Übergang ausgeräumt sind (Speicherzeit). Es fließt ein
Ausräumstrom von ca. 0,7 mA. Erst wenn eine von beweglichen Ladungsträgern freie

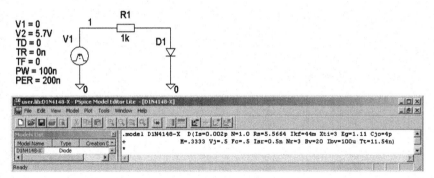

Experiment 3.1-3: Diode_Testbench_TT – Ermittlung der Speicherzeit.

Abb. 3.10 Testschaltung zur Bestimmung der Speicherzeit einer Diode mit Angabe des Modell-parametersatzes der Diode

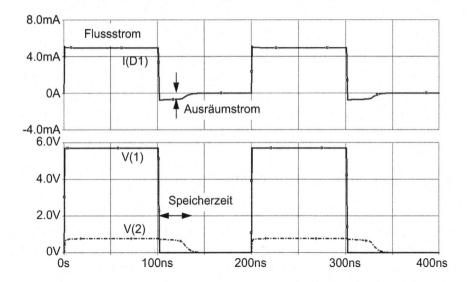

Abb. 3.11 Ergebnis der Testschaltung zur Ermittlung der Speicherzeit einer Diode

Raumladungszone aufgebaut werden kann, geht die Diode über in den Sperrbereich. Die Speicherzeit hängt wesentlich vom Parameter *TT* ab, siehe Abb. 3.11.

Model Editor: Mit dem in Orcad-Lite/PSpice verfügbaren Model Editor in Abb. 3.12 ist es möglich, neue Diodenmodelle zu entwickeln. Anhand der charakteristischen Kennlinien lassen sich unmittelbar die elektrischen Eigenschaften ermitteln und veranschaulichen. Im einzelnen können dargestellt werden: der idealtypische Bereich inklusive Hochstrombereich, der Sperrbereich, der Durchbruchbereich, der Verlauf der Sperrschichtkapazität und das Speicherverhalten.

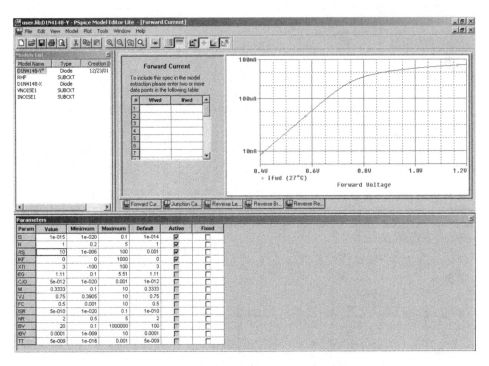

Abb. 3.12 Model Editor: Entwicklung eines neuen Diodenmodells D1N4148-Y mit Darstellung der Parameter und Charakterisierung der Eigenschaften anhand von Kennlinien

3.1.2 Vereinfachte Modelle für die Abschätzanalyse

Für die Abschätzung der Eigenschaften von Schaltungen mit Dioden benötigt man vereinfachte Modelle, die abhängig vom Betriebsbereich sind. Man unterscheidet den Flussbereich, den Sperrbereich und den Durchbruchbereich. Im Flussbereich ist die Diode näherungsweise Spannungsquelle (0,7 V), im Sperrbereich Stromquelle (nA bis μA) und im Durchbruchbereich wiederum Spannungsquelle.

Vereinfachtes Modell der Diode im Flussbereich: Als nächstes sollen vereinfachte Modelle der Diode für die DC- bzw. AC-Analyse betrachtet werden. Wird die Diode nur in einem Arbeitspunkt des Flussbereichs betrieben, so gilt das in Abb. 3.13 skizzierte vereinfachte Modell. Dabei ist U_S die Schwellspannung der Diode, r_D der differenzielle Widerstand gültig im Arbeitspunkt und C_D die Diffusionskapazität ebenfalls gültig im Arbeitspunkt.

Vereinfachtes Modell der Diode im Sperrbereich: Im Sperrbereich stellt die Diode eine Stromquelle mit dem Sperrstrom (typisch nA, bei hohen Temperaturen bis zu ca. 1 μA bei Silizium), bzw. einem Sperrwiderstand (typisch $M\Omega$) und einer Sperrschichtkapazität (typisch einige pF) dar. Das vereinfachte Ersatzschaltbild einer Diode im Sperrbereich ist aus Abb. 3.14 zu entnehmen.

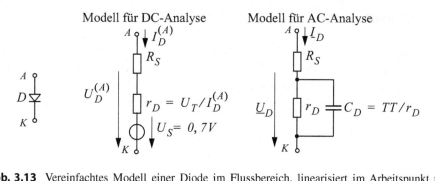

Abb. 3.13 Vereinfachtes Modell einer Diode im Flussbereich, linearisiert im Arbeitspunkt mit dem Strom $I_D^{(A)}$

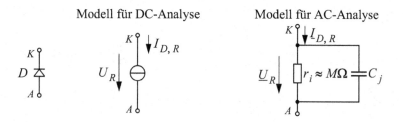

Abb. 3.14 Vereinfachtes Modell einer Diode im Sperrbereich

Vereinfachtes Modell der Diode im Durchbruchbereich: Im Durchbruchbereich wirkt die Diode als Spannungsquelle (Durchbruchspannung) mit niederohmigem Innenwiderstand. Abbildung 3.15 zeigt ein vereinfachtes Ersatzschaltbild der Diode im Durchbruchbereich.

Kann im Betriebspunkt nicht eindeutig ein Arbeitsbereich zugeordnet werden, so ist bei der TR-Analyse der vollständige Modell-Parametersatz zugrunde zu legen. Die präsentierte Kurzdarstellung des Diodenmodells mit den wichtigsten Effekten dient dem Verständnis möglicher Ersatzschaltbilder und der Modellparameter. Wichtig für den Schaltungsentwickler ist die Kenntnis des Modells und mit welchen Parametern welche Effekte wie beeinflusst werden können.

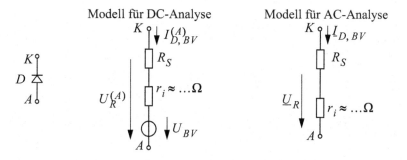

Abb. 3.15 Vereinfachtes Modell einer Diode im Durchbruchbereich

3.1.3   Modellbeschreibung einer Diode in VHDL-AMS

Abschließend zum Thema Modellbeschreibungen einer Diode soll ein Diodenmodell mit der Hardwarebeschreibungssprache VHDL-AMS vorgestellt werden (Abb. 3.16). Dieses Modell basiert auf dem im Abschn. 3.1.1 vorgestellten Modell. In der „Architecture" wird ein innerer Knoten „node" deklariert. Die Größen *Cj*, *Cd* und *qc* stellen eine „free"

```
library IEEE, DISCIPLINES;
use IEEE.math_real.all;
use DISCIPLINES.electromagnetic_system.all;
use DISCIPLINES.thermal_system.all;
use DISCIPLINES.physical_constants.all;
entity Diode is
  generic ( iss, n, rs, isr, nr          : real;
                Cj0, Vj, M, Fc, tt        : real;
                bv, ibv, nbv              : real;
                eg, xti, temp, af, kf     : real);
  port (terminal anode, cathode : electrical);
end entity Diode;
architecture level1 of Diode is
  terminal node : electrical;
  constant vt : real := temp * physical_K / physical_Q;
  quantity Cj : capacitance := cj0;
  quantity vd across ic, id through node to cathode;
  quantity vr across ir through anode to node;
  quantity v across anode to cathode;
  quantity qc : charge;
begin
  junction_capacitance : if (vd >= (Fc*Vj)) use
        Cj == Cj0/((1.0-Fc)**(1.0+M))*(1.0-Fc*(1.0+M)+M*vd/Vj);
  else      Cj == Cj0*(1.0 - vd/Vj)**(-1.0*M);
  end use junction_capacitance;
   vr == ir * rs;    vd == v - vr;
  if (vd >= 0.0) use
    id == iss*(exp((vd)/(n*vt))-1.0);
  elsif (vd < 0.0) and (vd > -1.0*bv) use
    id == iss*(exp((vd)/(n*vt))-1.0)+isr*(exp(vd/(nr*vt))-1.0);
  elsif (vd = -1.0*bv) use
    id == -1.0*ibv;
  else    id == -1.0*ibv*(exp(-1.0*(vd+bv)/(nbv*vt))-1.0);
  end use;
  if vd < vj use
    qc == tt*id - Cj*((vd-vj)*(-1.0*vj/(vd-vj))**M/(M-1.0));
  else
    qc == tt*id;
  end use;
  ic == qc'dot;
end architecture level1;
```

Abb. 3.16 Verhaltensmodell einer Diode dargestellt mit VHDL-AMS

Quantity dar. Mit „if" Abfragen wird das Verhalten der Diode abhängig von verschiedenen Bereichen definiert.

Das Modell enthält alle in Abb. 3.1 skizzierten Eigenschaften mit Bahnwiderstand, idealtypischem Verhalten des pn-Übergangs, realem Sperrstrom, Durchbrucheffekt, Sperrschichtkapazität und Speicherverhalten. Das Beispiel zeigt deutlich, dass sich mit VHDL-AMS anwendungsspezifische Modelle formulieren lassen.

Mögliche Erweiterungen der Modellbeschreibung könnten u. a. Spezialeinflüsse in Form eines zusätzlichen, durch einfallendes Licht generierten Sperrstroms sein (Photoeffekt). Weiterhin ließe sich das Modell um eine Beschreibung für die Wärmeflussananalyse ergänzen.

3.2   Grundlagen des Rauschens

Elektronische Bauteile, wie z. B. Widerstände, Dioden, Transistoren weisen innere Rauschquellen auf. Schwache Signale können im Rauschen verschwinden. Insbesondere bei der Verarbeitung schwacher Signale ist eine Rauschanalyse unverzichtbar.

3.2.1 Zur Beschreibung von Rauschgrößen

Ein typisches Rauschsignal einer Rauschquelle ist in Abb. 3.19 dargestellt. Bei der Rauschanalyse ist die komplexe Rechnung, die harmonische Signale voraussetzt, nicht anwendbar. Rauschgrößen ändern statistisch verteilt Amplitude (Amplitudenrauschen) und Phase (Phasenrauschen); sie werden durch ihre Rauschleistung beschrieben. Die spektrale Rauschleistungsdichte ist der Rauschleistungsbeitrag ΔP_r in einem kleinen Frequenzbereich Δf bezogen auf den betrachteten Frequenzbereich. Rauschgrößen werden mit $\overline{U}_r / \sqrt{Hz}$ beschrieben. Dies stellt eine spektrale Rauschspannung dar, wobei $\overline{U}_r$ der quadratische Mittelwert (entsprechend dem Effektivwert) ist. Den zeitlichen Momentanwert einer Rauschgröße zeigt beispielhaft Abb. 3.17. Die Amplitude und Phase der Rauschgröße ist statistisch verteilt, wobei oft eine Gauß-Verteilung für die Amplitude angenommen wird.

Man kann sich die Rauschgröße aus einem komplexen Zeiger entstanden denken, dessen Amplitude und Phase sich statistisch verändert. Ein verrauschtes sinusförmiges Signal

Abb. 3.17 Rauschgröße im Zeitbereich betrachtet

Abb. 3.18 Signal $\underline{U}_s$ und überlagerte Rauschgröße in der komplexen Ebene betrachtet

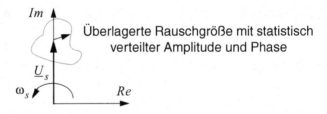

Überlagerte Rauschgröße mit statistisch verteilter Amplitude und Phase

würde sich in der komplexen Ebene durch Überlagerung eines komplexen Zeigers für die Sinusgröße und einer statistisch veränderlichen Störgröße darstellen (Abb. 3.18). Der zeitliche Momentanwert ist im Sinne der komplexen Darstellung die Projektion auf die reelle Achse bzw. Imaginärachse.

Widerstände weisen ein thermisches Rauschen auf. Die spektrale verfügbare Rauschleistungsdichte bei thermischem Rauschen beträgt:

$$dP_r/df = kT. \tag{3.12}$$

sie ist frequenzunabhängig, aber direkt proportional zur absoluten Temperatur T in Kelvin; k ist die Boltzmannkonstante ($k = 1{,}38$ E-23 Ws/K). Das verfügbare spektrale Rauschspannungsquadrat an einem Widerstand R beträgt damit (bei maximal abgegebener Leistung):

$$\frac{\overline{(U_r/2)}^2}{df} = kTR; \qquad \frac{\overline{U_r^2}}{df} = 4kTR. \tag{3.13}$$

Das absolute Rauschspannungsquadrat ergibt sich durch Integration über die Bandbreite B:

$$\int_B (\overline{U_r^2}/df)df = 4kTRB = \overline{U_r^2}. \tag{3.14}$$

Da jedes Übertragungssystem eine endliche Bandbreite aufweist, erhält man immer eine frequenzabhängige Bewertung einer Rauschgröße und damit einen endlichen Beitrag zur Bildung des mittleren Rauschspannungsquadrats nach Gl. (3.14). Abbildung 3.19 zeigt

Abb. 3.19 Widerstand mit Rauschgröße so beschaltet, dass maximale Rauschleistung abgegeben wird

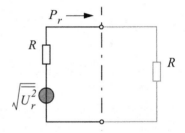

Abb. 3.20 Schnittstelle mit
optimalem Leistungsfluss
(P_S: Signalleistung) bei
gegebener Leistungsanpassung

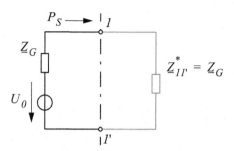

einen ohmschen Widerstand mit „innerer" Rauschquelle. Bei Beschaltung wird an einen
Verbraucher eine Rauschleistung abgegeben.

Allgemein wird an einer Schnittstelle größtmögliche Wirkleistung bei Leistungsanpassung übertragen. Der Leistungsfluss ist dann optimal, wenn der Quellwiderstand
gleich dem konjugiert komplexen Schnittstellenwiderstand ist (Abb. 3.20): $\underline{Z}_G = \underline{Z}^*_{11'}$.

Als erstes Experiment-Beispiel zum Thema Rauschen wird die Schaltung in Abb. 3.21
betrachtet. Der Widerstand $R1$ weist thermisches Rauschverhalten auf. Die frequenzabhängige Bewertung der Rauschgröße erfolgt durch den nachgeschalteten Kondensator.
Die Ergebnisse dazu sind aus Abb. 3.21 zu entnehmen.

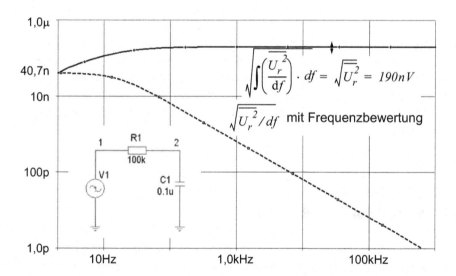

Experiment 3.2-1: RNoise – Schaltung mit rauschendem Widerstand und
frequenzabhängiger Bewertung.

Abb. 3.21 V(ONOISE): Spektrale Rauschspannung an Knoten *2* in $V/(\sqrt{Hz})$; SQRT(s(V(ONOISE)²))
ist das Ergebnis der Integration am Summenpunkt *2*; Schematic zum Experiment „RNoise" mit rau-
schenden Widerstand

Im Beispiel beträgt die spektrale Rauschspannung des Widerstandes mit dem Wert 100 kΩ:

$$\sqrt{\overline{\frac{U_r^2}{df}}} = \frac{40,7\mathrm{nV}}{\sqrt{Hz}}. \qquad (3.15)$$

Die Kapazität bewertet die verfügbare spektrale Rauschspannung des Widerstands frequenzabhängig. Aufintegriert über die Frequenz ergibt sich eine absolute Rauschspannung am Ausgang in Höhe von ca. 190 nV.

Neben dem thermischen Rauschen weisen Halbleiterbauelemente Schrotrauschen und Funkelrauschen auf. Das Schrotrauschen und Funkelrauschen einer Diode beträgt beispielsweise:

$$\overline{I_r^2}/df = 2qI_D + (K_F \cdot I_D^{AF})/f. \qquad (3.16)$$

Der Funkelrauschbeitrag ist proportional $1/f$; K_F ist eine Funkelrauschkonstante und AF ein Funkelrauschexponent; I_D ist der Basisstrom; q die Elementarladung $(1,6E\text{-}19As)$. Allgemein erhält man die Rauschleistung durch Integration über die Bandbreite B aus der spektralen Rauschleistungsdichte:

$$\int_B (dP_r/df)df. \qquad (3.17)$$

Grundsätzlich weist ein Verstärker viele „innere" Rauschquellen auf. Jeder Widerstand, jeder Transistor, jede Diode bringt Rauschquellen ein. Am Ausgang sind die Rauschbeiträge der einzelnen Rauschquellen aufzusummieren, wobei jede Rauschquelle durch die frequenzabhängige Beschaltung eine frequenzabhängige Bewertung erfährt. Mit der Summe der Rauschquadrate der einzelnen Rauschbeiträge am Ausgangssummenpunkt ergibt sich die mittlere Rauschspannung durch:

$$\overline{U}_r = \sqrt{\sum \overline{U_{ri}^2}}. \qquad (3.18)$$

3.2.2 Modellierung von Rauschquellen

Im Folgenden geht es um die Darstellung des Rauschens durch geeignete Rauschquellen. Die „inneren" Rauschquellen eines Verstärkers lassen sich zu einer äquivalenten Rauschspannungsquelle und einer Rauschstromquelle zusammenfassen, die am Eingang wirken. Diese Rauschquellen des Verstärkers beschreiben das Zusatzrauschen $P_{r,\,zus}$ aufgrund der

Abb. 3.22 Äquivalente
Rauschquellen des Verstärkers
am Eingang beschreiben das
Zusatzrauschen

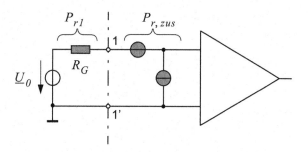

Verstärkereigenschaften. Abbildung 3.22 zeigt eine Ersatzanordnung für einen idealen
rauschfreien Verstärker mit vorgeschalteten Rauschquellen.

Wie bereits erwähnt, sind die Rauschquellen des Verstärkers im Allgemeinen frequenzabhängig (z. B. $1/f$ Rauschen). Eine frequenzabhängige Rauschspannungsquelle
lässt sich ebenfalls durch ein Makromodell in PSpice darstellen. Basis der Rauschquelle ist ein rauschender Widerstand $RN0$. Der Rauschbeitrag von $RN1$ wird durch ein
geeignetes Netzwerk frequenzabhängig bewertet. Das Subcircuit-Modell hierzu ist in
Abb. 3.23 angegeben.

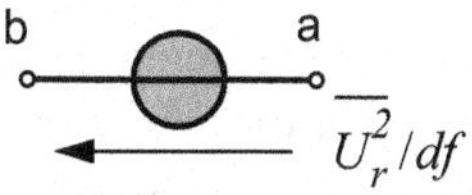

```
***** Rauschspannungsquelle
.SUBCKT VNOISE1 a b
+ PARAMS: VVal=10nV F0=1kHz
***** Basis-Rauschquelle
RN0 1 0 {4*1.38E-23*300/(VVal*VVal)}; Rauschender Widerstand
VN0 1 0 DC 0          ; Sensor-Spannungsquelle für den Rauschstrom von R
FN0 4 0 VN0 1         ; Stromgesteuerte Stromquelle mit Gain=1
***** 1/f Anteil
RN1 2 0 {4*1.38E-23*300/(VVal*VVal)}; Rauschender Widerstand
VN1 2 0 DC 0          ; Sensor-Spannungsquelle für den Rauschstrom von R
FN1 3 0 VN1 1         ; Stromgesteuerte Stromquelle mit Gain=1
CN1 3 0 {1/(6.28*F0)} ; Kapazität für Eckfrequenz F0
RX1 3 0 1G            ; Hilfswiderstand (ohne Einfluss)
GN1 4 0 3 0 1         ; Spannungsgesteuerte Stromquelle mit Gain=1(1/Ohm)
***** Umwandlung in eine Rauschspannungsquelle
VSense 4 0 DC 0       ; Sensor-Spannungsquelle für den Gesamtrauschstrom
HN a b Vsense 1       ; Stromgesteuerte Spannungsquelle mit Gain=1(Ohm)
.ENDS
```

Experiment 3.2-2: VNoise – Testschaltung mit rauschender Spannungsquelle
mit $1/f$ Anteil.

Abb. 3.23 Makromodell einer parametrisierbaren $1/f$-Rauschspannungsquelle

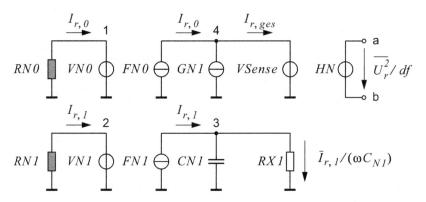

Abb. 3.24 Veranschaulichung des Makromodells einer Rauschspannungsquelle mit $1/f$ Anteil

Das spektrale Rauschstromquadrat eines Widerstands bestimmt sich aus:

$$\frac{\overline{I_r^2}}{df} = \frac{4kT}{R}.$$ (3.19)

Im Makromodell für eine Rauschspannungsquelle mit $1/f$ Anteil müssen zwei Strom-komponenten aufaddiert werden. Die eine Stromkomponente $\bar{I}_{r,0}$ – repräsentiert durch $RN0$ – stellt den frequenzunabhängigen Rauschstrombeitrag dar, die zweite Stromkom-ponente $\bar{I}_{r,1}$ – repräsentiert durch $RN1$ – den frequenzabhängigen Beitrag. Beide Rausch-ströme werden über die stromgesteuerte Stromquelle $FN0$ und die spannungsgesteuerte Stromquelle $GN1$ am Summenknoten 4 aufaddiert.

$$\bar{I}_{r,ges} = \bar{I}_{r,0} + \frac{\bar{I}_{r,1}}{\omega C_{N1}} \cdot 1\Omega.$$ (3.20)

Die Spannungsquellen $VN0$, $VN1$ und $VSense$ dienen lediglich zum „Messen" der Ströme für die Stromsteuerung der stromgesteuerten Quellen $FN0$, $FN1$ und HN. Die stromge-steuerte Spannungsquelle HN macht aus dem Gesamtrauschstrom eine Rauschspannung an den äußeren Klemmen der Rauschspannungsquelle. Deren Steilheit ist $g_m = 1/\Omega$. Damit wird aus dem Rauschstrom eine Rauschspannung. Für eine gegebene Eckfrequenz f_0 des frequenzabhängigen Rauschanteils muss die Kapazität so bestimmt werden, dass bei der Eckfrequenz $1/(\omega C_{N1}) = 1\Omega$ wird (siehe Gl. (3.20)). Abbildung 3.24 veranschau-licht das Makromodell der Rauschspannungsquelle mit $1/f$ Anteil.

Eine Testschaltung für die frequenzabhängige Rauschspannungsquelle mit zugehörigem Testergebnis zeigt Abb. 3.25; VNoise1 referenziert auf das Subcircuit-Modell in Abb. 3.23.

Die der Testschaltung zugrundeliegende Rauschspannungsquelle weist ein Grundrau-schen von $10\,\text{nV}/\sqrt{Hz}$ auf. Unterhalb 1 kHz zeigt sich $1/f$ Verhalten. Mit der Testschal-tung erzielt man das in Abb. 3.25 dargestellte Ergebnis. In ähnlicher Weise kann man eine frequenzabhängige Rauschstromquelle durch ein Subcircuit-Modell in PSpice darstellen. Abbildung 3.26 zeigt das Subcircuit-Modell. Die stromgesteuerte Spannungsquelle HN

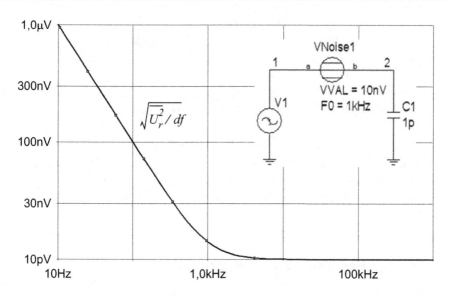

Abb. 3.25 Spektrale Rauschspannung an Knoten 2 in $V/\sqrt{Hz}$ als Ergebnis der Testschaltung

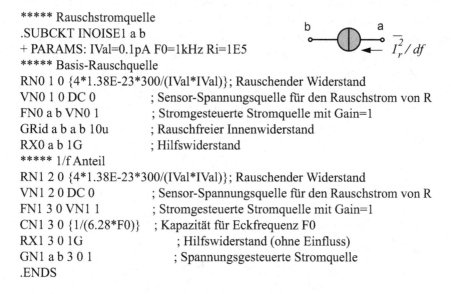

```
***** Rauschstromquelle
.SUBCKT INOISE1 a b
+ PARAMS: IVal=0.1pA F0=1kHz Ri=1E5
***** Basis-Rauschquelle
RN0 1 0 {4*1.38E-23*300/(IVal*IVal)};  Rauschender Widerstand
VN0 1 0 DC 0              ; Sensor-Spannungsquelle für den Rauschstrom von R
FN0 a b VN0 1            ; Stromgesteuerte Stromquelle mit Gain=1
GRid a b a b 10u        ; Rauschfreier Innenwiderstand
RX0 a b 1G              ; Hilfswiderstand
***** 1/f Anteil
RN1 2 0 {4*1.38E-23*300/(IVal*IVal)};  Rauschender Widerstand
VN1 2 0 DC 0             ; Sensor-Spannungsquelle für den Rauschstrom von R
FN1 3 0 VN1 1           ; Stromgesteuerte Stromquelle mit Gain=1
CN1 3 0 {1/(6.28*F0)}   ; Kapazität für Eckfrequenz F0
RX1 3 0 1G                  ; Hilfswiderstand (ohne Einfluss)
GN1 a b 3 0 1               ; Spannungsgesteuerte Stromquelle
.ENDS
```

Abb. 3.26 Makromodell einer parametrisierbaren 1/f-Rauschstromquelle

entfällt, da die Umwandlung von einem Rauschstrom zu einer Rauschspannung hier nicht
erforderlich ist. Um die Rauschstromquelle durch einen rauschfreien Innenwiderstand zu
ergänzen ist die stromgesteuerte Stromquelle *GRid* eingefügt, sie stellt einen Innenwiderstand von 100 kΩ dar (siehe Subcircuit-Modell in Abb. 3.26).

Eine frequenzabhängige Rauschquelle mit $1/f$ Anteil lässt sich auch durch eine Diode beschreiben, die in Flussrichtung betrieben wird. Das spektrale Rauschstromquadrat einer Diode ist aus Gl. (3.16) zu entnehmen, wobei der Strom I_D der Diode einzusetzen ist.

3.3   Modellbeschreibungen für Bipolartransistoren

Ein Bipolartransistor mit den äußeren Anschlüssen E – Emitter, B – Basis und C – Kollektor besteht aus zwei pn-Übergängen. Je nach Vorspannung U_{BE} und U_{CE} unterscheidet man vier Betriebsarten: Normalbetrieb, Sättigungsbetrieb, Sperrbetrieb und Inversbetrieb. Für Verstärkeranwendungen im A-Betrieb muss der Bipolartransistor im Normalbetrieb arbeiten.

3.3.1   Wichtige Kennlinien eines Bipolartransistors

Das Symbol und die Klemmengrößen eines Bipolartransistors zeigt Abb. 3.27. Im Datenblatt eines Bipolartransistors findet man neben den Grenzdaten (u. a. maximale Verlustleistung, maximaler Strom, Grenzwerte für Spannungen) die wichtigsten Kennlinien. Die Übertragungskennlinie und die Ausgangskennlinien beschreiben u. a. das Klemmenverhalten des Bipolartransistors. Nachstehend wird aufgezeigt, auf welcher physikalischen Grundlage die Kennlinien zustande kommen. Grundsätzlich besteht der Bipolartransistor im Normalbetrieb aus zwei Diodenstrecken und einer stromgesteuerten Stromquelle. Wie später gezeigt wird, lässt sich die stromgesteuerte Stromquelle in eine spannungsgesteuerte Stromquelle umrechnen. Die inneren Diodenstrecken des

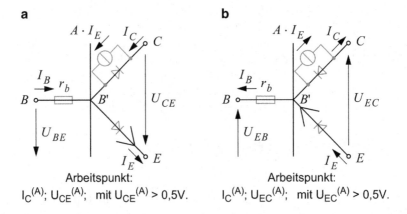

Abb. 3.27 Symbol und Klemmengrößen von npn und pnp Transistor, sowie deren innere Diodenstrecken (verwendet werden Richtungspfeile); **a** npn-Transistor; **b** pnp-Transistor

Tab. 3.2 Parameter des DC-Modells mit Spice-Parametern

Name	typ. Wert	Bedeutung	Spice-Parameter
A	$A = 0.99 =$ $B/(1+B)$	Stromverstärkung $A = I_C/I_E$	
B	$B = 100 =$ $A/(1-A)$	Stromverstärkung $B = I_C/I_B$	BF, XTB BR
I_S	$I_S = 10^{-15}$ A	Sättigungssperrstrom; legt indirekt die Schwellspannung in Flussrichtung fest: typ. 0,7 V	IS, XTI NF, NR, IKF, IKR
I_{CB0}	$I_{CB0} = \dots$ nA	Sperrstrom der Kollektor-Basis Diode	ISC, NE, ISE, NC

Bipolartransistors sind die Emitter-Basis Diode (Flussspannung an der Diode: $U_{B'E}$) und die Kollektor-Basis Diode. Voraussetzung für Verstärkerbetrieb (A-Betrieb) ist, dass die Emitter-Basis Diode in Flussrichtung und die Kollektor-Basis Diode in Sperrrichtung betrieben wird. Dies muss durch Beschaltung des Transistors mit Vorspannung und Betrieb in einem geeigneten Arbeitspunkt ($I_C^{(A)}$, $U_{CE}^{(A)}$) bei gegebener Aussteuerung sichergestellt werden. Man kennzeichnet diese Betriebsart mit Normalbetrieb oder A-Betrieb (siehe Abb. 3.27).

Im Normalbetrieb weist die Emitter-Basis Diode die Schwellspannung von ca. 0,7 V auf (bei Si-Transistoren), sie ist in Flussrichtung betrieben. Die Kollektor-Basis Diode muss durch eine ausreichend große Spannung U_{CE} gesperrt sein. Der Sperrstrom der gesperrten Kollektor-Basis Diode wird mit I_{CB0} angegeben.

Die wesentlichen Parameter, die das DC-Verhalten eines Bipolartransistors bestimmen, sind in Tab. 3.2 dargestellt. *BF* bestimmt die Stromverstärkung im Normalbetrieb, *BR* im Inversbetrieb. Im Inversbetrieb ist die Emitter-Basis Diode gesperrt und die Kollektor-Basis Diode leitend. *XTB* bestimmt das Temperaturverhalten der Stromverstärkung. *IS* ist der Transportsättigungssperrstrom, *NF* der Emissionskoeffizient im Normalbetrieb. Der Emissionskoeffizient *NF* beeinflusst die Steilheit der Exponentialfunktion im Flussbetrieb, idealerweise ist *NF* = 1. *NR* ist der Emissionskoeffizient für Inversbetrieb; *ISE* ist der Rekombinationssperrstrom der Emitter-Basis Diode, *NE* der zugehörige Emissionskoeffizient; *ISC* ist der Rekombinationssperrstrom der Kollektor-Basis Diode, *NC* der zugehörige Emissionskoeffizient. Mit *XTI* wird das Temperaturverhalten des Transportsättigungssperrstroms *IS* beeinflusst. *IKF* ist der Kniestrom der Stromverstärkung *BF* im Normalbetrieb, *IKR* der Kniestrom der Stromverstärkung *BR* im Inversbetrieb. Siehe dazu auch die Parameter des Diodenmodells im vorhergehenden Abschnitt.

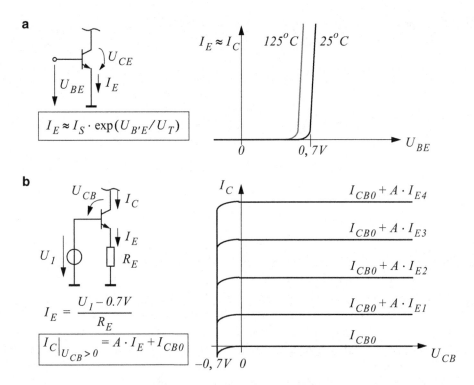

Abb. 3.28 Kennlinien eines Bipolartransistors und zugehörige Messschaltungen; **a** Übertragungskennlinie; **b** Ausgangskennlinien; U_{CE} so, dass Kollektor-Basis Diode gesperrt ist

Die wichtigsten Kennlinien eines Bipolartransistors sind die Eingangs- bzw. Übertragungskennlinie und die Ausgangskennlinienfelder. Die Eingangskennlinie charakterisiert die in Flussrichtung betriebene Emitter-Basis Diode (B' ist der innere Basisanschluss). Die Ausgangskennlinienfelder stellen die gesperrte Kollektor-Basis Diode verschoben um den Injektionsstrom des Transistoreffekts dar. Der Injektionsstrom wird charakterisiert durch die Stromquelle $A \cdot I_E$.

Für die Ermittlung des Ausgangskennlinienfeldes muss ein Basisstrom oder ein Emitterstrom eingeprägt werden. Die Übertragungskennlinie ist in Abb. 3.28a dargestellt bei Normaltemperatur und bei 125°C. Abbildung 3.28b zeigt die Ausgangskennlinien mit eingeprägtem Emitterstrom. Deutlich zeigt sich die Sperrkennlinie des Kollektor-Basis pn-Übergangs mit überlagertem Injektionsstrom $A \cdot I_E$. Bei einer Darstellung über U_{CE} verschieben sich die Ausgangskennlinien um die Flussspannung der Emitter-Basis Diode, also um 0,7 V.

Die Übertragungskennlinie mit der Ordinate in logarithmischer Darstellung zeigt Abb. 3.29. Der Transportsättigungssperrstrom I_S würde sich bei idealisierter Fortsetzung

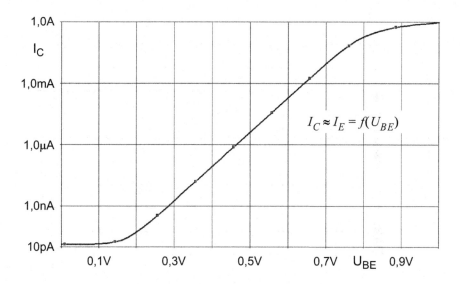

$$I_C \approx I_E = f(U_{BE})$$

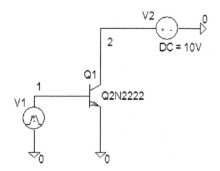

Experiment 3.3-1: Eingangskennl – Ermittlung der Eingangskennlinie.

Abb. 3.29   Eingangskennlinie bzw. Übertragungskennlinie mit zugehöriger Testschaltung

der im logarithmischen Maßstab dargestellten Exponentialkennlinie (linearer Verlauf) bei U_{BE} gegen Null ergeben. Im Sperrbereich dominiert aber der Rekombinationssperrstrom, der im Modellbeispiel (Q2N2222) ca. 10 pA beträgt. Üblicherweise liegt der Sperrstrom einer gesperrten Diodenstrecke aber bei ca. 1 nA. Im Hochstrombereich macht sich, wie bei jedem pn-Übergang im Flussbereich, der Bahnwiderstand bemerkbar. Die Steilheit der Exponentialfunktion der Emitter-Basis Diode wird durch den Emissionskoeffizienten *NF* bestimmt.

Die Ausgangskennlinien (Abb. 3.30) werden gemäß der im Bild angegebenen Testschaltung ermittelt. Sie zeigen deutlich die verschobene Sperrkennlinie der Kollektor-Basis

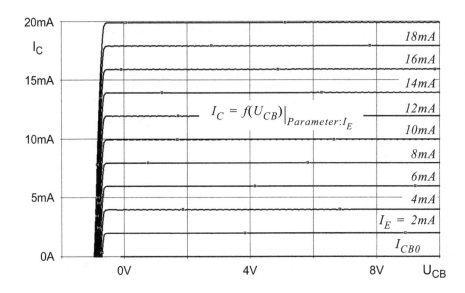

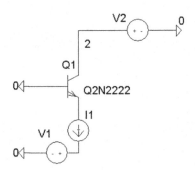

Experiment 3.3-2: Ausgangskennl_IE – $I_C = f(U_{CE})$ Ausgangskennlinien

Abb. 3.30 Ausgangskennlinien mit I_E als Parameter mit zugehöriger Testschaltung

Diode, verschoben um den Injektionsstrom des Transistoreffekts. Der Emitterstrom wird im Beispiel um 2 mA verändert bis 20 mA.

In den Datenblattauszügen (Abb. 3.31) ist die Stromverstärkung B (entspricht näherungsweise h_{FE}) in Abhängigkeit vom Kollektorstrom im Arbeitspunkt mit der Temperatur als Parameter dargestellt. Daneben findet sich der Sperrstrom I_{CB0}. Er erhöht sich um mehr als den Faktor 100 bei einer Temperaturerhöhung um 100 °C. Darüber hinaus

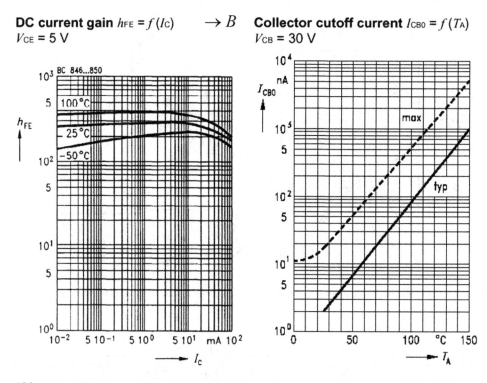

DC current gain $h_{FE} = f(I_C)$ $\rightarrow B$ **Collector cutoff current** $I_{CB0} = f(T_A)$
$V_{CE} = 5\ \text{V}$ $V_{CB} = 30\ \text{V}$

Abb. 3.31 DC-Stromverstärkung B (entspricht ungefähr h_{FE}) und Sperrstrom I_{CB0} des Bipolartransistors BC846 (Datenblattauszug)

unterliegt er erheblichen Exemplarstreuungen. Relevant ist der Sperrstrom insbesondere bei kleinen Betriebsströmen bzw. im Sperrbetrieb.

3.3.2 Physikalischer Aufbau und Grundmodell

Es wird der prinzipielle physikalische Aufbau des Bipolartransistors beschrieben. Aus dem physikalischen Aufbau (Abb. 3.32) lässt sich unmittelbar ein physikalisches Grundmodell im Normalbetrieb ableiten.

Basis des Fertigungsprozesses für einen Bipolartransistor ist eine ca. 0,3 mm dicke Si-Scheibe. Im Weiteren benötigt man Strukturierungs- und Dotierungsprozesse (z. B. Diffusionsprozesse) zur Herstellung und Dotierung der Basiszone und der darin eingelagerten Emitterzone. Komplexer stellt sich der Aufbau in planarer Technik dar (Abb. 3.33), wenn der Transistor von seiner Umgebung isoliert werden soll. Dazu müssen zusätzlich zur Isolation des Transistorelements gesperrte pn-Übergänge vorgesehen werden, die eine Sperrschichtkapazität C_{cs} aufweisen. Die Bahnwiderstände r_{ex} und r_{cx} sind in der Regel vernachlässigbar.

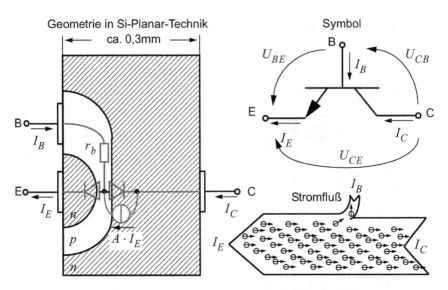

Abb. 3.32 Physikalischer Aufbau des npn Bipolartransistors für Einzeltransistorfertigung

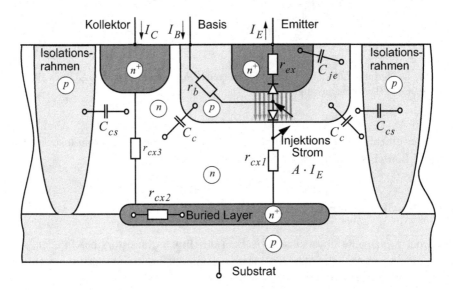

Abb. 3.33 Physikalischer Aufbau eines planaren npn-Bipolartransistors mit isolierenden pn-Übergängen für integrierte Anwendungen aktive Zone in der Basis zwischen Emitter und Kollektor durch Pfeile gekennzeichnet

Aus dem physikalischen Aufbau lässt sich direkt ein physikalisches Modell ableiten. Der Injektionsstrom $A \cdot I_E$ wird durch eine gesteuerte Stromquelle dargestellt. Vom äußeren Basisanschluss zum inneren Basisanschluss ist der Basisbahnwiderstand r_b zu berücksichtigen.

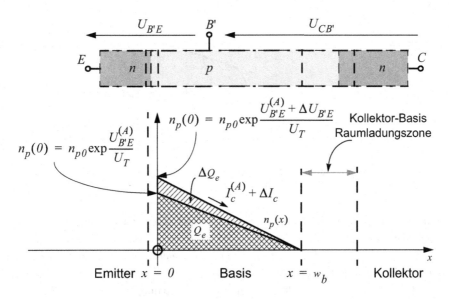

Abb. 3.34 Ladungsträgerkonzentration der freien Elektronen (Minoritätsträger); „Ladungsdreieck" in der Basiszone im Normalbetrieb

Transistoreffekt: Die aktive Zone des Transistors zeigt modellhaft stark vereinfacht Abb. 3.34 in einer linearen (nur von x abhängigen) Darstellung. An der Grenzschicht zwischen Emitter und Basis (bei $x = 0$) gelangen aufgrund der Flussspannung an der Emitter-Basis Diode Elektronen in die Basiszone (Elektronendihte an der Grenzschicht: $n_p(0)$ gesteuert durch $U_{B'E}$). Die Ladungen der Elektronen Q_e (siehe dazu Tab. 3.3, Zeile 10) in der Basiszone bilden ein „Ladungsdreieck", da bei $x = w_b$ die Elektronendichte im Normalbetrieb gleich Null ist. Ursache für die Abnahme der Elektronendichte ist: Elektronen bei $x = w_b$ gelangen in den Einflussbereich der in der gesperrten Kollektor-Basis Raumladungszone vorherrschenden Feldstärke und werden daher zum niedrigeren Energieniveau (verursacht durch die Sperrspannung U_{CB}) der Kollektorzone hin „injiziert" (Injektionseffekt). Dieser Effekt begründet mit dem Injektionsstrom $A \cdot I_E$ den eigentlichen Transistoreffekt. Voraussetzung des Transistoreffekts ist eine hinreichend kleine Basisweite w_b und eine geringe Dotierung der Basiszone. Damit wird die Rekombinationsrate in der Basiszone klein gehalten. Der überwiegende Teil der vom Emitter emittierten Elektronen gelangt in den Einflussbereich der Feldstärke der Raumladungszone am Kollektor-Basis Übergang.

Die von beweglichen Ladungsträgern freie Kollektor-Basis Raumladungszone ist um so breiter, je höher die Sperrspannung ist. Mit breiter werdender Raumladungszone vermindert sich die effektive Basisweite. Der Kollektor-Basis Raumladungszone kann eine spannungsabhängige Sperrschichtkapazität (C_c) und der in Flussrichtung betriebenen Emitter-Basis Diode eine Diffusionskapazität ($C_{b'e}$) zwischen der inneren Basis B' und dem Emitter E zugeordnet werden.

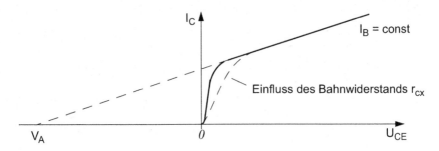

Abb. 3.35 Early-Effekt und seine Auswirkungen auf das Ausgangskennlinienfeld

Das Konzentrationsgefälle der freien Ladungsträger (Elektronendichte: $n_p(x)$) in der Basiszone begründet einen Diffusionsstrom, der um so größer ist, je steiler die Ladungsträgerdichte abfällt. Der Transistoreffekt ist um so ausgeprägter, je mehr vom Emitter emittierte Elektronen bis zur Raumladungsgrenze $x = w_b$ gelangen und dort zum Kollektor hin „injiziert" werden. Es sollten möglichst wenig Ladungsträger in der Basiszone rekombinieren. Dies ist um so besser gegeben, je kleiner die Basisweite w_b ist und je geringer die Defektelektronendichte in der Basiszone ist. In diesem Fall ist der Rekombinationsstrom in der Basiszone sehr klein, der Injektionsstrom (dargestellt durch die Stromquelle $A \cdot I_E$) ist dann mit $A \approx 1$ nahezu gleich dem Emitterstrom.

Basisbahnwiderstand: Die „innere" Basis B' wird über einen räumlich sehr engen Kanal (w_b liegt im μm-Bereich) mit geringer Defektelektronendichte nach außen (Anschluss B) geführt. Das bedeutet, dass der Basisbahnwiderstand r_b signifikante Werte (ca. einige 10 Ω bzw. bis zu einigen 100 Ω) annehmen kann.

Early-Effekt: Je größer die Sperrspannung an der Kollektor-Basis-Diode ist, um so breiter wird die Raumladungszone. Die breitere Raumladungszone vermindert die effektive Basisweite. Damit „verbessert" sich der Transistoreffekt, es erhöht sich die Stromverstärkung. Charakterisiert wird der Early-Effekt durch die Early-Spannung V_A. Bei konstantem Basisstrom erhöht sich mit zunehmender Sperrspannung $U_{CB'}$ damit der Kollektorstrom. Die Auswirkungen des Early-Effekts auf das Ausgangskennlinienfeld zeigt Abb. 3.35. Darüber hinaus vermindert der Early-Effekt den Innenwiderstand der am Kollektorausgang wirksamen Stromquelle (siehe r_o im Kleinsignalmodell in Abb. 3.36, Wertebestimmung in Tab. 3.3).

Erläuterung des Kleinsignalmodells im Normalbetrieb: Der Emitterstrom ist gleich dem Strom der in Flussrichtung betriebenen Emitter-Basis Diode ($I_E \approx I_S \exp(U_{B'E}/U_T)$). Das Verhalten der Diode wurde im vorhergehenden Abschnitt dargestellt. Es gelten die dort eingeführten Modellbeschreibungen für einen pn-Übergang. Aufgrund des Transistoreffekts ist der Kollektorstrom annähernd gleich dem Emitterstrom ($I_C \approx I_E$). Bei Kleinsignalansteuerung lässt sich im Arbeitspunkt eine Linearisierung des exponentiell verlaufenden Diodenstroms in Form einer Reihenentwicklung vornehmen. Die Signalamplitude am Eingang des

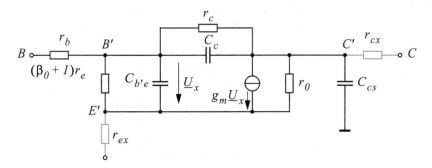

Abb. 3.36 Kleinsignalmodell eines Bipolartransistors im Normalbetrieb

Transistors sollte für die Gültigkeit der Linearisierung dabei nicht größer als einige 10 mV sein. Bei einer typischen Spannungsverstärkung von ca. 200 entstehen dabei Ausgangs-spannungsänderungen von einigen Volt Amplitude. Insofern widerspricht diese Einschränkung praktischen Aufgabenstellungen nicht. Es gilt näherungsweise für I_C, aufgeteilt in eine DC-Lösung und eine AC-Lösung:

$$I_C \approx I_S \cdot \exp\left(\frac{U_{B'E}}{U_T}\right) = \underbrace{I_C^{(A)}}_{DC} + \underbrace{g_m \Delta U_{B'E}}_{AC}. \tag{3.21}$$

Dabei ist g_m die Steilheit im Arbeitspunkt. Sie bestimmt sich mit U_T als Temperaturspannung (bei Normaltemperatur ist $U_T = 26$ mV) aus:

$$g_m = \frac{I_C^{(A)}}{U_T} = \frac{\alpha_0}{r_e}. \tag{3.22}$$

Werden nur die Änderungsgrößen im Arbeitspunkt betrachtet, so lässt sich die in Flussrichtung betriebene Emitter-Basis Diode linearisieren und durch einen differenziellen Widerstand $r_e = I_E^{(A)}/U_T$ ersetzen. Formal wird für die Stromverstärkung $A = I_C/I_E$ die „Änderungsstromverstärkung" $\alpha_0 = \Delta I_C/\Delta I_E$ eingeführt. In gleicher Weise verfährt man für die Stromverstärkung $B = I_C/I_B$ und führt die „Änderungsstromverstärkung" $\beta_0 = \Delta I_C/\Delta I_B$ ein. Mit der später noch zu erklärenden Umrechnung der Transistoreffekt-Stromquelle ($g_m \cdot \underline{U}_x$ von C' nach E' wirkend) erhält man für Kleinsignalanwendungen (Änderungen im Arbeitspunkt) eines BJT im Normalbetrieb das in Abb. 3.36 skizzierte Kleinsignalmodell.

Substratkapazität: Aufgrund der in Abb. 3.33 skizzierten Maßnahmen zur Trennung von Transistorelementen in planarer Aufbauweise ergibt sich eine Substratkapazität C_{cs}, die den Kollektorausgang belastet.

Sperrschichtkapazität und Diffusionskapazität: Die Sperrschichtkapazität C_{jc} bzw. C_c der gesperrten Kollektor-Basis-Diode ist neben der Diffusionskapazität der Emitter-Basis

Abb. 3.37 Sperrschichtkapazität C_c einer gesperrten Diodenstrecke (Datenblattauszug)

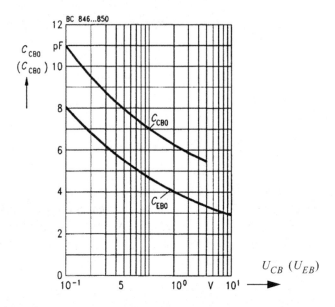

Collector-base capacitance $C_{CBO} = f(V_{CBO})$
Emitter-base capacitance $C_{EBO} = f(V_{EBO})$

Diode $C_{b'e}$ (siehe Abschn. 3.1.1) für das Frequenzverhalten ausschlaggebend. Die Sperrschichtkapazität ist abhängig von der Sperrspannung an der gesperrten Diodenstrecke. Abbildung 3.37 zeigt in einem Datenblattauszug typische Werte für die Sperrschichtkapazität. Die Diffusionskapazität des pn-Übergangs in Flussrichtung beschreibt die verzögerte Änderungswirkung der Ladungsträger bei einer Spannungsänderung, sie hängt ab vom Flussstrom im Arbeitspunkt.

Die Modellparameter des Kleinsignalmodells für AC-Analyse im Arbeitspunkt erläutert Tab. 3.3 mit Hinweisen auf einschlägige Spice-Parameter.

Soll der Bipolartransistor als Verstärkerelement verwendet werden, so muss ein Kollektorstrom $I_C^{(A)}$ fließen und die Kollektor-Emitter-Strecke U_{CE} muss hinreichend aussteuerbar sein. Das in Abb. 3.36 angegebene Kleinsignalmodell gilt nur im Normalbetrieb. Darüber hinaus gibt es, wie schon eingangs erwähnt, insgesamt vier Betriebsarten (siehe Abb. 3.38).

Sättigungsbetrieb: Im Sättigungsbetrieb sind beide Dioden leitend, der Transistor wird am Kollektorausgang sehr niederohmig (typisch einige Ω mit induktiver Komponente). Das Verhalten als gesteuerte Stromquelle geht verloren. Die Stromverstärkung B reduziert sich dramatisch. Eine niedrige Stromverstärkung $B \ll 100$ kennzeichnet den gesättigten Transistor, d. h. der Basisstrom ist gegenüber dem Normalbetrieb beim Sättigungsbetrieb erheblich größer. Die Sättigungsspannung $U_{CE,\ sat}$ beträgt typisch 0,1 V (siehe Abb. 3.39). Um den Sättigungsbetrieb zu vermeiden, sollte $U_{CE} > 0{,}5$ V sein.

Tab. 3.3 Parameter AC-Modell

Name	typ. Wert	Bedeutung	Spice-Parameter
α_0	$\alpha_0 = 0{,}995$	Stromverstärkung $\alpha_0 = \Delta I_C / \Delta I_E$	
β_0	$\beta_0 = 200$	Stromverstärkung $\beta_0 = \Delta I_C / \Delta I_B$	BF, BR
r_e	$r_e = U_T / I_E^{(A)}$	Differenzieller Widerstand der Emitter-Basis Diode	
r_b	$r_b = 100\ \Omega$	Basisbahnwiderstand	RB, RBM, IRB
r_{ex}	Vernachlässigbar	Bahnwiderstand der Emitterzone	RE
r_{cx}	Vernachlässigbar	Bahnwiderstand der Kollektorzone	RC
r_0	$\dfrac{1}{r_0} \approx I_C^{(A)} / V_A$ $r_0 \approx (1/g_m) \cdot V_A / U_T$	Early-Effekt mit V_A als Early-Spannung: Innenwiderstand der Stromquelle am Kollektor zum Emitter	VAF, VAR
r_c	$r_c \approx M\Omega$	Sperrwiderstand der Kollektor-Basis Diode	
τ_F	$\tau_F \approx Q_e / I_C$	Transitzeit der Ladungsträger in der Basiszone: begründet die Diffusionskapazität	TF, XTF, VTF, ITF, PTF, TR
C_b	$C_b \approx \tau_F \cdot g_m$	Diffusionskapazität der in Flussrichtung betriebenen Emitter-Basis Diode: die Stromänderung reagiert verzögert auf ein ΔU	
C_{je}	$C_{je0}/(1 - U_{b'e}'/V_{je})$	Sperrschichtkapazität zwischen B' und E	CJE, VJE, MJE
$C_{b'e}$	$C_{b'e} = C_b + C_{je}$	Gesamtkapazität zwischen B' und E; C_{je} ist vernachlässigbar	
C_{jc}	$C_{jc} = \dfrac{C_{jc0}}{(1 - U_{cb'}/V_{je})}$	Sperrschichtkapazität zwischen B' und C; sie beträgt einige pF	CJC, VJC, MJC
τ_T	$\tau_T \approx 1/\omega_T$ $\tau_T \approx \dfrac{(C_b + C_{je} + C_{jc})}{g_m}$	Zusammenhang der Transitfrequenz mit den Kapazitätsangaben	

Sperrbetrieb: Beide Diodenstrecken sind gesperrt und damit hochohmig. Es gilt das in Abschn. 3.1.1 dargestellte Sperrverhalten für beide gesperrten pn-Übergänge.

Inverser Betrieb: Der Emitter wird zum Kollektor und umgekehrt. Wegen der ungünstigeren Geometrieverhältnisse ergibt sich eine sehr viel kleinere inverse Stromverstärkung B_R. Der Inversbetrieb stellt sich ein, wenn Emitter und Kollektor vertauscht werden.

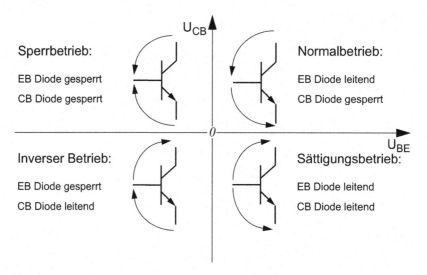

Abb. 3.38 Betriebsarten des Bipolartransistors entsprechend der gegebenen Vorspannung

Abb. 3.39 Sättigungsspannung $U_{CE, sat}$
(Datenblattauszug)

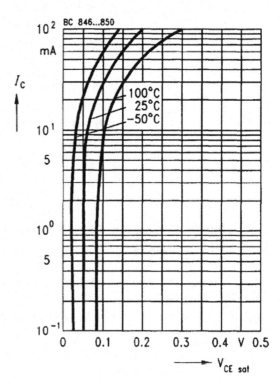

3.3.3   DC-Modellvarianten für die Abschätzanalyse

Für die DC-Analyse benötigt man ein dafür geeignetes vereinfachtes Modell, um das Schaltungsverhalten abschätzen zu können. Dies gilt insbesondere für die Bestimmung des Arbeitspunktes von Transistoren. Das physikalische Modell wurde bereits in Abb. 3.27 vorgestellt. Es sollen nun daraus abgeleitete Modellvarianten eingeführt werden. Mit

$$I_E = I_C + I_B. \tag{3.23}$$

lässt sich ein neues Modell ableiten dessen Ausgangsstromquelle von I_B gesteuert wird (Ansteuerung mit eingeprägtem Basisstrom). Gleichzeitig ergibt sich, dass dann der Sperrstrom I_{CB0} mit $B+1$ multipliziert eingeht. Das heißt, wenn die Basis mit einer äußeren Stromquelle angesteuert wird, geht der Sperrstrom am Ausgang mit $(B+1) \cdot I_{CB0}$ wesentlich stärker ein. Diese Eigenschaft hat erhebliche Konsequenzen zum Beispiel für die Arbeitspunktstabilität.

Neben der Modellvariante in Abb. 3.40b kann man eine weitere Modellvariante dadurch bilden, dass man die Injektionsstromquelle vom Kollektor zum Emitter wirken lässt (Abb. 3.41). Allerdings muss dann der Strom durch die Emitter-Basis Diode auf den Wert $I_E/(B+1)$ korrigiert werden. Das ist schon allein deshalb erforderlich, da jetzt der Hauptstrom an der Emitter-Basis Diode vorbei fließt. Das Klemmenverhalten des Modells in Abb. 3.41 ist unverändert gegenüber den Modellangaben in Abb. 3.40, da $A + 1/(B+1) \approx 1$ ist. Der Kollektorstrom I_C, der Emitterstrom I_E und damit auch der Basisstrom I_B ist identisch gegenüber den bisher betrachteten Modellen. Man nennt diese Modellvariante auch Transport-Modell.

Noch eine Anmerkung zu den Ausgangskennlinien: In der Darstellung der Ausgangskennlinien in Abb. 3.42 zeigt sich der bereits erläuterte Early-Effekt. Bei größerer Sperrspannung der Kollektor-Basis Diode verringert sich die effektive Basisweite aufgrund

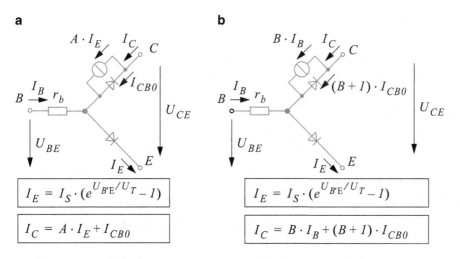

Abb. 3.40 DC-Modell eines npn-Transistors im Normalbetrieb; **a** gesteuert durch I_E (z. B. durch äußere Stromquelle); **b** gesteuert durch I_B

Abb. 3.41 Transport-Modell eines npn-Transistors im Normalbetrieb

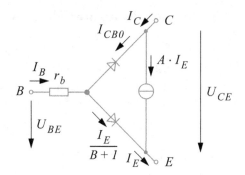

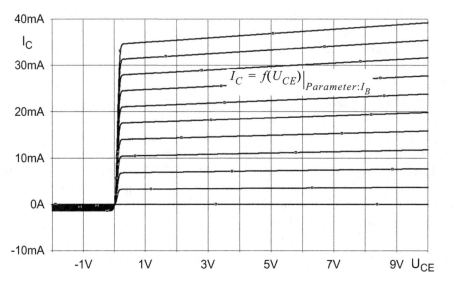

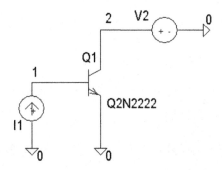

Experiment 3.3-3: Ausgangskennl_IB – Ausgangskennlinien mit I_B als Parameter.

Abb. 3.42 Ausgangskennlinien mit I_B als Parameter und zugehöriger Testschaltung

der breiter werdenden Raumladungszone. Als Folge davon steigt die Stromverstärkung B. Das heißt bei konstantem Basisstrom ergibt sich mit zunehmender Sperrspannung U_{CE} ein größerer Kollektorstrom. Die Ausgangskennlinien sind nach oben geneigt.

Bei negativem U_{CE} ist die Kollektor-Basis Diode leitend und die Emitter-Basis Diode gesperrt, der Transistor arbeitet im Inversbetrieb. Die Stromverstärkung im Inversbetrieb ist wegen der ungünstigeren geometrischen Verhältnisse wesentlich kleiner. Das Kennlinienbild zeigt deutlich die Auffächerung bei inversem Betrieb.

3.3.4 AC-Modellvarianten für die Abschätzanalyse

Bei Linearisierung im Arbeitspunkt lassen sich vereinfachte Modelle für den Bipolartransistor im Normalbetrieb einführen. Die AC-Modelle bilden die Grundlage für die AC-Abschätzanalyse.

Neben dem bereits in Abb. 3.36 vorgestellten AC-Modell sind bei der Schaltungsanalyse weitere Modellvarianten für die Abschätzanalyse oft sehr zweckmäßig und hilfreich. Grundsätzlich kann der Bipolartransistor mit einer unabhängigen Stromquelle am Emitter oder an der Basis, oder mit einer äußeren Spannung zwischen Basis und Emitter angesteuert werden. Verwendet man je nach Ansteuerung ein dafür geeignetes Modell, so lassen sich daraus Eigenschaften ableiten ohne groß zu rechnen. Abbildung 3.43 zeigt gleichberechtigte Modellvarianten. Die linearisierte Emitter-Basis Diode im Arbeitspunkt wird durch r_e repräsentiert. Bei Einführung eines Sperrwiderstandes für die gesperrte Kollektor-Basis Diode im Normalbetrieb erhält man den hochohmigen Sperrwiderstand r_c. Davon unabhängig ist der Early-Widerstand r_0 zu berücksichtigen. Der eigentliche Transistoreffekt wird nachgebildet durch den Injektionsstrom $\alpha_0 \cdot \underline{I}_e$ bzw. $g_m \cdot \underline{U}_{b'e}$.

Ersetzt man den Strom $\underline{I}_e$ der Injektionsstromquelle durch $\underline{I}_b$, so erhält man die Variante nach Abb. 3.43b. Die gesteuerte Stromquelle ist jetzt durch $\beta_0 \cdot \underline{I}_b$ charakterisiert. Der Sperrwiderstand der Kollektor-Basis Diode muss dann auf $r_c/(\beta_0 + 1)$ korrigiert werden. Im Weiteren ist es naheliegend, die den Transistoreffekt beschreibende Stromquelle $\alpha_0 \cdot \underline{I}_e$ mit $\alpha_0 \cdot \underline{I}_e = g_m \cdot \underline{U}_{b'e}$ über die Steilheit durch die Änderung der Spannung an der Emitter-Basis Diode zu ersetzen (Variante Abb. 3.43c). Lässt man diese Stromquelle nicht vom Kollektor zur inneren Basis, sondern zum Emitter wirken, so ist der differenzielle Widerstand r_e durch $r_e \cdot (\beta_0 + 1)$ zu ersetzen, da dann der Hauptstromfluss nicht mehr über r_e fließt.

Am häufigsten verwendet wird Variante c). Variante d) ist interessant bei Spannungssteuerung des Emittereingangs (z. B. Basisschaltung). Die AC-Modelle sind für npn- und pnp-Transistoren gleich. Hinsichtlich der Änderungen im Arbeitspunkt weisen die Bipolartransistoren gleiches Verhalten auf. Bei Frequenzen oberhalb ca. 1 MHz ist r_c zu ersetzen durch die Sperrschichtkapazität C_c. Zum differenziellen Widerstand r_e schaltet sich parallel die Diffusionskapazität C_b (siehe Abb. 3.44).

Näherungsweise gilt für die Frequenzabhängigkeit der Stromverstärkung mit f_T als Transitfrequenz (f_r findet man im Datenblatt):

$$\underline{\alpha} = \alpha_0 \cdot \frac{1}{1 + j \cdot f/f_T}; \qquad \underline{\beta} = \beta_0 \cdot \frac{1}{1 + j \cdot (f/f_T) \cdot (\beta_0 + 1)}. \qquad (3.24)$$

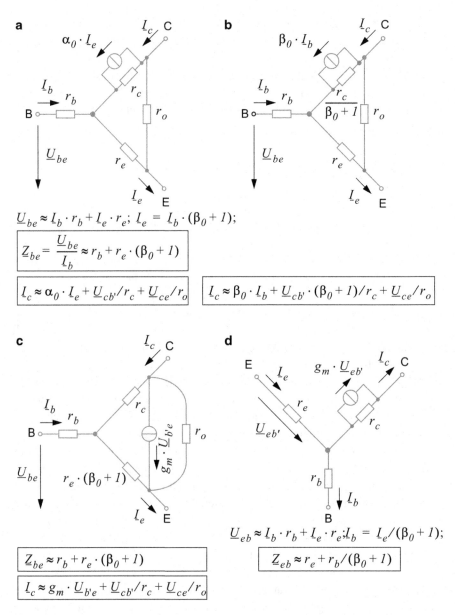

a $\underline{U}_{be} \approx \underline{I}_b \cdot r_b + \underline{I}_e \cdot r_e; \ \underline{I}_e = \underline{I}_b \cdot (\beta_0 + 1);$

$$\boxed{\underline{Z}_{be} = \frac{\underline{U}_{be}}{\underline{I}_b} \approx r_b + r_e \cdot (\beta_0 + 1)}$$

$$\boxed{\underline{I}_c \approx \alpha_0 \cdot \underline{I}_e + \underline{U}_{cb'}/r_c + \underline{U}_{ce}/r_o} \qquad \boxed{\underline{I}_c \approx \beta_0 \cdot \underline{I}_b + \underline{U}_{cb'} \cdot (\beta_0 + 1)/r_c + \underline{U}_{ce}/r_o}$$

c
$$\boxed{\underline{Z}_{be} \approx r_b + r_e \cdot (\beta_0 + 1)}$$

$$\boxed{\underline{I}_c \approx g_m \cdot \underline{U}_{b'e} + \underline{U}_{cb'}/r_c + \underline{U}_{ce}/r_o}$$

d $\underline{U}_{eb} \approx \underline{I}_b \cdot r_b + \underline{I}_e \cdot r_e; \underline{I}_b = \underline{I}_e/(\beta_0 + 1);$

$$\boxed{\underline{Z}_{eb} \approx r_e + r_b/(\beta_0 + 1)}$$

Abb. 3.43 Modellvarianten für AC-Modelle bei Kleinsignalanalyse im unteren Frequenzbereich; **a** Stromquellensteuerung durch $\underline{I}_e$; **b** Stromquellensteuerung durch $\underline{I}_b$; **c** Spannungssteuerung durch $\underline{U}_{b'e}$; **d** Spannungssteuerung durch $\underline{U}_{eb'}$

Die eingeführten Modellvarianten sind für die Schaltungsanalyse und die Dimensionierung von Schaltungen mit Bipolartransistoren unverzichtbar. Bei geeigneter Wahl einer Modellvariante lassen sich ohne große Zwischenrechnungen Eigenschaften von Schaltungen direkt ablesen.

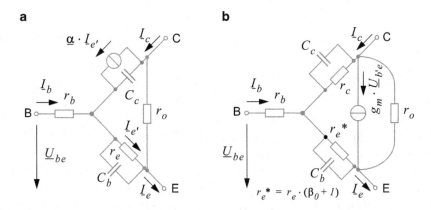

Abb. 3.44   Modellvarianten für AC-Analyse bei Frequenzen oberhalb ca. 1 MHz

3.3.5   Rauschen eines BJT-Verstärkers

Halbleiterbauelemente weisen innere Rauschquellen auf, die zu einem Zusatzrauschen führen und damit die Rauschzahl des Verstärkers verschlechtern. Insbesondere in Anwendungen, wo sehr schwache Signale verstärkt werden sollen, spielt das Rauschverhalten eine wichtige Rolle. Da es sich beim Rauschen immer um kleine Signale handelt, ist die Rauschanalyse der AC-Analyse in einem gegebenen Arbeitspunkt zugeordnet. Allerdings handelt es sich beim Rauschen um statistisch verteilte Signale, so dass die spektrale Rauschleistungsdichte zugrunde gelegt werden muss. Es soll nunmehr die Verstärkerschaltung von Abb. 3.45 mit Rauschquellen betrachtet werden. Zur Vereinfachung bleiben die Sperrschichtkapazität C_c, der Sperrwiderstand r_c, die Diffusionskapazität C_b und der Early-Widerstand r_0 unberücksichtigt.

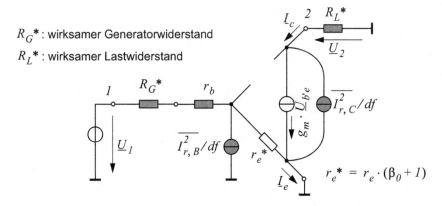

Abb. 3.45   AC-Ersatzschaltbild einer Verstärkerstufe mit inneren Rauschquellen

$$\overline{I_{r,B}^2}/df = 2 \cdot q \cdot I_B^{(A)} + KF \cdot I_B^{(A)AF}/f;$$

$$\overline{I_{r,C}^2}/df = \underbrace{2 \cdot q \cdot I_C^{(A)}}_{Schrotrauschen} ; \underbrace{}_{Funkelrauschen} . \tag{3.25}$$

Der Bipolartransistor bringt drei Rauschquellen ein. Der Basisbahnwiderstand weist Widerstandsrauschen auf. Im Arbeitspunkt liegt dem Basisstrom $I_B^{(A)}$ Schrotrauschen und Funkelrauschen zugrunde, dem Kollektorstrom Schrotrauschen. Aus Gl. (3.25) ist das spektrale Verhalten der inneren Rauschquellen eines Bipolartransistors zu entnehmen. Dabei ist q die Elementarladung, KF ist einKoeffizient für Funkelrauschen und AF ist der Exponent für Funkelrauschen. Typischerweise ist $AF = 1$. Die Leistungen der einzelnen Rauschbeiträge summieren sich am Ausgang und ergeben am Knoten 2 die mittlere äquivalente Rauschspannung $\overline{U}_{r,ges}$. Jeder einzelne Rauschbeitrag wird durch das Netzwerk bewertet.

Der Verstärker möge eine äquivalente Rauschbandbreite B_r aufweisen. Dann ergeben sich die in der nachstehenden Tabelle aufgeführten Rauschbeiträge mit deren Bewertungen am Summenpunkt am Ausgang. Um frequenzunabhängige spektrale Rauschbeiträge zu erhalten, wird der Einfachheit halber der Beitrag des Funkelrauschens ($1/f$ Rauschen) weggelassen. Dann ist die Integration des spektralen Rauschbeitrags über der Frequenz identisch mit der Multiplikation der äquivalenten Rauschbandbreite B_r. Die Berücksichtigung frequenzabhängiger Rauschbeiträge und deren frequenzabhängige Bewertung durch ein frequenzabhängiges Netzwerk macht die Rauschanalyse wesentlich aufwändiger. Selbstverständlich erfolgt bei der Rauschanalyse in PSpice eine genaue Berücksichtigung der frequenzabhängigen spektralen Rauschbeiträge. Die Rauschanalyse ist unterhalb der AC-Analyse im Simulation Profile zu aktivieren.

Mit den Rauschbeiträgen aus Tab. 3.4 erhält man als Gesamtrauschspannung (Effektivwert) am Ausgang:

$$\overline{U}_{r,ges} = \sqrt{\overline{U}_{r1}^2 + \overline{U}_{r2}^2 + \overline{U}_{r3}^2 + \overline{U}_{r4}^2}. \tag{3.26}$$

Im folgenden Experiment wird eine Rauschanalyse für eine Verstärkerschaltung gemäß Abb. 3.46 durchgeführt.

Tab. 3.4 Rauschbeiträge bei frequenzunabhängigen Elementen

Element	Beitrag zu $\overline{U}_{r,ges}$
$R_G^* + r_b$	$\overline{U}_{r,1} = \sqrt{4 \cdot k \cdot T \cdot B_r \cdot (R_G^* + r_b) \cdot g_m \cdot R_L^*}$
R_L^*	$\overline{U}_{r,2} = \sqrt{4 \cdot k \cdot T \cdot B_r \cdot R_L^*}$
$\overline{I_{r,B}^2}/df$	$\overline{U}_{r,3} = \sqrt{2 \cdot q \cdot I_B^{(A)} \cdot B_r \cdot (\beta_0 + 1) \cdot r_e || (R_G^* + r_b) \cdot g_m \cdot R_L^*}$
$\overline{I_{r,C}^2}/df$	$\overline{U}_{r,4} = \sqrt{2 \cdot q \cdot I_C^{(A)} \cdot B_r \cdot R_L^*}$

Abb. 3.46 Verstärkerschaltung
mit einem Bipolartransistor zur
Rauschanalyse

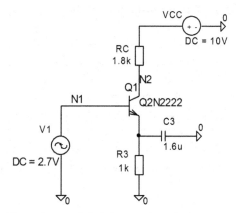

Experiment 3.3-4: Verstärkerschaltung –
AC-Analyse mit Rauschanalyse.

In PSpice steht unter der AC-Analyse eine Rauschanalyse zur Verfügung. Abbildung
3.46 zeigt eine einfache Verstärkerschaltung mit einem Bipolartransistor. Im Template
für die AC-Analyse ist der Summenpunkt am Ausgang (hier N2) und die Eingangssignalquelle (hier V1) anzugeben. Mit INTERVAL = 10 werden bei der Print-Ausgabe nur
nach jedem 10. Frequenzschritt ausführliche Ergebnisse der Rauschanalyse ausgegeben.
In Abb. 3.47 sind die Ergebnisse der Rauschanalyse dargestellt. ONOISE ist die mittlere quadratische (RMS)-Summe der Rauschbeiträge für den Summenpunkt am Ausgang
(siehe Gl. (3.26)), INOISE bestimmt die auf den Eingang umgerechnete äquivalente
Rauschquelle, die eine Spannungsquelle oder eine Stromquelle sein kann.

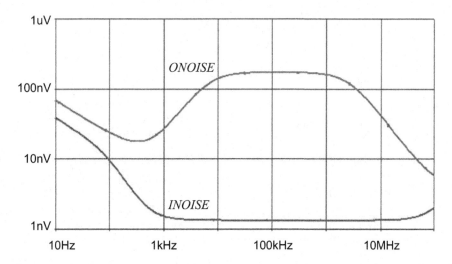

Abb. 3.47 Ergebnisse der Rauschanalyse einer Verstärkerschaltung; *ONOISE* ist die wirksame
mittlere Gesamtrauschspannung am Ausgang

3.3.6 Gummel-Poon Modell

In Schaltkreissimulatoren, so wie auch in PSpice, verwendet man üblicherweise das Gummel-Poon Modell. Das Gummel-Poon Modell ermöglicht eine vollständige Beschreibung des statischen und dynamischen Großsignalverhaltens des Bipolartransistors für alle Betriebsbereiche.

Ohne näher auf das Zustandekommen der Gleichungen einzugehen, soll das Modell in Abb. 3.48 im Prinzip erläutert werden. Das Gummel-Poon Modell, berücksichtigt u. a. mit Ladungseffekten die Ladungssteuerung, die stromabhängige Stromverstärkung, Rekombinationseffekte und den Early-Effekt. Die Stromquelle in Abb. 3.48 mit

$$(I_{be1} - I_{bc1}) \cdot \frac{Q_{B0}}{Q_B}. \tag{3.27}$$

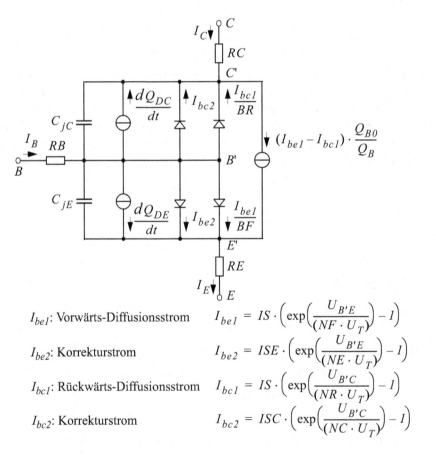

I_{be1}: Vorwärts-Diffusionsstrom $\qquad I_{be1} = IS \cdot \left(\exp\left(\frac{U_{B'E}}{(NF \cdot U_T)} \right) - 1 \right)$

I_{be2}: Korrekturstrom $\qquad I_{be2} = ISE \cdot \left(\exp\left(\frac{U_{B'E}}{(NE \cdot U_T)} \right) - 1 \right)$

I_{bc1}: Rückwärts-Diffusionsstrom $\qquad I_{bc1} = IS \cdot \left(\exp\left(\frac{U_{B'C}}{(NR \cdot U_T)} \right) - 1 \right)$

I_{bc2}: Korrekturstrom $\qquad I_{bc2} = ISC \cdot \left(\exp\left(\frac{U_{B'C}}{(NC \cdot U_T)} \right) - 1 \right)$

Abb. 3.48 Dynamisches Modell eines npn-Bipolartransistors

wirkt vom inneren Kollektor C' zum inneren Emitter E', sie entspricht dem Transportmodell.

Zwischen den inneren Anschlüssen C', B', E' und den äußeren Anschlüssen C, B, E liegen die Bahnwiderstände RB, RC und RE, wobei meist RC und RE vernachlässigt wird, womit die Anschlüsse E' und E bzw. C' und C identisch sind. Ähnlich wie schon beim Diodenmodell in Abschn. 3.1.1 wird sowohl für die Emitter-Basis Diode, als auch für die Kollektor-Basis Diode eine Korrekturdiode eingeführt, um die Rekombinationseffekte im Sperrbetrieb richtig beschreiben zu können. Der Strom durch die Emitter-Basis Diode I_{be1} ist wie beim Transportmodell in Abb. 3.41 und 3.43c) durch die Stromverstärkung vermindert. Gleiches gilt für den Strom I_{bc1}; I_{be2} und I_{bc2} sind die Ströme der Korrekturdioden; Q_{DE} ist die Diffusionsladung der Emitter-Basis Diode; Q_{DC} die Diffusionsladung der Kollektor-Basis Diode. Damit wird der Auf- und Abbau der Diffusionsladungen in der Basiszone anstelle von Diffusionskapazitäten mit Stromquellen dQ/dt beschrieben.

Zur Ladungssteuerung: Die Diffusionsladung Q_{DE} der Basis-Emitter Diode entspricht beispielsweise der Minoritätsträgerladung Q_e in Abb. 3.34 bzw. in Tab. 3.3. Ist die Kollektor-Basis Diode leitend (Inversbetrieb), so ergibt sich entsprechend eine Diffusionsladung Q_{DC}. Die Diffusionsladungen bewirken eine verzögerte Stromkomponente dQ_{DE}/dt bzw. dQ_{DC}/dt im Flussbereich des pn-Übergangs. Mit der Basislaufzeit TF im Normalbetrieb und der Basislaufzeit im Inversbetrieb TR gilt näherungsweise:

$$Q_{DE} = TF \cdot IS \cdot \exp\left(\frac{U_{B'E}}{NF \cdot U_T} - 1\right) \approx TF \cdot I_{be1}|_{Normalbetrieb};$$
$$Q_{DC} = TR \cdot IS \cdot \exp\left(\frac{U_{B'C}}{NR \cdot U_T} - 1\right) \approx TR \cdot I_{bc1}|_{Inversbetrieb}. \tag{3.28}$$

Neben den Diffusionsladungen sind die Ladungen in der Raumladungszone zu berücksichtigen. Sie ergeben sich durch Verschiebung des emitterseitigen bzw. kollektorseitigen Sperrschichtrandes:

$$Q_{jE} = \int (C_{jE} \cdot dU);$$
$$Q_{jC} = \int (C_{jC} \cdot dU). \tag{3.29}$$

Die Basisladung Q_B wird bezogen auf die Basisgrundladung Q_{B0}. Man erhält die Basisgrundladung Q_{B0} bei Niederinjektion (Diffusionsladung vernachlässigbar) und bei Betrieb ohne Vorspannung. Q_B setzt sich zusammen aus:

$$Q_B = Q_{B0} + Q_{DE} + Q_{DC} + Q_{jE} + Q_{jC}. \tag{3.30}$$

In normierter Form lässt sich die Basisladung ausdrücken unter Berücksichtigung des
Early-Effektes und des Hochstrominjektionseffektes:

$$\frac{Q_B}{Q_{B0}} = q_b = \frac{q_1}{2} \cdot (1 + \sqrt{1 + 4 \cdot q_2});$$

$$q_1 = \left(1 - \frac{U_{B'C}}{VAF} - \frac{U_{B'E}}{VAR} \right)^{-1}; \qquad (3.31)$$

$$q_2 = \frac{IS}{IKF} \cdot \exp\left(\frac{U_{B'E}}{NF \cdot U_T} - 1 \right) + \frac{IS}{IKR} \cdot \exp\left(\frac{U_{B'C}}{NR \cdot U_T} - 1 \right).$$

Dabei gilt unter Vernachlässigung der Arbeitspunktabhängigkeit von TF für den Vor-
wärts-Kniestrom $IKF = Q_{B0}/TF$ und für den Rückwärts-Kniestrom $IKR = Q_{B0}/TR$. Die
Arbeitspunktabhängigkeit der Transitzeit τ_F lässt sich anpassen durch:

$$\tau_F = TF \cdot \left(1 + XTF \cdot \exp\left(\frac{U_{B'C}}{1{,}44 \cdot VTF} \right) \cdot \left(\frac{I_{be1}}{I_{be1} + ITF} \right)^2 \right). \qquad (3.32)$$

Diffusionskapazität und Sperrschichtkapazität: Näherungsweise gilt für die Diffusionsladung Q_{DE} im Normalbetrieb:

$$Q_{DE} \approx TF \cdot I_C; \qquad (3.33)$$

und damit ergibt sich für die Diffusionskapazität C_{DE} :

$$C_{DE} = C_b = \frac{dQ_{DE}}{dt} \approx TF \cdot \left(\frac{I_C^{(A)}}{U_T} \right) \approx TF \cdot g_m. \qquad (3.34)$$

Die spannungsabhängigen Sperrschichtkapazitäten C_{jC} und C_{jE} stehen für das kapazitive
Verhalten eines gesperrten pn-Übergangs (siehe Gl. (3.9)).

$$C_{jC} = CJC \cdot \left(1 - \frac{U_{B'C}}{VJC} \right)^{-MJC};$$

$$C_{jE} = CJE \cdot \left(1 - \frac{U_{B'E}}{VJE} \right)^{-MJE}. \qquad (3.35)$$

Stromabhängiger Basisbahnwiderstand: Aufgrund der Leitfähigkeitsmodulation in
der Basiszone erhält man einen stromabhängigen Basisbahnwiderstand:

$$RB = RBM + (RB(0) - RBM) \cdot \frac{Q_{B0}}{Q_B}. \qquad (3.36)$$

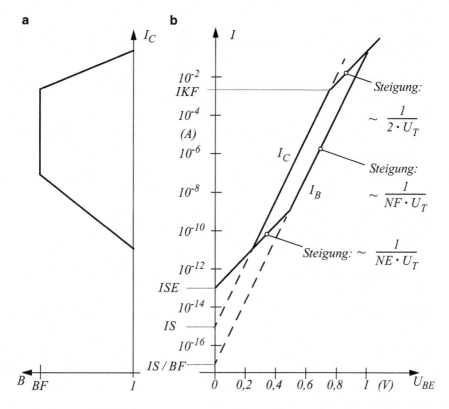

Abb. 3.49 Zur Modellierung der stromabhängigen Stromverstärkung; **a** Stromverstärkung $B=f(I_C)$; **b** Asymptotische Darstellung von $I_C=f(U_{BE})$ bzw. $I_B=f(U_{BE})$

Stromabhängige Stromverstärkung: Die Stromverstärkung $B=I_C/I_B$ ist abhängig vom Kollektorstrom I_C. Abbildung 3.49[1] zeigt den asymptotischen Verlauf von I_C und I_B des Bipolartransistors in halblogarithmischer Darstellung. Bei mittleren Strömen ist die Steigung von I_C und I_B proportional $1/(NF \cdot U_T)$. Der idealtypische Kollektorstrom I_C startet mit dem Transportsättigungssperrstrom IS bei $U_{BE}=0$. Es gilt die idealtypische Diodenkennlinie:

$$I_C \approx IS \cdot \exp\left(\frac{U_{B'E}}{(NF \cdot U_T)}\right). \qquad (3.37)$$

Wegen Gleichung Gl. (3.37) liegt mit typischen Werten von IS (ca. 10^{-15} A) der Kollektorstrom im Bereich um 0,5 mA bei einer Flussspannung U_{BE} von 0,7 V. Bei kleinen Strömen wirkt zusätzlich der Rekombinationsstrom in der Basiszone, der Strom I_B nimmt weniger steil ab (Parameter ISE, NE). Dadurch vermindert sich die Stromverstärkung B. Bei höheren Strömen verringert sich der Anstieg des Kollektorstroms

---

[1]Modellgleichungen, siehe u. a.: Vladimirescu, A.: „The Spice-Book", John Wiley&Sons, New York, 1994, ISBN 0-471-60926-9, oder Reference Manual von PSpice A/D.

Tab. 3.5 Parameter Gummel-Poon Modell

Bez.	Parameter	Einheit	Vorbesetzg	Typ. Wert	Scale Factor
IS	Saturation Current	A	1E-16	1E-15	Area
BF	Forward Current Gain	–	100	200	–
NF	Forward Emission Coefficient	–	1	1,5	–
VAF	Forward Early Voltage	V	∞	100	–
IKF	β_F High Current Roll-Off Corner	A	∞	0,1	Area
ISE	BE Junction Leakage Current	A	0	1E-13	Area
NE	BE Junction Leakage Emission	–	1,5	2	–
BR	Reverse Current Gain	–	1	3	–
NR	Reverse Emission Coefficient	–	1	1,5	–
VAR	Reverse Early Voltage	V	∞	250	–
IKR	β_R High Current Roll-Off Corner	A	∞	0,1	Area
ISC	BC Junction Leakage Current	A	0	1E-13	Area
NC	BC Junction Leakage Emission	–	1,5	2	–
RC	Collector Resistance	Ω	0	10	1/area
RE	Emitter Resistance	Ω	0	2	1/area
RB	Zero-Bias Base Resistance	Ω	0	100	1/area
RBM	Min. Base Resistance (high curr)	Ω	RB	10	1/area
IRB	Curr. where Base Res. falls halfway to its minimum value	A	∞	0,1	Area
TF	Forward Transit Time	S	0	1n	–
XTF	Coeff. for bias depend. of τ_F	–	0	–	–
VTF	Voltage for τ_F depend. on V_{BC}	V	∞	–	–
ITF	Curr. where $\tau_F = f(I_C, V_{BC})$ starts	A	0	–	Area
PTF	Excess Phase at $\omega = 1/\tau_F$	Degr.	0	–	–
TR	Reverse Transit Time	s	0	100n	–
CJE	BE zero-bias Junction Capac.	F	0	2p	Area
VJE	BE built-in Potential	V	0,75	0,6	–
MJE	BE Grading Coefficient	–	0,33	0,33	–
CJC	BC zero-bias Junction Capac.	F	0	2p	Area
VJC	BC built-in Potential	V	0,75	0,6	–
MJC	BC Grading Coefficient	–	0,33	0,5	–
XCJC	Fraction of CJC connected at internal base node	–	1	0,5	–
CJC	CS zero-bias Junction Capac.	F	0	2p	Area
VJC	CS built-in Potential	V	0,75	0,6	–

(Fortsetzung)

Tab. 3.5 (Fortsetzung)

Bez.	Parameter	Einheit	Vorbesetzg	Typ. Wert	Scale Factor
MJC	CS Grading Coefficient	–	0	0,5	–
EG	Activation Energy	eV	1,11	1,11	–
XTI	IS Temperature Coefficient	–	3	–	–
XTB	β_F and β_R Temperature Coeff.				–
FC	Coeff. for forward-biased depletion Capacitance Formula	–	0,5	–	–
KF	Flicker Noise Coefficient	–	0	–	–
AF	Flicker Noise Exponent	–	1	–	–

I_C (Parameter *IKF*) aufgrund des Hochstromeffekts. Als Folge davon reduziert sich die Stromverstärkung *B* bei höheren Strömen. Für den Kollektorstrom I_C gilt:

$$I_C = \frac{IS}{q_b} \cdot \left(\exp\left(\frac{U_{B'E}}{NF \cdot U_T} \right) - \exp\left(\frac{U_{B'C}}{NR \cdot U_T} \right) \right) -$$

$$- \frac{IS}{BR} \cdot \exp\left(\frac{U_{B'C}}{NR \cdot U_T} - 1 \right) - ISC \cdot \exp\left(\frac{U_{B'C}}{NC \cdot U_T} - 1 \right). \tag{3.38}$$

In Tab. 3.5 sind die Parameter des Gummel-Poon Modells mit den üblichen Vorbesetzungen und typischen Werten aufgelistet. Die vorstehenden Ausführungen sollen zu einem Grundverständnis der Modellparameter beitragen. Für den Anwender ist es hilfreich zu wissen, wofür welcher Parameter steht und welcher physikalische Effekt sich damit wie beeinflussen lässt. In integrierten Schaltungen wird der Transportsättigungssperrstrom *IS* durch den Area-Faktor skaliert. Die Skalierung erfolgt so, dass die Stromdichten konstant bleiben.

3.3.7 Verhaltensmodell in VHDL-AMS

Für eine allgemeine dynamische Analyse ist eine allgemein gültige, nicht auf eine Betriebsart festgelegte, Modellbeschreibung erforderlich. In den üblichen Spice-Simulatoren sind die Modellgleichungen im Simulator „hart" codiert enthalten. Die Eigenschaften eines bestimmten Transistors lassen sich dabei durch geeignet gewählte Modellparameter einstellen. Ein für einen Transistor gültiger Modellparametersatz ist in einer Model Library abgelegt. Die Referenzierung auf den Modellparametersatz in einer registrierten Model Library erfolgt durch bestimmte Attribute am Symbol des Transistors. Anders verhält es sich bei einer Schaltungsbeschreibung mit der Hardwarebeschreibungssprache VHDL-AMS. Dort kann der Anwender eigene Modelle einführen. Selbstverständlich ist es auch möglich, ein in einer Library verfügbares Modell zu verwenden. Nachstehend ist beispielhaft eine Modellbeschreibung für einen Bipolartransistor vom Typ *npn* dargestellt. Die Modellgleichungen und die zugehörigen Parameter sind kommentiert, sie entsprechen dem Gummel-Poon Modell. Die Stromquelle gemäß dem Transportmodell wirkt vom inneren Kollektor C' (Terminal *n*1) zum inneren Emitter E' (Terminal *n*3). Die innere

Basis B' ist Terminal $n2$. Einige Formelgrößen sind allerdings anders bezeichnet, als in der Beschreibung des Gummel-Poon Modells.

```vhdl
library IEEE, IEEE_proposed;
use IEEE.math_real.all;
use IEEE_proposed.electrical_systems.all;
use IEEE_proposed.fundamental_constants.all;
entity Transistor is
  generic
    (iss  : current := 1.0e-16; -- Transport saturation current
     nr   : real := 1.0; --Reverse current emission coefficient
     nf   : real := 1.0; --Forward current emission coefficient
     br   : real := 1.0;        -- Ideal maximum reverse beta
     bf   : real := 100.0;      -- Ideal maximum forward beta
     isc  : current := 0.0;  -- Leakage current collector diode
     nc   : real := 2.0;       -- BC leakage emission coefficient
     ise  : current := 0.0;     -- Leakage current emitter diode
     ne   : real := 1.5; --BE leakage emission coefficient
     vaf  : voltage := 1.0e15;  -- Forward early voltage
     var  : voltage := 1.0e15;  -- Reverse early voltage
     ikf  : current := 1.0e15;  -- Corner current (forward)
     ikr  : current := 1.0e15;  -- Corner current (reverse)
     nkf  : real := 0.5; -- Exp. for high current beta roll-off
     rb   : resistance := 0.0;  -- Zero bias base resistance
     rc   : resistance := 0.0;  -- Collector resistance
     re   : resistance := 0.0;  -- emitter resistance
     cjc  : capacitance := 0.0;--BC zero bias depletion capacit.
     vjc  : voltage := 0.75;    -- BC built in potential
     mjc  : real := 0.33;  -- BC junction exponential factor
     cje  : capacitance := 0.0; --BE zero bias depletion cap.
     vje  : voltage := 0.75;    -- BE built in potential
     mje  : real := 0.33;    -- BE junction exponential factor
     fc   : real := 0.5; --Coeff.-> forward bias depletion cap.
     tf   : real := 0.0;        -- Ideal forward transit time
     tr   : real := 0.0;        -- Ideal reverse transit time
     temp : real := 300.0); --Parameter measurement temperature
  port (terminal collector, base, emitter : electrical);
end entity Transistor;
-- NPN-Transistor ----------------------------------------------
architecture Level1_npn of Transistor is
-- terminals
  terminal n1, n2, n3 : electrical;
-- constants
  constant vt   : real := temp * PHYS_K / PHYS_Q;
-- branche quantities
  quantity vbc across ibcd1, ibcd2, ibcc, ibci through n2 to n1;
  quantity vbe across ibed1, ibed2, ibec, ibei through n2 to n3;
  quantity vce across ic through n1 to n3;
```

```
  quantity vbe_pin across base to emitter;
  quantity vce_pin across collector to emitter;
  quantity vbc_pin across base to collector;
  quantity vrb across irb through base to n2;
  quantity vrc across irc through collector to n1;
  quantity vre across ire through n3 to emitter;
-- free quantities
  quantity cjco, cjem      : real;
  quantity qb              : charge := 1.0e-12;
  quantity q1, q2, qde, qdc : charge;
begin
-- collector_junction_capacitance
  if(vbc >= (fc*vjc)) use
  cjco == cjc/((1.0-fc)**(1.0+mjc))*(1.0-fc*(1.0+mjc)+mjc*vbc/vjc);
  else
  cjco == cjc*(1.0 - vbc/vjc)**(-1.0*mjc);
  end use;
-- emitter_junction_capacitance
  if(vbe >= (fc*vje)) use
 cjem == cje/((1.0-fc)**(1.0+mje))*(1.0-fc*(1.0+mje)+mje*vbe/vje);
  else
  cjem == cje*((1.0 - vbe/vje)**(-1.0*mje));
  end use;
-- currents base to collector
  ibcd1 == (iss*(exp(vbc/(nr*vt)) - 1.0))/br;
  ibcd2 == (isc*(exp(vbc/(nc*vt)) - 1.0));
  ibcc == cjco * vbc'dot;
  ibci == qdc'dot;
-- currents base to emitter
  ibed1 == (iss*(exp(vbe/(nf*vt)) - 1.0))/bf;
  ibed2 == (ise*(exp(vbe/(ne*vt)) - 1.0));
  ibec == cjem * vbe'dot;
  ibei == qde'dot;
-- currents through the resistors
  vrb == irb * rb;
  vrc == irc * rc;
  vre == ire * re;
-- charge
  qb ==  q1/2.0 * (1.0 + (abs(1.0 + 4.0*q2))**nkf);
  q1 ==  1.0/(1.0 - vbe/var - vbc/vaf);
  q2 ==  (ibcd1*br)/ikr + (ibed1*bf)/ikf;
  qde == (tf * ibed1 * bf);
  qdc == (tr * ibcd1 * br);
-- current node n1 to node n3
  ic ==  (ibed1*bf - ibcd1*br)/qb;
end architecture Level1_npn;
```

3.4   Modellbeschreibungen von Feldeffekttransistoren

Grundsätzlich unterscheidet man zwischen Sperrschicht-Feldeffekttransistoren (JFET) und Isolierschicht-Feldeffekttransistoren (MOSFET). In einer zusammenfassenden Darstellung wird eingeführt in den physikalischen Aufbau und in daraus ableitbare Modelle für Feldeffekttransistoren. Für die Abschätzanalyse und auch für die Schaltkreisanalyse mit einem Schaltkreissimulator sind hinreichend genaue Kenntnisse über das physikalische Verhalten dazu unverzichtbar.

3.4.1   Aufbau, Eigenschaften und Kennlinien von Sperrschicht-FETs

Behandelt werden der physikalische Aufbau, die Betriebsbereiche, die charakteristischen Kennlinien, Modelle und Modellparameter für Sperrschichtfeldeffekttransistoren. Abbildung 3.50 zeigt das Symbol eines N-Kanal bzw. eines P-Kanal JFET mit der physikalischen Ersatzanordnung. Die äußeren Anschlüsse sind Gate (G), Source (S) und Drain (D). Die physikalische Ersatzanordnung besteht aus der Gate-Source-Diode, der Gate-Drain Diode und einer spannungsgesteuerten Stromquelle. Der Feldeffekt erfordert, dass in einer konkreten Anwendung beide Dioden gesperrt sind. Die Gate-Source-Spannung U_{GS} muss also immer so gerichtet sein, dass die zugehörige Diodenstrecke gesperrt ist. Gleiches gilt für die Gate-Drain-Diode, ansonsten ist der, der gesteuerten Stromquelle zugrundeliegende Feldeffekt, nicht wirksam. Zur Ausbildung des eigentlichen Feldeffekts (Verstärkereigenschaft im „Stromquellen"-Betrieb) muss beim N-JFET die Gate-Source-Spannung UGS größer als eine Schwellspannung und zudem die Drain-Source-Spannung U_{DS} hinreichend groß sein.

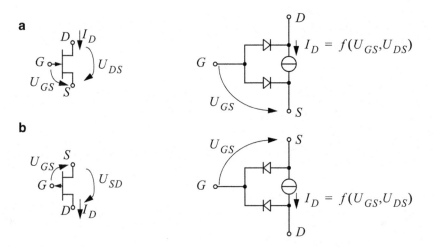

Abb. 3.50 Symbol und physikalische Ersatzanordnung im Abschnürbetrieb; **a** eines N-Kanal JFET, und **b** eines P-Kanal JFET

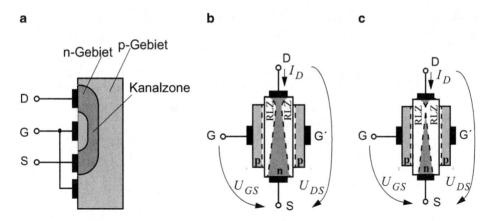

Abb. 3.51 Physikalischer Aufbau des N-Kanal JFET; **a** prinzipieller Aufbau; **b** idealisierter symmetrischer Aufbau mit den Raumladungszonen zur Leitfähigkeitssteuerung des N-Kanals im „Widerstandsbetrieb", **c** Abschnürbetrieb – „Stromquellenbetrieb"

Zum besseren Verständnis wird der stark vereinfachte schematische physikalische Aufbau eines N-Kanal JFET betrachtet. Der Feldeffekttransistor besteht aus zwei pn-Übergängen, nämlich zwischen Gate und Source, sowie zwischen Gate und Drain. Das Gebiet zwischen Source und Drain wird mit „Kanalgebiet" gekennzeichnet. Der Feldeffekt beruht auf der Steuerung der Raumladungszonen (RLZ) im Kanalgebiet auf Basis der gesperrten pn-Übergänge. Abbildung 3.51 zeigt den physikalischen Aufbau und die idealisierte Kanalzone zwischen Gate und Drain mit Ausbildung einer Raumladungszone. Die Schwellspannung oder Abschnürspannung U_p ist diejenige Sperrspannung zwischen Gatezone und Kanalzone, ab der sich die Raumladungszonen über die gesamte Kanallänge berühren, der Feldeffekttransistor ist dann gesperrt.

Ein wesentliches Kennzeichen des Feldeffekttransistors ist, dass stets beide Diodenstrecken (siehe Abb. 3.50) gesperrt sein müssen, um eine Raumladungssteuerung bewirken zu können. Je nach Größe der Steuerspannung U_{GS} und der Drain-Source-Spannung U_{DS} ergeben sich verschiedene Betriebsarten des Feldeffekttransistors.

Sperrbetrieb liegt dann vor, wenn die Steuerspannung U_{GS} beim N-Kanal JFET kleiner als die dem Feldeffekttransistor eigene Schwellspannung U_p ist. Es bilden sich dann breite Raumladungszonen, die sich über die gesamte Kanallänge berühren. Es entsteht kein leitender Kanal. Die Kanalzone ist voll bedeckt durch die Raumladungszonen. Der Transistor ist gesperrt.

Widerstandsbetrieb oder „Linearbereich" (siehe Abb. 3.51b) ist dann gegeben, wenn bei $U_{GS} > U_p$ die Raumladungszonen nicht so weit greifen, dass sie sich berühren. Es entsteht ein leitfähiger „Widerstands"-Kanal zwischen Source und Drain, dessen Breite durch die Steuerspannung U_{GS} und durch die Spannung U_{DS} bestimmt wird und damit steuerbar ist. Der Übergangsbereich vom „Linearbereich" zum „Abschnürbereich" wird auch „Triodenbereich" genannt. Für den reinen Widerstandsbetrieb muss U_{DS} hinreichend klein sein.

Tab. 3.6 Parameter eines N-Kanal Feldeffekttransistors

Name	typ. Wert	Bedeutung	Spice-Parameter
U_p	$U_p = -4V$	Schwellspannung	VTO, VTOTC
β	$\beta = 1$ mA/V^2	Transkonduktanz, Stromergiebigkeit	BETA $= \beta/2$; BETATCE
I_S	$I_S = 10^{-15}$ A	Sättigungssperrstrom; legt indirekt die Schwellspannung in Flussrichtung fest: typ. 0,7 V	IS, XTI, N
I_{GSS}	$I_{GSS} = \cdots$ nA	Gate-Sperrstrom	ISR, NR
λ	$\lambda = 10^{-4}$	Kanallängenmodulation	LAMBDA $= \lambda$
C_{GS}, C_{GD}	$\cdots$ pF	Sperrschichtkapazitäten	CGS, CGD, M, PB

Abschnürbetrieb liegt dann vor, wenn sich die Raumladungszonen nur in einem Punkt, dem Abschnürpunkt, berühren. Bei gegebener Steuerspannung U_{GS} und größer werdender Spannung U_{DS} wird bei $U_{DS} = U_{DSP} = U_{GS} - U_P$ ein Punkt erreicht, bei dem sich die Raumladungszonen (siehe Abb. 3.51c) berühren, der Kanal ist abgeschnürt. Man spricht dann von Abschnürbetrieb oder „Stromquellen"-Betrieb. Erhöht man über den Abschnürpunkt U_{DSP} hinaus die Spannung mit $U_{DS} > U_{DSP}$, so erhöht sich der Drainstrom nicht weiter, er bleibt ab dem Abschnürpunkt quasi konstant („Konstant"-Stromquelle). Allerdings macht sich auch hier ein dem Early-Effekt vergleichbarer Effekt bemerkbar.

Die Tab. 3.6 zeigt die wichtigsten Parameter eines N-Kanal JFET. Als erstes zu nennen ist die Schwellspannung U_p. Nur wenn die Steuerspannung U_{GS} größer als die Schwellspannung U_p ist, kommt überhaupt ein Stromfluss zustande. Der Stromfluss selbst wird durch den Transkonduktanzkoeffizienten β charakterisiert. Dieser Koeffizient bestimmt die „Stromergiebigkeit" eines Feldeffekttransistors. Für die gesperrten pn-Übergänge gelten die üblichen Beziehungen wie für eine Diodenstrecke. Wesentlich dabei ist der Transportsättigungssperrstrom *IS* und der Rekombinationssperrstrom *IGSS* mit den entsprechenden Emissionskoeffizienten *N* bzw. *NR*. Der Parameter λ beschreibt die Kanallängenmodulation (Early-Effekt). Auf diesen Effekt wird später noch näher eingegangen. Die Raumladungszonen der gesperrten pn-Übergänge weisen eine Sperrschichtkapazität auf.

Mit der äußeren Beschaltung wird der Arbeitspunkt und damit der Betriebsbereich des Feldeffekttransistors festgelegt. Die Betriebsbereiche hängen ab von der angelegten Steuerspannung U_{GS} und von der Spannung U_{DS}. Zur Definition der Betriebsbereiche eines N-Kanal JFET gilt (Tab. 3.7):

Der „Widerstandsbereich" teilt sich auf in den idealtypischen Widerstandsbereich und dem Parabelbereich bis zur Abschnürspannung U_{DSP}. Im Parabelbereich (Triodenbereich)

Tab. 3.7 Betriebsbereiche eines N-Kanal JFET

Sperrbereich	$0 > U_{GS} - U_p$
„Widerstandsbereich" bzw. „Triodenbereich"	$0 < U_{DS} < U_{GS} - U_p = U_{DSP}$
Abschnürbereich bzw. „Stromquellenbetrieb"	$0 < U_{GS} - U_p < U_{DS}$

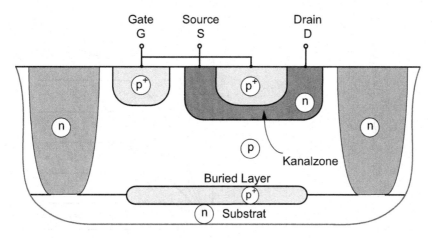

Abb. 3.52 Typischer Aufbau eines planaren N-Kanal JFET

geht der lineare Zusammenhang zwischen Strom und Spannung über in den Konstant-strombetrieb bzw. Stromquellenbetrieb.

In jedem Fall muss die Steuerspannung U_{GS} beim N-Kanal JFET größer sein als U_P, um einen Stromfluss zu bewirken. U_{DSP} ist bei gegebener Steuerspannung U_{GS} diejenige Spannung U_{DS}, ab der sich der Abschnürbetrieb einstellt; betreffs U_{DSP} siehe Abb. 3.53. Zur Unterscheidung zwischen N-Kanal und P-Kanal gilt grundsätzlich (siehe Abb. 3.50):

- N-Kanal: Drainstrom fließt in das Bauteil am Drainanschluss!
- P-Kanal: Drainstrom fließt aus dem Bauteil am Drainanschluss!

Hinsichtlich der Parameter unterscheiden sich P-Kanal FETs von N-Kanal FETs lediglich im Vorzeichen der Schwellspannung U_p.

In integrierter Technik müssen gegenüber dem physikalischen Aufbau nach Abb. 3.51 noch zusätzlich isolierende pn-Übergänge vorgesehen werden. Damit ergibt sich der in Abb. 3.52 skizzierte planare Aufbau eines N-Kanal JFET mit isolierenden pn-Übergängen.

Das Verhalten des Drainstroms I_D in Abhängigkeit von der Steuerspannung U_{GS} und der Ausgangsspannung U_{DS} ist durch den Zusammenhang in Gl. (3.39)–(3.41) gegeben. Der Zusammenhang stellt sich in der Form $I_D = f(U_{GS}, U_{DS})$ dar. Graphisch veranschaulicht wird das Verhalten durch die

- Übertragungskennlinie: $I_D = f_1(U_{GS})$ mit $U_{DS} = const.$ bzw. durch das
- Ausgangskennlinienfeld: $I_D = f_2(U_{DS})$ mit $U_{GS} = const.$ Die Kennlinien des N-Kanal JFET sind in Abb. 3.53 schematisch veranschaulicht.

Für die Gleichungen des „Widerstands"-Bereichs (Gl. (3.40)) und für den Abschnür-bereich (Gl. (3.41)) gibt es zwei Darstellungsarten. Neben der Darstellung mit I_{DS} als

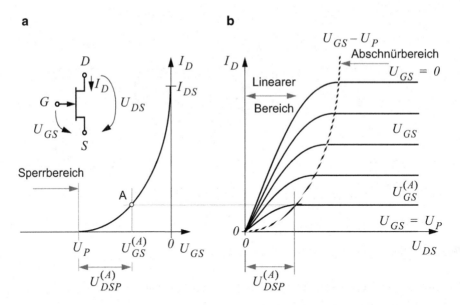

Abb. 3.53 Kennlinien des N-Kanal JFET; **a** Übertragungskennlinie; **b** Ausgangskennlinien mit Arbeitspunkt *A*

Parameter (siehe Abb. 3.53a) steht gleichberechtigt die Form mit β als Parameter. Der Zusammenhang zwischen I_{DS} und β ist aus Gl. (3.42) zu entnehmen.

Für die Modell kennlinien eines N-Kanal-JFET gilt:

$$\text{Sperrbereich: } U_{GS} < U_P$$
$$I_D = 0. \tag{3.39}$$

Widerstands- und Triodenbereich: $U_{GS} > U_P$ und $U_{DS} < (U_{GS} - U_P) = U_{DSP}$

$$I_D = \begin{cases} I_{DS} \cdot \left\{ 2 \cdot \left(\frac{U_{GS}}{U_P} - 1 \right) \cdot \frac{U_{DS}}{U_P} - \left(\frac{U_{DS}}{U_P} \right)^2 \right\}; \\ \beta \cdot \left\{ (U_{GS} - U_P) \cdot U_{DS} - \frac{U_{DS}^2}{2} \right\}. \end{cases} \tag{3.40}$$

Abschnürbereich: $U_{GS} > U_P$ und $U_{DSP} = (U_{GS} - U_P) < U_{DS}$

$$I_D = \begin{cases} I_{DS} \cdot \left(\frac{U_{GS}}{U_P} - 1 \right)^2 \cdot (1 + \lambda \cdot U_{DS}); \\ \frac{\beta}{2} \cdot (U_{GS} - U_P)^2 \cdot (1 + \lambda \cdot U_{DS}). \end{cases} \tag{3.41}$$

Beim P-Kanal JFET kehrt sich das Vorzeichen von U_{GS}, U_{DS}, I_D um. Gleiches gilt für U_P. Die Vorzeichenumkehr von I_D kann durch Änderung des Zählpfeils aufgehoben werden.

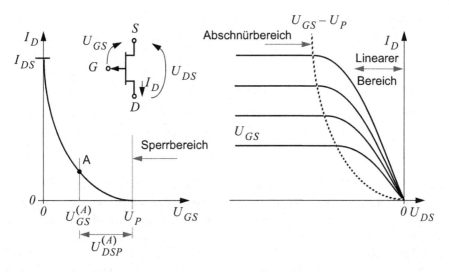

Abb. 3.54   Kennlinien des P-Kanal JFET mit positiv gezähltem Drainstrom

Ansonsten bleiben die Gleichungen und nicht vorzeichenabhängigen Parameter gleich. Abbildung 3.54 zeigt schematisch die Kennlinien des P-Kanal JFET. Wie bereits dargelegt, wird die Stromergiebigkeit eines FET definiert durch den Parameter β. Die Stromergiebigkeit wird gemessen bei $U_{GS} = 0$. In diesem Fall erhält man für den Drainstrom $I_D = I_{DS}$. Es gilt:

$$I_{DS} = \frac{\beta}{2} \cdot U_P^2. \tag{3.42}$$

In den folgenden Experimenten werden die Kennlinien eines N-JFET bzw. eines P-JFET ermittelt.

Experiment 3.4-1: NJ_Uebertr_Kennl.

Experiment 3.4-2: PJ_Uebertr_Kennl.

3.4.2   AC-Modell und Rauschen von Sperrschicht-FETs

AC-Ersatzschaltbild: Für AC-Betrieb im Arbeitspunkt ergibt sich ein vereinfachtes linearisiertes Modell (Abb. 3.55). Grundsätzlich gilt bei Betrieb als „Stromquelle" (Abschnürbetrieb) für Änderungen im Arbeitspunkt:

$$\Delta I_D = g_m \cdot \Delta U_{GS};$$

$$g_m = \sqrt{2\beta I_D^{(A)}} = \frac{2}{|U_P|} \cdot \sqrt{I_D^{(A)} \cdot I_{DS}}. \tag{3.43}$$

Abb. 3.55 AC-Ersatzschaltbild
eines Feldeffekttransistors mit
Rauschquelle

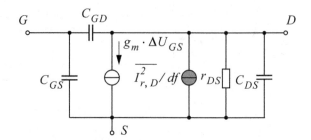

Abbildung 3.55 zeigt das AC-Ersatzschaltbild, das für N-Kanal und P-Kanal JFET gleich ist. Bei gleichem Arbeitspunktstrom ist die Steilheit g_m des JFET erheblich geringer als beim Bipolartransistor. Damit wird bei gleichen Lastverhältnissen die Spannungsverstärkung deutlich kleiner. Ähnlich dem „Early"-Effekt beim Bipolartransistor sind die Ausgangskennlinien des FET bei „Stromquellen"-Betrieb leicht nach oben geneigt. Der „Early"-Spannung entspricht der Wert $1/\lambda$. Im AC-Ersatzschaltbild kann man diesen Effekt durch den Innenwiderstand der Stromquelle beschreiben. Dabei gilt:

$$\frac{1}{r_{DS}^{(A)}} = \left.\frac{\partial I_D}{\partial U_{DS}}\right|^{(A)} = \frac{\beta}{2} \cdot \left(U_{GS}^{(A)} - U_P\right)^2 \cdot \lambda = \lambda \cdot I_D^{(A)}. \tag{3.44}$$

Rauschen: Ähnlich wie beim Bipolartransistor bringen die inneren Bahnwiderstände Rauschbeiträge ein. Das thermische Rauschen der Bahnwiderstände kann im Allgemeinen vernachlässigt werden. Das thermische Rauschen und der $1/f$-Rauschanteil des Kanals beträgt näherungsweise:

$$\frac{\overline{I_{r,D}^2}}{df} = \frac{8 \cdot k \cdot T \cdot g_m}{3} + \frac{KF \cdot I_D^{(A)AF}}{f}. \tag{3.45}$$

Dabei ist KF ein Koeffizient für den $1/f$-Rauschanteil und AF ein zugehöriger Exponent, idealerweise ist $AF = 1$. Abbildung 3.55 zeigt das um eine Rauschstromquelle erweiterte AC-Ersatzschaltbild mit der signifikanten Rauschquelle am Drainausgang.

Zusammenfassung: Der Drainanschluss beim Feldeffekttransistor ist beim N-Kanaltyp dadurch gekennzeichnet, dass der Strom in den Anschluss „hineinfließt"; beim P-Kanaltyp „herausfließt". Die Mindestspannung für U_{DS}, so dass „Stromquellenbetrieb" vorliegt, wird mit U_{DSP} bezeichnet. U_{DSP} ist die Differenz zwischen $U_{GS}^{(A)}$ und der Schwellspannung U_P. Für „Widerstandsbetrieb" muss U_{DS} deutlich kleiner sein, als U_{DSP}. Verstärkereigenschaften stellen sich nur im „Stromquellenbetrieb" ein. Für Verstärkerbetrieb muss also die Spannung U_{DS} hinreichend groß sein.

3.4.3 Aufbau, Eigenschaften und Kennlinien von Isolierschicht-FETs

Behandelt werden der physikalische Aufbau, charakteristische Kennlinien, Modelle und Modellparameter für Isolierschicht-Feldeffekttransistoren (MOS: Metal-Oxide-Semiconductor). Den idealisierten schematischen Aufbau eines N-Kanal MOSFET zeigt Abb. 3.56. Unterhalb der metallischen Gate-Elektrode befindet sich eine dünne isolierende SiO$_2$-Schicht. Die Kanalzone (hier N-Kanal) verbindet die stark n-dotierte Source-Zone mit der stark n-dotierten Drain-Zone innerhalb des p-dotierten Substrats. Dabei ist L die Kanallänge und W die Kanalbreite. Das p-dotierte Substrat wird auch mit Bulk bezeichnet.

Abbildung 3.57 zeigt den N-MOSFET mit dem n-Kanal als leitende Brücke zwischen Source- und Drain-Anschluss. Im n-Kanal tragen bei entsprechender Vorspannung frei bewegliche Elektronen zum Stromtransport bei. Die in Abb. 3.57 schraffiert dargestellte

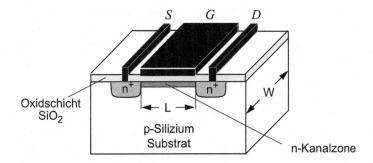

Abb. 3.56 Prinzip-Aufbau eines N-Kanal MOSFET

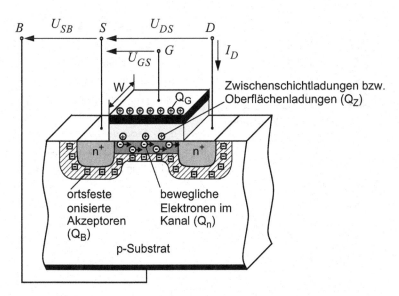

Abb. 3.57 N-MOSFET mit n-leitendem Kanal und mit den Raumladungszonen der gesperrten pn-Übergänge vom p-Substrat zu den n-Anschlüssen von Drain und Source

Raumladungszone bildet eine Sperrschicht, so dass lediglich die n-Kanalzone zur Leitfähigkeit beiträgt.

Grundsätzlich unterscheidet man zwischen einem Enhancement-MOSFET-Typ (Anreicherungstyp) und dem Depletion-Typ (Verarmungstyp). Beim Verarmungstyp ist eine n-dotierte Kanalschicht zwischen Source und Drain herstellerseitig implementiert, es liegen ohne Vorspannung U_{GS} bewegliche Elektronen im Kanalgebiet vor. Der N-MOSFET Kanal ist selbstleitend. Beim Anreicherungstyp entsteht ohne Vorspannung am Gate keine leitende Brücke (Kanal) zwischen Source und Drain. Zusätzlich zur Gate-Source-Spannung U_{GS} und zur Drain-Source-Spannung U_{DS} kann zwischen dem Substrat und dem Source-Anschluss eine Spannung U_{SB} angelegt werden. Die Schwellspannung U_P ist ein wichtiger Parameter des MOSFET, sie wird bestimmt von Materialparametern und von der Source-Bulk-Spannung U_{SB}.

n-Kanal-Verarmungstyp: Beim Verarmungstyp liegt bereits bei $U_{GS} = 0$ wegen der schwach n-leitenden Schicht zwischen Oxid und p-Substrat ein n-Kanal vor, es fließt bei einer bestimmten Drain-Source Spannung ein Strom. Legt man eine negative Spannung an die Gateelektrode mit $U_{GS} < 0$ an, so verarmt der Kanal, der Strom sinkt. Bei $U_{GS} < U_P$ ist der Kanal gesperrt.

n-Kanal-Anreicherungstyp: Ohne Vorspannung bei $U_{GS} = 0$ existiert kein leitender Kanal. Beim Anlegen einer genügend großen Spannung $U_{GS} > 0$ wird ein n-leitender Kanal influenziert. Mit $U_{GS} > 0$ erhält man als Folge davon ein elektrisches Feld $E_O x$ über der SiO$_2$-Isolationsschicht. Es bildet sich ein Kondensatoreffekt (siehe Abb. 3.58).

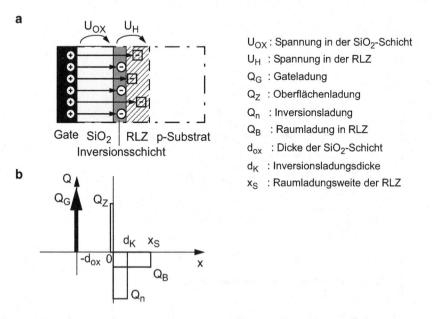

U_{OX}	: Spannung in der SiO$_2$-Schicht
U_H	: Spannung in der RLZ
Q_G	: Gateladung
Q_Z	: Oberflächenladung
Q_n	: Inversionsladung
Q_B	: Raumladung in RLZ
d_{ox}	: Dicke der SiO$_2$-Schicht
d_K	: Inversionsladungsdicke
x_S	: Raumladungsweite der RLZ

Abb. 3.58 Zur Ladungsverteilung in der Kanalzone; **a** Ausschnitthafte Darstellung der Kanalzone mit Inversionsschicht und Raumladungszone; **b** Ladungsverteilung eines N-Kanal MOSFET

Abb. 3.59 Idealisierter prinzipieller Aufbau des N-Kanal MOS-FET mit einem abgeschnürten N-Kanal – „Inversionskanal" unterhalb des Gate

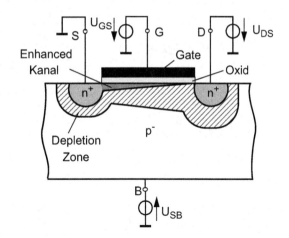

Bei genügend großer Spannung U_{GS} entsteht unterhalb des Gates an der Oberkante des p-Gebietes eine Elektronenanreicherung, die influenzierte Inversionsladung Q_n. Bei hinreichender Anreicherung von frei beweglichen Elektronen im Kanal bildet sich eine leitende Brücke zwischen der n-dotierten Drain-Insel und der n-dotierten Source-Insel. Der n-Kanal in Abb. 3.57 entsteht dabei durch eine mit frei beweglichen Elektronen angereicherte Inversionsschicht.

Abbildung 3.58 zeigt die Ladungsverteilung auf dem Gate und in der Inversionsschicht, sowie die ortsfesten ionisierten Fremdatome in der Raumladungszone. Längs der Kanalzone (Inversionsschicht) entsteht aufgrund der Ladungsträgeransammlung eine „Widerstandsbahn" von der Source-Insel zur Drain-Insel und somit ein Spannungsabfall. Die Gateladung Q_G ist eine Flächenladung (in Abb. 3.58b als dicker Pfeil dargestellt). Wegen der Neutralitätsbedingung muss die Summe der Ladungen $Q_G + Q_Z + Q_n + Q_B$ Null ergeben.

Erreicht U_{DS} die Abschnürspannung U_{DSP}, so bildet sich wie beim Sperrschicht-Feldeffekttransistor der Abschnüreffekt (Abschnürpunkt) aus. Der Strom steigt nicht weiter an, der Feldeffekttransistor arbeitet dann als Stromquelle. Abbildung 3.59 zeigt schematisch den abgeschnürten Kanal bei Überschreiten der Abschnürspannung.

Die Leitfähigkeitssteuerung des Kanals erfolgt in gleicher Weise wie beim Sperrschicht-Feldeffekttransistor. Es gelten damit dieselben Gleichungen. Für den Transkonduktanzkoeffizienten gilt:

$$\beta = K_P \cdot \left(\frac{W}{L_{eff}} \right). \tag{3.46}$$

Dabei ist K_p der Übertragungsleitwertparameter, der abhängig ist von der Ladungsträgerbeweglichkeit μ_n und der Oxid-Kapazität C'_{Ox}.

$$K_P = \mu_n \cdot C'_{Ox}. \tag{3.47}$$

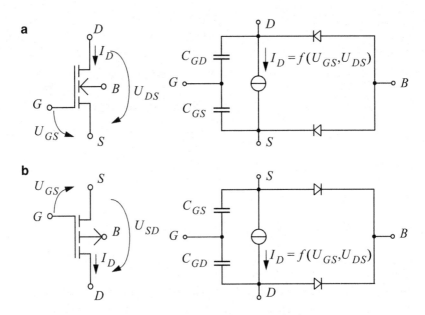

Abb. 3.60 Symbol und Ersatzanordnung; **a** NMOS- und; **b** PMOS-Transistor

Die Ladungsträgerbeweglichkeit im n-Gebiet μ_n unterscheidet sich beträchtlich von der im p-Gebiet. Es gilt in etwa $\mu_n \approx 2{,}5 \cdot \mu_p$. Insofern ist bei gleicher Geometrie der N-Kanal Transistor deutlich stromergiebiger als der P-Kanal Transistor.

Anders als bei JFET-Feldeffekttransistoren sind bei MOSFET selbstsperrende Typen (Anreicherungstypen = Enhancementtype) möglich, bei denen ohne Anlegen einer Gate-Spannung der Transistor gesperrt ist. Erst bei hinreichend großem $U_{GS} > 0$ bildet sich über die Inversionsschicht ein leitfähiger Kanal aus, dessen Leitfähigkeit wiederum über die Raumladungszonen gesteuert werden kann. Das Symbol und die physikalische Ersatzanordnung eines N-Kanal bzw. P-Kanal MOSFET zeigt das Abb. 3.60. Der Substratanschluss (Bulkanschluss) wird bei der symbolischen Darstellung oft zur besseren Lesbarkeit weggelassen, da in vielen Anwendungen der Substratanschluss global festliegt. Häufig unterscheidet sich das Symbol für den Anreicherungstyp von dem des Verarmungstyps dadurch, dass beim Anreicherungstyp die Symbollinie zwischen Source und Drain unterbrochen ist, beim Verarmungstyp aber durchgezogen wird. Im Weiteren wird für den Anreicherungstyp und den Verarmungstyp dasselbe Symbol (mit unterbrochener Linie) verwendet. Es muss die Steuerspannung U_{GS} so gewählt werden, dass die Schwellspannung mit $U_{GS} > U_P$ überschritten wird, um einen Stromfluss zu bewirken. Wenn Strom fließt, kann sich der Feldeffekttransistor im „Widerstandsbetrieb" befinden oder im Abschnürbetrieb arbeiten. Das hängt ab von der Spannung U_{DS}. Bei hinreichend großen Spannungen $U_{DS} > (U_{GS} - U_P)$ ist der Feldeffekttransistor im Abschnürbetrieb, bei kleinen Spannungen U_{DS} im Widerstandsbetrieb.

3.4.4 Grundmodell eines Isolierschicht-FETs

Das Grundmodell eines Isolierschicht-Feldeffekttransistors zeigt Abb. 3.60 für einen N-MOSFET und einen P-MOSFET. Das Gate ist isoliert, es wirken aber die Kapazitäten C_{GS} und C_{GD}. Am Substratanschluss B sind die Substratdioden zu berücksichtigen.

Die Schwellspannung U_P lässt sich durch die Bulk-Source-Spannung U_{BS} beeinflussen. Bei $U_{BS} = 0$ ist die Schwellspannung gleich dem Parameter *VTO*. Für die Einsatzspannung bzw. Schwellspannung gilt:

$$U_P = VTO + \gamma \cdot (|\phi - U_{BS}|^{1/2} - |\phi|^{1/2}). \qquad (3.48)$$

Dabei ist *VTO* die Null-Schwellspannung, γ ist der Substrat-Schwellspannungs-Parameter und ϕ ist das Oberflächenpotenzial, mit einem typischen Wert von 0,7 V. Prinzipiell muss das Substrat-Potenzial bzw. Bulk-Potenzial so liegen, dass der pn-Übergang zwischen Source und Bulk und der pn-Übergang zwischen Drain und Bulk gesperrt ist. Beim N-Kanal MOSFET sollte das Bulk-Potenzial möglichst niedrig liegen, beim P-Kanal MOSFET möglichst hoch liegen.

Zunächst wird in einem Experiment die Übertragungskennlinie eines NMOS-Feldeffekttransistors dargestellt. Zur Bestimmung der Übertragungskennlinie (Abb. 3.61) erfolgt eine DCSweep-Analyse bei Veränderung der Steuerspannung U_{GS}. Die Ausgangskennlinien (Abb. 3.62) ergeben sich bei Veränderung von U_{DS} mit U_{GS} als Parameter.

Ein ausführlicheres Modell des MOSFET muss Effekte berücksichtigen, z. B. die geometrieabhängige Schwellspannungsreduzierung, Auswirkungen von ungleichen Dotierungen,

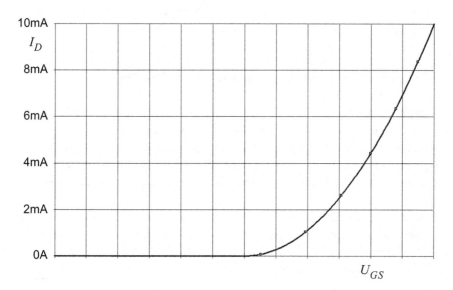

Experiment 3.4-4: NMOS_Uebertr_Kennl
Experiment 3.4-5: NMOS_Ausg_Kennl

Abb. 3.61 Ergebnis der Übertragungskennlinie des selbstsperrenden NMOS-Transistors

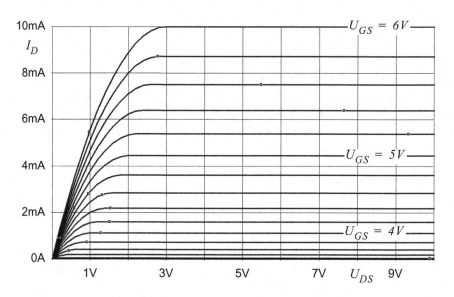

Abb. 3.62 Ergebnis der Ausgangskennlinien des selbstsperrenden NMOS-Transistors

Einflüsse der Reduzierung der Ladungsträgerbeweglichkeit verursacht durch das Querfeld, Bulkeffekte, die Sättigung der Ladungsträgerbeweglichkeit, die Drain-reduzierte Barriere-nerniedrigung, die Kanallängenmodulation, die durch „heiße" Ladungsträger verursachte Reduzierung des Ausgangswiderstandes, die Leitung im Bereich unterhalb der Schwellspannung und nicht zuletzt die parasitären Widerstände an Source/Drain/Gate/Bulk. Auf derartige Effekte kann im hier gegebenen Rahmen nicht eingegangen werden.

3.4.5   AC-Modell und Rauschen von Isolierschicht-FETs

AC-Ersatzschaltbild: Das im Arbeitspunkt linearisierte Modell des MOSFET ist weitgehend identisch mit dem des Sperrschicht-FET (Abb. 3.63 und Abb. 3.55). Hinzu kommt neben der Steuerung durch U_{GS}, die Steuerung durch U_{BS}. Allerdings gilt für die Steuerung durch U_{BS} eine andere Steilheit $g_{m,B}$. In den meisten Anwendungsfällen ist der Bulkanschluss auf einem festen Potenzial, es wird im Allgemeinen auf eine Steuerung durch U_{BS} verzichtet.

Rauschen: Betreffs des Rauschverhaltens beim Isolierschicht-Feldeffekttransistor gilt das im Abb. 3.64 angegebene Ersatzschaltbild bei Steuerung mit U_{GS}. Das thermische Rauschen der Bahnwiderstände kann im Allgemeinen vernachlässigt werden. Prinzipiell ist der Rauschbeitrag des Gate-Bahnwiderstandes R_G:

$$\frac{\overline{U_{r,RG}^2}}{df} = 4 \cdot k \cdot T \cdot R_G. \tag{3.49}$$

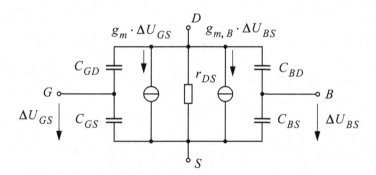

Abb. 3.63 AC-Ersatzschaltbild für den MOSFET

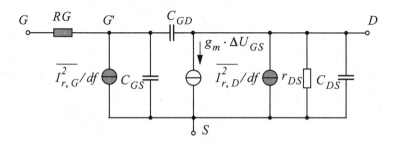

Abb. 3.64 AC-Ersatzschaltbild eines Feldeffekttransistors mit Rauschquellen

Wesentlich ist auch hier der Beitrag des thermischen Rauschens und des $1/f$-Rauschanteils des Kanals mit dem Koeffizienten K_1 und dem Exponenten AF; K_1 ist eine Technologiekonstante, ähnlich dem KF in Gl. (3.25). Das thermische Rauschen und der $1/f$-Rauschanteil des Kanals beträgt näherungsweise:

$$\overline{I_{r,D}^2}/df = \frac{8 \cdot k \cdot T \cdot g_m}{3} + \frac{K_1 \cdot I_D^{(A)AF}}{f}. \tag{3.50}$$

Durch die kapazitive Kopplung zwischen Gate und Kanal ist am Gate ein zusätzliches, durch das thermische Rauschen des Kanals induziertes Rauschen wirksam, das mit dem Rauschen des Kanals korreliert ist. Zur Vereinfachung wird oft in Rauschanalysen des Feldeffekttransistors der Rauschbeitrag des induzierten Gate-Rauschens vernachlässigt.

3.4.6 MOSFET-Level-i Modelle

Das MOSFET-Level-1 Modell ist in Abb. 3.65 dargestellt. Es zeigt die vier Anschlusspins mit den Bahnwiderständen, den Substratdioden, den parasitären Kapazitäten und der Feldeffektstromquelle I_D mit den drei Betriebsbereichen. Ist die Steuerspannung U_{GS} kleiner als die Schwellspannung U_P, so ist der Transistor gesperrt. Überschreitet U_{GS} die Schwellspannung, so bildet sich ein Kanal, in dem Strom fließen kann. Bei kleinen Spannungen U_{DS} ergibt sich ein linearer Zusammenhang zwischen Strom I_D

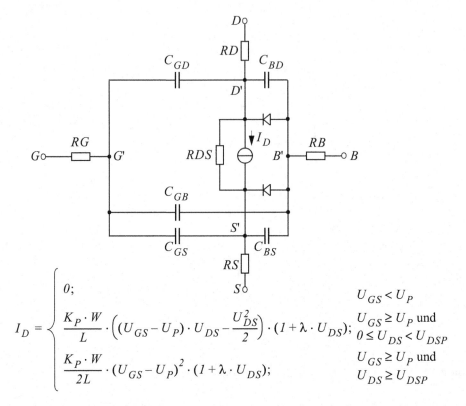

$$
I_D = \begin{cases}
0; & U_{GS} < U_P \\[2mm]
\dfrac{K_P \cdot W}{L} \cdot \left((U_{GS} - U_P) \cdot U_{DS} - \dfrac{U_{DS}^2}{2} \right) \cdot (1 + \lambda \cdot U_{DS}); & \begin{array}{l} U_{GS} \geq U_P \text{ und} \\ 0 \leq U_{DS} < U_{DSP} \end{array} \\[4mm]
\dfrac{K_P \cdot W}{2L} \cdot (U_{GS} - U_P)^2 \cdot (1 + \lambda \cdot U_{DS}); & \begin{array}{l} U_{GS} \geq U_P \text{ und} \\ U_{DS} \geq U_{DSP} \end{array}
\end{cases}
$$

Abb. 3.65 Großsignalmodell eines N-Kanal MOSFET nach Shichman, Hodges

und Spannung U_{GS} bzw. U_{DS}. Überschreitet U_{DS} den Wert $U_{DSP} = (U_{GS} - U_P)$, so steigt der Strom I_D nicht weiter an, der Kanal ist abgeschnürt.

Das Level-1 Modell berücksichtigt u. a. dass sich Source- und Draingebiete unter das Gateoxid ausdehnen. Dies führt zu einer Verminderung der Kanallänge. Das schwache Ansteigen des Stroms im Abschnürbereich wird verursacht durch die Kanallängenmodulation. Mit dem Parameter λ beschreibt man diesen Effekt im Level-1 Modell. Der Kurzkanaleffekt führt zu einer Verschiebung der Schwellspannung bei kurzen Kanallängen. Dieser Effekt wird u. a. im Level-3 Modell berücksichtigt. Die Tab. 3.8 vermittelt eine Übersicht verfügbarer Modell-Varianten.

Tab. 3.8 MOSFET-Level-i Modelle

Level = 1	Shichman-Hodges Modell, „First-Order-Model"
Level = 2	Geometriebasiertes, analytisches Modell, ergänzt Level-1 um einige zusätzliche Gleichungen und Parameter
Level = 3	Semiempirisches Modell, u. a. mit Feldstärkeabhängigkeit der Beweglichkeit, Geometrieabhängigkeit der Einsatzspannung mit Kurzkanaleffekt, Draininduzierte Barrierenerniedrigung
Level = 4, 5, 6, 7	BSIM Modell, BSIM3 Modelle verschiedener Versionen

Das Level-7 Modell (BSIM3V3) ist quasi der Industriestandard für ein physikalisches Modell auf Basis einer Pseudo-2D-Beschreibung des MOSFET.

Die in PSpice implementierten BSIM-Modellgleichungen zielen u. a. auch auf numerisch günstige Eigenschaften ab. Eine eingehende Erläuterung und Beschreibung der Modellgleichungen für MOSFETs mit zugehörigen Modell-Parametern findet man u. a. in M. Reisch, „Elektronische Bauelemente", Springer Verlag, Kapitel 24 „CAD-Modelle für MOSFETs". Auf eine detaillierte Darstellung der MOSFET-Modelle wird hier verzichtet.

3.4.7 Verhaltensmodell in VHDL-AMS

Abschließend wird ein VHDL-AMS Modell für einen N-Kanal MOSFET vorgestellt. Darin enthalten sind sämtliche Modellgleichungen für eine dynamische Analyse. Während bei Bipolartransistoren für eine dynamische Analyse nahezu ausschließlich das Gummel-Poon Modell verwendet wird, sind bei Feldeffekttransistoren verschiedene Modellbeschreibungen bekannt, die zur Beschreibung bestimmter Effekte optimiert sind. Nachstehend ist das zumeist verwendete Modell für einen N-Kanal MOSFET dargestellt. Die Schwellspannung wird dort mit V_{th} bezeichnet. Dem Modell liegt das Ersatzschaltbild von Abb. 3.65 zugrunde, u. a. mit Bahnwiderständen, Gate-Kapazitäten, Sperrschichtkapazitäten und Substrateffekten. Die Parameter (u. a. *gamma, phi, uo, theta, vmax, tox*) sind die erwähnten Material- bzw. Prozessparameter mit denen u. a. die Schwellspannung und die Stromergiebigkeit festgelegt wird.

```
library IEEE, IEEE_proposed;
use IEEE.math_real.all;
use IEEE_proposed.electrical_systems.all;
use IEEE_proposed.fundamental_constants.all;
entity Mosfet is
  generic (
    l      : real := 100.0e-6;      -- channel length
    w      : real := 100.0e-6;      -- channel length
    tox    : real := 1.0e-7;        -- oxide thickness
    vto    : voltage := 1.0;        -- zero bias threshold voltage
    kp     : real := 2.0e-5;        -- transconductance parameter
    gamma  : real := 0.0;           -- bulk threshold parameter
    phi    : voltage := 0.6;        -- surface potential
    lambda : real := 0.0;           -- channel lenght modulation
    uo     : real := 600.0;         -- surface mobility
    vmax   : voltage := 0.0;        -- max. drift velocity of carriers
    theta  : real := 0.0;           -- mobility modulation
    rs     : resistance := 0.0;     -- source ohmic resistance
    rd     : resistance := 0.0;     -- drain ohmic resistance
    rg     : resistance := 0.0;     -- gain ohmic resistance
```

```
    rb      : resistance := 0.0;  -- bulk ohmic resistance
    rds     : resistance := 100.0e12;-- drain source ohmic resistance
    cbd     : capacitance := 0.0;  -- zero cap. bulk-drain-diode
    cbs     : capacitance := 0.0;  -- zero cap. bulk-source-diode
    mj      : real := 0.5;            -- bulk grading coefficient
    pb      : voltage := 0.8;         -- bulk junction potential
    n       : real := 1.0;            -- emission coefficient
    cgbo    : capacitance := 0.0;  -- gate-bulk overlap capacitance
    cgdo    : capacitance := 0.0;   -- gate-drain overlap capacitance
    cgso    : capacitance := 0.0;   -- gate-source overlap capacitance
    ldif    : real := 0.0;            -- diffusion length
    ijb     : current := 1.0e-14;  -- bulk junction saturation current
    temp    : real := 300.0);      -- temperature
  port (terminal source, drain, gate, bulk : electrical);
end Mosfet;

architecture Level1_nmos of Mosfet is
-- terminals
  terminal n1, n2, n3, n4 : electrical;
-- constants
  constant vt  : voltage       := temp * PHYS_K / PHYS_Q;
  constant cox : capacitance := 3.9*PHYS_EPS0/tox;
-- branch quantities
  quantity vrd across ird through drain to n1;
  quantity vrg across irg through gate to n2;
  quantity vrb across irb through bulk to n3;
  quantity vrs across irs through source to n4;
  quantity vds across ids, irds through n1 to n4;
  quantity vgs across icgs through n2 to n4;
  quantity vbs across icbs, idbs through n3 to n4;
  quantity vbd across icbd, idbd through n3 to n1;
  quantity vgd across icgd through n2 to n1;
  quantity vgb across icgb through n2 to n3;
-- free quantities
  quantity vth  : voltage := 2.586e-2; -- threshold voltage
  quantity vsat : voltage;             -- saturation voltage
  quantity vs   : voltage;             -- effective surface mobility
  quantity leff : real := 100.0e-6;    -- effective length
  quantity beta : real := 2.0e-5;      -- gain
  quantity cb2s, cb2d    : capacitance := 1.0;  -- capacitances
  quantity cgs, cgd, cgb : capacitance := 1.0;  -- capacitances
begin
```

```
-- some free quantity calculations
  if vbs <= 0.0 use
  vth   == vto + (gamma * (sqrt(ABS(phi-vbs)) - sqrt(phi)));
  else
  vth == vto + (gamma*((sqrt(phi)-0.5*vbs/sqrt(PHI)) - sqrt(phi)));
  end use;
  vsat == (vgs - vth)/(1.0 + lambda);
  vs == uo/(1.0 + theta*(vgs - vth));
  leff == 1 - 2.0*ldif;
  beta == (kp*w)/leff;
-- currents through the resistors
  vrs == irs * rs;
  vrd == ird * rd;
  vrg == irg * rg;
  vrb == irb * rb;
  vds == irds * rds;
-- currents through the capacitances
  icbs == cb2s * vbs'dot;
  icbd == cb2d * vbd'dot;
  icgs == cgs * vgs'dot;
  icgd == cgd * vgd'dot;
  icgb == cgb * vgb'dot;
-- currents through the diodes
  idbs == ijb*(exp((vbs)/(n*vt))-1.0);
  idbd == ijb*(exp((vbd)/(n*vt))-1.0);
-- drain to source current
  if (vgs < vth) use
    -- cut off region
    ids == 1.0e-9 * vds;
  elsif ((vds <= (vgs-vth)) and (vgs >= vth)) use
    -- linear region
    ids == vds*beta*((vgs - vth) - (vds/2.0))*(1.0 + lambda*vds);
  else
    -- saturation region (vds > (vgs-vth)) AND (vgs >= vth)
    ids == (beta/2.0)*(((vgs - vth)**2.0))*(1.0 + lambda*vds);
  end use;
-- capacitances gate to bulk, gate to drain, gate to source
  if (vgs <= vth) use
    cgb == cox + cgbo;
    cgd == 0.0 + cgdo;
    cgs == 0.0 + cgso;
  elsif vgs > vth and vds < vsat use
  cgb == 0.0 + cgbo;
cgd==(2.0/3.0)*cox*(1.0-((vsat-vbs)/(2.0*(vsat-vbs)-vbd))**2.0)+cgdo;
cgs==(2.0/3.0)*cox*(1.0-((vsat-vds)/(2.0*(vsat-vbs)-vbd))**2.0)+cgso;
  else
```

```
        cgb == 0.0 + cgbo;
        cgd == 0.0 + cgdo;
        cgs == (2.0/3.0)*cox + cgso;
    end use;
-- capacitance bulk to source
    if(vbs <= 0.0) use
        cb2s == cbs/((1.0 - vbs/pb)**(mj));
    else
        cb2s == cbs;
    end use;
-- capacitance bulk to drain
    if(vbd <= 0.0) use
        cb2d == cbd/((1.0 - vbd/pb)**(mj));
    else
        cb2d == cbd;
    end use;
end Level1_nmos;
```

Grundlegende Funktionsprimitive

4

Im Folgenden werden beispielhaft einige wichtige passive Anwendungsschaltungen als Funktionsprimitive vorgestellt. Die Kenntnis der Funktionsprimitive und deren Eigenschaften in einer komplexen Anwendungsschaltung fördert das Verständnis um den Einsatz dieser Anwendungsschaltung, ohne analytischen Aufwand treiben zu müssen. Es werden geeignete Funktionsprimitive bei der Schaltungsentwicklung ausgewählt, um bestimmte Eigenschaften auszunutzen.

4.1 Passive Funktionsgrundschaltungen

4.1.1 Funktionsgrundschaltungen mit Spannungsteilern

In manchen Anwendungen sind steile Schaltflanken unerwünscht. Ein Integrator vermindert die Flankensteilheit eines Eingangssignals. Soll im Gegensatz dazu die Schaltflanke hervorgehoben werden, so ist ein Differenziator zu verwenden.

Kapazitiv belasteter ohmscher Spannungsteiler – Integrator: Ein kapazitiv belasteter Spannungsteiler wirkt ab einer bestimmten Eckfrequenz als Integrator. Die Eckfrequenz für das Beispiel in Abb. 4.1 erhält man näherungsweise bei $R1 = 1/\omega C2$ (bei $R2 \gg R1$). „Integratoren" glätten Signale. Enthält ein Signal ausgeprägte Spannungsspitzen, so wird über diese Spannungsspitzen „hinwegintegriert". Abbildung 4.1 zeigt ein praktisches Beispiel, wo am Ende einer Signalleitung vor dem Verstärkereingang mögliche Störspitzen unterdrückt werden.

Omscher Spannungsteiler mit differenzierender Wirkung: Ein Spannungsteiler mit Parallelkapazität am Vorwiderstand wirkt als Differenziator. Bei Ansteuerung mit einem rechteckförmigen Eingangssignal ist im zeitlichen Momentanwert des Schaltvorgangs des Eingangssignals der Kondensator ein Kurzschluss. Das Eingangssignal ist dann voll

© Springer-Verlag Berlin Heidelberg 2018
J. Siegl und E. Zocher, *Schaltungstechnik,*
https://doi.org/10.1007/978-3-662-56286-4_4

Abb. 4.1 Spannungsteiler mit
kapazitiver Last

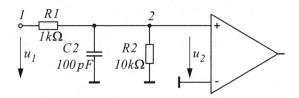

Abb. 4.2 Spannungsteiler mit
differenzierender Wirkung

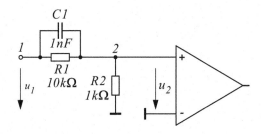

Abb. 4.3 Kapazitiver
Spannungsteiler

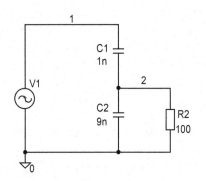

Experiment 4.1-1: Kap_Transformation.

am Ausgang wirksam. Im Beispiel in Abb. 4.2 wirkt der Differenziator ab der Eckfrequenz, die sich ergibt bei $R1 = 1/\omega C1$. Der Differenziator ist ab der oberen Eckfrequenz (hier bei $R2 = 1/\omega C1$) unwirksam. Die Schaltung dient u. a. zur Schaltflankenauswertung (Flankendetektor).

Kapazitiver Spannungsteiler als Impedanztransformator: Vorgestellt werden die Eigenschaften eines kapazitiven Spannungsteilers (Abb. 4.3), insbesondere seine Wirkung u. a. als Impedanztransformator. Ein kapazitiver Spannungsteiler schwächt das Nutzsignal von Knoten 1 nach Knoten 2 ab. Ist Knoten 2 durch R_2 hochohmig genug belastet, so wird der Lastwiderstand im quadratischen Verhältnis der Kapazitätswerte zum Knoten 1 „hochtransformiert". Seine Funktion ist die Impedanztransformation.

Für die Eingangsimpedanz gilt unter der Voraussetzung, dass $R_2 \gg 1/(\omega C_2)$ ist:

$$\underline{Z}_{11'} = \left(\frac{C_1 + C_2}{C_1} \right)^2 R_2 \parallel \frac{C_1 + C_2}{j\omega C_1 C_2}. \tag{4.1}$$

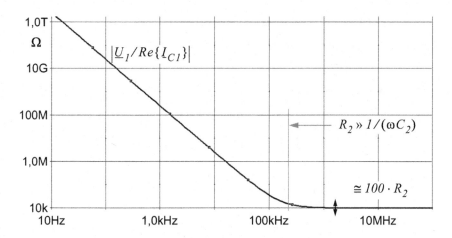

Abb. 4.4 Ergebnis kapazitiver Spannungsteiler, Testanordnung in Abb. 4.3

Der ohmsche Anteil der Eingangsimpedanz beträgt damit:

$$\left(\frac{C_1 + C_2}{C_1} \right)^2 R_2. \tag{4.2}$$

Der Widerstand $R2$ wird also im quadratischen Verhältnis der Kapazitätswerte „hochtransformiert". Eine Herleitung der Eigenschaften ist in Form einer Übungsaufgabe in Übung 2 enthalten. Das Experiment mit dem Ergebnis in Abb. 4.4 bestätigt diese Aussage, wenn $R_2 \gg 1/(\omega C_2)$ ist.

Zusammenfassung: Der kapazitive Spannungsteiler wird oft verwendet, um eine niederohmige Impedanz hoch zu transformieren, so dass die niederohmige Impedanz einen Anschluss-Schaltkreis weniger belastet. Die Transformation erfolgt im quadratischen Verhältnis der Kapazitätswerte. Bei einem Kapazitätsverhältnis von 1:9 (siehe Abb. 4.3) wird ein Lastwiderstand um den Faktor 100 „hochtransformiert", vorausgesetzt der Lastwiderstand ist gegen den parallel liegenden kapazitiven Widerstand genügend hochohmig.

Frequenzkompensierte Spannungsteiler finden u. a. in Tastköpfen von Messsystemen Anwendung. Bei richtiger Abstimmung des kapazitiven Teilerverhältnisses mit dem Widerstandsverhältnis erhält man einen breitbandigen Teiler.

Ein Oszilloskop habe eine Eingangsimpedanz gebildet durch die Parallelschaltung aus typischer Weise 1 MΩ und einer Kapazität von ca. 20 pF. Im Beispiel (Abb. 4.5) ist zusätzlich ein Koaxialkabel mit einer Länge von 1 m angeschlossen. Das Koaxialkabel möge einen Kapazitätsbelag von 80 pF/m aufweisen. Es stellt sich die Frage, wie muss der frequenzkompensierte Teiler dimensioniert werden, so dass sich frequenzunabhängig ein Teilerverhältnis von 1:10 ergibt. Dazu verwendet man einen geeignet ausgelegten Tastkopf.

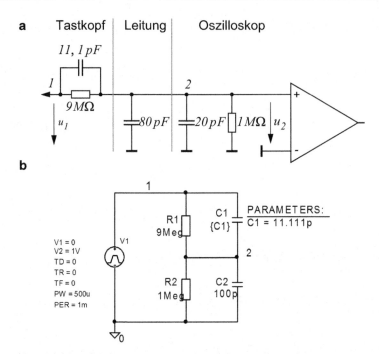

Experiment 4.1-2: Kap-FrequKompTeiler – AC-Analyse
und TR-Analyse.

Abb. 4.5 Frequenzkompensierter Spannungsteiler; **a** gebildet mit einem Tastkopf; **b** mit zugehöriger Testanordnung

Die Schaltung in Abb. 4.5b zeigt das Grundprinzip. Dabei muss das ohmsche Teilerverhältnis dem umgekehrt proportionalen kapazitiven Teilerverhältnis entsprechen. Bei
geeigneter Dimensionierung ist auch bei gegebener Kapazität $C2 = 100$ pF (z. B. Eingangskapazität eines Messsystems u. a. beispielsweise beim Oszilloskop gegeben plus
Leitungskapazität) die Spannungsteilung von Knoten 1 zu Knoten 2 frequenzunabhängig.
Unter nachstehender Bedingung ergibt sich ein frequenzunabhängiges Teilerverhältnis.

$$R_1 \cdot C_1 = R_2 \cdot C_2. \tag{4.3}$$

Deutlich zeigt sich im Ergebnis des Experiments in Abb. 4.6 (TR-Analyse), dass bei
geeignet gewählter Kompensationskapazität eine frequenzunabhängige Spannungsteilung erfolgt.

Zusammenfassung: Bei gegebener Eingangskapazität an einer Schnittstelle (z. B.
Messsystem) kann mittels des frequenzkompensierten kapazitiven Teilers ein breitbandig
frequenzunabhängiges Teilerverhältnis erreicht werden.

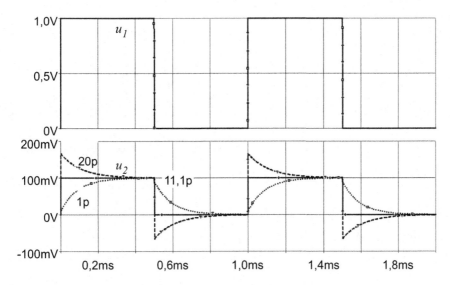

Abb. 4.6 Ergebnis der TR-Analyse; Frequenzkompensierter kapazitiver Spannungsteiler

4.1.2 Übertrager

Übertrager sind gekoppelte Induktivitäten, gekoppelt über einen gemeinsamen magnetischen Kreis. Zumeist werden die Induktivitäten auf einem gemeinsamen Kernmaterial aufgebracht. Das Kernmaterial weist frequenzabhängige und aussteuerungsabhängige Eigenschaften auf, die im Folgenden nicht berücksichtigt sind (linearer Übertrager). Speziell in der Leistungselektronik werden in bestimmten Problemstellungen Übertrager vorteilhaft eingesetzt.

Ein Übertrager besteht aus zwei oder mehreren gekoppelten Induktivitäten. Prinzipiell lassen sich auf einem Kernmaterial mehrere Wicklungen für Induktivitäten aufbringen. Es gelten folgende Beziehungen:

$$u_1 = L_1 \cdot \frac{di_1}{dt} + M \cdot \frac{di_2}{dt}; \quad M = k\sqrt{L_1 \cdot L_2};$$

$$u_2 = M \cdot \frac{di_1}{dt} + L_2 \cdot \frac{di_2}{dt}.$$

(4.4)

Dabei sind $L1$ und $L2$ die Induktivitäten der einzelnen Wicklungen, M ist die gemeinsame Gegeninduktivität und k ist der Koppelfaktor; idealerweise ist $k = 1$. Bei gegebenem Kernmaterial, erhält man den Induktivitätswert aus dem AL-Faktor (Induktivität pro Windungsquadrat) des Kernmaterials, es gilt $L = N^2 \cdot AL$. Im Allgemeinen ist der AL-Wert eines Kernmaterials frequenzabhängig und aussteuerungsabhängig. Im Leerlauf ist $i_2 = 0$, damit ergibt sich das Übersetzungsverhältnis bei Leerlauf:

$$u_2 = k\sqrt{\frac{L_2}{L_1}} \cdot u_1; \quad \frac{u_2}{u_1} = k\sqrt{\frac{L_2}{L_1}};$$

(4.5)

Abb. 4.7 Testanordnung eines
idealen Übertragers

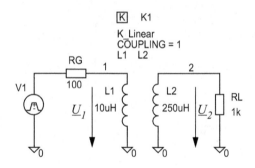

Experiment 4.1-3: Uebertrager1 – AC-Analyse
eines idealen Übertragers

Im Kurzschlussfall erhält man das Übersetzungsverhältnis der Ströme mit:

$$|i_2| = k\sqrt{\frac{L_1}{L_2}} \cdot i_1; \quad \left|\frac{i_2}{i_1}\right| = k\sqrt{\frac{L_1}{L_2}}. \tag{4.6}$$

Im verlustlosen Fall muss die eingespeiste Leistung gleich der abgegebenen Leistung sein. In dem Maße wie sich die Spannung erhöht, verringert sich der Strom am Ausgang. Zu beachten ist der Wicklungssinn. Bei „Spiegelung" einer Induktivität im Schaltplan erhält man eine Phasendrehung um 180°.

Im Beispiel des Experiments in Abb. 4.7 weist der Übertrager ein Übersetzungsverhältnis $\ddot{u} = 5$ auf. Bei genügend hohen Frequenzen (im Beispiel oberhalb ca. 1 MHz) transformiert sich der Ausgangswiderstand mit $1/\ddot{u}^2$ auf den Eingang. Damit ergibt sich im Beispiel ein

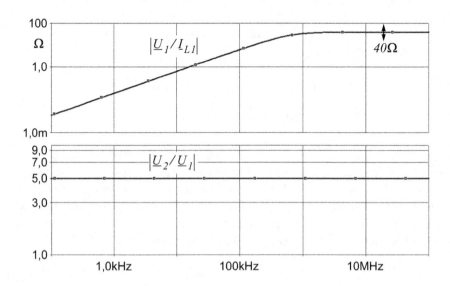

Abb. 4.8 Ergebnis der AC-Analyse der Testanordnung des Übertragers

vom Ausgang auf den Eingang transformierter Widerstand von 1 kΩ/25 = 40 Ω. Beim Übertrager werden nicht nur die Spannungen und Ströme transformiert, sondern auch die Schnittstellenimpedanzen. Das Ergebnis in Abb. 4.8 bestätigt diese Aussage.

4.1.3 RC-Resonator

Resonatoren werden u. a. in Filterschaltungen und in frequenzbestimmenden Selektionskreisen benötigt. Ein RC-Resonator weist Resonanzverhalten minderer Güte auf. RC-Resonatoren finden Anwendung u. a. in RC-Oszillatorschaltungen. Sie wirken wie ein LC-Resonanzkreis, allerdings mit deutlich schlechterer Güte; bzw. deutlich geringerer Phasensteilheit in der Umgebung der Resonanzfrequenz. Abbildung 4.9a zeigt beispielhaft einen RC-Resonator, der im nachfolgenden Experiment untersucht wird. Das Ergebnis ist in Abb. 4.9 dargestellt.

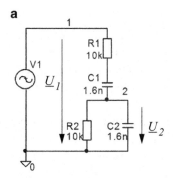

Experiment 4.1-4: RC-Resonator.

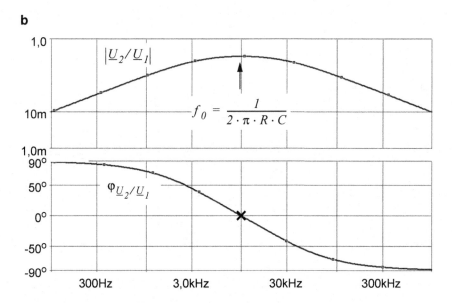

Abb. 4.9 RC-Resonator; a Testanordnung; b Testergebnis

Unter der Bedingung $R_1 = R_2 = R$ und $C_1 = C_2 = C$ ist die Resonanzfrequenz:

$$f_0 = \frac{1}{2\pi RC}. \tag{4.7}$$

Bei der Resonanzfrequenz beträgt die Phasendrehung zwischen dem Ausgangssignal an Knoten 2 und dem Eingangssignal an Knoten 1 Null Grad; Ausgang und Eingang sind in Phase.

4.1.4 LC-Resonatoren

LC-Resonatoren werden für Selektionskreise (u. a. Filterschaltungen, Resonanzverstärker) oder auch u. a. in Oszillatorschaltungen (LC-Oszillatoren) benötigt. Je nach Dimensionierung weisen sie eine mittlere Güte (bis ca. 100) auf.

Parallelresonanzkreis mit Bandpasscharakteristik: Gegenüber RC-Resonatoren kann in frequenzbestimmenden Selektionskreisen mit LC-Resonatoren eine deutlich höhere Güte und damit eine bessere Selektivität bzw. eine höhere Phasensteilheit in der Umgebung der Resonanzfrequenz erzielt werden. Abbildung 4.10 zeigt eine Testanordnung für einen Parallelresonanzkreis.

Der Parallelresonanzkreis muss mit einer Stromquelle gespeist werden. Eine Stromquellenspeisung liegt vor, wenn der Generatorwiderstand RG hochohmig ist im Vergleich zum größtmöglichen Impedanzwert des Parallelresonanzkreises. Der größtmögliche Impedanzwert des Parallelresonanzkreises beträgt im Beispiel $R1$. Die Resonanzfrequenz bestimmt sich aus:

$$f_0 = \frac{1}{2\pi \sqrt{L_1 C_1}}. \tag{4.8}$$

Abb. 4.10 Testanordnung für den LC-Resonator

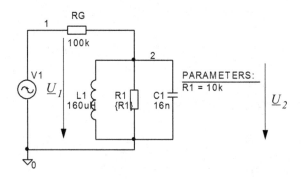

Experiment 4.1-5: LC-Resonator – Parametrische AC-Analyse für verschiedene Werte R1.

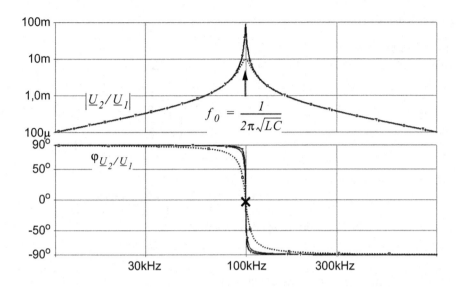

Abb. 4.11 Ergebnis der Testanordnung in Abb. 4.10; LC-Resonator bei $R1 = 1\text{k}$, 5k, 10k

Der Kennwiderstand Z_k des Parallelresonanzkreises ist gleich dem Blindwiderstand bei der Resonanzfrequenz:

$$Z_k = \sqrt{\frac{L_1}{C_1}}. \tag{4.9}$$

Die Güte Q des Parallelresonanzkreises ergibt sich mit:

$$Q = \frac{R_1}{Z_k}. \tag{4.10}$$

Die Güte ist um so größer, je niederohmiger der Kennwiderstand ist im Vergleich zum Resonanzwirkwiderstand $R1$.

Bei der Resonanzfrequenz beträgt die Phasendrehung zwischen dem Ausgangssignal an Knoten 2 und dem Eingangssignal an Knoten 1 Null Grad; Ausgang und Eingang sind in Phase. Die Phasensteilheit um die Resonanzfrequenz ist um so höher, je größer die Güte ist. Das Ergebnis des Experiments zeigt Abb. 4.11.

Zusammenfassung: LC-Resonatoren finden Anwendung u. a. in Selektionskreisen und LC-Oszillatorschaltungen. Die Eigenschaften des LC-Resonators werden charakterisiert durch die Resonanzfrequenz, den Kennwiderstand und die Güte. Das Produkt aus L und C bestimmt mit $1/(\sqrt{LC})$ die Resonanzkreisfrequenz, der Quotient aus L und C mit $\sqrt{L/C}$ den Kennwiderstand bzw. die Güte mit $R/\sqrt{L/C}$ und damit die Phasensteilheit in der Umgebung der Resonanzfrequenz.

Kapazitiv gekoppelte Resonanzkreise: Durch geeignete Verkopplung zweier Resonanzkreise kann man den Durchlassbereich verbreitern. Dies ist interessant, wenn der Selektionskreis eine bestimmte Bandbreite aufweisen soll (Abb. 4.12).

Abb. 4.12 Kapazitiv
gekoppelte
Parallelresonanzkreise

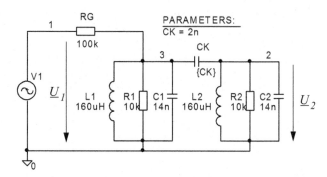

Experiment 4.1-6: LC-Resonator_KapGek –
Parametrische AC-Analyse für verschiedene Werte
der Koppelkapazität *CK*.

Deutlich zeigt sich im Ergebnis des Experiments in Abb. 4.13 eine höhere Bandbreite
des Selektionskreises bei den kapazitiv gekoppelten Resonanzkreisen.

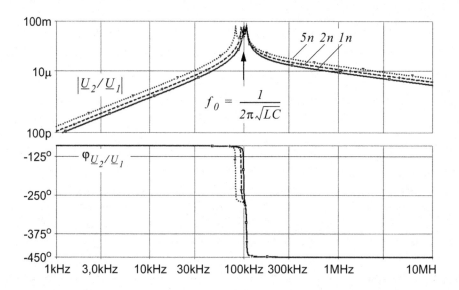

Abb. 4.13 Kapazitiv gekoppelte LC-Resonatoren (Abb. 4.12) bei $CK = 1n$, $2n$ und $5n$

Induktiv gekoppelte Resonanzkreise: Ein ähnlicher Effekt wie bei kapazitiver Kopplung von Resonanzkreisen kann durch induktive Verkopplung erzielt werden. Das nachstehende Experiment enthält dazu eine Testanordnung.

> **Experiment 4.1-7:** LC-Resonator_IndGek – AC-Analyse bei schwacher Kopplung der Induktivitäten L1 und L2 der Resonanzkreise.

Ankopplung eines niederohmigen Verbrauchers an einen Resonanzkreis: Der LC-Resonanzkreis ist bei der Resonanzfrequenz sehr hochohmig. Soll ein niederohmiger Verbraucher angekoppelt werden, so würde die belastete Güte wesentlich niedriger als die Leerlaufgüte sein. Der niederohmige Widerstand muss geeignet auf einen höheren Wert transformiert werden. Dazu kann u. a. der kapazitive Spannungsteiler verwendet werden. Abbildung 4.14 zeigt eine Testanordnung mit einem niederohmigem Lastkreis von 100 Ω. Durch die Transformation des niederohmigen Lastkreises auf eine hochohmigere Impedanz parallel zum Resonanzkreis erhält man eine höhere Güte auch bei Ankopplung des niederohmigen Lastkreises. Das Ergebnis der Testanordnung zeigt Abb. 4.15.
Trotz der niederohmigen Last von 100 Ω weist der LC-Resonator dieselbe Güte auf, wie der LC-Resonator mit einem Resonanzwirkwiderstand von 10 kΩ. Allerdings wird das Nutzsinal entsprechend des Kapazitätsverhältnisses von Knoten 3 nach Knoten 2 abgeschwächt, im Beispiel etwa um den Faktor 10.

Serienresonanzkreis mit Bandstoppcharakteristik: Das Beispiel in Abb. 4.16 zeigt einen Serienschwingkreis mit Vorwiderstand. Die Anordnung weist eine Bandstoppcharakteristik auf. Je hochohmiger der Vorwiderstand ist, desto größer ist die Güte bzw. desto schärfer ist die Selektivität. Bleibt der Vorwiderstand konstant, so kann man die Güte mit dem Kennwiderstand des Parallelresonanzkreises beeinflussen.
Es gelten folgende Beziehungen für die Dimensionierung des Serienresonanzkreises:

$$f_0 = \frac{1}{2\pi\sqrt{LC}}; \ Z_k = \sqrt{L/C}; \ Q = \frac{Z_k}{R}. \tag{4.11}$$

Abb. 4.14 LC-Resonanzkreis mit kapazitivem Teiler zur Impedanztransformation

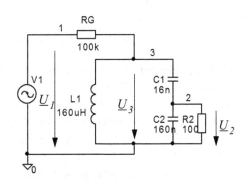

Experiment 4.1-8: LC-Resonator_KapTeiler – kapazitive Ankopplung eines niederohmigen Verbrauchers.

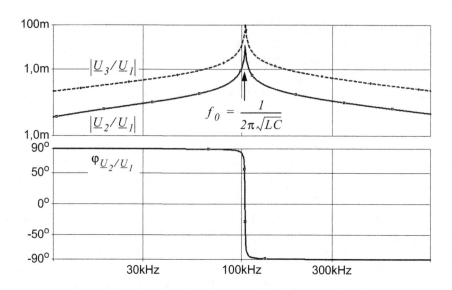

Abb. 4.15 Ergebnis LC-Resonator mit kapazitivem Spannungsteiler (Abb. 4.14)

Abb. 4.16 Spannungsteiler
mit Bandstoppcharakteristik
dimensioniert für 1 MHz

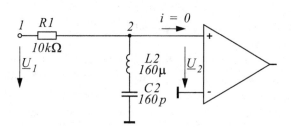

Experiment 4.1-9: Serienresonator-Bandstoppcharakteristik – AC-
Analyse eines Spannungsteilers mit Bandstoppcharakteristik.

Dabei ist f_0 die Resonanzfrequenz, Z_k der Kennwiderstand und Q die Güte des Resonanzkreises; im Beispiel ist $R = R1$, $L = L2$ und $C = C2$. Das Ergebnis des Experiments mit
unterschiedlichem Kennwiderstand ist in Abb. 4.17 dargestellt.

Frequenzdiskriminator: Ein Parallelresonanzkreis ändert die Phase in der Umgebung
der Resonanzfrequenz. Eine Frequenzabweichung von der Resonanzfrequenz entspricht
einer Phasenänderung. Mit einem einfachen Amplitudendetektor lässt sich aber nur die
Amplitude detektieren und nicht die Phasenänderung. Es ist eine Schaltung gesucht, die
entsprechend der Abweichung von der Resonanzfrequenz sehr sensitiv die Amplitude
ändert. Die Schaltung nach Abb. 4.18 löst das Problem (Foster-Seeley-Diskriminator).

Zwei schwach induktiv gekoppelte Resonanzkreise (im Beispiel ist $k = 0{,}05$) sind
über $C12$ verbunden. Für die Betriebsfrequenz wirkt $C12$ als Kurzschluss. Demzufolge
liegt am inneren Knoten an der Verbindung der beiden Induktivitäten $L21$ und $L22$ in
etwa die Spannung $\underline{U}_x = \underline{U}_1$ an. Mit einem Amplitudendetektor kann

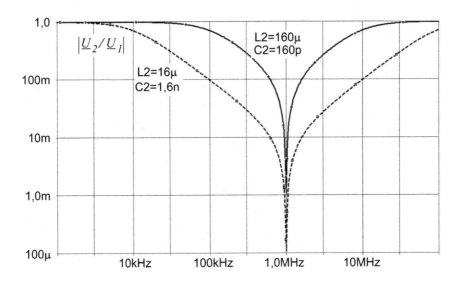

Abb. 4.17   Ergebnis eines Spannungsteilers mit Bandstoppcharakteristik (Abb. 4.16)

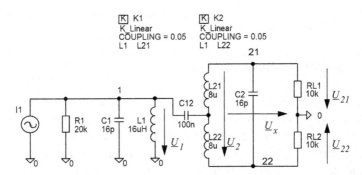

Experiment 4.1-10: Resonanztransformator_Phasendetektion –
AC-Analyse der detektierbaren Spannung.

Abb. 4.18   Resonanztransformator zur Phasendetektion

$$\underline{U}_1 + \underline{U}_2/2; \quad \underline{U}_1 - \underline{U}_2/2. \tag{4.12}$$

detektiert werden. Bei geeignet schwacher induktiver Kopplung ist die Spannung $\underline{U}_2$ bei der Resonanzfrequenz um 90° gegenüber $\underline{U}_x = \underline{U}_1$ phasenverschoben. Die Auswertespannung

$$abs(\underline{U}_1 + \underline{U}_2/2) - abs(\underline{U}_1 - \underline{U}_2/2); \tag{4.13}$$

ist amplitudensensitiv für Frequenzabweichungen von der Resonanzfrequenz. Allerdings ist die Funktion auf einen relativ kleinen Frequenzbereich um die Resonanzfrequenz beschränkt. In Abb. 4.19 ist das Ergebnis des Experiments zu dieser Funktionsschaltung dargestellt.

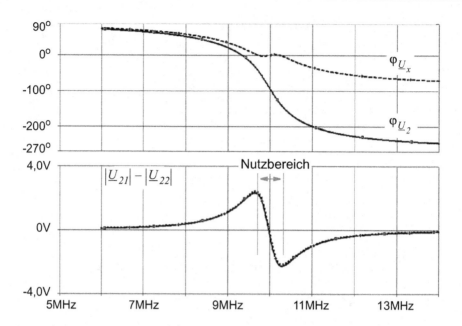

Abb. 4.19 Ergebnis der AC-Analyse des Resonanzkreises zur Amplitudendetektion von Frequenzabweichungen von der Resonanzfrequenz (Abb. 4.18)

4.1.5 Angepasster Tiefpass/Hochpass

In manchen Anwendungen ist es erwünscht, dass eine Filterschaltung (u. a. Tiefpass, Hochpass, Bandpass, Bandstopp) eine konstante frequenzunabhängige Schnittstellenimpedanz entsprechend einem Bezugswiderstand (z. B. 50 Ω) aufweist (reflexionsfreie Anpassung). Es werden Filterschaltungen vorgestellt, die eine derartige frequenzunabhängige Schnittstellenimpedanz ermöglichen.

Ein herkömmlicher RC-Tiefpass bzw. Hochpass hat den Nachteil, dass seine Schnittstellenimpedanz am Eingang und Ausgang frequenzabhängig ist. In manchen Anwendungen ist

Abb. 4.20 Angepasster
Tiefpass

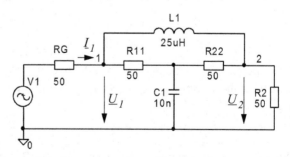

Experiment 4.1-11: Tiefpass_Angepasst – AC-Analyse
für die Übertragungsfunktion und den Eingangswiderstand.

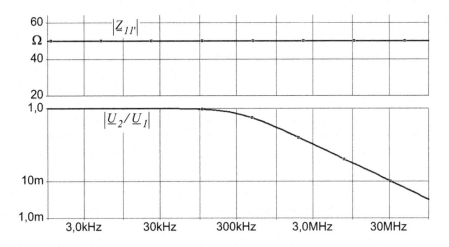

Abb. 4.21 Ergebnis angepasster Tiefpass (Abb. 4.20)

dies unerwünscht. Es wird nach einer gleichartigen Schaltung gesucht, die diesen Nachteil überwindet. Bei höheren Frequenzen ist die Generatorimpedanz bzw. Lastimpedanz 50 Ω. Das Schaltungsbeispiel in Abb. 4.20 weist Tiefpassverhalten auf, mit der Eigenschaft, dass der Eingangs- und der Ausgangswiderstand frequenzunabhängig 50 Ω beträgt. Unter der Bedingung $R_{11}=R_{22}=R$ und $R = \sqrt{L_1/C_1}$ ist frequenzunabhängig der Eingangswiderstand gleich $R=50$ Ω (Abb. 4.21); die Eckfrequenz beträgt:

$$f_0 = \frac{1}{2\pi R C_1}. \tag{4.14}$$

Durch Austausch von Induktivität und Kapazität entsteht ein angepasster Hochpass. Ersetzt man die Induktivität durch einen Serienresonanzkreis und die Kapazität durch einen Parallelresonanzkreis, so erhält man ein Bandpassfilter, umgekehrt ein Bandstoppfilter. In allen Fällen muss die Anpassbedingung am Eingang und am Ausgang erfüllt sein. Eine angepasste Filterschaltung (z. B. Tiefpass, Hochpass, Bandpass) weist am Eingang und am Ausgang eine frequenzunabhängige Schnittstellenimpedanz auf. Die vorgestellten Beispiele mögen einen ersten Eindruck vermitteln von der Vielfalt passiver Funktionsprimitive mit bestimmten Eigenschaften.

4.2 Funktionsgrundschaltungen mit Dioden

Halbleiterdioden weisen bestimmte Eigenschaften auf, die Problemstellungen in konkreten Anwendungen lösen helfen. Bei Schaltdioden und Gleichrichterdioden wird die „Ventilwirkung" zwischen Durchlassbereich und Sperrbereich genutzt, bei Varaktordioden die

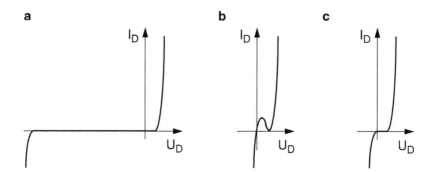

Abb. 4.22 Kennlinienverlauf einiger Diodentypen; **a** Schaltdiode bzw. Gleichrichterdiode; **b** Tunneldiode; **c** Backwarddiode (spezielle Tunneldiode)

spannungsabhängige Sperrschichtkapazität im Sperrbereich, bei Zenerdioden die Wirkung als Spannungsquelle im Durchbruchbereich. Darüber hinaus gibt es Spezialdioden (z. B. Photodioden, pin-Dioden, Tunneldioden, Backwarddioden) die spezielle Halbleitereffekte nutzen, auf die hier nicht näher eingegangen werden kann. In Abb. 4.22 ist beispielhaft die Strom/Spannungskennlinie von einigen Diodentypen skizziert.

4.2.1 Gleichrichterschaltungen und Spannungsvervielfacher

Es werden konventionelle Schaltungen zur Erzeugung einer Gleichspannung für u. a. DC-Versorgungsspannungen (Power-Supply) vorgestellt. In einem Experiment am Ende von Kap. 4 wird das Grundprinzip von Schaltnetzteilen erläutert. DC-Versorgungen mit Schaltnetzteilen weisen einen besseren Wirkungsgrad zwischen abgegebener Leistung und aufgenommener Leistung auf.

Bei Gleichrichterschaltungen nutzt man die „Ventilwirkung" einer Diode, um DC-Spannungen aufzubereiten. Gleichrichterdioden werden in der Regel im unteren Frequenzbereich (50 Hz) bei hohen Strömen eingesetzt. Auf diesen Anwendungsbereich hin sind Gleichrichterdioden optimiert. Im Gegensatz dazu sind Detektordioden im Allgemeinen schnelle Schaltdioden. Neben dem Einweggleichrichter gibt es den Doppelweggleichrichter in Mittelpunktschaltung und Brückenschaltung. Abbildung 4.23 zeigt Realisierungsvarianten für Gleichrichterschaltungen. Die Zeitkonstante $R_L \cdot C_1$ muss groß gegen die Signalperiode sein, um eine hinreichende Glättungswirkung zu erzielen. Der Vorwiderstand R_S ist ein meist zusätzlich hinzugefügter Schutzwiderstand zur Begrenzung des periodischen Spitzenstroms und des Ladestroms beim Einschalten. Es zeigt sich, dass insbesondere während des Einschaltvorgangs ein hoher Spitzenstrom fließt. Der im Datenblatt der Gleichrichterzelle vorgegebene maximale Spitzenstrom darf nicht überschritten werden. Anstelle des strombegrenzenden Widerstands kann auch eine Drossel (Induktivität) eingefügt werden, die insbesondere während des Einschaltvorgangs den Einschaltstrom begrenzen hilft.

Abb. 4.23 Gleichrichterschaltungen; **a** Einweggleichrichter; **b** Doppelweggleichrichter in Mittelpunktschaltung; **c** Doppelweggleichrichter in Brückenschaltung

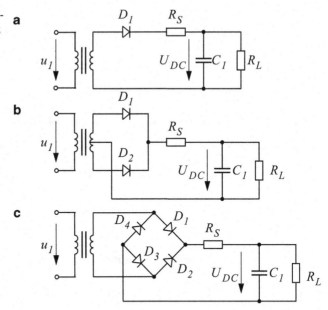

Ein wichtiger Gesichtspunkt ist die Verlustleistung. Die Verlustleistung einer Gleichrichterzelle setzt sich aus der Durchlassverlustleistung P_F und der Sperrverlustleistung P_R zusammen. Der Wärmeübergangswiderstand $R_{th,\,JU}$ der Gleichrichterzelle muss so bemessen sein, dass sich keine unzulässige Erhöhung der inneren Temperatur T_j des Bauteils gegenüber der Umgebungstemperatur T_U ergibt.

$$P_{ges} = P_F + P_R; \quad P_{ges} = \frac{T_j - T_U}{R_{th,\,JU}}. \tag{4.15}$$

Das Gehäuse der Gleichrichterzelle bestimmt den Wärmeübergangswiderstand $R_{th,\,JU}$. Gegebenenfalls muss durch zusätzliche Kühlmaßnahmen der Wärmeübergangswiderstand R_{th} reduziert werden. Die Wärmeableitung erfolgt zwischen innerem pn-Übergang und Gehäuseoberfläche des Bauteils (beschrieben durch $R_{th,\,JG}$), der Gehäuseoberfläche und dem Kühlkörper (beschrieben durch $R_{th,\,GK}$), sowie schließlich dem Kühlkörper und der Umgebung (beschrieben durch $R_{th,\,KU}$). Mittels Wärmeleitpaste zwischen Bauteilgehäuse und Kühlkörper lässt sich der Wärmeübergangswiderstand $R_{th,\,GK}$ deutlich reduzieren. Es gilt somit:

$$P_{ges} = \frac{T_j - T_G}{R_{th,\,JG}} + \frac{T_G - T_K}{R_{th,\,GK}} + \frac{T_K - T_U}{R_{th,\,KU}}. \tag{4.16}$$

Einweggleichrichter: Die einfachste Schaltungsvariante stellt der Einweggleichrichter dar. Bei positiver Eingangsspannung u_1 wird die Diode im Flussbereich betrieben, es lädt sich der Kondensator $C1$ auf. Geht der zeitliche Momentanwert der Eingangsspannung

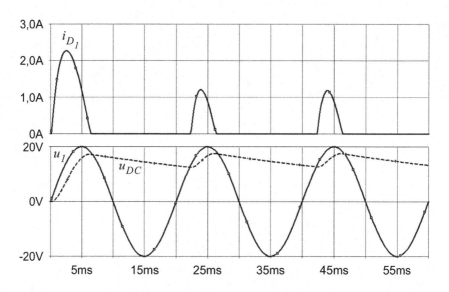

Abb. 4.24 Ergebnis des Einweggleichrichters (siehe Abb. 4.23a)

zurück, so hält der Kondensator die Spannung, die Diode ist gesperrt. Der Kondensator entlädt sich über den Lastwiderstand. In einem bestimmten Stromflusswinkel erfolgt ein periodisches Nachladen der Kapazität. Das Ergebnis des Experiments ist in Abb. 4.24 dargestellt.

Experiment 4.2-1: Gleichrichter1 – TR-Analyse eines Einweggleichrichters.

Es wird angenommen, dass der Spitzenwert der Spannung am Ausgang des Transformators von Abb. 4.23a als Eingangsspannung der Gleichrichterschaltung 20 V beträgt. Der Lastwiderstand möge 100 Ω sein. Naturgemäß sollte der Vorwiderstand R_S deutlich kleiner als der Lastwiderstand sein. Das Simulationsergebnis zeigt trotz der hohen Kapazität von 1000 µF eine deutliche Welligkeit betreffs der erzeugten Ausgangsspannung. Der periodische Spitzenstrom im Durchlassbereich der Diode liegt bei ca. 1 A. Der Spitzenstrom während des Einschaltvorgangs erreicht im Beispiel einen Wert von über 2 A. Die Durchlassverlustleistung ist der Mittelwert gebildet aus dem zeitlichen Momentanwert des Durchlassstroms und der Flussspannung der Diode. Entsprechendes gilt für die Sperrverlustleistung.

Doppelweggleichrichter in Mittelpunktschaltung: Zur Verringerung der Welligkeit der erzeugten Ausgangsspannung wird in beiden Halbwellen des sinusförmigen Eingangssignals der Kondensator in einem bestimmten Stromflusswinkel nachgeladen. Das Ergebnis des zugehörigen Experiments zeigt Abb. 4.25.

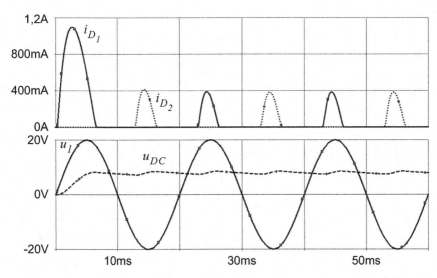

Experiment 4.2-2: Gleichrichter2 – TR-Analyse des Doppelweggleichrichters
mit Mittelpunktschaltung.

Abb. 4.25   Ergebnis des Doppelweggleichr. mit Mittelpunktschaltung (siehe Abb. 4.23b)

Unter gleichen Bedingungen wie im vorhergehenden Experiment wird die Doppelweg-
gleichrichterschaltung in Mittelpunktausführung betrachtet. Es zeigt sich wegen der
Doppelweggleichrichterfunktion eine geringere Welligkeit der erzeugten Ausgangsspannung. Allerdings ist die Ausgangsspannung nur halb so groß. Die Spitzenströme sind entsprechend deutlich reduziert.

Doppelweggleichrichter in Brückenschaltung: Die Brückenschaltung vermeidet den
Nachteil der Mittelpunktschaltung dahingehend, dass nahezu der Spitzenwert der Ein-
gangsspannung als gleichgerichtete Ausgangsspannung erreicht wird.
   Das Ergebnis zum Experiment des Doppelweggleichrichters in Brückenschaltung zeigt
Abb. 4.26. Es wird wieder die volle Ausgangsspannung erzeugt. Gegenüber dem Einweg-
gleichrichter sind die durch die Diode fließenden Spitzenströme kleiner. In konventionellen
Stromversorgungsmodulen wird daher meist diese Ausführung gewählt (siehe Abb. 4.27).

Einsatz eines Spannungsreglers: Ein wesentlicher Nachteil der bisher betrachteten Schaltungen zur Aufbereitung einer DC-Spannung ist die relativ hohe Welligkeit
der Ausgangsspannung. Prinzipiell könnte man durch noch größere Kapazitäten C_1 die
Welligkeit verringern. Zum einen „baut" eine höhere Kapazität größer und zum anderen steigen die Kosten für einen größeren Kapazitätswert. Das Problem löst ein Span-
nungsregler-Baustein. Mittels einer aktiven Rückkopplungsschaltung im Inneren des

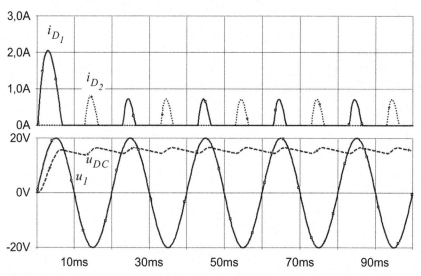

Experiment 4.2-3: Gleichrichter3 – TR-Analyse des Doppelweggleichrichters in Brückenschaltung.

Abb. 4.26   Ergebnis des Doppelweggleichrichters in Brückenschaltung (siehe Abb. 4.23c)

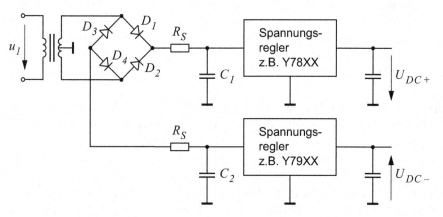

Abb. 4.27   Geregelte Gleichstromversorgung für positive und negative Versorgungsspannungen mit Verwendung integrierter Spannungsregler

Spannungsreglers kann trotz einer relativ groben Welligkeit am Eingang eine konstante Ausgangsspannung erzeugt werden. Derartige Spannungsregler sind kostengünstig als integrierte Bausteine verfügbar. Abbildung 4.27 zeigt eine schaltungstechnische Ausführung mit einem Brückengleichrichter und nachgeschalteten integrierten Spannungsreglern zur Aufbereitung einer positiven und negativen DC-Spannung.

Abb. 4.28 Spannungsverdopplerschaltung;
a symmetrische;
b unsymmetrische Variante

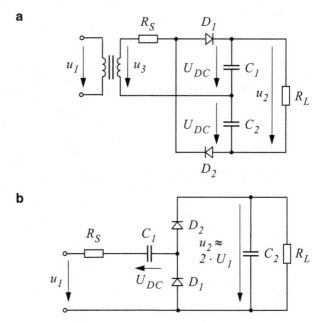

Experiment 4.2-4: Spannungsverdoppler – TR-Analyse
der Spannungsverdopplerschaltung.

Spannungsverdopplerschaltungen: In praktischen Problemstellungen ist gelegentlich
die Aufgabe gestellt, dass eine höhere DC-Spannung abgeleitet werden soll, als mit den
bislang betrachteten Schaltungsvarianten möglich ist. Dazu können Spannungsvervielfacherschaltungen verwendet werden (Abb. 4.28).

Ein Spannungsverdoppler besteht aus zwei hintereinander geschalteten Einweg-
gleichrichtern. In der symmetrischen Variante lädt die positive Halbwelle den Kondensator $C1$ auf, die negative Halbwelle lädt $C2$, so dass am Ausgang die doppelte
Spannung verfügbar ist.

Abbildung 4.29 zeigt das Ergebnis der TR-Analyse einer Spannungsverdopplerschaltung nach Abb. 4.28b. Der Spitzenwert der Eingangsspannung U_1 beträgt 20 V. Der
Kondensator $C1$ lädt sich auf U_{DC} auf, so dass an der Kathode der Diode $D1$ die Eingangsspannung plus dem Spitzenwert der Eingangsspannung anliegt. Mit der Diode $D2$
erfolgt eine Gleichrichtung dieses zeitlichen Momentanwerts. Man erhält nahezu den
doppelten Spitzenwert als DC-Ausgangsspannung. Wie bei der Einweggleichrichtung
wird der ideale Spitzenwert nicht erreicht, es ergibt sich ein Spannungsverlust. Die Spannungsverluste sind um so höher, je größer der Laststrom ist.

Spannungsvervielfacherschaltungen: Das Prinzip der Spannungsverdopplung lässt
sich verallgemeinern in Form von Spannungsvervielfacherschaltungen. In Abb. 4.30

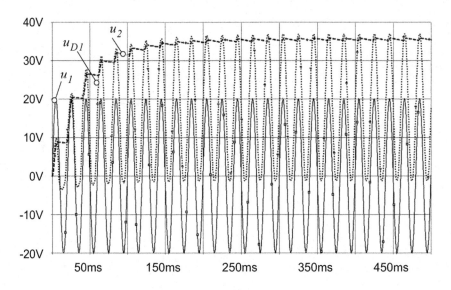

Abb. 4.29 Ergebnis der TR-Analyse der Spannungsverdopplerschaltung (siehe Abb. 4.28b)

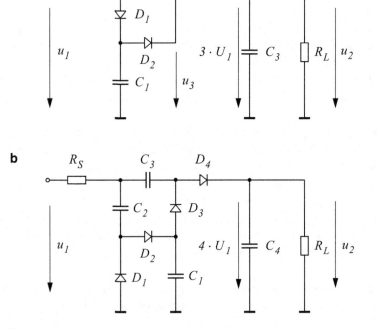

Abb. 4.30 Vervielfacherschaltungen; **a** Spannungsverdreifachung; **b** Spannungsvervierfachung

dargestellt ist ein Spannungsverdreifacher und ein Spannungsvervierfacher in unsymmetrischer Ausführung. Selbstverständlich ergeben sich Spannungsverluste aufgrund der Flussspannung und an den inneren Bahnwiderständen der Dioden, so dass die ideale Vervielfachung des Spitzenwertes der Eingangsspannung nicht erreicht wird.

Experiment 4.2-5: Spannungsverdreifacher – TR-Analyse der Spannungsverdreifachungsschaltung.

4.2.2 Anwendungen der Diode als Spannungsquelle

In zahlreichen Anwendungen benötigt man eine Konstantspannungsquelle. Im Flussbereich ist die Diode näherungsweise eine Konstantspannungsquelle mit der Schwellspannung als „Leerlaufspannung" und einem relativ niederohmigem Innenwiderstand. Allerdings weist die Schwellspannung einen Temperaturkoeffizienten von ca. $-2\,\mathrm{mV/°C}$ auf. Im Durchbruchbereich ist die Diode ebenfalls eine Konstantspannungsquelle mit niederohmigem Innenwiderstand. In jedem Fall muss ein gewisser Mindeststrom fließen, damit sich die Eigenschaft der Diode als Spannungsquelle im Durchbruchbereich einstellt.

Die Zenerdiode als Spannungsquelle: Mittels einer Zenerdiode lässt sich eine Konstantspannung z. B. als Referenzspannung ableiten. Dazu verwendet man die Prinzipschaltung in Abb. 4.31. Die Eingangsspannung muss in jedem Fall größer als die Ausgangsspannung und größer als die Durchbruchspannung sein. Um einen niederohmigen Innenwiderstand zu erzielen, benötigt man einen Mindeststrom, der über den Vorwiderstand eingestellt wird.

Bei gegebener Eingangsspannung, gegebenem Vorwiderstand und gegebenem Lastkreis ergibt sich der skizzierte Arbeitspunkt bei geeignet ausgewählter Zenerdiode. Ändert sich die Eingangsspannung oder der Lastkreis, so verändert sich der Arbeitspunkt.

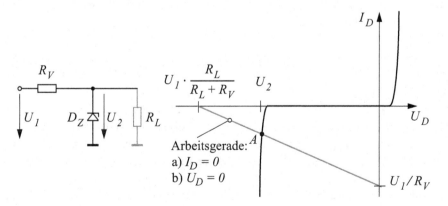

Abb. 4.31 Spannungsstabilisierungsschaltung mittels einer Zenerdiode

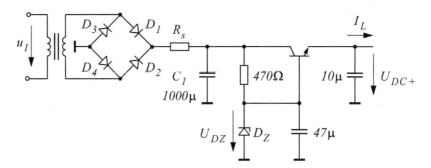

Abb. 4.32 DC-Spannungsquelle mit Transistor als Regler für konstante Spannung bei gegebenen Laststromschwankungen, $U_{DC} = U_{DZ} + 0{,}7\,\text{V}$

Je steiler die Durchbruchkennlinie ist, um so geringer verändert sich die Ausgangsspannung U_2. Es liegt eine Konstantspannung mit niederohmigem Innenwiderstand vor.

Anwendung der Zenerdiode als Referenzspannung: Im folgenden Beispiel wird die Zenerdiode als Referenzspannungsquelle verwendet (Abb. 4.32). Die stabilisierte Ausgangsspannung ist gleich der Zenerdiodenspannung im Durchbruchbetrieb vermindert um die Basis-Emitterspannung des Transistors (0,7 V). Die Mindest-Eingangsspannung muss so groß sein, dass der Transistor nicht in die Sättigung geht.

4.2.3 Signaldetektorschaltungen

Signaldetektoren sind ebenfalls im Prinzip Gleichrichterschaltungen, allerdings werden sie im Allgemeinen bei höheren Signalfrequenzen verwendet. Dioden in Signaldetektoren müssen weniger für große Strombelastbarkeit geeignet sein, vielmehr geht es um ein schnelles Schaltverhalten. Als schnelle Schaltdioden eignen sich insbesondere Schottky-Dioden. Grundsätzlich unterscheidet man zwischen Signalamplitudendetektoren in Reihenschaltung und in Parallelschaltung.

Spitzendetektor in Reihen- und Parallelschaltung: Für die Realisierung eines Spitzendetektors gibt es prinzipiell die Reihenschaltungsvariante und die Parallelschaltungsvariante (Abb. 4.33).

Die Reihenschaltungsvariante benötigt einen DC-Pfad gegen das Bezugspotenzial, der über die Induktivität L gegeben ist. Bei der Parallelschaltungsvariante kann das Eingangssignal kapazitiv angekoppelt werden. Allerdings ist am Ausgang dem detektierten Spitzenwert das Eingangssignal überlagert, das dann noch durch eine zusätzliche Filtermaßnahme entfernt werden muss. Ist das nachfolgende System hinreichend schmalbandig, so kann die Filtermaßnahme entfallen. Aus der Energiebilanz ergibt sich der mittlere Eingangswiderstand, den die Signalquelle sieht. Bei der Reihendetektorschaltung wird

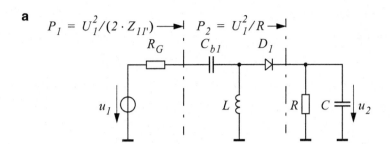

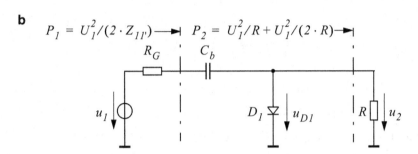

Abb. 4.33 Spitzendetektorschaltungen; **a** Reihendetektor; **b** Paralleldetektor

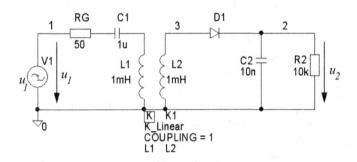

Abb. 4.34 Signaldetektor – Reihenschaltung

die DC-Leistung $P_2 = U_1^2/R$ abgegeben; bei der Paralleldetektorschaltung addiert sich dazu noch die Wechselleistung aufgrund der zusätzlich anliegenden Signalspannung am Ausgang. Die an den Verbraucher abgegebene Leistung ist dann $P_2 = U_1^2/R + U_1^2/(2R)$. Dadurch erhält man bei der Reihendetektorschaltung einen mittleren Eingangswiderstand $R/2$, bei der Paralleldetektorschaltung liegt der mittlere Belastungswiderstand der Signalquelle bei $R/3$. Als erstes wird ein Signalamplitudendetektor in Reihenschaltung betrachtet (Abb. 4.34).

Beim Spitzendetektor in Reihenschaltung lädt sich der Kondensator C_2 auf den Spitzenwert der Signalamplitude auf. Verringert sich der zeitliche Momentanwert der Eingangsspannung unterhalb der Spannung am Kondensator, so wird die Diode gesperrt. Es entlädt sich der Kondensator C_2 über den Lastwiderstand R_2. Mit der nächsten positiven

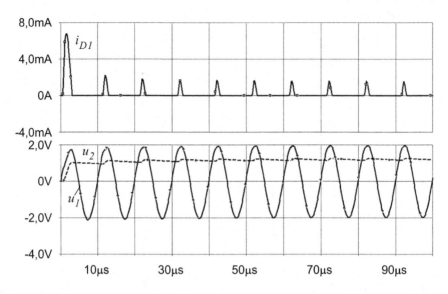

Abb. 4.35   Ergebnis Testanordnung Signaldetektor – Serienschaltung (siehe Abb. 4.33a)

Signalamplitude wird bei zeitlichen Momentanwerten oberhalb der Spannung am Kondensator C_2 die Diode wieder in Flussrichtung betrieben, es erfolgt ein Nachladen der Kapazität. Durch die Diode fließt nur innerhalb des Stromflusswinkels im Flussbetrieb der Diode ein Flussstrom. Damit beinhaltet der Diodenstrom eine DC-Komponente, es muss ein DC-Pfad gegen Masse vorliegen. Lässt die Signalquelle keinen DC-Pfad gegen Masse zu, so kann beispielsweise der DC-Pfad für die Diode durch Speisung mit einem Übertrager über $L2$, $D1$ und $R2$ hergestellt werden.

Am Knoten 2 baut sich eine Gleichspannung auf, die dem Spitzenwert der Signalamplitude entspricht, vermindert um die Schwellspannung der Diode. Ein Stromfluss durch die Diode kommt nur in einem kleinen Stromflusswinkel zustande. Der Kondensator am Ausgang hält die Gleichspannung. Durch den Stromfluss, während dem die Diode in Flussrichtung ausgesteuert wird, erfolgt ein Nachladen des Kondensators. Ist die Diode gesperrt wird der Kondensator über den Lastwiderstand entladen. Die Entladezeitkonstante τ

$$\tau = R_2 C_2; \tag{4.17}$$

sollte etwa 10 mal größer sein als die Signalperiode. Das Ergebnis des folgenden Experiments zeigt Abb. 4.35.

Experiment 4.2-6: SignalDetektor_Ser.

Eine weitere Variante ist der Signaldetektor, bei dem die Diode parallel und nicht seriell angeordnet ist (Abb. 4.36). Man spricht von einem Signaldetektor in Parallelschaltung.

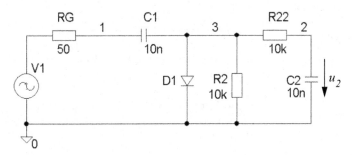

Experiment 4.2-7: SignalDetektor_Par.

Abb. 4.36 Signaldetektor – Parallelschaltung

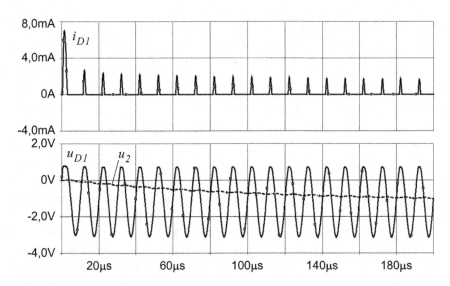

Abb. 4.37 Signaldetektor – Parallelschaltung (siehe Abb. 4.36)

Der Vorteil des Signaldetektors in Parallelschaltung ist, dass die speisende Signalquelle keinen DC-Pfad aufweisen muss, sie kann AC-gekoppelt sein. Auch hier ist die Diode nur während eines kleinen Stromflusswinkels leitend. Die Spannung an Knoten 3 wird begrenzt durch die Schwellspannung an der Diode. Die Signalspannung liegt an Knoten 3 an, sie wird an die Schwellspannung der Diode „geklemmt". Den DC-Wert erhält man an Knoten 2 durch Nachschalten eines Tiefpasses. Das Testergebnis des Experiments ist in Abb. 4.37 dargestellt.

Allgemein lässt sich feststellen: Signalamplitudendetektoren dienen zur Detektion der Signalamplitude des zeitlichen Momentanwerts eines gegebenen periodischen Signalverlaufs.

Abb. 4.38 Signaldetektor
als Empfänger für ein
amplitudenmoduliertes
Signal

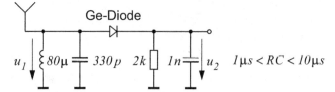

Experiment 4.2-8: AM-Detektorschaltung1 – Aufbereitung eines AM-modulierten Signals mit nachgeschaltetem Signaldetektor.

Wird die Signalamplitude mit einer Modulationsspannung verändert (Amplitudenmodulation – AM), so stellt der Signalamplitudendetektor einen AM-Demodulator in Form eines „Hüllkurvendetektors" dar.

Einfacher Mittelwellenempfänger: Eine typische Anwendung eines Signaldetektors ist die Demodulation einesamplitudenmodulierten Signals. Der zeitliche Momentanwert eines amplitudenmodulierten Signals stellt sich wie folgt dar:

$$u_1(t) = U_1(t)\cos(\omega_0 t);$$
$$\quad\quad U_1(t) = U_1(1 + M\cos(\omega_s t)). \tag{4.18}$$

Dabei entspricht $\omega_0 = 2\pi \cdot f_0$ der Trägerkreisfrequenz, f_0 beträgt bei Mittelwelle ca. 1 MHz; $\omega_s = 2\pi \cdot f_s$ entspricht der Modulationskreisfrequenz und M ist der Modulationsgrad. Wegen der geringen Spannung am Fußpunkt der Antenne, muss eine Detektordiode mit geringem Schwellwert verwendet werden. Dazu bietet sich eine Ge-Diode an, die eine geringere Schwellspannung aufweist als Si-Dioden. In der Regel kommt man aber ohne einen Vorverstärker nicht aus, um größere Signalamplituden zu erhalten. Immerhin benötigt die einfache Empfängerschaltung (Abb. 4.38) ein Eingangssignal von einigen 100 mV für die Spitzenwertgleichrichtung. Typische Signalspannungen am Antennenfußpunkt liegen je nach Antennenausprägung deutlich darunter.

Im Beispiel des Experiments beträgt der Modulationsgrad $M = 0{,}5$; die Modulationsfrequenz ist 20 kHz. Die Signalamplitude muss oberhalb der Schwellspannung liegen. Das Ausgangssignal entspricht der Einhüllenden des Eingangssignals verschoben um die Schwellspannung der Diode. Abbildung 4.39 zeigt das Ergebnis des Experiments.

Um die Spitzendetektorschaltung bei kleineren Signalamplituden verwenden zu können, ist es zweckmäßig die Diode mit einer Vorspannung bzw. mit Vorstrom zu betreiben, so dass der Arbeitspunkt der Diode dicht unterhalb der Schwellspannung liegt. In dem Beispiel, das dem Experiment zugrundeliegt, wird eine Vorspannung für die Detektordiode erzeugt. Bei deutlich kleinerer Signalamplitude des amplitudenmodulierten Eingangssignals erhält man die demodulierte Ausgangsspannung.

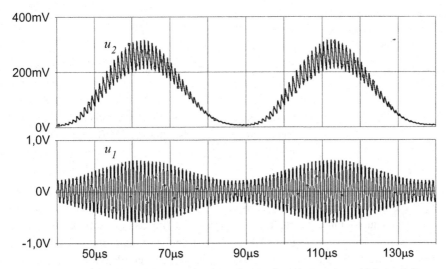

Experiment 4.2-9: AM-Detektorschaltung2 – Aufbereitung eines AM-modulierten Signals, nachgeschalteter Signaldetektor mit Vorspannung.

Abb. 4.39 AM-moduliertes Eingangssignal und detektiertes Ausgangssignal

Demodulation eines frequenzmodulierten Signals: Zur Demodulation eines frequenz-modulierten Signals (FM) kann ebenfalls u. a. ein Spitzendetektor verwendet werden. Ein frequenzmoduliertes Signal lässt sich folgendermaßen mathematisch beschreiben:

$$u_1(t) = U_1 \cos(\omega(t) \cdot t + \varphi_0);$$

$$\omega(t) = \omega_0 + \Delta\omega_0(t) = \omega_0 + \Delta\omega_0 \cdot \cos(\omega_s t + \varphi_s). \quad (4.19)$$

Die Phase des FM-modulierten Signals ergibt sich aus:

$$\varphi(t) = \int \omega(t) \cdot dt = \omega_0 t + \frac{\Delta\omega_0}{\omega_s} \cdot \sin(\omega_s t + \varphi_s). \quad (4.20)$$

Es entspricht $\omega_0 = 2\pi \cdot f_0$ der Trägerkreisfrequenz, f_0 beträgt bei UKW-Frequenzen ca. 100 MHz; $\omega_s = 2\pi \cdot f_s$ ist die Modulationskreisfrequenz und $\Delta\,\omega_0/\omega_s$ der Modulationshub M. Betrachtet man ein UKW-Übertragungssystem, so erfolgt im Empfänger eine Umsetzung auf eine Zwischenfrequenz von 10,7 MHz. Der FM-Demodulator weist somit am Eingang ein frequenzmoduliertes Signal von 10,7 MHz auf. In PSpice lässt sich ein der-artiges Signal mit der Signalquelle *VSFFM* darstellen. Diesem Signal liegt der folgende zeitliche Momentanwert zugrunde:

$$u_1(t) = U_0 + U_1 \sin((2\pi FC \cdot t) + MDI \cdot \sin(2\pi FS \cdot t)). \quad (4.21)$$

Abb. 4.40 FM-Demodulator als einfacher Flankendetektor gespeist mit einem FM-moduliertes Signal (Stromquellenspeisung)

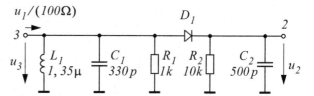

Experiment 4.2-10: FM-Demodulator1 – AC-Analyse: Resonanzkurve des Resonators; TR-Analyse des Flankendetektors.

Die einfachstmögliche FM-Demodulatorschaltung stellt der Flankendetektor dar (Abb. 4.40). Eine spannungsgesteuerte Stromquelle speist einen Parallelresonanzkreis. Die Resonanzfrequenz muss oberhalb der Frequenz FC liegen; FC kommt also an der Flanke der Resonanzkurve zu liegen (Abb. 4.41). Ist der Modulationshub nicht zu groß, so ergibt sich eine nahezu lineare Amplitudenänderung an der Flanke des Resonators, die in erster Näherung proportional zur Frequenzänderung des frequenzmodulierten Eingangssignals ist. Die Einhüllende der Amplitudenänderung des Signals an der Flanke des Resonators lässt sich mit einem Spitzendetektor gewinnen. Daraus erhält man das demodulierte Signal mit der Frequenz FS.

Die Frequenz FC des Eingangssignals muss versetzt zur Resonanzfrequenz des Resonators liegen. Desweiteren sollte die Güte des Resonators nicht zu hoch sein, um den nutzbaren Flankenbereich zu vergrößern. Die Speisung des Resonators erfolgt im Experiment über eine spannungsgesteuerte Stromquelle. Ein Transistor stellt im geeigneten

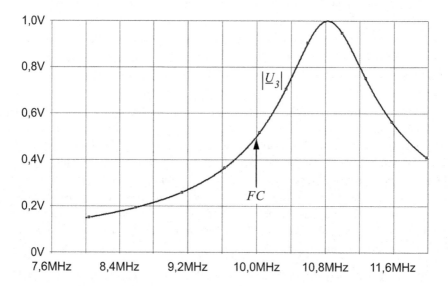

Abb. 4.41 Resonanzkurve des Flankendetektors als FM-Demodulator (siehe Abb. 4.40)

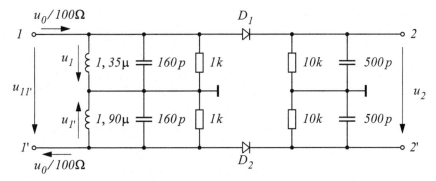

Experiment 4.2-11: FMDemodulator2 – AC-Analyse zur Darstellung der Diskriminatorkennlinie und TR-Analyse des Frequenzdiskriminators zur Demodulation eines frequenzmodulierten Signals.

Abb. 4.42 Differenzdiskriminator als FM-Demodulator gespeist mit einem FM-modulierten Signal (Stromquellenspeisung)

Arbeitspunkt eine derartige spannungsgesteuerte Stromquelle dar. Die Steilheit wurde mit $1/100\ \Omega$ angenommen.

Im Simulationsergebnis der AC-Analyse in Abb. 4.41 zeigt sich deutlich die Amplitudenänderung an der Flanke des Resonators bei Frequenzänderung um FC. Im Zeitbereich entspricht die Einhüllende des Signals u_3 am Eingang (Knoten 3) dem modulierten Signal mit der Frequenz FS. Um das demodulierte Signal am Ausgang zu erhalten, ist die Zeitkonstante des Spitzendetektors geeignet zu wählen. Sie darf nicht zu groß sein, um einerseits der Modulationsfrequenz FS folgen zu können; muss aber groß genug sein, um die Frequenz FC zu unterdrücken.

FM-Demodulator mit zwei versetzten Resonanzkreisen: Zur Verbesserung der Linearität des Flankendemodulators können zwei versetzte Resonanzkreise verwendet werden (Differenzdiskriminator). Abbildung 4.42 zeigt die Prinzipschaltung. Die beiden Resonanzkreise lassen sich über einen Übertrager oder über eine Stromquelle speisen. Die Stromquellenspeisung ist wiederum einfach über einen Transistor möglich. Im nachfolgenden Experiment soll die Schaltungsanordnung näher untersucht werden. Das Ergebnis der AC-Analyse ist in Abb. 4.43 dargestellt. Es zeigt sich der typische Verlauf eines FM-Flankendetektors.

Bei gleichbleibenden Ansteuerverhältnissen wie im vorhergehenden Experiment erreicht man eine verbesserte Linearität der Amplitudenkonversion und zudem eine höhere demodulierte Ausgangsspannung. Die symmetrische Stromquellenansteuerung kann mit einer geeigneten Transistorstufe erfolgen. Dazu wird in späteren Kapiteln noch näher darauf eingegangen.

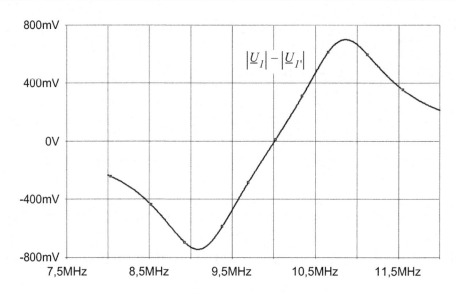

Abb. 4.43 Differenzdiskriminatorkennlinie (siehe Abb. 4.42)

4.2.4 Begrenzer-, Klemm- und Schutzschaltungen

Begrenzerschaltungen: Begrenzerschaltungen dienen beispielsweise zur Begrenzung einer Signalamplitude. Unterhalb eines bestimmten Schwellwertes soll die Begrenzerfunktion inaktiv bzw. aktiv sein. Die Diode in Flussrichtung weist Begrenzereigenschaften auf, ebenso die Zenerdiode in Sperrrichtung. Prinzipiell unterscheidet man Diodenbegrenzer in Parallelschaltung und in Reihenschaltung. Die Parallelbegrenzerschaltung zeigt Abb. 4.44a mit U_H als Hilfsspannung. Eine derartige Hilfsspannung lässt sich u. a. durch aktive Schaltungen mit z. B. einem Bipolartransistor bzw. einem Feldeffekttransistor als Spannungsquelle realisieren. Die einfachste Variante ist gegeben mit $U_H = 0$, dann liegt die Kathode von $D1$ bzw. die Anode von $D2$ auf Masse. $U_{S,D}$ ist die Schwellspannung der Diode. Das folgende Experiment untersucht eine Reihenbegrenzerschaltung. Das Ergebnis hierzu zeigt Abb. 4.45.

> **Experiment 4.2-12:** Begrenzer_Reihensch – TR-Analyse eines Begrenzers in Reihenschaltung.

Der Parallelbegrenzer belastet den Lastkreis nahezu nicht, solange die Begrenzung nicht einsetzt. Nach Einsetzung der Begrenzung wird der Lastkreis niederohmig belastet. Ersetzt man bei der Reihenschaltung den Widerstand R_0 durch eine Stromquelle, so liegt nach Einsetzung der Begrenzerwirkung eine hochohmige Belastung des Lastkreises vor. Für Eingangsspannungen $U_1 < 0$ ist die Diode $D2$ gesperrt, auch hier wird der Lastkreis nicht belastet.

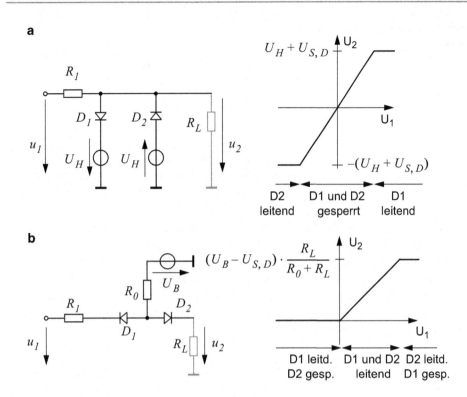

Abb. 4.44 Begrenzerschaltungen; **a** Parallelbegrenzer; **b** Reihenbegrenzer

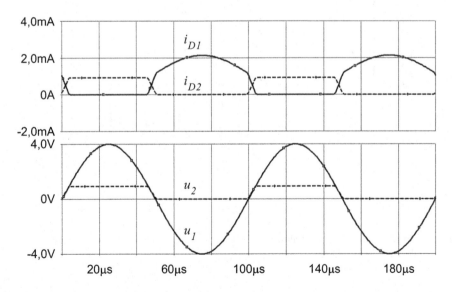

Abb. 4.45 Begrenzer in Reihenschaltung (siehe Abb. 4.44b)

Abb. 4.46 Klemmschaltung
zur Rückgewinnung eines
positiven DC-Anteils

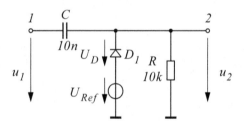

Experiment 4.2-13: Klemmschaltung1 – Klemmschaltung
für die Wiederherstellung eines Gleichspannungsanteils.

Klemmschaltungen: Bei AC-Kopplung zweier Funktionseinheiten zwischen Knoten
1 und Knoten 2 (Abb. 4.46) geht der Gleichspannungsanteil eines Signals verloren. Mit
einer Klemmschaltung kann ein Gleichspannungsanteil zurückgewonnen werden. Das
Beispiel in Abb. 4.46 zeigt eine Klemmschaltung zur Erzeugung eines positiven DC-
Anteils. Mit Hilfe der Referenzspannung U_{Ref} lässt sich die Basislinie des Ausgangssignals einstellen. In Abb. 4.47 ist das Ergebnis des Experiments dargestellt, wobei u_2 die
gewünschte DC-Komponente aufweist.

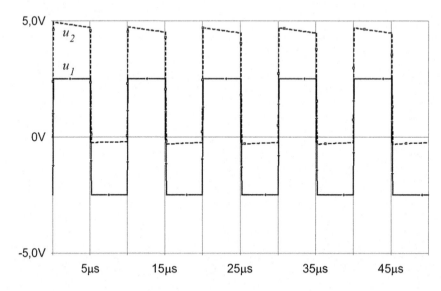

Abb. 4.47 Ergebnis der Klemmschaltung zur Rückgewinnung eines DC-Anteils für einen gegebenen Signalverlauf ohne DC-Komponente

Schutzschaltungen: Vielfach treten bei Schaltvorgängen Störspannungsspitzen auf, die durch Schutzdioden begrenzt werden müssen. Ein einfaches Beispiel stellt der Schaltvorgang einer induktiven Last dar. Im Beispiel in Abb. 4.48 wird eine Induktivität als Verbraucher über einen elektronischen Schalter geschaltet. Der elektronische Schalter kann ein Transistorschalter (z. B. MOS-Schalter) sein. Der R_{ON}-Widerstand des Schalters möge bei 100 Ω liegen, der R_{OFF}-Widerstand bei 100 kΩ. Die Schaltschwelle V_{ON} ist 2 V und die Schaltschwelle V_{OFF} bei 0,5 V. Die Schaltung des Experiments zeigt Abb. 4.48. Das Ergebnis der Untersuchung der Schaltung ist in Abb. 4.49 dargestellt.

Ohne Schutzdiode würde sich im gegebenen Beispiel eine Störspannung von über 200 V ergeben. Die Schutzdiode verhindert derartig hohe Störspannungsspitzen, wie dem Simulationsergebnis zu entnehmen ist.

Abb. 4.48 Schutzdiode für einen geschalteten induktiven Verbraucher

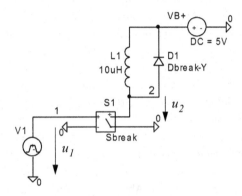

Experiment 4.2-14: Schutzsch1 – TR-Analyse eines geschalteten induktiven Verbrauchers.

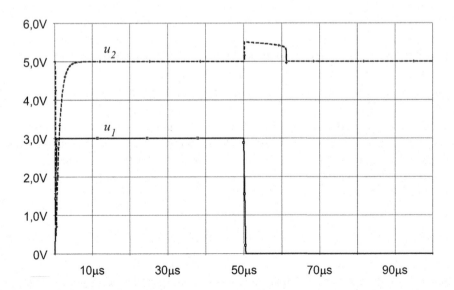

Abb. 4.49 Geschalteter induktiver Verbraucher mit Schutzdiode (siehe Abb. 4.48)

4.2.5 Wirkprinzip von Schaltnetzteilen

Zur Aufbereitung von Versorgungsspannungen werden heute zumeist Schaltnetzteile verwendet. Es gibt hierfür ein vielfältiges Angebot von integrierten Funktionsbausteinen. Im Rahmen der Grundlagen zur analogen Schaltungstechnik geht es um ein elementares Verständnis der Wirkungsweise von Schaltnetzteilen.

Der Kern eines Schaltnetzteils beinhaltet u. a. einen gesteuerten Schalter S. Der als spannungsgesteuerter Halbleiterschalter (Schalttransistor) ausgeführte Schalter wird von einem Impulsbreitenmodulator (Sägezahngenerator und Komparator, siehe Kap. 8.6) angesteuert. Die Schaltfrequenz beträgt typisch 20 kHz bis MHz. Der Schalttransistor benötigt im Allgemeinen eine hohe Schaltleistung, eine große Spannungsfestigkeit, eine niedrige Restspannung und kurze Schaltzeiten. Schaltnetzteile weisen gegenüber den bisher betrachteten Stabilisierungsschaltungen einen besseren Wirkungsgrad, kleineres Bauvolumen und damit auch ein geringeres Gewicht auf. Prinzipiell unterscheidet man zwischen primär getakteten Schaltnetzteilen und sekundär getakteten Schaltnetzteilen. Abbildung 4.50 zeigt je ein Realisierungsbeispiel. Darüber hinaus gibt es eine Vielfalt weiterer Realisierungsvarianten zur Optimierung der Eigenschaften eines Schaltnetzteils. Im Weiteren sollen nur die beiden Varianten in Abb. 4.50 betrachtet werden.

Die Netzspannung kann direkt gleichgerichtet und mit einem Kondensator geglättet werden (siehe Abb. 4.50b). Der elektronische Schalter zerhackt die aus der Netzspannung gleichgerichtete DC-Spannung U_{C1} und wandelt sie in die gewünschte zu erzeugende DC-Spannung U_{DC} um. Schaltnetzteile arbeiten entweder als Durchflusswandler (Abb. 4.50a) oder als Sperrwandler (Abb. 4.50b). Beim Durchflusswandler fließt dauernd Strom in den Speicherkondensator, beim Sperrwandler erfolgt kein Nachladen des Kondensators, solange Energie in die Induktivität eingespeichert wird. Die Vorteile eines Schaltnetzteils sind:

- Mögliche Einsparung des schweren, großen und teueren 50-Hz-Netztrafos;
- Verbesserter Wirkungsgrad (60–90 %) gegenüber den konventionell geregelten Netzteilen (30–55 %) durch den Wegfall der Verlustleistung des Längstransistors (siehe Abb. 4.32) und damit auch Wegfall größerer Kühlkörper;
- Größerer zulässiger Schwankungsbereich der Eingangswechselspannung u_{C1}.

Sekundär getakteter Abwärtswandler: Ein Beispiel einer möglichen Ausführungsform eines Durchflusswandlers zeigt Abb. 4.50a. Ist der Schalter S geschlossen, so fließt Strom durch die Spule $L1$. Der Kondensator CL wird geladen (t_{ein}). Die Diode $D5$ ist dabei gesperrt. Für die Spule gilt:

$$u_{L1} = L1 \cdot \frac{di_{L1}}{dt}. \tag{4.22}$$

Während der Einschaltzeit t_{ein} liegt an der Spule die Spannung $u_{L1} = u_{C1} - U_{DC}$ an. Ist der Schalter S geöffnet, so ist die Spannung während der Ausschaltzeit t_{aus} an der Spule

a

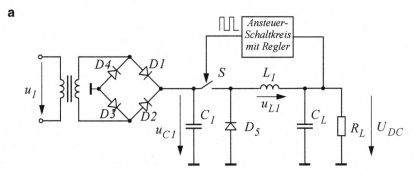

Experiment 4.2-15: Durchflusswandler.

b

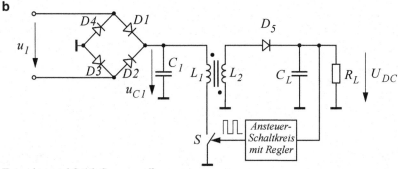

Experiment 4.2-16: Sperrwandler.

Abb. 4.50 Schaltnetzteil; **a** sekundär getaktet; **b** primär getaktet

$u_{L1} = -U_{DC}$, bei Vernachlässigung der Flussspannung der Diode $D5$. Somit erhält man gemäß obiger Gleichung für die Änderung des Spulenstroms:

$$\Delta i_{L1} = \frac{1}{L1} \cdot (U_{C1} - U_{DC}) \cdot t_{ein} = \frac{1}{L1} \cdot U_{DC} \cdot t_{aus}. \tag{4.23}$$

Daraus ergibt sich die gesuchte Ausgangsspannung U_{DC} bei gegebener Schaltfrequenz $f = 1/T$. Das Tastverhältnis t_{ein}/T zwischen der Einschaltzeit und der Schaltperiode bestimmt bei gegebener Eingangsspannung U_{C1} die Ausgangsspannung U_{DC}

$$U_{DC} = \frac{t_{ein}}{t_{ein} + t_{aus}} \cdot U_{C1} = \frac{t_{ein}}{T} \cdot U_{C1}. \tag{4.24}$$

Mit dem Tastverhältnis t_{ein}/T lässt sich also die Ausgangsspannung U_{DC} mittels der Impulsbreite (Impulsbreitenmodulator) lastunabhängig einstellen bzw. regeln. Im Experiment ist gegenüber Abb. 4.50 der Transformator weggelassen. Die Gleichrichtung der Netzspannung erfolgt mit einem einfachen Einweggleichrichter. Den Strom- und Spannungsverlauf innerhalb eines Zeitbereichs über 3 Schaltperioden zeigt Abb. 4.51. Der Ausgangsstrom ist der Mittelwert des Spulenstroms.

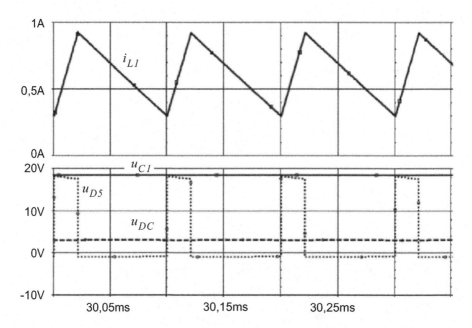

Abb. 4.51 Strom- und Spannungsverlauf beim Durchflusswandler (siehe Abb. 4.50a)

Erhöht man den Lastwiderstand, so verringert sich der Ausgangsstrom. Der Spulenstrom kann in der Sperrphase bis auf Null sinken, die Spannung an der Spule wird somit ebenfalls Null. Es stellt sich der sogenannte „Lückende Betrieb" ein. Gleichung (4.24) für die Ausgangsspannung ist dann nicht mehr gültig, sie gilt nur für Lastverhältnisse mit einem Mindestausgangsstrom von:

$$I_{a,min} = \frac{1}{2} \cdot \Delta I_{L1} = \left(1 - \frac{U_{DC}}{U_{C1}}\right) \cdot \frac{T \cdot U_{DC}}{2 \cdot L1}. \tag{4.25}$$

Durch Regelung des Tastverhältnisses t_{ein}/T (siehe Kap. 8.6) mit einem Pulsweitenmodulator lässt sich auch bei geänderten Lastverhältnissen die Ausgangsspannung U_{DC} konstant halten.

Sperrwandler: Beim Sperrwandler (Abb. 4.50b) wird nach Gleichrichtung aus der Netzspannung die Gleichspannung U_{C1} gewonnen. Der Transformator ist gegensinnig gewickelt, er dreht damit die Phase um 180°. Der Schalter S auf der Primärseite des Transformators baut im geschlossenen Zustand magnetische Energie in der Spule des Transformators auf. Wegen der gegenphasigen Ausgangsspannung sperrt die Diode $D5$, solange der Schalter S geschlossen ist. Die Sekundärseite ist dabei stromlos, primärseitig fließt Strom. Nach dem Öffnen des Schalters S wird der primärseitige Strom i_{L1} unterbrochen. Sekundärseitig entsteht eine Selbstinduktionsspannung, wodurch die Diode $D5$ leitend wird. Die gespeicherte magnetische Energie des Transformators wird jetzt in elektrische Energie des

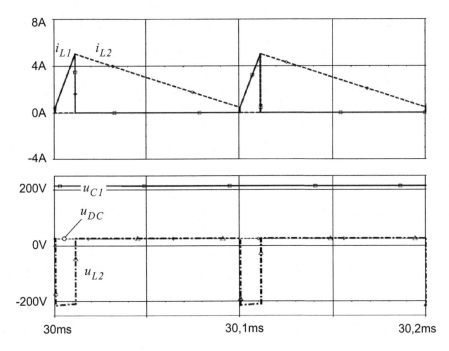

Abb. 4.52 Strom- und Spannungsverlauf beim Sperrwandler (siehe Abb. 4.50b)

Kondensators CL umgewandelt. Es fließt ein Sekundärstrom i_{L2}. Für die Ausgangsspannung gilt bei einem Übersetzungsverhältnis $\ddot{u} = 1$ des Transformators:

$$U_{DC} = \frac{t_{ein}}{t_{aus}} \cdot U_{C1}. \qquad (4.26)$$

Voraussetzung ist auch hier, dass ein Mindestausgangsstrom fließt. Der Ausgangsstrom darf innerhalb der Ausschaltzeit nicht Null erreichen. Das Experiment in Abb. 4.50b untersucht den Sperrwandler. Die Spannung u_{C1} ist die Eingangsspannung gemäß Abb. 4.50b, u_{DC} ist die Ausgangsspannung, u_{L2} die Sekundärspannung des Sperrwandlers. Das Ergebnis der Simulation der Testschaltung in Abb. 4.50b ist in Abb. 4.52 dargestellt.

Während der Leitendphase des Schalters nimmt die Primärseite des Transformators Energie auf, die dann während der Sperrphase an die Sekundärseite abgegeben wird. Im Beispiel ist das Übersetzungsverhältnis des Transformators 1:1. Je größer $N2$ gewählt wird, um so kleiner ist die Spannungsbelastung am Schalter S im Sperrzustand.

Linearverstärker und Operationsverstärker

5

Eine grundlegende Schaltkreisfunktion in der Analogtechnik ist der Linearverstärker. Mit ihm werden schwache Signale verzerrungsfrei verstärkt und aus dem Rauschen herausgehoben. Zunächst erfolgt eine allgemeine Einführung in die Eigenschaften von Linearverstärkern. Die Verstärkerfunktion ist allerdings nur bis zu den Aussteuergrenzen gegeben. Oberhalb der Aussteuergrenzen wird der Verstärker zum Komparator. Im Weiteren wird in rückgekoppelte Verstärkerschaltungen eingeführt. Die Rückkopplung spielt in nahezu allen Funktionsschaltkreisen gewollt oder nicht gewollt durch parasitäre Einflüsse eine maßgebliche Rolle. Mit geeigneten Rückkopplungsmaßnahmen lassen sich die Eigenschaften von Verstärkerschaltungen beeinflussen. Der Operationsverstärker gilt als einer der wichtigsten Vertreter von Standard-Linearverstärkern.

5.1   Eigenschaften von Linearverstärkern – Makromodelle

Linearverstärker lassen sich durch Makromodelle auf der Basis gesteuerter Quellen beschreiben. Je nachdem welche Eigenschaften in einer Anwendung berücksichtigt werden sollen, muss ein dafür geeignetes Modell zugrundegelegt werden. Der Anwender von Modellen muss sehr genau Bescheid wissen, für welchen Anwendungsbereich das jeweils verwendete Modell gültig ist.

5.1.1   Grundmodell eines Linearverstärkers

Eingeführt wird ein Grundmodell für einen Linearverstärker. Das Grundmodell beschreibt das Schnittstellenverhalten und das frequenzabhängige Übertragungsverhalten. Das Übertragungsverhalten wird durch eine spannungsgesteuerte Spannungsquelle oder durch eine spannungsgesteuerte Stromquelle dargestellt. Die Repräsentation der

© Springer-Verlag Berlin Heidelberg 2018
J. Siegl und E. Zocher, *Schaltungstechnik*,
https://doi.org/10.1007/978-3-662-56286-4_5

Abb. 5.1 Symbol, Modell
und Modellparameter des
Linearverstärkers

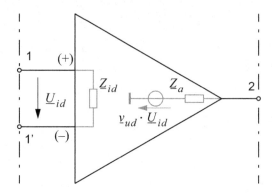

Schaltkreisfunktion „Linearverstärker" erfolgt durch ein Symbol in der symbolischen
Beschreibungssprache eines Elektroniksystems (Schematic Entry). Um das elektrische
Verhalten zu charakterisieren, muss „hinter" das Symbol ein Modell gelegt werden.
Die Referenzierung geschieht meist über Attribute (in PSpice: „Implementation"-Attri-
bute) am Symbol. Das hier verwendete Ersatzschaltbild-Modell (Schematic-View) ist
ein Makromodell auf Basis gesteuerter Quellen. Das Makromodell (Abb. 5.1) legt das
Schnittstellenverhalten und das Übertragungsverhalten fest. Dabei ist:

$\underline{Z}_{id}$:   Eingangswiderstand; typ. 1 MΩ, parallel dazu ca. 1 pF;
$\underline{Z}_a$:   Ausgangswiderstand; typ. 100 Ω;
$\underline{v}_{ud}$:   Verstärkung mit $\underline{v}_{ud} = v_{ud0}/(1 + j(f/f_1))$; v_{ud0} typ. 10^5; f_1 typ. 10 Hz.

Allgemein ist der Verstärkungsfrequenzgang des Linearverstärkers anwendungsspezifisch
zu modellieren. Man unterscheidet grundsätzlich DC-gekoppelte Verstärker ohne untere
Eckfrequenz und AC-gekoppelte Verstärker mit unterer Eckfrequenz. AC-gekoppelte Stufen
sind wesentlich einfacher zu realisieren. Offsetprobleme (Gleichspannungsverschiebungen)
können dabei leichter beherrscht werden. Dort wo es der Spektralgehalt des Signals zulässt,
wird die AC-Kopplung verwendet. Die Modellierung erfolgt u. a. durch eine geeignete
Ersatzschaltung auf der Basis eines Makromodells mit gesteuerten Quellen und Elementen
zur Nachbildung des Frequenzgangs. Ein typischer Frequenzgangverlauf eines Verstärkers
weist ein Tiefpassverhalten erster Ordnung auf.

$$\underline{v}_{ud} = \frac{v_{ud0}}{1 + j(f/f_1)}. \tag{5.1}$$

Bei tiefen Frequenzen beträgt die Verstärkung v_{ud0}. Ab der Eckfrequenz f_1 ergibt sich ein
Verstärkungsabfall um 20 dB pro Dekade. Ein Verstärkungsfrequenzgang mit zwei Eckfrequenzen wird beschrieben durch:

$$\underline{v}_{ud} = \frac{v_{ud0}}{(1 + j(f/f_1)) \cdot (1 + j(f/f_2))}. \tag{5.2}$$

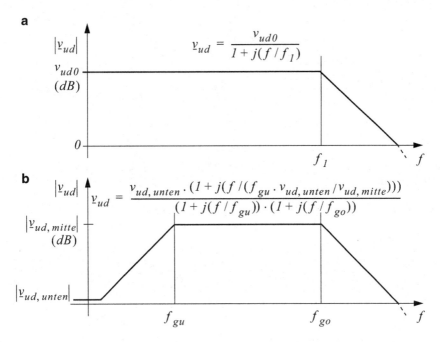

Abb. 5.2 Frequenzgang eines Linearverstärkers; **a** DC-gekoppelt mit einer oberen Eckfrequenz; **b** AC-gekoppelt mit einer unteren und einer oberen Eckfrequenz

Komplexere Verstärkungsfrequenzgänge haben eine untere Eckfrequenz und obere Eckfrequenzen. Sie weisen damit eine Bandpasscharakteristik auf.

$$\underline{v}_{ud} = \frac{v_{ud,\,unten} \cdot (1 + j(f/(f_{gu} \cdot v_{ud,\,unten}/v_{ud,\,mitte})))}{(1 + j(f/f_{gu})) \cdot (1 + j(f/f_{go}))}. \tag{5.3}$$

Abbildung 5.2 zeigt beispielhaft einige typische Verstärkungsfrequenzgänge ohne und mit unterer Eckfrequenz. Grundsätzlich weisen Verstärker mindestens eine obere Eckfrequenz und damit immer eine endliche Bandbreite auf.

Um ein für die lineare DC- und AC-Analyse geeignetes Modell einzuführen, ist der Verstärkungsfrequenzgang u. a. durch ein Ersatzschaltbildmodell nachzubilden. Abbildung 5.3 zeigt ein PSpice-Makromodell für einen Linearverstärker mit endlicher Spannungsverstärkung v_{ud0}, mit Eckfrequenz f_1 und f_2, mit endlichem Eingangswiderstand $\underline{Z}_{id}$ und mit endlichem Ausgangswiderstand $\underline{Z}_a$. Kern des Makromodells ist eine spannungsgesteuerte Spannungsquelle ($E1$). Die Trennverstärker $E2$, $E3$ sind erforderlich, um die Eckfrequenzen und den Ausgangswiderstand unabhängig voneinander einstellen zu können. Dieses Modell enthält allerdings keine Aussteuergrenzen. Bei Übersteuerung in einer TR-Analyse treten mit diesem Modell Probleme auf. Für Übersteuerungsbetrieb ist das Modell ungeeignet.

Dieses Experiment beschreibt einen parametrisierbaren Linearverstärker mit Schematic Model. Die Parameter für den Eingangswiderstand, den Ausgangswiderstand und die Verstärkung können am Symbol der Instanz anwendungsspezifisch festgelegt werden.

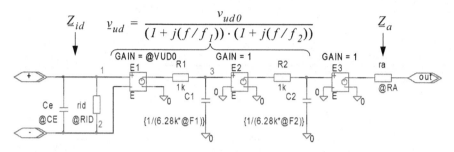

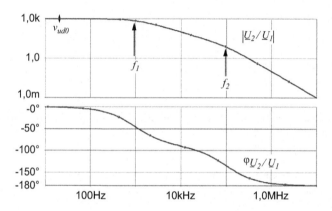

Experiment 5.1-1: LVAC2 – Lineares Makromodell eines Verstärkers mit gesteuerter Spannungsquelle.

Abb. 5.3 Parametrisierbares Makromodell eines Linearverstärkers

Abb. 5.4 Verstärkungsfrequenzgang des parametrisierbaren Linearverstärkers mit spannungsgesteuerter Spannungsquelle (siehe Abb. 5.3) mit Parametern gemäß angegebenem Symbol

Bei einem Verstärker mit Tiefpassverhalten erster Ordnung ist einfach die zweite Eckfrequenz genügend hoch zu setzen, so dass sie im betrachteten Frequenzbereich nicht zur Wirkung kommt.

Den Verstärkungsfrequenzgang zeigt Abb. 5.4. Bei tiefen Frequenzen beträgt die Verstärkung im Beispiel 1000. Die erste Eckfrequenz des Verstärkungsfrequenzgangs liegt bei 1 kHz, die zweite Eckfrequenz bei 100 kHz. Da der Verstärker am (+) Eingang angesteuert wird, ist die Phasendrehung der Verstärkung bei tiefen Frequenzen 0°. Oberhalb der ersten Eckfrequenz dreht die Ausgangsspannung gegenüber der Eingangsspannung die Phase um $-90°$; oberhalb der zweiten Eckfrequenz um $-180°$.

In VHDL-AMS lässt sich für den Linearverstärker ebenfalls ein Makromodell bilden. Abbildung 5.5 zeigt die Modellbeschreibung eines Linearverstärkers mit Eingangsimpedanz (*rid*, *Cid*), mit Ausgangsimpedanz (*ra*), mit einem frequenzabhängigen Verstärkungsfaktor (*vud0*, *f1*, *f2*).

```
library ieee, disciplines;
use ieee.math_real.all;
use disciplines.electromagnetic_system.all;
entity OpAmp is
  generic (
    rid      : real := 0.0;      -- input resistance
    cid      : real := 0.0;      -- input capacirance
    vud0     : real := 0.0;      -- low frequency gain
    ra       : real := 0.0;      -- output resistance
    f1       : real := 0.0;      -- f1 of gain
    f2       : real := 0.0;      -- f2 of gain
  port (terminal plus, minus, output : electrical);
  end OpAmp;
------------------------------------------------------------
architecture Level0 of OpAmp is
-- inner terminals
  terminal n1 : electrical;
-- branch quantities
  quantity vin across icid, irid through plus to minus;
  quantity vra across ira through n1 to output;
  quantity vint across iint through n1 to electrical_ground;
  quantity voutput across output to electrical_ground;
-- free quantities
  quantity vx : real;
-- constants
  constant w1 : real := f1 * math_2_pi;
  constant w2 : real := f2 * math_2_pi;
  constant num : real_vector := (0 => w1 * w2 * vud0);
  constant den : real_vector := (w1*w2, w1+w2, 1.0);
begin
  icid == cid * vin'dot;
  irid == vin/rid;
  -- vx = vin'ltf(vud0*w1*w2/(w1*w2+(w1+w2)*s+s*s))
  vx == vin'ltf(num, den);
  vint == vx;
  vra == ira * ra;
  end Level0;
```

Abb. 5.5 Modellbeschreibung eines Linearverstärkers (Level0) in VHDL-AMS

Der Frequenzgang des Verstärkungsfaktors wird durch

```
vx==vin'ltf(num, den);
```

dargestellt. Dabei ist *vin'ltf(num, den)* die Laplace-Transformation von *vin* mit einem normierten Ausdruck bestehend aus Zähler (*num*) und Nennerausdruck (*den*). Die Parameter des normierten Zählerausdrucks und Nennerausdrucks werden durch Konstanten deklariert. Diese Modellbeschreibung erlaubt die Verwendung für die DC-Analyse, für die Frequenzbereichsanalyse und auch für die Zeitbereichsanalyse, wenn keine Übersteuerung vorliegt. Abbildung 5.6 erläutert die dargestellte Modellbeschreibung.

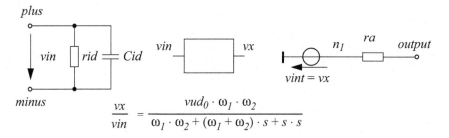

$$\frac{vx}{vin} = \frac{vud_0 \cdot \omega_1 \cdot \omega_2}{\omega_1 \cdot \omega_2 + (\omega_1 + \omega_2) \cdot s + s \cdot s}$$

Abb. 5.6 Erläuterung zur VHDL-AMS Modellbeschreibung des Linearverstärkers

Abb. 5.7 Verstärker mit
spannungsgesteuerter Stromquelle
(Steilheit g_m und Innenwiderstand
r_a parallel C_a) mit zugehörigem
Experiment

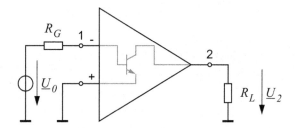

Experiment 5.1-2: LVAC_I – Makromodell eines
Linearverstärkers mit spannungsgesteuerter Stromquelle.

Neben einem Makromodell auf der Basis einer spannungsgesteuerten Spannungsquelle
gibt es Makromodelle auf Basis einer spannungsgesteuerten Stromquelle (Abb. 5.7).
Dieser so beschriebene Linearverstärker ist am Ausgang hochohmig. Ein Transistor
(Bipolartransistor oder Feldeffekttransistor) stellt im Normalbetrieb eine spannungsgesteuerte Stromquelle mit der Steilheit g_m als Strom-Übertragungsfaktor dar.

Das Beispiel-Experiment eines Linearverstärkers mit spannungsgesteuerter Stromquelle zeigt, dass ohne Berücksichtigung der Kapazität C_a hier die Verstärkung

$$\underline{v}_{ud} = g_m \cdot R_L || r_a; \tag{5.4}$$

ist. Die Steilheit der spannungsgesteuerten Stromquelle beträgt im Beispiel $g_m = 1/(100\ \Omega)$.
Bei einem Lastwiderstand von $10\ k\Omega$ ergibt sich eine Verstärkung von 100. Die Kapazität
C_a (im Beispiel 10 pF) bildet mit dem Lastwiderstand ein Tiefpassverhalten erster Ordnung.
Bei den gegebenen Werten liegt die daraus resultierende Eckfrequenz bei ca. 1,6 MHz.
Diese Abschätzwerte werden durch das Simulationsergebnis in Abb. 5.8 bestätigt.

Zusammenfassung: Die Eigenschaften eines Linearverstärkers lassen sich durch ein
Makromodell beschreiben. Dies beinhaltet Eigenschaften für das Übertragungsverhalten
und für das Schnittstellenverhalten am Eingang und Ausgang. Das Übertragungsverhalten kann durch ein Netzwerk aus gesteuerten Quellen und Tiefpasselementen nachgebildet werden. Grundsätzlich weist ein Verstärker immer mindestens ein Tiefpassverhalten
erster Ordnung auf.

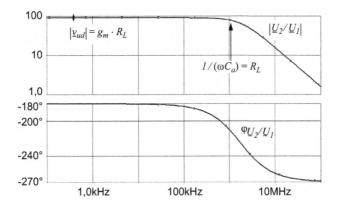

Abb. 5.8 Verstärkungsfrequenzgang des parametrisierbaren Linearverstärkers mit spannungsgesteuerter Stromquelle mit der Steilheit g_m

5.1.2 Schnittstellenverhalten

Um die Auswirkungen des Schnittstellenverhaltens eines Linearverstärkers zu betrachten, wird der Verstärker in einer konkreten Anwendung mit Signalquelle am Eingang und Lastwiderstand am Ausgang betrieben (Abb. 5.9). Zur Verdeutlichung der Schnittstelle am Eingang wird eine Verstärkerschaltung mit AC-Kopplung zwischen Signalquelle und Verstärker eingeführt. Mit einem in Reihe eingefügten Serien-C können Funktionsschaltkreise voneinander unabhängige Gleichspannungspotenziale (z. B.: $V_1 \neq V_3$) führen. Das Serien-C bringt ein Hochpassverhalten, welches zusätzlich durch den Eingangswiderstand $\underline{Z}_{id}$ einer Verstärkerstufe beeinflusst wird. Die untere Eckfrequenz ergibt sich aus folgender Bedingung:

$$\omega \cdot C_{k1} = \frac{1}{|\underline{Z}_{id}|}. \tag{5.5}$$

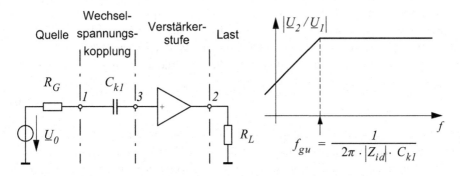

Experiment 5.1-3: LVCK – Linearverstärker mit AC-Kopplung am Eingang.

Abb. 5.9 Verstärkerstufe mit vorgeschalteter Koppelkapazität mit zugehörigem Experiment

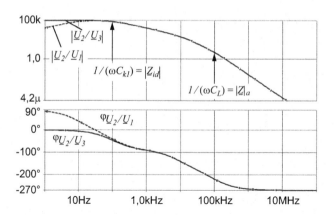

Abb. 5.10 Ergebnis der AC-Analyse der Verstärkerstufe nach Experiment 5.1-3; $C_{k1} = 16$ nF, $R_L = 10$ kΩ, $C_L = 16$ nF, $r_{id} = 1$ MOhm, $v_{ud0} = 100$k

Aufgrund der Hochpasswirkung der Koppelkapazität C_{k1} im Zusammenhang mit der Eingangsimpedanz $\underline{Z}_{id}$ werden tiefe Frequenzanteile des Eingangssignals unterdrückt. Für eine untere Eckfrequenz von 100 Hz reicht eine Koppelkapazität C_{k1} von 1,6 nF bei einem Eingangswiderstand von 1 MΩ. Wäre der Eingangswiderstand nur 1 kΩ, so müsste für dieselbe Eckfrequenz eine Koppelkapazität von 1,6 μF gewählt werden. Diese hohe Koppelkapazität ist vom Bauvolumen her deutlich größer. Zudem weist sie eine tiefere Eigen-Resonanzfrequenz auf. Oberhalb der Eigen-Resonanzfrequenz wird die Koppelkapazität induktiv, sie stellt dann keinen „Kurzschluss" mehr dar. Insgesamt lässt sich feststellen: Je hochohmiger die Schnittstelle am Eingang des Linearverstärkers ist, desto kleiner kann die Koppelkapazität für AC-Kopplung für eine gegebene untere Eckfrequenz gewählt werden.

Das Ergebnis des Experiments in Abb. 5.10 bestätigt, dass sich bei einem Eingangswiderstand von 1000 kΩ und einer Koppelkapazität von 16 nF eine untere Eckfrequenz von 10 Hz ergibt. Bei tiefen Frequenzen liegt mit Berücksichtigung der Koppelkapazität eine Phasendrehung von +90° vor. Wegen der zwei Eckfrequenzen des Verstärkers und der zusätzlichen Eckfrequenz verursacht durch die Lastkapazität CL (im Experiment parallel zu RL) ergibt sich bei höheren Frequenzen eine Phasendrehung von −270°. Allgemein erhält man ein Übertragungsverhalten für die Verstärkeranordnung in Abb. 5.9:

$$\frac{\underline{U}_2}{\underline{U}_1} = \frac{\underline{U}_3}{\underline{U}_1} \cdot \underline{v}_{ud}. \tag{5.6}$$

Das bisherige Übertragungsverhalten bestimmt sich aus dem Schnittstellenverhalten am Eingang multipliziert mit dem Übertragungsverhalten des Linearverstärkers – ohne Berücksichtigung der Lastkapazität. Eine immer vorhandene Lastkapazität am Ausgang (Abb. 5.11) verursacht zusammen mit dem Innenwiderstand am Ausgang $\underline{Z}_a$ des Verstärkers ein zusätzliches Tiefpassverhalten. Die obere Eckfrequenz bestimmt sich aus der Bedingung:

$$\omega \cdot C_L = \frac{1}{|\underline{Z}_a|}. \tag{5.7}$$

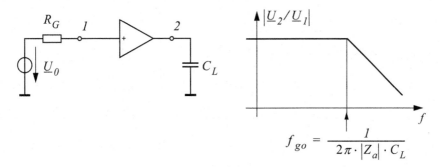

Abb. 5.11 Zusätzliche obere Grenzfrequenz von Verstärkern mit kapazitiver Last

Für das Gesamtübertragungsverhalten des Verstärkers erhält man dann:

$$\frac{U_2}{U_0} = \frac{U_3}{U_1} \cdot v_{ud} \cdot \frac{U_2}{U_{2,\,innen}}. \tag{5.8}$$

Im Beispiel ergibt eine Lastkapazität von 16 nF mit einem Innenwiderstand am Ausgang $\underline{Z}_a$ des Verstärkers in Höhe von 100 Ω eine zusätzliche obere Eckfrequenz von 100 kHz. Die Eckfrequenzen f_1 und f_2 des Verstärkers bleiben davon unberührt. Je niederohmiger die Schnittstelle am Ausgang des Linearverstärkers ist, desto höher liegt die Eckfrequenz verursacht durch eine gegebene Lastkapazität.

Zusammenfassung: Das Gesamtübertragungsverhalten eines Verstärkers wird bestimmt durch die Art der Ankopplung am Eingang in Verbindung mit der Eingangsimpedanz des Verstärkers, durch die Übertragungseigenschaften des Verstärkers und durch das Lastverhalten am Ausgang in Verbindung mit der Ausgangsimpedanz des Verstärkers.

5.1.3 Aussteuergrenzen eines Linearverstärkers

Die Funktion einer Schaltung ist nur eingeschränkt gültig. Ein Verstärker weist eine endliche Ausgangsaussteuerbarkeit auf. Sie ist im Allgemeinen durch die Versorgungsspannungen des Verstärkers und durch die Auslegung der Treiberstufe am Ausgang gegeben. Zur Berücksichtigung der endlichen Aussteuerbarkeit muss das Makromodell durch Begrenzer ergänzt werden.

Für die im Allgemeinen gegebene größtmögliche Aussteuerbarkeit bis maximal zu den Versorgungsspannungen (Abb. 5.12a: $U_{2,max} = 10\,V$, $U_{2,min} = -10\,V$) gibt es Ausnahmen bei Schaltungen mit Speicherelementen im Lastkreis (z. B. induktive Last, Übertrager als Lastkreis). Oft wird die Versorgungsspannung als Aussteuergrenze nicht erreicht. Dies hängt von der Ausgangsstufe ab. Verstärker, die bis zu den durch die Versorgungsspannungen gegebenen Grenzen aussteuerbar sind, nennt man „Rail-to-Rail"

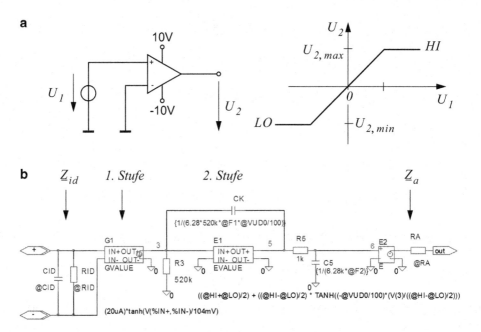

Abb. 5.12 Linearverstärker mit Begrenzungswirkung; **a** Linearverstärker bei Übersteuerung; **b** Makromodell zur Darstellung der Aussteuergrenzen eines Linearverstärkers; $G1$ mit Strombegrenzung (erste Stufe) und $E1$ mit Spannungsbegrenzung (zweite Stufe); obere und untere Aussteuergrenzen: HI und LO

Verstärker. Nachstehend wird angenommen, dass die Versorgungsspannung als Aussteuergrenze erreicht wird.

Ein Linearverstärker mit niederohmigem Ausgang und mit Verstärkungen von über 1000 besteht im Allgemeinen aus drei Verstärkerstufen. Die erste Verstärkerstufe ist eine spannungsgesteuerte Stromquelle. Die zweite Verstärkerstufe ist ebenfalls eine spannungsgesteuerte Stromquelle deren Rückwirkungskapazität C_K von besonderer Bedeutung ist. Die dritte Stufe realisiert den niederohmigen Ausgang, meist bei Verstärkung 1. Zur Vereinfachung kann die zweite und dritte Stufe zu einer spannunsgesteuerten Spannungsquelle zusammengefasst werden. Die spannungsgesteuerte Stromquelle der ersten Stufe weist immer eine Strombegrenzung auf, die spannungsgesteuerte Spannungsquelle der darauf folgenden Stufe unterliegt einer Spannungsbegrenzung. Abbildung 5.12b zeigt das Makromodell mit Strombegrenzung der ersten Stufe und Spannungsbegrenzung der zweiten Stufe.

Die in einer registrierten Library (z. B. *user.lib*) abzulegende Subcircuit-Beschreibung für das Makromodell ist nachstehend zu entnehmen:

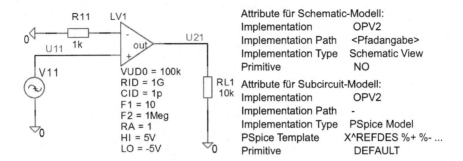

Experiment 5.1-4: LVAussteuergrenzen – Linearverstärker mit Begrenzungseigenschaft; der Aussteuerbereich des Ausgangssignals ist auf *+/-5V* eingestellt.

Abb. 5.13 Experiment für die Aussteuergrenzen; Linearverstärker mit Angaben der Attribute am Symbol zur Referenzauflösung zum Modell – das PSpice-Template Attribut muss lauten: *X^REFDES % + %–%* out @MODEL PARAMS: VUD0 = @VUD0 F1 = @F1 F2 = @F2

```
.SUBCKT OPV2 + - out
+ PARAMS: RID=1Meg CID=0.1p VUD0=100k F1=10 F2=1Meg RA=100 HI=5V
+        LO=-5V
R_rid      - +   {RID}
C_Cid      - +   {CID}
G_G1       3 0   VALUE { ({20uA}*tanh((V(+)-V(-))/104mV) }
R_R3       3 0   520k
E_E1       5 0   VALUE {(((({HI})+({LO})))/2) + (((({HI})-({LO})))/2) *
+ TANH((-{VUD0}/100)*(V(3))/((((({HI})-({LO})))/2)))) }
R_R2       6 5   1k
C_C2       6 0   {1/(6.28k*{F2})}
E_E2       8 0 6 0 1
C_CK       3 5   {1/(6.28*520k*{F1}*{VUD0}/100)}
R_ra       8 out {RA}
.ENDS OPV2
```

Zur Auflösung der Referenz zum Subcircuit-Modell sind beispielhaft die in Abb. 5.13 angegebenen Attribute am Symbol geeignet zu setzen.

Die Strombegrenzung (im Beispiel Abb. 5.12 auf 20 μA) erfolgt durch die spannunsgesteuerte Stromquelle *G*1 mittels der *tanh*-Übertragungsfunktion, die Spannungsbegrenzung durch die spannungsgesteuerte Spannungsquelle *E*1 ebenfalls mit *tanh*-Übertragungsfunktion. Die Steilheit der ersten Stufe liegt im Beispiel bei 1/5,2 kΩ. Mit dem Eingangswiderstand *R*3 der zweiten Stufe in Höhe von 520 kΩ ergibt sich eine Verstärkung von 100 für die erste Stufe. Die zweite Stufe weist als Folge davon eine Verstärkung von $v_{ud0}/100$ auf. Zusammen mit dem Widerstand von 520 kΩ am Ausgang der ersten Stufe bestimmt die Rückwirkungskapazität C_K die erste Eckfrequenz f_1. Die Kapazität C_K wird so bestimmt, dass sich die vorgegebene Eckfrequenz f_1 einstellt. Das derart erweiterte Makromodell erlaubt auch Anwendungen, bei denen der Verstärker als

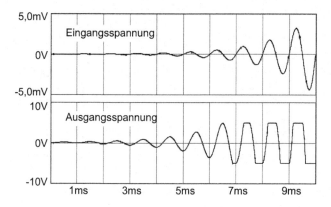

Abb. 5.14 Ergebnis eines Verstärkers (Abb. 5.13) mit Berücksichtigung der Aussteuergrenzen

Komparator verwendet wird. Das in Abb. 5.3 eingeführte Makromodell ist für Komparator-Anwendungen nicht geeignet. Für das neue Makromodell muss ein Symbol mit zusätzlichen Attributen eingeführt werden.

Wie bereits erwähnt, werden die maximalen Aussteuergrenzen eines Verstärkers (siehe Abb. 5.14) wesentlich bestimmt durch die am Verstärker anliegenden Versorgungsspannungen und die Auslegung der Ausgangsstufe (Treiberstufe) unter Berücksichtigung der Lastverhältnisse. Die Begrenzereigenschaften eines Verstärkers lassen ihn auch als Komparator verwenden. Ein Komparator wird so angesteuert, dass der Verstärker entweder in positiver oder negativer Begrenzung am Ausgang betrieben wird. Im Prinzip stellt der Komparator einen 1Bit-Analog/Digital-Wandler dar. Soll der Verstärker als Linearverstärker mit gegebener Verstärkung arbeiten, so ist der Aussteuerbereich des Eingangssignals so zu wählen, dass der lineare Bereich nicht verlassen wird. Ansonsten ergeben sich Verzerrungen (Klirrfaktor). Wechselt der Aussteuerbereich der Signalquelle (z. B. am Fußpunkt einer Antenne), so ist die Verstärkung so anzupassen, dass die Aussteuergrenzen nicht überschritten werden (Regelverstärker).

Die bisher betrachteten Eigenschaften eines Linearverstärkers sollen inklusive der Begrenzungseigenschaften durch eine Modellbeschreibung in der Hardwarebeschreibungssprache VHDL-AMS verwirklicht werden. Abbildung 5.15 zeigt eine Modellbeschreibung mit Begrenzung der Ausgangsaussteuerbarkeit. Dazu müssen zusätzlich die Parameter für die Aussteuergrenzen *v_max_p* und *v_max_n* eingeführt werden. Die Modellbeschreibung ist auch ein Beispiel für bereichsabhängige „Simultaneous Statements".

5.1.4 Rauschen von Verstärkern

Jeder Verstärker weist innere Rauschquellen auf, die das wirksame Signal-zu-Rauschleistungsverhältnis am Ausgang verschlechtern. Nachstehend wird das Rauschen eines Verstärkers mehr unter Systemgesichtspunkten betrachtet. Zur Berücksichtigung des Rauschens werden vorgeschaltete Rauschquellen eingeführt.

```
library ieee, disciplines;
use ieee.math_real.all;
use disciplines.electromagnetic_system.all;
entity OpAmp is
  generic (
    rid       : real := 0.0;        -- input resistance
    cid       : real := 0.0;        -- input capacirance
    vud0      : real := 0.0;        -- low frequency gain
    ra        : real := 0.0;        -- output resistance
    f1        : real := 0.0;        -- f1 of gain
    f2        : real := 0.0;        -- f2 of gain
    v_max_p : real := 5.0;          -- max pos. output voltage
    v_max_n : real := -5.0);        -- max neg. putput voltage
  port (terminal plus, minus, output : electrical);
  end OpAmp;
------------------------------------------------------------
architecture Level1 of OpAmp is
-- inner terminals
  terminal n1 : electrical;
-- branch quantities
  quantity vin across icid, irid through plus to minus;
  quantity vra across ira through n1 to output;
  quantity vint across iint through n1 to electrical_ground;
  quantity voutput across output to electrical_ground;
-- free quantities
  quantity vx : real;
-- constants
  constant w1 : real := f1 * math_2_pi;
  constant w2 : real := f2 * math_2_pi;
  constant num : real_vector := (0 => w1 * w2 * vud0);
  constant den : real_vector := (w1*w2, w1+w2, 1.0);
begin
  icid == cid * vin'dot;
  irid == vin/rid;
  vx == vin'ltf(num, den);
  -- limitation of the output voltage
  if vx'above(v_max_p) use            vint == v_max_p;
    elsif not vx'above(v_max_n) use vint == v_max_n;
    else vint == vx;
  end use;
  vra == ira * ra;
  end Level1;
```

Abb. 5.15 Modellbeschreibung eines Linearverstärkers (level1) in VHDL-AMS

Rauschzahl: Nach Einführung von Rauschquellen mit $1/f$ Verhalten ist nunmehr das Makromodell eines Linearverstärkers um Rauschquellen so zu erweitern, dass ein reales Rauschverhalten eines Verstärkers berücksichtigt werden kann. Abbildung 5.16 veranschaulicht das Systemverhalten eines Linearverstärkers. Das Rauschverhalten des Verstärkers wird charakterisiert durch seine Rauschzahl F.

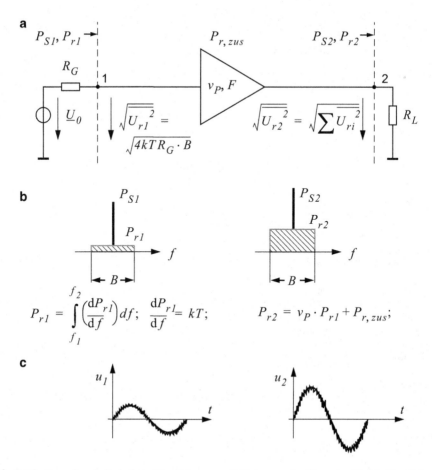

Abb. 5.16 Rauschverhalten eines Verstärkers zur Erläuterung der Rauschzahl (**a**), Verstärkeranordnung mit äußeren Rauschgrößen (**b**), Signal- und Rauschleistung am Eingang und Ausgang im Frequenzbereich und im Zeitbereich (**c**)

Das Signal-zu-Rauschleistungsverhältnis bestimmt die Signalqualität; es ist am Eingang und Ausgang definiert durch:

$$\left(\frac{S}{N}\right)_1 = \frac{P_{S1}}{P_{r1}}; \quad \left(\frac{S}{N}\right)_2 = \frac{P_{S2}}{P_{r2}}. \tag{5.9}$$

Die Leistung $P_{r1} = kTB$ stellt die Rauschleistung des Generators dar, P_{S1} dessen Signalleistung. Die für das Rauschen wirksame äquivalente Rauschbandbreite des Übertragungssystems sei mit B gegeben. Die Signalleistung und die Rauschleistung des Generators wird durch den Verstärker um die Leistungsverstärkung v_p verstärkt. Der Verstärker verursacht eine Zusatzrauschleistung $P_{r,zus}$. Die Rauschzahl gibt an, um wieviel

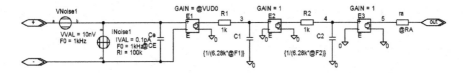

Experiment 5.1-5: LV1Noise – Linearverstärker mit Rauschverhalten.

Abb. 5.17 Makromodell eines Linearverstärkers mit Rauschquellen, die 1/f Verhalten aufweisen mit zugehörigem Experiment

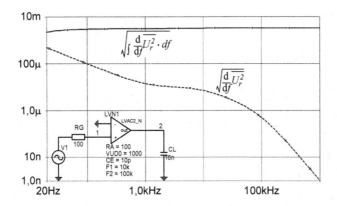

Abb. 5.18 V(ONOISE): Spektrale Rauschspannung an Knoten 2 in $V/\sqrt{Hz}$ der angegebenen Testschaltung (gestrichelt); SQRT(s(V(ONOISE)²)) ist das Ergebnis der Integration am Summenpunkt 2

das Signal-zu-Rauschleistungsverhältnis sich verschlechtert aufgrund der Rauschbeiträge des Verstärkers:

$$F = \frac{P_{S1}/P_{r1}}{P_{S2}/P_{r2}} = 1 + \frac{P_{r,zus}}{v_P \cdot P_{r1}}; \rightarrow P_{r,zus} = (F - 1) \cdot v_P \cdot P_{r1}. \qquad (5.10)$$

Ist die Rauschzahl gleich 1 oder 0 dB, so liegt kein Zusatzrauschen des Verstärkers vor. Das Signal-zu-Rauschleitungsverhältnis am Eingang und Ausgang ist dann gleich groß. Anders augedrückt ist die Rauschzahl bei bekannter Systembandbreite:

$$F = \frac{P_{r2}/v_P}{P_{r1}} = \frac{P_{r2}/v_P}{k \cdot T \cdot B}; \rightarrow P_{r2} = F \cdot v_P \cdot P_{r1}. \qquad (5.11)$$

Zur Verdeutlichung soll ein Verstärker mit Rauscheigenschaften untersucht werden. Dazu ist das Makromodell des Verstärkers um eine Rauschspannungsquelle und eine Rauschstromstromquelle zu ergänzen, wie sie bereits eingeführt wurden.

Die Testschaltung mit zugehörigem Ergebnis für einen Verstärker zeigt Abb. 5.18; *LVN*1 referenziert auf das Makromodell in Abb. 5.17; *VNoise*1 und *INoise*1 referenzieren auf ein Subcircuit-Modell gemäß Abb. 3.23 und 3.26.

Um das Signal-zu-Rauschleistungsverhältnis bilden zu können, muss die wirksame Rauschspannung am Ausgang des Verstärkers ermittelt werden. Dazu ist das spektrale

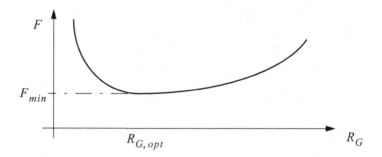

Abb. 5.19 Rauschanpassung mit dem optimalen Generatorwiderstand

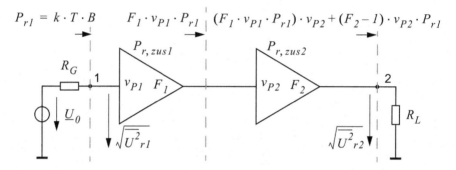

Abb. 5.20 Rauschverhalten einer Verstärkerkette, $(F_2 - 1) \cdot v_{P2} \cdot P_{r1} = P_{r,zus2}$

Rauschspannungsquadrat über die Frequenz zu integrieren. Die wirksame Rauschspannung am Ausgang beträgt im Beispiel ca. 3 mV. Bei bekannter Signalamplitude lässt sich damit das Signal-zu-Rauschleistungsverhältnis bilden.

Rauschanpassung: Weitergehende Untersuchungen zeigen, dass die Rauschzahl abhängig vom Quellwiderstand R_G der Signalquelle ist. Es gibt einen optimalen Generatorwiderstand $R_{G,opt}$ für den die Rauschzahl minimal wird (siehe Abb. 5.19). Für diesen Fall ist Rauschanpassung gegeben. Allgemein ist die Bedingung für Rauschanpassung nicht identisch mit der Bedingung für Leistungsanpassung zur Erzielung eines optimalen Leistungsflusses.

Kettenschaltung von Verstärkern: Besteht ein Verstärker aus mehreren Stufen, so erhält man die Gesamtrauschzahl aus den Beiträgen der einzelnen Stufen. Der Rauschbeitrag der ersten Stufe bestimmt bei hinreichend großer Verstärkung der ersten Stufe ganz wesentlich das Gesamtrauschverhalten. Es ist somit außerordentlich wichtig, die Rauschbeiträge der ersten Stufe zu minimieren, da sie zur Gesamtrauschleistung mehr beiträgt als die nachfolgenden Stufen.

Die Gesamtrauschzahl einer Verstärkerkette aus 3 Verstärkern (Herleitung siehe Abb. 5.20 und Gl. 5.10, 5.11) ergibt sich bei bekannten Rauschzahlen der Einzelstufen aus:

$$F_{ges} = F_1 + \frac{F_2 - 1}{v_{P1}} + \frac{F_3 - 1}{v_{P1} \cdot v_{P2}}. \tag{5.12}$$

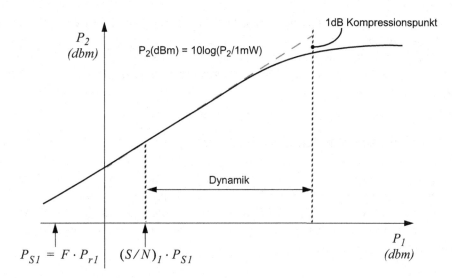

Abb. 5.21 Dynamik eines Verstärkers

Zusammenfassung: Wie bereits erwähnt, wird die Gesamtrauschzahl eines Empfängers ganz wesentlich durch die Rauschzahl des Empfangsverstärkers bestimmt. Die Eingangsstufe (Vorverstärker) ist hinsichtlich des Rauschverhaltens auf minimale Rauschzahl zu optimieren, um die Gesamtrauschzahl gering zu halten; sie legt ganz wesentlich das Rauschverhalten des Gesamtsystems fest. Ein Verstärker weist bei einem bestimmten Quellwiderstand (Innenwiderstand des Generators) minimale Rauschzahl auf. Wird der Generator mit einer geeigneten Schaltung auf diesen optimalen Eingangswiderstand angepasst, so spricht man von Rauschanpassung. Der optimale Eingangswiderstand eines Verstärkers ist im Allgemeinen dem Datenblatt eines Verstärkers zu entnehmen.

Dynamik: Die Dynamik eines Verstärkers (Abb. 5.21) beschreibt dessen Aussteuerbarkeit. Nach unten ist die Dynamik begrenzt durch das Rauschen bzw. durch das geforderte Signal-zu-Rauschleistungsverhältnis. Nach oben ist sie begrenzt durch Abweichungen vom Linearverhalten. Diese Abweichung vom Linearverhalten wird im Allgemeinen durch den 1 dB-Kompressionspunkt im Datenblatt eines Verstärkers angegeben.

Die Grenzsignalleistung ergibt sich aus dem Produkt der Rauschleistung des Generators multipliziert mit der Rauschzahl F. In diesem Falle ist die Signalleistung des Generators $P_{S1} = P_{r1} + P_{r,zus}$ ($P_{r,zus}$: Hier auf den Eingang umgerechnete Zusatzrauschleistung); sie hebt sich nicht hinreichend aus dem Rauschen heraus. Beispiele für geforderte Signal-zu-Rauschleistungsverhältnisse (S/N) zur Sicherstellung einer ausreichenden Signalqualität sind:

z. B.: Tonsignal mittler Güte: $S/N > 20$ dB;

Tonsignal mit Studioqualität: $S/N > 40$ dB.

Zusammenfassung: Unter Dynamik versteht man die Aussteuerbarkeit eines Verstärkers. Nach unten ist sie begrenzt durch die Grenzsignalleistung multipliziert mit dem geforderten Signal-zu-Rauschleistungsverhältnis. Die Aussteuergrenze nach oben ist durch Abweichungen vom Linearverhalten des Verstärkers gegeben (Begrenzungseigenschaft).

5.2   Rückgekoppelte Linearverstärker

Die Rückkopplung spielt eine entscheidende Rolle für die Bestimmung der Eigenschaften von Verstärkerschaltungen. Mit dem Rückkopplungsnetzwerk können die Eigenschaften von Verstärkern maßgeblich beeinflusst werden. Oft liegen „versteckte" Rückkopplungspfade durch parasitäre Elemente vor, die im Schaltplan der Verstärkerschaltung nicht ausgewiesen sind.

5.2.1   Rückkopplung allgemein und Schwingbedingung

Zunächst wird ein allgemeines rückgekoppeltes System betrachtet. Es besteht aus einem Geradeausverstärker (Linearverstärker charakterisiert durch ein Makromodell), einem Rückkopplungsnetzwerk (charakterisiert durch den Rückkopplungsfaktor $\underline{k}$) und die sich daraus ergebende Schleifenverstärkung. Grundsätzlich können sich bei rückgekoppelten Systemen Stabilitätsprobleme ergeben. Die prinzipielle Anordnung ist in Abb. 5.22 dargestellt.

Der Rückkopplungspfad wirkt vom Ausgang der Verstärkeranordnung auf einen Summenpunkt am Eingang. Im Beispiel subtrahiert sich am Summenpunkt die Rückkopplungsspannung zur Eingangsspannung.

Abb. 5.22 Prinzip der
Rückkopplung

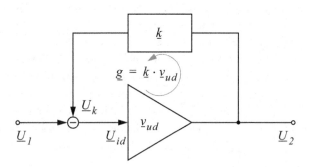

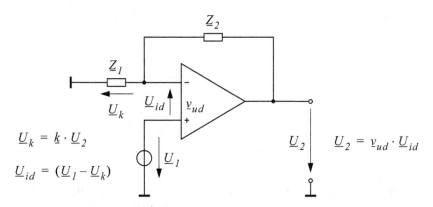

Abb. 5.23 Zur praktischen Ausführung des Summenpunktes $U_{id} = U_1 + (- U_k)$

Nach Analyse des in Abb. 5.22 gegebenen rückgekoppelten Systems erhält man das Übertragungsverhalten des rückgekoppelten Systems:

$$\underline{v}_u = \frac{\underline{U}_2}{\underline{U}_1} = \frac{\underline{v}_{ud}}{1 + \underline{k} \cdot \underline{v}_{ud}} = \frac{1}{\underline{k}} \cdot \frac{1}{1 + 1/(\underline{k} \cdot \underline{v}_{ud})} = \frac{1}{\underline{k}} \cdot \frac{1}{1 + 1/\underline{g}}. \qquad (5.13)$$

Das rückgekoppelte System stellt einen neuen Verstärker mit gegenüber dem Geradeausverstärker veränderten Eigenschaften dar. Eine wichtige Größe im rückgekoppelten System ist die Schleifenverstärkung $\underline{g} = \underline{k} \cdot \underline{v}_{ud}$. Die Schleifenverstärkung wird gebildet aus dem Produkt der Verstärkung des Geradeausverstärkers $\underline{v}_{ud}$ und des Rückkopplungsfaktors $\underline{k}$. Ist die Schleifenverstärkung hinreichend groß, so ist die Verstärkung des rückgekoppelten Systems gleich $1/\underline{k}$. Im Beispiel nach Abb. 5.23 liegt folgender Rückkopplungsfaktor bei genügend hochohmigem Eingangswiderstand des Geradeausverstärkers vor:

$$\underline{k} = \frac{\underline{Z}_1}{\underline{Z}_1 + \underline{Z}_2}. \qquad (5.14)$$

Der Summenpunkt ergibt sich in einer realen Verstärkerschaltung beispielsweise durch die in Abb. 5.23 skizzierte Anordnung betreffs $\underline{U}_{id}$. Im Beispiel ist somit ein Summenpunkt von Spannungen gegeben.

Eine Gegenkopplung liegt dann vor, wenn die rückgekoppelte Größe der erregenden Größe entgegen wirkt. Um die Wirkung der Rückkopplung zu untersuchen, muss die Rückkopplungsschleife aufgetrennt werden. Es wird dann an der „Trennstelle" bei offener Schleife eingespeist (Abb. 5.24).

Die Schleifenverstärkung $\underline{g} = \underline{v}_{ud}\underline{k}$ bestimmt das Verhalten der Rückkopplung, sie erfährt eine Phasendrehung durch den Geradeausverstärker und durch das Rückkopplungsnetzwerk. Jeder Geradeausverstärker weist einen Verstärkungsfrequenzgang auf, über den das Ausgangssignal nach Amplitude und Phase beeinflusst wird. Bei einem Tiefpassverhalten erster Ordnung des Geradeausverstärkers liegt oberhalb der Eckfrequenz eine Phasendrehung von $-90°$ vor. Hat der Geradeausverstärker zwei Eckfrequenzen

Abb. 5.24 Prinzip der
Gegenkopplung

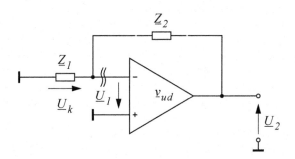

im Verstärkungsfrequenzgang, so dreht er die Phase um $-180°$ oberhalb der zweiten Eckfrequenz. Darüber hinaus kann das Rückkopplungsnetzwerk zusätzlich die Phase der Schleifenverstärkung beeinflussen. Eine Analyse der Schleifenverstärkung ergibt:

- eine Gegenkopplung liegt vor, wenn $\underline{U}_k$ „gegen" $\underline{U}_1$ wirkt;
- eine Mitkopplung liegt vor, wenn $\underline{U}_k$ „mit" $\underline{U}_1$ wirkt.

Unter Zugrundelegung der Schleifenverstärkung $\underline{g}$:

$$\underline{g} = \underline{v}_{ud} \cdot \underline{k} = |\underline{v}_{ud}| \cdot |\underline{k}| \cdot \exp(\varphi_{\underline{v}_{ud}} + \varphi_{\underline{k}}) = |\underline{g}| \cdot \exp \varphi_{\underline{g}}; \qquad (5.15)$$

erhält man die Schwingbedingung aus der Schleifenverstärkung. Das Rückkopplungssystem wird instabil, wenn:

$$\begin{aligned} &1.\ |\underline{U}_k| \geq |\underline{U}_1| \rightarrow |\underline{g}| \geq 1; \\ &2.\ \varphi_{\underline{g}} = \varphi_{\underline{k}} + \varphi_{\underline{v}_{ud}} + 180° = 0°. \end{aligned} \qquad (5.16)$$

Ausgehend vom gegengekoppelten System (Invertierung mit (–) in der Schleife) mit einer Grundphasendrehung von $\varphi_{\underline{v}_{ud0}} = 180°$ ist die Schwingbedingung erfüllt, wenn zusätzlich zur Grundphasendrehung $\varphi_{\underline{k}} + \varphi_{\underline{v}ud} = 180°$ beträgt.

Allgemein lautet die Phasenbedingung für Instabilität $\varphi_{\underline{g}} = 0°$ bei Rückführung des Rückkopplungssignals unter Berücksichtigung der Invertierung über den „Minus"-Eingang. Eine Selbsterregung tritt bei der Frequenz (und nur bei der Frequenz) auf, bei der die Schwingbedingung erfüllt ist. Zur Untersuchung der Schwingbedingung wird eine Testschaltung (Abb. 5.25) gewählt. Dazu ist die Rückkopplungsschleife der Testschaltung an geeigneter Stelle aufzutrennen. Das Testergebnis zeigt Abb. 5.26.

Die Schleifenverstärkung wird bei aufgetrennter Rückkopplungsschleife untersucht. Im Beispiel ist die Schleifenverstärkung $\underline{U}_k/\underline{U}_1$ der Testschaltung im Frequenzbereich bis ca. 300 kHz betragsmäßig größer 1. Wie das Ergebnis des Phasenverlaufs der Schleifenverstärkung zeigt, weist die Phase von $\underline{g}$ bei ca. 34 kHz einen Phasenwinkel von $0°$ auf. Genau bei dieser Frequenz ist die Schwingbedingung für das System erfüllt. Der Geradeausverstärker im Beispiel hat zwei Eckfrequenzen f_1 und f_2. Aufgrund der Lastkapazität von 16 nF ergibt sich im Zusammenhang mit dem Innenwiderstand am Ausgang $\underline{Z}_a = 100\,\Omega$ des Geradeausverstärkers eine dritte Eckfrequenz bei 100 kHz.

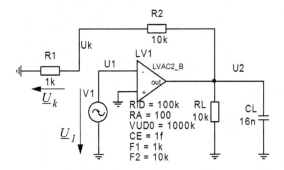

Experiment 5.2-1: LVSchwingbed_g – Ermittlung der Schleifenverstärkung einer rückgekoppelten Verstärkerschaltung; Analyse der Schwingbedingung im Frequenzbereich.

Abb. 5.25 Testschaltung zur Untersuchung der Schwingbedingung bei offener Schleife

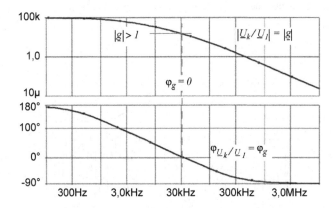

Abb. 5.26 Ergebnis der Schleifenverstärkung der Testschaltung; bei ca. 30 kHz ist die Schwingbedingung nach Betrag und Phase erfüllt

Damit kann der Geradeausverstärker über den gesamten Frequenzbereich die Phase um bis zu 270° drehen. Wegen der Speisung des Geradeausverstärkers am (–) Eingang liegt eine Grundphasendrehung von 180° vor. Somit reichen zusätzlich 180° Phasendrehung zur Erfüllung der Schwingbedingung. Das Rückkopplungsnetzwerk hingegen dreht nicht die Phase, wegen des rein ohmschen Verhaltens.

Eine TR-Analyse mit einem Eingangssignal von 1 mV Amplitude und einer Frequenz von 1 kHz ergibt, dass im Beispiel bei geschlossener Schleife (Abb. 5.27) dieses Signal nicht proportional verstärkt wird. Vielmehr zeigt sich eine Eigenfrequenz (Abb. 5.28). Die Eigenfrequenz ist die Frequenz, bei der die Schwingbedingung erfüllt ist. Der Verstärker schwingt bei der Eigenfrequenz mit der Amplitude die durch die Maximalspannung des Geradeausverstärkers vorgegeben ist. Dazu muss das Makromodell mit

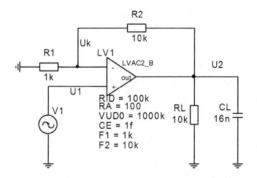

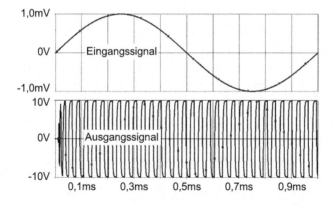

Experiment 5.2-2: LVSchwingbed_AC&TR – Transientenanalyse der rückgekoppelten Schaltung bei erfüllter Schwingbedingung.

Experiment 5.2-3: LVSchwingbed_AC&TR – Frequenzbereichsanalyse der Verstärkerschaltung bei geschlossener Schleife.

Abb. 5.27 Testschaltung zur Analyse im Zeitbereich mit Selbsterregung mit Experiment

Abb. 5.28 Ergebnis der TR-Analyse der Testschaltung bei Selbsterregung

Begrenzerwirkung verwendet werden. Ansonsten würde die Amplitude der Eigenfrequenz unkontrolliert ohne Begrenzung der Signalamplitude ansteigen.

In der Praxis stellt sich Selbsterregung ohne ein Eingangssignal bei Erfüllung der Schwingbedingung ein. Aufgrund der Rauscheigenschaften des Verstärkers sind für alle Frequenzen Rauschspannungsbeiträge gegeben. Bei der Frequenz bei der die Schwingbedingung erfüllt ist, „wächst" aus dem Rauschen die Selbsterregungsfrequenz heraus. Die Amplitude steigt solange, bis der Verstärker in die Begrenzung geht.

Die Rückkopplung bestimmt die Eigenschaften des rückgekoppelten Systems. Das rückgekoppelte System wird allein durch das Rückkopplungsnetzwerk bestimmt, wenn die Schleifenverstärkung groß genug ist. Mit zunehmender Frequenz sinkt die

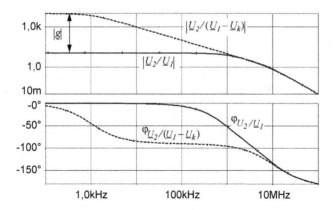

Abb. 5.29 Ergebnis der AC-Analyse der Testschaltung mit $v_{ud0} = 10\ k$, $f_1 = 1$ kHz und $f_2 = 10$ MHz; Verhalten des Geradeausverstärkers und des rückgekoppelten Systems

Schleifenverstärkung, wegen abnehmender Verstärkung des Geradeausverstärkers. Daraus ergibt sich folgende Grenzbetrachtung für einen gegengekoppelten Verstärker:

$$\underline{v}_u = \tfrac{1}{\underline{k}};\ |\underline{g}| \gg 1. \tag{5.17}$$

Das rückgekoppelte System übernimmt die Eigenschaften des Geradeausverstärkers, bei einer Schleifenverstärkung kleiner als 1:

$$\underline{v}_u = \underline{v}_{ud};\ |\underline{g}| \ll 1. \tag{5.18}$$

Im Beispiel von Abb. 5.27 ist $\underline{k} = 0.0909$. Um die Schwingneigung zu beseitigen wird $v_{ud0} = 10k$, $f_1 = 1$ kHz, $f_2 = 10$ MHz und die Kapazität $C_a = 1,6$ pF gesetzt (Abb. 5.29). Damit reicht die Phasendrehung der Schleifenverstärkung nicht aus, um im Bereich $|\underline{g}| > 1$ die Schwingbedingung betreffs der Phase zu erfüllen. Das rückgekoppelte System ist stabil, es stellt sich keine Eigenschwingung ein. Solange $|\underline{g}| \gg 1$ ist, erhält man für die Verstärkung des rückgekoppelten Systems im Beispiel $\underline{v}_u = 1/\underline{k} = 11$. Das zugehörige Experiment 5.2-3 bestätigt diese Aussage.

Wie man in Abb. 5.29 sieht, ist im Bereich $|\underline{g}| > 1$ das Verhalten des rückgekoppelten Systems bestimmt durch $1/|\underline{k}|$. Wird $|\underline{g}| < 1$ nimmt das rückgekoppelte System die Eigenschaften des Geradeausverstärkers an. Das rückgekoppelte System stellt einen neuen Verstärker mit neuen Eigenschaften dar. Bei der Frequenzbereichsanalyse des geschlossenen Systems kann direkt keine Aussage über die Stabilität des rückgekoppelten Systems getroffen werden. Die Stabilität ist an der Schleifenverstärkung des offenen Systems zu beurteilen.

5.2.2 Frequenzgang des rückgekoppelten Systems

Eine gegengekoppelte Verstärkeranordnung stellt einen neuen Verstärker mit neuen Eigenschaften dar. In dem Maße wie die Verstärkung gegenüber dem Geradeausverstärker reduziert wird, erhöht sich die Bandbreite des rückgekoppelten Systems. Dabei verändern

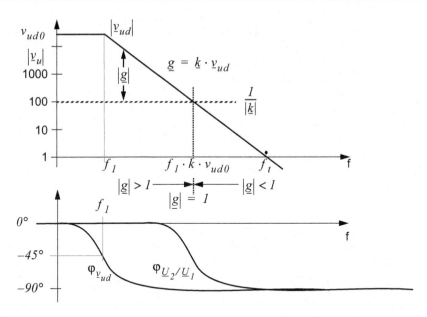

Abb. 5.30 Frequenz- und Phasengang eines gegengekoppelten Verstärkers

sich auch die Schnittstelleneigenschaften. Wie bereits erwähnt, sind bei genügend großer Schleifenverstärkung die Eigenschaften des rückgekoppelten Systems bestimmt durch das Rückkopplungsnetzwerk. Für das rückgekoppelte System gilt Gl. 5.13. Mit der Verstärkung des Geradeausverstärkers

$$\underline{v}_{ud} = \frac{v_{ud0}}{1 + j(f/f_1)};$$

wird:

$$\underline{v}_u = \frac{\frac{v_{ud0}}{1+j(f/f_1)}}{1 + \frac{\underline{k} \cdot v_{ud0}}{1+j(f/f_1)}} \rightarrow \underline{v}_u = \frac{1}{\underline{k}} \cdot \frac{1}{1 + \frac{1}{\underline{k} \cdot v_{ud0}} + \frac{jf}{f_1 \cdot \underline{k} \cdot v_{ud0}}}. \tag{5.19}$$

Die Bandbreite des rückgekoppelten Systems ist damit $f_1 \cdot \underline{k} \cdot v_{ud0}$, sofern die Schleifenverstärkung $\underline{g}_0 = \underline{k} \cdot v_{ud0}$ im unteren Frequenzbereich hinreichend groß ist. In dem Maße wie die Verstärkung des rückgekoppelten Systems gegenüber dem Geradeausverstärker vermindert wird, erhöht sich also die Bandbreite. Dies gilt allerdings in der dargestellten Weise nur bei einem Verstärkungsfrequenzgang mit Tiefpassverhalten erster Ordnung. Die Gegenkopplung vergrößert also die Bandbreite. Das Verstärkungs-Bandbreiteprodukt bleibt bei einem Tiefpassverhalten erster Ordnung des Geradeausverstärkers konstant. Abbildung 5.30 zeigt den prinzipiellen Verlauf des Verstärkungsfrequenzgangs nach Betrag und Phase vom Geradeausverstärker und vom rückgekoppelten System.

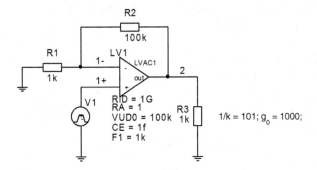

Experiment 5.2-4: SGK1 – Seriengegengekoppelte Verstärkerstufe mit einem Makromodell, das nur eine Eckfrequenz f_1 aufweist und nicht kapazitiv beschaltet ist.

Abb. 5.31 Gegengekoppelte Verstärkerstufe mit einem Geradeausverstärker, der nur eine Eckfrequenz aufweist mit zugehörigem Experiment

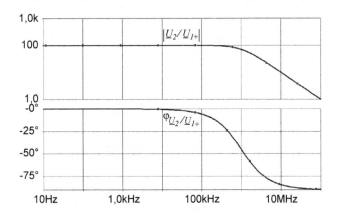

Abb. 5.32 AC-Analyse eines gegengekoppelten Verstärkers mit nur einer Eckfrequenz ohne kapazitiver Last

Im Beispiel des betrachteten Experiments (Abb. 5.31) weist der Geradeausverstärker ein Tiefpassverhalten erster Ordnung auf. Eine kapazitive Last liegt nicht vor, die ansonsten zusätzlich den Phasenverlauf des Geradeausverstärkers beeinflussen würde. Der Geradeausverstärker kann somit maximal die Phase um $-90°$ drehen. Das Ergebnis der AC-Analyse ist aus Abb. 5.32 zu entnehmen. Die Verstärkung des rückgekoppelten Systems beträgt 101; die Bandbreite 1 MHz. Die vorgenannten Abschätzungen betreffs der Verstärkung und der Bandbreite werden durch das Experiment bestätigt.

Die Rückkopplung verändert auch die Eigenschaften der Schnittstellen am Eingang und Ausgang. Dies hängt von der Art der Rückkopplung ab. Verschiedene Arten von Rückkopplungssystemen werden im nächsten Abschnitt betrachtet.

5.2.3   Seriengegengekoppelte LV mit gesteuerter Spannungsquelle

Die seriengegengekoppelte Verstärkeranordnung macht den Eingangswiderstand hochohmiger gegenüber dem Geradeausverstärker. Nachstehende Schaltung stellt einen seriengegengekoppelten Linearverstärker dar (Abb. 5.33).

Charakteristisch für die Seriengegenkopplung ist der Summenpunkt von Spannungen am Eingang:

$$\underline{U}_1 = \underline{U}_{id} + \underline{U}_k. \tag{5.20}$$

Weiterhin gilt:

$$\underline{U}_2 = \underline{v}_{ud} \cdot \underline{U}_{id};$$

$$\frac{\underline{U}_{id}}{\underline{Z}_{id}} + \frac{\underline{U}_2 - \underline{U}_k}{\underline{Z}_2} = \frac{\underline{U}_k}{\underline{Z}_1}; \tag{5.21}$$

$$\frac{\underline{U}_2}{\underline{v}_{ud}\cdot\underline{Z}_{id}} + \frac{\underline{U}_2 - \underline{U}_1}{\underline{Z}_2} + \frac{\underline{U}_2}{\underline{v}_{ud}\cdot\underline{Z}_2} = \frac{\underline{U}_1}{\underline{Z}_1} - \frac{\underline{U}_2}{\underline{v}_{ud}\cdot\underline{Z}_1}.$$

Damit erhält man als Ergebnis für die Verstärkung des rückgekoppelten Systems (Abb. 5.34):

$$\frac{\underline{U}_2}{\underline{U}_1} = \underline{v}_u = \left(1 + \frac{\underline{Z}_2}{\underline{Z}_1}\right) \cdot \frac{1}{1 + 1/\underline{v}_{ud} \cdot (1 + \underline{Z}_2/\underline{Z}_1 + \underline{Z}_2/\underline{Z}_{id})}; \tag{5.22}$$

$$\uparrow$$
$$1/\underline{k}$$

Der Eingangswiderstand ergibt sich aus $\underline{U}_1/\underline{I}_1 = \underline{Z}_{11}$:

$$\underline{I}_1 = \frac{\underline{U}_{id}}{\underline{Z}_{id}}; \quad \underline{U}_2 = \underline{U}_{id} \cdot \underline{v}_{ud}; \quad \underline{U}_2 = \underline{v}_u \cdot \underline{U}_1;$$
$$\frac{\underline{I}_1}{\underline{U}_1} = \underline{Y}_{id} \cdot \frac{\underline{v}_u}{\underline{v}_{ud}}; \quad \rightarrow \quad \frac{\underline{U}_1}{\underline{I}_1} = \underline{Z}_{11} \cdot \frac{\underline{v}_{ud}}{\underline{v}_u} = \underline{Z}_{id} \cdot \underline{g}. \tag{5.23}$$

Der Eingangswiderstand erhöht sich bei wirksamer Seriengegenkopplung um einen Faktor gegeben durch die Schleifenverstärkung. Will man einen hochohmigen Eingangswiderstand bei einem rückgekoppelten Verstärkersystem erreichen, so ist demzufolge die Seriengegenkopplung zu wählen. Die Abschätzwerte der Verstärkung werden bestätigt, ebenso die des Eingangswiderstandes (siehe Abb. 5.35 und Abb. 5.36).

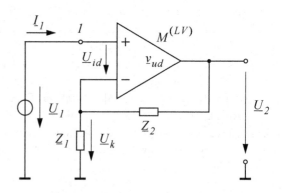

Abb. 5.33 Seriengegengekoppelter Linearverstärker $M^{(LV)}$: $\underline{Z}_{id}$, $\underline{v}_{ud}$, $\underline{Z}_a = 0$

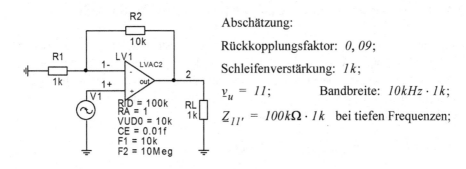

Abschätzung:

Rückkopplungsfaktor: $0,09$;

Schleifenverstärkung: $1k$;

$\underline{v}_u = 11$;   Bandbreite: $10kHz \cdot 1k$;

$\underline{Z}_{11'} = 100k\Omega \cdot 1k$ bei tiefen Frequenzen;

Experiment 5.2-5: SerGegkop_V – Ermittlung der Eigenschaften einer seriengegengekoppelten Verstärkerschaltung.

Abb. 5.34 Testschaltung für eine seriengegengekoppelte Verstärkerschaltung mit zugehörigem Experiment

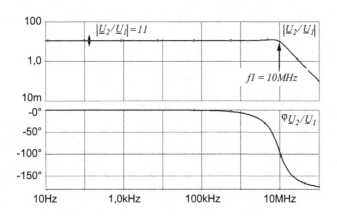

Abb. 5.35 Verstärkungsfrequenzgang des seriengegengekoppelten Systems

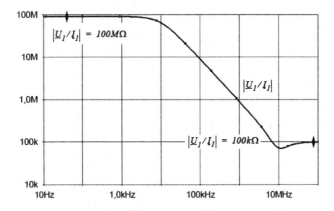

Abb. 5.36 Eingangswiderstand des seriengegengekoppelten Systems

5.2.4   Seriengegengekoppelte LV mit gesteuerter Stromquelle

Der Geradeausverstärker wird jetzt durch eine spannungsgesteuerte Stromquelle beschrieben (Prinzipschaltung in Abb. 5.37, Testschaltung in Abb. 5.38). Um das Ergebnis vorwegzunehmen, die seriengegengekoppelte Verstärkeranordnung mit gesteuerter Stromquelle macht den Eingang und den Ausgang hochohmiger im Vergleich zum Geradeausverstärker. Es sei $\underline{Z}_{id} \to \infty$ des Verstärkers, dann gilt:

$$\underline{U}_1 = \underline{U}_{id} + g_m\underline{U}_{id} \cdot \underline{Z}_1 = \underline{U}_{id}(1 + g_m\underline{Z}_1);$$

$$\underline{U}_2 = g_m\underline{U}_{id} \cdot \underline{Z}_L; \ \text{Geradeausverstärkung: } g_m \cdot \underline{Z}_L; \qquad (5.24)$$

$$\underline{U}_k = g_m\underline{U}_{id} \cdot \underline{Z}_1; \ \text{Rückkopplungsfaktor: } \underline{Z}_1/\underline{Z}_L; \ \textit{Schleifenverst.: } g_m \cdot \underline{Z}_1;$$

Damit erhält man für die Verstärkung des rückgekoppelten Systems:

$$\frac{\underline{U}_2}{\underline{U}_1} = \frac{g_m\underline{Z}_L}{1 + g_m\underline{Z}_1} = \frac{\underline{Z}_L}{\underline{Z}_1 + 1/g_m} \approx \frac{\underline{Z}_L}{\underline{Z}_1} = 1/k. \qquad (5.25)$$

Für die Bestimmung des Eingangswiderstandes muss $\underline{Z}_{id}$ berücksichtigt werden:

$$l\underline{I}_1 = \frac{\underline{U}_x}{\underline{Z}_{id}} = \frac{\underline{U}_1}{\underline{Z}_{id} \cdot (1 + g_m\underline{Z}_1)};$$

$$\underline{Z}_{11'} = \underline{Z}_{id} \cdot (1 + g_m\underline{Z}_1). \qquad (5.26)$$

Der Eingangswiderstand erhöht sich durch Seriengegenkopplung auch bei gesteuerter Stromquelle, konkret um den Faktor $1 + g_m\underline{Z}_1$ (mit $g_m\underline{Z}_1$: Schleifenverstärkung). Mit der Testschaltung von Abb. 5.38 werden diese Aussagen bestätigt (Abb. 5.39, 5.40).

Als nächstes soll der Ausgangswiderstand (Innenwiderstand an der Schnittstelle am Ausgang) des rückgekoppelten Systems bestimmt werden (siehe Abb. 5.41). Unter der Bedingung $\underline{Z}_{id} \gg \underline{Z}_1$ bei $\underline{U}_l = 0$ und unter Berücksichtigung von $\underline{Z}_a$ ist:

$$\underline{I}_2 \cdot (1 + g_m \cdot \underline{Z}_1) = \frac{\underline{U}_2 - \underline{I}_2\underline{Z}_1}{\underline{Z}_a};$$

$$\underline{I}_2 \cdot \left(1 + g_m \cdot \underline{Z}_1 + \frac{\underline{Z}_1}{\underline{Z}_a}\right) = \frac{\underline{U}_2}{\underline{Z}_a}.$$

Damit erhält man für den Ausgangswiderstand des rückgekoppelten Systems:

$$\frac{\underline{U}_2}{\underline{I}_2} = \underline{Z}_a \cdot \left(1 + g_m \cdot \underline{Z}_1 + \frac{\underline{Z}_1}{\underline{Z}_a}\right) \approx \underline{Z}_a \cdot (1 + g_m \cdot \underline{Z}_1). \qquad (5.27)$$

Abb. 5.37 Seriengegengekoppelter Verstärker mit gesteuerter Stromquelle

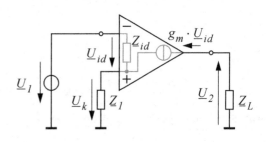

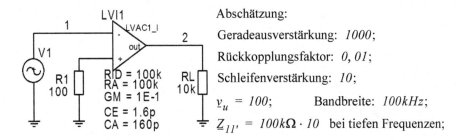

Abschätzung:

Geradeausverstärkung: 1000;

Rückkopplungsfaktor: $0, 01$;

Schleifenverstärkung: 10;

$\underline{v}_u = 100$;   Bandbreite: $100kHz$;

$\underline{Z}_{11'} = 100k\Omega \cdot 10$ bei tiefen Frequenzen;

Experiment 5.2-6: SerGegKop_I – Seriengegengekoppelte Verstärkerschaltung; Verstärker mit gesteuerter Stromquelle.

Abb. 5.38 Testschaltung für seriengegengekoppelte Verstärkerschaltung; Verstärker mit gesteuerter Stromquelle

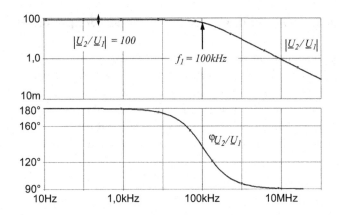

Abb. 5.39 Verstärkungsfrequenzgang des seriengegengekoppelten Systems in Abb. 5.38

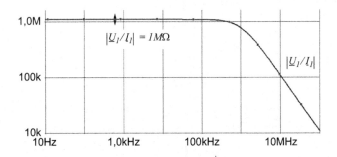

Abb. 5.40 Eingangswiderstand des seriengegengekoppelten Systems nach Abb. 5.38

Die Testanordnung zur Bestimmung des Ausgangswiderstandes zeigt Abb. 5.41. Dabei wird am Ausgang eingespeist und das Verhältnis $\underline{U}_2/\underline{I}_2$ gebildet. Im Ergebnis zeigt sich, dass der Ausgangswiderstand des rückgekoppelten Systems bei Seriengegenkopplung deutlich hochohmiger wird.

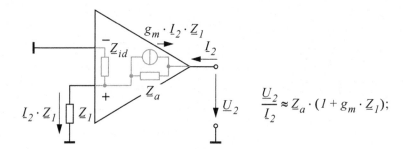

$$\frac{U_2}{I_2} \approx Z_a \cdot (1 + g_m \cdot Z_1);$$

Experiment 5.2-7: SerGegKop_I – Seriengegengekoppelte Verstärker-schaltung; Verstärker mit gesteuerter Stromquelle - Ausgangswiderstand.

Abb. 5.41 Zur Bestimmung des Innenwiderstands am Ausgang eines seriengegengekoppelten Verstärkers ($\underline{Z}_{id}$ sei genügend hochohmig) mit gesteuerter Stromquelle; mit Experiment

5.2.5 Parallelgegengekoppelte LV mit gesteuerter Spannungsquelle

Der Parallelgegenkopplung liegt ein „Stromsummenpunkt" am Eingang zugrunde. Im Unterschied zur bisher betrachteten Seriengegenkopplung wird jetzt nicht am (+) Eingang des Verstärkers das Eingangssignal angelegt, sondern an Knoten 1 von $\underline{Z}_1$. Der Rückkopplungsfaktor $\underline{k}$ ist dabei unabhängig vom Speisepunkt. Insofern ändert sich auch nicht die Schleifenverstärkung bei offener Schleife (Abb. 5.42).

Charakteristisch für die Parallelgegenkopplung ist der Summenpunkt der Ströme am Eingang. Es gilt:

$$\underline{I}_1 = \underline{I}_k + \frac{U_2/v_{ud}}{\underline{Z}_{id}}. \tag{5.28}$$

Zur Herleitung der Verstärkung des rückgekoppelten Systems wird zunächst die Knotenpunktgleichung am Rückkopplungsknoten gebildet.

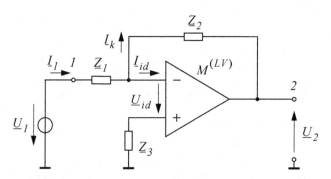

Abb. 5.42 Parallelgekoppelter Linear-Verstärker $M^{(LV)}$: Z_{id}, v_{ud}, $Z_a = 0$;

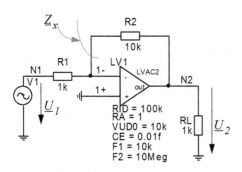

Abschätzung:

$\underline{v}_u = -10$; Bandbreite: $10kHz \cdot 1k$;

Rückkopplungsfaktor: $0,09$;

Schleifenverstärkung: $\approx 1k$;

Bei tiefen Frequenzen:

$$\underline{Z}_{11'} = 1k\Omega + \frac{10k\Omega}{10k} \parallel 100k\Omega \; ;$$

Experiment 5.2-8: ParGegKop_V – Parallelgegengekoppelte Verstärker-stufe mit gesteuerter Spannungsquelle.

Abb. 5.43 Testschaltung für eine parallelgegengekoppelte Rückkopplung mit Experiment

$$\underline{I}_k = \left(\frac{\underline{U}_2}{v_{ud}} \cdot \left(1 + \frac{\underline{Z}_3}{\underline{Z}_{id}}\right) + \underline{U}_2 \right) / \underline{Z}_2;$$

$$\left(\underline{U}_1 - \frac{\underline{U}_2}{v_{ud}}\left(1 + \frac{\underline{Z}_3}{\underline{Z}_{id}}\right) \right) / \underline{Z}_1 = \left(\frac{\underline{U}_2}{v_{ud}} \cdot \left(1 + \frac{\underline{Z}_3}{\underline{Z}_{id}}\right) + \underline{U}_2 \right) / \underline{Z}_2 + \frac{\underline{U}_2}{v_{ud}} / \underline{Z}_{id};$$

$$\underline{U}_1 \cdot \frac{\underline{Z}_2}{\underline{Z}_1} = \underline{U}_2 \cdot \left(1 + \frac{1}{v_{ud}} \cdot \left(\left(1 + \frac{\underline{Z}_2}{\underline{Z}_1}\right) \cdot \left(1 + \frac{\underline{Z}_3}{\underline{Z}_{id}}\right) + \frac{\underline{Z}_2}{\underline{Z}_{id}} \right) \right);$$

Damit erhält man für das rückgekoppelte System:

$$\frac{\underline{U}_2}{\underline{U}_1} = \underline{v}_u = \frac{\underline{Z}_2}{\underline{Z}_1} \cdot \frac{1}{1 + \frac{1}{v_{ud}} \cdot \left(\left(1 + \frac{\underline{Z}_2}{\underline{Z}_1}\right) \cdot \left(1 + \frac{\underline{Z}_3}{\underline{Z}_{id}}\right) + \frac{\underline{Z}_2}{\underline{Z}_{id}} \right)} .$$

$$\uparrow \qquad\qquad\qquad\qquad \uparrow$$
$$(1/\underline{k}) - 1 \qquad\qquad\qquad 1/\underline{k}$$

(5.29)

Die rückgekoppelte Verstärkung ist hier $(1/\underline{k} -1)$ im Gegensatz zu $1/\underline{k}$ bei einem serienge-gengekoppelten Verstärker. In beiden Fällen wird an $\underline{Z}_1$ ein Strom von $\underline{U}_1/\underline{Z}_1$ eingeprägt. Dieser Strom fließt über $\underline{Z}_2$ und bildet die Ausgangsspannung. Beim seriengegengekoppel-ten Verstärker wird dazu noch die Eingangsspannung aufaddiert. Das folgende Experiment mit der Testschaltung gemäß Abb. 5.43 soll die Parallelgegenkopplung näher untersuchen.

Die Abschätzwerte hinsichtlich Bandbreite und Verstärkung werden durch das Simulati-onsergebnis in Abb. 5.44 bestätigt. Sodann geht es um den Eingangswiderstand $\underline{Z}_{11'}$. Dazu wird die Zweigimpedanz $\underline{Z}_x$ bestimmt aus der Knotenspannung am Knoten 1- und dem Zweigstrom durch den Rückkopplungswiderstand R_2. Diese Zweigimpedanz wirkt gegen Masse und schaltet sich zur Eingangsimpedanz $\underline{Z}_{id}$ parallel. Bei tiefen Frequenzen beträgt der Beitrag der betrachteten Zweigimpedanz $\underline{Z}_x$ im Beispiel 1 Ω. Dies liegt daran, dass am Knoten 1- eine extrem kleine Spannung aufgrund der hohen Verstärkung anliegt. Über den Widerstand fließt aber der (vergleichsweise hohe) Strom $\underline{U}_2/R_2$. Umgerechnet auf die „kleine" Knotenspannung am Eingang 1- wird der Widerstand R_2 transformiert um:

$$Z_x = \frac{R_2}{(1 + \underline{v}_{ud})}.$$

(5.30)

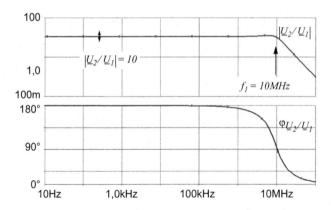

Abb. 5.44 Verstärkungsfrequenzgang des parallelgegengekoppelten Systems (Abb. 5.43)

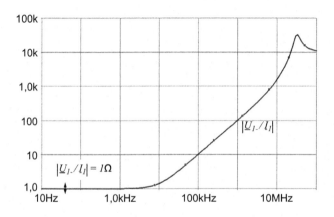

Abb. 5.45 Eingangswiderstand des parallelgegengekoppelten Systems

Diese Transformation wird „Transimpedanzbeziehung" genannt. Alle Verstärker, bei denen eine Impedanz (hier R_2) zwischen Eingang und Ausgang in der beschriebenen Form vorliegt, weisen diese Transformationseigenschaft auf. Abbildung 5.45 bestätigt die getroffene Abschätzung der Zweigimpedanz. Abbildung 5.46 soll die Verhältnisse allgemein veranschaulichen. Dabei geht es um die Ermittlung der Wirkung des Rückkopplungswiderstandes am Eingang und am Ausgang des Geradeausverstärkers. Es zeigt sich, dass die Transformationswirkung nur am Eingang gegeben ist.

Für den Eingangsstrom $\underline{I}_1$ gilt:

$$\underline{I}_1 = \underline{I}_{1v} + (1 + \underline{v}_{ud}) \cdot \underline{U}_{id} \cdot \underline{Y}_2;$$

Damit erhält man für den Leitwert am Eingang:

$$\frac{\underline{I}_1}{\underline{U}_{id}} = \underline{Y}_{id} + (1 + \underline{v}_{ud}) \cdot \underline{Y}_2. \qquad (5.31)$$

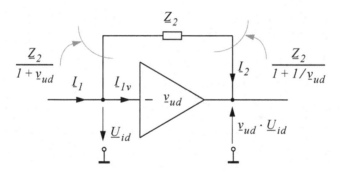

Abb. 5.46 Transimpedanzbeziehung eines rückgekoppelten Verstärkers bei $Z_a = 0$

Der Eingangswiderstand am Rückkopplungsknoten wird durch Parallelgegenkopplung verringert auf $\underline{Z}_2/(1+\underline{v}_{ud})$ wenn $\underline{Z}_{id}$ vergleichsweise hochohmig ist. Bei hohem $\underline{v}_{ud}$ stellt sich eine erhebliche Transformationswirkung des Rückkopplungswiderstandes $\underline{Z}_2$ am Eingangsknoten ein.

Für den Zweigstrom $\underline{I}_2$ am Ausgang gilt:

$$\underline{I}_2 = (1 + \underline{v}_{ud}) \cdot \underline{U}_{id} \cdot \underline{Y}_2.$$

Damit wird der Leitwert im Ausgangszweig:

$$\frac{\underline{I}_2}{\underline{v}_{ud} \cdot \underline{U}_{id}} = \frac{\underline{I}_2}{\underline{U}_2} = \left(1 + \frac{1}{\underline{v}_{ud}}\right) \cdot \underline{Y}_2. \tag{5.32}$$

Wegen $|1/\underline{v}_{ud}| \ll 1$ zeigt sich keine signifikante Transformationswirkung des Rückkopplungswiderstandes am Ausgangsknoten.

Der Innenwiderstand am Ausgang mit Berücksichtigung von $\underline{Z}_a$ bestimmt sich aus Abb. 5.47. Bei genügend hochohmigem $\underline{Z}_{id}$ ist:

$$\underline{I}_2 = \frac{\underline{U}_2}{\underline{Z}_1 + \underline{Z}_2} + \frac{(1 + \underline{k} \cdot \underline{v}_{ud}) \cdot \underline{U}_2}{\underline{Z}_a};$$
$$\frac{\underline{I}_2}{\underline{U}_2} \approx \frac{1}{\underline{Z}_1 + \underline{Z}_2} + \frac{1 + \underline{k} \cdot \underline{v}_{ud}}{\underline{Z}_a}. \tag{5.33}$$

Der Innenwiderstand am Ausgang ist mit einer eigenen Testschaltung gemäß Abb. 5.47 zu ermitteln. Gl. 5.33 zeigt, dass der Ausgangswiderstand $\underline{Z}_a$ auf $\underline{Z}_a/(1+\underline{g})$ bzw. auf $\underline{Z}_a/(1+\underline{kv}_{ud})$ vermindert wird, wobei $\underline{g}$ die Schleifenverstärkung ist.

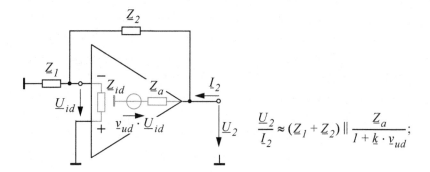

$$\frac{U_2}{I_2} \approx (Z_1 + Z_2) \parallel \frac{Z_a}{1 + \underline{k} \cdot v_{ud}};$$

Experiment 5.2-9: ParGegKop_V – Parallelgegengekoppelte Verstärker-stufe mit gesteuerter Spannungsquelle - Ausgangswiderstand.

Abb. 5.47 Zur Bestimmung des Innenwiderstands am Ausgang von rückgekoppelten Verstärkern (Z_{id} sei genügend hochohmig) mit zugehörigem Experiment

5.2.6 Parallelgegengekoppelte LV mit gesteuerter Stromquelle

Als nächstes soll nachgewiesen werden, dass die Parallelgegengekoppelung bei einem Geradeausverstärker mit gesteuerter Stromquelle sich so verhält, wie mit gesteuerter Spannungsquelle,u. a. ist der Innenwiderstand am Ausgang des rückgekoppelten Verstärkers ebenfalls deutlich niederohmiger als beim Geradeausverstärker.

Die Herleitung der Verstärkung des rückgekoppelten Systems (siehe Abb. 5.48) erhält man aus:

$$\frac{U_1 - U_{id}}{Z_1} = \frac{U_{id} + U_2}{Z_2} + \frac{U_{id}}{Z_{id}}; \underline{g}_m U_{id} = \frac{U_{id} + U_2}{Z_2} + \frac{U_2}{Z_L};$$

Für die „innere" Verstärkung $v_{ud} = U_2/U_{id}$ des rückgekoppelten Systems ergibt sich:

$$v_{ud} = \left(g_m - \frac{1}{Z_2}\right)Z_L \cdot \frac{1}{1 + Z_L/Z_2} \approx g_m \cdot Z_L \parallel Z_2;$$

Damit wird aus obiger Beziehung:

$$U_1 \cdot \frac{Z_2}{Z_1} = U_{id}\left\{1 + \frac{Z_2}{Z_1} + \frac{Z_2}{Z_{id}}\right\} + U_2;$$

Somit ergibt sich für die Verstärkung, wie erwartet:

$$\frac{U_2}{U_1} = v_u = \frac{Z_2}{Z_1} \cdot \frac{1}{1 + \frac{1}{v_{ud}} \cdot \left(1 + \frac{Z_2}{Z_1} + \frac{Z_2}{Z_{id}}\right)} \approx \left(\frac{1}{k} - 1\right) \cdot \frac{1}{1 + \frac{1}{v_{ud} \cdot k}}. \quad (5.34)$$

Abb. 5.48 Rückgekoppelter
Verstärker mit gesteuerter
Stromquelle

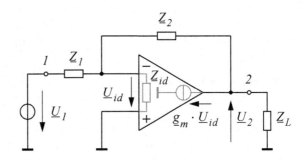

Als nächstes geht es um die Bestimmung von $\underline{Z}_{11}$:

$$\underline{I}_1 = \frac{\underline{U}_1 - \underline{U}_{id}}{\underline{Z}_1} = \frac{\underline{U}_1}{\underline{Z}_1} - \frac{\underline{U}_2}{\underline{v}_{ud}\underline{Z}_1} = \frac{v_{ud} - v_u}{v_{ud}\,\underline{Z}_1}\underline{U}_1.$$

$$\underline{Z}_{11'} \approx \underline{Z}_1;$$

(5.35)

Neben der Schnittstellenimpedanz am Eingang interessiert die Schnittstellenimpedanz am Ausgang des gegengekoppelten Verstärkers mit gesteuerter Stromquelle. Die Bestimmung von $\underline{Z}_{22'}$ ergibt sich bei $\underline{Z}_{id} \gg \underline{Z}_1$ aus Abb. 5.48 bei $\underline{U}_1 = 0$, aber mit $\underline{Z}_a$);

$$\underline{U}_{id} = \frac{\underline{Z}_1}{\underline{Z}_1 + \underline{Z}_2}U_2; \underline{I}_2 = g_m U_2 \cdot \frac{\underline{Z}_1}{\underline{Z}_1 + \underline{Z}_2} + \frac{U_2}{\underline{Z}_1 + \underline{Z}_2} + \frac{U_2}{\underline{Z}_a};$$

Damit erhält man für den Innenwiderstand $\underline{Z}_{22'}$ am Ausgang (Ausgangswiderstand) bei genügend hohem Innenwiderstand $\underline{Z}_a$ des Geradeausverstärkers:

$$\underline{Z}_{22'} = \frac{U_2}{\underline{I}_2} = (\underline{Z}_1 + \underline{Z}_2)\frac{1}{1 + g_m\underline{Z}_1} \parallel \underline{Z}_a \approx \frac{1}{g_m} \cdot \frac{\underline{Z}_2}{\underline{Z}_1}.$$

(5.36)

Die Parallelgegenkopplung bei Verstärkern mit gesteuerter Stromquelle verringert also den Ausgangswiderstand $\underline{Z}_2$ ca. um den Faktor $1/(g_m\underline{Z}_1)$. Das Experiment in Abb. 5.49 soll diese Aussage bestätigen (Beispielergebnis in Abb. 5.50). Der Ausgangswiderstand wird niederohmig durch Parallelgegenkopplung. Als Innenwiderstand am Ausgang wirkt näherungsweise $\underline{Z}_2/(g_m\underline{Z}_1)$.

Zusammenfassung: Allgemein zeigt sich, dass durch die Art der Rückkopplung u. a. das Schnittstellenverhalten des rückgekoppelten Systems maßgeblich beeinflusst wird. Soll der rückgekoppelte Verstärker am Eingang hochohmiger werden als der Geradeausverstärker, so ist eine Seriengegenkopplung zu wählen. Umgekehrt bewirkt eine Parallelgegenkopplung einen niederohmigen Eingang am Geradeausverstärker. Ist der Geradeausverstärker eine spannungsgesteuerte Stromquelle, so macht die Seriengegenkopplung den Innenwiderstand am Ausgang hochohmiger, die Parallelgegenkopplung niederohmiger. Damit lassen sich gezielt durch die Art der Rückkopplung Eigenschaften des rückgekoppelten Systems beeinflussen.

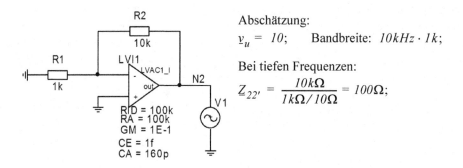

Abschätzung:

$\underline{v}_u = 10$;   Bandbreite: $10kHz \cdot 1k$;

Bei tiefen Frequenzen:

$$\underline{Z}_{22'} = \frac{10k\Omega}{1k\Omega / 10\Omega} = 100\Omega;$$

Experiment 5.2-10: ParGegKop_I – Bestimmung des Ausgangswiderstandes einer parallelgegengekoppelten Verstärkerschaltung mit gesteuerter Stromquelle.

Abb. 5.49 Testschaltung für die Ermittlung des Ausgangswiderstandes $\underline{Z}_{22'}$ mit zugehörigem Experiment

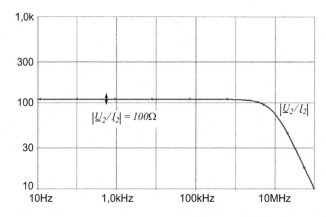

Abb. 5.50 Ausgangswiderstand des parallelgegengekoppelten Systems mit gesteuerter Stromquelle gemäß Testschaltung in Abb. 5.49

5.3 Stabilität und Frequenzgangkorrektur von LV

Nach der allgemeinen Stabilitätsbetrachtung von rückgekoppelten Systemen in Abschn. 5.2.1 soll nunmehr die Stabilität von konkreten Verstärkeranordnungen näher untersucht werden. Ergeben sich Stabilitätsprobleme, so sind geeignete Maßnahmen zu treffen, um die Stabilitätsbedingung hinreichend zu erfüllen.

5.3.1 Analyse der Schleifenverstärkung

Wie bereits bei rückgekoppelten Systemen allgemein ausgeführt, ist die Schleifenverstärkung (Gl. 5.15) die Basis zur Analyse der Stabilität des Systems. Die Stabilitätsuntersuchung

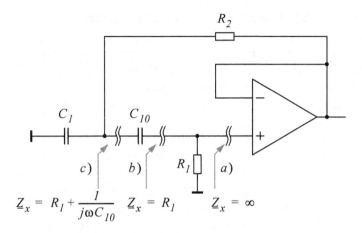

Abb. 5.51 Zum Auftrennen des Rückkopplungspfades mit möglicher Lastkorrektur

erfolgt immer anhand der Schleifenverstärkung an der offenen Rückkopplungsschleife. Zur Ermittlung der Schleifenverstärkung muss das rückgekoppelte System an geeigneter Stelle aufgetrennt werden. Das Beispiel in Abb. 5.51 zeigt ein Rückkopplungssystem mit möglichen Trennstellen zur Analyse der Schleifenverstärkung. Grundsätzlich muss der Eingangswiderstand an der Trennstelle als Lastwiderstand am offenen Ende der Schleife hinzugefügt werden, um dieselben Lastverhältnisse wie bei geschlossener Schleife zu erhalten. Ansonsten würde man in Abhängigkeit der Lage der Trennstelle eine unterschiedliche Schleifenverstärkung erhalten.

Im Fall der Trennstelle a) in Abb. 5.51 ist der Eingangswiderstand sehr hochohmig; es ist am offenen Ende keine Lastkorrektur erforderlich. Bei b) und c) sind Lastkorrekturen mit $\underline{Z}_x$ erforderlich, um dieselben Lastverhältnisse bei offener Schleife zu erhalten, wie sie bei geschlossener Schleife gegeben sind. In der Schaltung in Abb. 5.51 ist die Verstärkung vom (+)-Eingang zum Ausgang (siehe Gl. 5.19):

$$\underline{v}_u = 1/(1 + jf\,/(f_1\,v_{\mathrm{ud0}})). \tag{5.37}$$

Dabei ist $\underline{v}_u$ die Verstärkung des inneren rückgekoppelten Verstärkers und k ist der äußere Rückkopplungsfaktor. Die Schleifenverstärkung $\underline{v}_u\,\underline{k}$ ist bei $\underline{v}_u = 1$ gleich $\underline{k}$. Im gegebenen Beispiel erhält man für den Rückkopplungsfaktor:

$$\underline{k} = \frac{j\omega C_{10} R_1}{1 + j\omega C_{10} R_1 + j\omega C_1 R_2 \cdot (1 + C_{10}/C_1 + j\omega C_{10} R_1)}. \tag{5.38}$$

Das Rückkopplungsnetzwerk dreht bei tiefen Frequenzen die Phase um $+90°$, bei höheren Frequenzen um $-90°$. Für das betrachtete Beispiel gibt es also eine Frequenz, bei der der Rückkopplungsfaktor eine Phasendrehung um $0°$ erfährt. Ist bei dieser Frequenz die Verstärkung $|\underline{v}_u| \geq= 1$, so ist die Schwingbedingung erfüllt, sofern die Phase von v_u auch $0°$ beträgt. An der Schnittstelle ist der „hinzugefügte Lastwiderstand" $\underline{Z}_x$ bei der Bestimmung des Rückkopplungsfaktors $\underline{k}$ am offenen Ende der Schleife zu berücksichtigen.

5.3.2 Frequenzgangkorrektur des Geradeausverstärkers

Ist die Phasenreserve der Schleifenverstärkung nicht hinreichend, muss eine Frequenzgangkorrektur am Geradeausverstärker oder am Rückkopplungsnetzwerk so vorgenommen werden, dass die eigentliche Schaltungsfunktion nicht wesentlich beeinträchtigt
wird. Das nachstehende Beispiel in Abb. 5.52 zeigt einen Spannungsfolger mit einem
Geradeausverstärker mit Frequenzgangkorrektur an der Schnittstelle zwischen der ersten
und zweiten Verstärkerstufe des Geradeausverstärkers.

Im Beispiel ist $\underline{k}=1$ und somit ist die Schleifenverstärkung allein durch den Geradeausverstärker bestimmt. Der Geradeausverstärker soll nun im Frequenzgang so beeinflusst
werden, dass bei Betrieb als Spannungsfolger hinreichende Stabilität gegeben ist. Dazu ist
eine Frequenzgangkorrektur beim Geradeausverstärker erforderlich. Die Frequenzgangkorrektur setzt an der Schnittstelle zwischen der ersten und zweiten Stufe im Innern des
Geradeausverstärkers an. Sie muss so ausgelegt werden, dass die erste Eckfrequenz in der
Weise verringert wird, dass die Verstärkung bereits auf „1" abgesenkt ist, wenn die zweite
Eckfrequenz zum Tragen kommt. Bei dieser Auslegung ist bei Betrieb des rückgekoppelten
Systems als Spannungsfolger eine Phasenreserve von 45° gewährleistet. Abbildung 5.53
veranschaulicht die Maßnahme zur Frequenzgangkorrektur des Geradeausverstärkers.

Es gibt Geradeausverstärker die intern frequenzkompensiert sind und welche, die
durch externe Beschaltung kompensiert werden können. Zur Frequenzgangkorrektur
am Geradeausverstärker wird über nach außen geführte Pins und einer außen anliegenden Beschaltung der Frequenzgang des Geradeausverstärkers geeignet eingestellt. Ein
Experiment soll den Sachverhalt näher untersuchen. Abbildung 5.54a zeigt die dem
Experiment zugrundeliegende Testschaltung. In Abb. 5.55 ist das Ergebnis des Verstärkungsfrequenzgangs des Geradeausverstärkers dargestellt.

Der Geradeausverstärker mit zwei Eckfrequenzen f_1 und f_2 dreht oberhalb der zweiten
Eckfrequenz die Phase der Verstärkung bis auf $-180°$, d. h. aus einem gegengekoppelten

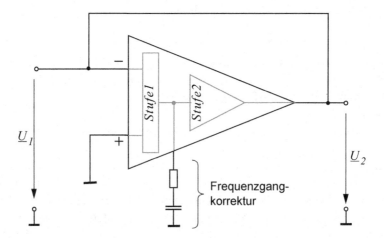

Abb. 5.52 Zweistufiger Verstärker als Spannungsfolger mit der Möglichkeit zur Frequenzgangkorrektur zwischen der ersten und zweiten Stufe im Innern des Geradeausverstärkers

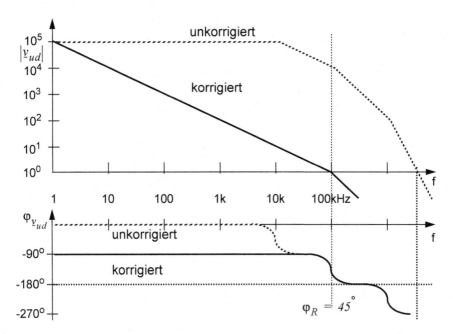

Abb. 5.53 Zur Frequenzgangkorrektur eines Geradeausverstärkers, so dass bei Betrieb als Spannungsfolger hinreichend Stabilitätsreserve gegeben ist

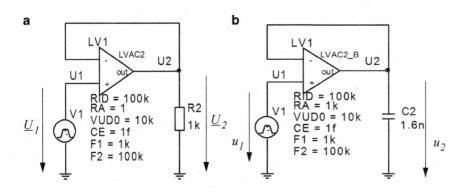

Experiment 5.3-1: VSpannungsf_komp1 – Spannungsfolger mit Geradeausverstärker, der zwei Eckfrequenzen aufweist.

Experiment 5.3-2: VSpannungsf_mitCL – Geradeausverstärker mit zwei Eckfrequenzen, mit kapazitiver Last und mit Begrenzereigenschaft.

Abb. 5.54 Spannungsfolger; **a** Geradeausverstärker mit zwei Eckfrequenzen f_1 und f_2; **b** Zusätzlich mit kapazitiver Last; mit zugehörigen Experimenten

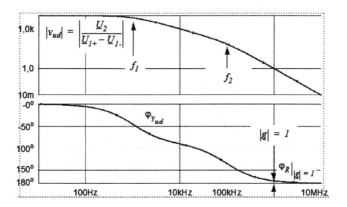

Abb. 5.55 Frequenzgang des Geradeausverstärkers mit zwei Eckfrequenzen f_1 und f_2

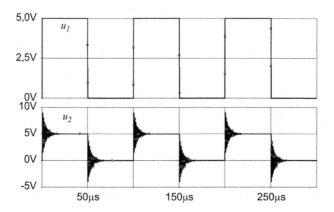

Abb. 5.56 Ergebnis des Spannungsfolgers, Rechtecksignal bei unkompensiertem Geradeausverstärker

System kann potenziell ein mitgekoppeltes System werden. Im gegebenen Beispiel beträgt die Phasenreserve bei $|\underline{g}| = 1$ wenige Grad bis zum Stabilitätsrand. Ein rückgekoppelter Verstärker am Stabilitätsrand betrieben, weist ein ungünstiges Einschwingverhalten im dynamischen Betrieb auf. Es zeigt sich tendenziell bereits die Eigenfrequenz, die aber noch abklingt. Um diesen Sachverhalt zu bestätigen, wird der rückgekoppelte Verstärker mit geringer Phasenreserve in der gegebenen Testschaltung durch einen Spannungssprung beaufschlagt und mittels TR-Analyse untersucht.

Das Simulationsergebnis in Abb. 5.56 zeigt bereits die Schwingneigung des Spannungsfolgers, da sich die Schleifenverstärkung oberhalb 100 kHz am Stabilitätsrand befindet. Zur Schwingungserregung wäre ein „Durchschneiden" der Stabilitätsgrenze von $-180°$ der Schleifenverstärkung erforderlich. Da aber der Verstärker die Phase nur um maximal $-180°$ dreht und das Rückkopplungsnetzwerk die Phase nicht dreht, befindet sich das System am Phasenrand. Eine zusätzliche Eckfrequenz im Übertragungsverhalten des Geradeausverstärkers im Frequenzbereich, wo die Schleifenverstärkung noch größer „1" ist, würde zur Schwingungserregung führen. Das wäre beispielsweise der

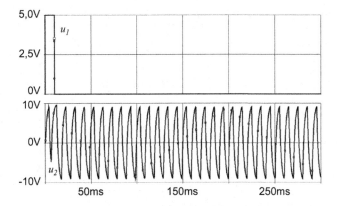

Abb. 5.57 Ergebnis des Spannungsfolgers angeregt mit einem Rechtecksignal; Geradeausverstärker mit $f_1 = 10$ Hz, $f_2 = 100$ kHz und kapazitiver Last; es stellt sich Selbsterregung ein

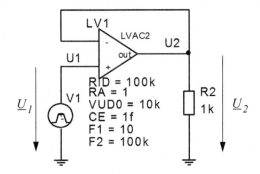

Experiment 5.3-3: VSpannungsf_komp2 – Spannungsfolger mit frequenzkompensiertem Geradeausverstärker.

Abb. 5.58 Spannungsfolger mit kompensiertem Geradeausverstärker – f_1 ist mit $f_1 = 10$ Hz deutlich reduziert, f_2 ist unverändert; mit zugehörigem Experiment

Fall, wenn eine Lastkapazität mit dem „Innenwiderstand" Z_a des Geradeausverstärkers eine zusätzliche Eckfrequenz im Frequenzbereich der Schleifenverstärkung größer „1" ein Durchschneiden der Phasenbedingung für Instabilität im Phasenverlauf der Geradeausverstärkung bringen würde. Das Experiment in Abb. 5.57 bestätigt diesen Sachverhalt. Im gegebenen Beispiel stellt sich Selbsterregung ein.

Der Geradeausverstärker der Schaltung Abb. 5.54b weist mit der kapazitiven Last drei Eckfrequenzen auf und kann somit die Phase um mehr als $-180°$ drehen. Wird die Schaltung mit einem Rechteckimpuls nach Abb. 5.57 erregt, so ist das Ausgangssignal nicht mehr proportional zum Eingangssignal. Vielmehr zeigt sich eine Eigenfrequenz, genau bei der Frequenz, wo die Schwingbedingung erfüllt ist.

Soll die Schwingneigung vermieden werden, so ist der Geradeausverstärker im Frequenzgang geeignet zu kompensieren. In der Testschaltung des Beispiels in Abb. 5.58 wurde die

Abb. 5.59 Frequenzgang des Geradeausverstärkers mit zwei Eckfrequenzen f_1 und f_2; f_1 ist soweit nach unten verschoben, dass bei Auftreten von f_2 die Verstärkung soweit reduziert ist, um eine hinreichende Phasenreserve zu erhalten, Testanordnung Abb. 5.58

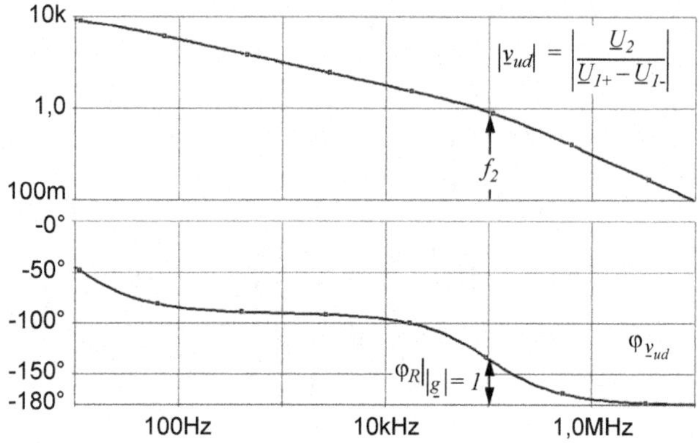

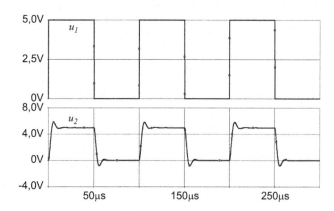

Abb. 5.60 Ergebnis des Spannungsfolgers mit einem Rechtecksignal bei frequenzkompensiertem Geradeausverstärker mit $f_1 = 10$ Hz und $f_2 = 100$ kHz, Testanordnung Abb. 5.58

kapazitive Last entfernt, weiterhin liegt jetzt die erste Eckfrequenz nicht bei 1 kHz, sondern bei 10 Hz. Damit wird bei $|g| = 1$ der Phasenrand $\varphi_R = 45°$. Die Antwort auf ein Rechtecksignal ergibt beim Spannungsfolger ein hinreichend stabiles Ausgangssignal (Abb. 5.60).

Das Beispiel zeigt, dass bei geeigneter Frequenzgangkompensation des Geradeausverstärkers (Abb. 5.59) ein ungünstiges Einschwingen vermieden werden kann. Allgemein gilt: Eine Frequenzgangkorrektur am Geradeausverstärker sollte so ausgelegt sein, dass die Phasenreserve φ_R der Schleifenverstärkung mindestens 45° beträgt. Die Phasenreserve φ_R ist die Differenzphase zwischen der Phase der Schleifenverstärkung φ_g gemessen bei $|g| = 1$ und dem Phasenwinkel, bei dem die Schwingbedingung betreffs der Phase erfüllt ist (hier $-180°$).

5.3.3 Frequenzgangkorrektur am Rückkopplungsnetzwerk

Neben der bisher betrachteten Frequenzgangkorrektur des Geradeausverstärkers kann eine Frequenzgangkorrektur am Rückkopplungsnetzwerk durchgeführt werden. Prinzipiell bestimmt das Rückkopplungsnetzwerk wesentlich die Funktion des rückgekoppelten Systems. Korrekturmaßnahmen am Rückkopplungsnetzwerk müssen so vorgenommen werden, dass die eigentliche Schaltungsfunktion nicht wesentlich beeinträchtigt wird.

Abb. 5.61 Analyse der
Schleifenverstärkung des
Differenziators

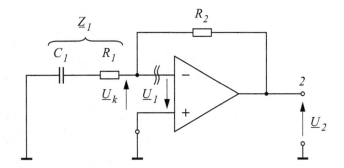

Die Frequenzgangkorrektur am Rückkopplungsnetzwerk wird am Beispiel eines Differenziators dargestellt. Eine Korrektur des Rückkopplungsnetzwerks muss mit Bedacht
so erfolgen, dass die eigentliche Differenziatorfunktion unverfälscht bleibt (siehe dazu
Abb. 5.61 und 5.62).

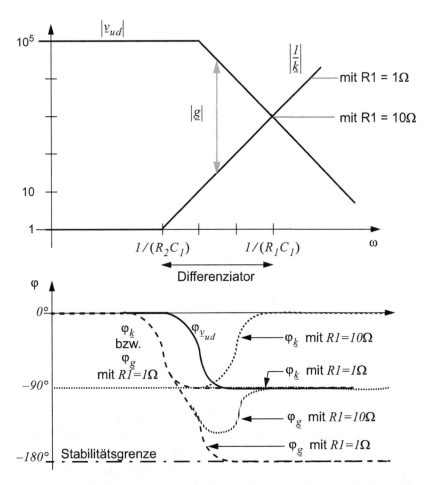

Abb. 5.62 Frequenzgangkorrektur des Rückkopplungspfades am Beispiel des Differenziators

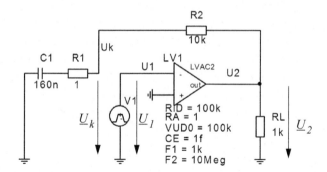

Experiment 5.3-4: VDifferenziator_gAnalyse0 – Analyse der Schleifen-verstärkung einer Differenziatorschaltung.

Abb. 5.63 Analyse der Schleifenverstärkung des Differenziators mit Experiment

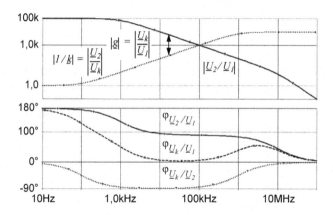

Abb. 5.64 Ergebnis für die Verstärkung des Geradeausverstärkers, sowie von $|1/\underline{k}|$ und Phasen-verlauf des Geradeausverstärkers, des Rückkopplungsnetzwerks und der Schleifenverstärkung, Testanordnung Abb. 5.63

Die Schwingungsbedingung ist hier gegeben bei $|\underline{g}| > 1$ und $\varphi_g = 0°$. Die Schleifenver-stärkung bestimmt sich im Beispiel aus (allgemein kann R1 $\ll$ R2 angenommen werden):

$$\underline{g} = (\underline{U}_2/\underline{U}_1) \cdot (\underline{U}_k/\underline{U}_2) = \underline{v}_{ud} \cdot \underline{Z}_1/(\underline{Z}_1 + \underline{Z}_2) = \underline{v}_{ud} \cdot \underline{k} = |\underline{v}_{ud}| \cdot |\underline{k}| \cdot e^{j(\varphi_{\underline{v}_{ud}} + \varphi_{\underline{k}})};$$

$$\underline{g} = \underline{v}_{ud} \cdot \frac{R_1 + 1/(j\omega C_1)}{R_1 + R_2 + 1/(j\omega C_1)} = \underline{v}_{ud} \cdot \frac{1 + j\omega C_1 R_1}{1 + j\omega C_1 \cdot (R_1 + R_2)}. \qquad (5.39)$$

Im gegebenen Beispiel (Abb. 5.63) ist bei $R_1 = 1\ \Omega$ und $|\underline{g}| = 1$ die Phase $\varphi_{\underline{v}_{ud}} = 90°$ und $\varphi_{\underline{k}} = -90°$, d. h. die Phasenreserve beträgt dann $\varphi_R = 0°$. Damit wird das System am Phasenrand betrieben mit den sich daraus ergebenden Nachteilen. Im Experiment wird die Schleifenverstärkung der Testanordnung in Abb. 5.63 untersucht. Das Ergebnis ist in Abb. 5.64 dargestellt.

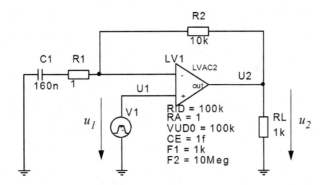

Experiment 5.3-5: VDifferenziator_RKohneR1 – Differenziator ohne Kompensation der Rückkopplungsschleife. Der Geradeausverstärker weist nur eine Eckfrequenz innerhalb des Frequenzbereichs bis $|g| = 1$ auf.

Abb. 5.65   Testanordnung für den Differenziator im Zeitbereich mit Experiment

Der Phasenverlauf der Schleifenverstärkung $\varphi_{\underline{U}_k}/\underline{U}_1$ in Abb. 5.64 zeigt, dass die Stabilitätsgrenze nicht durchschritten wird, wohl aber ab ca. 10 kHz man sich nahe an der Stabilitätsgrenze befindet. Allgemein gilt für das gewählte Beispiel für die Verstärkung des rückgekoppelten Systems:

$$\underline{v}_u = \frac{1}{\underline{k}} \cdot \frac{1}{1+1/\underline{g}};$$

$$\frac{1}{\underline{k}} = \frac{1 + j\omega C_1 (R_1 + R_2)}{1 + j\omega C_1 R_1} = \frac{j\omega R_2 C_1}{1 + j\omega R_1 C_1} + 1. \tag{5.40}$$

Bei $\omega > 1/(C_1 R_2)$ ist Differenziatorverhalten gegeben. Bei $R_1 = 0$ wird dann $1/\underline{k} = j\omega C_1 R_2 + 1$. Mit $|g| > 1$ und $\varphi_{\underline{k}} + \varphi_{\underline{v}_{ud}} = \varphi_{\underline{g}} = -180°$ ist die Schwingbedingung erfüllt ($-180°$, wenn $180°$ Phasendrehung durch Invertierung am ($-$) Eingang in der Rückkopplungsschleife hinzukommen).

Als nächstes soll der Differenziator im Zeitbereich analysiert werden. Wie dargelegt wird der Differenziator bei $R_1 = 0$ am Phasenrand betrieben. Es ist demzufolge ein ungünstiges Einschwingverhalten zu erwarten. Das folgende Experiment untersucht den Sachverhalt für die Testanordnung nach Abb. 5.65.

Der Zeitverlauf des Eingangssignals der Testschaltung weist eine Dreiecksform auf. Aufgrund der Differenziatorwirkung entsteht daraus ein Rechtecksignal. Die resultierende Ausgangsspannung des Rechtecksignals ergibt sich für die steigende Flanke des Eingangssignals aus bei $R_1 = 0$:

$$u_2 = i_{C_1} \cdot R_2 + u_1 = 160n \cdot 10k \cdot 0,1\,\text{V}/100\,\mu s + u_1 = 1,6\,\text{V} + u_1.$$

Es überlagert sich zur Amplitude von 1,6 V der zeitliche Momentanwert des Eingangssignals. Das Ergebnis in Abb. 5.66 zeigt deutlich, dass wegen der geringen Phasenreserve

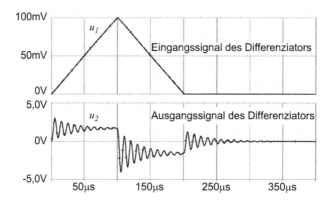

Abb. 5.66 Ergebnis der Zeitbereichsanalyse mit $v_{ud0} = 100$ k, $f_1 = 1$ kHz, f_2 ohne Einfluss, $R_2 = 10$ kΩ, $C_1 = 160$ nF, $R_1 = 1$ Ω, Testanordnung in Abb. 5.65

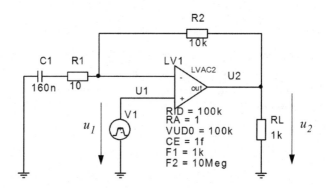

Experiment 5.3-6: VDifferenziator_RKmitR1 – Differenziator mit Kompensation der Rückkopplungsschleife.

Abb. 5.67 Testschaltung zur Analyse des Differenziators im Zeitbereich mit $R_1 = 10$ Ω mit zugehörigem Experiment

das Einschwingverhalten ungünstig ist. Um das Einschwingverhalten zu verbessern, muss die Phasenreserve erhöht werden.

Zur Verringerung des ungünstigen Einschwingverhaltens wird $R_1 = 10$ Ω gewählt. Damit verändert sich der Phasenverlauf von $\underline{k}$ so, dass die Phasenreserve der Schleifenverstärkung vergrößert wird. Es sollte sich das Einschwingverhalten deutlich verbessern. Allerdings geht das zu Lasten der eigentlichen Differenziatorfunktion. Die wirksame Bandbreite des Differenziators verringert sich. In der dem folgenden Experiment zugrundeliegenden Testschaltung (Abb. 5.67) wird das Einschwingverhalten bei Ansteuerung mit einem Dreieckssignal untersucht.

Die Kompensation des Rückkopplungspfades mit $R_1 = 10$ Ω in der Weise, dass die Phasenreserve $\varphi_R = 45°$ beträgt, zeigt ein wesentlich verbessertes Einschwingverhalten. Abbildung 5.68 bestätigt den Sachverhalt anhand der Testschaltung. In Abb. 5.69 ist die

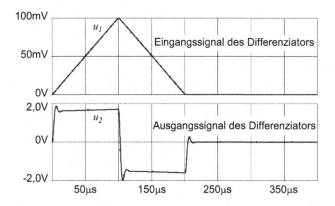

Abb. 5.68 Ergebnis der Zeitbereichsanalyse mit $v_{ud0} = 100$ k, $f_1 = 1$ kHz, f_2 ohne Einfluss, $R_2 = 10$ kΩ, $C_1 = 160$ nF, $R_1 = 10$ Ω, Testanordnung in Abb. 5.67

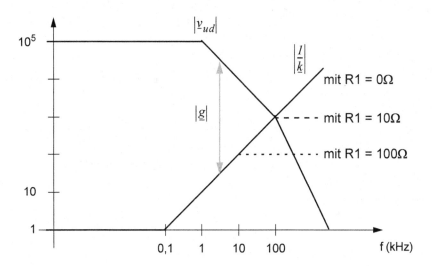

Abb. 5.69 Zur Veranschaulichung der Stabilität des Differenziators mit $R_1 = 0$, 10 und 100 Ω

Kompensationsmaßnahme am Rückkopplungsnetzwerk mit verschiedenen Widerständen R_1 dargestellt. Würde man bei $R_1 = 0$ einen Geradeausverstärker verwenden, der im gegebenen Beispiel mit $f_2 = 100$ kHz eine zusätzliche Eckfrequenz aufweist, dann wird die Schwingbedingung erfüllt. Es ergibt sich Selbsterregung. Für den Test muss ein Makromodell für den Geradeausverstärker mit Ausgangsspannungsbegrenzung verwendet werden. Ansonsten würde die Ausgangsamplitude unkontrolliert bei Selbsterregung anwachsen. Abbildung 5.71 veranschaulicht die Verhältnisse zum Experiment gemäß Abb. 5.70. Das Ergebnis der Analyse des Differenziators zeigt die erwartete Selbsterregung. Durch geeignete Frequenzgangkorrektur des Rückkopplungspfades kann die Stabilität verbessert werden. Allerdings ist darauf zu achten, dass die eigentliche Funktion des Schaltkreises dadurch nicht verfälscht oder wesentlich beeinträchtigt wird.

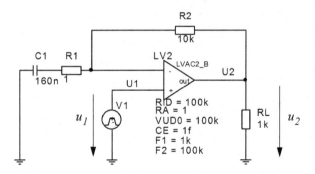

Experiment 5.3-7: VDifferenziator_RKohneR1_mitf2 – Differenziator ohne Kompensation der Rückkopplungsschleife und mit zweiter Eckfrequenz des Geradeausverstärkers.

Abb. 5.70 Analyse des Differenziators im Zeitbereich mit $R_1 = 1\ \Omega$ und einer zweiten Eckfrequenz $f_2 = 100$ kHz des Geradeausverstärkers mit zugehörigem Experiment

Abb. 5.71 Ergebnis der Zeitbereichsanalyse mit $v_{ud0} = 100\ k, f_1 = 1$ kHz, $f_2 = 100$ kHz, $R_2 = 10$ kΩ, $C_1 = 160$ nF, $R_1 = 1\ \Omega$ Testanordnung in Abb. 5.70

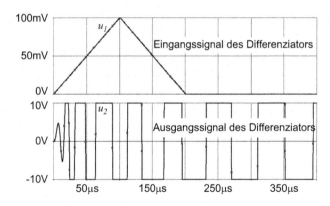

5.4 Operationsverstärker

Der Operationsverstärker ist mit der wichtigste Vertreter der Linearverstärker. OPs werden als Standard-ICs angeboten. Der Anwender braucht das Innenleben nicht detailliert zu kennen. Er benötigt vielmehr genaue Kenntnis von Makromodellen, mit denen die wesentlichen Eigenschaften beschrieben werden können.

5.4.1 Erweiterung des Makromodells

Als erstes gilt es, die allgemeinen Eigenschaften eines OP anhand eines geeigneten Makromodells zu verdeutlichen. Ein Makromodell ist ein Funktionsmodell, das die wesentlichen Eigenschaften – insbesondere das Übertragungsverhalten und das Schnittstellenverhalten für DC-, AC- und TR-Analyse – eines konkreten OPs beschreibt. Grundsätzlich besitzt

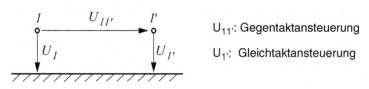

Abb. 5.72 Ansteuerungsarten eines OP am Eingang: $U_{11'}$ Gegentaktansteuerung; U_1, Gleichtaktansteuerung

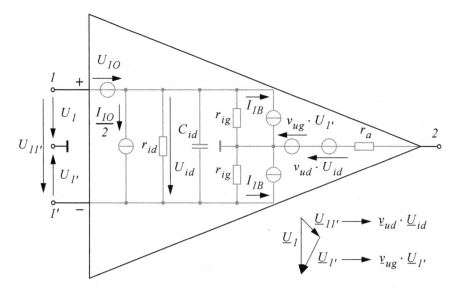

Abb. 5.73 Lineares Makromodell eines OP mit realem DC-Verhalten und Berücksichtigung der Gleichtaktgröße

der OP im Allgemeinen einen symmetrischen Eingang bei Ansteuerung mit $U_{11'}$. Es lassen sich zwei Ansteuerarten, die Gegentaktansteuerung mit $U_{11'}$ und die Gleichtaktansteuerung mit U_1, unterscheiden (Abb. 5.72).

Die Gegentaktansteuerung wird mit $\underline{v}_{ud}$ sehr hoch verstärkt; die Gleichtaktansteuerung sollte möglichst unterdrückt werden, das heißt sie wird mit $\underline{v}_{ug}$ nur sehr gering verstärkt. Der Operationsverstärker reagiert damit sehr empfindlich auf Gegentaktsignale, während er Gleichtaktsignale möglichst unterdrücken soll.

Um das DC-Verhalten am Eingang real zu beschreiben, müssen geeignete Ersatzquellen zum bereits bekannten Makromodell des Linearverstärkers hinzugefügt werden. Zunächst geht es darum, den realen Eingangsruhestrom I_{IB1} und $I_{IB1'}$ am Eingang nachzubilden. Bei OPs mit Bipolartransistoren im Eingangskreis weisen deren Eingänge in Abhängigkeit vom Arbeitspunktstrom und von deren Stromverstärkung Eingangsruheströme auf. Aufgrund innerer Unsymmetrien am Eingang (z. B. ungleiche Basis-Emitterspannungen, siehe Abb. 2.13) ist eine Eingangsoffsetspannung U_{IO} zu berücksichtigen. Das bislang bekannte Makromodell für Linearverstärker $M^{(LV)}$: $\underline{Z}_{id}$; $\underline{v}_{ud}$; $\underline{Z}_a$ muss somit um das reale DC-Verhalten und um das reale Gleichtaktverhalten erweitert werden. Das Gleichtaktverhalten wird durch eine zusätzliche gesteuerte Spannungsquelle beschrieben. Abbildung 5.73 zeigt die

Tab. 5.1 Parametergruppen des Operationsverstärkers

Gruppe	Parameter
DC – Parameter	$\{U_{IO}\,;\,I_{IB}\,;\,I_{IO}\}$
AC – Parameter	$\{r_{id} = Re\{\underline{Z}_{id}\}\,;\,C_{id}\,;\,r_{ig}\,;\,\underline{v}_{ud}\,;\,\underline{v}_{ug}\,;\,r_a = Z_a\,\}$
Aussteuerparameter	$\{U_{a,maxp};\ U_{a,maxn};\ I_{a,max}\,\}$
Versorgungsparameter	$\{I_B;\ S_S\,\}$
Slew – Rate – Parameter	$\{S_R\,\}$

Tab. 5.2 DC-Parameter

Parameter	Bezeichnung	Typ. Wert	Bemerkung
I_{IB}	Eingangsruhestrom $I_{IB} = (I_{IB_+} + I_{IB_-})/2$	ca. 100 nA	Mittelwert der Eingangsruhe-ströme
I_{IO}	Eingangsoffsetstrom $I_{IO} = I_{IB_+} - I_{IB_-}$	ca. 20 nA	Differenz dér Eingangsruhe-ströme
U_{IO}	Eingangsoffsetspannung	ca. 1 mV	Unsymmetrie der Eingangsstufe

Erweiterung des bisher betrachteten Makromodells eines Linearverstärkers, erweitert um das reale DC-Verhalten am Eingang und um die Wirkung der Gleichtaktgröße am Ausgang. Die Gegentaktverstärkung nimmt die innere Differenzgröße U_{id} auf, um sie mit $\underline{v}_{ud}$ verstärkt am Ausgang wirken zu lassen. Damit enthält das erweiterte Modell $M^{(OP)}$ eines OP Parameter, eingeteilt in Parametergruppen gemäß Tab. 5.1.

Im Folgenden werden die in einem Datenblatt eines OP enthaltenen typischen Parameter betrachtet. Als erstes sind in Tab. 5.2 die DC-Parameter aufgelistet, sodann in Tab. 5.3 die AC-Parameter. Die AC-Parameter sind durch die bereits eingeführten Makromodelle für Linearverstärker weitgehend bekannt. Es kommen einige neue Parameter hinzu, u. a. die Gleichtaktverstärkung $\underline{v}_{ug}$ und das Gleichtaktunterdrückungsverhältnis *CMRR* (CMRR: Common Mode Rejection Ratio).

Tab. 5.3 AC-Parameter

Parameter	Bezeichnung	Typ. Wert	Bemerkung
v_{ud0}	Differenzverstärkung	ca. 10^4 bis 10^5	$\underline{v}_{ud} = \underline{U}_2/\underline{U}_{id}$
v_{ug}	Gleichtaktverstärkung	ca. ≤ 1	$\underline{v}_{ug} = \underline{U}_2/\underline{U}_{1'}$
$CMRR$	Gleichtaktunterdrückung	10^4 bis 10^5	$CMRR = \underline{v}_{ud}/\underline{v}_{ug}$
r_{id}	Differenzeingangswiderstand	ca. 10^5 bis 10^6 Ω	Eingangswiderstand für Differen-zansteuerung
r_{ig}	Gleichtakteingangswiderstand	ca. 10^9 Ω	Eingangswiderstand für Gleich-taktansteuerung
C_{id}	Eingangskapazität	Einige pF	
f_T	Transitfrequenz	ca. 1 MHz	Bandbreite-Produkt
r_a	Ausgangswiderstand	ca. 100 Ω	

Tab. 5.4 Aussteuer- und Versorgungs-Parameter

Parameter	Bezeichnung	typ. Wert	Bemerkung
$U_{a,max}$	Ausgangsaussteuerbarkeit		Abhängig von; U_B; R_L
$I_{a,max}$	Maximaler Ausgangsstrom		Ausgangsstrom wird begrenzt
S_S	Versorgungsspannungsempfindlichkeit	ca. 20 µV/V $S_S = \Delta U_{10}/\Delta U_B$	Änderung der Eingangsoffsetspannung bei Änderung der Versorgungsspannung
I_B	Stromaufnahme		

Tab. 5.5 Slew-Rate-Parameter

Parameter	Bezeichnung	Typ. Wert	Bemerkung
S_R	Slew Rate	ca. 1 V/µs	$SR = \Delta U_{2max}/\Delta t$

Im Weiteren sind die Aussteuergrenzen bezüglich Spannung und Strom, sowie u. a. die Versorgungsspannungsempfindlichkeit zu berücksichtigen (Tab. 5.4). Wie bereits beim Linearverstärker dargestellt, ergeben sich die Aussteuergrenzen weitgehend durch die Versorgungsspannung U_B. Zusätzlich zeigt sich ein Lasteinfluss. Je niederohmiger der Lastwiderstand am Ausgang ist, desto geringer wird die Aussteuerbarkeit des Verstärkers. Weiterhin wird angegeben der maximale Ausgangsstrom $I_{a,max}$. Zumeist ist der Ausgangsstrom durch eine elektronische Strombegrenzung limitiert. Die Eingangsoffsetspannung U_{IO} ändert sich mit der Versorgungsspannung. Der Parameter S_S beschreibt die Änderung der Eingangsoffsetspannung bei geänderter Versorgungsspannung. Schließlich wird im Datenblatt noch die maximale Stromaufnahme bzw. Leistungsaufnahme angegeben.

Das Großsignalschaltverhalten (Slew-Rate Verhalten) beschreibt der Slew-Rate Parameter S_R (Parameter in Tab. 5.5). Ursache ist die begrenzte Stromergiebigkeit der ersten Verstärkerstufe eines OP. Der Ausgangsstrom der ersten Verstärkerstufe steuert den Eingang der zweiten Stufe. Bei Vollaussteuerung der ersten Stufe lädt deren begrenzter Ausgangsstrom die unvermeidliche Rückwirkungskapazität C_K der zweiten Verstärkerstufe (siehe Abb. 5.74b). Wegen $i_C = C_K \cdot du_2/dt$ führt dies zu einer endlichen Anstiegsgeschwindigkeit der Spannung an C_K und damit auch an der Ausgangsspannung u_2, da die Spannung an der Rückwirkungskapazität näherungsweise gleich u_2 ist. Auf das Slew-Rate Verhalten wird noch gesondert eingegangen (Parameter in Tab. 5.5).

Um die durch die angegebenen Parameter skizzierten Eigenschaften eines OP zu erfassen, muss das bislang eingeführte Makromodell für Linearverstärker erweitert werden. Als erstes ist ein Symbol für den OP einzuführen (siehe Abb. 5.74a). Am Symbol sind Attribute anzufügen, um das vom Symbol aus referenzierte Modell mit Modellparametern zu

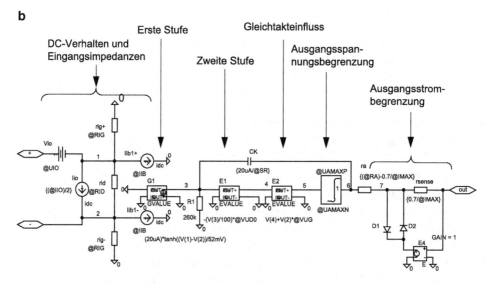

a OP1

RID = 1Meg   UIO = 1m
RIG = 1G   IIB = 80n
RA = 100   IIO = 40n
VUD0 = 100k   IMAX = 20m
VUG = 1   UAMAXP = 10V
SR = 0.5Meg   UAMAXN = -10V

Abb. 5.74 Operationsverstärker; **a** Symbol mit Modellparametern; **b** Makromodell eines Operationsverstärkers mit Strombegrenzung und Spannungsbegrenzung

versorgen. Über die Modellparameter werden die Eigenschaften eines OP festgelegt. Aus den Angaben im Datenblatt eines OP lassen sich direkt die Modellparameter bestimmen.

Abbildung 5.74b zeigt beispielhaft ein Makromodell eines OP. Die unabhängigen Spannungs- und Stromquellen am Eingang beschreiben die Eingangsoffsetspannung und die realen Ruheströme. Die erste innere Verstärkerstufe wird durch eine spannungsgesteuerte Stromquelle ($G1$) dargestellt, die zweite innere Verstärkerstufe durch eine spannungsgesteuerte Spannungsquelle ($E1$). Den Einfluss der Gleichtaktgröße erfasst die spannungsgesteuerte Spannungsquelle ($E2$). Die Ausgangsspannungsbegrenzung erfolgt durch einen anschließenden Limiter. Schließlich erfolgt die Ausgangsstrombegrenzung durch die Dioden $D1$, $D2$ und durch $E4$ mittels dem Sensorwiderstand r_{sense}.

Grundsätzlich unterscheidet man zwischen einem Verhaltensmodell und einem Strukturmodell. Das Makromodell in Abb. 5.74b stellt ein Verhaltensmodell dar. Das Verhalten wird beschrieben durch unabhängige Quellen und gesteuerte Quellen. Vorgegebene Eigenschaften lassen sich im Makromodell durch geeignete Parameter direkt einstellen.

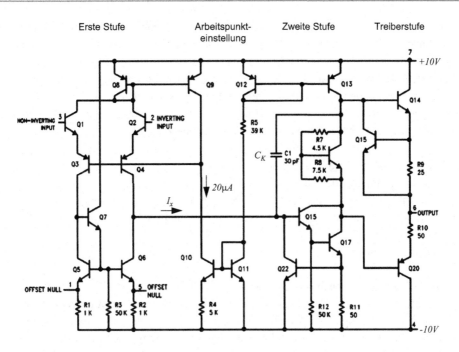

Abb. 5.75 „Innere" Schaltungstechnik des altbekannten Operationsverstärkers uA741

Der OP selbst besteht real aus zwei Verstärkerstufen und einer Treiberstufe (Beispiel in Abb. 5.75). Mit einer Begrenzerstufe (Limiter) wird die Ausgangsspannung auf $U_{a,maxp}$ bzw. $U_{a,maxn}$ begrenzt. Die Differenzspannung zwischen Knoten 1 und Knoten 2 nimmt die erste Verstärkerstufe auf; sie stellt mit $G1$ eine spannungsgesteuerte Stromquelle dar. Die Stromergiebigkeit dieser ersten Stufe ist mit einer *tanh*-Funktion begrenzt. Deren Steilheit g_m beträgt im Beispiel 20 μA/52 mV, das sind 1/2,6 kΩ. Mit dem Lastwiderstand von 260 kΩ ergibt sich für die Verstärkung der ersten Stufe eine Verstärkung von 100. Somit beträgt im Beispiel die Verstärkung der zweiten Stufe 1000. Der maximale Strom I_x an Knoten 3 ist aufgrund der *tanh*-Funktion begrenzt auf 20 μA. Diese Strombegrenzung der ersten Stufe ist Voraussetzung zur Darstellung des realen Slew-Rate Verhaltens.

Die Bandbreite des Verstärkers wird durch die Rückwirkungskapazität C_K begrenzt. Wegen der Transimpedanzbeziehung wirkt die Rückkopplungskapazität C_K mit $C_K \cdot (1 + v_{ud0}/100)$. Mit der Last von 260 kΩ ergeben 40 pF · 1000 eine Eckfrequenz im 10 Hz-Bereich. Ab dieser Eckfrequenz liegt ein Tiefpassverhalten erster Ordnung vor. Die Spannungsbegrenzung erfolgt durch den Limiter. Dieser weist eine Verstärkung von 1 auf mit Ausgangsspannungsbegrenzung auf „+/−" U_{amax}. Block $E4$ mit einer Verstärkung von 1 ist Teil der Strombegrenzung. Bei Ausgangsströmen kleiner 0,7 V/r_{sense} ist die Strombegrenzung wirkungslos. Größere Ströme fließen über die Dioden $D1$ bzw. $D2$ ab. Wegen r_{sense} muss der Ausgangswiderstand auf den Wert $r_a - r_{sense}$ korrigiert werden.

Mit diesem Makromodell lassen sich die wesentlichen Eigenschaften (DC-Verhalten, AC-Verhalten bei Gegentakt- und Gleichtaktansteuerung, Slew-Rate Verhalten, Spannungsbegrenzung und Strombegrenzung) eines OP darstellen. Der Vorteil dieses Modells ist, dass sich die Datenblattangaben direkt abbilden lassen. Das Makromodell ist gegenüber dem nachfolgenden Schematic-Modell ein Funktionsmodell auf abstrakterer Ebene.

Die Eigenschaften eines käuflichen Funktionsbausteins werden in einem Datenblatt ausgewiesen. Das Datenblatt enthält allgemein Aussagen zu:

- „Absolute Maximum Ratings";
- „Electrical Characteristics" in Tabellenform;
- Typische Kennlinien zur Darstellung von Kenngrößen in Abhängigkeit von u. a. Temperatur, Frequenz, Lasteinfluss, Versorgungsspannungsschwankungen, Exemplarstreuungen.
- Typische Anwendungen.

Das Datenblatt stellt in gewisser Weise eine „Vertragsgrundlage" mit zugesicherten Eigenschaften seitens des Herstellers dar. In Applikationsschriften werden vom Hersteller typische Anwendungen vorgestellt und beschrieben. Aus den „Maximum Ratings" ergeben sich die Grenzwerte hinsichtlich Versorgungsspannung, Eingangsspannungsbereich, Temperaturbereich, Lagertemperatur und ESD Schutz (Schutz gegen elektrostatische Überspannungsimpulse). Die Parameter eines OP sind

$$M^{(OP)} : (\underline{v}_{ud}, \underline{v}_{ug}, \underline{Z}_{id}, \underline{Z}_a, r_{ig},$$

$$U_{IO}, I_{IO}, I_{IB},$$

$$U_{a,maxp}, U_{a,maxn},$$

$$SR) = f(\text{Exemplar}; \text{Alterung}; T; R_L; U_B; f).$$

Sämtliche Parameter sind Exemplarstreuungsschwankungen unterworfen und im Allgemeinen abhängig von Temperatur, Last, Versorgungsspannung und Betriebsfrequenz. In der Zusammenstellung von Kennlinien eines OP werden einzelne Parameter und deren wichtigste Einflussgrößen in Diagrammen dargestellt.

Neben den OP-Verstärkern mit Bipolar-Transistor-Eingangsstufen gibt es auch OP-Verstärker, deren Eingangsstufen mit Feldeffekt-Transistoren ausgeführt sind. Selbstverständlich lassen sich OP-Verstärker auch mit MOS-Transistoren realisieren. Sehr häufig erhält man von Komponenten-Anbietern für OPs das „Boyle"-Makromodell. Ein typisches Beispiel dafür zeigt Abb. 5.75.

Das „Boyle"-Makromodell beschreibt die Eingangsstufe mit einer diskreten Differenzstufe aus Bipolar-Transistoren oder Feldeffekt-Transistoren, je nach Ausführung des OP-Verstärkers. Die weiteren Stufen werden mit gesteuerten Quellen nachgebildet. Die Gleichtaktverstärkung beschreibt die Sromquelle *Gcm* gesteuert durch *Ve*. Die Differenzverstärkung entsteht durch die Stromquellen *Ga* gesteuert durch *Va* und *Gb* gesteuert durch *Vb*.

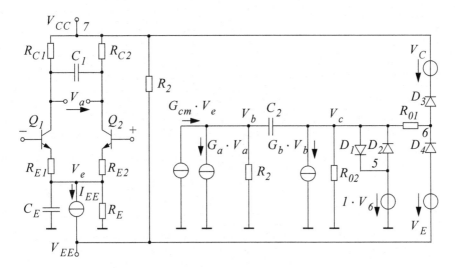

Abb. 5.76 „Boyle" Macromodel für den OP-Verstärker uA741- siehe: G.R. Boyle, B.M. Cohn, D.O., Pederson, J.E. Solomon: „Macrcomodelling of Integrated Circuit Operational Amplifiers", IEEE Journal of Solid-State Circuits, SC-9, 353 (1974)

Zur Veranschaulichung des Makromodells sollen einige Eigenschaften diskutiert werden. Der Strom *IEE* bestimmt den Arbeitspunkt der Transistoren Q_1 und Q_2. Damit ist auch indirekt der Eingangsruhestrom mit I_C/B festgelegt. Bei unterschiedlichen Stromverstärkungen erhält man unterschiedliche Eingangsruheströme. Mit $Ga = 1/R_C$ ist der maximale Ladestrom der Kapazität C_2 gleich dem doppelten Kollektorstrom. Der Kollektorstrom ist begrenzt, er kann maximal *IEE* sein. Der begrenzte Ladestrom für C_2 verursacht das Slew-Rate Verhalten. Für den Slew-Rate Parameter gilt somit $SR = 2I_C/C_2$. Die Differenzverstärkung bei unteren Frequenzen ist $G_a \cdot R_2 \cdot G_b \cdot R_{02}$. Die Eckfrequenz f_1 ergibt sich für die Frequenz, bei der R_2 gleich dem kapazitiven Widerstand von $C_2 \cdot (1 + G_b \cdot R_{02})$ ist. Die Dioden D_1 und D_2 begrenzen den Ausgangsstrom. Die Spannung an Knoten 5 ist gleich der Ausgangsspannung. Erreicht aufgrund des steigenden Ausgangsstroms der Spannungsabfall an R_{01} die Flussspannung, so wird D_1 leitend, der Ausgangsstrom ist begrenzt. Kehrt sich der Strom um, so fließt über D_2 der überschüssige Strom ab. Die Dioden D_3 und D_4 limitieren mit V_E und V_C die Ausgangsspannung (Abb. 5.76).

5.4.2 Gleichtaktunterdrückung und Aussteuergrenzen von OPs

An praktischen Beispielen sollen die Auswirkungen der Gleichtaktansteuerung und der Aussteuergrenzen aufgezeigt werden. Als erstes wird eine Testschaltung zur Darstellung der Gleichtaktunterdrückung des Eingangssignals betrachtet. Die Testschaltung zeigt Abb. 5.77.

Das Testbeispiel zur Gleichtaktunterdrückung enthält eine Gleichtaktansteuerung und eine Gegentaktansteuerung. Es zeigt deutlich, dass die Gleichtaktgröße mit 50 Hz

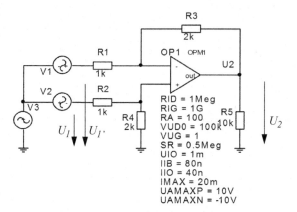

Experiment 5.4-1: GLGTAnsteuerung – Operationsverstärker mit
Gleichtakt- und Gegentaktansteuerung.

Abb. 5.77 Testschaltung für Gleichtakt/Gegentaktansteuerung mit Experiment

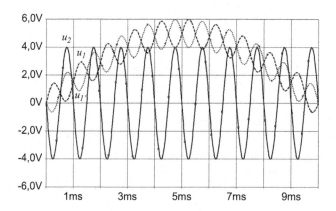

Abb. 5.78 Simulationsergebnis der Testschaltung für die Gleichtaktunterdrückung

Signalfrequenz sich nicht auf den Ausgang auswirkt, sie wird unterdrückt. Am Ausgang
ist nur die Differenzansteuerung mit 1 kHz Signalfrequenz wirksam (Abb. 5.78).

Als nächstes werden die Aussteuergrenzen eines OPs betrachtet. Die Aussteuergrenzen bestimmen sich wesentlich durch die angelegte Versorgungsspannung. Idealerweise
ist die Aussteuergrenze durch die Versorgungsspannung U_{B+} bzw. U_{B-} festgelegt. Je niederohmiger die Last, um so weniger wird die durch U_{B+} und U_{B-} gegebene ideale Aussteuergrenze erreicht. Abbildung 5.79 zeigt die Aussteuergrenzen bei symmetrischer
Versorgungsspannung. Zudem stellt man am Ausgang eine Nullpunktverschiebung mit
U_{2O} trotz $U_{id} = 0$ fest. Auf das Zustandekommen der Ausgangsoffsetspannung wird im
nächsten Abschnitt eingegangen.

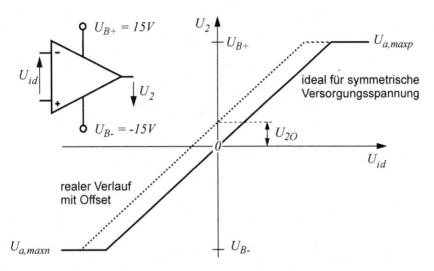

Abb. 5.79 DC-Übertragungskennlinie eines OP bei symmetrischer Versorgung, idealer Verlauf und realer Verlauf mit Offsetspannung

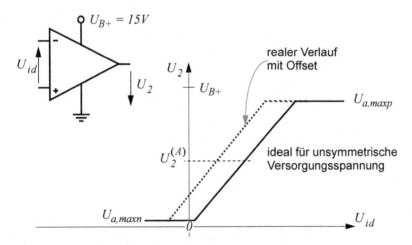

Abb. 5.80 DC -Übertragungskennlinie eines Operationsverstärkers bei unsymmetrischer Versorgung, idealer Verlauf und realer Verlauf mit Offsetspannung

Bei unsymmetrischer Versorgungsspannung ergeben sich die in Abb. 5.80 skizzierten Verhältnisse. Hier benötigt der OP einen Arbeitspunkt möglichst bei $U_{B+}/2$, um symmetrische Aussteuerverhältnisse zu erreichen.

Betrachtet wird eine Testschaltung mit unsymmetrischer Versorgungsspannung. Die Signaleinspeisung erfolgt am nichtinvertierenden Eingang. Bei $U_{B+} = 10\,\text{V}$ und $U_{B-} = 0\,\text{V}$ muss am invertierenden Eingang eine Hilfsspannung von 5 V angelegt werden, damit der

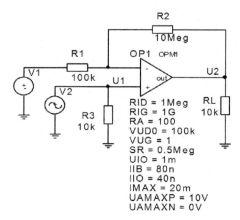

Experiment 5.4-2: UBunsymmetrisch – Operationsverstärker mit unsymmetrischer Versorgungsspannung; die Ausgangsspannungsgrenzen liegen bei 0 V und 10 V.

Abb. 5.81 Testschaltung für unsymmetrische Versorgungsspannung mit Experiment

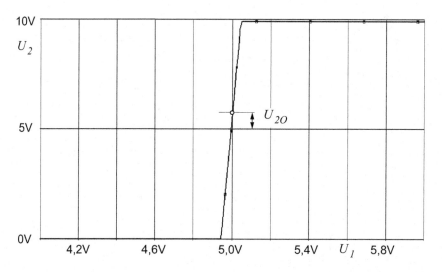

Abb. 5.82 Ergebnis der Testschaltung (Abb. 5.81) mit unsymmetrischer Versorgungsspannung

Arbeitspunkt am Ausgang bei 5 V, also mittig liegt. Abbildung 5.81 zeigt die Testschaltung. Der OP wird durch das in Abb. 5.74 skizzierte Makromodell mit den am Symbol ausgewiesenen Parametern beschrieben. Das Ergebnis des Experiments in Abb. 5.82 weist eine deutliche Offsetspannung als Abweichung von den gewünschten 5 V am Ausgang auf.

5.4.3 Einflüsse der DC-Parameter auf die Ausgangsoffsetspannung

An praktischen Beispielen wird die Auswirkung der realen DC-Parameter auf die Ausgangsspannung aufgezeigt. Es geht um die Bestimmung der bereits erwähnten Ausgangsoffsetspannung. Die Ausgangsoffsetspannung U_{2O} beeinflussen die DC-Parameter U_{IO}, I_{IB+} und I_{IB-}.

Der OP ist ein Linearverstärker, also gilt das Superpositionsgesetz für unabhängige Quellen im linearen Aussteuerbereich. Aus diesem Grund können die einzelnen unabhängigen Quellen getrennt betrachtet werden (Abb. 5.83). Die Gesamtoffsetspannung U_{2O} erhält man aus der Überlagerung der Teilergebnisse. In Abb. 5.83a ist die Wirkung der Eingangsoffsetspannung U_{IO} auf die Ausgangsoffsetspannung U_{2O} veranschaulicht.

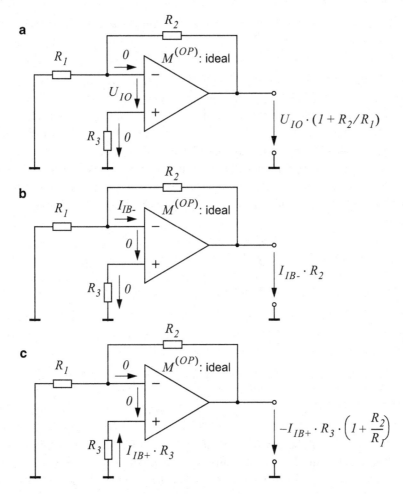

Abb. 5.83 Einfluss der Eingangsoffsetspannung U_{IO} auf die Ausgangsoffsetspannung U_{2O}; **a** Wirkung der Offsetspannung U_{IO}; **b** Wirkung des Ruhestroms I_{IB-}; **c** Wirkung der Ruhestroms I_{IB+}

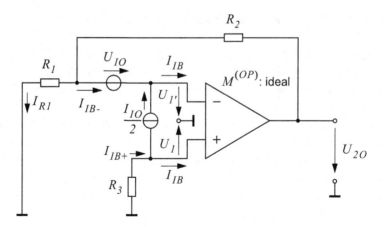

Abb. 5.84 Einfluss der Beschaltung auf die Ausgangsoffsetspannung bei „herausgenommenen" DC-Parametern U_{IO}, I_{IB+} und I_{IB-} des OP

Abbildung 5.83b zeigt die Wirkung des Eingangsruhestroms I_{IB-} auf die Ausgangsoffsetspannung und Abb. 5.83c die des Eingangsruhestroms I_{IB+}. Wie man sieht, hängt die Ausgangsoffsetspannung ab von den Parametern U_{IO}, I_{IB+} und I_{IB-}, aber auch von der Beschaltung des OP. Je hochohmiger die Beschaltung des OP ist, um so mehr wirken sich die Eingangsruheströme auf die Ausgangsoffsetspannung aus.

Abbildung 5.84 zeigt die Wirkung aller drei unabhängigen inneren DC-Quellen am Eingang und deren Einfluss auf die Ausgangsoffsetspannung. Durch Überlagerung der bisher getrennt betrachteten Einflussgrößen erhält man die Gesamt-Ausgangsoffsetspannung aus:

$$U_{2O} = U_{IO} \cdot \left(1 + \frac{R_2}{R_1}\right) + I_{IB-} \cdot R_2 - I_{IB+} \cdot R_3 \cdot \frac{R_1 + R_2}{R_1}. \tag{5.41}$$

Der Einfluss des Mittelwert-Ruhestroms $I_{IB} = (I_{IB+} + I_{IB-})/2$ kann kompensiert werden, wenn folgende Bedingung gilt:

$$R_3 = \frac{R_2 R_1}{R_1 + R_2} = R_1 \| R_2. \tag{5.42}$$

In diesem Fall wird die Ausgangsspannung nur noch von U_{IO} und I_{IO} bestimmt:

$$U_{2O} = U_{IO} \cdot \left(1 + \frac{R_2}{R_1}\right) + I_{IO} \cdot R_2. \tag{5.43}$$

Man spricht dann von „Ruhestromkompensation", wenn der Mittelwert-Ruhestrom I_{IB} keinen Einfluss mehr auf die Ausgangsoffsetspannung hat. Allgemein wird die Ausgangsoffsetspannung um so größer, je hochohmiger die Beschaltung des OP ist. Durch geeignete Beschaltung (u. a. mit $R3$ in Abb. 5.84) des OP kann die Ausgangsoffsetspannung verringert werden. Zur Bestimmung der DC-Parameter U_{IO}, I_{IB}, I_{IO} werden beispielsweise die skizzierten Messschaltungen verwendet (Abb. 5.85).

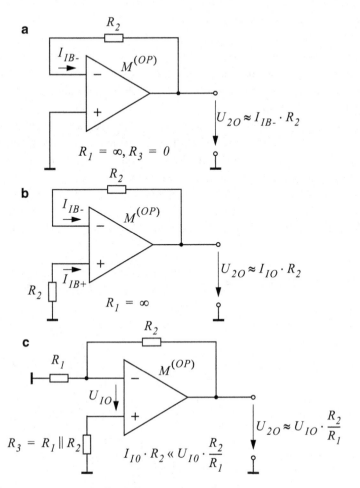

Abb. 5.85 Messschaltung zur Bestimmung der Offset-Parameter für I_{IB-} bei hinreichend großem R_2 (**a**), für I_{IO} bei hinreichend großem R_2 (**b**), für U_{IO} bei hinreichend kleinem R_2 (**c**)

Wie bereits dargelegt, bestimmen die Beschaltung und die DC-Parameter des OP-Verstärkers die Ausgangsoffsetspannung U_{2O}. Darüber hinaus besteht die Möglichkeit zur äußeren Offsetkompensation mittels einer Hilfsspannung mit dem Ziel $U_{2O} = 0$.

$$U_{2O} = U_{IO} \cdot \left(1 + \frac{R_2}{R_1}\right) + I_{IB-} \cdot R_2 + \\ - I_{IB+} \cdot R_3 \cdot \frac{R_1 + R_2}{R_1} + U_H \cdot \left(1 + \frac{R_2}{R_1}\right). \tag{5.44}$$

Eine erforderliche Hilfsspannung wird in der Regel aus der Versorgungsspannung abgeleitet. Die Einspeisung der Hilfsspannung erfolgt zweckmäßigerweise am (+) Eingang, wenn die Signalspannung am (−) Eingang anliegt. Soll das Signal am (+) Eingang anliegen, so ist entsprechend die Hilfsspannung am (−) Eingang einzuspeisen.

5.4.4 Rauschen von OP-Verstärkern

Das Rauschverhalten eines OP soll soweit erläutert werden, um die diesbezüglichen Datenblattangaben zu verstehen und deren Auswirkungen abschätzen zu können. Wie schon allgemein für Verstärker festgestellt, weist auch der OP „innere" Rauschquellen auf, die durch eine Rauschspannungsquelle U_{r0} und durch je eine Rauschstromquelle I_{r-} am invertierenden und I_{r+} am nichtinvertierenden Eingang repräsentiert werden. Zudem addieren sich in einer konkreten Anwendung Rauschquellen der Schaltkreiselemente der äußeren Beschaltung. In Abb. 5.86 sind die Rauschquellen des OP „herausgezogen" und die Rauschquellen der Beschaltungselemente dargestellt.

Die Rauschbeiträge der in Abb. 5.86 eingeführten Rauschquellen summieren sich zur Gesamtrauschspannung $U_{r,ges}$ am Ausgang. Mit der „Summation" der quadratischen Mittelwerte erhält man als Gesamtrauschspannung (quadratischer Mittelwert) am Ausgang gemäß Tab. 5.6:

$$\bar{U}_{r,ges} = \sqrt{\left(\bar{U}_{r1}\cdot v\right)^2 + \left(\bar{U}_{r3}(v+1)\right)^2 + \bar{U}_{r2}^2 + \left(\bar{I}_{r-}\cdot R_2\right)^2 + \left(\bar{I}_{r+}\cdot R_3(v+1)\right)^2 + \left(\bar{U}_{r0}(v+1)\right)^2}.$$

$$(5.45)$$

Abb. 5.86 Zum Rauschverhalten des OP-Verstärkers

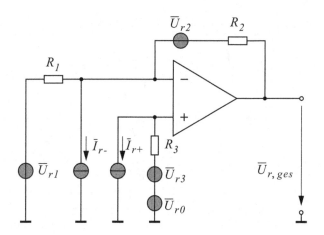

Tab. 5.6 Rauschbeiträge

Element	Beitrag zu $\bar{U}_{r,ges}$
R_1	$\sqrt{4\cdot k\cdot T\cdot B\cdot R_1}\cdot R_2/R_1 = \bar{U}_{r1}\cdot v$
R_3	$\sqrt{4\cdot k\cdot T\cdot B\cdot R_3}\cdot (1+R_2/R_1) = \bar{U}_{r3}(v+1)$
R_2	$\sqrt{4\cdot k\cdot T\cdot B\cdot R_2} = \bar{U}_{r2}$
$\bar{I}_{r-}$	$\bar{I}_{r-}\cdot R_2$
$\bar{I}_{r+}$	$\bar{I}_{r+}\cdot R_3\cdot (1+R_2/R_1) = \bar{I}_{r+}\cdot R_3(v+1)$
$\bar{U}_{r0}$	$\bar{U}_{r0}\cdot (1+R_2/R_1) = \bar{U}_{r0}(v+1)$

Ein Beispiel für eine konkrete Anwendungsschaltung mit den Werten $R_1 = 100\ \Omega$, $R_2 = 10\ \text{k}\Omega$, $R_3 = 50\ \text{k}\Omega$ und der äquivalenten Rauschbandbreite $B = 1\ \text{kHz}$ soll die Vorgehensweise veranschaulichen. Im Beispiel ist $v = 100$. Die Werte für die Rauschquellen des OP können im Allgemeinen dem Datenblatt entnommen werden. Die nachstehend aufgeführte Übersicht zeigt die ermittelten Werte für die Rauschquellen und die daraus mit Gl. 5.45 ermittelte Gesamtrauschspannung.

$$R_1 \rightarrow 1,3\ \text{nV}/\sqrt{\text{Hz}}; \qquad R_2 \rightarrow 13\ \text{nV}/\sqrt{\text{Hz}}; \qquad R_3 \rightarrow 28\ \text{nV}/\sqrt{\text{Hz}};$$
$$\bar{I}_{r-} = \bar{I}_{r+} = 1\ \text{pA}/\sqrt{\text{Hz}}; \qquad \bar{U}_{r0} = 50\ \text{nV}/\sqrt{\text{Hz}};$$
$$\overline{U}_{r,ges}/\sqrt{\text{Hz}} = \sqrt{(2,8\ \mu\text{V})^2/\text{Hz} + (5\ \mu\text{V})^2/\text{Hz} + (5\ \mu\text{V})^2/\text{Hz}} \approx 8\ \mu\text{V}/\text{Hz};$$
$$\overline{U}_{r,ges} \approx 0,25\ \text{mV}_{eff} \approx 1,7\ \text{mV}_{pp}.$$

Wegen der statistischen Verteilung der Rauschgrößen können Spitzenwerte des zeitlichen Momentanwerts der Rauschgröße deutlich höher sein als der Effektivwert. Der Formfaktor zur Umrechnung des Effektivwerts in den Spitzenwert ist unbestimmt (er wurde hier mit 7 angenommen).

Die Ermittlung der Rauschspannungsbeiträge ist bei rein resistiver Beschaltung besonders einfach, da keine frequenzabhängigen Komponenten zu berücksichtigen sind und somit die Integration über die Bandbreite ersetzt wird durch eine Multiplikation mit der Bandbreite B. Das setzt aber auch frequenzunabhängige Rauschquellen des Verstärkers (kein $1/f$-Anteil) voraus.

5.4.5 Slew-Rate Verhalten eines OP-Verstärkers

Die erste Verstärkerstufe eines OP ist im Allgemeinen eine spannungsgesteuerte Stromquelle. Bei größeren Eingangssignalamplituden wirkt die Strombegrenzung der ersten Stufe. Diese Strombegrenzung verursacht eine endliche Änderungsgeschwindigkeit der Ausgangsspannung. Das Slew-Rate Verhalten macht sich nur bei „Großsignalansteuerung" bemerkbar. Dazu ist eine Eingangsdifferenzspannung bei bipolaren Eingangsstufen von größer 0,1 V (das sind $> 4\ U_T$) erforderlich.

Mit der Testschaltung gemäß Abb. 5.87 kann das Slew-Rate Verhalten dargestellt werden. Abbildung 5.88 zeigt das Ergebnis der Testschaltung. Die Ausgangsspannung kann gemäß Abb. 5.88 der Eingangsspannung nur mit endlicher Anstiegsgeschwindigkeit folgen (Spannungsfolger). Bei Ansteuerung eines Spannungsfolgers mit einer Rechteckspannung von 5 V Amplitude wird im ersten zeitlichen Momentanwert bei Spannungsänderung von 0 auf 5 V die Eingangs-Differenzspannung größer 0,1 V. Damit erfolgt eine Aussteuerung der ersten „inneren" Verstärkerstufe in die Begrenzung. Bei

Abb. 5.87 Testschaltung für
das Slew-Rate Verhalten

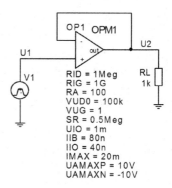

RID = 1Meg
RIG = 1G
RA = 100
VUD0 = 100k
VUG = 1
SR = 0.5Meg
UIO = 1m
IIB = 80n
IIO = 40n
IMAX = 20m
UAMAXP = 10V
UAMAXN = -10V

Experiment 5.4-3: SR_OPM1–Testschaltung zur
Ermittlung des Slew-Rate Verhaltens

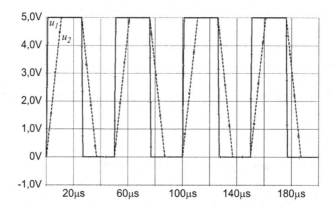

Abb. 5.88 Ergebnis der Testschaltung (Abb. 5.87) zur Bestimmung des Slew-Rate Verhaltens

den gegebenen Parametern beträgt der maximal mögliche Ausgangsstrom der ersten
Stufe 20 μA. Der endliche Strom von 20 μA am Ausgang der ersten Stufe führt zu einer
endlichen Anstiegsgeschwindigkeit der Spannung an C_K (siehe Abb. 5.74 und 5.75).

$$I_x = \text{const} = I_0 = C_K \frac{du_2}{dt}. \tag{5.46}$$

Die Spannung an C_K ist aufgrund der hohen Verstärkung der zweiten Stufe (Abb. 5.74
bzw. Abb. 5.75) in etwa gleich der Ausgangsspannung.

Zur Verdeutlichung ist in Abb. 5.89 ein vereinfachtes Makromodell für einen zweistufigen Verstärker dargestellt, wobei die erste Verstärkerstufe durch eine spannungsgesteuerte Stromquelle und die zweite Stufe durch eine spannungsgesteuerte Spannungsquelle
beschrieben wird. Die Verstärkung der 1. Stufe beträgt $v_1 = g_m \cdot 260 \text{ k}\Omega = 100$. Bei
größeren Eingangsspannungen begrenzt die erste Stufe den Strom auf den Wert gegeben

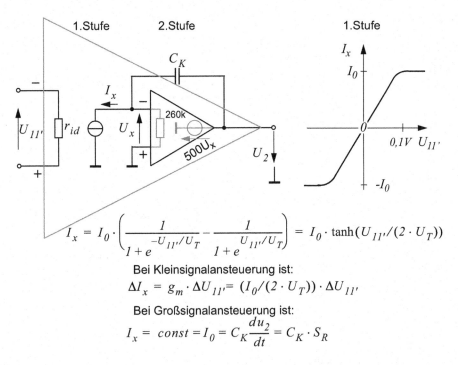

$$I_x = I_0 \cdot \left(\frac{1}{1 + e^{-U_{11'}/U_T}} - \frac{1}{1 + e^{U_{11'}/U_T}} \right) = I_0 \cdot \tanh(U_{11'}/(2 \cdot U_T))$$

Bei Kleinsignalansteuerung ist:
$$\Delta I_x = g_m \cdot \Delta U_{11'} = (I_0/(2 \cdot U_T)) \cdot \Delta U_{11'}$$

Bei Großsignalansteuerung ist:
$$I_x = const = I_0 = C_K \frac{du_2}{dt} = C_K \cdot S_R$$

Abb. 5.89 Einfaches Makromodell zur Erklärung des Slew-Rate Verhaltens

durch I_0. Bei $I_0 = 20$ μA ergibt sich somit eine endliche Anstiegsgeschwindigkeit der Ausgangsspannung (Slew-Rate SR) für die Testschaltung bei $I_0 = 20$ μA und $C_K = 40$ pF nach folgender Beziehung:

$$S_R = \frac{I_0}{C_K} = 20 \; \mu\text{A}/40 \; \text{pF} = 0,5 \; \text{V}/\mu\text{s}. \tag{5.47}$$

Aufgrund der endlichen Stromergiebigkeit der ersten „inneren" Stufe des OP, die immer eine spannungsgesteuerte Stromquelle ist, ergibt sich wegen der Rückwirkungskapazität der zweiten Stufe eine endliche Anstiegsgeschwindigkeit der Ausgangsspannung.

Abschließend zeigt das nachstehende Beispiel ein VHDL-AMS Modell für den OP unter Berücksichtigung der realen DC-Parameter *iib, iio, vio*, der realen Eingangsimpedanzen mit *rid, cid, rig*, der Differenzverstärkung *vud*0 und der Gleichtaktunterdrückung *cmrr*. Die erste Verstärkerstufe ist eine spannungsgesteuerte Stromquelle (*ix*) mit *io* als Strombegrenzung. Die zweite Stufe ist eine spannungsgesteuerte Spannungsquelle (*vn2_h*) mit dem Eingangswiderstand *r*1 und einer Rückwirkungskapazität *ck*. Der Ausgangswiderstand ist *ra*. Am Ausgang wirkt eine Spannungsbegrenzung (*v_supply_p, v_supply_n*) und eine Strombegrenzung (*imax_p, i_max_n*).

```
library ieee, ieee_proposed;
use ieee.math_real.all;
use ieee_proposed.electrical_system.all;
entity OpAmp is
  generic (
    iib         : current    := 0.0;        -- input bias current
    ii0         : current    := 0.0;        -- offset current
    vi0         : voltage    := 0.0;        -- offset voltage
    rid         : resistance := 0.0;        -- differential input capacitance
    cid         : capacitance := 0.0;       -- differential input resistance
    rig         : resistance := 0.0;        -- common mode input resistance
    i0          : current    := 0.0;        -- internal current
    vud0        : voltage    := 1.0e5;      -- open loop gain
    cmrr        : real       := 3.0e4;      -- common mode rejection ratio
    r1          : resistance := 500.0e3;    -- internal resistance
    ck          : capacitance := 0.0;       -- miller capacitance
    ra          : resistance := 0.0;        -- output resistance
    i_max_p     : current    := 5.0e-3;     -- max positive output current
    i_max_n     : current    := -5.0e-3;    -- max negativ output current
    v_supply_p  : voltage    := 5.0;        -- positive supply voltage
    v_supply_n  : voltage    := -5.0);      -- negative supply voltage
  PORT (TERMINAL plus, minus, output : electrical);
end OpAmp;
architecture Level2 of OpAmp is
-- inner terminals
  terminal n0, n1, n2 : electrical;
-- inner branch quantities and free quantities
  quantity Vin across plus to minus;
  quantity V_i0 across i2 through plus to n0;
  quantity vud across ii, icid, irid through n0 to minus;
  quantity vug1 across irig1, iib1 through n0 to electrical_ref;
  quantity vug2 across irig2, iib2 through minus to electrical_ref;
  quantity vx across ix, ir1 through n1 to electrical_ref;
  quantity vck across ick through n2 to n1;
  quantity vn2 across in2 through n2 to electrical_ref;
  quantity vra across ira through n2 to output;
  quantity voutput across output to electrical_ref;
  quantity sr : real;                       -- free quantity: slew rate
  quantity ira_h : current;                 -- help free quantity
  quantity vn2_h : voltage;                 -- help free quantity
begin
  sr == i0/ck;
  v_i0 == vi0;
  ii == ii0/2.0;
  icid == cid * vud'dot;
  irid == vud/rid;
```

```
irig1 == vug1/rig;
irig2 == vug2/rig;
iib1 == iib;
iib2 == iib;
ix == i0 * tanh(vud/0.052);
ir1 == vx/r1;
ick == ck * vck'dot;
vn2_h == vud0*(-1.0*vx)/99.95 + (vud0/cmrr)*vug1;
ira_h == vra/ra;
-- limitation of the output voltage
if vn2_h'above(v_supply_p)    use              vn2 == v_supply_p;
    elsif not vn2_h'above(v_supply_n)    use vn2 == v_supply_n;
    else      vn2 == vn2_h;
end use ;
-- limitation of the output current
if ira_h'above(i_max_p)    use         ira == i_max_p;
    elsif not  ira_h'above(i_max_n)    use ira == i_max_n;
    else      ira == ira_h;
    end use ;
end Level2;
```

5.5   OP-Verstärkeranwendungen

Aus der schier unendlichen Vielzahl möglicher praktischer Problemlösungen mit Operationsverstärkern werden nachstehend einige wenige beispielhafte Anwendungen vorgestellt.

5.5.1   Instrumentenverstärker

Instrumentenverstärker sind dadurch gekennzeichnet, dass an beiden symmetrischen Eingängen ein Spannungsfolger vorliegt. Gegeben sei der in Abb. 5.90 dargestellte Instrumentenverstärker. Beide Eingänge weisen aufgrund des nachgeschalteten Spannungsfolgers einen sehr hochohmigen Eingang auf. Deren Differenzausgang wird im Beispiel um den Faktor 100 verstärkt.

Das Ergebnis des Experiments zeigt Abb. 5.91. Die Gegentaktansteuerung am symmetrischen Eingang mit $VD1$ wird hoch verstärkt; die Gleichtaktansteuerung am Eingangsknoten 1+ mit $VG1$ soll möglichst unterdrückt werden. Die erhebliche Gleichtaktgröße verschwindet im Beispiel trotz nicht zu vernachlässigender Gleichtaktverstärkung mit $\underline{v}_{ug} = 1$ nahezu vollständig. Damit weist der Instrumentenverstärker eine sehr hohe Gleichtaktunterdrückung auf. Nur die symmetrischen Signalanteile werden verstärkt bei hohem Eingangswiderstand.

Abb. 5.90 Beispiel eines
Instrumentenverstärkers mit
zugehörigem Experiment

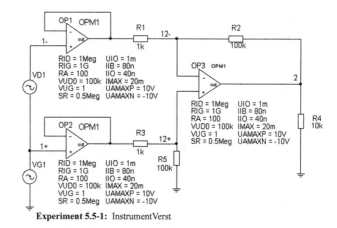

Experiment 5.5-1: InstrumentVerst

Abb. 5.91 Ergebnis des
Instrumentenverstärkers,
Testschaltung Abb. 5.90

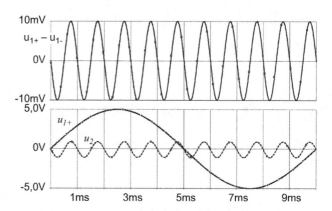

5.5.2 Sensorverstärker

Aufgabe von Sensorelementen ist es, physikalische Zustandsgrößen in elektrische Größen umzuformen. Oftmals basieren Sensoren auf der Veränderung von Widerstandswerten in Abhängigkeit einer physikalischen Zustandsgröße (z. B. Kraft, Druck, Temperatur,
Feuchte, Weg). Die Widerstandsänderung soll durch eine geeignete Schaltung in eine
dazu proportionale Ausgangsspannung umgeformt werden. Es gilt die Widerstandsänderung in eine Wechselspannungsänderung zu wandeln. Dazu verwendet man sogenannte
Brückenverstärker als Sensorverstärker (Abb. 5.92). Von der Schaltung wird gefordert,
dass die Wechselspannungsamplitude proportional der Widerstandsänderung sein soll.

Bei Brückenabgleich (die Widerstände $R1$, $R2$, $R3$, $R5$ sind gleich groß) ist das Ausgangssignal gleich Null. Verändert sich der Sensorwiderstand $R5$, so ergibt sich je nach
Größe der Widerstandsänderung eine dazu proportionale Ausgangsspannung. Das Experiment in Abb. 5.92 soll den Sensorverstärker dahingehend untersuchen.

Im Beispiel wird die Ausgangsspannung u_2 ermittelt für Widerstandswerte von $R5 = 8$,
10 und 12 kΩ. Bei 10 kΩ ist der Brückenabgleich gegeben, die Ausgangsspannung ist

Abb. 5.92 Sensorverstärker
mit zugehörigem Experiment

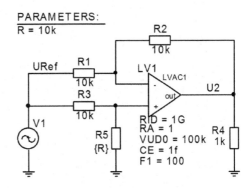

Experiment 5.5-2: SensorVerst

Abb. 5.93 Ergebnis des
Sensorverstärkers mit
R5 = 8,10 und 12 kΩ

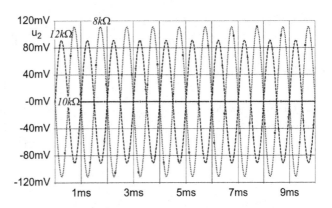

Null. Aus der Phasenlage des Ausgangssignals kann man erkennen, ob sich der Widerstand erhöht oder erniedrigt hat, gegenüber dem Brückenabgleich. Wie man in Abb. 5.93 sieht, reagiert die Schaltung sehr sensitiv auf Widerstandsänderungen.

5.5.3   Treppengenerator

Treppengeneratoren erzeugen ein analoges treppenförmiges Signal. Es wird beispielsweise benötigt für analoge Video-Testsignale zur elektronischen Generierung eines Balkenmusters. Das Beispiel in Abb. 5.94 zeigt eine gemischt analog/digitale Schaltung mit dem Testergebnis in Abb. 5.95.

Der Digitalteil wird mit einem „Gatelevel-Simulator" analysiert, der Analogteil mit dem „Circuit-Simulator". Beide Simulatoren tauschen Signale an den Schnittstellen aus. Die Eingangssignale des Digitalteils werden im „Stimuli-File" beschrieben, das im Simulation-Profile unter „Include" eingebunden werden muss. Wirkt in PSpice ein digitaler Ausgang auf ein Netz mit angeschlossenen analogen Komponenten, so fügt das System automatisch ein I/O-Modell für die D/A-Wandlung in Form eines Subcircuits ein. Gleiches geschieht, wenn ein analoger Ausgang auf digitale Eingänge wirkt.

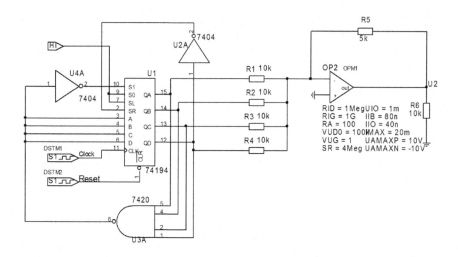

Experiment 5.5-3: Treppengenerator

Abb. 5.94 Treppengenerator mit zugehörigem Experiment

Abb. 5.95 Ergebnis des
Treppengenerators

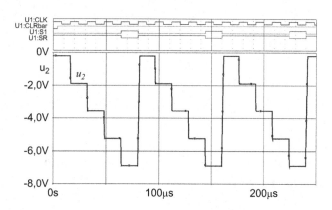

Bei analogen Videosignalen beträgt die Zeilenperiode $64\,\mu s$, die Zeilensynchron-Impulsaustastung $12\,\mu s$. Das Balkenmuster stellt das analoge Video-Testsignal dar. Zur Aufbereitung des Balkenmusters arbeitet der OP als Analog-Addierer. Zur Verbesserung der Änderungsgeschwindigkeit der Ausgangsspannung wird der Slew-Rate Parameter des OP auf $4V/\mu s$ erhöht.

5.5.4 Kompressor/Expander-Verstärker

Bei begrenzter Dynamik eines Übertragungskanals ist es oft zweckmäßig das Signal zu komprimieren und anschließend wieder zu expandieren. Dazu benötigt man einen Verstärker, der bei größeren Signalamplituden die Verstärkung reduziert (Begrenzerverstärker).

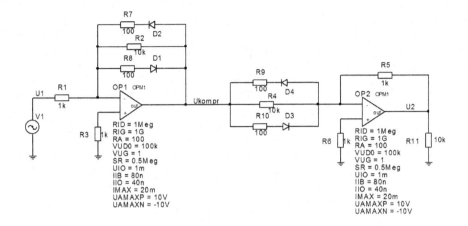

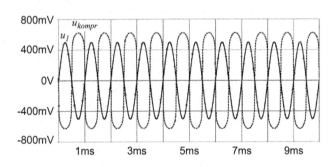

Experiment 5.5-4: Kompr_ExpVerst

Abb. 5.96 Kompressor/Expander-Verstärker mit zugehörigem Experiment

Abb. 5.97 Ergebnis des Kompressor/Expander-Verstärkers; es ist $u_2 = u_1$

Im gegebenen Beispiel (Abb. 5.96) beträgt die Kleinsignalverstärkung 10; bei Signalamplituden, die größer als die Schwellspannung der Diode sind, reduziert sich die Verstärkung auf 0,1. Der Expander muss eine dazu reziproke Verstärkerkennlinie aufweisen, um das Ursprungssignal wieder unverzerrt zu erhalten. Das Ergebnis der Testschaltung in Abb. 5.97 zeigt, dass das Ausgangssignal nach Komprimierung und Expandierung gleich dem Eingangssignal ist.

5.5.5 Aktive Signaldetektoren

Aktive Signaldetektoren vermeiden den Nachteil der Ansprechschwelle gegeben durch die Schwellspannung der Detektordiode. Signaldetektoren werden u. a. zu Messzwecken oder in Demodulatorschaltungen benötigt. Ein einfacher Signaldetektor zur Demodulation eines amplitudenmodulierten Signals wurde in Abschn. 4.2.3 behandelt. Der Vorteil

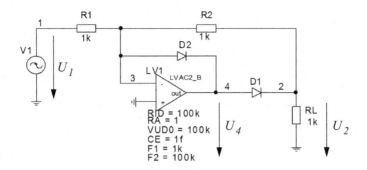

Experiment 5.5-5: Signaldetektor

Abb. 5.98 Halbwellendetektor mit zugehörigem Experiment

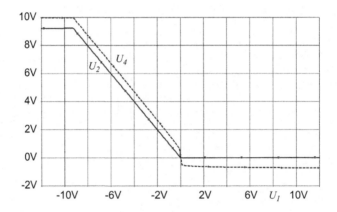

Abb. 5.99 DC Übertragungskurve des Halbwellendetektors

der Schaltung in Abb. 5.98 besteht darin, dass am Ausgang keine durch die Diode vorgegebene Schwellspannung wirksam ist. Zudem kann über $R1$ und $R2$ die detektierte Halbwelle am Ausgang verstärkt werden.

Bei negativen Halbwellen des Eingangssignals werden diese mit dem Verstärkungsfaktor -1 auf den Ausgang übertragen, sofern der Verstärker nicht in die Begrenzung
ausgesteuert wird. Bei negativen Halbwellen ist die Diode $D1$ leitend und $D2$ gesperrt;
bei positiven Halbwellen leitet Diode $D2$ und $D1$ ist gesperrt. Ist die Eingangsspannung
positiv, so fließt der Eingangsstrom U_1/R_1 über die leitende Diode $D2$; Knoten 4 geht auf
$-0,7$ V. Der Strom durch R_2 ist gleich Null. Damit ist auch die Ausgangsspannung gleich
Null (Abb. 5.99).

5.5.6   Tachometerschaltung zur analogen Frequenzbestimmung

Analoge Integratoren dienen u. a. zur Mittelwertbildung, was am Beispiel einer Tacho-
meterschaltung aufgezeigt wird. Eine Testschaltung (Abb. 5.100) für einen analogen
Frequenzmesser benötigt ein Eingangssignal in Pulsform mit konstanter Amplitude und
Pulsbreite (*PW*). Die Pulsperiode (*PER*) ist abhängig von der Signalfrequenz. Bei einer
Signalfrequenz von 1 kHz beträgt die Periodendauer 1 *ms*.

Im gegebenen Beispiel ist die Pulsweite $PW = 200 \,\mu s$. Der Integrator ermittelt den
DC-Wert des Eingangssignals und verstärkt ihn mit dem Faktor –10. Abbildung 5.101
zeigt das Testergebnis. Der DC-Wert des Eingangssignals ergibt sich aus:

$$U_{DC} = 1\,\text{V} \cdot PW \cdot f; \tag{5.48}$$

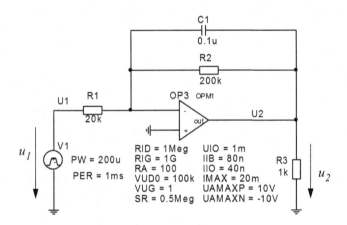

Experiment 5.5-6:   Tachometer

Abb. 5.100   Integrator als analoger Frequenzmesser mit zugehörigem Experiment

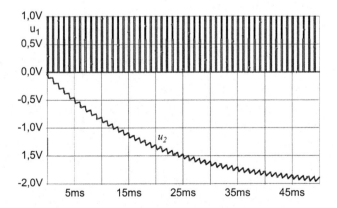

Abb. 5.101   Ergebnis des Frequenzmessers für die Testschaltung in Abb. 5.100

Bei $f = 1$ kHz erhält man demnach eine Ausgangsamplitude von -2 V. Das Ausgangssignal der Testschaltung weist den erwarteten Wert auf. Verringert man die Frequenz, so verringert sich das Ausgangssignal dazu proportional.

5.5.7 Analoge Filterschaltungen

Mit OPs lassen sich vielfältige analoge Filterschaltungen realisieren. Bespielhaft sei die nachstehende Auswahl von einigen typischen Filterschaltungen in Form von aktiven Tiefpass-, Hochpass-, Bandpass- und Bandstopp-Filtern.

Tiefpass: Ein Tiefpass überträgt untere Frequenzanteile eines Signals oder einer Signalgruppe. Frequenzanteile ab einer bestimmten Eckfrequenz werden unterdrückt. Eine mögliche Realisierung zeigt Abb. 5.102 mit dem Ergebnis in Abb. 5.103. Im gegebenen

Abb. 5.102 Tiefpassfilter mit $R1 = R10 = R$ und $C1 = C2 = C;$ mit Experiment

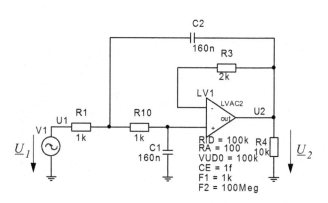

Experiment 5.5-7: Tiefpass_40dB

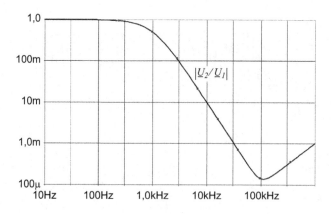

Abb. 5.103 Ergebnis Tiefpass, Testschaltung Abb. 5.102

Abb. 5.104 Hochpassfilter
mit $R1 = R2 = R$ und
$C1 = C10 = C$ mit
zugehörigem Experiment

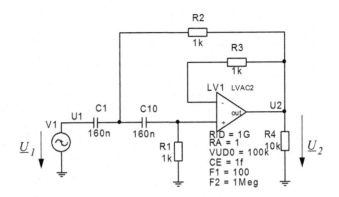

Experiment 5.5-8: Hochpass_40dB

Abb. 5.105 Ergebnis
Hochpass, Testschaltung
Abb. 5.104

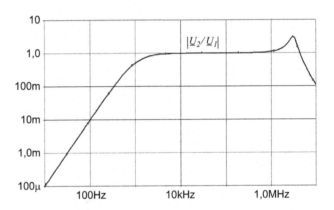

Beispiel werden ab der Eckfrequenz Signalanteile um 40 dB pro Dekade gedämpft. Die Eckfrequenz des Tiefpassverhaltens ergibt sich bei $\omega_0 = \frac{1}{\sqrt{R \cdot C}}$.

Hochpass: Ein Hochpass unterdrückt tiefe Frequenzanteile eines Signals oder einer Signalgruppe. Frequenzanteile ab einer bestimmten Eckfrequenz sollen möglichst ungedämpft übertragen werden. Die dem folgenden Experiment zugrundeliegende Testschaltung ist in Abb. 5.104 dargestellt. Das Ergebnis zeigt Abb. 5.105. Die Eckfrequenz des Hochpassverhaltens ergibt sich bei $\omega_0 = \frac{1}{\sqrt{R \cdot C}}$. Bei höheren Frequenzen macht sich die endliche Bandbreite des Verstärkers bemerkbar.

Bandpass: Ein Bandpass (Abb. 5.106) überträgt nur Frequenzanteile eines Signals oder einer Signalgruppe innerhalb einer bestimmten Bandbreite. Frequenzanteile außerhalb dieser Bandbreite sollen möglichst unterdrückt werden. Eine Anwendung wäre z. B. das Ausfiltern der Taktfrequenzanteile eines Signals. Die Mittenfrequenz des Bandpasses (siehe Abb. 5.107) ergibt sich bei $\omega_0 = \frac{1}{\sqrt{R \cdot C}}$.

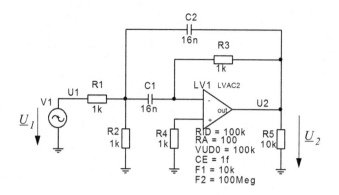

Experiment 5.5-9: Bandpass_40dB

Abb. 5.106 Bandpassfilter mit $R1 = R2 = R$ und $C1 = C2 = C;$ mit Experiment

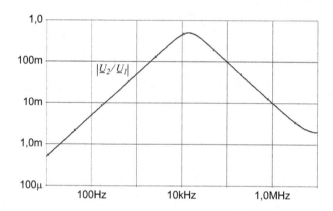

Abb. 5.107 Ergebnis Bandpass, Testschaltung Abb. 5.106

Bandstoppfilter: Ein Bandstoppfilter (Abb. 5.108) überträgt alle Frequenzanteile eines Signals oder einer Signalgruppe außerhalb eines Sperrbereiches um die Bandstopp-Mittenfrequenz. In einer beispielhaften Anwendung können damit u. a. Taktfrequenzanteile eines Signals unterdrückt werden. Die Mittenfrequenz ergibt sich bei $\omega_0 = \frac{1}{\sqrt{R \cdot C}}$. Bandstoppfilter benötigt man beispielsweise, um unerwünschte Frequenzanteile auszublenden. In Abb. 5.109 ist das Ergebnis der Testschaltung dargestellt.

5.5.8 Virtuelle Induktivität

Mit geeigneten OP-Schaltungen lassen sich u. a. virtuelle Induktivitäten realisieren. Induktivitäten sind oft in Schaltungsanwendungen unerwünscht, sie lassen sich beispielsweise nicht oder nur schwer integrieren. Es gibt Ersatzschaltungen, die in einem bestimmten Frequenzbereich induktives Verhalten aufweisen. Die Funktion lässt sich im

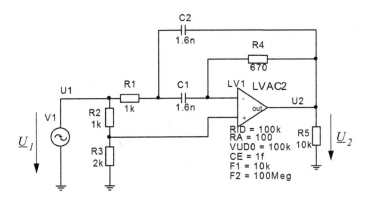

Experiment 5.5-10: Bandstop_40dB

Abb. 5.108 Bandstoppfilter mit $R1 = R2 = R3/2 = R$ und $C1 = C2 = C$; mit Experiment

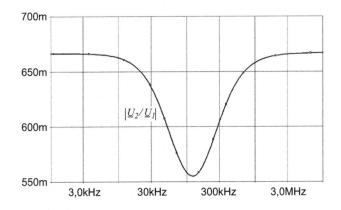

Abb. 5.109 Ergebnis Bandstoppfilter, Testschaltung Abb. 5.108

Zeigerdiagramm darstellen (Abb. 5.110). Wegen des hochohmigen Widerstands $R1$ fällt an diesem Widerstand nahezu die gesamte Eingangsspannung ab. Die Spannungsaufteilung auf $R1$ und $C1$ ist aus dem Zeigerdiagramm zu entnehmen. Der Verstärker erzwingt, dass die Spannung an $C1$ gleich der Spannung an $R2$ ist. Wegen des niederohmigen Widerstands $R2$ ergibt sich ein signifikanter nacheilender Strom an der Schnittstelle, so dass Z_x im unteren Frequenzbereich induktives Verhalten aufweist.

Die Testschaltung in Abb. 5.110 zeigt, dass sich an der skizzierten Schnittstelle im Frequenzbereich bis etwa 10 kHz induktives Verhalten einstellt. Die Ersatzinduktivität beträgt näherungsweise:

$$L_{ers} = C_1 \cdot R_1 \cdot 100 \ \Omega. \tag{5.49}$$

Das Ergebnis der Testschaltung in Abb. 5.110 ist in Abb. 5.111 dargestellt.

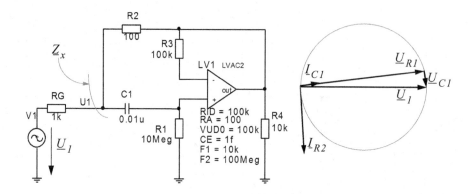

Experiment 5.5-11:   LVirtuell

Abb. 5.110   Ersatzanordnung für eine Induktivität mit zugehörigem Experiment

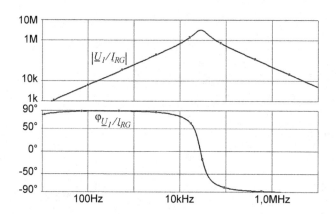

Abb. 5.111   Ergebnis der Testschaltung in Abb. 5.110

5.5.9   Schmitt-Trigger

Der Schmitt-Trigger ist ein mitgekoppelter Verstärker. Er arbeitet nicht als Linearverstärker, vielmehr nimmt die Ausgangsspannung entweder die durch die Versorgungsspannung vorgegebene positive Aussteuergrenze $U_{2,max}$ oder die negative Aussteuergrenze $U_{2,min}$ an. Damit kann ein analoges Signal digitalisiert werden. Schmitt-Trigger erzeugen ein Rechtecksignal mit möglichst steiler Flanke ausgehend von einer Schaltschwelle. Abbildung 5.112 zeigt beispielhaft einen nichtinvertierenden Schmitt-Trigger mit symmetrischer Versorgungsspannung (hier +/− 10 V).

Die Schaltschwelle bei positiver Spannungsänderung unterscheidet sich von der in umgekehrter Richtung (Hysterese). Wesentlich ist, dass hier der Verstärker als mitgekoppelter Verstärker arbeitet und nicht wie bisher als Linearverstärker. Die Rückkopplung wird des-

Abb. 5.112 Nichtinvertierender Schmitt-Trigger mit zugehörigem Experiment

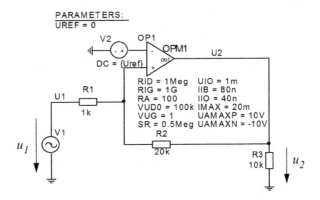

Experiment 5.5-12: Schmitttrigg_nichtinv

halb an den (+) Eingang zurückgeführt. Die Schaltschwelle lässt sich mittels einer Referenzspannung U_{Ref} und der Beschaltung mit $R1$ und $R2$ einstellen. Die Ausgangsspannung ist durch die maximale Ausgangsspannung $U_{2,max}$ bzw. durch die minimale Ausgangsspannung $U_{2,min}$ des Verstärkers gegeben.

Zur Bestimmung der Schaltschwelle wird zunächst angenommen, dass die Ausgangsspannung den Wert $U_{2,max}$ aufweist. Der Umschaltpunkt $U_{1,aus}$ ergibt sich dann, wenn am (+) Eingang des Verstärkers die Spannung U_{Ref} anliegt.

$$(U_{2,max} - U_{1,aus}) \cdot \frac{R_1}{R_1 + R_2} + U_{1,aus} = U_{Ref};$$

$$U_{1,aus} = -U_{2,max} \cdot \frac{R_1}{R_2} + U_{Ref} \cdot \frac{R_1 + R_2}{R_2}. \tag{5.50}$$

Im Weiteren wird angenommen, dass die Ausgangsspannung bei $U_{2,min}$ liegt. In diesem Fall erhält man den Umschaltpunkt $U_{1,ein}$ wiederum unter der Bedingung, dass aufgrund der Eingangsspannung am (+) Eingang des Verstärkers die Spannung gleich U_{Ref} ist. Dabei sei darauf hingewiesen, dass im Allgemeinen der Wert für die Aussteuergrenze $U_{2,min}$ einen negativen Zahlenwert aufweist (im Beispiel ist $U_{2,min} = -10\,\text{V}$).

$$U_{1,ein} = -U_{2,min} \cdot \frac{R_1}{R_2} + U_{Ref} \cdot \frac{R_1 + R_2}{R_2}. \tag{5.51}$$

Das Ergebnis der Testschaltung in Abb. 5.113 zeigt in Abhängigkeit der Referenzspannung unterschiedliche Schaltschwellen. In vielen Anwendungen ist die Hysterese der Schaltschwellen erwünscht, da sich sonst um den Umschaltpunkt ein „Prellen" des Schaltvorgangs einstellen würde. Im Prinzip stellt der Schmitt-Trigger einen Komparator dar, mit unterschiedlichen Schaltschwellen, je nachdem ob ein Einschalt- oder Abschaltvorgang vorliegt. Ein Linearverstärker als Geradeausverstärker mit hoher Verstärkung kann ebenfalls als Komparator betrieben werden. Bei Ansteuerung am (+) Eingang geht der Linearverstärker oberhalb der Schaltschwelle in die positive Begrenzung, unterhalb

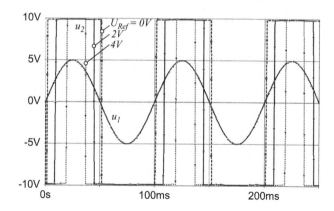

Abb. 5.113 Ergebnis der Testschaltung des Schmitt-Triggers in Abb. 5.112 mit $U_{2,max} = 10\,\text{V}$ und $U_{2,min} = -10\,\text{V}$

der Schaltschwelle in die negative Begrenzung. Dabei liegt keine Hysterese der Schalt-schwellen vor.

5.5.10 Astabiler Multivibrator

Ein astabiler Multivibrator stellt einen Oszillator dar. Die Schwingfrequenz ist gegeben durch eine Zeitkonstante. Deshalb zählt dieser Oszillator zur Gruppe der „Laufzeitos-zillatoren". Der astabile Multivibrator ist eine mitgekoppelte Verstärkerschaltung. Eine beispielhafte Anordnung zeigt Abb. 5.114.

Abb. 5.114 Astabiler
Multivibrator mit zugehörigem
Experiment

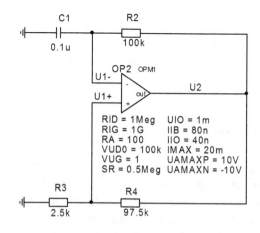

Experiment 5.5-13: AstabilerMult

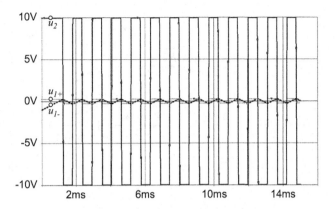

Abb. 5.115 Ergebnis der Testschaltung (Abb. 5.114) des astabilen Multivibrators

Um den Oszillator zum Anschwingen zu bringen, wird an $C1$ eine Startspannung (Initial Condition $IC = -1\,V$) gelegt. Die Ausgangsspannung kippt sofort auf die maximal positive Ausgangsspannung. Der Kondensator entlädt sich bis zur Schaltschwelle, wo der Verstärker dann auf die maximal negative Ausgangsspannung kippt. Die Kondensatorspannung wird wieder in negativer Richtung aufgeladen, so dass sich der Vorgang wiederholt. Das Ergebnis der Testschaltung zeigt das in Abb. 5.115 skizzierte Verhalten. Der Linearverstärker (OP) arbeitet als Komparator. Je nach Ansteuerung geht der Komparator in die positive oder negative Begrenzung am Ausgang.

5.5.11 Negative-Impedance-Converter

Mit einem Negative-Impedance-Converter (NIC) lässt sich durch Rückkopplung ein negativer Eingangswiderstand erzeugen. Abbildung 5.116 zeigt ein Realisierungsbeispiel. Bei AC-Analyse mit idealem Verstärker ist $\underline{I}_2 = \underline{U}_x / R10$. Zudem muss die Spannung an $R20$ und $R30$ gleich sein, also gilt: $\underline{I}_2 = \underline{U}_x / R10 = \underline{I}_3 = \underline{I}_x$. Als Folge davon ist die Schnittstellenimpedanz $\underline{Z}_x$ negativ. Im Beispiel wird der Parallelresonanzkreis entdämpft, was auch das Simulationsergebnis in Abb. 5.117 ausweist. Es liegt ein Oszillatorverhalten vor.

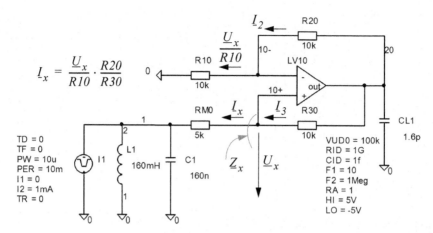

$$I_x = \frac{U_x}{R10} \cdot \frac{R20}{R30}$$

Experiment 5.5-14: NIC

Abb. 5.116 Parallelresonanzkreis entdämpft durch einen Negative-Impedance-Converter mit zugehörigem Experiment

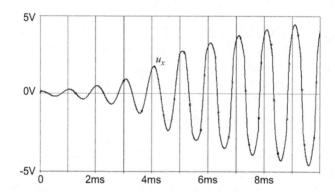

Abb. 5.117 Simulationsergebnis zur Anordnung in Abb. 5.116

Funktionsgrundschaltungen mit BJTs

6

Die „innere" Schaltungstechnik u. a. in Verstärkerstufen, in Sensorschaltungen, in Leistungsstufen basiert auf Funktionsgrundschaltungen. Im Folgenden wird eingeführt in die wichtigsten Funktionsprimitive und Funktionsgrundschaltungen mit Bipolartransistoren (BJT). Es geht um die Ermittlung wesentlicher Eigenschaften zur Charakterisierung und Einteilung der behandelten Funktionsgrundschaltungen.

6.1 Vorgehensweise bei der Abschätzanalyse

Der Bipolartransistor stellt am Ausgang, im geeigneten Arbeitspunkt betrieben, eine spannungsgesteuerte Stromquelle dar. Im Rückblick auf Kap. 5 ergeben sich Verstärkereigenschaften gemäß dem Modell in Abb. 6.1. Dabei liegt vom Basiseingang zum Kollektorausgang eine Phasenumkehr vor. Im gesperrten Zustand stellt der Bipolartransistor einen offenen „Schalter" dar. Im gesättigten Zustand ist der Kollektor/Emitter-Ausgang niederohmig – „Schalter" geschlossen.

6.1.1 Vorgehensweise bei der DC-Analyse

Zur Abschätzung einer Schaltung im Rahmen einer DC-Analyse genügt das in Abb. 6.2 skizzierte Ersatzschaltbild für einen npn- bzw. pnp-Transistor. Die Emitter-Basis Diode kann näherungsweise durch eine Spannungsquelle mit 0,7 V (bei Si-Transistoren) ersetzt werden. Der Temperaturkoeffizient der Spannungsquelle liegt bei $-2\,\text{mV/}^\circ\text{C}$. Die Kollektor-Basis Diode wirkt als Stromquelle, mit dem Strom $I_C = A \cdot I_E$. Der Basisbahnwiderstand kann dabei vernachlässigt werden.

© Springer-Verlag Berlin Heidelberg 2018
J. Siegl und E. Zocher, *Schaltungstechnik*,
https://doi.org/10.1007/978-3-662-56286-4_6

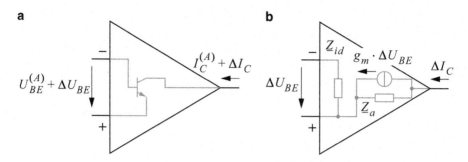

Abb. 6.1 Der Bipolartransistor als Verstärkerelement; **a** Arbeitspunkt plus Änderung im Arbeitspunkt; **b** Änderungsanalyse im Arbeitspunkt

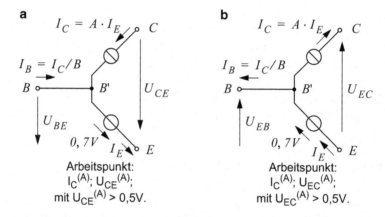

Abb. 6.2 Klemmengrößen von npn- und pnp-Transistor (verwendet werden Richtungspfeile) und Vereinfachungen für die DC-Analyse; **a** npn-Transistor; **b** pnp-Transistor

6.1.2 Vorgehensweise bei der AC-Analyse

Im Arbeitspunkt der Emitter-Basis Diode, gegeben durch $I_C^{(A)}$, $U_{CE}^{(A)}$ lässt sich für kleine Eingangs-Signalamplituden ($<ca.$ 10 mV) eine Linearisierung vornehmen. Bei der AC-Analyse betrachtet man nur die Änderungen im Arbeitspunkt. Die Emitter-Basis Diode wird dann im Arbeitspunkt charakterisiert durch den differenziellen Widerstand $r_e = U_T/I_E^{(A)}$ und durch die Diffusionskapazität C_b. Der Ausgang am Kollektor möge durch den Widerstand R_L^* belastet sein. Abbildung 6.3 zeigt das AC-Ersatzschaltbild mit Eingangs- und Ausgangs-Beschaltung, wobei für den Transistor das Transportmodell verwendet wird. Die Steilheit im Arbeitspunkt bestimmt sich durch $g_m = I_C^{(A)}/U_T$. Für den Early-Widerstand gilt näherungsweise $r_o = V_A/I_C^{(A)}$, wobei die Early-Spannung V_A typischer Weise einige 10 V beträgt.

Abschätzanalyse bei Ansteuerung an der Basis (Abb. 6.3): Gegeben sei eine Verstärker-schaltung mit Ansteuerung an der Basis. Die Schaltung sei abgeschlossen mit einem wirksamen Lastwiderstand R_L^* am Kollektorausgang. Der Arbeitspunkt des Verstärkerelements

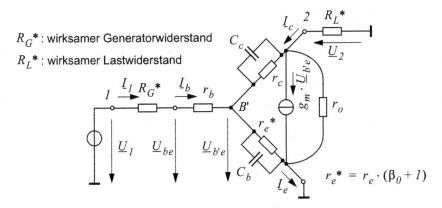

Abb. 6.3 AC-Ersatzschaltbild einer Verstärkerstufe angesteuert an Basis, Ausgang am Kollektor; bei unteren bis mittleren Frequenzen ist $\underline{U}_2/\underline{U}_{b'e} \approx g_m \cdot (R_L^*\|r_o\|r_c)$.

liegt im Normalbetrieb mit hinreichender Aussteuerbarkeit. Damit ergibt sich das AC-Ersatzschaltbild dargestellt in Abb. 6.3. Am Knoten 2 wirkt als Lastimpedanz:

$$\underline{Z}_L = R_L^*\|r_o\|r_c\|\left(\frac{1}{j\omega C_c}\right). \tag{6.1}$$

Der Early-Widerstand r_o liegt in der Größenordnung von einigen 10 kΩ, der Sperrwiderstand r_c ist wesentlich hochohmiger, er wird meist vernachlässigt. Für die innere Verstärkung von der inneren Basis B' nach Knoten 2 erhält man:

$$\underline{v}_{u,innen} = \frac{\underline{U}_2}{\underline{U}_{b'e}} = g_m \cdot \underline{Z}_L. \tag{6.2}$$

Bei Vernachlässigung von r_c wirkt am Knoten B' die Sperrschichtkapazität unter Anwendung der Transimpedanzbeziehung (siehe Abschn. 5.2.5) mit:

$$C_{c,innen} = C_c \cdot (1 + g_m \cdot \underline{Z}_L). \tag{6.3}$$

welche das Frequenzverhalten maßgeblich beeinflusst. Zusammen mit dem Bahnwiderstand r_b und dem Generatorwiderstand R_G^* bildet die transformierte Rückwirkungskapazität $C_{c,innen}$ am inneren Basisanschluss B' ein Tiefpasselement. Ohne aufwändige rechnerische Analyse lassen sich aus dem geeigneten Ersatzschaltbild wesentliche Eigenschaften des Verstärkerelementes ablesen.

Abschätzanalyse bei Ansteuerung am Emitter: Bei Ansteuerung am Emitter verwendet man zweckmäßig das in Abb. 3.43d skizzierte AC-Modell. In diesem Falle wirkt aus Sicht des Eingangs der Basisbahnwiderstand mit $r_b/(\beta_0+1)$. Nach wie vor gilt, dass der Ausgangsstrom $\underline{I}_C \approx g_m \cdot \underline{U}_{eb'}$ ist. Die Ausgangsspannung ist jetzt in Phase mit der Eingangsspannung. Der Eingang wird allerdings mit dem niederohmigen Widerstand r_e belastet.

6.1.3 Seriengegengekoppelter Transistor

Der seriengegengekoppelte Transistor kann als „neuer" Transistor mit veränderten Eigenschaften angesehen werden. Die Seriengegenkopplung macht den Eingang hochohmiger (siehe Abschn. 5.2.4), verringert die Steilheit und erhöht den Innenwiderstand der Ausgangsstromquelle. Die Übertragungskennlinie des Transistors wird durch die Seriengegenkopplung „geschert". Die Steilheit verringert sich demnach auf ca. $1/R_{Sgk}$, wobei im Beispiel (Abb. 6.4) $R_{Sgk} = R_E$ ist. Das Ausgangskennlinienfeld bleibt bezüglich U_{CE} unverändert. Am Kollektorausgang wirkt nach wie vor eine gesteuerte Stromquelle. Der Innenwiderstand am Ausgang des Transistors wird durch die Seriengegenkopplung hochohmiger. Dieser Sachverhalt wurde auch schon in Abschn. 5.2.4 hergeleitet. Der Eingangswiderstand des seriengegengekoppelten Transistors ist:

$$\underline{Z}_{BX} = (\beta_0 + 1) \cdot (r_e + R_E). \tag{6.4}$$

Für die Steilheit des gegengekoppelten Transistors erhält man:

$$G_m = \frac{\alpha_0}{r_e + R_E} \approx \frac{1}{R_{Sgk}}. \tag{6.5}$$

Abbildung 6.4 zeigt den seriengegengekoppelten Transistor mit seiner gescherten Übertragungskennlinie und als Folge davon die geringere Steilheit.

Als Ergebnis dieser Überlegungen ergibt sich für den „neuen" Transistor das in Abb. 6.5 skizzierte Modell. Die Injektionsstromquelle kann zum Anschluss X „heruntergezogen" werden, wenn die Steilheit von g_m auf G_m korrigiert wird und zusätzlich der Seriengegenkopplungswiderstand, wie angegeben mit der Stromverstärkung multipliziert wird.

Der Innenwiderstand am Ausgang des seriengegengekoppelten Transistors wird für eine Abschätzung in zwei Schritten bestimmt. Zur Vereinfachung sei zunächst $r_o \rightarrow \infty$, Berücksichtigung findet der Sperrwiderstand r_c am Ausgang (siehe Abb. 6.6a). In diesem Fall erhält man bei $R_B \rightarrow \infty$ als Ausgangswiderstand $\underline{U}_2/\underline{I}_2 = r_c$.

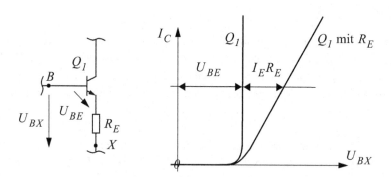

Abb. 6.4 Seriengegengekoppelter Transistor: Q_1 mit R_E als Seriengegenkopplung bilden einen „neuen" Transistor mit „gescherter" Übertragungskennlinie

Abb. 6.5 AC-Ersatzschaltbild eines seriengegengekoppelten Transistors

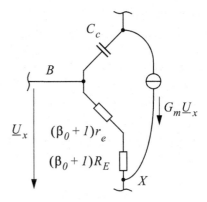

Bei $R_B \rightarrow \infty$ wird mit:

$$I_2 = G_m \underline{U}_x + \frac{\underline{U}_2 - \underline{U}_x}{r_c}; \quad \underline{U}_x = \frac{(\beta_0 + 1) \cdot (R_E + r_e)}{r_c + (\beta_0 + 1) \cdot (R_E + r_e)} \cdot \underline{U}_2;$$

Schließlich ergibt sich näherungsweise bei hinreichend hochohmigem r_c:

$$I_2 \approx \frac{\beta_0}{r_c} \underline{U}_2 + \frac{\underline{U}_2}{r_c} \approx \frac{\beta_0 + 1}{r_c} \underline{U}_2. \tag{6.6}$$

Der Ausgangswiderstand aufgrund von r_c ist bei genügend niederohmiger Eingangs-beschaltung gleich r_c; bei hochohmiger Eingangsbeschaltung liegt der Grenzwert bei $r_c/(\beta_0 + 1)$. Man beachte, dass bei Frequenzen ab einigen 100 kHz der Sperrwiderstand r_c durch $1/j\omega C_c$ zu ersetzen ist. Ein hochohmiger Ausgangswiderstand ist nur mit hinrei-chend niederohmiger Eingangsbeschaltung zu erreichen.

Als nächstes wird der Innenwiderstand am Ausgang bestimmt unter der Annahme, dass der Sperrwiderstand r_c der Kollektor-Basis Diode vernachlässigbar sei (Abb. 6.6b),

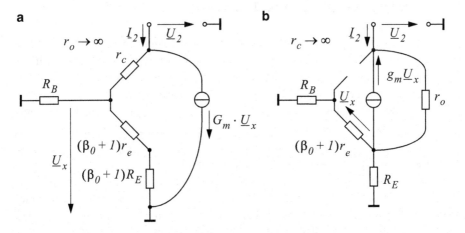

Abb. 6.6 Ausgangswiderstand des seriengegengekoppleten Transistors; **a** bei $r_o \rightarrow \infty$; **b** bei $r_c \rightarrow \infty$

wohl aber der Early-Widerstand r_o berücksichtigt wird. Nachstehend erfolgt die Herleitung für den Einfluss des Early-Widerstandes, zunächst gilt:

$$\underline{I}_2 R_E || \{(\beta_0 + 1)r_e + R_B\} \cdot \frac{(\beta_0 + 1)r_e}{R_B + (\beta_0 + 1)r_e} = \underline{U}_x;$$

$$\underline{I}_2 = \frac{\underline{U}_2 - \underline{I}_2 R_E || \{(\beta_0 + 1)r_e + R_B\}}{r_o} - g_m \underline{I}_2 R_E || \{(\beta_0 + 1)r_e + R_B\} \frac{(\beta_0 + 1)r_e}{R_B + (\beta_0 + 1)r_e};$$

$$\underline{I}_2 \left\{ 1 + R_E || \{(\beta_0 + 1)r_e + R_B\} \left\{ \frac{1}{r_o} + \frac{\beta_0}{R_B + (\beta_0 + 1)r_e} \right\} \right\} = \frac{\underline{U}_2}{r_o};$$

Weiterhin ist:

$$\frac{\underline{U}_2}{\underline{I}_2} = r_o \left\{ 1 + R_E || \{(\beta_0 + 1)r_e + R_B\} \left\{ \frac{1}{r_0} + \frac{1}{(R_B/\beta_0) + (r_e/\alpha_0)} \right\} \right\};$$

$$\frac{\underline{U}_2}{\underline{I}_2} \approx r_o \left(1 + \frac{R_E || \{(\beta_0 + 1)r_e + R_B\}}{(R_B/\beta_0) + (r_e/\alpha_0)} \right); \quad \text{mit} \quad r_o \gg \frac{R_B}{\beta_0} + \frac{r_e}{\alpha_0}. \tag{6.7}$$

Damit wird:

$$\frac{\underline{U}_2}{\underline{I}_2} \approx r_o \left(1 + g_m R_E || \frac{(\beta_0 + 1) \cdot r_e + R_B}{1 + R_B/((\beta_0 + 1) \cdot r_e)} \right) \approx r_o \cdot (1 + g_m R_E). \tag{6.8}$$

Zusammenfassung: Die Seriengegenkopplung erhöht den Innenwiderstand r_o am Ausgang auf etwa den Wert $r_o \cdot (1 + g_m R_E)$ (vergl. hierzu die Ergebnisse für den Ausgangswiderstand in Abschn. 5.2.4). Bei hinreichend kleinem R_B und $(\beta_0 + 1) \cdot r_e \ll R_E$ würde der Innenwiderstand am Ausgang maximal den Wert $r_o \cdot (1 + \beta_0)$ annehmen. Ein möglicher Sperrwiderstand r_c ist um so weniger wirksam, je niederohmiger der Eingangskreis an der Basis beschaltet wird.

6.1.4 Parallelgegengekoppelter Transistor

Wie schon in Kap. 5.2 festgestellt, macht die Parallelgegenkopplung den Eingang niederohmig. Eine Eingangssignalquelle prägt einen Strom in den Rückkopplungswiderstand R_F ein. Die Ausgangsspannung erhält man dann aus dem Produkt aus Eingangsstrom multipliziert mit dem Rückkopplungswiderstand.

Die Parallelgegenkopplung eines Verstärkers wurde im Abschn. 5.2.5 und 5.2.6 eingehend behandelt. Die Ergebnisse des parallelgegengekoppelten Linearverstärkers können ebenso wie die für die Seriengegenkopplung übernommen werden. Es bedarf lediglich der Anpassung an die Gegebenheiten des Bipolartransistors.

Als nächstes soll das AC-Verhalten im Arbeitspunkt des Transistors bei Normalbetrieb untersucht (Ersatzschaltbild in Abb. 6.7b) werden. Am Verstärkerelement wird unterschieden zwischen der „inneren" Verstärkung von der inneren Basis B' zum Ausgangsknoten, sie ist mit $g_m \cdot R_L^*$ gegeben und der Verstärkung $\underline{U}_2/\underline{U}_1$ von der äußeren Basis B

a b

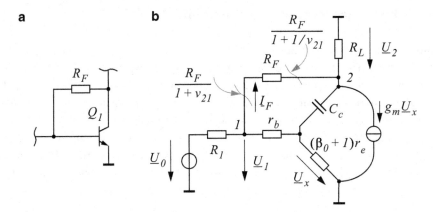

Abb. 6.7 Der parallelgegengekoppelte Transistor; **a** Anordnung; **b** AC-Ersatzschaltung; Achtung: Phasenumkehr im Richtungspfeil der Ausgangsspannung berücksichtigt

zum Ausgangsknoten, die mit v_{21} gekennzeichnet ist, sowie der Verstärkung $\underline{U}_2/\underline{U}_0$ vom Signaleingang (hier vor $R1$) zum Ausgang. Demnach ist die „innere" Verstärkung von der inneren Basis zum Ausgangsknoten:

$$\frac{\underline{U}_2}{\underline{U}_x} = g_m \cdot R_L^*; \qquad R_L^* \approx R_L \| R_F. \tag{6.9}$$

Ist Cc vernachlässigbar, so ist:

$$\frac{\underline{U}_x}{\underline{U}_1} = \frac{1}{1 + r_b/((\beta_0 + 1)r_e)};$$

und damit wird die Verstärkung von der äußeren Basis B zum Ausgangsknoten:

$$v_{21} = \frac{\underline{U}_2}{\underline{U}_1} = g_m R_L^* \cdot \frac{1}{1 + r_b/((\beta_0 + 1)r_e)}. \tag{6.10}$$

Ist unter Anwendung der Transimpedanzbeziehung für den Rückwirkungswiderstand $R_F/(1 + v_{21}) \ll r_b + (\beta_0 + 1)r_e$ und $v_{21} \gg 1$, so ergibt sich:

$$\frac{\underline{U}_0}{R_1} = \frac{\underline{U}_2}{R_F} \quad \rightarrow \quad \frac{\underline{U}_2}{\underline{U}_0} = \frac{R_F}{R_1}. \tag{6.11}$$

Zusammenfassung: Die Parallelgegenkopplung reduziert den Eingangswiderstand am Rückkopplungsknoten 1 auf etwa $R_F/(1 + \underline{v}_{21})$ – der Parallelgegenkopplungswiderstand unterliegt der Impedanztransformation. Maßgebend dafür ist die innere Verstärkung $\underline{v}_{21}$ vom Rückkopplungsknoten zum Ausgangsknoten.

6.2   Arbeitspunkteinstellung und Stabilität

Der Bipolartransistor bedarf eines stabilen Arbeitspunktes über den gesamten Temperaturbereich einer Anwendung, bei gegebenen Exemplarstreuungen eines Fertigungsloses,
möglichst über den Alterungsprozess der Gesamtlebensdauer hinweg. Der Arbeitspunkt
definiert das Betriebsverhalten. Vorgestellt werden wichtige Beschaltungsvarianten eines
Bipolartransistors zur Einstellung eines stabilen Arbeitspunktes.

Soll der Transistor als Verstärkerelement verwendet werden, so muss der Arbeitspunkt im Normalbetrieb des Transistors liegen, das heißt die Emitter-Basis Diode muss
in Flussrichtung und die Kollektor-Basis Diode in Sperrrichtung betrieben werden. Der
Arbeitspunkt wird angegeben mit:

$$\left\{ I_C^{(A)}; U_{CE}^{(A)} \right\}.$$

Man unterscheidet das Betriebsverhalten eines Transistors hinsichtlich der Lage des
Arbeitspunktes auf der Eingangs- bzw. Übertragungskennlinie (Abb. 6.8).

Für Verstärkeranwendungen muss der Arbeitspunkt normalerweise im A-Betrieb liegen. Hier ist die Emitter-Basis Diode in Flussrichtung betrieben. Es gibt spezielle Verstärkeranwendungen, die beispielsweise im C-Betrieb (Klasse-C Verstärker) arbeiten. Im
C-Betrieb sind im Arbeitspunkt beide Diodenstrecken des Transistors gesperrt. Der AB-
Betrieb ist dadurch gekennzeichnet, dass der Arbeitspunkt im Knickpunkt der Übertragungskennlinie liegt. Bei leichter Erhöhung der Steuerspannung U_{BE} zieht der Transistor
Strom und die Emitter-Basis Diode wird in Flussrichtung betrieben. Der notwendige und
geeignete Arbeitspunkt wird durch die Anwendung bestimmt.

6.2.1   Schaltungsvarianten zur Arbeitspunkteinstellung

Es werden wichtige Beschaltungsvarianten zur Arbeitspunkteinstellung vorgestellt mit
Diskussion der Vor- und Nachteile. Eine gegebene Transistorschaltung muss zunächst
hinsichtlich der Arbeitspunkte der verwendeten Transistoren untersucht werden.

Abb. 6.8 Einteilung
der Betriebsarten von
Schaltungen nach der Lage des
Arbeitspunktes

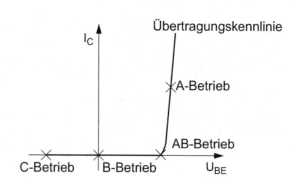

Abb. 6.9 Temperatur-
abhängigkeit von U_{BE} (Auszug
aus einem Datenblatt)

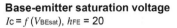

Base-emitter saturation voltage
$I_C = f(V_{BEsat})$, $h_{FE} = 20$

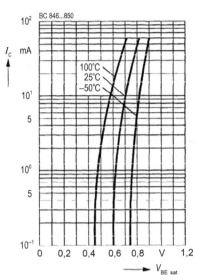

Grundsätzlich gibt es verschiedene Konzepte zur Arbeitspunkteinstellung von Bipolartransistoren. Die Konzepte sind gekennzeichnet mit:

- Eingeprägter Basisstrom;
- Eingeprägter Emitterstrom;
- Eingeprägter Kollektorstrom.

Eine eingeprägte Spannung U_{BE} verbietet sich wegen der gegebenen Temperaturabhängigkeit von U_{BE}. Wie Abb. 6.9 zeigt, beträgt der Temperaturkoeffizient von U_{BE} ca. -2 mV/°C. Das Abknicken der zugrunde liegenden Exponentialfunktion bei höheren Strömen wird durch den Basisbahnwiderstand verursacht.

Das Einprägen eines Stromes kann u. a. über eine konstante Spannung an einem Widerstand erfolgen. Die folgenden Schaltungen sind dadurch gekennzeichnet, dass über eine geeignete Beschaltung mittels einer Spannung an einem Widerstand entweder der Basisstrom oder der Emitterstrom oder direkt der Kollektorstrom eingeprägt wird.

Eingeprägter Basisstrom: Als erstes soll die Variante mit eingeprägtem Basisstrom betrachtet werden. Abbildung 6.10 zeigt das Prinzip dieser Schaltungsvariante und ein mögliches Realisierungsbeispiel. Diese Variante ist dadurch gekennzeichnet, dass die Streuung der Stromverstärkung und deren Temperaturabhängigkeit voll eingeht und darüber hinaus der sehr von Exemplarstreuungen und von sehr starker Temperaturabhängigkeit gekennzeichnete Sperrstrom I_{CB0} mit $B + 1$ multipliziert sich auswirkt.

a   **b**

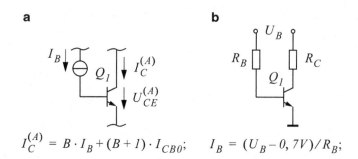

$$I_C^{(A)} = B \cdot I_B + (B+1) \cdot I_{CB0}; \qquad I_B = (U_B - 0,7V)/R_B;$$

Abb. 6.10 Arbeitspunkteinstellung mit eingeprägtem Basisstrom; **a** Stromquelle im Basispfad; **b** Ersatzstromquelle, Voraussetzung ist eine ausreichend große Spannung U_B an R_B

Diese Variante weist hinsichtlich der Arbeitspunktstabilität gegenüber den weiteren Varianten (z. B. mit eingeprägtem Emitterstrom) erhebliche Nachteile auf.

Die Arbeitspunktstabilität bei eingeprägtem Basisstrom lässt sich durch Änderungsanalyse im Arbeitspunkt gemäß Abb. 6.11 ermitteln. Bei der Änderungsanalyse (AC-Analyse) wird bestimmt, wie sich die Zielgröße (Kollektorstrom) aufgrund von Änderungen der Stromverstärkung ΔB, des Sperrstroms ΔI_{CB0} oder der Schwellspannung ΔU_{BE} der Emitter-Basis Diode verändert.

Aus $I_C = B \cdot I_B + (B+1) \cdot I_{CB0}$ erhält man die Änderung ΔI_C des Arbeitspunktes für das Beispiel bei gegebenen Änderungen ΔB, ΔI_B und ΔI_{CB0} (siehe Abb. 3.40b) mit:

$$\Delta I_C = \Delta B \cdot \left(I_B^{(A)} + I_{CB0}^{(A)} \right) + \beta_0 \cdot \Delta I_B + (\beta_0 + 1) \cdot \Delta I_{CB0}. \tag{6.12}$$

Mit der Maschengleichung

$$\Delta I_B \cdot (R_B + r_b) + (\Delta I_B + \Delta I_C) \cdot r_e - \Delta U_{BE} = 0. \tag{6.13}$$

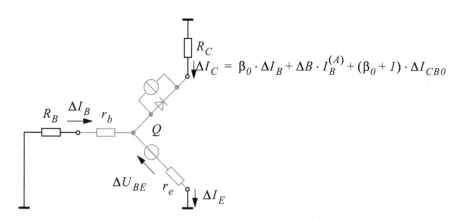

$$\Delta I_C = \beta_0 \cdot \Delta I_B + \Delta B \cdot I_B^{(A)} + (\beta_0 + 1) \cdot \Delta I_{CB0}$$

Abb. 6.11 Arbeitspunkteinstellung mit eingeprägtem Basisstrom; Arbeitspunktstabilität

ergibt sich:

$$\Delta I_B = (\Delta U_{BE} - \Delta I_C \cdot r_e) \frac{1}{R_B + r_b + r_e}. \tag{6.14}$$

Eingesetzt in obige Gleichung wird bei $I_{CB0}^{(A)} \ll I_B^{(A)}$:

$$\Delta I_C \left(1 + \frac{\beta_0 r_e}{R_B + r_b + r_e}\right) = (\beta_0 + 1) \cdot \Delta I_{CB0} + \Delta B \cdot I_B^{(A)} + \frac{\beta_0 \Delta U_{BE}}{R_B + r_b + r_e}. \tag{6.15}$$

Durch Umformung erhält man schließlich die gesuchte Arbeitspunktänderung:

$$\begin{aligned}
\Delta I_C &= \frac{R_B + r_b + r_e}{r_e \cdot (\beta_0 + 1) + (R_B + r_b)} ((\beta_0 + 1) \cdot \Delta I_{CB0} + \Delta B \cdot I_B^{(A)}) \\
&+ \frac{\alpha_0 \cdot \Delta U_{BE}}{r_e + (R_B + r_b)/(\beta_0 + 1)}.
\end{aligned} \tag{6.16}$$

Bei gegebener Beschaltung, bei gegebenem ΔI_{CB0}, bei gegebenem ΔB und bei gegebenem ΔU_{BE} bestimmt sich daraus die Änderung des Arbeitspunktes ΔI_C.

Eingeprägter Emitterstrom: Als nächste Variante wird die Arbeitspunkteinstellung mit eingeprägtem Emitterstrom betrachtet (siehe Abb. 6.12).

Je stabiler der eingeprägte Emitterstrom ist, desto stabiler ist die Zielgröße, nämlich der Arbeitspunkt des Kollektorstroms. Der Widerstand R_E bewirkt in den Varianten b) und c) eine Seriengegenkopplung. Erhöht sich z. B. der Kollektorstrom temperaturbedingt, so erhöht sich die Spannung an R_E. Ist die Spannung an der Basis durch einen „harten" Spannungsteiler mit genügend großem Querstrom fest eingeprägt (in Variante c)), so verringert sich U_{BE} und damit die Steuerspannung der Ausgangsstromquelle, was der ursächlichen Stromerhöhung entgegenwirkt. Es liegt eine thermische Gegenkopplung vor. Die Arbeitspunktstabilität lässt sich wiederum durch eine Änderungsanalyse im Arbeitspunkt ermitteln.

Die Änderung des Arbeitspunktes ΔI_C ergibt sich für das Beispiel (Abb. 6.13) aus folgender Betrachtung. Prinzipiell erhält man ΔI_C aus $I_C = A \cdot I_E + I_{CB0}$ mit:

$$\Delta I_C = \Delta I_{CB0} + \Delta A \cdot I_E^{(A)} + \alpha_0 \cdot \Delta I_E. \tag{6.17}$$

Mit der Maschengleichung

$$(\Delta I_E - \Delta I_C)(R_B + r_b) + \Delta I_E \cdot (r_e + R_E) - \Delta U_{BE} = 0; \tag{6.18}$$

ergibt sich:

$$\Delta I_E = (\Delta U_{BE} + \Delta I_C(R_B + r_b)) \frac{1}{R_B + r_b + r_e + R_E}. \tag{6.19}$$

Eingesetzt in obige Gleichung wird:

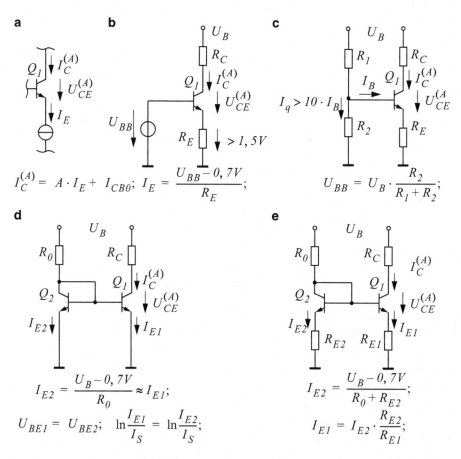

Abb. 6.12 Arbeitspunkteinstellung mit eingeprägtem Emitterstrom; **a** Stromquelle im Emitter-pfad; **b** Ersatzstromquelle, Voraussetzung ist eine ausreichend große Spannung U_{BB} an R_E; **c** wie **b** aber mit Spannungsquelle realisiert durch Spannungsteiler, Voraussetzung ist ein hinreichend großer Querstrom I_q; **d** Stromquelle durch Hilfspfad, die Emitterströme sind dann gleich, wenn die Transistoren identisch sind; **e** wie **d** jedoch mit Seriengegenkopplung

$$\Delta I_C \left(1 - \frac{\alpha_0 (R_B + r_b)}{R_B + r_b + r_e + R_E} \right) = \Delta I_{CB0} + \Delta A \cdot I_E^{(A)} + \frac{\alpha_0 + \Delta U_{BE}}{R_B + r_b + r_e + R_E}. \quad (6.20)$$

Durch Umformung erhält man schließlich die gesuchte Arbeitspunktänderung:

$$\Delta I_C = \frac{R_B + r_b + r_e + R_E}{r_e + R_E + (R_B + r_b)/(\beta_0 + 1)} (\Delta I_{CB0} + \Delta A \cdot I_E^{(A)}) + \frac{\alpha_0 \cdot \Delta U_{BE}}{r_e + R_E + (R_B + r_b)/(\beta_0 + 1)}.$$

$$(6.21)$$

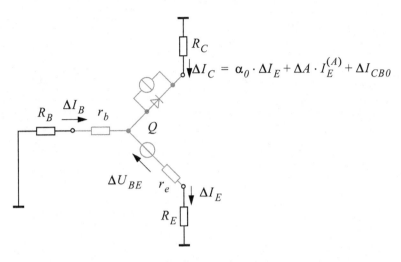

$$\Delta I_C = \alpha_0 \cdot \Delta I_E + \Delta A \cdot I_E^{(A)} + \Delta I_{CB0}$$

Abb. 6.13 Analyse zur Arbeitspunktstabilität mit eingeprägtem Emitterstrom

Bei gegebener Beschaltung, bei gegebenem ΔI_{CB0}, bei gegebenem ΔA und bei gegebenem ΔU_{BE} erhält man daraus die Änderung des Arbeitspunktes ΔI_C. Die Seriengegenkopplung mit R_E vermindert den Einfluss von ΔU_{BE}. Bei hinreichend niederohmigem R_B wird der Einfluss von ΔI_{CB0} erheblich verringert. Ein Vergleich mit dem Ergebnis bei eingeprägtem Basisstrom (Gl. 6.16) zeigt eine deutliche Verbesserung.

Eingeprägter Kollektorstrom: Als dritte geeignete Variante werden Schaltungsalternativen mit quasi eingeprägtem Kollektorstrom betrachtet (siehe Abb. 6.14). Über den Widerstand R_F liegt eine Parallelgegenkopplung vor. In Variante b), c) und d) ist klar, dass bei größer werdendem Kollektorstrom (verursacht durch z. B. Temperatureinflüsse) die Spannung U_{CE} und damit auch U_{BE} sinkt. Eine verringerte Steuerspannung wirkt der Erhöhung des Stromes entgegen. Um den Einfluss des Basisstromes nicht zu groß werden zu lassen, darf der Widerstand R_F nicht zu hochohmig sein (typisch einige 10 kΩ).

6.2.2 Arbeitspunktbestimmung und Arbeitspunktstabilität

Es wird eine systematische Methode zur Arbeitspunktbestimmung und zur Ermittlung der Arbeitspunktstabilität beliebiger Transistorschaltungen eingeführt und an Beispielen erläutert. Grundsätzlich unterscheidet man zwischen Arbeitspunktsynthese und Arbeitspunktanalyse. Bei der Arbeitspunktsynthese ist $\{I_C^{(A)}, U_{CE}^{(A)}\}$ vorgegeben. Es gilt, die ausgewählte Schaltung dafür geeignet zu dimensionieren. Bei der Schaltungsanalyse ist die Dimensionierung vorgegeben. Es ist dann der Arbeitspunkt und dessen Stabilität zu bestimmen.

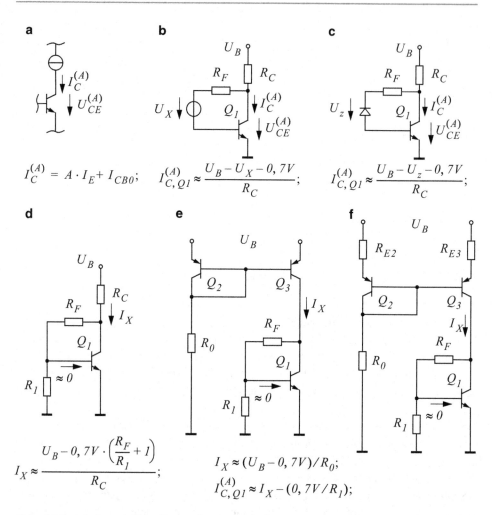

$$I_C^{(A)} = A \cdot I_E + I_{CB0};$$

$$I_{C,Q1}^{(A)} \approx \frac{U_B - U_X - 0,7\,V}{R_C};$$

$$I_{C,Q1}^{(A)} \approx \frac{U_B - U_z - 0,7\,V}{R_C};$$

$$I_X \approx \frac{U_B - 0,7\,V \cdot \left(\dfrac{R_F}{R_1} + 1\right)}{R_C};$$

$$I_X \approx (U_B - 0,7\,V)/R_0;$$

$$I_{C,Q1}^{(A)} \approx I_X - (0,7\,V/R_1);$$

Abb. 6.14 Arbeitspunkteinstellung mit quasi eingeprägtem Kollektorstrom; **a** Stromquelle im Kollektorpfad; **b** Ersatzstromquelle über quasi konstante Spannung an R_C, Voraussetzung ist eine ausreichend große Spannung U_X und R_F nicht zu hochohmig; **c** wie **b** aber mit Spannungsquelle realisiert durch Zenerdiode; **d** wie **b** aber mit Spannungsquelle realisiert durch R_F und R_1; **e** Stromquelle durch Hilfspfad, die Emitterströme sind dann gleich, wenn die Transistoren identisch sind; **f** wie **e** jedoch mit Seriengegenkopplung

Schaltungssynthese des Beispiels für einen bestimmten Arbeitspunkt: Ohne Einschränkung der Allgemeinheit wird als Beispiel die Schaltung nach Abb. 6.12c in modifizierter Form mit $U_B = 10\,\mathrm{V}$ herausgegriffen. Vorgegeben sei im Beispiel $I_C^{(A)} = 4\,\mathrm{mA}$. Weiterhin soll die Spannung an R_E etwa 1 V bis 2 V betragen, sie sollte nach Möglichkeit mindestens 10mal größer sein, als die in Serie wirkende temperatur- und exemplarstreuungsbedingte Änderung der Spannung U_{BE}. Der Querstrom sollte mindestens 10mal

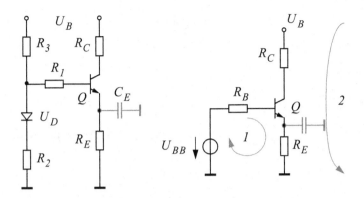

Abb. 6.15 Beispiel zur Arbeitspunktanalyse (DC-Analyse: C_E bleibt unberücksichtigt)

größer sein als der größtmögliche Basisstrom. Bei einer minimalen Stromverstärkung von 100 wählt man den Querstrom mit 1/10 des Kollektorstroms. Daraus erhält man am Basisknoten eine Spannung in Höhe von ca. 2,7 V. Es ergibt sich für $R_2 = 6{,}75$ kΩ und für $R_1 = 18{,}25$ kΩ. Der Transistor $Q1$ zieht damit Strom, er arbeitet somit entweder im Normalbetrieb oder im Sättigungsbetrieb. Für den Normalbetrieb muss der Lastkreis so dimensioniert werden, dass eine ausreichend große Spannung U_{CE} entsteht.

Bezüglich der Dimensionierung des Lastkreises ist darauf zu achten, dass die verfügbare Versorgungsspannung $U_B - V_{EE}$ (V_{EE}: Potenzial am Emitter) etwa hälftig zwischen U_{CE} und dem Lastwiderstand R_C aufgeteilt wird. Dabei sollten ca. 0,5 V als Mindestspannung auch bei größtmöglicher Aussteuerung an U_{CE} verbleiben. Unter Anwendung dieser Überlegung erhält man für den optimalen Lastwiderstand:

$$R_{C,opt} = \frac{U_B - V_{EE} - 0{,}5 \text{ V}}{2 \cdot I_C^{(A)}}. \tag{6.22}$$

Zur systematischen Arbeitspunktanalyse (DC-Analyse): Ist die Dimensionierung der Schaltung bekannt, so kann eine Analyse des Arbeitspunktes vorgenommen werden. Allgemein ist dafür eine Netzwerkgleichung nach dem Schema $I_C = f(U_{BE})$ zu bilden. Dies kann eine Maschengleichung oder eine Knotenpunktgleichung der gegebenen Beschaltung sein. Wesentlich ist, dass dabei allgemein nur Steuerspannungen U_{BE} der Transistoren auftauchen (kein U_{CE} und kein U_{CB}).

In dem Beispiel (Abb. 6.15) kann der Basisspannungsteiler mit R_1 zu einer Ersatzspannungsquelle U_{BB} mit Innenwiderstand R_B zusammengefasst werden. Für die Ersatzquelle gilt:

$$U_{BB} = \frac{U_B - U_D}{R_3 + R_2} \cdot R_2 + U_D; \quad R_B = R_1 + R_2 \| R_3. \tag{6.23}$$

Als Netzwerkgleichung bietet sich die Maschengleichung im Eingangskreis an:

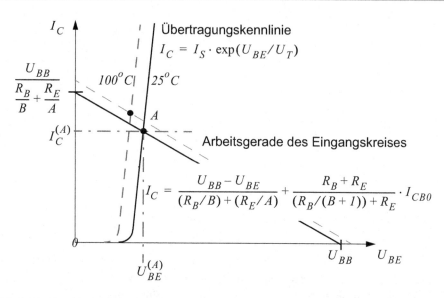

Abb. 6.16 Graphische Arbeitspunktbestimmung von I_C mit Arbeitspunktstabilität: Übertragungskennlinien des Transistors bei 25 °C und bei 100 °C und Arbeitsgerade des Eingangskreises

$$U_{BB} = I_B \cdot R_B + U_{BE} + I_E \cdot R_E. \tag{6.24}$$

Mit den Transistorgleichungen

$$I_E = \frac{I_C}{A} - \frac{I_{CB0}}{A}; \ I_B = \frac{I_C}{B} - \frac{I_{CB0}}{A}; \tag{6.25}$$

kann I_B und I_E durch I_C ersetzt und damit die Netzwerkgleichung auf die Form von
$I_C = f(U_{BE})$ gebracht werden:

$$I_C = \frac{U_{BB} - U_{BE}}{(R_B/B) + (R_E/A)} + \frac{R_B + R_E}{(R_B/(B+1)) + R_E} \cdot I_{CB0}. \tag{6.26}$$

Bei gegebener Dimensionierung ist dies eine Bestimmungsgleichung für den gesuchten
Arbeitspunkt $I_C^{(A)}$. Diese Gleichung liefert gleichzeitig eine Aussage über die Stabilität
des Arbeitspunktes. Bei einer Temperaturerhöhung von 25 °C auf 100 °C verändert sich
U_{BE} von 0,7 V auf 0,55 V; weiterhin verändert sich I_{CB0} erheblich und es erhöht sich B
um ca. 40 %. Dabei sollte der Arbeitspunkt möglichst stabil bleiben.

Die eben dargestellte Lösung für den Arbeitspunkt $I_C^{(A)}$ lässt sich auch graphisch veranschaulichen (Abb. 6.16). Bei veränderter Temperatur (oder Exemplarstreuung, oder
Alterung) verschiebt sich die Übertragungskennlinie des Transistors. Gleichzeitig verändert sich aber auch die Arbeitsgerade des Eingangskreises als Ergebnis der Netzwerkgleichung Gl. 6.26 wegen der Änderung von U_{BE}, von B und von I_{CB0}. Um bei
der gegebenen Schaltung einen stabilen Arbeitspunkt zu erhalten sollte R_B/B möglichst
wenig eingehen. Dies ist um so mehr der Fall, je niederohmiger der Basisspannungsteiler

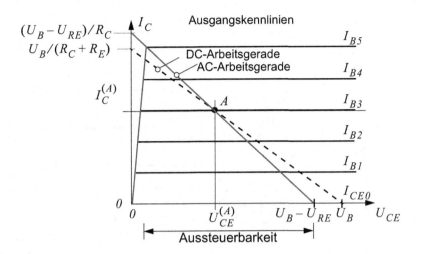

Abb. 6.17 Zur Arbeitsgerade des Ausgangskreises im Ausgangskennlinienfeld und zur Aussteuerbarkeit des Transistors

dimensioniert wird. Weiter sollte in dem Maße wie sich U_{BE} verändert, sich auch U_{BB} ändern. Das heißt, der Basisspannungsteiler sollte einen negativen Temperaturkoeffizienten (realisiert durch die Diode D im Beispiel von Abb. 6.15) aufweisen. Mit dem Transistor als Diodenstrecke im Basisteiler erhält die Arbeitsgerade des Eingangskreises einen entsprechenden Temperaturkoeffizienten. Der Einfluss von I_{CB0} ist dann um so geringer, je niederohmiger die Basis mit R_B abgeschlossen wird. Bei hohen Temperaturen kann der Sperrstrom I_{CB0} Werte bis zu einigen 100 nA bzw. bis μA erreichen. Je kleiner der absolute Arbeitspunktstrom ist, um so mehr muss auf I_{CB0} geachtet werden.

Neben dem Arbeitspunktstrom ist die Spannung $U_{CE}^{(A)}$ zu analysieren. Dazu ist eine Netzwerkgleichung nach dem Schema $I_C = f(U_{CE})$ aufzustellen. Im gewählten Beispiel lautet diese Gleichung (I_{CB0} vernachlässigt):

$$I_C = \frac{U_B - U_{CE}}{R_C + R_E/A}. \qquad (6.27)$$

Diese Gleichung stellt die DC-Arbeitsgerade des Ausgangskreises dar. Auch sie kann graphisch veranschaulicht werden (Abb. 6.17). Daneben gilt es, die AC-Arbeitsgerade für Änderungen um den Arbeitspunkt zu bestimmen ($\underline{U}_{RE}$ mit geeignet gewähltem Kondensator C_E kurzgeschlossen, siehe Abb. 6.15):

$$\Delta I_C = \frac{\Delta U_{CE}}{R_C}. \qquad (6.28)$$

Die Spannung $U_B - U_{RE}$ ist die verfügbare Versorgungsspannung. Die DC-Gegenkopplungsspannung an R_E vermindert die verfügbare Versorgungsspannung. Die Schaltungsvarianten zur Arbeitspunkteinstellung in Abb. 6.14 weisen diesen Nachteil der Verminderung der verfügbaren Versorgungsspannung nicht auf.

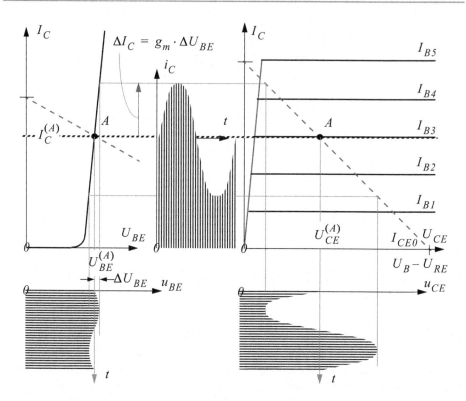

Abb. 6.18 Arbeitspunkt und Aussteuerung im Arbeitspunkt

Der Arbeitspunkt $U_{CE}^{(A)}$ bestimmt die Aussteuerbarkeit, er sollte möglichst in der Mitte zwischen der Sättigungsgrenze und der verfügbaren Versorgungsspannung liegen. Bei der Sättigungsgrenze ist eine mögliche DC-Spannung am Emitter zu berücksichtigen. Bei Schaltungen mit einer Seriengegenkopplung im Emitterpfad ergibt sich die verfügbare Versorgungsspannung aus der Versorgungsspannung vermindert um die Gegenkopplungsspannung.

Abbildung 6.18 zeigt den Arbeitspunkt eines Bipolartransistors eingetragen in die Übertragungskennlinie und in das Ausgangskennlinienfeld. Der Arbeitspunktstrom $I_C^{(A)}$ ergibt sich aus dem Schnittpunkt der Arbeitsgeraden des Eingangskreises (Gl. 6.26) mit der Übertragungskennlinie. $U_{CE}^{(A)}$ erhält man aus der Arbeitsgeraden des Ausgangskreises bei gegebenem Arbeitspunktstrom. Im Bild dargestellt ist die Wirkung der Änderung von U_{BE} bei Anlegen einer Signalspannung. Für Änderungen um den Arbeitspunkt (AC-Analyse) stellt der Arbeitspunkt gleichsam einen neuen Bezugspunkt (Nullpunkt) dar.

Zur Veranschaulichung der systematischen Vorgehensweise soll eine weitere Schaltung als Beispiel (Abb. 6.19) herausgegriffen werden; der gewünschte Arbeitspunkt ist: $I_C^{(A)} = 4$ mA; $U_{CE}^{(A)} = 5$ V bei $U_B = 10$ V. Bei vorgegebenem Arbeitspunkt ergibt sich für den Widerstand RF im Beispiel von Abb. 6.19:

Abb. 6.19 Beispiel
Arbeitspunkteinstellung mit
Parallelgegenkopplung

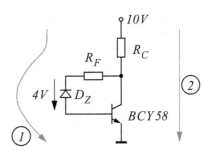

$$R_F = \frac{5\text{ V} - 4\text{ V} - 0{,}65\text{ V}}{4\text{ mA}/200} = 17{,}5\text{ k}\Omega. \tag{6.29}$$

Für den Widerstand R_C erhält man:

$$R_C = \frac{(10\text{ V} - 5\text{ V})}{4\text{ mA} + (4\text{ mA}/200)} = 1{,}25\text{ k}\Omega. \tag{6.30}$$

Danach erfolgt die Analyse zur Bestimmung der Arbeitspunktstabilität. Bei gegebener Dimensionierung erhält man als Netzwerkgleichung gemäß $I_C = f(U_{BE})$ aus der Maschengleichung 1):

$$10\text{ V} = R_C(I_C + I_B) + R_F \cdot I_B + 4\text{ V} + U_{BE}; \tag{6.31}$$

Daraus ergibt sich die Arbeitsgerade des Eingangskreises:

$$I_C = \left(\frac{10\text{ V} - 4\text{ V} - U_{BE}}{R_C/A + R_F/B} + I_{CB0}\middle/A \cdot \frac{R_C + R_F}{R_C/A + R_F/B}\right. \tag{6.32}$$

Sie weist eine ähnliche Form auf, wie im vorigen Beispiel. Ist die Änderung von U_{BE}, die Änderung von B und die von I_{CB0} bekannt, so kann der geänderte Arbeitspunkt bestimmt werden. Damit erhält man eine Aussage über die Arbeitspunktstabilität. Um den Einfluss von Änderungen der Stromverstärkung zu verringern, sollte $R_F/B < R_C$ sein. Diese Maßnahme wirkt sich auch günstig auf die Verminderung des I_{CB0} Einflusses aus. Eine Änderung von U_{BE} ist dann vernachlässigbar, wenn $U_B - U_Z > 2\text{V}$ ist.

Zur Bestimmung von $U_{CE}^{(A)}$ wird ebenfalls eine Netzwerkgleichung gemäß $I_C = f(U_{CE})$ gebildet.

$$10\text{ V} = R_C \cdot (I_C + I_B) + U_{CE}; \tag{6.33}$$

Daraus erhält man die Arbeitsgerade des Ausgangskreises:

$$I_C = \frac{10\text{ V} - U_{CE}}{R_C/A} + I_{CB0}. \tag{6.34}$$

Verallgemeinerung: Die Vorgehensweise zur Arbeitspunktanalyse von Schaltungen kann nunmehr verallgemeinert werden. Anhand eines ausgewählten Beispiels wird die prinzipielle Vorgehensweise verdeutlicht. Gegeben sei folgende Schaltung (Abb. 6.20), sie stellt einen optischen Empfänger dar mit der Photodiode $D1$. Ohne Ansteuerung zieht

Abb. 6.20 Beispiel optische
Empfängerschaltung

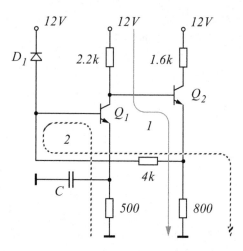

die Photodiode den Dunkelstrom (Sperrstrom). Die Schaltung enthält zwei Transistoren, die DC-gekoppelt sind. Deren Arbeitspunkte beeinflussen sich gegenseitig.

Zur Bestimmung der Arbeitspunktströme $I_{C,Q1}^{(A)}$ und $I_{C,Q2}^{(A)}$ müssen zwei unabhängige Netzwerkgleichungen nach dem Schema:

$$I_{C,Q_1} = f_1(U_{BE,Q_1}, U_{BE,Q_2});$$
$$I_{C,Q_2} = f_2(U_{BE,Q_1}, U_{BE,Q_2}); \tag{6.35}$$

gebildet werden. Bei n DC-gekoppelten Transistoren sind n unabhängige Netzwerkgleichungen als Funktion der Steuerspannungen zu bilden. Dabei darf keine Spannung über einer gesperrten Diodenstrecke auftauchen. Im Allgemeinen sind diese Netzwerkgleichungen verkoppelt. Im konkreten Beispiel erhält man für die im Bild skizzierten Maschen folgende Netzwerkgleichungen (unter Berücksichtigung von Richtungspfeilen für Ströme):

$$(I_{E,Q_2} - I_{B,Q_1}) \cdot 800 \ \Omega = I_{B,Q_1} \cdot 4 \ \text{k}\Omega + U_{BE,Q_1} + I_{E,Q_1} \cdot 500 \ \Omega;$$
$$12 \ \text{V} = (I_{C,Q_1} + I_{B,Q_2}) \cdot 2{,}2 \ \text{k}\Omega + U_{BE,Q_2} + (I_{E,Q_2} - I_{B,Q_1}) \cdot 800 \ \Omega. \tag{6.36}$$

Mit den bekannten Transistorgleichungen ergibt sich daraus:

$$\left(\frac{I_{C,Q_2}}{A_{Q_2}} - \frac{I_{CB0,Q_2}}{A_{Q_2}} - \frac{I_{C,Q_1}}{B_{Q_1}} + \frac{I_{CB0,Q_1}}{A_{Q_1}} \right) \cdot 800 \ \Omega$$
$$= \left(\frac{I_{C,Q_1}}{B_{Q_1}} - \frac{I_{CB0,Q_1}}{A_{Q_1}} \right) \cdot 4 \ \text{k}\Omega + U_{BE,Q_1} + \left(\frac{I_{C,Q_1}}{A_{Q_1}} - \frac{I_{CB0,Q_1}}{A_{Q_1}} \right) \cdot 500 \Omega;$$
$$12 \ \text{V} = \left(I_{C,Q_1} + \frac{I_{C,Q_2}}{B_{Q_2}} - \frac{I_{CB0,Q_2}}{A_{Q_2}} \right) \cdot 2.2 \ \text{k}\Omega + U_{BE,Q_2}$$
$$+ \left(\frac{I_{C,Q_2}}{A_{Q_2}} - \frac{I_{CB0,Q_2}}{A_{Q_2}} - \frac{I_{C,Q_1}}{B_{Q_1}} + \frac{I_{CB0,Q_1}}{A_{Q_1}} \right) \cdot 800 \ \Omega. \tag{6.37}$$

Abb. 6.21 Beispiel für eine
Arbeitspunkteinstellung nach
Abb. 6.14e

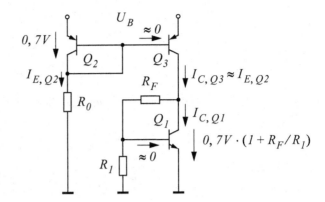

Experiment 6.2-1: OptischerEmpf_AP

Bei bekannter Dimensionierung der Schaltung stellen diese zwei Gleichungen Bestimmungsgleichungen für die gesuchten Arbeitspunkte $I_{C,Q1}^{(A)}$ und $I_{C,Q2}^{(A)}$ dar. Aus diesen Gleichungen lässt sich auch eine Aussage über die Arbeitspunktstabilität treffen. Zur Vereinfachung werden Vernachlässigungen eingeführt. Die Vernachlässigung von $I_{B,Q1}$ ist zulässig, wenn $I_{C,Q_1}/I_{C,Q_2} < 10$; mit $B > 100$ ist dann $I_{B,Q_1}/I_{E,Q_2} < 0{,}1$, sowie unter Vernachlässigung von I_{CB0} (bei Normaltemperatur ist I_{CB0} etwa nA) vereinfachen sich die obigen Gleichungen erheblich:

$$I_{C,Q_2} \cdot 800\,\Omega = \frac{I_{C,Q_1}}{B_{Q_1}} \cdot 4\,\text{k}\Omega + U_{BE,Q_1} + I_{C,Q_1} \cdot 500\,\Omega;$$
$$12\,\text{V} = I_{C,Q_1} \cdot 2.2\,\text{k}\Omega + U_{BE,Q_2} + I_{C,Q_2} \cdot 800\,\Omega.$$
(6.38)

Mit $U_{BE} = 0{,}7\,\text{V}$ ergeben sich für das Beispiel die Arbeitspunkte $I_{C,Q_1} = 3{,}9\,\text{mA}$; $I_{C,Q_2} = 3{,}5\,\text{mA}$. Das Simulationsergebnis des Experiments bestätigt dieses Ergebnis.

Die verallgemeinerte Vorgehensweise zur Arbeitspunktanalyse von Schaltungen soll nun an dem Beispiel nach Abb. 6.14 Variante e) dargestellt werden (siehe Abb. 6.21). Zur Bestimmung der Arbeitspunktströme $I_{C,Q1}^{(A)}$, $I_{C,Q2}^{(A)}$ und $I_{C,Q3}^{(A)}$ müssen drei unabhängige Netzwerkgleichungen nach dem Schema:

$$I_{C,Q_1} = f_1(U_{BE,Q_1}, U_{BE,Q_2}, U_{BE,Q_3});$$

$$I_{C,Q_2} = f_2(U_{BE,Q_1}, U_{BE,Q_2}, U_{BE,Q_3});$$
(6.39)

$$I_{C,Q_3} = f_2(U_{BE,Q_1}, U_{BE,Q_2}, U_{BE,Q_3});$$

gebildet werden. Im konkreten Beispiel lassen sich mit Berücksichtigung der einschränkenden Bedingung, dass nur Steuerspannungen auftauchen dürfen, zwei Maschengleichungen und eine Knotenpunktgleichung formulieren:

$$U_B \quad = I_{E,Q_2} \cdot R0 + U_{EB,Q_2};$$

$$U_{EB,Q_2} = U_{EB,Q_3};$$

$$I_{C,Q_3} \quad = I_{C,Q_1} + U_{BE,Q_1}/R1. \tag{6.40}$$

Die zweite Netzwerkgleichung lässt sich mit der Gleichung in Abb. 3.28a auch in anderer Form darstellen:

$$U_{T,Q_2} \cdot \ln\left(I_{E,Q_2}/I_{S,Q_2}\right) = U_{T,Q_3} \cdot \ln\left(I_{E,Q_3}/I_{S,Q_3}\right). \tag{6.41}$$

Sind $Q2$ und $Q3$ gepaart ($I_{S,Q_2} = I_{S,Q_3}$), d.h. gleiche Transportsättigungssperrstöme und weisen sie gleiche Temperatur auf, so sind deren Arbeitspunkte gleich. Damit stellen die obigen Gleichungen die gewünschten Bestimmungsgleichungen der gesuchten Arbeitspunkte dar.

6.3   Wichtige Funktionsprimitive mit BJTs

Ein wesentliches Grundkonzept in der Schaltungsentwicklung ist die Kenntnis der Eigenschaften von Funktionsprimitiven für Funktionsschaltungen. Der Entwickler wählt Schaltungen aufgrund von bekannten Eigenschaften aus. Es geht darum, das Wissen um die wesentlichen Eigenschaften wichtiger, immer wiederkehrender Teilschaltungen aufzubereiten.

6.3.1   RC-Verstärker in Emittergrundschaltung

Als erstes wird ein Transistorverstärker mit Ansteuerung an der Basis und Ausgang am Kollektor betrachtet (Emittergrundschaltung). Es geht um die Abschätzung des Übertragungsverhaltens und der Schnittstelleneigenschaften am Eingang und am Ausgang. Der RC-Verstärker möge an der Basis von $Q1$ in einem vorgegebenen Arbeitspunkt mit dem Eingangssignal $\underline{U}_1$ angesteuert werden. Das Ausgangssignal $\underline{U}_2$ wird am Kollektor abgenommen und wirkt auf die nachfolgende Schnittstelle am Knoten 2 um 180° phasenverschoben. Die Phasendrehung um 180° ist durch die Zählpfeilwahl in Abb. 6.22 bereits berücksichtigt.

DC-Analyse: Als erste Maßnahme für die Dimensionierung einer Schaltung ist der Arbeitspunkt der aktiven Elemente geeignet zu wählen. Im Beispiel von Abb. 6.22 soll der Arbeitspunktstrom des Transistors $I_{C,Q1}^{(A)} = 2\,\text{mA}$ betragen. Mit dem Arbeitspunkt werden wesentliche Eigenschaften der Schaltung bereits festgelegt.

1. *Schritt:* Bei der hier vorliegenden Schaltungsvariante zur Einstellung des Arbeitspunktes sollte U_{RE} mindestens 1,5 V (noch besser 2 V) sein, um an RE eine feste

Abb. 6.22 RC-Verstärker mit
Ansteuerung an der Basis und
Signalausgang am Kollektor

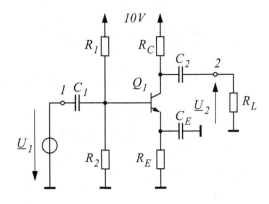

Abb. 6.23 Zu den Vorgaben
der DC-Analyse

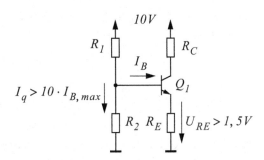

Spannung einzuprägen. Die zu U_{RE} in Serie liegende Spannung $U_{BE,Q1}$ würde sich bei $\Delta T = 75°$ um 0,15 V ändern, U_{RE} sollte mindestens 10mal größer sein, als die größtmögliche Änderung von ΔU_{BE}. Es wird $U_{RE} = 2$ V gewählt, damit ist $R_E = 1$ kΩ. Abbildung 6.23 zeigt die DC-Ersatzanordnung.

2. *Schritt:* Der Querstrom I_q sollte mindestens 10mal größer sein, als der größtmögliche Basisstrom. Bei einer angenommenen Worst-Case-Stromverstärkung von $B = 100$ wird $I_q \geq 0,2$ mA. Damit ergibt sich für $R_1 + R_2 = 50$ kΩ; gewählt wird $R_2 = 13,5$ kΩ und $R_1 = 36,5$ kΩ.

3. *Schritt:* Die Spannung U_{CE} sollte bei größtmöglicher Aussteuerung mindestens 0,5 V (besser: 1 V) sein, um die Kollektor-Basis Diode hinreichend zu sperren. Im Beispiel beträgt die verfügbare Versorgungsspannung 8 V. Die verfügbare Versorgungsspannung ist die Versorgungsspannung (10 V) vermindert um den Spannungsabfall an R_E. Abzüglich der geforderten Mindestspannung für U_{CE} verbleiben 7 V. Für eine optimale Aufteilung der Spannung (7 V) zwischen dem Widerstand R_C und dem Transistor wird eine hälftige Aufteilung gewählt. Daraus ergibt sich für U_{RC} im Arbeitspunkt eine Spannung von 3,5 V und somit erhält man für den Widerstand im Kollektorpfad $R_C = 3,5$ V/2 mA $= 1,8$ kΩ.

AC-Analyse bei mittleren Frequenzen: Im mittleren Frequenzbereich soll die Impedanz der Kondensatoren $C1$, $C2$ und CE niederohmig sein, es möge gelten:

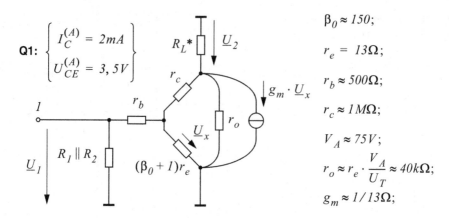

$$\beta_0 \approx 150;$$

$$r_e = 13\Omega;$$

$$r_b \approx 500\Omega;$$

$$r_c \approx 1 M\Omega;$$

$$V_A \approx 75 V;$$

$$r_o \approx r_e \cdot \frac{V_A}{U_T} \approx 40k\Omega;$$

$$g_m \approx 1/13\Omega;$$

Abb. 6.24 AC-Analyse bei mittleren Frequenzen mit Modellparametern für den Bipolartransistor als spannungsgesteuerte Stromquelle; $R_L^* = 1.8\text{k}\Omega$, $R_1 = 36.5\text{k}\Omega$, $R_2 = 13.5\text{k}\Omega$

$$\frac{1}{\omega C_1} \ll R_1||R_2||\{r_b + (\beta_0 + 1)r_e\}; \frac{1}{\omega C_2} \ll R_L^*; \quad \frac{1}{\omega C_E} \ll R_E. \qquad (6.42)$$

Das heißt die Koppelkapazitäten und Abblockkapazitäten stellen im Betriebsfrequenz-bereich einen Kurzschluss dar. Sie sind entsprechend des Betriebsfrequenzbereichs geeignet zu wählen. Der wirksame Lastwiderstand R_L^* ist im Beispiel gleich dem äuße-ren Lastwiderstand R_L parallel zum Kollektorwiderstand R_C (wirksamer Lastwiderstand $R_L^* = R_L||R_C$). Unter den gegebenen Voraussetzungen arbeitet der Transistor als span-nungsgesteuerte Stromquelle. Es ergibt sich das AC-Ersatzschaltbild in Abb. 6.24.

Einschränkend soll weiterhin bei mittleren Frequenzen $r_c \to \infty$ und $r_o \to \infty$ gel-ten. Unter den gegebenen Voraussetzungen lässt sich für die Verstärkung und für den Eingangswiderstand nach Abb. 6.24 mit den dort angegebenen Parametern folgende Abschätzung vornehmen:

$$\frac{U_2}{U_x} = g_m \cdot R_L^* = \frac{1,8\ \text{k}\Omega}{13\ \Omega} = 140; \frac{U_x}{U_1} = \frac{(\beta_0 + 1)r_e}{r_b + (\beta_0 + 1)r_e} = \frac{2\ \text{k}\Omega}{2,5\ \text{k}\Omega} = 0,8;$$

$$\frac{U_2}{U_1} = \frac{U_2}{U_x} \cdot \frac{U_x}{U_1} \approx 110; \qquad\qquad\qquad (6.43)$$

$$Z_{11'} = R_1||R_2||\{r_b + (\beta_0 + 1)r_e\} \approx 2\ \text{k}\Omega.$$

AC-Analyse im unteren Frequenzbereich: Bei tiefen Frequenzen geht die Wirkung der Abblockkapazität CE verloren. Der Bipolartransistor ist seriengegengekoppelt. Wenn $1/(\omega C_E) \gg R_E$ ist, so wirkt RE als Seriengegenkopplung. Ohne Berücksichtigung des „Early"-Widerstandes r_0 erhält man das in Abb. 6.25 skizzierte Ersatzschaltbild.

Mit der vereinfachenden Annahme von $r_c \to \infty$ und $r_o \to \infty$ ergibt sich aus der Ersatzanordnung in Abb. 6.25 folgende Abschätzung:

Abb. 6.25 AC-Analyse im
unteren Frequenzbereich
(Q: seriengegengekoppelt);
$R_L^* = 1.8\text{k}\Omega$, $R_1 = 36.5\text{k}\Omega$,
$R_2 = 13.5\text{k}\Omega$, $R_E = 1\text{k}\Omega$

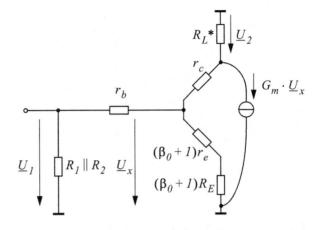

$$\frac{U_2}{U_x} = G_m \cdot R_L^*; \quad G_m = \frac{\alpha_0}{r_e + R_E} = \frac{1}{1\,\text{k}\Omega};$$

$$\frac{U_2}{U_x} = \frac{1800\,\Omega}{1000\,\Omega} = 1{,}8; \tag{6.44}$$

$$Z_{11'} = R_1 \| R_2 \| \{r_b + (\beta_0 + 1)(r_e + R_E)\} \approx 10\,\text{k}\Omega.$$

Aufgrund der Seriengegenkopplung ist die Verstärkung deutlich vermindert, bei erhöhtem Eingangswiderstand.

AC-Analyse bei höheren Frequenzen: Im oberen Frequenzbereich beginnen die parasitären Einflüsse zu wirken (AC-Ersatzanordnung in Abb. 6.26). Ab ca. MHz macht sich die Sperrschichtkapazität Cc bemerkbar. Die Steuerspannung U_x wird zunehmend aufgrund der Diffusionskapazität $C_{b'e}$ und der an der inneren Basis wirksamen „Miller"-Kapazität $C_c(1 + g_m R_L^*)$ kurzgeschlossen.

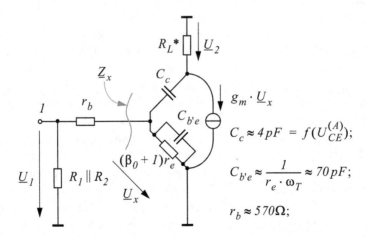

$$C_c \approx 4\,pF = f(U_{CE}^{(A)});$$

$$C_{b'e} \approx \frac{1}{r_e \cdot \omega_T} \approx 70\,pF;$$

$$r_b \approx 570\,\Omega;$$

Abb. 6.26 AC-Analyse bei höheren Frequenzen mit Angabe der parasitären Einflüsse

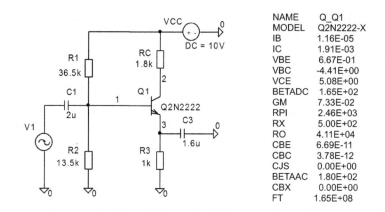

NAME	Q_Q1
MODEL	Q2N2222-X
IB	1.16E-05
IC	1.91E-03
VBE	6.67E-01
VBC	-4.41E+00
VCE	5.08E+00
BETADC	1.65E+02
GM	7.33E-02
RPI	2.46E+03
RX	5.00E+02
RO	4.11E+04
CBE	6.69E-11
CBC	3.78E-12
CJS	0.00E+00
BETAAC	1.80E+02
CBX	0.00E+00
FT	1.65E+08

Experiment 6.3-1: Emitter1sch – AC-Analyse und Noise-Analyse

Abb. 6.27 Schematic des Simulationsbeispiels mit Modellparametersatz aus *.out von PSpice gültig für den gegebenen Arbeitspunkt

$$\underline{Z}_x = \frac{1}{\omega C_c (1 + g_m R_L^*)} \| (\beta_0 + 1) r_e \| \frac{1}{\omega C_{b'e}}. \tag{6.45}$$

Daraus ergibt sich ein Tiefpassverhalten von $\underline{U}_1$ nach $\underline{U}_x$. Bei höheren Frequenzen wird $Z_{11}' \approx r_b$. In Hochfrequenzanwendungen muss r_b niederohmig gehalten werden, nur dann kommt die auf den Eingang umgerechnete Sperrschichtkapazität („Miller"-Kapazität) weniger zum Tragen. Am Ausgang ist die Sperrschichtkapazität Cc untransformiert als Lastkapazität wirksam. Es ergibt sich ein zusätzliches Tiefpassverhalten mit:

$$\underline{U}_2 / \underline{U}_x = g_m \cdot R_L^* \cdot \frac{1}{1 + j\omega C_c R_L^*}. \tag{6.46}$$

Bei einem Lastwiderstand von 2 kΩ und einer angenommenen Sperrschichtkapazität von 4 pF erhält man im gewählten Beispiel daraus eine Eckfrequenz von ca. 20 MHz.

Die Sperrschichtkapazität erzeugt am Ausgang mit dem Lastkreis und die transformierte Sperrschichtkapazität am Eingang mit dem Basisbahnwiderstand ein Tiefpassverhalten. In den nachstehenden Simulationsergebnissen (Abb. 6.28) sind die oben angegebenen Abschätzungen eingetragen. Zum einen zeigt das Ergebnis, dass die Abschätzwerte recht gut mit genaueren Berechnungen übereinstimmen. Sie bringen ein tieferes Verständnis dafür, wie und wodurch der Frequenzverlauf so zustandekommt. Für die Abschätzung der oberen Eckfrequenz benötigt man die „Miller"-Kapazität, sie beträgt etwa $4 \, \text{pF} \cdot (1 + V_{innen}) \approx 550 \, \text{pF}$ Die innere Verstärkung ist etwa $v_{innen} \approx g_m R_L^* \approx 140$. Mit der Diffusionskapazität ergibt sich eine Gesamtkapazität von ca. 600 pF, wirksam an der inneren Basis gegen das Bezugspotenzial. Der Basisbahnwiderstand r_b sei im Beispiel 500 Ω.

Als nächstes wird die Wirkung der Sperrschichtkapazität C_c genauer betrachtet. Verändert man den, die Sperrschichtkapazität charakterisierenden Parameter CJC im Transistormodell, so verändert sich die obere Eckfrequenz (Abb. 6.29). Das Experiment zeigt,

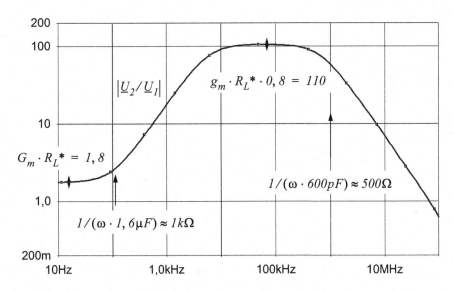

Abb. 6.28 Spannungsverstärkung der Emittergrundschaltung mit Abschätzwerten

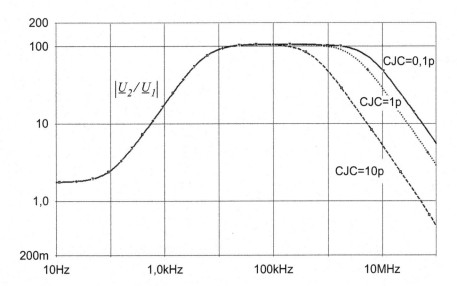

Abb. 6.29 Frequenzgang der Spannungsverstärkung mit *CJC* als Parameter

dass die Bandbreite eines Verstärkerelementes ganz wesentlich durch die Sperrschichtkapazität der Kollektor-Basis Diode bestimmt wird.

Der Eingangswiderstand (ohne $R1$ und $R2$) ist bei mittleren Frequenzen gegeben durch $r_b + (\beta_0 + 1)r_e$. Bei tiefen Frequenzen wirkt $R3$ bzw. *RE* als Seriengegenkopplung, man erhält damit einen Eingangswiderstand mit dem Abschätzwert von ca.
$r_b + (\beta_0 + 1)(r_e + R_E)$. Bei höheren Frequenzen verbleibt nur noch der Basisbahnwiderstand r_b als Eingangswiderstand (Abb. 6.30).

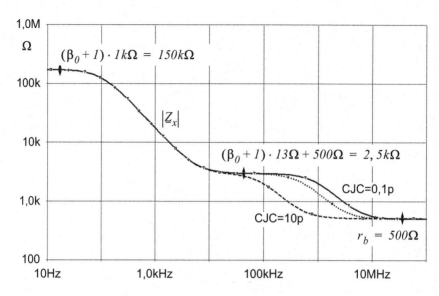

Abb. 6.30 Eingangswiderstand (ohne $R1$ und $R2$) der Emittergrundschaltung mit Abschätzwerten

Abb. 6.31 Messschaltung
zur Bestimmung des
Ausgangswiderstands

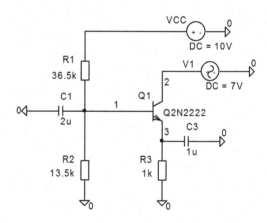

Experiment 6.3-2: Emitter1sch_out

Für die Bestimmung des Ausgangswiderstands ist eine besondere Messschaltung erforderlich (Abb. 6.31). Sie muss bei „ausgeschalteter" Signalspannung am Eingang so ausgelegt werden, dass der gegebene Arbeitspunkt nicht verändert wird. Der Signalspannung an Knoten 2 wird ein DC-Wert von 7 V überlagert. Bei tiefen Frequenzen wirkt die Seriengegenkopplung, die den Innenwiderstand am Ausgang hochohmiger macht, bei mittleren Frequenzen ist der Ausgangswiderstand etwa gleich dem „Early"-Widerstand r_o. Bereits oberhalb einigen 100 kHz wird im Beispiel der Innenwiderstand der spannungsgesteuerten Stromquelle zunehmend niederohmiger als r_o. Bei einem Lastwiderstand von ca. 1,8 kΩ ist dann der Innenwiderstand der Stromquelle nicht mehr

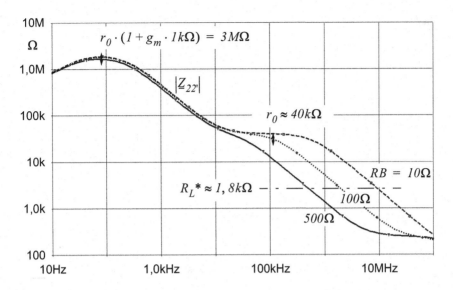

Abb. 6.32 Ausgangswiderstand bei der Emittergrundschaltung mit *RB* als Parameter

vernachlässigbar. Der zunehmend niederohmige Innenwiderstand vermindert dann die Verstärkung des Verstärkerelementes. Abbildung 6.32 zeigt das Ergebnis des wirksamen Innenwiderstandes am Ausgang des Transistors mit den Abschätzwerten. Je niederohmiger der Basisbahnwiderstand r_b ist, um so hochohmiger ist der Innenwiderstand der Stromquelle über einen größeren Frequenzbereich am Ausgang des Transistors.

Rauschanalyse: Ermöglicht man im Simulation Profile des Experiments 6.3-1 der Schaltung von Abb. 6.27 die Rauschanalyse, so erhält man im Ergebnis die äquivalente spektrale Rauschspannung am Ausgang (V(ONOISE)) und die auf den Eingang umgerechnete wirksame spektrale Rauschspannung (V(INOISE)). Die Rauschzahl F bei einer bestimmten Frequenz (z. B. bei $f = 10$ kHz) ergibt sich mit $R_G = R1\|R2 = 10$ kΩ und mit der entsprechenden äquivalenten spektralen Rauschspannung V(INOISE) am Eingang aus:

$$F = \frac{V(INOISE)^2}{4 \cdot k \cdot T \cdot R_G}. \tag{6.47}$$

Das logarithmische Maß der Rauschzahl in *dB* ist $10\log F$. Abbildung 6.33 zeigt das Ergebnis der Rauschanalyse der Schaltung in Abb. 6.27.

Zusammenfassung: Bei Ansteuerung an der Basis ergibt sich im mittleren Frequenzbereich ein „mittel"-hochohmiger Eingangswiderstand mit $(\beta_0 + 1) \cdot r_e + r_b$. Die innere Verstärkung beträgt etwa $g_m \cdot R_L^*$. Der Transistor arbeitet am Ausgang als spannungsgesteuerte Stromquelle. Der Innenwiderstand der Stromquelle am Ausgang des Transistors ist näherungsweise durch den „Early-Widerstand" r_0 gegeben, wenn die steuernde Quelle hinreichend niederohmig ist. Bei höheren Frequenzen vermindert sich die Verstärkung

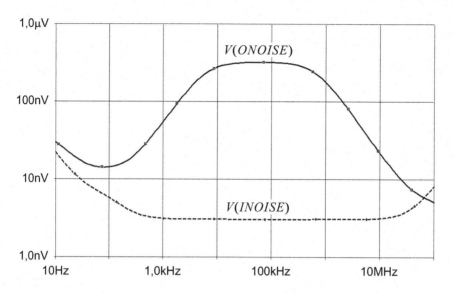

Abb. 6.33 Äquivalente spektrale Rauschspannung am Ausgang (V(ONOISE)) und wirksame äquivalente spektrale Rauschspannung (V(INOISE)) am Eingang der Verstärkerschaltung nach Abb. 6.27

im wesentlichen aufgrund des Einflusses der Sperrschichtkapazität C_c. Sie macht sich
um so mehr bemerkbar, je hochohmiger der Bahnwiderstand r_b ist.

6.3.2 RC-Verstärker in Basisgrundschaltung

Eingehend behandelt werden Verstärkerelemente in Basisgrundschaltung (Abb. 6.34) und
deren Unterschiede zur Emittergrundschaltung (Abb. 6.22). Die Ansteuerung des RC-Ver-
stärkers erfolgt im Arbeitspunkt am Emitter von $Q1$ mit $\underline{U}_1$. Das Ausgangssignal $\underline{U}_2$ wird am
Kollektor abgenommen. Für die DC-Analyse hat sich gegenüber dem Beispiel in Abb. 6.22
nichts geändert. Es gelten dieselben Überlegungen wie im vorhergehenden Abschnitt.

AC-Analyse bei mittleren Frequenzen: Bei mittleren Frequenzen stellen wiederum die
Koppelkapazitäten und Abblockkapazitäten einen Kurzschluss dar. Im Betriebsfrequenz-
bereich mit $1/(\omega C_3) \ll R_1 \| R_2$ und $1/(\omega C_1) \ll |\underline{Z}_x|$ erhält man das AC-Ersatzschaltbild
in Abb. 6.35.

Bezüglich der Verstärkung und des Eingangswiderstands ergeben sich für die Basisgrundschaltung die nachstehenden Abschätzungen. Grundsätzlich ist näherungsweise:

$$\underline{U}_1 \approx \underline{I}_e \cdot r_e + \underline{I}_b \cdot r_b = \underline{I}_e \cdot (r_e + r_b/(\beta_0 + 1)). \tag{6.48}$$

Damit wirkt der Basisbahnwiderstand umgerechnet auf den Eingang mit $r_b/(\beta_0 + 1)$.
Wegen des hohen Eingangsstroms $\underline{I}_e$ muss der Wert des Basisbahnwiderstands um
$1/(\beta_0 + 1)$ reduziert werden, um den gleichen Spannungswert am Bahnwiderstand
zu erhalten. Es ergibt sich dieselbe Verstärkung wie bei der Emittergrundschaltung.

Abb. 6.34 RC-Verstärker
mit Ansteuerung am Emitter:
Basisgrundschaltung;
$R_L^* = 1.8\,\mathrm{k\Omega}$, $R_1 = 36.5\,\mathrm{k\Omega}$,
$R_2 = 13.5\,\mathrm{k\Omega}$, $R_E = 1\,\mathrm{k\Omega}$

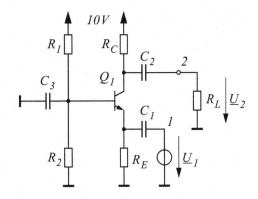

Abb. 6.35 AC-Ersatzschaltbild
bei Speisung am Emitter –
Basisgrundschaltung

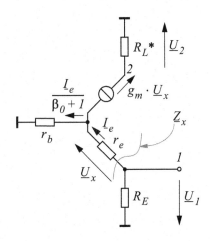

Allerdings ist der Eingangswiderstand deutlich niederohmiger (siehe Abb. 6.40). Die Signalquelle am Eingang wird somit erheblich stärker belastet.

$$\frac{U_2}{U_x} = g_m \cdot R_L^* \approx \frac{1{,}8\ \mathrm{k\Omega}}{13\ \mathrm{k\Omega}} \approx 140; \quad \frac{U_x}{U_1} = \frac{r_e}{r_e + r_b/(\beta_0 + 1)};$$

$$\underline{Z}_x = r_e + \frac{r_b}{(\beta_0 + 1)} \approx 18\ \Omega. \tag{6.49}$$

AC-Analyse bei höheren Frequenzen: Die Diffusionskapazität $C_{b'e}$ schließt zunehmend bei höheren Frequenzen $\underline{U}_{b'e}$ kurz, so dass von $\underline{U}_1$ nach $\underline{U}_x$ ein Tiefpassverhalten gegeben ist. Abbildung 6.36 zeigt das AC-Ersatzschaltbild bei höheren Frequenzen.

Am Ausgang ist ebenfalls ein Tiefpassverhalten gegeben, es gilt:

$$\frac{U_2}{U_x} = g_m \cdot R_L^* \cdot \frac{1}{1 + j\omega C_c R_L^*}. \tag{6.50}$$

Der „Miller"-Effekt – bei der Emitterschaltung gegeben durch $C_c(1 + g_m R_L^*)$ – macht sich hier in der Weise wie bei Ansteuerung an der Basis nicht bemerkbar, da die

Abb. 6.36 AC-Analyse
bei höheren Frequenzen –
Basisgrundschaltung

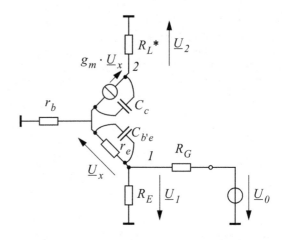

Abb. 6.37 Messschaltung
für Ansteuerung an Emitter –
Basisschaltung

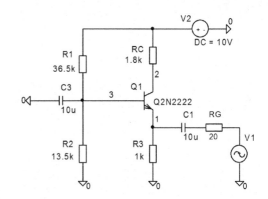

Experiment 6.3-3: Basis1sch

Eingangsspannung im Wesentlichen an $r_e||1/j\omega C_{b'e}$ abfällt (bei niederohmigem Quell-
widerstand). Insofern sollte das Verstärkerelement ein breitbandigeres Verhalten aufweisen. Allerdings verändert sich der Innenwiderstand am Ausgang bei sehr niederohmiger
Ankopplung der Signalquelle am Emitter nicht gegenüber der Darstellung des Ergebnis-
ses in Abb. 6.32. Der Frequenzgang des wirksamen Innenwiderstandes am Ausgang des
Transistors (siehe Abb. 6.42) bestimmt auch hier im wesentlichen den Frequenzgang der
Verstärkung bei höheren Frequenzen. Der wirksame Innenwiderstand am Ausgang sollte
deutlich hochohmiger sein, als der Lastwiderstand.

   Ein Quellwiderstand R_G wirkt hinsichtlich des Innenwiderstandes am Ausgang als
„Seriengegenkopplung" (siehe seriengegengekoppelter Transistor). Bei niederohmiger
„innerer" Basis (r_b klein), wobei $(r_b/(\beta_0 + 1)$ niederohmig gegenüber $r_e||(1/j\omega C_{b'e} + R_G)$
sein soll und zusätzlich aufgrund der „Seriengegenkopplung" am Emitter mit dem Quellwiderstand R_G der Signalquelle wird der Frequenzgang des Innenwiderstandes am Ausgang breitbandiger hochohmig. Ist der Basisbahnwiderstand r_b hinreichend niederohmig,
wie im Originalmodell des Transistors Q2N2222 gegeben, so ergibt sich eine signifikant

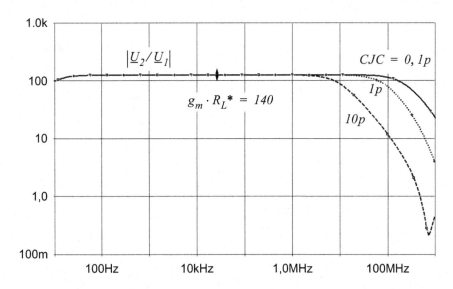

Abb. 6.38 Basisgrundschaltung – Frequenzgang der Spannungsverstärkung mit dem Original-modell Q2N2222 mit $r_b = 10\ \Omega$ und *CJC* als Parameter, Testschaltung Abb. 6.37

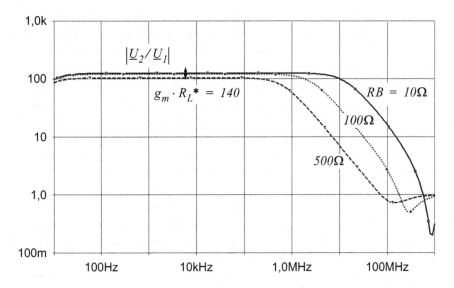

Abb. 6.39 Basisgrundschaltung – Frequenzgang der Spannungsverstärkung mit dem Original-modell Q2N2222 mit $CJC = 7{,}3$ pF und *RB* als Parameter, Testschaltung Abb. 6.37

höhere Bandbreite des Verstärkungsfrequenzgangs. Abbildung 6.38 zeigt den Verstärkungsfrequenzgang der Basisschaltung bei niederohmigem Bahnwiderstand ($r_b = 10\ \Omega$) und mit der Sperrschichtkapazität *CJC* als Parameter. In Abb. 6.39 ist der Verstärkungsfrequenzgang dargestellt mit dem Bahnwiderstand r_b als Parameter.

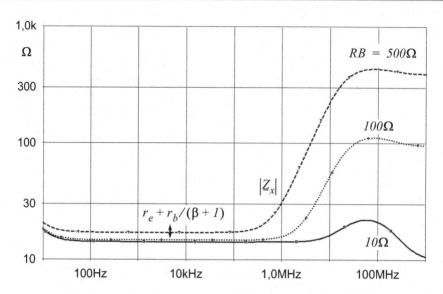

Abb. 6.40 Basisgrundschaltung – Frequenzgang des Eingangswiderstands bei Ansteuerung am Emitter mit dem Originalmodell Q2N2222 und *RB* als Parameter

Zusammenfassung: Bei Ansteuerung am Emitter ergibt sich ein niederohmiger Eingangswiderstand mit $r_e + r_b/(\beta_0 + 1)$. Die Verstärkung beträgt etwa $g_m \cdot R_L^*$. Der Transistor arbeitet am Ausgang als spannungsgesteuerte Stromquelle. Der Innenwiderstand der Stromquelle ist bei mittleren Frequenzen näherungsweise durch den „Early-Widerstand" r_o unter Berücksichtigung der Seriengegenkopplung durch den Innenwiderstand R_G der Signalquelle gegeben. Bei höheren Frequenzen macht sich die Sperrschichtkapazität C_c am Ausgang durch ein Tiefpassverhalten bemerkbar.

Innenwiderstand am Ausgang: Nach Untersuchung des Verstärkungsfrequenzgangs und des Eingangswiderstands soll nunmehr der Innenwiderstand am Ausgang der Verstärkerstufe in Basisschaltung näher betrachtet werden, bei einem angenommenen Quellwiderstand $R_G = 20\ \Omega$ der Signalquelle (Testanordnung in Abb. 6.41). Der Quellwiderstand R_G der Signalquelle wirkt dabei als Seriengegenkopplung, er macht den Innenwiderstand der Stromquelle des Transistors am Ausgang hochohmiger. In Abb. 6.42 ist zum Vergleich der Ausgangswiderstandswert (hier: 1,8 kΩ) eingetragen. Die Eckfrequenz der Ausgangsspannung wird erreicht, wenn der kapazitive Innenwiderstand gleich dem Lastwiderstand (im Beispiel von Abb. 6.37: 1,8 kΩ) ist. Mit zunehmend niederohmigem Bahnwiderstand wird der Innenwiderstand am Ausgang breitbandig hochohmiger.

Der Ausgangswiderstand der Basisschaltung (Innenwiderstand am Ausgang) unterscheidet sich von dem von der Emitterschaltung nur dahingehend, dass bei der Basisschaltung der Generatorwiderstand der steuernden Signalquelle als Seriengegenkopplung wirkt, was den Ausgangswiderstand breitbandiger hochohmiger macht.

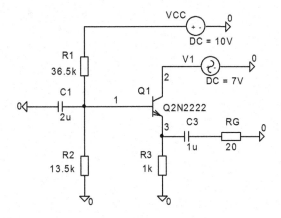

Experiment 6.3-4: Basis1sch_out – Untersuchung des Innenwiderstands am Ausgang der Basisschaltung.

Abb. 6.41 Testanordnung für die Ermittlung des Innenwiderstands am Ausgang der Basisschaltung

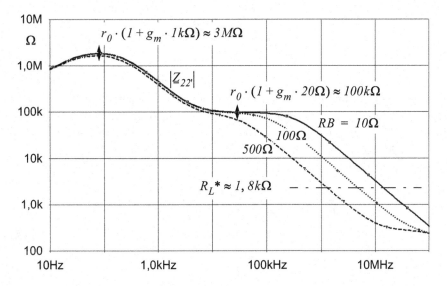

Abb. 6.42 Basisschaltung – Innenwiderstand am Ausgang mit RB als Parameter bei einem Innenwiderstand der Signalquelle mit $RG = 20\,\Omega$

6.3.3 Emitterfolger

Emitterfolger wirken als Impedanztransformator bzw. als „Leistungsverstärker" mit Spannungsverstärkung in der Größenordnung von 1. Beim Emitterfolger wird das Signal $\underline{U}_1$ an der Basis von Q_1 im vorgegebenen Arbeitspunkt eingekoppelt. Die Auskopplung des Ausgangssignals $\underline{U}_2$ erfolgt am Emitter. Auch hier ändert sich betreffs der DC-Analyse nichts gegenüber der Schaltung in Abb. 6.22. Das Ergebnis der DC-Analyse kann vom ersten Abschnitt übernommen werden.

Abb. 6.43 Kollektorgrund-
schaltung – Emitter-Folger;
$R_1 = 36.5\text{k}\Omega$, $R_2 = 18.5\text{k}\Omega$,
$R_E = 1\text{k}\Omega$

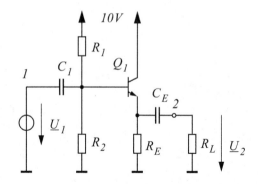

Abb. 6.44 AC-Ersatzschaltbild
für den Emitterfolger

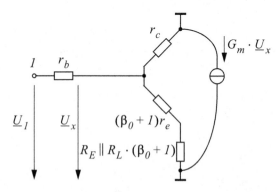

AC-Analyse bei mittleren Frequenzen: Im mittleren Frequenzbereich stellen die Koppelkapazitäten $C1$ und $C2$ wiederum einen Kurzschluss dar. Mit der Näherung $1/(\omega C_1) \ll R_1 \| R_2 \| \{r_b + (\beta_0 + 1)(r_e + R_E \| R_L)\}$, sowie $1/(\omega C_2) \ll R_L$ erhält man folgende Abschätzergebnisse für die Spannungsverstärkung, für den Eingangswiderstand und für den Innenwiderstand am Ausgang.

$$\frac{\underline{U}_2}{\underline{U}_1} = \frac{(\beta_0 + 1)(R_E \| R_L)}{r_b + (\beta_0 + 1)(r_e + R_E \| R_L)} \approx 1;$$

$$\underline{Z}_{11'} = r_b + (\beta_0 + 1)(r_e + R_E \| R_L);$$

$$\underline{Z}_{22'} \approx r_e + \frac{r_b}{(\beta_0 + 1)}.$$

(6.51)

Mit Berücksichtigung des in Abb. 6.43 nicht skizzierten Innenwiderstandes R_G der steuernden Quelle bestimmt sich der Innenwiderstand am Ausgang wie folgt:

$$\underline{Z}_{22'} = r_e + \frac{(r_b + R_1 \| R_2 \| R_G)}{(\beta_0 + 1)}.$$

(6.52)

Ohne Berücksichtigung des „Early"-Widerstandes r_o liegt dem Emitterfolger die in Abb. 6.44 skizzierte Ersatzanordnung zugrunde. Deutlich zeigt sich dabei die Hochohmigkeit des Eingangskreises (vergl. Abb. 6.46 unten).

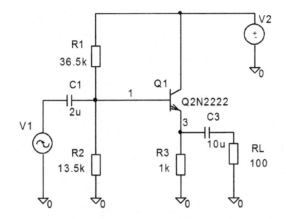

Experiment 6.3-5: Kollektor1sch – AC-Analyse mit dem Simulation Profile „AC" zur Bestimmung von Verstärkung und Eingangswiderstand; TR-Analyse mit dem Simulation Profile „TR" zur Transientenanalyse der Aussteuerbarkeit.

Experiment 6.3-6: Kollektor1sch_out – AC-Analyse mit dem Simulation Profile „AC" zur Bestimmung des Ausgangswiderstands.

Abb. 6.45 Testschaltung für Emitterfolger

Der Emitterfolger soll im Frequenzbereich und im Zeitbereich untersucht werden. Die zugrundeliegende Testschaltung zeigt Abb. 6.45. Das Ergebnis bezüglich des Übertragungsverhaltens und des Eingangswiderstands ist in Abb. 6.46 dargestellt. Die getroffenen Abschätzwerte werden gut bestätigt. Das Aussteuerverhalten im Zeitbereich zeigt Abb. 6.49. Darauf wird noch näher eingegangen. In einem weiteren Experiment erfolgt die Ermittlung des Innenwiderstandes am Ausgang des Emitterfolgers.

Der Innenwiderstand am Ausgang des Emitterfolgers ist in Abb. 6.47 dargestellt. Es zeigt sich insbesondere bei mittleren Frequenzen ein sehr niederohmiges Verhalten. Im unteren Frequenzbereich geht die Wirkung der Abblockkapazität am Basisanschluss verloren, der Innenwiderstand wird hochohmiger. Im oberen Frequenzbereich schließt die Diffusionskapazität $C_{b'e}$ die Emitter-Basis Diode kurz. Die Transformationswirkung des Bahnwiderstandes $r_b/(\beta+1)$ geht verloren. Es verbleibt dann nur noch der Bahnwiderstand r_b.

Ein Problem stellt die Aussteuerbarkeit dar (siehe dazu Abb. 6.48). Im Arbeitspunkt ergibt sich als maximale Aussteuerbarkeit bei $1/(\omega C_2) \ll R_L$:

$$\frac{(U_{RE}^{(A)} - \Delta u_{2,max})}{R_E} = \frac{\Delta u_{2,max}}{R_L};$$
$$\Delta u_{2,max} = U_{RE}^{(A)} \cdot \frac{R_L \| R_E}{R_E}. \tag{6.53}$$

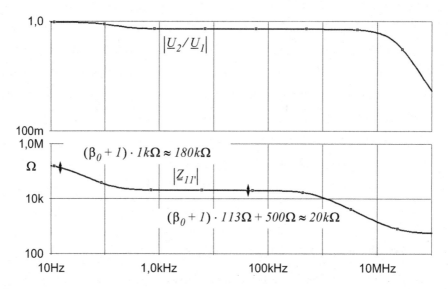

Abb. 6.46 Verstärkungsfrequenzgang und Eingangswiderstand des Emitterfolgers, Testanordnung in Abb. 6.45

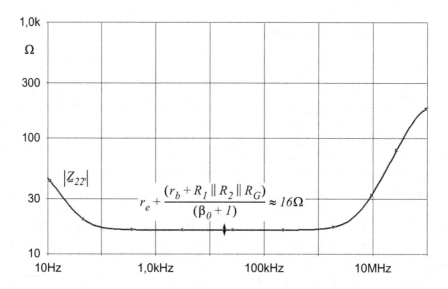

Abb. 6.47 Ausgangswiderstand des Emitterfolgers, Experiment 6.3-6

Zum zeitlichen Momentanwert der maximal negativen Aussteuerung fließt der Strom $(\Delta u_{2,max})/R_L$. Im Grenzfall (Übergang zum Sperrbetrieb) ist am Emitter des Transistors $I_E = 0$. Dann fließt an R_E der Strom $(U_{RE}^{(A)} - \Delta u_{2,max})/R_E$. Daraus erhält man die Bedingung für die größtmögliche Aussteuerung. Zur Untersuchung der maximalen Aussteuerbarkeit ist eine TR-Analyse durchzuführen. Interessant ist der zeitliche Momentanwert

Abb. 6.48 Zur maximalen
Aussteuerbarkeit des
Emitterfolgers

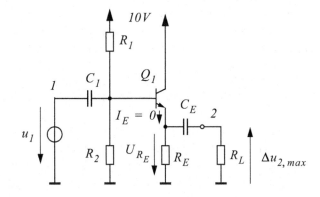

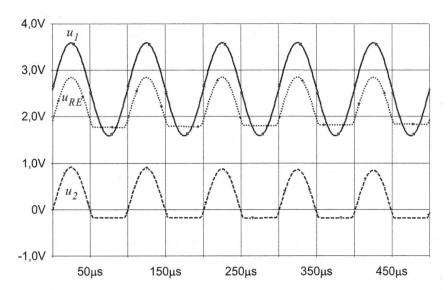

Abb. 6.49 Ergebnis zur Analyse der Aussteuerbarkeit des Emitterfolgers

bei größtmöglicher negativer Signalspannung. Ist der Lastwiderstand zu niederohmig, so
geht der Transistor bei $I_E = 0$ in den Sperrzustand. Abbildung 6.48 veranschaulicht den
Sachverhalt. In einem Experiment soll die getroffene Abschätzung bestätigt werden (TR-
Analyse der Testschaltung in Abb. 6.45). Im konkreten Beispiel ist $U_{RE}^{(A)} = 2$ V. Mit den
im Experiment gegebenen Werten beträgt die maximale Aussteuerbarkeit 0,2 V gemäß
Gl. 6.53, was durch das Simulationsergebnis in Abb. 6.49 bestätigt wird.

Zusammenfassung: Der Emitterfolger weist einen hochohmigen Eingangswiderstand
mit $(\beta_0 + 1) \cdot (R_L + r_e)$ auf. Die Verstärkung beträgt etwa gleich 1. Der Transistor arbeitet am Ausgang als gesteuerte Spannungsquelle. Der Innenwiderstand am Ausgang an der
Schnittstelle zur Last hin ist ca $r_e + (r_b + R_B)/(\beta_0 + 1)$. Die Aussteuerbarkeit des Emitterfolgers ist begrenzt. Sie hängt ab von der Stromergiebigkeit des Emitter-Ausgangs, die

durch den Arbeitspunkt bestimmt wird. Bei zu großen negativen zeitlichen Momentanwerten geht der Transistor ab einer bestimmten Größe des Laststroms in den Sperrzustand ($I_E = 0$) über. Es zeigt sich ein Begrenzungseffekt.

6.3.4 Der Bipolartransistor als Spannungsquelle

Spannungsquellen werden als Funktionsprimitive in vielfältigen Funktionsschaltungen verwendet. Im Gleichspannungsfall liegt eine Spannungsquelle mit niederohmigem
Innenwiderstand vor. Wechselspannungsmäßig wirkt nur der niederohmige Innenwiderstand der Spannungsquelle. Ein parallelgegengekoppelter Bipolartransistor (Abb. 6.50)
weist das Verhalten einer Spannungsquelle auf.

Für die Funktionsgrundschaltung lässt sich ein Makromodell in Form einer Spannungsquelle mit Innenwiderstand angeben. Die Ersatzspannung der Spannungsquelle beträgt:

$$U_{2,0} = 0,7 \text{ V} \cdot \left(1 + \frac{R_1}{R_2} \right). \tag{6.54}$$

Die Bestimmung des Innenwiderstandes r_i erfolgt durch AC-Analyse. Die Ersatzschaltung für die Änderungsanalyse zeigt Abb. 6.51b. Für den Innenwiderstand des parallelgegengekoppelten Transistors ergibt sich:

$$\underline{U}_x = \underline{U}_2 \cdot \frac{R_2}{R_2 + R_1}; \quad \underline{I}_2 = \frac{\underline{U}_2}{R_2 + R_1} + g_m \cdot \underline{U}_2 \cdot \frac{R_2}{R_2 + R_1};$$
$$r_i = \frac{\underline{U}_2}{\underline{I}_2} = \frac{1}{g_m} \cdot \frac{R_1 + R_2}{R_2} \| (R_1 + R_2) \approx \frac{1}{g_m} \cdot \left(1 + \frac{R_1}{R_2} \right). \tag{6.55}$$

Bei $R1 = R2$ ist der Innenwiderstand näherungsweise gleich $2/g_m$. Die Steilheit ist durch
den Arbeitspunkt festgelegt. Im konkreten Beispiel ist der Arbeitspunkt so, dass $r_e = 26\ \Omega$
ist. Der Innenwiderstand ist demnach $r_i = 52\ \Omega$. Die Testschaltung für die Bestimmung des
Innenwiderstands am Ausgang des parallelgegengekoppelten Transistors zeigt Abb. 6.51a.
Das Ergebnis ist in Abb. 6.52 dargestellt, es bestätigt die getroffene Abschätzung.

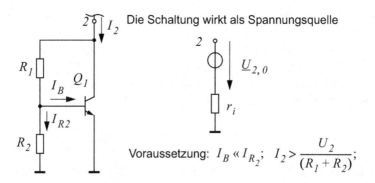

Abb. 6.50 Der Bipolartransistor als Spannungsquelle

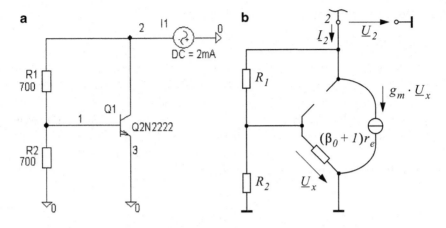

Experiment 6.3-7: Spgqu

Abb. 6.51 Zur Bestimmung des Innenwiderstandes r_i eines parallelgegengekoppelten Transistors;
a Testanordnung; **b** AC-Ersatzschaltbild

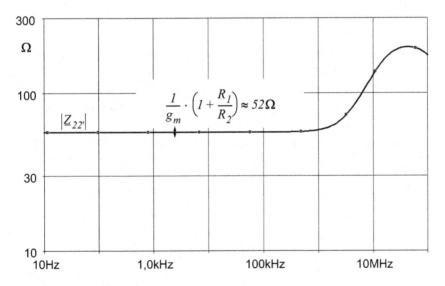

Abb. 6.52 Ergebnis des Innenwiderstands der Spannungsquelle

Zusammenfassung: Durch geeignete Parallelgegenkopplung wirkt der Transistor am
Ausgang als Spannungsquelle mit niederohmigem Innenwiderstand. Die Leerlaufspan-
nung der Spannungsquelle wird bestimmt durch das Verhältnis der Widerstände $R1$ und
$R2$. Der Innenwiderstand der Spannungsquelle ist näherungsweise $(1/g_m) \cdot (1 + R_1/R_2)$.
Derartige Funktionsschaltungen sind u. a. hilfreich als Spannungsquelle für die Arbeits-
punkteinstellung.

6.3.5 Der Bipolartransistor als Stromquelle

Stromquellen werden als Funktionsprimitive in Funktionsschaltungen u. a. zur Arbeitspunkteinstellung eingesetzt. Grundsätzlich stellt der Bipolartransistor im Normalbetrieb
eine Stromquelle dar. Das Verhalten einer Stromquelle wird durch Seriengegenkopplung
verbessert (siehe Abschn. 6.1.3). Abbildung 6.53 zeigt den Bipolartransistor betrieben als
Stromquelle mit Angabe eines Makromodells für das funktionale Verhalten. Das Makromodell wird charakterisiert durch den Konstantstrom I_0 und durch den Innenwiderstand r_i.

Der Konstantstrom der Ersatzstromquelle des Makromodells für den Bipolartransistor
als Stromquelle gemäß Abb. 6.53 ergibt sich aus:

$$I_0 = \frac{U_{RE}}{R_E}. \tag{6.56}$$

Die Bestimmung des Innenwiderstandes erfolgt wiederum durch AC-Analyse (Änderungsanalyse). Der Ausgangswiderstand eines seriengegengekoppelten Transistors ist bei
$r_0 \to \infty$ mit $R_B = R_1 \| R_2$ nur unter Berücksichtigung des Widerstandes r_c näherungsweise
(siehe Abschn. 6.1.3):

$$r_i \approx \frac{r_c}{\beta_0 + 1}; \quad \text{bei } R_B \to \infty; \quad r_i \approx r_c; \quad \text{bei } R_B \to 0. \tag{6.57}$$

Der Ausgangswiderstand aufgrund von r_c ist bei niederohmigem Abschluss der
Basis näherungsweise gleich r_c; bei hochohmigem Abschluss liegt der Grenzwert bei
$r_c/(\beta_0+1)$. Man beachte, dass bei Frequenzen ab einigen 100 kHz der Widerstand r_c
durch $1/j\omega C_c$ zu ersetzen ist. Ein hochohmiger Ausgangswiderstand ist damit nur mit
niederohmigem Abschluss der Basis zu erreichen.

Als nächstes wird der Ausgangswiderstand eines seriengegengekoppelten Transistors
bei $r_c \to \infty$ nur unter Berücksichtigung des „Early"-Widerstandes r_o betrachtet; dazu
gilt folgende Herleitung gemäß Abb. 6.54:

$$\underline{I}_2 + g_m \cdot \underline{U}_x = \left(\underline{U}_2 - \underline{U}_x \cdot \frac{(\beta_0 + 1)r_e + R_B}{(\beta_0 + 1)r_e} \right) / r_o;$$

$$\underline{I}_2 = \underline{U}_x \cdot \left(\frac{(\beta_0 + 1)r_e + R_B}{(\beta_0 + 1)r_e} \right) / R_E + \underline{U}_x \cdot \frac{1}{(\beta_0 + 1)r_e}.$$

Schließlich   erhält   man   bei   Berücksichtigung   von   Näherungen
(z. B. $R_B \ll (\beta_0 + 1)r_e$ und $R_E \ll (\beta_0 + 1)r_e$) folgendes Ergebnis:

$$\frac{\underline{U}_2}{\underline{I}_2} \approx R_E + r_O \cdot (1 + g_m \cdot R_E) \approx r_O \cdot (1 + g_m \cdot R_E). \tag{6.58}$$

Die Seriengegenkopplung mit R_E erhöht nur unter Einfluss des „Early-Widerstandes"den
Ausgangswiderstand auf etwa $r_o(1 + g_m R_E)$, wenn die Basis hinreichend niederohmig

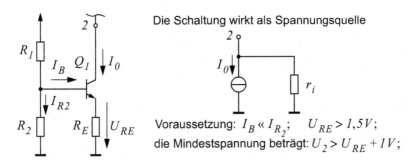

Die Schaltung wirkt als Spannungsquelle

Voraussetzung: $I_B \ll I_{R_2}$; $U_{RE} > 1,5\,V$;
die Mindestspannung beträgt: $U_2 > U_{RE} + 1\,V$;

Abb. 6.53   Der Bipolartransistor als Stromquelle

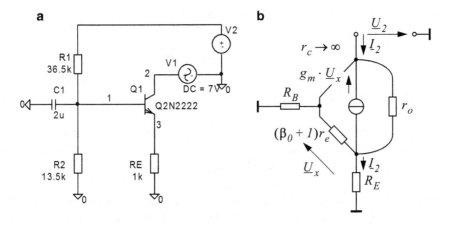

Experiment 6.3-8: Stromquelle

Abb. 6.54   Ausgangswiderstand bei $r_c \to \infty$; betrachtet wird der Einfluss von r_o; **a** Testanordnung; **b** AC-Ersatzschaltung zur Abschätzanalyse

abgeschlossen ist. Bei starker Gegenkopplung mit $R_E \gg (\beta_0 + 1) \cdot r_e$ nimmt der Innenwiderstand am Ausgang den Wert $r_0(1 + \beta_0)$ an.

Das Simulationsergebnis zum zugehörigen Experiment in Abb. 6.54 mit den Abschätzwerten ist in Abb. 6.55 dargestellt. Der hochohmige Innenwiderstand der Stromquelle wird durch das Simulationsergebnis bestätigt. Im betrachteten Beispiel beträgt der „Early-Widerstand" etwa 40 kΩ.

Zusammenfassung: Durch geeignete Seriengegenkopplung wirkt der Transistor am Ausgang als Stromquelle mit hochohmigem Innenwiderstand. Die Seriengegenkopplung macht den Innenwiderstand am Ausgang hochohmiger, als er vergleichsweise ohne Gegenkopplung wäre. Damit wird allgemein die Wirkung der Seriengegenkopplung (siehe Abschn. 5.2.4) bestätigt.

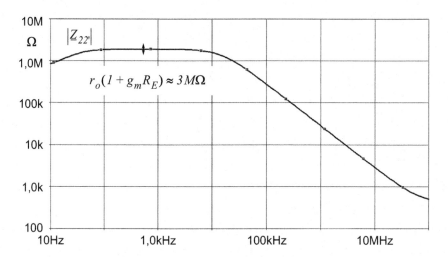

Abb. 6.55 Simulationsergebnis des Innenwiderstandes, Testanordnung Abb. 6.54

6.3.6 Darlingtonstufen

Bei der Darlingtonstufe sind die Basis-Emitter-Strecken zweier Transistoren in Reihe geschaltet, die Ausgänge liegen parallel. Die Darlingtonstufe wirkt wie ein „neuer" Transistor mit veränderten Eigenschaften. Die Stromverstärkung des neuen Transistors ist näherungsweise gleich dem Produkt der Stromverstärkungen der Einzeltransistoren. Wie sich zeigt, ist die am Ausgang wirksame Steilheit des neuen Transistors etwa gleich der Steilheit des stromführenden Transistors. In Abb. 6.56 ist die Grundstruktur einer Darlingtonstufe mit Beschaltung zur Arbeitspunkteinstellung dargestellt.

DC-Analyse: Vorgegeben wird die Spannung $U_{R2} = 3{,}4$ V durch den Spannungsteiler an der Basis von $Q2$, damit an R_{E1} mit $U_{RE1} = 2$ V eine hinreichende Spannung abfällt

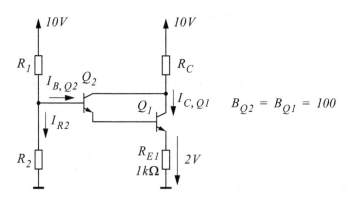

Abb. 6.56 Darlingtonstufe: Arbeitspunkteinstellung

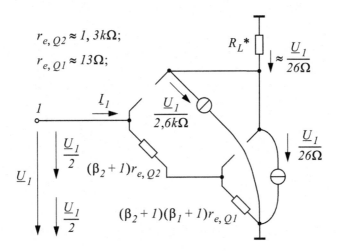

Abb. 6.57 AC-Analyse bei AC-Kurzschluss an R_{E1}

(Seriengegenkopplung zur Stabilisierung des Arbeitspunktes). Mit $I_{R2} \gg I_{B,Q2}$ werden die erforderlichen 3,4 V über R_1 und R_2 so eingestellt, dass der Querstrom ausreichend groß ist, um eine von den Änderungen des Basisstroms von $Q2$ unabhängige Spannung zu erhalten. Im Beispiel wird folgende Dimensionierung gewählt: $R_1 = 660$ kΩ und $R_2 = 340$ kΩ. $Q2$ zieht einen um $1/B_{Q1}$ geringeren Strom als $Q1$. Die Darlingtonstufe wirkt wie <u>ein</u> Transistor mit einer Stromverstärkung von $B_{Q1} \cdot (B_{Q2} + 1)$. Für größtmögliche Aussteuerung sollte der Lastwiderstand R_C im Beispiel so gewählt werden, dass sich in etwa die verfügbare Versorgungsspannung hälftig auf $U_{CE,Q1}$ und den Lastwiderstand aufteilt. Damit erhält man $R_{C,opt} = 3,5$ V/2 mA.

$$I_{C,Q1} \approx 2 \text{ mA};$$
$$I_{E,Q2} = \frac{I_{C,Q1}}{B_{Q1}} \approx 0,02 \text{ mA};$$
$$I_{B,Q2} = \frac{I_{C,Q1}}{B_{Q1} \cdot (B_{Q2} + 1)}. \tag{6.59}$$

AC-Analyse: Das Ersatzschaltbild in Abb. 6.57 gilt für Kleinsignalaussteuerung im Arbeitspunkt. Es zeigt deutlich, dass der am Lastwiderstand wirksame Ausgangsstrom im Wesentlichen durch den stromführenden Transistor $Q1$ bestimmt wird. Allerdings beträgt die Steuerspannung von $Q1$ nur etwa die Hälfte der Signalspannung $\underline{U}_1$ am Eingang. Der Eingangswiderstand der Darlingtonstufe ist erheblich hochohmiger als der des Einzeltransistors. Die Abschätzung angewandt auf das Beispiel ergibt das folgende Ergebnis:

$$\frac{\underline{U}_2}{\underline{U}_1} = \frac{g_{m,Q1}}{2} \cdot R_L^* \approx \frac{R_L^*}{26 \ \Omega};$$
$$Z_{11'} = (\beta_2 + 1)r_{e,Q2} + (\beta_2 + 1)(\beta_1 + 1)r_{e,Q1} \approx (\beta_0 + 1)2,6 \text{ kΩ}. \tag{6.60}$$

Abb. 6.58 Testschaltung für
die Darlingtonstufe

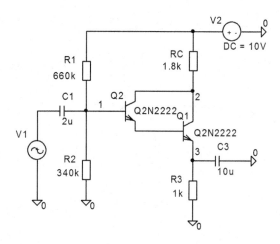

Experiment 6.3-9: Darl1 – AC Analyse der Darlingtonstufe.

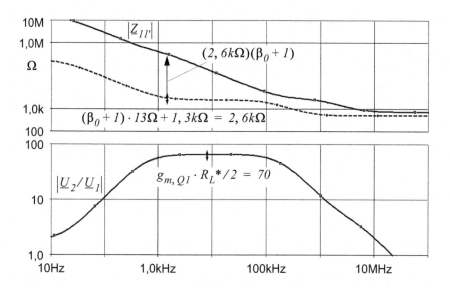

Abb. 6.59 Eingangswiderstand und Verstärkung der Darlingtonstufe, Testanordnung in Abb. 6.58

Im Experiment in Abb. 6.58 wird die skizzierte Testsanordnung untersucht. Das Simulationsergebnis für den Eingangswiderstand und für den Verstärkungsfrequenzgang ist in Abb. 6.59 dargestellt.

Zusammenfassung: Die Darlingtonstufe weist einen Eingangswiderstand von etwa $((\beta_0 + 1) \cdot r_{e,Q1} + r_{e,Q2}) \cdot (\beta_0 + 1)$ auf. Sie wirkt als „neuer" Transistor mit der Steilheit des stromführenden Transistors Q1. Die Steuerspannung des stromführenden Transistors ist etwa halb so groß wie die Eingangsspannung. Damit ist die Verstärkung näherungsweise

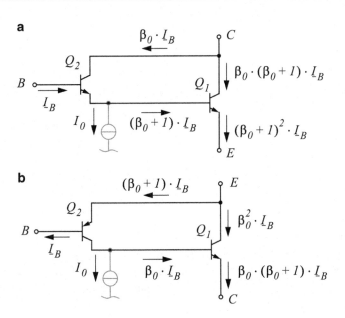

Abb. 6.60 Darlington-Stufen; **a** Ersatztransistor ist vom npn-Typ; **b** Ersatztransistor ist vom pnp-Typ; bei den Stromangaben ist der Ableitstrom I_0 unberücksichtigt

$(g_{m,Q1} \cdot R_L^*)/2$. Die Stromverstärkung der Darlingtonstufe ist etwa $(\beta_0 + 1) \cdot \beta_0$. Die Darlingtonstufe wird immer dann verwendet, wenn ein „neuer" Transistor mit hoher Stromverstärkung benötigt wird.

Weitere Varianten der Darlingtonstufe sind zum Vergleich in Abb. 6.60 dargestellt (idealisierte Ströme ohne Berücksichtigung von I_0). Folgendes Problem weist die Darlingtonstufe prinzipiell auf. Wenn der Ausgangstransistor $Q1$ übersteuert wird, so steht kein signifikanter Ausräumstrom an der Basis von $Q1$ zur Verfügung. Damit ergibt sich eine hohe Speicherzeit (siehe Kap. 6.5). Zur Verbesserung ist in Abb. 6.60b eine Stromquelle I_0 an der Basis von $Q1$ eingefügt. Sie stellt keine Belastung für das AC-Verhalten dar. Allerdings wird durch diese Maßnahme der Arbeitspunkt von $Q2$ verändert. $Q2$ zieht einen um den Stromquellenstrom höheren Arbeitspunktstrom. Dies reduziert seinen differenziellen Widerstand $r_{e,Q2}$, was insbesondere den Eingangswiderstand beeinflusst und vermindert. Eine weitere Möglichkeit ist das Einfügen eines Ableitwiderstandes anstelle der Stromquelle, der aber AC-mäßig eine Belastung darstellt. In beiden Fällen führt diese Maßnahme dazu, dass der Transistor $Q2$ einen höheren Ruhestrom zieht. Die hälftige Aufteilung der Eingangsspannung (Abb. 6.57) auf die Basis-Emitterstrecken von $Q2$ und $Q1$ ist nicht mehr gegeben. Der größere Teil der Eingangsspannung fällt am Steuerkreis von $Q1$ ab. Die Aussage, dass die Steilheit der Darlingtonstufe vom stromführenden Transistor $Q1$ bestimmt wird, ändert sich nicht.

Die Variante der Darlingtonstufe in Abb. 6.60b ist insbesondere bei Leistungsverstärkern interessant. Mit dieser Variante lässt sich aus dem stromführenden npn-Leistungstransistor durch Vorschaltung eines weniger strombelasteten pnp-Transistors gemäß der Skizze, eine insgesamt als pnp-Leistungstransistor wirkende Anordnung erzeugen. In der

Abb. 6.61 AC-Analyse der Darlingtonstufe mit Ableitwiderstand R_0

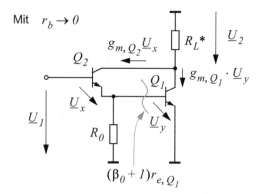

Betrachtung der Ströme in Abb. 6.60 wird für beide Transistoren gleiche Stromverstärkung angenommen. Real ist die Stromverstärkung aber abhängig vom Strom.

Betrachtet wird nunmehr das Kleinsignalverhalten der Darlingtonstufe mit Ableitwiderstand R_0 an der Basis von Q1. Für die Ausgangsspannung erhält man gemäß der Ersatzschaltung in Abb. 6.61:

$$\frac{\underline{U}_x}{\underline{U}_1} = \frac{r_{e,Q_2}}{r_{e,Q_2} + R_0 || (\beta_0 + 1) \cdot r_{e,Q_1}}; \quad \frac{\underline{U}_y}{\underline{U}_1} = \frac{R_0 || (\beta_0 + 1) \cdot r_{e,Q_1}}{r_{e,Q_2} + R_0 || (\beta_0 + 1) \cdot r_{e,Q_1}};$$

$$\underline{U}_2 = \{g_{m,Q_2} \cdot \underline{U}_x + g_{m,Q_1} \cdot \underline{U}_y\} R_L. \tag{6.61}$$

Bei genügend großem R_0 ist wiederum $\underline{U}_y = \underline{U}_1/2$ und $\underline{U}_2 = \{g_{m,Q_1} \cdot \underline{U}_y\} R_L^*$. Die allgemeine Aussage, dass die Darlingtonstufe am Ausgang im Wesentlichen die Eigenschaften des stromführenden Transistors übernimmt, wird auch hier bestätigt.

6.3.7 Kaskode-Schaltung

Die Kaskode-Schaltung (Abb. 6.62) vermeidet den „Miller"-Effekt. Damit ist die Verstärkerschaltung deutlich breitbandiger als vergleichsweise ein Verstärker in Emittergrundschaltung. Die Kaskode-Schaltung besteht aus zwei hintereinander geschalteten Transistoren.

DC-Analyse: Um einen stabilen Arbeitspunkt zu erhalten, wird wiederum $U_{RE1} = 2$ V gewählt, damit ist $I_{C,Q1} = 2$ mA $= I_{C,Q2}$. Der Querstrom I_{R3} sollte deutlich größer als der Basisstrom von Q1 sein, im Beispiel also größer als 0,2 mA. Für die Dimensionierung der Widerstände des Basisspannungsteilers ergibt sich: $R_3 = 5,4$ kΩ; $R_2 = 2$ kΩ; $R_1 = 12,6$ kΩ. Bei der gewählten Dimensionierung erhält man für die Kollektor-Emitter Spannung von $Q1 : U_{CE,Q1} = 1$ V. Aus der nachfolgenden AC-Analyse folgt, dass die Verstärkung von Q1 gering ist, somit ergibt sich kein Problem hinsichtlich der Aussteuerbarkeit von Q1. Wohl aber ist auf eine hinreichende Aussteuerbarkeit von Q2 zu achten. Die verfügbare Versorgungsspannung ist gleich der

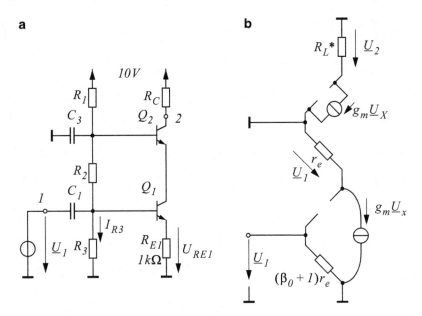

Abb. 6.62 Kaskode-Schaltung; **a** Arbeitspunkteinstellung (DC-Analyse); **b** AC-Ersatzschaltung für AC-Analyse bei AC-Kurzschluss an R_{E1} und an Basis von Q_2

Versorgungsspannung, vermindert um den Spannungsabfall am Emitter von Q2. Für größtmögliche Aussteuerbarkeit von Q2 sollte im Beispiel $R_{C,opt} = 3$ V/2 mA $= 1,5$ kΩ sein.

AC-Analyse: Für die AC-Analyse ergibt sich das Ersatzschaltbild nach Abb. 6.62b. Die Verstärkung von Q1 ist ca. 1. Damit wirkt sich der „Miller"-Effekt bezüglich $C_{c,Q1}$ deutlich weniger aus. Die 2. Stufe wird als Basisstufe betrieben. Auch hier wirkt sich der Miller-Effekt bezüglich $C_{c,Q2}$ nicht aus. Für die Spannungsverstärkung und den Eingangswiderstand der Kaskodestufe erhält man:

$$\frac{\underline{U}_2}{\underline{U}_1} = g_m \cdot R_L^*;$$
$$\underline{Z}_{11'} = R_2 || R_3 || (r_b + (\beta_0 + 1)r_e). \tag{6.62}$$

Die Kaskodestufe übernimmt damit am Eingang bezüglich des Eingangswiderstandes die Eigenschaften der Emittergrundschaltung, bezüglich des Ausgangs übernimmt sie die Eigenschaften der Basisgrundschaltung. Im Prinzip liegt eine Basisgrundschaltung vor, bei Vermeidung des Nachteils betreffs des niederohmigen Eingangs der Basisgrundschaltung.

Nähere Untersuchungen werden an Experimenten der Testschaltung in Abb. 6.63 durchgeführt. Das Simulationsergebnis mit den Abschätzwerten betreffs des Frequenzgangs des Eingangswiderstands und der Verstärkung der Kaskode-Schaltung zeigt Abb. 6.64.

Zusammenfassung: Die Kaskode-Schaltung übernimmt am Eingang die Eigenschaften des an der Basis angesteuerten Transistors und übernimmt am Ausgang die Eigenschaften

Abb. 6.63 Testschaltung für
die Kaskode-Schaltung

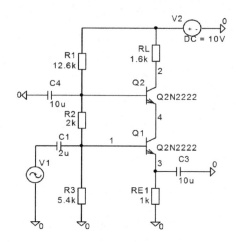

Experiment 6.3-10: Kaskode1

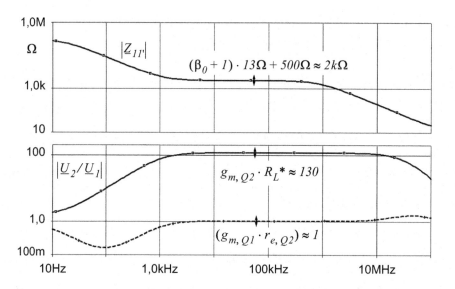

Abb. 6.64 Eingangswiderstand und Spannungsverstärkung der Kaskode-Schaltung

des am Emitter angesteuerten Transistors. Damit ist wie bei Ansteuerung am Emitter (Basis-grundschaltung) der „Miller"-Effekt eliminiert. Es ergibt sich eine breitbandigere Verstär-kung. Wegen der Stromquelle (Transistor Q_1) im Emitterpfad des Ausgangstransistors Q_2 unterliegt dieser einer starken Seriengegenkopplung. Dies führt dazu, dass der Innenwider-stand am Kollektorausgang von Q_2 sehr hochohmig wird (näherungsweise $r_o(1 + \beta_0)$, siehe Abschn. 6.1.3 bzw. Abschn. 6.3.5).

6.3.8   Verstärker mit Stromquelle als Last

Verstärker mit einer aktiven Stromquelle als Last ermöglichen hochohmige Lastkreise, was zu hohen Verstärkungen bei größtmöglicher Aussteuerung führt. Abbildung 6.65 zeigt ein konkretes Realisierungsbeispiel eines verstärkenden Transistorelements $Q1$ mit einer Stromquelle ($Q2$) im Lastkreis. Um einen stabilen Arbeitspunkt bei größtmöglicher Aussteuerung zu erhalten, ist es zweckmäßig den Arbeitspunktstrom eines Bipolartransistors $Q1$ über eine Stromquelle am Ausgangskreis einzuprägen. Neben der Vorteile für das DC-Verhalten ergeben sich auch signifikante Vorteile für das AC-Verhalten. AC-mäßig liegt am Ausgangsknoten eine hochohmige Last vor wegen des hochohmigen Innen-widerstands der Laststromquelle $Q2$. Allerdings muss die DC-Ausgangsspannung an Knoten 2 festgelegt werden, da der verstärkende Transistor $Q1$ als Stromquelle auf eine Laststromquelle mit $Q2$ arbeitet (Stromquelle auf Stromquelle). Durch die Parallelgegen-kopplung mit $R2$ und $R1$ von $Q1$ wird die DC-Ausgangsspannung definiert. Nachteilig ist, dass $R2$ den Ausgang und den Eingang (Transimpedanzverhalten) AC-mäßig belastet.

DC-Analyse: In der Beispielschaltung erhält man aufgrund von R_0 an $Q3$ einen Arbeits-punktstrom $I_{C,Q3} \approx 1$ mA. Bei gleichen Steuerspannungen der seriengegengekoppelten Transistoren $Q2$ und $Q3$ müssen deren Kollektorströme gleich sein. Auch ohne Serienge-genkopplung ist wegen $U_{BE} = U_T \cdot \ln(I_C/I_S)$, bei gleichen Transistoren mit demselben Transportsättigungssperrstrom $I_{S,Q3} = I_{S,Q2}$ der Kollektorstrom von $Q3$ gleich dem von $Q2$. Damit wird $I_{C,Q3} = I_{C,Q2}$, wenn die Transistoren im Normalbetrieb arbeiten. Im betrachteten Beispiel ist der Arbeitspunktstrom von $Q1$ gegeben durch $I_{C,Q1} = 0{,}9$ mA. Die Spannung an Knoten 2 wird: $U_{CE,Q1} = 4{,}2$ V. Die Parallelgegenkopplung von $Q1$ mit $R2$ und $R1$ ist notwendig, um U_{CE} von $Q1$ geeignet einstellen zu können.

Als nächstes gilt es, die Ausgangs-Aussteuerbarkeit zu betrachten. Aufgrund der gegebe-nen Beschaltung ist dann $U_{EC,Q2} + 0{,}3$ V $= U_B - U_{CE,Q1}$. Damit ergibt sich im Ausgangskreis

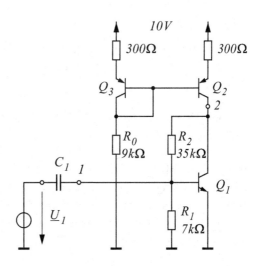

Abb. 6.65 Verstärker mit Q_1 und mit Stromquelle (Q_2 und Q_3) als Lastkreis

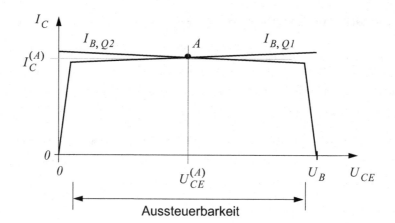

Abb. 6.66 Zur Aussteuerbarkeit von Q_1 mit Laststromquelle gegeben durch Q_2

Abb. 6.67 AC-Analyse eines
Verstärkers mit Stromquelle als
Lastkreis

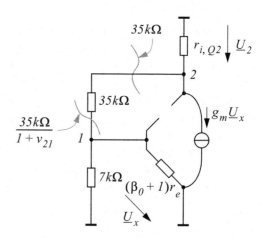

das in Abb. 6.66 skizzierte Lastverhalten bezüglich der Aussteuerbarkeit. Deutlich erkennt man das Stromquellenverhalten des Lastkreises, verbunden mit einer hinreichenden Aussteuerbarkeit.

AC-Analyse: Für das AC-Verhalten (Abb. 6.67) wirkt die Laststromquelle von $Q2$ im Arbeitspunkt nur mit ihrem Innenwiderstand. Aufgrund der Seriengegenkopplung (im Beispiel mit 300 Ω) von $Q2$ und $Q3$ ist der Innenwiderstand von $Q2$ hochohmiger als ohne Gegenkopplung. Allerdings wird der Ausgangsknoten 2 durch die notwendige Parallelgegenkopplung mit $R2$ zusätzlich belastet. Die Seriengegenkopplung mit 300 Ω macht aber die Laststromquelle unempfindlicher gegen Streuungen der Transistoren $Q2$ und $Q3$. In einem Experiment gemäß der Testschaltung in Abb. 6.68 soll das Verhalten näher betrachtet werden.

Abb. 6.68 Testschaltung für Transistor mit Laststromquelle

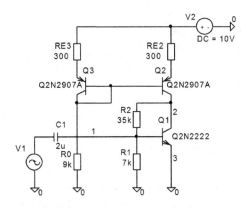

Experiment 6.3-11: Verstärker mit Laststromquelle

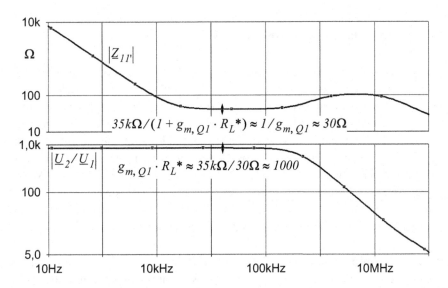

Abb. 6.69 Eingangswiderstand und Spannungsverstärkung für den Transistor mit Laststromquelle, Testanordnung in Abb. 6.68

Im Experiment wird der Eingangswiderstand und der Frequenzgang der Spannungsverstärkung untersucht (Ergebnis in Abb. 6.69). Wegen der Seriengegenkopplung von $Q2$ mit 300 Ω kann der Innenwiderstand $r_{i,Q2}$ von $Q2$ als ausreichend hochohmig gegenüber $R2$ angenommen werden. Damit wird der Ausgang von $Q1$ bei mittleren Frequenzen mit $R2$ und seinem eigenen Innenwiderstand r_o belastet. Dieser Lastwiderstand bestimmt die Verstärkung bei mittleren Frequenzen. Hinsichtlich des Eingangswiderstandes gilt die „Transimpedanzbeziehung" für $R2$. Damit wird die Signalquelle an Knoten 1 relativ niederohmig belastet.

Zusammenfassung: Eine Laststromquelle für ein Verstärkerelement bewirkt eine große Aussteuerbarkeit und einen hochohmigen Lastwiderstand, was eine hohe Verstärkung zur Folge hat. Aufgrund der Parallelgegenkopplung ergibt sich ein niederohmiger Eingangswiderstand. Die Parallelgegenkopplung ist notwendig, um die DC-Spannung am Ausgang festzulegen.

6.4   Differenzstufen mit BJTs

Differenzstufen bieten vielfältige Vorteile insbesondere bei DC-gekoppelten Verstärkern wegen ihrer hohen Gleichtaktunterdrückung. In analogen und gemischt analog/digitalen integrierten Schaltungen werden Differenzstufen sehr häufig verwendet. Prinzipiell lassen sich die Analyseergebnisse von Differenzstufen mit Bipolartransistoren auch auf Differenzstufen mit Feldeffekttransistoren anwenden.

6.4.1   Emittergekoppelte Differenzstufen

Im Allgemeinen stellt eine Differenzstufe eine Verstärkerstufe mit symmetrischem Eingang und symmetrischem Ausgang dar (Abb. 6.70). Ähnlich wie beim Einzeltransistor gibt es verschiedene Varianten von Differenzstufen. Als erste Variante der Differenzstufen wird die emittergekoppelte Differenzstufe betrachtet. Sie ist dadurch gekennzeichnet, dass die Emitter zweier Transistoren zusammengeführt sind und am gemeinsamen Emitter ein Strom I_0 eingeprägt wird. Das Grundprinzip ist in Abb. 6.71a dargestellt. Das typische Übertragungsverhalten der Differenzstufe in einer konkreten Anwendung zeigt Abb. 6.71b. Im Betriebsbereich der Eingangsdifferenzspannung um $U_{11'} = 0$ wirkt die Differenzstufe als Linearverstärker. Bei größeren Aussteuerungen am Eingang $\Delta U_{11'} > 50 \, \text{mV}$ ergibt sich eine Begrenzung der Aussteuerung am Ausgang.

Übertragungskennlinie: Mit emittergekoppelten Differenzstufen lassen sich u. a. Verstärkerstufen und Komparatoren realisieren. Die Komparatorschwelle liegt bei Differenzstufen mit Bipolartransistoren ohne Gegenkopplung bei ca. $4U_T$. Der lineare Bereich wird bei ca. $2U_T$ verlassen (U_T, siehe Gl. 3.2). Allgemein ist die Differenzstufe dadurch gekennzeichnet, dass die Summe der Ausgangsströme der Transistoren konstant gleich einem eingeprägten Strom I_0 ist. Die Aufteilung der Ausgangsströme wird durch die Differenzspannung U_{11}' gesteuert.

Abb. 6.70 Differenzstufe mit symmetrischem Eingang und symmetrischem Ausgang

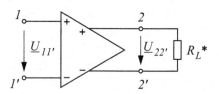

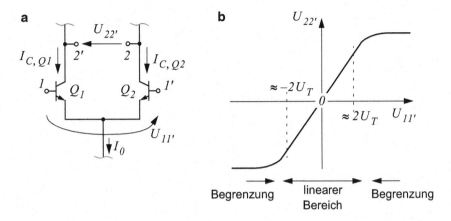

Abb. 6.71 Emittergekoppelte Differenzstufe; **a** Prinzipielle Anordnung einer emittergekoppelten Differenzstufe; **b** Übertragungsverhalten

$$I_0 = I_{C,Q1} + I_{C,Q2}. \tag{6.63}$$

Mit den bekannten Übertragungsfunktionen der Einzeltransistoren im Flussbereich:

$$
\begin{aligned}
I_{C,Q1} &\approx I_{S,Q1} \cdot \exp(U_{B'E,Q1}/U_T); \\
I_{C,Q2} &\approx I_{S,Q2} \cdot \exp(U_{B'E,Q2}/U_T);
\end{aligned}
\tag{6.64}
$$

wird bei Gleichheit der Transistoren $Q1$ und $Q2$ mit gleichem Transportsättigungssperrstrom $I_{S,Q1} = I_{S,Q2}$ und mit $U_{11'} \approx U_{B'E,Q1} - U_{B'E,Q2}$ als Eingangsdifferenzspannung:

$$\frac{I_{C,Q1}}{I_{C,Q2}} = \exp\left(\frac{U_{11'}}{U_T}\right). \tag{6.65}$$

Berücksichtigt man die Nebenbedingung in (Gl. 6.63) so ergibt sich schließlich:

$$
\begin{aligned}
I_{C,Q1} &= I_0 \cdot \frac{1}{1 + \exp(-U_{11'}/U_T)}; \\
I_{C,Q2} &= I_0 \cdot \frac{1}{1 + \exp(-U_{11'}/U_T)}.
\end{aligned}
\tag{6.66}
$$

Diese Gleichung stellt die Übertragungskennlinie der Differenzstufe dar. Sie beschreibt das Übertragungsverhalten der Ausgangsströme der Differenzstufe in Abhängigkeit der Eingangsspannung. In einem Experiment (Abb. 6.72) soll dieses Verhalten veranschaulicht werden. Das Ergebnis in Abb. 6.73 zeigt die Übertragungskennlinie der Differenzstufe gemäß Gl. 6.66. Bei einer Eingangsdifferenzspannung von $U_{11'} = 0$ erhält man eine gleichmäßige Stromaufteilung von $I_0/2$ auf die beiden Transistoren $Q1$ und $Q2$. Der lineare Aussteuerbereich erstreckt sich um $U_{11'} = 0$ bis ca. $+/-2U_T$. Bei Eingangsdifferenzspannungen von $U_{11'} > 4U_T$ übernimmt der Transistor $Q1$ den vollen Strom I_0, bei $U_{11'} < 4U_T$ hingegen übernimmt der Transistor $Q2$ den eingeprägten Strom I_0. Ist der Lastkreis mit $RC1$ bzw. $RC2$ hinreichend niederohmig, so ergibt sich eine sättigungslose

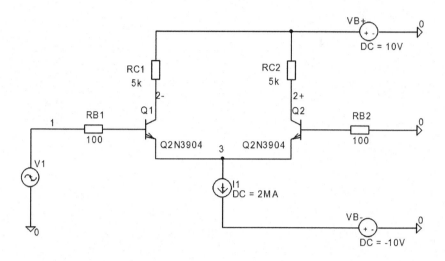

Experiment 6.4-1: Differenzstufe_Emgek_Grundsch – DCSweep

Experiment 6.4-2: Differenzstufe_Emgek_RE – SimulationProfiles
für DCSweep-, AC-, TR-Analyse.

Abb. 6.72   Emittergekoppelte Differenzstufe mit $I_0 = 2$ mA

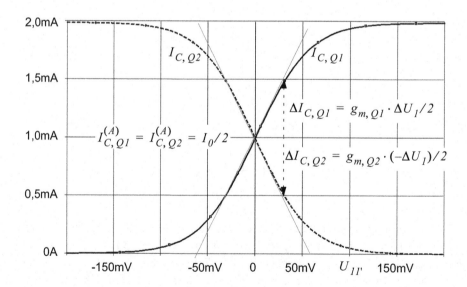

Abb. 6.73   DC-Übertragungskennlinie der Differenzstufe

Begrenzung der Transistorströme auf maximal I_0. Eine sättigungslose Begrenzung ist insbesondere für das Schaltverhalten wichtig, da ungünstige Speicherzeiten sich damit vermeiden lassen. Von Bedeutung ist die sättigungslose Begrenzung u. a. bei Anwendungen als Komparator und bei Verstärkeranwendungen.

Abb. 6.74 AC-Modell der Differenzstufe im Arbeitspunkt $U_{11}' = 0$

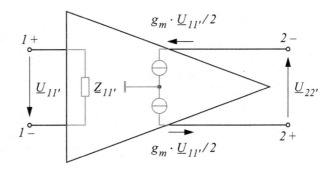

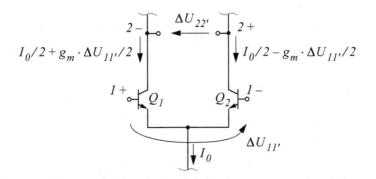

Abb. 6.75 Ausgangsströme der Differenzstufe bei Kleinsignalaussteuerung im Arbeitspunkt $U_{11'} = 0$

Differenzaussteuerung um $U_{11}' = 0$: Kennzeichen der Differenzstufe ist, dass die Summe der Ausgangsströme der Transistoren $Q1$ und $Q2$ stets konstant gleich dem eingeprägten Strom I_0 ist. Bei $U_{11}' = 0$ verteilt sich der Strom I_0 gleichmäßig. Es ist in diesem Fall $I_{C,Q1} = I_{C,Q2} = I_0/2$; bei genügend positiver Eingangsdifferenzspannung U_{11}' übernimmt $Q1$ den vollen Strom I_0; während bei genügend negativer Eingangsspannung $I_{C,Q2} = I_0$ wird. Liegt der Arbeitspunkt bei $U_{11}' = 0$, so ändern sich die Ausgangsströme um $I_0/2$ gemäß:

$$\Delta I_{C,Q1} = g_{m,Q1} \cdot \Delta U_{BE,Q1} = g_{m,Q1} \cdot \Delta U_{11'}/2;$$
$$\Delta I_{C,Q2} = g_{m,Q2} \cdot \Delta U_{BE,Q2} = g_{m,Q2} \cdot (-\Delta U_{11'}/2). \tag{6.67}$$

Die beiden Transistoren führen denselben Arbeitpunktstrom $I_0/2$, also sind ihre Steilheiten g_m in dem gegebenen Arbeitspunkt gleich groß. Die Steilheit der Differenzstufe ist also bei $U_{11}' = 0$:

$$\frac{\Delta I_{C,Q1}}{\Delta U_{11'}} = \frac{g_{m,Q1}}{2}. \tag{6.68}$$

und damit gleich der halben Steilheit des Einzeltransistors. Im Arbeitspunkt $U_{11}' = 0$ ergibt sich das in Abb. 6.74 skizzierte AC-Modell. Abbildung 6.75 zeigt die Ausgangsströme im Arbeitspunkt bei $U_{11}' = 0$ und bei Aussteuerung um den Arbeitspunkt mit $\Delta U_{11'}$.

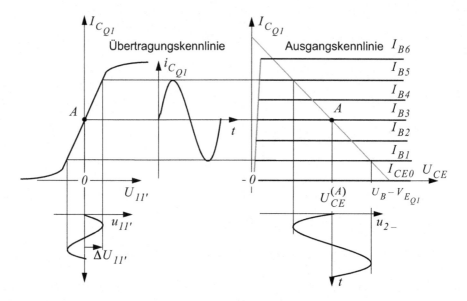

Abb. 6.76 Aussteuerverhalten der emittergekoppelten Differenzstufe im Arbeitspunkt bei $U_{11}' = 0$

Im AC-Modell wirken die Ausgänge als spannungsgesteuerte Stromquelle. Der Eingangs-widerstand bestimmt sich mit Blickrichtung auf Abb. 6.72 von Knoten 1 gegen Masse aus:

$$Z_{11'} = 2 \cdot (r_b + (\beta_0 + 1) \cdot r_e) + R_{B1} + R_{B2}. \tag{6.69}$$

wobei $r_e = U_T/(I_0/2)$ ist. Abbildung 6.76 zeigt das Aussteuerverhalten der Differenzstufe im Arbeitspunkt $U_{11'} = 0$.

Anders als bei den bisher betrachteten Übertragungskennlinien liegt bei der Diffe-renzstufe mit Bipolartransistoren eine *tanh*-Funktion betreffs des Zusammenhangs zwi-schen Ausgangsstrom und Eingangsdifferenzspannung als Steuerspannung vor. Beim Bipolartransistor ist die Übertragungskennlinie ein *exp*-Funktion (siehe Abb. 3.28), beim Feldeffekttransistor eine quadratische Kennlinie (siehe Gl. 3.41).

Gegenüber dem Einzeltransistor ist das Ausgangskennlinienfeld unverändert (vergl. Abb. 6.18), wohl aber die Übertragungskennlinie, wobei die Steilheit des Einzeltransis-tors unverändert bleibt. Bei Großsignalaussteuerung stellt sich eine Strombegrenzung auf I_0 ein. Wichtig dabei ist, dass diese Strombegrenzung anders als beim Einzeltransistor „sättigungslos" erfolgt. Allerdings muss darauf geachtet werden, den Ausgangskreis so zu dimensionieren, dass sich auch bei größtmöglicher Aussteuerung kein Sättigungsef-fekt eines Einzeltransistors einstellt. Die sättigungslose Aussteuergrenze erhält man mit der verfügbaren Versorgungsspannung:

$$U_{B, verf} \geq I_0 \cdot R_{C, opt} + U_{CE, min}; \quad U_{B, verf} = U_B - V_{E, Q}. \tag{6.70}$$

Dabei ist $V_{E,Q}$ das Potenzial am gemeinsamen Emitterknoten und $U_{CE,min}$ ist die Mindest-spannung, wobei für $U_{CE,min}$ im Allgemeinen 0,5 V angenommen wird. Der Lastwider-stand am Kollektor darf demzufolge nicht zu hochohmig gewählt werden.

Abb. 6.77 AC-Ersatzanordnung der emittergekoppelten
Differenzstufe mit RE

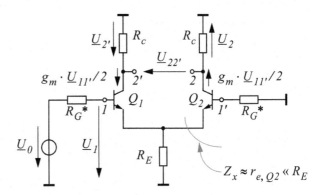

Stromquelle ersetzt durch Widerstand: Die Stromquelle mit I_0 kann bei Aussteuerung
mit kleinen Signalamplituden durch einen Widerstand RE ersetzt werden (siehe zweites
Experiment in Abb. 6.72, AC-Ersatzanordnung in Abb. 6.77). Mit $RE = 4.7\,\text{k}\Omega$ ergibt
sich im Beispiel $I_0 = 2\,\text{mA}$. Bei nahezu konstanter Spannung an einem Widerstand stellt
sich näherungsweise Stromquellenverhalten ein.

Der Widerstand RE ist so dimensioniert, dass wiederum $I_0 = 2\,\text{mA}$ ist. Der Lastkreis
ist mit $RC1$ bzw. $RC2 = 5\,\text{k}\Omega$ so ausgelegt, dass sich zwischen dem Lastwiderstand und
U_{CE} die verfügbare Versorgungsspannung etwa hälftig aufteilt. Die Mindestspannung
beträgt $U_{CE,min} = 0{,}7\,\text{V}$. Diese Mindestspannung von $0{,}7\,\text{V}$ verbleibt auch bei Vollaussteuerung, falls der Transistor bei entsprechender Ansteuerung den vollen Strom von
$2\,\text{mA}$ zieht. Somit ergibt sich ein hinreichender Abstand zu $U_{CE,sat}$.

Nach Festlegung des Arbeitspunktes und der Widerstände im Lastkreis erfolgt eine
AC-Analyse der Differenzstufe. Für eine Abschätzung der Ergebnisse gilt die AC-Ersatzanordnung in Abb. 6.77.

Ist RG^* nicht zu hochohmig, so teilt sich die Eingangsspannung $\underline{U}_1$ hälftig auf $\underline{U}_{BE,Q1}$
und $\underline{U}_{EB,Q2}$ auf. Der Widerstand RE hat bei Differenzansteuerung keinen Einfluss, da der
Widerstand $\underline{Z}_x$ (siehe Abb. 6.77) in der Regel sehr viel niederohmiger ist als RE. Für $\underline{Z}_x$
erhält man näherungsweise:

$$\underline{Z}_x = r_{e,\,Q2} + (r_{b,Q2} + R_G^*)/(\beta_0 + 1). \tag{6.71}$$

Im gegebenen Beispiel bei einem Arbeitspunktstrom von $1\,\text{mA}$ des Einzeltransistors
ergibt sich damit näherungsweise ein Zweigwiderstand $\underline{Z}_x = 26\,\Omega$.

Als nächstes interessiert der Eingangswiderstand $Z_{11'}$ am Differenzeingang. Im Beispiel erhält man für $Z_{11'}$ bei einer Stromverstärkung $\beta_0 = 150$:

$$Z_{11'} = 2 \cdot (r_b + (\beta_0 + 1) \cdot r_e) \approx 8\,\text{k}\Omega. \tag{6.72}$$

Bei höheren Frequenzen wird aufgrund der Diffusionskapazität zwischen innerer Basis
und Emitter die Steuerspannung $\underline{U}_{B'E}$ an den Transistoren $Q1$ bzw. $Q2$ zunehmend kurzgeschlossen. Nur die Steuerspannung $\underline{U}_{B'E}$ wird mit der Steilheit g_m verknüpft und bildet
einen Ausgangsstrom. Daraus resultiert ein Tiefpassverhalten. Für die Verstärkung ergibt
sich gemäß Gl. (6.73).

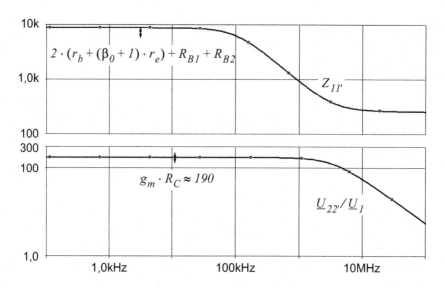

Abb. 6.78 Ergebnis der AC-Analyse

$$\underline{v_{21}} = \frac{\underline{U_{22'}}}{\underline{U_1}} = g_m \cdot R_C \approx 190. \tag{6.73}$$

Die Verstärkung von $\underline{U}_1$ nach $\underline{U}_2$ ist nur halb so groß. Abbildung 6.78 zeigt das Simulationsergebnis des Experiments und die Abschätzungen. Die getroffenen Abschätzungen werden durch das Simulationsergebnis bestätigt. Allgemein wird bei unsymmetrischer Ansteuerung der Differenzstufe (Abb. 6.77) der Transistor $Q1$ als Emitterfolger aus Sicht von $Q2$ betrieben, wobei $Q2$ in Basisgrundschaltung arbeitet. Das Eingangssignal $\underline{U}_1$ teilt sich etwa hälftig auf die Steuerspannungen von $Q1$ und $Q2$ auf.

Differenzstufe mit unsymmetrischer Versorgungsspannung: Bei unsymmetrischer Versorgungsspannung oder nur einer Versorgungsspannungsquelle ergibt sich ein Problem für die Arbeitspunkteinstellung, um die an den Basiseingängen wirkende Differenzeingangsspannung zu Null zu machen. Sind die Spannungsteilerwiderstände $R1$ und $R2$ toleranzbehaftet, so stellt sich ein unterschiedliches Basispotenzial ein. Bei Widerständen mit Toleranzwerten von 10 % kann sich hier ein Unterschied um mehrere U_T ergeben. Dies bewirkt eine unakzeptable Eingangsoffsetspannung und damit eine Verschiebung des Arbeitspunktes. Abbildung 6.79 zeigt eine Differenzstufe mit unsymmetrischer Versorgungsspannung und getrennten Basisspannungsteilern.

Ein ähnliches Problem liegt bei gleichem Basispotenzial aber ungleichen Transistoren vor. Der Arbeitspunkt von Transistor Q1 ergibt sich aus der Maschengleichung um den Steuerkreis (R_{B1}, $U_{BE,Q1}$ und U_{RE} bei gegebenem Basispotenzial). Aufgrund der Beschaltung wird eine gleiche Basis-Emitter-Spannung erzwungen (zweite Netzwerkgleichung zur Arbeitspunktbestimmung). Sind die Übertragungskennlinien der Transistoren nicht deckungsgleich (siehe Abb. 6.80), so erhält man ebenfalls eine Unsymmetrie für die

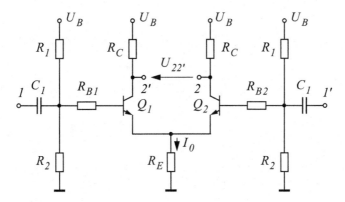

Abb. 6.79 Ausführung einer emittergekoppelten Differenzstufe mit unsymmetrischer Versorgungsspannung

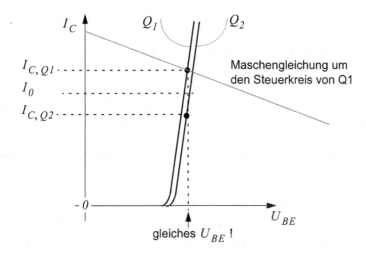

Abb. 6.80 Zur Unsymmetrie des Arbeitspunktes bei ungleichen Transistoren und gleichem Basispotenzial

Kollektorströme und damit eine Offsetspannung am Ausgang. Im übrigen liegt eine Verschiebung der Übertragungskennlinien auch bei identischen Transistoren vor, wenn deren Temperatur ungleich ist. Die beiden Differenzstufentransistoren müssen daher ein hohes „Gleichlaufverhalten" hinsichtlich der technologischen Parameter und der Temperatur aufweisen. In integrierten Schaltungen kann dies als gegeben angesehen werden.

Verfeinertes AC-Modell: Zur Berücksichtigung des gemeinsamen Emitterwiderstandes lässt sich ein verfeinertes AC-Ersatzschaltbild angeben. Als erster Schritt wird die gesteuerte Stromquelle $g_m \cdot U_{b'e}$ vom inneren Basisknoten auf den Emitterknoten transformiert. Zur Korrektur ist r_e jetzt auf $r_e \cdot (\beta_0 + 1)$ zu verändern. In einem weiteren

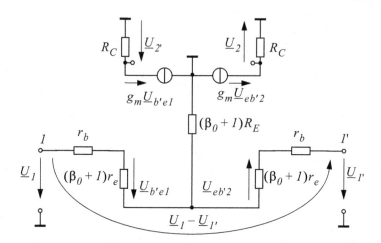

Abb. 6.81 Verfeinertes AC-Modell einer emittergekoppelten Differenzstufe mit Berücksichtigung des gemeinsamen Emitterwiderstandes

Schritt kann die Stromquelle auf den Massepunkt gezogen werden. Zur weiteren Korrektur ist dann zudem R_E auf $R_E \cdot (\beta_0 + 1)$ zu transformieren.

Das Ergebnis dieser Maßnahmen zeigt Abb. 6.81. Nicht berücksichtigt ist in der Darstellung die Rückwirkung der Transistoren durch eine vorhandene Sperrschichtkapazität. Der Vorteil des nunmehr vorliegenden AC-Ersatzschaltbildes in Abb. 6.81 ist die Entkopplung von Ausgangskreis und Eingangskreis, sofern die Rückwirkung vom Kollektor auf die innere Basis (mit C_c gegeben) vernachlässigt werden kann. Der Spannungsabfall an $r_{e,\,Q1} \cdot (\beta_0 + 1)$ steuert den Kollektorstrom von $Q1$, der an $r_{e,\,Q2} \cdot (\beta_0 + 1)$ den Kollektorstrom von $Q2$.

AC-Analyse bei Gleichtaktansteuerung: Bislang wurde nur die Differenzansteuerung betrachtet. Bei Gleichtaktansteuerung ist $U_{11}' = 0$ und $U_1 = U_1'$. Die Differenzstufe ist in diesem Fall mit R_E seriengegengekoppelt. Die Seriengegenkopplung bewirkt eine hohe Gleichtaktunterdrückung. Der Gleichtaktbetrieb einer Differenzstufe ist in Abb. 6.82 dargestellt. Bei Gleichtaktansteuerung erhält man für die Ausgangsspannung:

$$U_2 = U_{2'} = R_C / (2 \cdot R_E \cdot (\beta_0 + 1)) \cdot U_1. \tag{6.74}$$

Aus Symmetriegründen lässt sich folgende Vereinfachung treffen. Der gemeinsame Emitterwiderstand R_E wird in zwei parale Widerstände $2R_E$ aufgespalten. Aus Symmetriegründen ist der Strom $I_x = 0$. Das Verbindungsnetz in Abb. 6.82 unter $I_x = 0$ kann ohne Störung der Funktion entfernt werden. Bei Gleichtaktansteuerung verhält sich die Differenzstufe wie zwei getrennte, mit $2R_E$ seriengegengekoppelte Transistoren.

Offsetverhalten Als nächstes soll das Offsetverhalten einer Differenzstufe mit dem eines Einzeltransistors verglichen werden. Um das Offsetverhalten zu ermitteln wird die Ansteuerung am Eingang weggenommen. Mögliche Stromänderungen am Ausgang ergeben sich

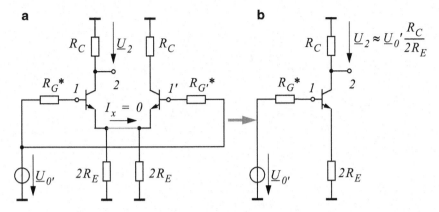

Abb. 6.82 Zur Gleichtaktunterdrückung einer emittergekoppelten Differenzstufe; **a** Gleichtaktan-steuerung; **b** Ersatzanordnung mit nur einem Transistor

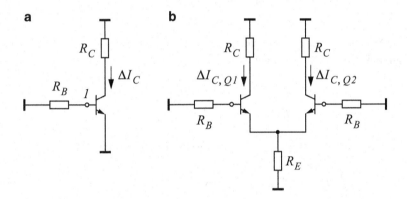

Abb. 6.83 Zum Offsetverhalten; **a** Einzeltransistor; **b** Differenzstufe

dann nur aufgrund innerer Unsymmetrien. Verursacht werden diese Unsymmetrien durch Temperatureinflüsse, Parameterstreuungen und durch Alterungseinflüsse. Sie wirken sich auf die Stromverstärkung B, die Schwellspannung U_{BE} und vor allem auf den Leck-strom I_{CB0} aus. Es interessiert die Ausgangsstromänderung aufgrund von Änderungen der genannten Parameter ΔB, ΔU_{BE} und ΔI_{CB0}.

Die Offsetanalyse ist direkt vergleichbar mit der Analyse der Arbeitspunktstabilität. Für Änderungen im Arbeitspunkt gilt das AC-Ersatzschaltbild in Abb. 6.83 für den Ein-zeltransistor und für die Differenzstufe. Betreffs des Offsetverhaltens interessiert die Änderung des Differenzausgangsstroms $\Delta I_{C,Q1} - \Delta I_{C,Q2}$ aufgrund der Änderung der Parameter ΔB, ΔU_{BE} und ΔI_{CB0}. Abbildung 6.84 zeigt das zugehörige AC-Ersatzschalt-bild mit Wirkung der genannten Änderungsparameter.

Das Offsetverhalten wird bestimmt durch Kleinsignalanalyse unter der Randbe-dingung von gleichen Transistoren mit $Q_1 = Q_2$. Zunächst wird der Einzeltransistor in

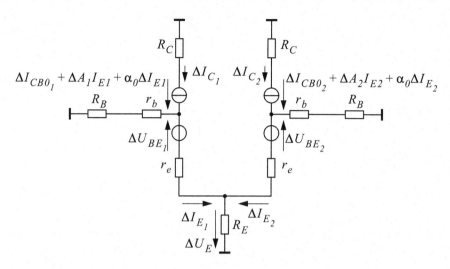

Abb. 6.84   AC-Ersatzschaltbild zum Offsetverhalten einer Differenzstufe

Abb. 6.83a betrachtet. Mit der Maschengleichung um den Steuerkreis und der Knotenpunktgleichung am Kollektor-Ausgangsknoten erhält man:

$$\begin{aligned}
&\text{1) } (\Delta I_{E_1} - \Delta I_{C_1})(R_B + r_b) + \Delta I_{E_1} \cdot r_e - \Delta U_{BE_1} = 0; \\
&\text{2) } \Delta I_{C_1} = \Delta I_{CB0_1} + \Delta A_1 I_{E_1}^{(A)} + \alpha_0 \Delta I_{E_1}.
\end{aligned} \tag{6.75}$$

Aus der Maschengleichung des Steuerkreises lässt sich ΔI_{E_1} bestimmen:

$$\Delta I_{E_1} = (\Delta U_{BE_1} + \Delta I_{C_1}(R_B + r_b)) \frac{1}{R_B + r_b + r_e}. \tag{6.76}$$

Eingesetzt in die Knotenpunktgleichung am Ausgang erhält man:

$$\Delta I_{C_1} \left(1 - \frac{\alpha_0 (R_B + r_b)}{R_B + r_b + r_e} \right) = \Delta I_{CB0_1} + \Delta A_1 I_E^{(A)} + \frac{\alpha_0 \cdot \Delta U_{BE_1}}{R_B + r_b + r_e}. \tag{6.77}$$

Damit ergibt sich das gesuchte Ergebnis für die Änderung des Ausgangsstroms bei gegebenen Änderungsparametern ΔB, ΔU_{BE} und ΔI_{CB0} aufgrund geänderter Temperatur, aufgrund von Exemplarstreuungsschwankungen oder Alterungseffekten.

$$\Delta I_{C_1} = \frac{R_B + r_b + r_e}{r_e + \frac{R_B + r_b}{\beta_0 + 1}} \left(\Delta I_{CB0_1} + \Delta A_1 I_E^{(A)} \right) + \frac{\alpha_0 \cdot \Delta U_{BE_1}}{r_e + \frac{R_B + r_b}{\beta_0 + 1}}. \tag{6.78}$$

Die Stromänderung am Ausgang (Offset) hängt ab von der Änderung der Stromverstärkung ΔA, der Änderung des Leckstroms ΔI_{CB0} und der Änderung der Schwellspannung ΔU_{BE}. Die Änderung der Schwellspannung geht in etwa multipliziert mit der Steilheit des Transistors ein. Die Änderung des Leckstroms ist um so signifikanter, je hochohmiger die Basis abgeschlossen wird.

Zur Offsetanalyse der Differenzstufe wird analog vorgegangen. Bei symmetrischem Ausgang interessiert allerdings nicht die absolute Änderung des Ausgangsstroms, sondern der Differenzausgangsstrom $\Delta I_{C, Q1} - \Delta I_{C, Q2}$. Die Spannung am gemeinsamen Emitterknoten ist:

$$\Delta U_E = \Delta U_{BE_2} + \Delta I_{C_2}(R_B + r_b) - \Delta I_{E_2}(R_B + r_b + r_e). \tag{6.79}$$

Damit ergibt die Maschengleichung um den Steuerkreis und die Knotenpunktgleichung am Ausgang der Differenzstufe:

$$\begin{aligned}
&1)\ (\Delta I_{E_1} - \Delta I_{C_1})(R_B + r_b) + \Delta I_{E_1} \cdot r_e - \Delta U_{BE_1} + \Delta U_E = 0; \\
&2)\ \Delta I_{C_1} - \Delta I_{C_2} = \Delta I_{CB0_1} - \Delta I_{CB0_2} + (\Delta A_1 - \Delta A_2) \cdot I_{E_1}^{(A)} + \alpha_0(\Delta I_{E_1} - \Delta I_{E_2}).
\end{aligned} \tag{6.80}$$

Aus der Maschengleichung des Steuerkreises lässt sich wiederum ΔI_{E_1} bestimmen:

$$\Delta I_{E_1} = ((\Delta U_{BE_1} - \Delta U_{BE_2}) + (\Delta I_{C_1} - \Delta I_{C_2})(R_B + r_b)) \frac{1}{R_B + r_b + r_e} + \Delta I_{E_2}.$$

Nach Zwischenrechnung erhält man das gesuchte Ergebnis für den Unterschied der Änderungen der Ausgangsströme bei einer gegebenen Änderung der Stromverstärkung, des Leckstroms und der Schwellspannung verursacht durch Temperatureinflüsse, Exemplarstreuungsschwankungen oder Alterungseffekte:

$$\begin{aligned}
\Delta I_{C_1} - \Delta I_{C_2} &= \frac{R_B + r_b + r_e}{r_e + (R_B + r_b)/(\beta_0 + 1)}(\Delta I_{CB0_1} - \Delta I_{CB0_2}) \\
&+ (\Delta A_1 - \Delta A_2)I_{E_1}^{(A)}) + \frac{\alpha_0(\Delta U_{BE_1} - \Delta U_{BE_2})}{r_e + (R_B + r_b)/(\beta_0 + 1)}.
\end{aligned} \tag{6.81}$$

Greift man die Spannung am symmetrischen Ausgang ab, so wirken sich nur noch ungleiche Änderungen aus. Die absoluten Änderungen gehen nicht mehr direkt ein. Man spricht von einer hohen Gleichtaktunterdrückung der Differenzstufe. Der Einzeltransistor ohne Seriengegenkopplung ist als DC-gekoppelter Verstärker wegen seines Offsetverhaltens außerordentlich nachteilig. Zusammenfassend lässt sich feststellen, dass die Differenzstufe eine hohe Gleichtaktunterdrückung und damit ein geringes Offsetverhalten aufweist. Allerdings gilt dies nur am symmetrischen Ausgang.

Symmetrischen Ausgang auf unsymmetrischen Ausgang bringen: Es stellt sich die Frage, wie kann man die Vorteile des symmetrischen Ausgangs betreffs des Offsetverhaltens und der hohen Gleichtaktunterdrückung auf einen oft benötigten unsymmetrischen Ausgang bringen? Eine mögliche Lösung stellt die Schaltung in Abb. 6.85 mit einem Linearverstärker im Ausgangskreis dar.

Zur Analyse der Beispielschaltung in Abb. 6.85 wird als erstes der Arbeitspunkt der Ausgangsschaltung durch DC-Analyse bestimmt. Mit den Maschengleichungen am Ausgang:

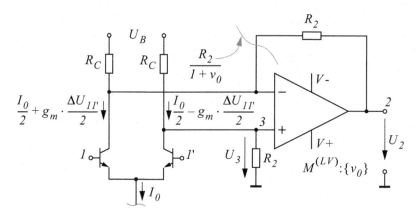

Abb. 6.85 Ausgangsschaltung, um den symmetrischen Ausgang einer Differenzstufe auf einen unsymmetrischen Ausgang zu bringen

$$1) \ \frac{(U_B - U_3)}{R_C} = \frac{I_0}{2} + \frac{U_3}{R_2};$$
$$2) \ \frac{(U_B - U_3)}{R_C} = \frac{I_0}{2} + \frac{U_3 - U_2}{R_2}. \tag{6.82}$$

erhält man als einzig mögliche Lösung $U_2 = 0$ aus der Arbeitspunktanalyse bei symmetrischer Beschaltung.

Die AC-Analyse für die gegebene Schaltung stellt sich für die betrachteten Maschengleichungen folgendermaßen dar:

$$1) \ g_m \cdot \frac{\Delta U_{11'}}{2} + \frac{\Delta U_3}{R_C} + \frac{(\Delta U_3 - \Delta U_2)}{R_2} = 0;$$
$$2) \ -g_m \cdot \frac{\Delta U_{11'}}{2} + \frac{\Delta U_3}{R_C} + \frac{\Delta U_3}{R_2} = 0. \tag{6.83}$$

Durch Subtraktion der beiden Gleichungen erhält man schließlich das Ergebnis für die gesuchte unsymmetrische Ausgangsspannung:

$$\Delta U_2 = g_m \cdot R_2 \cdot \Delta U_{11'}. \tag{6.84}$$

Das Ergebnis zeigt, dass der Widerstand R_C nicht mehr eingeht. Dies gilt allerdings nur solange folgende Bedingung erfüllt ist:

$$R_C \gg \left(\frac{R_2}{1 + v_0} \right). \tag{6.85}$$

Neben der betrachteten Schaltung, die den symmetrischen Ausgang der Differenzstufe auf einen unsymmetrischen Ausgang bringt, ohne dabei die Vorteile der Gleichtaktunterdrückung zu verlieren, gibt es weitere geeignete Schaltungsvarianten, auf die im Rahmen der Übungen noch eingegangen wird.

6.4.2 Basisgekoppelte Differenzstufen

Basisgekoppelte Differenzstufen sind dadurch gekennzeichnet, dass die Basisanschlüsse zweier Transistoren zusammengeführt sind und jeweils am Emitter ein Konstantstrom eingeprägt wird. Die basisgekoppelte Differenzstufe weist prinzipiell hinsichtlich der Gleichtaktunterdrückung dieselben Eigenschaften auf, wie die emittergekoppelte Differenzstufe. Die Prinzipschaltung der basisgekoppelten Differenzstufe zeigt Abb. 6.86a.

Die zusammengeführten Basisanschlüsse der beiden Transistoren müssen mit U_{BB} auf ein bestimmtes Potenzial gelegt werden. Der Konstantstrom I_0 teilt sich auf die beiden Emitteranschlüsse auf. Bei $U_{11'} = 0$ ist die Eingangsdifferenzspannung gleich Null. Beide Transistoren führen – wie bei der emittergekoppelten Differenzstufe – den Strom $I_0/2$. Wird die basisgekoppelte Differenzstufe mit $U_{11'} > 4U_T$ angesteuert (siehe Abb. 6.86b), so übernimmt der Transistor $Q2$ den vollen Strom I_0, der Transistor $Q1$ ist gesperrt und damit idealerweise stromlos. Bei $U_{11'} < 4U_T$ sind die Verhältnisse umgekehrt. Insofern ergeben sich für die basisgekoppelte Differenzstufe dieselben Randbedingungen wie für die emittergekoppelte Differenzstufe. Die Summe der beiden Ausgangsströme ist konstant gleich I_0. Die Aufteilung der Ströme wird über die Eingangsdifferenzspannung gesteuert.

In Experimenten wird die basisgekoppelte Differenzstufe näher untersucht. Als erstes erfolgt die DC-Analyse der basisgekoppelten Differenzstufe. Die Vorspannungserzeugung am gemeinsamen Basisanschluss ist über einen Basisspannungsteiler gegeben.

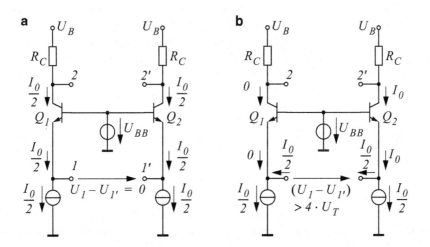

Experiment 6.4-3: Differenzstufe_Basisgek_Grundsch–
Simulation Profiles für DC-DCSweep- und AC-Analyse.

Abb. 6.86 Basisgekoppelte Differenzstufe; **a** ohne Ansteuerung; **b** mit Ansteuerung

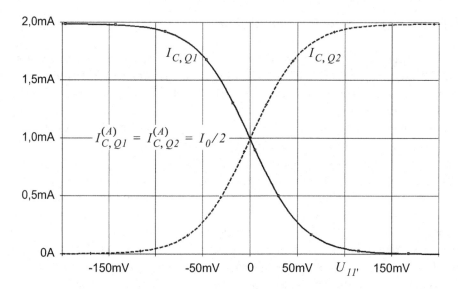

Abb. 6.87 DC-Übertragungskurve der basisgekoppelten Differenzstufe

Mittels einer DCSweep-Analyse bestimmt man die Übertragungskennlinien (siehe Abb. 6.87) Wegen der nicht veränderten Eigenschaften der Differenzstufe ist das Ergebnis der Übertragungskennlinie der basisgekoppelten Differenzstufe identisch mit der von einer emittergekoppelten Differenzstufe (vergl. Abb. 6.73). Schließlich erfolgt eine AC-Analyse um den Arbeitspunkt bei $U_{11'} = 0$ mittels des entsprechenden Simulation Profiles. Die diesbezüglichen Ergebnisse sind aus Abb. 6.88 zu entnehmen.

Bei Kleinsignalansteuerung teilt sich die Eingangsdifferenzspannung $\underline{U}_{11'}$ wieder auf $\underline{U}_{EB,Q1}$ und $\underline{U}_{BE,Q2}$ auf. Am Emittereingang ist der Eingangswiderstand niederohmig.

$$Z_{11'} = 2 \cdot \left(r_e + \frac{r_b}{\beta_0 + 1} \right) \approx 52\ \Omega. \tag{6.86}$$

Für die Verstärkung erhält man denselben Wert wie bei der emittergekoppelten Differenzstufe.

$$|\underline{v}|_{21} = \frac{\underline{U}_{22'}}{\underline{U}_{11'}} = g_m \cdot R_C \approx 150. \tag{6.87}$$

Wegen des geringeren Lastwiderstandes ist der Zahlenwert hier kleiner als im Beispiel für die emittergekoppelte Differenzstufe. Aufgrund des notwendigen Basispotenzials (im Beispiel 1,7 V) ist die verfügbare Versorgungsspannung verringert. Insofern muss der Lastkreis niederohmiger dimensioniert werden, um einen Sättigungseffekt zu vermeiden. Das Ergebnis der AC-Analyse mit den Abschätzwerten für die Beispielschaltung in Abb. 6.86 zeigt Abb. 6.88. Mit basisgekoppelten Differenzstufen lassen sich u. a. Verstärkerstufen, Komparatoren und Stromquellen realisieren.

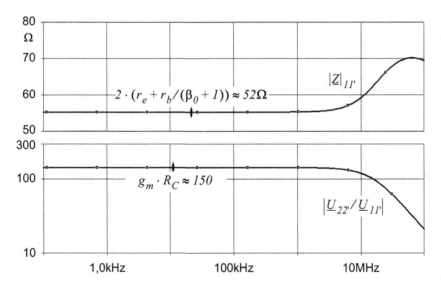

Abb. 6.88 Ergebnis der AC-Analyse der basisgekoppelten Differenzstufe in Experiment 6.4–3

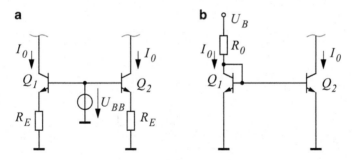

Abb. 6.89 Stromspiegel-Schaltungen mit basisgekoppelten Differenzstufen; **a** Basisgekoppelte Differenzstufe mit seriengegengekoppelten Transistoren; **b** Stromspiegel mit Konstantstromeinstellung über R_0 und Q_1

Basisgekoppelte Differenzstufe als Stromquelle: Eine weitere interessante Anwendung der basisgekoppelten Differenzstufe ergibt sich als Stromspiegel. Abbildung 6.89b zeigt die basisgekoppelte Differenzstufe als Stromquelle. Über R_0 und $Q1$ wird der Strom I_0 eingeprägt. Bei gleichen Transistoren erzwingt dieselbe Steuerspannung gleiche Ausgangsströme. In Abb. 6.89a ist nochmals das Prinzip der basisgekoppelten Differenzstufe dargestellt. Bei einer Differenzeingangsspannung $U_{11'} = 0$ an den Emittereingängen, müssen die Ausgangsströme gleich groß sein. Dies gilt auch dann, wenn die Widerstände $R_E = 0$ sind. Allerdings erfordert dies hohe Anforderungen an die Gleichheit der Transistoren. Es müssen die Transportsättigungssperrströme $I_{S,Q1} = I_{S,Q2}$ gleich groß sein. Die mit R_E seriengegengekoppelten Transistoren vermindern die Anforderungen an die Gleichheit der Transistoren (siehe dazu auch Abb. 6.80). Abbildung 6.90 zeigt

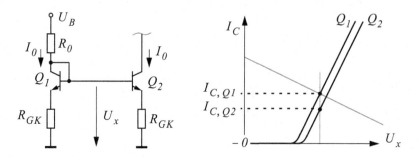

Abb. 6.90 Stromspiegel mit Seriengegenkopplung

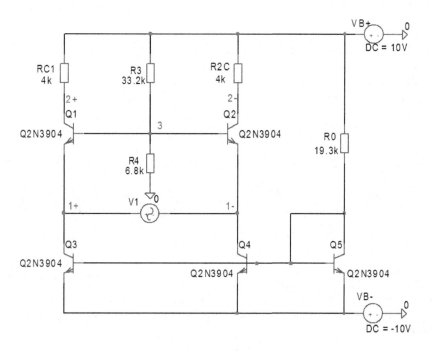

Experiment 6.4-4: Differenzstufe_Basisgek_Stromsp –
Simulation Profiles für DC-DCSweep- und AC-Analyse.

Abb. 6.91 Stromspiegel zur Versorgung der basisgekoppelten Differenzstufe mit $I_0/2$

die Übertragungskennlinie der seriengegengekoppelten Transistoren. Bei gleicher Steuerspannung U_x und ungleichen Transistoren vermindert sich der Unterschied der Kollektorströme um so mehr, je wirksamer die Seriengegenkopplung ist.

Im Experiment gemäß Abb. 6.91 mit den verschiedenen Simulation Profiles wird die basisgekoppelte Differenzstufe als Stromquelle untersucht, bei Anwendung des Stromspiegels als Stromquelle in der Grundschaltung von Abb. 6.89. Im Beispiel wird mit R_0 und $Q5$ ein Konstantstrom von $I_0 = 1$ mA eingeprägt.

Beim Stromspiegel ist die Eingangsdifferenzspannung Null. Deshalb wird der Strom – definiert im Stromzweig mit R_0 und $Q5$ – näherungsweise auf die Kollektorpfade von $Q3$ und $Q4$ „gespiegelt". Voraussetzung dafür ist eine genügend hohe Stromverstärkung der Transistoren und die Gleichheit der Steuerkreise der Transistoren $Q3$, $Q4$ und $Q5$.

Stromspiegel im Lastkreis: Der Stromspiegel lässt sich auch dafür verwenden, um die Vorteile der Gleichtaktunterdrückung des symmetrischen Ausgangs der Differenzstufe auf einen unsymmetrischen Ausgang zu bringen.

In Abb. 6.92 ist eine emittergekoppelte Differenzstufe mit einer basisgekoppelten Differenzstufe im Ausgangskreis dargestellt. Die Transistoren $Q2$ und $Q4$ arbeiten als Stromquelle. Insofern ist wegen der Stromquelleneigenschaft das Potenzial an Knoten 2 u. a. nur durch die Beschaltung mit der nächstfolgenden Stufe bestimmt. Im Beispiel sei angenommen, dass dieses Potenzial in der Mitte der verfügbaren Versorgungsspannung von $U_B + 0{,}7$ V liegt. Für die Kollektor-Emitter-Spannungen von $Q2$ und $Q4$ gilt dann:

$$U_{CE,\, Q_2} + U_{EC,\, Q_4} = U_B + 0{,}7 \text{ V}. \tag{6.88}$$

Abbildung 6.93 zeigt die Ausgangskennlinien von $Q2$ und $Q4$. Im Arbeitspunkt ziehen die Transistoren den Strom $I_0/2$.

Wie vom Bipolartransistor bekannt, ist der Innenwiderstand der Stromquellen unter Annahme einer typischen Early-Spannung:

$$r_i = \frac{\Delta U_{CE}}{\Delta I_C} \approx r_e \cdot \frac{V_A}{U_T} \approx 50 \text{ k}\Omega. \tag{6.89}$$

Die Ausgangsstromänderung bestimmt sich aus:

$$2 \cdot \Delta I = \Delta I_{C_1} - \Delta I_{C_2} \approx g_m \cdot \Delta U_{11'}. \tag{6.90}$$

Es addieren sich die Stromänderungen der Transistoren $Q1$ und $Q2$ gesteuert durch die Eingangsdifferenzspannung am Ausgang phasenrichtig. Die maximale Aussteuerbarkeit am Ausgangsknoten ist näherungsweise gleich der Versorgungsspannung. Bei hochohmiger Last an Knoten 2 sind nur die beiden Innenwiderstände von $Q2$ und $Q4$ wirksam. Damit ergibt sich für die Verstärkung:

$$|\underline{v}|_{21} = \frac{\Delta U_2}{\Delta U_{11'}} \approx g_m \cdot (r_{i,\, Q2} || r_{i,\, Q4}); \qquad \begin{aligned} r_{i,\, Q4} &\approx r_{o,\, Q4}; \\ r_{i,\, Q2} &\approx 2 r_{o,\, Q2}; \end{aligned} \tag{6.91}$$

Auf die Ermittlung der Innenwiderstände $r_{i,Q2}$ und $r_{i,Q4}$ wird im Folgenden noch näher eingegangen.

Im ersten Experiment der Testanordnung von Abb. 6.94 soll der Innenwiderstand r_i von $Q4$ (2N3906) bestimmt werden. Der Innenwiderstand ist im Experiment ca. $r_i = 20$ kΩ (Abb. 6.95). Dies liegt daran, dass die Early-Spannung V_A bei dem verwendeten Transistor nur ca. 20 V beträgt.

Der Innenwiderstand lässt sich mit Seriengegenkopplung, realisiert über einen Widerstand R_E im Emitterpfad, erhöhen. Die Erhöhung des Innenwiderstandes durch

Abb. 6.92 Stromspiegel
am Ausgang der
emittergekoppelten
Differenzstufe

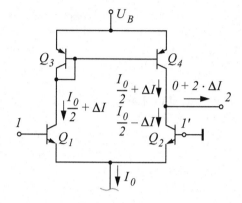

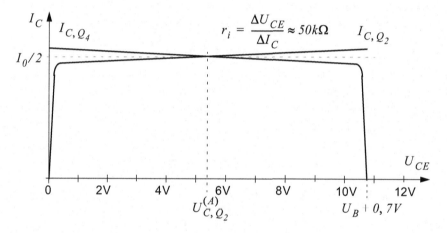

Abb. 6.93 Ausgangskennlinien der emittergekoppelten Differenzstufe mit basisgekoppelter Differenzstufe als Lastkreis

Seriengegenkopplung im Emitterpfad wird im zweiten Experiment von Abb. 6.94 bestätigt. In Abb. 6.96 ist das Ergebnis des Experiments dargestellt. Deutlich zeigt sich eine Erhöhung des Innenwiderstandes am Ausgang begründet durch die Seriengegenkopplung. Der Innenwiderstand der Gesamtschaltung am Ausgangsknoten wird im Experiment gemäß Abb. 6.97 bestimmt.

Der Transistor $Q2$ (2N3904) weist in diesem Experiment eine Early-Spannung V_A von ca. 75V auf, deshalb ist sein Innenwiderstand am Ausgangsknoten hochohmiger; er liegt im Beispiel bei ca. 55 kΩ. Der Emitter von $Q2$ ist an Knoten 3 niederohmig etwa mit r_e abgeschlossen. Wegen des niederohmigen Abschlusses am Emitterknoten ergibt sich für den wirksamen Innenwiderstand von $Q2$ am Kollektorausgang eine Verdoppelung seines Early-Widerstands mit $(1+g_m r_e)r_o = 2r_o$. Den Innenwiderstand am Ausgang der Gesamtschaltung von Abb. 6.97 erhält man aus der Parallelschaltung des Innenwiderstandes von

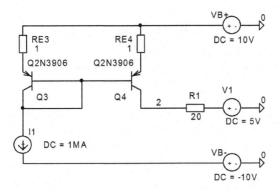

Experiment 6.4-5: Differenzstufe_Basisgek_Lastkr_ri – Innenwiderstand einer basisgekoppelten Stufe als aktiver Lastkreis.

Experiment 6.4-6: Differenzstufe_Basisgek_Lastkr_riSerGK – Innenwiderstand einer basisgekoppelten Stufe als aktiver Lastkreis mit Seriengegenkopplung.

Abb. 6.94 Zur Bestimmung des Innenwiderstandes der Ausgangsstromquelle

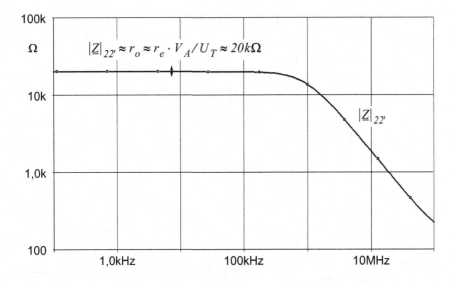

Abb. 6.95 Ergebnis des Innenwiderstandes ohne Seriengegenkopplung (Experiment 6.4–5)

$Q2$ und des Innenwiderstandes der seriengegengekoppelten Stromquelle mit $Q4$. Das Ergebnis des Experiments in Abb. 6.98 bestätigt die dort angegebene Abschätzung.

In Kenntnis der Steilheit der Ansteuerung des Ausgangskreises und des Innenwiderstandes am Ausgang kann nunmehr die Verstärkung der Gesamtschaltung ermittelt werden. Die Testschaltung in Abb. 6.99 ist am Ausgangsknoten mit einem Spannungsteiler beschaltet.

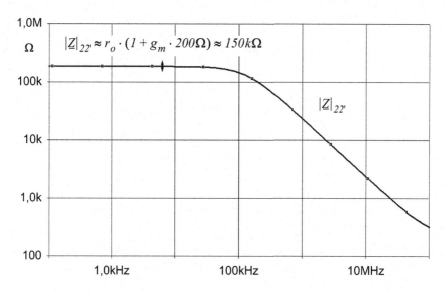

Abb. 6.96 Ergebnis des Innenwiderstandes am Ausgang mit 200 Ω Seriengegenkopplung (Experiment 6.4–6)

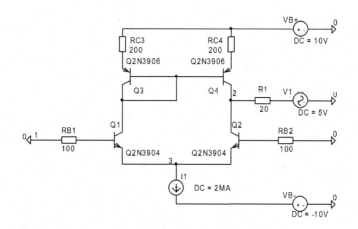

Experiment 6.4-7: Differenzstufe_Emgek_LKBasisgek_riSerGK –
Bestimmung des Lastwiderstandes einer emittergekoppelten Differenzstufe
mit basisgekoppelter Differenzstufe als Lastkreis.

Abb. 6.97 Zur Bestimmung des Innenwiderstandes der Gesamtschaltung

Diese Maßnahme ist erforderlich, da sowohl der Transistor $Q2$, als auch der Transistor $Q4$ als Stromquelle arbeiten. Somit muss das Potenzial durch die Beschaltung des Ausgangsknotens geeignet festgelegt werden. Wegen des erwähnten Offsetstromes darf die Ausgangsbeschaltung nicht zu hochohmig gewählt werden (hier ist $R21 = R22 = 100$ kΩ).

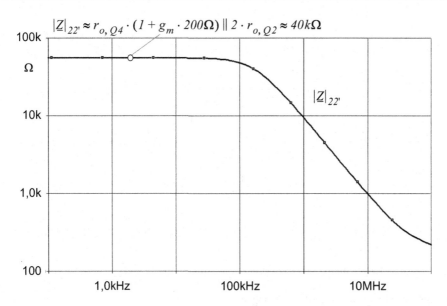

Abb. 6.98 Ergebnis des Innenwiderstandes der Gesamtschaltung am Ausgangsknoten (Experiment 6.4–7)

Der Gesamtwiderstand am Knoten 2 ist im Beispiel ca. 25 kΩ. Er ergibt sich aus der Parallelschaltung der Spannungsteilerwiderstände $R21$, $R22$ und parallel dazu der Innenwiderstand am Ausgang aus Abb. 6.98. Bei einer Steilheit der Gesamtschaltung von $g_m = 1/25$ Ω erhält man eine Verstärkung von ca. 1000, was durch das Simulationsergebnis in Abb. 6.100 gut bestätigt wird. Eine Abschätzung für die Verstärkung ergibt sich für das Schaltungsbeispiel des Experiments aus:

$$|\underline{v}|_{21} = \frac{U_2}{\underline{U}_1} = g_m \cdot r_{i,\,Q4} || r_{i,\,Q2} || R21 || R22. \tag{6.92}$$

Das Ergebnis der Abschätzung der Verstärkung für das betrachtete Beispiel ist damit schließlich:

$$|\underline{v}|_{21} = \frac{U_2}{\underline{U}_1} = \frac{1}{26\ \Omega} \cdot 200k || 75k || 100k || 100k \approx 1000. \tag{6.93}$$

Wegen des Offsetstroms an Knoten 2 hin zu $R21$ bzw. $R22$ dürfen die Widerstände $R21$ und $R22$ nicht zu hochohmig gewählt werden, ansonsten ergibt sich eine unzulässige Offsetspannung, die dazu führen kann, dass zum einen die Aussteuerbarkeit reduziert wird bis dahin, dass der Transistor $Q4$ gesättigt wird.

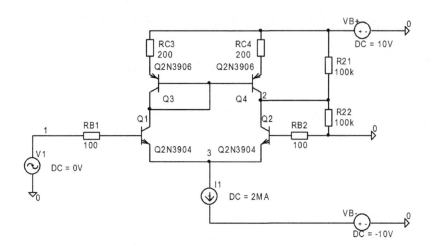

Experiment 6.4-8: Differenzstufe_Emgek_LKBasisgek_Verst

Abb. 6.99 Zur Bestimmung der Verstärkung der Gesamtschaltung

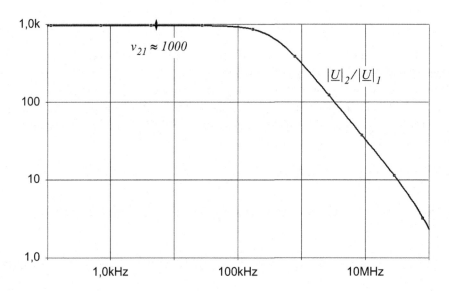

Abb. 6.100 Ergebnis der Verstärkung der Gesamtschaltung in Experiment 6.4–8

6.4.3 Differenzstufen in Kaskodeschaltung

Ähnlich der Kaskodeschaltung mit Einzeltransistoren (siehe Abschn. 6.3.7) lassen sich Kaskodeschaltungen mit Differenzstufen realisieren, um den Vorteil der höheren Bandbreite von Kaskodestufen zu nutzen. Unter Kaskodeschaltungen versteht man im Allgemeinen

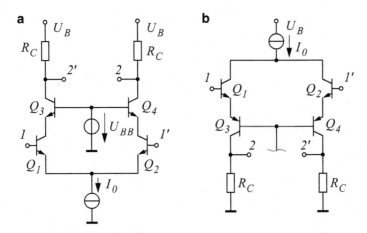

Abb. 6.101 Kaskode-Differenzstufe; **a** Variante B-C_E-C; **b** Variante B-E_E-C

eine Hintereinanderschaltung zweier Transistoren. Eine Variante besteht darin, dass die Basis des ersten Transistors angesteuert wird, das Signal vom Kollektorausgang des ersten Transistors auf den Emitter des zweiten geführt und dann schließlich der Kollektor des zweiten Transistors als Ausgang verwendet wird. Abbildung 6.101a zeigt diese Variante.

Eine weitere Variante ist in Abb. 6.101b dargestellt. In dieser Anordnung wird das Signal wiederum an der Basis eingespeist, vom Emitter des ersten Transistors auf den Emitter des zweiten Transistors geführt, um dann am Ausgang des Kollektors des zweiten Transistors abgenommen zu werden. In beiden Fällen weist der angesteuerte Transistor eine Verstärkung von ca. 1 auf, der nachgeschaltete Transistor arbeitet in Basisgrundschaltung (Signal von E nach C). Damit wird der „Miller"-Effekt von $Q1$ bzw. $Q2$ weitgehend unwirksam gemacht. $Q3$ bzw. $Q4$ sind wegen der Ansteuerung am Emitterknoten in Basisschaltung betrieben. Damit erzielt man eine breitbandigere Verstärkeranordnung.

Als nächstes Experiment wird die zweite Variante einer Kaskode-Differenzstufe in Abb. 6.101 betrachtet. Abbildung 6.102 zeigt die Testschaltung und Abb. 6.103 das Ergebnis des Verstärkungsfrequenzgangs.

Der Transistor $Q5$ bildet die Stromquelle der Differenzstufe der Variante in Abb. 6.101b. Die Ableitung des Basisstroms von $Q3$ und $Q4$ erfolgt über die Stromquelle $I1$. In dieser Variante teilt sich das Eingangssignal auf $R5$, $R6$ und die vier Basis-Emitter-Strecken auf. Ist $R5$ und $R6$ hinreichend niederohmig, so liegt an einer Basis-Emitter-Strecke von $Q3$ die Steuerspannung $\underline{U}_{11}/4$ an. Die Ausgangsspannung an Knoten $2+$ ist demnach:

$$\underline{U}_{2+} = g_m \cdot R_C \cdot \frac{U_1}{4}. \tag{6.94}$$

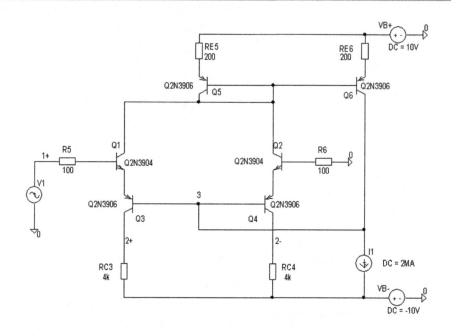

Experiment 6.4-10: Differenzstufe_Kaskode_B-E_EC_Grundsch – ACAnalyse mittels des SimulationProfile „AC".

Abb. 6.102 Testbench für die Kaskode-Differenzstufe – B-E_E-C

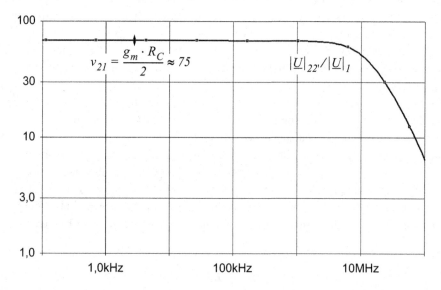

Abb. 6.103 Verstärkungsfrequenzgang der Kaskode-Differenzstufe – B-E_E-C

6.5   Schalteranwendungen des Bipolartransistors

Der Bipolartransistor lässt sich als elektronisch gesteuerter Schalter verwenden. In der Regel wird der Transistor zwischen den zwei Zuständen „gesperrt" und „gesättigt" geschaltet. Im Sperrzustand ist der Kollektorausgang hochohmig, im Sättigungszustand niederohmig. Bipolartransistoren als Schalter sind Funktionsprimitive u. a. in Digitalanwendungen und Leistungsanwendungen.

6.5.1   Spannungsgesteuerter Schalter

Zunächst sei die Anwendung als einfacher spannungsgesteuerter Schalter betrachtet (Abb. 6.104). Dabei wird bei geschlossenem Schalter S das Bezugspotenzial auf den Ausgang geschaltet (Transistor ist gesättigt: niederohmig). Über den Kollektorwiderstand R_C fließt ein Querstrom. Bei offenem Schalter S (Transistor ist gesperrt: hochohmig) liegt die Versorgungsspannung über dem Kollektorwiderstand R_C am Ausgang. Damit ergeben sich bei geeigneter Ansteuerung zwei Schaltzustände. Abbildung 6.104 zeigt das Grundprinzip des Bipolartransistors als Querschalter mit dem Kollektor als Ausgang und mit Ansteuerung an der Basis.

Die Ansteuerung des Schalttransistors $Q1$ erfolgt mit einer pulsförmigen Signalquelle. Im Folgenden wird nur der Schaltzustand bei $u_1 > U_{1,ein}$ bzw. $u_1 < U_{1,aus}$ betrachtet (stationärer Zustand). Der Bipolartransistor als Querschalter kennt demnach zwei Zustände:

a. Transistor ist gesperrt: $u_1 < U_{1,aus}$ so, dass $U_{BE} < U_{BES}$;
b. Transistor ist gesättigt: $u_1 > U_{1,ein}$ so, dass $I_C = I_{C\ddot{U}}$.

Der größtmögliche Kollektorstrom ist für den gesättigten Transistor bei der Schaltungsanordnung von Abb. 6.104 gegeben durch:

$$I_{C\ddot{U}} = \frac{(U_B - U_{CE,\,sat})}{R_C}; \qquad (6.95)$$

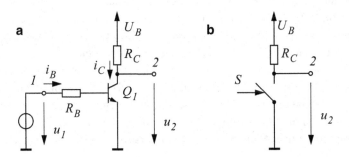

Abb. 6.104 Transistor als Querschalter; **a** Grundschaltung; **b** Prinzipielle Ersatzanordnung

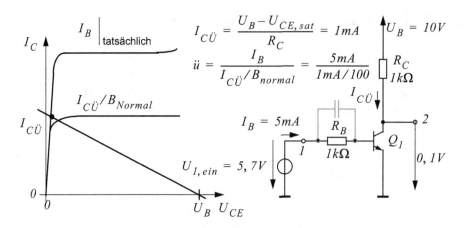

Abb. 6.105 Transistor im übersteuerten (gesättigten) Zustand

wobei $U_{CE,sat}$ mit typisch 0,1 V vernachlässigbar klein ist. Der Strom $I_{C\ddot{U}}$ stellt sich bei genügend großem Basisstrom ein, gemäß der Bedingung:

$$\frac{(U_{1,\,ein} - 0,7\text{ V})}{R_B} = I_B > \frac{I_{C\ddot{U}}}{B_{normal}}. \tag{6.96}$$

Im Sättigungsbetrieb muss der Basisstrom deutlich größer sein, als der vergleichbare Basisstrom, wenn der Transistor im Normalbetrieb wäre. Es ist im Sättigungsbetrieb typischer Weise $B < 20$, wobei bei entsprechender Übersteuerung B kleiner 1 werden kann. Im Normalbetrieb ist $B_{normal} > 100$. Man definiert einen Übersteuerungsfaktor $\ddot{u}$. Für die gegebene Schaltung bestimmt sich $\ddot{u}$ aus:

$$\ddot{u} = \frac{I_B}{I_{B,\,normal}} = \frac{(U_{1,\,ein} - 0,7\text{ V})/R_B}{I_{C\ddot{U}}/B_{normal}}. \tag{6.97}$$

Der Übersteuerungsfaktor $\ddot{u}$ stellt das Verhältnis zwischen dem bei Übersteuerung (Transistor ist gesättigt, $B \ll B_{normal}$) tatsächlich fließenden Basisstrom I_B zu dem „fiktiven" Basisstrom $I_{C\ddot{U}}/B_{normal}$ dar, der im Normalbetrieb für $I_{C\ddot{U}}$ vorliegen würde. Abbildung 6.105 veranschaulicht die Verhältnisse bei Übersteuerung des Transistors an einem konkreten Beispiel. Bei Übersteuerung ist der Transistor am Ausgang niederohmig (ca. 10 Ω mit induktiver Komponente). Die beispielhafte Ermittlung des Übersteuerungsfaktors $\ddot{u}$ und des Übersteuerungsstroms $I_{C\ddot{U}}$ lässt sich verallgemeinern.

Als nächstes soll der Sperrbetrieb des Transistors genauer betrachtet werden. Abbildung 6.106 zeigt die Ströme an den Anschlüssen des Transistors im Sperrbetrieb. Bei genügend kleiner Spannung $U_{1,aus}$ mit $U_{BE} < U_{BES}$ bzw. negativer Spannung am Eingang geht der Transistor in den Sperrbereich über, er wird dann sehr hochohmig am Ausgang (ca. 100 kΩ mit kapazitiver Komponente). Der Sperrstrom des Transistors ist näherungsweise ca. I_{CB0}.

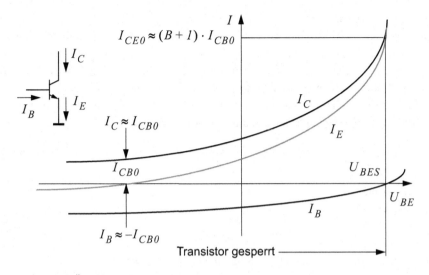

Abb. 6.106 Zum Übergang in den Sperrbereich eines Bipolartransistors

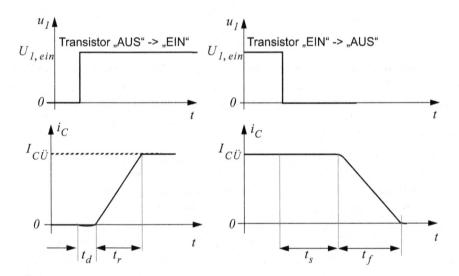

Abb. 6.107 Zum Schaltverhalten des Transistors

Das Schaltverhalten des Transistors in der Testschaltung von Abb. 6.104 ist in Abb. 6.107 dargestellt. Dazu wird der Transistor mit einer pulsförmigen Signalquelle angesteuert. Im Beispiel von Abb. 6.104 ist bei $u_1 = 0$ der Transistor gesperrt. Wird die Eingangsspannung auf $u_1 = 5,7$ V geschaltet, so geht der Transistor in den Sättigungszustand über. Dies geschieht jedoch nicht abrupt. Nach einer Einschaltverzögerung t_d und über die Anstiegszeit t_r erhöht sich der Kollektorstrom bis auf $I_{C\ddot{U}}$. Für die Anstiegszeit t_r gilt näherungsweise Gl. 6.98.

$$t_r \sim \ln \frac{\ddot{u} - 0,1}{\ddot{u} - 0,9}. \tag{6.98}$$

Je größer der Übersteuerungsfaktor $ü$ ist, um so kürzer ist die Anstiegszeit t_r.

Beim Übergang vom Sättigungsbetrieb in den Sperrbetrieb macht sich die Speicherzeit t_s bemerkbar. Der Kollektorstrom muss von $I_{CÜ}$ auf ca. I_{CB0} abklingen. Die Emitter-Basis Diode ist jedoch mit Überschussladungen (Minoritätsträger in der Basis) „überschwemmt", die erst ausgeräumt werden müssen. Obwohl die Ansteuerspannung bereits zurückgenommen wurde, bleibt die Schwellspannung von 0,7 V an der Emitter-Basis Diode solange stehen, bis die Überschussladungen ausgeräumt sind. Man definiert einen Ausräumfaktor a.

$$a = \frac{I_{B,aus}}{I_{CÜ}/B_{normal}}. \tag{6.99}$$

Im obigen Beispiel ist

$$a = \frac{0,7\ V/R_B}{I_{CÜ}/B_{normal}}. \tag{6.100}$$

Für die Speicherzeit und die Abfallzeit erhält man näherungsweise

$$t_s \approx \tau_s \cdot ln\frac{a+ü}{a+1};$$
$$t_f \sim ln\frac{a+0,9}{a+0,1}. \tag{6.101}$$

Je größer der Ausräumfaktor a ist, um so kleiner ist die Speicherzeit t_s. Der Übersteuerungsfaktor erhöht die Speicherzeit. Man findet den Parameter τ_S als Kenngröße (Speicherzeitkonstante: typisch 50 ns) eines Schalttransistors im Datenblatt. Die Speicherzeitkonstante wird bestimmt durch die Parameter TR, TF und BR, siehe dazu Tab. 3.5.

Zur Verbesserung der Schaltzeiten: Das Schaltverhalten wird bestimmt durch den Übersteuerungsfaktor $ü$ und durch den Ausräumfaktor a. Die Speicherzeit t_s hängt von beiden Größen ab. Ein Problem stellt der Ausräumstrom dar, um die überschüssigen Ladungsträger beim Übergang vom Sättigungsbetrieb zum Sperrbetrieb abführen zu können. Zur Verringerung der Speicherzeit, gilt es den Ausräumstrom signifikant zu erhöhen. Im Beispiel der Darlingtonstufe in Abb. 6.61 hilft ein Basisableitwiderstand den Ausräumstrom zu verbessern, wenn der stromführende Transistor übersteuert wird. Mit einem Kondensator parallel zu R_B in Abb. 6.105 wird beim Abschaltvorgang von $U_{1,ein}$ nach $U_{1,aus} = 0$ der Kondensator kurzzeitig kurzgeschlossen und damit auch der Ausräumstrom erhöht. Ein weiteres Beispiel für den Transistor in einer Anwendung als Schalter mit Basisableitwiderstand R_B zeigt Abb. 6.108a. Zur Erhöhung des Ausräumstroms ist eine Hilfsspannungsquelle U_{BB} eingeführt. Im konkreten Beispiel (Abb. 6.108a) ergibt sich der Übersteuerungsfaktor und der Ausräumfaktor bei Ansteuerung mit $u_1 = U_{1,ein}$ bzw. mit $u_1 = U_{1,aus} = 0$ gemäß Abb. 6.108a:

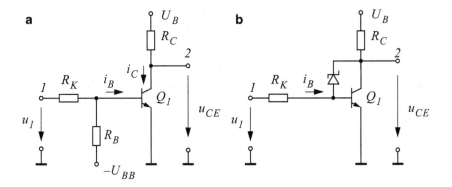

Experiment 6.5-1: Testschaltung_1 für das Schaltverhalten des Bipolartransistors

Abb. 6.108 Transistorschalter; **a** Mit Basisableitwiderstand; **b** Mit Schottky Diode

$$\ddot{u} = \frac{(U_{1,ein} - U_{BE})/R_K - (U_{BB} + U_{BE})/R_B}{I_{C\ddot{u}}/B_{normal}};$$

$$a = \frac{U_{BE}/R_K + (U_{BB} + U_{BE})/R_B}{I_{C\ddot{u}}/B_{normal}}. \tag{6.102}$$

Durch eine negative Hilfsspannung $-U_{BB}$ wird der Ausräumstrom erhöht und damit die Speicherzeit t_s verkürzt. Eine Schottky Diode gemäß Abb. 6.108b hilft die Speicherzeit zu reduzieren. Aufgrund der geringen Schwellspannung und der schnellen Umschaltzeiten verhindert die Schottky Diode, dass der Transistor gesättigt wird. Im Experiment in Abb. 6.108 erfolgt die nähere Untersuchung des Schaltverhaltens des Transistors. Abbildung 6.109 zeigt das Ergebnis der TR-Analyse. Im Beispiel beträgt der maximale Kollektorstrom $I_{C\ddot{u}}$ ca. 10 mA, der maximale Basisstrom bei Übersteuerung ist bei $U_{1,ein} = 5{,}7$ V ca. 5 mA und der Ausräumstrom liegt bei 0,7 mA. Wird die Eingangsspannung von $U_{1,ein} = 5{,}7$ V auf $U_{1,aus} = -2$ V geschaltet (Abb. 6.110), so erhöht sich der Ausräumstrom auf 2,7 mA. Entsprechend verringert sich die Speicherzeit (vergl. Abb. 6.109 und Abb. 6.110).

Im Beispiel der Schaltungsvariante nach Abb. 6.111 mit einer negativen Hilfsspannung muss die Eingangssignalquelle dabei keine negative Amplitude aufweisen. Das Ergebnis des Experiments in Abb. 6.111 ist in Abb. 6.112 dargestellt.

6.5.2 Gegentaktschalter

In der digitalen TTL-Schaltkreistechnik (TTL: Transistor-Transistor-Logik) wird der Bipolartransistor als Gegentaktschalter verwendet. Die TTL-Schaltkreistechnik wurde weitgehend von der CMOS-Schaltkreistechnik abgelöst, sie hat nur noch historische Bedeutung. Das TTL-Grundgatter enthält einen Multi-Emitter-Bipolartransistor als Steuerkreis der auf

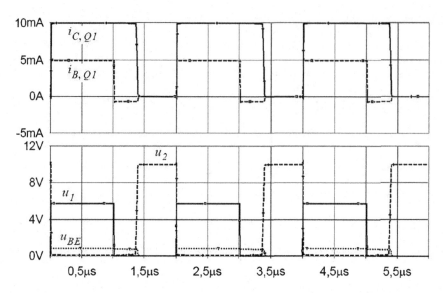

Abb. 6.109 Simulationsergebnis gemäß Testschaltung in Abb. 6.105 mit $U_{1,ein} = 5{,}7$ V auf $U_{1,aus} = 0$ V

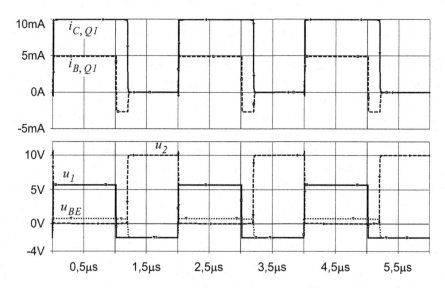

Abb. 6.110 Simulationsergebnis gemäß Testschaltung in Abb. 6.105 mit $U_{1,ein} = 5{,}7$ V auf $U_{1,aus} = -2$ V

Abb. 6.111 Testschaltung_2
für das Schaltverhalten des
Bipolartransistors

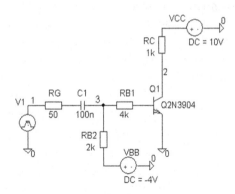

Experiment 6.5-2: Querschalter2

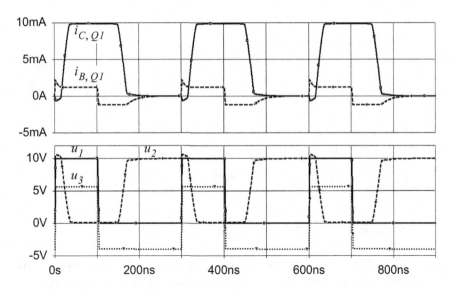

Abb. 6.112 Simulationsergebnis der Testschaltung_2 mit $U_{1,ein} = 10$ V auf $U_{1,aus} = 0$ V

einen Gegentaktschalter arbeitet. Der Multi-Emitter-Transistor kann durch parallel geschaltete Transistoren dargestellt werden. Bei Eingangsspannungen $U_1 > 2$ V ist der Multi-Emitter-Transistor als Steuerkreis im inversen Betrieb, bei Eingangsspannungen $U_1 < 0,8$ V im Sättigungsbetrieb. Abbildung 6.113 zeigt einen TTL-Inverter mit Q_1 als Steuerkreis und nachfolgendem Gegentaktschalter (Zustandsbeschreibung in Tab. 6.1 und 6.2).

Die inverse Stromverstärkung B_R vom Multi-Emitter-Transistor ist ca. 0,05. Damit ergibt sich bei $U_1 > 2$ V ein Eingangsstrom von ca. $I_1 \approx 40$ µA. In diesem Fall ist der Sättigungsstrom von $Q3$: $I_{C, Q3} \approx 4,3$ V/1,6 k$\Omega \approx 2,6$ mA. Für $Q5$ verbleibt ein Basisstrom von etwa 2 mA, was ausreicht um den Transistor $Q5$ hinreichend zu übersteuern.

Abb. 6.113 TTL-Inverter
mit Steuerkreis und
Gegentaktschalter

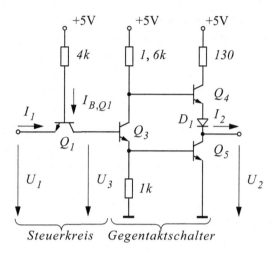

Tab. 6.1 TTL-Schaltung –
Zustände der Transistoren

U_1	Q_1	Q_3	Q_4	Q_5
0 V	Gesättigt	Gesperrt	Normal	Gesperrt
> 2 V	Invers	Gesättigt	Gesperrt	Gesättigt

Tab. 6.2 TTL-Schaltung –
Innere Ströme und Spannungen

U_1	I_1	$I_{B,Q3}$	U_3	U_2
0 V	≈ -1 mA	≈ 0	≈ 0	$\approx 3{,}6$ V
> 2 V	$\approx B_R \cdot 0{,}75$ mA	$\approx 0{,}75$ mA	$\approx 1{,}4$ V	≈ 0

6.6   Weitere Funktionsprimitive mit BJTs

Die bislang eingeführten und betrachteten Funktionsprimitive und Funktionsgrundschaltungen mit BJTs sollen um weitere wichtige Beispiele ergänzt werden. Dabei geht es
um die Verdeutlichung der zugrunde liegenden Funktion. In Kenntnis der Funktion einer
Teilschaltung lässt sich deren Anwendung in komplexeren Funktionsschaltungen besser
verstehen.

6.6.1   Logarithmischer Verstärker

Logarithmische Verstärker verstärken gemäß der Logarithmusfunktion kleine Signale
sehr stark und große Signalamplituden schwach. Durch Ausnutzung der exponentiellen
Übertragungskennlinie eines Bipolartransistors im Rückkopplungspfad eines Linearverstärkers entsteht ein logarithmischer Verstärker (Abb. 6.114).

Abb. 6.114 Logarithmischer
Verstärker

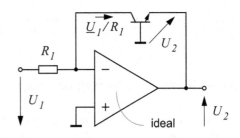

Experiment 6.6-1: LogVers

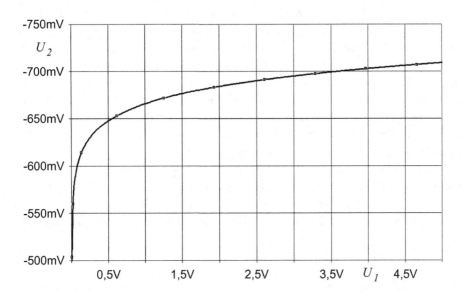

Abb. 6.115 Simulationsergebnis für DC-Sweep des logarithmischen Verstärkers, Testschaltung in
Abb. 6.114

Bei hinreichend großer Verstärkung des Linearverstärkers gilt für die Anordnung des
logarithmischen Verstärkers:

$$\frac{U_1}{R_1} = I_S \cdot \exp\left(\frac{U_2}{U_T}\right);$$

$$\frac{U_2}{U_T} = \ln\frac{U_1/R_1}{I_S} = \log_{(10)}\left(\frac{U_1/R_1}{I_S}\right)/\log_{(10)}(e). \tag{6.103}$$

Damit ergibt sich ein logarithmischer Zusammenhang zwischen der Eingangsspannung
und der Ausgangsspannung. In einem Experiment soll das Prinzip (Abb. 6.114) verifiziert werden.

Das Simulationsergebnis der Testschaltung zeigt den „logarithmischen Zusammenhang"
zwischen der Ausgangsspannung und der Eingangsspannung. Für kleine Spannungen U_1

ergibt sich ein großes $\Delta U_2 / \Delta U_1$, mit zunehmender Eingangsspannung verringert sich die Verstärkung $\Delta U_2 / \Delta U_1$ (Abb. 6.115).

6.6.2 Konstantstromquellen

Konstantstromquellen benötigt man u. a. für die Arbeitspunkteinstellung und für aktive Lastkreise in Verstärkerschaltungen, sie wurden bereits in verschiedenen Anwendungen verwendet und erläutert. Hier sollen nochmals zusammenfassend die Eigenschaften von Stromquellen und mögliche Realisierungen behandelt werden. Die allgemeinen Eigenschaften von Konstantstromquellen sind im Abb. 6.116 dargestellt. Unabhängig von der Realisierung beschreibt das Makromodell die Eigenschaften einer Konstantstromquelle. Bei Systemuntersuchungen genügt es, zunächst ohne Bezug zu einer konkreten Realisierung ein geeignetes Makromodell mit Innenwiderstand r_i und gegebenenfalls mit parasitären (kapazitiven) Einflüssen zugrunde zu legen.

Der Konstantstrom I_0 wird durch eine DC-Analyse bestimmt. Den differenziellen Innenwiderstand r_i ermittelt man durch AC-Analyse. Gegebenenfalls ist parallel zu r_i eine parasitäre Kapazität zu berücksichtigen, die ebenfalls durch AC-Analyse bestimmt wird und bei einer AC-Analyse (Änderungsanalyse) wirksam ist.

Die Funktion einer Stromquelle ist dadurch gekennzeichnet, dass der Ausgangsstrom konstant ist unabhängig von der anliegenden Spannung. Allgemein ist diese Eigenschaft einer Stromquelle nur in einem beschränkten Aussteuerbereich gültig. Die gewünschte Funktion ist erst ab einer bestimmten Mindestspannung und bis zu einer Maximalspannung gegeben.

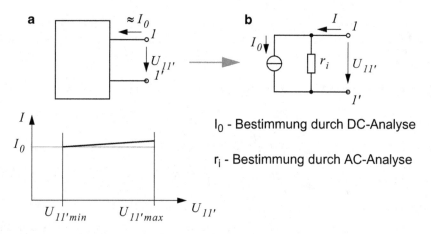

Abb. 6.116 Makromodell einer Konstantstromquelle; **a** Funktionsmodell mit Kennlinie für I_0; **b** Ersatzschaltbild

Einige mögliche Realisierungen wurden in den vorangehenden Kapiteln beschrieben. Jeder Transistor stellt am Kollektorausgang eine Stromquelle dar, wenn er im geeigneten Arbeitspunkt betrieben wird (siehe Abb. 6.117). Der Innenwiderstand einer Stromquelle kann durch Seriengegenkopplung signifikant erhöht werden (siehe Abschn. 5.2.4). Von dieser Eigenschaft der Seriengegenkopplung wurde schon vielfach Gebrauch gemacht. In den Beispielen wirkt R_1 als Seriengegenkopplung.

Weitere Realisierungsmöglichkeiten ergeben sich mit basisgekoppelten Differenzstufen. In den Beispielen in Abb. 6.118 sind mögliche Ausführungsformen skizziert. Bei $R_2 = R_E$ in Abb. 6.118a ist $I_0 = I_x$, allerdings nur dann, wenn die Stromverstärkung genügend groß ist. Der Strom $I_{B,Q1} + I_{B,Q2}$ verursacht eine – wenn auch geringe – Unsymmetrie. Die Unsymmetrie lässt sich verringern, wenn der Kurzschlussbügel durch einen

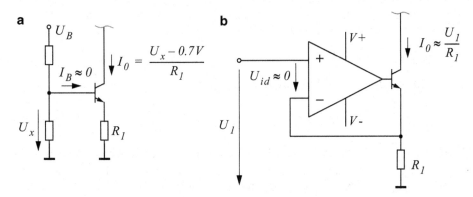

Abb. 6.117 Beispiele für Konstantstromquellen mit Einzeltransistoren; **a** Einzeltransistor seriengegengekoppelt; **b** Einzeltransistor mit Linearverstärker seriengegengekoppelt

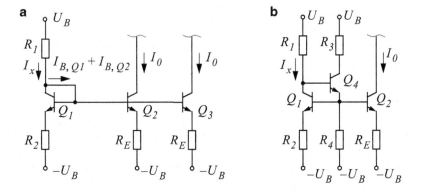

Abb. 6.118 Stromquellen realisiert durch basisgekoppelte Differenzstufen; **a** Allgemeine Form; **b** Kurzschlussbügel ersetzt durch Transistor Q_4 mit Stromverstärkung

aktiven Transistor mit Stromverstärkung ersetzt wird (Abb. 6.118b). Im Beispiel reduziert der Transistor $Q4$ die Unsymmetrie verursacht durch die Basisströme.

Unter Vernachlässigung des Basisstroms ergibt sich folgender Zusammenhang:

$$I_{E,\,Q1} \cdot R_2 = I_{E,\,Q2} \cdot R_E = \frac{I_0}{A_{Q2}} \cdot R_E;$$

$$I_{E,\,Q1} = \frac{2 \cdot U_B - 0{,}7\,\text{V}}{R_1 + R_2}. \tag{6.104}$$

Bei $R_2 = R_E$ ist mit guter Näherung $I_{E,Q1} = I_0$. Wegen möglicher unterschiedlicher Kollektor-Emitter Spannungen kann sich aufgrund der endlichen Early-Spannung eine weitere Unsymmetrie einstellen. Dieser Effekt lässt sich durch geeignete Gegenkopplung bei
Erhöhung des Innenwiderstandes verringern. Einen Sonderfall stellt die Ausführungsform mit $R_2 = 0$ dar (Abb. 6.119). Damit ist es möglich, ausgehend von einem größeren Strom I_x einen kleineren Konstantstrom I_0 abzuleiten. Die OP-Verstärkerschaltung
in Abb. 2.11 verwendet dieses Prinzip mit $Q10$, $Q11$ und $R4$. In diesem Sonderfall gilt
unter Vernachlässigung des Basisstroms:

$$U_{BE,Q2} + I_0 R_E = U_{BE,Q1};$$

$$\text{Mit } I_0 \approx I_S \cdot e^{(U_{BE,Q2}/U_T)} \text{ wird: } U_T \cdot \ln\left(\frac{I_0}{I_S}\right) + I_0 R_E = U_T \cdot \ln\left(\frac{I_x}{I_S}\right);$$

$$\frac{I_x}{I_0} = e^{I_0 \cdot R_E/U_T}. \tag{6.105}$$

Bei $I_0 R_E = 4U_T$ wird $I_x/I_0 \approx 50$. Dies ist beispielsweise gegeben, wenn $I_0 = 20\,\mu\text{A}$ ist
bei $R_E = 5\,K\Omega$. Damit erhält man bei einem gegebenen Strom $I_x = 1\,\text{mA}$ einen Konstantstrom von $I_0 = 20\,\mu\text{A}$ am Ausgang (siehe Abb. 5.44).

Eine weitere Variante stellt die Wilson-Konstantstromquelle dar. Abbildung 6.120 zeigt
die zugrundeliegende Prinzipschaltung. Die Wilson-Konstantstromquelle besteht aus einer
basisgekoppelten Differenzstufe mit $Q2$ und $Q3$ und einem zusätzlichen Transistor $Q1$, der

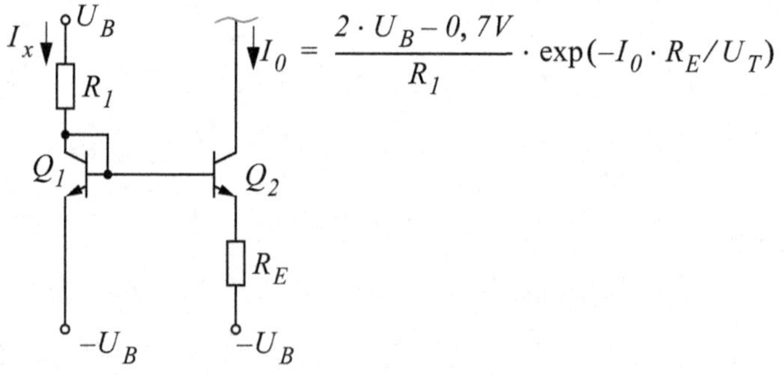

$$I_0 = \frac{2 \cdot U_B - 0,7V}{R_1} \cdot \exp(-I_0 \cdot R_E/U_T)$$

Abb. 6.119 Sonderfall der basisgekoppelten Differenzstufe mit $R_2 = 0$

Abb. 6.120 Wilson-
Konstantstromquelle

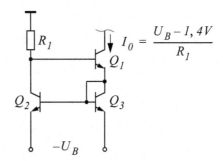

$$I_0 = \frac{U_B - 1{,}4\,V}{R_1}$$

Abb. 6.121 AC-Ersatz-
schaltbild der Wilson-
Konstantstromquelle mit
$R_1 \gg (\beta_0 + 1) \cdot r_e$

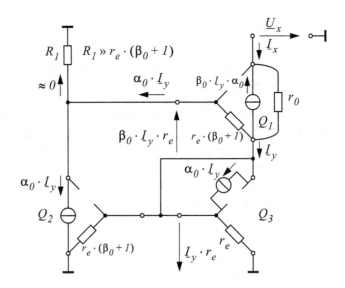

als Stromquelle arbeitet. Durch den Gegenkopplungspfad über $Q2$ wird der Innenwiderstand des Stromquellentransistors $Q1$ signifikant erhöht. Die Abschätzung auf Basis des AC-Ersatzschaltbildes in Abb. 6.121 soll die Gegenkopplungsmaßnahme erklären.

Am Ausgang möge der Strom $\underline{I}_x$ fließen und die Spannung $\underline{U}_x$ anliegen. Der Quotient aus $\underline{U}_x$ und $\underline{I}_x$ bestimmt den gesuchten Innenwiderstand. Der Strom $\underline{I}_x$ hat am Emitter von $Q1$ den Strom $\underline{I}_y$ zur Folge. Damit ergibt sich als Steuerspannung für $Q2$ und $Q3$ die Spannung $\underline{I}_y \cdot r_e$, was an $Q2$ den Kollektorstrom $\underline{I}_y \cdot r_e \cdot g_m = \alpha_0 \cdot \underline{I}_y$ verursacht. Dieser Kollektorstrom stellt sich aufgrund der Stromspiegeleigenschaften von $Q2$ und $Q3$ ein. Unter der Bedingung, dass $R_1 \gg (\beta_0 + 1) \cdot r_e$ gegeben sei, wird der Basisstrom von $Q1$ näherungsweise $\alpha_0 \cdot \underline{I}_y$ sein. Dieser Strom erzeugt an $Q1$ eine Gegenkopplungsspannung $\beta_0 \cdot \underline{I}_y \cdot r_e$, die als Steuerspannung wirkt. Damit treibt die Stromquelle am Kollektor einen Strom der Größe $\beta_0 \cdot \underline{I}_y \cdot \alpha_0$. Dieser Gegenkopplungsstrom am Ausgang erhöht den Innenwiderstand. Am Ausgangsknoten gilt:

$$1)\ \underline{I}_x + \underline{I}_y \cdot \beta_0 \cdot \alpha_0 = \frac{(\underline{U}_x - \underline{I}_y \cdot r_e)}{r_0};$$

$$2)\ \underline{I}_y + \alpha_0 \cdot \underline{I}_y = \underline{I}_x; \quad \Rightarrow \underline{I}_x \approx 2 \cdot \underline{I}_y.$$

(6.106)

Damit wird:

$$\underline{I}_x \cdot \left(1 + \frac{\beta_0}{2}\right) \approx \left(\frac{\underline{U}_x - (\underline{I}_x/2) \cdot r_e}{r_0}\right).$$

(6.107)

Schließlich erhält man daraus das Ergebnis für den gesuchten Innenwiderstand:

$$\frac{\underline{U}_x}{\underline{I}_x} \approx r_0 \cdot \left(1 + \frac{\beta_0}{2}\right).$$

(6.108)

Nach dieser abschätzenden Betrachtung wird der Ausgangswiderstand r_0 durch Gegenkopplung um den Faktor $1 + \beta_0/2$ erhöht. Diese Grobabschätzung soll in erster Linie das Zustandekommen der Gegenkopplung erläutern.

Anstelle der einschränkenden Annahme, dass $R_1 \gg (\beta_0 + 1) \cdot r_e$ gelten möge, wird nun der andere Grenzfall mit $r_e \ll R_1 \ll (\beta_0 + 1) \cdot r_e$ betrachtet (Abb. 6.122). Die Steuerspannung von $Q1$ ist gemäß Abb. 6.122 $\alpha_0 \cdot \underline{I}_y \cdot R_1$. Diese Steuerspannung steuert die Stromquelle des Kollektors mit einem Strom in Höhe von $\alpha_0 \cdot \underline{I}_y \cdot R_1 \cdot g_m$. Dieser Strom vermindert den ursächlichen Strom $\underline{I}_x$ aufgrund der Gegenkopplung, was einer Erhöhung des Innenwiderstandes entspricht. Wegen der getroffenen Annahme ist weiterhin in diesem Fall $\underline{I}_x \approx \underline{I}_y$. Damit wird näherungsweise

Abb. 6.122 AC-Ersatzschaltbild der Wilson-Konstantstromquelle mit $r_e \ll R_1 \ll (\beta_0 + 1) \cdot r_e$

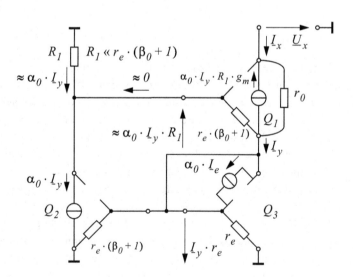

$$\underline{I}_x \cdot (1 + \alpha_0 \cdot R_1 \cdot g_m) \approx (\underline{U}_x - \underline{I}_x \cdot r_e)/r_0. \qquad (6.109)$$

Schließlich ergibt sich daraus der gesuchte Innenwiderstand:

$$\frac{\underline{U}_x}{\underline{I}_x} \approx r_0 \cdot (1 + R_1 \cdot g_m). \qquad (6.110)$$

Auch hier zeigt sich eine signifikante Erhöhung des Innenwiderstandes aufgrund der gegebenen Seriengegenkopplung. In beiden betrachteten Grenzfällen erhöht sich der Innenwiderstand bei der Wilson-Konstantstromquelle.

In einem Experiment wird der Innenwiderstand einer Stromquelle bestehend aus einer basisgekoppelten Differenzstufe, mit der von der Wilson-Konstantstromquelle verglichen. Abbildung 6.123a zeigt die Testschaltung der basisgekoppelten Differenzstufe als Stromquelle. Das Ergebnis des Innenwiderstandes ist in Abb. 6.124 dargestellt. Der Innenwiderstand wird im Wesentlichen bestimmt durch den Early-Widerstand des als Stromquelle betriebenen Transistors Q1.

Als nächstes wird die Wilson-Konstantstromquelle gemäß Testschaltung in Abb. 6.123b untersucht. Das Ergebnis des Innenwiderstandes der Wilson-Konstantstromquelle zeigt Abb. 6.125. Der Vergleich zwischen dem Ergebnis in Abb. 6.124 und Abb. 6.125 zeigt, dass der Innenwiderstand der Wilson-Konstantstromquelle aufgrund der beschriebenen Gegenkopplungsmaßnahme etwa um den Faktor 60 höher ist, als der Innenwiderstand einer basisgekoppelten Differenzstufe bei gleichem Konstantstrom. Dieses Experiment bestätigt die getroffene relativ grobe Abschätzung.

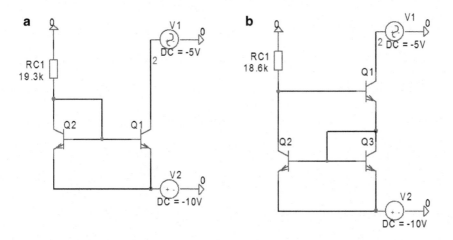

Experiment 6.6-2: Basisgek-Stromqu_AC   **Experiment 6.6-3:** Wilson-Stromqu_AC

Abb. 6.123 Testschaltung zur Ermittlung der Innenwiderstandes; **a** für eine basisgekoppelte Differenzstufe; **b** für eine Wilson-Konstantstromquelle

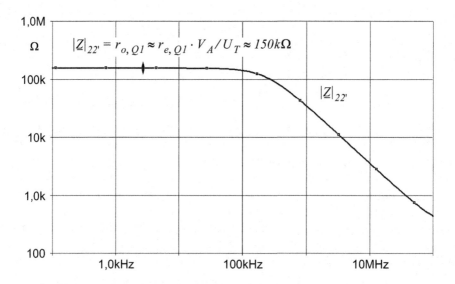

Abb. 6.124 Ergebnis des Innenwiderstandes der basisgekoppelten Differenzstufe

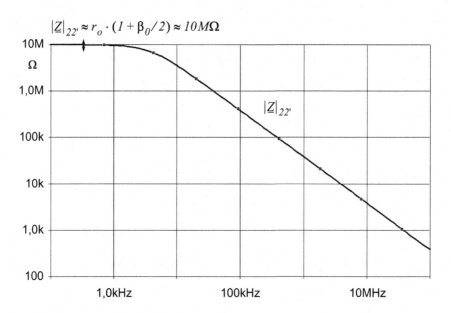

Abb. 6.125 Ergebnis des Innenwiderstandes der Wilson-Konstantstromquelle

6.6.3   Konstantspannungsquellen

In Ergänzung der bereits im Abschn. 6.3.4 betrachteten Funktionsprimitive bei Beschaltung eines Bipolartransistors als Spannungsquelle werden weitere Realisierungsvarianten für Konstantspannungsquellen behandelt. Konstantspannungsquellen benötigt man u. a. zur Vorspannungserzeugung, zur Arbeitspunkteinstellung und zur Referenzspannungserzeugung. Eine Konstantspannung lässt sich herleiten aus der Schwellspannung eines pn-Übergangs. Es sollen zusammenfassend die Eigenschaften von Spannungsquellen und mögliche weitere Realisierungen behandelt werden. Die allgemeinen Eigenschaften von Konstantspannungsquellen erläutert Abb. 6.126. Von besonderer Bedeutung ist die Konstanz der Spannung und in welcher Weise Temperatureinflüsse diese Grundeigenschaft der Konstantspannungsquelle ändern. Bei Systemuntersuchungen genügt es, zunächst ohne Bezug zu einer konkreten Realisierung ein geeignetes Makromodell zugrunde zu legen.

Die Konstantspannung U_0 wird durch eine DC-Analyse bestimmt. Den differenziellen Innenwiderstand r_i ermittelt man durch AC-Analyse. In Abschn. 6.3.4 wurde ein Bipolartransistor mittels geeigneter Parallelgegenkopplung als Konstantspannungsquelle eingeführt; zunächst ein Experiment zu diesem Beispiel. Es soll das Temperaturverhalten dieser Konstantspannungsquelle untersucht werden. In Abb. 6.127 ist das Ergebnis der DC-Analyse bei $T = 27\,°C$ und bei $T = 120\,°C$ dargestellt.

Im Beispiel ist die Konstantspannung U_0 etwa gleich der doppelten Schwellspannung der Emitter-Basisdiode. Wegen des Temperaturkoeffizienten dieser Schwellspannung in Höhe von ca. $-2\,mV/°C$ verändert sich bei Temperaturerhöhung die Konstantspannung beträchtlich. Es wird also nach Möglichkeiten gesucht, den Temperaturgang einer Konstantspannungsquelle zu vermindern. Eine Möglichkeit stellt die sogenannte

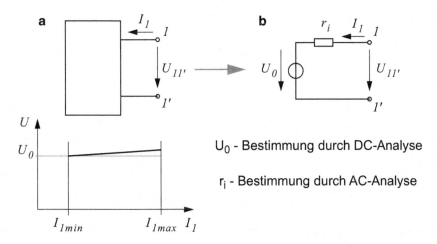

Abb. 6.126 Makromodell einer Konstantspannungsquelle; **a** Funktionsmodell mit Kennlinie für U_0; **b** Ersatzschaltbild

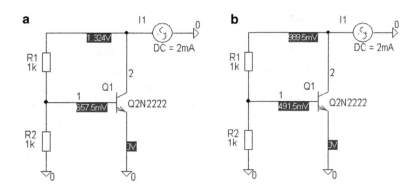

Experiment 6.6-4: Spannungsqu_BipTrans

Abb. 6.127 Temperaturverhalten der Konstantspannungsquelle mit einem parallelgegengekoppelten Bipolartransistor; **a** $T = 27\,°C$; **b** $T = 120\,°C$

Bandgap-Referenzschaltung dar. Abbildung 6.128 zeigt ein Realisierungsbeispiel einer Bandgap-Referenzschaltung. Eingeblendet ist das Ergebnis der DC-Analyse bei $T = 27\,°C$.

Für die gegebene Schaltung in Abb. 6.128 gelten folgende Netzwerkgleichungen:

$$1)\ I_{C,\,Q1} \cdot R_{C1} = I_{C,\,Q2} \cdot R_{C2}; \Rightarrow \frac{I_{C,\,Q2}}{I_{C,\,Q1}} = 9{,}09;$$

$$2)\ \frac{U_2}{2} = U_{BE,\,Q2} + (I_{C,\,Q1} + I_{C,\,Q2}) \cdot R_{E2};$$

$$3)\ U_{BE,\,Q1} + I_{C,\,Q1} \cdot R_{E1} = U_{BE,\,Q2}. \tag{6.111}$$

Aus der letzten Gleichung ergibt sich:

$$U_T \cdot \ln \frac{I_{C,Q1}}{I_S} + I_{C,\,Q1} \cdot R_{E1} = U_T \cdot \ln \frac{I_{C,\,Q2}}{I_S}; \tag{6.112}$$

Daraus wird:

$$I_{C,\,Q1} \cdot R_{E1} = U_T \cdot \ln \frac{I_{C,\,Q2}}{I_{C,\,Q1}} = U_T \cdot \ln 9{,}09.$$

Im Beispiel ist konkret:

$$I_{C,\,Q1} = \frac{U_T \cdot \ln 9{,}09}{R_{E1}} = 57\,\mu A \Rightarrow I_{C,\,Q2} = 520\,\mu A. \tag{6.113}$$

Eingesetzt in Gleichung 2) von Gl. 6.111 erhält man:

$$\left(\frac{U_2}{2}\right) = U_{BE,\,Q2} + 10{,}09 \cdot U_T \cdot \ln 9{,}09; \tag{6.114}$$

Abb. 6.128 Bandgap-
Referenz als Konstantspannungsquelle bei $T = 27\,°C$

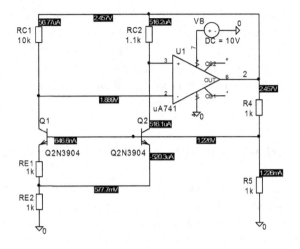

Experiment 6.6-5: Bandgap-Referenz_27

Abb. 6.129 Bandgap-
Referenz als
Konstantspannungsquelle bei
$T = 120\,°C$

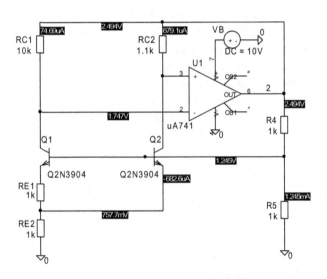

Experiment 6.6-6: Bandgap-Referenz_120

Während $U_{BE,Q2}$ mit $-2\,\text{mV/}°C$ abnimmt, steigt der zweite Summand mit T. Die Temperaturabhängigkeit der Ausgangsspannung bestimmt sich aus:

$$\frac{\partial}{\partial T}\left(\frac{U_2}{2}\right) = -2\,\text{mV/}°C + 10{,}9 \cdot \frac{k}{e} \cdot \ln(9{,}09); \quad k : \textit{Boltzmannkonstante}$$

$$e : \textit{Elementarladung} \quad (6.115)$$

$$\frac{\partial}{\partial T}\left(\frac{U_2}{2}\right) = 0 \quad \text{wenn} \quad 10{,}09 \cdot \frac{k}{e} \cdot \ln(9{,}09) \approx +2\,\text{mV/}°C.$$

Dieser Effekt der Kompensation von Temperaturkoeffizienten ist bei der gewählten Dimensionierung in etwa gegeben. Damit sollte bei einer Temperaturänderung die Ausgangsspannung weitgehend konstant bleiben. Im Experiment gemäß Abb. 6.129 wird dies überprüft. Im Vergleich der Ergebnisse von Abb. 6.129 und Abb. 6.128 kann man feststellen, dass sich die Temperaturstabilität gegenüber der ersten betrachteten Realisierungsvariante beträchtlich verbessert hat.

6.6.4 Schaltungsbeispiele zur Potenzialverschiebung

Bei DC-gekoppelten Funktionsschaltungen ergeben sich bei Hintereinanderschaltung von Teilschaltungen Verkopplungen der Arbeitspunkte von Transistoren. Zur Realisierung eines Potenzialausgleichs benötigt man Funktionsprimitive für die Potenzialverschiebung, so dass die Hauptfunktion einer Schaltung möglichst nicht beeinträchtigt wird.

Sollen zwei Funktionsschaltungen verbunden werden, so muss eine Arbeitspunktverschiebung durch die speisende Stufe verhindert werden. Dies ist besonders wichtig bei DC-gekoppelten Stufen. Abbildung 6.130 zeigt die Auswirkungen einer AC-Kopplung bei Übertragung eines Bitstromes mit DC-Komponente. Bei geeigneter DC-Kopplung kann die bitmusterabhängige Basislinienverschiebung vermieden werden. Eine AC-Kopplung ist im Allgemeinen nur erlaubt, wenn das Signal keine DC-Komponente enthält. Dies kann beispielsweise bei Digitalsignalen durch einen gleichstromfreien Code (z. B. AMI-Code) erreicht werden.

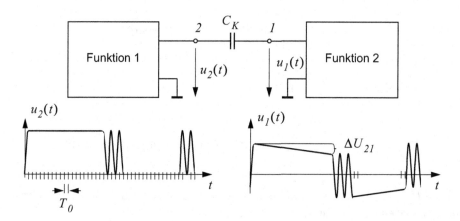

Abb. 6.130 Basislinienverschiebung durch AC-Kopplung

Es hängt nun von der Spektralverteilung des Signals ab, ob eine AC-Kopplung möglich ist. Bei AC-Kopplung entsteht ein Hochpass mit einer unteren Eckfrequenz (Abb. 6.131). Die Eckfrequenz muss so gewählt werden, dass keine signifikanten Teile des Spektrums vom übertragenen Signal herausgeschnitten werden. Die Eckfrequenz wird bestimmt durch den Eingangswiderstand der nachfolgenden Funktionseinheit Z_1 und der Koppelkapazität C_K.

Gesucht wird eine Schaltungsfunktion, die bei DC eine Potenzialverschiebung ermöglicht, ohne das Signal im Spektralverlauf zu verfälschen. Abbildung 6.132 skizziert die Aufgabenstellung. Zur Lösung der gestellten Aufgabe muss bei $f=0$ die gewünschte Spannung U_{21} zwischen Knoten 2 und Knoten 1 abfallen. Bei Frequenzen $f>0$ sollen Änderungen des Signals unverfälscht weitergegeben werden.

Ein einfacher Spannungsteiler in Abb. 6.133 löst diese Aufgabe nicht. Mit dem Spannungsteiler kann eine Spannungsdifferenz zwischen Knoten 2 und Knoten 1 erzeugt werden, jedoch werden alle Spektralanteile $f>0$ ebenfalls geschwächt entsprechend des Spannungsteilerverhältnisses.

Das Problem lösen die drei in Abb. 6.134 skizzierten Schaltungsvarianten. Ein Längswiderstand mit parallel liegender Stromquelle erzeugt einen Potenzialunterschied (Abb. 6.134a). Ist der Innenwiderstand der Stromquelle hinreichend hochohmig,

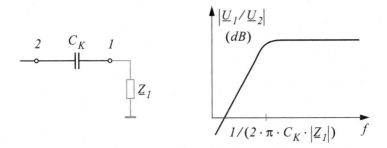

Abb. 6.131 Zur Eckfrequenz bei AC-Kopplung

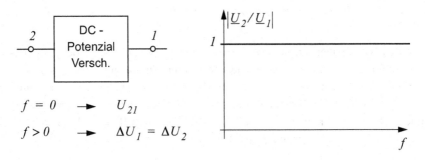

Abb. 6.132 Zur Aufgabenstellung der DC-Potenzialverschiebung

Abb. 6.133 Spannungsteiler zwischen Knoten 2 und Knoten 1

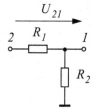

U_{21}: entsprechend Spannungsteiler

ΔU : entsprechend Spannungsteiler

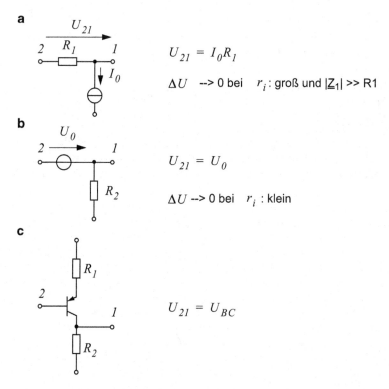

a

$$U_{21} = I_0 R_1$$

$\Delta U \ \to 0$ bei $\ r_i$: groß und $|\underline{Z}_1| \gg R1$

b

$$U_{21} = U_0$$

$\Delta U \to 0$ bei $\ r_i$: klein

c

$$U_{21} = U_{BC}$$

Abb. 6.134 Beispiele für Möglichkeiten zur Lösung des Problems der Potenzialverschiebung; **a** Längswiderstand mit parallel liegender Stromquelle; **b** Zenerdiode im Längspfad und parallel liegender Widerstand; **c** Seriengegengekoppelter pnp-Transistor

so ergibt sich bei Frequenzen $f > 0$ kein Spannungsfall. Vorausgesetzt der Eingangswiderstand der folgenden Stufe ist genügend hochohmig. Eine weitere Variante stellt eine Spannungsquelle im Längspfad dar (Abb. 6.134b). Bei $f = 0$ wird der Potenzialunterschied bestimmt durch die Leerlaufspannung U_0. Ist der Innenwiderstand der Spannungsquelle hinreichend klein, so werden Signalanteile mit $f > 0$ nicht abgeschwächt. Im einfachsten Fall könnte die Spannungsquelle durch eine Zenerdiode realisiert werden.

Die eleganteste Lösung zur Erzeugung eines Potenzialunterschieds erhält man mit einem pnp-Transistor gemäß Abb. 6.134c. Der Potenzialunterschied ist gleich der Spannung zwischen Basis und Kollektor. Durch geeignete Wahl des Arbeitspunktes lässt sich ein vorgegebener Potenzialunterschied U_{BC} einstellen. Die Schaltung bringt zusätzlich noch eine Verstärkung von $R2/R1$ bei hochohmigem Eingang der nachfolgenden Stufe. Allerdings erhält man eine Phasenverschiebung um 180° zwischen Eingang und Ausgang.

Funktionsgrundschaltungen mit FETs

7

Die bereits eingeführten Funktionsgrundschaltungen mit BJTs werden um Funktions-primitive und Funktionsgrundschaltungen mit Feldeffekttransistoren (FETs) erweitert. Nach kurzem Rückblick auf vereinfachte Modellbeschreibungen für die Abschätzana-lyse von Schaltungen mit Feldeffekttransistoren werden mögliche Beschaltungen zur Arbeitspunkteinstellung behandelt. Im Weiteren geht es um die Vorstellung und Erläu-terung wichtiger Funktionsgrundschaltungen mit Feldeffekttransistoren für verschiedene Anwendungsgebiete. Ein Hauptanliegen ist dabei die Ermittlung der Eigenschaften zur Charakterisierung und Einteilung der behandelten Funktionsgrundschaltungen.

7.1 Vorgehensweise bei der Abschätzanalyse

Ähnlich wie der Bipolartransistor stellt der Feldeffekttransistor im geeigneten Arbeits-punkt betrieben eine spannungsgesteuerte Stromquelle dar. Im Rückblick auf Kap. 5 ergeben sich Verstärkereigenschaften gemäß dem in Abb. 7.1 dargestellten Modell.

Von Gate nach Drain erfolgt eine Phasenumkehr bei der Signalübertragung. Vom Source-Eingang hin zum Drain-Ausgang liegt keine Phasenumkehr vor. Im Abschnürbe-trieb bei hinreichend großem U_{DS} ist der Source-Ausgang Stromquelle.

7.1.1 Vorgehensweise bei der DC-Analyse

Zur vereinfachten DC-Analyse bleiben gesperrte Diodenstrecken unberücksichtigt. Dies betrifft beim JFET die Gate-Source Diodenstrecke und die Gate-Drain Diodenstrecke. Beim MOSFET sind es die Substratdioden, die bei geeigneter Vorspannung des Bulk-anschlusses gesperrt sind und damit vernachlässigt werden können. Im Betriebsbereich des N-JFET mit $U_{GS} > U_p$ und $U_{DS} > U_{DSP}$ ist der Feldeffekttransistor Stromquelle. In

© Springer-Verlag Berlin Heidelberg 2018
J. Siegl und E. Zocher, *Schaltungstechnik*,
https://doi.org/10.1007/978-3-662-56286-4_7

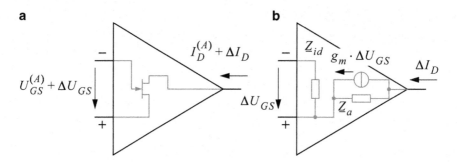

Abb. 7.1 Der N-Kanal Feldeffekttransistor als Verstärkerelement; **a** Arbeitspunkt plus Änderung im Arbeitspunkt; **b** Änderungsanalyse im Arbeitspunkt

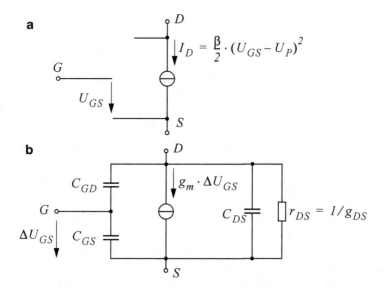

Abb. 7.2 Ersatzanordnungen für den N-JFET im Abschnürbetrieb; **a** für DC-Analyse; **b** für AC-Analyse im Arbeitspunkt

diesem Falle gilt das DC-Ersatzschaltbild gemäß Abb. 7.2. Diese Modellbeschreibung ist auch für den MOSFET so gültig, wobei $\beta = K_p \cdot W/L$ ist. Bei bekannter Steuerspannung ergibt sich daraus der Drainstrom entsprechend der in Abb. 7.2a angegebenen Beziehung. Gleicher Strom bei gleichen Transistoren bedingt gleiche Steuerspannung.

So einfach wie beim Bipolartransistor ist jetzt die DC-Analyse nicht, da wegen der deutlich geringeren Steilheit der quadratischen Kennlinie nicht von einer Spannungsquelle im Steuerkreis ausgegangen werden kann. Bei der DC-Analyse muss demzufolge die Beziehung zwischen Ausgangsstrom und Steuerspannung gelöst werden.

7.1.2   Vorgehensweise bei der AC-Analyse

Nach Linearisierung im Arbeitspunkt gilt für Änderungen im Arbeitspunkt das AC-Modell in Abb. 7.2b. Voraussetzung ist, dass der Transistor im Abschnürbetrieb arbeitet (Stromquellenbetrieb). Der Ausgangsstrom ist dann gleich $g_m \cdot \underline{U}_{GS}$. Die Steilheit bestimmt sich aus Gl. (3.43). Zu berücksichtigen sind u. a. die Gate-Kapazitäten und die parasitären Kapazitäten zum Bulkanschluss. Der Widerstand r_{DS} entspricht dem Early-Widerstand (siehe Gl. (3.44)). Das AC-Modell gilt für Sperrschicht-Feldeffekttransistoren und für Isolierschicht-Feldeffekttransistoren, sowohl für N-Kanal als auch für P-Kanal Typen. N-Kanal und P-Kanal Typen unterscheiden sich nicht bei der AC-Analyse, wohl aber bei der DC-Analyse.

7.2   Arbeitspunkteinstellung und Arbeitspunktstabilität

Die bei Bipolartransistoren eingeführte systematische Methode zur Arbeitspunkteinstellung und zur Ermittlung der Arbeitspunktstabilität wird auf Feldeffekttransistorschaltungen erweitert. Die Analyse der Arbeitspunkteinstellung einer Schaltung erfolgt durch eine DC-Analyse (Kondensatoren: Leerlauf, Induktivitäten: Kurzschluss). Als Beispiel wird die in Abb. 7.3 dargestellte Variante zur Festlegung eines geeigneten Arbeitspunktes für einen Feldeffekttransistor betrachtet.

Aus der Maschengleichung Gl. (7.1) am Eingang erhält man die Arbeitsgerade des Eingangskreises:

$$U_{GG} + I_{GSS} \cdot R_G = U_{GS} + I_D \cdot R_S; \quad \text{mit} \quad I_D \gg I_{GSS}$$
$$\Rightarrow I_D = \frac{U_{GG} - U_{GS}}{R_S} + I_{GSS} \cdot \frac{R_G}{R_S}. \tag{7.1}$$

Die Maschengleichung Gl. (7.2) liefert die Arbeitsgerade des Ausgangskreises:

$$U_B = I_D \cdot (R_D + R_S) + U_{DS};$$
$$\Rightarrow I_D = \frac{U_B - U_{DS}}{R_D + R_S}. \tag{7.2}$$

Mit der Bauelemente-Charakteristik nach Gl. (3.41) für den Feldeffekttransistor im „Stromquellenbetrieb":

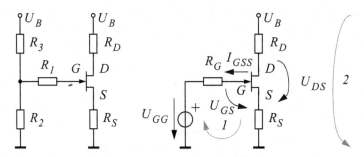

Abb. 7.3 Arbeitspunkteinstellung mittels Seriengegenkopplung V_S Spannung an R_S

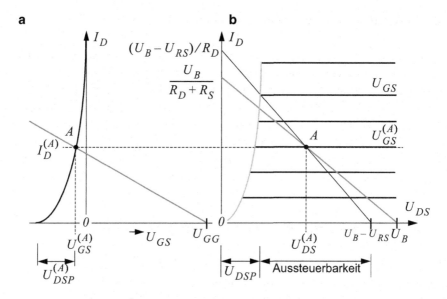

Abb. 7.4 Arbeitspunkt: Graphische Lösung mit Arbeitsgerade des Eingangskreises (**a**) und Arbeitsgerade des Ausgangskreises (**b**)

$$I_D = f(U_{GS}, U_{DS}) = (\beta/2) \cdot (U_{GS} - U_P)^2;$$

existiert für die drei Zustandsgrößen I_D; U_{GS} und U_{DS} ein vollständiges Lösungssystem. Die Lösung ist der Arbeitspunkt $I_D^{(A)}$; $U_{GS}^{(A)}$ und $U_{DS}^{(A)}$; sie kann entweder direkt aus den gegebenen Gleichungen oder graphisch gewonnen werden. Bei der zeichnerischen Lösung erhält man aus dem Schnittpunkt der Arbeitsgerade des Eingangskreises mit der Übertragungskennlinie $I_D = f_1(U_{GS}, U_{DS} > U_{DSP})$ die Zustandsgrößen $I_D^{(A)}$ und $U_{GS}^{(A)}$ des gesuchten Arbeitspunktes. Der Arbeitspunkt für die Spannung $U_{DS}^{(A)}$ ergibt sich aus dem Schnittpunkt der Arbeitsgeraden des Ausgangskreises mit der Ausgangskennlinie $I_D = f_2(U_{DS}, U_{GS}^{(A)})$. In Abb. 7.4 ist die zeichnerische Lösung zur Ermittlung des Arbeitspunktes dargestellt. Anders als beim Bipolartransistor, wo die Spannung U_{BE} bei üblichen Strömen im mA-Bereich mit 0,7 V angenommen werden kann, ist eine derartige Vereinfachung beim Feldeffekttransistor für U_{GS} nicht möglich.

Arbeitspunktsynthese: Für eine vorgegebene Schaltung lässt sich auch eine Arbeitspunktsynthese durchführen. Am Beispiel gemäß Abb. 7.3 soll dies aufgezeigt werden. Bei gegebenem Arbeitspunkt $I_D^{(A)}$ und $U_{DS}^{(A)}$ erhält man aus Gl. (7.1) und (7.2) zur die Dimensionierung der beispielhaften Grundschaltung:

$$R_S = \frac{U_{GG} - U_{GS}^{(A)} + I_{GSS} \cdot R_G}{I_D^{(A)}}; \quad U_{GS}^{(A)} = \sqrt{\frac{2 I_D^{(A)}}{\beta}} + U_P;$$

$$R_D = \frac{U_B - U_{DS}^{(A)} - U_{GG} + U_{GS}^{(A)} - (I_{GSS} \cdot R_G)}{I_D^{(A)}}. \tag{7.3}$$

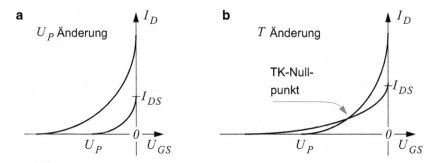

Abb. 7.5 Parameterstreuung bezüglich der Arbeitspunktstabilität; **a** Streuung der Schwellspannung; **b** Temperatureinfluss auf die Übertragungskennlinie

Aussteuerbarkeit: Die verfügbare Versorgungsspannung ist die Versorgungsspannung U_B vermindert um den Spannungsabfall V_S an R_S. Um beim N-Kanal JFET den Stromquellenbetrieb sicherzustellen, muss das Drainpotenzial $U_2 > V_S + U_{DSP}$ sein. Unter Berücksichtigung dieser Überlegung erhält man den für größtmögliche lineare Aussteuerung optimalen Lastwiderstand $R_{D,opt}$.

$$R_{D,opt} = \frac{U_B - (V_S + U_{DSP})}{2 \cdot I_D^{(A)}}. \tag{7.4}$$

Bei Aussteuerung einer Verstärkerschaltung muss darauf geachtet werden, dass auch an den Aussteuergrenzen der Stromquellenbetrieb des FET nicht verlassen wird, um Verzerrungen zu vermeiden. Selbstverständlich ist darüber hinaus zu gewährleisten, dass die zulässigen Grenzdaten (u. a. zulässige Höchstspannungen) nicht überschritten werden. Bei den gesperrten pn-Übergängen stellt sich beim Überschreiten der zulässigen Höchstspannungen der Durchbrucheffekt ein. Im Weiteren gilt der Arbeitspunktstabilität besondere Aufmerksamkeit.

Arbeitspunktstabilität: Die Arbeitspunktstabilität ist in der Praxis außerordentlich wichtig, da nur bei einem stabilen Arbeitspunkt gleichbleibende Qualität eines Produktes in der Fertigung und im Betrieb gewährleistet ist. Besonders hohe Anforderungen ergeben sich bei gleichspannungsgekoppelten analogen Schaltungen. Beim Feldeffekttransistor wird die Arbeitspunktstabilität durch folgende Einflussgrößen beeinträchtigt:

- Exemplarstreuungen von U_P bzw. I_{DS} (siehe Abb. 7.5);
- Temperaturabhängigkeit des Rekombinationssperrstroms I_{GSS}: z. B. 1 nA bei 25 °C und ca. 1 μA bei höheren Temperaturen (> 100 °C);
- Temperaturabhängigkeit der Übertragungskennlinie, d. h. Temperaturabhängigkeit von U_P und I_{DS} und damit Temperaturabhängigkeit der Steilheit g_m.

Zu den genannten Streuungen des aktiven Elementes kommen noch die Streuungen der Schaltungselemente zur Arbeitspunkteinstellung:

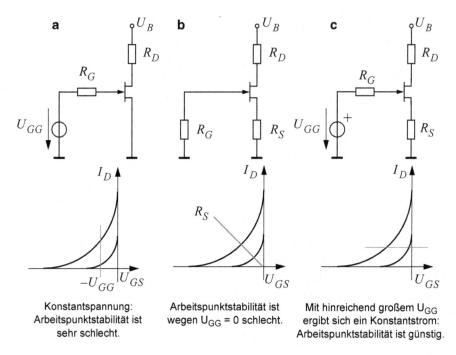

Konstantspannung:
Arbeitspunktstabilität ist
sehr schlecht.

Arbeitspunktstabilität ist
wegen U$_{GG}$ = 0 schlecht.

Mit hinreichend großem U$_{GG}$
ergibt sich ein Konstantstrom:
Arbeitspunktstabilität ist günstig.

Abb. 7.6 Einflussgrößen zur Diskussion der Arbeitspunktstabilität

- Bauelementestreuungen: z. B. $R_D \geq R_D\,(1 \pm p)$;
- Versorgungsspannungsschwankungen.

Im Folgenden werden einige Beispielschaltungen zur Arbeitspunkteinstellung betrachtet. Abb. 7.6 vergleicht einige Schaltungsvarianten bezüglich der Arbeitspunktstabilität. Am günstigsten ist hinsichtlich eines stabilen Arbeitspunktes ein eingeprägter Drainstrom. Damit wird die Zielgröße eingeprägt. Jedoch ist die Bedingung $U_{GG} \gg U_{GS}$ nur sehr begrenzt realisierbar. Diese Forderung geht auf Kosten der Aussteuerbarkeit. Abhilfe bringt die Verwendung einer zusätzlichen negativen Vorspannung oder gleich die Verwendung einer Stromquelle zur Festlegung des Arbeitspunktes.

AC-Analyse: Im Arbeitspunkt kann für Kleinsignalaussteuerung wieder linearisiert werden. In Abb. 7.7 wird die Ansteuerung und Aussteuerung für die Verstärkerschaltung nach Abb. 7.3 im gegebenen Arbeitspunkt dargestellt. Wie schon beim Bipolartransistor unterscheidet man zwischen der DC-Lastgeraden und der AC-Lastgeraden im Arbeitspunkt, da für Wechselspannungsbetrieb der Widerstand R_S kurzgeschlossen ist. Hinsichtlich der Aussteuerung im Arbeitspunkt ergibt sich ein ähnliches Verhalten wie beim Bipolartransistor in Abb. 6.18. Allerdings ist die Steilheit im Arbeitspunkt bei gleichem Arbeitspunktstrom beim FET wegen der quadratischen Übertragungskennlinie

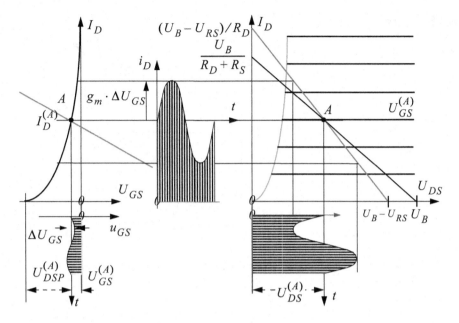

Abb. 7.7 Zur Veranschaulichung der Verstärkungseigenschaft eines Feldeffekttransistors im Arbeitspunkt

Abb. 7.8 AC-Modell im Arbeitspunkt unter der Voraussetzung, dass der Feldeffekttransistor im Abschnürbetrieb arbeitet, das heißt $U_{GS}^{(A)}$ ist größer U_P und $U_{DS}^{(A)}$ ist ausreichend groß – größer $U_{DSP}^{(A)}$

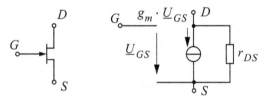

gegenüber dem exponentiellen Verlauf beim BJT deutlich geringer. Desweiteren ist der Spannungsbedarf wegen der Bedingung für Stromquellenbetrieb mit $U_{DS} > U_{DSP}$ größer.

Nach Linearisierung im Arbeitspunkt lässt sich das AC-Modell für Kleinsignalanalyse für den FET zugrundelegen. Die Steilheit g_m errechnet sich aus dem Arbeitspunktstrom $I_D^{(A)}$ und den Parametern des Transistors. Voraussetzung für das skizzierte AC-Modell ist „Stromquellenbetrieb" des Transistors, d. h. genügend große Drain-Source-Spannung $U_{DS} > U_{DSP}$ (Abb. 7.8).

$$g_m = \frac{2}{|U_P|} \cdot \sqrt{\left(I_D^{(A)} \cdot I_{DS} \right)} = \sqrt{2 \cdot \beta \cdot I_D^{(A)}}. \tag{7.5}$$

Abb. 7.9 Beispiel zur
Arbeitspunkteinstellung mit
Spezialfall $U_{GG} = 0$

$$U_{GS}^{(A)} = \sqrt{\frac{2I_D^{(A)}}{\beta}} + U_P;$$

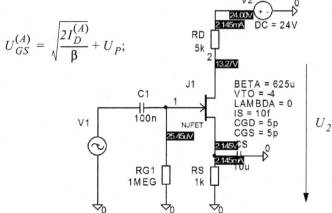

Experiment 7.2-1: Arbeitspunkt_Beisp1

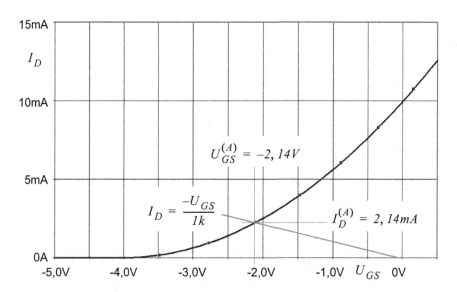

Abb. 7.10   Graphische Lösung zur Arbeitspunkteinstellung, Testanordnung in Abb. 7.9

Beispiel 2 für die Arbeitspunkteinstellung: Für die Schaltung in Abb. 7.9 soll der Arbeitspunkt bestimmt werden. Im Beispiel erhält man mit $I_D^{(A)} = (\beta/2) \cdot (-I_D^{(A)} \cdot R_S - U_P)^2$ den Arbeitspunktstrom, dabei hat U_P einen negativen Zahlenwert. Bei bekanntem Arbeitspunktstrom ist dann die Spannung $U_{DS}^{(A)}$ zu ermitteln. Zudem gilt es die Forderung $U_{DS}^{(A)} > U_{DSP}^{(A)}$ für „Stromquellenbetrieb" zu beachten. Das Ergebnis der DC-Analyse zeigt Abb. 7.9. In Abb. 7.10 ist die graphische Lösung skizziert.

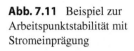

Abb. 7.11 Beispiel zur Arbeitspunktstabilität mit Stromeinprägung

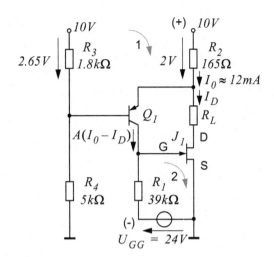

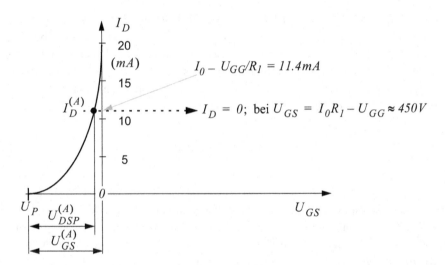

Abb. 7.12 Zur graphischen Veranschaulichung der Arbeitspunkteinst, siehe Gl. (7.8)

Beispiel 3 zur Arbeitspunkteinstesllung: Bisher wurden Lösungen zur Arbeitspunkteinstellung auf der Basis der Seriengegenkopplung im Sourcepfad diskutiert. Eine Arbeitspunkteinstellung mit herkömmlicher Parallelgegenkopplung ist nur bei Anreicherungs-MOS-Typen möglich. Im Folgenden wird eine Beispielschaltung mit Drainstromeinprägung analysiert.

Die Beispielschaltung in Abb. 7.11 enthält zwei Transistorelemente, einen Bipolartransistor und einen N-Kanal JFET. Über den Bipolartransistor wird eine Parallelgegenkopplung für den Feldeffekttransistor aufgebaut. Der Arbeitspunktstrom der beiden Transistoren ergibt sich aus zwei Beschaltungsgleichungen, bei denen nur die Steuerspannungen der Transistorelemente auftauchen.

$$I_C = f_1(U_{BE}); \quad I_D = f_2(U_{GS}). \tag{7.6}$$

Unter Vernachlässigung des Basisstroms von $Q1$ ergibt sich im Beispiel von Abb. 7.11 an R_3 ein Spannungsabfall von 2,65 V. Gemäß Gl. (7.6) erhält man die Beschaltungsgleichungen aus den in Abb. 7.11 skizzierten Maschengleichungen:

$$I_D + I_E = I_0 = \frac{2{,}65\,\text{V} - U_{BE}}{R_2} \approx \frac{2\,\text{V}}{R_2} \approx 12\,\text{mA};$$

$$U_{GS} + U_{GG} = A \cdot (12\,\text{mA} - I_D) \cdot R_1. \tag{7.7}$$

Die zweite Gleichung ist zusammen mit Gl. (3.41) eine Bestimmungsgleichung für den gesuchten Arbeitspunktstrom des JFET, wobei für A des Bipolartransistors $A = 1$ angenommen werden kann.

$$I_D = I_0 - \frac{U_{GS} + U_{GG}}{A \cdot R_1}. \tag{7.8}$$

Graphisch veranschaulicht wird die Lösung der Gl. (7.8) in Abb. 7.12. Es ergibt sich ein sehr stabiler Arbeitspunkt $I_D^{(A)}$ durch Stromeinprägung. Wichtig ist, dass bei Aussteuerung der „Stromquellenbetrieb" des Feldeffekttransistors erhalten bleibt, wenn Verstärkereigenschaften gefordert werden. Dazu muss mit $U_{DS} > U_{DSP}$ die Drain-Source-Spannung hinreichend groß sein, auch bei ungünstigster Aussteuerung. Für die Beispielschaltung erhält man für den optimalen Lastwiderstand:

$$R_{L,opt} = \frac{U_{B,verf} - U_{DSP}^{(A)}}{2 \cdot I_C^{(A)}}. \tag{7.9}$$

Die Versorgungsspannung $U_B = 10\,\text{V}$ ist wegen des Spannungsabfalls an R_2 um 2 V reduziert, somit ist die verfügbare Versorgungsspannung im Beispiel 8 V.

Für Wechselspannungsbetrieb muss der Knoten am Emittereingang von $Q1$ durch einen Abblockkondensator kurzgeschlossen werden, um eine AC-Rückkopplung der Verstärkerschaltung über $Q1$ zu vermeiden. Damit erhält man das AC-Ersatzschaltbild für die Verstärkeranordnung nach Abb. 7.11 bei Ansteuerung des Gate-Eingangs. Wegen Kurzschluss des Emitterknotens ist der Lastwiderstand R_L am Drainausgang wirksam (Abb. 7.13).

Abb. 7.13 AC-Ersatzschaltbild der Verstärkeranordnung nach Abb. 7.11

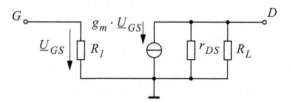

7.3 Grundschaltungen mit Feldeffekttransistoren

Es erfolgt eine Einführung in wichtige Funktionsschaltungen mit Feldeffekttransistoren und deren systematische Analyse. Darüber hinaus werden Anwendungsschaltungen und gängige Verstärkerschaltungen mit aktiven Lastkreisen behandelt. Im Vergleich zum Bipolartransistor weist der Feldeffekttransistor folgende Eigenschaften auf:

- geringere Steilheit, d. h. bei gleichem Arbeitspunktstrom weniger Verstärkung;
- größerer Spannungsbedarf wegen $U_{DSP} > U_{CE,sat}$;
- wesentlich hochohmiger am Eingang;
- rauschärmer (u. a. wesentlich geringerer Bahnwiderstand im Steuerkreis).

Als Anwendungen für den Feldeffekttransistor ergeben sich folgende Bereiche:

- Rauscharme Vorverstärker;
- Sensorverstärker mit hochohmigem Eingang;
- Ausnutzung des linearen Bereichs: Elektronisch steuerbarer Widerstand;
- Ausnutzung der quadratischen Kennlinie: Mischeranwendungen;
- MOSFET mit sehr geringer Stromaufnahme: Digitale Schaltkreise.

7.3.1 Verstärkerschaltungen mit Feldeffekttransistoren

Behandelt werden die wichtigsten Verstärkerschaltungen in Sourcegrundschaltung, Gategrundschaltung und Draingrundschaltung. Der Verstärkerbetrieb erfordert einen Arbeitspunkt im „Stromquellenbetrieb".

Source-Grundschaltung: Je nach Ansteuerung und Abgriff der Ausgangsspannung unterscheidet man die nachstehend beschriebenen Grundschaltungen. Als erstes wird die Source-Grundschaltung betrachtet. Der Source-Grundschaltung liegt ein hoher Eingangswiderstand zugrunde und wegen des „Stromquellen"-Betriebs des Transistors weist der Innenwiderstand am Ausgang des Verstärkers Werte im Bereich von einigen 100 kΩ auf. Die Verstärkung ist $g_m \cdot R_L^*$. Aufgrund der geringeren Steilheit ergeben sich nur mit hohen Lastwiderständen signifikante Verstärkungen. Bei der gegebenen Beschaltung ist jedoch aufgrund der Aussteuerbarkeit der Lastwiderstand $R_{D,opt}$ wegen des Arbeitspunktes für „Stromquellenbetrieb" deutlich begrenzt.

In dem Beispiel, das dem Experiment zugrundeliegt (Abb. 7.14) beträgt die Steilheit im Arbeitspunkt $g_m = 1/430\ \Omega$. Somit ergibt die Abschätzung für die Verstärkung mit $g_m \cdot R_L^* = 5000\ \Omega/430\ \Omega \approx 12$ einen Wert, der sehr gut mit dem Simulationsergebnis (Abb. 7.15) übereinstimmt. Zur Begrenzung der Bandbreite wurden für die Kapazitäten C_{gd} und C_{gs} reale Werte eingesetzt. Selbstverständlich kann für die Verstärkerschaltung eine

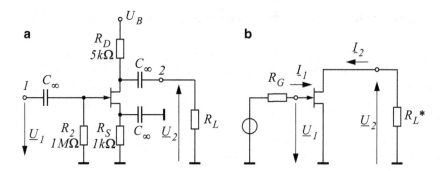

Experiment 7.3-1: SourceGS – Verstärkungsfrequenzgang

Abb. 7.14 Source-Grundschaltung: Ansteuerung an Gate, Ausgang an Drain; **a** Schaltung; **b** AC-Ersatzschaltung $\left(R_L^* = 5\ \text{k}\Omega\right)$

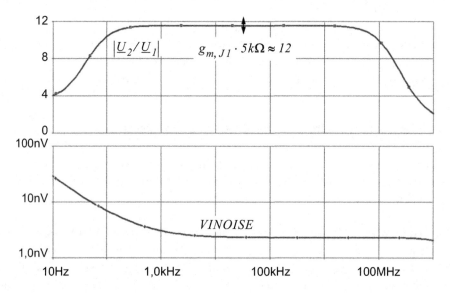

Abb. 7.15 Verstärkungsfrequenzgang und äquivalente spektrale Rauschspannung am Eingang (VINOISE) der Source-Grundschaltung mit $C_{gd} = 5$ pF und $C_{gs} = 5$ pF

Rauschanalyse durchgeführt werden. In Abb. 7.15 ist das Ergebnis des Verstärkungsfrequenzgangs und die äquivalente spektrale Rauschspannung am Eingang des Verstärkers dargestellt.

Gate-Grundschaltung: Als nächstes soll die Gate-Grundschaltung (Abb. 7.16) näher betrachtet werden. Bei der Gate-Grundschaltung ist der Eingangsstrom $\underline{I}_1 = g_m \cdot \underline{U}_{GS} = g_m \cdot \underline{U}_1$. Somit wird der Eingangswiderstand wegen $\underline{Z}_{11'} = \underline{U}_1/\underline{I}_1 = 1/g_m$ sehr niederohmig, nämlich $1/g_m$. Die Verstärkung bleibt dieselbe, wie bei der Source-Grundschaltung im vorhergehenden Beispiel.

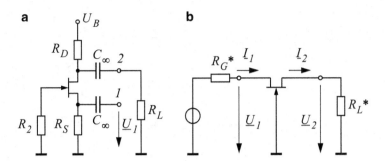

Abb. 7.16 Gate-Grundschaltung: Ansteuerung an Source, Ausgang an Drain; **a** Schaltung; **b** AC-Ersatzschaltung

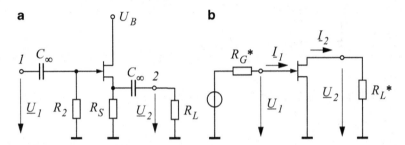

Abb. 7.17 Drain-Grundschaltung: Ansteuerung an Source, Ausgang an Source; **a** Schaltung; **b** AC-Ersatzschaltung

Drain-Grundschaltung: Schließlich erfolgt die Analyse der Drain-Grundschaltung (Abb. 7.17). Die Drain-Grundschaltung oder der Source-Folger ist durch eine Verstärkung mit typisch < 1 gekennzeichnet.

$$\underline{I}_2 = g_m \cdot \left(\underline{U}_1 - \underline{U}_2 \right) = \frac{\underline{U}_2}{R_L^*};$$

$$\Rightarrow \frac{\underline{U}_2}{\underline{U}_1} = \frac{1}{1 + 1/\left(g_m \cdot R_L^* \right)}. \tag{7.10}$$

Dabei ist R_L^* der Lastwiderstand gebildet aus der Parallelschaltung von R_L und R_S. Der Ausgangswiderstand ist sehr niederohmig, da an der Schnittstelle am Ausgang bei $U_1 = 0$ der Ausgangsstrom $\underline{I}_2 = g_m \cdot \underline{U}_2$ ist.

Zusammenfassend erhält man die in der nachstehenden Tabelle angegebenen charakteristischen Kenngrößen für FET-Grundschaltungen. R_L^* ist der wirksame Lastwiderstand gebildet aus der Parallelschaltung von R_D mit einem möglichen Lastwiderstand R_L und mit dem Innenwiderstand r_{DS} der Stromquelle des Verstärkers. Bei der Drain-Grundschaltung besteht R_L^* im wesentlichen aus der Parallelschaltung des Lastwiderstands R_L mit dem Source-Widerstand R_S (Tab. 7.1).

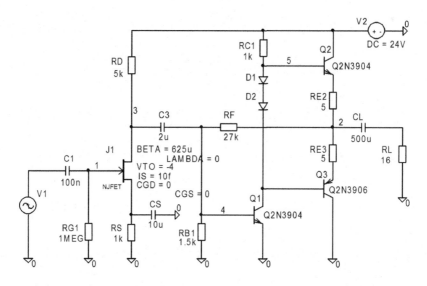

Experiment 7.3-2: Mikrofonverst – DC-Analyse der Verstärkeranordnung mit
Simulation Profile „BiasPoint".

Abb. 7.18 Beispiel Mikrofonverstärker

Tab. 7.1 Kenngrößen von FET-Grundschaltungen (Source-Grundschaltung: Phasenumkehr der
Ausgangsspannung durch Richtungspfeil berücksichtigt)

Kenn-größe	Source-Grundschaltung	Gate-Grundschaltung	Drain-Grundschaltung
Verstärkung	$\underline{v}_u \approx g_m \cdot R_L^*$	$\underline{v}_u \approx g_m \cdot R_L^*$	$\underline{v}_u \approx \frac{1}{1+1/(g_m \cdot R_L^*)}$
Eingangswiderstand	$Z_{11'} \approx \infty$	$Z_{11'} \approx \frac{1}{g_m}$	$Z_{11'} \approx \infty$
Ausgangswiderstnd	$Z_{22'} \approx r_{DS}$	$Z_{22'} \approx r_{DS}$	$Z_{22'} \approx \frac{1}{g_m}$

Tab. 7.2 Arbeitspunkt von J1 im Beispiel von Abb. 7.18

$I_D^{(A)} = 2,15$ mA	$U_{DS}^{(A)} = 11,1$ V	$U_{DSP}^{(A)} = 1,85$ V	$g_{m,J1} = 1/430 \ \Omega$

Beispiel – Mikrofonverstärker: Als typische Verstärkeranwendung wird im Folgenden
ein Mikrofonverstärker behandelt. Die Eingangsstufe besteht aus einer Feldeffekttransis-
torstufe. Es folgt eine parallelgegengekoppelte Bipolartransistorstufe und eine Treiberstufe
als Ausgangsstufe, mit der niederohmige Lasten (z. B. Lautsprecher) sich ansteuern lassen.
   Als erstes erfolgt durch DC-Analyse die Bestimmung der Arbeitspunkte der Transistoren. Der Arbeitspunkt von *J*1 wurde im vorigen Kapitel bereits ermittelt. Dabei ergibt
sich folgender Arbeitspunkt für *J*1 (Tab. 7.2):
   Für die Arbeitspunkteinstellung von *Q*1, *Q*2 und *Q*3 werden drei Netzwerkgleichungen benötigt bei denen nur Steuerspannungen auftauchen und keine gesperrten
Diodenstrecken. *Q*1 bildet DC-mäßig mit *RF* und *RB*1 eine „Spannungsquelle" gemäß

Abb. 7.19 Zur Erläuterung
der Arbeitspunkte von $Q2$ und
$Q3$

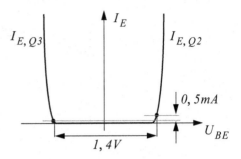

Abschn. 6.3.4. Damit erhält man für das Potenzial am Knoten 2 näherungsweise unter Vernachlässigung des Basisstroms von $Q1$:

$$U_2 = 0{,}7\,\text{V} \cdot \left(\frac{1+27}{1{,}5} \right) \approx 14\,\text{V}. \tag{7.11}$$

Als erste Netzwerkgleichung wird die Maschengleichung von der Versorgungsspannung über $RC1$, $U_{BE,Q2}$ hin zur vorgegebenen Spannung an Knoten 2 gebildet. Bei einem angenommenen Spannungsabfall an $RE2$ von ca. $< 0{,}3$ V beträgt das Potenzial an Knoten 5 näherungsweise:

$$U_5 \approx 14\,\text{V} + 1\,\text{V} \approx 15\,\text{V}. \tag{7.12}$$

Damit ist bei Vernachlässigung des Basisstroms von $Q2$ und $Q3$ der Kollektorstrom von $Q1$:

$$I_{C,Q1}^{(A)} = 9\,\text{mA}. \tag{7.13}$$

Als zweite Netzwerkgleichung wird die Knotenpunktgleichung am Knoten 2 verwendet:

$$I_{E,Q2}^{(A)} = I_{E,Q3}^{(A)} + 0{,}7\,\text{V}/1{,}5\,\text{k}\Omega = I_{E,Q3}^{(A)} + 0{,}5\,\text{mA}. \tag{7.14}$$

Die dritte Netzwerkgleichung ist die Maschengleichung über die Steuerspannungen von $Q2$ und $Q3$, sie lautet:

$$U_{EB,Q3}^{(A)} + U_{BE,Q2}^{(A)} = 1{,}4\,\text{V}. \tag{7.15}$$

Die Dioden $D1$ und $D2$ erzwingen einen Arbeitspunkt der Transistoren $Q2$ und $Q3$ so, dass AB-Betrieb vorliegt. Die Symmetrie des AB-Betriebs ist gestört durch den DC-Strom der über RF fließt. Dieser DC-Strom beträgt ca. 0,5 mA. Die Transistoren $Q1$, $Q2$ und $Q3$ weisen alle eine ausreichend große Kollektor-Emitter-Spannung auf, so dass alle Transistoren im Normalbetrieb arbeiten, wenn sie Strom ziehen. Den Sachverhalt von Gl. (7.14) und (7.15) zeigt Abb. 7.19. Das Ergebnis der DC-Analyse ist in Abb. 7.20 dargestellt. Es zeigt gute Übereinstimmung mit den getroffenen Abschätzungen. Das Beispiel soll nochmals

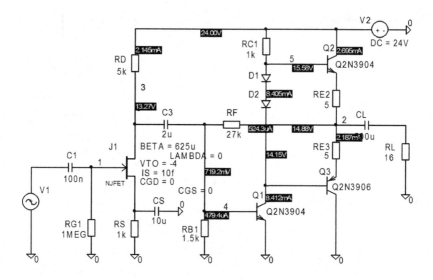

Experiment 7.3-3: Mikrofonverst – AC-Analyse der Verstärkeranordnung
mit Simulation Profile „AC".

Abb. 7.20 Ergebnis der DC-Analyse des Mikrofonverstärkers und Experiment für die AC-Analyse im Arbeitspunkt

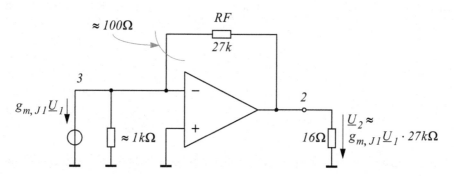

Abb. 7.21 Makromodell des Mikrofonverstärkers bei AC-Betrieb

die allgemeingültige systematische Vorgehensweise zur Ermittlung der Arbeitspunkte der
Transistoren in einer beliebigen Schaltung verdeutlichen.

Nach abgeschlossener DC-Analyse erfolgt die AC-Analyse durch Linearisierung im
Arbeitspunkt. Prinzipiell kann für den Mikrofonverstärker das in Abb. 7.21 skizzierte
Makromodell angegeben werden. Die „innere" Verstärkung von Knoten 3 nach Knoten 2 entspricht der Verstärkung von Knoten 4 nach Knoten 5, da der Transistor $Q2$ als
Spannungsfolger mit der Verstärkung 1 wirkt. Der Lastwiderstand von $Q1$ ist dann etwa
gleich dem Widerstand $RC1$, wenn der von Knoten 2 nach Knoten 5 transformierte Lastwiderstand mit $(\beta + 1) \cdot 16\Omega$ als genügend hochohmig angenommen werden kann.

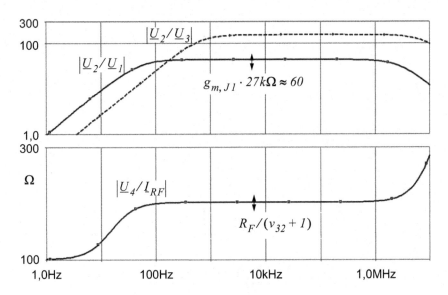

Abb. 7.22 Ergebnis der AC-Analyse des Mikrofonverstärkers

$$|\underline{v}_{23}| = g_{m,Q1} \cdot 1 \text{ k}\Omega \approx 280.$$

(7.16)

Unter Berücksichtigung von $(\beta + 1) \cdot 16\Omega$ ergibt sich eine geringere innere Verstärkung als angegeben. Aufgrund der relativ hohen Verstärkung $\underline{v}_{23}$ wirkt wegen der Transimpedanzbeziehung von RF am Eingangsknoten 3 der zweiten Stufe mit $RF/(\underline{v}_{23}+1) = 100\ \Omega$. Damit fließt der Strom des Feldeffekttransistors in grober Näherung über RF und bildet an RF die Ausgangsspannung

$$|\underline{U}_2/\underline{U}_1| \approx g_{m,J1} \cdot 27 \text{ k}\Omega.$$

(7.17)

Allerdings ist der Eingangswiderstand von $Q1$ mit $(\beta+1)\cdot 3{,}3\,\Omega$ gegenüber dem an Knoten 4 wirkenden Widerstand aufgrund der Transimpedanzbeziehung von RF mit $RF/(\underline{v}_{23}+1) = 100\ \Omega$ nicht vernachlässigbar. Insofern ist die Abschätzung eine grobe Abschätzung. Für die Gesamtverstärkung erhält man unter Berücksichtigung der Vereinfachungen bei mittleren Frequenzen näherungsweise

$$\underline{v}_{21} = g_{m,J1} \cdot 27 \text{ k}\Omega \approx \frac{27.000}{440} \approx 60.$$

(7.18)

Aufgrund getroffener Vernachlässigungen wird die erwartete Verstärkung kleiner sein.

Die AC-Analyse der Gesamtschaltung bestätigt in etwa die getroffenen Abschätzungen. Abb. 7.22 zeigt die innere Verstärkung $\underline{U}_2/\underline{U}_3$ (Spannung am Ausgangsknoten 2 im Verhältnis zur Spannung an Knoten 3 bzw. am Drainanschluss von $J1$) und die Gesamtverstärkung $\underline{U}_2/\underline{U}_1$, sowie die Zweigimpedanz des Rückkopplungspfads $\underline{U}_4/\underline{I}_{RF}$ (siehe Abb. 7.21).

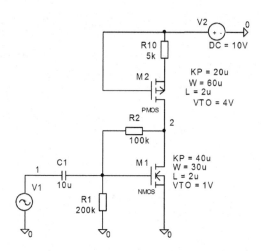

Experiment 7.3-4: NMOS_Verst – Simulation Profile
für die DC-Analyse und die AC-Analyse.

Abb. 7.23 Beispiel NMOS-Verstärker mit Stromquelle im Lastkreis; M1 Anreicherungstyp; M2
Verarmungstyp

Bei Ersatz von $Q1$ durch eine Darlington-Stufe, würden sich die Abschätzungen wegen
einer deutlich höheren Stromverstärkung verbessern. Das Beispiel soll zeigen, wie
erfolgreich man mit den Abschätzungen zu einem tieferen Verständnis der Schaltung
kommt.

Beispiel – NMOS-Verstärker mit PMOS-Transistor zur Arbeitspunkteinstellung: In
einem weiteren Beispiel einer Verstärkerschaltung wird aufgezeigt, wie trotz geringer
Steilheit eine relativ große Verstärkung bei Feldeffekttransistorschaltungen erzielt werden
kann. Die Beispielschaltung (Abb. 7.23) besteht aus einem NMOS-Transistor als Verstärkerelement mit einem PMOS-Transistor als Stromquelle im Lastkreis. Der PMOS-Transistor ist ein selbstleitender Transistor; der NMOS-Transistor ein selbstsperrender Typ.

Zunächst erfolgt durch DC-Analyse die Ermittlung der Arbeitspunkte von $M1$ und
$M2$. Beide Transistoren müssen als „Stromquelle" arbeiten, damit die gewünschte Funktion der Schaltung erreicht wird. Bei zwei Transistoren sind zwei Netzwerkgleichungen
erforderlich, wo neben den Strömen nur Steuerspannungen der relevanten Transistoren
auftauchen. Als erste Netzwerkgleichung wird die Knotenpunktgleichung für den Knoten
2 gebildet (für die Ströme gelten Richtungspfeile).

$$I_{D,M2}^{(A)} = I_{D,M1}^{(A)} + \frac{U_{GS,M1}^{(A)}}{200 \text{ k}\Omega}. \tag{7.19}$$

Tab. 7.3 Arbeitspunkt von M1 und M2 im Beispiel von Abb. 7.23

M2	ID(A)=0,53 mA	UGS(A)=2,6 V	UDSP(A)=-1,4 V	UDS(A)=-3,8 V
M1	ID(A)=0,52 mA	UGS(A)=2,3 V	UDSP(A)=1,3 V	UDS(A)=3,5 V

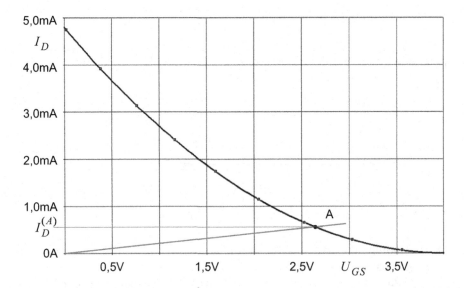

Abb. 7.24 Übertragungskennlinie des PMOS-Transistors mit Arbeitspunktbestimmung

Die Maschengleichung um den Steuerkreis von *M2* lautet:

$$U_{GS,M2}^{(A)} = I_{D,M2}^{(A)} \cdot 5 \text{ k}\Omega. \tag{7.20}$$

Als Lösung kommt eine rechnerische Ermittlung des Arbeitspunktes mit den Transistorgleichungen (Annahme: „Stromquellenbetrieb") in Frage oder eine graphische Lösung. Für die graphische Lösung werden die Kennlinien der Transistoren benötigt. Das Ergebnis der graphischen Analyse bzw. rechnerischen Analyse ist in der Tab. 7.3 enthalten. Die graphische Analyse veranschaulicht Abb. 7.24.

Wird der Strom über *R*1 gegenüber dem Drainstrom vernachlässigt, so wäre $I_{D,M1}^{(A)} = I_{D,M2}^{(A)}$. Der NMOS-Transistor *M*1 bildet mit *R*1 und *R*2 DC-mäßig eine Spannungsquelle, so dass sich die Spannung an Knoten 2 ergibt aus:

$$U_{DS,M1}^{(A)} = U_{GS,M1}^{(A)} \cdot \frac{300 \text{ k}\Omega}{200 \text{ k}\Omega}. \tag{7.21}$$

Das Ergebnis der Arbeitspunktanalyse ist aus Tab. 7.3 zu entnehmen. In beiden Fällen ist $\left| U_{DS}^{(A)} \right| > \left| U_{DSP}^{(A)} \right|$; somit arbeiten beide Transistoren – wie gefordert – im „Stromquellenbetrieb". Maßgebend für die Verstärkung ist die Steilheit des NMOS-Transistors; sie ergibt sich aus:

$$g_{m,M1}^{(A)} = \sqrt{2 \cdot \frac{K_p \cdot W}{L} \cdot I_{D,M1}^{(A)}} = \frac{1}{1{,}3 \text{k}\Omega}. \tag{7.22}$$

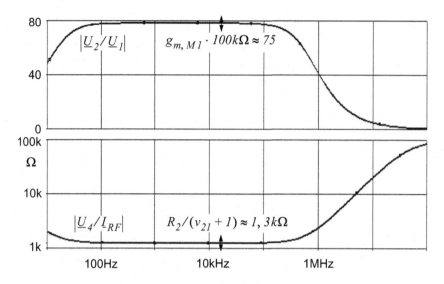

Abb. 7.25 NMOS-Verstärker: Ergebnis der AC-Analyse der Testanordnung in Abb. 7.23

Als nächstes erfolgt die AC-Analyse im Arbeitspunkt. Der NMOS-Transistor sieht am Ausgangsknoten 2 als Lastwiderstand ca. 100 kΩ (siehe Transimpedanzbeziehung Abb. 5.46). Der Innenwiderstand der PMOS-Transistorstromquelle ist wegen *LAMBDA* = 0 vernachlässigbar. Damit ergibt sich für die Verstärkung

$$|\underline{v}_{21}| = g_{m,M1}^{(A)} \cdot 100 \text{ k}\Omega = 75. \qquad (7.23)$$

Der Eingangswiderstand ist wegen der Transimpedanzbeziehung (Abb. 5.46) aufgrund der Parallelgegenkopplung:

$$Z_{11'} = \frac{100 \text{ k}\Omega}{(|\underline{v}_{21}| + 1)} = 1{,}3 \text{ k}\Omega. \qquad (7.24)$$

Die Abschätzungen werden durch das Simulationsergebnis in Abb. 7.25 sehr gut bestätigt.

Beispiel – NMOS-Verstärker mit selbstleitendem NMOS-Transistor zur Arbeitspunkteinstellung: Der PMOS-Transistor kann durch einen selbstleitenden NMOS-Transistor ersetzt werden (Abb. 7.26). Dadurch entsteht ein NMOS-Inverter, der bei geeigneter Beschaltung in einem Arbeitspunkt betrieben wird, wo sich Verstärkereigenschaften einstellen.

Wie für jeden Verstärker ist zunächst durch DC-Analyse der Arbeitspunkt der Transistoren *M*1 und *M*2 zu bestimmen. Für eine rechnerische Analyse benötigt man bei zwei Transistoren zwei unabhängige Netzwerkgleichungen, bei denen nur Ströme und

Abb. 7.26 Beispiel NMOS-
Inverter-Verstärker; M1
Anreicherungstyp; M2
Verarmungstyp

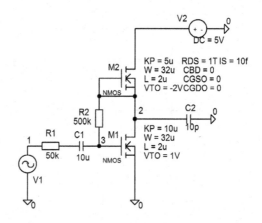

Experiment 7.3-5: NMOSINV3_Verst – Simulation Profile
für die DC-Analyse und die AC-Analyse.

Tab. 7.4 Arbeitspunkt von $M1$ im Beispiel von Abb. 7.26

$I_D^{(A)} = 0,16\,\text{mA}$	$U_{GS}^{(A)} = 2,4\,\text{V}$	$U_{DS}^{(A)} = 2,4\,\text{V}$	$g_{m,M1} = 1/4,4\,\text{k}\Omega$

Steuerspannungen der beteiligten Transistoren vorkommen. Im gegebenen Beispiel sind
dies die Netzwerkgleichungen:

$$U_{GS,M2} = 0\,\text{V};$$
$$\left|I_{D,M2}\right| = I_{D,M1}.$$

(7.25)

Die erste Gleichung bestimmt den Drainstrom von $M2$ mit:

$$I_{D,M2}^{(A)} = \frac{\beta_{M2}}{2} \cdot (U_{GS,M2} - U_{P,M2})^2 = 0,16\,\text{mA}.$$

(7.26)

Bei Gleichheit der Ströme erhält man damit auch den Drainstrom von $M1$. Ist der Drainstrom von $M1$ bekannt, so kann seine Steuerspannung bestimmt werden. Es ergibt sich
$U_{GS,M1} = 2,41\,\text{V}$. Die Drain-Source-Spannung $U_{DS,M1}$ ist für $M1$ gleich der Spannung
$U_{GS,M1}$. Eine Nachbetrachtung ergibt, dass beide Transistoren als „Stromquelle" arbeiten,
da deren Drain-Source-Spannungen größer sind als deren U_{DSP}.

Als nächstes erfolgt die Abschätzung für die AC-Analyse der Schaltung in Abb. 7.26.
R2 wirkt als Parallelgegenkopplung. Der Lastwiderstand an Knoten 2 ist demzufolge
im Schaltungsbeispiel gleich dem Gegenkopplungswiderstand und damit 500 kΩ bei
Vernachlässigung des Innenwiderstandes der Transistoren, die als Stromquelle arbeiten.
Somit ist die „innere" Verstärkung von Knoten 3 nach Knoten 2:

$$\left|\underline{v}_{23}\right| = g_{m,M1} \cdot 500\,\text{k}\Omega = \frac{500\,\text{k}\Omega}{4,4\,\text{k}\Omega} = 114.$$

(7.27)

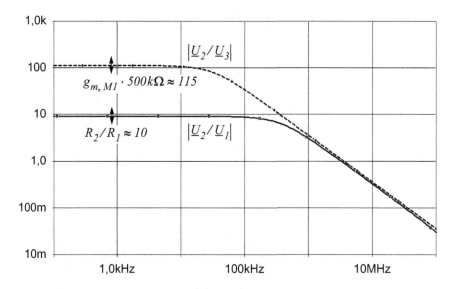

Abb. 7.27 Ergebnis der AC-Analyse des NMOS-Inverters

Die Gesamtverstärkung von Knoten 1 nach Knoten 2 ist dann bekanntermaßen bei Parallelgegenkopplung mit genügend hoher „innerer" Verstärkung:

$$|\underline{v}_{21}| = \frac{R_2}{R_1} = 10. \tag{7.28}$$

Die Lastkapazität bildet mit dem Innenwiderstand des Verstärkers an Knoten 2 eine obere Eckfrequenz. Die getroffenen Abschätzungen werden durch das Simulationsergebnis in Abb. 7.27 sehr gut bestätigt. Die betrachteten Beispiele sollen verdeutlichen, wie man systematisch für eine vorgegebene Schaltung eine Abschätzanalyse vornimmt und durch Experimente bestätigt.

7.3.2 Anwendung des Linearbetriebs von Feldeffekttransistoren

Behandelt werden Anwendungen des „Linearbetriebs" von Feldeffekttransistoren u. a. als elektronisch steuerbarer Widerstand in Regelungsprozessen oder zur Verstärkungsregelung. Der „Linearbetrieb" oder „Widerstandsbereich" eines Feldeffekttransistors eröffnet neue Anwendungsgebiete, z. B. als elektronisch steuerbares Dämpfungsglied. Voraussetzung dafür allerdings ist, dass die Drain-Source-Spannung hinreichend klein bleibt, ansonsten stellt sich „Stromquellenbetrieb" ein. Abb. 7.28 zeigt ein Anwendungsbeispiel eines Feldeffekttransistors als steuerbares Dämpfungsglied auf Basis eines Spannungsteilers.

Allerdings ist die in Abb. 7.28 ausgewiesene Punktsymmetrie bezüglich der Strom-Spannungskennlinie des Feldeffekttransistors um den Nullpunkt nur dann gegeben, wenn die Steuerspannung U_{GS} gleich U_{GD} ist. Bei negativem Drainstrom wirkt nämlich als Steuerspannung nicht U_{GS} sondern U_{GD}. Ist U_{GS} wie im Beispiel von Abb. 7.28 konstant eingeprägt

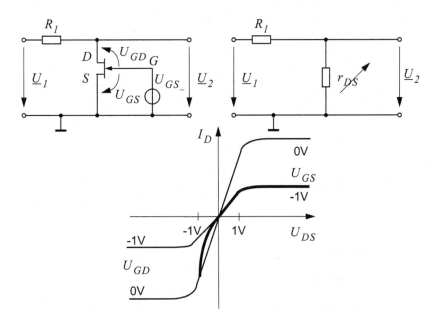

Abb. 7.28 Elektronisch steuerbares Dämpfungsglied: Aussteuerung um den Nullpunkt mit Umkehr der Wirkung der Steuerspannungen

und wird U_{DS} ausgesteuert, so ergibt sich für U_{GD} eine Aussteuerungsabhängigkeit. Bei $U_{GS} = -1\,\text{V}$ und $U_{DS} = -1\,\text{V}$ erhält man für U_{GD}:

$$U_{GD} = U_{GS} - U_{DS} = 0\,\text{V}. \tag{7.29}$$

Dies führt zu einer Krümmung der Kennlinie, was im Prinzip Verzerrungen verursacht. Um derartige Verzerrungen zu vermeiden, muss die Steuerspannung U_{GS} (bei U_{DS} positiv) gleich der Steuerspannung U_{GD} bei negativer Aussteuerung von U_{DS} sein. Dies kann man durch eine Hilfsspannung erreichen, die von U_{DS} abgeleitet wird (Gegenkopplung).

Als nächstes wird der Feldeffekttransistor im „Widerstandsbereich" (kleine Spannungen U_{DS}) bei Aussteuerungen von ΔU_{DS} um den Nullpunkt betrachtet. Zur festen Steuerspannung U_{GS} wird eine Hilfsspannung ΔU_Z addiert. Die Anordnung zeigt Abb. 7.29. Bei positiver Aussteuerung von ΔU_{DS} ist U_{GS} die Steuerspannung, bei negativer Aussteuerung ist U_{GD} die wirksame Steuerspannung. Der Stromfluss von I_D kehrt sich um. Ein Zahlenbeispiel soll das veranschaulichen. Ist die Vorspannung $U_{GS-} = -1\,\text{V}$ und die positive Aussteuerung $\Delta U_{DS} = +1\,\text{V}$, so ergibt sich mit der Hilfsspannung $\Delta U_Z = U_{DS}/2$ eine wirksame Steuerspannung von $U_{GS} = -0{,}5\,\text{V}$ (siehe Abb. 7.29a). Bei negativer Aussteuerung mit $\Delta U_{DS} = +1\,\text{V}$ (Richtungspfeil, siehe Abb. 7.29b) ist die wirksame Steuerspannung $U_{GD} = -0{,}5\,\text{V}$ identisch mit der bei positiver Aussteuerung. Durch die Einführung einer Hilfsspannung $\Delta U_Z = \Delta U_{DS}/2$ erreicht man symmetrische Verhältnisse bei Aussteuerung um den Nullpunkt. Die Ableitung der Hilfsspannung kann direkt von ΔU_{DS} erfolgen. Durch die so gewählte Hilfsspannung wird die Gleichheit von U_{GS} und U_{GD} unabhängig von der Wirkungsrichtung der Aussteuerung um den Nullpunkt herge-

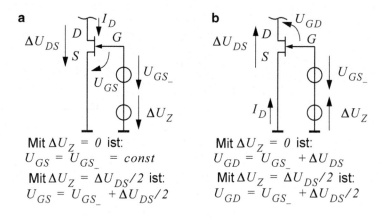

a

ΔU_{DS}

Mit $\Delta U_Z = 0$ ist:
$U_{GS} = U_{GS_-} = const$
Mit $\Delta U_Z = \Delta U_{DS}/2$ ist:
$U_{GS} = U_{GS_-} + \Delta U_{DS}/2$

b

ΔU_{DS}

Mit $\Delta U_Z = 0$ ist:
$U_{GD} = U_{GS_-} + \Delta U_{DS}$
Mit $\Delta U_Z = \Delta U_{DS}/2$ ist:
$U_{GD} = U_{GS_-} + \Delta U_{DS}/2$

Experiment 7.3-6: NJLIN1 – JFET im „Widerstandsbetrieb" ohne
Gegenkopplung.
Experiment 7.3-7: NJLIN1 – JFET im „Widerstandsbetrieb" mit
Gegenkopplung.

Abb. 7.29 Zur Linearisierung mit Gegenkopplung; **a** positive Aussteuerung von ΔU_{DS}; **b** negative
Aussteuerung von ΔU_{DS} (Zählpfeil verändert, Wert bleibt positiv) mit Testschaltungen

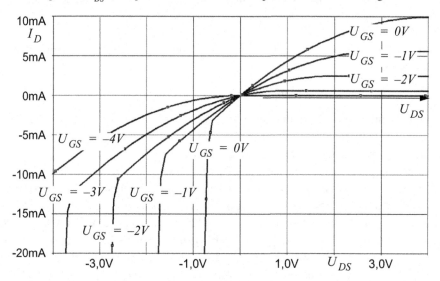

Abb. 7.30 Ergebnis der Testschaltung ohne Gegenkopplung

stellt. Diese Hilfsspannung bildet eine Seriengegenkopplungsspannung, von der bekannt
ist, dass sie linearisierend wirkt. Dem ersten Experiment in Abb. 7.29 liegt eine Testschaltung ohne Hilfsspannung (Ergebnis in Abb. 7.30) und dem zweiten Experiment mit
eine Testschaltung mit Hilfsspannung zugrunde (Ergebnis in Abb. 7.31).

Die starke Zunahme des Stromes bei negativen Aussteuerungen erklärt sich folgendermaßen. Bei $U_{GS} = 0$ V und $U_{DS} < 0{,}7$ V wird die Drain-Gate-Diode leitend, der Drainstrom nimmt exponentiell zu. Bei $U_{GS} = -1$ V passiert dieser Vorgang bei $U_{DS} < -1{,}7$ V.

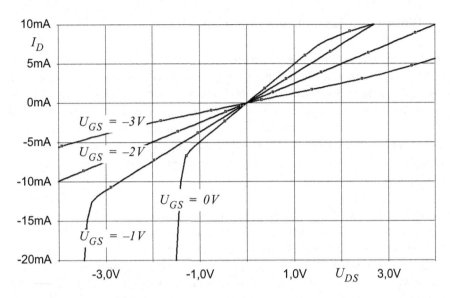

Abb. 7.31 Ergebnis der Testschaltung für Kennlinien im „Widerstandsbetrieb" des Feldeffekttransistors mit Rückführung von ΔU_{DS} mit $Gain = 0{,}5$

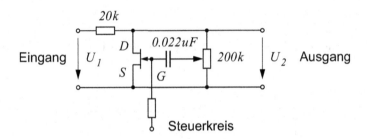

Abb. 7.32 Zur praktischen Ausführung der Rückführung von ΔU_{DS}

Die Krümmung der Kennlinien bei fester Steuerspannung U_{GS} und Aussteuerung von ΔU_{DS} um den Nullpunkt ist dadurch bedingt, dass bei negativem ΔU_{DS} die Steuerspannung nicht mehr U_{GS}, sondern U_{GD} ist. Durch eine Gegenkopplungsspannung, abgeleitet aus ΔU_{DS}, ist eine Angleichung der Wirkung der Steuerspannung von U_{GS} bei positiver Aussteuerung und der von U_{GD} bei negativer Aussteuerung möglich. Die zweite Testschaltung (siehe dazu Abb. 7.31) ermöglicht einen Vergleich der Wirkung der Gegenkopplung. Bei $GAIN = 0$ ist die Rückführung unwirksam, bei $GAIN = 0{,}5$ ergibt sich eine weitgehende Linearisierung der Kennlinien um den Nullpunkt.

Die praktische Ausführung der Rückführung von ΔU_{DS} kann durch eine geeignete Gegenkopplung realisiert werden. Abb. 7.32 zeigt ein konkretes Beispiel. Durch die Serienkapazität von 0,022 µF ergibt sich eine untere Eckfrequenz. Bei der Anwendung muss darauf geachtet werden, dass die Spannung an ΔU_{DS} nicht zu groß wird, um den linearen „Widerstandsbetrieb" nicht zu verlassen.

7.3.3 Differenzstufen mit Feldeffekttransistoren

Das Prinzip von Differenzstufen und deren vielfältige Vorteile wird erweitert auf Differenzstufen mit Feldeffekttransistoren. Bislang wurden nur Differenzstufen mit Bipolartransistoren behandelt. Grundsätzlich lassen sich die betrachteten Schaltungsanordnungen in gleicher
Weise mit Feldeffekttransistoren realisieren. Auch hier unterscheidet man zwischen sourcegekoppelten Differenzstufen und gategekoppelten Differenzstufen. Die Stromübertragungs-
kurve weist in beiden Fällen einen mit dem *tanh*-Verlauf beim Bipolartransistor vergleichbare
Charakteristik auf. Allerdings ist bedingt durch die geringere Steilheit der Feldeffekttransistoren der Übergang deutlich flacher.

Sourcegekoppelte Differenzstufe: In einer ersten Experimentfolge wird die sourcegekoppelte Differenzstufe betrachtet. Abb. 7.33 zeigt die Testanordnung. Mittels DC-
Sweep-Analyse wird die Stromübertragungsfunktion ermittelt (siehe Abb. 7.34). Wie
bei der emittergekoppelten Differenzstufe ist bei $U_{11'} = 0$ der Ausgangsstrom $I_0/2$ (siehe
dazu auch Abb. 6.75). Bei voller Aussteuerung kann ein Transistor den maximal möglichen Strom I_0 übernehmen. Die Steilheit des Übergangs ist durch die Steilheit des
Feldeffekttransistors (Gl. (7.5) und (7.22)) bestimmt, die allerdings deutlich geringer ist,
als beim Bipolartransistor. Die Steilheit eines NMOS-Transistors im Arbeitspunkt bei
$U_{11'} = 0$ beträgt:

$$g_m = \sqrt{2 \cdot \beta \cdot I_D^{(A)}} = 2{,}26 \cdot 10^{-4}(1/\Omega) \approx 1/4{,}4 \text{ k}\Omega. \qquad (7.30)$$

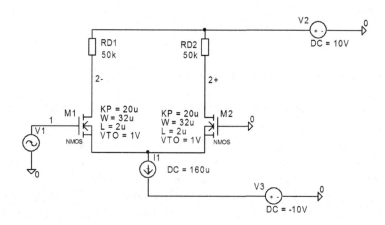

Experiment 7.3-8: FDifferenzstufe_Sourcegek_Grundsch – Simulation
Profiles für DC-, DCSweep- und AC-Analyse.

Abb. 7.33 Sourcegekoppelte Differenzstufe mit NMOS-Transistoren

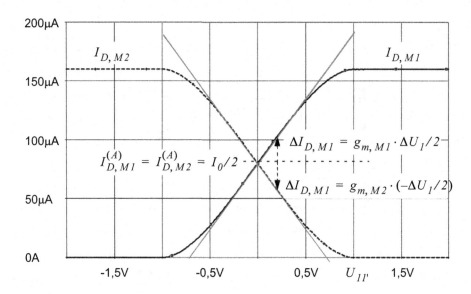

Abb. 7.34 DC-Übertragungskurve der sourcegekoppelten Differenzstufe

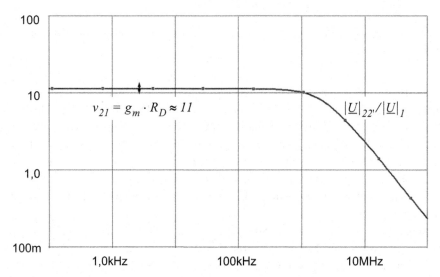

Abb. 7.35 Ergebnis der Verstärkung der sourcegekoppelten Differenzstufe

Damit ergibt sich für die Gesamtverstärkung am symmetrischen Ausgang:

$$|\underline{v}|_{21} = \frac{\Delta U_{22'}}{\Delta U_{11'}} = g_m \cdot R_D \approx 11. \qquad (7.31)$$

Das Simulationsergebnis in Abb. 7.35 bestätigt diese Abschätzung. Die Bandbreite im Verlauf des Verstärkungsfrequenzgangs wird durch parasitäre Kapazitäten begrenzt. Im Experiment wurde für C_{bd} ein Wert von 5 p angenommen. Mit dem Lastwiderstand von 50 kΩ ergibt sich dann eine obere Eckfrequenz von einigen MHz.

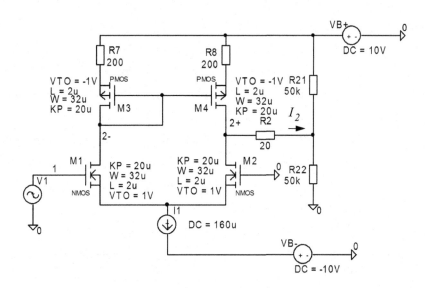

Experiment 7.3-9: FDifferenzstufe_Sourcegek_LKGategek – Simulation
Profiles für DC-, DCSweep- und AC-Analyse.

Abb. 7.36 Sourcegekoppelte Differenzstufe mit NMOS-Transistoren mit gategekoppelter Differenzstufe im Lastkreis

Gategekoppelte Differenzstufe im Lastkreis : Als nächstes wird im Lastkreis eine gategekoppelte Differenzstufe als Stromspiegel eingefügt. Das Potenzial am Ausgangsknoten 2+ muss geeignet festgelegt werden. Dazu dient ein Spannungsteiler mit $R21$ und $R22$. Um sicherzustellen, dass die Transistoren im „Stromquellenbetrieb" arbeiten, muss der Lastkreis mit $R21$ und $R22$ hinreichend niederohmig dimensioniert werden. Die nachstehende Experimentfolge untersucht eine sourcegekoppelte Differenzstufe mit einer gategekoppelten Differenzstufe als Lastkreis. Abb. 7.36 zeigt die den Experimenten zugrundeliegende Schaltung.

In Abb. 7.37 ist das Ergebnis der Stromübertragungsfunktion dargestellt. Bei $U_{11'} = 0$ ist der Ausgangsstrom am Knoten 2+ durch den Widerstand $R2$ gleich Null. Bei hinreichend positiver Ansteuerung beträgt der Ausgangsstrom I_0, bei genügend großer negativer Aussteuerung $-I_0$. Allerdings darf der Spannungsteiler mit $R21$ und $R22$ dabei nicht zu hochohmig dimensioniert sein, da sonst entweder $M2$ oder $M4$ den Stromquellenbetrieb verlässt. Je hochohmiger der Spannungsteiler ist, um so mehr verringert sich die lineare Stromaussteuerbarkeit am Ausgang (siehe Abb. 7.37).

Die Stromquelle an der sourcegekoppelten Differenzstufe kann durch eine zusätzliche gategekoppelte Differenzstufe realisiert werden. Abb. 7.38 zeigt die Testschaltung. Im folgenden Experiment wird die Verstärkerschaltung untersucht.

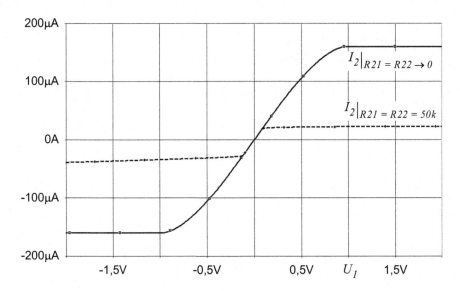

Abb. 7.37 DC-Übertragungskurve der sourcegekoppelten Differenzstufe mit gategekoppelter Differenzstufe im Lastkreis

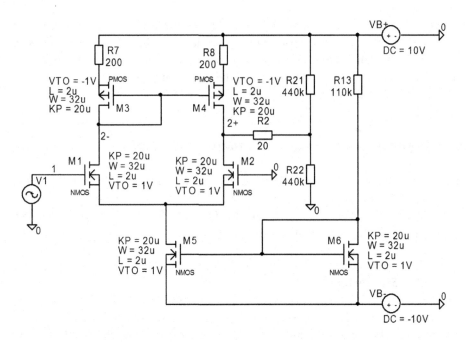

Experiment 7.3-10: FDifferenzstufe_Sourcegek_LKGategek_realeStromqu

Abb. 7.38   Sourcegekoppelte Differenzstufe mit NMOS-Trans. und realer Stromquelle

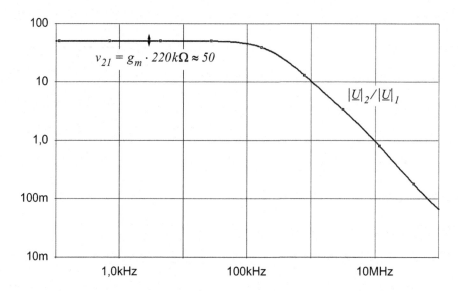

Abb. 7.39 Ergebnis der AC-Analyse für die sourcegekoppelte Differenzstufe mit gategekoppelter Differenzstufe im Lastkreis und $R21 = R22 = 440$ kΩ

Das Beispiel ist so gewählt, dass der Arbeitspunkt nicht verändert wird, die Verstärkung also wieder 50 beträgt. Mit realen parasitären Kapazitäten für die Transistoren ergibt sich eine obere Eckfrequenz, wie aus dem Ergebnis der Untersuchung in Abb. 7.39 entnommen werden kann. Derartige Schaltungen sind die Basis von integrierten Verstärkerschaltungen mit NMOS und PMOS Transistoren.

7.4 Digitale Anwendungsschaltungen mit MOSFETs

Digitale Anwendungsschaltungen insbesondere mit MOS-Transistoren bilden die Grundlage von digitalen Funktionsschaltungen u. a. in Logiksystemanwendungen. Behandelt werden wichtige Funktionsschaltkreise mit NMOS- und PMOS-Feldeffekttransistoren für gemischt analog/digitale und digitale Anwendungen.

7.4.1 NMOS-Inverter

NMOS-Inverter stellen die Basis von Anwendungen in Logiksystemen dar. Es werden NMOS-Inverterschaltungen bis hin zum meistverwendeten komplementären CMOS-Inverter behandelt.

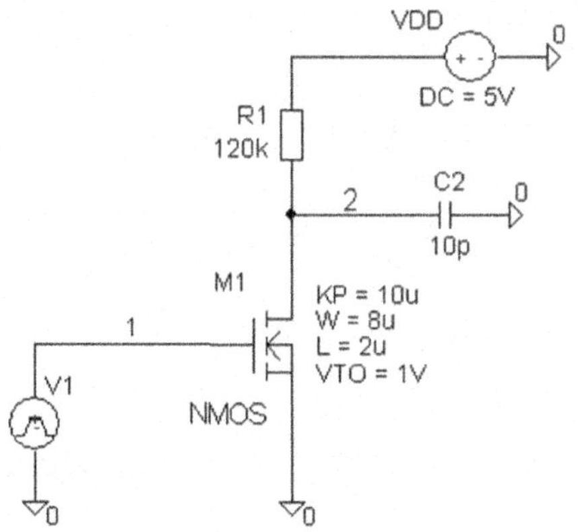

Experiment 7.4-1: NMOSINV1_UebertragKennl

Experiment 7.4-2: NMOSINV1_AusgangsKennl

Experiment 7.4-3: NMOSINV1_ohmscheLast – DC-Übertragungskennlinie

Abb. 7.40 NMOS-Inverter mit ohmscher Last, M1 Anreicherungstyp

NMOS-Inverter mit ohmscher Last: Abb. 7.40 zeigt die Grundschaltung bestehend aus einem selbstsperrenden N-Kanal MOSFET angesteuert am Gate mit ohmschem Lastkreis. Der Ausgang ist kapazitiv belastet. Der Bulkanschluss liegt auf dem Bezugspotenzial. Damit ist sichergestellt, dass die pn-Übergänge des MOSFET gesperrt sind.

Bei $U_1 < U_P$ ist der NMOS-Transistor gesperrt. Ist $U_1 > U_P$ so arbeitet bei genügend großem U_{DS} (konkret: $U_{DS} > U_{DSP}$) der NMOS-Transistor als „Stromquelle". Es gilt dann für die Übertragungsfunktion des Inverters, solange der Transistor als „Stromquelle" arbeitet:

$$U_2 = 5\,\text{V} - R_D \cdot \frac{\beta_{M1}}{2} \cdot \left(U_1 - U_{P,M1}\right)^2. \tag{7.32}$$

„Stromquellenbetrieb" liegt vor, wenn folgende Bedingung erfüllt ist:

$$\left(U_2 = U_{DS,M1}\right) > \left(U_1 - U_{P,M1}\right). \tag{7.33}$$

Eine wichtige Kennlinie zur Beurteilung der Eigenschaften eines Inverters stellt die DC-Übertragungskurve dar. Somit wird als nächstes die DC-Übertragungskennlinie des Inverters betrachtet. Das Ergebnis zeigt Abb. 7.41. Im Ergebnis der DC-Übertragungskurve lassen sich drei Bereiche angeben. Im Beispiel ist bei $U1 < 1\,\text{V}$ der Transistor $M1$ gesperrt, die Ausgangsspannung ist dann gleich der Versorgungsspannung (hier 5 V). Sobald $U1 > 1\,\text{V}$ wird, zieht der Transistor $M1$ Strom. Zunächst ist U_{DS} groß genug, so dass der Transistor $M1$ als Stromquelle arbeitet. Bei zunehmendem Strom steigt der Spannungsabfall am Lastwiderstand und U_{DS} wird entsprechend kleiner, so dass dann der Transistor ab einer bestimmten Eingangsspannung bei $U_2 < U_1 - U_{P,M1}$ in den Widerstandsbetrieb übergeht.

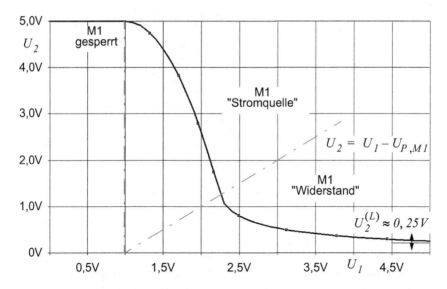

Abb. 7.41 DC-Übertragungskennlinie des NMOS-Inverters mit ohmscher Last

Arbeitet der Transistor im „Widerstandsbetrieb", so gilt:

$$I_{D,M1} = \beta_{M1} \cdot ((U_1 - U_{P,M1}) \cdot U_2 - U_2{}^2/2) = (5\ \text{V} - U_2)/R_D. \tag{7.34}$$

Von besonderem Interesse ist die Ausgangsspannung $U_2^{(L)}$ bei $U_1 = 5$ V. Im Inverterbetrieb soll die Spannung $U_2^{(L)}$ möglichst klein sein, sie bestimmt sich aus:

$$\beta_{M1} \cdot R_D = \frac{5\ \text{V} - U_2^{(L)}}{\left(5\ \text{V} - U_{P,M1}\right) \cdot U_2^{(L)} - U_2^{(L)2}/2}. \tag{7.35}$$

Bei der gegebenen Beschaltung erhält man für $U_2^{(L)}$:

$$U_2^{(L)} = 0{,}25\ \text{V} \rightarrow R_D = 122\ \text{k}\Omega. \tag{7.36}$$

Weiter ist von Interesse der Widerstand $r_{DS,ON}$ des NMOS-Transistors bei $U_2^{(L)}$:

$$r_{DS,ON} = \frac{1}{\beta_{M1} \cdot \left(U_{GS,M1} - U_{P,M1}\right)} = 6{,}25\ \text{k}\Omega. \tag{7.37}$$

NMOS-Inverter mit selbstsperrendem NMOS-Transistor als Lastkreis: In Abwandlung des NMOS-Inverters $M1$ mit ohmscher Last wird der Lastwiderstand durch einen selbstsperrenden NMOS-Transistor $M2$ ersetzt (Abb. 7.42). Der Drainanschluss von $M1$ wird mit dem relativ niederohmigen Eingangswiderstand am Sourceanschluss von $M2$ belastet. Der Transistor $M2$ arbeitet wegen $U_{GS,M2} = U_{DS,M2}$ im „Stromquellenbetrieb", wenn er Strom zieht, da hierbei $U_{DS,M2} > U_{DSP,M2} = U_{GS,M2} - U_{P,M2}$ ist. Allerdings „sieht" der Transistor $M1$ nicht den Innenwiderstand der Stromquelle, sondern den Eingangswiderstand am Sourceanschluss. Der Eingangswiderstand am Sourceanschluss ist mit $1/g_{m,M2}$ relativ

Abb. 7.42 NMOS-
Inverter NMOS-Transistor
als Lastkreis; M1 und M2
Anreicherungstyp

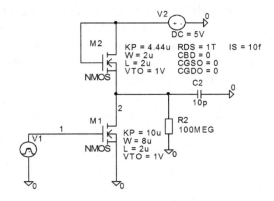

Experiment **7.4-4:** NMOSINV2_M2selbstsperr_M2Kennl

Experiment **7.4-5:** NMOSINV2_M2selbstsperr_M1 mit
aktiver Last; M2 selbstsperrend.

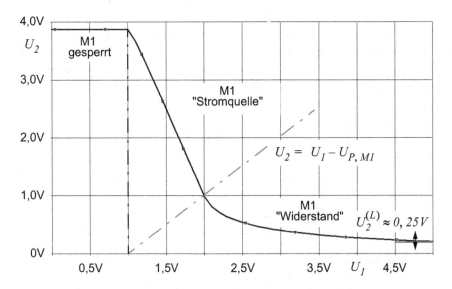

Abb. 7.43 DC-Übertragungskennlinie des NMOS-Inverters mit selbstsperrendem NMOS-Transistor als Lastkreis

niederohmig. Wählt man die Stromergiebigkeit von *M*2 deutlich niedriger, so ergibt sich eine geringere Steilheit und damit ein hochohmiger Lastkreis. Aufgrund dieser Überlegung müssen die beiden NMOS-Transistoren unterschiedlich dimensioniert werden.

Zunächst wird in einem Experiment die Übertragungskennlinie von *M*2 ermittelt. In einem weiteren Experiment erfolgt die Bestimmung der DC-Übertragungskennlinie des Inverters. Abb. 7.42 zeigt die Testschaltung für einen NMOS-Inverter *M*1 mit selbstsperrendem NMOS-Transistor *M*2 im Lastkreis. Auch hier ergeben sich drei Bereiche (siehe Abb. 7.43). Sobald $U1 > 1$ V wird, zieht der Transistor *M*1 Strom. Zunächst ist U_{DS} groß genug, so dass der Transistor $M1$ als Stromquelle arbeitet. Der Lastwiderstand für $M1$ ist $1/g_{m,M2}$. Ist die Steilheit von $M2$ deutlich geringer, so ergibt sich ein relativ steiler Abfall von U_2 bei zunehmendem $U1$, bis die Spannung $U_{DS,M1} = U_2 < U_1 - U_{P,M1}$ wird, wo der Transistor $M1$ in den Widerstandsbetrieb übergeht. Arbeiten beide Transistoren im „Stromquellenbetrieb", so gilt:

$$I_{D,M2} = \frac{\beta_{M2}}{2} \cdot \left(5\text{ V} - U_{P,M2} - U_2\right)^2 = \frac{\beta_{M1}}{2} \cdot \left(U_1 - U_{P,M1}\right)^2;$$

$$U_2 = \left(5\text{ V} - U_{P,M2}\right) - \sqrt{\frac{\beta_{M1}}{\beta_{M2}}} \cdot \left(U_1 - U_{P,M1}\right); \qquad (7.38)$$

$$U_2 = 4\text{ V} - 3 \cdot \left(U_1 - U_{P,M1}\right).$$

In diesem Fall wirkt $M1$ als Verstärker mit $1/g_{m,M2}$ als Lastwiderstand. Die Verstärkung ist:

$$\left.\left|\underline{v}\right|\right|_{21} = g_{m,M1} \cdot \frac{1}{g_{m,M2}} = \sqrt{\frac{\beta_{M1}}{\beta_{M2}}} = 3. \qquad (7.39)$$

Je größer die Verstärkung ist, desto steiler wird der Übergang bei der DC-Übertragungskennlinie. Wie bereits erwähnt, ist $M2$ immer im „Stromquellenbetrieb", wenn er Strom zieht. $M1$ geht mit abnehmender Ausgangsspannung vom Stromquellenbetrieb (Verstärker) in den „Widerstandsbetrieb" über. Es gilt dann:

$$\frac{\beta_{M2}}{2} \cdot \left(5\text{ V} - U_{P,M2} - U_2\right)^2 = \beta_{M1} \cdot \left(\left(U_1 - U_{P,M1}\right) \cdot U_2 - \frac{U_2^2}{2}\right);$$

$$\frac{\left(5\text{ V} - U_{P,M1} - U_2^{(L)}\right)^2}{\left(5\text{ V} - U_{P,M1}\right) \cdot U_2^{(L)} - U_2^{(L)2}/2} = \frac{2 \cdot \beta_{M1}}{\beta_{M2}}; \qquad (7.40)$$

$$U_2^{(L)} = 0{,}2\text{ V} \rightarrow \frac{2 \cdot \beta_{M1}}{\beta_{M2}} = 18{,}5 \rightarrow \frac{\beta_{M1}}{\beta_{M2}} \approx 9.$$

Aus dieser Beziehung kann ein vorgegebener Wert für $U_2^{(L)}$ hergeleitet werden. Es zeigt sich, dass die Stromergiebigkeit der beiden Transistoren deutlich unterschiedlich gewählt werden muss, um einen hinreichend kleinen Wert für $U_2^{(L)}$ zu erhalten.

NMOS-Inverter mit selbstleitendem NMOS-Transistor als Last: Eine weitere Variante entsteht durch Verwendung eines selbstleitenden NMOS-Transistors im Lastkreis des NMOS-Inverters (Abb. 7.44). Arbeitet der Transistor $M2$ als Stromquelle, so sieht der Transistor $M1$ am Drainanschluss einen hochohmigen Lastkreis, anders als in dem zuletzt betrachteten Beispiel. Wegen der deutlich höheren Verstärkung ($M1$ und $M2$: Stromquelle) des Inverters im Übergangsbereich ist zu erwarten, dass die Übertragungskennlinie wesentlich steiler verläuft.

Die Ausgangskennlinien der beiden Transistoren $M1$ und $M2$ aufgetragen über U_2 zeigen einen Bereich, bei dem beide Transistoren als „Stromquelle" arbeiten. Die Kennlinie

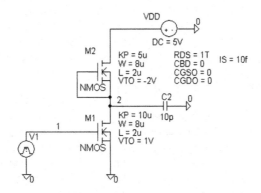

Experiment 7.4-6: NMOSINV3_M2selbstleit_M2Kennl

Experiment 7.4-7: NMOSINV3_M2selbstleit§

Abb. 7.44 NMOS-Inverter mit selbstleitenden NMOS-Transistor als Lastkreis; M1
Anreicherungstyp, M2 Verarmungstyp

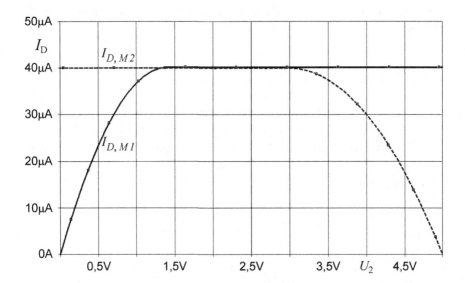

Abb. 7.45 Ausgangskennlinienfeld von $M1$ und Lastkennlinie gegeben durch $M2$

des Transistors $M2$ ist die Lastkennlinie von $M1$. Ist $U_2 = 5$ V, so ist $U_{DS,M2} = 0$ und
$U_{DS,M1} = 5$ V. In dem Maße, wie $U_{DS,M1}$ zunimmt, reduziert sich $U_{DS,M2}$ und umgekehrt.
Abb. 7.45 zeigt die Ausgangskennlinien von $M1$ und $M2$ aufgetragen über U_2. Deutlich erkennt man im Beispiel, dass der Lasttransistor $M2$ bei $U_2 < 3$ V als Stromquelle
arbeitet.

In einem weiteren Experiment (Abb. 7.44) wird die DC-Übertragungskurve der Inverterschaltung ermittelt. Das Ergebnis der DC-Übertragungskennlinie des Inverters ist in
Abb. 7.46 dargestellt. Arbeiten beide Transistoren im „Stromquellenbetrieb“, so gilt:

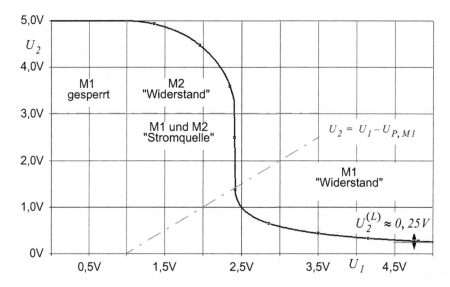

Abb. 7.46 DC-Übertragungskennlinie des NMOS-Inverters mit selbstsperrendem NMOS-Transistor als Lastkreis

$$\frac{\beta_{M2}}{2} \cdot U_{P,M2}^2 = \frac{\beta_{M1}}{2} \cdot (U_1 - U_{P,M1})^2; \rightarrow U_1 - 2{,}4\ \mathrm{V}. \tag{7.41}$$

Daraus ergibt sich die Ansteuerbedingung dafür, dass beide Transistoren als Stromquelle arbeiten. „Stromquellenbetrieb" ist also im Beispiel gegeben bei $U_1 = 2{,}4$ V. In diesem Fall wirkt $M1$ als Verstärker mit hochohmigem Lastwiderstand. Die Verstärkung ist demzufolge sehr hoch, aber nur solange beide Transistoren im „Stromquellenbetrieb" sind.

Ist $M1$ „Stromquelle" und $M2$ „Widerstand", so gilt:

$$\beta_{M2} \cdot \left((-U_{P,M2}) \cdot (5\ \mathrm{V} - U_2) - \frac{(5\ \mathrm{V} - U_2)^2}{2} \right) = \frac{\beta_{M1}}{2} \cdot \left(U_1 - U_{P,M1} \right)^2. \tag{7.42}$$

Bei „Stromquellenbetrieb" von $M2$ und „Widerstandsbetrieb" von $M1$ ist:

$$\frac{\beta_{M2}}{2} \cdot \left(U_{P,M2} \right)^2 = \beta_{M1} \cdot \left((U_1 - U_{P,M1}) \cdot U_2 - \frac{U_2^2}{2} \right); \tag{7.43}$$

$$\frac{\left(U_{P,M2} \right)^2}{2 \cdot \left(5\ \mathrm{V} - U_{P,M1} \right) \cdot U_2^{(L)} - U_2^{(L)2}} = \frac{\beta_{M1}}{\beta_{M2}}; \quad U_2^{(L)} = 0{,}25\ \mathrm{V} \rightarrow \frac{\beta_{M1}}{\beta_{M2}} = 2{,}06.$$

Das Verhältnis der Transkonduktanzwerte der Transistoren bestimmt die Eingangsspannung, bei der eine hohe Verstärkung gegeben ist, bzw. bestimmt auch den für einen Inverter wichtigen Wert für $U_2^{(L)}$.

7.4.2   CMOS-Inverter

Eine besonders vorteilhafte Schaltungsanordnung ergibt sich, wenn der NMOS-Transistor des vorhergehenden Beispiels $M2$ durch einen PMOS-Transistor ersetzt wird. Dadurch erhält man den CMOS-Inverter. Abb. 7.47 zeigt eine Beispielschaltung für einen CMOS-Inverter. Komplementäre CMOS-Inverterschaltungen bilden die Basis von CMOS-Logikanwendungen.

In Abb. 7.48 sind die Übertragungskennlinien der beiden Transistoren schematisch skizziert. Beide MOSFETs sind selbstsperrend, sie sollen nach Möglichkeit dieselbe Stromergiebigkeit aufweisen. Aufgrund der Beschaltung ist beim NMOS-Transistor stets $U_{GS,M1} = U_1$ und beim PMOS-Transistor ist $U_{GS,M2} = U_1 - U_{DD}$. Ist die Eingangsspannung $U_1 = U_{DD}$, so ist $M1$ leitend und $M2$ gesperrt. Bei $U_1 = 0\,\text{V}$ ist $M1$ gesperrt und $M2$ leitend.

Allgemein ist wegen der geringeren Ladungsträgerbeweglichkeit der Löcher der die Stromergiebigkeit bestimmende Parameter $K_{p,PMOS} < K_{p,NMOS}$. Der Unterschied kann durch eine größere Kanalbreite w_{PMOS} für den PMOS-Transistor wieder ausgeglichen werden. Im Beispiel ist die Stromergiebigkeit von NMOS- und PMOS-Transistor gleich groß gewählt. Damit ergibt sich ein symmetrischer Verlauf der Kennlinien. In einem Experiment soll das typische Verhalten des CMOS-Inverters untersucht werden.

Zunächst wird der Drainstromverlauf des CMOS-Inverters betrachtet in Abhängigkeit von der Eingangsspannung U_1. Bei $U_1 < 1\,\text{V}$ ist der NMOS-Transistor gesperrt, bei $U_1 > 4\,\text{V}$

Abb. 7.47 CMOS Inverter;
M1 Anreicherungstyp, M2
Anreicherungstyp

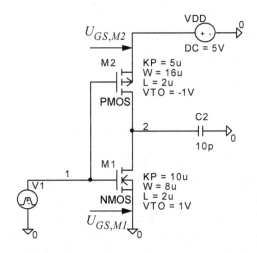

Experiment 7.4-8: CMOSINV1 – DCSweep-Analyse des CMOS-Inverters mit dem SimulationProfile „DC"

Experiment 7.4-9: CMOSINV1 – TR-Analyse des CMOS-Inverters mit dem SimulationProfile „TR".

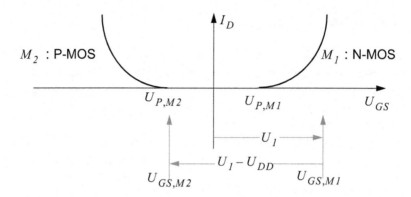

Abb. 7.48 CMOS-Inverter: Übertragungskennlinien der Transistoren

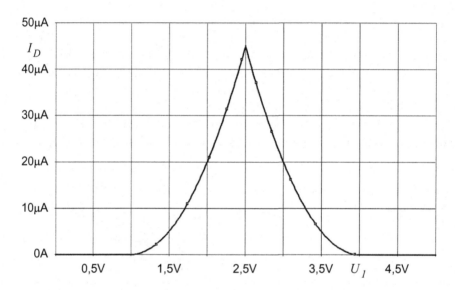

Abb. 7.49 Drainstromverlauf beim CMSOS-Inverter bei gleicher Stromergiebigkeit der Transistoren

ist der PMOS-Transistor gesperrt. Nur im Übergangsbereich fließt Strom. Abb. 7.49 zeigt die Stromkennlinie des CMOS-Inverters. Im Ruhezustand bei $U_1 = 0$ V und bei $U_1 = 5$ V fließt kein Strom.

Das Ergebnis der DC-Übertragungskurve ist in Abb. 7.50 dargestellt. Ähnlich wie in der vorher betrachteten Inverterschaltung ergeben sich beim CMOS-Inverter vier Bereiche. Im Bereich von $U_1 < 1$ V ist der Transistor $M1$ gesperrt. Bei $U_1 > 1$ V ist $M1$ zunächst Stromquelle und $M2$ arbeitet mit $U_2 > U_1 - U_{P,M2}$ im Widerstandsbereich. Ab $U_2 <$ $U_1 - U_{P,M1}$ wird $M1$ im Widerstandsbereich betrieben. Wenn $M1$ als Stromquelle arbeitet, ist $M2$ im Widerstandsbereich betrieben und umgekehrt. Nur im Bereich $(U_1 - U_{P,M1}) <$ $U_2 < (U_1 - U_{P,M2})$ arbeiten beide Transistoren als Stromquelle. Gelingt es dort einen

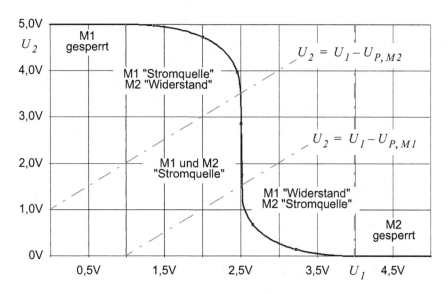

Abb. 7.50 DC-Übertragungskennlinie des CMOS-Inverters bei gleicher Stromergiebigkeit der Transistoren

stabilen Arbeitspunkt einzustellen, so ergibt sich wiederum eine Verstärkeranordnung mit relativ hoher Verstärkung.

Ist die Stromergiebigkeit der Transistoren $M1$ und $M2$ unterschiedlich, so erhält man den Verstärkungsbereich nicht bei $U_1 = 2{,}5$ V, sondern allgemein bei $U_1 = U_S$:

$$\frac{\beta_{M1}}{2} \cdot (U_1 - U_{P,M1})^2 = \frac{\beta_{M2}}{2} \cdot (U_1 - 5\ \text{V} - U_{P,M2})^2. \tag{7.44}$$

Aus dieser Beziehung bestimmt sich die Spannung U_S bei ungleichen Transistoren.

$$U_S = \frac{U_{P,M1} + \sqrt{\frac{\beta_{M2}}{\beta_{M1}}} \cdot 5\ \text{V} + U_{P,M2}}{\sqrt{\frac{\beta_{M2}}{\beta_{M1}}}}. \tag{7.45}$$

In Digitalanwendungen ist von besonderem Interesse das Schaltverhalten mit den Anstiegszeiten und den Abfallzeiten beim Zustandswechsel. Das transiente Verhalten eines CMOS-Inverters wird im Experiment untersucht. Der CMOS-Inverter sei dabei kapazitiv belastet.

Im Beispiel ist bei $t \geq 500$ ns bis $t = 1000$ ns der NMOS-Transistor $M1$ gesperrt. Zunächst arbeitet $M2$ als „Stromquelle", bis die Spannung U_2 so groß ist, dass der Transistor $M2$ dann in den „Widerstandsbereich" übergeht. In dem Zeitbereich, wo der Transistor $M2$

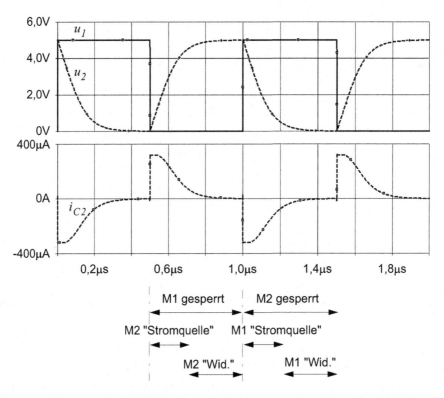

Abb. 7.51 TR-Analyse des CMOS-Inverters mit Lastkapazität, Testschaltung in Abb. 7.47

„Stromquelle" ist, wird die Lastkapazität aufgeladen. Der Ladevorgang der Lastkapazität C_L erfolgt nach folgender Beziehung:

$$\frac{\Delta u_2}{\Delta t} = \frac{i_{D,M2}}{C_L}. \tag{7.46}$$

Der Drainstrom von $M2$ wirkt als Ladestrom für die Lastkapazität. In Abb. 7.51 ist der Drainstrom dargestellt, er hängt von der Stromergiebigkeit des Transistors ab. Je größer die Lastkapazität ist, desto signifikanter sind die Anstiegszeiten bzw. Abfallzeiten. Bei konstantem Ladestrom ergibt sich ein linearer Verlauf des Spannungsanstiegs bzw. Spannungsabfalls. Geht der Transistor in den „Widerstandsbetrieb" über, so liegt im Prinzip ein RC-Glied vor mit „exponentiellem Verlauf" des Spannungsanstiegs bzw. Spannungsabfalls.

Der physikalische Aufbau eines CMOS-Inverters ist in Abb. 7.52 dargestellt. Der PMOS-Transistor wird über eine P-Wanne im N-Substrat realisiert. Um annähernd gleiche Stromergiebigkeit zwischen dem PMOS-Transistor und dem NMOS-Transistor zu erzielen, muss der Kanal des PMOS-Transistors breiter gewählt werden, als der vom NMOS-Transistor. Die P-Wanne bedingt zusätzliche pn-Übergänge, die sich in parasitären Transistoren darstellen lassen. Die parasitären Transistoren $Q1$ und $Q2$ können mit R_{Well} und R_{Sub} einen parasitären Thyristor bilden (Latch-Up Effekt). Die Technologie

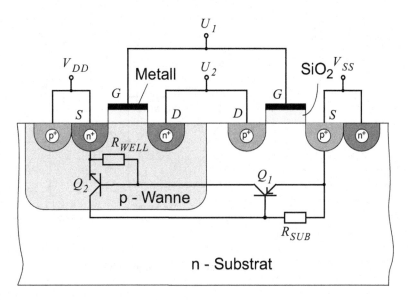

Abb. 7.52 Aufbau eines CMOS-Schaltkreises

Abb. 7.53 MOS-Transistoren
(Anreicherungstyp) in der
Digitaltechnik

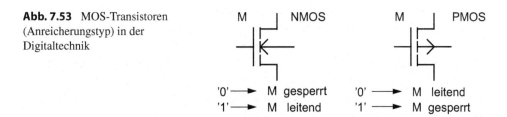

wird heute so gut beherrscht, dass sich in CMOS-Schaltkreisen dieser Effekt nicht signifikant störend auswirkt.

Der Substratanschluss des NMOS-Transistors muss am niedrigstwertigen Potenzial liegen, der Substartanschluss vom PMOS-Transistor am höchstwertigen Potenzial. Bei Anwendungen von NMOS- und PMOS-Transistoren in der Digitaltechnik gilt grundsätzlich die in Abb. 7.53 dargestellte Regel.

Vereinfacht können die Transistoren bei Digitalanwendungen als Schalter angesehen werden. Beim CMOS-Inverter liegt ein Komplementär-Schalter vor, d. h. einer der beiden Transistoren ist immer gesperrt. In PSpice lassen sich die Transistoren durch gesteuerte Schalter mit dem Element *SBreak* darstellen. Die Schalterstellung von *SBreak* wird bestimmt durch die Parameter V_{ON} und V_{OFF}. Im geschalteten Zustand lässt sich dem Schalter ein realer Ersatzwiderstand R_{ON} und R_{OFF} zuordnen. V_{ON} und V_{OFF} legen die Schaltschwellen fest; R_{ON} und R_{OFF} u. a. beeinflussen das dynamische Schaltverhalten bei kapazitiven Lastverhältnissen. Das folgende Experiment verwendet spannungsgesteuerte Schalter für den CMOS-Inverter anstelle der MOS-Transistoren. Die zugehörige Schaltung ist in Abb. 7.54 dargestellt. Der Schalter $S1$ schaltet das Bezugspotenzial auf

Abb. 7.54 CMOS-Inverter
mit Komplementärschaltern
realisiert

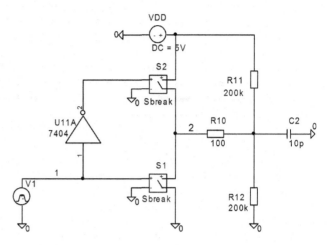

Experiment 7.4-10: CMOSINV1_TR_SwitchModell

den Ausgang, der Schalter *S*2 die Versorgungsspannung. Von einem Tristate-Ausgang spricht man, wenn beide Schalter offen sind und somit weder das Bezugspotenzial noch die Versorgungsspannung auf den Ausgang geschaltet wird. Es muss allerdings sicherge-stellt werden, dass nicht beide Schalter geschlossen sind. Um dies zu gewährleisten, wird in der Testschaltung im Steuerkreis ein Inverter verwendet.

Die Verwendung von spannungsgesteuerten Schaltern anstelle eines genaueren MOS-Transistormodells vereinfacht den Aufwand für die Schaltkreissimulation. „ Switch-Level"-Simulatoren machen sich diesen Sachverhalt zunutze, die speziell bei MOS-Schaltkreisen in gemischt analog/digitalen Schaltkreisen vorteilhaft eingesetzt werden.

Auf Basis der Komplementärschalter lassen sich Logikfunktionen, wie z. B. die NOR-Funktion oder die NAND-Funktion mit zwei oder mehreren Eingängen reali-sieren. Abb. 7.55 zeigt Beispiele für ein NOR-Gatter bzw. ein NAND-Gatter mit zwei

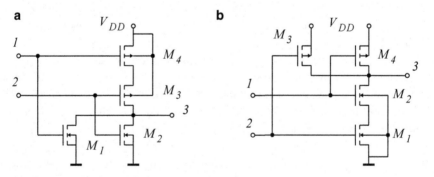

Abb. 7.55 CMOS-Gatter mit zwei Eingängen; **a** NOR-Gatter; **b** NAND-Gatter

Tab. 7.5 NOR-Gatter mit zwei Eingängen

U_1	U_2	Leitende Transistoren	Gesperrte Transistoren	U_3
„0"	„0"	M3, M4	M1, M2	„1"
„1"	„0"	M1, M3	M2, M4	„0"
„0"	„1"	M4, M2	M1, M3	„0"
„1"	„1"	M1, M2	M3, M4	„0"

Tab. 7.6 NAND-Gatter mit zwei Eingängen

U_1	U_2	Leitende Transistoren	Gesperrte Transistoren	U_3
„0"	„0"	M3, M4	M1, M2	„1"
„1"	„0"	M2, M3	M1, M4	„1"
„0"	„1"	M1, M4	M2, M3	„1"
„1"	„1"	M1, M2	M3, M4	„0"

Abb. 7.56 Transmission-Gate mit Ansteuerung

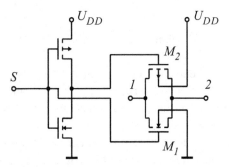

Eingängen. Prinzipiell gilt auch hier, dass in Abhängigkeit von der Ansteuerung entweder Ground oder *VDD* auf den Ausgang geschaltet wird.

Die Tab. 7.5 und 7.6 beschreiben den Zustand der Transistoren bei logisch „0" bzw. logisch „1" am Eingang. Logisch „0" liegt vor bei einer Eingangsspannung von 0 bis ca. 1,5 V; logisch „1" liegt vor bei ca. 3,5–5 V.

Einen Sonderfall stellt das bidirektionale Transmission-Gate dar (Abb. 7.56). Liegt am Eingang *S* der Logikzustand „1" vor, so sind die Transistoren *M*1 und *M*2 leitend. Knoten 1 und 2 sind damit relativ niederohmig verbunden. Bei Ansteuerung am Eingang *S* mit logisch „0" sind die Transistoren *M*1 und *M*2 gesperrt, die Verbindung zwischen Knoten 1 und 2 ist hochohmig unterbrochen.

CMOS-Verstärker: Um den Bogen zurück zur Analogtechnik zu spannen, erfolgt die Beschaltung eines CMOS-Inverters so, dass der Arbeitspunkt in der Weise sich einstellt, dass ein Verstärkerverhalten gegeben ist. Es lassen sich somit mit einem Digitalschaltkreis bei geeigneter Beschaltung Verstärkereigenschaften realisieren. Abb. 7.57 zeigt einen CMOS-Inverter mit Parallelgegenkopplung. Durch den Widerstand *R*2 im

Abb. 7.57 CMOS-Inverter
als parallelgegengekoppelter
Verstärker; M1 und M2
Anreicherungstypen

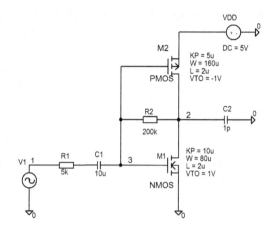

Experiment 7.4-11: CMOSVER – DC-Analyse und
AC-Analyse des Verstärkers im Arbeitspunkt mit dem
SimulationProfile „DC" und „AC".

Rückkopplungspfad entsteht selbstzentrierend ein geeigneter Arbeitspunkt für den
Verstärkerbetrieb.

In einem ersten Experiment wird für die Testschaltung von Abb. 7.57 genauer untersucht. Die Transistoren $M1$ und $M2$ sind so dimensioniert, dass sie gleiche Stromergiebigkeit aufweisen, somit muss bei 5 V Versorgungsspannung der Arbeitspunkt am
Ausgang bei 2,5 V liegen.

Wie bereits erwähnt, ist der CMOS-Inverter mit $R2$ parallel gegengekoppelt. Zur DC-
Entkopplung muss am Eingang $C1$ eingefügt werden. Die Bestimmung des Arbeitspunktes erfolgt durch DC-Analyse. Bei zwei Transistoren sind zwei Netzwerkgleichungen so
zu formulieren, dass nur Ströme und Steuerspannungen auftauchen. Die zwei Netzwerkgleichungen lauten für die Schaltung in Abb. 7.57:

$$-U_{GS,M2} + U_{GS,M1} = 5 \text{ V};$$

$$\left|I_{D,M2}\right| = I_{D,M1}. \tag{7.47}$$

Bei $\beta_{M1} = \beta_{M2}$ ist wegen der Symmetrie $U_{GS,M1} = \left|U_{GS,M2}\right| = 2,5$ V; der Arbeitspunkt
liegt also damit genau dort, wo Verstärkung gegeben ist. Zunächst soll durch DC-Ana-
lyse der Testschaltung im Experiment (Abb. 7.57) dieser Sachverhalt bestätigt werden.
Bei bekannter Steuerspannung lässt sich gemäß Gleichung in Abb. 7.2a der Drainstrom
bestimmen. Für den Arbeitspunktstrom erhält man $I_D = 0,45$ mA.

Als nächstes erfolgt für die Testschaltung in Abb. 7.57 eine AC-Analyse. Das Ergebnis der AC-Analyse ist in Abb. 7.58 dargestellt. Der Lastwiderstand an Knoten 2 ist in
dem Schaltungsbeispiel 200 kΩ (ohne Berücksichtigung von Innenwiderständen). Somit
ist die „innere" Verstärkung von Knoten 3 nach Knoten 2:

$$\left|\underline{v}\right|_{23} = \left(g_{m,M1} + g_{m,M2}\right) \cdot 200 \text{ k}\Omega = \frac{400 \text{ k}\Omega}{1,66 \text{ k}\Omega} = 240. \tag{7.48}$$

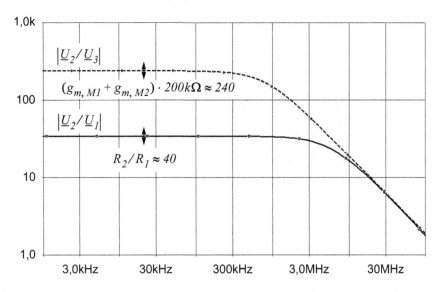

Abb. 7.58   Ergebnis der AC-Analyse des CMOS-Inverters, Testschaltung in Abb. 7.57

Die Gesamtverstärkung von Knoten 1 nach Knoten 2 ist dann, wie für Parallelgegen-kopplung bei genügend hoher „innerer" Verstärkung bekannt:

$$\left|\underline{v}\right|_{21} = \frac{R_2}{R_1} = 40. \tag{7.49}$$

Die Lastkapazität bildet mit dem Innenwiderstand an Knoten 2 eine obere Eckfrequenz.

7.4.3   Schalter-Kondensator-Technik

In integrierten Schaltkreisen wird besonders vorteilhaft die Schalter-Kondensator-Tech-nik (SC-Technik: Switched-Capacitor-Technik) angewandt. Mit ihr lassen sich in inte-grierten Digitalschaltungen besonders vorteilhaft bei niedrigem Leistungsverbrauch Schaltungsfunktionen durch Schalter, Kondensatoren und Verstärker realisieren. Das Grundprinzip des Schalter-Kondensator-Technik ist der Ladungstransfer zwischen Kapa-zitäten, gesteuert durch Umschaltvorgänge.

SC-Tiefpass: Im Beispiel Abb. 7.59 wird von zwei phasenverschoben angesteuer-ten NMOS-Schaltern der Ladungstransfer von Kapazität $C1$ nach $C2$ gesteuert. Das Wirkungsprinzip soll beispielhaft an einem SC-Tiefpass dargestellt werden. Die Über-tragungsfunktion hängt vom Kapazitätsverhältnis und von der Taktfrequenz ab. In der Praxis ist man insbesondere in der integrierten Technik bestrebt, möglichst kleine Kapa-zitätswerte zu realisieren. In einem ersten Experiment wird ein SC-Tiefpass mit zwei phasenverschoben angesteuerten MOS-Schaltern ($M1$, $M2$) und zwei Kapazitäten ($C1$, $C2$) untersucht. Anschließend erfolgt die Erweiterung des Prinzips auf einen Integrator.

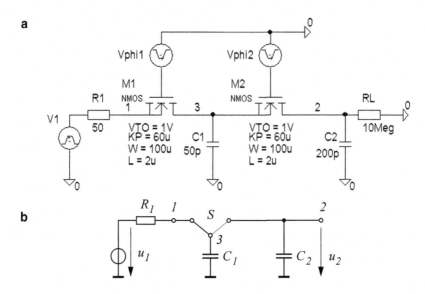

Experiment 7.4-12: SC_Tiefpass_50p_200p

Experiment 7.4-13: SC_RCGlied_50p_2n

Abb. 7.59 Schalter-Kondensator-Tiefpass; M1 und M2 Anreicherungstypen; **a** Testschaltung; **b** Prinzipschaltung eines Schalter-Kondensator-Tiefpasses

Die Transistoren $M1$ und $M2$ werden über die Steuerspannungen $Vphi1$ und $Vphi2$ geschaltet. Die Schaltfrequenz muss deutlich größer sein, als die Signalfrequenz. Die Prinzipschaltung des Schalter-Kondensator-Tiefpasses zeigt Abb. 7.59b. Für den Schalter gibt es drei Zustände: a) beide Transistoren sind gesperrt; b) Transistor $M1$ ist leitend und $M2$ gesperrt; c) Transistor $M2$ ist leitend und $M1$ ist gesperrt. Im Falle b) ist der Kondensator $C1$ an die Signalquelle geschaltet; im Falle c) sind die beiden Kondensatoren $C1$ und $C2$ miteinander verbunden. Der Ausgangswiderstand stellt einen hochohmigen Lastwiderstand dar.

Das Simulationsergebnis der Testschaltung von Abb. 7.59 zeigt das Ergebnis in Abb. 7.60 mit $C1 = 50$ pF und $C2 = 200$ pF. Das Tiefpassverhalten ist im übrigen unabhängig vom Absolutwert der Kapazitäten. Es hängt ab von der Schaltfrequenz und vom Verhältnis der Kapazitäten. Allerdings ist bei kleinen Kapazitätswerten die Ladungsmenge bei gleicher Spannung niedriger. Damit haben Leckströme einen größeren Einfluss.

Zum besseren Verständnis wird der Zeitbereich gedehnt. In Abb. 7.61 ist die Steuerspannung u_{phi1} und u_{phi2} der Transistoren $M1$ und $M2$ dargestellt, des weiteren der Ladestrom i_{C1} und i_{C2} der Kapazitäten. Die Größe des Ladestroms hängt vom Kapazitätswert und von der Änderungsgeschwindigkeit der Ladespannung ab. Um nicht zu hohe Ströme zu erhalten, sollte die Flankensteilheit der Steuerspannung für $M1$ und $M2$ nicht zu steil sein.

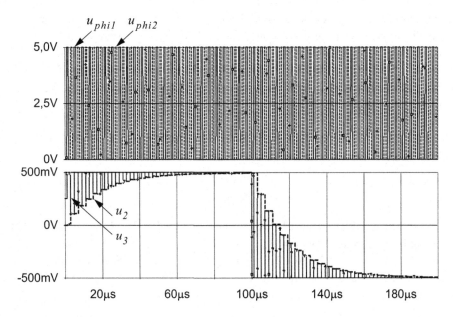

Abb. 7.60 Ergebnis der TR-Analyse des SC-Tiefpasses mit $C1 = 50$ pF und $C2 = 200$ pF; Einhüllende: Verlauf von u_2

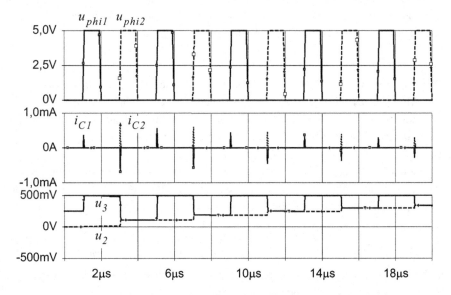

Abb. 7.61 Ergebnis der TR-Analyse mit gedehntem Zeitmaßstab

Zunächst sind bei $t = 0$ die beiden NMOS-Transistoren gesperrt. Die Ausgangsspannung u_2 ist Null, da zum Kondensator $C2$ noch keine Ladung transferiert wurde. Die Eingangsspannung $U_1 = 0{,}5$ V teilt sich je zur Hälfte auf die beiden gesperrten NMOS-Transistoren auf. Bei $t = 1\,\mu$s wird $M1$ durchgeschaltet. Die Eingangsspannung $U_1 = 0{,}5$ V liegt nun am Kondensator $C1$ bzw. an Knoten 3. Der Kondensator $C1$ wird aufgeladen, es wird ihm eine Ladung in Höhe von:

$$\Delta Q_1 = C_1 \cdot U_1. \tag{7.50}$$

zugeführt. Es fließt ein mittlerer Ladestrom bezogen auf die Schaltperiode T:

$$I = \frac{\Delta Q_1}{T}. \tag{7.51}$$

Bei $t = 2\,\mu$s ist der NMOS-Transistor $M1$ wieder abgeschaltet. Der Kondensator $C1$ hält die Ladung bzw. Spannung. Bei $t = 3\,\mu$s wird $M2$ durchgeschaltet. Die Ladung von $C1$ verteilt sich nunmehr auf $C1$ und $C2$. Damit ergibt sich folgende Spannung an $C2$ bzw. an Knoten 2 bei konstanter Ladung:

$$Q_1 = (C_1 + C_2) \cdot U_2. \tag{7.52}$$

Aufgrund der im Beispiel gegebenen Werte für $C1$ und $C2$ erhält man für U_2 eine Spannung von $U_2 = 0{,}5$ V $\cdot\ C_1/(C_1 + C_2) = 0{,}5$ V/5 $= 0{,}1$ V. Bei $t = 4\,\mu$s wird der NMOS-Transistor $M2$ wieder abgeschaltet. Der Kondensator $C1$ und der Kondensator $C2$ hält die Spannung von $U_2 = 0{,}1$ V. Bei $t = 5\,\mu$s erfolgt ein erneutes Durchschalten von $M1$. Dem Kondensator $C1$ wird eine weitere Ladungsmenge

$$\Delta Q_1 = C_1 \cdot (U_1 - U_2); \tag{7.53}$$

zugeführt. Ab $t = 6\,\mu$s wird $M1$ abgeschaltet. Der Kondensator $C1$ hält die zugeführte Ladung. Als nächstes wird $M2$ bei $t = 7\,\mu$s wieder durchgeschaltet. Die Ladung von $C1$ verteilt sich somit erneut auf $C1$ und $C2$. Es ergibt sich die Spannung $U_2 = 0{,}1$ V $+ 0{,}4$ V/5 $= 0{,}18$ V. Wird $M2$ bei $t = 8\,\mu$s abgeschaltet, wird die Spannung $U_2 = 0{,}18$ V gehalten.

Allgemein erfolgt bei positiver Eingangsspannung eine Zuführung von Ladung an den Kondensator $C1$ nach obiger Gleichung während der Schaltperiode T. Der mittlere Ladestrom bezogen auf eine Schaltperiode T beträgt demnach:

$$I = \frac{\Delta Q_1}{T} = \frac{C_1 \cdot (U_1 - U_2)}{T} = f \cdot C_1 \cdot (U_1 - U_2) = \frac{(U_1 - U_2)}{R_{equ}}. \tag{7.54}$$

Durch Koeffizientenvergleich wird deutlich, dass die Schaltungsanordnung bestehend aus $M1$, $M2$ und $C1$ wie ein Widerstand der Größe

$$R_{equ} = 1/(f \cdot C_1). \tag{7.55}$$

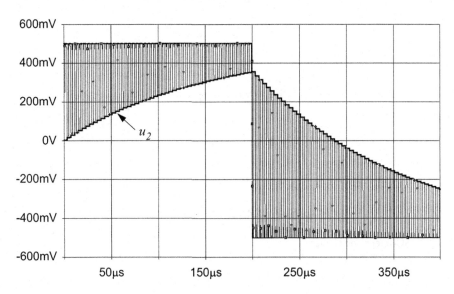

Abb. 7.62 TR-Analyse mit $C1 = 50$ pF und $C2 = 2$ nF; Einhüllende: Verlauf von u_2

wirkt. Der äquivalente Widerstand R_{equ} stellt mit $C2$ einen RC-Tiefpass dar. Bei einer Schaltperiode von $T = 4\ \mu$s und einem Kapazitätswert $C1 = 50$ pF ergibt sich ein äquivalenter Widerstand der Größe $R_{equ} = 80$ kΩ. Der äquivalente Widerstand R_{equ} wird bestimmt durch die Schaltfrequenz und durch die Kapazität $C1$. Damit geht in die Zeitkonstante des Tiefpasses nur das Kapazitätsverhältnis und die Schaltfrequenz ein.

Soll bei gleichbleibender Schaltfrequenz die Zeitkonstante verändert werden, so ist das Kapazitätsverhältnis zu ändern. Als nächstes Experiment wird bei gleicher Schaltungsanordnung der Kondensator $C2$ von 200 pF auf 2 nF erhöht. Damit erhöht sich die Zeitkonstante, wie aus dem Ergebnis in Abb. 7.62 zu entnehmen ist.

SC-Integrator: Das am Tiefpass dargestellte Prinzip kann auf andere Schaltungen angewandt werden. Zur beispielhaften Erweiterung wird im folgenden Experiment (Abb. 7.63) eine SC- Integratorschaltung gewählt.

Der Leckstrom der NMOS-Transistoren in der Größenordnung von nA bildet am Lastwiderstand RL eine Offsetspannung, die sich am Ausgang bemerkbar macht. Aus dem Grunde darf der Widerstand RL bzw. $R2$ nicht zu hochohmig sein.

Bei einer Amplitude der Eingangsspannung von $U_1 = 0,5$ V und einem äquivalenten Widerstand $R_{equ} = 8$ kΩ erhält man gemäß $I = C \cdot$ du/dt für die gegebene Schaltung folgende Beziehung:

$$0,5\ \text{V}/8\ \text{k}\Omega = 1nF \cdot \frac{\Delta u_2}{\Delta t}. \qquad (7.56)$$

Es ergibt sich somit eine Spannungsänderung am Ausgang von 6,25 V pro 100 μs, was durch das Simulationsergebnis in Abb. 7.64 sehr gut bestätigt wird.

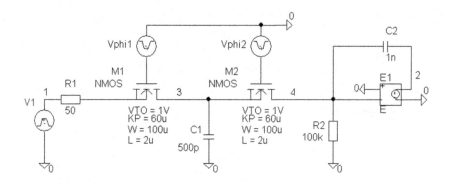

Experiment 7.4-14: SC_Integrator1

Abb. 7.63 SC-Integratorschaltung

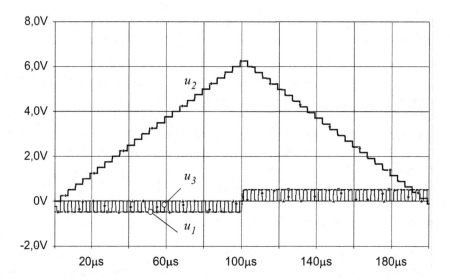

Abb. 7.64 Ergebnis des SC-Integrators

Die beschriebenen Beispiele stehen für vielfältige Anwendungen der Schalter-Konden-sator-Technik. Im Rahmen der Erarbeitung von Grundlagen soll das Thema bewusst auf das Wirkungsprinzip beschränkt werden.

Funktionsschaltungen für Systemanwendungen

Behandelt werden wichtige Anwendungsschaltungen für die Praxis. Die Anwendungsschaltungen haben jeweils eine Funktion zu erfüllen, insofern sind es Funktionsschaltungen. Die Funktionsschaltungen bestehen aus Funktionsprimitiven, wie sie in den vorhergehenden Kapiteln vorgestellt wurden.

8.1 Treiberstufen

Treiberstufen sind im Wesentlichen Leistungsverstärker, bei denen es weniger auf die Spannungsverstärkung als auf die Leistungsverstärkung und Aussteuerbarkeit ankommt. Anders ausgedrückt: Eine Treiberstufe hat die Aufgabe eine niederohmige Last R_L auf eine hochohmige Eingangsschnittstelle zu transformieren. Dabei soll der Innenwiderstand am Ausgang der Treiberstufe niederohmig sein. Die Impedanztransformation könnte man im Allgemeinen u. a. auch mit einem passiven Transformator (siehe Abschn. 4.1.2) erreichen.

Abbildung 8.1 zeigt das Grundprinzip einer Treiberstufe. Die Treiberstufe soll eine Signalleistung P_2 an den Lastkreis mit R_L abgeben, bei möglichst geringer Steuerleistung P_1. Die höhere Ausgangssignalleistung P_2 erzeugt die Treiberstufe durch Umformung aus der Versorgungsleistung. Die Treiberstufe hat also die Aufgabe eine über die Versorgungsspannung verfügbare DC-Leistung in eine Wechselleistung P_2 umzuformen, gesteuert durch P_1. Eine wichtige Kenngröße ist dabei der Wirkungsgrad. Es stellt sich die Frage, wieviel Versorgungsleistung muss für eine bestimmte Signalleistung am Ausgang aufgewandt werden.

Treiberstufen werden unterschieden, je nach Lage des Arbeitspunktes auf der Übertragungskennlinie des Verstärkerelementes (siehe Abb. 6.8):

- A-Betrieb: Es fließt ein signifikanter Strom im Arbeitspunkt;
- AB-Betrieb: Arbeitspunkt am Übergang Sperrbetrieb-Flussbetrieb;

© Springer-Verlag Berlin Heidelberg 2018
J. Siegl und E. Zocher, *Schaltungstechnik*,
https://doi.org/10.1007/978-3-662-56286-4_8

Abb. 8.1 Zum Grundprinzip
einer Treiberstufe

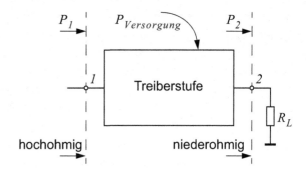

- B-Betrieb: Ohne Vorspannung des Transistors (BJT);
- C-Betrieb: Mit Vorspannung im Sperrbetrieb.

Bei einer Treiberstufe im A-Betrieb arbeitet der Transistor im Normalbetrieb, es fließt ein Ruhestrom. Ausgesteuert wird um den Arbeitspunkt. Im AB-Betrieb liegt der Arbeitspunkt im Knickpunkt der Übertragungskennlinie. Bei sinusförmiger Aussteuerung fließt während einer Halbwelle Strom, während der anderen Halbwelle ist der Transistor gesperrt. Der Stromflusswinkel beträgt dabei ca. 180° (Stromfluss während einer halben Periode). Im C-Betrieb fließt erst ab dem Erreichen der Schwellspannung Strom, der Stromflusswinkel ist demzufolge < 180°. Allgemein interessieren folgende Eigenschaften bei Treiberstufen:

- DC-Übertragungskurve und Aussteuerbarkeit;
- AC-Übertragungsverhalten;
- Schnittstellenverhalten mit Eingangswiderstand und Ausgangswiderstand;
- Wirkungsgrad $\eta = P_2/P_{gesamt}$; der Wirkungsgrad ist eine Maßzahl für das Verhältnis der abgegebenen Nutzleistung zur aufgewendeten Gesamtleistung.

8.1.1   Treiberstufen im A-Betrieb

Treiberstufen im A-Betrieb sind dadurch gekennzeichnet, dass sie einen Ruhestrom ziehen. Damit verbunden ist im Allgemeinen ein geringer Wirkungsgrad. Als erstes werden einige Varianten von Treiberstufen im A-Betrieb behandelt.

A-Betrieb mit AC-Kopplung: Die Schaltungsvariante zeigt Abb. 8.2. Aussteuerungen in positiver Richtung sind dadurch begrenzt, dass der Transistor in den Sättigungsbetrieb übergeht. Die negative Aussteuergrenze ergibt sich dann, wenn der Transistor in den Sperrbetrieb übergeht. Der Arbeitspunkt sollte möglichst in der Mitte zwischen den Aussteuergrenzen liegen. Die negative Aussteuergrenze bestimmt sich mit $I_E = 0$ aus (siehe Gl. (6.53)):

$$\frac{(2\,\text{V} - \Delta U_2)}{1\,\text{k}\Omega} = \frac{\Delta U_2}{100\,\Omega};$$

$$\frac{2\,\text{V}}{1\,\text{k}\Omega} = \Delta U_2 \left(\frac{1}{100\,\Omega} + \frac{1}{1\,\text{k}\Omega} \right). \tag{8.1}$$

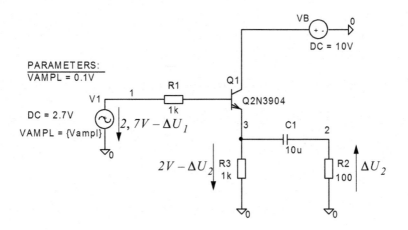

Experiment 8.1-1: Emitterfolg_A_AC – Simulation Profiles für AC- und TR-Analyse.

Abb. 8.2 Emitterfolger im A-Betrieb mit AC-Kopplung bei negativer Aussteuerung

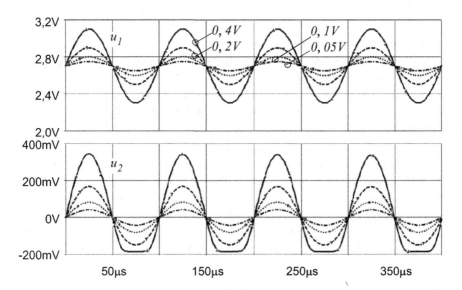

Abb. 8.3 Ergebnis der Transienten-Analyse des Emitterfolgers im A-Betrieb, Testschaltung in Abb. 8.2

Im Beispiel beträgt die maximale negative Aussteuerung $\Delta U_2 \approx 0{,}2$ V. Selbstverständlich ist darauf zu achten, dass der Transistor bei positiver Aussteuerung nicht in den Sättigungsbetrieb ausgesteuert wird. Im Experiment nach Abb. 8.2 und der dort skizzierten Testschaltung wird die Aussteuerung der Treiberstufe im A-Betrieb näher untersucht. Abbildung 8.3 zeigt das Ergebnis bei unterschiedlichen Signalamplituden, bei sinusförmiger Aussteuerung um den Arbeitspunkt. Die Transienten-Analyse bestätigt die Abschätzung betreffs der Aussteuergrenze.

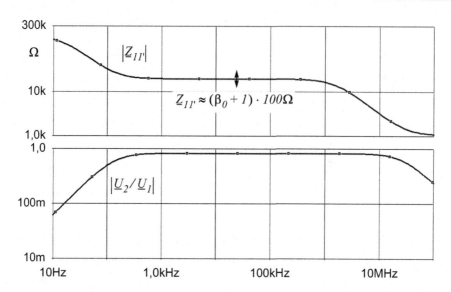

Abb. 8.4 Ergebnis der AC-Analyse des Emitterfolgers im A-Betrieb mit AC-Kopplung, Testschaltung in Abb. 8.2

Als nächstes erfolgt eine AC-Analyse im gegebenen Arbeitspunkt der Testschaltung in Abb. 8.2. Die Verstärkung des Emitterfolgers im A-Betrieb mit AC-Kopplung ist etwa 1. Der Eingangswiderstand ergibt sich, wie beim Emitterfolger bekannt, mit ca. $\underline{Z}_{11'} \approx (\beta_0 + 1) \cdot 100\,\Omega$. Der Innenwiderstand am Ausgang ist relativ niederohmig mit ca. $\underline{Z}_{22'} \approx r_e + 1\,\text{k}\Omega/(\beta_0 + 1)$. Das Ergebnis der AC-Analyse in Abb. 8.4 bestätigt die Abschätzungen.

A-Betrieb mit DC-Kopplung: Als nächste Variante wird dieselbe Schaltung betrachtet, aber mit DC-Kopplung. Der Koppelkondensator ist im Beispiel in Abb. 8.5 gegenüber der Anordnung in Abb. 8.2 entfernt. In der betrachteten Schaltung ist der DC-Anteil der Eingangsspannung so gewählt, dass der Arbeitspunkt der Ausgangsspannung etwa bei 0 V liegt. Die Ausgangsspannung ist nach oben begrenzt auf $U_B - U_{CE,\,sat}$, weil bei positiver Aussteuerung der Transistor in die Sättigung ausgesteuert wird. Bei einer Ausgangsspannung von:

$$U_2 \leq -U_B \cdot \frac{R_2}{R_2 + R_E}; \tag{8.2}$$

wird der Transistor gesperrt. Mit einer DC-Sweep-Analyse lassen sich das Übertragungsverhalten und die Aussteuergrenzen ermitteln. Die Aussteuerung nach oben ist begrenzt durch den Übergang des Transistors in den Sättigungsbetrieb. Nach unten ergibt sich die Aussteuergrenze gemäß Gl. (8.2).

Von besonderem Interesse bei Treiberstufen ist der Wirkungsgrad. Die Treiberstufe gibt an den Verbraucher die Nutzleistung P_2 ab. Bei entsprechender Leistungsverstärkung kann die Eingangsleistung P_1 in der Gesamtleistungsbilanz vernachlässigt werden.

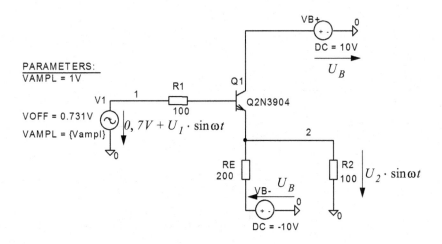

Experiment 8.1-2: **Experiment 8.1-2:** Emitterfolg_A_DC – Simulation Profiles für DCSweep- und TR-Analyse.

Abb. 8.5 Emitterfolger im A-Betrieb mit DC-Kopplung

In einer Detailuntersuchung soll der Wirkungsgrad der Schaltung nach Abb. 8.5 analysiert werden. Der Mittelwert der Ausgangsleistung beträgt bei $U_2 = U_1$:

$$P_2 = \frac{U_2^2}{2 \cdot R_2}. \tag{8.3}$$

Die Leistungsaufnahme des Transistors erhält man aus:

$$P_{Q1} = \frac{1}{T} \cdot \int_0^T u_{CE} \cdot i_C dt = \frac{1}{T} \cdot \int_0^T (U_B - U_2 \sin \omega t) \cdot \left(\frac{U_2 \sin \omega t}{R_2} + \frac{U_B + U_2 \sin \omega t}{R_E} \right) dt;$$

$$P_{Q1} = \left(\frac{U_B^2}{R_E} - \frac{U_2^2}{2 \cdot R_2} - \frac{U_2^2}{2 \cdot R_E} \right). \tag{8.4}$$

Bei Aussteuerung nimmt der Transistor weniger Leistung auf. Er gibt Leistung an R_2 und R_E ab. Die Leistungsaufnahme des Widerstandes erhält man aus:

$$P_{RE} = \frac{U_B^2}{R_E} + \frac{U_2^2}{2 \cdot R_E}. \tag{8.5}$$

Schließlich bestimmt sich die Gesamtleistungsaufnahme mit:

$$P_{Versorg} = 2 \cdot \frac{U_B^2}{R_E}. \tag{8.6}$$

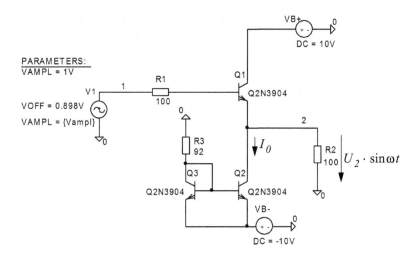

Experiment 8.1-3: Emitterfolg_A_DC_Stromqu – DCSweep- und TR-Analyse.

Abb. 8.6 Emitterfolger im A-Betrieb mit DC-Kopplung und Konstantstromquelle

Die maximale Ausgangsleistung ergibt sich für die maximale unverzerrte Ausgangsamplitude. Demnach erhält man den maximalen Wirkungsgrad für größtmögliche unverzerrte Aussteuerung (Gl. (8.2)):

$$\eta_{max} = \frac{P_{2,max}}{P_{ges}} = \frac{\frac{U_B^2}{2}\frac{R_2}{(R_2+R_E)^2}}{2\frac{U_B^2}{R_E}} = \frac{1}{4}\frac{R_2R_E}{(R_2+R_E)^2} = \frac{1}{16}\bigg|_{R_2=R_E}. \tag{8.7}$$

Der Wirkungsgrad wird maximal bei $R_2 = R_E$. Es muss also im günstigsten Fall 16-mal mehr Leistung seitens der Versorgung aufgewendet werden, als an den Verbraucher abgegeben wird. Für viele Leistungsstufen ist das nicht akzeptabel.

A-Betrieb mit Stromquelle im Emitterpfad: Ersetzt man den Widerstand R_E durch eine Stromquelle, so erhält man eine weitere Variante der Treiberstufe im A-Betrieb. Abbildung 8.6 zeigt die Schaltungsanordnung, deren DC-Übertragungsfunktion und deren Aussteuergrenzen im zugehörigen Experiment durch eine DCSweep-Analyse untersucht wird.

Die Stromquelle wird durch eine basisgekoppelte Differenzstufe realisiert. Die maximale negative Aussteuerung ergibt sich, wenn der Transistor $Q1$ sperrt. Es fließt dann der Konstantstrom über den Lastkreis:

$$U_{2,max} = I_0 \cdot R_2. \tag{8.8}$$

Die Stromquelle wird so dimensioniert, dass sich eine Aussteuerbarkeit von nahezu $\pm U_B$ ergibt. Dazu muss der Konstantstrom im Beispiel ca. 100 mA betragen. Die Stromquelle hilft die Aussteuerbarkeit der Treiberstufe zu verbessern. Der Konstantstrom kann unabhängig vom Lastwiderstand eingestellt werden. Wie man aus dem Experiment entnehmen kann, ergibt sich wegen des nichtidealen Innenwiderstandes der Konstantstromquelle ein aussteuerungsabhängiger Konstantstrom. Der Innenwiderstand ließe sich – wie schon betrachtet – durch Seriengegenkopplung hochohmiger machen.

Die Leistungsaufnahme der Konstantstromquelle ist nahezu konstant gleich:

$$P_{Stromqu} = \frac{1}{T} \cdot \int\limits_0^T ((U_B + U_2 \sin \omega t) \cdot I_0 + U_B \cdot I_0) \, dt = 2 \cdot U_B \cdot I_0. \qquad (8.9)$$

Für die Leistungsaufnahme des Transistors erhält man

$$P_{Q1} = \frac{1}{T} \cdot \int\limits_0^1 (U_B - U_2 \sin \omega t) \cdot \left(I_0 + \frac{U_2 \sin \omega t}{R_2} \right) dt = U_B I_0 - \frac{U_2^2}{2R_2}. \qquad (8.10)$$

Die Nutzleistung bestimmt sich bei sinusförmiger Aussteuerung gemäß Gl. (8.3). Auch hier wird deutlich, dass die Leistung, die der Verbraucher aufnimmt vom Transistor kommt. Der Treibertransistor wirkt als „Energiewandler". Er wandelt DC-Leistung von der DC-Quelle in Wechselleistung um, die an den Verbraucher abgegeben wird. Ohne Aussteuerung wird der Transistor am „heißesten". Der Wirkungsgrad der Treibervariante mit Konstantstromquelle ist für maximale Aussteuerung $U_{2,\,max} = I_0 \cdot R_2 \approx U_B$:

$$\eta_{max} = \frac{(I_0 R_2)^2 / 2R_2}{3 U_B I_0} \approx \frac{1}{6}. \qquad (8.11)$$

Gegenüber der zuletzt betrachteten Schaltungsvariante mit dem Widerstand R_E erhält man bei Einführung einer Stromquelle anstelle von R_E eine deutliche Verbesserung der Aussteuerbarkeit und des Wirkungsgrades.

A-Betrieb mit gesteuerter Stromquelle und Parallelgegenkopplung: In der in Abb. 8.7 skizzierten Variante wird die basisgekoppelte Stromquelle ($Q3$, $Q2$) durch $Q4$ gesteuert. Der Transistor $Q4$ weist von Knoten *3* nach Knoten *4* eine Verstärkung auf. Der Emitterfolger $Q1$ gibt das Signal von Knoten *4* zum Ausgangsknoten *2* unverstärkt weiter. Von Knoten *2* nach Knoten *3* wirkt mit R_F eine Parallelgegenkopplung. Bei hinreichender Wirkung der Gegenkopplung beträgt die gegengekoppelte Verstärkung gleich -1 von Knoten *1* nach Knoten *2*.

Der Konstantstrom I_0 wird nur für negative Aussteuerungen am Ausgang benötigt. Bei positiven Halbwellen verringert sich der Strom I_0, bei negativen Halbwellen erhöht er sich. Diese gegenphasige Wirkung des Stroms I_0 verbessert den Wirkungsgrad. Ein großer Strom I_0 wird nur für negative Aussteuerungen benötigt, um die negative Aussteuerbarkeit zu verbessern. Bei positiver Aussteuerung würde ein großer Strom I_0 den Wirkungsgrad verschlechtern. Eine genauere Untersuchung ermöglicht das Experiment in Abb. 8.7.

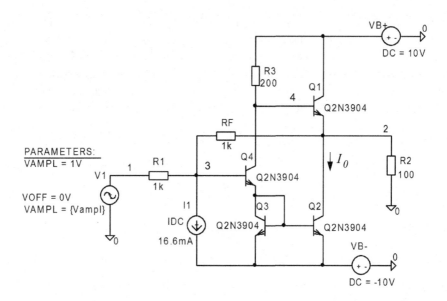

Experiment 8.1-4: Emitterfolg_A_DC_Stromqu_GekPar – DCSweep- und TR-Analyse.

Abb. 8.7 Emitterfolger im A-Betrieb mit Parallelgegenkopplung

8.1.2 Komplementäre Emitterfolger im AB-Betrieb

Treiberstufen im AB-Betrieb ziehen keinen signifikanten Ruhestrom. Damit lässt sich der Wirkungsgrad entscheidend verbessern. Um Verzerrungen zu vermeiden benötigt man geeignet vorgespannte sogenannte komplementäre Emitterfolger als Treiberstufen.

Komplementäre Emitterfolger im B-Betrieb: Eine durchschlagende Verbesserung des Wirkungsgrads lässt sich nur mit komplementären Emitterfolgern erzielen. Abbildung 8.8 zeigt eine Treiberstufe mit Emitterfolgern im B-Betrieb ohne Vorspannung im Steuerkreis der Transistoren. Beim Überschreiten der Schwellspannung der Emitter-Basis Diode liefert bei positiver Eingangsspannung der Transistor $Q1$ den Laststrom, bei negativer Eingangs-spannung und Überschreiten der Schwellspannung der Transistor $Q2$. Einer der beiden Transistoren ist immer gesperrt. Ungünstig ist, dass im Bereich von $-0,7\,\mathrm{V} < U_1 < 0,7\,\mathrm{V}$ der Ausgang nicht reagiert.

Das im Experiment nach Abb. 8.8 ermittelte Ergebnis der DC-Übertragungskurve ist in Abb. 8.9 dargestellt. Es zeigt auch die Stromverläufe von $Q1$ und $Q2$ in Abhängig-keit der Aussteuerung. Im Bereich der Eingangsspannung $-0,7\,\mathrm{V} < U_1 < 0,7\,\mathrm{V}$ ist die Schwellspannung der Transistoren nicht erreicht. Demzufolge ist die Ausgangsspannung Null. Die Transistoren $Q1$ und $Q2$ sind gesperrt. Bei $U_1 > 0,7\,\mathrm{V}$ liefert $Q1$ den Laststrom; bei $U_1 < 0,7\,\mathrm{V}$ ist $Q2$ aktiv.

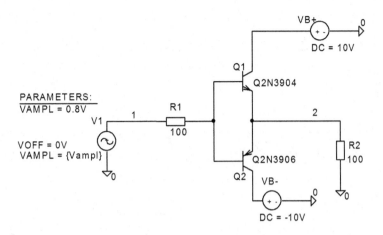

Experiment 8.1-5: Emitterfolg_B_DC – DCSweep- und TR-Analyse.

Abb. 8.8 Emitterfolger im B-Betrieb

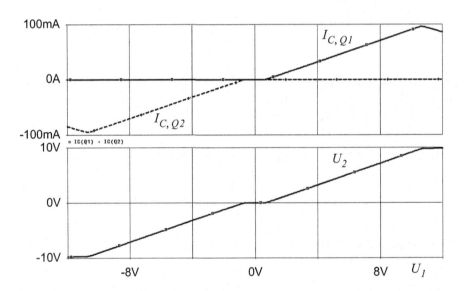

Abb. 8.9 DC-Übertragungskurve des Emitterfolgers im B-Betrieb

Als nächstes werden die zeitlichen Momentanwerte der Kollektorströme von $Q1$ und $Q2$, sowie der zeitliche Momentanwert der Ausgangsspannung untersucht. Abbildung 8.10 zeigt das Ergebnis. Wegen der Schaltschwellen der Transistoren ist die Ausgangsspannung um den Nullpunkt verzerrt. Bei maximaler Aussteuerung bis U_B erhält man für die Nutzleistung am Verbraucher:

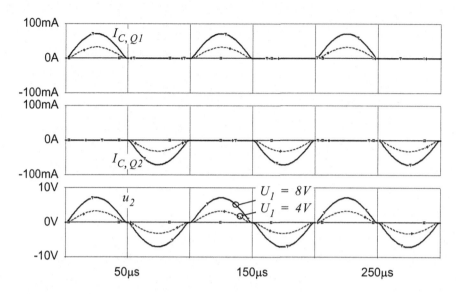

Abb. 8.10 Zur Aussteuerung des Emitterfolgers im B-Betrieb

$$P_{2,\,max} = \frac{U_B^2}{2 \cdot R_2}. \tag{8.12}$$

Die Verlustleistung am Transistor ergibt sich durch Integration des zeitlichen Momentan-werts der Leistung über die aktive Periode ($T/2$), da im gesperrten Zustand des Transis-tors keine Leistungsaufnahme vorliegt:

$$P_Q = \frac{1}{T} \cdot \int_0^{T/2} (U_B - U_2 \cdot \sin \, \omega t) \cdot \frac{U_2 \cdot \sin \, \omega t}{R_2} dt;$$

$$P_{Q,max} = U_B \cdot U_2 \cdot \frac{1}{\pi \cdot R_2} - U_2^2 \cdot \frac{1}{4 \cdot R_2} = \frac{U_B^2}{R_2} \cdot \frac{4 - \pi}{4 \cdot \pi} \approx 0{,}07 \cdot \frac{U_B^2}{R_2}. \tag{8.13}$$

In der angestellten Betrachtung wird das Problem der Schwellspannung vernachlässigt. Der Wirkungsgrad ist bei $U_2 = U_B$ demnach:

$$\eta_{max} = \frac{P_{2,\,max}}{P_{ges}} = \frac{P_{2,\,max}}{2P_{Q,\,max} + P_{2,\,max}} \approx 78 \, \%. \tag{8.14}$$

Bei maximaler Aussteuerung mit $U_2 = U_B$ erhält man eine signifikante Verbesserung des Wirkungsgrads gegenüber Emitterfolgern im A-Betrieb.

Komplementäre Emitterfolger im AB-Betrieb: Ein Problem sind die Verzerrungen des Ausgangssignals, die sich im Betrieb durch die Schwellspannung der Transistoren ergeben. Diese Verzerrung lässt sich durch eine geeignete Vorspannung vermeiden. Man spricht dann von Emitterfolgern im AB-Betrieb. Das Schaltungsprinzip eines komple-mentären Emitterfolgers im AB-Betrieb ist im Abb. 8.11 skizziert.

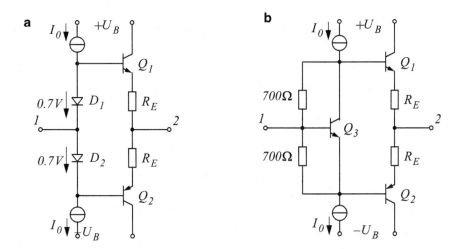

Abb. 8.11 Komplementäre Emitterfolgers im AB-Betrieb; **a** Realisierung mit Dioden als Spannungsquellen; **b** mögliche Realisierungsvariante

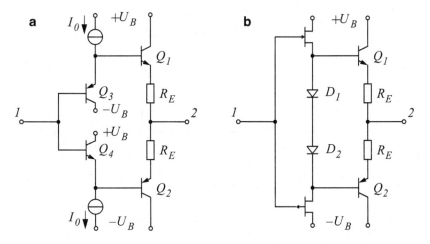

Abb. 8.12 Weitere Schaltungsvarianten für komplementäre Emitterfolger im AB-Betrieb

Soll der Arbeitspunkt so liegen, dass sich ein AB-Betrieb einstellt, wird eine Spannungsquelle (z. B. Abschn. 6.3.4) zur Vorspannungserzeugung benötigt. Im Emitterpfad ist zudem ein Seriengegenkopplungswiderstand eingefügt. Er vermindert zwar die Steilheit des Transistors $Q1$ bzw. $Q2$, hilft aber unzulässig hohe Querströme zu begrenzen. Bei höheren Signalfrequenzen kann es sein, dass der eine Transistor schon „leitend" ist und aufgrund von inneren Verzögerungen der andere Transistor noch „leitend" ist. In diesem Fall würde ein hoher Querstrom fließen.

Es stellt sich nunmehr die Frage, wie lässt sich die erforderliche Spannungsquelle realisieren. Abbildung 8.11 und 8.12 zeigen mögliche Schaltungsvarianten. Die Stromquelle in den Varianten Abb. 8.11a, b und 8.12a wird benötigt, um die Dioden $D1$ und $D2$, den

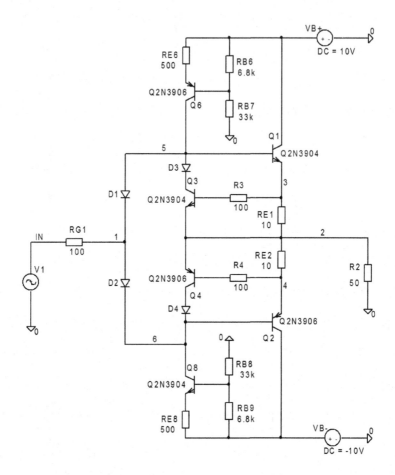

Experiment 8.1-6: Emitterfolg_AB_Strombegrenz_DC – DCSweep
Analyse mittels des SimulationProfile „DCSweep".

Abb. 8.13 Schaltungsbeispiel eines komplementären Emitterfolgers im AB-Betrieb mit elektroni-
scher Strombegrenzung

parallel gegengekoppelten Transistor $Q3$ oder die Transistoren $Q3$ und $Q4$ in Abb. 8.12a
mit einem geeigneten Arbeitspunkt zu versorgen. Der parallel gegengekoppelte Transistor
$Q3$ in Abb. 8.11b arbeitet als Spannungsquelle mit 1,4 V Leerlaufspannung und einem niederohmigen Innenwiderstand (siehe Abschn. 6.3.4). Die Stromquelle (siehe Abschn. 6.3.5)
muss das Netzwerk zur Vorspannungserzeugung mit einem Vorstrom versorgen, aber auch
den Basisstrom der Transistoren $Q1$ und $Q2$ bereitstellen. Grundsätzlich ließe sich die
Stromquelle vereinfacht durch einen Widerstand ersetzen. Um einen bestimmten Vorstrom
zu erreichen, muss bei hoher Aussteuerung der Widerstand entsprechend niederohmig sein.
Bei hohen Lastströmen kommt noch ein nicht zu vernachlässigender Basisstrom hinzu.
Eine Stromquelle vermeidet den aussteuerungsabhängigen Vorstrom.

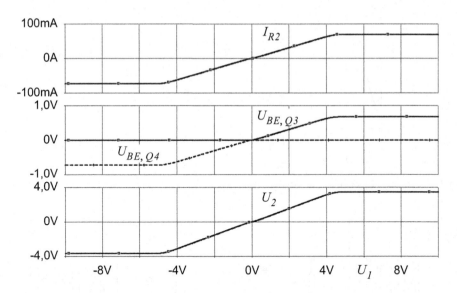

Abb. 8.14 DC-Übertragungskurve des komplementären Emitterfolgers im AB-Betrieb mit Strombegrenzung auf 70 mA

Abschließend wird ein Schaltungsbeispiel eines komplementären Emitterfolgers im AB-Betrieb betrachtet (Abb. 8.13) und im folgenden Experiment untersucht. Das Ergebnis der DC-Sweep-Analyse ist in Abb. 8.14 dargestellt. Im Beispiel in Abb. 8.13 ist eine elektronische Strombegrenzung des Ausgangsstroms enthalten. Der Ausgangsstrom ist begrenzt auf:

$$I_{2,\,max} = \frac{0,7\ \text{V}}{R_E} = 70\ \text{mA}. \tag{8.15}$$

Wird bei positivem Eingangssignal die Schwellspannung an $RE1$ von Transistor $Q3$ erreicht, so regelt $Q3$ die Ansteuerung von $Q1$ so aus, dass der Ausgangsstrom gemäß der obigen Beziehung konstant bleibt. Gleiches gilt für negative Eingangssignale für den Spannungsabfall an $RE2$, wenn die Schwellspannung von $Q4$ erreicht wird.

Die gewählte Schaltung zur Strombegrenzung mit $RE1$ und $Q3$ bzw. $RE2$ und $Q4$ weist ein Problem auf. Im Beispiel mit dem Lastwiderstand von 50 Ω ist die Ausgangsspannung aufgrund der Strombegrenzung begrenzt auf 3,5 V. Bei einer Eingangsspannung von 5 V erhält man für das Potenzial an Knoten 6 den Wert 4,2 V. Knoten 4 weist das Potenzial von 3,5 V auf. Damit würde $Q4$ in den inversen Zustand übergehen und einen unerwünschten Strom über seine nunmehr leitende Kollektor-Basisstrecke führen. Diesen parasitären Strom verhindert die Diode $D4$. Gleiches gilt für negative Eingangssignale. Hier vermeidet die Diode $D3$ den unerwünschten parasitären Strom.

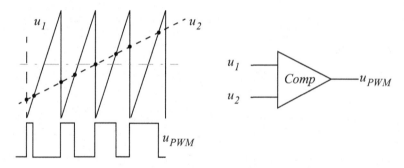

Abb. 8.15 Analoge Erzeugung eines PWM-Signals mittels Dreiecks-Signalgenerator und Komparator

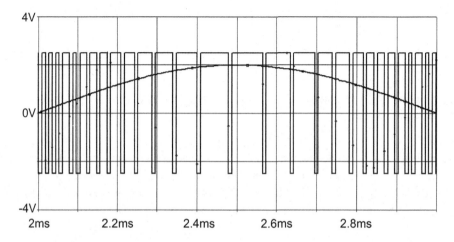

Abb. 8.16 PWM-Signal für eine sinusförmige Spannung

8.1.3 Klasse D Verstärker

Wie die Analyse von Klasse A und Klasse AB Verstärkern gezeigt hat, lässt sich der Wirkungsgrad im Schaltbetrieb beträchtlich verbessern. In der modernen Audiotechnik verwendet man digitale Methoden für die Aufbereitung und Verarbeitung von Signalen. Demzufolge werden zunehmend digitale Endstufen mit Schaltverstärkern verwendet. Mit Puls-Weiten-Modulationsverfahren (PWM) lässt sich die Amplitudeninformation im Mittelwert eines Pulssignals darstellen. Abbildung 8.16 zeigt beispielhaft ein digitalisiertes PWM-Signal für eine sinusförmige Analogspannung. Mit steigender Amplitude verbreitert sich das Tastverhältnis. Beim Mittelwert 0 V ist das Tastverhältnis 1:1.

Ausgehend von einem Analogsignal lässt sich mittels eines Sägezahngenerators und eines Komparators ein PWM-Signal erzeugen (siehe Abb. 8.15 und 8.105). Der Timer-Baustein NE555 kann sehr einfach u. a. als Sägezahngenerator konfiguriert werden.

Geht man von einer digitalen Signalaufbereitung vor der Endstufe aus, so liefert beispielsweise die Signalaufbereitung mittels eines Delta-Sigma Wandlers direkt ein PWM-Signal. Ansonsten ist das PWM-Signal mit einem PWM-Modulator zu erzeugen. In Abb. 8.17 ist

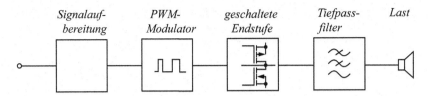

Abb. 8.17   Zum Prinzip einer digitalen Endstufe

das Prinzip einer digitalen Endstufe dargestellt. Kernstück ist die geschaltete Endstufe aus komplementären Endstufentransistoren. Die Transistoren arbeiten als Schalter. Den positiven Ausgangsstrom liefert der PMOS-Transistor, den negativen Strom der NMOS-Transistor. Im ON-Zustand ist jeweils der Transistor niederohmig. Wegen geringer Spannung zwischen Drain und Source nimmt er trotz Stromfluss nur eine geringe Verlustleitung auf. Der gesperrte Transistor nimmt ebenfalls quasi keine Verlustleistung auf. Damit lässt sich der Wirkungsgrad signifikant auf bis zu 90 % verbessern. Mit dem Tiefpassfilter werden unerwünschte Frequenzanteile unterdrückt. Oft weist die Last selbst ein Tiefpassverhalten auf, so dass auf ein separates Tiefpassfilter verzichtet werden kann.

8.2   Linearverstärker auf Transistorebene

Nachfolgend werden einige ausgewählte Beispiele von Funktionsschaltungen vorgestellt und näher untersucht. Wie schon mehrfach erwähnt, geht es dabei u. a. auch darum aufzuzeigen, wie komplexere Schaltungen sich in Funktionsprimitive zerlegen und durch einfache Abschätzungen analysieren lassen.

8.2.1   OP-Verstärker µA741– Abschätzanalyse

Der altbekannte OP-Verstärker µA741 wurde beispielhaft in Abschn. 2.1.4 und 5.4.1 behandelt. Nachdem nunmehr die Charakteristika wichtiger Funktionsprimitive von Schaltkreisen bekannt sind, soll eine Abschätzung der Eigenschaften der „inneren" Schaltungstechnik eines typischen OP-Verstärkers vorgenommen werden. Den Schaltplan der „inneren" Schaltungstechnik des µA741 zeigt Abb. 8.18.

Arbeitspunkteinstellung Beispiel Abb. 8.18: Die Versorgung der Transistoren mit einem geeigneten Arbeitspunkt erfolgt über den Widerstand $R5$. An ihm fallen bei ± 10 V Versorgungsspannung ca. 18,6 V ab. Somit beträgt der Arbeitspunktstrom $I_C^{(A)}$ der Transistoren $Q11$ und $Q12$ ca. 0,5 mA. Die Transistoren $Q12$ und $Q13$ weisen gleiche Steuerspannung U_{EB} auf. Ist bei gleichen Transistoren im Normalbetrieb die Steuerspannung gleich, so sind die Kollektorströme und damit auch die Arbeitspunktströme identisch. Schließlich ist der Arbeitspunktstrom von $Q13$ etwa gleich dem von $Q17$, da der Transistor $Q15$ einen wesentlich kleineren Kollektorstrom (hier ca. 0,02 mA) zieht.

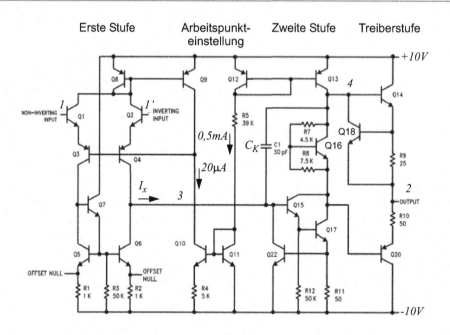

Abb. 8.18 „Innere" Beschaltung eines OP-Verstärkers µA741

Wegen der Unsymmetrie im Steuerkreis von $Q10$ verursacht durch $R4$ ist der Arbeitspunktstrom von $Q10$ sehr viel kleiner als der bereits bekannte Arbeitspunktstrom von
$Q11$ (siehe Abb. 6.119 in Abschn. 6.6.2). Für $Q10$ ergibt sich demnach ein Arbeitspunktstrom von ca. 20 µA. Bei genügend hoher Stromverstärkung der Transistoren $Q3$
und $Q4$ ist somit der Arbeitspunktstrom von $Q9$ und $Q8$ auch jeweils ca. 20 µA. Ist die
Eingangsdifferenzspannung $U_{11'} = 0$, das heißt ohne Eingangaussteuerung ergibt sich
für die Transistoren $Q1$, $Q2$, $Q3$, $Q4$, $Q5$ und $Q6$ ein Arbeitspunktstrom von jeweils
10 µA. Der Transistor $Q7$ stellt einen „aktiven" Kurzschlussbügel dar (siehe Abb. 6.118
in Abschn. 6.6.2), er hat ansonsten keinen Einfluss auf die übrigen Arbeitspunktströme.
Aufgrund der Vorspannung erzeugt durch die Spannungsquelle (siehe Abschn. 6.3.4)
gebildet aus $R7$, $R8$ und $Q16$, arbeiten die Transistoren $Q14$ und $Q20$ im AB-Betrieb
(siehe Abschn. 8.1.2). Die Transistoren $Q15$ und $Q22$ dienen zur Ausgangsstrom-
Begrenzung. Bei nicht zu niederohmigen Lastverhältnissen sind $Q15$ und $Q22$ gesperrt
und damit unwirksam. Nur wenn z. B. der Spannungsabfall an $R9$ aufgrund steigenden
Ausgangsstroms etwa 0,7 V erreicht, wird $Q18$ aktiv und nimmt dem Ausgangstransistor
$Q14$ die Ansteuerung weg; die Ausgangsstrombegrenzung wird damit wirksam.

Insgesamt lässt sich feststellen, dass alle Transistoren im Normalbetrieb arbeiten.
Lediglich die Transistoren $Q18$ und $Q22$ sind bei genügend hochohmigen Lastverhältnissen gesperrt; die Transistoren $Q14$ und $Q20$ sind im AB-Betrieb. Der Arbeitspunktstrom der Transistoren der ersten Verstärkerstufe $Q1$, $Q2$, $Q3$, $Q4$, $Q5$ und $Q6$ liegt
bei ca. 10 µA. Bei Annahme einer Stromverstärkung von $B = 100$ der Transistoren

$Q1$ und $Q2$ erhält man einen Eingangsruhestrom von 100 nA, was mit den Datenblattangaben sehr gut übereinstimmt. Bei unterschiedlicher Stromverstärkung von $Q1$ und $Q2$ ergeben sich ungleiche Eingangsruheströme an den beiden Eingängen 1 und 1' und damit ein Offsetstrom. Unterschiedliche Transportsättigungssperrströme IS der Transistoren $Q1$, $Q2$, $Q3$ und $Q4$ begründen ungleiche Spannungen U_{BE}. Dieser Sachverhalt verursacht eine Eingangs-Offsetspannung. Als Ergebnis der Betrachtungen bestimmen sich die Eingangsruheströme und die Eingangs-Offsetspannung aus den nachstehenden Beziehungen.

$$I_{IB+} = 10 \ \mu A/B_{Q1};$$
$$I_{IB-} = 10 \ \mu A/B_{Q2};$$
$$U_{IO} = \sum_{1}^{4} U_{BE, Qi}. \tag{8.16}$$

AC-Verhalten der ersten Stufe des Beispiels in Abb. 8.18: Die erste Verstärkerstufe bestehend aus $Q1$–$Q6$ ist eine Kaskode-Differenzstufe ($Q1$–$Q4$) mit aktivem Lastkreis ($Q5$, $Q6$) gemäß Abb. 6.101 in Abschn. 6.4.3 . Der differenzielle Widerstand der Emitter-Basis-Diode von $Q1$ bis $Q6$ liegt bei $r_e = 2{,}6 \ k\Omega$. Damit erhält man für die Steilheit von $Q4$ und $Q6$ den Wert $g_m = 1/2{,}6 \ k\Omega$. Der Eingangswiderstand der ersten Verstärkerstufe liegt bei $4 \cdot r_e \cdot (\beta_0 + 1) \approx 1 \ M\Omega$, bei einer angenommenen Stromverstärkung von $\beta_0 = 100$.

Wie bereits bei den Differenzstufen ausgeführt, kann der Ausgangsstrom I_x der ersten Verstärkerstufe im Beispiel maximal den Wert $\pm 20 \ \mu A$ annehmen, er ist bei $U_{11'} = 0$ ebenfalls Null. Die Stromänderung ΔI_x am Ausgang der ersten Verstärkerstufe ausgesteuert durch $\Delta U_{11'}$ im Arbeitspunkt um $U_{11'} = 0$ beträgt

$$\Delta I_x = g_m \cdot \Delta U_{11'} = \frac{\Delta U_{11'}}{2{,}6 \ k\Omega}. \tag{8.17}$$

AC-Verhalten der zweiten Stufe des Beispiels in Abb. 8.18: Die zweite Verstärkerstufe besteht aus der Darlingtonstufe mit $Q15$ und $Q17$. Wie bereits angenommen, sei $Q22$ gesperrt und damit unwirksam. Der stromführende Transistor $Q17$ weist einen Arbeitspunktstrom von ca. 0,5 mA auf, somit ist $r_{e,Q17} = 52 \ \Omega$. Bei einer angenommenen Stromverstärkung von $\beta_{0, Q17} = 200$ und $\beta_{0, Q15} = 150$ erhält man für den Eingangswiderstand Z_3 der zweiten Stufe (von Knoten 3 in Richtung Eingang $Q15$)

$$Z_3 = ((r_{e,Q17} + R_{11}) \cdot (\beta_{0,Q17} + 1) \ \| \ R12 + r_{e,Q15}) \cdot (\beta_{0,Q15} + 1);$$
$$Z_3 \approx 2500 \ k\Omega. \tag{8.18}$$

Wegen des Arbeitspunktstromes von $Q15$ in Höhe von ca. 0,014 mA liegt der differenzielle Widerstand etwa bei $r_{e, Q15} = 2 \ k\Omega$. Somit ergibt sich für die zweite Verstärkerstufe der angegebene Eingangswiderstand von ca. 2500 kΩ. Bei bekanntem Eingangswiderstand kann nunmehr mit Gl. (8.17) die Frage nach der Verstärkung v_{31} der ersten Stufe beantwortet werden (ohne Berücksichtigung des Einflusses der Early-Widerstände von $Q4$ und $Q6$):

$$|\underline{v}|_{31} \approx g_m \cdot 2500\ \text{k}\Omega \approx 1000. \tag{8.19}$$

Am Ausgang der Darlingtonstufe befindet sich die Spannungsquelle mit $R7$, $R8$ und $Q16$. Diese Funktionsgrundschaltung wurde in Abschn. 6.3.4 behandelt. Bei einem Arbeitspunktstrom von ca. 0,4 mA liegt demnach der Innenwiderstand der Spannungsquelle in der Größenordnung von ca. 130 Ω. Gegenüber dem Innenwiderstand $r_{o,\ Q13}$ des als Konstantstromquelle arbeitenden Transistors $Q13$ sind 130 Ω vernachlässigbar. Bei genügend hochohmiger Beschaltung am Ausgang der Treiberstufe ist der Earlywiderstand $r_{o,\ Q13}$ zusammen mit der Steilheit von $Q17$ maßgeblich für die Verstärkung der zweiten Stufe. Der Early-Widerstand $r_{o,\ Q17}$ kann vernachlässigt werden, da bei $Q17$ eine Seriengegenkopplung vorliegt. Nach Abschn. 5.2.4 wird der Innenwiderstand am Ausgang durch die Seriengegenkopplung deutlich hochohmiger. Unter Annahme eines Early widerstandes von $r_{o,\ Q13}$ (die Early-spannung wird dabei mit ca. 26 V angenommen, siehe Tab. 3.5) erhält man für die Verstärkung der zweiten Stufe:

$$|\underline{v}|_{23} \approx g_{m,\ Q17} \cdot r_{o,\ Q13} \approx g_{m,\ Q17} \cdot 50\ \text{k}\Omega \approx 1000. \tag{8.20}$$

Die Verstärkung der Größenordnung von 1000 wird allerdings nicht ganz erreicht, da u. a. die Steuerspannung von $Q17$ nicht die volle mögliche Eingangsspannung aufnimmt. Die Steuerspannung von $Q17$ liegt bei ca. 85 % der möglichen Eingangsspannung.

Wegen des „Miller"-Effekts bzw. aufgrund der Transimpedanzbeziehung (siehe Abb. 5.46 in Abschn. 5.2.5) wirkt am Eingang der zweiten Stufe die Kapazität $C_K \cdot 1000 \approx 30$ nF. Zusammen mit dem Eingangswiderstand der zweiten Stufe in Höhe von ca. 2500 kΩ ergibt sich näherungsweise folgende Eckfrequenz des Verstärkungsfrequenzgangs:

$$f_1 \approx \frac{1}{2\pi \cdot 30\ \text{nF} \cdot 2500\ \text{k}\Omega} \approx 2\ \text{Hz}. \tag{8.21}$$

Damit wird die im Datenblatt angegebene niedrige erste Eckfrequenz des Verstärkungsfrequenzgangs von unter 10 Hz bei einer Gesamtverstärkung von ca. 10^6 bestätigt.

Treiberstufe des Beispiels in Abb. 8.18: Die Treiberstufe mit $Q14$ und $Q20$ ist ein komplementärer Emitterfolger im AB-Betrieb (siehe Abschn. 8.1.2). Die erforderliche Vorspannung wird über die Spannungsquelle $R7$, $R8$ und $Q16$ eingestellt. Diese Teilschaltung wirkt als Spannungsquelle (siehe Abschn. 6.3.4) mit relativ niederohmigem Innenwiderstand. Der Transistor $Q18$ wirkt zusammen mit $R9$ als elektronische Ausgangsstrombegrenzung für positive Aussteuerungen am Ausgang. Die Begrenzung negativer Aussteuerungen erfolgt über $Q22$ und $R11$.

Slew-Rate Verhalten des Beispiels in Abb. 8.18: Bei Übersteuerung der ersten Verstärkerstufe mit einer Ansteuerung um $\Delta U_{11'} > 0{,}1$ V erfolgt eine Strombegrenzung

der Stromquelle am Ausgang der ersten Stufe (siehe Abb. 6.73) auf $I_{x,\,max} = \pm 20\,\mu A$.
Wegen der hohen Verstärkung der zweiten Stufe (ca. 1000) liegt die Ausgangsspannung
mit guter Näherung am Rückkopplungskondensator C_K. Der Slew-Rate Parameter ergibt
sich somit aus (siehe auch Abschn. 5.4.5 und Abb. 5.89):

$$20\,\mu A = C_K \cdot \frac{\Delta u_2}{\Delta t} = C_K \cdot SR. \tag{8.22}$$

Der im Datenblatt angegebene Slew-Rate Parameter (ca. 0,6 V/μs) wird gut bestätigt.
Mit der skizzierten Abschätzanalyse lassen sich im Wesentlichen die Datenblattangaben
verstehen und bestätigen. Ein derartiges Verständnis ist eine unverzichtbare Voraussetzung für die Entwicklung komplexerer Schaltung.

8.2.2 Zweistufiger Linearverstärker mit BJTs

In Anlehnung an das behandelte Beispiel des OP-Verstärkers $\mu A741$ soll nunmehr ein
zweistufiger Linearverstärker eingehend analysiert werden. Der zu betrachtende Linearverstärker mit seinen zwei Stufen wirkt am Ausgang als spannungsgesteuerte Stromquelle.
Es fehlt die Ausgangs-Treiberstufe, die ansonsten einen niederohmigen Innenwiderstand
am Ausgang bewirkt. Die verfügbare Versorgungsspannung möge ± 10 V betragen. Der
Verstärker soll hinsichtlich des Frequenzgangs und des Schnittstellenverhaltens vergleich-
bare Eigenschaften mit den beiden ersten Stufen eines Operationsverstärkers aufweisen.
Die „innere" Schnittstelle von der ersten zur zweiten und die am Ausgang der zweiten
Stufe sollte möglichst hochohmig sein. Die Beispielschaltung zeigt Abb. 8.19. Die erste
Stufe ist eine Differenzstufe mit aktivem Lastkreis, die zweite Stufe eine Darlington-
Verstärkerstufe. Der Ausgang an Knoten 2 wird mit $R27$ und $R28$ beschaltet, womit sich
ein geeigneter Arbeitspunkt bezüglich der Ausgangsspannung einstellt.

Zunächst wird die erste Verstärkerstufe bestehend aus einer emittergekoppelten Differenzstufe mit $Q1$ und $Q2$ betrachtet. Die basisgekoppelte Stromquelle mit $Q5$ und $Q6$
stellt den Arbeitspunktstrom der Differenzstufe ein. Die basisgekoppelte Differenzstufe
mit $Q3$ und $Q4$ bildet einen aktiven Lastkreis für die emittergekoppelte Differenzstufe aus
$Q1$ und $Q2$. Im Arbeitspunkt ist $Q2$ und $Q4$ eine gesteuerte Stromquelle. Durch geeignete
Beschaltung mit der nachfolgenden Stufe oder durch Rückkopplung ist die Spannung am
Ausgangsknoten $3+$ der ersten Stufe in einem geeigneten Arbeitspunkt einzustellen.

Aufgrund von Unsymmetrien der Transistoren $Q1$–$Q4$ (u. a. verursacht durch die
Early-spannung) ergibt sich ein Offsetstrom am Ausgang. Durch eine geringe Offsetspannung am Eingang lässt sich dem Ausgangsoffset entgegenwirken. Für die AC-Analyse ist wichtig, dass die Transistoren $Q1$–$Q4$ als Stromquelle arbeiten. In Abb. 8.19 legt
die nachfolgende Stufe die Spannung am Ausgangsknoten $3+$ der ersten Stufe fest. Bei
geeigneter Beschaltung der Verstärkerstufe mit einer Parallelgegenkopplung kann der
Arbeitspunkt am Ausgang durch die Gegenkopplungsmaßnahme so festgelegt werden,
dass $Q8$ und $Q9$ als Stromquelle arbeiten.

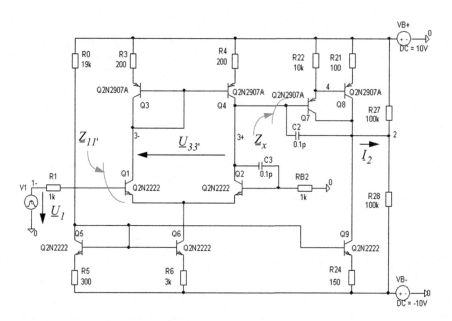

Abb. 8.19 Erste und zweite Stufe des zu untersuchenden Linearverstärkers

Es folgt die Untersuchung der ersten Stufe von Knoten *1−* nach Knoten *3+* mit $C3 = 0$. Wenn die zweite Stufe abgekoppelt werden soll, ist die Ausgangsschnittstelle mit $R27$ und $R28$ geeignet abzuschließen (Abb. 8.20). Die Eingangsimpedanz der zweiten Stufe ist näherungsweise:

$$Z_x \approx ((\beta_{Q8} + 1) \cdot 100 \ \Omega \parallel 10 \ \mathrm{k}\Omega) \cdot (\beta_{Q7} + 1) \approx 500 \ \mathrm{k}\Omega. \tag{8.23}$$

Der Abschluss der ersten Stufe an Knoten *3+* muss also hochohmig sein. Weiterhin ist darauf zu achten, dass die Transistoren $Q2$ und $Q4$ im Stromquellenbetrieb arbeiten. Das DC-Potenzial an Knoten *3+* sollte bei ca. 6–8 V liegen. Die Schaltungsanordnung für den Test der ersten Stufe zeigt Abb. 8.20.

Erste Stufe des Beispiels in Abb. 8.20: Die DC-Analyse ergibt, dass die Transistoren $Q1$–$Q6$ im Normalbetrieb arbeiten. Der Arbeitspunktstrom der Transistoren $Q1$, $Q2$, $Q3$, $Q4$ beträgt laut Experiment ca. 60 μA. Damit liegt deren Steilheit bei ca. 1/430 Ω. Der Lastwiderstand an Knoten *3+* beträgt ohne Berücksichtigung der Innenwiderstände von $Q2$ und $Q4$ ca. 500 kΩ. Dazu parallel liegt der transformierte Early-Widerstand von $Q2$ und $Q4$, der hier unberücksichtigt bleibt. Für den Abschätzwert der Verstärkung vom Eingang zum Ausgangsknoten *3+* erhält man:

$$v_{31} \approx \frac{500 \ \mathrm{k}\Omega}{430 \ \Omega} \approx 1000. \tag{8.24}$$

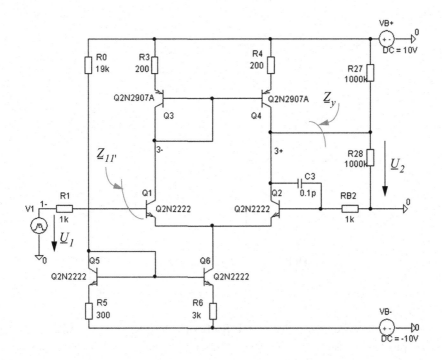

Experiment 8.2-1: BJT_Zweistufiger-Verstärker-ErsteStufe

Abb. 8.20 Erste Stufe des zu untersuchenden Linearverstärkers mit Abschluss

Der Abschätzwert für den Eingangswiderstand ergibt mit einer Stromverstärkung von 200 näherungsweise:

$$Z_{11'} \approx ((\beta_{Q1} + 1) \cdot 430 \ \Omega) \cdot 2 + 2 \ \text{k}\Omega \approx 170 \ \text{k}\Omega. \tag{8.25}$$

Das Ergebnis der AC-Analyse der ersten Verstärkerstufe in Abb. 8.21 bestätigt mit guter Näherung die Abschätzwerte. Die Diffusionskapazität schließt bei höheren Frequenzen den differenziellen Eingangswiderstand von $Q1$ und $Q2$ zunehmend kurz, so dass für den Eingangswiderstand nur noch ca. 1 kΩ übrig bleibt. Eine Kapazität von 10 pF an Knoten $3+$ verursacht mit dem hochohmigen Lastwiderstand von ca. 500 kΩ eine Eckfrequenz von ca. 20 kHz. Da die Verstärkung vom Eingang zu Knoten $3-$ gering ist, wirkt sich erheblich vermindert die Millerkapazität am Eingang aus. Knoten $3-$ ist etwa mit 460 Ω belastet. Somit ist die Verstärkung von Knoten $1-$ nach Knoten $3-$ kleiner als 1.

Aussteuerbarkeit der ersten Stufe des Beispiels in Abb. 8.20: Die Aussteuergrenzen der ersten Verstärkerstufe lassen sich durch DCSweep-Analyse bestimmen. Wegen der hohen Verstärkung ist der Eingang nur in einem sehr begrenzten Bereich aussteuerbar, für das sich ein Linearverstärkerverhalten ergibt. Außerhalb der Aussteuergrenzen sind die Ausgangstransistoren gesperrt bzw. gesättigt.

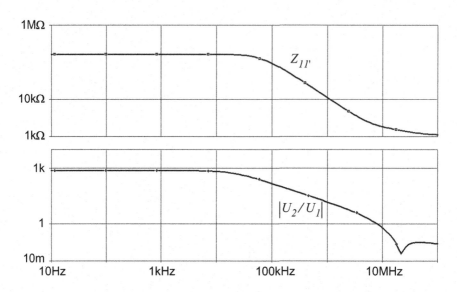

Abb. 8.21 Eingangswiderstand $Z_{11'}$ und Verstärkung der ersten Verstärkerstufe

Innenwiderstand am Ausgang der ersten Stufe des Beispiels in Abb. 8.22: Bislang wurde der Innenwiderstand der Transistoren $Q2$ und $Q4$ nicht berücksichtigt. In einem weiteren Experiment soll der Innenwiderstand am Ausgang der ersten Stufe untersucht werden. Dazu ist der Eingang abzuschließen und die Signalquelle an Knoten $3+$ anzuschließen. Um den Arbeitspunkt der Transistoren nicht zu verfälschen ist die Signalquelle mit einem DC-Wert von ca. 7 V zu beaufschlagen. Abbildung 8.22 zeigt die Testanordnung. Das Ergebnis der AC-Analyse ist in Abb. 8.23 dargestellt. Es zeigt im unteren Frequenzbereich einen sehr hochohmigen Wert. Somit wirkt der Ausgang der ersten Stufe am Knoten $3+$ als Stromquelle. Der Transistor $Q4$ ist über den Widerstand $R4$ seriengegengekoppelt, der Transistor $Q2$ über die Emitter-Basis Strecke von $Q1$. Aufgrund der Seriengegenkopplung erhält man einen hohen Innenwiderstand an Knoten $3+$.

Zweite Stufe des Beispiels in Abb. 8.19: Als nächstes soll die zweite Stufe mit $C2=0$ untersucht werden. Die zweite Stufe besteht aus einer Darlington stufe (siehe Abschn. 6.3.6). Im Anwendungsfall darf der Darlington-Stufe kein Strom über eine feste Spannungsquelle über den Widerstand $R21$ eingeprägt werden. Vielmehr erhält die zweite Stufe ihren Arbeitspunktstrom über den Stromquellentransistor $Q9$. Man könnte im Prinzip die zweite Stufe mit einer spannungsgesteuerten Stromquelle (GVALUE) ansteuern, um die erste Stufe mit einem Makromodell zu ersetzen. Die Steilheit der ersten Stufe ist mit $1/430\ \Omega$ bekannt. Im Experiment wird für die Untersuchung der zweiten Stufe die Gesamtschaltung gemäß Abb. 8.19 zugrundegelegt.

Die zweite Stufe ist im Experiment mit einem Spannungsteiler $R27$ und $R28$ abgeschlossen. Da die Darlington-stufe am Ausgang als Stromquelle arbeitet, muss der Ausgangsknoten mit einem vom Abschluss her definierten Potenzial abgeschlossen werden. Die Festlegung des Ausgangspotenzials wäre auch über eine Rückkopplungsmaßnahme möglich. Wegen der

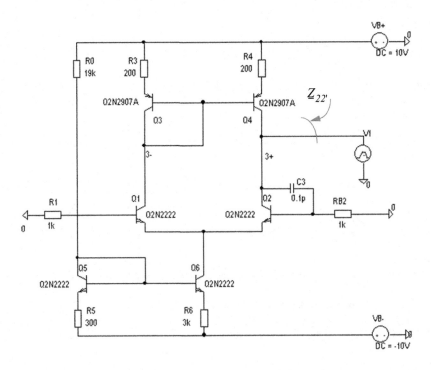

Experiment 8.2-2: BJT_BJT_Zweistufiger-Verstärker-ErsteStufe-Z22

Abb. 8.22 Testanordnung zur Bestimmung des Innenwiderstands $Z_{22'}$ am Ausgang der ersten Stufe des zu untersuchenden Linearverstärkers

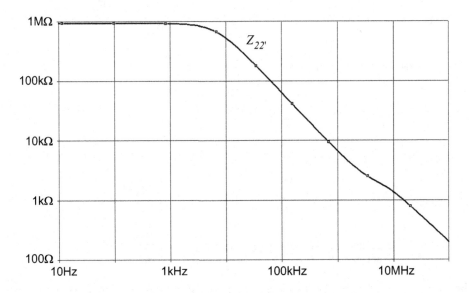

Abb. 8.23 Ausgangswiderstand $Z_{22'}$ der ersten Verstärkerstufe

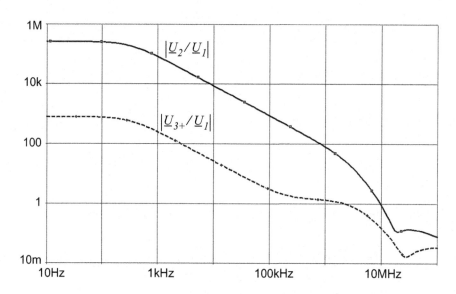

Experiment 8.2-3: BJT_Zweistufiger-Verstärker-Gesamtsch

Abb. 8.24 Gesamtverstärkung $\left|\underline{U}_2/\underline{U}_1\right|$ und Verstärkung der ersten Stufe $\left|U_{3+}/U_1\right|$

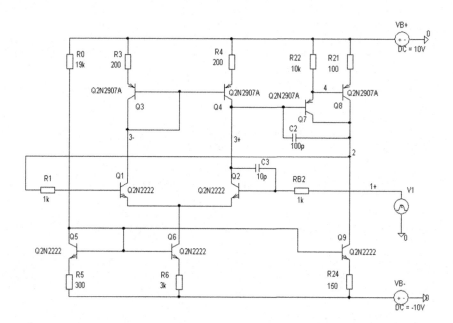

Experiment 8.2-4: BJT_Zweistufiger-Verstärker-Spannungsfolg
Experiment 8.2-5: BJT_Zweistufiger-Verstärker-Differenziator

Abb. 8.25 Testanordnung zur Bestimmung der Eigenschaften eines Spannungsfolgers

hohen Gesamtverstärkung der ersten und zweiten Stufe ist auf den Ausgangsoffset zu achten. Aufgrund der Early-spannung von $Q2$ und $Q4$ ergibt sich bei unterschiedlichen Kollektor-Emitter Spannungen ein Offsetstrom am Ausgang der ersten Stufe, der wiederum eine Offsetspannung am Ausgang der zweiten Stufe verursacht. Um den Arbeitspunkt am Ausgang bei ca. Null Volt einzustellen, muss bei Festlegung der Eingangssignalquelle ein geeigneter geringer DC-Offset vorgesehen werden. Dies entspricht einer Eingangs-Offsetspannung.

Der Transistor $Q9$ zieht einen Arbeitspunktstrom von ca. 1,9 mA. Damit liegt der Arbeitspunkt des stromführenden Transistors $Q8$ der Darlington-stufe bei ca. 1,8 mA. Als Folge davon beträgt die Steilheit von $Q8$ ca. 1/15 Ω. Mit dem gegebenen Lastwiderstand von (R27 $\parallel$ R28 $\parallel$ (Innenwiderstände von Q2, Q4)) ergibt sich eine Verstärkung der zweiten Stufe von einigen 100 kΩ/115 Ω unter der Annahme, dass am stromführenden Transistor der Darlingtonstufe weitgehend die Steuerspannung am Eingang anliegt. Die Gesamtverstärkung der ersten und zweiten Stufe sollte gemäß der Grobabschätzung bei deutlich über 10^5 liegen. Das Simulationsergebnis ist in Abb. 8.24 dargestellt. Es bestätigt die hohe Gesamtverstärkung. Bei näherer Betrachtung stellt man fest, dass der Verstärkungsfrequenzgang der Gesamtschaltung eine erste Eckfrequenz bei einigen 100 Hz und eine zweite Eckfrequenz im MHz-Bereich aufweist. Kritisch ist, dass im Bereich der zweiten Eckfrequenz die Verstärkung noch größer als 1 ist, was auf mögliche Stabilitätsprobleme in Anwendungen hinweist.

Als konkrete Anwendung für den zweistufigen Verstärker wird eine Spannungsfolgerschaltung gewählt. Abbildung 8.25 zeigt die Testanordnung bei Speisung am Knoten $1+$ und Rückkopplung vom Ausgang zum Eingangsknoten $1-$. Im nachstehenden Experiment wird die Testschaltung ohne und mit Kompensationsmaßnahme mit $C2$ und $C3$ untersucht. Ohne $C2$ und $C3$ zeigt sich im Ergebnis in Abb. 8.26 ein Verhalten am Stabilitätsrand (überlagerte

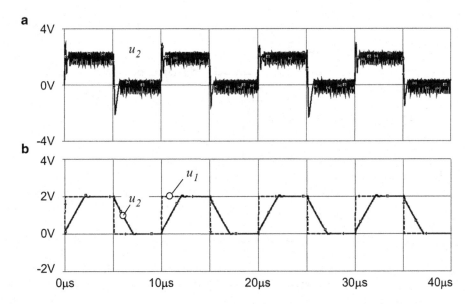

Abb. 8.26 Ausgangsspannung u_2; **a** ohne Kompensationsmaßnahme durch $C2$ und $C3$; **b** mit Kompensationsmaßnahme mit $C2$ und $C3$

Schwingung). Mit der Kompensationsmaßnahme vermindert sich die Flankensteilheit der Ausgangsspannung, aber die Schwingneigung ist beseitigt. In einem weiteren Experiment (zweites Experiment in Abb. 8.25) wird der Linearverstärker als Differenziator betrieben. Ohne einen Kompensationswiderstand schwingt der Differenziator gemäß der Stabilitäts-analyse in Kap. 5. Mit $R10 = 100\,\Omega$ erhält man die gewünschte Differenziatorfunktion.

8.2.3 Regelverstärker mit BJTs

In bestimmten Anwendungen wird ein Regelverstärker benötigt, um in Abhängigkeit von einer sich ändernden Eingangsspannungsamplitude am Ausgang ein unverzerrtes Sig-nal mit weitgehend konstanter Ausgangsamplitude zu erhalten. Abbildung 8.27 zeigt ein Beispiel einer möglichen Ausführung für einen Regelverstärker; dazu das Simulationser-gebnis in Abb. 8.28.

Der Regelverstärker (AGC: Automatic Gain Control) besteht aus einer Verstärkerstufe, einem Signaldetektor und einer Regelspannungsaufbereitung zur Verstärkungsregelung. Für die Verstärkerstufe wird ein Differenzverstärker mit gesteuerter Stromquelle zur Ver-stärkungseinstellung mit I_0 verwendet. Für den Signaldetektor eignet sich u. a. eine Dif-ferenzstufe im C-Betrieb. Das Eingangssignal soll vom Verstärker um mindestens etwa den Faktor 300 verstärkt werden, bei größtmöglichem Vorstrom I_0. Die Differenzstufe im C-Betrieb ist mit ca. $-0,3\,\mathrm{V}$ vorgespannt. Damit ergibt sich eine maximale Signalamp-litude am Eingang des Signaldetektors von ca. $0,4\,\mathrm{V}$. Erreicht die Signalamplitude am

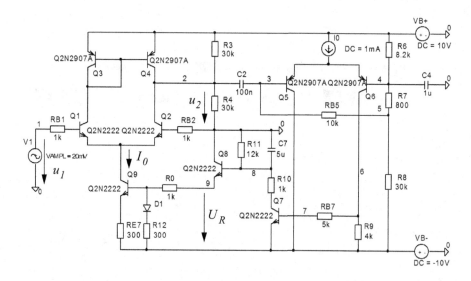

Experiment 8.2-6: BJT-Regelverstärker

Abb. 8.27 Testanordnung zur Bestimmung der Eigenschaften des Regelverstärkers

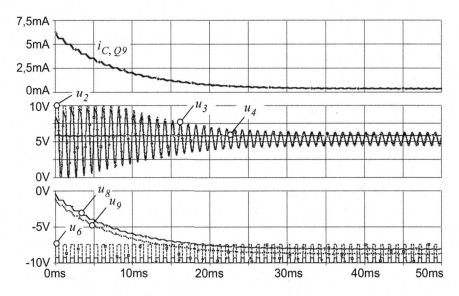

Abb. 8.28 Spannungs- und Stromverläufe des Regelverstärkers bei $U_1 = 20$ mV

Eingang des Signaldetektors 0,3 V, so setzt der Regelungsvorgang ein. Der Integrator der Regelspannungsaufbereitung reduziert die Regelspannung U_R so, dass der Vorstrom I_0 der Verstärkerstufe vermindert wird, um bei reduzierter Verstärkung die vorgegebene Grenze der Signalamplitude am Eingang des Signaldetektors nicht zu überschreiten. Im folgenden Experiment kann der Anwender eigene Untersuchungen bei u. a. veränderter Eingangssignalamplitude anstellen.

Bei kleinen Eingangssignalamplituden unterhalb der Ansprechschwelle des Signaldetektors (Differenzstufe im C-Betrieb mit $Q5$ und $Q6$) übernimmt der Transistor $Q5$ den vollen Strom von 1 mA aufgrund der Vorspannung von $Q5$ und $Q6$. Dies führt dazu, dass $Q6$ und $Q7$ gesperrt sind. Als Folge davon beträgt die Regelspannung U_R ca. 9 V. Damit ergibt sich an $Q9$ ein Strom $I_0 = 6,3$ mA. Die Transistoren der Verstärkerstufe $Q1$, $Q2$, $Q3$ und $Q4$ ziehen somit einen Arbeitspunktstrom von ca. 3,15 mA.

Der Spannungsteiler mit den Widerständen $R3$ und $R4$ bestimmt das DC-Potenzial an Knoten 2. Die Festlegung der Ansprechschwelle des Regelvorgangs erfolgt über den Spannungsteiler mit $R7$ und $R8$. Unterhalb der Ansprechschwelle des Signaldetektors weist die Eingangsdifferenzstufe mit $Q1$ und $Q2$ maximale Verstärkung auf. Bei größeren Eingangssignalamplituden oberhalb der Ansprechschwelle übernimmt abwechselnd $Q5$ und $Q6$ den Strom von 1 mA. Der Kondensator $C7$ wird über den Kollektorstrom von $Q7$ aufgeladen. Dadurch reduziert sich die Regelspannung U_R, was eine Verminderung des Stroms I_0 zur Folge hat. Der verminderte Konstantstrom I_0 verursacht eine geringere Steilheit der Differenzstufentransistoren $Q1$ und $Q2$. Dies reduziert die Verstärkung von Knoten 1 nach Knoten 2.

Der maximale Strom I_0 beträgt ca. 6,3 mA. Damit liegt die Steilheit der Transistoren der Verstärkerstufe bei etwa $g_m = 1/(8,5\ \Omega)$. Knoten 2 wird im Wesentlichen belastet durch den

Eingangswiderstand des Transistors $Q5$, der unterhalb der Ansprechschwelle des Signaldetektors einen Strom von 1 mA zieht. Unter Berücksichtigung der Belastungen an Knoten *2*
erhält man schließlich eine Verstärkung von ca. 300 von Knoten *1* nach Knoten *2*.

8.3   Beispielschaltungen der Kommunikationselektronik

Funkstrecken erfordern sendeseitig und empfangsseitig Funktionsmodule, die typisch
sind für eine modulare Aufteilung eines Systems in analoge und gemischt analog/digitale
Funktionseinheiten.

Abbildung 8.29 zeigt das Prinzip eines Funkempfängers und Abb. 8.30 eines Funk-
senders. Beim Sender wird ein Quell-Signal geeignet moduliert und dann direkt über
den Leistungsverstärker PA ausgesandt oder über eine Aufwärts-Mischung von einer
Zwischenfrequenzlage zur Sendefrequenz umgesetzt. Beim Empfänger muss das schwache Empfangssignal mittels eines rauscharmen Vorverstärkers LNA im Empfangspegel
angehoben werden. Das solchermaßen aus dem Rauschen angehobene Signal wird entweder über eine Abwärts-Mischstufe auf eine Zwischenfrequenzebene umgesetzt oder
direkt dem Demodulator zur Wiedergewinnung des Quell-Signals zugeführt. Allgemein
ist anzumerken, dass sich die Informationsübertragung sehr stark von analogen hin zu
digitalen Verfahren gewandelt hat.

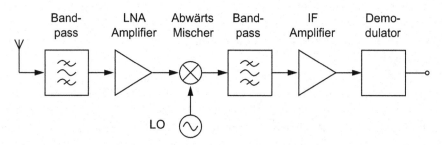

Abb. 8.29 Funkempfänger mit Funktionsmodulen (u. a. *LNA* Low Noise Amplifier, *IF* Amplifier
Intermediate Frequency (Zwischenfrequenz) Amplifier, *LO* Local Oscillator)

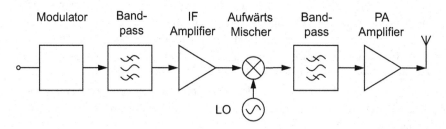

Abb. 8.30 Funksender, *PA* Power Amplifier

8.3.1   Oszillatorschaltung – AM/FM modulierbar

Es soll ein AM/FM-modulierbarer Oszillator für $f_0 = 1$ MHz (Mittelwelle) realisiert und eingehend untersucht werden. Gegeben ist ein Schaltungsvorschlag. Der Schaltungsvorschlag besteht aus vier Funktionsprimitiven:

- Frequenzbestimmender Resonanzkreis, hier als LC-Resonator ausgeführt;
- Verstärker, hier als Spannungsfolger ausgeführt;
- Amplitudenbegrenzer, hier als Parallelbegrenzer mit steuerbarer Spannungsquelle ausgeführt;
- Treiberstufe, hier als Emitterfolger im A-Betrieb ausgeführt.

Neben den sogenannten „Resonanzkreis"-Oszillatoren gibt es die „Laufzeit"-Oszillatoren und die „Negativ-Impedanz"-Oszillatoren (z. B. mit Tunneldiode). „Resonanzkreis"-Oszillatoren weisen alle als frequenzbestimmendes Element einen Resonanzkreis auf. Dies kann u. a. ein RC-Resonator, ein LC-Resonator, ein Quarz-Element, ein SAW-Resonator (SAW: Surface Acoustic Wave) oder ein Leitungsresonator sein. Den hier gewählten Schaltungsvorschlag zeigt Abb. 8.31. Die Schaltung enthält links mit $Q3$ und $D1$ den steuerbaren Amplitudenbegrenzer. Den eigentlichen Resonator bilden $L1$ parallel zu $C1$ und der Serienschaltung aus $C2$, $C3$ und $C4$. Das Verstärkerelement besteht aus $Q1$ mit der Beschaltung für einen geeigneten Arbeitspunkt. Die Rückkopplungsschleife wirkt über Knoten 4 nach Knoten 6 hin zu Knoten 5. Mit $R3$ lässt sich die Schleifenverstärkung beeinflussen. Der Transistor $Q2$ stellt als Emitterfolger eine Treiberstufe dar, der einen niederohmigen Lastwiderstand „treiben" kann.

Resonator: Als erstes ist der frequenzbestimmende Resonator bestehend aus $C1$, $L1$, $C2$, $C3$ und $C4$ geeignet zu dimensionieren und zu untersuchen. Die belastete Güte des Resonators sollte mit $R3$ möglichst besser ca. 10 sein. Dabei ist darauf zu achten, dass der Kennwiderstand des Resonators unter ca. 1 kΩ liegt. Die Spule kann beispielsweise mit einem Ringkern mit 9 mm Durchmesser und einem A_L-Wert von 30 nH/N^2 ausgeführt

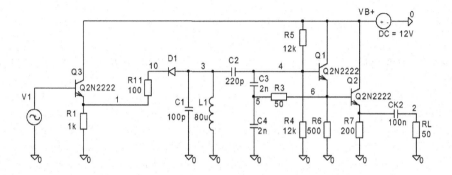

Abb. 8.31   Schaltungsvorschlag für einen AM/FM-modulierbaren Oszillator

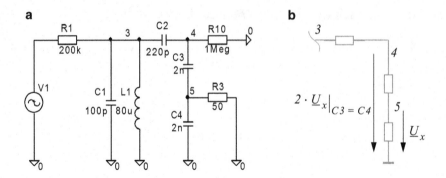

Experiment 8.3-1: BJT-Anwend_Osz-Resonator-tb1

Abb. 8.32 Zur Untersuchung des Resonators; **a** Testanordnung; **b** Ersatzschaltbild bei der Resonanzfrequenz (Verhalten als Resonanztransformator)

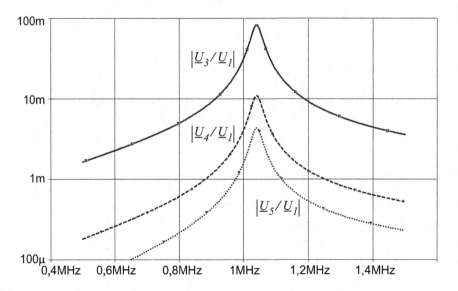

Abb. 8.33 LC-Resonator mit kapazitivem Spannungsteiler (Resonanztransformator)

werden. Als Spulendraht ist zweckmäßigerweise ein Kupferlackdraht mit 0,3 mm Durchmesser zu verwenden.

In einem Experiment wird der Resonator bestehend aus $C1$, $L1$, $C2$, $C3$ und $C4$ inklusive Belastung mit $R3$ bei Speisung mit einer „Stromquelle" an Knoten *3* analysiert. Abbildung 8.32a zeigt eine dafür geeignete Testanordnung. Es stellt sich die Frage: Wie wirkt der Resonator bei der Resonanzfrequenz hinsichtlich der Abgriffe an Knoten *4* und Knoten *5*? Der Resonator mit den kapazitiven Abgriffen an Knoten *4* und Knoten *5* stellt einen Resonanztransformator dar. Der kapazitive Teiler aus $C2$, $C3$ und $C4$ wirkt bei der Resonanzfrequenz wie ein ohmscher Spannungsteiler. In Abb. 8.33 ist das Ergebnis der

Abb. 8.34 Testanordnung des
LC-Resonators bei Speisung
am Fußpunkt

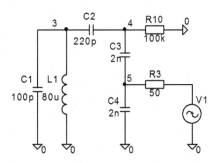

Experiment 8.3-2: BJT-Anwend_Osz-Resonator-tb2

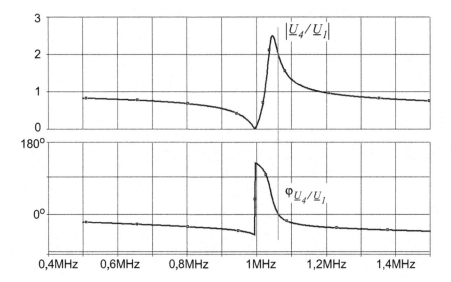

Abb. 8.35 Ergebnis der Testanordnung des LC-Resonators bei Speisung am Fußpunkt

AC-Analyse dargestellt. Die Spannungsverhältnisse von Knoten *3* nach Knoten *4* bzw. Knoten *5* entsprechen dem Verhältnis der kapazitiven Widerstände bei der Resonanzfrequenz (Abb. 8.32b).

Im nächsten Experiment wird der Resonator mittels einer Spannungsquelle über *R*3 am Fußpunkt gespeist. In Abb. 8.34 ist eine dafür geeignete Testschaltung dargestellt. Es soll dabei der Spannungsverlauf an Knoten *4* nach Betrag und Phase ermittelt werden. Das Ergebnis zeigt Abb. 8.35. An Knoten *4* ergibt sich eine Spannungsüberhöhung. Bei etwa 1,07 MHz ist die Spannung an Knoten *4* größer als am Fußpunkt von Knoten *5*, wobei die Spannungen an beiden Knoten phasengleich sind. Das heißt, bei Einspeisung eines Signals an Knoten *5* erhält man am Knoten *4* eine größere und phasengleiche Spannung. Dieses Teilergebnis ist wichtig für die Analyse der Schleifenverstärkung.

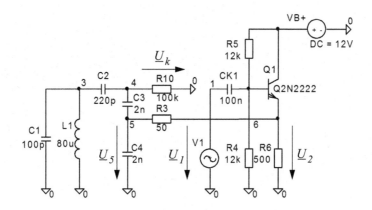

Experiment 8.3-3: BJT-Anwend_Osz-Schleifenverst-tb1

Abb. 8.36 Testanordnung zur Untersuchung der Schleifenverstärkung

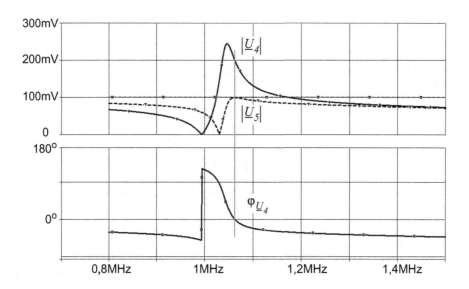

Abb. 8.37 Ergebnis der Testanordnung zur Untersuchung der Schleifenverstärkung

Untersuchung der offenen Rückkopplungsschleife: Als nächstes ist die Schleifenverstärkung des Oszillators mittels AC-Analyse in einem Experiment zu ermitteln und zu
untersuchen. Für die gewünschte Schwingfrequenz des Oszillators muss die Schwingbedingung (siehe Abschn. 5.2.1) erfüllt sein. Abbildung 8.36 zeigt eine Testanordnung zur
Untersuchung der Schleifenverstärkung. Dazu wird an der offenen Schleife am Eingang
des Verstärkerelements eingespeist, wobei $U_1 = 100$ mV ist. Das Ergebnis in Abb. 8.37
weist aus, dass die Schwingbedingung nach Betrag und Phase bei ca. 1,07 MHz erfüllt ist.

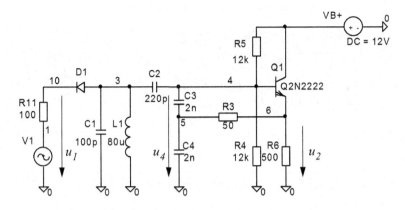

Experiment 8.3-4: BJT-Anwend_Osz-Gesamtverh-tb1
Experiment 8.3-5: BJT-Anwend_Osz-Gesamtverh-tb2
Experiment 8.3-6: BJT-Anwend_Osz-Gesamtverh-tb3

Abb. 8.38 Testanordnung für den Oszillator mit einem Festwertbegrenzer

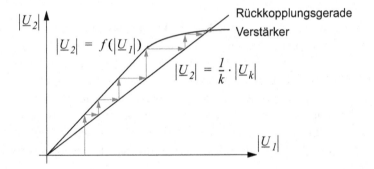

Abb. 8.39 Oszillator mit dem Verstärker als Begrenzer (ohne äußeren Begrenzer)

Betriebsverhalten des Oszillators: Nach den Voruntersuchungen gilt es, das Betriebs-verhalten des Oszillators zu bestimmen. Zunächst wird die Oszillatorschaltung mit einem nicht gesteuerten, idealisierten Amplitudenbegrenzer mittels TR-Analyse untersucht (Abb. 8.38). Die Amplitude des Oszillators wird mit dem Begrenzer so eingestellt, dass der Spitzenwert an Knoten 3 ca. 2,7 V beträgt. Damit der Oszillator anschwingt ist für die Spule $L1$ ein Vorstrom von 0,1 mA vorzusehen. Auf diese Weise erzwingt man einen tran-sienten Ausgleichsvorgang. Ohne Amplitudenbegrenzer würde das Verstärkerelement als Begrenzer wirken. Im Beispiel erhält man für die Verstärkung des Verstärkerelements von Knoten 4 nach Knoten 5 ca. $v_u = 1$. Die Schleifenverstärkung ist gemäß Abb. 8.37 bei der Frequenz, wo die Schwingbedingung erfüllt ist ca. $k \cdot v_u \approx 2$; d. h. $k = 2$.

Abbildung 8.39 verdeutlicht den Begrenzungsvorgang mit den Begrenzungseigen-schaften des Verstärkerelements. Ist beispielsweise $U_1 = 10$ mV am Verstärkereingang,

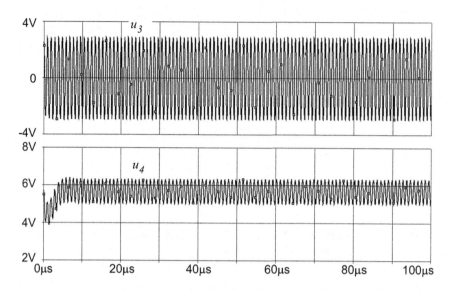

Abb. 8.40 Ergebnis der Testanordnung in Abb. 8.38

so erhält man am Ausgang $U_2 = 10$ mV. Das Rückkopplungsnetzwerk erzeugt dann eine phasengleiche Rückkopplungsspannung von 20 mV, die wiederum am Eingang des Verstärkers wirkt, der dann am Ausgang $U_2 = 20$ mV erzeugt. Die Amplitude steigt, bis sich aufgrund der Begrenzerwirkung des Verstärkers ein stabiler Betriebspunkt einstellt. In diesem Fall wirkt der Verstärker als amplitudenbegrenzendes Element.

Im Beispiel wird über die Diode $D1$ ein mit $V1$ steuerbares äußeres Begrenzerelement verwendet. Die Spannung an Knoten 3 kann nicht größer werden, als durch $u_1 + 0,7$ V gegeben. Gemäß Abb. 8.32 wird die Spannung von Knoten 3 nach Knoten 4 bzw. Knoten 5 herunter geteilt.

Das Ergebnis der Untersuchung der Testanordnung von Abb. 8.38 ist in Abb. 8.40 dargestellt. Es zeigt den transienten Einschwingvorgang. Nach dem Abklingen des Einschwingvorgangs ergibt sich eine Schwingfrequenz mit konstanter Amplitude.

Als nächstes wird in einem Experiment (8.3-5 bzw. 8.3-6 in Abb. 8.38) der Amplitudenbegrenzer mit einem Modulationssignal u_1 an Knoten 1 gesteuert. Damit erhält man ein amplitudenmoduliertes Signal am Ausgang des Oszillators. Das Ergebnis kann aus Abb. 8.41 entnommen werden. In einem weiteren Experiment ist die steuernde Spannungsquelle durch einen Spannungsfolger mit $Q3$ ersetzt.

Um einen FM-modulierbaren Oszillator zu erhalten, muss die Kapazität $C1$ durch eine steuerbare Varaktordiode ersetzt werden. Damit lässt sich die Schwingfrequenz spannungsgesteuert verändern.

Das Beispiel soll die Systematik der Untersuchung einer Schaltung aufzeigen. Die Vorgehensweise der Aufteilung einer Schaltung in Funktionsprimitive und deren Untersuchung mit geeigneten Testanordnungen lässt sich auf andere Funktionsschaltungen übertragen.

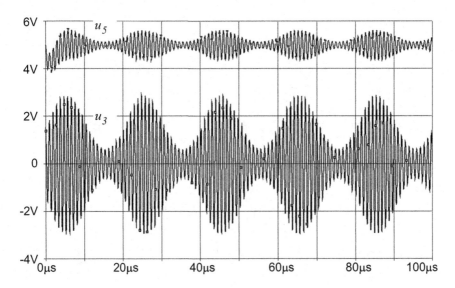

Abb. 8.41 Ergebnis der Testanordnung in Abb. 8.38

8.3.2 Spannungsgesteuerter Oszillator – VCO

Es soll ein mögliches Realisierungsbeispiel für einen spannungsgesteuerten Oszillator (VCO) untersucht werden. Spannungsgesteuerte Oszillatoren benötigt man vielfach u. a. zur Spannung/Frequenzwandlung, zur FM-Modulation und in phasengeregelten Schaltkreisen (siehe PLL-Schaltkreise) zur Frequenzsynchronisation, zur Taktsynchronisation oder zur FM-Demodulation. In Abb. 8.42 ist das zu untersuchende Realisierungsbeispiel dargestellt. Der VCO besteht aus einer vorgeschalteten spannungsgesteuerten Stromquelle $I1$ (hier sei nur die Stromquelle betrachtet), den MOS-Schaltern $M1$, $M2$, $M3$ und $M4$, der Kapazität $C1$, den Komparatoren $E1$ und $E2$ und einem Flip-Flop ($U3A$, $U3B$). Das Grundprinzip des Oszillators beruht auf dem „Laufzeit"-Prinzip. Die Zeitkonstante wird bestimmt durch die Kapazität $C1$ und durch den Ladestrom $I1$.

Über die Gatter $U4A$ und $U4B$ steuern bei aktivem Enable-Eingang die Ausgänge des Flip-Flops die MOS-Schalter so, dass bei $S1 =$ „1" und $S3 =$ „0" die Kapazität $C1$ über die durchgeschalteten Transistoren $M1$ und $M4$ aufgeladen wird. Bei $S1 =$ „0" und $S3 =$ „1" erfolgt ein Entladen der Kapazität $C1$. Beim Entladevorgang ist $M2$, $M3$ durchgeschaltet und $M1$, $M4$ gesperrt. Erreicht beim Entladevorgang die Spannung u_{3+} die Komparatorschwelle von $E2$, so entsteht ein Triggerimpuls u_5 am Flip-Flop Eingang. Das Flip-Flop wird zurückgesetzt, damit ist $S1 =$ „1" und $S3 =$ „0". Die Kapazität $C1$ wird über die durchgeschalteten Transistoren $M1$ und $M4$ dann wieder aufgeladen. Es erfolgt ein ständiges Auf- und Entladen der Kapazität $C1$. Die Ladezeitkonstante bestimmt mit der Komparatorschwelle die Schwingfrequenz. Erhöht man den Ladestrom

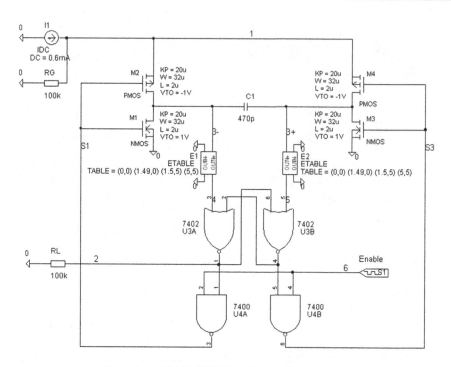

Experiment 8.3-7: VCO_Idealisierter-Komparator
Experiment 8.3-8: VCO_MOS-Schalter-Test

Abb. 8.42 Schaltung für einen spannungsgesteuerten Oszillator (VCO)

mit $I1$, so ergibt sich eine steilere Spannungsänderung an der Kapazität, die Schwingfrequenz erhöht sich. Damit kann über die Stromquelle $I1$ die Oszillatorfrequenz gesteuert werden. Um aus dem stromgesteuerten Oszillator einen spannungsgesteuerten Oszillator zu machen, müsste noch eine spannungsgesteuerte Stromquelle vorgeschaltet werden, auf die hier im Experiment verzichtet wird. Der hier zugrundegelegte idealisierte Komparator lässt sich beispielsweise durch einen Schmitt-Trigger (z. B. Abschn. 5.5.9) mit geeigneter Ansprechschwelle ersetzen. Im Experiment von Abb. 8.42 kann die Schaltung untersucht werden. Interessant dabei ist u. a. die Änderung der Schwingfrequenz bei geändertem Ladestrom $I1$. Im darauffolgenden Experiment lässt sich das Schaltverhalten der MOS-Transistoren näher studieren. Dabei können u. a. die Parameter der MOS-Transistoren verändert werden. Bei höherer „Stromergiebigkeit" vermindert sich die Spannung U_{DS} im durchgeschalteten Zustand.

Das Ergebnis des Experiments ist aus Abb. 8.43 zu entnehmen. Die Ausgangsspannung u_2 ist ein Rechtecksignal. Deutlich zeigt sich das Laden und Entladen der Kapazität dargestellt durch die Spannungsverläufe an den Anschlüssen des Kondensators $C1$.

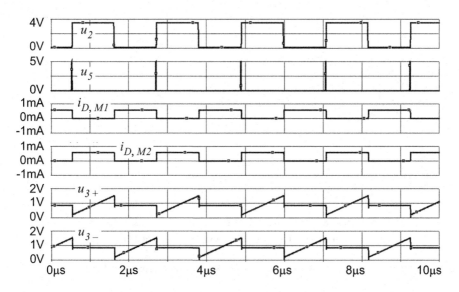

Abb. 8.43 Ausgangsspannung des VCO u_2, Triggerimpuls u_5 des Flip-Flop, Drainstrom $i_{D,M1}$ des NMOS-Transistors $M1$ und Drainstrom $i_{D,M2}$ des PMOS-Transistors $M2$ und Spannung u_{3+} und u_{3-} an den Anschlüssen des Kondensators $C1$

8.3.3 Phasenvergleicher

Phasenvergleicher benötigt man u. a. in Phasenregelkreisen. Eine beispielhafte Realisierung zeigt Abb. 8.44. Die Eingangssignale an Knoten $IN1$ und $IN2$ werden über die idealisierten Komparatoren $E1$ und $E2$ digitalisiert auf die Clock-Eingänge der D-Flip-Flops $U1A$ und $U2A$ gebracht. In der gegebenen Schaltungsanordnung setzt eine positive Flanke das D-Flip-Flop. Eilt das Signal der Signalquelle $V1$ gegenüber dem Signal der Signalquelle $V2$ vor, so wird zuerst das D-Flip-Flop $U1A$ gesetzt und dann um die Nacheilzeit des Signals $IN2$ (im Beispiel ist $TD = 20$ μs) verzögert das D-Flip-Flop $U2A$ gesetzt. Sind beide Flip-Flops gesetzt, so erzeugt das Gatter $U4A$ einen Rücksetzimpuls $CLR = „0“$. Der „0“-aktive Rücksetzimpuls wird über eine Inverterkette verzögert. Eine derartige Verzögerung des Rücksetzimpulses CLR kann notwendig sein, um „Setup-Hold-Time-Violations" des Flip-Flops zu vermeiden. Ein verzögerter Rücksetzimpuls führt jedoch zu einem systematischen Fehler beim Phasenvergleich.

Bei Voreilung des Signals $IN1$ gegenüber $IN2$ um 20 μs ist das Signal UP für die Zeit des Phasenunterschieds (20 μs) $UP = „0“$. Damit wird der PMOS-Transistor $M2$ durchgeschaltet. Bei durchgeschaltetem Transistor $M2$ liegt die Versorgungsspannung von 5 V am Ausgang *out*. Die Gatter $U3$ und $U5$ verhindern, dass die Transistoren gleichzeitig leitend werden. Es soll entweder $M2$ die Versorgungsspannung auf den Ausgang schalten, oder $M1$ Masse auf den Ausgang schalten. Sind beide Transistoren gesperrt (TriState), liegt der Ausgang bei fehlendem Ausgangstiefpass hochohmig auf 2,5 V.

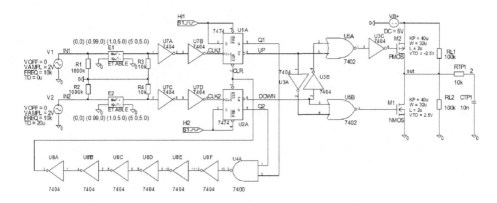

Experiment 8.3-9: Digitaler-Phasenvergleicher mit TD2=*20* µs

Experiment 8.3-10: Digitaler-Phasenvergleicher mit TD1=*20* µs

Abb. 8.44 Digitaler Phasenvergleicher mit TriState-Buffer und Tiefpass am Ausgang

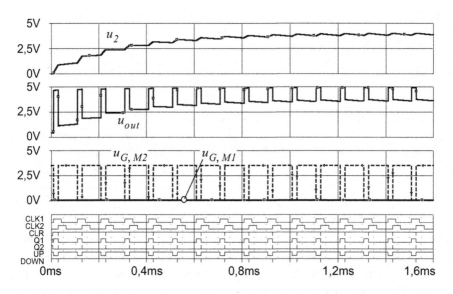

Abb. 8.45 Ergebnis Phasenvergleicher; Ausgangsspannung des Integrators u_2, Ausgangsspannung am TriState-Ausgang u_{out}, Steuerspannung der von $M1$ und $M2$, und Digitalsignale des Phasenvergleichers bei um $TD = 20$ µs nacheilendem Signal $IN2$ gegenüber $IN1$

Der Tiefpass am Ausgang integriert die Spannungsimpulse, so dass der Mittelwert der Ausgangsspannung u_2 bei voreilendem Signal $IN1$ einen Wert über 2,5 V annimmt.

In einem ersten Experiment ist das Eingangssignal $IN2$ um $TD2 = 20$ µs gegenüber dem Signal $IN1$ nacheilend. Das Ergebnis dazu zeigt Abb. 8.45. Die Ausgangsspannung u_2 erreicht dabei Werte über 2,5 V. Im darauffolgenden Experiment wirkt das Eingangssignal

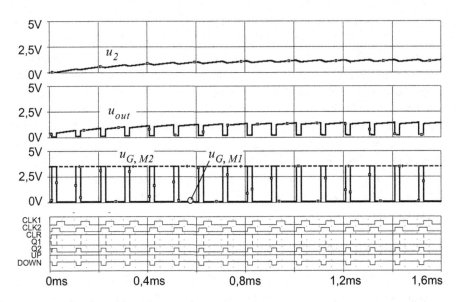

Abb. 8.46 Simulationsergebnis des Phasenvergleichers; Ausgangsspannung des Integrators u_2, Ausgangsspannung am TriState-Ausgang u_{out}, Steuerspannung der Transistoren $M1$ und $M2$, und Digitalsignale des Phasenvergleichers bei um $TD = 20$ μs vorauseilendem Signal $IN2$ gegenüber $IN1$

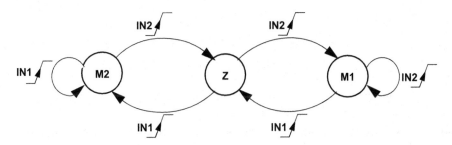

Abb. 8.47 Zustandsdiagramm des digitalen Phasendetektors

$IN1$ gegenüber $IN2$ nacheilend. Aus dem Ergebnis in Abb. 8.46 lässt sich entnehmen, dass in diesem Fall die Ausgangsspannung u_2 unter 2,5 V liegt.

Das folgende Zustandsdiagramm (Abb. 8.47) zeigt die Wirkungsweise des betrachteten digitalen Phasendetektors. Prinzipiell weist der Ausgang einen TriState-Ausgang auf. Je nach Ansteuerung mit den Eingangssignalen $IN1$ und $IN2$ ist der Ausgang aufgrund des leitenden Transistors $M2$ auf die Versorgungsspannung U_{B+} geschaltet (Zustand „M2"), bzw. bei leitendem Transistor $M1$ auf „Ground" geschaltet (Zustand „M1"). Im Zustand „Z" sind beide Transistoren gesperrt.

Der Phasendetektor befinde sich zunächst im Zustand „Z" und die beiden Transistoren $M1$ und $M2$ sind gesperrt. Das bedeutet, dass der Ausgang des Phasendetektors hochohmig ist. Eine steigende Flanke am Eingang $IN1$ bewirkt einen Übergang zum Zustand

„M2", d. h. der Transistor $M2$ wird leitend, während der Transistor $M1$ weiterhin sperrt. Dadurch wird der Kondensator des anschließenden Tiefpasses aufgeladen. Weitere steigende Flanken an $IN1$ bewirken keine Zustandsänderungen. Weist nun der Eingang $IN2$ eine steigende Signalflanke auf, werden beide Flip-Flops über das CLR Signal zurückgesetzt und der Ausgang geht wieder in den Grundzustand „Z" (hochohmig) über. Eine steigende Flanke am Eingang $IN2$ bewirkt nun den Übergang zu Zustand „M1". Jetzt wird der Ausgang auf „Ground" geschaltet. Es erfolgt ein Entladen des Tiefpass-Kondensators aufgrund des gegen Masse durchgeschalteten Transistor $M1$; $M2$ bleibt gesperrt. Unmittelbar folgende, steigende Flanken an $IN2$ bewirken keine Zustandsänderung. Es erfolgt ein weiteres Absinken der Spannung am Tiefpass-Ausgang. Eine steigende Flanke an $IN1$ hat wiederum ein Rücksetzen in den hochohmigen Zustand zur Folge.

8.3.4 Doppelgegentakt-Mischer

Ein Mischer setzt allgemein ein Eingangssignal bestimmter Frequenz f_1 mittels eines Trägersignals (Carrier) f_C in eine andere Frequenzlage um. Prinzipiell lässt sich die Frequenzumsetzung u. a. durch Analogmultiplikation oder an nichtlinearen Kennlinien realisieren. Die Analogmultiplikation zweier sinusförmiger Signale ergibt ein Mischprodukt aus Summen- und Differenzfrequenzen:

$$\begin{aligned} u_2 = u_0 \cdot u_1 &= U_0 \cdot \sin(\omega_0 \cdot t + \varphi_0) \cdot U_1 \cdot \cos(\omega_1 \cdot t + \varphi_1); \\ &= (U_0 \cdot U_1)/2 \cdot \sin((\omega_0 - \omega_1) \cdot t + \varphi_0 - \varphi_1) \\ &\quad + (U_0 \cdot U_1)/2 \cdot \sin((\omega_0 + \omega_1) \cdot t + \varphi_0 + \varphi_1). \end{aligned} \tag{8.26}$$

Beim Abwärtsmischvorgang wird die Summenfrequenz durch ein Filter unterdrückt, es ergibt sich eine Zwischenfrequenzlage mit $f_z = f_0 - f_1$.

Eine multiplikative Verknüpfung zweier Eingangssignale entsteht beispielsweise in einer Verstärkerstufe dadurch, dass allgemein die Ausgangsspannung

$$\underline{U}_2 = g_m \cdot R_L \cdot \underline{U}_1; \tag{8.27}$$

proportional zum Produkt aus der Eingangsspannung und der Steilheit des Verstärkerelements ist. Wird die Steilheit vom zweiten Eingangssignal gesteuert (Stromsteuerung), so erhält man die gewünschte multiplikative Verknüpfung (Steilheitsmischer). Eine spezielle Ausführung stellt der Doppelgegentaktmischer (Gilbert-Mischer) in Abb. 8.48 dar. Der Mischer selbst besteht aus zwei im Gegentakt angesteuerten emittergekoppelten Differenzstufen ($Q3$ und $Q4$, $Q5$ und $Q6$).

In einem Experiment wird der Doppelgegentaktmischer näher untersucht. Die Simulationsergebnisse sind in Abb. 8.49 und 8.50 dargestellt. Bei positivem Signalverlauf von u_0 sind die Transistoren $Q3$ und $Q6$ durchgeschaltet, bei negativem Signalverlauf $Q4$ und $Q5$. Entsprechend wird der Kollektorstrom von $Q7$ bzw. $Q8$ durchgeschaltet. Die Steuerung des Kollektorstroms von $Q7$ bzw. von $Q8$ erfolgt über die Signalspannung u_1.

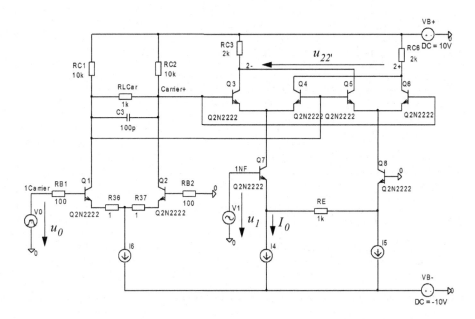

Experiment 8.3-11: BJT_Doppelgegentaktmischer

Abb. 8.48 Testanordnung für einen Doppelgegentaktmischer mit den Eingangssignalen u_0 und u_1, sowie dem Ausgangssignal u_2 mit zugehörigem Experiment

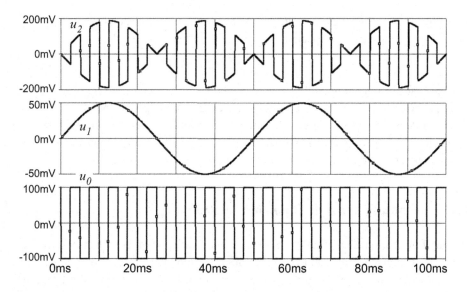

Abb. 8.49 Spannungsverläufe des Doppelgegentaktmischers; Ergebnis der TR-Analyse

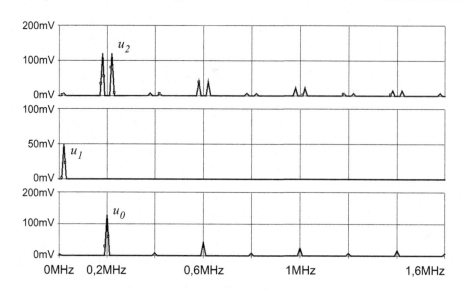

Abb. 8.50 Spannungsverläufe des Doppelgegentaktmischers; Ergebnis der Fourier-Analyse

Der Widerstand RE wirkt als Seriengegenkopplung, so dass der Kollektorstrom von $Q7$ sich näherungsweise ergibt aus:

$$i_{C,\,Q7} = I_0 + U_1 \cdot \frac{\sin(\omega_1 \cdot t)}{1\ \mathrm{k\Omega}}. \tag{8.28}$$

Damit steuert das Eingangssignal u_1 den Konstantstrom I_0. Bei durchgeschaltetem $Q3$ und $Q6$ beträgt die Ausgangsspannung $u_{22'}$ während dieser Ansteuerphase:

$$u_{22'} = (U_1 \cdot \sin(\omega_1 \cdot t)) \cdot (2\ k\Omega / 1\ k\Omega) \cdot 2. \tag{8.29}$$

Sind die Transistoren $Q4$ und $Q5$ durchgeschaltet, so ergibt sich eine dazu negative Ausgangsspannung $u_{22'}$. Die Spektraldarstellung der Eingangssignale und des Ausgangssignals in Abb. 8.50 zeigt deutlich die Frequenzumsetzung. Der Vorteil der Schaltung besteht in der Trägerunterdrückung am Ausgang, was Filtermaßnahmen in Systemanwendungen erleichtert.

8.3.5 Schaltungen zur digitalen Modulation

Für die Informationsübertragung über einen Funkkanal wird ein Quell-Signal $s_Q(t)$ einem sinusförmigen Träger mit der Frequenz f_C aufmoduliert (f_C : Carrier Frequency) und direkt dem Ausgangs-Leistungsverstärker zugeführt oder über eine Mischstufe auf die Sendefrequenz umgesetzt. Grundsätzlich unterscheidet man analoge und digitale

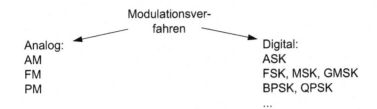

Abb. 8.51 Übersicht zu Modulationsverfahren; *AM* Amplitudenmodulation, *FM* Frequenzmodulation, *PM* Phasenmodulation, *ASK* Amplitude-Shift-Keying, *FSK* Frequency-Shift-Keying, *MSK* Minimum-Shift-Keying, *GMSK* Gaussian-Minimum-Shift-Keying, *PSK* Phase-Shift-Keying, *QPSK* Quadrature-Phase-Shift-Keying

Modulationsverfahren. Abbildung 8.51 vermittelt einen Überblick wichtiger analoger und digitaler Modulationsverfahren.

Mathematisch lässt sich die Modulation eines Trägers folgendermaßen darstellen:

$$s_T(t) = a(t) \cdot \cos(\omega_C(t) \cdot t + \varphi(t)). \tag{8.30}$$

Dabei ist $s_T(t)$ das modulierte Trägerfrequenzsignal mit der Amplitude $a(t)$, der Trägerfrequenz $f_C(t)$ mit dem Phasenwinkel $\varphi(t)$. Sowohl Amplitude, als auch Frequenz und Phase können zeitlich veränderlich sein. Bei einer Amplitudenmodulation wird nur $a(t)$ verändert, bei einer Frequenzmodulation $f_C(t)$ und bei einer Phasenmodulation $\varphi(t)$, wobei wegen $\omega = d\varphi/dt$ Frequenz und Phase ineinander umrechenbar sind.

ASK-Modulation: Bei der Modulationsart Amplitude-Shift-Keying wird die Amplitude des Trägersignals durch einen digitalen Datenstrom beeinflusst. Abbildung 8.52 zeigt die Aufbereitung eines ASK-modulierten Trägers mittels eines Analog-Multiplizierers, der quasi die Amplitude $a(t)$ tastet. Das Beispiel verwendet das Funktionsmodell MULT aus der ABM-Library von PSpice. Die Spannungsquelle *V*1 liefert den Träger in Form einer sinusförmigen Spannung. Die Spannungsquelle *V*2 ist eine Pulsquelle, sie entspricht dem digitalen Modulationssignal.

Eine praktische Ausführung des Analog-Multiplizierers zeigt Abb. 8.53. Realisiert wird der Analog-Multiplizierer durch eine emittergekoppelte Differenzstufe mit *Q*1 und *Q*2. Das Eingangssignal der sinusförmigen Spannungsquelle *V*1 wird zum symmetrischen Ausgang verstärkt. Die Pulsquelle *V*2 steuert eine Stromquelle gebildet durch den Transistor *Q*3. Der Strom der Stromquelle verändert die wirksame Steilheit der Verstärkerstufe mit *Q*1 und *Q*2. Im Beispiel fließt bei einer Ansteuerung von *V*2 mit 2 V ein Strom von ca. 3 mA. In diesem Fall ist dann die Verstärkung von Knoten *1* zum symmetrischen Ausgang ca. 40. Wird die Pulsquelle *V*2 mit − 2 V angesteuert, so fließt an *Q*3 ein Strom von ca. 0,66 mA. Die Verstärkung von Knoten *1* zum symmetrischen Ausgang reduziert sich dann auf den Wert von ca. 20. Im Prinzip verändert *V*2 die Steilheit der Verstärkerstufe von Knoten *1* zum symmetrischen Ausgang.

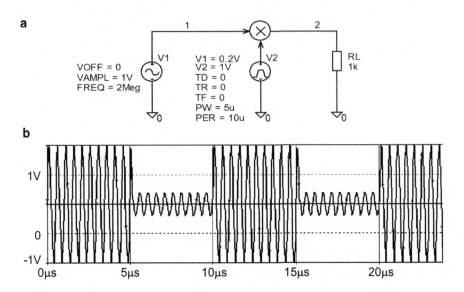

Abb. 8.52 ASK-Modulator mit Analog-Multiplizierer; **a** Testanordnung; **b** Simulationsergebnis am Ausgangsknoten 2

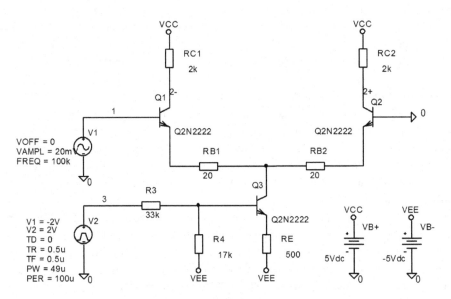

Experiment 8.3-12: ASK-Modulator (Makromodell)
Experiment 8.3-13: ASK-Modulator (Realierung mit Differenzstufe)

Abb. 8.53 Ausführungsbeispiel für einen Analog-Multiplizierer mit Experimenten

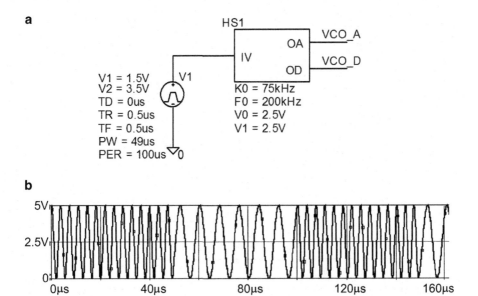

Experiment 8.3-14: FSK-Modulator (Makromodell)

Abb. 8.54 FSK-Modulator mit einem spannungsgesteuerten Oszillator (VCO); **a** Testanordnung; **b** Simulationsergebnis am Analogausgang VCO_A; mit zugehörigem Experiment

FSK-Modulation: Bei der Modulationsart Frequency-Shift-Keying wird die Frequenz des Trägers getastet. Dies kann man mit einem spannungsgesteuerten Oszillator (VCO) realisieren (siehe Abschn. 8.3.2). Abbildung 8.54a zeigt die Testanordnung und Abb. 8.54b das Testergebnis eines FSK-Modulators. Das Makromodell eines VCO ist in Abschn. 8.4.2 beschrieben. Im Beispiel wird die Frequenz des Ausgangssignals von 275 kHz auf 125 kHz umgeschaltet.

Eine konkrete praktische Ausführung eines VCO ist aus Abb. 8.55 zu entnehmen. Die Schaltung stellt einen astabilen Multivibrator dar. Das frequenzbestimmende Element ist die Kapazität $C1$. Die beiden Transistoren $Q5$ und $Q6$ bilden je eine Stromquelle, die von $V1$ steuerbar ist. Ist $Q2$ leitend und $Q1$ gesperrt, so wird die Kapazität $C1$ geladen. Der Knoten $3+$ weist in diesem Fall ein Potenzial von 5 V minus zweimal 0,7 V auf. Erreicht die Spannung an der Kapazität $C1$ den Wert von ca. 0,6 V, so wird $Q1$ leitend und $Q2$ gesperrt. Der Ladestrom der Kapazität $C1$ kehrt sich um. Auf diese Weise erfolgt ein periodisches Laden/Entladen der Kapazität. Die Schwingfrequenz lässt sich durch den Ladestrom beeinflussen. Im Beispiel beträgt der Ladestrom 1 mA bzw. 0,5 mA. Bei 1 V Spannungshub an der Kapazität erhält man bei 1 mA Ladestrom ein Δt von 5 μs für den Lade- bzw. Entladevorgang. Daraus ergibt sich eine Frequenz von ca. 100 kHz. Bei Verringerung des Ladestroms erhöht sich Δt für die Lade- bzw. Entladezeit, die Frequenz vermindert sich entsprechend. Aus Abb. 8.56 lässt sich die Spannung an der Kapazität

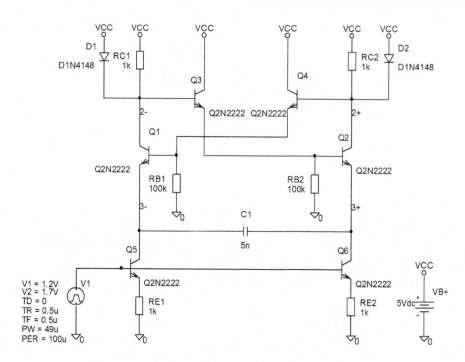

Experiment 8.3-15: FSK-Modulator (Realisierung mit astabilem Multivibrator)

Abb. 8.55 Praktische Ausführung eines FSK-Modulators

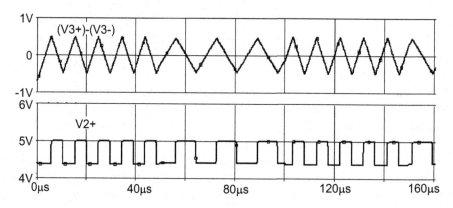

Abb. 8.56 Simulationsergebnis der praktischen Ausführung eines FSK-Modulators am Analog-ausgang 2+

$C1$ und die Ausgangsspannung an Knoten 2+ entnehmen. Im gesperrten Zustand von $Q2$ liegt die Ausgangsspannung an Knoten 2+ bei 5 V. Im leitenden Zustand vermindert sich demgegenüber die Spannung um 0,7 V.

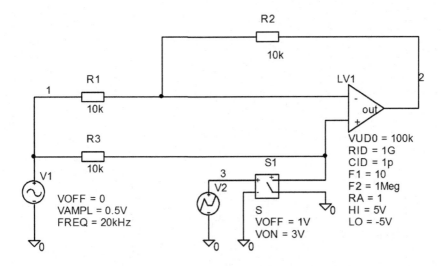

Experiment 8.3-16: BPSK-Modulator mit OP-Verstärker

Abb. 8.57 BPSK-Modulator – Testanordnung mit zugehörigem Experiment

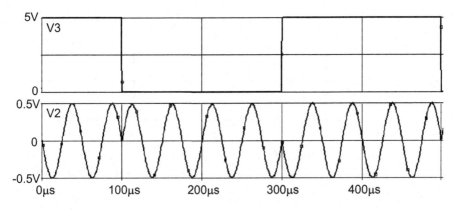

Abb. 8.58 BPSK-Modulator – Simulationsergebnis

BPSK-Modulator: Bei einem BPSK-Modulator erfolgt eine binäre Phasenumtastung. Abbildung 8.57 zeigt eine praktische Ausführung mit zugehörigem Simulationsergebnis in Abb. 8.58. Der BPSK-Modulator besteht aus einem Verstärker, dessen Verstärkung von -1 auf $+1$ über die Steuerspannung $V2$ umgeschaltet werden kann. Der Schalter ist in der Testanordnung als spannungsgesteuerter Schalter ausgeführt. In der Praxis ließe sich der Schalter z. B. als NMOS-Schalter oder auch als Schalter mit einem Bipolartransistor realisieren.

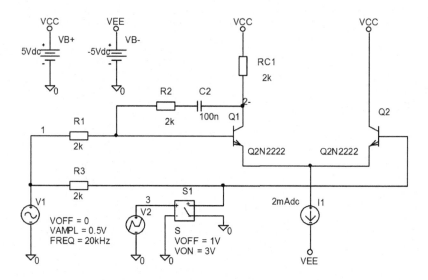

Experiment 8.3-17: BPSK-Modulator mit Differenzverstärker

Abb. 8.59 BPSK-Modulator ausgeführt mit Differenzstufe – Testanordnung mit zugehörigem Experiment

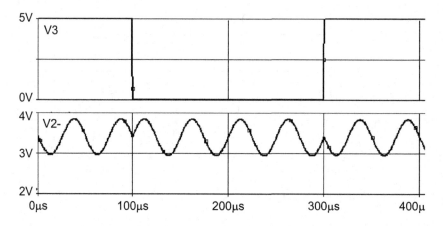

Abb. 8.60 BPSK-Modulator ausgeführt mit Differenzstufe – Simulationsergebnis

In einem weiteren Ausführungsbeispiel besteht der BPSK-Modulator aus einer Differenzstufe (siehe Abb. 8.59). Die Verstärkung der Differenzstufe beträgt -1 bzw. $+1$, je nach Schalterstellung des spannungsgesteuerten Schalters $S1$. Damit der Arbeitspunkt der Differenzstufe nicht durch die Rückkopplung über $R2$ beeinflusst wird, ist die Kapazität $C2$ erforderlich. Im Beispiel wird ein unsymmetrischer Ausgang gewählt. Im geschlossenen Zustand des Schalters $S1$ liegt der Basiseingang von $Q2$ auf Ground. $Q2$ wird demzufolge nicht angesteuert. Der Transistor $Q1$ arbeitet dann mit seiner Rückkopplung über

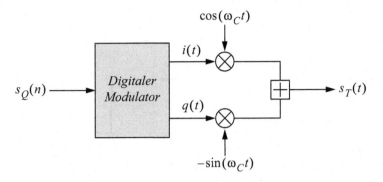

Experiment 8.3-18: QPSK-Modulator

Abb. 8.61 I/Q-Modulator für digitale Modulationsverfahren mit Experiment

$R2$ und $R1$ als invertierender Verstärker mit der Verstärkung -1. Bei offenem Schalter $S1$ arbeitet $Q1$ als Spannungsfolger mit der Verstärkung $+1$. Das Simulationsergebnis ist aus Abb. 8.60 zu entnehmen.

I/Q-Modulator: Bei allen modernen Modulationsverfahren erzeugt der Modulator aus dem Nutzsignal oder Quellsignal zunächst die Quadratur-Komponenten $i(t)$ und $q(t)$. Dabei ist $i(t)$ das Inphase-Signal und $q(t)$ das Quadratur-Signal. Die Quadratur-Komponenten erhält man, indem Gl. (8.30) in folgender Weise umformuliert wird:

$$s_T(t) = a(t) \cdot \cos(\omega_C(t) \cdot t + \varphi(t));$$
$$= \underbrace{a(t) \cdot \cos \varphi(t)}_{i(t)} \cdot \cos(\omega_C(t) \cdot t) - \underbrace{a(t) \cdot \sin \varphi(t)}_{q(t)} \cdot \sin(\omega_C(t) \cdot t). \quad (8.31)$$

Bei digitalen Modulationsverfahren werden im Allgemeinen Amplitude und Phase moduliert. In einem ersten Schritt erzeugt ein digitaler Modulator aus dem binären Datenstrom $s_Q(n)$ das Inphase-Signal $i(t)$ und das Quadratur-Signal $q(t)$. Im Weiteren entsteht durch den I/Q-Mischer das modulierte Trägersignal $s_T(t)$. Abbildung 8.61 veranschaulicht den Aufbau eines I/Q-Modulators. Die 90° Phasenverschiebung lässt sich durch eine einfache Digitalschaltung realisieren. Ausgehend von der doppelten Frequenz kann man die 90° Phasenverschiebung über zwei D-Flipflops (Triggerung mit der ansteigenden Flanke und Triggerung mit der fallenden Flanke) erzeugen.

Es gibt eine Vielzahl möglicher digitaler Modulationsverfahren. Je nach Modulationsverfahren gilt es, aus der binären Signalfolge $s_Q(n)$ das entsprechende $i(t)$ und $q(t)$ abzuleiten. Abbildung 8.63 zeigt für ein gegebenes Quellsignal $s_Q(n)$ die zu erzeugenden Inphase- und Quadratur-Signale $i(t)$ und $q(t)$ in Abhängigkeit vom Modulationsverfahren. Die Aufbereitung der Inphase- und Quadratur-Signale geschieht zumeist mit einem digitalen Modulator, der in Form eines Zustandsautomaten realisierbar ist. Ein praktisches Beispiel hierfür ist in Abb. 8.62 dargestellt. Das Beispiel veranschaulicht $i(t)$ und $q(t)$ für einen QPSK-Modulator gemäß Abb. 8.63b.

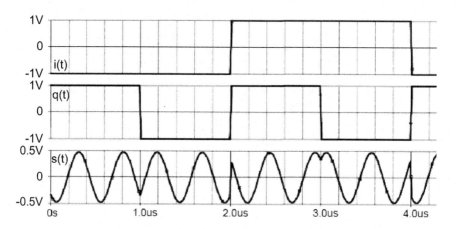

Abb. 8.62 QPSK-Modulator mit $i(t)$, $q(t)$ und dem Modulationssignal $s_T(t)$

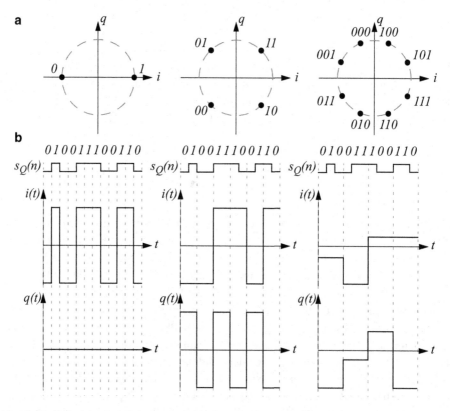

Abb. 8.63 Beispiele für digitale Modulationsverfahren mit Konstellationsdiagramm, binären Quelldaten $s_Q(n)$, dem Inphase-Signal $i(t)$ und dem Quadratur-Signal $q(t)$; **a** BPSK (2-PSK); **b** QPSK (4-PSK); **c** 8-PSK

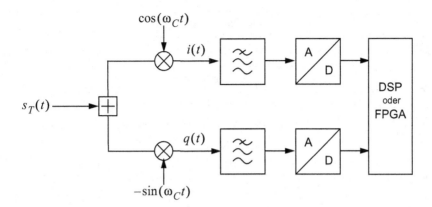

Abb. 8.64 I/Q-Demodulator für digitale Modulationsverfahren

I/Q-Demodulator: Das Pendant zum I/Q-Modulator ist der I/Q-Demodulator (Abb. 8.64). Das Signal $s_T(t)$ wird mit zwei, um 90° phasenverschobenen Signalen ins Basisband gemischt. Dort erfolgt die Abtastung, Digitalisierung und Weiterverarbeitung. Bei „Direct Conversion" ist $s_T(t)$ das Empfangssignal, ansonsten ist $s_T(t)$ der Zwischenfrequenzlage zuzuordnen.

Die Digitalisierung erfolgt nach Abtastung mit einem A/D-Wandler. Zur digitalen Weiterverarbeitung verwendet man entweder einen Prozessor für Digitale Signalverarbeitung oder einen programmierbaren Baustein (FPGA) bzw. ein ASIC (Application Specific Integrated Circuit).

8.3.6 Bestandteile eines Funkempfängers

Ein Funkempfänger erhält über den Antennenfußpunkt ein im Allgemeinen sehr schwaches Signal (typisch einige μV bis einige 100 μV bzw. mV). Die Aufgabe des Funkempfängers ist es, dieses Signal mit möglichst wenig Zusatzrauschen aus dem Rauschpegel herauszuheben, zu verstärken und durch weitere Signalverarbeitung schließlich das Quellsignal wieder zu gewinnen. In den Anfängen der Funktechnik wurden ausschließlich Geradeausempfänger (Tuned Radio Frequency Receiver) verwendet. Ein Geradeausempfänger besteht aus einer Reihenschaltung von selektiven Verstärkerstufen, einer der Modulation entsprechenden Detektorstufe (Demodulator) und einem nachgeschaltetem Niederfrequenzverstärker. Die Auswahl des gewünschten Empfangssignals beruht dabei einzig auf der Frequenzselektivität der Verstärkerstufen. In den 30er Jahren des vorigen Jahrhunderts wurde das Superheterodyn-Prinzip (Überlagerungsempfang) erfunden, das auch heute noch in der Mehrzahl der Funkempfänger angewandt wird. Abbildung 8.65 zeigt die Module eines Funkempfängers nach dem Überlagerungsprinzip.

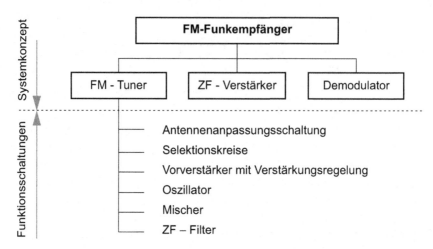

Abb. 8.65 Systemmodule eines Empfängers mit den Funktionsschaltungen des FM-Tuners

Tab. 8.1 Standardisierte
Zwischenfrequenzen

Zwischenfrequenz	Anwendung
455 kHz	AM-Rundfunkempfänger
10,7 MHz	FM-Rundfunkempfänger
38,9 MHz	TV-Empfänger
70 MHz, 140 MHz	Funkempfänger
950–2150 MHz	Satellitenempfänger (LNBs)

Bei UKW-Rundfunk liegen die Funkfrequenzen im Bereich um 100 MHz. Dabei erfolgt nach dem Überlagerungsprinzip eine Frequenzumsetzung auf eine Zwischenfrequenzebene (10,7 MHz). Allgemein sind gemäß Tab. 8.1 Zwischenfrequenzen eingeführt.

Hierarchische Vorgehensweise: Abbildung 8.65 soll am Beispiel eines Funkempfängers für frequenzmodulierte Signale (FM) die Systematik des hierarchischen Aufbaus von Systemmodulen bestehend aus Funktionsschaltungen verdeutlichen. Der betrachtete FM-Tuner dient zur Verstärkung, Vorselektion und Umsetzung eines Empfangssignals auf eine Zwischenfrequenzlage. Derartige Überlagerungsempfänger finden Anwendung u. a. in Funkempfängern und in Messempfängern. Neuere Schaltungskonzepte verwenden integrierte Funktionsschaltkreise, die hier nicht betrachtet werden sollen. Zum besseren Verständnis wird auf ein Schaltungskonzept realisiert durch diskrete Schaltkreiselemente zurückgegriffen. Das Blockschaltbild ist aus Abb. 8.66 zu entnehmen.

Der FM-Tuner gliedert sich in die in Abb. 8.65 aufgelisteten Funktionsschaltungen. Neuere Empfängerkonzepte bestehen aus einem Eingangsverstärker und einem direkt nachgeschalteten Analog/Digital-Wandler. Die Demodulation und Signalaufbereitung

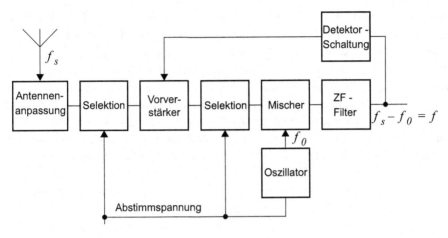

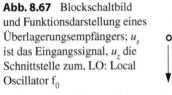

Abb. 8.66 Blockschaltbild eines konventionellen FM-Tuners

Abb. 8.67 Blockschaltbild
und Funktionsdarstellung eines
Überlagerungsempfängers; u_s
ist das Eingangssignal, u_z die
Schnittstelle zum, LO: Local
Oscillator f_0

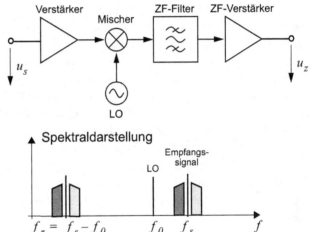

erfolgt auf der digitalen Seite mittels digitaler Signalverarbeitung. Allerdings werden
dafür entsprechend schnelle Analog/Digital-Wandler benötigt. Sind geeignet schnelle
A/D-Wandler nicht verfügbar, so muss das Eingangssignal von einer höheren Frequenzlage in eine tiefere Frequenzlage umgesetzt werden. Aus Abb. 8.66 ist das Blockschaltbild eines FM-Tuners zu entnehmen, der das Eingangssignal am Fußpunkt der Antenne
aufnimmt, selektiert, vorverstärkt und auf eine Zwischenfrequenzlage umsetzt.

Die Funktionseinheit eines Überlagerungsempfängers ist in Abb. 8.67 dargestellt.
Wesentlich dabei ist die Umsetzung des Empfangssignals mit der Frequenz f_s mittels

einer Oszillatorfrequenz f_0 auf eine konstante Zwischenfrequenz f_z. Bei Abwärtsmi-
schung werden die Seitenbänder des Empfangssignals nicht invertiert, wenn die LO-
Frequenz unterhalb der Empfangsfrequenz liegt. Ist die LO-Frequenz oberhalb der
Empfangsfrequenz, so ergibt sich eine Umkehrung der Seitenbänder.

Die Hauptverstärkung und Selektion erfolgt auf der Zwischenfrequenzebene. Das
Empfangssignal ist einem bestimmten Empfangskanal zugeordnet. Soll ein anderer Empfangskanal empfangen werden, so muss die Oszillatorfrequenz so verändert und abge-
stimmt werden, dass wiederum die feste, konstante Zwischenfrequenz entsteht. Mit dem
Oszillator sind auch die Selektionskreise auf den neuen Empfangskanal abzustimmen.
Problematisch dabei ist der Gleichlauf zwischen der Abstimmung des Oszillators und
der Abstimmung der Selektionskreise. In verbesserten Schaltungskonzepten können hier
geeignete Regelschaltungen (siehe PLL-Schaltkreise) helfen.

8.4   PLL-Schaltkreise

Ein PLL-Schaltkreis ist ein Phasenregelkreis (PLL: Phased-Locked-Loop) in dem ein
zunächst freilaufender spannungsgesteuerter Oszillator (VCO: Voltage-Controlled-
Oscillator) mit dem Ausgangssignal u_2 der Frequenz f_2 mittels eines Phasen-Regelkreises
mit einem gegebenen Eingangssignal u_1 mit der Frequenz f_1 synchronisiert wird. Der
Regelkreis besteht aus einem Phasendetektor (PD: Phase-Detector) bzw. Phasenvergleicher an dessen Eingang das Referenzsignal u_1 und der VCO-Ausgang u_2 anliegt, einem
Tiefpass (LF: Loop-Filter) mit der Ausgangsspannung u_f und dem VCO. Abbildung 8.68
zeigt das Grundprinzip eines PLL-Schaltkreises.

Anwendungen von PLL-Schaltkreisen ergeben sich vielfältig u. a. für die Taktrückgewinnung aus digitalen Signalfolgen, für die Taktsignalsynchronisation, für die
FM-Demodulation und allgemein für die Synchronisation von Signalquellen (PLL-
Synthesizer). Ein Schaltungsentwickler sollte das Grundprinzip von PLL-Schaltkreisen
beherrschen.

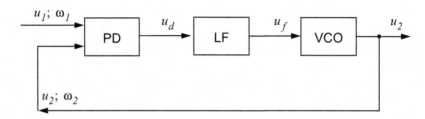

Abb. 8.68 Phasenregelkreis mit spannungsgesteuertem Oszillator (VCO), Phasendetektor (PD)
und Loop-Filter (LF)

8.4.1 Aufbau und Wirkungsprinzip

Gemäß dem prinzipiellen Aufbau eines PLL-Schaltkreises wird als erstes eine Testanordnung betrachtet (Abb. 8.69). Die hierarchisch gegliederte Testanordnung verwendet den VCO *HS*1 zur Aufbereitung eines Testsignals. Das sinusförmige Testsignal u_1 soll einen Frequenzsprung aufweisen. Der zunächst freischwingende VCO der Phasenregelschleife *HS*2 mit u_2 als Ausgangssignal muss dann durch eine Regelspannung u_f so nachgeführt werden, dass u_2 synchron zu u_1 ist. Der Phasenvergleicher ist im Block *HS*4 enthalten. Für den Phasenvergleicher gibt es verschiedene Realisierungsmöglichkeiten. Zur Glättung bzw. Integration des Ausgangssignals vom Phasenvergleicher dient ein Tiefpassfilter, das im Block *HS*3 enthalten ist. Das Tiefpassfilter kann durch eine passive Variante oder durch ein aktives Tiefpassfilter ausgeführt sein.

Die Versorgungsspannung des Schaltkreises möge $U_B = 5$ V betragen. Bei digitalen Phasenvergleichern (siehe auch Abschn. 8.3.3) liegt der Arbeitspunkt dann bei 2,5 V. Der Arbeitspunkt des VCO-Steuereingangs ist demzufolge ebenfalls bei 2,5 V einzustellen. Die VCO-Konstante $K0$ der verwendeten spannungsgesteuerten Oszillatoren liegt bei $K_0 = 250$ kHz/V. Bei Änderung der Steuerspannung um 0,5 V von 2,5 V auf 3 V ändert sich die Frequenz also von 250 kHz auf 375 kHz. Dazu muss die Regelspannung des VCO entsprechend geändert werden. In einem Experiment soll die Wirkungsweise des PLL-Schaltkreises aufgezeigt werden.

Für den Phasendetektor wird im Experiment die in Abschn. 8.3.3 betrachtete Schaltung verwendet. Dieser Phasenvergleicher wird auch als Phasen-Frequenzsensitiver Phasendetektor (PFD) bezeichnet. Ein praktisches Ausführungsbeispiel eines spannungsgesteuerten Oszillators ist in Abschn. 8.3.2 beschrieben. Im Experiment wird ein Makromodell für

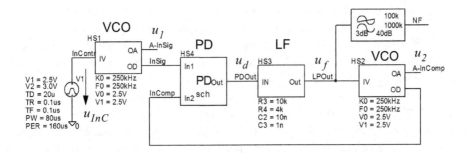

Experiment 8.4-1: PLL-Testanordnung-250kHz-Frequenzsprung
Experiment 8.4-2: PLL-Testanordnung-250kHz-Sinus-Eingang

Abb. 8.69 Phasenregelkreis mit spannungsgesteuertem Oszillator (VCO), Phasendetektor (PD) und Loop-Filter (LF); Testsignal am Eingang aufbereitet mit einem weiteren VCO; *InSig* ist das digitale Eingangssignal für den digitalen Phasendetektor, u_1 bzw. *A-InSig* das zugehörige Analogsignal; *InComp* ist das digitale Ausgangssignal des VCO, mit u_2 bzw. *A-InComp* als dem zugehörigen Analogsignal

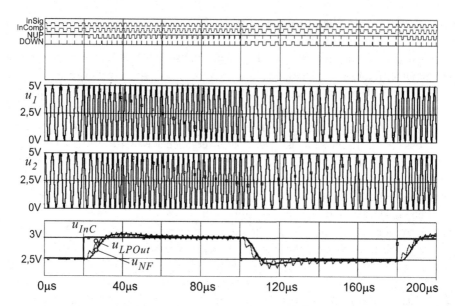

Abb. 8.70 Simulationsergebnis der betrachteten PLL-Testanordnung mit sprunghafter Frequenzänderung des Eingangssignals; Ausgänge des Test-VCO u_1 bzw. u_{InSig} (Eingangssignal des PFD) und des Regel-VCO u_2 bzw. u_{InComp} (zweites Eingangssignal des PFD), u_{LPOut} entspricht der Sprungantwort der Steuerspannung u_{InC} des VCO zur Nachsteuerung des Regel-VCO (demoduliertes Ausgangssignal), so dass u_1 und u_2 synchron sind; Schleifenfilter: $R3 = 10$ kΩ, $R4 = 4$ kΩ, $C2 = 10$ nF, $C3 = 1$ nF

den VCO verwendet, das es noch näher zu erläutern gilt. Das Ergebnis der Testanordnung in Abb. 8.69 zeigt Abb. 8.70. Die Frequenz des Testsignals u_1 bzw. *InSig* wird mit einem Spannungssprung der Steuerspannung u_{InC} am Eingang des eingangsseitigen Test-VCO von 2,5 V auf 3,0 V von 250 kHz auf 375 kHz sprungartig verändert. Durch Nachregelung des Regel-VCO erhöht sich die Frequenz von dessen Ausgangssignal u_2 bzw. *InComp* ebenfalls von 250 kHz auf 375 kHz. Für die Steuerspannung u_{LPOut} des Regel-VCO ergibt sich dabei ein Einschwingvorgang. Die Nachregelung benötigt eine gewisse Zeitdauer, bis die Synchronisation zwischen Regel-VCO und Eingangs-VCO gegeben ist. Das digitale Eingangssignal *InSig* des PFD ist das durch einen Komparator digitalisierte Ausgangssignal u_1 des Test-VCO. *InComp* ist das digitale Ausgangssignal des Regel-VCO. Das zugehörige analoge Ausgangssignal ist u_2. Deutlich erkennt man aus dem Testergebnis, dass die Regelspannung u_{LPOut} dem eingangsseitigen Steuersignal u_{InC} folgt. Das Regelverhalten lässt sich mit den Parametern des Schleifenfilters *LF* einstellen. Darauf wird später noch eingegangen.

Der zunächst freischwingende PLL-Oszillator mit der Kreisfrequenz $\omega_2 = \omega_0$ soll an die Eingangskreisfrequenz ω_1 phasenstarr angebunden werden. Ab $t = 20$ µs ändert sich ω_1 um $\Delta\omega$. Aufgrund der größer werdenden Phasendifferenz der beiden Eingangssignale gibt der Phasenvergleicher ein Signal $u_d(t)$ ab, dessen Mittelwert ansteigt. Mit einer Verzögerung entsteht am Ausgang des Loop-Filters ein Korrektursignal $u_f(t)$, das den PLL-Oszillator veranlasst, die Schwingfrequenz zu erhöhen. Auf diese Weise kann der Phasenfehler $\Delta\varphi$ allmählich wieder abgebaut werden. Nach einiger Zeit schwingt der

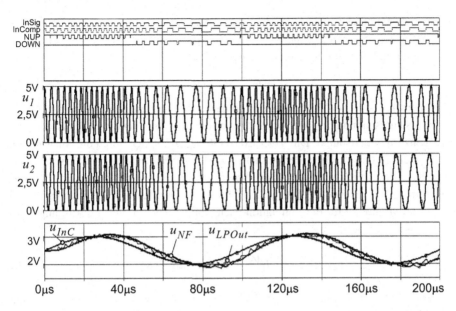

Abb. 8.71 Simulationsergebnis bei sinusförmiger Ansteuerung des Test-VCO (FM-Modulation), Phasenvergleicher mit PFD; Ausgänge des Test-VCO u_1 bzw. u_{InSig} (Eingangssignal des PFD)und des Regel-VCO u_2 bzw. u_{InComp} (zweiter Eingang des PFD), u_{LPOut} entspricht der Steuerspannung u_{InC} des VCO zur Nachsteuerung des Regel-VCO (demoduliertes Ausgangssignal), so dass u_1 und u_2 synchron sind; $R3 = 10 \, k\Omega$, $R4 = 4 \, k\Omega$, $C2 = 10 \, nF$, $C3 = 1 \, nF$

Oszillator wieder auf der gleichen Frequenz wie das Eingangssignal. Der Restphasenfehler $\Delta\varphi$ entspricht der bleibenden Regelabweichung, die je nach Loop-Filter-Typ gegen Null gehen kann. Ist das Eingangssignal ein frequenzmoduliertes Signal, so ist $u_f(t)$ das demodulierte Signal. Abbildung 8.71 zeigt das Ergebnis der Testanordnung in Abb. 8.69 bei sinusförmiger Ansteuerung des Eingangs-VCO; u_{NF} ist dann das demodulierte Signal.

Eine wichtige Eigenschaft des PLL-Schaltkreises ist die Rauschunterdrückung. Wenn ein dem Eingangssignal $u_1(t)$ überlagertes Rauschsignal mit dem Oszillatorsignal $u_2(t)$ nicht korreliert ist, verschwindet der zeitliche Mittelwert am Ausgang des Loop-Filters. Bei geeigneter Auslegung ist ein PLL-Schaltkreis in der Lage, ein Signal aus einer verrauschten Umgebung herauszufiltern. Im gezeigten Beispiel kann der PLL die Kreisfrequenzänderung $\Delta\omega$ des Eingangssignals ausregeln. Dies muss nicht immer der Fall sein. Ist die Eingangsstörung (Frequenzsprung oder Phasensprung) zu groß, dann ist der PLL nicht mehr in der Lage, zu synchronisieren oder einzurasten; der PLL-Schaltkreis ist dann ausgerastet.

8.4.2 Funktionsbausteine einer PLL

Zum besseren Verständnis sollen die Funktionsbausteine einer PLL näher betrachtet werden. Für Systemuntersuchungen gilt es Makromodelle einzuführen, die das funktionale Verhalten beschreiben.

Spannungsgesteuerter Oszillator (VCO): In Abb. 8.68 weist der Regel-VCO die Ausgangsspannung u_2 mit der Frequenz f_2 auf. Die Spannung u_f steuert die Frequenz des VCO. Damit erhält man die Systemgleichung des VCO:

$$f_2 = f_0 + K_0 \cdot u_f(t). \tag{8.32}$$

Die Frequenz f_2 des Regel-VCO ist innerhalb der Aussteuergrenzen idealerweise proportional zur Steuerspannung u_f mit K_0 als Proportionalitätskonstante und f_0 als der Freilauffrequenz im Arbeitspunkt. Die VCO-Konstante K_0 ergibt sich durch die Auswahl und Dimensionierung des VCO. In der einfachen Systembetrachtung des VCO ist das Phasenrauschen (Jitter) nicht enthalten. Das Phasenrauschen, sowie die Kurz- und Langzeitstabilität sind wichtige Kenngrößen für die Güte eines Oszillators. Gleichung (8.32) soll durch ein Makromodell für die Simulation nachgebildet werden. Für die Ausgangsspannung des Oszillators gilt:

$$u_2(t)|_{f_2=f_0} = U_2^{(A)} + U_2 \cos\left(\Omega_0 t + \varphi_0\right). \tag{8.33}$$

Im Arbeitspunkt ist $f_2 = f_0$ und $\Delta\varphi = 0$, $U_2^{(A)}$ ist die DC-Spannung im Arbeitspunkt. Der zeitliche Momentanwert der Kreisfrequenz $\Omega(t)$ des VCO unterliegt bei cosinusförmiger Steuerspannung u_f folgender zeitlicher Veränderung:

$$\Omega(t) = \Omega_0 + \Delta\Omega_0 \cos\left(\Omega_f t + \varphi_f\right) = \Omega_0 + 2\pi \cdot K_0 \cdot U_f \cos\left(\omega_f t + \varphi_f\right). \tag{8.34}$$

Umgerechnet in den zeitlichen Momentanwert der Phase des Oszillator-Ausgangssignals ergibt sich:

$$\varphi(t) = \int \Omega(t) \cdot dt = \Omega_0 t + \frac{\Delta\Omega_0}{\Omega_f} \cdot \sin\left(\omega_f t + \varphi_f\right) = \Omega_0 t + \Delta\varphi(t) + \varphi_0. \tag{8.35}$$

Damit gilt für den Phasenhub des Oszillator-Ausgangssignals bei gegebener Steuerspannung u_f:

$$\Delta\varphi(t) = \int \Delta\Omega_0(t) \cdot dt = 2\pi \cdot K_0 \cdot \int u_f(t) dt. \tag{8.36}$$

Abbildung 8.72 zeigt das Makromodell des spannungsgesteuerten Oszillators mit Integration der Steuerspannung u_f. Mit $U_2^{(A)} =$ V0 $= 2,5$ V liegt der Arbeitspunkt des VCO mittig zwischen dem Bezugspotenzial und der Versorgungsspannung $U_B = 5$ V. Das Ausgangs-signal erzeugt im Beispiel die Spannungsquelle $E2$, deren Phase vom Ausgang des Integrators INT gesteuert wird.

Im Experiment gemäß Abb. 8.72 wird der VCO mit einem Spannungssprung von 2,5 V auf 3,5 V beaufschlagt. Damit ändert sich die Frequenz des Ausgangssignals

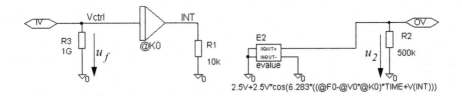

Experiment 8.4-3: VCO-Testanordnung-250kHz

Abb. 8.72 Makromodell des spannungsgesteuerten Oszillators (VCO)

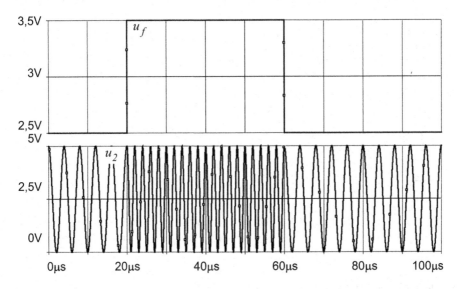

Abb. 8.73 Simulationsergebnis der Testanordnung für den VCO mit u_f als Steuerspannungund $u_2$als Ausgangssignal des VCO

u_2 von 250 kHz auf 500 kHz bei einer VCO-Konstante von $K_0 = 250$ kHz/V, was im Ergebnis in Abb. 8.73 bestätigt wird. Selbstverständlich sind bei einem realen VCO die Aussteuergrenzen der Steuerspannung u_f zu berücksichtigen.

Zur Vervollständigung wird eine VHDL-AMS Modellbeschreibung für den VCO vorgestellt:

```
library IEEE, IEEE_proposed;
use IEEE.math_real.ALL;
use IEEE_proposed.electrical_systems.ALL;
entity vco is
  generic (fo     : real;                    -- reference frequency
           ko     : real;                    -- vco constant
                    vdc   : voltage;                -- offset voltage
           ampl   : voltage;                  -- voltage amplitude
           v_pmax : voltage;                  -- max. pos. voltage
           v_mmax : voltage);                 -- max. neg. voltage
  port (terminal i_plus, i_minus : electrical;  -- input terminals
        terminal o_plus, o_minus : electrical); -- output terminals
end entity vco;

architecture Level0 of vco is
  quantity vin across i_plus to i_minus;
  quantity vout across iout through o_plus to o_minus;
  quantity vlimit : voltage := 0.0;
  quantity phase : real;
begin
    if vin'above(v_pmax) use
        vlimit == v_pmax;
    elsif NOT vin'above(v_mmax) use
        vlimit == v_mmax;
    else
        vlimit == vin;
    end use;
    phase == 2.0 * MATH_PI * ko * vlimit'integ;      -- phase
    vout == vdc + ampl * sin(2.0 * math_pi * fo * now + phase);
end Level0;
```

Grundlegendes zu Phasenvergleichern (PD): Allgemein lautet die Systemgleichung des PD innerhalb seiner Aussteuergrenzen:

$$U_d = K_d \cdot \Delta\varphi; \tag{8.37}$$

U_d ist der Mittelwert der Ausgangsspannung des Phasenvergleichers, $\Delta\varphi$ ist der Phasenunterschied der beiden Eingangsspannungen u_1 und u_2 des Phasenvergleichers. Die Mittelwertbildung erfolgt durch einen nachgeschalteten Tiefpass. Abbildung 8.74 zeigt die Testanordnung für einen Phasenvergleicher mit einem nachgeordneten Tiefpass.

Analog-Multiplizierer als Phasenvergleicher: Analog-Multiplizierer bzw. Mischer (siehe Abschn. 8.3.4) bilden folgendes Mischprodukt:

$$u_d = u_1 \cdot u_2 = U_1 \cdot \sin(\omega_1 \cdot t + \varphi_1) \cdot U_2 \cdot \cos(\omega_2 \cdot t + \varphi_2);$$
$$= \frac{U_1 \cdot U_2}{2} \cdot \sin((\omega_1 - \omega_2 \cdot t) + \varphi_1 - \varphi_2)$$
$$+ \frac{U_1 \cdot U_2}{2} \cdot \sin((\omega_1 + \omega_2) \cdot t + \varphi_1 + \varphi_2). \tag{8.38}$$

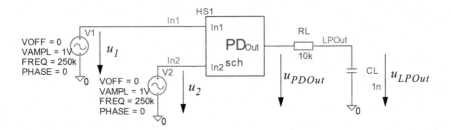

Abb. 8.74 Testanordnung für Phasenvergleicher; mit *VOFF* lässt sich ein DC-Wert für die jeweilige Eingangsspannung einstellen, mit *PHASE* eine Phasendifferenz

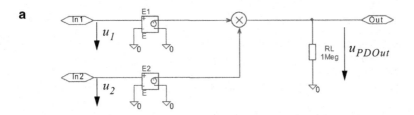

Experiment 8.4-4: Phasendetektor mit Analog-Multiplizierer

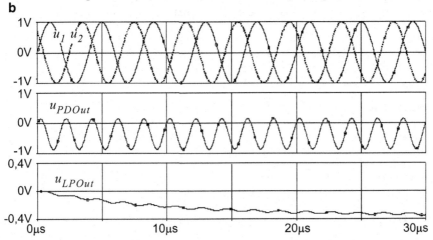

Abb. 8.75 Test des Analog-Multiplizierers; **a** Funktionsmodell; **b** Testergebnis mit u_1 und u_2 als Eingangssignal, mit $\varphi_1 = 0°$, $\varphi_2 = 135°$

Die beiden Eingangssignale u_1 und u_2 befinden sich in „Phasenquadratur", d. h. sie sind um 90° phasenverschoben. Den Term mit der Summenfrequenz unterdrückt der nachfolgende Tiefpass. Im gerasteten Zustand ist $f_1 = f_2$, damit ergibt sich ein Ausdruck gemäß Gl. (8.37). Das Testergebnis der Testschaltung (Abb. 8.75a) eines Analog-Multiplizierers zeigt Abb. 8.75b. Im Beispiel liegt die Phasenverschiebung zwischen u_1 und u_2 bei 135° bzw. bei +45° gegenüber Phasenquadratur. Damit eilt u_2 gegenüber u_1 um 135° vor. Um die voreilende Phase zu verringern, benötigt die Regelschleife eine negative Regelspannung, die sich in der Tat mit u_{LPOut} so ergibt.

Beispielhaft ist nachfolgend eine VHDL-AMS Modellbeschreibung für einen Phasenvergleicher, realisiert als Analogmultiplizierer, aufgeführt.

```vhdl
library IEEE, IEEE_proposed;
use IEEE.math_real.ALL;
use IEEE_proposed.electrical_systems.ALL;
entity phasedetect is
    generic (gain  : real := 0.0;              -- gain factor
             vdc   : voltage := 0.0;           -- dc offset
             vg1   : voltage := 0.0;           -- threshold voltage
             vhigh : voltage := 0.0;           -- maximum output voltage
             vlow  : voltage := 0.0);          -- minimum output voltage
    port (terminal i_fm_plus   : electrical;
          terminal i_fm_minus  : electrical;
          terminal i_vco_plus  : electrical;
          terminal i_vco_minus : electrical;
          terminal o_pd_plus   : electrical;
          terminal o_pd_minus  : electrical);
end phasedetect;
architecture level0 of phasedetect is
 quantity fm_in across i_fm_plus to i_fm_minus;
 quantity vco_out across i_vco_plus to i_vco_minus;
 quantity pd_out_v across pd_out_i through o_pd_plus to o_pd_minus;
 quantity u1, u2, ud : voltage := 0.0;
begin
  if fm_in'above(vg1+vdc) use          u1 == vhigh;
  elsif not fm_in'above(-vg1+vdc) U    u1 == vlow;
  else
    u1 == gain * fm_in;
  end use;
  if vco_out'above(vg1+vdc) use        u2 == vhigh;
  elsif NOT vco_out'above(-vg1+vdc) use u2 == vlow;
  else
    u2 == gain * vco_out;
  end use;
  ud == u1 * u2;
  if ud'above(vhigh) use          pd_out_v == vhigh;
  elsif not ud'above(vlow) use    pd_out_v == vlow;
  else
    pd_out_v == ud;
  end use;
end level0;
```

Nun zur konkreten Realisierung eines Analog-Multiplizierers. Wie im Abschn. 8.3.4 dargelegt, lässt sich die Analog-Multiplikation u. a. mit einer Differenzstufe realisieren. Der eine Eingang ist der normale Differenzeingang, der zweite Eingang steuert über die Stromquelle die Steilheit der Differenzstufe. Eine weitere Realisierungsvariante ist der Schaltmischer, der mit Dioden oder mit einem Schaltverstärker ausgeführt werden kann. Abbildung 8.76 zeigt mögliche Realisierungsvarianten. Beim Schaltverstärker ergibt sich eine Multiplikation des

Abb. 8.76 Realisierungsvarianten eines Analog-
Mischers mit analogen
Schaltfunktionen;
a Dioden-Mischer;
b Schaltverstärker

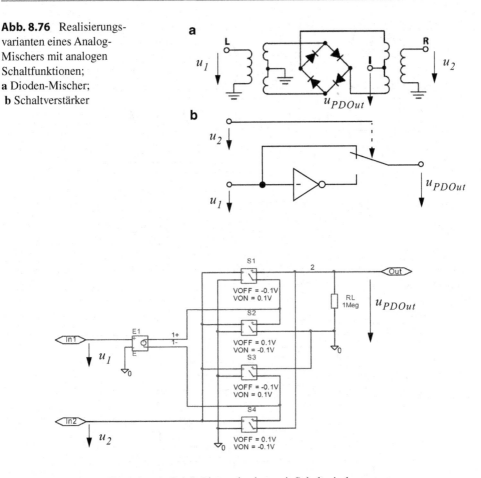

Experiment 8.4-5: Phasendetektor mit Schaltmischer

Abb. 8.77 Realisierungsvarianten eines Analog-Mischers mit analogen Schaltfunktionen; **a** Dioden-Mischer; **b** Schaltverstärker; **c** Funktionsmodell mit Analogschaltern

Eingangssignals mit $+1$ oder mit -1, gesteuert durch den zweiten Eingang. Wenn u_2 positiv
ist, wird die Eingangsspannung u_1 mit $+1$ multipliziert. Bei negativem u_2 erfolgt eine Multiplikation mit -1. Eine mögliche Realisierung als Testschaltung zeigt Abb. 8.77a in Form
eines Ringmischers. Beim Gegentaktmischer (Abb. 8.49) wird ebenfalls die Multiplikation
mit $+1$ bzw. -1 deutlich. Abbildung 8.78 zeigt das Ergebnis der Testschaltung.

Exor-Phasenvergleicher: Prinzipiell lässt sich ein Phasenvergleicher mit einem Exor-
Gatter verwirklichen. In Abb. 8.79 ist das Verhalten des Exor-Phasenvergleichers dargestellt. Aus Abb. 8.79c ist die Übertragungsfunktion zu entnehmen. Abbildung 8.79a und
8.79b veranschaulichen zwei Fallbeispiele. Beim Exor-Phasenvergleicher müssen die Eingangssignale ein 1:1 Tastverhältnis aufweisen. Zur Digitalisierung der Eingangssignale

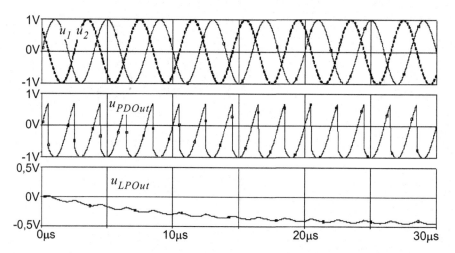

Abb. 8.78 Testergebnis eines Analog-Mischers mit analogen Schaltfunktionen mit u_1 und u_2 als Eingangssignal, mit $\varphi_1 = 0°$, $\varphi_2 = 135°$

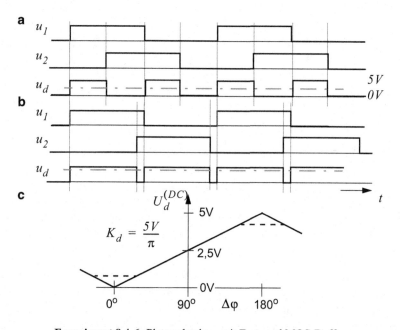

Experiment 8.4-6: Phasendetektor mit Exor und MOS-Buffer

Abb. 8.79 Zur Funktionsweise des Exor-Phasenvergleichers; **a** Phasenunterschied 90°; **b** Phasenunterschied annähernd 180°; **c** U_d als Funktion des Phasenunterschieds

wird ein Komparator verwendet. Bei einer Amplitude von 5 V ergibt sich für den EXOR-Phasenvergleicher als Phasenvergleicherkonstante $K_d = 5\,V/\pi$. Am Ausgang des digitalen Exor-Phasenvergleichers befindet sich ein CMOS-Buffer (siehe beispielsweise auch Abb. 8.80).

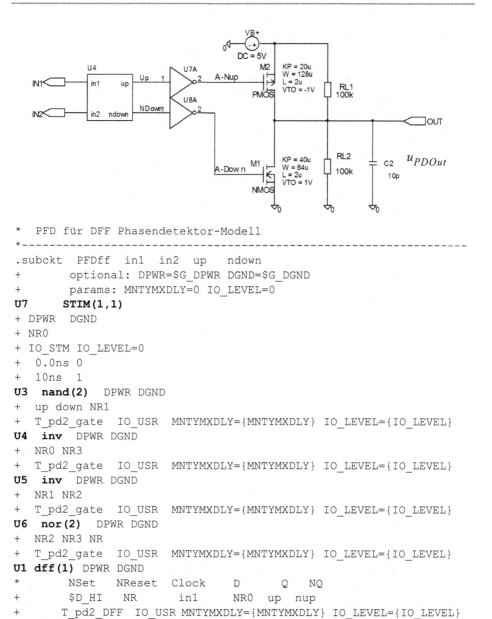

```
*  PFD für DFF Phasendetektor-Modell
*-----------------------------------------------------------------
.subckt  PFDff   in1  in2  up    ndown
+        optional: DPWR=$G_DPWR DGND=$G_DGND
+        params: MNTYMXDLY=0 IO_LEVEL=0
U7     STIM(1,1)
+ DPWR   DGND
+ NR0
+ IO_STM IO_LEVEL=0
+ 0.0ns 0
+ 10ns  1
U3  nand(2)  DPWR DGND
+ up down NR1
+ T_pd2_gate  IO_USR  MNTYMXDLY={MNTYMXDLY} IO_LEVEL={IO_LEVEL}
U4  inv  DPWR DGND
+ NR0 NR3
+ T_pd2_gate  IO_USR  MNTYMXDLY={MNTYMXDLY} IO_LEVEL={IO_LEVEL}
U5  inv  DPWR DGND
+ NR1 NR2
+ T_pd2_gate  IO_USR  MNTYMXDLY={MNTYMXDLY} IO_LEVEL={IO_LEVEL}
U6  nor(2)  DPWR DGND
+ NR2 NR3 NR
+ T_pd2_gate  IO_USR  MNTYMXDLY={MNTYMXDLY} IO_LEVEL={IO_LEVEL}
U1 dff(1) DPWR DGND
*        NSet   NReset  Clock   D      Q    NQ
+        $D_HI   NR     in1    NR0   up   nup
+        T_pd2_DFF  IO_USR MNTYMXDLY={MNTYMXDLY} IO_LEVEL={IO_LEVEL}
U2 dff(1) DPWR DGND
*        NSet   NReset  Clock   D      Q     NQ
+        $D_HI   NR     in2    NR0   down  ndown
+        T_pd2_DFF  IO_USR MNTYMXDLY={MNTYMXDLY} IO_LEVEL={IO_LEVEL}
.ends    PFDff
```

Experiment 8.4-7: PFD-Phasendetektor mit D-Subcircuit und MOS-Buffer

Abb. 8.80 Phasenvergleicher vom Typ PFD mit Digitalteil $U4$ und Tri-State-Buffer mit zugehörigem Experiment

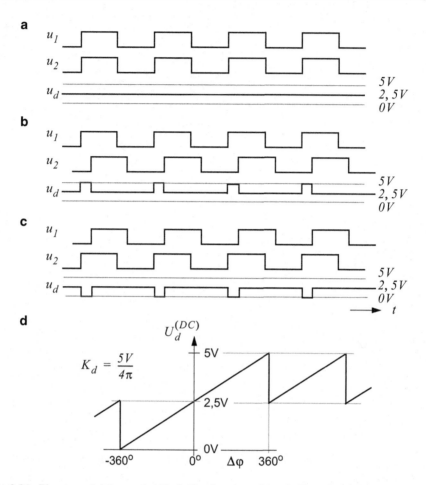

Abb. 8.81 Phasenvergleicher nach Abb. 8.43a ohne integrierende Kapazität mit u_d als Ausgangs-spannung; **a** Phasenunterschied $0°$; **b** u_2 nacheilend; **c** u_1 nacheilend; **d** U_d (Mittelwert) als Funk-tion des Phasenunterschieds

PFD-Phasenvergleicher: Bei dem in Abschn. 8.3.3 bereits vorgestellten Phasenverglei-cher (PFD Phasen-Frequenzsensitiver-Phasendetektor) erhält man bei $0°$ Phasenunter-schied am Ausgang $2{,}5$ V, bei $360°$ werden 5 V erreicht und bei $-360°$ ist der Ausgang bei 0 V. Demzufolge beträgt die Phasenvergleicherkonstante in diesem Fall $K_d = 5\,\text{V}/4\pi$. Aus Abb. 8.80 ist die Modellbeschreibung für einen Phasenvergleicher vom Typ PFD zu entnehmen. Der Tri-Strate-Buffer besteht aus den MOS-Transistoren $M1$ und $M2$. $C2$ ist eine parasitäre Kapazität.

Der Digitalteil $U4$ (Abb. 8.80) ist nachfolgend als Subcircuit-Modell beschrieben. Kernstück sind die D-FlipFlops $U1$ und $U2$. Sind beide Eingänge „1", so werden die D-FlipFlops über $U3$, $U5$ und $U6$ zurückgesetzt; $U7$ erzeugt einen einmaligen Rücksetz-impuls bei $t=0$, der 10 ns andauert.

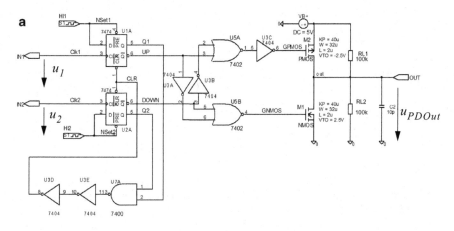

Experiment 8.4-8: PFD-Phasendetektor mit Dig.-Schematic-Modell und MOS-Buffer

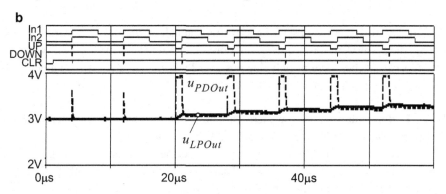

Abb. 8.82 Test des Phasenvergleichers vom Typ PFD; **a** Funktionsmodell mit zugehörigem Experiment; **b** Testergebnis mit $IN1$ und $IN2$ als Eingangssignal, mit $\varphi_1 = 0°$, $\varphi_2 = -90°$

Der PFD ist flankengetriggert und demzufolge unempfindlich betreffs des Tastverhältnisses. Im Gegensatz dazu erfordert der Exor-Phasenvergleicher ein 50 %-Tastverhältnis, ansonsten wird die PD-Kennlinie an den Spitzen abgeflacht (siehe gestrichelter Bereich der Kennlinie in Abb. 8.79). Ein weiterer wesentlicher Vorteil des Phasenvergleichers vom Typ PFD besteht darin, dass bei großen Frequenzabweichungen der Regel-VCO in die richtige Richtung korrigiert wird. Nachteilig ist allerdings, dass der PFD empfindlich auf Störspannungen reagiert. Der Ausgang des PFD ist ein Tri-State-Ausgang, der entweder auf die Versorgungsspannung (5 V) oder auf Masse (0 V) oder hochohmig auf 2,5 V geschaltet ist. Das wiederum bedeutet, dass die Arbeitspunkte der Ein- und Ausgänge auf 2,5 V liegen müssen (Abb. 8.81).

In Abb. 8.82b ist das Testergebnis für einen Phasenvergleicher vom Typ PFD mit CMOS-Buffer dargestellt. Aus Abb. 8.82a kann die Modellbeschreibung entnommen werden. In diesem Fall ist der Digitalteil und der Tri-State-Buffer als Schematic-Modell

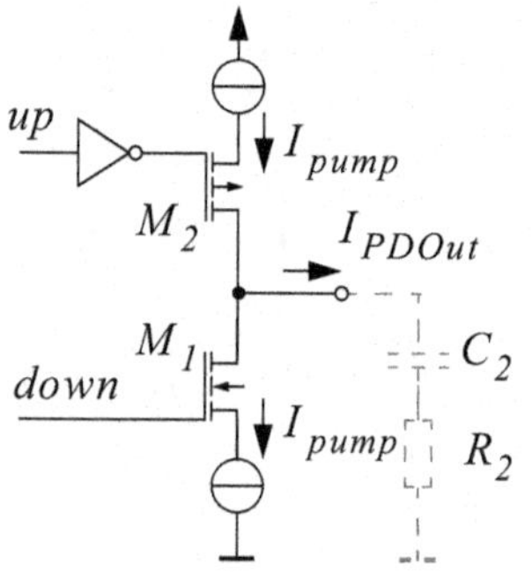

$$I_{PDOut} = (\varphi_1 - \varphi_2) \cdot \frac{I_{pump}}{2\pi}$$

$$K_d \cdot \underline{F}(j\omega) = \frac{I_{pump}}{2\pi} \cdot \left(R_2 + \frac{1}{j\omega C_2} \right)$$

Experiment 8.4-9: PFD-Phasendetektor mit Dig.-Subcircuit-Modell und Buffer mit Ladungspumpe

Abb. 8.83 Phasenvergleicher vom Typ PFD mit Ladungspumpe

ausgeführt. Die Ansteuerung des Tri-State-Buffers enthält ergänzend eine Verriegelungsschaltung, die verhindert, dass beide Transistoren gleichzeitig leitend werden. Nachdem u_2 gegenüber u_1 nacheilt, ergibt sich eine positive Regelspannung am Ausgang des Tiefpasses, um den Regel-VCO nachführen zu können.

PFD mit Ladungspumpe: Eine weitere Variante stellt der Phasenvergleicher vom Typ PFD dar, dessen Tri-State-Buffer eine geschaltete Stromquelle beinhaltet. Die Anordnung zeigt Abb. 8.83 mit Angabe der Phasenvergleicher-Konstante und zugehörigem Experiment. Grundsätzlich sind die MOS-Transistoren des Buffers in Abb. 8.82a ebenfalls geschaltete Stromquellen, wenn deren U_{DS} bzw. U_{SD} hinreichend groß ist.

Loop-Filter: Man unterscheidet aktive und passive Loop-Filter. Abbildung 8.84 zeigt ein passives Loop-Filter. Mit den Parametern des Loop-Filters können ganz wesentlich die Eigenschaften der gesamten PLL beeinflusst werden. Die übrigen Parameter einer PLL in Form der Konstanten des Phasenvergleichers K_d und des spannungsgesteuerten Oszillators K_0 liegen im wesentlichen nach Auswahl der Schaltung fest. Für die Übertragungsfunktion für das Loop-Filter mit $v_{TP,0}$ als Verstärkung bei tiefen Frequenzen gilt:

$$\underline{F}(j\omega) = \frac{\underline{U}_f}{\underline{U}_d} = v_{TP,0} \cdot \frac{1 + j\omega \cdot \tau_2}{1 + j\omega \cdot (\tau_1 + \tau_2)}. \tag{8.39}$$

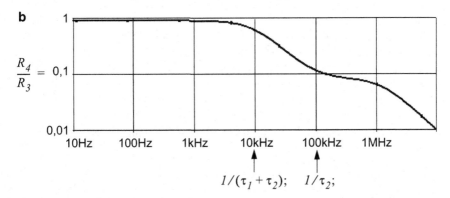

Experiment 8.4-10: Passiver Tiefpass

$$\tau_2 = R_4 \cdot C_2$$

$$\tau_1 + \tau_2 = (R_3 + R_4) \cdot C_2$$

$$1/(\tau_1 + \tau_2); \quad 1/\tau_2;$$

Abb. 8.84 Passiver Tiefpass mit den Zeitkonstanten t_1 und t_2; **a** Schaltung; **b** Frequenzgang mit Eckfrequenzen

Ein Tiefpass weist Integrator-Eigenschaften auf. Bei tiefen Frequenzen wird das Eingangssignal bei der passiven Anordnung ungedämpft und bei der aktiven Anordnung verstärkt auf den Ausgang übertragen. Die Phasendrehung dabei ist Null. Frequenzen oberhalb der ersten Eckfrequenz, gegeben durch die Bedingung $(R_3 + R_4) = 1/\omega C_2$, werden abgeschwächt. Es ergibt sich ein Phasenunterschied von $-90°$. Bei Frequenzen oberhalb der zweiten Eckfrequenz, gegeben durch die Bedingung $R_4 = 1/\omega C_2$, erhält man wieder einen konstanten Abschwächungsfaktor R_4/R_3. Die Phasendrehung ist dann wieder Null. Ein ähnliches Verhalten liegt beim aktiven Tiefpass (Abb. 8.85) vor, allerdings ist dort bei tiefen Frequenzen mit R_2/R_3 eine Verstärkung gegeben.

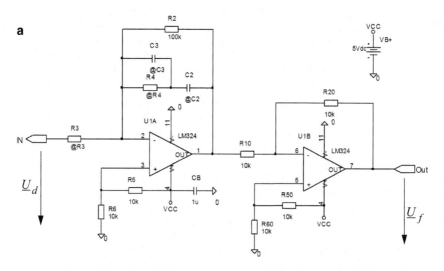

Experiment 8.4-11: Phasendetektor mit Analog-Multiplizierer

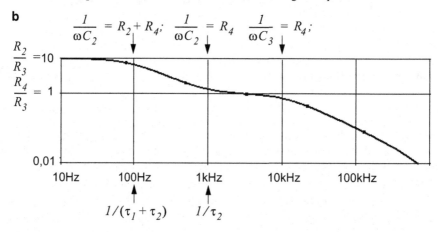

Abb. 8.85 Aktiver Tiefpass mit Übertragungsverhalten und den Zeitkonstanten τ_1 und τ_2; **a** Schaltung; **b** Frequenzgang mit Eckfrequenzen

8.4.3 Systemverhalten

Grundsätzlich unterscheidet man zwischen dem gerasteten Zustand und dem nicht gerasteten Zustand eines PLL-Schaltkreises. Ist die zu synchronisierende Frequenz f_1 gleich der Frequenz f_2 des Regel-VCO, so bleibt der PLL innerhalb des Haltebereichs Δf_H auch bei Änderung der Eingangsfrequenz f_1 gerastet, d. h. phasenstarr angebunden. Im ungerasteten Zustand kann der PLL innerhalb Δf_L in einer Schwebungsperiode zwischen Eingangssignals und VCO-Signal einrasten. Der Ziehbereich Δf_P ist dadurch gekennzeichnet, dass der Einrastvorgang mehrere Perioden Zeitdauer benötigen kann.

Abbildung 8.86 veranschaulicht die verschiedenen Bereiche um die Mittenfrequenz f_0 des Regel-VCO.

Statisches Verhalten im gerasteten Zustand: Wird die Frequenz ω_1 des Eingangssignals u_1 nur sehr langsam im gerasteten Zustand geändert, so bleibt der PLL-Schaltkreis eingerastet, sofern die Frequenzabweichung nicht zu groß ist. Der maximale Haltebereich $\Delta\omega_H$ ergibt sich bei $U_d = U_{d,\,max}$. Beim Exor-Phasenvergleicher ist dann der Phasenfehler $\pi/2$, beim Phasenvergleicher nach Abb. 8.80 wird der Phasenfehler 2π. Aufgrund der statischen Betrachtung gilt für einen passiven Tiefpass $\underline{F}(0) = 1$. Allgemein bestimmt sich der Haltebereich des PLL mit einem Exor-Phasenvergleicher:

$$\Delta f_H = \pm K_0 \cdot K_d \cdot F(0) \cdot \pi/2. \tag{8.40}$$

Ein PLL-Schaltkreis mit Phasenvergleicher nach Abb. 8.80 (PFD) weist wegen seines frequenzsensitiven Charakters einen theoretisch unendlich großen Haltebereich auf. Der Regel-VCO wird stets von einer Seite her in einen stabilen Zustand gezogen. In der Praxis kann der Haltebereich natürlich nicht größer als der Aussteuerbereich des VCO sein.

Im gerasteten Zustand lässt sich der PLL-Schaltkreis im Frequenzbereich gemäß Abb. 8.87 beschreiben. Wie schon der Name ausdrückt, handelt es sich um einen Phasenregelkreis. Lineare Verhältnisse im eingerasteten Zustand vorausgesetzt, kann eine einfache, grundlegende Analyse der PLL im Frequenzbereich vorgenommen werden. Dabei bedeutet $\underline{\Theta}$ die Laplace-Transformierte von φ. Wegen des Integratorverhaltens des VCO ist die Übertragungsfunktion des VCO: $2\pi K_0/j\omega$. Der Faktor 2π ist wegen Gl. (8.36) erforderlich. Mit der komplexen Frequenz $\underline{s}$ gilt im Frequenzbereich für den Phasenvergleicher:

$$\underline{U}_d = K_d \cdot (\underline{\Theta}_1 - \underline{\Theta}_2). \tag{8.41}$$

und für den spannungsgesteuerten Oszillator gilt:

$$\underline{\Theta}_2 = \left(\frac{2\pi K_0}{\underline{s}}\right) \cdot \underline{U}_f. \tag{8.42}$$

Abb. 8.86 Haltebereich Δf_H, Fangbereich (Lock-In-Range) Δf_L und Ziehbereich (Pull-In-Range) Δf_P eines PLL-Schaltkreises, f_0 Mittenfrequenz des Regel-VCO

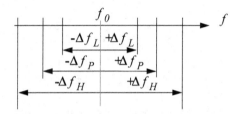

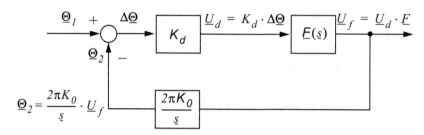

Abb. 8.87 Der eingerastete PLL-Schaltkreis im Frequenzbereich

wegen des Integratorverhaltens vom VCO

$$\varphi_2 = \int_0^t \omega_2(t)dt + \varphi_0 = \omega_0 t + 2\pi K_0 \int_0^t u_f(t)dt + \varphi_0. \tag{8.43}$$

Schließlich erhält man aus den obigen Gleichungen die Phasenübertragungsfunktion des Phasenregelkreises:

$$\frac{\underline{\Theta}_2(\underline{s})}{\underline{\Theta}_1(\underline{s})} = \frac{2\pi \cdot \mathrm{K}_0 \cdot K_d \cdot \underline{F}}{\underline{s} + 2\pi \cdot \mathrm{K}_0 \cdot K_d \cdot \underline{F}}. \tag{8.44}$$

Mit der Tiefpasscharakteristik nach Gl. (8.39) ergibt sich die Phasenübertragungsfunktion in der normierten Form.

$$\frac{\underline{\Theta}_2(\underline{s})}{\underline{\Theta}_1(\underline{s})} = \frac{2\pi \cdot \mathrm{K}_0 \cdot K_d \cdot v_{TP,0} \cdot (1 + \underline{s} \cdot \tau_2)/(\tau_1 + \tau_2)}{\underline{s}^2 + \underline{s} \cdot \underbrace{\frac{1 + 2\pi \cdot \mathrm{K}_0 \cdot K_d \cdot v_{TP,0} \cdot \tau_2}{\tau_1 + \tau_2}}_{2 \cdot \zeta \cdot \omega_n} + \underbrace{\frac{2\pi \cdot \mathrm{K}_0 \cdot K_d \cdot v_{TP,0}}{(\tau_1 + \tau_2)}}_{\omega_n^2}}. \tag{8.45}$$

Dabei ist ζ die Dämpfungskonstante und ω_n die Kreisfrequenz der normierten Form einer Übertragungsfunktion 2. Ordnung, ω_n entspricht der Eigenfrequenz. Die Eigenfrequenz und die Dämpfungskonstante macht sich im Einschwingvorgang betreffs u_{NF} in Abb. 8.70 bemerkbar. Für diese beiden Kenngrößen gilt:

$$\omega_n^2 = \frac{2\pi \cdot \mathrm{K}_0 \cdot K_d \cdot v_{TP,0}}{(\tau_1 + \tau_2)};$$

$$\zeta = \frac{1}{2} \cdot \sqrt{\frac{2\pi \cdot \mathrm{K}_0 \cdot K_d \cdot v_{TP,0}}{(\tau_1 + \tau_2)}} \cdot (1/(2\pi \cdot \mathrm{K}_0 \cdot K_d \cdot v_{TP,0}) + \tau_2). \tag{8.46}$$

In normierter Form ist (bei genügend großer Schleifenverstärkung):

$$\frac{\underline{\Theta}_2(\underline{s})}{\underline{\Theta}_1(\underline{s})} = \frac{\underline{s} \cdot 2 \cdot \zeta \cdot \omega_n + \omega^2 n}{\underline{s}^2 + \underline{s} \cdot 2 \cdot \zeta \cdot \omega_n + \omega^2 n}. \tag{8.47}$$

Die Fehlerübertragungsfunktion erhält man aus Gl. (8.44) bzw. aus Gl. (8.47) in der normierten Form:

$$\frac{\Theta_2 - \Theta_1}{\underline{\Theta}_1} = \frac{\underline{s}^2}{\underline{s}^2 + \underline{s} \cdot 2 \cdot \zeta \cdot \omega_n + \omega^2_n}. \tag{8.48}$$

Langsame Phasenänderungen des Eingangssignals kann der PLL-Schaltkreis ausregeln. Das Ausgangssignal der PLL am VCO-Ausgang folgt dem Eingangssignal synchron, wenn der Phasenfehler nicht zu groß wird. Schnelle Phasenänderungen (Phasenjitter) werden unterdrückt.

Fangbereich: Nimmt man eine Abweichung der Eingangskreisfrequenz in der Form $\omega_1 = \omega_0 + \Delta\omega_1$ an, so ergibt sich für die Störfunktion des Phasenwinkels:

$$\Delta\varphi_1(t) = \Delta\omega_1 \cdot t. \tag{8.49}$$

Die Laplace-Transformierte $\underline{\Theta}_1$ der Störfunktion ist damit gemäß der Bildfunktion einer Rampenfunktion:

$$\Delta\underline{\Theta}_1 = \Delta\left(\frac{\omega_1}{\underline{s}^2}\right). \tag{8.50}$$

Mit der Eingangsstörung gemäß Gl. (8.50) wird mit Gl. (8.48):

$$\frac{\Delta\underline{\Theta}_e}{\underline{\Theta}_1} = \frac{\Theta_2 - \Theta_1}{\Delta\omega_1} = \frac{1}{\underline{s}^2 + \underline{s} \cdot 2 \cdot \zeta \cdot \omega_n + \omega^2_n}. \tag{8.51}$$

Nach Rücktransformation ergibt sich für die Phasenabweichung im Zeitbereich näherungsweise:

$$\Delta\varphi_e \approx \Delta\omega_1 t \cdot e^{-(\zeta \cdot \omega_n \cdot t)}. \tag{8.52}$$

Die gefundene Funktion hat einen Extremwert, der gleichzeitig der maximale Phasenfehler ist. Ansonsten verliert der Regelkreis seine Synchronisation.

$$\Delta\varphi_e|_{max} \approx \Delta\omega_1 \cdot \frac{1}{(2 \cdot \zeta \cdot \omega_n)}. \tag{8.53}$$

Damit ergibt sich für den Fangbereich:

$$\Delta\omega_L \approx \Delta\varphi_e|_{max} \cdot 2 \cdot \zeta \cdot \omega_n. \tag{8.54}$$

Der maximale Phasenfehler ist abhängig vom Typ des Phasendetektors. So ist beim digitalen Multiplizierer (EXOR) der maximale Phasenfehler $\pi/2$; beim PFD ist der maximale Phasenfehler $2 \cdot \pi$. Damit erhält man einen vom Phasenvergleichertyp abhängigen Fangbereich.

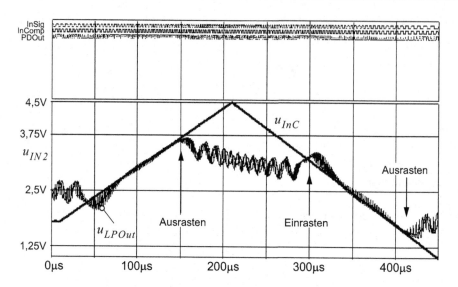

Experiment 8.4-12: PLL-Testanordnung-250 kHz-Rampenfunktion

Abb. 8.88 Simulationsergebnis – Test-VCO mit einer Rampenfunktion; Eingänge des Exor-PD u_1 (vom Test-VCO kommend) und u_2 (vom Regel-VCO kommend), u_{LPOut} ist die Steuerspannung des VCO zur Nachsteuerung des Regel-VCO, u_{NF} ist die geglättete Regelspannung; $R3 = 10$ kΩ, $R4 = 1$ kΩ, $C2 = 10$ nF, $C3 = 500$ p

Ein weiterer wichtiger Gesichtspunkt ist die Einstellzeit bzw. Fangzeit, die der PLL benötigt, um einzurasten. Für die Fangzeit gilt:

$$T_L \approx \frac{2\pi}{\omega_n} = \frac{1}{f_n}. \tag{8.55}$$

Ziehbereich: Grundsätzlich ist neben dem Haltebereich $\pm \Delta\omega_H$ und dem Fangbereich $\pm \Delta\omega_L$ der Ziehbereich $\pm \Delta\omega_P$ von Interesse. Im Experimentergebnis von Abb. 8.88 ist eine sich rampenförmig linear ändernde Steuerspannung u_{InC} des Test-VCO gegeben. Die Frequenz des Eingangssignals wird dabei von 180–450 kHz durchgestimmt. Die Spannung u_f am Ausgang des Loop-Filters ändert sich demzufolge im eingerasteten Zustand linear um ω_0 mit $\Delta\omega$, um die Oszillatorfrequenz nachführen zu können. Bei $\omega_1 = \omega_0 + \Delta\omega_H$ rastet der PLL-Schaltkreis aus; $u_f(t)$ entspricht dann einem asynchronen Schwebungssignal. Wird nun $\Delta\omega$ langsam erniedrigt, so rastet der PLL bei $\omega_1 = \omega_0 + \Delta\omega_P$ wieder ein. Als Phasenvergleicher liegt dem Experiment ein Exor-PD mit den digitalen Eingängen *InSig* und *InComp*, sowie dem Ausgang *PDOut*, zugrunde. In Abb. 8.88 ist das zugehörige Testergebnis dargestellt. Deutlich zeigt

sich der Einrastvorgang. Ausgehend vom gerasteten Zustand bleibt der PLL bis ca.
3,7 V der Steuerspannung des Test-VCO gerastet. Das entspricht einer Frequenz von
350 kHz. Darüber hinaus geht die Synchronisation verloren. Ein erneutes Einrasten
erfolgt dann bei abnehmender Frequenz des Eingangs-VCO bei ca. 3,2 V, was einer
Frequenz von 320 kHz entspricht, um dann wieder bei ca. 1,5 V auszurasten.

Der Ziehvorgang benötigt Zeit. Die Ziehzeit ist deutlich größer als die Fangzeit gemäß Gl. (8.55). In vielen Anwendungen ist allerdings ein schnelles Einrasten
erwünscht.

Zum Regelverhalten: Die Schleifenverstärkung $2\pi \cdot K_0 \cdot K_d \cdot v_{TP,\,0}$ bestimmt die blei-
bende Regelabweichung bzw. den statischen Phasenfehler. Die Schleifenverstärkung
muss groß genug sein, damit der statische Phasenfehler hinreichend klein ist. Andererseits sollte aufgrund von Systemüberlegungen oft die Dämpfungskonstante typischerweise $\zeta \geq 0,7$ sein, da sonst die Phasenübertragungsfunktion (Gl. (8.47)) eine unzulässig
große Überhöhung aufweist. Abbildung 8.88 zeigt für eine beispielhafte Testanordnung
gemäß Abb. 8.69 das Einschwingverhalten der Regelspannung $u_f(t)$ bezogen auf den
Spannungssprung bei sprunghafter Änderung der Frequenz des Test-VCO (Abb. 8.89).

Entscheidend für das Regelverhalten des PLL-Schaltkreises ist die Auslegung und
Dimensionierung des Schleifenfilters. Als Startwert zur Dimensionierung des Schleifenfilters sollte betreffs der Dämpfungskonstante $\zeta \geq 0,7$ und betreffs der Eigenfrequenz
$f_n = f_1/20$ erreicht werden. Selbstverständlich gibt es Anwendungen, bei denen man von
diesen Vorgaben erheblich abweicht. So kann u. a. bei PLL-Schaltkreisen für die Taktrückgewinnung als Systemvorgabe $\zeta \geq 5$ gegeben sein.

Stabilität des Regelkreises: Ein PLL-Schaltkreis stellt ein rückgekoppeltes System
dar, mit der potenziellen Möglichkeit eines instabilen Verhaltens. Die Stabilität eines
rückgekoppelten Systems ist an der Schleifenverstärkung (Open-Loop-Gain) – wie bei
rückgekoppelten Verstärkern (Kap. 5) – zu beurteilen. Dazu wird die Schleifenverstärkung im Bodediagramm dargestellt. Der VCO weist wegen des Integratorverhaltens eine
Phasendrehung von $-90°$ auf. Ein Tiefpass erster Ordnung verursacht oberhalb der Eckfrequenz eine Phasendrehung von $-90°$. Damit geht die Phasenreserve der Schleifenverstärkung gegen Null (Abb. 8.90).

Eine zu geringe Phasenreserve verursacht ein ungünstiges Einschwingverhalten. Mit
R_4 des Tiefpasses in Abb. 8.84 kann die Phasenreserve verbessert werden. Als Richtwert
gilt, dass R_4 in etwa $R_3/5$ sein sollte. Eine Abschätzung des Frequenzgangs der Schleifenverstärkung des Phasenregelkreises ist in Abb. 8.90 und 8.91 dargestellt. Wegen $R_4 = 0$
erhält man in Abb. 8.90 bei der Frequenz, bei der die Schleifenverstärkung „1" ist eine
geringe Phasenreserve. Mit einem geeignet dimensionierten Widerstand R_4 erhöht sich
die Phasenreserve signifikant (Abb. 8.91).

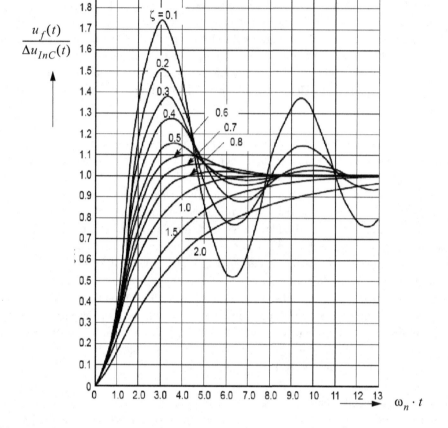

Abb. 8.89 Einschwingverhalten des PLL-Schaltkreises bei sprunghafter Änderung der Frequenz des Eingangssignals – normierte Übertragungsfunktion der Regelspannung $uf(t)$ des Regel-VCO bezogen auf die sprunghafte Spannungsänderung des Test-VCO

Nachfolgend stehen verschiedene Varianten für PLL-Schaltkreise für weitergehende Untersuchungen zur Verfügung. Der VCO wird dabei stets mit einem Makromodell beschrieben. Interessant ist vor allem das Verhalten von PLL-Schaltkreisen für unterschiedliche Phasendetektoren.

Experiment 8.4-13: PLL mit Analog-Multiplizierer und passivem Tiefpass
Experiment 8.4-14: PLL mit Analog-Multiplizierer und aktivem Tiefpass
Experiment 8.4-15: PLL mit Schaltmischer und passivem Tiefpass
Experiment 8.4-16: PLL mit Exor-PD und passivem Tiefpass

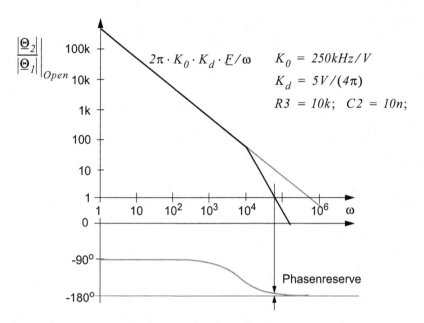

Abb. 8.90 Frequenzgang nach Betrag und Phase der Schleifenverstärkung des Phasenregelkreises mit den angegebenen Parametern ohne Frequenzgangkompensation mit R_4

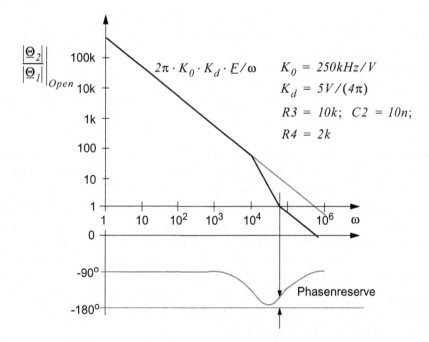

Abb. 8.91 Frequenzgang nach Betrag und Phase der Schleifenverstärkung des Phasenregelkreises mit den angegebenen Parametern mit Frequenzgangkompensation durch R_4

Abb. 8.92 PLL mit
VCO, Phasendetektor
(PD), Loop-Filter (LF) und
Frequenzteiler $1/N$

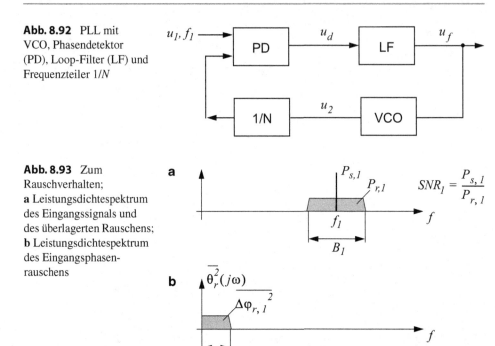

Abb. 8.93 Zum
Rauschverhalten;
a Leistungsdichtespektrum
des Eingangssignals und
des überlagerten Rauschens;
b Leistungsdichtespektrum
des Eingangsphasen-
rauschens

Experiment 8.4-17: PLL mit PFD (Digitalteil mit Subcircuit, Schematic für MOS-Buffer) und passivem Tiefpass
Experiment 8.4-18: PLL mit PFD (Digitalteil mit Subcircuit, Schematic für MOS-Buffer mit Ladungspumpe) und passivem Tiefpass
Experiment 8.4-19: PLL mit PFD (Schematic-Modell für Digitalteil und MOS-Buffer) und passivem Tiefpass

Frequenzteiler in der Rückkopplungsschleife: In verschiedenen Anwendungen erfolgt der Phasenvergleich bei einer anderen Frequenz als der des Regel-VCO. Ein digitaler Frequenzteiler reduziert die Frequenz um den Faktor $1/N$, wobei N das Teilerverhältnis ist. Das Teilerverhältnis verändert die VCO Konstante, so dass anstelle von K_0 der Wert von $K_0 \cdot 1/N$ einzusetzen ist. Abbildung 8.92 zeigt einen PLL-Schaltkreis mit Frequenzteiler nach dem VCO. Der Phasenvergleich erfolgt also bei einer tieferen Frequenz.

Rauschverhalten: Grundsätzlich ist einem Eingangssignal $u_1(t)$ stets auch Rauschen überlagert. Die Nutzsignalleistung am Eingang ist $P_{s,1} = U_{1,eff}^2/R_1$, wobei R_1 der Eingangswiderstand des PLL-Schaltkreises ist. Das dem Eingangssignal überlagerte Rauschen möge über die Bandbreite B_1 gleich verteilt sein.

Abbildung 8.93 veranschaulicht die spektralen Rauschleistungsdichtespektren. Der Störabstand SNR_1 (SNR: Signal-to-Noise-Ratio) am Eingang ist $SNR_1 = P_{s,1}/P_{r,1}$. Der Phasendetektor ist im Prinzip ein Mischer, der eine Umsetzung des Eingangssignals in das Basisband vornimmt (siehe Abb. 8.93b). Daraus folgt, dass man den quadratischen Mittelwert des Phasenjitters erhält aus:

$$\overline{\Delta\varphi_{r,1}^2} = \frac{P_{r,1}}{2 \cdot P_{s,1}} = \frac{1}{2 \cdot SNR_1}. \tag{8.56}$$

Der Faktor 2 ergibt sich aufgrund der halben Bandbreite nach Umsetzung ins Basisband. Als nächstes interessiert der Phasenjitter am Ausgang des Regel-VCO. Der Phasenjitter am Ausgang des Regel-VCO wird beeinflusst durch die Phasenübertragungsfunktion gemäß Gl. (8.45). Die Phasenübertragungsfunktion bewirkt eine Multiplikation der eingangsseitigen spektralen Phasenrauschdichte (Klammerausdruck in Gl. (8.57)) mit der Rauschbandbreite B_L des PLL-Schaltkreises:

$$\overline{\Delta\varphi_{r,2}^2} = \left(\frac{\overline{\Delta\varphi_{r,1}^2}}{B_1/2} \right) \cdot B_L. \tag{8.57}$$

Die Rauschbandbreite erhält man aus der Phasenübertragungsfunktion mit:

$$B_L = \int_0^\infty \left| \frac{\Theta_{2(j\omega)}}{\Theta_{1(j\omega)}} \right|^2 \cdot df = \frac{\omega_n}{2} \cdot \left(\zeta + \frac{1}{4\zeta} \right). \tag{8.58}$$

Interessant dabei ist, dass die Bandbreite B_L minimal wird bei $\zeta = 0{,}5$. Der Minimalwert für die Rauschbandbreite der PLL liegt bei $B_L = \omega_n/2$. Für das Verhältnis der Störabstände von Ausgang zum Eingang der PLL ergibt sich somit:

$$\frac{SNR_2}{SNR_1} = \frac{\overline{\Delta\varphi_{r,1}^2}}{\overline{\Delta\varphi_{r,2}^2}} = \frac{B_1}{(2 \cdot B_L)}; \tag{8.59}$$

Kernaussage dieser Beziehung ist: Je kleiner die Rauschbandbreite B_L des PLL-Schaltkreises ist, um so besser wird der Störabstand SNR_2 gegenüber SNR_1. Die Rauschbandbreite ist direkt proportional zur Eigenfrequenz der Phasenregelschleife. Je „träger" die Phasenregelschleife ist, um so niedriger liegt die Eigenfrequenz. Eine niedrige Eigenfrequenz verbessert die Rauschunterdrückung der PLL, gleichzeitig wird aber u. a. die Fangzeit bzw. Einrastzeit größer. Bei der Auslegung des Regelkreises gilt es einen vernünftigen Kompromiss zwischen widerstrebenden Forderungen zu finden. Die Rauschunterdrückung gilt allerdings nur für das Rauschen des Eingangssignals. Das Phasenrauschen des Regel-VCO wirkt direkt auf den VCO-Ausgang.

8.4.4 Anwendungen

PLL-Schaltkreise finden vielfältige Anwendungen. Ein VCO kann zur Frequenzmodulation (FM) eines Trägers verwendet werden. Mit dem PLL-Schaltkreis lässt sich eine

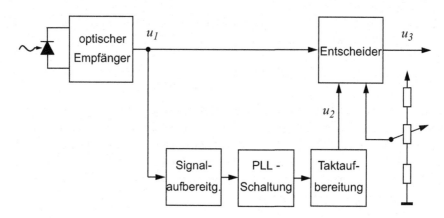

Abb. 8.94 Optischer Empfänger mit Taktrückgewinnung und Entscheider zur Signalregenerierung

FM-Demodulation durchführen. In dem Experiment mit dem Ergebnis in Abb. 8.71 wurde das Grundprinzip beispielhaft dargestellt. Ein weiteres wichtiges Anwendungsgebiet ist die Taktsignalaufbereitung bzw. die Taktrückgewinnung. Abbildung 8.94 zeigt das Prinzip eines optischen Empfängers mit Taktrückgewinnung und Entscheider zur Signalregenerierung. Der Entscheider zur Signalregenerierung ist ein Komparator, bei dem die Entscheiderschwelle geeignet eingestellt werden muss. Vor der eigentlichen Taktrückgewinnung mit einem PLL gilt es, aus dem Eingangssignal ein Signal abzuleiten, das einen signifikanten Spektralanteil bei der Taktfrequenz aufweist (u. a. durch Differenzierung der Flanken). Die Aufgabe der Taktrückgewinnung ist es, ein möglichst jitterfreies Taktsignal (geringes Phasenrauschen) aus der statistisch verteilten Empfangssignalfolge (…010111010…) des Ausgangssignals des optischen Empfängers abzuleiten. In der Regel wird hierzu ein PLL-Schaltkreis verwendet. Der PLL-Schaltkreis wirkt in dieser Anwendung als adaptives Bandfilter mit hoher Güte (z. B. $Q \approx 1000$). Innerhalb eines bestimmten Haltebereichs Δf_H kann einer Taktfrequenzschwankung gefolgt werden. Grundsätzlich könnte man auch mit passiven Resonatoren die Taktrückgewinnung realisieren. Zum einen ist es relativ aufwändig, die Frequenzkonstanz bei hoher Güte im Betrieb einzuhalten (Temperatur, Alterung). Zum anderen fehlt bei passiven Resonatoren die Nachführung der Filterkurve bei Schwankungen der Taktfrequenz. Es ergibt sich vielmehr eine Phasenverschiebung und damit eine Verschiebung des optimalen Entscheiderzeitpunktes, was zu einer Erhöhung der Fehlerrate des Empfangssystems führt.

Die typischen Signalverläufe eines optischen Empfängers mit Taktrückgewinnung und Entscheider zur Signalregenerierung zeigt Abb. 8.95. Wichtig dabei ist die Rückgewinnung eines möglichst jitterfreien Signals, d. h. die Taktrückgewinnung muss hochfrequenten Phasenjitter unterdrücken.

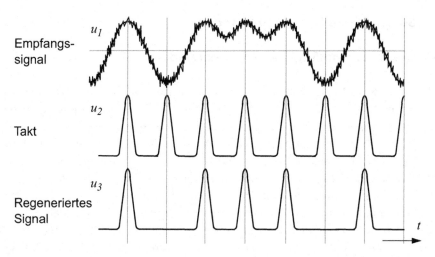

Abb. 8.95 Typische Signalverläufe eines optischen Empfängers mit Taktrückgewinnung und Entscheider

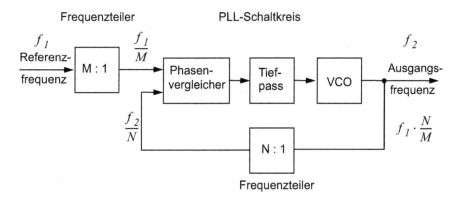

Abb. 8.96 Frequenzsynthese mit einem PLL-Schaltkreis

Ein weiteres Anwendungsbeispiel für PLL-Schaltkreise stellt die Frequenzsynthese dar. Dabei wird aus einer hochgenauen Referenzfrequenz f_1 ein Signal mit bestimmter gewünschter Frequenz abgeleitet, wobei $f_2/N = f_1/M$ ist. Abbildung 8.96 zeigt die Prinzipschaltung. Will man ganzzahlige Vielfache der Referenzfrequenz erzeugen, so ist nur der Frequenzteiler im Rückkopplungszweig zwischen VCO und Phasenvergleicher notwendig. Am Ausgang entsteht dann die Frequenz $f_2 = N \cdot f_1$. Durch einen zweiten Frequenzteiler am Eingang des Phasenvergleichers können auch gebrochen rationale Ausgangsfrequenzen $f_2 = f_1 \cdot N/M$ erzeugt werden.

8.5   Beispiele von Sensorschaltungen

8.5.1   Optischer Empfänger als Photodetektor

Gemäß dem in Kap. 2 vorgestellten optischen Empfänger soll nunmehr eine konkrete Schaltung dimensioniert und analysiert werden. Eine Variante eines optischen Empfängers besteht aus einem Transimpedanzverstärker. Die Schaltungsanordnung wurde bereits bei der Arbeitspunkteinstellung im Abschn. 6.2 behandelt (Abb. 6.20). Nach der dort durchgeführten DC-Analyse soll nun eine AC-Analyse der Schaltung vorgenommen werden. Der Schaltung liegt das in Abb. 8.97 skizzierte AC-Ersatzschaltbild zugrunde. Die Photodiode arbeitet als eine von der einfallenden Lichtleistung gesteuerte Stromquelle. Der Strom der Stromquelle sei proportional der einfallenden Lichtleistung. Im ermittelten Arbeitspunkt ergibt sich die skizzierte Ersatzanordnung mit der angegebenen Steilheit der Einzeltransistoren. Die Kapazität C am äußeren Emitterwiderstand von $Q1$ möge den Widerstand von $500\,\Omega$ im betrachteten Frequenzbereich kurzschließen. Die innere Verstärkung von Knoten 1 nach Knoten 3 erhält man aus:

$$\left|\underline{v}_{41}\right| = g_{m,\,Q1} \cdot RC1 = 330; \quad v_{34} = 1; \quad \left|\underline{v}_{31}\right| = 330; \qquad (8.60)$$

Wegen der Transimpedanzbeziehung (siehe Abb. 5.46) ist der Eingangswiderstand von RF an Knoten 1, wirksam gegen Masse:

$$\frac{RF}{(1 + v_{31})} = 12\,\Omega. \qquad (8.61)$$

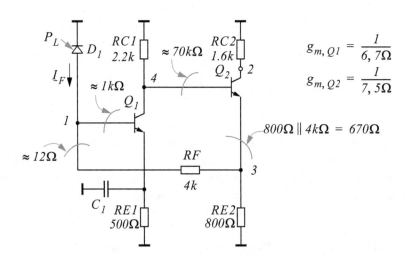

Experiment 8.5-1: OptischerEmpf_AC

Abb. 8.97 AC-Ersatzschaltbild des optischen Empfängers, $I_{C,\,Q1^{(A)}} = 3.9\,\text{mA}$, $I_{C,\,Q2^{(A)}} = 3.5\,\text{mA}$

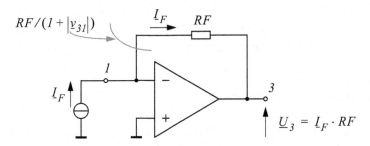

Abb. 8.98 Makromodell des optischen Empfängers

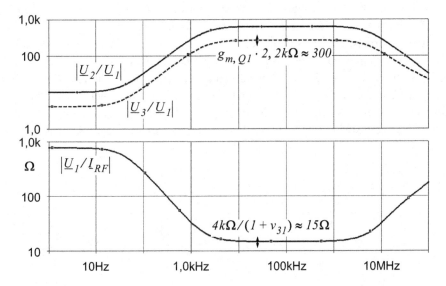

Abb. 8.99 Simulationsergebnis des optischen Empfängers

Die niederohmige Impedanz von $RF/(1 + |\underline{v}_{31}|)$ führt dazu, dass der Photostrom $\underline{I}_F$ über RF fließt und dort die Ausgangsspannung bei genügend großer Verstärkung des Geradeausverstärkers bildet. Für den optischen Empfänger erhält man demnach das in Abb. 8.98 skizzierte Makromodell mit dem Verstärker vom Eingang (Knoten *1*) zum Ausgangsknoten *3*, der Rückkopplung mit *RF* und der Ansteuerung mit der als Stromquelle arbeitenden Photodiode.

Bei genügend großer innerer Verstärkung des Geradeausverstärkers ist die Ausgangsspannung an Knoten *3*:

$$\underline{U}_3 = \underline{I}_F \cdot RF. \tag{8.62}$$

Die Ausgangsspannung an Knoten *2* ist etwa doppelt so groß wie die an Knoten *3*, da durch *RC2* und durch *RE2* in etwa derselbe Strom fließt. Somit ist die Spannung an *RC2* doppelt so groß wie an *RE2*. Allerdings sind die beiden Spannungen um 180° phasenverschoben.

Mit guter Näherung werden die Abschätzwerte durch das Simulationsergebnis in Abb. 8.99 bestätigt. Bei tiefen Frequenzen wirkt *RE1* als Gegenkopplung, die Verstärkung von Knoten *1* nach Knoten *3* reduziert sich dann dementsprechend; die Transimpedanzbeziehung geht bei tiefen Frequenzen verloren. Damit funktioniert der diskutierte optische Empfänger erst ab einer unteren Eckfrequenz gegeben durch die Abblockkapazitäten.

8.5.2 Induktiver Abstandssensor

Gemäß der Patentschrift[1] soll ein induktiver Abstandssensor untersucht werden. Die erfindungsgemäße Schaltung ist in nachstehender Abb. 8.100 skizziert. Sie enthält einen Parallelresonanzkreis mit der Sensorspule $L1$ und der parallel liegenden Kapazität $C1$. Bei Annäherung eines metallischen Gegenstands wird dieser vom Magnetfeld der Spule erfasst. Es ergeben sich Wirbelstromverluste auf der Oberfläche des metallischen Gegenstands. Diese Wirbelstromverluste machen sich als zusätzliche Bedämpfung des Parallelresonanzkreises bemerkbar. Bei stärkerer Annäherung erhöht sich die Bedämpfung, der virtuelle Verlustwiderstand $R1$ wird niederohmiger. Es gibt einen Zusammenhang zwischen dem virtuellen Verlustwiderstand und der Entfernung eines metallischen Gegenstands von der Spule des Parallelresonanzkreises. Eine Sensorelektronik hat die Aufgabe, den virtuellen Verlustwiderstand des Parallelresonanzkreises in einem möglichst weiten

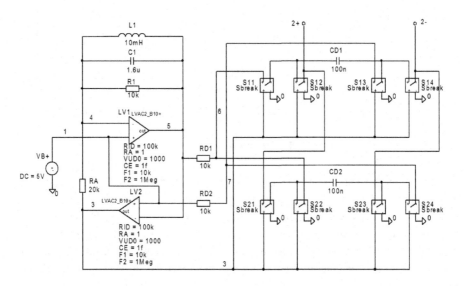

Experiment 8.5-2: Induktiver Abstandssensor

Abb. 8.100 Schaltung zur induktiven Distanzerfassung eines Metallteils mit Experiment

---

[1]Patentschrift DE 4232426C2; Hofbeck, M., Kodl, G.: „Schaltung zur induktiven Distanzerfassung eines Metallteils"; 8. September 1994.

Variationsbereich zu messen. Die in der Patentschrift veröffentlichte Schaltung ist nachstehend für die Simulation mit PSpice aufbereitet.

Der Parallelresonanzkreis mit $L1$, $C1$ und dem virtuellen Verlustwiderstand $R1$ bildet mit den beiden Verstärkern $LV1$ und $LV2$ einen Oszillator, der bei der gegebenen Dimensionierung bei ca. 1 kHz schwingt. Der Rückkopplungspfad des Oszillators wirkt ausgehend vom $(-)$ Eingang des Verstärkers $LV1$ über dessen Ausgang zum $(-)$ Eingang des Verstärkers $LV2$ zurück zum $(-)$ Eingang von $LV1$. Die Schalter $S11$–$S24$ können paarweise durch CMOS-Schalter ersetzt werden. Dafür bietet sich u. a. der Baustein „LTC1043 – Dual Precision Instrumentation Switched Capacitor Buildung Block" von Linear Technology an. Der Widerstand RA muss größer sein, als der größtmögliche zu messende virtuelle Verlustwiderstand $R1$.

Der Verstärker $LV1$ arbeitet als Transimpedanzverstärker mit dem Parallelresonanzkreis im Rückkopplungspfad, der Verstärker $LV2$ als Komparator. Die Versorgungsspannung der Verstärker liegt unsymmetrisch bei 10 V, der Arbeitspunkt bei 5 V. Somit schaltet der Ausgang des Komparators $LV2$ zwischen 10 V und 0 V. Bei 0 V an Knoten *3* sind die Schalter $S11$, $S13$, $S21$ und $S23$ offen und $S12$, $S14$, $S22$ und $S24$ geschlossen; bei 10 V sind $S12$, $S14$, $S22$ und $S24$ offen und $S11$, $S13$, $S21$, $S23$ geschlossen. Ist $S11$, $S13$, $S21$ und $S23$ offen und $S12$, $S14$, $S22$, $S24$ geschlossen, so wird die Kapazität $CD1$ auf den Ausgang $22'$ geschaltet und die Kapazität $CD2$ an $RD1$ bzw. $RD2$, d. h. $CD2$ liegt dann an Knoten *6* und *7*. Bei der darauf folgenden Halbwelle liegt umgekehrt $CD2$ am Ausgang $22'$ und $CD1$ an $RD1$ bzw. $RD2$.

Das etwas vereinfachte Schaltungsprinzip zeigt Abb. 8.101. Bei unsymmetrischer Versorgungsspannung mit $U_B = 10$ V gegen Masse benötigt man eine Hilfsspannung von 5 V an Knoten *1*. Bei hinreichend hoher Verstärkung von $LV1$ ist Knoten *4* damit stets auf 5 V. Der Komparatorausgang an Knoten *3* schaltet zwischen 0 V und 10 V. Ist die Knotenspannung an Knoten *5* geringfügig größer als 5 V geht der Ausgang des Komparators $LV2$ auf 0 V, ist sie geringfügig kleiner geht der Ausgang auf 10 V. Bei 10 V an Knoten *3* wird dem Resonanzkreis mit $L1$, $C1$, $R1$ über dem Widerstand RA ein Anregungsstrom eingeprägt. Der Ausgang an Knoten *5* reagiert mit einer sinusförmigen Spannung mit negativer Amplitude bezüglich der Referenzspannung von 5 V. Damit bleibt der Ausgang des Komparators auf 10 V. Sobald die sinusförmige Spannung an Knoten *5* geringfügig über 5 V liegt schaltet der Ausgang des Komparators auf 0 V. Jetzt dreht sich die Phase des Anregungsstroms für den Resonator um 180°. Damit entsteht bezüglich der 5 V Referenzspannung eine positive Amplitude, was den Komparatorausgang auf 0 V hält (siehe Abb. 8.101). Die Schwingbedingung wird erfüllt durch phasenrichtiges Umschalten des Komparators.

Das Simulationsergebnis in Abb. 8.102 und Abb. 8.103 zeigt die Ausgangsspannung $u_{22'}$ des Abstandssensors bei $R1 = 10$ kΩ. Verändert sich der Widerstand $R1$ aufgrund von Wirbelstromverlusten bei Annäherung eines metallischen Gegenstandes, so ändert sich die Ausgangsamplitude $U_{22'}$. Damit ergibt sich ein Zusammenhang zwischen dem Abstand zu einem metallischen Gegenstand und der Ausgangsamplitude. Ein Vorteil der Schaltung ist, dass auch bei starker Bedämpfung die Schwingung nicht abreißt. Man erzielt damit einen relativ großen Auswertebereich. Der Leser möge am Experiment eigene ergänzende Untersuchungen anstellen, z. B. durch Veränderung des „Sensorwiderstandes" R1.

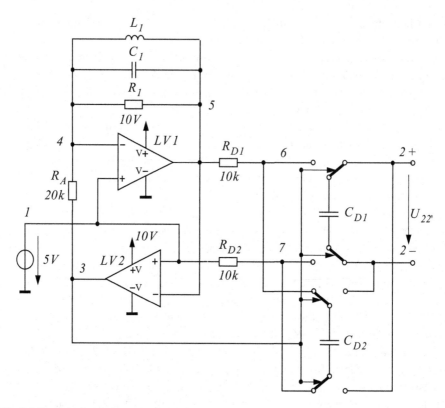

Abb. 8.101 Prinzipschaltung des induktiven Abstandssensors

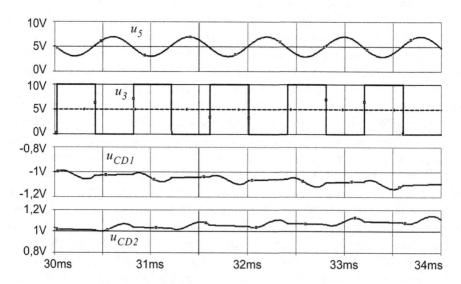

Abb. 8.102 Ausgangsspannung des Komparators u_3, Knotenspannung u_5 am Ausgang des Resonators und Spannungsverläufe an den Kondensatoren $CD1$ und $CD2$

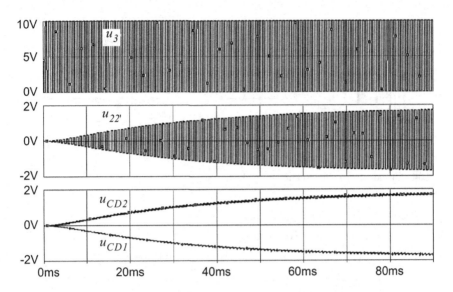

Abb. 8.103 Sensorsignal am Ausgang bei $R1 = 10$ kΩ; u_3 steuert die Schalter

Anmerkung zum Patentwesen: Die beschriebene Schaltungsanordnung ist offengelegt und patentrechtlich geschützt. Der Inhaber der Schutzrechte besitzt mit dem Patent ein „Verbietungsinstrument". Er kann einem Anwender die Nutzung untersagen oder gegen eine Lizenzgebühr ein Nutzungsrecht einräumen. Die Lizenzgebühr richtet sich nach Umsatzerfolg und Wertschöpfungsbeitrag der Schaltungsanordnung zu einem Anwendungssystem.

Zum Thema Sensorschaltungen gäbe es eine Vielzahl interessanter Schaltungsbeispiele, bei denen physikalische Effekte von Komponenten ausgenutzt werden, um physikalische Größen (z. B. Kraft, Druck, Abstand, Weg, Winkel, Geschwindigkeit, Beschleunigung, Feuchtigkeit, Füllstand) in elektrische Signale zu wandeln.

8.6   Sekundär getaktetes Schaltnetzteil

Das Grundprinzip vonSchaltnetzteilen wurde in Abschn. 4.2.5 erläutert. Hier geht es darum in einem konkreten Ausführungsbeispiel einer Variante eines sekundär getakteten Schaltnetzteils zu behandeln. Abbildung 8.104 zeigt das Grundprinzip eines sekundär getakteten Schaltnetzteils als Abwärtswandler. Der Schalter S wird durch einen PMOS-Schalter realisiert und über einen Regelkreis angesteuert. Mit dem Regelkreis soll die Versorgungsspannung u_2 lastunabhängig konstant gehalten werden.

Abbildung 8.105 zeigt den Schaltplan für eine konkrete Ausführung, wobei VCC die ungeregelte Eingangsspannung (Sekundärspannung) und $u_2 = 5$ V die geregelte Ausgangsspannung ist. Kernstück des Schaltnetzteils ist $L1$, $C1$ und $D1$ mit $M1$ als dem elektronischen Schalter (siehe Abb. 4.50).

Die Regelung der Ausgangsspannung u_2 erfolgt durch Veränderung der Pulsweite des Ansteuersignals u_{Gate} vom elektronischen Schalter $M1$. Das pulsweitenmodulierte Signal

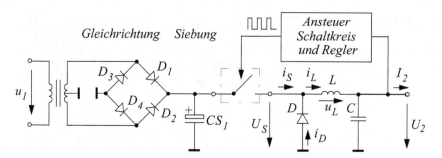

Abb. 8.104 Grundprinzip eines sekundär getakteten Schaltnetzteils

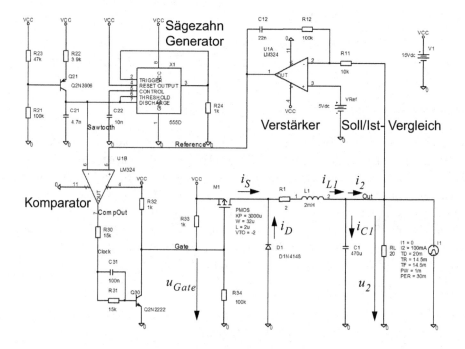

Experiment 8.6-1: Sekundär getaktetes Schaltnetzteil

Abb. 8.105 Sekundär getaktetes Schaltnetzteil mit u_{Out} als der zu erzeugenden geregelten Versorgungsspannung; M1 Anreicherungstyp; mit zugehörigem Experiment

wird über einen als Sägezahngenerator arbeitenden Timerbaustein 555D und dem nachfolgenden Komparator erzeugt. Bei Veränderung der Referenzspannung $u_{Reference}$ verändert sich die Pulsweite des Signals $u_{CompOut}$ am Ausgang des Komparators. Im Beispiel
ist der Lastwiderstand R_L mit 20 Ω gegeben. Diesem konstanten Laststrom ist ein verän-
derlicher Laststrom nachgebildet durch die Stromquelle $I1$ überlagert.

Das Testergebnis in Abb. 8.106 zeigt deutlich die konstante geregelte Ausgangsspannung $u_2 = 5$ V. Nach 20 ms erfolgt in der Testanordnung eine Laststromschwankung um

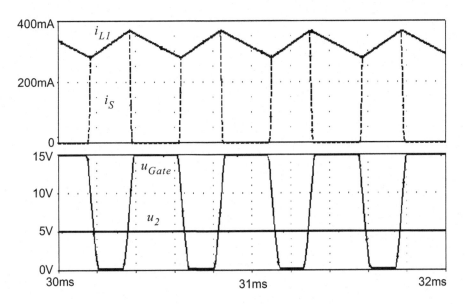

Abb. 8.106 Ausgewählte Ströme und Spannungen eines Testlaufs der Testschaltung gemäß Abb. 8.105

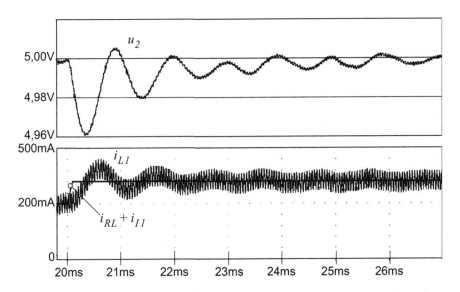

Abb. 8.107 Ausregelung einer Laststromschwankung von $\Delta i_{Last} = 100$ mA (Laststrom im Bild: i_{RL} $+i_{l1}$), geregelte Ausgangsspannung u_2 bei konstantem Laststrom; Testschaltung gemäß Abb. 8.105

100 mA. Aus Abb. 8.107 lässt sich entnehmen, wie diese Laststromschwankung ausge-regelt wird. Das Regelverhalten kann insbesondere durch den Frequenzgang des Ver-stärkers in der Regelstrecke eingestellt werden. Darauf soll aber hier im Rahmen dieses Buches nicht weiter eingegangen werden.

Analog/Digitale Schnittstelle

9

Wie bereits in den ersten beiden Kapiteln erwähnt, ist die Schnittstelle zwischen analogen und digitalen Signalen im Allgemeinen ein wichtiger Bestandteil von Elektroniksystemen. Analoge Signale werden oft nach geeigneter Aufbereitung einer digitalen Schnittstelle zugeführt, um sie dann auf digitaler Ebene weiter zu verarbeiten. Es geht darum, die wichtigsten Funktionsmodule zur Realisierung der analog/digitalen (A/D) bzw. digital/analogen (D/A) Schnittstelle näher zu betrachten. Darüber hinaus wird auf die innere analog/digitale Schnittstelle bei der gemischt analog/digitalen Schaltkreissimulation eingegangen.

9.1 Zur Charakterisierung einer Logikfunktion

Vor Behandlung der analog/digitalen Schnittstelle gilt es, in einer Übersicht auf die Besonderheiten bei der Beschreibung einer Logikfunktion einzugehen. Logikfunktionen werden u. a. mit Standard-Bausteinen, mit programmierbaren Bausteinen oder in anwendungsspezifisch integrierten Bausteinen realisiert. Standard-Bausteine einer bestimmten Logikfamilie bieten u. a. Gatterfunktionen, Buffer- und Treiberbausteine, FlipFlops, Register, Zähler, Decoder und Encoder. Die wichtigsten Logikfamilien und deren Eigenschaften sind der Tab. 9.1 zu entnehmen.

Vorherrschend ist heute die Realisierung von Logikfunktionen mit programmierbaren Bausteinen (z. B. FPGAs – Field Programmable Gate Arrays). Eine gewisse Bedeutung haben noch die CMOS-Logikfamilien (HC/HCT oder AC/ACT). Die ECL-Technik wird nur in sehr sehr speziellen Anwendungsfällen eingesetzt. Die TTL-Logik war in der Vergangenheit weit verbreitet. Wegen der günstigeren Eigenschaften, insbesondere was die Leistungsaufnahme anbetrifft, sind CMOS-Logikfamilien vorteilhaft. Allerdings steigt die in Tab. 9.1 angegebene geringe Leistungsaufnahme bei CMOS mit zunehmender Schaltfrequenz.

© Springer-Verlag Berlin Heidelberg 2018
J. Siegl und E. Zocher, *Schaltungstechnik*,
https://doi.org/10.1007/978-3-662-56286-4_9

Tab. 9.1   Übersicht gängiger Logikfamilien mit typischen Eigenschaften

Logikfamilie/Eigenschaften	TTL Transistor-Transistor-Logic	LS-TTL Low-Power-Schottky-TTL	HC(T) HighSpeed CMOS	ECL Emitter-Coupled Logic
Verzögerungszeit (ns)	10	8	8	1
Typ. FlipFlop-Taktfrequenz (MHz)	15	30	50	500
Typ. Leistungsaufnahme	10 mW	2 mW	10 μW	50 mW

9.1.1   Modellbeschreibung einer Logikfunktion

Nach Erläuterung wichtiger Begriffe werden beispielhaft für einige Schaltungsfunktionen Modellbeschreibungen vorgestellt. In Abschn. 2.5 wurde im Rahmen der Vorstellung der Hardwarebeschreibungssprache VHDL auf den digitalen Modellteil eingegangen. Das in Abb. 2.73 dargestellte Grundprinzip der Modellbeschreibung eines digitalen Funktionsblocks soll nunmehr näher betrachtet werden. Für die Schaltkreissimulation muss für jeden Logikblock ein Logikmodell existieren. Im Allgemeinen besteht die Modellbeschreibung für eine Logikfunktion aus dem eigentlichen Funktionsmodell und dem Timing-Modell. Abbildung 9.1 zeigt die Bestandteile der Modellbeschreibung einer Logikfunktion für die Logiksimulation.

Logiksignal und Logikzustände: Grundsätzlich hat ein Logiksignal einen Ursprung (Quelle bzw. Treiber) mit einer bestimmten Treiberstärke. Ein Logiksignal ist kein zeitkontinuierliches Signal. Es gelten diskrete Logikzustände. Abbildung 9.2 zeigt die in PSpice verwendeten Logikzustände eines Logiksignals. Der Zustand „Z" wird bei einem Tristate-Anschluss verwendet.

In anderen Systemen zur Logiksimulation wird hinsichtlich der Treiberstärke anders und gegebenenfalls feiner unterschieden. Die Treiberstärke eines Signals ist von Bedeutung, wenn beispielsweise zwei Signale an einem Netz zusammengeführt sind, um den resultierenden Logikzustand auflösen zu können. In der Hardwarebeschreibungssprache VHDL werden Logiksignalen (std_logic) typischerweise 9 Zustände zugeordnet. Dazu ist das Logiksignal geeignet zu deklarieren. Gemäß der Standardisierung nach IEEE-1164 kann ein Logiksignal folgende Zustände annehmen:

U   Uninitialized
X   Forcing Unknown
0   Forcing 0
1   Forcing 1
Z   High Impedance
W   Weak Unknown
L   Weak 0
H   Weak 1
-   Don't Care

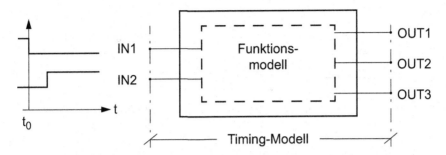

Abb. 9.1 Zur Modellierung einer Logikfunktion mit Funktionsmodell und Timingmodell

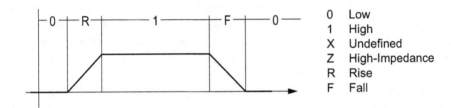

Abb. 9.2 Zustände eines Logiksignals in PSpice

Abb. 9.3 Ein Logiksignal getrieben von zwei Signalquellen

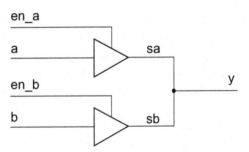

Abbildung 9.3 zeigt ein Logiksignal y, das von zwei Signalen a und b getrieben wird. Mittels einer Auflösungsfunktion kann aufgrund der Treiberstärke des treibenden Signals der resultierende Zustand ermittelt werden. Ist das Signal $a = Forcing\_0$ und das Signal $b = Forcing\_1$, so nimmt y den Zustand *Forcing_Unknown* an, wenn beide Treiber „enabled" sind. Bei der Kombination $a = Forcing\_0$ und $b = Weak\_1$ wird $y = Forcing\_0$.

Funktionsmodell: Das eigentliche Funktionsmodell kann durch ein *VHDL-Modell*, ein *Schematic-Modell* oder *Subcircuit-Modell* bestehend aus der Zusammenschaltung bekannter Funktionsprimitive oder durch eine Funktionsdarstellung in Form einer *Logiktabelle* beschrieben werden. Bei der Schematic-Modellbeschreibung wird auf Funktionsprimitive oder bekannte Funktionsblöcke zurückgegriffen, die in einer Library abgelegt sind. Durch bestimmte Attribute an der Designinstanz wird auf die Modellbeschreibung, abgelegt in

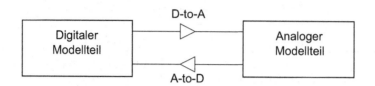

Abb. 9.4 Datenaustausch zwischen analogen und digitalen Modellteilen über I/O-Modelle

einer Model Library, referenziert. Die in PSpice bekannten Funktionsprimitive beinhalten u. a. Standard-Gatter (z. B. Inverter, Buffer, And, Or, Nand, Nor, Exor) mit unterschiedlicher Anzahl möglicher Eingänge, FlipFlops (z. B. RS-, JK-, oder D-FlipFlops) und weitere wichtige Logikgrundfunktionen. Darüber hinaus lassen sich Register (z. B. Latches, Shift-Register), Zähler (z. B. Binärzähler, BCD-Zähler, Dezimalzähler), Datenselektoren (z. B. Multiplexer, Demultiplexer) oder Decoder/Encoder darstellen und somit alle typischen Funktionsbausteine einer Logikfamilie durch ein Funktionsmodell beschreiben.

Timing-Modell: Das Timing-Modell beschreibt das Pin-to-Pin Timingverhalten der Logikfunktion. Es enthält keine Funktionsbeschreibung. Vielmehr sind nur Parameter enthalten, die das Timingverhalten festlegen. Timing-Parameter sind u. a. „Propagation-Delays" (TP), „Set-Up"-Zeiten (TSU), „Hold"-Zeiten (TH), Pulsweiten (TW), Schaltzeiten (TSW). Die in Klammern angegebenen Abkürzungen für die Timing-Parameter werden so in PSpice verwendet. Die Zeitangaben sind abhängig von der Logikfunktion in einer verwendeten Schaltkreistechnologie. Sie unterliegen Streuungen und sind darüber hinaus von Versorgungsspannungsschwankungen und von den Lastverhältnissen abhängig. Für die Timing-Modelle gibt es in PSpice Grundmodelle u. a. für Gatter (UGATE), FlipFlops (UGFF: Gated FlipFlops) bzw. getriggerte FlipFlops (UEFF: Edge Triggered FlipFlops).

I/O-Modell: Innerhalb des Logiksystems ist kein I/O-Modell erforderlich. Sobald ein Pin einer Logikfunktion auf eine analoge Schnittstelle trifft, wird ein I/O-Modell (D-to-A) benötigt und eingeführt, um das Logiksignal auf die analoge Schnittstelle zu bringen. Dasselbe gilt für die Wirkungsrichtung vom analogen System zum digitalen System (A-to-D). Das Einfügen eines geeigneten I/O-Modells wird im Allgemeinen vom System zur Designverifikation gemischt analog/digitaler Schaltkreise selbsttätig gesteuert. Abbildung 9.4 verdeutlicht den Datenaustausch zwischen dem Logiksystem und dem Analogsystem über I/O-Modelle an den Schnittstellen. Das I/O-Modell beschreibt das Schnittstellenverhalten am Ausgang bzw. am Eingang einer Logikfunktion in Form eines Subcircuits. Innerhalb einer Schaltkreisfamilie ist somit das I/O-Modell einheitlich. Besonderheiten ergeben sich u. a. bei „Open-Collector"-Ausgängen oder Schmitt-Trigger-Ausgängen. In PSpice kann man mit dem Parameter *IO_Level* verschiedene Genauigkeitsstufen vordefinierter I/O-Modelle für eine Schaltkreisfamilie auswählen. Bei Berücksichtigung des nichtlinearen Übertragungsverhaltens der Eingänge bzw. der Ausgänge einer Logikfunktion kann sich der Aufwand bei Einführung von I/O-Modellen beträchtlich erhöhen.

```
* 7400   Quadruple 2-input Positive-Nand Gates
*
* --- Funktionsmodell ------
.subckt 7400  A B Y
+ optional: DPWR=$G_DPWR DGND=$G_DGND
+ params: MNTYMXDLY=0 IO_LEVEL=0
U1 nand(2) DPWR DGND
+ A B   Y
+ D_00 IO_STD MNTYMXDLY={MNTYMXDLY} IO_LEVEL={IO_LEVEL}
.ends
* --- Timing-Modell -------
.model D_00 ugate (
+ tplhty=11ns tplhmx=22ns
+ tphlty=7ns tphlmx=15ns
+ )
*---------
```

Abb. 9.5 Beispiel für ein PSpice-Funktionsmodell mit Timing-Modell für eine Nand-Funktion mit zwei Eingängen

Beispiele für die Modellbeschreibung von Logikfunktionen in PSpice: Im Beispiel in Abb. 9.5 ist das in PSpice verwendete Logikmodell für ein NAND-Gatter mit zwei Eingängen dargestellt. Grundsätzlich unterscheidet man zwischen „Digital-Ground" (DGND) und „Analog-Ground"; (DPWR) steht für „Digital-Power". In der Subcircuit-Beschreibung ließe sich im Prinzip auch ein komplexeres Funktionsmodell mit verschiedenen zusammengeschalteten Funktionsprimitiven (hier nur: „nand(2)") beschreiben. Im Parameterteil der Subcircuit-Definition wird mit dem Parameter „MNTYMXDLY = 0" festgelegt, welche Einstellung der Timing-Parameter (minimal, typisch, maximal) beispielsweise für die Verzögerungszeiten gelten sollen. Der Parameter „IO_Level" definiert, welches Schnittstellenmodell zugrundegelegt werden soll, wenn ein Eingang bzw. ein Ausgang auf ein analoges Schaltkreiselement trifft.

Die eigentliche Subcircuit-Definition enthält bekannte Logikinstanzen. Alle Logikinstanzen beginnen in PSpice mit „U" als erstem Buchstaben. Das hier verwendete Nand-Gatter weist die Instanzbezeichnung „U1" auf. Einer Logikinstanz ist ein Funktionsgrundmodell zuzuordnen. Im Beispiel ist dies „nand(2)" mit zwei Eingängen. Sodann folgt die Angabe der Versorgungsknoten „DPWR" und „DGND". In der Fortsetzungszeile werden die Pinnamen der Eingänge „A, B" und des Ausgangs „Y" des Funktionsgrundmodells gekennzeichnet. Es folgt der Name des zu verwendenden Timing-Modells „D_00" und des I/O-Modells „IO_STD". Im Timing-Modell für ein Gatter sind die für das Funktionsmodell geltenden Timing-Parameter angegeben; „TPLHTY" bedeutet: typische Propagation Delay (Verzögerungszeit) beim Übergang von Low nach High.

Ein weiteres Beispiel zeigt das PSpice-Logikmodell für ein D-FlipFlop in Abb. 9.6. In der Subcircuit-Modellbeschreibung wird der Logikinstanz „U1" das Funktionsgrundmodell *dff*(1) zugeordnet. Das Timing-Modell *D*_74 für getriggerte FlipFlops enthält die entsprechenden Timing-Parameter. Der Parameter „TWPCLMN" steht beispielsweise für

```
* 7474   Dual D-Type Positive-Edge-Triggered Flip-Flops with Preset

.subckt 7474   CLRBAR D CLK PREBAR Q QBAR
+ optional: DPWR=$G_DPWR DGND=$G_DGND
+ params: MNTYMXDLY=0 IO_LEVEL=0
UFF1 dff(1) DPWR DGND
+ PREBAR CLRBAR CLK    D    Q QBAR
+ D_74 IO_STD MNTYMXDLY={MNTYMXDLY} IO_LEVEL={IO_LEVEL}
.ends

.model D_74 ueff (
+ twpclmn=30ns twclklmn=37ns
+ twclkhmn=30ns tsudclkmn=20ns
+ thdclkmn=5ns tppcqlhmx=25ns
+ tppcqhlmx=40ns tpclkqlhty=14ns
+ tpclkqlhmx=25ns tpclkqhlty=20ns
+ tpclkqhlmx=40ns
+ )
*---------
```

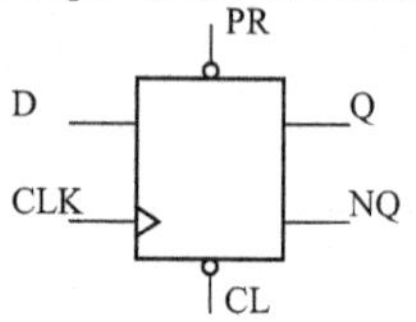

Abb. 9.6 Beispiel für ein PSpice-Funktionsmodell mit Timing-Modell für ein D-FlipFlop mit Preset und Clear Eingängen

die minimale Pulsweite der Preset- und Clear-Eingänge im Low-Zustand. Die Zeitangaben für die Timing-Parameter können für Standard-Bausteine aus dem Datenblatt eines konkreten Bausteins entnommen werden. Das Timing-Modell vom Typ *ueff* ist in der Form für alle getriggerten FlipFlops so gültig.

Beispiel für ein VHDL-Modell mit Testanordnung: Als nächstes soll ein Funktionsmodell des D-FlipFlops in der Hardwarebeschreibungssprache VHDL betrachtet werden. Prinzipiell könnte man ein Strukturmodell durch Zusammenschaltung von bekannten Funktionsprimitiven (Gatter) verwenden. Das Beispiel wird in Form eines Verhaltensmodells mit dem „Process"-Konstrukt formuliert. Die Entity-Beschreibung entspricht dem Symbol, sie legt u. a. die nach außen gehenden Schnittstellen der Funktion mittels der Port-Deklaration fest. Mit der Typangabe *std_logic* werden im Beispiel die Schnittstellensignale als 9-wertige Logiksignale festgelegt. Desweiteren ist in der Port-Deklaration die Wirkungsrichtung (Mode-Type) z. B. mit *in* oder *out* zu definieren. Die eigentliche Modellbeschreibung der Logikfunktion erfolgt in der einer Entity zugeordneten Architecture-Beschreibung. Ein vertieftes Eingehen auf die Möglichkeiten der Modellierung von Logikfunktionen mit der Hardwarebeschreibungssprache würde den Rahmen des Buches sprengen. Das gewählte Beispiel soll lediglich einen Eindruck vermitteln, wie sich prinzipiell Logikfunktionen mit einer Hardwarebeschreibungssprache beschreiben lassen. Die Timing-Parameter können in VHDL über Generic-Attribute innerhalb der Entity-Deklaration eingebracht werden. Zur Berücksichtigung der Timing-Parameter und zur Verifikation des Timingverhaltens (z. B. „Set-Up" Zeit oder „Hold" Zeit) müsste die Modellbeschreibung für das D-FlipFlop in Abb. 9.7 ergänzt und erweitert werden. Es lassen sich in VHDL u. a. Check-Funktionen formulieren und gegebenenfalls Warnungen und Fehlerhinweise ausgeben.

```
library IEEE;
use IEEE.std_logic_1164.all;
entity dff_1 is
    port (PR:  in  std_logic;
          D:   in  std_logic;
          CLK: in  std_logic;
          CL:  in  std_logic;
          Q:   out std_logic;
          NQ:  out std_logic);
end dff_1;
architecture dff_1_arch of dff_1 is
Begin
    DFF1: process (CLK,CL,PR)
        constant Low : std_ulogic := '0';
        constant High : std_ulogic := '1';
        begin
            if CL = '0' then Q< = Low;
                NQ <= High;
            end if;
            if (CL = '1') and (PR = '0') then Q <= High;
                NQ <= Low;
            end if;
            if (CL = '1') and (PR = '1') then
                if (CLK'event and CLK='1') then Q <= D;
                    NQ <= not D;
                end if;
            end if;
        end process DFF1;
end dff_1_arch;
```

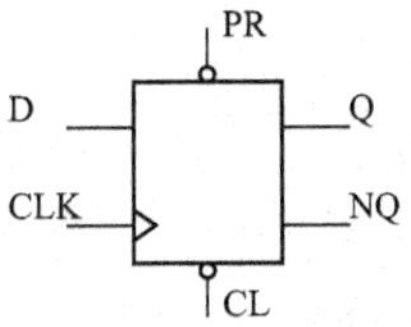

Abb. 9.7 Beispiel für ein VHDL-Funktionsmodell für ein D-FlipFlop mit Preset und Clear Eingängen

Ein wesentliches Kennzeichen bei der Logiksimulation ist die Ereignissteuerung. Jedes Signal wird entweder in der Entity oder als „inneres" Signal im Deklarationsteil der Architecture erklärt. Ein Signal hat einen Namen und einen Typ (z. B.: *std_logic*). In der Entity kommt noch die Wirkungsrichtung hinzu. Der Logiksimulator verwaltet die Signale in einer Ereignistabelle (Event-Queue). Innerhalb der Architecture zwischen *begin* und *end* können u. a. Signalzuweisungen mit „Concurrent Signal Assignment" (CSA) erfolgen, lassen sich „Process" Konstrukte definieren oder Komponenten-Modelle mit „Component Instantiation" einbringen. Bei einer Signalzuweisung wird nur dann dem Signal ein neuer Wert zugewiesen, wenn der CSA-Ausdruck auf der rechten Seite durch ein Ereignis getriggert wird. Die Rangfolge der CSA-Anweisungen spielt dabei keine Rolle. Auf die Ereignissteuerung wird noch gesondert eingegangen.

In der Architecture für das D-FlipFlop in Abb. 9.7 erfolgt mit dem „Process"-Konstrukt eine Verhaltensmodellbeschreibung. Der *process* wird von den Ereignissen der Signale *CLK, PR, CL* getriggert. Nur wenn die genannten Signale sich ändern, läuft der „Process" sequentiell durch und geht dann in Warteposition bis zum nächsten eintreffenden Ereignis der den „Process" triggernden Signale. Unmittelbar nach Übergang in die Warteposition werden die ermittelten Werte nach „außen" wirksam.

```vhdl
library IEEE;
use IEEE.std_logic_1164.all;
entity DFF_tb is
end DFF_tb;
architecture DFF_tb_arch of DFF_tb is
    signal PR : std_logic := '0';
    signal CL : std_logic := '1';
    signal CLK: std_logic := '1';
    signal D  : std_logic := '0';
    signal Q  : std_logic;
    signal NQ : std_logic;
    signal tdef: time :=50ns;
    signal tper: time :=200ns;
    component dff_1
        Port (PR : IN std_logic;
              CL : IN std_logic;
              CLK: IN std_logic;
              D  : IN std_logic;
              Q  : OUT std_logic;
              NQ: OUT std_logic);
    end Component;
begin
    U_DFF : dff_1
      port map (PR  => PR,
                CL  => CL,
                CLK => CLK,
                D   => D,
                Q   => Q,
                NQ => NQ);
    clock_mod: process
        begin
            CLK <= '0' , '1' after tdef, '0' after 2*tdef;
            wait for tper;
        end process clock_mod;
    stimuli_mod: process
        begin
PR <= '0', '1' after 2*tper;
D  <= '0', '1' after 4*tper, '0' after 8*tper, '1' after 12*tper;
CL <= '1', '0' after 14*tper;
            wait for 20*tper;
        end process stimuli_mod;
end DFF_tb_arch;
```

Abb. 9.8 Beispiel für eine VHDL-Testbenchbeschreibung für den Test des D-FlipFlops

Für die Überprüfung einer Logikfunktion benötigt man eine Testschaltung bzw. eine Testbench. Es müssen u. a. die Eingangssignale (Stimuli) definiert werden. In PSpice wird die Stimuli-Beschreibung in einem File (*.stm) abgelegt, das für die Durchführung der Simulation entsprechend einzubinden (mit „Include" im Simulation Profile) ist. Für die Erstellung des Stimuli steht in PSpice ein Stimuli-Editor zur Verfügung. In VHDL kann mittels der Hardwarebeschreibungssprache auch die Testbench beschrieben werden. Abbildung 9.8 zeigt beispielhaft eine Testbench für das D-FlipFlop.

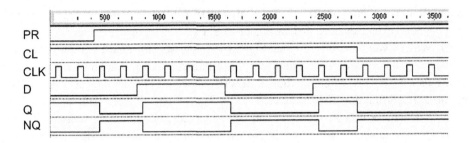

Abb. 9.9 Testergebnis des VHDL-Modells für das D-FlipFlop mit der angegebenen Testbench

Die Entity der Testbench ist leer, da keine Signale von außen kommen oder nach außen gehen. Die in der Testbench verwendeten Signale müssen also im Deklarationsteil der Architecture definiert werden. Mit dem Konstrukt „Component-Instantiation" wird das VHDL-Modell des D-FlipFlops in die Testbench eingebracht bzw. instanziiert. Dazu ist die zu verwendende Komponente im Deklarationsteil der Architecture mit deren Schnittstellen zusätzlich zu deklarieren. Die Instanziierung der Komponente erfolgt zwischen *begin* und *end* über den Aufruf der Komponente (*dff_1*) nach einem Label (*U_DFF:*). Über *port map* werden die Schnittstellenanschlüsse der Komponente an Signale im Modell verbunden. Dieser Vorgang entspricht der Instanziierung einer Komponente im Schaltplan. Über ein nicht von „außen" getriggertes „Process" Konstrukt können periodische Signale erzeugt werden. Mit *wait for* < *Zeitbedingung* > erfolgt ein periodisches Antriggern des Prozesses. Das Ergebnis der Logiksimulation des D-FlipFlops mit der Modellbeschreibung in Abb. 9.7 unter Verwendung der Testbenchbeschreibung in Abb. 9.8 zeigt Abb. 9.9. Der Modellbeschreibung des D-FlipFlops sind keine Timing-Parameter zugeordnet, insofern gilt das idealisierte Verhalten.

9.1.2 Ereignissteuerung

Die Ereignissteuerung ist ein wichtiger Bestandteil für die Simulation von Logiksystemen. Eine Signaländerung stellt ein Ereignis dar. Jede Logikfunktion reagiert bei Signaländerungen am Eingang gemäß dem Funktionsmodell und den Timing-Parametern verzögert durch Signaländerungen am Ausgang. Dies gilt auch für den Einschaltvorgang eines Logiksystems, bei dem ebenfalls Signaländerungen vorliegen. Sind keine Verzögerungszeiten durch entsprechende Timing-Parameter angegeben, so setzt das System zur Logiksimulation eine virtuelle (nicht messbare) Verzögerungszeit ein. Ansonsten würde beispielsweise ein Eingangsereignis bei einem verzögerungsfreien asynchronen Zähler sofort am Ausgang wirksam sein. Die Ereignissteuerung selbst erfolgt vom Logiksimulator. Die compilierte VHDL-Modellbeschreibung stellt kein ausführbares „exe" dar, so wie bei einer Programmiersprache. Die VHDL-Modellbeschreibung ist nur im Zusammenhang mit einer Testbench mit einem Logiksimulator verifizierbar.

Ereignissteuerung dargestellt an einem Beispiel: Allgemein wird ein Signal durch einen Namen gekennzeichnet. Jedem Signal ist ein zeitabhängiger diskreter Wert zugeordnet. Wirken Wertänderungen eines Signals (Ereignisse) auf eine Logikfunktion, so ergeben sich unter Berücksichtigung der Modellbeschreibung (Funktionsmodell und Timing-Parameter) der Logikfunktion Folgeereignisse, die wiederum auf eine nachgeordnete Logikfunktion wirken können und somit weitere Folgeereignisse erzeugen. Der Logiksimulator erfasst, verwaltet und bearbeitet Ereignisse in einer Ereignistabelle (Event-Queue). Ausgangspunkt sind die Anfangsereignisse, definiert im Stimuli der Testbench (Initial Events). Abbildung 9.10 zeigt ein Beispiel für eine Logikschaltung mit beaufschlagten Eingangssignalen. Bei der einfachen Schaltung lässt sich eine „händische" Logiksimulation durch konsequente Verfolgung von Ereignissen durchführen. Ein Ausschnitt aus der Ereignistabelle ist in Abb. 9.11 dargestellt. Dort eingetragen sind die Anfangsereignisse aus der Stimulidefinition und die sich daraus ergebenden Folgeereignisse.

Die VHDL-Modellbeschreibung des Beispiels in Abb. 9.10 ist aus Abb. 9.13 zu entnehmen. In der Entity-Deklaration wird die Verzögerungszeit *tpd* als Generic-Attribut mit 1 ns festgelegt. In der port-Deklaration sind die Schnittstellensignale am Eingang und am Ausgang als Signale vom Typ *std_logic* definiert. Die Erklärung der innen liegenden Signale $s1$, $s2$, $s3$, $s4$, $s5$ erfolgt im Deklarationsteil der Architecture-Beschreibung. Für die eigentliche Modellbeschreibung wird das „Concurrent-Signal-Assignment" Konstrukt (CSA) verwendet. Einem Signal wird über einen Boole'schen

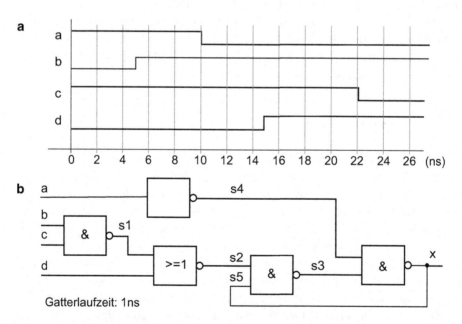

Abb. 9.10 Logikschaltung (Schaltnetz) zur Erläuterung der Ereignissteuerung; **a** Eingangssignale definiert im Stimuli der Testschaltung; **b** Logikschaltung

Abb. 9.11 Zum Aufbau der
Ereignistabelle gemäß Beispiel
Abb. 9.10

```
Ereignistabelle:
0ns    a = 1,b = 0,c = 1,d = 0;
1ns    s1:U->1; s4:U->0;
2ns    s2:U->0; s5:U->1;
3ns    s3:U->1;
4ns
5ns    b: 0->1;
6ns    s1:1->0;
7ns    s2:0->1;
8ns    s3:1->0;
9ns
10ns   a: 1->0;
11ns   s4:0->1;
12ns   ...
```

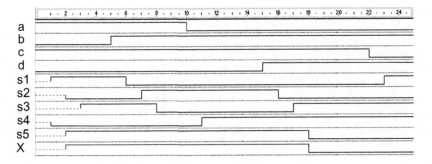

Abb. 9.12 Simulationsergebnis des Beispiels in Abb. 9.10

Abb. 9.13 VHDL-
Modellbeschreibung für das
Beispiel in Abb. 9.10

```
library IEEE;
use IEEE.std_logic_1164.all;
entity simex1 is
    generic (tpd: time:= 1ns);
    port (a: in STD_LOGIC;
          b: in STD_LOGIC;
          c: in STD_LOGIC;
          d: in STD_LOGIC;
          X: out STD_LOGIC);
end simex1;
architecture simex1_arch of simex1 is
signal s1, s2, s3, s4, s5: STD_LOGIC;
begin
    X <= s5;
    s4 <= not a after tpd;
    s1 <=(b nand c) after tpd;
    s2 <=(s1 nor d) after tpd;
    s3 <=(s2 nand s5) after tpd;
    s5 <=(s4 nand s3) after tpd;
end simex1_arch;
```

Abb. 9.14 Testbench für das
Beispiel in Abb. 9.10

```
library IEEE; use IEEE.std_logic_1164.all;
entity simex1_tb is
end simex1_tb;
architecture simex1_tb_arch of simex1_tb is
signal a : std_logic := '1';
signal b : std_logic := '0';
signal c : std_logic := '1';
signal d : std_logic := '0';
signal X : std_logic;
component simex1
    port (a:  in STD_LOGIC;
          b:  in STD_LOGIC;
          c:  in std_logic;
          d:  in std_logic;
          X : out std_logic);
end component;
begin
    U_simex1: simex1
        port map (a => a,
                  b => b,
                  c => c,
                  d => d,
                  X => X);
    a <= '1', '0' after 10ns;
    b <= '0', '1' after 5ns;
    c <= '1', '0' after 22ns;
    d <= '0', '1' after 15ns;
end simex1_tb_arch;
```

Ausdruck das Logikverhalten zugeordnet. Auf der rechten Seite der CSA-Zuweisung findet sich eine Boole'sche Verknüpfung von Signalen, die nur wirksam ist, wenn auf eines der Signale auf der rechten Seite ein Ereignis einwirkt. Die Wirkung des Ereignisses erfolgt unter Auswertung des logischen Ausdrucks um die angegebene Zeit *tpd* verzögert. Das Ergebnis der Logiksimulation ist in Abb. 9.12 dargestellt. Selbstverständlich wird für die Durchführung der Logiksimulation wiederum eine Testbench benötigt. Abbildung 9.14 zeigt die zugehörige Testbench. Die wenigen Beispiele mögen die Systematik der Charakterisierung von Logikfunktionen verdeutlichen.

9.1.3 Entsprechungen zwischen Schematic- und VHDL-Beschreibung

Die für die Beschreibung von analogen und gemischt analog/digitalen Schaltkreisen übliche Schematicdarstellung kann so auch durch die analoge Erweiterung von VHDL ersetzt werden. Die symbolische Darstellung in einem Schaltplan fördert das Verständnis für die Schaltungsanordnung. Bei einer systematischen Strukturierung der textuellen Beschreibung mittels einer Hardwarebeschreibungssprache wird ebenfalls das Verständnis gefördert. Die neutrale, standardisierte, textuelle VHDL-Beschreibung hat

Tab. 9.2 Analogien zwischen der Schematicdarstellung und der VHDL-Beschreibung einer Schaltkreisfunktion

Schematicdarstellung	VHDL-Beschreibung
Entity mit Port-Deklaration	Symbol
Entity mit Generic-Attributen	Symbol mit Instanz-Attributen
Netz	Signal
Instanziierung	Component-Instantiation

den wesentlichen Vorteil der Austauschbarkeit und Systemunabhängigkeit. In Tab. 9.2 sind die wichtigsten Analogien zwischen der Schaltplanbeschreibung und der VHDL-Beschreibung aufgeführt.

9.2 Digital/Analog Wandlung

Ein D/A-Umsetzer weist digitale (binäre) Eingänge und einen analogen Ausgang auf. Vorgestellt werden die wichtigsten Schaltungsprinzipien zur Digital/Analog-Wandlung und deren Vor- und Nachteile. Die analoge Ausgangsspannung entspricht in ihrem Wert dem binären Wert des am Eingang anliegenden digitalen Wortes. Abbildung 9.15 zeigt am Eingang eine Analogspannung, die durch einen 8-Bit A/D-Wandler in ein digitales Wort umgesetzt und durch einen 8-Bit D/A-Wandler wieder in eine analoge Spannung zurückgeführt wird.

Zur A/D-Wandlung werden noch Steuersignale, sowie eine Referenzspannung benötigt. Im Experiment in Abb. 9.15 ist das analoge Eingangssignal eine sinusförmige Spannung, die mit einem 8-Bit Wandler in 256 Amplitudenstufen aufgelöst wird. In Abb. 9.16 ist das Ergebnis der A/D- und D/A-Wandlung der Sinusspannung dargestellt. Das Ausgangssignal weist einen treppenförmigen Verlauf auf, das einen Quantisierungsfehlerenthält. Der Quantisierungsfehlerwird um so kleiner, je höher die Auflösung gewählt wird. Dem Experiment liegt eine, mit einem Makromodell beschriebene idealisierte A/D- und D/A-Wandlung zugrunde. Im Weiteren geht es darum die A/D- und D/A-Umsetzer durch konkrete Schaltungen zu realisieren.

Bei der D/A-Wandlung beträgt die kleinste Spannungsstufe bezogen auf den Spannungsendwert $U_{Ref}/2^n$. Diese kleinste Spannungsstufe wird durch das Bit mit dem niedrigsten Stellenwert bestimmt (LSB: Least Significant Bit). Das Bit mit dem höchsten Stellenwert (MSB: Most Significant Bit) legt die größte Spannungsstufe $U_{Ref}/2$ fest. Allgemein wird ein Digitalwort $D = (b_{n-1}, b_{n-2}, ..., b_1, b_0)$ mittels folgender Vorschrift in eine dazu proportionale Ausgangsspannung U_2 gewandelt:

$$U_2 = \frac{U_{Ref}}{2^n} \cdot \sum_{i=0}^{n-1} b_i \cdot 2^i. \tag{9.1}$$

wobei b_i den Wert 0 oder 1 annimmt.

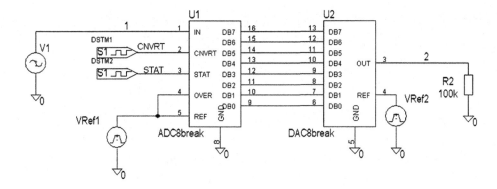

Experiment 9.2-1: AD-DA Wandlung mit 8-Bit Auflöung

Abb. 9.15   Analog/Digital- und Digital/Analog-Wandlung

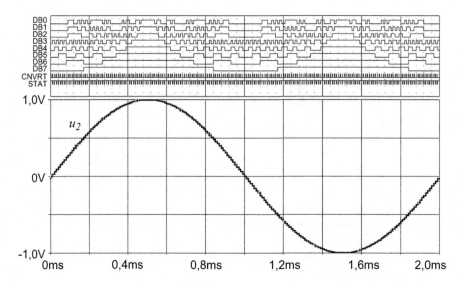

Abb. 9.16   Ergebnis der A/D- und D/A-Wandlung einer sinusförmigen Eingangsspannung

Das grundlegende Schaltungsprinzip zur D/A-Umsetzung ist in Abb. 9.17 dargestellt. Über eine Referenzspannung U_{Ref} wird an gestuften Widerständen je ein gewichteter Strom eingeprägt, wenn das entsprechende binäre Signal „1" ist. Die Ströme addieren sich am Summenpunkt des Linearverstärkers. Über den Rückkopplungswiderstand des Verstärkers entsteht schließlich eine dazu proportionale Ausgangsspannung U_2. Bei genügend großer Verstärkung ist die Eingangsspannung des Verstärkers vernachlässigbar. Für die Genauigkeit entscheidend sind Widerstände mit entsprechend geringer Toleranz. Ein weiteres Problem stellt sich durch eine mögliche Offsetspannung des Verstärkers, die eine Verschiebung der Ausgangsspannung verursacht.

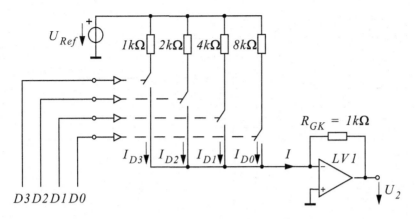

Abb. 9.17 Prinzip der D/A-Umsetzung mit gestuften Stromquellen

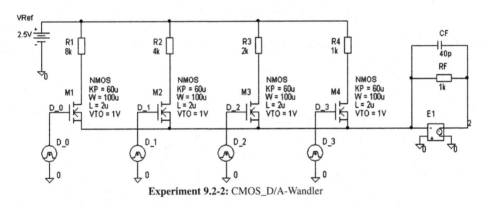

Experiment 9.2-2: CMOS_D/A-Wandler

Abb. 9.18 D/A-Umsetzung mit gestuften Stromquellen, gesteuert über MOS-Schalter

Die Schalter des Ausführungsbeispiels in Abb. 9.17 lassen sich durch MOS-Schalter realisieren. In Abb. 9.18 ist ein Ausführungsbeispiel dargestellt. Für die Ausgangsspannung erhält man im Beispiel:

$$U_2 = U_{Ref} \cdot (D3 \cdot 2^{-1} + D2 \cdot 2^{-2} + D1 \cdot 2^{-3} + D0 \cdot 2^{-4}). \tag{9.2}$$

wobei $D3$, $D2$, $D1$ und $D0$ den Wert „0" oder „1" annehmen. Das Ergebnis zeigt Abb. 9.19. Ein Problem stellt sich bei zeitversetzten Umschaltvorgängen, wenn der eine Schalter schon schaltet und andere Schalter noch nicht abgeschaltet hat. Dadurch können Störimpulse (Glitches) am Ausgang entstehen. Ein Kondensator mit leicht integrierender Wirkung im Rückkopplungspfad des Verstärkers vermindert die Auswirkung möglicher Störimpulse.

Nachteilig bei der bisher betrachteten Schaltung zur D/A-Umsetzung ist, dass an den Schaltern im offenen Zustand U_{Ref} anliegt und im geschlossenen Zustand nahezu

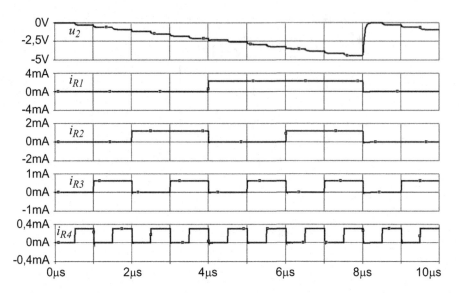

Abb. 9.19 Ergebnis der D/A-Umsetzung mittels der Beispielschaltung gemäß Abb. 9.18

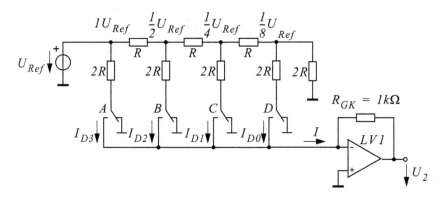

Abb. 9.20 Prinzip der D/A-Umsetzung mit gestuften Spannungen

Nullpotenzial. Beim Umschaltvorgang müssen parasitäre Kapazitäten umgeladen werden, was Verzögerungszeiten verursacht. Mit der Schaltungsanordnung gemäß Abb. 9.20 lässt sich dieser Nachteil vermeiden. Die Schaltung verwendet ein Kettenleiternetzwerk mit gestuften Spannungen. An den Knoten des Kettenleiternetzwerks liegen die gewichteten Spannungen U_{Ref}, $U_{Ref}/2$, $U_{Ref}/4$, $U_{Ref}/8$ an. Der Spannungsunterschied beim Umschaltvorgang zwischen dem Masseknoten und dem Summenpunktknoten ist vernachlässigbar. Dadurch werden Umladevorgänge vermieden. Darüber hinaus ist die Belastung der Referenzspannungsquelle konstant, was geringere Anforderungen an den Innenwiderstand der Referenzspannungsquelle stellt.

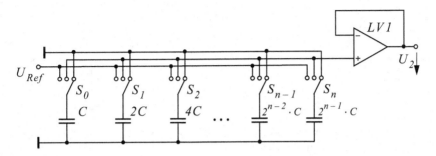

Abb. 9.21 Prinzip der D/A-Umsetzung mit gewichteten Kapazitäten

In integrierten CMOS-Technologienstellt die Realisierung genauer Widerstände ein Problem dar. Genaue Kapazitäten lassen sich erheblich einfacher realisieren. Im Prinzip kann auch mit gewichteten Kapazitäten ein D/A-Wandler verwirklicht werden. Das Verfahren beruht auf der Ladungsumverteilung auf binär gewichteten Kapazitäten. Abbildung 9.21 zeigt das Schaltungsprinzip. Entsprechend dem aktuellen Digitalwort werden in einer ersten Taktphase die Kapazitäten auf U_{Ref} bzw. 0 V aufgeladen. In der zweiten Taktphase sind alle Kapazitäten miteinander verbunden. Es ergibt sich dabei ein Ladungsausgleich. In diesem Fall verteilt sich die Ladung Q der ersten Taktphase auf alle Kapazitäten.

Über die Summe der parallelgeschalteten Kapazitäten stellt sich folgende Spannung U_2 ein:

$$Q = U_2 \cdot (2^n - 1) \cdot C = U_{Ref} \cdot C \cdot \sum_{i=0}^{n-1} b_i \cdot 2^i;$$

$$U_2 = \frac{U_{Ref} \cdot C}{(2^n - 1) \cdot C} \cdot \sum_{i=0}^{n-1} b_i \cdot 2^i. \tag{9.3}$$

was Gl. (9.1) entspricht. Der Spannungsfolger mit $LV1$ in Abb. 9.21 überträgt diese Spannung auf den Ausgang.

9.3 Abtastung analoger Signale

Zur Digitalisierung eines Analogsignals ist es erforderlich, das analoge Signal in regelmäßigen Zeitabständen zu messen bzw. abzutasten und den Messwert sequenziell zu speichern. Es entsteht so aus einem zeit- und wertkontinuierlichen Signal ein zeit- und wertdiskretes Signal (siehe Abb. 9.22).

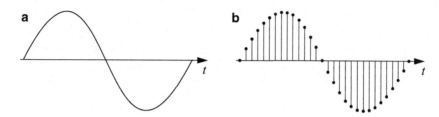

Abb. 9.22 Abtastung eines Analogsignals und Entstehung eines zeit- und wertdiskreten Signals; **a** Analogsignal; **b** Zeit- und wertdiskretes Signal

9.3.1 Abtasttheorem

Die Abtastzeiten zur Bildung der Samples für ein zeit- und wertdiskretes Signal ausgehend von einem zeit- und wertkontinuierlichen Analogsignal werden durch die Abtastfrequenz f_S bestimmt. Nach dem Shannon'schen Abtasttheorem muss die Abtastfrequenz mindestens doppelt so hoch sein, wie die maximale Bandbreite f_B des abzutastenden Signals. In Abb. 9.23 ist das abzutastende Signal mit der Bandbreite f_B im Frequenzbereich dargestellt. Im Beispiel möge das ein Audiosignal mit 20 kHz Bandbreite sein. Nach der Abtastung mit $f_S = 2f_B$ sieht das Frequenzspektrum gemäß Abb. 9.23b aus. Es ergibt sich eine Faltung um die Abtastfrequenz und deren Harmonischen. Bei Überabtastung (OSR: Oversampling) ist $f_S > 2f_B$. Das zugehörige Frequenzspektrum zeigt Abb. 9.23c.

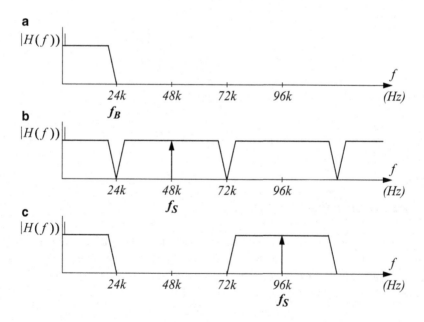

Abb. 9.23 Abtastung eines Analogsignals und Entstehung eines zeit- und wertdiskreten Signals; **a** Signalbandbreite f_B; **b** Nyquist-Abtastung mit $f_S = 2f_B$; **c** Überabtastung

Der Faktor $OSR = f_S/2f_B$ charakterisiert den Grad der Überabtastung. Ein Audiosignal wird typisch mit 48 kHz bzw. mit 96 kHz abgetastet.

Damit sich die Faltungsprodukte mit dem Frequenzbereich des abzutastenden Signals nicht überdecken, muss die Bandbreite des Signals vor Abtastung definiert begrenzt werden. Dazu verwendet man in der Regel ein Antialiasing-Filter vor der Sample&Hold-Stufe.

9.3.2 Quantisierungsrauschen

Beim Abtasten des Analogsignals und bei der Bildung diskreter Werte entsteht ein Quantisierungsfehler. Unter Quantisierungsrauschen versteht man die Quantisierungs-Störungen bei der Digitalisierung von Analogsignalen. Abbildung 9.24 zeigt das Eingangssignal eines A/D-Wandlers mit 2^N Quantisierungsstufen; DOUT ist das digitalisierte

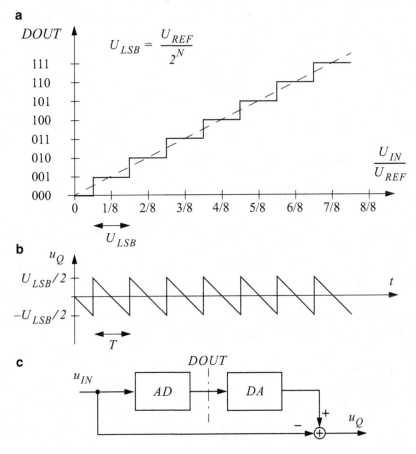

Abb. 9.24 Quantisierungsrauschen; **a** Ein-/Ausgangstransferkurve eines A/D-Wandlers; **b** Quantisierungsfehler; **c** Messanordnung zur Ermittlung des Quantisierungsrauschens

Ausgangssignal; U_{LSB} ist die kleinste Quantisierungsstufe. In Abb. 9.24b ist der Quantisierungsfehler dargestellt. Der Quantisierungsfehler stellt die Differenz vom Originalsignal zum digitalisierten Signal dar. Eine mögliche Messanordnung zur Bestimmung des Quantisierungsfehlers ist aus Abb. 9.24c) zu entnehmen.

Zur theoretischen Ermittlung des Quantisierungsrauschens benötigt man den effektiven Mittelwert $U_{Q,\,rms}$ des Quantisierungsfehlers:

$$U_{Q,rms}^2 = \frac{1}{T} \cdot \int_{-T/2}^{T/2} u_Q^2 dt = \frac{1}{T} \cdot \int_{-T/2}^{T/2} U_{LSB}^2 \cdot \left(\frac{-t}{T}\right)^2 dt;$$

$$= \frac{U_{LSB}^2}{T^3} \cdot \frac{t^3}{3}\bigg|_{-T/2}^{T/2} = \frac{U_{LSB}^2}{12}.$$

(9.4)

Damit ist das Quantisierungsrauschen gleichverteilt über das Zeitintervall $-T/2$ bis $T/2$. Die Signalleistung P_{IN} ist bei einer sinusförmigen Eingangsspannung (mit $U_{IN} = U_{REF}/2$) proportional zu $U_{IN}^2/2$. Das Signal-zu-Rauschleistungsverhältnis SNR erhält man aus dem Quotienten von Nutzleistung zu Störleistung. Das logarithmische Maß von SNR ergibt sich somit bei sinusförmigem Signalspannungsverlauf mit Vollpegelaussteuerung aus

$$SNR = 10 \cdot \log\left(\frac{U_{IN}^2/2}{U_{LSB}^2/12}\right) = 10 \cdot \log\left(\frac{3 \cdot 2^{2N}}{2}\right);$$

$$SNR = N \cdot 6,02\ dB + 1,76\ dB.$$

9.3.3 Abtasthalteschaltungen

Der Umsetzvorgang einer Analogspannung in ein digitales Wort benötigt eine bestimmte Zeit. Während der Wandlungszeit sollte die Eingangsspannung des A/D-Wandlers möglichst konstant bleiben. Um den Spannungswert festzuhalten, werden getaktete Abtasthalteschaltungen (Sample&Hold-Schaltungen) benötigt. Abtasthalteschaltungen stellen Analogspeicher dar, die ein analoges Signal für eine bestimmte Zeit festhalten. Das Schaltungsprinzip zeigt Abb. 9.25. Die Schaltung enthält die Kapazität C1 als Speicherelement und den gesteuerten MOS-Schalter M1. Es ist darauf zu achten, dass die Kapazität hinreichend hochohmig abgeschlossen wird, um eine Entladung des Analogspeichers während des geöffneten Schalterzustandes zu vermeiden.

Abb. 9.25 Prinzip der Abtasthalteschaltung mit einem gesteuerten MOS-Schalter

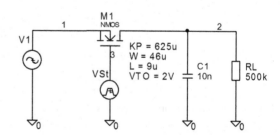

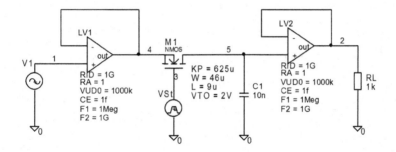

Experiment 9.3-1: S-H_Schaltung ohne Impedanzwandler

Experiment 9.3-2: S-H_Schaltung mit Impedanzwandler

Abb. 9.26 Abtasthalteschaltung mit eingangs- und ausgangsseitigem Impedanzwandler

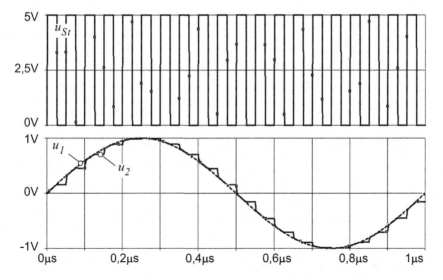

Abb. 9.27 Ergebnis der Abtasthalteschaltung mit einem gesteuerten MOS-Schalter

In den Experimenten nach Abb. 9.26 wird die Schaltung ohne und mit Impedanzwandler untersucht. Das Ergebnis der TR-Analyse der beiden Schaltungen ist in Abb. 9.27 darge-stellt. Es zeigt deutlich den Speichereffekt während des offenen MOS-Schalters. Ist der Schalter geschlossen, so folgt die Ausgangsspannung der Eingangsspannung.

Eine mögliche Offsetspannung des ausgangsseitigen Verstärkers in Abb. 9.26 kann durch eine Gegenkopplungsmaßnahme (siehe Abb. 9.28) unterdrückt werden. Bei geschlossenem MOS-Schalter ist $U_2 = U_1$. Dadurch wird ein Offsetfehler ausgeglichen. Die Dioden $D1$ und $D2$ sperren in diesem Zustand. Mit den Dioden $D1$ und $D2$ wird eine Übersteuerung des eingangsseitigen Verstärkers bei offenem Schalter vermieden.

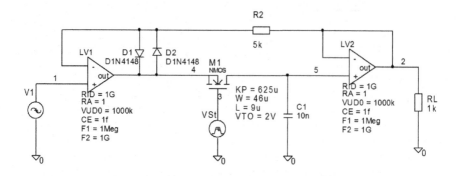

Experiment 9.3-3: S-H_Schaltung mit Impedanzwandlern und einer Gegenkopplung zum Ausgleich einer Offsetspannung

Abb. 9.28 Abtasthalteschaltung mit eingangs-und ausgangsseitigem Impedanzwandler und Gegenkopplung vom Ausgang zum Eingang

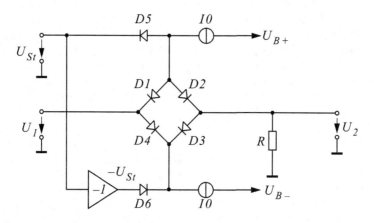

Abb. 9.29 Analogschalter mit Diodenbrücke

Für schnelle Abtastvorgänge verwendet man anstelle von MOS-Schaltern oder FET-Schaltern Diodenbrücken. Mit schnellen Schaltdioden (Schottky-Dioden) lassen sich Schaltzeiten im *Sub-ns*-Bereich erzielen. Abbildung 9.29 zeigt eine schaltungstechnische Ausführung. Ist die Steuerspannung U_{St} positiv, so sind die Dioden $D5$ und $D6$ gesperrt, die Diodenbrücke mit $D1$, $D2$, $D3$ und $D4$ ist leitend, die Ausgangsspannung U_2 ist dann gleich der Eingangsspannung U_1. Bei negativer Steuerspannung leiten die Dioden $D5$ und $D6$, die Diodenbrücke ist gesperrt. Der Übertragungsweg von U_1 nach U_2 ist dann mit hoher Sperrdämpfung gesperrt.

9.4 Analog/Digital Wandlung

Wie bereits in Kap. 2 erwähnt, erfolgt die Verarbeitung von Signalen in den allermeisten Fällen in digitalisierter Form. Ein analoges Sensorsignal muss nach geeigneter analoger Aufbereitung mittels eines A/D-Wandlers auf eine digitale Schnittstelle gebracht werden, um es dann mit digitaler Signalverarbeitung weiter bearbeiten zu können. Die Software-Bearbeitung auf Basis eines Prozessors und die Speicherung digitaler Signale ist erheblich leistungsfähiger und flexibler. Ein A/D-Wandler (siehe $U1$ in Abb. 9.15) weist einen analogen Eingang und digitale Ausgänge auf. Zur Steuerung des Wandlungsprozesses sind Steuersignale erforderlich. Im Folgenden sollen die wichtigsten Prinzipien zur A/D-Wandlung aufgezeigt werden. Die Prinzipien lassen sich einteilen in

- Zählverfahren,
- Sukzessive Approximation,
- Parallelverfahren.

Die Zählverfahren benötigen den geringsten schaltungstechnischen Aufwand, allerdings ist dafür eine bestimmte Wandlungszeit erforderlich. Am aufwändigsten und am schnellsten sind die Parallelverfahren.

9.4.1 Zählverfahren

Single-Slope-Verfahren: Als erstes wird das Ein-Rampenverfahren (Single-Slope) betrachtet. Beim Ein-Rampenverfahren erfolgt die Umsetzung der Eingangsspannung in eine dazu proportionale Zeit. Abbildung 9.30 zeigt das Schaltungsprinzip und Abb. 9.31 das Zeitdiagramm. Ein Sägezahngenerator (Integrator) erzeugt eine ansteigende Spannung. Der Komparator $LV2$ geht beim Überschreiten der Komparator-Schwelle U_S in die

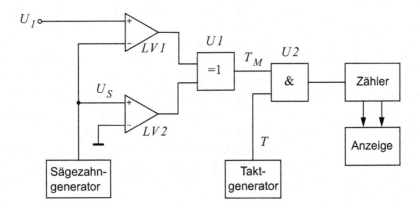

Abb. 9.30 Schaltungsprinzip für das Ein-Rampenverfahren zur A/D-Umsetzung

Abb. 9.31 Zeitdiagramm zum Schaltungsprinzip für das Ein-Rampenverfahren

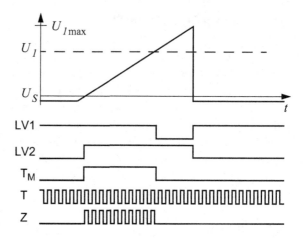

positive Begrenzung und liefert eine positive Ausgangsspannung. Bis zum Überschreiten der durch die Eingangsspannung U_1 vorgegebenen Schwelle ist der Komparator $LV1$ ebenfalls in der positiven Begrenzung und liefert eine positive Ausgangsspannung. Während der Torzeit, wo beide Verstärker am Ausgang positive Ausgangsspannung aufweisen, liefert das Exor-Gatter $U1$ am Ausgang „1". Ein Zähler Z ermittelt während der Torzeit T_M die Anzahl der Impulse. Die Anzahl der Impulse ist proportional zum Betrag der anliegenden Eingangsspannung. Zu Beginn der Messung und am Ende des Messintervalls muss der Zähler auf Null gesetzt werden. Das Zählergebnis eines Messintervalls wird dann solange gespeichert bis ein neues Zählergebnis vorliegt.

Der Sägezahn ist so auszulegen, dass beim höchsten Spannungswert die größtmögliche zu wandelnde Eingangsspannung $U_{1,max}$ erreicht wird. Kritisch ist die Genauigkeit der Sägezahn-Zeitkonstante, die aufgrund von Temperatureinflüssen und von Langzeitdriften Schwankungen unterliegt.

Dual-Slope-Verfahren: Als nächstes wird das Zwei-Rampenverfahren (Dual-Slope) betrachtet. In Abb. 9.32 ist das Schaltungsprinzip und in Abb. 9.33 das zugehörige Zeitdiagramm dargestellt. Beim Zwei-Rampenverfahren wird zunächst die Eingangsspannung und dann die negative Referenzspannung integriert. Nach Rücksetzung des Umsetzers sind in der Ausgangslage die Schalter $S1$, $S2$ offen und der Schalter $S3$ ist geschlossen. Die Ausgangsspannung des Integrator-Verstärkers $LV1$ liegt bei 0 V, der Zähler steht auf Null. Zu Beginn der Umsetzung wird der Schalter $S3$ geöffnet und der Schalter $S1$ mit der Steuerspannung U_{St1} geschlossen. Der Integrator ($LV1$ mit $C1$) integriert die Eingangsspannung U_1. Das Ende der ersten Integrationsphase ist erreicht, wenn der Zähler nach ($Z_{max} + 1$) Takten überläuft und dann wiederum auf Null gesetzt wird. In Abb. 9.33 ist beispielhaft $Z_{max} = 15$. Mit T als Taktperiode und $\tau = R_1 C_1$ als Integrationszeitkonstante erhält man am Ausgang des Integrators nach der Zeit t_1 die Spannung:

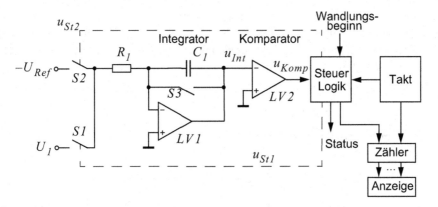

Abb. 9.32 Schaltungsprinzip zum Zwei-Rampenverfahren zur A/D-Umsetzung

Abb. 9.33 Zeitdiagramm
zum Schaltungsprinzip für das
Zwei-Rampenverfahren zur
A/D-Umsetzung

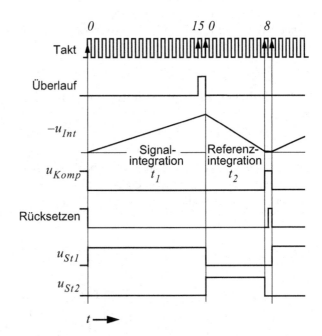

$$U_{Int} = -\frac{U_1 \cdot t_1}{\tau} = -\frac{U_1 \cdot (Z_{max} + 1) \cdot T}{\tau}. \tag{9.5}$$

Nachdem am Ende der ersten Integrationsphase der Zähler den Überlauf erreicht hat und
wieder auf Null steht, beginnt die zweite Integrationsphase bei der die Referenzspannung
U_{Ref} integriert wird. Dazu wird der Schalter $S1$ geöffnet und der Schalter $S2$ muss mit
der Steuerspannung U_{St2} geschlossen werden. Das Vorzeichen der Referenzspannung ist

entgegengesetzt zum Vorzeichen der Eingangsspannung. Somit verringert sich die Spannung am Ausgang des Integrators. Der Zähler zählt bei der Abwärtsintegration mit und ermittelt das Zählergebnis Z beim Nulldurchgang am Ausgang des Integrators; der Zähler wird gestoppt. Beim Erreichen des Nulldurchgangs am Ende der zweiten Integrationsphase ist:

$$U_1 \cdot (Z_{max} + 1) \cdot T + U_{Ref} \cdot Z \cdot T = 0. \tag{9.6}$$

Damit erhält man für das Zählergebnis:

$$Z = \frac{U_1}{U_{Ref}} \cdot (Z_{max} + 1). \tag{9.7}$$

Das Zählergebnis ist unabhängig von der Taktfrequenz und von der Integrationszeitkonstante. Bei hinreichend konstanter Taktfrequenz während der Integrationsphase können Genauigkeiten von ca. 0,01 % erzielt werden, was einer Auflösung eines 14-Bit-A/D-Wandlers entspricht. Angewandt wird das Zwei-Rampenverfahren vielfach u. a. bei digitalen Voltmetern. Zählverfahren lassen sich bis zu einigen 100 kHz Taktfrequenzen anwenden bei Auflösungen typischer Weise bis ca. 18-*Bit*.

9.4.2   Sukzessive Approximationsverfahren

Bei diesem Verfahren wird ein dem analogen Eingangswert entsprechender Digitalwert Z iterativ ermittelt. Abbildung 9.34 zeigt das Schaltungsprinzip für das Iterations- bzw. Wägeverfahren zur A/D-Umsetzung. Dazu benötigt man einen D/A-Umsetzer, einen Komparator, ein Iterationsregister und ein Ausgaberegister. Um eine konstante Eingangsspannung während der Wandlungszeit zu erhalten, wird eine Abtasthalteschaltung am Eingang

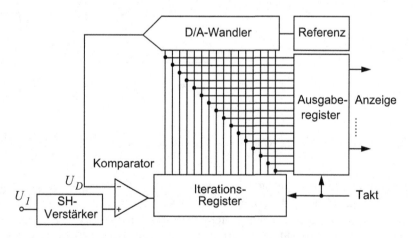

Abb. 9.34 Schaltungsprinzip für das Iterationsverfahren zur A/D-Umsetzung

verwendet. Der Komparator vergleicht die im Analogspeicher gespeicherte Eingangsspannung mit der Ausgangsspannung des D/A-Umsetzers. Beim Start der Wandlungsphase wird das Iterationsregister rückgesetzt. Anschließend setzt die Steuerlogik das höchstwertige Bit (*MSB*) des Iterationsregisters. Der D/A-Wandler erzeugt eine dem höchstwertigen Bit entsprechende Ausgangsspannung. Der Komparator vergleicht die Eingangsspannung mit der Ausgangsspannung des D/A-Wandlers (größtes Gewicht). Ist die Eingangsspannung größer als die Ausgangsspannung des Komparators, so bleibt das *MSB*-Bit gesetzt. Als nächstes setzt die Steuerlogik das nächstniedrige Bit des Iterationsregisters (nächstniedriges Gewicht). Der D/A-Wandler erzeugt eine entsprechend größere Ausgangsspannung. Ist die Eingangsspannung wiederum größer als der Vergleichswert, so bleibt das Bit gesetzt. Wäre die Eingangsspannung kleiner, so würde das Bit zurückgesetzt. Damit ist das zweithöchste Bit „gewogen". In gleicher Weise wird mit den nächstfolgenden Bits bis zum niedrigstwertigen Bit (*LSB*) verfahren. Am Ende des Wandlungsprozesses steht im Iterationsregister eine digitale Zahl Z, die nach der Umsetzung durch den D/A-Wandler bis auf den Quantisierungsfehler der Eingangsspannung entspricht.

Eine konkrete schaltungstechnische Ausführung für das Iterationsverfahren mit einem 4-Bit-D/A-Wandler und einem 4-Bit Iterationsregister zeigt Abb. 9.35. Die im Beispiel

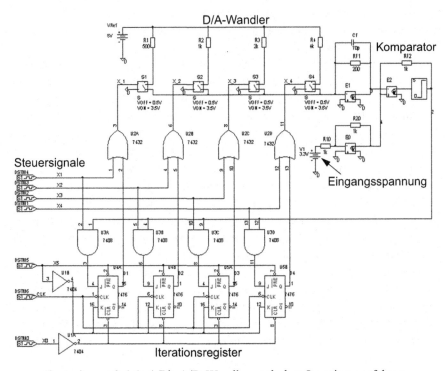

Experiment 9.4-1: 4-Bit-A/D-Wandler nach dem Iterationsverfahren

Abb. 9.35 4-Bit-A/D-Umsetzer nach dem Iterationsverfahren – Funktionsmodell

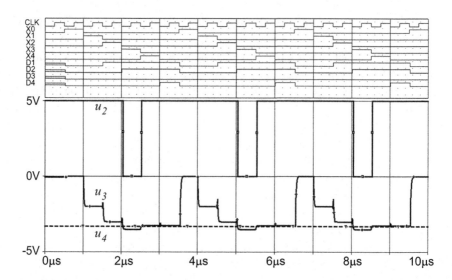

Abb. 9.36   Ergebnis des 4-Bit-A/D-Umsetzers nach dem Iterationsverfahren

nicht praktisch ausgeführte Steuerlogik erzeugt die Steuersignale $X0$, $X1$, $X2$, $X3$, $X4$ für das Wägeverfahren. Im Experiment gemäß Abb. 9.35 kann der Anwender das Iterationsverfahren selbst ausführen.

Im Beispiel beträgt die zu wandelnde Eingangsspannung $U_1 = 3{,}3$ V. Der D/A-Wandler ist so eingestellt, dass seine Gewichte beim *MSB*-Bit 2 V, dann 1 V, 0,5 V und schließlich beim *LSB*-Bit 0,25 V betragen. Das digitale Wort nach dem Wandlungsprozess beträgt somit „1101". Das entspricht einer Spannung von 3,25 V. Das Simulationsergebnis des Beispiels ist in Abb. 9.36 dargestellt.

Sukzessive Approximationsverfahren finden vielfältige Anwendung für Abtastraten bis ca. *MHz* und für Auflösungen bis zu ca. 16*Bit*. Nach Betrachtung einer möglichen Realisierung eines A/D-Wandlers gemäß dem iterativen Wägeverfahren ist im Folgenden ein VHDL-AMS Modell aufgeführt, das ebenfalls auf dem Iterationsverfahren beruht. Als digitale Eingangssignale werden benötigt: *Start* für den Start der Wandlung und das *Clock*-Signal. Daneben stehen die analogen Eingangssignale: *vin* ist das zu konvertierende Eingangssignal, *vdda* und *vssa* sind die analogen Versorgungsspannungen; *vrp* und *vrn* sind analoge Referenzspannungen. Als Ergebnis erhält man das Digitalwort *data* mit dem Wandlungsergebnis und *eoc* als Steuersignal nach Abschluss der Wandlung. Die eigentliche Modellbeschreibung erfolgt durch den Iterationsalgorithmus definiert in dem Prozess mit dem Label *conversion*. Dazu werden im Prozess die Variablen *th* und *v* eingeführt. Dabei ist *th* das „Gewicht" und *v* die zu wägende Größe.

```vhdl
library ieee;
use ieee.std_logic_1164.ALL;
use ieee.math_real.ALL;
entity adc is
  generic (g_vdda : real := 5.0);       -- max. voltage at VIN
  port (signal Start : in std_logic;    -- start conversion
        signal Clock : in std_logic;    -- clock
        signal eoc  : out std_logic;    -- end of conversion
        signal data : out std_logic_vector(0 to 7);  -- data out
        terminal
        vdda,                                -- positive supply
        vssa,                                -- negative supply
        vrn,                                 -- negative reference
        vrp,                                 -- positive reference
        vrn,                                 -- negative reference
        vin : electrical);                   -- input signal
end entity adc;
architecture behave of adc is
  quantity q_conv across c_in through VIN to VRN; --input-signal
  quantity q_vrp across c_vrp through VRP to vssa;
begin   -- behave
  c_vrp == 0.0;
  c_in  == 0.0;
  conversion : process
    variable th : real;
    variable v  : real;
    begin
      eoc <= '0';
      wait until clock'event and clock = '1' and start = '1';
      assert q_conv < g_vdda and q_conv >= 0.0;
      th := g_vdda;
      v  := q_conv;
      for i in 0 to 7 loop
          th := th / 2.0;
          if v > th then
                data(i) <= '1';
                v := v - th;
          else  data(i) <= '0';
          end if;
      end loop;
      eoc <= '1';
      wait until clock'event and clock = '1';
      eoc <= '0';
    end process;
end behave;
```

9.4.3 Parallelverfahren

Beim Parallelverfahren erfolgt der Wandlungsprozess in einem Umsetzschritt, d. h. in
1 Taktzyklus. Dazu benötigt der D/A-Wandler 2^N Komparatoren bei N-Bit Auflösung.
Eine Logikschaltung setzt den an den Komparatorausgängen vorliegenden „Thermometercode" um in ein geeignet codiertes Digitalwort. Im Allgemeinen wird mit D-Flip-
Flops das Komparatorergebnis während der Umsetzung gespeichert. Die Taktflanke der
D-FlipFlops bestimmt den Übernahmezeitpunkt des digitalisierten Wertes. A/D-Wandler-
nach dem Parallelverfahren sind sehr schnell, sie können bei 8-Bit Auflösung für Abtastraten bis in den *GHz*-Bereich angewandt werden (Abb. 9.37).

Pipeline-Umsetzer: Pipeline-Wandler bestehen im Allgemeinen aus mehreren Parallel-
Umsetzern. Eine Pipelinestufe nimmt eine Quantisierung vor, dessen Wert vom Eingangssignal abgezogen wird. Den Restwert übergibt man der nächsten Pipelinestufe. Die Werte
der Quantisierungsstufen werden dann unter Berücksichtigung ihrer Gewichte addiert.
Pro Approximationsschritt erfolgt damit eine Annäherung an den Zielwert um m Bits.

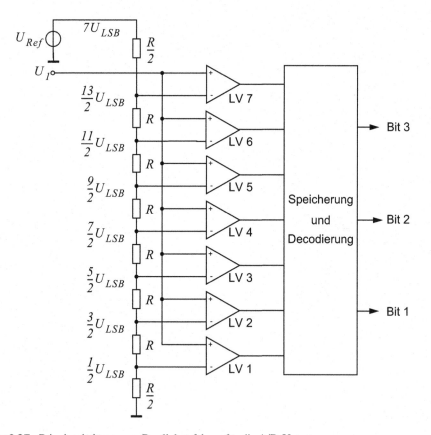

Abb. 9.37 Prinzipschaltung zum Parallelverfahren für die A/D-Umsetzung

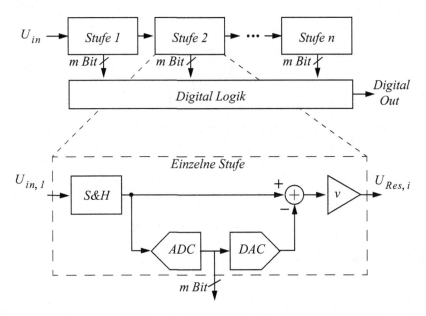

Abb. 9.38 Blockschaltbild eines n-stufigen Pipeline Wandlers mit m Bit pro Stufe

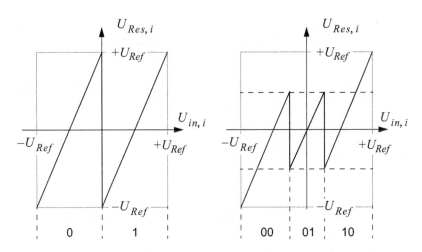

Abb. 9.39 Übertragungsfunktion einer einzelnen Wandler-Stufe; **a** 1-*Bit* mit „0" oder „1" am Ausgang; **b** 1,5-*Bit* mit „00", „01" oder „10" am Ausgang

Abbildung 9.38 zeigt das Grundprinzip eines Pipeline-Wandlers mit n Stufen und m Bit Auflösung pro Stufe. Eine einzelne Wandlerstufe besteht aus einem m Bit AD-Wandler, einem entsprechenden DA-Wandler, einem Summenpunkt und einem Verstärker mit dem Verstärkungsfaktor v. Die Übertragungsfunktion eines 1-*Bit* und eines 1,5-*Bit* AD-Wandlers ist in Abb. 9.39 dargestellt. Die Übertragungsfunktion einer einzelnen Wandlerstufe mit 3-*Bit* ist aus Abb. 9.40 zu entnehmen.

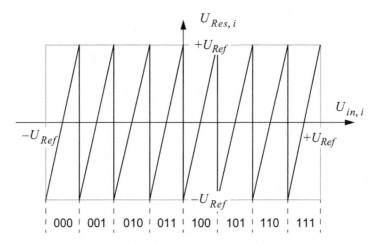

Abb. 9.40 Übertragungsfunktion einer einzelnen Wandler-Stufe mit 3-*Bit*

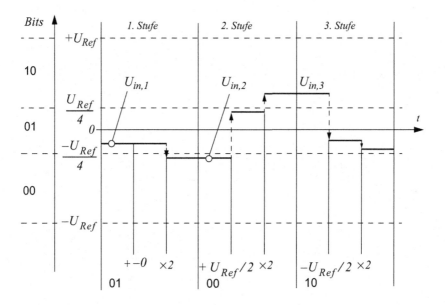

Abb. 9.41 Zum Ablauf eines Pipeline-Wandlers mit 3 Wandler-Stufen mit je 1,5-*Bit*

Die Wandlerstufe mit 1,5-*Bit* hat gegenüber der 1-*Bit* Stufe den Vorteil, dass eine Unsicherheit um Null besser aufgelöst werden kann, da der Zustand um Null gesondert behandelt wird. Den Ablauf eines Pipeline-Wandlers mit 3 Stufen mit je einer 1,5-*Bit* Einzelstufe zeigt Abb. 9.41. Die Eingangsspannung ist im Beispiel gegeben mit $U_{in} = -0,15 \, U_{Ref}$.

Die Eingangsspannung von $U_{in,1} = -0{,}15 U_{Ref}$ erreicht zunächst die 1. Stufe. Da der Wert der Eingangsspannung im Intervall $-U_{Ref}/4 < U_{in} < U_{Ref}/4$ liegt, ergibt sich „01" als Digitalwert für die erste Stufe. Der DA-Wandler erzeugt in Abhängigkeit von dem ermittelten Digitalwert die in Abb. 9.42 angegebenen Ausgangswerte. Bei einem Digitalwert von „01" bleibt der Eingangswert $U_{in,1} = -0{,}15 U_{Ref}$ unverändert. Der Ausgangswert der ersten Stufe ergibt sich durch Multiplikation mit „2". Demzufolge erhält man für den Ausgangswert der ersten Stufe $U_{Res,1} = -0{,}30 U_{Ref}$. Mit $U_{Res,1} = -0{,}30 U_{Ref}$ liegt der Ausgangswert nunmehr im Intervall $-U_{Ref} < U_{in} < -U_{Ref}/4$. Somit ist der Eingangswert der zweiten Stufe $U_{in,2} = -0{,}30 U_{Ref}$, es ergibt sich als Digitalwert „00". In diesem Fall wird am Ausgang des DA-Wandlers $U_{Ref}/2$ zu $U_{in,2}$ addiert. Anschließend erfolgt die Multiplikation mit „2". Der Ausgangswert der zweiten Stufe ist demnach dann $U_{Res,2} = +0{,}40 U_{Ref}$. Dieser Ausgangswert wirkt wiederum als Eingangswert für die 3. Stufe. Bei $U_{in,3} = 0{,}40 U_{Ref}$ ermittelt der AD-Wandler den Digitalwert „10". Bei diesem Digitalwert ist die Ausgangsspannung des DA-Wandlers $-U_{Ref}/2$. Nach Addition des Ausgangs vom DA-Wandler mit $U_{in,3}$ und Multiplikation mit „2" ergibt sich als Ausgangswert für die dritte Stufe: $U_{Res,3} = -0{,}20 U_{Ref}$.

Das Ergebnis für das gewählte Beispiel eines Pipeline-Wandlers mit einer Einzelstufe mit 1,5-*Bit* Auflösung lässt sich aus Abb. 9.43 entnehmen. Die Auflösung erhöht sich durch mehr Stufen bzw. durch mehr Ausgangs-Bits der Einzelstufe. Bei einer Einzelstufe mit 3-*Bit* würde man als Teilergebnis einer Stufe 3-Bit erhalten. Die Verstärkung in Abb. 9.38 müsste auf $v = 8$ gesetzt werden.

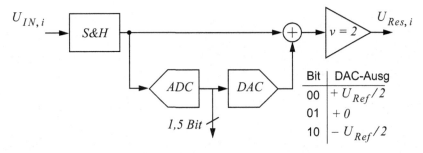

Abb. 9.42 Einzelstufe eines Pipeline Wandlers mit 1,5-*Bit* mit Angabe des DAC-Ausgangs abhängig vom ADC-Ausgang

Abb. 9.43 Ergebnis des Beispiels für einen Pipeline Wandlers mit 1,5-*Bit* und 3 Stufen

	Bits
1. Stufe	01
2. Stufe	00
3. Stufe	10
	0110

Aus Abb. 9.44 ist zu entnehmen, wie sich das Beispiel darstellt, wenn 6 Stufen des skizzierten Pipeline-Wandlers gegeben sind. Aus Abb. 9.45 ergibt sich für die ersten 6-Bit ein Dezimalwert von 26 (entspricht 011010). Demzufolge entspricht die gewandelte Bitfolge einem Wert von $((26 + 1)/64 \cdot 2U_{Ref}) - U_{Ref} = -0,1562U_{Ref}$. Die Genauigkeit erhöht sich bei noch mehr Stufen.

Die Auswertung lässt sich parallelisieren. Während die Stufe n den Ausgangswert der Stufe $n-1$ verarbeitet, können die davor liegenden Stufen schon den nächstfolgenden Wert bearbeiten. Durch diese überlappende Pipeline-Bearbeitung ist es möglich, die Wandlungszeit deutlich zu reduzieren.

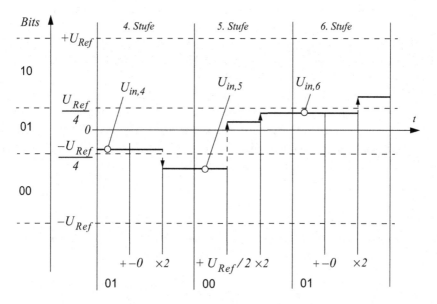

Abb. 9.44 Pipeline-Wandler mit 6 Wandler-Stufen mit je 1,5-*Bit*, Fortsetzung des Beispiels von Abb. 9.41

Abb. 9.45 Ergebnis des Beispiels für einen Pipeline Wandlers mit 1,5-*Bit* und 6 Stufen ($2^6 = 64$)

	Bits	
1. Stufe	01	
2. Stufe	00	
3. Stufe		10
4. Stufe		01
5. Stufe		00
6. Stufe		01
	011010'1	

9.5   Delta-Sigma Wandler

Delta-Sigma Wandler sind spezielle A/D-Wandler mit bestimmten Vorteilen. Der Einsatzbereich liegt für Signalfrequenzen bis zu einigen 100 kHz und Auflösungen bis zu 20…24-Bit. Vielfältige Anwendung finden Delta-Sigma Wandler u. a. für die Audiosignalverarbeitung.

9.5.1   Zum Aufbau von Delta-Sigma Wandlern

Ein Delta-Sigma Wandler (Abb. 9.46) besteht aus einem Delta-Sigma Modulator und einer nachgeordneten digitalen Signalaufbereitung. Am Ausgang u_{OUT} des Delta-Sigma Modulators steht ein serieller Bitstrom zur Verfügung, der einem Signal mit Pulsweiten-Modulation (PWM) entspricht. Der Analogwert steckt im Mittelwert des PWM-Signals. Mit einer Tiefpassfilterung lässt sich der Mittelwert zurückgewinnen. Mittels eines Dezimators werden dann über eine geeignete mathematische Funktion entsprechende parallel ausgebbare Digitalwerte $DOUT$ gebildet. Abbildung 9.46a zeigt den Prinzipaufbau eines Delta-Sigma Wandlers. Aus Abb. 9.46b ist beispielhaft für ein sinusförmiges Eingangssignal u_{IN} der vom Delta-Sigma Modulator gebildete Bitstrom u_{OUT} zu entnehmen. Aus dem Bitstrom wird deutlich, dass mit zunehmender positiver Eingangsamplitude der „1"-Gehalt steigt und mit zunehmender negativer Amplitude der „– 1"-Gehalt zunimmt. Bei Null Eingangsspannung ist der „1"-Gehalt und der „– 1"-Gehalt gleich verteilt.

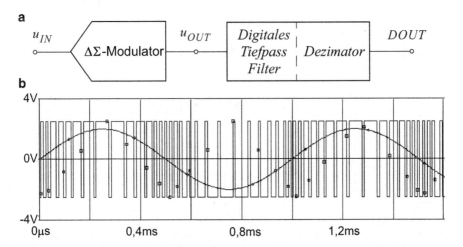

Abb. 9.46 Prinzipaufbau eines Delta-Sigma Wandlers; **a** Anordnung mit Delta-Sigma Modulator, Tiefpass und Dezimator; **b** Sinusförmiges Eingangssignal u_{IN} und zugehöriges Ausgangssignal u_{OUT} des Delta-Sigma Modulators

Beim Delta-Sigma-Modulator wird das analoge Eingangssignal über einen analogen Subtrahierer einem Integrator zugeführt wird. Ein Komparator bewertet den Ausgang des Integrators mit einer positiven oder negativen Spannung, die über den Subtrahierer den Integratoreingang auf den Mittelwert Null ausregelt (siehe Abb. 9.47). Eine konkrete Ausführung des Delta-Sigma Modulators zeigt Abb. 9.47a mit getaktetem Komparator *COMP*1. Ein Komparator *COMP*2 ist im Prinzip ein 1-Bit A/D-Wandler. Der getaktete Komparator lässt sich u. a. mit einem herkömmlichen Komparator und einem getaktetem D-FlipFlop ausführen (Abb. 9.47b). Im Beispiel ist der analoge Subtrahierer der Differenzeingang des Integrators.

Will man den Delta-Sigma Modulator in PSpice darstellen und simulieren, so muss man auf die in PSpice verfügbaren Funktionsprimitive zurückgreifen. Abbildung 9.48 zeigt eine beispielhafte PSpice-Ausführung eines Delta-Sigma Modulators. Der Komparator

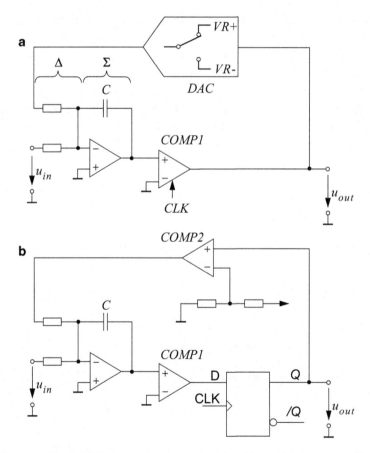

Abb. 9.47 Delta-Sigma Modulator mit analogem Subtrahierer, Integrator und Komparator; **a** Ausführung mit getaktetem Komparator; **b** Ausführung des getakteten Komparators mit D-FlipFlop

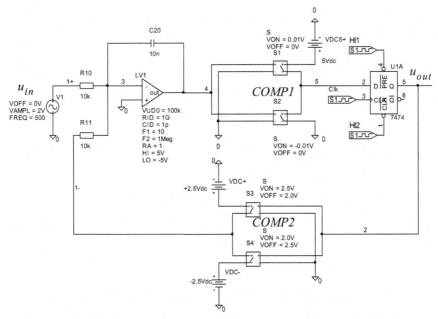

Experiment 9.5-1: Delta-Sigma Modulator mit zeitkontinuierlichem Integrator

Abb. 9.48 Delta-Sigma Modulator dargestellt mit in PSpice verfügbaren Funktionsprimitiven

wird in diesem Fall durch spannungsgesteuerte Schalter realisiert. Die Taktung des D-Flip-Flops erfolgt asynchron zu den Umschaltvorgängen am Komparatorausgang gebildet durch die Schalter $S1$ und $S2$. Als Folge davon können Setup-Hold-Time Verletzungen entstehen.

Die wichtigsten Signalverläufe des Delta-Sigma Modulators gemäß Abb. 9.48 sind in Abb. 9.49 dargestellt. Die Eingangsspannung $U_{IN} = V(1+)$ beträgt im Beispiel 2 V. Zunächst ist die Spannung an der Integratorkapazität Null. Die erste positive Taktflanke des Taktes Clk setzt das D-FlipFlop. Der Ausgang des Komparators $COMP2$ wird auf $V(1-) = 2,5$ V gesetzt. Damit wird die Integratorkapazität mit dem Strom $I(C20) = (U_{IN} + 2,5$ V$)/10$ kΩ geladen. Die Ausgangsspannung $V(4)$ des Integrators erreicht innerhalb eines Taktes T den Wert $V(4) = -I(C20) \cdot T/C20$. In weiteren M Takten erfolgt eine Entladung der Integratorkapazität $C20$ mit dem Strom $I(C20) = (U_{IN} - 2,5$ V$)/10$ kΩ. Allgemein beträgt das Verhältnis zwischen Ladezeit Δt_1 und Entladezeit Δt_2:

$$\frac{\Delta t_2}{\Delta t_1} = \frac{2,5 \text{ V} + U_{IN}}{2,5 \text{ V} - U_{IN}}. \tag{9.8}$$

Im Beispiel werden 9 Takte für das Entladen benötigt, bei 1 Takt für den Ladevorgang. Wäre die Eingangsspannung Null, so würde in *einem* Takt geladen und in *einem* Takt entladen. Das Tastverhältnis wäre demzufolge gleich 1:1.

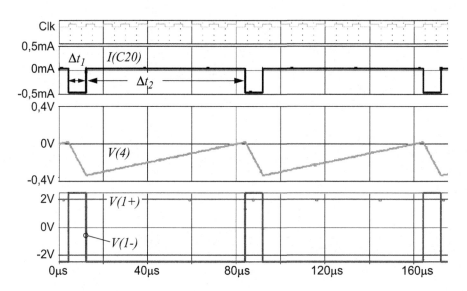

Abb. 9.49 Signalverläufe des Delta-Sigma Modulators bei $u_{in} = 2$ V mit Abtasttakt *Clk*, Strom durch die Kapazität des Integrators $I(C20)$, Eingangsspannungen $V(1+)$ und $V(1-)$

Wie schon erwähnt geschieht das Schalten des Komparators *COMP1* asynchron zum Takt *Clk*. Demzufolge können sich somit Setup-Hold-Time Verletzungen beim Takten des D-FlipFlop einstellen. Das Problem löst ein getakteter Integrator (siehe Abb. 9.50). Allerdings ist darauf zu achten, dass die steigende Flanke des Taktes *Clk* verzögert ist gegenüber dem Schalttakt *Ph1* bzw. *Ph2*. Der Integrator in Abb. 9.50 wird getaktet mit *Ph1* und *Ph2*. Bei aktivem Takt *Ph1* erfolgt die Übernahme des Eingangssignals auf die Kapazität *C1*. *Ph2* bewirkt die Übernahme durch den Integrator. In Abb. 9.51 ist der getaktete Integrator mit den zu verschiedenen Zeitpunkten anliegenden Spannungen dargestellt.

   Zunächst ist mit *Ph1* die Spannung an *C1* gleich der Eingangsspannung (Abb. 9.51a). Hier im Beispiel beträgt die Eingangsspannung 2 V und die Ausgangsspannung $V(1-)$ von *COMP2* liegt bei $-2,5$ V. Mit *Ph2* ändert sich die Spannung an *C1* von 2 V auf $-2,5$ V. Die Ladungsänderung ($4,5$ V $\cdot$ C_1) wird an *C2* weiter gegeben. Die Spannung an der Kapazität *C2* des Integrators ergibt sich somit aus Abb. 9.51b:

$$\Delta U_{C2} \cdot C2 = (U_{C1} + 2,5\,\text{V}) \cdot C1;$$
$$\Delta U_{C2} = (U_{C1} + 2,5\,\text{V}) \cdot \frac{C1}{C2}.$$

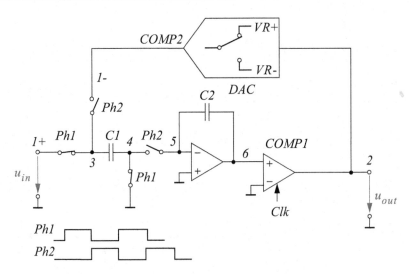

Abb. 9.50 Delta-Sigma Modulator dargestellt mit getaktetem Integrator

Bei $C1 = 5$ nF und $C2 = 20$ nF wird $U_{C2} = 1{,}125$ V (Abb. 9.51b). Mit der nächstfolgenden positiven Taktflanke schaltet der Komparatorausgang $COMP2$ auf $+2{,}5$ V. Die im Beispiel konstante Eingangsspannung von 2 V wird mit dem nächsten Takt $Ph1$ erneut von $C1$ übernommen (Abb. 9.51c). Der darauf folgende Takt $Ph2$ bewirkt eine Ladungsänderung an $C1$. Die Ladungsänderung wird wieder an $C2$ weiter gereicht:

$$\Delta U_{C2} \cdot C2 = (2{,}5 \text{ V} - U_{C1}) \cdot C1. \qquad (9.9)$$

Im Beispiel ergibt sich eine Spannungsänderung an $C2$ mit $\Delta U_{C2} = 125$ mV. Um diesen Betrag vermindert sich die Spannung an $C2$ (Abb. 9.51d). Die Anfangsspannung an $C2$ wird in M Schritten um jeweils 125 mV reduziert bis der Integratorausgang den Wert Null erreicht. Die Anzahl der Schritte hängt von der Größe der Eingangsspannung ab. Allgemein ergibt sich für die Anzahl der Schritte M bis $C2$ wieder entladen wird:

$$M = \frac{2{,}5 \text{ V} + U_{IN}}{2{,}5 \text{ V} - U_{IN}}. \qquad (9.10)$$

Demzufolge sind für die Eingangsspannung von 2 V insgesamt 9 Schritte erforderlich um $C2$ zu entladen. Bei $U_{IN} = 0$ V wäre $M = 1$.

Erreicht der Integratorausgang Null, so ist $C2$ entladen, der Komparator $COMP1$ schaltet um. Demzufolge liegt die Spannung von $-2{,}5$ V am Ausgang von $COMP2$ an. Mit $Ph1$ ergibt sich an $C1$ eine Ladungsänderung, die an $C2$ weiter gereicht wird. Die Kapazität $C2$ des Integrators lädt sich auf den Anfangswert $U_{C2} = 1{,}125$ V und in M Schritten erfolgt dann wiederum die Entladung der Kapazität $C2$ bis am Ausgang des Integrators der Wert Null erreicht wird. Abbildung 9.52 zeigt eine Testanordnung zur Simulation mit PSpice. Der Takt $Ph2$ ändert den Wert am Ausgang des Integrators.

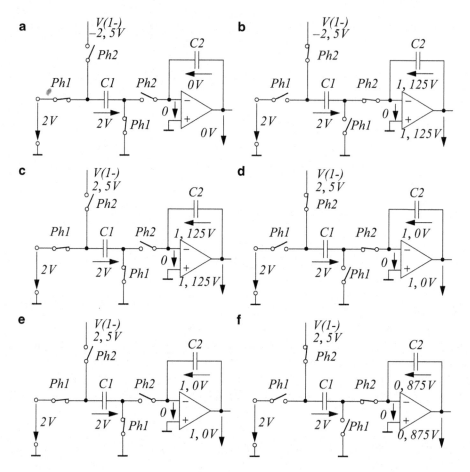

Abb. 9.51 Getakteter Integrator des Delta-Sigma Modulators; **a** Anfangszustand mit Übernahme der Eingangsspannung auf $C1$; **b** Ladungstransfer von $C1$ nach $C2$ – Anfangswert von $C2$; **c** Eingangsspannung auf $C1$; **d** Ladungsverminderung an $C2$; **e** Eingangsspannung auf $C1$; **f** Ladungsverminderung an $C2$

Um Setup-Hold-Time Verletzungen zu vermeiden, muss die steigende Clock-Flanke des D-FlipFlop gegenüber der steigenden Flanke des Taktes *Ph1* verzögert werden. Aus Abb. 9.53 können die wichtigsten Signalverläufe des Delta-Sigma-Modulators mit getaktetem Integrator entnommen werden. Die Eingangsspannung u_{in} ist konstant gleich 2 V, wie im zuletzt betrachteten Beispiel Abb. 9.48. Es werden auch hier 9 Takte benötigt, um die Kapazität $C20$ wieder zu entladen. Im Gegensatz zu Abb. 9.49 geschieht die Entladung treppenförmig.

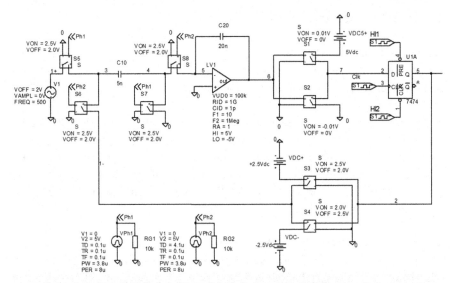

Experiment 9.5-2: Delta-Sigma Modulator mit zeitdiskretem Integrator

Abb. 9.52 Delta-Sigma Modulator mit getaktetem Integrator

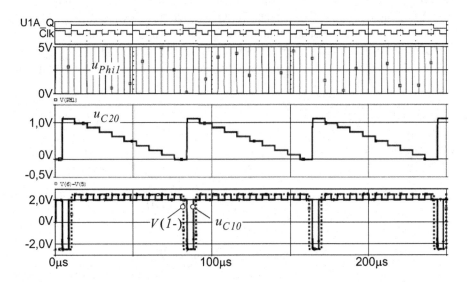

Abb. 9.53 Simulationsergebnis des Delta-Sigma Modulators mit getaktetem Integrator

9.5.2 Rauschverhalten und Rauschformung

Als nächstes soll auf das Rauschverhalten des Delta-Sigma Modulators eingegangen werden. Obwohl insgesamt ein nichtlinearer Schaltkreis vorliegt, kann näherungsweise im Frequenzbereich für den Delta-Sigma Modulator das in Abb. 9.54 skizzierte Modell angenommen werden.

Der Integrator weist die Übertragungsfunktion $1/j\omega$ auf. Für ein Signal $\underline{X}(j\omega)$ erhält man eine Tiefpass-Übertragungsfunktion mit $\underline{Y}(j\omega)/\underline{X}(j\omega) = 1/(1 + j\omega)$, wenn $\underline{N}(j\omega) = 0$ ist. Die Rauschübertragungsfunktion ergibt sich, wenn $\underline{X}(j\omega) = 0$ gesetzt wird, konkret ist dann $\underline{Y}(j\omega)/\underline{X}(j\omega) = j\omega/(1 + j\omega)$. Die Rauschübertragungsfunktion weist demnach ein Hochpassverhalten auf, während sich für die Signalübertragungsfunktion ein Tiefpassverhalten ergibt.

Rauschformung des Delta-Sigma Wandlers: Das Quantisierungsrauschen lässt sich bei A/D-Wandlern durch Rauschformung (Noise-Shaping) vermindern. Abbildung 9.55a zeigt die Anordnung eines Delta-Sigma Wandlers mit Überabtastung. Der eigentliche Wandler wird mit $f_S = OSR \cdot 2f_B$ abgetastet, so wie auch das nachfolgende Filter. Der Dezimator hinegegen ist mit $2f_B$ zu takten, er liefert parallele Digitalworte für die digitalisierten Werte.

Aus Abb. 9.55b ist das Rauschverhalten eines herkömmlichen A/D-Wandlers mit Nyquist-Abtastung $f_S = 2f_B$ zu entnehmen. Das Quantisierungsrauschen $(U_{Q, rms})^2$ verteilt sich in diesem Fall auf die gesamte Bandbreite f_B. Bei Überabtastung eines herkömmlichen A/D-Wandlers (Abb. 9.55c) verteilt sich das Quantisierungsrauschen $(U_{Q, rms})^2$ auf die größere Bandbreite $OSR \cdot f_B$. Ein nachgeschaltetes Tiefpassfilter mit der Bandbreite

Abb. 9.54 Signalübertragungsfunktion und Rauschübertragungsfunktion des Delta-Sigma Modulators

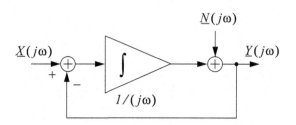

Signal-Übertragungsfunktion:
$(\underline{N}(j\omega) = 0)$
$$\frac{\underline{Y}(j\omega)}{\underline{X}(j\omega)} = \frac{1}{1 + j\omega}$$

Rausch-Übertragungsfunktion:
$(\underline{X}(j\omega) = 0)$
$$\frac{\underline{Y}(j\omega)}{\underline{N}(j\omega)} = \frac{j\omega}{1 + j\omega}$$

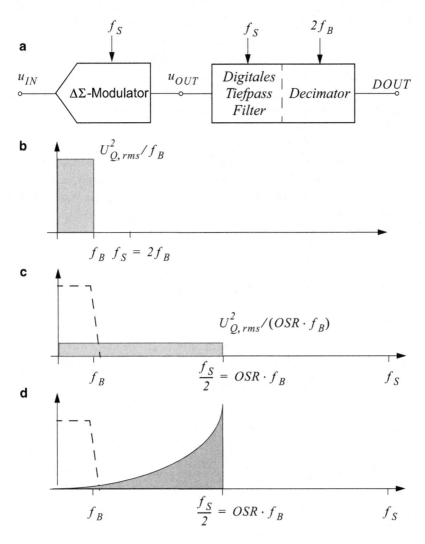

Abb. 9.55 Zum Rauschverhalten von A/D-Wandlern; **a** Delta-Sigma Modulator mit Tiefpass-filter und Dezimator; **b** Herkömmlicher A/D-Wandler mit der Abtastrate $f_S = 2f_B$; **c** Herkömmlicher A/D-Wandler mit der Abtastrate $f_S = OSR \cdot 2f_B$; **d** Delta-Sigma Wandler mit der Abtastrate $f_S = OSR \cdot 2f_B$

$2f_B$ reduziert das Quantisierungsrauschen erheblich. Abbildung 9.55c veranschaulicht die Rauschunterdrückung eines herkömmlichen A/D-Wandlers mit Überabtastung.

Beim Delta-Sigma Wandler kann zusätzlich der Effekt der Rauschformung genutzt werden. Aufgrund des Hochpassverhaltens der Rauschübertragungsfunktion wird Rauschleistung zu höheren Frequenzen gedrängt. Abbildung 9.55d verdeutlicht die Rauschformung mit der Verdrängung der Rauschanteile zu höheren Frequenzen hin.

Bei Nachschaltung eines Tiefpass-Filters mit der Bandbreite $2f_B$ lässt sich das Quantisierungsrauschen nochmal deutlich gegenüber Abb. 9.55c vermindern. Das Verdrängen
von Rauschleistung hin zu höheren Frequenzen ist bei Delta-Sigma Wandlern höherer
Ordnung noch ausgeprägter.

Delta-Sigma Wandler höherer Ordnung: Das Übertragungsverhalten des Delta-Sigma
Modulators kann durch einen zusätzlichen Integrator beeinflusst werden. Man spricht
dann von einem Delta-Sigma Wandler zweiter Ordnung. Werden weitere Integratoren
hinzugefügt, so ergibt sich ein Delta-Sigma Modulator höherer Ordnung (Abb. 9.56).

Insgesamt lässt sich feststellen, dass man mit Delta-Sigma Wandlern eine hohe Auflösung (bis zu 24-*Bit*) erreicht. Der besondere Vorteil des Delta-Sigma Wandlers liegt in
seinem günstigen Rauschverhalten bei einer exzellenten Linearität. Realisiert in CMOS-
Technologie liegt die Leistungsaufnahme typisch unter 1 mW.

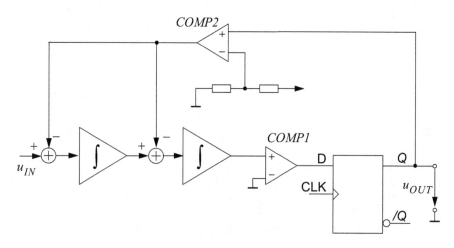

Abb. 9.56 Delta-Sigma Wandler zweiter Ordnung mit einem zusätzlichen Integrator

Schaltungsintegration

Die nachfolgenden Darstellungen sollen eine Einführung in den physikalischen Entwurf integrierter Schaltungen liefern. Oft findet man auch Begriffe wie Integrated Circuit Design (IC-Design) oder ASIC-Design (Application Specific Integrated Circuit Design). Ebenso wird in der Literatur die Bezeichnung Full-Custom Design oder eingedeutscht Vollkunden Entwurf verwendet. Von kleinen Unterschieden abgesehen, können wir diese Begriffe als synonym betrachten und werden sie auch in der Folge als synonyme Bezeichnungen verwenden.

Grundsätzlich kann man den physikalischen Entwurf als optimierten Entwurf auf Bauelement-Ebene (Circuit-Level) definieren. Es ist also eine integrierte Schaltung zu entwerfen, die die Kundenanforderungen (Spezifikationen) optimal erfüllt. Die Schaltungsstruktur wird aus den zur Verfügung stehenden integrierten Bauelementen, die jeweils optimal zu dimensionieren sind, gebildet. Keine Schaltungskomponente ist überdimensioniert, was dann bei kompaktester Platzierung und Verdrahtung zu einem flächenoptimalen Entwurf führt, d. h. die Chip-Fläche wird minimal sein. Diese Eigenschaften spiegeln sich in der Bezeichnung Full-Custom Design am besten wieder. Die Kundenanforderungen werden im Hinblick auf Funktionalität (Spezifikation), Struktur und Geometrie (Flächenoptimalität) optimal umgesetzt. In diesem Zusammenhang ist auch der oft verwendete Begriff „Handlayout" zu sehen, der für ein flächenoptimales Layout steht.

Nachfolgend wird das notwendige Basiswissen zusammengestellt, um den Einstieg in den professionellen Vollkundenentwurf integrierter Schaltungen zu erleichtern. Kenntnisse über das physikalische Verhalten von diskreten elektronischen Bauelementen und deren Modell-Beschreibungen (SPICE-Modelle) werden vorausgesetzt, ebenso die prinzipielle Funktionsweise eines Circuit-Simulators mit SPICE-Kern. Für die Simulation der Schaltungsbeispiele wird vorzugsweise PSPICE verwendet.

Die Ausführungen sind für Elektronikschaltkreis- und Elektroniksystementwickler zugeschnitten, die einen ASIC- oder IC-Entwurf planen und/oder auch ausführen wollen.

Als unterste Designebene wird das physikalische Layout behandelt. Es stellt in der Praxis die klassische Schnittstelle zur Halbleitertechnologie dar. Ausgehend von der

© Springer-Verlag Berlin Heidelberg 2018
J. Siegl und E. Zocher, *Schaltungstechnik,*
https://doi.org/10.1007/978-3-662-56286-4_10

Schaltungsdimensionierung gemäß Spezifikation, über die Layout-Erstellung und die anschließende Postlayout-Simulation sollen die wesentlichen Schritte des Entwurfsablaufs vermittelt werden. Als Entwurfswerkzeuge werden MICROWIND[1] und PSPICE[2] verwendet. Beide Tools zeichnen sich dadurch aus, dass sie einerseits sehr leistungsfähig, aber trotzdem relativ leicht zu bedienen sind. Außerdem stehen zu beiden Werkzeugen kostenlose („light") Versionen zur Verfügung, die ein selbstständiges Üben sehr erleichtern.

Zunächst wird kurz allgemein die mikroelektronische Prozesstechnologie vorgestellt, wobei wir uns auf die CMOS-Technologie beschränken, wie sie heute hauptsächlich zur Implementierung von integrierten Schaltungen verwendet wird. Grundkenntnisse sind hier für den Schaltungsentwickler sehr wichtig, um eine Vorstellung über die im CMOS-Prozessquerschnitt auftretenden elektronischen Wirkelemente, die sowohl planmäßig (integrierte Bauelemente) als auch parasitär sein können, zu bekommen und sie richtig einschätzen zu können. Das Verständnis über wirksame parasitäre Elemente (Parasiten) ist gerade beim physikalischen Entwurf essentiell, da nur Schaltungsstrukturen, die unempfindlich gegenüber Parasiten reagieren, für die Integration geeignet sind.

Dann wird auf die Integration der wichtigsten passiven und aktiven Bauelemente näher eingegangen. Zur Beschreibung der MOS-Transistoren wird vom einfachen MOS-Modell (Shichman-Hodges Modell, SPICE-Modell Level 1, vgl. Kap. vor), wie es später zur „von Hand Dimensionierung" der Schaltungen verwendet wird, ausgegangen. Dann werden Modell-Erweiterungen zur Beschreibung der „Kurzkanal-Effekte", wie sie bei den aktuellen Kurzkanal-MOS-Transistoren auftreten, diskutiert. Zur Schaltungssimulation dient das BSIM MOS-Modell, welches diese Effekte sehr realistisch beschreibt. Den Abschluss bilden exemplarische Schaltkreisentwürfe.

10.1   Mikroelektronische Prozesstechnologie

Wie bereits erwähnt, beschränken wir uns auf die heute hauptsächlich eingesetzte CMOS-Technologie. Von CMOS (Complementary Metal Oxide Semiconductor) spricht man, wenn sowohl P-Kanal MOS-Feldeffekttransistoren (PMOS-FET) als auch N-Kanal Transistoren (NMOS-FET) im Schaltkreis Verwendung finden. Nachfolgend wird in aller Kürze auf diese Technologie eingegangen, da im Full-Custom-Design die Verkopplung zwischen Technologie und Schaltungsverhalten meist nicht zu vernachlässigen ist und es für den Schaltungsentwickler praktisch unabdingbar ist, ein technologisches Grundverständnis zu haben.

Die nachfolgenden Darstellungen sind meist prinzipieller Art, oft stark vereinfacht, aber für die meisten CMOS-Technologien trotzdem hinreichend realistisch, zumindest aus Sicht des Schaltungsentwicklers.

---

[1]www.microwind.net/

[2]www.cadence.com/products/orcad/pspice_simulation

Die Miniaturisierung schreitet immer weiter voran. Als Maß hierfür dient die soge-nannte minimale Strukturgröße, auch Linienbreite L_{min} des Prozesses genannt, die den Nominalwert für die minimale Kanallänge festlegt. Aktuell sind Strukturgrößen L_{min} kleiner als 45 nm möglich.

Auf L_{min} basiert auch die übliche Klassifizierung, die nachfolgend öfter verwendet wird. Wir unterscheiden zwischen Micron- ($L_{min} \geq 1\ \mu m$), Submicron- ($L_{min} < 1\ \mu m$) und Deep-Submicron-Prozesstechnologien ($L_{min} < 0{,}25\ \mu m$). Bei Technologien mit $L_{min} < 1\ \mu m$ spricht man auch von Kurzkanal-Technologien.

Durch Reduzierung von L_{min} wird das dynamische Schaltungsverhalten tendenziell verbessert, allerdings werden die Leckströme größer, außerdem muss stärker auf mög-liche unerwünschte kapazitive Signalkopplungen geachtet werden. Man spricht von Skalierungseffekten. Das hat bei den modernen Kurzkanal-, insbesondere bei den Deep-Submicron-Technologien diverse prozesstechnische Erweiterungen notwendig gemacht, die Nachteile aus den Skalierungseffekten kompensieren. Insbesondere kommen neue Materialien für die dielektrischen Isolationsschichten, für die Metallisierungen, für die Gate- und Kanal-Gebiete der Transistoren ergänzend hinzu. Zum grundsätzlichen phy-sikalischen Verständnis aus Sicht des Schaltungsdesigners ist in den meisten Fällen das Modell des Standard CMOS-Querschnitts ausreichend.

Besonderheiten, die eine genauere Betrachtung erfordern, werden gegebenenfalls aus-führlicher behandelt.

Das am häufigsten eingesetzte Substratmaterial ist kristallines Silizium (Si) in Schei-benform (Wafer) mit einem Durchmesser bis aktuell ca. 18″ (45 cm) und einer Dicke von ca. 0,8 mm. Da es auf der Erde in gebundener Form (Silikate, Quarzsand (SiO_2)) sehr häu-fig vorkommt und industriell recht einfach durch Reduktion von SiO_2 hergestellt werden kann, ist es recht preisgünstig. Neben dem einkristallinen (monokristallinen) Silizium, das eine reguläre Tetraeder Kristallstruktur (Diamant-Struktur) ausbildet, wird bei den spä-teren Prozess-Schritten oft auch polykristallines Si (Poly-Si) verwendet. Es besteht aus einer unregelmäßigen Anordnung einkristalliner Silizium-Kristallite von ca. 30 … 500 nm Korngröße. Das Abscheiden von Poly-Si-Schichten ist relativ günstig zu realisieren, wobei das elektrische Verhalten gegenüber monokristallinem Si etwas undefinierter ist.

Amorphes Silizium (Korngrößen < 30 nm) wird in der CMOS-Prozess-Technologie kaum eingesetzt.

Eine implementierte integrierte Schaltung wird als „Chip" oder „Die" bezeichnet. Auf dem Wafer sind die Chips so packungsdicht wie möglich, meist matrixförmig ange-ordnet. Die Ein- und Ausgänge (Inputs/Outputs, I/O) werden auf sogenannte Pad-Zellen geführt, die als Stützpunkte für die Anschlussbonddrähte dienen, die die Verbindung zu den I/O-Pins des Gehäuses herstellen (Bondung). Das eigentliche Pad besteht aus einer meist quadratischen Metallschicht, deren Größe von der CMOS-Technologie und vor allem von der Präzision des Bonders abhängen (typische Kantenlängen: 40 … 100 μm). Die Pad-Zellen werden üblicherweise um den Kern der eigentlichen funktionalen Schaltung in Form eines Rahmens angeordnet. Jede Pad-Zelle beinhaltet auch eine

Treiber- und Schutzbeschaltung, die die Signalpegel geeignet konditioniert, vor falscher äußerer Beschaltung und ESD (Electrostatic Discharge) schützt.

Nach der Herstellung und einem Chip-Vortest auf dem Wafer (Wafertest) werden die als funktionsfähig gekennzeichneten einzelnen Chips aus dem Wafer herausgetrennt. Im letzten Produktionsschritt erfolgt das sogenannte Packaging (Chip-Einbau ins IC-Gehäuse, Bondung und Gehäuseversiegelung) und abschließend der Endtest.

Aktuell gibt es eine Vielzahl von Prozessen mit typischen Linienbreiten im µm-Bereich bis zu Deep-Submicron-Technologien im zwei-stelligen nm-Bereich. Die Reduzierung der Strukturgröße geht nicht kontinuierlich, sondern schrittweise mit einem Verkleinerungsfaktor von ca. 0,7 voran. Die Halbleiterhersteller bezeichnen diese Skalierungsschritte als Technologieknoten. Nachfolgend sind CMOS-Technologieknoten (~ Startjahr) im Verlauf der letzten 20 Jahre aufgelistet: 1,2 µm (1988), 0,8 µm (1990), 0,5 µm (1992), 0,35 µm (1994), 0,25 µm (1996), 0,18 µm (1998), 0,12 µm (2001), 90 nm (2003), 65 nm (2005), 45 nm (2008), 22 nm (2011), 14nm (FinFET 2014).

Der aktuellste Technologieknoten wird meist nur für digitale Hochvolumen-Produkte, wie Standardprozessoren oder DRAM-Speicher genutzt. Die Wahl wird von der Anwendung bestimmt, wobei tendenziell im Analog-/Mixed-Signal-, Industrie-, KFZ-Bereich und überall dort, wo Störsicherheit, Spannungsfestigkeit und Robustheit vorrangig sind, Technologien mit eher größeren Linienbreiten eingesetzt werden. Außerdem spielen wirtschaftliche Gründe eine dominante Rolle. Tendenziell gilt: Je kleiner die Strukturgröße umso höher sind die Wafer-Produktionskosten. Allerdings führt die Verkleinerung der Linienbreite zu einer nahezu quadratischen Reduzierung der Chipfläche (= quadratische Erhöhung der Integrationsdichte) und damit zu einer quadratischen Erhöhung der Anzahl der Chips pro Wafer, so dass insbesondere bei hohen Chip-Jahresstückzahlen der Einsatz des nächsten Technologieknotens meist wirtschaftlich sein wird. Zumal zusätzlich als vorteilhaft anzusehen ist, dass die nominale Verlustleistung pro Chip sinkt und sich die Schaltgeschwindigkeit erhöht.

10.1.1 Planartechnik

Das Standardverfahren bei der Herstellung von integrierten Schaltungen ist die Planartechnik, die es erlaubt, integrierte Bauelemente in einer Ebene (planar) auf dem Wafer anzuordnen. Ein Übereinanderschichten von Bauelementen ist hier nicht möglich. Dabei werden im Wesentlichen nur folgende Strukturierungsmöglichkeiten verwendet:

1. Realisierung von lokalen p- und n-dotierten Bereichen (Schichten)
2. Aufbringen von leitfähigen Schichten (Metallisierung, Poly-Silizium)
3. Isolationsschichten (Dielektrika, Oxidationsschichten)
4. Einbau von Kontakten, bzw. elektrischen Verbindungen zwischen den Schichten

Prinzipiell kommen zwei unterschiedliche Mechanismen zur elektrischen Isolation zum Einsatz. Zum einen werden Sperrschichten, also gesperrte pn-Übergänge verwendet, zum anderen werden nichtleitende Schichten (Isolatoren, Dielektrika) eingebaut. Siliziumdioxid (SiO_2) kann als Standard-Dielektrikum angesehen werden, welches bei modernen Prozessen durch weitere Materialien, die ein verbessertes dielektrisches Verhalten aufweisen, ergänzt wird. In der Folge werden wir ein Dielektrikum meist vereinfacht mit Oxid (OX) bezeichnen. Ein wichtiger Parameter für die Leistungsfähigkeit einer CMOS-Technologie ist die spezifische MOS-Kapazität C'_{OX}, die sich aus dem Quotient von Dielektrizitätskonstante und Schichtdicke des Gate-Isolators ergibt $\left(C'_{OX} = \epsilon_{OX}/t_{OX} \right)$. Sie bestimmt bekanntlich dominant die Kanalleitfähigkeit und folglich die Treiberfähigkeit eines MOS-Transistors. Durch die fortschreitende Strukturverkleinerung erreicht man SiO_2-Schichtdicken t_{OX} kleiner als 2 nm. Die Verkleinerung der Oxid-Schichtdicke führt jedoch zu einer Vergrößerung der Feldstärke im Gate-Oxid, was einerseits zu einer Reduzierung der Durchbruchsicherheit führt und andererseits zu einer Erhöhung des Gate-Leckstroms beiträgt. Ab Strukturgrößen L_{min} kleiner als 100 nm werden zur Realisierung des Gate-Oxids und des Dielektrikums integrierter Kapazitäten vermehrt sogenannte „High-k-Dielektrika"[3] ($e_r > \epsilon_{rSiO_2}$), die eine höhere Permittivitätszahl als SiO_2 ($\epsilon_{rSiO_2} = 3{,}9$) aufweisen, eingesetzt. Dadurch können bei größerer Oxiddicke angemessene Kapazitätswerte, höhere Durchbruchspannungen und kleinere Leckströme (Gate-, Drain-Leckströme ($I_{D,\,OFF}$)) realisiert werden.

Bei Verwendung von „High-k-Dielektrika" wird das seit Jahrzehnten verwendete Poly-Silizium zur Realisierung der Gate-Elektrode zum Teil von Metall-Legierungen (Nickelsilizid (NiSi), Titannitrid (TiN)) abgelöst, die auch verstärkt als Kontakt- (Via-) Material Verwendung finden. Man kehrt also tendenziell zum historischen Metall-Gate zurück. Dadurch wird eine durchaus signifikante Verbesserung bezüglich Leckstromverhalten und Schaltgeschwindigkeit erreicht.

Des Weiteren kann durch Einbau eines dünnen Silizium-Germanium-Gitters im Kanalgebiet das Si-Gitter kristallin gestreckt werden, man spricht von „gestrecktem Silizium" (Strained Silicon) im MOS-Kanal, welches die Ladungsträgerbeweglichkeit erhöht. Man erreicht eine Erhöhung der Transistor-Schaltgeschwindigkeit (High-Speed Transistoren). Technologisch werden oft drei typische Transistorvarianten angeboten, die für die entsprechenden schaltungstechnischen Anforderungen optimiert sind. Zum ersten der „High-Speed-Transistor", zum zweiten der „Low-Leackage-Transistor", der kleinste Leckströme aufweist und zum dritten der „High-Voltage-Transistor", der für höhere Spannungen ausgelegt ist.

Die Verdrahtung integrierter Bauelemente wird durch die sogenannte Metallisierung hergestellt, die meist durch eine Abscheidung (Dünnfilm) von Aluminium und bei hochwertigen Technologien zum Teil von Kupfer realisiert wird.

---

[3]k steht hier für Dielektrizitätskonstante (Permittivitätszahl), da in der angelsächsischen Literatur oft κ (= kappa, bzw. k) statt ε verwendet wird.

10.1.2 Prinzipieller Herstellungsablauf

Nachfolgend werden die Haupt-Prozessschritte einer typischen Deep-Submicron-CMOS-Prozesstechnologie in vereinfachter Form dargestellt. Bei realen Prozessfolgen wird oft noch eine Vielzahl weiterer Zwischenschichten eingefügt, die einerseits prozesstechnisch notwendig sind, um einzelne Schichten gegeneinander „abzugrenzen" (zu maskieren), anderseits das elektrische Verhalten verbessern sollen.

Grundsätzlich sollte man sich bewusst machen, dass nicht alles, was technisch möglich ist, auch in der Praxis Anwendung findet, da eine Vielzahl von Randbedingungen zu erfüllen ist:

1. Gute Reproduzierbarkeit der Prozessschritte
2. Hohe Ausbeute
3. Gute thermische und auch mechanische Stabilität (Der Chip besteht aus einer Vielzahl relativ dünner Einzelschichten, aus mechanischer Sicht ein sogenannter „Sandwichaufbau" mit inneren mechanischen Schub- und Zugspannungen, die sich insbesondere infolge der thermischen Belastung, die meist noch inhomogen ist, einstellen)
4. Lange Lebensdauer (Migration und chemische Zersetzung müssen minimal sein)
5. Wirtschaftlichkeit (angemessene Herstellungskosten).

10.1.3 Strukturierung mit Lithografie

Da die Fotolithografie, auch optische Lithografie genannt, eine ganz fundamentale Bedeutung bei der Strukturierung hat und für das Verständnis der Prozessfolge essentiell ist, wird sie vorab etwas näher erläutert.

Auf der zu strukturierenden Fläche wird großflächig Fotolack (Photoresist), meist sogenannter Positivlack, aufgebracht. Der ausgehärtete Lack wird durch eine Belichtungsmaske (Fotomaske) gezielt mit kurzwelliger Strahlung (UV-Strahlen) belichtet. Dann nutzt man die fotochemische Reaktion des Positivlacks aus: Belichteter Fotolack löst sich unter Einwirkung der Entwicklerflüssigkeit (spezielles Lösungsmittel), während unbelichteter Fotolack lösungsmittelresistent ist.

Nach Entfernen des belichteten und gelösten Fotolacks sind selektiv freie Bereiche („Lithografie-Fenster") entstanden, die sich gezielt weiterbearbeiten lassen. So lassen sich freigelegte Schichten beispielsweise mit einem geeigneten Ätzverfahren gezielt entfernen. Der verbliebene resistente (unbelichtete) Fotolack wirkt hier als Schutzschicht (Maskierungsschicht) für die abgedeckten Schichten. Oft werden unter dem Fotolack weitere Schichten, oft ganze Schichtstapel eingebaut, die bei den folgenden Prozess-Schritten als Maskierungsschichten wirken. Dabei können vielfältige Mechanismen wirksam werden. So kann die Maskierungsschicht resistent gegen eine chemische Einwirkung, beispielsweise einen chemischen Ätzvorgang, oder als Barriere bei einem Diffusionsprozess dienen. Auch können geeignete Maskierungsschichten zur Abschirmung gegen Teilchenbeschuss, z. B. bei der Ionenimplantation, genutzt werden.

Zum Abschluss des Lithografie-Schrittes wird der verbliebene resistente Fotolack und eventuell zusätzliche nicht mehr benötigte Maskierungsschichten mit einem geeigneten Ätzverfahren entfernt.

Die Strukturierung mit Lithografie ist weitgehend durch die (Belichtungs-) Maske definiert.

Mit der klassischen Fotolithografie bei extrem kurzwelliger Bestrahlung (EUV-Technik) sind Auflösungen unter 10 nm realistisch. Aktuell ist im großtechnischen Maßstab eine Strukturierung bis 22 nm möglich (22 nm-Technologieknoten).

Neben der Fotolithografie werden zur Herstellung geringer Waferstückzahlen auch „direktschreibende" Elektronenstrahl-Lithografieverfahren verwendet. Das Verfahren ist gegenüber der Fotolithografie relativ zeitaufwendig, da die Strukturierung mittels Elektronenstrahl sequentiell erfolgt, allerdings entfällt die teure Maskenherstellung, was das Verfahren für kleine Stückzahlen konkurrenzfähig macht.

10.1.4 CMOS-Prozessfolge

Nachfolgend stellen wir die Prozessfolge für einen typischen CMOS-Standardprozess vor, der aufgrund seiner implementierten n- und p-Wannen, die jeweils die Bulk-Gebiete der NMOS- und PMOS-Transistoren bilden, Zwei-Wannen-Prozess (Twin-Well) genannt wird.

Wafer, p^--Substrat Auf einem p-dotierten Si-Wafer, der möglicherweise zusätzlich mit einer dünnen Epitaxieschicht (EPI) als Trennschicht (Sperrschicht, Diffusionsbarriere) abgedeckt ist, ist eine leicht p-dotierte Silizium Schicht (p^--Substrat) mit einer Schichtdicke von ca. 1 … 2 µm aufgebracht. Das p^--Substrat ist die Basisschicht für die weiteren Prozessschritte.

Realisierung der n- und p-Wannen Das p-Substrat wird ganzflächig dünn oxidiert (SiO_2) (Abb. 10.1).

Dann wird mit einem chemischen Abscheideverfahren (CVD, Chemical Vapor Deposition) Siliziumnitrid (Si_3N_4) und schließlich Fotolack aufgetragen und belichtet (Abb. 10.2).

Danach wird der Dreifach-Schichtstapel (Fotolack, Si_3N_4, SiO_2) bis zur Substrat-Oberfläche weggeätzt (Abb. 10.3).

Das Fenster für die n-Wanne ist festgelegt. Es folgt eine relativ dünnschichtige n-Implantation (hier mit Phosphor (P) als Donator), bei der der Dreifach-Schichtstapel als Maskierung wirkt (Abb. 10.4). Der nichtbelichtete Fotolack wird chemisch entfernt und bei einer Temperatur von rund 1000 °C wird die Wanne eindiffundiert, wobei gleichzeitig der Wafer an den Stellen dick oxidiert (OX), wo keine Nitridschicht vorhanden ist, da

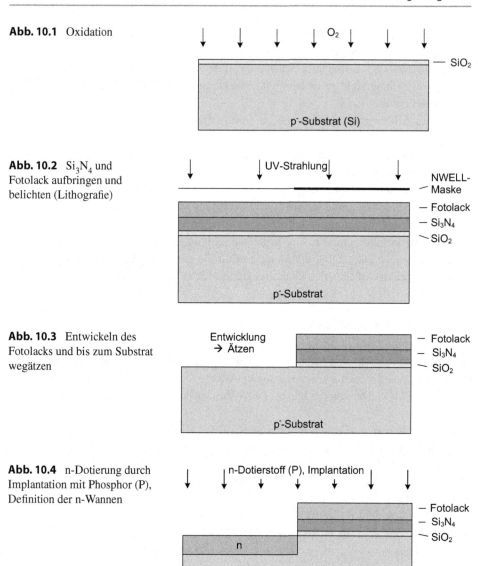

Abb. 10.1 Oxidation

Abb. 10.2 Si_3N_4 und
Fotolack aufbringen und
belichten (Lithografie)

Abb. 10.3 Entwickeln des
Fotolacks und bis zum Substrat
wegätzen

Abb. 10.4 n-Dotierung durch
Implantation mit Phosphor (P),
Definition der n-Wannen

Si_3O_4 weitgehend das Eindringen von Sauerstoff verhindert und hier wiederum als Maskierung wirkt. Der Eindiffusionsvorgang bewirkt eine weitere Ausdehnung der Wanne ins p-Substrat, wodurch die Tiefe der Wanne festgelegt wird, aber auch eine Ausdehnung in die Horizontale unterhalb der Nitridschicht (Unterdiffusion). Ebenso findet auch eine keilförmige Unteroxidation der Nitridschicht statt (Abb. 10.5).

Die Form der Unteroxidation erinnert an einen Vogelschnabel, deshalb bezeichnet man das Phänomen als „Bird's Beak", das hier in keinster Weise störend ist, da im nächsten Prozessschritt das Oxid vollständig entfernt wird. Das vorgenannte Oxidationsprinzip wird

Abb. 10.5 Eindiffusion des n-Gebietes bei hoher Temperatur, dabei oxidiert die Oberfläche der Wanne (OX); Si_3N_4 (= Maskierung)

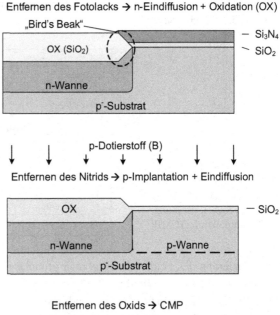

Abb. 10.6 p-Dotierung mit Bor (B), Definition der p-Wanne

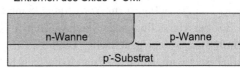

Abb. 10.7 Wegätzen des Oxids und Oberflächenpolierung (CMP)

auch als LOCOS (Local Oxidation of Silicon) Schritt bezeichnet, bei dem das „Bird's Beak" Phänomen typisch ist.

Das Nitrid wird anschließend vollständig entfernt (Ätzen). Danach erfolgt eine p-Implantation mit Bor (B) durch die Dünnoxidschicht (SiO_2) mit anschließender Eindiffusion. Dabei wirkt die Dick-Oxidschicht (OX) als Maskierung. Also überall dort, wo keine OX-Schicht vorhanden ist, entstehen p-Wannen (Abb. 10.6).

Zum Schluss wird durch chemisches und mechanisches Polieren (CMP (Chemical Mechanical Polishing)) eine ebene Oberfläche für den nächsten Lithografie-Schritt hergestellt (Abb. 10.7).

Shallow Trench Isolation (STI) Die TrenchOX-Maske definiert die Nicht-Aktiv-Gebiete, auch Feldgebiete genannt. Das sind die Gebiete des Wafers, wo keine Transistoren oder sonstige Diffusionszonen realisiert werden sollen. Alle Feldgebiete werden zu Isolationsbereichen, die die aktiven Elemente (Transistoren) voneinander trennen. Das Isolationsoxid, auch Feldoxid (FOX) genannt, wird hier in Grabenform (Trench) eingebaut. Die Grabentiefe ist typischerweise kleiner als die Tiefe der Wanne. Man spricht somit von einer flachen Graben Isolation (Shallow Trench Isolation (STI)). Man erreicht mit dieser Methode einen sehr kleinen Transistorabstand, was die Integrationsdichte deutlich erhöht. Deshalb wird diese Methode hier praktisch ausschließlich eingesetzt.

Abb. 10.8 Lithografie zur Definition der Trenchgebiete

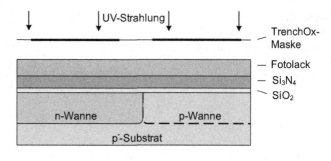

Abb. 10.9 Anisotropes Ätzen (Grabenätzung), Abscheiden des Trench-Oxids (CVD), Nitrid- und SiO$_2$-Entfernung, Oberflächenpolierung (CMP)

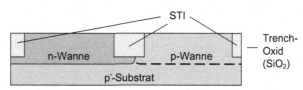

Zur Realisierung des Feldoxids wäre auch grundsätzlich das bereits erwähnte LOCOS-Verfahren möglich, das allerdings aufgrund seines „Bird's-Beak"-Phänomens größere Abstände der Aktiv-Gebiete erfordert und deshalb nur bei „Nicht-Kurzkanal-Prozessen" (typisch $L_{min} > 300$ nm) zur Anwendung kommt.

Bei der Herstellung der Shallow Trench Isolation findet zunächst ein Lithografie-Schritt statt, wobei ganzflächig Dünnoxid (SiO$_2$), Siliziumnitrid (Si$_3$N$_4$) und Fotolack aufgebracht wird. Dann wird durch die TrenchOX-Maske belichtet (Abb. 10.8).

In den belichteten Feldgebieten wird die Dreifach-Schicht (Fotolack, Si$_3$N$_4$, SiO$_2$) zunächst bis zur Substrat-Oberfläche weggeätzt. Damit sind die Trenchgebiete definiert. Die Gräben mit einer Tiefe von ca. 200 … 400 nm Tiefe werden durch anisotrope Ätzung (Grabenätzung) ausgebildet und danach mit Oxid gefüllt (CVD). Zum Schluss werden Nitrid und Dünnoxid entfernt. Eine abschließende Polierung (CMP) stellt für den nächsten Lithografie-Schritt eine glatte Oberfläche her (Abb. 10.9).

Gate-, Poly-Si-Strukturierung Die POLY-Maske definiert die Poly-Silizium-Gebiete, d. h. die Poly-Gate-Bereiche und sonstigen Poly-Strukturen. Zunächst findet wiederum ein Lithografie-Schritt statt, wobei zunächst ganzflächig Gateoxid, Poly-Silizium und Fotolack aufgebracht und dann belichtet wird. SiO$_2$ ist das klassische Gateoxid. Aktuell werden vermehrt auch High-k-Dielektrika eingesetzt, wie beispielsweise Hafniumdioxid (HfO$_2$) (Abb. 10.10).

In den belichteten Bereichen wird die Dreifach-Schicht (Fotolack, Poly-Si, Oxid) in mehreren chemischen Prozess-Schritten bis zur Wannen-Oberfläche entfernt. Dabei wirkt das Poly-Si für die darunterliegenden Kanalbereiche als Maskierung. Dadurch wird eine **selbstjustierende** (Self Alignment) Anordnung der Gate-Gebiete exakt zwischen den späteren Drain- und Source-Gebieten sichergestellt.

Abb. 10.10 Lithografie-Schritt zur Definition der Gate- und Poly-Bereiche

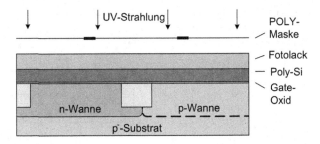

Abb. 10.11 Selbstjustierende Anordnung der Gate-Gebiete

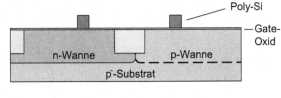

Abb. 10.12 Definition der n-Diffusionsgebiete, LD-n-Implantation

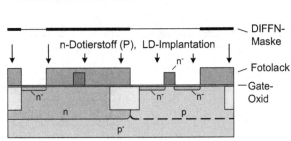

Das Prinzip der Selbstjustierung ist eine wichtige Eigenschaft bei der Gate-Strukturierung und wird in ähnlicher Form auch bei späteren Prozess-Schritten verwendet. Zuletzt wird der Fotolack über dem strukturierten Poly-Si entfernt. Damit ist das Poly-Si strukturiert (Abb. 10.11).

Diffusionsgebiete Zunächst wird das n-Diffusionsgebiet mit einem Lithografie-Schritt (DIFFN-Maske) definiert. Dann wird eine leichte n-Implantation (LD (Lightly Doped)) typischerweise mit Phosphor durch die noch verbliebene Dünnoxidschicht (Gate-Oxid) durchgeführt. Das Poly-Si und der resistente Fotolack bilden die Maskierung. Es bilden sich die leicht dotierten n^--Zonen, die später die n-Diffusionsgebiete (Drain-, Source-Gebiete (NMOS-FET) und n-Wannen-Kontakte) bilden (Abb. 10.12).

Der sinngemäß gleiche Vorgang wird zur Definition der p-Diffusionsgebiete durchgeführt (DIFFP-Maske). Damit liegen die schwachdotierten p^--Zonen fest, die später die p-Diffusionsgebiete (Drain-, Source-Gebiete (PMOS-FET) und p-Substrat-Kontakte) bilden (Abb. 10.13).

Dann wird großflächig Dünnoxid (SiO_2) abgeschieden (CVD). Durch anisotropes (selektives) Ätzen wird das Oxid auf den horizontalen Flächen vollständig entfernt. Es bleibt aber an den Poly-Si- (Gate-) Flanken bestehen und bildet die sogenannten Spacer (Flanken-Isolation der Gate-Gebiete) (Abb. 10.14).

Abb. 10.13 Definition der
p-Diffusionsgebiete, LD-p-
Implantation

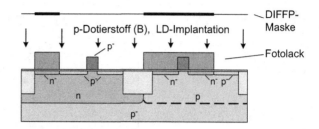

Abb. 10.14 Spacer-Oxidation

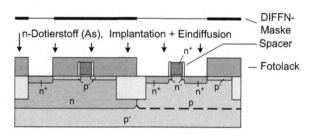

Abb. 10.15 n^+-Implantation
und Eindiffusion

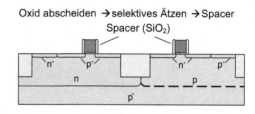

Die endgültige Realisierung der n-Diffusionsgebiete beginnt mit einem Lithografie-Schritt der wiederum die n-Diffusions-Maske (DIFFN-Maske) benutzt. Dann wird eine starke n-Implantation typischerweise mit Arsen durchgeführt und danach eindiffundiert. Die Spacer maskieren die darunterliegenden n^--Zonen, die die LDD-Gebiete (Lightly Doped Drain) bilden. Damit sind die Drain- und Source-Gebiete des NMOS-FET fertiggestellt. Außerdem ist auch das n^+-Gebiet des n-Wannen-Kontaktes definiert. Das Poly-Si-Gate wird durch die n^+-Dotierung niederohmiger (Abb. 10.15).

LDD begrenzt die Ausbreitung der Drain/Kanal-Raumladungszone und stellt damit eine hinreichende Spannungsfestigkeit des Kanals sicher. Auch andere Kurzkanaleffekte werden mit LDD günstig beeinflusst, worauf wir später noch eingehen werden.

Sinngemäß zum vorangegangenen Prozess-Schritt wird die endgültige Realisierung der p-Diffusionsgebiete vorgenommen. Dabei wird beim Lithografie-Schritt die p-Diffusionsmaske (DIFFP) benutzt und mit Bor p-dotiert. Es entstehen wiederum die hochdotierten Drain-, Source-Zonen, an die sich die p^--Zonen (LDD) kanalseitig anschließen. Das p^+-Gebiet des Substrat-Kontaktes ist ebenso definiert. Das Gate-Gebiet wird durch die p^+-Dotierung niederohmiger (Abb. 10.16).

Abschließend wird ein Titanfilm (Ti) abgeschieden, der sich im Oberflächenbereich der Diffusionszonen und der Poly-Si-Zonen mit Si chemisch zu Titansilizid ($TiSi_2$) verbindet. An den anderen Bereichen des Wafers wirkt das Oxid als Maskierung, so dass der Titanfilm praktisch unverändert bleibt. Überall dort, wo keine Silizierung stattgefunden

Abb. 10.16 p⁺-Implantation und Eindiffusion

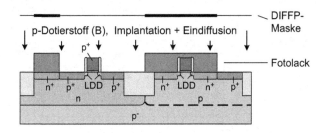

Abb. 10.17 Salicidation

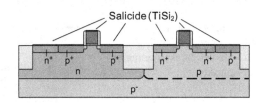

hat, wird der Titanfilm mit einem Ätzvorgang entfernt. Als Ergebnis bleiben alle Drain-, Source-, Gate-Gebiete und sonstige Diffusionszonen mit dem niederohmigen $TiSi_2$, das dann mit dem Kunstwort Salicide bezeichnet wird (**S**elf **a**ligned si**licide**). Dieses Verfahren, das auch als Salicidation bezeichnet wird, bringt viele Vorteile mit sich: Ein einziger relativ einfacher Prozess-Schritt, der keine Maske erfordert, realisiert deutlich niederohmigere Drain-, Source-, Gate-, Substrat- und Wannen-Anschlüsse. Man erreicht Schichtwiderstände, die um eine Größenordnung kleiner geworden sind. Eine spätere Kontaktierung (Metall-Halbleiter-Kontakt) dieser Gebiete bildet keine Schottky-Diode aus, sondern einen „ohmschen Kontakt", der noch dazu sehr niederohmig ist. Außerdem ist das Verfahren **selbstjustierend** (Abb. 10.17).

„Front-end-of-line" des Prozesses Die Transistoren sind realisiert und die erste Phase des Herstellungsprozesses ist abgeschlossen (Front-end-of-line") (Abb. 10.18).

Die Transistoren sind um die Gate- (G) Anschlüsse symmetrisch aufgebaut, Drain- (D) und Source- (S) Anschlüsse sind hier willkürlich eingezeichnet. Sie sind bekanntlich erst durch die elektrischen Verhältnisse in der Schaltung (Stromrichtung, bzw. Potenziale) eindeutig festgelegt. Die n-Wanne (NWELL) und das p-Substrat (PSUB) bilden die Bulk- (B) Anschlüsse des PMOS- und NMOS-FET. Die nominale Kanallänge (L) ist durch die Länge des Gate-Gebietes festgelegt. Die effektive Kanallänge (L_{eff}) ist aufgrund der leichten Unterdiffusion der LDD-Zonen etwas kleiner.

Metallisierungsebenen Zunächst wird ganzflächig SiO_2 abgeschieden und poliert (CMP). Dieses 1. Dielektrikum dient als Isolator zur 1. Metall-Lage (MET1). Dann folgt ein Lithografie-Schritt, der die Kontaktloch-Bereiche (CO-Maske) strukturiert. Nach anisotroper Ätzung werden die Kontaktlöcher mit Metall, meist Wolfram (W) aufgefüllt. Danach wird durch Polieren die Oberfläche geglättet (Abb. 10.19).

Dann wird ganzflächig Metall abgeschieden, wobei Aluminium (Al) bei aktuellen Technologien fast immer durch Kupfer (Cu) abgelöst wurde. Mit einem Lithografie-Schritt

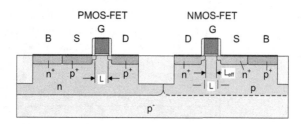

Abb. 10.18 CMOS Transistoren („Front-end-of-line")

Abb. 10.19 Isolation
(SiO$_2$), Lithografie-Schritt
(CO-Maske), Strukturierung
der Kontakte

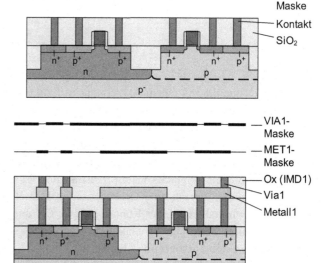

Abb. 10.20 1. Metallisierung
(MET1-Maske), Abscheiden
des 1. Intermetall-
Dielektrikums (IMD1),
Strukturierung der 1. Via-
Ebene (VIA1-Maske)

(MET1-Maske) wird die 1. Metallisierungsebene strukturiert. Die Kontakte bilden nun die elektrische Verbindung zwischen den Poly-Si- und Diffusions-Zonen zur 1. Metall-Lage.

Es folgt wiederum eine ganzflächige Abscheidung des 1. Intermetall-Dielektrikums (IMD1). Oft wird ein Low-k-Dielektrikum verwendet. Im darauffolgenden Lithografie-Schritt (VIA1-Maske) ätzt man anisotrop Gräben in die IMD1-Schicht, die dann mit Wolfram gefüllt werden. Damit ist der Via1-Bereich strukturiert, der später die elektrischen Verbindungen zwischen 1. und 2. Metall-Lage realisiert. Ein Kontakt zwischen zwei Metallebenen wird Via genannt. Abschließend erfolgt eine Oberflächenpolierung (CMP) (Abb. 10.20).

Die nächsten Schritte sind sehr ähnlich. Zunächst wird der 2. Metallisierungs-Horizont (MET2) mit dem 2. Intermetall-Dielektrikum (IMD2) und der 2. Via-Ebene (VIA2) realisiert. In unserem Fall dürfen die Via2 direkt über den Via1 liegen. Man spricht dann von „Stacked Via's" (Abb. 10.21).

Es folgen die weiteren Metallisierungs- und Verbindungs-Ebenen. In unserem Beispiel sind exemplarisch 3 Metall-Ebenen dargestellt (MET3, IMD3). Bei aktuellen Prozessen können 6 oder mehr Verdrahtungsebenen vorhanden sein. Den oberen Abschluss bildet

Abb. 10.21 2. Metallisierung (MET2-Maske), Abscheiden des 2. Intermetall-Dielektrikums (IMD2), Strukturierung der 2. Via-Ebene (VIA2-Maske)

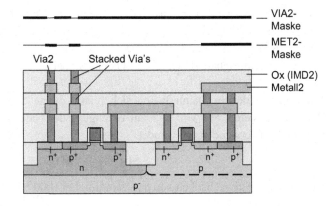

Abb. 10.22 3. Metallisierung (MET3-Maske), Abscheiden des 3. Intermetall-Dielektrikums (IMD3)

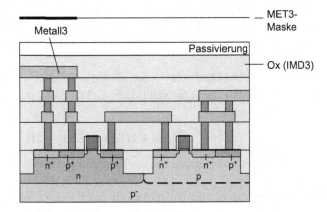

die Passivierungs-Schicht (typisch: Siliziumoxid oder Nitridglas (Si_3N_4)), die Schutz gegen mechanische, chemische und elektrische Umwelteinwirkungen gewährleistet (Abb. 10.22).

Nicht dargestellt ist die Pad-Strukturierung, die die Pad-Anschlussflächen für eine spätere Bondung frei legt.

Zur Realisierung der Kontakte und Via's sind je nach verwendeten Materialien diverse Zwischenschritte (Einbau von Diffusionsbarrieren, ...) erforderlich, die den Kontakt-(Via-) Metall-Anschluss metallurgisch stabil herstellen.

Damit ist die zweite und abschließende Phase des Herstellungsprozesses abgeschlossen („Back-end-of-line").

10.1.5 Realisierung von Dielektrika, Oxid-Schichten

Nach wie vor wird bei vielen CMOS-Technologien Siliziumdioxid (SiO_2) als Isolator (Dielektrikum) eingesetzt, insbesondere als Dickoxid. SiO_2 weist zudem die Eigenschaft auf, dass eine Diffusion von Dotierstoffen in die SiO_2–Schicht wesentlich geringer ist als in

Silizium (Si) und wirkt damit als Maskierung bei der Diffusion und auch in etwas einge-schränkter Form bei der Ionenimplantation. Zur Herstellung von SiO_2 wird bei der che-mischen Reaktion Silizium unter einer Sauerstoff- (O_2, trockene Oxidation) oder einer Wasserdampfatmosphäre (H_2O, feuchte Oxidation) bei ca. 800–1150 °C zu SiO_2 oxidiert.

Trockene Oxidation Damit lassen sich relativ dünne Schichten (**Dünn-Oxid**) hoher Qualität realisieren. Sie wird u. a. zur Erzeugung des Gate-Oxids (für Prozesse, die kein High-k-Oxid verwenden) verwendet:

$$Si + O_2 \rightarrow SiO_2$$

mit typischen Aufwachsraten von ca. 1 nm/min bei 1000 °C.

Feuchte Oxidation Sie bildet wesentlich größere Schichtdicken (Dick-Oxid) und wird bei klassischen CMOS-Prozessen als Isolation zwischen Transistoren (Feld-Oxid (FOX)) verwendet, wobei meist das sogenannte LOCOS (<u>L</u>ocal <u>O</u>xidation <u>of</u> <u>S</u>ilicon) -Verfahren verwendet wird.

Der Name Feld-Oxid rührt daher, dass die Chipfläche (Die) in Aktiv-Gebiete (Tran-sistoren) und Feldgebiete ($=$ Nicht Aktiv-Gebiete) unterteilt wird (Chipfläche $=$ Aktivge-biete $+$ Feldgebiete).

$$Si + 2H_2O \rightarrow SiO_2 + 2H_2$$

mit typischen Aufwachsraten von ca. 10 nm/min bei 1000 °C.

Ist die Si-Oberfläche des Wafers bereits durch andere Schichten belegt, muss das Oxid durch ein Abscheide-Verfahren (siehe Kap. Abscheidung) aufgebracht werden. Das ist das Standard-Verfahren für kleine Strukturgrößen ($L_{min} < 0{,}2$ μm), wobei hier das LOCOS-Verfahren zur Realisierung des Feldoxids (FOX) durch eine sogenannte „Flach-Graben-Isolation" (Shallow Trench Isolation, STI) abgelöst wird.

Die wesentlichen Parameter einer Oxidschicht sind die Schichtdicke t_{OX} und die rela-tive Dielektrizitätskonstante $\boldsymbol{\varepsilon}_r$ ($\varepsilon_{r,SiO_2} = 3.9$).

Ab Strukturgrößen kleiner als 90 nm kommen verstärkt sogenannte „High-k-Dielekt-rika"[4], wie zum Beispiel Hafniumdioxid HfO_2 ($\varepsilon_r = 12$), Zyrconiumdioxid ZrO_2 ($\varepsilon_r = 20$), Tantaloxid Ta_2O_5 ($\varepsilon_r = 25$) oder Titandioxid TiO_2 ($\varepsilon_r = 40$), als Gate-Oxid zur Anwen-dung. Der Oxidationsprozess ist dem von SiO_2 sinngemäß vergleichbar.

Als weiteren Parameter gibt man hier oft die äquivalente SiO_2-Schichtdicke t_{OXE} an:

$$t_{OXE} = \frac{\varepsilon_{r,SiO_2}}{\varepsilon_{r,High-k}} \cdot t_{OX,High-k} \tag{10.1}$$

---

[4] $\varepsilon_r > \varepsilon_{r,SiO_2} (= 3,9)$.

Beispiel:

$$HfO_2(\varepsilon_r = 12) \text{ mit } t_{OX} = 4 \text{ nm} \rightarrow t_{OXE} = \frac{3,9}{12} \cdot 4 \text{ nm} = 1,3 \text{ nm}.$$

Eine 4 nm dicke Hafniumoxidschicht ist dielektrisch (kapazitiv) äquivalent zu einer SiO_2-Schicht mit einer Schichtdicke von 1,3 nm. Als Isolator in den Metallisierungsebenen (Intermetall-Dielektrikum (**IMD**)) ist ein Low-k-Dielektrikum zur Reduzierung der Koppelkapazitäten sinnvoll, z. B. organisches Siliziumoxid $SiO(CH_3)_2$ (**ε_r = 2,7**).

Als oberer Abschluss des Chips wird eine glasartige Oxidschicht als Passivierung (Quarzschutzabdeckung des Chips) abgeschieden.

10.1.6 Dotierverfahren, Diffusion, Ionenimplantation

Die oxidmaskierten Scheiben werden in einen Diffusionsofen gebracht und dort vom Dotierstoff in gasförmiger Phase (z. B. Borwasserstoff (B_2H_6) für die p-Dotierung und Phosphorwasserstoff (PH_3) für die n-Dotierung) umgeben. Die Dotierung erfolgt in zwei Schritten: Belegung und Anreicherung der Siliziumoberfläche mit dem gewählten Dotierstoff sowie anschließende Diffusion auf die gewünschte Eindringtiefe x_j (Abb. 10.18) bei Temperaturen zwischen 900 und 1200 °C. Diffusion kann sehr vorteilhaft zur Realisierung relativ dicker dotierter Schichten verwendet werden, bei denen eine sehr genau definierte Eindringtiefe nicht gefordert wird. Im Anschluss an eine Implantation wird oft ergänzend eine Diffusion durchgeführt. Das Diffusionsverfahren ist relativ unkompliziert und preisgünstig.

Die Ionenimplantation, oft nur mit Implantation bezeichnet, ist heute das Standard-Dotierverfahren und ist wesentlich präziser als der Diffusionsprozess. Mit einem Teilchenbeschleuniger werden die Dotieratome in die zu dotierende Schicht geschossen, wobei sich über die Dosis und die Beschleunigungsspannung (150–350 kV) die Dotierungskonzentration und die Eindringtiefe recht exakt einstellen lassen. Nach dem Implantationsvorgang erfolgt bei etwa 900 °C ein „Ausheilen" des Kristallgefüges. Dadurch werden die implantierten Ionen elektrisch aktiviert.

Sehr vorteilhaft ist, dass auch durch dünne Oxidschichten, wie z. B. das Gate-Oxid, implantiert werden kann. Diese Eigenschaft lässt sich zur gezielten Einstellung der MOSFET-Schwellspannung nutzen (Kanaldotierung). In modernen CMOS-Prozessen wird meist zur Realisierung der Drain-, Source- und Wannengebiete zunächst eine Implantation durchgeführt, die eine relativ präzise Dotierungskonzentration sicherstellt. Dann folgt ein Diffusionsschritt, der einerseits das „Ausheilen" und andererseits eine größere definierte Eindringtiefe x_j bewirkt. Die Drain- und Source-Gebiete (n^+, p^+) werden üblicherweise als Diffusionsgebiete bezeichnet, obwohl sowohl die Diffusion, als auch die Implantation zur Anwendung kommt.

10.1.7 Abtragen von Schichten, Ätzen, Polieren

Es gibt diverse Verfahren, um gezielt Materialschichten auf dem Wafer abzulagern. Das Aufbringen zusätzlicher Schichten wird u. a. benötigt für:

1. Metallisierung
2. Isolation und Passivierung
3. Epitaxie
4. Gate-Oxid (High-k-Dielektrika).

Die Schichterzeugung kann beispielsweise durch **chemische Dampfabscheidung** (**CVD** (**C**hemical **V**apor **D**eposition)) erfolgen. Findet die Abscheidung im Vakuum statt, bezeichnet man das Verfahren oft mit LPCVD (**L**ow **P**ressure CVD) oder mit UHVCVD (**U**ltra**h**igh Vacuum CVD).

Weitere Möglichkeiten sind das **Aufdampfen**, z. B. von Aluminium. Es entsteht eine polykristalline Al-Schicht.

Beim **„Sputter"-Verfahren** werden Teilchen des zu beschichtenden Materials in einem elektrischen Feld in Richtung Wafer beschleunigt und dort aufgebracht. Es können damit z. B. gleichmäßige metallische Schichten mit recht genau zu kontrollierender Dicke abgelagert werden.

Die **Epitaxie** (griechisch: obenauf, zugeordnet) ist ein CVD-Verfahren und wird zur Aufbringung einer ganzflächigen einkristallinen Si-Schicht angewendet.

$SiCl_4 + 2H_2 \rightarrow Si + 4HCl$ bei typisch 1200 °C

$SiCl_4$:   Siliziumtetrachlorid
HCl: Salzsäure

Die Dotierung, die Schichtdicke x_j und eventuell der spezifische Widerstand werden während des Prozesses genau kontrolliert.

10.1.8 Polykristallines Silizium (Poly-Si)

Polykristallines Silizium wächst aus der Gasphase (vergleichbar mit der Epitaxie) auf amorphe Bereiche (z. B. SiO_2) des Si-Wafers.

$4SiHCl_3 + 2H_2 \rightarrow 3Si + 8HCL + SiCl_4$ bei typisch 1100 ... 1200 °C.

$SiCl_4$:   Siliziumtetrachlorid
$SiHCl_3$:   Trichlorsilan (Silan)
HCl: Salzsäure

Poly-Si wird meist zusätzlich n^+-dotiert und hat dann metallähnliches Verhalten, wobei allerdings die typische Leitfähigkeit gegenüber üblich eingesetzten Metallen (Al, Cu) um etwa 3 Größenordnungen kleiner ist. Mit Hilfe von Silizidschichten (Salicide (<u>S</u>elf <u>Ali</u>gned Sili<u>ci</u>de), z. B. $TaSi_2$, $MoSi_2$, $TiSi_2$) kann die Leitfähigkeit um etwa eine Größenordnung erhöht werden.

Einsatzbereiche:

1. MOS-Gate
2. Poly-Kapazitäten
3. Poly-Widerstände
4. Kurze Signalleitungen bei eingeschränkter Leitfähigkeit (z. B. Poly-Si mit Salicide).

10.1.9 Metallisierung

Leiterbahnen Bei modernen Technologien werden mehrere Leitungshorizonte verwendet, die durch Isolationsschichten voneinander getrennt sind. Das klassische, recht einfach handhabbare und im Herstellungsprozess günstige Verdrahtungsmetall Aluminium (Al) ist bei Deep-Submicron-Technologien durch Kupfer (Cu) abgelöst worden. Bei „High-Speed" Schaltungen nimmt die Signallaufzeit der Leitung einen meist nicht zu vernachlässigenden Anteil an der gesamten Signalverzögerung der Schaltung ein. Hier ist die Kupfer-Leitung aufgrund ihrer besseren Leitfähigkeit gegenüber Aluminium im Vorteil. Deshalb wird für die Metallisierung bei modernen Prozesstechnologien heute fast ausschließlich Kupfer eingesetzt. Oft sind sechs oder mehr Metalllagen möglich. Dabei sind die einzelnen Lagen (Layer) typischerweise für die Versorgungsverdrahtung (niederohmig, hohe zulässige Strombelastung) oder die Signalleitungsverdrahtung (niedrige längenspezifische Kapazität, geringe kapazitive Kopplung zu Nachbarleitungen zur Reduzierung des Signal-Übersprechens) optimiert. Zur Reduzierung der spezifischen Kapazitäten werden zur Isolation immer häufiger sogenannte „Low-k-Dielektrika" ($\varepsilon_r < \varepsilon_{rSiO_2}$) verwendet.

Spezielle Metalllayer können auch für die Implementierung von niederohmigen Widerständen zur Verfügung stehen.

Leitungskontaktierungen Auf hochdotierte Zonen (typ. n^+-Diffusionsgebiete) wird Metall (Kontakt) aufgedampft oder aufgesputtert. Es entsteht ein Metallhalbleiterkontakt. Die Raumladungszone im n^+-Gebiet ist jedoch aufgrund der hohen Dotierung so dünn, dass die Elektronen durchtunneln können. Es entsteht ein „ohmscher-Kontakt" ohne Diodencharakteristik, bzw. ein quasi sperrschichtfreier Metall-Halbleiter-Kontakt, dessen Verhalten von der Stromrichtung unabhängig ist.

Bei hochwertigen Kontakten bringt man zwischen der n^+- und der Al-Schicht eine Barriere-Schicht ein (Wolfram, Titan, ...), um eine Diffusion von Siliziums in Aluminium zu verhindern (unerwünschte Spike-Bildung).

Der typische Kontaktwiderstand liegt zwischen 5 und 50 Ω.

Schottkydiode Auf niedrigdotierte Zonen (n⁻-Gebiete) wird Metall aufgebracht. Der Metallhalbleiterkontakt bildet eine Schottky-Diode. Es bildet sich nur eine (positive) Raumladungszone im n⁻-Gebiet aus. Metall = Anode, n⁻-Gebiet = Kathode. Nur Majoritätsladungsträger (Elektronen) tragen zum Stromfluss bei.

10.2   CMOS-Varianten

Bei einem Standard CMOS-Prozess (**Bulk-CMOS-Technologie**) bilden die n- und p-dotierten Gebiete (Wannen- und Substrat-Gebiete) die Basis-, bzw. die Bulk-Zonen der Transistoren, deren Isolation von den Sperrschichten (gesperrte Wannen/Substrat-, bzw. Wannen/Wannen-pn-Übergänge) sichergestellt werden müssen, was im folgenden Bild nochmal verdeutlicht werden soll. Prinzipiell gilt: Alle pn-Übergänge sind eindeutig in Sperrrichtung zu polen, „floatende" Bulk-Gebiete sind nicht zulässig (Abb. 10.23).

Nachfolgend ist in den schematischen Prozess-Querschnitten nur eine vereinfachte Metallisierung dargestellt, außerdem ist der Übersichtlichkeit wegen meist auf unwesentliche, nicht zum Verständnis beitragende Details verzichtet worden.

Historisch gesehen ist der p-Wannen Prozess auf n-Substrat (Abb. 10.24) die älteste CMOS-Prozessvariante. Er hat aktuell keine große Bedeutung mehr.

Der n-Wannen Prozess ist ein typischer CMOS-Standardprozess (Abb. 10.25).

Heute wird meist der sehr ähnliche Zwei-Wannen Prozess auf p-Substrat favorisiert (Abb. 10.26). In die n-Wanne wird bekanntlich der P-Kanal Transistor (PMOS-FET) implementiert, dessen Verhalten sich durch gezielte Dotierung der Wanne optimieren lässt. Bei der Zwei-Wannen Technologie können beide Transistortypen getrennt optimiert werden.

Mit einer zusätzlichen Graben-Isolation (Trench) lassen sich der Abstand zwischen PMOS- und NMOS-Bereich verkleinern, die Spannungsfestigkeit erhöhen, die Latchup-Empfindlichkeit (Latchup-Effekt, siehe folgendes Kap.) deutlich reduzieren und die

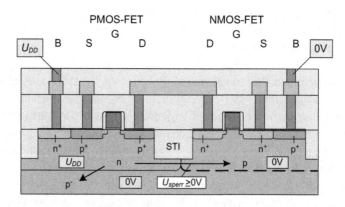

Abb. 10.23 Bulk-CMOS-Technologie (n-Wannen CMOS Prozess mit STI)

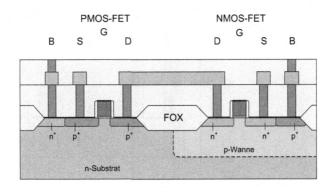

Abb. 10.24 p-Wannen (p-Well) Querschnitt mit LOCOS (FOX)

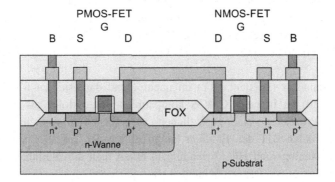

Abb. 10.25 n-Wannen (n-Well) Querschnitt mit LOCOS (FOX)

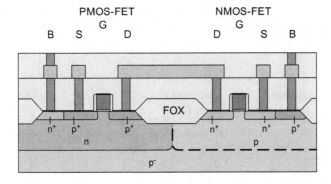

Abb. 10.26 Zwei-Wannen Querschnitt mit LOCOS (FOX)

externe und interne Störbeeinflussung mindern, also allgemein die parasitären Effekte der Sperrschicht-Isolation minimieren. Zur Realisierung eines kompakten Designs wird bei Deep-Submicron-Technologien eine flache Trench-Isolation (Shallow Trench Isolation (**STI**)) zur Trennung der Aktiv-Gebiete verwendet. Eine tiefe Grabenisolation wird vor allem dann verwendet, wenn eine starke elektrische Trennung notwendig ist, um eine hohe Störfestigkeit zu gewährleisten, z. B. bei KFZ-Anwendungen (Abb. 10.27).

Abb. 10.27 Zwei Wannen
(Twin-Well) Querschnitt mit
Trenchisolation (tief)

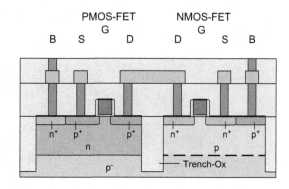

Zur Isolation der Aktiv-Gebiete wird bei Submicron-Technologien ($L_{min} > 0{,}25\,\mu$m)
anstelle von **STI** oft die günstigere **LOCOS**-Technik (L̲ocal O̲xidation o̲f S̲ilicon) zur
Realisierung des Feldoxids (**FOX**) verwendet. Die Feldgebiete müssen allerdings wegen
des „Bird-Beak" Phänomen größer gewählt werden, was die Kompaktheit des Layouts
verschlechtert.

Der Bipolartransistor (lateraler BJT) im nachfolgend dargestellten BiCMOS Querschnitt (Abb. 10.28) ist in einer CMOS kompatiblen Prozessfolge als Zwei-Wannen
Standard CMOS-Prozess mit einer zusätzlichen „vergrabenen" n⁺-Schicht realisiert und
stellt keinen optimalen BJT dar. Er dient hauptsächlich der Treiberrealisierung. Opti-
mierte BJTs für Analog- und HF-Anwendungen erhält man durch Einbau zusätzlicher
Prozesslayer (Epitaxie-, Vergrabene Schichten (Buried Layer)).

Man erkennt, dass aufgrund der Schichtwiderstände: a) vom Basiskontakt bis zur
„inneren" Basis und b) vom Kollektorkontakt bis zum „inneren" Kollektor ein parasitärer
Basiswiderstand R_B ($= r_{bb}{}'$) und ein parasitärer Kollektorwiderstand R_C wirksam wird.
Der parasitäre Emitterwiderstand R_E ist aufgrund der relativ direkten Kontaktierung sehr
viel kleiner. Typisch: $R_B, R_C = 10\,\Omega\ldots 1\,\text{k}\Omega$, $R_E = 0{,}2\,\Omega\ldots 10\,\Omega$.

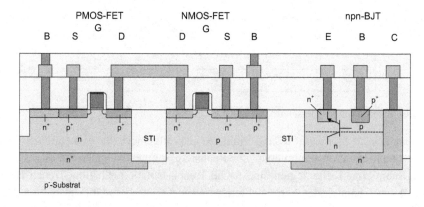

Abb. 10.28 BiCMOS (Twin-Well) Querschnitt mit Trenchisolation (STI)

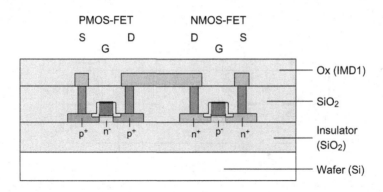

Abb. 10.29   SOI (Silicon on Insulator) Querschnitt

Bislang bildeten bei der **Bulk-CMOS-Prozesstechnologie** die n- und p-dotierten Gebiete (Wannen- und Substrat-Gebiete) die Basis-, bzw. die Bulk-Zonen der Transistoren. Die Vielzahl von pn-Übergängen (Sperrschichten), die im Querschnitt wirksam sind, können wesentliche parasitäre Effekte ausbilden. Zum einen haben die Raumladungszonen, die bis in den Kanalbereich der Transistoren reichen, negative Einflüsse auf das Strom-/Spannungsverhalten besonders bei Kurzkanaltransistoren, zum anderen bilden sie Sperrschichtkapazitäten aus, die die Schaltungsdynamik negativ beeinflussen. Die pnpn-Schichtenfolge zwischen PMOS- und NMOS-Source stellt einen parasitären Thyristor dar, der zum Latchup-Effekt (siehe folgendes Kap.) führen kann. Des Weiteren treten über die Sperrschichten unerwünschte Restströme auf, die gerade bei Deep-Submicron-Prozesstechnologien dominant werden können.

Bei der **SOI-CMOS-Prozesstechnologie** (S̲ilicon o̲n I̲nsulator) sind die Transistoren durch SiO_2 isoliert. Es sind keine Bulk-Zonen und -Kontakte vorhanden, was ein kompakteres Layout ermöglicht. Außerdem sind die o. g. parasitären Effekte nicht vorhanden. Nachteil ist der größere Herstellungsaufwand, der dem breiten Einsatz von SOI in der aktuellen Massenproduktion noch entgegensteht (Abb. 10.29).

10.2.1 Latchup-Effekt

Der Latchup-Effekt stellt einen unerwünschten und damit parasitären Effekt dar. Ausgangssituation ist die $p^+ n p n^+$-Zonenfolge im CMOS-Bulk-Querschnitt, die einen parasitären **Thyristor** (siehe 2-BJT-Modell) darstellt (Abb. 10.30).

Wird durch Störeinkopplung ein hinreichend großer Basisstrom in den npn- oder pnp-BJT injiziert, kann der parasitäre Thyristor „zünden", was als „**Latchup**" bezeichnet wird. Der parasitäre Thyristor zündet, wenn sich eine Strom-Mitkopplung eingestellt hat und für die wirksame Schleifen-Stromverstärkung gilt: $\beta_{npn} \cdot \beta_{pnp} > 1$ (Abb. 10.31).

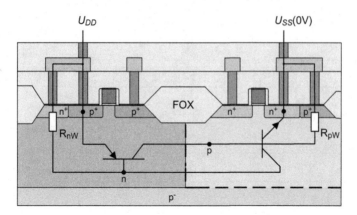

Abb. 10.30 Querschnitt eines Bulk-CMOS-Prozesses mit parasitärem Thyristor

Abb. 10.31 2-BJT-Modell des
parasitären Latchup-Thyristors

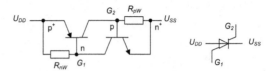

Die Folge ist in den meisten Fällen eine Zerstörung der Schaltung aufgrund des hohen Stromflusses.

Je hochohmiger die Bulkwiderstände (R_{nW}, R_{pW}), umso höher ist die Zündempfindlichkeit. Im **Idealfall**: R_{nW}, $R_{pW} = 0 \Rightarrow |U_{BE}| = 0$, dann würde der Thyristor stets gesperrt bleiben, der Latchup-Effekt würde sich nicht ausbilden können.

Einige mögliche Ursachen, die zum Zünden des Thyristors („**Latchup**") führen können:

1. Störspannungsspitzen auf der Versorgungsspannung
2. Ungleichmäßige Betriebsspannungsversorgung
3. Steile Signal- Anstiegs-, Abfallflanken, Signalkopplungen,…

Maßnahmen zur Reduzierung der Latchup-Empfindlichkeit:

1. $\beta_{npn} \cdot \beta_{pnp} < 1! \rightarrow$ Prozesstechnologie: Trenchisolation, Dotierungsprofile, Geometrie (Transistorabstände, Wannengeometrie, …), …
2. R_{nW}, $R_{pW} \rightarrow 0! \rightarrow$ Realisierung niederohmiger Bulkanschlüsse $\rightarrow$ Layout: hinreichend viele (parallele) Wannenkontakte (Substratkontakte) vorsehen
3. **SOI** (Silicon on Insulator) $\rightarrow$ keine pnpn-Zonenfolge $\rightarrow$ kein „Latchup"

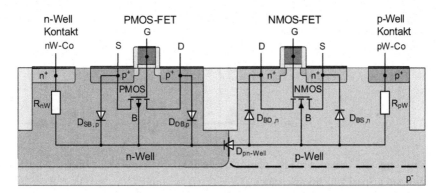

Abb. 10.32 Wirkelemente im CMOS-Bulk-Querschnitt (ohne Latchup-Thyristor)

Abb. 10.33 Diskretisiertes
CMOS-Bulk-Schaltungsmodell
(Ersatzschaltung)

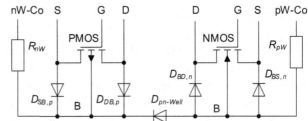

10.2.2 Wirkelemente im CMOS-Querschnitt

In der Realität sind alle physikalischen Phänomene, wie z. B. Ladungs-, Potential- und
Stromdichteverteilungen im Querschnitt räumlich „verschmiert" und lassen sich bei-
spielsweise mit Device-Simulatoren, die üblicherweise auf der Methode der „Finiten
Elemente" beruhen, berechnen. Die Effekte lassen sich aber zusammenfassen und durch
diskrete Elemente sehr anschaulich nachbilden. Zur Modellierung von elektronischen
Schaltungen ist das in den allermeisten Fällen hinreichend realistisch (Abb. 10.32).

Im nachfolgend dargestellten Bild ist das diskretisierte physikalische Modell eines
typischen CMOS-Bulk-Querschnitts dargestellt. Neben den zwei MOS-Transistoren als
planmäßige Elemente wirken eine Vielzahl von parasitären Elementen, insbesondere
die pn-Übergänge, als Dioden modelliert und die Wannenwiderstände R_{nW} und R_{pW}, die
den elektrischen Widerstand zwischen den Wannenkontakten (nW-Co, pW-Co) und den
Bulk-Zonen (B) nachbilden (R_{nW}, R_{pW} liegen typ. im Bereich: 10 Ω … 1 kΩ). Hinter
den Element-Symbolen sind jeweils die dynamischen Großsignalmodelle zu sehen. Der
Latchup-Thyristor, der zwischen den Source-Anschlüssen der Transistoren anzuordnen
wäre, ist weggelassen (Abb. 10.33).

Im planmäßigen Betrieb sind alle pn-Übergänge gesperrt zu betreiben, dann reduzieren sich die Dioden-Modelle auf ihre Sperrschichtkapazitäten. Für viele Anwendungen
sind auch die Wannenwiderstände vernachlässigbar. Wannenkontakte (nW-Co, pW-Co)
und Bulk-Zonen (B) sind dann identisch. Es ergibt sich die nachfolgende vereinfachte

Abb. 10.34 Vereinfachtes
CMOS-Bulk-Modell für den
planmäßigen Betrieb

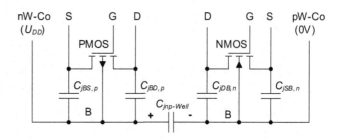

Ersatzschaltung, die den typischen, planmäßigen CMOS-Betrieb nachbildet. Alle Kondensatoren sind Sperrschichtkapazitäten ($C_j = C_j\ (U_{sperr})$ mit $U_{sperr} \geq 0$ V, z. B. $C_{jSB,n} = C_{jSB,n}\ (U_{SB,n})$ mit $U_{SB,n} \geq 0$ V) (Abb. 10.34).

10.2.3 CMOS-Standardprozess

Um konkrete quantitative Untersuchungen und Analysen durchführen zu können, führen wir einen hypothetischen CMOS-Prozess ein, der in der Folge als *CMOS-STD* bezeichnet wird. Die Prozess-Parameter von *CMOS-STD* können als durchaus realistisch angesehen werden. Ähnlichkeiten zu aktuell verwendeten Prozessen sind prinzipieller oder rein zufälliger Art. Als Entwurfswerkzeug werden wir vorzugsweise MICROWIND™ verwenden. Unser CMOS-Standardprozess wird durch das Technologie-File *CMOS_STD.rul* beschrieben.

Eckdaten des Prozesses *CMOS-STD* 100 nm n-Wannen-CMOS-Prozess mit Trench-Isolation (STI), LDD (Lightly Doped Drain), $L_{min} = 100$ nm, λ(-Gridmaß)[5] $= L_{min}/2 = 50$ nm

NMOS-, PMOS-Transistoren

1. Low-Leakage: $U_{DD} = 1{,}2$ V, $U_{th} = 0{,}4$ V, $\varepsilon_{r,\,Gate} = 3{,}9$, $t_{OX} = 2$ nm ($t_{OXE} = 2$ nm) $(W/L)_{min} = 200$ nm/100 nm $(= 4\ \lambda/2\ \lambda)$
2. High-Speed: $U_{DD} = 1{,}2$ V, $U_{th} = 0{,}3$ V, $\varepsilon_{r,\,Gate} = 3{,}9$, $t_{OX} = 2$ nm ($t_{OXE} = 2$ nm) $(W/L)_{min} = 200$ nm/100 nm $(= 4\ \lambda/2\ \lambda)$
3. High-Voltage: $U_{DD} = 2{,}5$ V, $U_{th} = 0{,}7$ V, $\varepsilon_{r,\,Gate} = 3{,}9$, $t_{OX} = 3$ nm ($t_{OXE} = 3$ nm) $(W/L)_{min} = 200$ nm/200 nm $(= 4\ \lambda/\ 4\lambda)$

Dielektrika

1. Gate-Oxid: $\varepsilon_{r,Gate}(= \varepsilon_{SiO_2}) = 3{,}9$, $t_{OX} = 2$ nm
2. Inter-Metall-Dielektrikum (Low-k): $\varepsilon_{r,\,IMD} = 2{,}7$
3. Sonstige Dielektrika: $\varepsilon_{OX} = \varepsilon_{SiO_2} = 3{,}9$

---

[5]λ-Gridmaß = Layout-Basisraster, alle Geometrie-Maße sind Vielfache von λ.

Metallisierung 6 Metall-Layer (Kupfer): MET1, ..., MET6, $W_{min} = 150$ nm ($= 3\,\lambda$)

Polysilizium Zwei Poly-Si-Lagen: POLY (Gate-, Widerstands-Layer), POLY2 (POLY-POLY2-Kapazitäten), $W_{min} = 100$ nm ($= 2\,\lambda$)

Kontakte, Via's, Stacked Via's $W_{min} \times L_{min} = 100$ nm $\times$ 100 nm ($= 2\,\lambda \times 2\,\lambda$)

Die grundlegenden Transistor-Parameter sind im Kap. 3 (Modelle von Halbleiterbauelementen) erläutert. Im späteren Kap. Modellerweiterungen werden wir noch speziell auf Kurzkanal-Effekte eingehen, wie sie bei unserem CMOS-Standardprozess (Deep-Submicron-Technologie) auftreten können.

10.3 Layout

Das Layout einer Schaltung entspricht dem maßstäblichen Grundriss der physikalisch realisierten Schaltung (Chipfläche). Es besteht aus den einzelnen Ebenen, die die jeweiligen Prozess-Layer darstellen. Die jeweiligen Layer sind das geometrische Abbild der Lithografie-Masken, deshalb kann man sie auch als Maskenebenen verstehen. Jedes Bauelement ist durch eine definierte Folge von oft rechteckigen Layern festgelegt. Die Größe und Anordnung (Min./Max. Geometrie, Abstand, Überlappungen, ...) sind durch die Layout-, auch geometrische Design-Regeln genannt, bestimmt. Sie sind für den jeweiligen CMOS-Prozess durch die Herstellungstechnologie festgelegt und werden im sogenannten Technologie-File (*.*rul*) abgelegt. Nachfolgend sind auszugsweise einige wichtige Layout- (Design-) Regeln unseres Standard Prozesses (*CMOS-STD*: 100 nm n-Wannen CMOS, 6 Metall-Layer) dargestellt.

Im Layout-Plot werden aus Gründen der Übersichtlichkeit oft nicht alle, sondern nur die wesentlichen Ebenen dargestellt.

10.3.1 Layout-Regeln

Maßangaben werden entweder in absoluten Größen (μm, nm) oder in Relation zum sogenannten λ-Gridmaß (typisch: $\lambda = Lmin/2$) angegeben. Bei einem Technologieübergang zu einer kleineren Strukturgröße L_{min} reduzieren sich im Idealfall die meisten Maße proportional (lineare Prozess-Skalierung). Ein Layout, das im λ-Gridmaß entworfen ist, lässt sich unter diesen Voraussetzungen leicht umskalieren. In der Praxis skaliert ein Prozess jedoch meist nicht ideal linear, so dass die Portierung eines Layouts eine mehr oder weniger aufwendige Nachbearbeitung erfordert. Nachfolgend sind schematisch anhand unseres virtuellen Beispiel-Prozesses (*CMOS-STD*: 0,1 μm n-Wannen CMOS, 6 Metall-Layer, λ-Gridmaß $= 50$ nm) einige wichtige Layoutregeln aufgezeigt. Es sind jeweils die Minimalgeometrie (min. Breite, Länge, ...), die minimal erforderlichen Abstände und ggf.

Abb. 10.35 Exemplarisches
Layout von Metall- und
Polysilizium-Layern

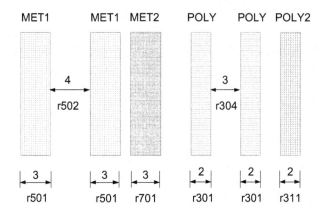

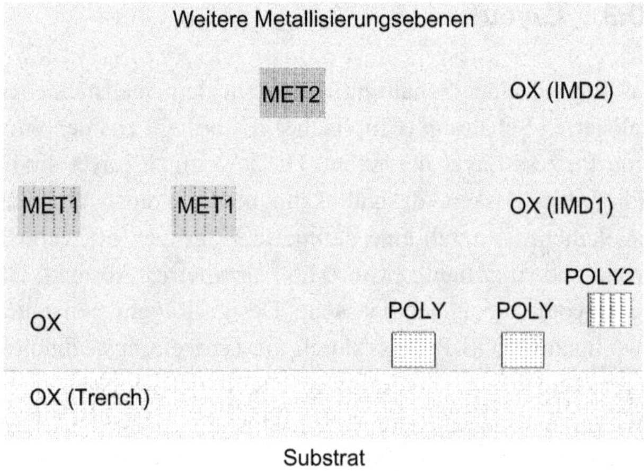

Abb. 10.36 Schnitt durch
die oben dargestellten Layer

die minimalen Überlappungen im λ-Gridmaß angegeben. Die jeweiligen Regeln für unseren Standardprozess sind mit r*** bezeichnet und im Technologie-File: *CMOS_STD.rul* zu finden.

Zum besseren Verständnis wird zum jeweiligen Layout auch der entsprechende Querschnitt dargestellt.

Die Dielektrika sind mit OX bezeichnet. In den Metallisierungsebenen ist ein Intermetalldielektrikum mit niedriger Permittivität (speziell $\varepsilon_r = 2,7$, Low-k) eingesetzt. Das Gate-Oxid weist eine hohe Dielektrizitätskonstante auf (speziell $\varepsilon_r = 6$, High-k). Die übrigen Oxid-Schichten, einschließlich des Trench-Oxids, sind SiO_2 ($\varepsilon_r = 3,9$).

Nachfolgend sind für unseren CMOS-Standardprozess *CMOS-STD* exemplarisch die wichtigsten Layout-Regeln dargestellt.

Metall-und Poly-Si-Strukturen Von den sechs möglichen Metallisierungs-Layern (MET1, MET2, …, MET6) sind hier nur zwei exemplarisch dargestellt. Es stehen zwei Polysilizium-Layer zur Verfügung (POLY und POLY2) (Abb. 10.35, 10.36).

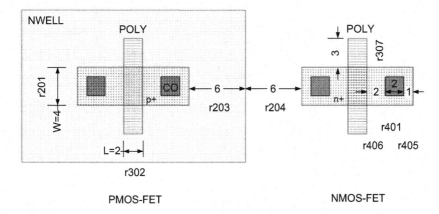

Abb. 10.37 PMOS-, NMOS-FET-Layout mit Drain- und Source-Kontakten (CO)

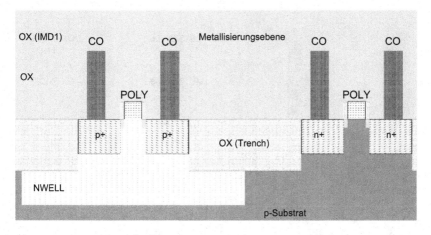

Abb. 10.38 Schnitt durch PMOS- und NMOS-FET

Die Minimal-Geometrie bei den Metall-Layern ist jeweils 3λ (r501, r701) und bei den Poly-Si-Layern 2λ (r301, r311). Die Minimal-Abstände sind entsprechend 4λ (r502) und 3λ (r304). In Klammern stehen die entsprechenden Layout-Regeln.

PMOS-, NMOS-Transistoren Low-Leakage Minimaltransistoren: $W / L = 4\lambda/2\lambda$

PMOS-FET mit Gate- (POLY), Drain- und Source-Gebieten (p^+ (DIFFP)) und Kontakten (CO) (Abb. 10.37, 10.38).

NMOS-FET mit Gate- (POLY), Drain- und Source-Gebiete (n^+ (DIFFN)) und Kontakten (CO) (Abb. 10.37, 10.38).

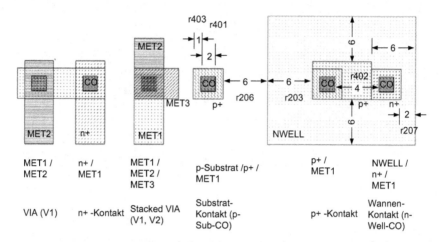

Abb. 10.39   Kontakte und Via's, n-Wanne, n⁺- und p⁺-Gebiete

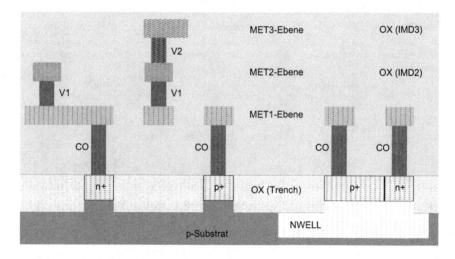

Abb. 10.40   Schnitt durch Kontakte und Via's, n-Wanne, n⁺- und p⁺-Gebiete

n-Wanne, n⁺- und p⁺-Gebiete, Kontakte und Via's (Abb. 10.39, 10.40)

Bemerkung: Eine Überkreuzung von n⁺-Layer (n-Diffusionsgebiet) mit dem Gate-Layer (POLY) bildet einen NMOS-FET und eine Überkreuzung von p⁺-Layer (p-Diffusionsgebiet) mit dem Gate-Layer (POLY) bildet einen PMOS-FET. Das Überkreuzungsgebiet definiert den Kanal des FET (Selbstjustierung (Self Alignment)).

Die Layout-Regeln werden im Technologie-File spezifiziert, was nachfolgend auszugsweise am Beispiel des MICROWIND-Technologie-Files *CMOS_STD.rul* veranschaulicht ist (Abb. 10.41).

Abb. 10.41 Auszug aus dem Technologie-File: *CMOS_STD. rul*

```
* Well
r101 = 10      (well width)
r102 = 10      (well spacing)
*
* Diffusion
r201 = 4       (diffusion width)
r202 = 4       (diffusion spacing)
r203 = 6       (border of nwell on diffp)
r204 = 6       (nwell to next diffn)
r205 = 0       (diffn to diffp)
r206 = 6       (nwell to next diffp)
r207 = 2       (border of nwell on diffn)
r210 = 16      (Minimum diffusion surface lambda2)
*
* Poly
r301 = 2       (poly width)
...
r304 = 3       (poly spacing)
...
* Poly 2
r311 = 2       (poly2 width)
r312 = 3       (poly2 spacing)
...
* Contact
r401 = 2       (contact width)
r402 = 4       (contact spacing)
r403 = 1       (metal border for contact)
r404 = 1       (poly border for contact)
r405 = 1       (diff border for contact)
r406 = 2       (contact to gate)
r407 = 1       (poly2 border for contact)
*
* Metal
r501 = 3       (metal width)
r502 = 4       (metal spacing)
...
* Metal 2
r701 = 3       (metal 2 width)
r702 = 4       (metal 2 spacing)
```

10.4   Integrierte Widerstände

10.4.1 Widerstände, Elektrische Eigenschaften

Prinzipiell kann jede leitfähige Schicht als Widerstands-Layer benutzt werden. Üblicherweise können die n-, p-Diffusionszonen, n-, p-Wannen, das Polysilizium und Metall zur Realisierung von Bahnwiderständen benutzt werden, wobei die Wahl des Layers vom Widerstandswert, der geforderten Toleranz und dem gewünschten Temperaturkoeffizienten abhängt (Abb. 10.42).

Für den Widerstand der dargestellten Schicht gilt allgemein:

$$R = \frac{\rho}{t_{sh}} \cdot \frac{L}{W} \tag{10.2}$$

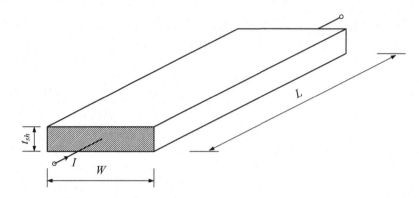

Abb. 10.42 Widerstand einer regulären homogenen Schicht

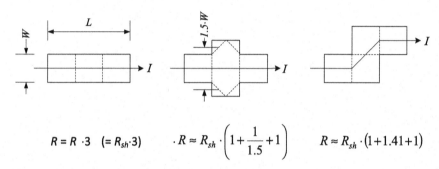

$$R = R \cdot 3 \quad (= R_{sh} \cdot 3) \qquad \cdot R \approx R_{sh} \cdot \left(1 + \frac{1}{1.5} + 1\right) \qquad R \approx R_{sh} \cdot (1 + 1.41 + 1)$$

Abb. 10.43 Beispiele zur approximativen Berechnung nicht regulärer Layer

Mit dem spezifischen Widerstand der Schicht ρ ([.] = $\Omega \cdot$ m) und der Schichtdicke t_{sh} ([.]=m), die üblicherweise durch die Technologie festgelegt und damit für den jeweiligen Widerstands-Layer als konstant angenommen wird. Der reguläre streifenförmige Layer hat die Länge **L** und die Breite **W**, die im Rahmen der Layoutregeln frei gewählt werden können.

Man definiert den für die jeweilig verwendete Widerstandsschicht spezifischen Schichtwiderstand (sheet resistance):

$$R_{sh} = \frac{\rho}{t_{sh}} \tag{10.3}$$

Der Wert des Schichtwiderstands R lässt sich dann wie folgt ermitteln:

$$R = R_{sh} \cdot \frac{L}{W} \tag{10.4}$$

Ein quadratisch layouteter Widerstand ($L = W$) hat gerade den Widerstandswert R_{sh}. Deshalb wird der Schichtwiderstand oft auch als (quadratischer) Flächenwiderstand $R_{\square}$ ($= R_{sh}$) in der Einheit $\Omega/\square$ (Ohm per Square) bezeichnet. Die formale Einheit $\square$ (Quadrat, Square) ist dimensionslos.

Der Widerstand R lässt sich somit auch als Reihenschaltung von n Quadraten veranschaulichen: $R = R_{\square} \cdot n\square$ ($= R_{sh} \cdot L/W$) (Abb. 10.43).

Der wirksame Widerstand für streifenförmige Strukturen ergibt sich aus dem Schichtwiderstand R_{sh} ($=R_\square$) multipliziert mit der Anzahl der jeweiligen Quadrate längs der Stromrichtung. Bei unstetigen Verläufen (Ecken, Breitenvariation etc.) muss die Bestimmung über feldtheoretische Berechnungen (Poisson-Gleichung etc.) führen. Näherungsweise gelten für elementare nicht reguläre Layer-Strukturen die oben angegebenen Formeln.

Bemerkung: Wird der Widerstand über Kontakte angeschlossen, sind die wirksamen Kontaktwiderstände hinzu zurechnen: $R_{ges} = R + R_{CO}$.

10.4.2 Ausführungsvarianten, Widerstandstypen

Je nach Wahl des Layers sind folgende Realisierungen für integrierte Widerstände üblich:

1. Poly-Widerstände (poly resistor, thin film resistor)
2. Metall-Widerstände (metal resistor), sehr niederohmig
3. Diffusionswiderstände (Diffusionsgebiete) p- oder n-dotiert (diffused resistor)
4. Wannenwiderstände (well resistor (n-, p-well)).

Diffusions- und Wannenwiderstände nutzen jeweils ein n- oder p-dotiertes Gebiet als Widerstandslayer und sind von der Umgebung durch eine Sperrschicht (gesperrter pn-Übergang, Raumladungszone) elektrisch isoliert. Die Weite der Raumladungszone beeinflusst direkt die wirksame Schichtdicke des Layers und damit den Schichtwiderstand R_{sh}. Da die Weite der Raumladungszone von der entsprechenden Sperrspannung U_{Sperr} (> 0 V) abhängt, ist der Widerstand spannungsabhängig. Die Temperaturabhängigkeit (NTC) verringert sich mit der Dotierungskonzentration.

Poly- als auch Diffusionswiderstände sind mit oder ohne Salicide herstellbar. Ohne Salicide (Self aligned silicide) erreicht man einen Schichtwiderstand R_{sh}, der rund eine Größenordnung höher ist. Die Salidation wird mit der Unsalicide-Maske ausgeblendet, wenn der Widerstand ohne Salicide realisiert werden soll.

Sowohl Metall- als auch Poly-Widerstände sind vollständig durch ein sie umgebendes Dielektrikum (OX) elektrisch isoliert. Dadurch sind sie spannungsunabhängig und weisen einen nur sehr kleinen Temperaturkoeffizienten auf.

Die Polysiliziumschicht mit Salicide weist einen typischen Schichtwiderstand von weniger als 10 Ω, ohne Salicide von weniger als 100 Ω auf (Abb. 10.44).

Speziell für den dargestellten Poly-Widerstand (*CMOS-STD: R* **ohne Salicide**: $R_{sh} = 50$ Ω) ergibt sich folgender Nominalwert:

$$R_{nom} = 50 \ \Omega \cdot \frac{2,4 \ \mu m}{0,1 \ \mu m} = 1,2 \ k\Omega$$

Die parasitäre Kapazität C ist beim Poly- (Metall-) Widerstand geringer als bei den übrigen Widerstandstypen und außerdem spannungsunabhängig.

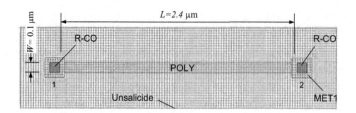

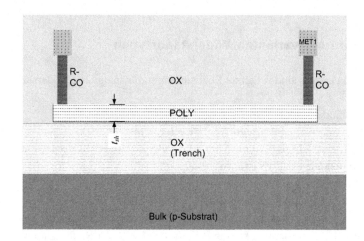

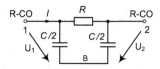

Abb. 10.44 Poly-Widerstand ohne Salicide: Layout, Querschnitt und Ersatzschaltung

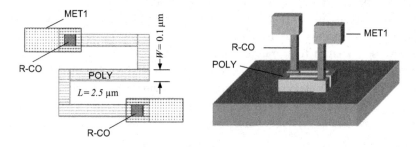

Abb. 10.45 Poly-Widerstand mit Anschlüssen (MET1): Mäander-Layout, 3D Darstellung

Tab. 10.1 Typ. Kenndaten verschiedener Widerstandstypen

Typ	Schichtwiderstand R_{sh} /Ω		Absolute Toleranz $\pm \Delta_{nom}$ /%	Matching Toleranz $\pm \Delta_{matched}$ /%	Spannungs Koeffizient VCR (%/V)	Tempera-tur Koeffizient TCR/(%/°C)
	Mit Salicide	Ohne Salicide (Un-salicide)				
Poly	2 ... 10 (5)	20 ... 100 (50)	±10	±1	≈0	+0,02... +0,2 (+0,1)
Metall	0,02 ...0,08 (0,06)		±10	±1	0	+10−3 ...10−2 (+0,01)
Al	0,09 bei $t_{sh} = 0,3$ µm					
Cu	0,06 bei $t_{sh} = 0,3$ µm					
p+/n+- Diffusion	5 ... 50 (20)	50 ... 500 (200)	±20	±2	+0,02...+0,1 (+0,06)	+0,05...+0,3 (+0,15)
n-/p-Well	100 ...4 k (120)		±30	±3	+2...+5 (+3)	+0,5...+1,2 (0,8)

Die klassische Realisierungsform eines linearen Widerstandes ist der Poly-Widerstand für typische Widerstandswerte, die kleiner als ca. 10 kΩ sind. Bei größeren Widerstandswerten wird die Layoutfläche meist unakzeptabel groß und man tendiert zum Diffusionswiderstand.

Das mäanderförmige Layout (Abb. 10.45) stellt in vielen Fällen eine flächenoptimale Lösung dar. Speziell für den oben dargestellten Poly-Widerstand (*CMOS-STD*: *R* **mit Salicide**: $R_{sh} = 5\ \Omega$) ergibt sich:

$$R_{nom} = 50\ \Omega \cdot \frac{2,5\ \mu m}{0,1\ \mu m} = 125\ \Omega$$

10.4.3 Zusammenfassung

Nachfolgend sind die typischen Widerstands-Kenndaten zusammengefasst (*CMOS-STD*):

Unter absoluter Toleranz versteht man die maximal mögliche Abweichung $\pm \Delta_{nom}$ vom Nominalwert ($R = R_{nom} \pm \Delta_{nom}$).

„Matched"-Bauelemente unterliegen den ideal gleichen physikalischen, geometrischen und thermischen Bedingungen. Zwei nominal identische Widerstände R_1 und R_2 ($R_{1,nom} = R_{2,nom}$) sind „matched", wenn sie das gleiche Layout haben, am gleichen Ort platziert sind und der gleichen Temperatureinwirkung unterliegen. Im folgenden Kapitel wird auf diese wichtige Design-Eigenschaft noch näher eingegangen. Die „Matching"-Toleranz $\pm \Delta_{matched}$ (Toleranzverhältnis, relative Toleranz) ist folglich die maximal mögliche Abweichung zwischen R_1 und R_2, d. h. der tatsächliche Widerstandswert von R_2 lässt sich in Abhängigkeit von R_1 wie folgt angeben: $R_{2,tats.} = R_{1,tats.} \pm \Delta_{matched}$ (Tab. 10.1).

Tab. 10.2 Typische
Kontaktwiderstände

Kontaktwiderstand Einzelkontakt ($2\lambda \times 2\lambda$)	Min./Ω	Typ./Ω	Max./Ω
Metall – n$^+$/p$^+$Aktivgebiet	4	10	30
Metall-Poly	4	10	30
Metall1 (n) – Metall2 (n+1) (VIA)	0,5	2	4

Mit dem Temperaturkoeffizienten TCR in %:

$$TCR/\% = \frac{1}{R_{nom}} \cdot \frac{\Delta R}{\Delta T} \cdot 100 \tag{10.5}$$

und dem Spannungskoeffizienten VCR in %:

$$VCR/\% = \frac{1}{R_{nom}} \cdot \frac{\Delta R}{\Delta U} \cdot 100 \tag{10.6}$$

gilt:

$$R(T,\, U) \cong R_{nom} \cdot \left(1 + \frac{TCR/\%}{100} \cdot \Delta T + \frac{VCR/\%}{100} \cdot \Delta U \right) \tag{10.7}$$

R_{nom} ist der Nominalwert des Widerstands bei 27 °C ($=T_{nom}$) und bei der nominalen Sperrschichtspannung 0 V.

$\Delta T = T - T_{nom}$ (≥ 0 oder < 0) und $\Delta U = U$ ($= U_{Sperr}$) (stets ≥ 0)

Für T und U_{Sperr} können in guter Näherung jeweils die Mittelwerte verwendet werden.

10.4.4   Kontaktwiderstände

Die Kontaktwiderstände, die als Übergangswiderstand vom Kontakt zum planmäßigen Bahnwiderstand auftreten müssen bei der Schaltungsdimensionierung unter Umständen berücksichtigt werden. Typische Werte sind der Tabelle zu entnehmen (Tab. 10.2).

10.5   Entwurfszentrierung, Toleranzverhalten, Matching

10.5.1   Entwurfszentrierung

Das spezifizierte Verhalten einer Schaltung, das nachfolgend Entwurfsziel Q genannt wird, wird üblicherweise von einer Vielzahl von Designparametern P_i beeinflusst: $Q = Q(P_1, \ldots, P_n)$. Als **Designparameter** versteht man alle n signifikanten Einflussgrößen einer Schaltung, beispielsweise die **Bauelementparameter**, die aufgrund der Prozess-Schwankungen toleranzbehaftet sind und die **Temperatureinwirkung**.

Idealerweise sollte das Entwurfsziel Q nicht oder nur minimal von Schwankungen der Entwurfsparameter P_i abhängen. Man spricht dann von einem optimal **entwurfszentrierten Design**.

Die Güte der Entwurfszentrierung (Design Centering) lässt sich mit Hilfe der Empfindlichkeiten S_i, die als Änderung von Q in Relation zur Parametervariation von P_i definiert sind, angeben:

$$S_i = \left.\frac{\partial Q}{\partial P_i}\right|_{nom} = \left.\frac{\Delta Q}{\Delta P_i}\right|_{nom} \tag{10.8}$$

oder in relativer Darstellung, d. h. bezogen auf die Nominalwerte:

$$S_{i,rel} = \left.\frac{\partial Q/Q_{nom}}{\partial P_i/P_{i,nom}}\right|_{nom} = \left.\frac{S_i}{Q_{nom}/P_{i,nom}}\right|_{nom} \tag{10.9}$$

Sind die Beträge aller **Empfindlichkeiten $|S_i|$ minimal**, dann reagiert die Schaltung unempfindlich gegenüber Parameterschwankungen. Es liegt ein **zentrierter Entwurf**, der gut reproduzierbar ist und damit eine hohe Ausbeute bei der Herstellung sicherstellt, vor. Die Entwurfszentrierung ist in der Regel von der Wahl der Schaltungsstruktur abhängig. Da es meist viele Schaltungsvarianten gibt, die die gleiche Aufgabe, d. h. das gleiche Entwurfsziel realisieren, liefert erst eine Empfindlichkeits-Analyse die Güte der Entwurfszentrierung.

Auf Basis der Empfindlichkeiten lässt sich auch eine Toleranz-Analyse durchführen, die die Toleranz (maximale absolute Abweichung) des Entwurfsziels und damit das ungünstigste Schaltungsverhalten (worst case, *wc*) liefert:

$$\pm\Delta Q_{wc}(= \pm\Delta Q_{max}) = \sum_i \left|S_i \cdot \pm\Delta_{i,nom}\right| \tag{10.10}$$

mit den symmetrischen absoluten Toleranzen $\pm\Delta_{i,\,nom}$ der Schaltungs-Parameter P_i, $i = 1 \ldots n$.

In der meist benutzten relativen, bzw. prozentualen Form dargestellt:

$$\pm\Delta Q_{wc,rel} = \frac{\pm\Delta Q_{wc}}{Q_{nom}} = \sum_i \left|S_{i,rel} \cdot \frac{\pm\Delta_{i,nom}}{P_{i,nom}}\right|, \text{ bzw.}$$

$$\pm\Delta Q_{wc}\% = \sum_i \left|S_{i,rel} \cdot \pm\Delta_{i,nom}/\%\right| \tag{10.11}$$

Die prozentualen Größen sind bekanntlich folgendermaßen definiert:

$$\pm \Delta_{i,nom}\% = \frac{\pm\Delta_{i,nom}}{P_{i,nom}} \cdot 100,$$

$$\pm \Delta Q_{wc}\% = \frac{\pm\Delta Q_{wc}}{Q_{nom}} \cdot 100 \tag{10.12}$$

10.5.2 Toleranzverhalten, Matching

Aufgrund der Ungenauigkeiten des Herstellungsprozesses wird jede hergestellte Charge, jeder Wafer der Charge und jede Komponente (Bauelement) auf dem Wafer eine eigene relativ große Varianz aufweisen. Integrierte Bauelemente haben somit eine entsprechend große **absolute Parametertoleranz** $\pm_{nom}/\%$, die typischerweise deutlich größer als 10 % sein kann.

Wir betrachten nun ein Bauelement i mit dem Parameter P_i, welches auf einem Chip (Die) im Punkt (x_i, y_i) implementiert ist. P_i wird von seinem Nominalwert $P_{i,\,nom}$ im Rahmen der Toleranz abweichen, wobei die Abweichung $D_{i,\,nom}$ ortsabhängig sein wird:

$$P_i(x_i, y_i) = P_{i,nom} + \Delta_{i,nom}(x_i, y_i) \tag{10.13}$$

Zwei nominal gleiche Bauelemente 1 und 2 (P_{nom}, Δ_{nom}), die lokal im Abstand Δx, Δy eng benachbart angeordnet sind (gepaarte Bauelemente), werden sich bezüglich ihrer Parameterwerte nur relativ wenig unterscheiden. Die Abweichung, die als **Matching-Abweichung** (relative Abweichung) $\Delta_{matched}$ bezeichnet wird, ist betragsmäßig viel kleiner als die jeweilige absolute Parameter-Abweichung $|\Delta_{1,nom}|$, bzw. $|\Delta_{2,nom}|$. Das gilt dann auch entsprechend für die **Matching-Toleranz** $\pm \Delta_{matched}/\%$, die typischerweise kleiner als 1 % sein kann:

$$\Delta_{matched} = P_1(x_1, y_1) - P_2(x_2, y_2) = \Delta_{nom}(x_1, y_1) - \Delta_{nom}(x_2, y_2)$$
$$|\Delta_{matched}| \ll |\Delta_{1,nom}|, |\Delta_{2,nom}| \text{ und } \pm \Delta_{matched}/\% \ll \pm\Delta_{nom}/\% \tag{10.14}$$

Zusammenfassung Man bezeichnet zwei Bauelemente des gleichen Typs als **idealmatched**[6] (übereinstimmend (angepasst) bezüglich ihres Toleranzverhaltens) oder als **ideal gepaart**, wenn sie den **ideal gleichen physikalischen**, **geometrischen** und **thermischen** Bedingungen unterliegen.

Ihre Parameter variieren dann nur maximal mit der **Matching-Toleranz** (Toleranzverhältnis, relative Toleranz) $\pm \Delta_{matched}$ die sehr viel kleiner als die absolute Toleranz ist.

Zwei eng benachbarte Komponenten, die noch dazu eine gleiche Orientierung und Größe (Layout-Fläche) aufweisen, erfüllen die Matching-Bedingungen meist bereits recht gut, da sie praktisch den gleichen Fertigungs-Bedingungen und -Abweichungen bezüglich Dotierung, Salicidation, Schichtdicke, Ätzen, Lithografie etc. unterliegen.

Aufgrund der lokalen Nähe ist auch die Temperatureinwirkung auf beide Komponenten nahe ideal gleich.

Entwurfszentrierung und Matching sind zwei Maßnahmen, um das Worst-Case-Verhalten zu optimieren.

Anhand eines einfachen **Beispiels** sollen die Zusammenhänge veranschaulicht werden: Als Schaltungsstruktur betrachten wir einen invertierenden OPV-Verstärker: R_1 im Eingangspfad, R_2 in der Rückkopplung

---

[6]Gebräuchlich sind auch die Begriffe matchend, bzw. matchende Bauelemente.

Entwurfsziel Q: Spannungsverstärkung $V_U = -R_2/R_1$

3 signifikante Design-Parameter ($n = 3$): R_1, R_2 (matched) und T (der Temperatureinfluss sei auf alle Bauelemente gleich)

Design-Randbedingungen: Poly-Widerstände ($TCR_1 = TCR_2 = TCR$, $VCR = 0$)

$$V_U(R_1, R_2, T) = -\frac{R_{2,nom} \cdot \left(1 + \frac{\pm\Delta_{nom}/\%}{(100)}\right) \cdot \left(1 + \frac{\pm\Delta_{matched}/\%}{(100)}\right) \cdot \left(1 + \frac{TCR/\%}{(100)} \cdot \Delta T\right)}{R_{1,nom} \cdot \left(1 + \frac{\pm\Delta_{nom}/\%}{(100)}\right) \cdot \left(1 + \frac{TCR/\%}{(100)} \cdot \Delta T\right)}$$

$$V_U(R_1, R_2, T) = -\frac{R_{2,nom}}{R_{1,nom}} \cdot \left(1 \pm \frac{\Delta_{matched}/\%}{100}\right) \qquad (10.15)$$

Man erkennt, dass die Spannungsverstärkung unabhängig von T ist. Die Matching-Toleranz bestimmt die Gesamt-Toleranz. Die Schaltung ist optimal entwurfszentriert.

Für den Entwurf von Komponenten, die in einem weiten Temperaturbereich eingesetzt werden sollen und die möglichst unempfindlich gegenüber Prozessschwankungen und gegenüber elektrischen Störeinkopplungen („Ground Bounce", …) sein müssen, ist eine detaillierte Toleranz-Analyse sehr wichtig.

10.5.3 Common-Centroid-Layout

Da zwei matched Bauelemente nicht ideal am gleichen Ort, sondern nur eng benachbart platziert werden können, stellen wir ein Layout Verfahren vor, dass weitgehend ideales Matching gewährleistet.

Wir betrachten auf einem Chip ein örtlich eng begrenztes Gebiet, in dem die matched Bauelemente platziert werden. Man spricht auch von geometrischer Lokalität. In diesem Fall kann man davon ausgehen, dass die Prozessparameter (Dotierung, Lithografie, Ätzung, …) und folglich auch die entsprechend beeinflussten Entwurfs-, bzw. Bauelementparameter P_i einen jeweils örtlich konstanten Gradienten (grad($P_i (x, y) =$ konst.) aufweisen. Die Designparameter $P_i = P_i$ (x, y) sind damit durch ein lineares Skalarfeld darstellbar.

Im folgenden Bild ist die Situation exemplarisch für einen Poly-Widerstand R_{Poly} dargestellt. Der Widerstandswert von R_{Poly} ($= P_i (x, y) = R (x, y)$) habe im Punkt $(x_0, y_0) = (3, 3)$ den Nominalwert R_{nom} ($= R (3, 3) = 100\,\Omega$) und variiert im Bereich von $82\,\Omega$ … $118\,\Omega$ ($\pm \Delta_{nom}/\% = 18$).

Unter den genannten Voraussetzungen kann man den Wert eines beliebigen Parameters P_i im Punkt (x, y) um das Zentrum (x_0, y_0) des lokalen Gebiets folgendermaßen angeben:

$$P_i(x, y) = P_i(x_0, y_0) + grad(P_i(x_0, y_0))^T \cdot \begin{pmatrix} x - x_0 \\ y - y_0 \end{pmatrix} \qquad (10.16)$$

$$\text{mit } grad(P_i(x, y)) = \begin{pmatrix} \partial P_i/\partial x \\ \partial P_i/\partial y \end{pmatrix} = \underline{\Delta P_i'}(= \underline{konst}) \qquad (10.17)$$

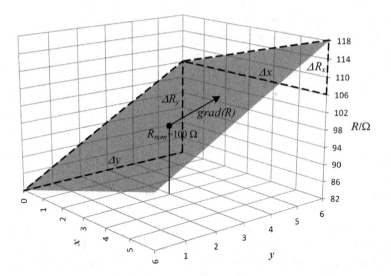

Abb. 10.46 Konstanter Gradient grad (R) für P_i (x, y) in einem begrenzten (x, y)- Gebiet, hier speziell für den Widerstandswert von $R_{poly} = R(x, y) = Pi(x, y)$

$$\text{für } P_i = R \text{ ist} \quad grad(R(x,y)) = \begin{pmatrix} \Delta R_x / \Delta x = 12/6 \\ \Delta R_y / \Delta y = 24/6 \end{pmatrix} = \begin{pmatrix} 2 \\ 4 \end{pmatrix} = \underline{\Delta R'} (= \text{konst}) \qquad (10.18)$$

Wir layouten nun zwei matched Widerstände R_1 und R_2 auf Basis der R_{Poly} -Struktur (R_0 in Bild mit dem Widerstandswert $R(x, y)$ (Abb. 10.46)), die uns als Einheitsstruktur dient. Dazu werden $m1$ und $m2$ gleiche R_{Poly} -Strukturen jeweils als Reihenschaltung zusammengesetzt:

$$R_1 = \sum_{j=1}^{m1} R(x_{1,j}, y_{1,j}), \quad R_2 = \sum_{l=1}^{m2} R(x_{2,l}, y_{2,l})$$

Beide Layouts werden so konstruiert, dass sie den **gleichen Flächenschwerpunkt** (x_s, y_s) haben:

$$\begin{pmatrix} x_s \\ y_s \end{pmatrix} = \frac{1}{m1} \cdot \begin{pmatrix} \sum_{j=1}^{m1} x_{1,j} \\ \sum_{j=1}^{m1} y_{1,j} \end{pmatrix} = \frac{1}{m2} \cdot \begin{pmatrix} \sum_{l=1}^{m2} x_{2,l} \\ \sum_{l=1}^{m2} y_{2,l} \end{pmatrix} \Leftrightarrow$$

$$\begin{pmatrix} \sum_{j=1}^{m1} (x_{1,j} - x_s) \\ \sum_{j=1}^{m1} (y_{1,j} - y_s) \end{pmatrix} = \begin{pmatrix} \sum_{l=1}^{m2} (x_{2,l} - x_s) \\ \sum_{l=1}^{m2} (y_{2,l} - y_s) \end{pmatrix} = \begin{pmatrix} 0 \\ 0 \end{pmatrix} \qquad (10.19)$$

dann gilt für die Widerstandswerte (Parameterwerte):

$$R_2 = \sum_{l=1}^{m2} \left(R(x_s, y_s) + \left(grad(R(x_s, y_s)) \right)^T \cdot \begin{pmatrix} x_{2,l} - x_s \\ y_{2,l} - y_s \end{pmatrix} \right) = m_2 \cdot R(x_s, y_s)$$

$$R_1 = \sum_{j=1}^{m1} \left(R(x_s, y_s) + \left(grad(R(x_s, y_s)) \right)^T \cdot \begin{pmatrix} x_{1,j} - x_s \\ y_{1,j} - y_s \end{pmatrix} \right) = m_1 \cdot R(x_s, y_s) \qquad (10.20)$$

R_1 und R_2 sind jetzt **ideal matched**.

Das Prinzip lässt sich folgendermaßen verallgemeinern: Zwei oder mehr Bauelemente, die von den gleichen Designparametern P_i abhängen, d. h. auf den gleichen Grundstrukturen basieren, sind **ideal matched** ($\pm \Delta_{matched}/\% = 0$), wenn ihr **Layout-Flächenschwerpunkt** jeweils **gleich** ist (**Common-Centroid-Layout**). Die ideal örtlich matched Bauelemente verhalten sich dann so, als wären sie beide am gleichen Ort (x_s, y_s) platziert.

Da in der Realität unser örtliches Abweichungsmodell (lineares Skalarfeld) nur in guter Näherung gilt (je kleiner das (x, y)-Gebiet, umso realistischer ist der konstante Gradient) und zusätzliche, zumindest geringe zufällige Prozessschwankungen auftreten, ist $\pm \Delta_{matched}/\%$ nicht $= 0$, allerdings sehr klein.

Zusammenfassend gilt für die tatsächlichen Parameter P_1, P_2 von zwei (oder mehr) Bauelementen, die ein Common-Centroid-Layout aufweisen und aus Vielfachen (m_1, m_2) einer regulären Einheitsstruktur ($P_0(x, y)$) bestehen:

$$P_1 = m_1 \cdot P_0(x_s, y_s), P_2 = m_2 \cdot (P_0(x_s, y_s) \pm \Delta_{matched}/\%$$

$$\frac{P_2}{P_1} = \frac{m_2}{m_1} \pm \Delta_{matched}/\% \qquad (10.21)$$

Im ungünstigsten Fall (worst case) (Abb. 10.47):

$$P_{1,2,wc} = P_{1,2,nom} \pm \Delta_{nom}/\% = m_{1,2} \cdot (P_{0,nom} \pm \Delta_{nom}/\%)$$

R_1 besteht aus $m_1 = 4$ und R_2 aus $m_2 = 2$ Poly-Widerständen R_{Poly} (Abb. 10.47) mit den jeweiligen Widerstandswerten:

$$R(x, y) = R(0, 0) + (grad(R(x, y)))^T \cdot \begin{pmatrix} x \\ y \end{pmatrix} = 82 + (2 \ 4) \cdot \begin{pmatrix} x \\ y \end{pmatrix} = 82 + 2x + 4y$$

daraus ergeben sich:

$$R_1 = \sum_{j=1}^{4} R(x_{1,j}, y_{1,j}) = R(1,3) + R(3,3) + R(4,3) + R(6,3)$$

$$= 96 + 100 + 102 + 106 = 404 \ \Omega$$

$$R_2 = \sum_{l=1}^{2} R(x_{2,l}, y_{2,l}) = R(2,3) + R(5,3) = 98 + 104 = 202 \ \Omega$$

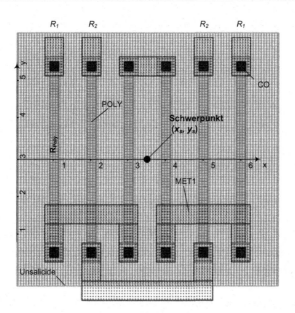

Abb. 10.47 Common-Centroid-Layout von 2 Widerständen (R_1, R_2) basierend auf R_{POLY}

R_1, R_2 sind ideal matched, da $R_1/R_2 = m_1/m_2 = 4/2$.
Andererseits gilt mit $(x_s, y_s) = (3,5, 3)$ (Common-Centroid):

$$R_1 = 4 \cdot R(x_s, y_s) = 4 \cdot R(3,5,3) = 4 \cdot 101 \ \Omega = 404 \ \Omega$$
$$R_2 = 2 \cdot R(x_s, y_s) = 2 \cdot 101 \ \Omega = 202 \ \Omega$$

10.5.4 Layout-Strukturen

Einheitsstrukturen (Basislayouts) mit symmetrischer Geometrie (R_0 im nach stehenden Bild) lassen sich sehr flexibel zu größeren Strukturen (R_1 mit $R_{1,nom} = 3 \cdot R_{0,nom}$) zusammensetzen. Die wirksamen spezifischen parasitären Effekte (Rand-, Flächenkapazitäten, Kontaktwiderstände,…) verhalten sich jeweils gleichartig (Abb. 10.48).

Mit Schutzringen (Schutzgittern) (Abb. 10.49) können elektrische Störeinkopplungen reduziert werden. Das p^+-Schutzgitter, das mit Bulk und über B-CO mit den begrenzenden U_{SS}-MET1-Schienen verbunden ist, wirkt ähnlich wie ein Schirm-Käfig (siehe Schnittbilder A–A und B–B) (Abb. 10.50, 10.51).

10.5.5 Design-Empfehlungen

Entwurfsregeln und Empfehlungen für ein gutes Toleranzverhalten und für einen robust störsicheren Betrieb, die nicht auf integrierte Widerstände beschränkt sind, sondern

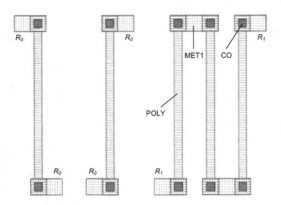

Abb. 10.48 Layout von R_1 basierend auf der symmetrischen Einheitsstruktur R_0

Abb. 10.49 Poly-Widerstand
$R1$ mit p⁺-Schutzgitter

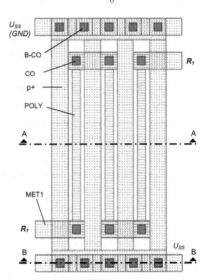

Abb. 10.50 Schnitt A–A,
Poly-Widerstand mit p⁺-
Schutzgitter

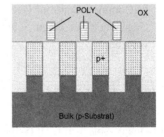

sinngemäß für alle integrierten Bauelemente und Schaltkreise gelten, lassen sich wie folgt zusammenfassen:

1. Die absolute Toleranz integrierter Komponenten ist typischerweise sehr hoch. Eine niedrige absolute Bauelement-Toleranz erfordert einen sehr hohen Aufwand.

Abb. 10.51 Schnitt B–B,
seitliche Schirmung mit
MET1, B-CO, p⁺ und Bulk

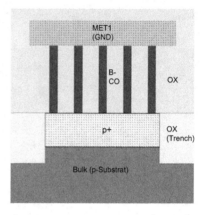

2. Eine niedrige relative Toleranz (Matching-Toleranz) kann erreicht werden, wenn die folgenden **Matching-Regeln** beachtet werden:
   a. Gleiche Temperatureinwirkung T auf die einzelnen Komponenten.
   b. Gleiche örtliche Verhältnisse (geometrische **Lokalität**). Eng benachbarte Platzierung, gleiche Orientierung und gleiche Nachbarstrukturen, damit sie den gleichen Prozessbedingungen unterliegen, wie z. B. Dotierung, Lithografie (Maskenversatz), …Am Waferrand sind die absoluten und relativen Prozessabweichungen tendenziell am größten.
   c. Gleichartige Layout-Strukturen (Einheitsstrukturen, **Regularität**) verwenden. Bei Vervielfältigung von Einheitsstrukturen sind die layoutabhängigen Toleranzen, die auf Flächen- und Randeffekten beruhen, gleich. Ansonsten möglichst Geometrien mit gleichen Flächen/Rand-Verhältnis wählen.
   d. Große Strukturen verwenden. Die absoluten geometrischen Abweichungen skalieren sich auf die Geometriegröße.
   e. Möglichst gleiche elektrische Bedingungen einstellen, z. B. gleiche Sperrspannung U_{Sperr} bei spannungsabhängigen Komponenten.
   f. Common-Centroid-Geometrie verwenden
3. Gegebenenfalls einen Schutzring (guard ring) gegen elektrische Störeinkopplungen vorsehen.

10.6   Kapazitäten

In einem typischen CMOS-Bulk-Querschnitt treten eine Vielzahl von wirksamen Kapazitäten auf (Abb. 10.52), die meist parasitär wirken. Grundsätzlich ist zwischen **spannungsabhängigen** (Sperrschichtkapazitäten) und **spannungsunabhängigen** Kapazitäten (Oxid als Dielektrikum, typ. Poly- und Metall-Kapazitäten) zu unterscheiden. Die Parameterwerte sind im Technologie-File abgelegt.

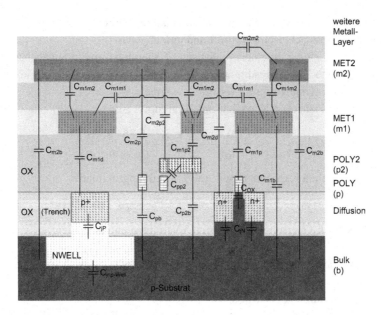

Abb. 10.52 Kapazitäten im CMOS Querschnitt

Für planmäßige Anwendungen, also zur Realisierung von Kondensatoren, werden vorzugsweise spannungsunabhängige Kapazitäten verwendet.

Die Darstellung beschränkt sich auf zwei Metallisierungs-Ebenen. Sie lässt sich jedoch sinngemäß auf beliebig viele Metall-Lagen erweitern. Die Kapazitätswerte werden prinzipiell aus einem Flächen- (Area) und einem Randanteil (Side Wall) gebildet. Der Flächenanteil wird vom elektrischen Feld, welches senkrecht zwischen den „flächenartigen" Elektroden wirkt (vgl. Plattenkondensator), verursacht. Er stellt meist den dominanten Anteil dar. Streufelder an den Strukturrändern verursachen den Randanteil. Je nach Querschnitt und Geometrie können die Randanteile gegenüber den Flächenanteilen mehr oder weniger dominant sein. Bei dicken schmalen Leitern sind die Randanteile meist nicht zu vernachlässigen, während bei breiten relativ dünnen Strukturen die Flächenanteile dominant sind.

Als Bezeichnungen für die Breite und Länge der Strukturen wird wie üblich W und L verwendet.

Spannungsunabhängige Kapazitäten Es gilt das folgende Berechnungsprinzip (Flächen- + Randanteil):

$$C = C_A' \cdot W \cdot L + C_{SW}' \cdot P \tag{10.22}$$

Mit dem Umfang P (Perimeter, Randlänge) einer rechteckigen Kapazität:

$$P = 2 \cdot (W + L) \tag{10.23}$$

Die Parameter werden meist durch eine Feldsimulation ermittelt und dann mit geeigneten Teststrukturen messtechnisch überprüft und ggf. angepasst.

Nachfolgend sind einige durchaus realistische Näherungsformeln angegeben, die gut als Grundlage für eine Schaltungsdimensionierung und -optimierung dienen können und die oft auch bei der Layoutextraktion verwendet werden.

Für den flächenspezifischen Kapazitätsanteil (aF/µm²) gilt:

$$C_A' \approx \frac{\varepsilon_{OX}}{t_{OX}} = \frac{\varepsilon_{r,OX} \cdot \varepsilon_0}{t_{OX}} = \frac{\varepsilon_{r,OX} \cdot 8{,}854 \text{ aF/µm}}{t_{OX}/\text{µm}} \tag{10.24}$$

Für den randspezifischen Kapazitätsanteil[7] (aF/µm) gilt approximativ:

$$C_{SW}' \approx \varepsilon_{OX} \cdot 1{,}12 = \varepsilon_{r,OX} \cdot \varepsilon_0 \cdot 1{,}12 = \varepsilon_{r,OX} \cdot 10 \text{ aF/µm} \tag{10.25}$$

In einem CMOS-Bulk-Querschnitt lassen sich 3 Varianten unterscheiden:

1. Vertikal wirkende Kapazitäten zwischen Layer und Body (Bulk, Aktivgebiete). Hier sind die Flächen- und Randparameter signifikant, was typisch bei Kapazitätsbelägen von Leitungsstrukturen gegen Masse ist.
2. Vertikal wirkende Koppel-Kapazitäten zwischen zwei unterschiedlichen Layern (MET1-MET2, ...). Hier sind typischerweise die Flächeneffekte dominant, die Randparameter werden meist nicht spezifiziert; typisch bei planmäßigen Kapazitäten (**integrierte Kondensatoren**).
3. Horizontal wirkende Kapazitäten (laterale Koppelkapazitäten): Zwischen zwei benachbarten Layern einer Ebene wird eine kapazitive Kopplung (kapazitives Übersprechen) wirksam. Diese laterale Kopplung kann durch eine Koppelkapazität (C_{XX}) modelliert werden. In erster Linie betrifft das Leiterbahnen (MET$_X$-MET$_X$ Strukturen). Ausgehend von der Sakurai-Formel[8] für Koppelkapazitäten von Streifenleitern können wir speziell für die typischen Verhältnisse von integrierten Leiterstrukturen die einfache, aber für Abschätzungen durchaus brauchbare Näherung (laterale Flächenkapazität) angeben:

$$C_{XX} = \frac{\varepsilon_{xtk,X}(= \text{Crosstalk} - \text{Perm.})}{d_{XX}(= \text{Abstand})} \cdot t_{sh,X}(= \text{Schichtdicke}) \cdot L(= \text{Länge}) \tag{10.26}$$

Mit der schichtspezifischen Übersprechkapazität (Crosstalk-Kapazität) $C_{xtk,\,XX}$:

$$C_{xtk,XX} = \varepsilon_{xtk,X} \cdot t_{sh,X} \tag{10.27}$$

---

[7]Basiert auf einer Abschätzung der Randkapazität nach N. v.d. Meijs and J.T. Fokkema, VLSI Circuit Reconstruction from Mask Topology, IEEE Integration, 1984.

[8]T. Sakurai and T. Kamaru, Simple Formulas for Two- and Three-Dimensional Capacitanceset, IEEE Trans. Electron Devices, Feb. 1983.

lässt sich die laterale Koppelkapazität wie folgt schreiben:

$$C_{XX} = C_{xtk,XX} \cdot \frac{L(= \text{Länge})}{d_{XX}(= \text{Abstand})} \tag{10.28}$$

Beispiel

Zwei MET1-Leiter ($m1$) der Schichtdicke $t_{sh} = 0{,}3\ \mu\text{m}$ sind im Abstand $d = 0{,}5\ \mu\text{m}$ über eine Länge $L = 10\ \mu\text{m}$ parallel geführt. Das Intermetall-Dielektrikum (IMD1) hat eine effektive Permittivität $\varepsilon_{r,\,OX} = 2{,}7$ ($\varepsilon_{OX} = 2{,}7 \cdot 8{,}854\ \text{aF}/\mu\text{m} = 23{,}9\ \text{aF}/\mu\text{m}$). Dann ergibt sich:

$C_{xtk,\,m1m1} = \varepsilon_{OX} \cdot t_{sh} = 23{,}9\ \text{aF}/\mu\text{m} \cdot 0{,}3\ \mu\text{m} = 7{,}2\ \text{aF}$ und für die wirksame Koppelkapazität:

$$C_{m1m1} = C_{xtk,m1m1} \cdot \frac{L}{d} = 7{,}2\ \text{aF} \cdot \frac{10\ \mu\text{m}}{0{,}5\ \mu\text{m}} = \underline{144\ \text{aF}}$$

Spannungsabhängige Kapazitäten Es gilt wiederum das folgende Berechnungsprinzip (Flächen- + Randanteil):

$$C_j(U) = C_j'(U) \cdot W \cdot L + C_{jSW}'(U) \cdot P_j \tag{10.29}$$

Mit dem Umfang P_j (Perimeter, Randlänge) einer rechteckigen Sperrschicht:

$$P_j = 2 \cdot (W + L) \tag{10.30}$$

Bei abrupten pn-Übergängen mit $U = U_{Sperr}$ gilt in hinreichender Näherung für die spezifischen Sperrschichtkapazitäten:

$$C_j'(U) = \frac{C_{j0}'}{\sqrt{1 + U_{Sperr}/\Phi_D}} \qquad C_{jSW}'(U) = \frac{C_{j0SW}'}{\sqrt{1 + U_{Sperr}/\Phi_D}} \tag{10.31}$$

C_j', C_{j0}' sind flächenspezifisch (F/m²)
C_{jSW}', C_{j0SW}' sind längenspezifisch (F/m)
ϕ_D Diffusionsspannung (typ. 0,6 …0,8 V).

In Tab. 10.3 sind die typ. Kap.-Parameter aufgelistet.

10.6.1 POLY-POLY Kondensator

Wenn in der Prozesstechnologie zwei Poly-Layer (POLY, POLY2) zur Verfügung stehen, dann ist der POLY-POLY Kondensator eine der üblichen Realisierungsvarianten für lineare Kapazitäten. Aufgrund des typ. relativ kleinen Schichtabstandes zwischen POLY und

Tab. 10.3 Kapazitätsparameter des 0,1 μm *CMOS-STD* Prozesses

Kapazitätstyp	Parameter	Typ. Wert (*CMOS-STD*)
Gate-Kanal (MOS-Kapazität)	C'_{OX}	$17{,}250$ aF/μm^2
1. Body-Kapazitäten		
MET1-Bulk (Wanne/Substrat)	C'_{m1b}	30 aF/μm^2
MET1-Bulk-Rand	C'_{m1bSW}	39 aF/μm
MET2-Bulk	C'_{m2b}	18 aF/μm^2
MET2-Bulk-Rand	C'_{m2bSW}	38 aF/μm
MET1-Diffusion	C'_{m1d}	44 aF/μm^2
MET1-Diffusion-Rand	C'_{m1dSW}	39 aF/μm
MET2-Diffusion	C'_{m2d}	23 aF/μm^2
MET2-Diffusion-Rand	C'_{m2dSW}	38 aF/μm
POLY-Bulk	C'_{pb}	86 aF/μm^2
POLY-Bulk-Rand	C'_{pbSW}	30 aF/μm
POLY2-Bulk	C'_{pb}	52 aF/μm^2
POLY2-Bulk-Rand	C'_{pbSW}	27 aF/μm
2. Vertikale Koppel-Kapazitäten ($C'_{SW} \cong 0$)		
MET1-POLY	C'_{m1p}	60 aF/μm^2
MET1-POLY2	C'_{m1p2}	70 aF/μm^2
MET1-MET2	C'_{m1m2}	90 aF/μm^2
MET2-POLY	C'_{m2p}	30 aF/μm^2
MET2-POLY2	C'_{m2p2}	33 aF/mm^2
POLY2-POLY	C'_{p2p}	4000 aF/μm^2
3. Laterale Koppel-Kapazitäten		
MET1-MET1-Koppelkapazität	$C_{xtk,\,m1m1}$	7 aF $\cdot \mu m/\mu m$
MET2-MET2-Koppelkapazität	$C_{xtk,\,m2m2}$	7 aF $\cdot \mu m/\mu m$
Sperrschicht-Kapazitäten		
n-Diffusion	C'_{j0N}	350 aF/μm^2
n-Diffusion-Rand	C_{j0NSW}	100 aF/μm
p-Diffusion	C_{j0P}	300 aF/μm^2
p-Diffusion-Rand	C_{j0PSW}	100 aF/μm
n-/p-Wanne (Substrat)	$C_{j0np\text{-}Well}$	250 aF/μm^2
n-/p-Wanne-Rand	$C_{j0np\text{-}WellSW}$	100 aF/μm^2

POLY2 ist die spezifische Flächenkapazität C'_{p2p} recht hoch. Es lassen sich dadurch relativ große Kapazitätswerte flächenoptimal realisieren (Abb. 10.53, 10.54).

Zur besseren Übersichtlichkeit wird das Intermetall-Dielektrikum IMD (OX) nicht dargestellt. Das gilt auch für die folgenden 3D Darstellungen.

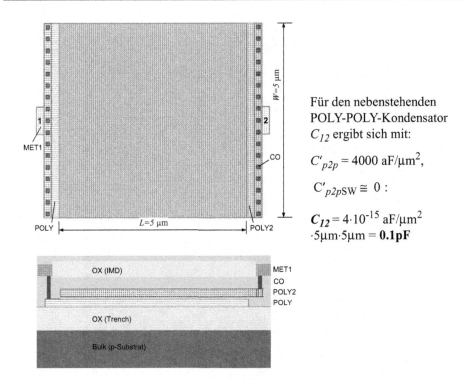

Für den nebenstehenden
POLY-POLY-Kondensator
C_{12} ergibt sich mit:

$C'_{p2p} = 4000$ aF/μm^2,

$C'_{p2pSW} \cong 0$:

$C_{12} = 4 \cdot 10^{-15}$ aF/μm^2
$\cdot 5\mu$m$\cdot 5\mu$m $= \mathbf{0.1pF}$

Abb. 10.53   POLY-POLY Kondensator C_{12}, Layout und Querschnitt

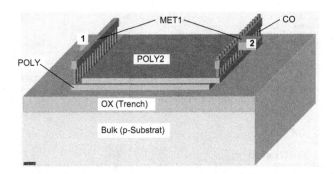

Abb. 10.54   POLY-POLY Kondensator C_{12}, 3D Ansicht (ohne OX (IMD))

10.6.2 Multi Metall Kondensator

Der Metall-Metall, bzw. der Multi Metall Kondensator ist die Standard Realisierungsform für lineare Kapazitäten, ist allerdings nicht so flächenminimal wie der POLY-POLY
Kondensator (Abb. 10.55, 10.56).

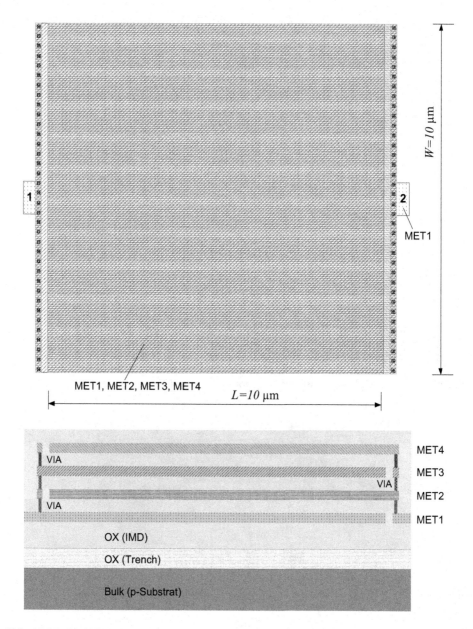

Abb. 10.55 Multi Metall Kondensator C_{12}, Layout und Querschnitt

Für den nebenstehenden Multi Metall Kondensator C_{12} mit drei Dielektrizitätslag-energibt sich:

$$C'_{m1m2} = C'_{m2m3} = C'_{m3m4} = 90 \text{ aF}/\mu\text{m}^2,$$
$$C'_{\text{SW}} \cong 0$$
$$C_{12} = 3 \times 90 \cdot (10 \cdot 10) \text{ aF} = \mathbf{27 \text{ fF}}$$

Abb. 10.56 Multi Metall Kondensator C_{12}, 3D Ansicht (ohne OX (IMD))

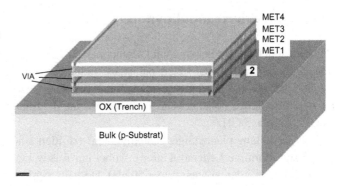

Tab. 10.4 Kondensator Kenndaten

Typ	Flächen-spezifische Kapazität C'_A / aF/μm² (typ.)	Rand-spezifische Kapazität C'_{SW} / fF/μm (typ.)	typ. Absolute Toleranz /%	typ. Matching Toleranz /%	Temp.-Koeff. TCC/ % / °C (typ.)
Poly-Poly	1000 ... 6000 (4000)	≈ 0	± 10	± 0.1	+0.003 ... +0.005 (+0.004)
Metall-Metall	20 ... 150 (90)	≈ 0	± 10	± 0.1	+0.003 ... +0.005 (+0.004)

10.6.3 Zusammenfassung

In Tab. 10.4 sind die wichtigsten Kenndaten zusammengefasst (typ. 0,1 μm *CMOS-STD*). Mit dem Temperaturkoeffizienten *TCC* in %:

$$TCC/\% = \frac{1}{C_{nom}} \cdot \frac{\Delta C}{\Delta T} \cdot 100 \qquad (10.32)$$

gilt für den Wert des Kondensators:

$$C(T) \cong C_{nom} \cdot \left(1 + \frac{TCC/\%}{100} \cdot \Delta T\right) \qquad (10.33)$$

Matching Reproduzierbarkeit von Kondensatoren Es gelten sinngemäß die gleichen Prinzipien wie beim Matching von Widerständen:

1. Common Centroid-Anordnung
2. Zusammenbau aus einer Vielzahl von regulären Kondensator-Basiszellen
3. Guard Ring gegen elektrische Störungen.

10.7   Integrierte Induktivitäten

Bei den üblichen Bauelement- und Komponenten-Abmessungen in integrierten Schaltungen (Sub-μm-Bereich) treten parasitäre Induktivitäten typischerweise im Sub-nH-Bereich auf, so dass das induktive Schaltungsverhalten gegenüber dem kapazitiven und resistiven Verhalten üblicherweise nicht signifikant ist, zumindest bis weit in den GHz-Bereich (bis ca. 5 GHz).

Die Herstellung planmäßiger Induktivitäten[9] erfordert eine relativ große Layoutfläche (lange spiralförmige Leiterstrukturen), wobei nur relativ kleine Induktivitätswerte sinnvoll realisiert werden können (typ. < 50 nH). Deshalb werden in integrierten Schaltungen üblicherweise nur dann planmäßige Induktivitäten verwendet, wenn es aus schaltungstechnischer Sicht als unbedingt erforderlich angesehen wird. Typische Anwendungen sind LC-Oszillatoren im GHz Bereich.

10.8   Integrierte Leitungen

10.8.1 Allgemeines Leitungsmodell

Grundsätzlich gilt auch für integrierte Leitungen das aus der Leitungstheorie bekannte Modell der allgemeinen verlustbehafteten Leitung, das man sich anschaulich aus einer sehr großen Anzahl kleiner Leitungssegmente der Länge Δx zusammengesetzt denken kann. In Abb. 10.57 ist die diskrete Ersatzschaltung eines einzelnen Leitungssegments dargestellt, dessen Eigenschaft durch die längenspezifischen Parameter R', G', L' und C', die man auch als Widerstands-, Ableit-, Induktivitäts- und Kapazitätsbelag bezeichnet, charakterisiert wird. Wenn man die Segmentlänge Δx infinitesimal klein werden lässt ($\Delta x\,(=\partial\mathrm{x})\rightarrow 0$), erhält man das verteilte (kontinuierliche) Leitungsmodell (Wellenmodell),

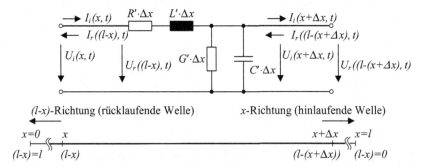

Abb. 10.57 Allgemeines Modell eines Leitungssegments der Länge Δx mit Spannungs- und Stromwellen am Ort x, zum Zeitpunkt t

---

[9]Th. H. Lee, The Design of CMOS Radio-Frequency Integrated Circuits, Cambridge University Press, 2004.

das durch die orts- und zeitabhängigen partiellen Differentialgleichungen, die als Wellengleichungen bezeichnet werden, beschrieben wird.

Im allgemeinen Leitungsmodell werden die ohmschen Verluste einer Leitung durch R' und die dielektrischen und die durch Leckströme verursachten Verluste durch G' modelliert. Wobei in typischen Anwendungen die dielektrischen gegenüber den ohmschen Verlusten vernachlässigbar klein sind.

Ohne explizit auf die Herleitung des Wellenmodells einzugehen, fassen wir die wichtigsten Ergebnisse zusammen:

Die Signal- oder **Wellenausbreitungsgeschwindigkeit** v_{ph}, auch Phasengeschwindigkeit genannt, ergibt sich mit den Parametern des Leitungsmodells zu $1/(L' \cdot C')^{0,5}$. Sie entspricht quasi dem Verhältnis „Weg (Leitungslänge)/Laufzeit" $= l/t_D$.

Andererseits weiß man aus der Feld- und Wellentheorie, dass sich die Wellengeschwindigkeit aus der Lichtgeschwindigkeit c_0 ($= 3 \cdot 10^8$ m/s) dividiert durch das geometrische Mittel der relativen Permeabilität μr und effektiven Permittivität $\varepsilon_{r,eff}$ des Dielektrikums angeben lässt:

$$v_{ph} = \frac{l}{t_D} = \frac{1}{\sqrt{L' \cdot C'}} = \frac{c_o}{\sqrt{\mu_r \cdot \varepsilon_{r,eff}}}$$

(10.34)

Ist $\varepsilon_{r,eff}$, μ_r und C' bekannt, lässt sich L' direkt angeben:

$$L' = \frac{\mu_r \cdot \varepsilon_{r,eff}}{C' \cdot c_o^2}$$

(10.35)

Die **Laufzeit** t_D ergibt sich dann wie folgt:

$$t_D = \frac{l}{v_{ph}} = \sqrt{L' \cdot C'} \cdot l = \frac{\sqrt{\mu_r \cdot \varepsilon_{r,eff}} \cdot l}{c_o}$$

(10.36)

Bei Betrachtungen im Frequenzbereich ist die **Wellenlänge** λ ein wichtiger Parameter der Signalausbreitung:

$$\lambda = \frac{v_{ph}}{f} = \frac{1}{f \cdot \sqrt{L' \cdot C'}} = \frac{c_o}{f \cdot \sqrt{\mu_r \cdot \varepsilon_{r,eff}}}$$

(10.37)

10.8.2 Modell der integrierten Leitung

Eine integrierte Leitung verhält sich wie eine verlustbehaftete, vollständig im Dielektrikum geführte Streifen- (embedded Microstrip-) Leitung, wobei typischerweise R' signifikant ist. G' ist dagegen vernachlässigbar und wird in den nachfolgenden Ausführungen vernachlässigt ($G' = 0$). R' wird signifikant vom DC-Schichtwiderstand R_{sh} ($= \rho/t_{sh}$) des Leitungslayers Ltg bestimmt: $R' = R_{sh, Ltg}/W$. Zusätzlich kann insbesondere bei hohen Frequenzen der Skineffekt signifikant werden, was zu einer Vergrößerung des Leitungsbelages R' führt.

Der Skineffekt, der die Abnahme der Stromdichte (Stromverdrängung) zum Leiterin-
neren aufgrund von induzierten Wirbelströmen beschreibt, ist durch die äquivalente Leit-
schichtdicke (Skintiefe δ_{skin}) charakterisiert[10].

$$\delta_{skin} = \sqrt{\frac{\rho}{\mu \cdot f \cdot \mu_r \cdot \mu_0}} \text{ speziell für Cu bei } f = 10\,\text{GHz ist } \delta_{skin} = 0,7\,\mu\text{m} \quad (10.38)$$

Der Stromfluss wird hauptsächlich innerhalb der konzentrischen Leitschicht δ_{skin} stattfinden, sodass sich ein äquivalenter Skin-Schichtwiderstand $R_{sh,skin}$ approximativ wie folgt
angeben lässt:

$$R_{sh,skin} = \frac{\rho}{2 \cdot \delta_{skin}} \quad (10.39)$$

Der Skineffekt wird nur bei Leitungsdicken $t_{sh} > 2 \cdot \delta_{skin}$ maßgeblich. Somit ergibt sich
folgender wirksamer Schichtwiderstand $R_{sh,Ltg}$ und Leitungsbelag R':

$$R_{sh,Ltg} = Max\left\{R_{sh,skin}, R_{sh}\left(= \frac{\rho}{t_{sh}}\right)\right\} \text{ und damit } R' = \frac{R_{sh,Ltg}}{W} \quad (10.40)$$

Bei CMOS-Technologien, die Cu-Leitungslayer verwenden, spielt der Skineffekt meist
keine Rolle, was aber im Einzelfall nachzuprüfen ist.

Die Leitungslänge l und die Breite W sind identisch mit den entsprechenden Layout
Geometrien L und W.

Die Permeabilität μ_r lässt sich in sehr guter Näherung mit **1** abschätzen. Die effektive
Permittivität $\varepsilon_{r,eff}$ hängt vom Dielektrikum und von der Geometrie (t_{sh}, W, Abstand von
der Masse-Ebene (Bulk) etc.) ab. Ist die Leitung vollständig vom Inter-Metall-Dielektrikum (IMD, z. B. SiO_2) umschlossen, sind die Felder hauptsächlich im Dielektrikum
lokalisiert und man kann als effektive Permittivität näherungsweise die des Dielektrikums ($\varepsilon_{r,eff} \approx \varepsilon_{r,eff,IMD}(= \varepsilon_{r,SiO_2})$) annehmen.

Der Kapazitätsbelag C' ergibt sich mit der bereits vorgestellten Beziehung für integrierte Kapazitäten ($C = C'_A \cdot WL + C'_{SW} \cdot P$, wobei $P = 2 \cdot (W+L) \cong 2 \cdot L$) wie folgt:

$$C' = C'_A \cdot W + C'_{SW} \cdot 2 \quad (10.41)$$

Der Induktivitätsbelag L' lässt sich dann indirekt mit der o. a. Beziehung ermitteln (hier
spez. mit SiO_2 als IMD: $\varepsilon_{r,eff} \approx \varepsilon_{r,SiO_2} = 3,9$, $\mu_r = 1$ und $c_0 = 3 \cdot 10^8$ m/s):

$$L' = \frac{\mu_r \cdot \varepsilon_{r,eff}}{C' \cdot c_0^2} \cong \frac{1 \cdot 3,9}{(C'_A \cdot W + C'_{SW} \cdot 2) \times (3 \cdot 10^8\,\text{m/s})^2} \quad (10.42)$$

Das allgemeine Leitungsmodell werden wir nun für den Fall einer typischen integrierten Leitung spezialisieren, wobei wir bei den nachfolgenden Abschätzungen von ungünstigen Randbedingungen ausgehen. Die Länge l ($=L$) einer integrierten Leitung liegt
typischerweise im Sub-mm-Bereich, wobei $L = 1$ mm bereits als geometrisch sehr lang

---

[10]$\rho_{Cu} = 1,7 \cdot 10^{-2}\,\Omega\,\mu\text{m}$, $\mu_r = 1$, $\mu_0 = 1,256 \cdot 10^{-6}\,\text{V s/(A m)}$.

Abb. 10.58 Allgemeines konzentriertes Modell der integrierten Leitung (Länge l ($=L$))

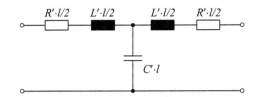

einzuschätzen ist. Des Weiteren wollen wir von einer Signalübertragung mit sehr hoher Dynamik ausgehen und wirksame Systemfrequenzen bis ca. 10 GHz betrachten.

Mit den folgenden betriebsmäßigen und technologischen Randbedingungen: l ($= L$) $\leq$ **1 mm**, $f \leq$ **10 GHz**, Dielektrikum SiO$_2$: $\mu_r = 1$, $\varepsilon_{r,eff} \approx 3{,}9$, $c_0 = 3 \cdot 10^8$ m/s (Lichtgeschwindigkeit) erhalten wir die folgenden Werte für die Ausbreitungsgeschwindigkeit v_{ph}, die Wellenlänge λ und die Signallaufzeit t_D:

$$v_{ph} = \frac{c_o}{\sqrt{\mu_r \cdot \varepsilon_{r,eff}}} \approx \frac{3 \cdot 10^8 \, \text{m/s}}{\sqrt{1 \cdot 3{,}9}} = \underline{0{,}15 \, \text{mm/ps}}$$

$$\lambda = \frac{v_{ph}}{f} \leq \frac{0{,}15 \, \text{mm/ps}}{10 \, \text{GHz}} = \underline{15 \, \text{mm}}$$

$$t_D = \frac{l}{v_{ph}} \approx \frac{1 \, \text{mm}}{15 \, \text{mm/ps}} = \underline{6{,}7 \, \text{ps}}$$

(10.43)

$$\text{daraus folgt}: \frac{l}{\lambda} \leq \frac{1 \, \text{mm}}{15 \, \text{mm}} < \frac{1}{10}$$

Bei einer Leitungslänge deutlich kleiner als die Wellenlänge ($\lesssim 1/10$) spricht man in der **Leitungstheorie** von einer „**kurzen Leitung**", die durch ein finites $RL_{ind}C$-Leitungsmodell ($G' = 0$) (siehe nachfolgendes Bild) mit bereits **zwei Leitungssegmenten** ($\Delta x = l/2$) sehr realistisch modellierbar ist. Wir setzen die zwei Leitungssegmente symmetrisch zusammen und erhalten das konzentrierte Modell einer integrierten Leitung, das für praktisch alle technisch relevanten Fälle als ausreichend realistisch angesehen werden kann (Abb. 10.58).

10.8.3 Beispiel einer typischen Signalleitung

Wir betrachten eine typische **Cu-Signalleitung** (*CMOS-STD*, Metall-Layer **MET1**) der Breite $W = 1$ μm und der Länge l ($=L$)$= 1$ **mm** für Systemfrequenzen $f \lesssim$ **10 GHz** (Abb. 10.59).

Mit den Prozessparametern Wirksame Leitungsdicke $t_{sh} =$ **0,3** μm ($< \delta_{skin,Cu}$ ($f = 10$ G Hz)$\approx 0{,}7$ μm)

Schichtwiderstand: $R_{sh, Ltg} = R_{sh} =$ **0,06** Ω ($= \rho/t_{sh} = 1{,}7 \cdot 10^{-2}$ Ω μm/0,3 μm)
Kapazitätsparameter: $C'_A = C'_{m1b} = 30$ aF/μm^2, $C'_{SW} = C'_{m1bSW} = 39$ aF/μm

Abb. 10.59 $RL_{ind}C$-Modell der Leitung

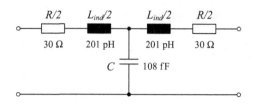

ergeben sich die folgenden Leitungsparameter:

$$R_{sh,Ltg} = Max\left\{\frac{\rho}{\delta_{skin}}, \frac{\rho}{t_{sh}}(= R_{sh})\right\} = R_{sh} \text{ und damit } R' = \frac{R_{sh}}{W} = \frac{0{,}06\,\Omega}{1\,\mu m} = \underline{60\frac{\Omega}{mm}}$$

$$R = R' \cdot l = 60\frac{\Omega}{mm} \cdot 1\,mm = \underline{60\,\Omega}$$

$$C' \cong C_{m1b} \cdot W + C_{m1bSW} \cdot 2 = 30\frac{aF}{\mu m^2} \cdot 1\,\mu m + 39\frac{aF}{\mu m} \cdot 2 = \underline{108\frac{aF}{\mu m}}\left(=\frac{fF}{mm} = \frac{pF}{m}\right)$$

$$C = C' \cdot l = 108\frac{fF}{mm} \cdot 1\,mm = \underline{108\,fF}$$

$$\text{Mit } L' = \frac{\mu_r \cdot \varepsilon_{r,eff}}{C' \cdot c_0^2} \text{ folgt: } L' = \frac{1 \cdot 3{,}9}{108 \cdot 10^{-12}\text{F/m} \cdot (3 \cdot 10^8 \text{m/s})^2} = \underline{402\frac{pH}{mm}}$$

$$L_{ind} = L' \cdot l = 402\frac{fF}{mm} \cdot 1\,mm = \underline{402\,pH} \tag{10.44}$$

Die Zahlenwerte sind nicht nur speziell für unser Beispiel relevant, sondern können sinngemäß als Anhaltswerte für typische integrierte Leitungsstrukturen angesehen werden. Da für die meisten technisch relevanten Systemfrequenzen, zumindest bis weit in den 10 GHz-Bereich, der Widerstandsbelag R' gegenüber dem Reaktanzbelag dominant ($R' > |j\,\omega \cdot L'|$) bleibt, liegt eine stark gedämpfte Leitung vor, deren Verhalten sich unter Vernachlässigung des Induktivitätsbelags als **RC-Modell** nachbilden lässt. In vielen Fällen, insbesondere bei digitalen Anwendungen, ist der wirksame Ausgangswiderstand R_0 des Leitungstreibers viel größer als R, dann lässt sich das RC-Modell auf ein einfaches **C-Modell** ($R_0 \gg R$) reduzieren.

Zusammenfassend lässt sich feststellen, dass das $R\,L_{ind}\,C$-Modell als das umfassende und sehr realistische Modell für alle Belange, sowohl analoge als auch digitale, angesehen werden kann (Abb. 10.59).

Da die integrierte Signalleitung typischerweise stark gedämpft ist, liefert bereits das RC-Modell eine sehr realistische Beschreibung und wird deshalb als Standard-Modell verwendet. Ist die Signalquelle hochohmig gegenüber dem Leitungswiderstand R, lässt sich das Verhalten allein durch die Kapazität der Leitung hinreichend genau beschreiben (Abb. 10.60).

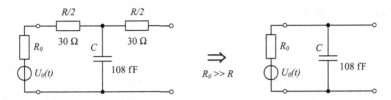

Abb. 10.60 RC-, C-Modell der Leitung mit Ansteuerung ($U_0(t)$)

10.8.4 Leitungskopplung

Bei integrierten Leitungen überwiegt die kapazitive gegenüber der induktiven Kopplung. Eine hinreichend genaue Beschreibung des kapazitiven Kopplungsmechanismus ist durch nachfolgendes Modell (Abb. 10.61) gegeben, wie es typischerweise bei einer Postlayout-Extraktion und –Simulation Verwendung findet.

Die Koppelkapazität C_{XX} wurde bereits im Kapitel Kapazitäten eingeführt. Mit Hilfe der schichtspezifischen Übersprechkapazität (Crosstalk-Kapazität) $C_{xtk,XX}$ lässt sich bekanntlich die Koppelkapazität allgemein wie folgt angeben:

$$C_{XX} = C_{xtk,XX} \cdot \frac{l(\equiv L(\text{Leitungslänge}))}{d_{XX}(= \text{Abstand})} \quad (10.45)$$

Das Modell lässt sich einfach auf Bussysteme und unsymmetrische Fälle erweitern. Das gilt auch für das entsprechende RC-Modell ($L' \to 0$).

Abb. 10.61 Allgemeines Modell von zwei miteinander gekoppelten integrierten Leitungen 1–1 und 2–2 (symmetrische MET1-Doppelleitung) der Länge l mit dem Leitungsabstand d_{XX}

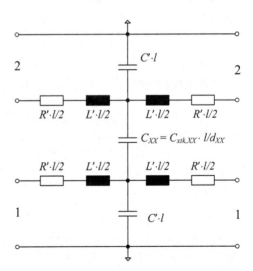

10.8.5 Zusammenfassung

Tab. 10.5 Typische Kenndaten integrierter Leitungen

Metall-Leitung-Modell	Kapazitäts-Belag (typ.)C' fF/mm	Widerstands-Belag (typ.) $R'\Omega/$ mm	Induktivitäts-Belag (typ.) L' pH/mm	Verzögerungszeit, Laufzeit/Länge $t_{PD}/l, t_D/$lps/mm
Wellen-Modell	50 ... 500 (100)	10 ... 150 (60)	80 ... 800 (400)	t_D/l: 6,7
				t_{PD}/l: 5
$R\,L_{ind}\,C$-Modell				t_{PD}/l: 5
RC-Modell				t_{PD}/l: 5

Leitungskopplung	Spezifische Koppelkapazität (typ.) $C_{xtk,XX}$aF $\cdot$ µm/µm
MET-MET	2 ... 12 (7)

10.9 Signal-Übertragung, „Elmore-Delay"

Der Signalübertragung kommt bei elektronischen Systemen in der Regel eine ganz entscheidende Bedeutung zu. Deshalb wollen wir uns diesem wichtigen Thema ein wenig intensiver widmen. Die nachfolgenden Betrachtungen beziehen sich sowohl auf die Signalübertragungseigenschaften von integrierten Leitungen, als auch auf allgemeine Übertragungssysteme und lassen sich insbesondere zur Charakterisierung der Dynamik integrierter Komponenten sehr gut verwenden.

10.9.1 Konventionelle Definitionen

Es ist Konvention, die Signal-**Verzögerungszeit** t_{PD} (propagation delay time) als Zeitdifferenz zwischen dem Zeitpunkt, bei dem die positive (negative) Flanke des Ausgangssignals 50 % des Nominal-Zustands erreicht hat ($t_{OUT,50\%}$) und dem entsprechenden „50 % Punkt" des Eingangssignals ($t_{IN,50\%}$) zu definieren.

$$t_{PD} = t_{OUT,50\%} - t_{IN,50\%} \tag{10.46}$$

Sollten die Verzögerungen der positiven ($t_{PD,r}$) und negativen Flanken ($t_{PD,f}$) unterschiedlich sein, wird üblicherweise der Mittelwert angegeben: $t_{PD} = (t_{PD,r} + t_{PD,f})/2$.

Die **Anstiegszeit** t_r, bzw. **Abfallzeit** t_f eines Signals wird konventionell als Zeitdifferenz zwischen dem 90 %- und 10 %-, bzw. 10 %- und 90 %-Wert des Signals definiert.

Liegt der Ein- und Ausgangs-Signalverlauf vor, meist als Simulations- oder Mess-Ergebnis, dann lässt sich t_{PD}, t_r und t_f relativ einfach und eindeutig bestimmen (Abb. 10.62).

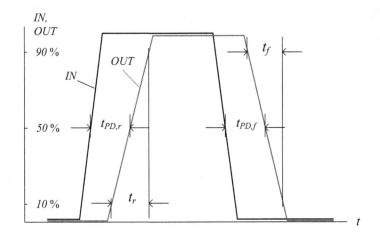

Abb. 10.62   Konventionelle Def. der Verzögerungs-, Anstiegs- und Abfallzeit (t_{PD}, t_r, t_f)

Legt man die konventionellen Definitionen zugrunde, ist es im Allgemeinen meist schwierig einfache geschlossene Formeln für die Verzögerungsgrößen anzugeben. Zur Abschätzung der Signalübertragungseigenschaften ist jedoch eine formelmäßige Beschreibung in Abhängigkeit der Systemparameter sinnvoll und auch notwendig, um eine Schaltung bezüglich ihrer Dynamik beurteilen und approximativ – im Sinne einer Startlösung – dimensionieren zu können.

10.9.2 „Elmore-Delay"

Zunächst wollen wir eine Abschätzung der Signalverzögerung angeben. Sie basiert auf relativ grundlegenden systemtheoretischen Betrachtungen und ist als sogenanntes „**Elmore-Delay**" T_D bekannt[11]. Für gedämpfte Übertragungssysteme, wie sie in integrierten Schaltungen typisch sind, ist die qualitative wie quantitative Übereinstimmung mit unserer oben definierten konventionellen Verzögerungszeit recht gut. Ausgangspunkt ist die Impulsverzögerung, wobei die zeitliche Differenz zwischen den Flächenschwerpunkten (Center) der Impulsantwort und des Stimulus-Impulses als „Elmore-Delay" T_D bezeichnet wird (Abb. 10.63).

Als Eingangsimpuls wird definitionsgemäß ein d-Impuls (Flächenschwerpunkt bei $t = 0$) vereinbart. Das Delay T_D ist dann die zeitliche Lage des Flächenschwerpunkts der Impulsantwort $h(t)$ ($H(f)$ = Fouriertransformierte ($h(t)$)). Zu dessen Bestimmung ist das Flächenmoment (Moment 1. Grades der Impulsantwort-Fläche) durch die Impulsfläche zu dividieren. Mit den Beziehungen der Fouriertransformation erhält man direkt die grundlegende Formel der **Verzögerungszeit nach Elmore**:

---

[11]Nach W.C. Elmore, The Transient Response of Damped Linear Networks ..., J. Appl. Phys., Jan. 1948.

Abb. 10.63 Impulsantwort
h(t) zur Definition der
Verzögerungs- (T_D) und
Anstiegszeit (T_r) nach Elmore

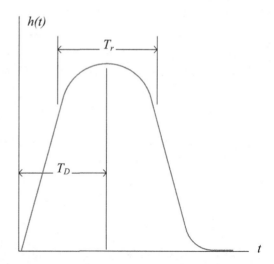

$$T_D = \frac{\int_{-\infty}^{+\infty} t \cdot h(t)dt}{\int_{-\infty}^{+\infty} h(t)dt} = -\frac{1}{j \cdot 2\pi \cdot H(0)} \cdot \frac{d}{df}H(f)\bigg|_{f=0} \qquad (10.47)$$

Wobei die folgenden elementaren Beziehungen der Fouriertransformation verwendet
wurden:

$$H(f) = \int_{-\infty}^{+\infty} h(t) \cdot e^{-j \cdot 2\pi \cdot f \cdot t}dt; \quad H(0) = \int_{-\infty}^{+\infty} h(t)dt$$

$$\frac{d^2}{df}H(f)\bigg|_{f=0} = \int_{-\infty}^{+\infty} -j \cdot 2\pi \cdot t \cdot h(t) \cdot e^{-j \cdot 2\pi \cdot f \cdot t}dt\bigg|_{f=0} = -j \cdot 2\pi \cdot \int_{-\infty}^{+\infty} t \cdot h(t)dt$$

$$(10.48)$$

Bei der Kaskadierung von 2 Übertragungssystemen: H(f) = H1(f) . H2(f) erhält man
als **Elmore-Delay:**

$$T_D = -\frac{1}{j \cdot 2\pi \cdot H_1(0) \cdot H_2(0)} \cdot \frac{d}{df}(H_1(f) \cdot H_2(f))|_{f=0} = T_{D1} + T_{D2} \quad (10.49)$$

Verallgemeinert auf eine Kaskadierung von n Übertragungssystemen, ergibt sich die
wichtige Eigenschaft des Elmore-Delays:

$$T_D = \sum_{i=1}^{n} T_{D,i} \qquad (10.50)$$

Die Gesamtverzögerung ist also die Summe aller Einzelverzögerungen.

Wir wollen den in der Praxis häufig auftretenden Spezialfall, die **Kaskadierung** von n
Systemen 1. Ordnung (PT$_1$-Glied i = 1 … n), die ein gedämpftes PT$_n$-Verhalten ergeben,
näher untersuchen.

Mit dem Frequenzgang eines beliebigen i. PT$_1$-Gliedes:

$$H_i(f) = \frac{1}{1 + j \cdot 2\pi \cdot f \cdot \tau_i} \qquad \cdot \qquad (10.51)$$

wobei τ_i die wirksame (entkoppelte) Zeitkonstante der i. Stufe darstellt, ergibt sich mit der Gl. (10.47) direkt:

$$
\begin{aligned}
T_{Di} &= -\frac{1}{j \cdot 2\pi \cdot H_i(0)} \cdot \frac{d}{df} H_i(f) \bigg|_{f=0} = \\
&= -\frac{1}{j \cdot 2\pi \cdot 1} \cdot \frac{-j \cdot 2\pi \cdot \tau_i}{(1 + j \cdot 2\pi \cdot f \cdot \tau_i)^2} \bigg|_{f=0} = \tau_i \qquad (10.52)
\end{aligned}
$$

Für ein System 1. Ordnung ist das Elmore-Delay T_D gleich der Zeitkonstanten τ. Für das **PT$_n$-System** mit τ_i ($i = 1 \ldots$ n) erhält man dann direkt das **Elmore-Delay**:

$$T_D = \sum_{i=1}^{n} \tau_i \qquad (10.53)$$

Die Verzögerungszeit t_{PD} nach der **konventionellen Definition** für ein System 1. Ordnung mit $\tau = \tau_i$ ergibt sich bekanntlich zu:

$$e^{\frac{-t_{PD}}{\tau_i}} = 0{,}5 \Rightarrow t_{PD} = \tau_i \cdot \ln 2 = 0{,}7 \cdot \tau_i \qquad (10.54)$$

Das Elmore Delay T_D liefert somit für den PT$_1$-Fall ein vergleichbares, leicht pessimistischeres Ergebnis (Gl. (10.52)). Für ein PT$_n$-Glied lässt sich keine geschlossene Formel für t_{PD} angeben.

Zur Beschreibung der „**Anstiegs-, Abfallzeiten nach Elmore**" T_r, T_f wollen wir der Einfachheit halber von einem symmetrischen Signalverhalten ausgehen, also gleiche Anstiegs- und Abfall-Flanken annehmen. Deshalb werden wir nachfolgend nur die Anstiegszeit T_r betrachten. Ohne Einschränkung der Allgemeingültigkeit lässt sich das Ergebnis natürlich sinngemäß auch auf den unsymmetrischen Fall übertragen und eine entsprechende Abfallzeit T_f angeben.

Ohne explizit auf die detaillierte Herleitung einzugehen, wollen wir das Prinzip kurz erläutern und plausibel machen. Aus der Systemtheorie sind folgende Zusammenhänge bekannt: Je breitbandiger ein System, umso kürzer ist die Anstiegszeit. Qualitativ äquivalent ist die Aussage: Je größer die Bandbreite, umso schmaler ist die Impulsantwort des Systems, was oft auch als „Unschärferelation der Systemtheorie" bezeichnet wird. Die Breite der Impulsantwort $h(t)$ ist also ein Maß für die Anstiegszeit t_r.

Elmore hat nun als Anstiegszeit T_r den **doppelten zentrischen Trägheitsradius** der $h(t)$**-Fläche** definiert (siehe Abb. 10.63). Für gedämpfte PT$_n$-Verzögerungs-systeme hat sich das als sehr realistisch erwiesen.

Das zentrische Flächenträgheitsmoment ist bekanntlich das Moment 2. Grades der $h(t)$-Fläche bezogen auf ihren Flächenschwerpunkt $(=T_D)$. Den entsprechenden quadratischen Trägheitsradius erhält man durch Division durch die $h(t)$-Fläche:

$$\left(\frac{T_r}{2}\right)^2 = \frac{\int_{-\infty}^{+\infty} t^2 \cdot h(t)\, dt}{\int_{-\infty}^{+\infty} h(t)\, dt} - (T_D)^2$$

$$= \frac{\frac{-1}{(2\pi)^2} \cdot \frac{d^2}{df^2} H(f)\Big|_{f=0}}{H(0)} - \left(-\frac{1}{j \cdot 2\pi \cdot H(0)} \cdot \frac{d}{df} H(f)\Big|_{f=0}\right)^2 \quad (10.55)$$

wobei folgende Beziehungen der Fouriertransformation verwendet wurden:

$$H(f) = \int_{-\infty}^{+\infty} h(t) \cdot e^{-j \cdot 2\pi \cdot f \cdot t}\, dt; \quad H(0) = \int_{-\infty}^{+\infty} h(t)\, dt$$

$$\frac{d}{df^2} H(f)\Big|_{f=0} = \int_{-\infty}^{+\infty} -(2\pi \cdot t)^2 \cdot h(t) \cdot e^{-j \cdot 2\pi \cdot f \cdot t}\, dt\Big|_{f=0} = -(2\pi)^2 \int_{-\infty}^{+\infty} t^2 \cdot h(t)\, dt$$

$$(10.56)$$

Gleichung (10.55) liefert direkt die **Signalanstiegszeit nach Elmore**:

$$T_r{}^2 = \frac{4}{(2\pi)^2 \cdot H(0)} \cdot \left[-\frac{d^2}{df^2} H(f)\Big|_{f=0} + \frac{1}{H(0)} \cdot \left(\frac{d}{df} H(f)\Big|_{f=0}\right)^2\right] \quad (10.57)$$

Das lässt sich leicht auf eine Kaskadierung von 2 Übertragungssystemen: $H(f) = H_1(f) \cdot H_2(f)$ erweitern und wird als **Elmore-Anstiegs-/Abfallzeit** bezeichnet:

$$T_r^2 = T_{r1}^2 + T_{r2}^2, \text{bzw. } T_r = \sqrt{T_{r1}^2 + T_{r2}^2} \quad (10.58)$$

Verallgemeinert auf eine Kaskadierung von n Übertragungssystemen, ergibt sich die **allgemeine** Formulierung der **Elmore-Anstiegs-/Abfallzeit**:

$$T_r^2 = \sum_{i=1}^{n} T_{ri}^2, \text{bzw. } T_r = \sqrt{\sum_{i=1}^{n} T_{ri}^2} \quad (10.59)$$

Wir wollen wiederum die **Kaskadierung** von n **Systemen1. Ordnung** (PT$_1$-Glieder), die ein gedämpftes PT$_n$-Verhalten liefern, untersuchen. Mit Gl. (10.57) unter Verwendung von Gl. (10.56) erhalten wir für das **i. PT$_1$-Glied**:

$$T_{ri}^2 = \frac{4}{(2\pi)^2 \cdot H(0)} \cdot \left[-\frac{d^2}{df^2} H(f)\Big|_{f=0} + \frac{1}{H(0)} \cdot \left(\frac{d}{df} H(f)\Big|_{f=0}\right)^2\right]$$

$$= \frac{4}{(2\pi)^2 \cdot 1} \cdot \left[-\frac{2 \cdot (j \cdot 2\pi \cdot \tau_i)^2}{(1 + j \cdot 2\pi \cdot f \cdot \tau_i)^3}\Big|_{f=0} + \frac{1}{1} \cdot \left(\frac{-j \cdot 2\pi \cdot \tau_i}{(1 + j \cdot 2\pi \cdot f \cdot \tau_i)^2}\Big|_{f=0}\right)^2\right] = 4 \cdot (\tau_i)^2$$

$$T_{ri} = 2 \cdot \tau_i \quad (10.60)$$

Abb. 10.64 n-stufige RC-Kette

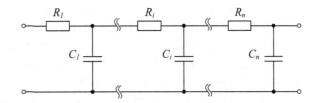

Die Anstiegszeit t_r für ein System 1. Ordnung kann somit nach Elmore durch die 2-fache Zeitkonstante abgeschätzt werden.

Für das **PT_n-System** erhält man dann direkt:

$$T_r = 2 \cdot \sqrt{\sum_{i=1}^{n} \tau_i^2} \tag{10.61}$$

Die Anstiegszeit t_r für ein System 1. Ordnung mit $\tau = \tau_i$ nach der **konventionellen Definition** (90 % − 10 %) ergibt sich bekanntlich zu:

$$t_r = t(90\,\%) - t(10\,\%) = \ln\left(\frac{0,9}{0,1}\right) \cdot \tau_i = \underline{2,2 \cdot \tau_i} \tag{10.62}$$

Die Elmore Anstiegszeit $T_r = 2 \cdot \tau_i$ für den PT_1-Fall ist geringfügig kleiner. Für ein beliebiges gedämpftes PT_n-Glied lässt sich keine geschlossene Formel für t_r angeben.

Die **3dB-Bandbreite**B $(=f_{g,3dB} = B_{3dB})$ lässt sich für gedämpfte PT_n-Systeme mit Hilfe der Anstiegszeit approximativ ermitteln. Für typische Fälle, die mittel bis stark gedämpft sind, ist folgender Variationsbereich typisch: $B = 2\pi \cdot (2\ldots 2,2)/t_r$.

Wir werden für die nachfolgenden Betrachtungen grundsätzlich folgenden Zusammenhang benutzen:

$$B = B_{3dB} = 2\pi \cdot \frac{2,2}{t_r} \tag{10.63}$$

Betrachtet man ein PT_1-Glied, dann ist das bekanntlich der rechnerisch exakte Zusammenhang (PT_1: $B = f_{g,3dB} = 2\pi/t$). Verwendet man für t_r die „Elmore-Anstiegszeit" T_r ergibt sich im Allgemeinen ein geringfügiger Fehler; in unserem Beispiel (PT_1) sind es $\approx 10\,\%$.

Die in integrierten Schaltungen sehr oft anzutreffenden **RC-Ketten-Strukturen** wollen wir unter dem Aspekt der Signalverzögerung etwas näher betrachten. Beginnen wir mit einer regulären **RC-Kette**, bestehend aus n Gliedern (Abb. 10.64).

Die RC-Kette stellt eine Kaskadierung von n PT_1-Gliedern dar, die allerdings nicht entkoppelt sind, d. h. der Aufladevorgang des i. Kondensators C_i ist in erster Linie von den vorangehenden Stufen abhängig, außerdem wird C_i von den nachfolgenden Stufen „belastet". Es ist offensichtlich, dass der 1. Kondensator schneller aufgeladen sein wird als der i. Kondensator, dessen Aufladestrom über die Reihenschaltung der Widerstände R_1 bis R_i führt. Die reale Übertragungsfunktion des kaskadierten n-fach RC-Spannungsteilers lässt sich natürlich ohne sehr großen Aufwand angeben. Die formelmäßige Beschreibung ist allerdings im Allgemeinen bei großen n so komplex, dass sich die Verzögerung nur mit einem nicht unerheblichen Aufwand ermitteln lässt. Für eine Abschätzung der Verzögerung wäre das also viel zu aufwendig. Mit einer einfachen und trotzdem sehr effizienten Näherung lässt sich die n-stufige RC-Kette aber als n-fach Kaskadierung von entkoppelten PT$_1$-Gliedern nachbilden. Wir wollen voraussetzen, dass $R_{i+1} \gtrsim R_i$ ist. Dann kann näherungsweise die Wirkung der **Folgestufen vernachlässigt** werden und die **wirksame Zeitkonstante** τ_i **der** i. **Stufe** ergibt sich aus dem Produkt des i. Kondensators C_i und der Summe aller im Signalpfad liegenden Widerstände, d. h. die Widerstände, die den Aufladestrom von C_i führen.

Bemerkung: Sollte der Fall: $R_{i+1} < R_i$ vorliegen, lassen sich näherungsweise die i. und $(i+1)$. Stufe zusammenfassen. Dazu setzen wir formal $R_{i+1} = 0$ und $C_{i, neu} = C_i + C_{i+1}$.
Für die Verzögerung der i. Stufe lässt sich demnach schreiben:

$$T_{D,i} = \tau_i \cong C_i \cdot \sum_{k=1}^{i} R_k \tag{10.64}$$

Damit ergibt sich für die Verzögerung nach Elmore einer n-stufigen RC-Kette:

$$T_D = \sum_{i=1}^{n} T_{D,i} = \sum_{i=1}^{n} \left(C_i \cdot \sum_{k=1}^{i} R_k \right) \tag{10.65}$$

Für den Spezialfall, dass alle Widerstände und Kondensatoren gleich sind: $R_i = R/n$ und $C_i = C/n$ gilt:

$$T_D = R \cdot C \cdot \sum_{i=1}^{n} \left(1 \cdot \sum_{k=1}^{i} 1 \right) = \frac{R \cdot C}{n^2} \cdot \frac{n \cdot (n+1)}{2} \tag{10.66}$$

Für große n ($n \to \infty$ ($\hat{=} RC$-Wellenmodell einer Leitung)):

$$T_D = \frac{R \cdot C}{2} \tag{10.67}$$

Das gleiche Ergebnis liefert auch unser diskretes RC-Leitungsmodell. Das Vorgehen lässt sich sinngemäß auf beliebig verzweigte RC-Ketten erweitern (Abb. 10.65):

Für den Pfad 1 (Verzögerung von 0 nach 1) ergibt sich:

$$T_D^{Pfad1} \approx \sum_{i=1}^{n} T_{D,i}^{Pfad1} = \sum_{i=1}^{n} \left(C_i^{Pfad1} \cdot \sum_{k=0}^{i} R_k^{Pfad1} \right) \tag{10.68}$$

Für den Pfad 2 (Verzögerung von 0 nach 2) ergibt sich (Abb. 10.65):

$$T_D^{Pfad2} \approx \sum_{j=1}^{m} T_{D,j}^{Pfad2} = \sum_{j=1}^{m} \left(C_j^{Pfad2} \cdot \sum_{k=0}^{j} R_k^{Pfad2} \right) \tag{10.69}$$

Ein Zahlenbeispiel ist in Abb. 10.66 dargestellt.

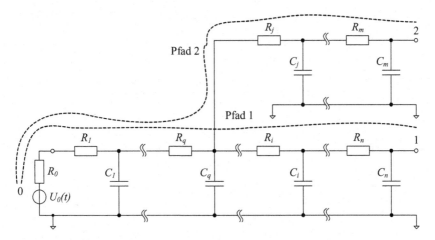

Abb. 10.65   Verzweigte *RC*-Kette

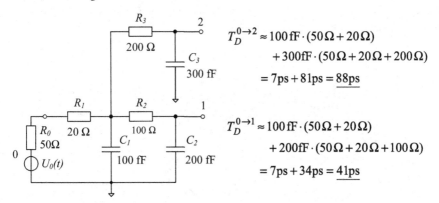

$$T_D^{0 \to 2} \approx 100\,\text{fF} \cdot (50\,\Omega + 20\,\Omega)$$
$$+ 300\text{fF} \cdot (50\,\Omega + 20\,\Omega + 200\,\Omega)$$
$$= 7\text{ps} + 81\text{ps} = \underline{88\text{ps}}$$

$$T_D^{0 \to 1} \approx 100\,\text{fF} \cdot (50\,\Omega + 20\,\Omega)$$
$$+ 200\text{fF} \cdot (50\,\Omega + 20\,\Omega + 100\,\Omega)$$
$$= 7\text{ps} + 34\text{ps} = \underline{41\text{ps}}$$

Abb. 10.66   Zahlenbeispiel: Verzweigte *RC*-Kette

10.10   Integrierte MOS-Feldeffekttransistoren

Die grundsätzliche Funktionsweise, die wichtigsten Grundbegriffe und die prinzipielle Struktur von MOS-Feldeffekttransistoren sind bereits im Kap. 3 anhand des Level 1-Modells (Shichman-Hodges Modell) vorgestellt worden. Für die approximative Berechnung werden wir auf dieses relativ einfache Modell zurückgreifen und es nachfolgend nochmals kurz vorstellen und dabei die Bezeichnungen so verwenden, wie sie in der Integrationstechnik üblich sind. Dann werden wir kurz auf Modell-Erweiterungen eingehen, wie sie für Submicron- und Deep-Submicron-Technologien für eine realistische Modellierung notwendig sind. Diese Erweiterungen sind im sehr aufwendigen BSIM Modell[12] implementiert. Es erlaubt sehr realistische Simulationen und stellt heute im rechnergestützten IC-Entwurf den Industriestandard dar.

---

[12]BSIM: <u>B</u>erkeley <u>SI</u>mulation Model for <u>M</u>OSFET, EECS, University of California.

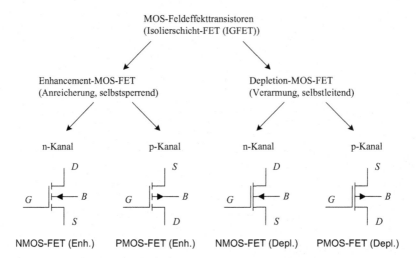

Abb. 10.67 Integrierte MOS-Transistoren, -Einteilung und Symbole Anschlüsse: Gate (G), Drain (D), Source (S) und Bulk (Body (B), Substrat, Wanne)

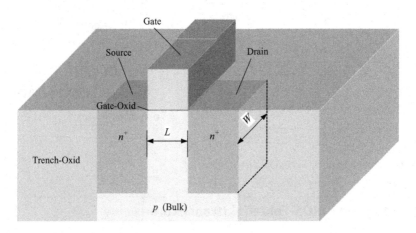

Abb. 10.68 Schematischer Aufbau (Querschnitt) eines selbstsperrenden NMOS-FET (Enhancement)

10.10.1   NMOS-FET Aufbau und Modell (DC)

Der NMOS-FET (<u>N</u> Channel <u>M</u>etall-<u>O</u>xid-<u>S</u>emiconductor-, Isolierschicht-, Isolations-Gate-FET (IGFET), Abb. 10.67) ist auf einem p-Substrat (p-Wanne) aufgebaut. Hochdotierte n^+-Gebiete erlauben eine niederohmige Kontaktierung von Drain und Source. Zwischen den Drain- und Source-Gebieten liegt der Kanal mit der Länge L und der Breite W. Das Gate ist vom Kanal durch eine dünne Oxid-Schicht (Gate-Oxid, z. B. SiO_2) der Dicke t_{OX} isoliert (Abb. 10.68).

Abb. 10.69 Sperrbetrieb des
NMOS-FET (Enhancement)

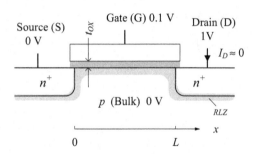

Gate, Gate-Oxid (Dielektrikum) und Kanal bilden die sogenannte **MOS-Kapa-zität** C_{OX}. Wie bei einem Plattenkondensator lässt sich die flächenspezifische MOS-Kapazität C'_{OX} direkt aus dem Verhältnis aus Permittivität und Dicke des Dielektrikums angeben:

$$C'_{OX} = \frac{\varepsilon_{OX}}{t_{OX}} = \frac{\varepsilon_{r,OX} \cdot \varepsilon_0}{t_{OX}}, \quad C_{OX} = C'_{OX} \cdot W \cdot L \tag{10.70}$$

Sperr- (Unterschwell-, Subthreshold-) Betrieb Je höher das Gatepotenzial (V_{Gate} ($\hat{=} U_{GS}$)), umso höher ist die Ladung der MOS-Kapazität (Q_{Gate}=+, Q_{Bulk}=−). Bei kleinem Gate-potenzial entsteht im p-dotierten Kanal keine nennenswerte Anzahl von freien Ladungsträgern ($n(x)\approx 0$). Der Transistor ist im Sperr- (Unterschwell-, Subthreshold-) Betrieb $I_D \approx 0$. Für die folgenden Betrachtungen wollen wir davon ausgehen, dass der Source-Anschluss auf Bezugspotenzial 0 V liegt. Die Raumladungszone (RLZ) erstreckt sich deutlich weiter in die niedriger dotierte p-Zone (Bulk) als in die hochdotierten n⁺ Drain-/Source-Anschlussgebiete (Abb. 10.69).

Linear- (Ohmscher-, Trioden-) Betrieb Freie Kanal-Elektronen in nennenswerter Anzahl entstehen erst dann, wenn das Gatepotenzial U_{GS} den definierten Schwellwert $U_{th,n}$ übersteigt (Schwell-, Einsatzspannung (threshold voltage) $U_{th,n} > 0$ V beim **Enhancement NMOS-FET**).

Der Kanal ist von schwacher zu starker Inversion gewechselt. Es hat sich eine Inversionsschicht (Inversionskanal), bestehend aus freien Elektronen, an der Kanaloberfläche ausgebildet. Die freien Elektronen ($n(x)$) stammen aus dem p-Substrat (Minoritäts-ladungsträger) und werden durch die Feldstärke E_{COX}, die vom positiven Gatepotenzial U_{GS} verursacht wird und quer zum Kanal gerichtet ist, an die Kanaloberfläche „gesaugt". Wird zusätzlich eine elektrische Kanal-Feldstärke ($-E_x (x)>0$!) in negativer Kanalrichtung (von Drain nach Source) eingeprägt, dann fließt ein reiner Elektronenstrom von Source nach Drain. Die technische Stromrichtung ist dem entsprechend umgekehrt von Drain nach Source ($I_D > 0$) orientiert. Der Strom I_x ist im Wesentlichen ein reiner Driftstrom, der in erster Linie von der freien Ladung ($\sim n(x)$) und der Driftgeschwindigkeit $|v|$ im Kanal abhängt. Bei kleiner bis mittlerer Feldstärke E_x ($<E_{crit}$ (typ.$\approx 10^6$ V/m)) lässt sich die Driftgeschwindigkeit wie folgt angeben: $|v| = \mu_n \cdot E_x (x)$. Die Elektronenbeweglichkeit μ_n

Abb. 10.70 NMOS-FET
(Enhancement, $U_{th} = 0{,}4$ V)
im Linear-Betrieb

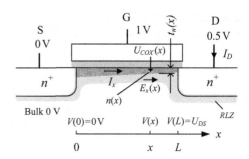

bezeichnet man deshalb auch als „low field mobility". Das ist bei „Lang-Kanal-Transisto-ren" ($E \approx |U_{DS}|/L$, typ. für $L > 3$ μm) der Fall und das werden wir im Folgenden zunächst so annehmen. Das Transistorverhalten ($I_x \sim \mu_n \cdot n(x) \cdot E_x(x)$) ist dann vergleichbar mit dem eines Widerstandes, deshalb spricht man auch vom Ohmschen-, Linear- oder Trioden-Betriebsbereich des MOS-FETs (Abb. 10.70).

Die Kanal-Feldstärke und der -Strom in x-Richtung, das -Potential und die -Höhe jeweils an der Stelle x sind mit $E_x(x)$, I_x, $V(x)$ und $t_n(x)$ bezeichnet. Aufgrund der Konti-nuitätsbedingung ist I_x unabhängig von x und gleich dem negativen Drainstrom $-I_D$. Für den Kanalstrom kann die bekannte Elektronen-Driftstrombeziehung angesetzt werden: $I_x = q \cdot n \cdot \mu_n \cdot A \, E_x$, so dass speziell gilt:

$$I_x = -I_D = q \cdot n(x) \cdot \mu_n \cdot t_n(x) \cdot W \cdot E_x(x)$$

$$= q \cdot n(x) \cdot \mu_n \cdot t_n(x) \cdot W \cdot \left(-\frac{dV(x)}{dx} \right) \tag{10.71}$$

Übersteigt die Spannung $U_{COX}(x) = U_{GS} - V(x)$, die über der MOS-Kapazität an der Stelle x innerhalb einer Länge von dx anliegt, die Schwellspannung U_{th}, wird eine freie Kanalladung $dQ(x)$ erzeugt, die prinzipiell wie bei einem Plattenkondensator angegeben werden kann:

$$dQ(x) = C'_{OX} \cdot (U_{COX}(x) - U_{th}) \cdot W \cdot dx \equiv q \cdot n(x) \cdot t_n(x) \cdot W \cdot dx \tag{10.72}$$

Setzt man diese Beziehung in die Kanalstromgleichung ein, ergibt sich die wichtige Beziehung für den Drainstrom:

$$I_D = C'_{OX} \cdot \mu_n \cdot W \cdot (U_{GS} - V(x) - U_{th}) \cdot \frac{dV(x)}{dx} \tag{10.73}$$

Nach Variablentrennung und Integration über den Inversionskanal erhält man:

$$\int_{x=0}^{x=L} I_D \cdot dx = \int_{V(x)=0}^{V(x)=UDS} C'_{OX} \cdot \mu_n \cdot W \cdot (U_{GS} - V(x) - U_{th}) \cdot dV(x)$$

$$I_D \cdot L \;=\; C'_{OX} \cdot \mu_n \cdot W \cdot U_{DS} \cdot \left(U_{GS} - U_{th} - \frac{U_{DS}}{2} \right) \tag{10.74}$$

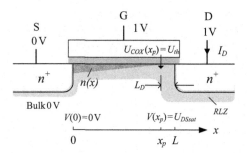

Abb. 10.71 NMOS-FET (Enhancement, $U_{th} = 0{,}4$ V) im Sättigungsbetrieb

und schließlich:

$$I_D = C'_{OX} \cdot \mu_n \cdot \frac{W}{L} \cdot U_{DS} \cdot \left(U_{GS} - U_{th} - \frac{U_{DS}}{2} \right) \qquad (10.75)$$

Sättigungs- (Abschnür-) Betrieb Erhöht man U_{DS} weiter, wird der Kanal zunächst am drainseitigen Ende abgeschnürt ($x_p = L$, Abb. 10.71), wenn die Gate-Drain-Spannung gerade den Wert der Schwellspannung erreicht hat: $U_{GD} = U_{th,n} \Leftrightarrow U_{DS} = U_{DSsat} = U_{GS} - U_{th,n}$. Allgemein gilt im Abschnürpunkt x_p für das Kanal-Potenzial: $V(x_p) = U_{DSsat}$. Da im abgeschnürten Bereich die Dichte der freien Kanal-Elektronen n sehr klein ist ($\to 0$), muss die Driftgeschwindigkeit v andererseits sehr groß werden ($\to$ max.), da die Kontinuitätsbedingung für den Drainstrom gilt. Das heißt, die freien Ladungsträger erreichen im Abschnürpunkt ihre maximale Driftgeschwindigkeit und der Drainstrom erreicht damit seinen **Sättigungswert**, der sich formal ergibt, wenn man in der Drainstromgleichung des linearen Beriebes U_{DS} durch U_{DSsat} ersetzt:

$$I_D = I_{Dsat}(= I_{D,lin}(U_{DS} = U_{DSsat})) = \frac{K'_n}{2} \cdot \frac{W}{L} \cdot (U_{GS} - U_{th,n})^2$$

$$\text{mit } K'_n = C'_{OX} \cdot \mu_n : \text{Leitfähigkeitsparameter} \qquad (10.76)$$

Wird U_{DS} weiter erhöht ($U_{DS} > U_{GS} - U_{th,n}$), arbeitet der Transistor im **Sättigungs-Betrieb**. Der Abschnürpunkt x_p wandert ausgehend vom Drain nach links in Richtung Source ($x_p = L - L_D$), wodurch die wirksame Kanallänge um L_D verkürzt wird. Je größer U_{DS} umso größer wird L_D (Abb. 10.71).

Der Drainstrom im Sättigungsbetrieb ergibt sich, indem man die Driftstrombeziehung von $x = 0$ bis $x = x_p = L - L_D$ integriert. Er ist dem Sättigungswert I_{Dsat} sehr ähnlich. Formal wird L durch $x_p = L - L_D$ ersetzt:

$$I_D = \frac{K'_n}{2} \cdot \frac{W}{L - L_D} \cdot (U_{GS} - U_{th,n})^2 \approx \frac{K'_n}{2} \cdot \frac{W}{L} \cdot (U_{GS} - U_{th,n})^2 \cdot (1 + \lambda \cdot U_{DS}) \quad (10.77)$$

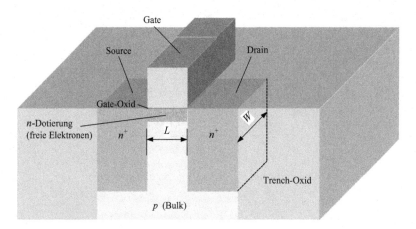

Abb. 10.72 Schematischer Aufbau eines selbstleitenden NMOS-FET (Depletion)

Dieser Effekt wird **Kanallängenmodulation** genannt. Er wirkt sich umso stärker aus, je kleiner die Kanallänge L ist. In der Modellbeschreibung wird der Effekt linearisiert und formal durch den Faktor $(1 + \lambda \cdot U_{DS})$ berücksichtigt. Typisch ist $\lambda < 0{,}1$ V^{-1}. In Näherungsberechnungen wird die Kanallängenmodulation oft vernachlässigt ($\lambda = 0$).

Beim **Depletion NMOS-FET** (Abb. 10.72) wird das Kanalgebiet zusätzlich n-dotiert, so dass a priori ein leitfähiger Kanal (freie Kanalelektronen) vorhanden ist (selbstleitend). Der Kanal kann durch Anlegen eines negativen Gatepotenzials abgeschnürt werden (freie Elektronen → 0). Die Schwellspannung ist somit negativ ($U_{th} \leq 0$ V). Ansonsten bleibt der Wirkmechanismus der gleiche wie beim selbstsperrenden NMOS-FET (Abb. 10.68).

Konventionen Die Drain- und Source-Anschlüsse sind erst durch die Potenzialverhältnisse, bzw. die Stromrichtung in der Schaltung festgelegt. Konventionsgemäß kann zwischen Drain und Source nur ein **positiver** Strom I_D fließen. Also wird dem Anschluss mit dem **höheren Potenzial** der **Drain** und dem mit dem **kleineren Potenzial** die **Source** zugeordnet. Für die Stromrichtungen gilt die Konvention, dass alle Ströme zum Transistor hin positiv orientiert werden. Da das Gate isoliert ist, gilt aufgrund der Kontinuitätsgleichung für die DC-Ströme bei allen MOS-FET's zwangsläufig, dass Drain- und Source-Strom zueinander invers sind ($I_D = -I_S$).

Die vorgestellten Strom-/Spannungsbeziehungen stellen die Modellgleichungen des einfachsten MOS-FET-Modells dar und gehen auf Shichman-Hodges zurück. In SPICE ist es als Level 1-Modell (Tab. 10.6) implementiert. Aufgrund der Einfachheit ist es sehr gut für Dimensionierungsrechnungen („von Hand Rechnungen") geeignet. Das Modell ist realistisch für Kanallängen $> 2\,\mu$m. Kurzkanaleffekte, die bei Submicron-Technologien ($L < 1\,\mu$m) immer dominanter werden, bleiben unberücksichtigt. Deshalb muss hier mit Abweichungen von bis zu ca. $\pm 30\,\%$ gerechnet werden, was aber für Dimensionierungsrechnungen und als Startlösung für einen rechnergestützten Entwurf durchaus akzeptabel ist. Für genauere Analysen (Simulationen) wird das aktuelle BSIM Modell (<u>B</u>erkeley <u>S</u>hort channel <u>I</u>GFET <u>M</u>odell) benutzt, was auch Kurzkanaleffekte sehr genau

Tab. 10.6 Modell-Parameter (NMOS-Modell Level 1)

Modell-Parameter	SPICE-Parameter	Typ. Zahlenwert (CMOS-STD)
Leitfähigkeitsparameter: K'_n	KP	$490\ \mu A/V^2$
Schwellspannung: $U_{th,n}$	VTO	$+0,4$ V (-1 V (Depl.))
Kanallänge: L	L	$\geq 0,1\ \mu m$
Kanalbreite: W	W	$\geq 0,2\ \mu m$
Kanallängenmodulation:λ	LAMBDA	$0 \ldots 0,1$ (typ. 0,03) V^{-1}

nachbildet (siehe einschlägige Literatur). Die Modellgenerationen BSIM3 und BSIM4 sind gebräuchlicher Industriestandard, wobei das BSiM4 Modell[13] auch die aktuellsten Deep-Submicron-Transistoren sehr realistisch nachbildet.

10.10.2 Zusammenfassung: NMOS-Modell Level 1

Subthreshold-(Sperr-) **Bereich** : $\quad U_{GS} \leq U_{th,n}$

$I_D \approx 0$

Linear-(Trioden-, Ohmscher-) **Bereich** : $\quad U_{DS} < U_{GS} - U_{th,n}$

$$I_D = K'_n \cdot \frac{W}{L} \cdot U_{DS} \cdot \left[(U_{GS} - U_{th,n}) - \frac{U_{DS}}{2} \right]$$

Sättigungs-Bereich : $\quad U_{DS} \geq U_{GS} - U_{th,n}$

$$I_D = \frac{K'_n}{2} \cdot \frac{W}{L} \cdot (U_{GS} - U_{th,n})^2 \cdot (1 + \lambda \cdot U_{DS})$$

$\text{mit}\ K'_n = C'_{OX} \cdot \mu_n$: Leitfähigkeitsparameter $\qquad\qquad$ (10.78)

10.10.3 PMOS-FET Aufbau und Modell (DC)

Das qualitative Wirkprinzip lässt sich aus dem des NMOS-FETs formal wie folgt ableiten:

1. Die n-dotierten Gebiete sind p-dotiert und umgekehrt; in den oben dargestellten Bildern des NMOS-FETs ist p und n zu vertauschen
2. Ladung, Potenzial, Spannung und Strom sind gegenüber der Situation des NMOS-FETs invertiert
3. Der Kanalstrom ist ein Löcherstrom

---

[13]BSIM4.6.5 MOSFET Model, Chenming Hu, et al., EECS, University of California, Berkeley.

Tab. 10.7 Modell-Parameter (PMOS-Modell Level 1)

Modell-Parameter	SPICE-Parameter	Typ. Zahlenwert (CMOS-STD)
Leitfähigkeitsparameter: K'_p	KP	200 µA/V^2
Schwellspannung: $U_{th,\mathbf{p}}$	VTO	$-0,4$ V ($+0,8$ V (Depl.))
Kanallänge: L	L	$\geq 0,1$ µm
Kanalbreite: W	W	$\geq 0,2$ µm
Kanallängenmodulation: λ	LAMBDA	$0 \ldots 0,1$ (typ. 0,03) V^{-1}

Damit ergibt sich eine Funktionsbeschreibung, die der des NMOS-FETs sinngemäß vollständig entspricht (Tab. 10.7). Der PMOS-FET ist auf einem n-Substrat aufgebaut. Hochdotierte p$^+$-Gebiete erlauben eine niederohmige Kontaktierung von Drain und Source. Zwischen den Drain- und Source-Gebieten liegt der Kanal mit der Länge L und der Breite W. Gate und Kanal bilden eine MOS-Kapazität. Je negativer das Gatepotenzial (V_{Gate} ($\triangleq U_{GS}$)), umso höher ist die Ladung der MOS-Kapazität ($Q_{Gate} = -$, $Q_{Kanal} = +$). Freie Löcher im Kanal entstehen, wenn das Gatepotenzial einen definierten negativen Wert unterschreitet (Schwellspannung $U_{th,p} < 0$ V beim **Enhancement PMOS-FET**). Die freien Löcher stammen aus dem n-Substrat (Minoritätsladungsträger) und werden durch die negative Feldstärke E_{COX}, die vom negativen Gatepotenzial U_{GS} verursacht wird und quer zum Kanal gerichtet ist, an der Kanaloberfläche erzeugt. Wird zusätzlich eine elektrische Kanal-Feldstärke ($E_x(x) > 0$!) in Kanalrichtung (von Source nach Drain) eingeprägt, dann fließt ein reiner Löcherstrom von Source nach Drain ($I_S = -I_D > 0$). Der Strom ist wiederum im Wesentlichen ein reiner Driftstrom, der in erster Linie von der elektrischen Kanal-Feldstärke, der freien Kanalladung ($\sim p(x)$) und der Elektronenbeweglichkeit μ_p im Kanal abhängt ($\sim \mu_p \cdot p(x) \cdot E_x(x)$).

Beim **Depletion PMOS-FET** wird das Kanalgebiet zusätzlich p-dotiert (Depletiongebiet), so dass ein leitfähiger Kanal (freie Kanallöcher) auch ohne Gatespannung vorhanden ist. Der Kanal kann durch Anlegen eines positiven Gatepotenzials abgeschnürt werden (freie Löcher → 0). Die Schwellspannung ist somit positiv ($U_{th,p} > 0$ V). Ansonsten bleibt der Wirkmechanismus der gleiche wie beim selbstsperrenden PMOS-FET.

Konventionen Auch hier gilt (vgl. NMOS): Die Drain- und Source-Anschlüsse sind erst durch die Potenzialverhältnisse, bzw. die Stromrichtung in der Schaltung festgelegt. Konventionsgemäß kann zwischen Source und Drain nur ein **positiver** Strom I_S fließen. Also wird dem Anschluss mit dem **höheren Potenzial** die Bezeichnung **Source** zugeordnet. Der Anschluss mit dem **kleineren Potenzial** bildet die **Drain**-Klemme.

Formalismus Die **PMOS-FET**-Modellgleichungen lassen sich sehr leicht formal dadurch erzeugen, dass man alle Spannungen und Ströme gegenüber denen des NMOS-FETs invertiert:

$$
\begin{array}{lcl}
\text{NMOS} & & \text{PMOS} \\
U_{GS} & \rightarrow & U_{SG}(\text{oder} - U_{GS}) \\
U_{DS} & \rightarrow & U_{SD}(\text{oder} - U_{DS}) \\
U_{th,n} & \rightarrow & -U_{th,p} \\
I_D & \rightarrow & I_S(\text{oder} - I_D)
\end{array}
\tag{10.79}
$$

10.10.4 Zusammenfassung: PMOS-Modell Level 1

Subthreshold-(Sperr-) **Bereich** : $\quad U_{SG} \leq -U_{th,p}$

$I_S \approx 0$

Linear-(Trioden-, Ohmscher-) **Bereich** : $\quad U_{SD} \leq U_{SG} + U_{th,p}$

$$
I_S = K_p' \cdot \frac{W}{L} \cdot U_{SD} \cdot \left[(U_{SG} + U_{th,p}) - \frac{U_{SD}}{2} \right]
$$

Sättigungs-Bereich : $\quad U_{SD} > U_{SG} + U_{th,p}$

$$
I_S = \frac{K_p'}{2} \cdot \frac{W}{L} \cdot (U_{SG} + U_{th,p})^2 \cdot (1 + \lambda \cdot U_{SD})
$$

mit $K_p' = C_{OX}' \cdot \mu_p$: Leitfähigkeitsparameter $\tag{10.80}$

10.11 Modellerweiterungen für integrierte MOSFETs

Wir wollen hier auf die wichtigsten Erweiterungen (Effekte 2. Ordnung) eingehen, die zum Teil alle integrierten MOS-FETs, insbesondere aber Submicron- und Deep-Submicron-Transistoren betreffen. Die gemachten Angaben und Formeln sollen in erster Linie ein qualitatives Gefühl im Hinblick auf die Genauigkeitsgrenzen des Level 1-Modells vermitteln. Die dargestellten Effekte sind im BSIM Modell sehr realistisch nachgebildet.

10.11.1 Body Effekt (Substratsteuereffekt)

Der Body Effekt, auch Substratsteuereffekt oder Bulk Effekt genannt, beschreibt den Einfluss der Substrat-, bzw. Wannen- (=Bulk-) Source Spannung auf die freie Kanalladung. Man beachte, dass das Bulk immer so vorgespannt sein muss, dass kein Strom über die Drain- und Source-Bulk pn-Übergänge fließen kann. Beim **NMOS-FET** (Drain, Source = n$^+$-dot.; Bulk = p$^+$-dot.) muss also $U_{SB} \geq 0\,\text{V}$ gelten. Beim **PMOS-FET** sind die Potentialverhältnisse und Dotierungen umgekehrt ($U_{BS} \geq 0\,\text{V}$).

Betrachten wir das Verhalten beim NMOS-FET (PMOS-FET analog), dann bewirkt ein positives U_{SB} eine Raumladungszone unterhalb des Kanals, die der freien Kanal-Ladungsdichte (n) entgegen wirkt. Bei sonst gleichen Randbedingungen wird der Drainstrom I_D kleiner, was sich durch eine **Erhöhung der Schwellspannung** $U_{th,n} = U_{th,n}(U_{SB})$ nachbilden lässt. Der Body Effekt ist bereits im Level 1-Modell implementiert.

Modellierung des Body Effektes:

$$\text{NMOS}: U_{th,n} = U_{th,n}(U_{SB}) = U_{th,n,0} + \gamma \cdot (\sqrt{U_{SB} + 2\Phi_F} - \sqrt{2\Phi_F})$$
$$\text{PMOS}: U_{th,p} = U_{th,p}(U_{BS}) = U_{th,p,0} - \gamma \cdot (\sqrt{U_{BS} + 2\Phi_F} - \sqrt{2\Phi_F})$$

(10.81)

mit dem Oberflächeninversionspotential $2\Phi_F$ ($\approx 0{,}8$ V), der Substrateffektkonstan-ten $\gamma = \sqrt{\dfrac{2 \cdot q \cdot \varepsilon Si \cdot N_B}{C'_{OX}}}$ (typ. $\approx 0{,}2 \ldots$ V$^{1/2}$) und den „Null"-Schwellspannungen ($U_{SB} = 0$ V) $U_{th,n,0}$, $U_{th,p,0}$.

10.11.2   Temperaturverhalten

Als Nominaltemperatur wird T$=27$ °C ($= 300$ K) vereinbart. Das Temperaturverhalten ist hauptsächlich durch zwei Effekte bestimmt. Mit steigender Temperatur reduziert sich zum einen die Ladungsträgerbeweglichkeit μ und zum anderen die Schwellspannung |Uth|.

Die Temperaturabhängigkeit der Beweglichkeit in der Inversionsschicht lässt sich in guter Näherung wie folgt modellieren:

$$\text{NMOS}: \mu_n(T) \approx \mu_n(27\,°\text{C}) \cdot \left(\frac{T + 273\,°\text{C}}{300\,\text{K}}\right)^{-1,5}$$
$$\text{PMOS}: \mu_p(T) \approx \mu_p(27\,°\text{C}) \cdot \left(\frac{T + 273\,°\text{C}}{300\,\text{K}}\right)^{-1,5}$$

(10.82)

Die temperaturabhängige Reduktion der Schwellspannung lässt sich wie folgt beschreiben:

$$\text{NMOS}: U_{th,n}(T) \approx U_{th,n}(27\,°\text{C}) - \frac{2\,\text{mV}}{°\text{C}} \cdot (T - 27\,°\text{C})$$
$$\text{PMOS}: U_{th,p}(T) \approx U_{th,p}(27\,°\text{C}) + \frac{2\,\text{mV}}{°\text{C}} \cdot (T - 27\,°\text{C})$$

(10.83)

Das dargestellte Temperaturverhalten ist sinngemäß so bereits im Level 1-Modell eingebaut.

10.11.3   Subthreshold (Unterschwellstrom) Verhalten

Insbesondere bei „Extreme Low Power"-Anwendungen wird das Unterschwellstrom (Subthreshold) Verhalten des MOS-FETs planmäßig schaltungstechnisch ausgenutzt. Bislang sind wir näherungsweise (Level 1-Modell) von einem idealen Sperrbereich (spez. NMOS: $I_D \approx 0$, für $U_{GS} < U_{th,\,n}$) ausgegangen. In der Realität geht der Drainstrom I_D für $U_{GS} < U_{th,\,n}$ exponentiell gegen 0. Der Sperrbereich ist bei genauer Betrachtung der Subthreshold-Bereich des Transistors. Als Ergebnis kann näherungsweise, unter Vernachlässigung des relativ schwachen Einflusses von U_{DS} (spez. $U_{DS} \gtrsim 2\,U_T$), angegeben werden:

Subthreshold Strom

$$NMOS: U_{GS} \leq U_{Th,n}: I_D \approx K_n' \cdot \frac{W}{L} \cdot (n-1) \cdot U_T^2 \cdot e^{\frac{U_{GS}-U_{th,n}}{n \cdot U_T}} \cdot \left(1 - e^{\frac{-U_{DS}}{U_T}}\right)$$

$$PMOS: U_{SG} \leq -U_{Th,p}: I_S \approx K_p' \cdot \frac{W}{L} \cdot (n-1) \cdot U_T^2 \cdot e^{\frac{U_{SG}-U_{th,p}}{n \cdot U_T}} \cdot \left(1 - e^{\frac{-U_{SD}}{U_T}}\right) \quad (10.84)$$

mit $U_T = k \cdot T/q = 26$ mV (bei $T = 300$ K) Temperaturspannung
$n = 1...2$ (*typ.* $= 1{,}1$) Subthreshold-Swing-Faktor (NFACTOR)

Der Subthreshold-Swing-Faktor lässt sich aus der Steigung der logarithmischen Transferkennlinie $\log(I_D(U_{GS}))$ im Subthresholdbereich ($U_{GS} < U_{th,n}$) ermitteln (siehe Abb. 10.76):

Subthreshold-Swing-Faktor n

$$\frac{\log(I_{D1}) - \log(I_{D2})}{U_{GS1} - U_{GS2}} = \frac{\log\left(\dfrac{e^{\frac{U_{GS1}-U_{th,n}}{n \cdot U_T}}}{e^{\frac{U_{GS2}-U_{th,n}}{n \cdot U_T}}}\right)}{U_{GS1} - U_{GS2}} = \log(e) \cdot \frac{1}{n \cdot U_T} = \frac{1}{0,06\text{ V} \cdot n} \quad (10.85)$$

10.11.4 Kurzkanal Effekte

1. Ladungsträgergeschwindigkeit, Beweglichkeitsreduktion Neben der schon erwähnten Beweglichkeitsreduktion bei Temperaturerhöhung, führen insbesondere nachfolgende Effekte zu einer Degradation der Beweglichkeit μ in der Inversionsschicht.

1.1 Wirkung des vertikalen E_y-Feldes Je größer $|U_{GS}|$ ist, umso größer ist die elektrische Feldstärke E_y quer zum Kanal. Die freien Ladungsträger werden also tendenziell zur Kanaloberfläche hin abgelenkt, was zu einer Verkleinerung der wirksamen Driftgeschwindigkeit führt. Dieser Effekt lässt sich als Reduzierung von μ modellieren.

$$\mu_{eff1} = \frac{\mu}{1 + \theta \cdot |U_{GS} - U_{th}|} \quad (10.86)$$

$\mu = \mu_{n,\,p}$: Oberflächenbeweglichkeit bei kleiner Feldstärke E_x (low field mobility)
Typ.: $\theta = 0{,}1 ... 0{,}6$ V^{-1}

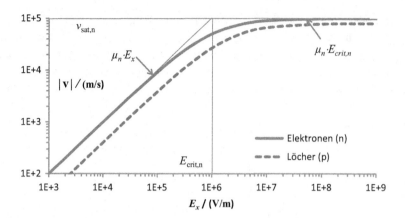

Abb. 10.73 Driftgeschwindigkeit |v| in Abhängigkeit der Feldstärke E_x

1.2 Wirkung des horizontalen Feldes („hot electrons") Je kürzer der Kanal (Submicron-FET), umso höher wird die Kanalfeldstärke E_x und damit die Ladungsträgergeschwindigkeit ($|v| = \mu \cdot E_x$). Bei sehr großen Feldstärken wird allerdings die sogenannte Sättigungsdriftgeschwindigkeit v_{sat} ($v_{sat,\,n} \approx 1 \cdot 10^5$ m/s (Elektronen), $v_{sat,\,p} \approx 8 \cdot 10^4$ m/s (Löcher)) erreicht, was in Abb. 10.73 verdeutlicht wird.

$$|v| \approx \frac{\mu \cdot E_x}{1 + \dfrac{E_x}{E_{crit}}} = \mu_{eff2} \cdot E_x, \quad v_{sat} = \mu \cdot E_{crit}$$

$$\mu_{eff2} = \frac{\mu}{1 + \dfrac{\mu \cdot E_x}{v_{sat}}} \approx \frac{\mu}{1 + \dfrac{\mu \cdot |U_{DS}|L}{v_{sat}}} \tag{10.87}$$

$\mu = \mu_{n,\,p}$: low field mobility ($E_x \ll E_{crit}$)

Man bezeichnet Ladungsträger, die die Sättigungsdriftgeschwindigkeit erreicht haben, auch als „heiße Ladungsträger" (hot carriers, hot electrons). Die Bezeichnung „heiß" rührt von der reduzierten Beweglichkeit her, die von der Wirkung her betrachtet qualitativ mit einer Temperaturerhöhung vergleichbar ist. Die Energie von „heißen Ladungsträgern" ist so hoch, dass kovalente Si–Si Bindungen gelöst werden können. Die freien Bindungselektronen fließen zum Drain und erhöhen I_D, die Löcher wandern zum Bulk. Desweiteren können die Elektronen und/oder Löcher auch ins drainseitige Gateoxid gelangen und dort Störstellen verursachen, was die Transistoreigenschaften deutlich verschlechtern kann ($\rightarrow$ „Transistoralterung"). Dieses Verhalten wird als „Hot Electron"-Effekt bezeichnet.

In den Modellgleichungen für den Drainstrom ist μ durch μ_{eff2} zu ersetzen. Für den Sättigungsbereich des Transistors gilt zusätzlich: $|U_{DSsat}| \equiv |U_{GS} - U_{th}|$. Der Effekt wird bei Kanalfeldstärken $E_x \approx (|U_{DS}/L|) > E_{crit}$ signifikant. Dann geht die Driftgeschwindigkeit in Sättigung ($|v| \to v_{sat}$) über und die effektive Beweglichkeit lässt sich durch $\mu_{eff2} \approx v_{sat}/(|U_{DSsat}|/L)$ abschätzen.

Für den Sättigungsdrainstrom lässt sich dann schreiben:

$$I_{Dsat} = \frac{\mu_{eff2} \cdot C'_{OX}}{2} \cdot \frac{W}{L} \cdot (U_{GS} - U_{th})^2 \approx \frac{v_{sat} \cdot C'_{OX}}{2 \cdot |U_{DSat}|/L} \cdot \frac{W}{L} \cdot (U_{GS} - U_{th})^2$$

$$= \frac{v_{sat} \cdot C'_{OX} \cdot W}{2} \cdot |U_{GS} - U_{th}| \tag{10.88}$$

Der Drainstrom erhöht sich nicht mehr quadratisch mit $|U_{GS} - U_{th}|$, sondern nur noch linear.

Layout-Empfehlung für Analog, Mixed Signal-Anwendungen Für Anwendungen, bei denen eine hohe Transkonduktanz ($|\Delta I_D/\Delta U_{GS}|$) gefordert wird, z. B. bei analogen Schaltungen, Verstärkern, Treibern etc. sollte der „Hot Electron-Bereich" unbedingt vermieden werden, d. h.:

$$\frac{|U_{DSsat}|}{L} \ll E_{crit} \Leftrightarrow L \gg \frac{|U_{DSsat}|}{E_{crit}} \tag{10.89}$$

Mit $E_{crit} \approx 10^6$ V/m (typ.) und $|U_{DSsat}|$ im Voltbereich (≈ 1 V) ergibt sich aus der o. g. Beziehung: $L \gg 1\,\mu m$. Aus diesem Grund gilt die Layout-Empfehlung für Transistoren, die in Analog-Anwendungen eingesetzt werden: $L \gtrsim 3\,\mu m$.

1.3 Resultierende effektive Beweglichkeit Da sich beide μ-Degradations-Effekte (μ_{eff1} und μ_{eff2}) überlagern, ergibt sich eine wirksame Gesamtbeweglichkeit μ_{eff}:

$$\mu_{eff} \approx \frac{\mu_{eff1}}{1 + \frac{\mu_{eff1} \cdot |U_{DS}|/L}{v_{sat}}} \tag{10.90}$$

2. Reduzierung der Schwellspannung (DIBL-Effekt) Zur Veranschaulichung der Situation wollen wir einen NMOS-FET annehmen, wobei für einen PMOS-FET die Aussagen entsprechend gelten. Generell gilt, dass die Ausweitung der Drain- und der Source-Raumladungszonen (RLZ) in das Kanalgebiet die vom Gate beeinflusste Kanallänge verkürzen. Da der Gate-Ladung eine entsprechende inverse Ladung in der Inversionsschicht des Kanals gegenübersteht, wird die Dichte der freien Ladungsträger n (NMOS-FET) umso größer, je weiter die Raumladungszonen in die Kanalzone reichen. Das lässt sich vereinfacht formal durch eine Reduzierung der Schwellspannung $U_{th,n}$ modellieren. Durch eine Erhöhung der Drainspannung wird die Weite der Drain-RLZ erhöht und damit die Schwell-spannung $U_{th,n}$ reduziert. Dieses Verhalten wird als DIBL-Effekt (Drain Induced Barrier Lowering) bezeichnet und ist umso signifikanter je kürzer die Kanallänge L ist (Kurzkanaleffekt, Sub-

Tab. 10.8 Level 1 Modell-Parameter NMOS-FET (PMOS-FET)

Modell-Parameter		SPICE-Parameter	Zahlenwert (*CMOS-STD*)
Level		LEVEL	1
Leitfähigkeitsparameter	K'_n (K'_p)	KP	490 (200) µA/V^2
Schwellspannung	$U_{th,n,0}$ ($U_{th,p,0}$)	VTO	+0,4 (−0,4) V
Kanallänge	L	L	≥ 0,1 µm
Kanalbreite	W	W	≥ 0,2 µm
Kanallängenmodulation	λ	LAMBDA	0,03 V^{-1}
Oberflächeninversionspotential	$2\phi_F$	PHI	0,8 V
Substrateffektkonstante	γ	GAMMA	0,4 V$^{1/2}$

micron). Technologisch kann durch Einbau von LDD-Zonen (Lightly Doped Drain, siehe Kap. Prozesstechnologie) der DIBL-Effekt deutlich reduziert werden.

3. Leckströme Im Deep-Submicron-Bereich spielen aufgrund der sehr kleinen Geometrie die Restströme eine immer größere Rolle und sind bei der Leistungsbilanzierung (statische Verlustleistung $P_{V, stat} \neq 0$) ggf. zu berücksichtigen.

10.11.5 SPICE DC-Modell

Level 1 Modell (Shichman Hodges) Das Level 1-Modell entspricht dem vorgestellten Shichman-Hodges Modell. Kurzkanal Effekte werden nicht modelliert. Es ist für Langkanal-Transistoren ($L \gtrsim 3$ µm) hinreichend realistisch. Als Modell-Erweiterung ist lediglich der Body-Effekt implementiert. Die Korrespondenzen zu unserer Standard Prozess-Technologie CMOS-STD sind in Tab 10.8 zusammengestellt.

BSIM Modell Das BSIM[14] Modell (BSIM3, 4; Level 7, 8)[15] ist wesentlich aufwendiger. Es modelliert auch Effekte 2. Ordnung. Als Anhaltswerte kann man angeben, dass das BSIM1 für $L_{min} > 0,6$ µm, das BSIM2- für $L_{min} > 0,2$ µm und das BSIM3 Modell auch für die aktuellen Technologien ($L_{min} > 0,06$ m) hinreichend gut geeignet sind. Das BSIM4 Modell ist auch für künftige Prozesstechnologien geeignet. BSIM3 und 4 sind als aktueller Industriestandard üblich. Im Tab. 10.9 sind die wichtigsten BSIM3-Parameter zusammengestellt. Details sind in den entsprechenden Quellen[16, 17, 18] zu finden. Für unsere 100 nm

---

[14]BSIM, Berkley Simulation Modell for MOSFET.

[15]BSIM3, 4 entspricht PSPICE Level 7, 8 (siehe entspr. Ref. Man. bei anderen SPICE Derivaten).

[16]BSIM3v3 Manual, Dept. Electrical Eng. and Comp. Sciences, UC Berkley, 1996.

[17]BSIM4.6.4 MOSFET Model, Dept. Electrical Eng. and Comp. Sciences, UC Berkley, 2009.

[18]PSpice A/D Reference Guide, Product Version 16.3, Cadence Design Systems, www.cadence.com, 11.2010.

Tab. 10.9 Wesentliche BSIM 3 Modell-Parameter NMOS-FET (PMOS)

Modell-Parameter (PSPICE)		SPICE-Parameter	Zahlenwert (*CMOS-STD*)
Level		LEVEL	7
Kanallänge	L	L	$\geq 0,1\ \mu m$
Kanalbreite	W	W	$\geq 0,2\ \mu m$
Äquivalente Gate-Oxid Dicke	t_{OXE}	TOX	2 nm
Schwellspannung	$U_{th,n,0}\ (U_{th,p,0})$	VTH0	$+0,4\ (-0,4)$ V
Oberflächenbeweglichkeit (channel „low field mobility")	$\mu_n\ (\mu_p)$	U0	$+0,067\ (0,025)$ m^2/ (V$\cdot$s)
Beweglichkeitsdegradation		UA	$1,0\,E-9$ m/V
Sättigungsdriftgeschwindigkeit	$|v_{sat}|$	VSAT	$1,2\,E+5$ m/s
L-Überlappung (*L*-Overlap)	L_D	LINT	0,008 m
W-Überlappung (*W*-Overlap)		WINT	0,02 m
Schwellspannungs-Offset		VOFF	$-0,1$ V
Subthreshold Swing Faktor	n	NFACTOR	1,1
Body-Effekt Parameter 1		K1	0,3 V$^{1/2}$
Body-Effekt Parameter 2		K2	0,1

Standard Prozesstechnologie *CMOS-STD* sind BSIM3 und BSIM4 in gleichem Maße hinreichend realistisch. Die jeweiligen Simulationsergebnisse unterscheiden sich praktisch nicht. Nachfolgend werden je nach Anwendung und Simulationstool Level 1 und BSIM3,4 verwendet.

10.11.6 Vergleich Lang-, Kurzkanal-Transistoren und MOS-Modelle

Für Langkanal MOS-FETs (spez. $W/L = 6\ \mu m/3\ \mu m$) liefern BSIM und Level 1 Modell praktisch das gleiche Ergebnis, was im folgenden Ausgangskennlinienfeld deutlich erkennbar ist.

Bei Kurzkanal-Transistoren (spez. $W/L = 0,2\ \mu m/0,1\ \mu m$) steigt der Drainstrom I_D signifikant mit U_{DS} (Kanallängenmodulation, DIBL-Effekt). Bei größeren Kanal-Feldstärken (U_{DS}) nimmt die Beweglichkeit μ deutlich ab („hot electrons" und E$_y$ quer zum Kanal). Der Drainstrom steigt nicht mehr überproportional an, was die Transfercharakteristik I_D (U_{GS}) signifikant beeinflusst. Die typische quadratische Abhängigkeit des Drainstroms (Level 1) von U_{GS} ist jetzt nicht mehr vorhanden. Alle diese Effekte werden sehr realistisch von BSIM modelliert. Bei kleinen Strömen und Spannungen, wo die typischen Kurzkanal-Effekte noch nicht sehr ausgeprägt sind, erkennt man eine relativ gute Übereinstimmung

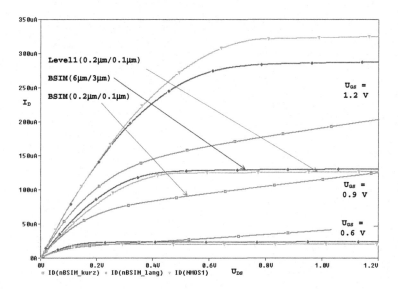

Abb. 10.74 Ausgangskennlinien I_D (U_{DS}, U_{GS}): Lang-, Kurz-Kanal-BSIM3 und Level 1 Modell, 0,1 μm *CMOS-STD*, *W/L* = 0,2 μm/0,1 μm und 6 μm/3 μm

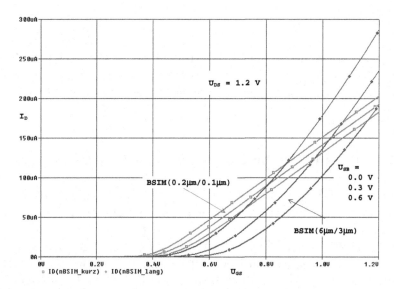

Abb. 10.75 Transferverhalten I_D (U_{GS}, U_{SB}): Lang- und Kurz-Kanal NMOS-FET 0,1 μm CMOS-STD, *W/L* = 0,2 μm/0,1 μm und 6 μm/3 μm

von Level 1 und BSIM Modell. In den folgenden Bildern ist die Situation dargestellt (Abb. 10.74, 10.75).

BSIM modelliert auch das Subthresholdverhalten. Ein Vergleich von Lang- zu Kurzkanal-Transistoren ist nachfolgend zu sehen. Tendenziell ist das Sperrverhalten von Langkanal-

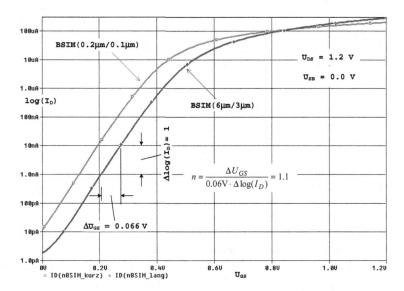

Abb. 10.76 Subthresholdverhalten $\log(I_D\ (U_{GS})$ Lang- und Kurz-Kanal NMOS-FET 0,1 µm CMOS-STD, $W/L = 0,2$ µm/0,1 µm und 6 µm/3 µm; Bestimmung des Subthreshold Swing-Faktors n ((6 µm/3 µm)-FET)

MOSFETs ausgeprägter. Der Sperrstrom (Leckstrom) ist bei Kurzkanal-Transistoren deutlich größer (Abb. 10.76).

10.11.7   Kapazitätsmodell

Die im MOS-FET wirksamen verteilten Kapazitäten lassen sich approximativ durch das folgende diskrete Kapazitätsmodell nachbilden. Ergänzt man das DC-Modell mit dem Kapazitätsmodell, erhält man das **dynamische Großsignalmodelldes MOS-FETs**, das die Berechnung des dynamischen Schaltungsverhaltens (HF-, Transient-Analyse) erlaubt (Abb. 10.77).

Das in SPICE verwendete Modell ist noch etwas realistischer, wird aber durch die gleichen Modellparameter spezifiziert.

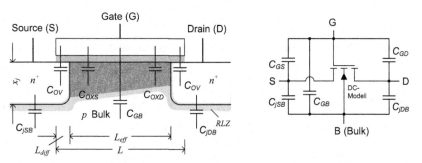

Abb. 10.77 Wirksame MOSFET Kapazitäten im MOS-Querschnitt, dynamisches Großsignalmodell

Abb. 10.78 Vereinfachte
MOS-FET Geometrie

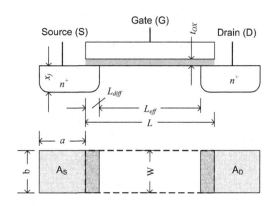

Es gelten sinngemäß die Beziehungen, wie sie im Kap. Passive Bauelemente für Kapazitäten angegeben wurden. Die Bulk-Kapazitäten C_{jSB} und C_{jDB} sind die Sperrschichtkapazitäten der gesperrten Source-/Drain–Bulk (Wanne, Substrat) Übergänge (U_{SB}, U_{DB} in Sperrrichtung gepolt!), die sich aus einem Flächen- (A_S, A_D) und einem Randanteil (sidewall (SW), P_S, P_D) zusammensetzen. Die Spannungsabhängigkeit der spezifischen Sperrschichtkapazitäten (C'_j, C'_{jSW}) lässt sich wie folgt angeben:

$$C'_j = \frac{C'_{j0}}{\left(1 + \frac{|U_{SB(DB)}|}{\Phi_D}\right)^{mj}}, \quad C'_{jSW} = \frac{C'_{jSW0}}{\left(1 + \frac{|U_{SB(DB)}|}{\Phi_{DSW}}\right)^{mjSW}} \qquad (10.91)$$

C'_j, C'_{j0}	sind flächenspezifisch (F/m²),
C'_{jSW}, C'_{jSW0}	sind längenspezifisch (F/m)
Φ_D, Φ_{DSW}	Diffusionsspannungen ($\approx 0{,}9$ V)
mj	pn-Dotierungsübergangskoeffizient ($mj \approx 0{,}5$: abrupter pn-Übergang)
$mjSW$	pn-Dotierungsübergangskoeffizient Rand ($mjSW \approx 0{,}33$: linearer pn-Übergang)

Bemerkung: Ist C'_{jSW0} nicht explizit gegeben, dann gilt folgende Approximation: $C'_{jSW0} \approx x_j \cdot C'_{j0}$ (Abb. 10.78).

Die wirksamen Source-/Drain-Grundflächen lassen sich wie folgt angeben:

$$A_S = A_D = (a + L_{diff}) \cdot b \qquad (10.92)$$

Die Umfänge (Perimeter) der Drain-/Source Diffusionszonen:

$$P_S = P_D = 2 \cdot (a + L_{diff} + b) \qquad (10.93)$$

Gatekapazität (MOS-Kapazität):

$$C_{OX} = C'_{OX} \cdot W \cdot L_{eff} \approx C'_{OX} \cdot W \cdot L \qquad (10.94)$$

Überlappungskapazitäten (overlap):

Gate-Source und Gate-Drain: $C_{OV} = C'_{GO} \cdot W$

Gate-Bulk: $C_{GBO} = C'_{GBO} \cdot L_{eff} \approx C'_{GBO} \cdot L$

$\qquad C'_{GO}(= C'_{GSO} = C'_{GDO})$ und C'_{GBO} sind längenspezifisch (F/m)   (10.95)

Dann gilt für die diskreten Kapazitäten:
im **Sperrbereich** des MOS-FETs

$$C_{GS} = C_{OV}$$
$$C_{GD} = C_{OV}$$
$$C_{GB} = C_{OX} + C_{GBO}$$
$$C_{jSB} = C'_j \cdot A_S + C'_{jSW} \cdot P_S$$
$$C_{jDB} = C'_j \cdot A_D + C'_{jSW} \cdot P_D \qquad (10.96)$$

Mit der spannungsabhängigen spezifischen Randkapazität (sidewall):

$$C'_{jSW} = C'_{jSB,SW} = C'_{jDB,SW} \;\; (F/m)$$

im **Linear-** (Trioden-) **Bereich** des MOS-FETs

$$C_{GS} = C_{OV} + \frac{C_{OX}}{2}$$
$$C_{GD} = C_{OV} + \frac{C_{OX}}{2}$$
$$C_{GB} = C_{GBO}$$
$$C_{jSB} = C'_j \cdot A_S + C'_{jSW} \cdot P_S$$
$$C_{jDB} = C'_j \cdot A_D + C'_{jSW} \cdot P_D \qquad (10.97)$$

im **Sättigungs-Bereich** des MOS-FETs

$$C_{GS} = C_{OV} + \frac{2 \cdot C_{OX}}{3}$$
$$C_{GD} = C_{OV}$$
$$C_{GB} = C_{GBO}$$
$$C_{jSB} = C'_j \cdot A_S + C'_{jSW} \cdot P_S$$
$$C_{jDB} = C'_j \cdot A_D + C'_{jSW} \cdot P_D \qquad (10.98)$$

Bemerkung: Die typischen Kapazitäten von integrierten Transistoren liegen im fF-Bereich (10^{-15} F).

Tab. 10.10 SPICE-Kapazitätsparameter

Modell-Parameter		SPICE-Parameter	Zahlenwert (CMOS-STD)
Dicke der Diffusionszone	x_j	XJ	0,15 μm
Source-Überlappungskapazität	C'_{GSO}	CGSO	100 pF/m
Drain-Überlappungskapazität	C'_{GDO}	CGDO	100 pF/m
Bulk-Überlappungskapazität	C'_{GBO}	CGBO	60 pF/m
Bulk-Sperrschichtkapazität	C'_{j0}	CJ	1,6 E-3 F/m^2
Bulk-Sperrschichtkapazität (sidewall)	C'_{j0SW}	CJSW	240 pF/m
Diffusionsspannung	Φ_D	PB	0,9 V
Diffusionsspannung (sidewall)	Φ_{DSW}	PBSW	0,9 V
pn-Übergangskoeffizient	mj	MJ	0,5
pn-Übergangskoeffizient (sidewall)	$mjSW$	MJSW	0,33

10.11.8 Kapazitäts-Parameter im SPICE Modell

Es sind mehrere Kapazitätsmodelle, die sich insbesondere in der Genauigkeit der Ladungsberechnung und -aufteilung unterscheiden, implementiert. Das meist verwendete Standardmodell für Level 1 … BSIM basiert auf der oben ausgeführten Darstellung (Tab. 10.10).

10.11.9 Dynamisches SPICE-Großsignalmodell

Wird das DC-Modell (Idrain) um das Kapazitätsmodell, um die Bulk-Source- und die Bulk-Drain-Dioden und um die Bahnwiderstände (RD, RG, RS und RB) ergänzt, entsteht das dynamische SPICE-Großsignalmodell (Abb. 10.79).

Abb. 10.79 Dynamisches NMOS-FET SPICE-Großsignalmodell (aus PSpice Manual)

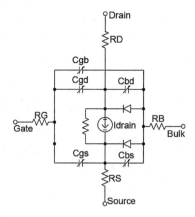

10.11.10   Kleinsignal- (AC-) Modell

Das Kleinsignalmodell lässt sich direkt durch Linearisierung des dynamischen Großsignalmodells (DC-Modell + Kapazitätsmodell) im Arbeitspunkt (A) ermitteln (Abb. 10.80).

Hinweis zur Nomenklatur: Die Bauelement- und Klemmenparameter im Kleinsignalmodell werden zur Unterscheidung vom Großsignalmodell mit kleinen Buchstaben bezeichnet.

Das Modell kann noch um die Bahn- und Anschlusswiderstände r_d ($=RD$), r_g ($=RG$), r_s ($=RS$) und r_b ($=RB$) ergänzt werden. In den meisten Fällen sind sie jedoch vernachlässigbar.

Die Kapazitäten sind mit den Großsignalkapazitäten der entsprechenden Arbeitsbereiche identisch. Bei den spannungsabhängigen Sperrschichtkapazitäten c_{sb} ($= C_{jSB}(U_{SB})$) und c_{db} ($= C_{jDB}(U_{DB})$) sind die Spannungen im Arbeitspunkt einzusetzen.

Nachfolgend gelte für die Darstellung der Spannungen im Arbeitspunkt $(A) = (U_{DS}^{(A)}, U_{GS}^{(A)}, U_{SB}^{(A)}, U_{DB}^{(A)}) \equiv (U_{DS}, U_{GS}, U_{SB}, U_{DB})$

Sperrbereich:

$$g_m = \left.\frac{\partial I_D}{\partial U_{GS}}\right|^{(A)} = 0, \; g_{ds} = \left.\frac{\partial I_D}{\partial U_{DS}}\right|^{(A)} = 0, \; g_{msb} = \left.\frac{-\partial I_D}{\partial U_{SB}}\right|^{(A)} = 0 \quad (10.99)$$

Linear- (Trioden-) **Bereich:**

$$g_m = \left.\frac{\partial I_D}{\partial U_{GS}}\right|^{(A)} = K_n' \cdot \frac{W}{L} \cdot U_{DS}$$

$$g_{ds} = \left.\frac{\partial I_D}{\partial U_{DS}}\right|^{(A)} = K_n' \cdot \frac{W}{L} \cdot (U_{GS} - U_{th,n} - U_{DS})$$

$$g_{msb} = \left.\frac{-\partial I_D}{\partial U_{SB}}\right|^{(A)} = K_n' \cdot \frac{W}{L} \cdot U_{DS} \cdot \frac{\gamma}{2 \cdot \sqrt{U_{SB} + 2\Phi_F}} \quad (10.100)$$

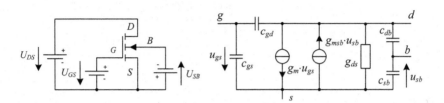

Abb. 10.80   FET im Arbeitspunkt $(A) = (U_{DS}, U_{GS}, U_{SB})$ und HF-Kleinsignalmodell

Sättigungsbereich:

$$g_m = \left.\frac{\partial I_D}{\partial U_{GS}}\right|^{(A)} = K_n' \cdot \frac{W}{L} \cdot (U_{GS} - U_{th,n}) \cdot (1 + \lambda \cdot U_{DS})$$

$$g_{ds} = \left.\frac{\partial I_D}{\partial U_{DS}}\right|^{(A)} = \frac{K_n'}{2} \cdot \frac{W}{L} \cdot (U_{GS} - U_{th,n})^2 \cdot \lambda$$

$$g_{msb} = \left.\frac{-\partial I_D}{\partial U_{SB}}\right|^{(A)} = K_n' \cdot \frac{W}{L} \cdot (U_{GS} - U_{th,n}) \cdot (1 + \lambda \cdot U_{DS}) \cdot \frac{\gamma}{2 \cdot \sqrt{U_{SB} + 2\Phi_F}} \quad (10.101)$$

Für die Kapazitäten gilt:

$$c_{sb} = C_j(U_{SB}) \cdot A_S + C_{jSW}(U_{SB}) \cdot P_S$$

$$c_{db} = C_j(U_{DB}) \cdot A_D + C_{jSW}(U_{DB}) \cdot P_D$$

$$c_{gs} = C_{GS}$$

$$c_{gd} = C_{GD} \quad (10.102)$$

Das NMOS- und PMOS-Kleinsignalmodell sind strukturell gleich. Für die PMOS-Modellparameter sind die entsprechenden Korrespondenzen zu verwenden.

10.11.11   MOS-FET Layout

Bei großen W, L sind sogenannte Mehrfach- („Mehrfinger"-, multi fingers-, multi digits-) Strukturen sinnvoll und üblich (Abb. 10.81). Das Layout ist gegenüber einer Einfach-Struktur kompakter und der wirksame Gate-Widerstand ist aufgrund der Parallelstruktur niedriger.

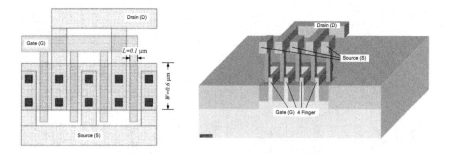

Abb. 10.81   4-Finger NMOS-FET ($W/L = 24$ ($= 4 \cdot (0,6\ \mu m/0,1\ \mu m)$)), Layout und Querschnitt

10.12 Digitale Basiszellen

10.12.1 Allgemeines Schaltermodell des MOS-FET (switch model)

Unter Vernachlässigung der Gate-Overlap- und Sperrschichtkapazitäten der Aktivgebiete kann man für den Schaltbetrieb der Transistoren in hinreichender Näherung die folgenden Ersatzschaltungen angeben. Diese vereinfachten dynamischen Schaltermodelle werden wir in den nachfolgenden Betrachtungen generell zugrunde legen (Abb. 10.82).

Der wirksame Großsignal Kanal- (Schalt-) Widerstand R_{on} des NMOS-FET ergibt sich je nach Arbeitsbereich (A) (Abb. 10.83):

im **Sperrbereich**:

$$R_{on} \equiv R_{off} = \frac{U_{DS}}{I_D} \to \infty$$

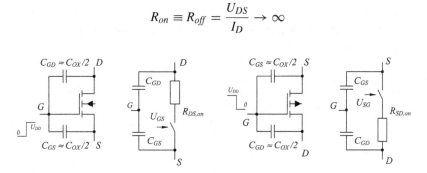

Abb. 10.82 Dynamisches Schaltermodell des NMOS-/PMOS-FET

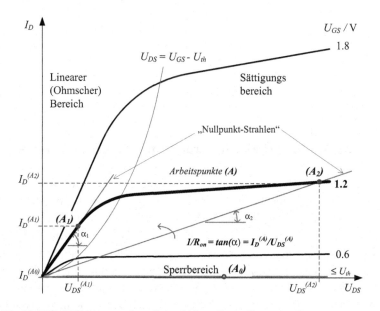

Abb. 10.83 NMOS-FET Ausgangskennlinienfeld zur Darstellung von R_{on}

im **Linearbereich**:

$$R_{on} = \frac{U_{DS}}{K_n' \cdot (W/L) \cdot U_{DS} \cdot (U_{GS} - U_{th} - (U_{DS}/2))} = \frac{1}{K_n' \cdot (W/L) \cdot (U_{GS} - U_{th} - (U_{DS}/2))}$$

$$= \frac{1}{\tan(\alpha_1)} \approx \frac{1}{K_n' \cdot (W/L) \cdot (U_{GS} - U_{th})} = \text{konst., für } U_{GS} = \text{konst.} \qquad (10.103)$$

im **Sättigungsbereich**:

$$R_{on} = \frac{U_{DS}}{\underbrace{K_n'/2 \cdot (W/L) \cdot (U_{GS} - U_{th})^2}_{konst.}} = \frac{1}{\tan(\alpha_2)} \sim U_{DS}, \text{für } U_{GS} = \text{konst.}$$

Für den PMOS-FET gelten die korrespondierenden Formeln.

10.12.2　Logik-Schaltermodell des MOS-FET (logic switch model), (Tab. 10.11)

Tab. 10.11　Logik-Schaltermodell, komplementäres Schaltverhalten

	Steuerspannung U_{in} (Gatepotenzial)	Logik-Schaltermodelle	
		Input-Logikpegel	
		0 (= 'Low', $U_{in} \cong 0V$)	**1** (= 'High', $U_{in} \cong U_{DD}$)
NMOS	$U_{in} = +U_{GS,n}$	0	1
PMOS	$U_{in} = U_{DD} - U_{SG,p}$	0	1

10.12.3　Komplentäre Schaltungsstruktur bei CMOS Logikgattern

Die zu realisierende Logikfunktion können wir allgemein als Funktion von n Logik-Eingangssignale $(in_1, \ldots, in_n)$ annehmen und als $y = Fkt\,(in_1, \ldots, in_n)$ formulieren. Es gibt verschiedene Möglichkeiten, boolesche Logikfunktionen hardwaremäßig als MOS-Schaltungen umzusetzen. Das primär eingesetzte Prinzip ist die komplementäre Schaltungsstruktur, die aus komplementär arbeitenden NMOS- und PMOS-FETs besteht. Sie hat den Vorteil, im statischen Fall praktisch verlustlos zu arbeiten, zumindest unter der Annahme, dass die Leckströme im Sperrbetrieb der MOS-FETs vernachlässigbar klein sind. Das wird im Folgenden auch so angenommen, auch wenn das bei Deep-Submicron-Technologien

Abb. 10.84 Komplementäre
Schaltungsstruktur mit
Pull-Up-/Pull-Down-Netzwerk,
Beispiel CMOS-Inverter

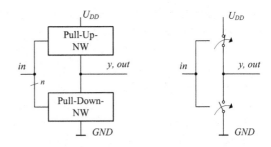

oft nur näherungsweise gilt und bei genaueren Betrachtungen die Leckströme nicht immer vernachlässigt werden können.

Die Hardware-Struktur der komplementären CMOS-Logik besteht aus zwei Schalter-Netzwerken. Das Pull-Up Netzwerk (NW) besteht aus PMOS-Schaltern und ist zwischen U_{DD} und Ausgang (y, *out*) angeordnet (Abb. 10.84). Im eingeschalteten (aktiven) Fall stellt es eine leitende Verbindung (Kurzschluss) zwischen U_{DD} und *out* ($y = 1$) her. Das Pull-Down Netzwerk, bestehend aus NMOS-Schaltern, ist zwischen dem Ausgang (y, *out*) und *GND* (0 V) angeordnet und verbindet *out* mit *GND* ($y = 0$), wenn es aktiv ist. Ein inaktives Netzwerk stellt eine hochohmige Verbindung dar (high impedance, offener Schalter). Beide Netzwerke arbeiten im Gegentaktbetrieb (komplementär), d. h. wenn das eine Netzwerk aktiv ist, dann ist das andere inaktiv und umgekehrt. Im statischen Fall kann so in keinem Logik-Zustand ein Kurzschluss zwischen U_{DD} und *GND* entstehen. Da die komplementäre Struktur prinzipiell wie ein Gegentaktverstärker wirkt, ist die Signalübertragung regenerierend, was einen weiteren Vorteil darstellt.

Allgemein gilt:

1. Der Ausgang y kann nur durch das Pull-Down-Netzwerk auf Logikpegel **0** getrieben werden, wobei das Pull-Down-NW (NMOS-Schalter) nur durch einen Input-Logikpegel **1** aktiviert werden kann.
2. Der Ausgang y kann nur durch das Pull-Up-Netzwerk auf Logikpegel **1** getrieben werden, wobei das Pull-Up-NW (PMOS-Schalter) nur durch einen Input-Logikpegel **0** aktiviert werden kann.
3. Die komplementäre CMOS-Struktur hat invertierendes Verhalten. Nichtinvertierendes Logikverhalten muss durch einen zusätzlichen Inverter realisiert werden.

Das logische **Pull-Down-Schalternetzwerk** (NMOS) kann direkt aus der nachfolgenden Form der Logikfunktion f konstruiert werden:

$$y = \overline{f(in_1, in_2, in_3, \dots)} \Leftrightarrow \bar{y} = f(in_1, in_2, in_3, \dots) \qquad (10.104)$$

Das logische **Pull-Up-Schalternetzwerk** (PMOS) kann direkt aus der Logikfunktion g, die zu Gl. (10.104) äquivalent ist und deren komplementäre Form darstellt, konstruiert werden:

$$y = g(\overline{in_1}, \overline{in_2}, \overline{in_3}, \dots) \qquad (10.105)$$

Eine zu Gl. (10.104) komplementäre Darstellung Gl. (10.105) – oder umgekehrt – lässt sich nach ‚**De Morgan**' erzeugen:

$$y = \overline{f(in_1, in_2, in_3, \ldots)} = g(\overline{in_1}, \overline{in_2}, \overline{in_3}, \ldots) \qquad (10.106)$$

Gesetze nach ‚**De Morgan**':

$$\begin{aligned} \overline{in_1 \wedge in_2} &= \overline{in_1} \vee \overline{in_2} \\ \overline{in_1 \vee in_2} &= \overline{in_1} \wedge \overline{in_2} \end{aligned} \qquad (10.107)$$

10.12.4   Beispiele von CMOS Logikgattern

1. **Inverter** (Abb. 10.85)
2. **NAND-Gatter** (Abb. 10.86)
3. **NOR-Gatter** (Abb. 10.87)
4. **Komplexgatter**

Häufig verwendete Kombinationen der Basis-Logikfunktionen (AND-NOR, OR-NAND,…) lassen sich auf Schalterebene (Transistorebene) direkt realisieren. Man nennt die entsprechenden Gatter Komplexgatter (complex gates). Sie sind viel flächeneffizienter und dynamischer als die entsprechende Zusammenschaltung von einzelnen Basisgattern. Die direkte Realisierung der AND-NOR-Logikfunktion $y = \overline{(in_1 \wedge in_2 \vee in_3)}$ mit Basisgattern erfordert beispielsweise 10 MOS-Transistoren (Abb. 10.90) gegenüber 6 Transistoren für die direkte Realisierung (Abb. 10.89).

4.1 AND-NOR-Komplexgatter (Abb. 10.88, Abb. 10.89, Abb. 10.90)
4.2 OR-AND-Komplexgatter (Abb. 10.91, Abb. 10.92)

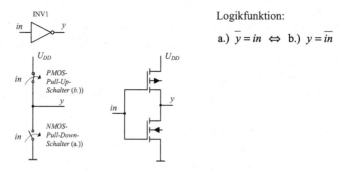

Logikfunktion:

a.) $\overline{y} = in \iff$ b.) $y = \overline{in}$

Abb. 10.85 Schalterstruktur und CMOS-Schaltkreis des Inverters

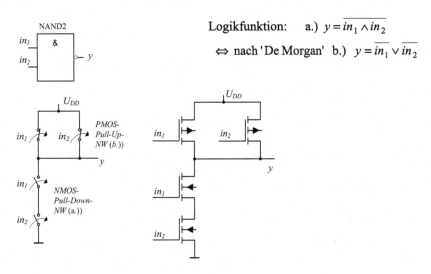

Logikfunktion: a.) $y = \overline{in_1 \wedge in_2}$

$\Leftrightarrow$ nach 'De Morgan' b.) $y = \overline{in_1} \vee \overline{in_2}$

Abb. 10.86 2-fach NAND als Schalterstruktur und CMOS-Schaltkreis

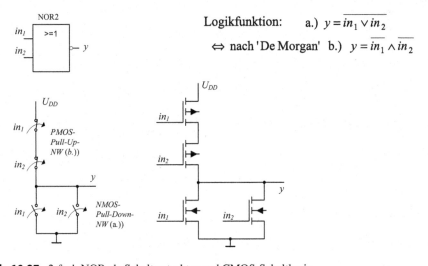

Logikfunktion: a.) $y = \overline{in_1 \vee in_2}$

$\Leftrightarrow$ nach 'De Morgan' b.) $y = \overline{in_1} \wedge \overline{in_2}$

Abb. 10.87 2-fach NOR als Schalterstruktur und CMOS-Schaltkreis

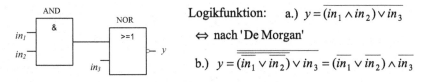

Logikfunktion: a.) $y = \overline{(in_1 \wedge in_2) \vee in_3}$

$\Leftrightarrow$ nach 'De Morgan'

b.) $y = \overline{(\overline{in_1} \vee \overline{in_2}) \vee in_3} = (\overline{in_1} \vee \overline{in_2}) \wedge \overline{in_3}$

Abb. 10.88 AND-NOR-Logikfunktion

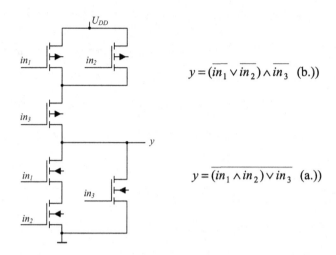

$$y = \overline{(\overline{in_1} \vee \overline{in_2}) \wedge \overline{in_3}} \quad (b.)$$

$$y = \overline{(in_1 \wedge in_2) \vee in_3} \quad (a.)$$

Abb. 10.89 AND-NOR-Komplexgatter (direkte Realisierung mit 6 Transistoren)

Abb. 10.90 AND-NOR-
Logikfunktion mit Basisgattern
(10 Transistoren)

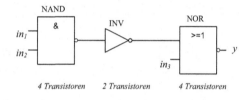

Abb. 10.91 OR-AND-Logikfunktion

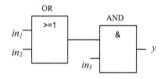

Logikfunktion: $y = (in_1 \vee in_2) \wedge in_3$

Invertierte Logikfunktion:

a.) $y_1 = \overline{y} = \overline{(in_1 \vee in_2) \wedge in_3}$

$\Leftrightarrow$ nach 'De Morgan'

b.) $y_1 = (\overline{in_1} \wedge \overline{in_2}) \vee \overline{in_3}$

Abb. 10.92 OR-AND-
Komplexgatter (direkte
Realisierung mit Transistoren)

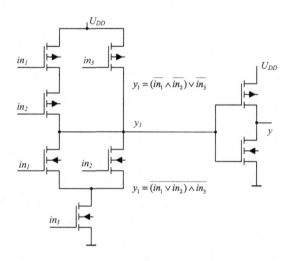

Abb. 10.93 Übertragungs-
(Transfer-) Charakteristik des
CMOS-Inverters

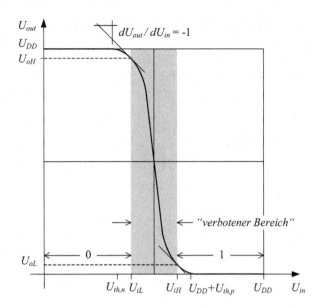

10.12.5 Dimensionierung von CMOS Logikgattern

Statisches Verhalten Das statische Verhalten lässt sich anhand der Übertragungscharakteristik des CMOS-Inverters veranschaulichen. Das Pull-Down-Netzwerk ist bei Eingangspegeln von 0 V bis zur NMOS-Schwellspannung $U_{th,n}$ gesperrt, das Pull-Up-NW ist leitend. Der Ausgang *out* liegt auf U_{DD}. Im U_{in}-Bereich: $U_{th,n}$ bis $U_{DD} + U_{th,p}$ sind beide Transistoren leitend, je höher U_{in} umso höher wird die Leitfähigkeit des NMOS- und umso niedriger die des PMOS-Schalters. Der Ausgangspegel fällt von U_{DD} auf 0 V. Der Inverter befindet sich im Übergangs- (Transient-, „verbotener") Bereich. Für Eingangspegel höher als $U_{DD} + U_{th,p}$ ($\Leftrightarrow U_{SG,p} < (-U_{th,p})$) sperrt der PMOS-Schalter und der Ausgang liegt auf 0 V (Abb. 10.93).

Man definiert nun den Logik **0** („Low")-Bereich von 0 V bis zum Anfang des Übergangs-Bereiches U_{iL}, der dort festgelegt wird, wo die Steigung der Transfercharakteristik den Wert -1 erreicht hat. Ab hier spricht man vom „verbotenen" oder nicht definierten Logik-Bereich. Der Logik **1** („High")-Bereich beginnt am Ende des Übergangs-Bereiches U_{iH}, der wiederum dort festgelegt wird, wo die Steigung der Übergangscharakteristik „flacher" als -1 wird. Näherungsweise gilt: $U_{iL} \approx U_{th,n}$ und $U_{iH} \approx U_{DD} + U_{th,p}$. Für die Ausgangsspannungen an den Grenzen des „verbotenen" Bereichs gelten folgende Bezeichnungen: $U_{out}(U_{iL}) = U_{oH}$, $U_{out}(U_{iH}) = U_{oL}$.

Die Übergangscharakteristik ist symmetrisch, wenn die Schwellspannungen und die wirksamen Leitfähigkeiten der komplementären Schalter betragsmäßig gleich sind $((|U_{th,n}| = |U_{th,p}|$ und $K'_n \cdot (W/L)_n = K'_p \cdot (W/L)_p)$.

Zahlenbeispiel: $U_{DD} = 1{,}2\,V$, $U_{th,n} = +0{,}4\,V$, $U_{th,p} = -0{,}4\,V$

NMOS:

$U_{in} = U_{GS,n}$

NMOS leitend: $U_{GS,n} > U_{th,n} \rightarrow U_{in} > U_{th,n}$ $(U_{in} = +0{,}4\,V \ldots +1{,}2\,V)$

NMOS gesperrt: $U_{GS,n} \leq U_{th,n} \rightarrow U_{in} \leq U_{th,n}$ $(U_{in} = 0\,V \ldots +0{,}4\,V)$

PMOS:

$U_{in} = U_{DD} - U_{SG,p}$

PMOS leitend: $U_{SG,p} > -U_{th,p} \rightarrow U_{in} \leq U_{DD} + U_{th,p}$ $(U_{in} = 0\,V \ldots +0{,}8\,V)$

PMOS gesperrt: $U_{SG,p} \leq -U_{th,p} \rightarrow U_{in} \geq U_{DD} + U_{th,p}$ $(U_{in} = +0{,}8\,V \ldots +1{,}2\,V)$

NMOS und PMOS gleichzeitig leitend („verbotener Bereich"):

$U_{th,n} < U_{in} < U_{DD} + U_{th,p}$ $(U_{in} = +0{,}4\,V \ldots +0{,}8\,V)$

Die zulässigen statischen Logikpegel sind definiert zu:

$$\text{Log.}\,0 : U_{Low} = 0\,V \ldots U_{iL}(\gtrsim U_{th,n}) \ (0\,V \ldots \gtrsim 0{,}4\,V)$$

$$\text{Log.}\,1 : U_{High} = U_{iH}(\lesssim U_{DD} + U_{th,n}) \ldots U_{DD} \ (\lesssim 0{,}8\,V \ldots 1{,}2\,V) \quad (10.108)$$

Die statische **Funktion** (DC-Fall) eines Logikgatters ist korrekt erfüllt, wenn sich der Bereich der zulässigen Low (0)- und High (1)-Pegel am Eingang nicht überschneidet ($\Leftrightarrow U_{High} > U_{Low}$!). Das ist der Fall, wenn die nachfolgenden Bedingungen Gl. (10.9) und zugleich Gl. (10.10) erfüllt sind:

$$U_{th,n} > 0\,V! \text{ und } U_{th,p} < 0\,V!$$

$$\Leftrightarrow \textbf{Enhancement Transistoren}! \quad\quad (10.109)$$

$$U_{iH} > U_{iL} \Rightarrow U_{DD} + U_{th,p} > U_{th,n}$$

$$\Leftrightarrow U_{th,n} - U_{th,p} < U_{DD}! \ (0{,}8\,V < 1{,}2\,V) \quad\quad (10.110)$$

Der **statische Logik-Störabstand** ist folgendermaßen definiert:

Die garantierte High-Ausgangsspannung U_{oH} muss stets größer sein als die minimal zulässige High-Eingangsspannung U_{iH}. Andererseits muss die garantierte Low-Ausgangsspannung U_{oL} stets kleiner sein als die maximal zulässige Low-Eingangsspannung U_{iL}. Die Differenzen werden als statische Störabstände (SH und SL) definiert.

Statischer High-Störabstand SH: $U_{oH} - U_{iH} (\approx (1.2\,V - 0.8\,V) = 0.4\,V) \quad (10.111)$

Statischer Low-Störabstand SL: $U_{iL} - U_{oL} (\approx (0.4\,V - 0\,V) = 0.4\,V)$

Abb. 10.94 Strompfade des
CMOS Inverters

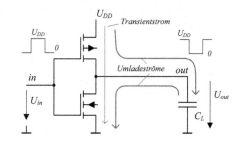

Abb. 10.95 Modell
zur Bestimmung des
transienten $0 \to 1$ Verhaltens
(Sprungantwort von U_{out},
Aufladevorgang von C_L $(+I_{CL})$)

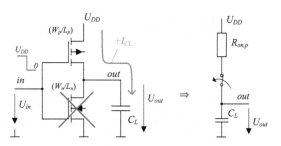

Dynamisches Verhalten, Dimensionierung des CMOS-Inverters Geht man davon
aus, dass ein Logikgatter typischerweise Folgegatter treibt, deren CMOS-Eingänge
kapazitiv wirken, dann lässt sich die Gatter-Belastung als resultierende Lastkapazität C_L
darstellen, die im Wesentlichen aus der Summe aller äquivalenten Eingangsknotenkapa-
zitäten und Leitungskapazitäten besteht.

Die Basisstruktur für die Abschätzung des dynamischen Verhaltens von Logikgattern
ist der **CMOS-Inverter**. Eine Logikansteuerung: $0 \to 1 \to 0$ ($0\,\mathrm{V} \to U_{DD} \to 0\,\mathrm{V}$) stellt
am Ausgang den Umladevorgang der Knotenlast C_L von $1 \to 0 \to 1$ dar (Abb. 10.94).

Im Idealfall fließt also nur ein kapazitiver Laststrom. Beim Übergang von $0 \leftrightarrow 1$
(Transientfall) wird allerdings der „verbotene Bereich" durchlaufen und es fließt ein kur-
zer Transientstrom (Querstrom) von U_{DD} nach *GND*. Für die Betrachtung des dynamischen (transienten) Verhaltens kann man jedoch davon ausgehen, dass die $0 \leftrightarrow 1$-Flanke
hinreichend kurz ist, so dass der Transientstrom hier keine relevante Rolle spielt. Zur
Berechnung der Dynamik ist deshalb das Modell nach Abb. 10.95 ausreichend realistisch.

Bei Stimulierung mit einem 1-Sprung am Eingang erfolgt ein Entladen des Lastkon-
densators ($1 \to 0$ Übergang am Ausgang). Es gilt das Modell nach Abb. 10.96.

In beiden Fällen liegt ein System 1. Ordnung ($\mathrm{PT_1}$-Verhalten) mit der jeweiligen
Anstiegs- und Abfall-Zeitkonstanten (τ_r und τ_f) vor:

$$\tau_r = R_{on,p} \cdot C_L, \tau_f = R_{on,n} \cdot C_L \qquad (10.112)$$

Abb. 10.96 Modell zur
Bestimmung des transienten
$1 \to 0$ Verhaltens (negative
Sprungantwort von U_{out},
Entladung von C_L $(-I_{CL})$)

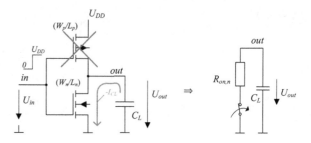

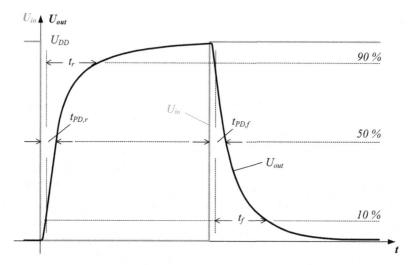

Abb. 10.97 $1 \to 0 \to 1$-Sprungantwort (Impulsantwort)

Die Verzögerungszeiten ($t_{PD,\,r}$ und $t_{PD,\,f}$), Anstiegs- und Abfallzeiten (t_r und t_f) ergeben
sich definitionsgemäß bekanntlich wie folgt (Abb. 10.97):

$$t_{PD,r} = 0{,}7 \cdot \tau_r = 0{,}7 \cdot R_{on,p} \cdot C_L, \quad t_r = 2{,}2 \cdot \tau_r = 2.2 \cdot R_{on,p} \cdot C_L$$

$$t_{PD,f} = 0{,}7 \cdot \tau_f = 0{,}7 \cdot R_{on,n} \cdot C_L, \quad t_f = 2{,}2 \cdot \tau_f = 2.2 \cdot R_{on,n} \cdot C_L \tag{10.113}$$

Bei spezifiziertem $t_{PD,r}$, $t_{PD,f}$ oder t_r, t_f lässt sich die erforderliche Zeitkonstante τ_r, τ_f aus
o. g. Formeln als Fkt. von R_{on} und C_L direkt ermitteln. Wie bereits beim Schaltermodell
angegeben, hängt der wirksame Schaltwiderstand R_{on} vom Arbeitsbereich des Transistors
ab. Im **Sättigungsbereich** des jeweiligen MOS Transistors bei maximalem $|U_{DS}|$ $(= U_{DD})$
ist der Schaltwiderstand am größten. Legt man diesen ungünstigsten Fall zugrunde, dann
lässt sich R_{on} für $|U_{DS}| = |U_{GS}| = U_{DD}$ jeweils näherungsweise wie folgt angeben:

$$R_{on,p} = \frac{U_{DD}}{K'_p/2 \cdot (W_p/L_p)(U_{DD} + U_{th,p})^2}, \quad R_{on,n} = \frac{U_{DD}}{K'_n/2 \cdot (W_n/L_n)(U_{DD} - U_{th,n})^2} \tag{10.114}$$

Als Zeitkonstanten τ_r und τ_f ergeben sich dann bei spezifiziertem C_L:

$$\tau_r = \frac{U_{DD} \cdot C_L}{K_p'/2 \cdot (W_p/L_p)(U_{DD} + U_{th,p})^2}, \quad \tau_f = \frac{U_{DD} \cdot C_L}{K_n'/2 \cdot (W_n/L_n)(U_{DD} - U_{th,n})^2} \quad (10.115)$$

Daraus ergeben sich direkt die Dimensionierungsformeln für die MOS-FETs:

$$\frac{W_p}{L_p} = \frac{U_{DD} \cdot (C_L/\tau_r)}{K_p'/2 \cdot (U_{DD} + U_{th,p})^2}, \quad \frac{W_n}{L_n} = \frac{U_{DD} \cdot (C_L/\tau_f)}{K_n'/2 \cdot (U_{DD} - U_{th,n})^2} \quad (10.116)$$

Für den wichtigen Spezialfall, dass $\tau_r = \tau_f$ (symmetrisches $0 \rightarrow 1$, $1 \rightarrow 0$ Verhalten) spezifiziert wird und außerdem die Schwellspannungen betragsmäßig gleich sind ($U_{th,\,n} = -U_{th,\,p}$), gilt:

$$\frac{(W_p/L_p)}{(W_n/L_n)} = \frac{K_n'}{K_p'} = \frac{C_{OX}' \cdot \mu_n}{C_{OX}' \cdot \mu_p} = \frac{\mu_n}{\mu_p} \, (= 2 \ldots 3) \quad (10.117)$$

Bemerkung: Die Dimensionierungsformeln sind hinreichend realistisch und als Startlösung für eine Simulation auf Circuit-Ebene (z. B. SPICE-Simulation) anzusehen. Der Einfluss der dominanten Parameter ist in den Formeln tendenziell richtig wiedergegeben, so dass man sie sehr vorteilhaft bei der rechnerunterstützten Schaltungsoptimierung einsetzen kann.

10.12.6 Dimensionierung beliebiger Logikgatter

Das Dimensionierungsergebnis des Inverters lässt sich wie folgt auf die Dimensionierung beliebiger Logikgatter übertragen:

Man geht zunächst davon aus, dass das beliebige Logikgatter die gleiche Dynamik aufweisen soll, wie der dimensionierte CMOS-Inverter. Dazu geht man zunächst vom Pull-Up-Schalternetzwerk aus und betrachtet die möglichen Auflade (Pull-Up) Strompfade für C_L jeweils einzeln. Die Reihenschaltung der entsprechenden Schaltertransistoren bildet den äquivalenten $R_{on,\,p}$. Soll das Auflade-Verhalten dem des Inverters entsprechen, dann muss bei gegebenem C_L gelten: $R_{on,\,p}$ (Pull-Up) $= R_{on,\,p}$ (Inverter).

Liegen n PMOS Transistoren im betrachteten Strompfad in Reihe, dann darf der Einzeltransistor nur $1/n$ des $R_{on,p}$ (Inverter) aufweisen:

W_p/L_p (Einzeltransistor) $= n \cdot W_p /L_p$ (**Inverter**).

Es wird allgemein vom **ungünstigsten Fall** ausgegangen, d. h. Parallelschaltungen (parallele Aufladepfade) werden nicht berücksichtigt. Für den Pull-Down-Pfad ist die Vorgehensweise entsprechend:

Liegen im ungünstigsten Fall m NMOS Schalter im Pull-Down-Pfad in Reihe, dann ist zu wählen: W_n/L_n (**Einzeltransistor**) $= m \cdot W_n /L_n$ (**Inverter**).

Diese Vorgehensweise ist natürlich nur näherungsweise realistisch, da in den Pull-Up-(Pull-Down-) Netzwerken die Transistorsteuerspannungen U_{GS}, bzw. U_{SG} nicht exakt U_{DD}

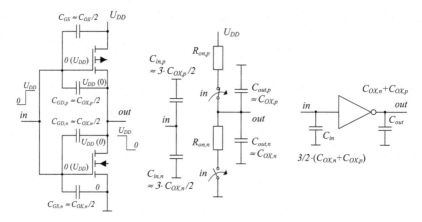

Abb. 10.98 Kapazitäts-, Schaltermodell und dynamisches Logikmodell des CMOS-Inverters

betragen, sondern vom aktuellen Stromfluss abhängen. Zusätzlich tritt der Body Effekt auf. In der Realität wird die Dynamik also tendenziell etwas schlechter sein, als beim Inverter.

Trotzdem ergibt diese Vorgehensweise eine hinreichend gute Abschätzung der Transistordimensionierung und ist als Startlösung für eine Schaltungssimulation sehr gut geeignet, auf deren Basis dann eine weitere Schaltungsoptimierung erfolgen kann.

10.12.7   Ein-, Ausgangs-, Lastkapazitäten

Wir betrachten wiederum den Inverter, der durch sein dynamisches Schaltermodell (Kapazitätsmodell) beschrieben wird, und beschränken uns auf die dominanten Kapazitäten C_{GS} und C_{GD}, die als $\approx C_{OX}/2$ angenommen werden können, was natürlich so, je nach Betriebsbereich des Transistors, nur näherungsweise gilt, aber als ungünstigster Fall angesehen werden kann.

Wie in Abb. 10.98 dargestellt, transformieren wir für den Schaltbetrieb des Inverters die Kapazitäten in äquivalente Eingangs- und Ausgangskapazitäten (vgl. Miller-Theorem, Transimpedanztransformation), indem jeweils die Umladebilanzen am Ein- und Ausgang betrachtet werden. Bei einem $0 \rightarrow U_{DD}$ (oder $U_{DD} \rightarrow 0$) -Eingangssprung wird jeweils $+\Delta Q_{in,n}$ $(-\Delta Q_{in,n})$ am Eingangs- und $-Q_{out,\,n}$ $(+\Delta Q_{out,n})$ am Ausgangsknoten des NMOS-FET umgeladen. Das entspricht einer wirksamen Knotenkapazität $C_{in,n}$ am Ein- und $C_{out,n}$ am Ausgang des NMOS-FET:

$$C_{in,n} \approx \frac{\Delta Q_{in,n}}{\Delta U_{in}} = \frac{C_{GS,n} \cdot U_{DD} + C_{GD,n} \cdot (U_{DD} - (-U_{DD}))}{U_{DD}}$$

$$= C_{GS,n} + 2 \cdot C_{GD,n} \approx \frac{3}{2} \cdot C_{OX,n} \qquad (10.118)$$

$$C_{out,n} \approx \frac{\Delta Q_{out,n}}{\Delta U_{out}} = \frac{C_{GD,n} \cdot (U_{DD} - (-U_{DD}))}{U_{DD}} = 2 \cdot C_{GD,n} \approx C_{OX,n}$$

Abb. 10.99 Modell zur
Berechnung der Verlustleistung

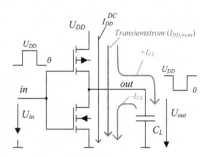

Für den PMOS-FET gilt entsprechend:

$$C_{in,p} \approx \frac{\Delta Q_{in,p}}{U_{in}} = \frac{C_{GS,p} \cdot U_{DD} + C_{GD,p} \cdot (U_{DD} - (-U_{DD}))}{U_{DD}} =$$

$$= C_{GS,p} + 2 \cdot C_{GD,p} \approx \frac{3}{2} \cdot C_{OX,p}$$

$$C_{out,p} \approx \frac{\Delta Q_{out,p}}{U_{out}} = \frac{C_{GD,p} \cdot (U_{DD} - (-U_{DD}))}{U_{DD}} = 2 \cdot C_{GD,p} \approx C_{OX,p} \quad (10.119)$$

Die gesamte Knotenkapazität am Ein- und Ausgang (C_{in} und C_{out}) ergibt sich aus der Parallelschaltung der jeweiligen NMOS- und PMOS-FET Knotenkapazitäten:

$$C_{in} = C_{in,n} + C_{in,p} \approx \frac{3}{2} \cdot (C_{OX,n} + C_{OX,p}) = \frac{3}{2} \cdot C_{OX}$$

$$C_{out} = C_{out,n} + C_{out,p} \approx C_{OX,n} + C_{OX,p} = C_{OX} \quad (10.120)$$

Für ein allgemeines Gatter mit mehreren Eingängen gilt zur Abschätzung der jeweiligen Eingangskapazitäten die o. g. Formel gleichermaßen.

Bei m zu treibenden Gattern (ggf. mit Anschlussleitung Ltg) ergibt sich die zu treibende Last C_L allgemein zu:

$$C_L = C_{out} + \sum_{k=1}^{m} (C_{in}(k) + C_{Ltg}(k)) \quad (10.121)$$

10.12.8 Verlustleistung

Die gesamte Verlustleistung (Wirkleistung) setzt sich aus drei Anteilen zusammen. Den ersten Anteil bildet die statische Verlustleistung (DC-Anteil), die aufgrund des statischen Verluststroms I_{DD}^{DC} (Leckstrom) auftritt, der oft vernachlässigbar klein ist. Die transiente Verlustleistung wird vom Transientstrom während des Umschaltens („verbotener Bereich") verursacht. Den dritten, meist dominanten Anteil bildet die dynamische Verlustleistung, die aufgrund des kapazitiven Umladestroms der Lastkapazität zu Stande kommt (Abb. 10.99, 10.100).

$$P_V = P_{V,stat} + P_{V,trans} + P_{V,dyn.} \quad (10.122)$$

Abb. 10.100 Spannungs-
und Stromverlauf beim
Schaltvorgang

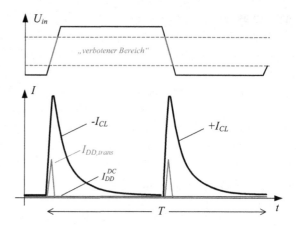

Statische Verlustleistung

$$P_{V,stat} = P_{V,DC} = U_{DD} \cdot I_{DD}^{DC} \approx U_{DD} \cdot 0 \approx 0 \qquad (10.123)$$

Transiente Verlustleistung (während der „verbotene Bereich" durchlaufen wird): Sie kann
meist vernachlässigt werden:

$$P_{V,trans} = \frac{U_{DD}}{T} \cdot \int_0^T I_{DD,trans} \cdot dt \qquad (10.124)$$

Dynamische Verlustleistung Sie tritt beim Umladen („toggle") von C_L auf und stellt
typischerweise den dominanten Anteil dar:

$$P_{V,dyn.} = \frac{U_{DD}}{T} \cdot \int_0^T (+I_{CL}) \cdot dt = \frac{U_{DD}}{T} \cdot Q_{CL}$$

mit $T = T_{toggle}$ (Umladezeit)

$$P_{V,dyn.} = \frac{U_{DD}^2 \cdot C_L}{T_{toggle}} = U_{DD}^2 \cdot C_L \cdot f_{toggle}$$

$Q_{CL} = C_L \cdot U_{DD}$

Aufladen   Entladen

„toggle" = Aufladen + Entladen

$\qquad\qquad\qquad\qquad\qquad\qquad\qquad\qquad\qquad\qquad\qquad\qquad\qquad$ (10.125)

Bemerkung: Ist nur die System-Taktfrequenz f_{CLK} bekannt, dann kann man die Schaltfrequenz grob wie folgt abschätzen: $f_{toggle} = f_{CLK}/2$.

10.12.9 Transmission-Gate (CMOS-Signalschalter)

Eine weitere wichtige Grundzelle ist der bidirektionale Signalschalter, auch Transmission-Gate (TG) genannt. Er wird sowohl bei digitalen als auch analogen und bei
gemischt analog/digital (mixed signal) Schaltungen eingesetzt. Der CMOS-Schalter,

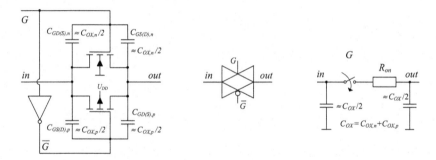

Abb. 10.101 Transmission-Gate: prinzipieller Aufbau, Symbol und vereinfachtes Modell

bestehend aus einer Parallelschaltung aus NMOS- und PMOS-FET, liegt im Signalpfad und kann mit dem Steuersignal G eingeschaltet werden. Der prinzipielle Aufbau und das vereinfachte dynamische Modell sind in Abb. 10.101 dargestellt.

Man beachte das komplementäre Signalübertragungsverhalten. Bei einem log. **0**-Signaltransfer wird der NMOS-Schalter und bei einem **1**-Transfer wird der PMOS-Schalter jeweils dominant wirksam. Beim jeweils nicht dominanten Schalter liegt der wirksame Source Anschluss am Ausgang (*out*). Er bleibt nur solange leitend bis die Schwellspannung unterschritten wird. Zusätzlich ungünstig wirkt sich auch der Body-Effekt aus. Der jeweils dominante Schalter ist stets aktiv. Durch die Parallelschaltung von NMOS- und PMOS-FET erreicht man einen insgesamt recht ausgeglichenen, signalunabhängigen Längswiderstand R_{on} und ein bidirektionales Verhalten im vollständigen Signalspannungsbereich von $0\,V \ldots U_{DD}$. Das Verhalten ist in den folgenden zwei Bildern dargestellt.

Dimensioniert man den NMOS-, PMOS-Schalter symmetrisch ($R_{on,\,n} \approx R_{on,\,p}$), kann man folgende Abschätzung angeben ($|U_{DS}| = U_{DD}$, $|U_{GS}| = U_{DD}$):

$$R_{on} \approx \frac{1}{2} \cdot R_{on,n} \approx \frac{U_{DD}}{K_n' \cdot \frac{W_n}{L_n} \cdot (U_{DD} - U_{th,n})^2} \tag{10.126}$$

Beispiel: *CMOS-STD*-Transmission-Gate (TG) mit folgenden Technologie-, Geometrie-Parametern (Abb. 10.102, 10.103):

$K_n' = 0{,}4\,\text{mA/V}^2$, $U_{th,\,n} = +0{,}4\,\text{V}$, $W_n/L_n = 0{,}2\,\mu\text{m}/0{,}1\,\mu\text{m}$,
$K_p' = 0{,}2\,\text{mA/V}^2$, $U_{th,\,p} = -0{,}4\,\text{V}$, $W_p/L_p = 0{,}4\,\mu\text{m}/0{,}1\,\mu\text{m}$
$C_{OX}' = 17{,}25 \cdot 10^{-3}\,\text{F/m}^2 \Rightarrow C_{OX} = C_{OX}' \cdot (W_n \cdot L_n + W_p \cdot L_p) \approx 1\,\text{fF}$

$$\Rightarrow R_{on} \approx \frac{1{,}2\,\text{V}}{0{,}4\,\text{mA/V}^2 \cdot 2 \cdot (1{,}2\,\text{V} - 0{,}4\,\text{V})^2} = 2{,}3\,\text{k}\Omega \quad C_{in} \approx C_{out} \approx \frac{C_{OX}}{2} = 0{,}5\,\text{fF}$$

Beim log. 0- ist der NMOS-FET und beim log. 1-Signaltransfer ist der PMOS-FET dominant. Der resultierende Längswiderstand beträgt jeweils: $R_{on} \approx 3\,\text{k}\Omega$.

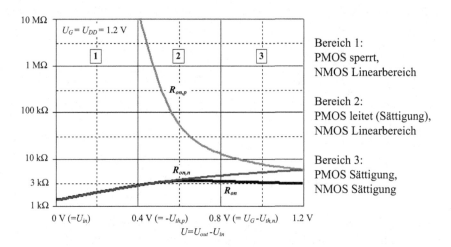

Abb. 10.102 SPICE-Simulation: Transmission-Gate bei log. **0**-Signaltransfer ($in = \log. 0$)

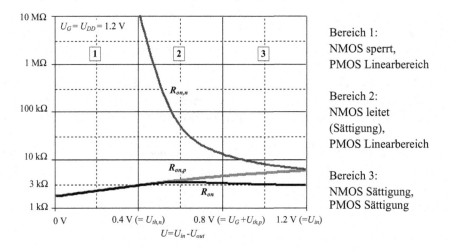

Abb. 10.103 SPICE-Simulation: Transmission-Gate bei log. **1**-Signaltransfer ($in = \log. 1$)

10.12.10   Transfer-Gate (MOS-Signalschalter)

Verwendet man nur einen einfachen NMOS- oder PMOS-Transistor als Signalschalter, dann spricht man von einem Transfer-Gate.

Der Längswiderstand R_{on} ist dann entweder gleich $R_{on,n}$ oder $R_{on,p}$ und somit stark nichtlinear, was in den vorherigen Bildern zu sehen ist. Je nach Signaltransfer und verwendeten Schalttransistor stellt sich eine unterschiedliche $R_{on}(U)$ Charakteristik ein. Der große Vorteil des Transmission-Gates, einen nahezu signalunabhängigen und konstanten R_{on} zu realisieren, geht verloren. Während beim PMOS-Schalter ($U_{Gate} = 0\,\text{V}$) nur Ausgangsspannungen zwischen U_{DD} und $(-U_{th,p})$ möglich sind, kann der NMOS-Schalter $(U_{Gate} = U_{DD})$ nur Ausgangsspannungen zwischen 0 V und $U_{DD} - U_{th,n}$ liefern.

Für rein digitale Anwendungen können diese Einschränkungen akzeptabel sein, was aber im Einzelnen zu prüfen ist. Als analoger Signalschalter ist das Transfer-Gate aber aufgrund dieser Einschränkungen meist nicht geeignet.

Vorteilhaft ist, dass das Transfer-Gate nicht zwei zueinander invertierte Ansteuerungssignale benötigt und sehr einfach mit $U_{Gate} = 0$ V$/U_{DD}$ $(= \log. 0/1)$ ein, bzw. ausgeschaltet werden kann. Das ergibt ein sehr kompaktes Layout. Man benötigt insgesamt also nur den Signalschalttransistor, wohingegen das Transmission-Gate incl. Ansteuerung insgesamt 4 Transistoren erfordert.

10.12.11 Multiplexer

Ein Daten-Multiplexer lässt sich sehr flächeneffizient mit Transmission-Gates umsetzen (Abb. 10.104).

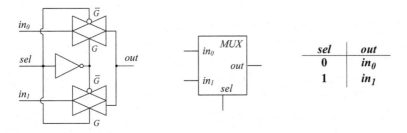

Abb. 10.104 Multiplexer als TG-Realisierung, Symbol, Funktionstabelle

10.12.12 D-Flip-Flop

Eine statische Speicherzelle wird vorzugsweise als flankengetriggertes D-Flip-Flop (D-FF) realisiert. Es dient auch als Basisstruktur für sonstige Flip-Flop-Varianten (T-FF,JK-FF etc.). Es gibt eine Reihe von möglichen Realisierungen. Wir werden uns auf die sogenannte semistatische Master/Slave-Struktur konzentrieren, die sehr zuverlässig funktioniert, auch für hochdynamische Anwendungen geeignet ist und sehr effizient zu integrieren ist. Sie besteht aus der Serienschaltung von zwei zueinander invers zustandsgetriggerten semistatischen Latches, die im Master/Slave-Modus betrieben werden (Abb. 10.105).

Die Φ_1-, Φ_2-Schalter sind meist als Transmission-Gates ausgeführt. Das Taktsignal (CLK) wird in zwei sich nicht überlappende Phasen (Φ_1 und Φ_2) unterteilt. Vereinfachend kann man von folgendem Zusammenhang ausgehen: $\Phi_2 = CLK, \Phi_1 = \overline{CLK}$. Während der Φ_1–Phase (**Lesephase**: $\Phi_1 = 1$, $\Phi_2 = 0$) wird das Datenbit $D = D_1$ in den „Master" geladen (eingelesen), in der Φ_2–Phase (**Speicherphase**: $\Phi_2 = 1$, $\Phi_1 = 0$) in den

Abb. 10.105 Prinzipschaltbild
eines semistatischen D-Flip-Flop

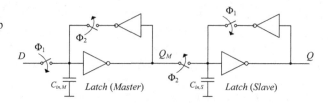

Latch (Master)   Latch (Slave)

„Slave" übernommen und damit am Ausgang ($Q = D_1$) aktualisiert. Gleichzeitig wird
der Dateneingang abgeschaltet, das Datenbit D bleibt im „Master" gespeichert, da bei
geschlossener Rückkopplung ($\Phi_2 = 1$) der „Master"-Speichermodus aktiv ist. Damit
bleibt der Zustand auch im „Slave" erhalten, solange bis ein neuer Lesevorgang ($\Phi_1 = 1$,
$\Phi_2 = 0$) beginnt: Der „Slave" bleibt vom „Master" getrennt ($\Phi_2 = 0$), D_1 wird im „Slave"
gespeichert („Slave"-Speichermodus: $\Phi_1 = 1$). Der „Master" liest das neue Datenbit D_2
ein, während im „Slave" nach wie vor D_1 gespeichert ist. Mit der nächsten Speicherphase ($\Phi_2 = 1$, $\Phi_1 = 0$) wird D_2 in den „Slave" übernommen und der o. g. Vorgang kann
von neuem beginnen.

Mit dem $0 \rightarrow 1$ Übergang des Φ_2 ($= CLK$) -Signals wird der **Ausgang**Q**aktualisiert**,
was als **aktive Takt-Flanke** bezeichnet wird. In unserem Fall ist die positive die aktive
Takt-Flanke. Man kann sehr einfach eine negative aktive Takt-Flanke erreichen, wenn
man das Taktsystem invertiert: $\Phi_2 = \overline{CLK}$, $\Phi_1 = CLK$. Zur Sicherstellung einer eindeu-
tigen Funktionsweise sollte die Lese- und die Speicherphase nie gleichzeitig aktiv sein.
Man spricht von einem **nichtüberlappenden** (Φ_1, Φ_2)**-Takt** (2-Phasen-Takt). Während der Umschaltphasen (Nichtüberlappungs-Phasen), in denen kurzzeitig die Φ_1- und
Φ_2-Schalter gleichzeitig geöffnet sind, werden die aktuellen Logikzustände durch die
inneren Gate-Kapazitäten ($C_{in,\ M}$ und $C_{in,\ S}$) gehalten, daher der Name semistatisches
Flip-Flop.

Ausgehend von der aktiven Flanke bis zur Aktualisierung von Q stellt sich eine Sig-
nal-ver-zögerung $t_{CLK,\ Q}$ („Clock to Q-Time", $CLK \rightarrow Q$) ein, die in erster Linie von der
Verzögerung der Schaltung zwischen Q_M und Q herrührt.

Beim Wechsel der Lese- zur Speicherphase, d. h. wenn die aktive Takt-Flanke vorliegt, muss das Datenbit D stabil (0 oder 1) anliegen, damit es eindeutig eingelesen und
gespeichert werden kann. Dazu spezifiziert man einen zeitlichen Sicherheitsbereich vor
(Setup-Zeit) und nach (Halte-Zeit) der aktiven Flanke. Daten müssen für die Dauer der
Setup-Zeit (t_{setup}, „setup time", „Setup-Sicherheitsreserve") eindeutig (0 oder 1) am
D-Eingang anliegen, bevor sie mit der aktiven Takt-Flanke in den „Slave" übernommen
werden. Bei Missachtung spricht man von einer Setup-Zeit Verletzung (setup-time violation). Die Setup-Zeit t_{setup} ist im Wesentlichen durch die Verzögerungszeit der Schaltung
zwischen D und Q_M bestimmt.

Um zeitliche Toleranzen bei den einzelnen Φ_1-, Φ_2-Schaltern zu berücksichtigen, for-
dert man meist auch noch eine definierte **Halte-Zeit** (t_{Hold}, „hold time", „Hold-Sicher-
heitsreserve"), während der das D-Signal nach der aktiven Flanke eindeutig (0 oder 1)
bleiben muss. Bei Missachtung spricht man von einer Halte-Zeit Verletzung (hold-time

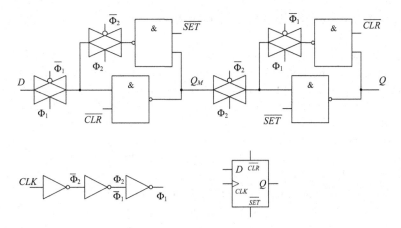

Abb. 10.106 D-Flip-Flop mit asynchronem Setz- und Rücksetz-Eingang ($\overline{SET}$, $\overline{CLR}$, low-aktiv), vereinfachte 2-Phasen-Takt Generierung und Symbol

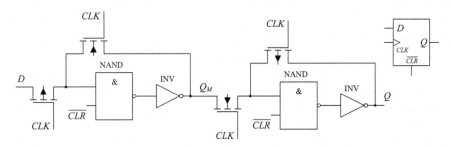

Abb. 10.107 Standard D-Flip-Flop *dff*1 mit asynchronem Rücksetz-Eingang $\overline{CLR}$ (=*NCLR*, „low-aktiv") und Symbol

violation). Die Halte-Zeit ist meist deutlich kleiner als die Setup-Zeit und im Idealfall vernachlässigbar klein.

Die Grundstruktur des semistatischen D-Flip-Flops kann relativ einfach erweitert werden, um taktsynchrone oder asynchrone Setz- ($\overline{SET}$) und/oder Rücksetz- ($\overline{CLR}$) Möglichkeiten bereitzustellen, was exemplarisch in Abb. 10.106 zu sehen ist.

Meist wird eine etwas einfachere Struktur verwendet, die statt der Transmission-Gates Transfer-Gates (MOS-Einfachschalter) verwendet. Den Φ_1–Schalter bildet dann ein **PMOS**-FET und der Φ_2–Schalter wird von einem **NMOS**-FET realisiert. Dem schlechteren Signalübertragungsverhalten der Einfachschalter, das zu einer etwas größeren Signalverzögerung $t_{CLK, Q}$ („Clock to Q-Time", $CLK \rightarrow Q$) führt, steht eine wesentlich einfachere Schaltungsstruktur gegenüber. Die Schaltung nach Abb. 10.107 bildet unsere D-Flip-Flop Standardrealisierung (*dff*1).

10.13   Design einer digitalen Zellbibliothek

Der Entwurf einer digitalen Basiszelle stellt in idealer Weise eine klassische Full-Custom Designaufgabe dar, da hier die elektrische Schaltungsspezifikation flächenoptimal auf Transistorebene umzusetzen ist (Handlayout). Nachfolgend soll ein typischer Designablauf von der Konzeptionierung, der Spezifikation über die Schaltungsdimensionierung, das Layout, die Simulation mit eventueller Optimierung bis zum Datenblatt (Charakterisierung) des Schaltkreises veranschaulicht werden.

Wir werden exemplarisch eine kleine digitale Zellbibliothek (Minimal-Bibliothek) realisieren, die aus folgenden Basiszellen besteht: Inverter (*inv*1), Ringoszillator (*ringo*5), 2-fach-NAND und -NOR (*nand*2, *nor*2) und D-Flip-Flop (*dff*1).

Die dimensionierte Schaltung wird zunächst ohne Berücksichtigung von Layout Einflüssen (Transistorverdrahtung etc.) simuliert (Pre-Layout-Simulation). Falls die Spezifikation nicht erfüllt wird, werden die Transistor-Geometrien (*W/L*) entsprechend nachdimensioniert (optimiert). Nach dem Layout der Zelle wird eine Post-Layout-Simulation durchgeführt, die auch die Einflüsse des Layouts auf das Schaltungsverhalten erfasst. Dazu wird die Schaltungsnetzliste aus dem Layout extrahiert, wobei sowohl die planmäßigen (Transistoren etc.) als auch die parasitären Elemente (Leitungskapazitäten etc.) erfasst werden. Aus den Simulationsergebnissen werden dann die charakteristischen Kenngrößen für die Logik-Simulation (Logik Parameter) ermittelt, wie beispielsweise die lastabhängige Signalverzögerungszeit t_{PD} (C_L) und die Verlustleistung P_V (C_L, f), die sowohl von der Last als auch von der Schaltfrequenz f ($=f_{toggle}$) abhängt. Alle Parameter des Schaltkreises variieren aufgrund von Fertigungstoleranzen, so dass neben den typischen Werten (typ.) auch die jeweiligen Eckwerte (min., max.) zu erfassen sind („Worst-, Best-Case"-Untersuchungen).

Als Entwurfstool verwenden wir MICROWIND[19], das neben dem Layout Editor auch einen Layout Extractor beinhaltet, der eine SPICE kompatible Netzliste zur Post-Layout-Simulation erzeugt. Zusätzlich ist auch ein Simulator integriert, der eine direkte Post-Layout-Analyse im Zeitbereich (TR-Analyse) ermöglicht. Für die detaillierteren Analysen, insbesondere für Performance Untersuchungen (wie z. B. t_{PD} (C_L), P_V (C_L, f) etc.) werden wir PSPICE[20] einsetzen. Technologiebasis ist unser bereits bekannter 100 nm *CMOS-STD* Prozess (Technologiefile: *CMOS_STD.rul*) mit den folgenden Level 1-Basisparametern, die uns zur approximativen Analyse und zur Dimensionierung (*W/L*) dienen:

$$U_{DD} = 1{,}2\,\text{V}, \quad K_n' = 0{,}4\,\text{mA/V}^2, \quad U_{th,n} = +0{,}4\,\text{V}, \quad K_p' = 0{,}2\,\text{mA/V}^2, \quad U_{th,p} = -0{,}4\,\text{V},$$
$$C'_{OX} = 17{,}25 \cdot 10^{-3}\,\text{F/m}^2$$

---

[19]MICROWIND Evaluationversion: http://www.microwind.net/ (Copyright E. Sicard).

[20]Die Schaltkreisbeispiele, Design- und Simulationsparameter (zu MICROWIND und PSPICE) können vom Download-Server des Springer-Verlags heruntergeladen werden: http://extras.springer.com/2014/978-3-642-29559-1.

Zur Abschätzung der Verdrahtung:

MET1: $C'_{m1b} = 30$ aF/μm^2, $C'_{m1bSW} = 39$ aF/μm, ($R_{sh,MET1} = 0{,}06$ $\Omega/\square$)
MET2: $C'_{m2b} = 18$ aF/μm^2, $C'_{m2bSW} = 38$ aF/μm, ($R_{sh,MET2} = 0{,}06$ $\Omega/\square$)

Für die Schaltungssimulation wird grundsätzlich das BSIM-Transistormodell verwendet.

10.13.1　Konzept, Vorüberlegungen zur Zell-Geometrie

Ein digitales ASIC wird ausgehend von einem Systemmodell, das üblicherweise mit einer Hardwarebeschreibungssprache beschrieben wird, weitgehend automatisiert bis zur Logik Beschreibung (Logik-Struktur, -Netzliste) synthetisiert, wobei die Logikfunktionen verwendet werden, die die Zellbibliothek zur Verfügung stellt. Danach erfolgt die physikalische Synthese, die auch geometrische oder Layout Synthese genannt wird. Sie nimmt auf Basis der Logik-Struktur die Platzierung, Verdrahtung und Kompaktierung („Place and Route") der Zell-Anordnung vor. Die Zellbibliothek stellt hier die Schnittstelle zwischen System-Design und physikalischem Entwurf dar. Man unterscheidet zwischen Standard- und Makrozellen (Standardzell-, Makrozellentwurf). Standardzellen sind dadurch gekennzeichnet, dass sie eine feste Zellhöhe (1-fach Raster, Gridmaß) bei variabler Breite aufweisen. Sie werden bei der Platzierung bündig aneinander gereiht. Die Verdrahtung geschieht typischerweise ober/unterhalb der Zellenreihe in Verdrahtungskanälen, deren flexible Breite sich aus der Summe der nebeneinander liegenden Verdrahtungsleitungen ergibt. Der Entwurf mit Standardzellen ist gegenüber dem mit Makrozellen der historisch ältere Entwurfsstil und ist durch die sehr einfache Platzierung und Verdrahtung charakterisiert, wobei klassisch nur zwei Metall-Layer verwendet wurden, was mit relativ einfachen Place and Route Algorithmen realisiert werden kann. Die Chipfläche eines Standardzell-Designs ist meist suboptimal. Aufgrund des starren Platzierungs- und Verdrahtungs-Schemas und der starren Zellhöhe tendieren insbesondere stark vernetzte Strukturen, wenn sie noch dazu aus Zellen bestehen, die eine sehr unterschiedliche Komplexität (große und kleine Zellen) aufweisen, zu langen bandförmigen Layout-Geometrien, die in aller Regel nicht optimal kompakt sind.

Makrozellen haben keine starre Zellhöhe, aber ein konfektioniertes Zellraster (Höhe = 1-fach, 2-fach etc.), auch Zell-Grid(maß) genannt, um die Platzierung und Kompaktierung zu erleichtern. Bei komplexen Zellen wächst die Zellhöhe, was tendenziell zu quadratischen Zell-Geometrien führt. Die Interzell-Verdrahtung wird üblicherweise mehrlagig vorgesehen und ist nicht auf reguläre Verdrahtungskanäle begrenzt. Das ermöglicht im Vergleich zum Standardzellentwurf ein deutlich kompakteres Chip-Layout, wobei die Platzierungs- und Verdrahtungs-Algorithmen allerdings deutlich komplexer sind.

In aller Regel lassen sich Standard- und Makrozellen kombinieren, so dass beim Makrozellentwurf auch Standardzellen verwendet werden. Oft werden auch komplexe

Makrozellen zumindest zum Teil aus Basis-Standardzellen generiert (Layout-Genera-
toren). Auch unsere nachfolgende Minimalbibliothek besteht aus kombinierbaren Stan-
dard- und Makrozellen.

Wenngleich die Makrozellen eine größere geometrische Flexibilität zulassen, sollte
stets auf geometrische Regularität (Rastermaße) geachtet werden. Nur dann kann die Zelle
im Gesamtdesign kompakt platziert und verdrahtet werden. Vor dem eigentlichen Ent-
wurfsprozess ist es deshalb unumgänglich, grundsätzliche konzeptionelle Vorüberlegungen anzustellen, die den geometrischen Aufbau und die Anschlussmöglichkeiten betreffen.

Einige Layout Aspekte und Empfehlungen

1. Flächenoptimalität, minimale Layout-Fläche
2. Regularität, gleiche Strukturen, Matching Gesichtspunkte beachten
3. Einfache Platzier- und Verdrahtbarkeit der Zellen („Place and Route"), konfektio-
   nierte Zellabmessungen (Zell-Rastermaße (Zell-Höhen: 1-fach, 2-fach etc.))
4. Universalität, Layout sollte vertikal und horizontal gespiegelt werden können, univer-
   selle Anschlussmöglichkeiten der Ein-, Ausgänge (links, rechts, oben, unten), etc.)
5. Definierte Signal-Verdrahtungs-Layer (MET1, POLY)
6. Definierte Layer für das Versorgungsspannungs-System (MET2 für U_{DD}, GND (U_{SS})
   etc.) mit fester Breite und definierten Abständen (U_{DD}-GND-Abstand = 1-fach Grid)
7. Substrat-/Wannen-Kontakte nicht vergessen (NWELL-CO, PSUB-CO)

In den nachfolgenden Zell-Designs sind die o. g. Gesichtspunkte weitgehend umgesetzt
worden.

10.13.2   Standard-Inverter *inv1*

Vorüberlegungen, Abschätzungen und Dimensionierung Der flächenminimale Standard-Inverter *inv*1 bildet unsere Referenzzelle. Seine Eingangskapazität C_{in} stellt die
äquivalente **Standard-EinheitslastC_{in1}** der Zellbibliothek dar. Das Schaltverhalten wird
symmetrisch ($\tau = \tau_r = \tau_f \Rightarrow R_{on} = R_{on,\,p} = R_{on,n}$) ausgelegt. Den NMOS-Schalter bildet
ein Minimal-Transistor ($W_n/L_n = 0{,}2\,\mu m/0{,}1\,\mu m$). Das *W/L*-Verhältnis des PMOS-FET
entspricht dem Konduktanzverhältnis: $W_p/L_p = (K_n'/K_p') \cdot W_n/L_n = 0{,}4\,\mu m/0{,}1\,\mu m$.

Die Gate-Kapazitäten der beiden komplementären Transistoren (NMOS- und PMOS-
FET) ergeben die gesamte Gate-Kapazität:

$$C_{OX} = C'_{OX} \cdot (W_n \cdot L_n + W_p \cdot L_p) \approx 1\,\text{fF} \tag{10.127}$$

Daraus lassen sich direkt die wirksame Eingangs- und Ausgangsknotenkapazität des
Standard-Inverters approximativ angeben:

$$C_{in1} \approx \frac{3}{2} \cdot C_{OX} \approx 1{,}5\,\text{fF}, C_{out} \approx C_{OX} \approx 1\,\text{fF} \tag{10.128}$$

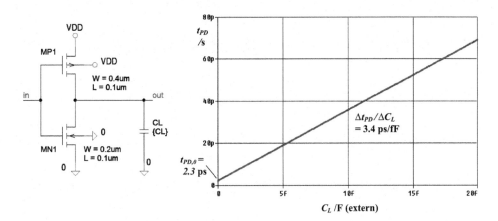

Abb. 10.108 PSPICE-Testbench des Inverters *inv1* mit Last C_L und Pre-Layout Analyse in Form der Verzögerungskurve $t_{PD}(C_L)$, $\{C_L\} = 0\dots 20\,\text{fF}$

Mithilfe der lastabhängigen Zeitkonstanten $\tau\,(=\tau_r = \tau_f)$ lässt sich als weitere Kenngröße die Verzögerungszeit $t_{PD}\,(=t_{PD,\,r} = t_{PD,\,f})$ in Abhängigkeit von der Last C_L wie folgt berechnen:

$$\tau(C_L) = \frac{U_{DD} \cdot C_L}{(K'_n/2) \cdot (W_n/L_n) \cdot (U_{DD} - U_{th,n})^2} = 4{,}7 \cdot 10^3 \cdot C_L \quad s \Rightarrow \frac{\Delta\tau}{\Delta C_L} = 4{,}7\,\text{ps/fF}$$

$$t_{PD}(C_L) = 0{,}7 \cdot \tau(C_L) = 3{,}3 \cdot 10^3 \cdot C_L \quad s \Rightarrow \frac{\Delta t_{PD}}{\Delta C_L} = 3{,}3\,\text{ps/fF} \tag{10.129}$$

Aufgrund der symmetrischen Dimensionierung ist beim Standard-Inverter $t_{PD,r} \approx t_{PD,f}$. Nachfolgend wird grundsätzlich immer die mittlere Verzögerungszeit[21] $t_{PD} = (t_{PD,r} + t_{PD,f})/2$ ausgewertet.

Eine Pre-Layout SPICE-Simulation des Standard-Inverters liefert das folgende durchaus vergleichbare Ergebnis (Abb. 10.108).

Das Ergebnis (Verzögerungskurve) lässt sich formelmäßig wie folgt schreiben:

$$t_{PD}(C_L) = t_{PD,0} + \frac{\Delta t_{PD}}{\Delta C_L} \cdot C_L = 2{,}3\,\text{ps} + 3{,}4\,\text{ps/fF} \cdot C_L \tag{10.130}$$

Layout Durch die Layout-Höhe H_1 $(= 1\text{-fach Gridmaß}) = 2{,}0\,\mu\text{m}$ des Inverters ist das Höhenraster der Zell-Bibliothek festgelegt (Abb. 10.109, 10.110).

Bemerkung: Die Layout-Files werden in MICROWIND mit *.MSK* bezeichnet (Abb. 10.111).

Post-Layout-Simulation Der Layout-Einfluss auf das Schaltverhalten, insbesondere infolge der Verdrahtung und der Transistorkontaktierungen (n+, p+Diffusionsgebiete, Gate-Anschlüsse), wird durch die Kapazitäten C2 = 0,627 fF (VDD+Kapazität), C3 = 0,357 fF (= zusätzliche

---

[21] t_{PD} (C_L) wird in PSPICE (PROBE) mit der Performance Analysis, Goalfunction PropagationDelay(V(in), V(out)) dargestellt (Load File: propdelay_probe_makro.prb).

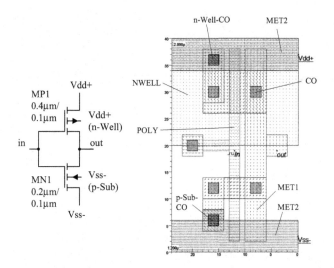

n-Wanne (n-Well) ≙ **NWELL**

Wannen-Kontakte ≙ **n-Well-CO, p-Sub-CO**

Substrat-Kontakte ≙ **p-Sub-CO**

Gate		≙ **POLY**

Abb. 10.109 Standard-Inverter *inv*1, Schaltbild und Layout (*inv*1.*MSK*)

Abb. 10.110 Standard-
Inverter *inv*1, 3D Ansicht (*inv*1.
MSK)

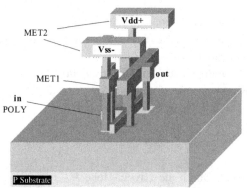

Versorgungsspannung **Vdd+** (= U_{DD} = 1,2 V) ≙ **MET2**,
Vss- (= *GND* = 0 V) ≙ **MET2**
Eingang **in** ≙ **POLY** (*oben, unten, links*), **MET1** (*links*)
Ausgang **out** ≙ **MET1** (*oben, unten, rechts*)
Layout-Fläche Höhe (= H_l) = 2,0 µm, Länge = 1,2 µm

Ausgangskapazität (C_{out} ↑)) und C5=0,053 fF (=zusätzliche Eingangskapazität (C_{in} ↑))
modelliert. Zur Simulation der Lastabhängigkeit ist die Zelle mit einer parametrisierbaren Last
CL (hier spez. 0,01 pF) belastet (Abb. 10.111).

Eine vollständige Post-Layout-Simulation umfasst neben der Analyse des Nominal-
Verhaltens („Typical-Case", (typ.)) auch die Untersuchung der Fertigungstoleranzen, was

```
CIRCUIT inv1.MSK
*
* IC Technology: CMOS-STD 0.1µm - 6 Metal
*
VDD 1 0 DC 1.20
Vin 5 0 PULSE(0.00 1.20 0.475N 0.025N 0.025N 0.475N 1.00N)
*
* List of nodes
* "out" corresponds to n°3
* "in" corresponds to n°5
*
* MOS devices D(S) G S(D) B
MN1 0 5 3 0 N1  W= 0.20U L= 0.10U
MP1 1 5 3 1 P1  W= 0.40U L= 0.10U
*
C2 1 0  0.627fF
C3 3 0  0.357fF
C5 5 0  0.053fF
*
* Extra RLC, Load
CL 3 0 0.01pF
*
* BSIM3(4) low leakage
.MODEL N1 NMOS LEVEL=7
+ TOX = 2.0E-09 VTH0= 0.4 k1=0.3 k2=0.1
+ U0 = 0.067 UA = 1.0E-9 vsat = 1.2E+5
+ LINT = 0.008u WINT = 0.02u
+ VOFF = -0.1
+ CGSO=100.0p CGDO=100.0p CGBO=60.0p
+ CJ=1.6E-3 CJSW=240.0p
+ PB=0.9 PBSW=0.9
+ MJ=0.5 MJSW=0.33
*
.MODEL P1 PMOS LEVEL=7
+ TOX = 2.0E-09 VTH0= -0.4 k1=0.3 k2=0.1
+ U0 = 0.025 UA = 1.3E-9 vsat = 0.8E+5
+ LINT = 0.008u WINT = 0.02u
+ VOFF = -0.1
+ CGSO=100.0p CGDO=100.0p CGBO=60.0p
+ CJ=1.6E-3 CJSW=240.0p
+ PB=0.9 PBSW=0.9
+ MJ=0.5 MJSW=0.33
*
* Transient analysis
*
.TEMP 27.0
.TRAN 0.1N 2.00N
* (Pspice)
.PROBE
.END
```

Abb. 10.111 PSPICE Post-Layout-Netzliste (*inv*1.*cir*, von MICROWIND generiert)

zu einem „Best-" (min.), bzw. „Worst-Case-" (max.) Verhalten führt. Des Weiteren ist
das Temperaturverhalten zu untersuchen. Die Ergebnisse werden wiederum in Form der
entsprechenden lastabhängigen Verzögerungskurven t_{PD} (C_L) dargestellt.

Wir gehen nachfolgend vereinfacht davon aus, dass sich die Fertigungstoleranzen
(Prozess-Schwankungen) maximal als $\pm 20\,\%$ Parametervariationen auswirken, wobei
die Schwellspannung maximal um $\pm 10\,\%$ variiert. Die maximal zulässige Schwankung
der Versorgungsspannung sei $\pm 10\,\%$.

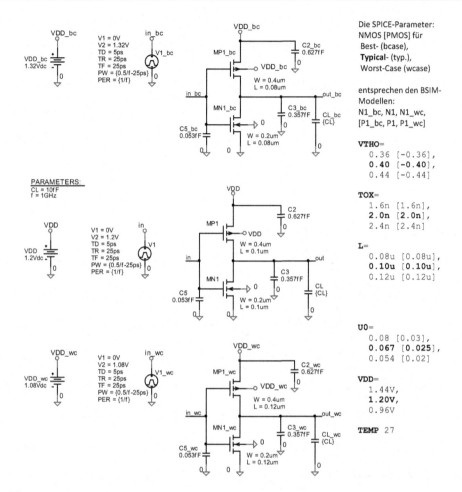

Abb. 10.112 PSPICE-Testbench des Inverters *inv*1 für den Best-, Typ.- und Worst-Case

Best-, Worst-Case Simulation Das günstigste Schaltverhalten („**Best-Case**", **bcase, min.** t_{PD}) tritt unter folgenden Randbedingungen ein: Min. Schwellspannung $|U_{th}|$, max. Ladungsträgerbeweglichkeit μ_0, min. t_{ox} (= max. C_{OX}'), max. W/L (= min. Kanallänge L) und max. U_{DD}.

Das **ungünstigste** Schaltverhalten („**Worst-Case**", **wcase, max.** t_{PD}) tritt bei den entsprechend umgekehrten Randbedingungen ein: Max. Schwellspannung $|U_{th}|$, min. Ladungsträgerbeweglichkeit μ_0, max. t_{ox} (= min. C_{OX}'), min. W/L (= max. Kanallänge L) und min. U_{DD} (Abb. 10.112).

Um ein realistisches Testumfeld sicher zu stellen, verwenden wir für die Post-Simulationen (siehe Testbench) kein ideales sprungförmiges, sondern ein pulsförmiges Eingangssignal mit einer Anstiegs- (=Abfall-) Flanke von $t_{r,in}$ (= $t_{f,in}$) = 25 ps ($\Leftrightarrow t_{PD,in} = t_{r,in}/2 = 12{,}5$ ps). Das entspricht der durchaus realistischen Annahme einer Ansteuerung mit einem Standard-Inverter, der mit rund 3-facher Einheitslast $C_L \approx 3 \cdot C_{in1}$ belastet ist, was sich leicht mit der Verzögerungskurve (*inv*1) bestätigen lässt: $t_{PD} = 12{,}5$ ps $\triangleq C_L \approx 3$ fF $\approx 3 \cdot C_{in1}$.

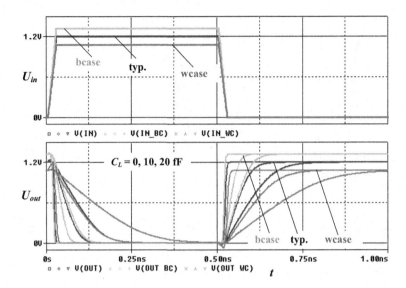

Abb. 10.113   Post-Layout-Analyse U_{in} (t), U_{out} (t) von o. g. Testbench mit C_L = 0, 10, 20 fF

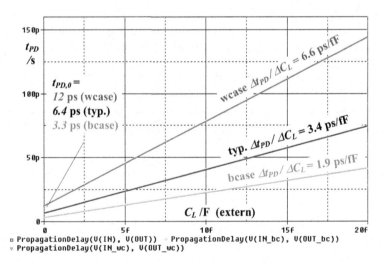

Abb. 10.114   „Performance Analysis", Verzögerungskurve t_{PD} (C_L) im Best-, Typ. und Worst-Case des Standard-Inverters $inv1$

Die Verzögerungskurve ergibt sich mithilfe einer „Performance Analysis" (Abb. 10.114), die die mittlere Verzögerungszeit t_{PD} (C_L) (Goal Function: PropagationDelay(V(in), V(out)) aus dem Ergebnis der Transient-Analyse auswertet (Abb. 10.113).

Bemerkung: Die gegenüber der Pre-Layout-Analyse höheren intrinsischen Verzögerungszeiten $t_{PD,0}$ sind hauptsächlich in der Ansteuerung ($t_{r,in}$ = 25 ps) begründet. Da die CMOS-Stufe erst ab einer Schwelle von $|U_{th}| \approx 0{,}4$ V aktiv wird, entsteht eine kleine Verzugszeit (Totzeit) gegenüber der idealen Sprungantwort, die gemäß Simulation ca. 3 ps (typ.) beträgt.

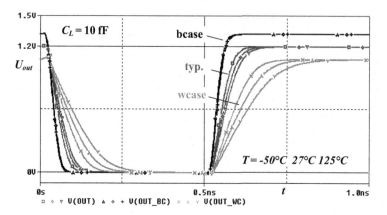

Abb. 10.115 Temperatur-Analyse: U_{out} $(t,\ T)$ für $C_L = 10$ fF im Best-, Typ.- und Worst-Case (bcase, typ., wcase)

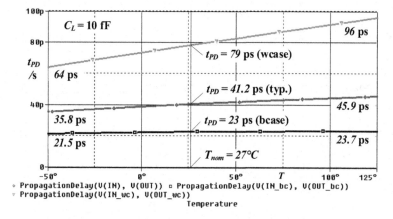

Abb. 10.116 Temperatur-Analyse: U_{out} $(t,\ T)$ und Verzögerungskurve $t_{PD}(T)$ für $C_L = 10$ fF im Best-, Typ.- und Worst-Case (bcase, typ., wcase)

Fasst man die Simulationsergebnisse zusammen, ergibt sich für die mittlere Verzögerungszeit:

$$t_{PD}(C_L) \cong \begin{cases} 12\,\text{ps} + 6{,}6\,\text{ps/fF} \cdot C_L & \text{max. (wcase)} \\ 6{,}4\,\text{ps} + 3{,}4\,\text{ps/fF} \cdot C_L & \text{typ.} \\ 3{,}3\,\text{ps} + 1{,}9\,\text{ps/fF} \cdot C_L & \text{min. (bcase)} \end{cases} \tag{10.131}$$

Temperatur Analyse Die Nominaltemperatur T_{nom} beträgt 27 °C ($= 300$ K). Der spezifizierte Temperaturbereich liege zwischen -50 und $+125$ °C.

Das ungünstigste (langsamste) Schaltverhalten (max. t_{PD}) tritt erwartungsgemäß bei maximaler Temperatur auf (Abb. 10.115, 10.116).

Analysiert man die Kurven, dann lässt sich in grober Näherung ein pauschaler Temperaturdurchgriff $\Delta t_{PD}/\Delta T \lesssim 0{,}15$ %/°C ermitteln.

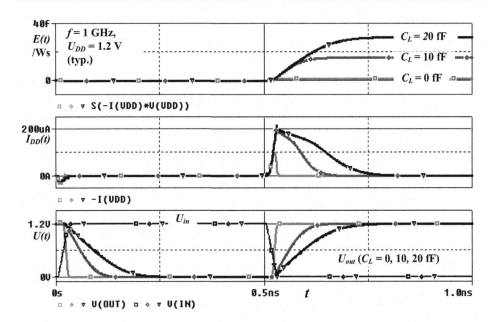

Abb. 10.117 Schaltenergie $E(t)$, $I_{DD}(t)$, $U_{in}(t)$, $Uout$ (t)

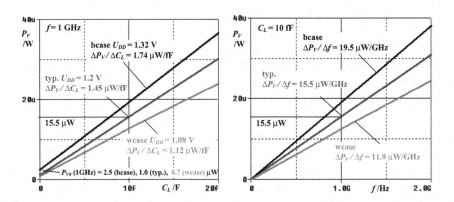

Abb. 10.118 Last- und Frequenzabhängigkeit: P_V $(C_L, f = 1$ GHz$)$ und P_V $(f, C_L = 10$ fF$)$

Verlustleistung Das pulsförmigen Ansteuersignal $(t_{r,in}$ $(= t_{f,in}) = 25$ ps, siehe oben) hat eine Frequenz $f(= 1$ GHz$)$. Die Simulationszeit $t = t_{Ende}$ wird zu $1/f$ gewählt. Die (Schalt-) Energie $E(t_{Ende})$ ergibt sich aus dem Zeit-Integral von U_{DD} mal I_{DD} (t) von $t = 0$ bis t_{Ende} $(= TSTOP = 1,0$ ns$))$ $(= S$ $(I(VDD)*V(VDD))$. Die mittlere Verlustleistung P_V ergibt sich dann aus $E(t_{Ende})/t_{Ende}$. Das ist in (Abb. 10.117) dargestellt.

$$E(t_{Ende}) = \int_0^{t_{Ende}} U_{DD} \cdot I_{DD}(t) \cdot dt \Rightarrow P_V = \frac{E(t_{Ende})}{t_{Ende}} \tag{10.132}$$

Die Darstellungen lassen sich in sehr guter Näherung in folgenden funktionalen Zusammenhang bringen (Bezugsfrequenz 1 GHz):

$$P_V(C_L, f) \cong \frac{\Delta P_{V0}}{\Delta f} \cdot f + \frac{\frac{\Delta P_V}{\Delta C_L}\big|_{f=1\,\mathrm{GHz}}}{1\,\mathrm{GHz}} \cdot C_L \cdot f \qquad (10.133)$$

Fasst man die Simulationsergebnisse (Abb. 10.118) zusammen, ergibt sich:

$$P_V(C_L, f) \cong \begin{cases} \dfrac{2,5\,\mu\,\mathrm{W}}{\mathrm{GHz}} \cdot f + \dfrac{1,74\,\mu\,\mathrm{W}}{\mathrm{fF} \cdot \mathrm{GHz}} \cdot C_L \cdot f & \text{max. (bcase)} \\[3mm] \dfrac{1\,\mu\,\mathrm{W}}{\mathrm{GHz}} \cdot f + \dfrac{1,45\,\mu\,\mathrm{W}}{\mathrm{fF} \cdot \mathrm{GHz}} \cdot C_L \cdot f & \text{typ.} \\[3mm] \dfrac{0,7\,\mu\,\mathrm{W}}{\mathrm{GHz}} \cdot f + \dfrac{1,12\,\mu\,\mathrm{W}}{\mathrm{fF} \cdot \mathrm{GHz}} \cdot C_L \cdot f & \text{min. (wcase)} \end{cases} \qquad (10.134)$$

Der erste Summand stellt die Verlustleistung $P_{V0}(f)$ der unbelasteten Zelle (Leerlauf-Verlustleistung) dar, die durch den Parameter P_{V0}/Df charakterisiert ist.

Der zweite Summand ist die bekannte dynamische CMOS-Verlustleistung $P_{V,\,dyn}\,(C_L)$:

$$P_{V,dyn} = U_{DD}^2 \cdot C_L \cdot f \qquad (10.135)$$

Was sich für typ. $U_{DD} = 1{,}2\,\mathrm{V}$ fast ideal verifizieren lässt:
$P_{V,\,dyn.} = 1{,}44\,\mathrm{V}^2\,(\cong 1{,}45\,\mu\mathrm{W}/(\mathrm{fF}\cdot\mathrm{GHz})) \cdot C_L \cdot f$
Wie man leicht durch Einsetzen überprüfen kann, ist auch für $U_{DD} = 1{,}32\,\mathrm{V}$ (bcase) und $U_{DD} = 1{,}08\,\mathrm{V}$ (wcase) die Übereinstimmung sehr gut.

Die statische Verlustleistung ist vernachlässigbar klein. Ebenso spielt auch die transiente Verlustleistung bei realistischen Flankensteilheiten ($t_{r,in} < 200\,\mathrm{ps}$) des Eingangssignals keine Rolle.

Eingangskapazität C_{in1} Zur Bestimmung der typischen äquivalenten Eingangskapazität C_{in1} wird ein Standard-Inverter $inv1$ (typ.) als Treiber benutzt, der wiederum mit n ($=1$, 2, 4) Invertern $inv1$ (typ.) belastet ($C_L = n \cdot C_{in1}$) wird. Per Simulation wird die jeweilige Verzögerungszeit t_{PD} (n) ermittelt. So entsteht jeweils ein Punkt auf der Verzögerungskurve. Die Steigung der Verzögerungskurve ist aus den vorangegangenen Untersuchungen bekannt: $\Delta t_{PD}/\Delta C_L = 3{,}4\,\mathrm{ps/fF}$. Da $\Delta C_L = \Delta n \cdot C_{in1}$ ist, lässt sich C_{in1} wie folgt ermitteln:

$$\Delta C_L = \Delta n \cdot C_{in1} = \frac{\Delta t_{PD}(\Delta n)}{3{,}4\,\mathrm{ps/fF}} \Rightarrow C_{in1} = \frac{\Delta t_{PD}(\Delta n)}{\Delta n \cdot 3{,}4\,\mathrm{ps/fF}} \qquad (10.136)$$

C_{in1} unterliegt auch den Fertigungstoleranzen (min., typ., max.). Im Rahmen unserer Annahmen gilt in guter Näherung: $C_{in1} = C_{in1}$ (typ.)$\pm 20\,\%$.

In einem Logiknetzwerk stellt der Minimalinverter ($inv1$) die kleinste Belastung einer ansteuernden Zelle dar. Seine Eingangskapazität C_{in1} bildet deshalb die Referenzlast der Zellbibliothek.

Aus Simulation ermittelt:		$\Delta n,\ \Delta t_{PD}(\Delta n)\ \Rightarrow\ C_{in1}$		Mittelwert C_{in1}
n	$t_{PD}(n)$			
1	10.4 ps	1, 3.1 ps $\Rightarrow$ 0.91 fF		
2	13.5 ps			
4	19.5 ps		2, 6 ps $\Rightarrow$ 0.88 fF	$\boldsymbol{C_{in1} \approx 0.9\ \text{fF}}$

10.13.3 Ringoszillator *ringo5*

Vorüberlegungen, Prinzip, Anwendung Mit einem Ringoszillator lässt sich die Dynamik einer Zelle sehr effizient beurteilen. Ein Ringoszillator besteht immer aus einer ungeradzahligen Anzahl n von invertierenden Einzelzellen, die signalmäßig in Reihe geschaltet sind. Der Ausgang der n. Stufe wird mit dem Eingang der 1. Stufe verbunden (Abb. 10.120, 10.121, 10.122). Es entsteht so ein Relaxationsoszillator (Laufzeitoszillator) mit einer Zykluszeit $t_{Osc} = 2 \cdot n \cdot t_{PD1}$. Die Oszillationsfrequenz ist die reziproke Zykluszeit: $f_{ringo,\ n} = f_{Osc} = 1/t_{Osc}$. (Abb. 10.119, 10.120).

Beträgt die Verzögerungszeit der Einzelstufe t_{PD1}, dann wird ein log.1 Signal am Eingang in_1 durch die n Stufen n mal verzögert und erscheint nach $t_{PDn} = n \cdot t_{PD1}$ als log. 0 am Ausgang $out_n =$ Eingang in_1. Das log. 0 Signal propagiert nun wiederum in $t_{PDn} = n \cdot t_{PD1}$ zum Ausgang und liefert jetzt ein log. 1 Signal, was dem ursprünglichen Anfangszustand entspricht. Der Zyklus ist also nach $t_{Osc} = 2 \cdot n \cdot t_{PD1}$ abgeschlossen und der beschriebene Vorgang wird sich wiederholen.

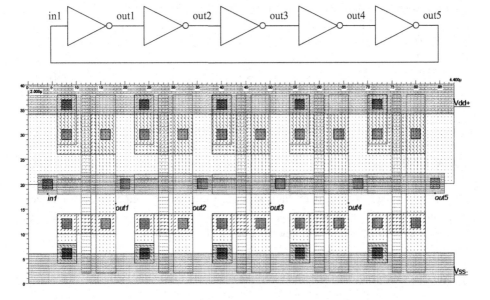

Abb. 10.119 5-stufiger Ringoszillator, Schaltbild und Layout (*ringo5.MSK*)

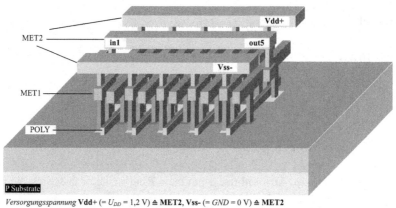

Versorgungsspannung **Vdd+** $(= U_{DD} = 1{,}2 \text{ V}) \triangleq$ **MET2, Vss-** $(= GND = 0 \text{ V}) \triangleq$ **MET2**
Ausgang **out5 = in1** $\triangleq$ **MET1, MET2** *(links, rechts)*
Layout-Fläche Höhe $(= H_1 = 1\text{-fach Gridmaß}) = 2{,}0$ µm, Länge $= 4{,}4$ µm

Abb. 10.120   5-stufiger Ringoszillator, 3D Ansicht (*ringo5.MSK*).

Ringoszillatoren werden in Schaltungen eingesetzt, wo hochdynamische Oszillatoren benötigt werden. Da die Einzelstufen jeweils nur mit einem Gattereingang belastet sind, stellt eine Ringoszillator-Struktur die minimal mögliche Verzögerung einer Signalkette dar, was der maximal möglichen Signalfrequenz entspricht.

Ringoszillatoren sind sehr gut geeignet, die Dynamik-Leistungsfähigkeit unterschiedlicher Prozess-Technologien anhand der entsprechenden Oszillationsfrequenzen $f_{ringo,n}$ miteinander zu vergleichen.

Ringoszillatoren werden auch zur messtechnischen Verifikation der Verzögerungszeit t_{PD1} verwendet. Auf dem Chip werden Ringoszillatoren hoher Stufenzahl n als Teststrukturen implementiert. Die Oszillationsfrequenz wird durch die Stufenzahl $n \gg 1$ (z. B. $n = 51$) deutlich reduziert, was die Messtechnik stark vereinfacht, oder sogar erst ermöglicht. Durch Messung der Oszillationsfrequenz lässt sich die Verzögerungszeit t_{PD1} wie folgt bestimmen:

$$f_{ringo,n} = \frac{1}{2 \cdot n \cdot t_{PD1}} \Leftrightarrow t_{PD1} = \frac{1}{2 \cdot n \cdot f_{ringo,n}} \qquad (10.137)$$

Zahlenbeispiel: Ist t_{PD1} in der Größenordnung von 100 ps und man verwendet $n = 51$, dann ist $f_{ringo,n} \approx 100$ MHz, was messtechnisch noch handhabbar ist.

Bei einem n-stufigen Ringoszillator ist jede Stufe mit $C_L = C_{in1}$ belastet. Man wertet also die Verzögerungszeit $t_{PD} = t_{PD} (C_L = C_{in1})$ aus. Implementiert man weitere gleichartige n-stufige Ringoszillatoren, die aber jeweils mit einer unterschiedlichen Belastung C_L der Einzelstufe versehen sind, dann lässt sich auch die lastabhängige Verzögerungszeit $t_{PD} (C_L)$ auswerten. Die unterschiedliche Last C_L wird üblicherweise dadurch realisiert, dass man die Einzelstufen der Kette jeweils mit 1... 10 zusätzlichen „Dummy" Invertern belastet: $C_L = (1 \dots 10) \cdot C_{in1} + C_{in1}$.

Post-Layout-Simulation   (Abb. 10.121)

$$t_{PD1}(C_{in1}) = \frac{1}{2 \cdot n \cdot f_{ringo,n}} = \frac{1}{2 \cdot 5 \cdot 10{,}7 \,\text{GHz}} = 9{,}3 \,\text{ps} \qquad (10.138)$$

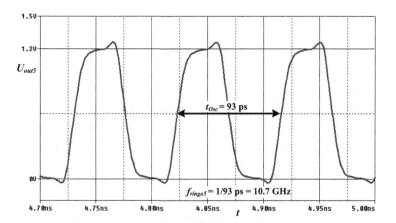

Abb. 10.121 Post-Layout Simulation des 5-stufigen Ringoszillators (typ.) *ringo5*

Der Vergleich mit der Verzögerung des Standard-Inverters (typ.): t_{PD} ($C_L = C_{in1} =$ 0,9 fF) = 9,5 ps liefert eine fast ideale Übereinstimmung.

Die aus der Simulation ermittelte Verlustleistung beträgt 139 μW.

Das ergibt pro Stufe: $P_{V1} = 139$ μW/5 = **27,8 μW**

Vergleicht man mit dem Standard-Inverter *inv*1, stellt man wiederum eine gute Überein-stimmung fest:

$$P_{V,inv1}(C_L, f) = \frac{1\,\mu W}{GHz \cdot f} + \frac{1,45\,\mu W}{(fF \cdot GHz)} \cdot C_L \cdot f$$

$$P_{V,inv1}(0,9\,fF, 10,7\,GHz) = 10,7\,\mu W + 14\,\mu W = \mathbf{24{,}7\,\mu W}$$

10.13.4   NAND-Standardzelle *nand2*

Vorüberlegungen, Abschätzungen und Dimensionierung Die Layout-Höhe ist durch die Standard Zell-Höhe (=H_1 = 1-fach Gridmaß = 2,0 μm) des **Standard-Inverters***inv*1 festgelegt. Um ein annähernd gleiches $R_{on,n,p}$ wie beim Inverter zu erzielen, wird das *W/L*-Verhältnis des 2-fach NMOS-FETs (Reihenschaltung) und das des 2-fach PMOS-FETs (Parallelschaltung) zu **W/L = 0,4 μm/0,1 μm** gewählt (Abb. 10.122, 10.123). Das Schaltverhalten entspricht dann in guter Näherung dem des Inverters und ist annähernd symmetrisch (t_{PD} ($\cong t_{PD,inv1}$) $\cong t_{PD,r} \cong t_{PD,f}$). Die gesamte Gate-Kapazität eines Eingangs lässt sich dann wie folgt angeben:

$$C_{OX} = C'_{OX} \cdot (W_n \cdot L_n \cdot W_p \cdot L_p) = 17{,}25 \cdot 10^{-3}\,F/m^2 \cdot 2 \cdot 0{,}4\,\mu m \cdot 0{,}1\,\mu m = 1{,}38\,fF.$$

Daraus lassen sich wiederum direkt die wirksame Eingangs- und Ausgangsknotenkapazi-tät grob abschätzen:

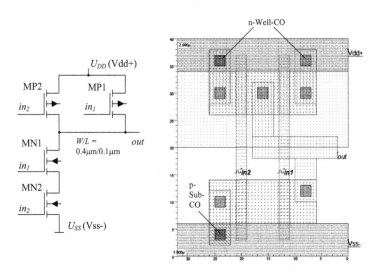

Abb. 10.122   2-fach NAND Gatter *nand2*, Schaltbild und Layout (*nand2.MSK*)

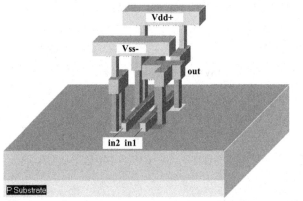

Versorgungsspannung **Vdd+** (= U_{DD} = 1,2 V) ≙ **MET2**, **Vss-** (= *GND* = 0 V) ≙ **MET2**
Eingänge **in1, in2** ≙ **POLY** (*oben, unten*); *Ausgang* **out** ≙ **MET1** (*rechts*)
Layout-Fläche Höhe (= H_1 = 1-fach Gridmaß) = 2,0 μm, Länge = 1,6 μm

Abb. 10.123   2-fach NAND Gatter *nand2*, 3D Ansicht (*nand2.MSK*).

$$C_{in,nand2} \approx \frac{3}{2} \cdot C_{OX} \approx 2 \text{ fF} \qquad (10.139)$$

Es ist eine lastabhängige Verzögerung zu erwarten, die der des Inverters entspricht:

$$t_{PD}(C_L) = 0{,}7 \cdot \tau(C_L) = 3{,}3 \cdot 10^3 \cdot C_L \text{ s} \Rightarrow \frac{\Delta t_{PD}}{\Delta C_L} = 3{,}3 \text{ ps/fF} \qquad (10.140)$$

Post-Layout-Simulation Die Analysen werden sinngemäß wie beim Standard-Inverter durchgeführt. Nachfolgend werden wir uns deshalb auf die wesentlichsten Aspekte beschränken.

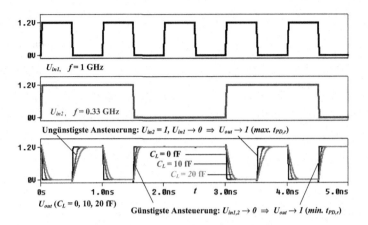

Abb. 10.124 Transientanalyse (typ.) $U_{out}(t, C_L)$ der 2-fach Nand-Zelle *nand2*

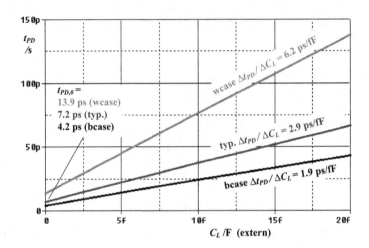

Abb. 10.125 Verzögerungskurven $t_{PD}(C_L)$ der 2-fach Nand-Zelle *nand2*

Bekanntlich wird in der ungünstigsten Situation C_L nur über einen PMOS-Schalter (hier MP1) aufgeladen (Abb. 10.124). Der $0 \rightarrow 1$ Übergang von U_{out} weist dann die maximale Verzögerungszeit $t_{PD,r}$ auf, was wir im Folgenden so annehmen.

Fasst man die Simulationsergebnisse zusammen (Abb. 10.125), ergibt sich für die mittlere Verzögerungszeit:

$$t_{PD}(C_L) \cong \begin{cases} 15{,}3 \text{ ps} + 6{,}9 \text{ ps/fF} \cdot C_L & \text{max. (wcase)} \\ 8{,}9 \text{ ps} + 2{,}9 \text{ ps/fF} \cdot C_L & \text{typ.} \\ 4 \text{ ps} + 1{,}9 \text{ ps/fF} \cdot C_L & \text{min. (bcase)} \end{cases} \qquad (10.141)$$

Das entspricht erwartungsgemäß den Werten des Standard-Inverters.

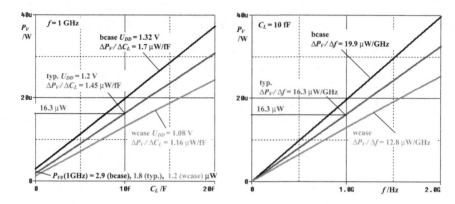

Abb. 10.126 Last- und Frequenzabhängigkeit von P_V (C_L,f= 1 GHz) und P_V (f, C_L = 10 fF)

Temperatur Analyse Im spezifizierten Temperaturbereich: von $-50\,^{\circ}\text{C}$ bis $+125\,^{\circ}\text{C}$ lässt sich in grober Näherung ein pauschaler Temperaturdurchgriff $\Delta t_{PD}/\Delta T \lesssim 0{,}15\,\%/^{\circ}\text{C}$ ermitteln.

Verlustleistung Setzt man die Werte aus den Simulationsergebnissen ein, ergibt sich für Best-, Typical- und Worst-Case: (Abb. 10.126)

$$P_V(C_L,f) \cong \begin{cases} \dfrac{2{,}9\ \mu\text{W}}{\text{GHz}} \cdot f + \dfrac{1{,}7\ \mu\text{W}}{\text{fF} \cdot \text{GHZ}} \cdot C_L \cdot f \ \text{max. (bcase)} \\[2mm] \dfrac{1{,}8\ \mu\text{W}}{\text{GHz}} \cdot f + \dfrac{1{,}45\ \mu\text{W}}{\text{fF} \cdot \text{GHZ}} \cdot C_L \cdot f \ \text{typ.} \\[2mm] \dfrac{1{,}2\ \mu\text{W}}{\text{GHz}} \cdot f + \dfrac{1{,}16\ \mu\text{W}}{\text{fF} \cdot \text{GHZ}} \cdot C_L \cdot f \ \text{min. (wcase)} \end{cases} \qquad (10.142)$$

Die statische und transiente Verlustleistung spielen auch hier erwartungsgemäß keine Rolle; realistische Flankensteilheiten des Eingangssignals vorausgesetzt.

Eingangskapazität $C_{in,nand2}$ (in_1, in_2) Zur Bestimmung der typischen äquivalenten Eingangskapazität $C_{in,\ nand2}$ (in_1, in_2) gehen wir sinngemäß so vor wie beim Inverter. Ein Standard-Inverter $inv1$ (typ.) wird als Treiber benutzt und mit n ($= 1, 2, 4$) Eingängen der 2-Fach Nand-Zelle $nand2$ (typ.) belastet ($C_L = n \cdot C_{in,\ nand2}$). Die jeweilige Verzögerungszeit t_{PD} (n) wird per Simulation ermittelt. $C_{in,\ nand2}$ lässt sich dann bekanntlich wie folgt ermitteln:

$$\Delta C_L = \Delta n \cdot C_{in,nand2} = \frac{\Delta t_{PD}(\Delta n)}{3{,}4\ \text{ps/fF}} \Rightarrow C_{in,nand2} = \frac{\Delta t_{PD}(\Delta n)}{\Delta n \cdot 3{,}4\ \text{ps/fF}} \qquad (10.143)$$

Aus Simulation ermittelt:		Δn, $\Delta t_{PD}(\Delta n)$ $C_{in,nand2}$		Mittelwert $C_{in,nand2}$
n	$t_{PD}(n)$			
1	11.3 ps	1, 3.3 ps $\Rightarrow$ 0.97 fF		
2	14.6 ps		2, 7 ps $\Rightarrow$ 1.03 fF	$C_{in,nand2} \approx 1$ fF
4	21.6 ps			

Die Eingangskapazität ist wie erwartet kleiner als die Abschätzung ($C_{in} = 1$ fF (approx. ≈ 2 fF)).

10.13.5 NOR-Standardzelle *nor2*

Vorüberlegungen, Abschätzungen und Dimensionierung Die Layout-Höhe der 2-fach Nor-Standardzelle *nor2* ist wiederum durch H_1 ($= 1$-fach Gridmaß $= 2{,}0$ μm) festgelegt. Der 2-fach NMOS-FET (Parallelschaltung) wird als Minimalstruktur ($W_n/L_n = $ **0,2 μm/0,1 μm** ($= W_n/L_n$ (*inv*1))) ausgelegt (Abb. 10.127, 10.128). Um ein annähernd gleiches $R_{on,p}$ wie beim Inverter zu erzielen, müsste das W/L-Verhältnis des 2-fach PMOS-FETs (Reihenschaltung) gegenüber dem des Inverters verdoppelt werden ($\rightarrow W_p/L_p = 0{,}8$ μm/0,1 μm). Diese relativ große PMOS-Struktur passt nicht in die vorgegebene Höhe H_1. Der 2-fach PMOS-FET wird deshalb im Rahmen der Layout-Regeln maximal ausgelegt ($W_p/L_p = \mathbf{0{,}5}$ **μm/0,1 μm**).

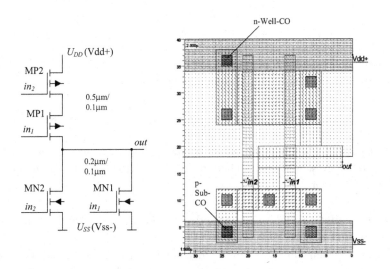

Abb. 10.127 2-fach NOR Gatter *nor2*, Schaltbild und Layout (*nor2.MSK*)

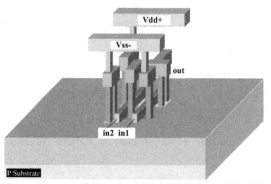

Versorgungsspannung **Vdd+** (= U_{DD} = 1,2 V) ≙ **MET2**, **Vss-** (= *GND* = 0 V) ≙ **MET2**
Eingänge **in1, in2** ≙ **POLY** (*oben, unten*); *Ausgang* **out** ≙ **MET1** (*rechts*)
Layout-Fläche Höhe (= H_l = 1-fach Gridmaß) = 2,0 μm, Länge = 1,6 μm

Abb. 10.128   2-fach NOR Gatter *nor2*, 3D Ansicht (*nor2.MSK*).

Das Schaltverhalten ist dann nicht mehr symmetrisch. Die fallende Flanke entspricht der des Inverters *inv1* ($t_{PD,f} \cong t_{PD,inv1}$). Für die steigende Flanke kann man folgende Abschätzung machen: $\boldsymbol{t_{PD,r}} \approx 2 \cdot (W_{p,inv1}/W_{p,nor2}) \cdot \boldsymbol{t_{PD,inv1}}$ (spez. $= 1,6 \cdot t_{PD,inv1}$). Als mittlere Verzögerungszeit ist dann zu erwarten:

$$t_{PD,nor2} \approx 1,3 \cdot t_{PD,inv1} \tag{10.144}$$

Die gesamte Gate-Kapazität eines Eingangs lässt sich wiederum wie folgt angeben: $C_{OX} = C'_{OX}(W_n \cdot L_n + W_p \cdot L_p) = 17,25 \cdot 10^{-3}\,\text{F/m}^2 \cdot (0,5\,\mu m + 0,2\,\mu m) \cdot 0,1\,\mu m = 1,21\,\text{fF}$.

Daraus lässt sich wiederum direkt die wirksame Eingangsknotenkapazität abschätzen:

$$C_{in,nor2} \approx \frac{3}{2} \cdot C_{OX} \approx 1,8\,\text{fF} \tag{10.145}$$

Es ist eine lastabhängige Verzögerung zu erwarten, die im Mittel etwa 30 % größer als die des Inverters ist und eine leichte Unsymmetrie aufweist:

$$\frac{\Delta t_{PD}}{\Delta C_L} \approx 4{,}4\,\text{ps/fF} \quad \text{wobei} \quad \frac{\Delta t_{PD,f}}{\Delta C_L}\left[\frac{\Delta t_{PD,r}}{\Delta C_L}\right] \approx 3{,}4[5{,}4]\,\text{ps/fF} \tag{10.146}$$

Die Unsymmetrie des Schaltverhaltens ist in vielen Fällen akzeptabel. Die Nand-Zelle *nand2* weist diese Einschränkungen allerdings nicht auf und ist deshalb bei der Logik-Synthese zu präferieren.

Post-Layout-Simulation Die Analysen werden sinngemäß so wie bei den bereits vorgestellten Zellen durchgeführt.

In der ungünstigsten Situation wird C_L bekanntlich nur über einen NMOS-Schalter (hier MN1) entladen. Der $1 \to 0$ Übergang von U_{out} weist dann die maximale Verzögerungszeit $t_{PD,f}$ auf. Bei den folgenden Untersuchungen nehmen wir stets diesen Fall an.

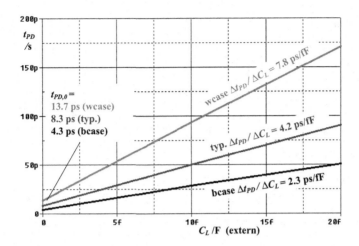

Abb. 10.129   Verzögerungskurven t_{PD} (C_L) der 2-fach Nor-Zelle *nor2*

Fasst man die Simulationsergebnisse zusammen (Abb. 10.129), ergibt sich für die mittlere Verzögerungszeit der Nor-Zelle:

$$t_{PD}(C_L) \cong \begin{cases} 13{,}7 \text{ ps} + 7{,}8 \text{ ps/fF} \cdot C_L & \text{max. (wcase)} \\ 8{,}3 \text{ ps} + 4{,}2 \text{ ps/fF} \cdot C_L & \text{typ.} \\ 4{,}3 \text{ ps} + 2{,}3 \text{ ps/fF} \cdot C_L & \text{min. (bcase)} \end{cases} \qquad (10.147)$$

Temperatur Analyse Im spezifizierten Temperaturbereich: $-50\,°\mathrm{C}$ bis $+125\,°\mathrm{C}$ lässt sich in grober Näherung auch hier wiederum ein pauschaler Temperaturdurchgriff $\Delta t_{PD}/\Delta T \lesssim 0{,}15\,\%/°\mathrm{C}$ ermitteln.

Verlustleistung Setzt man die Werte aus den Simulationsergebnissen (Abb. 10.130) ein, ergibt sich für Best-, Typical- und Worst-Case:

$$P_V(C_L, f) \cong \begin{cases} \dfrac{2{,}3\,\mu\,\mathrm{W}}{\mathrm{GHz}} \cdot f + \dfrac{1{,}7\,\mu\,\mathrm{W}}{\mathrm{fF} \cdot \mathrm{GHz}} \cdot C_L \cdot f & \text{bcase} \\[2mm] \dfrac{1{,}4\,\mu\,\mathrm{W}}{\mathrm{GHz}} \cdot f + \dfrac{1{,}45\,\mu\,\mathrm{W}}{\mathrm{fF} \cdot \mathrm{GHz}} \cdot C_L \cdot f & \text{typ.} \\[2mm] \dfrac{1\,\mu\,\mathrm{W}}{\mathrm{GHz}} \cdot f + \dfrac{1{,}2\,\mu\,\mathrm{W}}{\mathrm{fF} \cdot \mathrm{GHz}} \cdot C_L \cdot f & \text{wcase} \end{cases} \qquad (10.148)$$

Die statische und transiente Verlustleistung spielen auch hier erwartungsgemäß keine Rolle; realistische Flankensteilheiten des Eingangssignals vorausgesetzt.

Eingangskapazität $C_{in,nor2}$ (in_1, in_2)

Zur Bestimmung der typischen äquivalenten Eingangskapazität $C_{in,\,nor}2$ (in_1, in_2) gehen wir sinngemäß so vor wie bei der 2-fach Nand-Zelle:

$$\Delta C_L = \Delta n \cdot C_{in,nor2} = \frac{\Delta t_{PD}(\Delta n)}{3{,}4 \text{ ps/fF}} \Rightarrow C_{in,nor2} = \frac{\Delta t_{PD}(\Delta n)}{\Delta n \cdot 3{,}4 \text{ ps/fF}} \qquad (10.149)$$

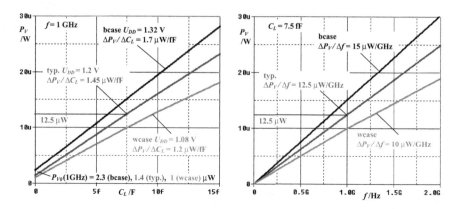

Abb. 10.130 Last- und Frequenzabhängigkeit: P_V (C_L, f = 1 GHz) und P_V (f, C_L = 7,5 fF)

Die Eingangskapazität ist wieder wie erwartet kleiner als die Abschätzung ($C_{in,nor2}$ = 0,91 fF (approx. $\approx$ 1,8 fF)).

Aus Simulation ermittelt:		Δn, $\Delta t_{PD}(\Delta n)$ $C_{in,nor2}$		Mittelwert $C_{in,nor2}$
n	t_{PD} (n)			
1	10.5 ps	1, 3.1 ps $\Rightarrow$ 0.91 fF		
2	13.6 ps		2, 6.2 ps $\Rightarrow$ 0.91 fF	
4	19.8 ps			$C_{in,nor2} \approx 0.91$ fF

10.13.6 D-Flip-Flop Standard-, Makro-Zelle (Kompaktdesign) *dff*1

Vorüberlegungen, Prinzip, Anwendung Die Flip-Flop Zelle stellt ein flankengetriggertes (CLK = 1 ↑) semistatisches D-Flip-Flop dar, dessen Funktionsprinzip bereits im Kap. D-Flip-Flop erörtert worden ist. Die Schaltung besteht aus zwei zustandsgetriggerten (CLK) Latches in Master-Slave Konfiguration (*latch*1 („Master") und *latch*2 („Slave")). Schaltbild und Layout sind im nachfolgenden Bild zu sehen. Bei CLK = 0 wird das Datum D in den „Master" (*latch*1) eingelesen, bei CLK = 1 wird es im „Master" gespeichert und gleichzeitig vom „Slave" übernommen. Somit wird mit der positiven CLK-Flanke (CLK = 1 ↑) der Ausgang Q ($D \rightarrow Q$) aktualisiert, d. h. CLK = 1 ↑ stellt die aktive Flanke unseres D-Flip-Flops dar. Mit CLK = 0 geht der „Slave" in den Speicher- und der „Master" in den Lese-Zustand. Der Zyklus ist abgeschlossen und das nächste Datum kann eingelesen werden.

Das Layout ist mit leichten Modifikationen aus den Standardzellen *inv*1 und *nand*2 aufgebaut (Abb. 10.131). Nachfolgend wird ein Standard-Zell- und ein Makrozell-Entwurf vorgestellt. Die elektrischen Eigenschaften beider Zellen sind gleich. Der Unterschied liegt nur in der Geometrie. Während das Standardzell-Layout (Abb. 10.131, 10.132) die Standard 1-fach Zell-Höhe H_1 = 2 µm aufweist, ist die Makrozelle (Abb. 10.133) in doppel-

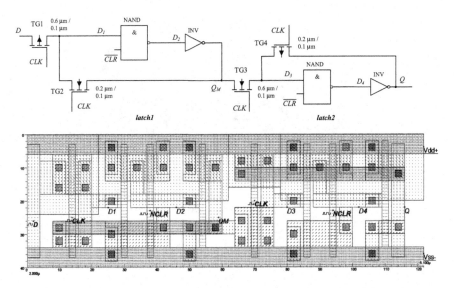

Abb. 10.131 D-Flip-Flop Standardzelle, Schaltbild und Layout (*dff1_std.MSK*)

ter Höhe $H = 2 \cdot H_1$ layoutet ($H = 2$-fach Rastermaß). Dadurch ist sie nur noch rund halb so lang wie der Standardentwurf und hat eine fast quadratische Geometrie. Die Gesamtfläche beider Zellen ist nahezu gleich. Je nach Signalfluss und Position der Anschlüsse können beide Zellen vertikal und horizontal gespiegelt werden. Beide Zellen können gleichermaßen in einem Makrozell-Entwurf verwendet werden. Mit welcher Zelle sich das insgesamt kompaktere Chiplayout erreichen lässt, hängt vom Geometrieumfeld ab. Einem klassischen Standardzell-Entwurf bleibt die D-Flip-Flop Standardzelle vorbehalten.

Die elektrischen Eigenschaften sind durch die Basiszellen *inv*1 und *nand*2 und vor allem auch durch die Transfer-Gates bestimmt. Die positive Taktflanke ist die aktive Flanke. Die Signalverzögerung $t_{CLK,\,Q}$ („Clock to Q-Time", $CLK \rightarrow Q$) ergibt sich in sehr guter Näherung aus der Summe der Verzögerungen $t_{PD,\,TG3} + t_{PD,\,nand2}\,(C_{in1}) + t_{PD,\,inv1}$ (C_L). Das asynchrone Rücksetzsignal ist „low-aktiv" ($NCLR = 0 \rightarrow QM, Q = 0$). Es muss mindestens eine Taktperiode T_{CLK} anliegen.

Die **Setup-Zeit**$_{setup}$ ist im Wesentlichen durch die Verzögerungszeit $t_{D,\,QM}$ („Master") zwischen D und Q_M im ungünstigsten Fall (wcase) bestimmt.

Die **Halte-Zeit**$_{Hold}$, während der das D-Signal nach der aktiven Flanke noch konstant bleiben muss, ist durch die maximale (bcase) Ausschaltverzögerung $t_{CLK,\,D1}$ („Clock to D1-Time", $CLK \rightarrow D_1$) des Transfer-Gates am Eingang bestimmt.

Wir realisieren die Flip-Flop Zelle nachfolgend als flächenoptimales Kompaktdesign. Deshalb werden flächenminimale Transfer- anstatt Transmission-Gates als Signalschalter verwendet, was natürlich auf Kosten der Dynamik geht. Für hohe Dynamikanforderungen wird man Transmission-Gates verwenden. Das erfordert allerdings zusätzlich mindestens 6 Transistoren. Die Layout-Fläche (einschließlich Verdrahtung) wird sich dadurch um rund 50 % erhöhen. In einer realen Zellbibliothek wird man beide Varianten vorsehen.

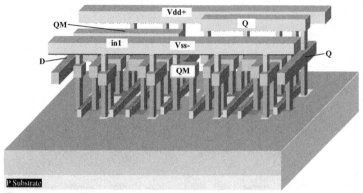

Versorgungsspannung **Vdd+** (= U_{DD} = 1,2 V) ≙ **MET2**, **Vss-** (= *GND* = 0 V) ≙ **MET2**
Eingang **D** ≙ **MET1** (*links, oben, unten*), *Ausgang* **Q** ≙ **MET1** (*rechts, oben, unten*)
Layout-Fläche Höhe (= H_1 = 1-fach Gridmaß) = 2,0 µm, Länge = 6,1 µm

Abb. 10.132   D-Flip-Flop Standardzelle, 3D Ansicht (*dff1_std.MSK*).

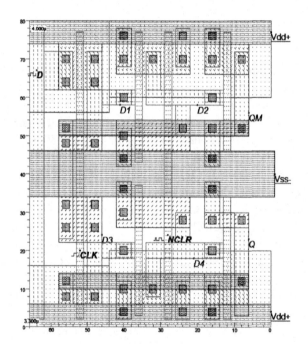

Versorgungsspannung **Vdd+** (= U_{DD} = 1,2 V) ≙ **MET2**
Vss- (= *GND* = 0 V) ≙ **MET2**
Eingang **D** ≙ **MET1** (*links, oben, unten*)
Ausgang **Q** ≙ **MET1** (*rechts*)
Layout-Fläche Höhe (= H_2 = 2-fach Gridmaß) = 4,0 µm, Länge = 3,3 µm

Abb. 10.133   D-Flip-Flop Makrozelle, Layout (*dff1_mak.MSK*)

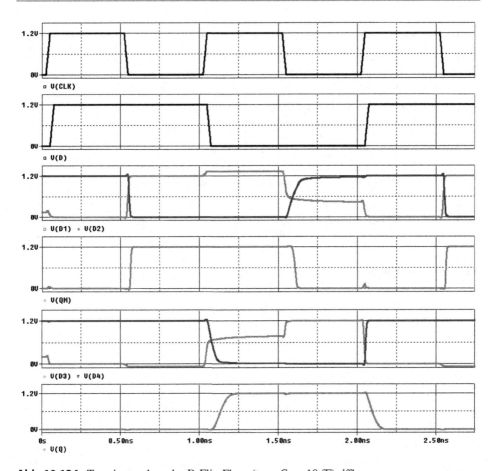

Abb. 10.134 Transientanalyse des D-Flip-Flops (typ., $C_L = 10$ fF) *dff*1

Post-Layout-Analyse Das Funktionsprinzip ist aus den charakteristischen Signalverläufen (Abb. 10.134) ersichtlich. Das Schaltverhalten ist unsymmetrisch. Da ein NMOS-Transfer-Gate (hier spez. TG3) log. 1-Signale schlechter überträgt als log. 0-Signale, ist die Verzögerungszeit $t_{PD,TG3}$ und damit auch die Verzögerung $t_{CLK,Q} \uparrow (Q = 0 \rightarrow 1)$ deutlich größer als $t_{CLK,Q} \downarrow (Q = 1 \rightarrow 0)$. Im „Worst-Case" ist die Verzögerungszeit $t_{CLK,Q} \uparrow (C_L)$ signifikant.

Fasst man die Simulationsergebnisse für Worst-, Typical- und Best-Case zusammen, ergibt sich für den $0 \rightarrow 1$ Übergang am Ausgang Q:

$$t_{CLK,Q\uparrow}(C_L) \cong \begin{cases} 240\,\text{ps} + \dfrac{12\,\text{ps}}{\text{fF}} \cdot C_L & \text{max. (wcase)} \\[2mm] 55\,\text{ps} + \dfrac{4\,\text{ps}}{\text{fF}} \cdot C_L & \text{typ.} \\[2mm] 26\,\text{ps} + \dfrac{2\,\text{ps}}{\text{fF}} \cdot C_L & \text{min. (bcase)} \end{cases} \qquad (10.150)$$

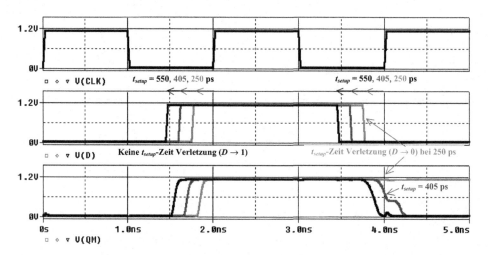

Abb. 10.135 Analyse zur Darstellung der Setup-Zeit Problematik (wcase)

Und für den $1 \to 0$ Übergang am Ausgang Q:

$$t_{CLK,Q\downarrow}(C_L) \cong \begin{cases} 50\,\text{ps}+\dfrac{7\,\text{ps}}{\text{fF}} \cdot C_L & \text{max. (wcase)} \\[2mm] 28\,\text{ps}+\dfrac{3{,}5\,\text{ps}}{\text{fF}} \cdot C_L & \text{typ.} \\[2mm] 18\,\text{ps}+\dfrac{1{,}9\,\text{ps}}{\text{fF}} \cdot C_L & \text{min. (bcase)} \end{cases} \tag{10.151}$$

Setup-Zeit Die Verzögerung zwischen D und QM im ungünstigsten Fall (wcase) mit $C_L = C_{in}$ (*latch2*) $= 3$ fF stellt die erforderliche Setup-Zeit t_{setup} dar. Aufgrund des sehr unsymmetrischen Übertragungsverhaltens des PMOS-Transfer-Gates TG1 am Eingang (log. 0 Signale werden „schlechter" übertragen als log. 1 Signale) stellt sich für $D=0$ die insgesamt maximale Verzögerung ein. Dieser Fall ist für die Ermittlung der erforderlichen Setup-Zeit maßgeblich. Die Situation in Abb. 10.135 dargestellt.

Die entsprechende Worst-Case Analyse bei maximaler Temperatur ($T=125\,°\text{C}$) ergibt (zur Information: typ., bcase Werte in Klammern):

$$t_{setup}(= t_{D,QM}) = 405\,\text{ps} \ (65\,\text{ps}, 35\,\text{ps}) \tag{10.152}$$

Die Setup-Zeit ist auch maßgeblich für die maximal mögliche Taktfrequenz $f_{CLK,\,max}$ des Flip-Flops:

$$f_{CLK,\text{max}} \leq \frac{1}{2 \cdot t_{setup}} \ (\cong 1{,}2\,\text{GHz}) \tag{10.153}$$

Halte-Zeit Während der Umschaltphasen $CLK=1\uparrow$ (aktive Flanken) darf kein Signalwechsel bei D_1 stattfinden. Dauert das Ausschalten $t_{CLK,\,D1}$ des Transfer-Gates TG1 länger als die wirksam kürzeste Signallaufzeit $t_{D,\,D1}$ ($D\uparrow \to D_1\uparrow$), dann muss D noch um die entsprechende Zeitdifferenz t_{hold} konstant gehalten werden; solange bis das Transfer-Gate sicher sperrt. Die Best-Case Simulation für $D\uparrow$ ($=0 \to 1$) ist hier maßgeblich. Bei unserer Schaltung ist die maximale Ausschaltverzögerung des Eingangs $t_{CLK,\ D1}$ stets kleiner als die kürzeste Signallaufzeit (bcase) $t_{D,\ D1}$ ($D\uparrow \rightarrow D_1\uparrow$): $t_{CLK,\ D1} - t_{D,\ D1} \lesssim -15$ ps. Das würde einer negativen Halte-Zeit von -15 ps entsprechen.

Deshalb wird keine Halte-Zeit gefordert:

$$t_{hold} = 0 \tag{10.154}$$

Temperatur Analyse Im spezifizierten Temperaturbereich: von $-50\,°C$ bis $+125\,°C$ kann wiederum näherungsweise von einem pauschalen Temperaturdurchgriff von $\Delta t_{PD}/\Delta T \lesssim 0{,}15\ \%/°C$ ausgegangen werden.

Verlustleistung Die Simulationen für den Best-, Typical- und Worst-Case liefern folgendes Ergebnis:

$$P_V(C_L, f) \cong \begin{cases} \dfrac{26\,\mu W}{GHz} \cdot f + \dfrac{1{,}7\,\mu W}{fF \cdot GHz} \cdot C_L \cdot f & \text{bcase} \\[2mm] \dfrac{15\,\mu W}{GHz} \cdot f + \dfrac{1{,}14\,\mu W}{fF \cdot GHz} \cdot C_L \cdot f & \text{typ.} \\[2mm] \dfrac{10\,\mu W}{GHz} \cdot f + \dfrac{1{,}14\,\mu W}{fF \cdot GHz} \cdot C_L \cdot f & \text{wcase} \end{cases} \tag{10.155}$$

$f = f_{toggle}$ ist die Toggle-Frequenz des Datensignals D. Die Taktfrequenz f_{CLK} ist mindestens doppelt so groß. Die statische und transiente Verlustleistung spielen auch hier erwartungsgemäß keine Rolle.

Eingangskapazitäten $C_{in,\ D}$, $C_{in,\ CLK}$, $C_{in,\ NCLR}$ Die typischen äquivalenten Eingangskapazitäten $C_{in,\ D}$, $C_{in,\ CLK}$ und $C_{in,\ NCLR}$ sind aus der jeweiligen Ladung (Stromintegral), die aus der entsprechenden Ansteuerquelle pro Zyklus umgeladen wird, dividiert durch die jeweilige Spannung ($= U_{DD}$), ermittelt worden:

$$C_{in,D} = 3\ fF$$
$$C_{in,CLK} = 2{,}5\ fF \tag{10.156}$$
$$C_{in,NCLR} = 1{,}25\ fF$$

Fazit Die Verzögerungszeiten $t_{CLK,Q}\uparrow$, $t_{CLK,Q}\downarrow$ und auch die erforderliche Setup-Zeit t_{setup} sind sehr unsymmetrisch und außerdem sehr stark von den Schaltungsparametern abhängig (bcase, typ., wcase). Das ist im Sinne der Entwurfszentrierung sehr ungünstig. Der Grund hierfür ist das unsymmetrische Übertragungsverhalten der verwendeten Transfer-Gates, die ein flächenminimales Design ergeben, aber schaltungstechnisch (dynamisch) ungünstig sind. Verwendet man Transmission-Gates, dann lässt sich eine deutlich höhere Dynamik erreichen. Es lassen sich eine weitgehend symmetrische Verzögerungszeit $t_{CLK,Q}$ und Setup-Zeit erreichen, die in gleicher Größenordnung sind:

$$t_{setup} \approx t_{CLK,Q} \approx t_{CLK,Q}\downarrow \text{ (siehe Gl. oben)}.$$

Übungsbeispiel Entwerfen Sie auf Basis des Kompaktdesigns *dff*1 ein Dynamik Flip-Flop *dff*2 (als Standard- und Makrozelle), das weitgehend layout- (Höhe, Rastermaß), pin- und funktionskompatibel zum Kompaktdesign sein soll: *D*, *CLK*, *NCLR*, *Q*.

1. Ersetzen Sie dazu die Transfer-Gates durch Transmission-Gates. Integrieren Sie einen Inverter, der das zusätzliche inverse Taktsignal ($CLK \to NCLK$) erzeugt.
2. Führen Sie die entsprechenden Analysen wie beim Kompakt Flip-Flop durch. Fassen Sie die Ergebnisse zusammen und vergleichen Sie beide Flip-Flop Varianten.

10.13.7 Zusammenfassung, Datenblätter

Allgemeine Parameter (typ. [min., max.]):

U_{DD} ($=$ Vdd+, VDD) $= \mathbf{1{,}2}$ **V** [1,08 V, 1,32 V], $\mathbf{GND}$ ($=$ Vss-) $= \mathbf{0}$ **V** [0 V, 0 V],

$(W/L)_{min}$ (NMOS-, PMOS-FET) $= \mathbf{0{,}2 \, \mu m/0{,}1 \, \mu m}$ [0,2 μm/0,12 μm, 0,2 μm/0,08 μm]

$C_{in1} = \mathbf{0{,}9 \, fF}$ (Referenz-, Minimal-Eingangskapazität) [-20 %, $+20$ %]

Nenntemperatur: $T = \mathbf{27} \, °\mathbf{C}$ ($= T_J$ (Chiptemperatur)), Temperaturbereich: (-50 °C, $+125$ °C) (Tabs. 10.12, 10.13, 10.14, 10.15 und 10.16).

Tab. 10.12 Minimal-, Standard-Inverter *inv*1

		typ.	min.	max.	Einheit
t_{PD} (C_L, T)	t_{PD0}	6,4	3,3	12	ps
	$\Delta t_{PD}/\Delta C_L$	3,4	1,9	6,6	ps/fF
	$\Delta t_{PD}/\Delta T$		$\lesssim 0{,}15$		%/°C
P_V (C_L, f)	$\Delta P_{V0}/\Delta f$	1	0,7	2,5	μW/1 GHz
	$\frac{\Delta P_V / \Delta C_L\vert_{f=1\,GHz}}{1\,GHz}$	1,45	1,12	1,74	μW/(fF · 1 GHz)
$C_{in} = C_{in1}$		0,9	0,72	1,08	fF

Tab. 10.13 Ringoszillator (5-stufig) *ringo5*

		typ.	Einheit
f_{ringo5}		10,7	GHz
t_{PD1}		9,3	ps
P_V	P_{Vges}	139	μW
	P_{V1}	27,8	μW

Tab. 10.14 NAND-Standard-Zelle *nand2*

		typ.	min.	max.	Einheit
$t_{PD}(C_L, T)$	t_{PD0}	8,9	4	15,3	ps
	$\Delta t_{PD}/\Delta C_L$	2,9	1,8	6,9	ps/fF
	$\Delta t_{PD}/\Delta T$		$\lesssim 0{,}15$		%/°C
$P_V(C_L, f)$	$\Delta P_{V0}/\Delta f$	1,8	1,2	2,9	μW/1 GHz
	$\dfrac{\Delta P_V/\Delta C_L\vert_{f=1\,\mathrm{GHz}}}{1\,\mathrm{GHz}}$	1,45	1,16	1,7	μW/ (fF · 1 GHz)
$C_{in}\;(C_{in}(in_1) \cong C_{in}(in_2))$		1	0,8	1,2	fF

Tab. 10.15 NOR-Standard-Zelle *nor2* (Flanken-Unsymmetrie ± 23 %)

		typ.	min.	max.	Einheit
$t_{PD}(C_L, T)$	t_{PD0}	8,3	4,3	13,7	ps
$t_{PD,f} = -23\,\%$	$\Delta t_{PD}/\Delta C_L$	4,2	2,3	7,8	ps/fF
$t_{PD,r} = +23\,\%$	$\Delta t_{PD}/\Delta T$		$\lesssim 0{,}15$		%/°C
$P_V(C_L, f)$	$\Delta P_{V0}/\Delta f$	1,4	1	2,3	μW/1 GHz
	$\dfrac{\Delta P_V/\Delta C_L\vert_{f=1\,\mathrm{GHz}}}{1\,\mathrm{GHz}}$	1,45	1,2	1,7	μW/ (fF · 1 GHz)
$C_{in}\;(C_{in}(in_1) \cong C_{in}(in_2))$		0,91	0,73	1,09	fF

Tab. 10.16 D-Flip-Flop Kompaktzelle *dff1*

		typ.	min.	max.	Einheit
$t_{CLK,Q\uparrow}(C_L, T)$	t_{PD0}	55	26	240	ps
	$\Delta t_{PD}/\Delta C_L$	4	2	12	ps/fF
$t_{CLK,Q\downarrow}(C_L, T)$	t_{PD0}	28	18	50	ps
	$\Delta t_{PD}/\Delta C_L$	3,5	1,9	7	ps/fF
t_{setup}		(65)	(35)	405	ps
t_{hold}			0		ps
$\Delta t_{CLK,Q}/\Delta T, t_{setup}/\Delta T$			$\lesssim 0{,}15$		%/°C
$P_V(C_L, f)$	$\Delta P_{V0}/\Delta f$	15	10	26	μW/1 GHz
	$\dfrac{\Delta P_V/\Delta C_L\vert_{f=1\,\mathrm{GHz}}}{1\,\mathrm{GHz}}$	1,45	1,14	1,7	μW/ (fF · 1 GHz)
$C_{in,D}$		3	2,4	3,6	fF
$C_{in,CLK}$		2,5	2	3	fF
$C_{in,NCLR}$		1,25	1	1,5	fF

Literaturverzeichnis

Allen, P.E., Holberg, D.R.: CMOS Analog Circuit Design. Saunders College, New York (1987)

American Radio League: The ARRL Handbook for Radio Amateurs, 47. Aufl. The American Radio League, Newington, CT06111 (1997). ISBN 0-87259-174-3 System Applications Guide: Analog Devices. Prentice Hall, Englewood Cliffs (1993). ISBN 0-916550-13-3

Ashburn, P.: Design and Realization of Bipolar Transistors. Wiley, New York (1988). ISBN 0-471-91700-1

Ashenden, J.: The Student's Guide to VHDL. Morgan Kaufmann, San Francisco (1998)

Ashenden, P.J., Peterson, G.D., Teegarden, D.A.: The System Designers Guide to VHDL-AMS. Morgan Kaufmann, San Francisco (2003). ISBN 1-55860-749-8

Baker, R.J., Li, H.W., Boyce: CMOS Circuit Design, Layout and Simulation. IEEE Press Series on Microelectronic Systems; 1998

Benda, D.: A/D- und D/A-Wandler für Praktiker. VDE, Berlin (1993). ISBN 3-8007-1889-8 Linear Design Seminar: Analog Devices. Prentice Hall, Englewood Cliffs (1995). ISBN 0-916550-15-X

Best, R.: Theorie und Anwendungen des Phase-Locked-Loops, 5. Aufl. VDE, Berlin (1993). ISBN 3-8007-1980-0

Böhmer, E.: Elemente der angewandten Elektronik, 13. Aufl. Vieweg, Braunschweig (2001). ISBN 3-528-24090-3

Boyle, C., Pederson, S.: Macromodeling of Integrated Circuit Operational Amplifier. IEEE J. Solid-State Circuits, SC-9 No. 6, 12 (1974)

Connelly, J.A., Choi, P.: Macromodelling with SPICE. Prentice Hall, Englewood Cliffs (1992). ISBN 0-13-544942-3

Gray, P.R., Meyer, R.G.: Analysis and Design of Integrated Circuits, 3rd edn. Wiley, New York (1993)

Gray, P.R., Wooley, B.A., Broderson, R.W.: Analog MOS Integrated Circuits. IEEE Press, New York (1989). ISBN 0-87942-246-7

Herberg, H.: Elektronik. Vieweg, Braunschweig (2002). ISBN 3-528-03911-6

Hering, B., Gutekunst: Elektronik für Ingenieure. VDI, Düsseldorf (1992)

Hoffmann, K.: Systemintegration. Oldenbourg Verlag, München (2011)

Horowitz, P., Hill, W.: Die Hohe Schule der Elektronik, Bd. 1 und 2, 2. Aufl. Elektor, Aachen (1996) (Originalausgabe: The Art of Electronics. Cambridge University Press, New York, 1989)

Jansen, D.: Handbuch der Electronic Design Automation. Carl Hanser, München (2001)

Kaeslin, H.: Digital integrated circuit design. Cambridge University Press (2008)

Koß, G., Reinhold, W.: Elektronik, 2. Aufl. Fachbuchverlag, Leipzig (2002)

Köstner, R., Möschwitzer, A.: Elektronische Schaltungen. Carl Hanser, München (1993)

© Springer-Verlag Berlin Heidelberg 2018
J. Siegl und E. Zocher, *Schaltungstechnik*,
https://doi.org/10.1007/978-3-662-56286-4

Lee, Th. H.: The design of CMOS radio-frequency integrated circuits. Cambridge University Press (2003)

Meier, U., Nerreter, W.: Analoge Schaltungen. Hanser, München (1997)

Möschwitzer, A., Lunze, K.: Halbleiterelektronik, 7. Aufl. Hüthig, Heidelberg (1987)

Moschytz, G.S.: MOS Switched Capacitor Filters: Analysis and Design. IEEE Press, New York (1984). ISBN 0-87942-177-0

Payton, A.J.; Walsh, V.: Analog Electronics with OP Amps. Cambridge University Press, Cambridge (1993)

Reisch, M.: Elektronische Bauelemente. Springer, Berlin (1998)

Ruehli, A.E., Ditlow, G.S.: Circuit analysis, logic simulation and design verification for VLSI. Proc. IEEE.**71**(1), 34–48 (1983)

Ruehli, A.E.: Circuit Analysis, Simulation and Design, vol. 3, Part 1 & 2. North-Holland, Amsterdam (1986)

Sauer, R.: Halbleiterphysik. Oldenbourg Wissenschaftsverlag (2009)

Seifart, M.: Analoge Schaltungstechnik, 4. Aufl. Hüthig, Heidelberg (1994)

Sicard, E., Ben Dhia, S.: Basic CMOS cell design. McGraw Hill Professional, Bookstore-USA. https://doi.org/10.1036/0071488391, Feb. 2007, http://books.mcgraw-hill.com

Spiro, H.: CAD der Mikroelektronik. Oldenburg, München (1997). ISBN 3-486-241141-1

Sze, S.M., Kwok, K.Ng.: Physics of semiconductor devices. Wiley (2006)

Tietze, U., Schenk, C.: Halbleiterschaltungstechnik, 12. Aufl. Springer, Berlin (2002)

Tuinenga, P.W.: Spice—A Guide to Circuit Simulation and Analysis Using PSpice, 2. edn. Prentice Hall, Englewood Cliffs (1992)

Uyemura, J.P.: CMOS logic circuit design. Kluwer Academic Publishers (1999)

Vladimirescu, A.: The Spice Book. Wiley, New York (1994)

Wupper, H.: Professionelle Schaltungstechnik mit Operationsverstärkern. Franzis, Haar (1994). ISBN 3-7723-6732-1

Yalamanchili, S.: VHDL Starters Guide. Prentice Hall, Englewood Cliffs (1998). ISBN 0-13-519802-X

Yue, P. et al.: A physical model of planar spiral inductors on silicon. IEDM Proceedings (1996)

Sachverzeichnis

A

A-Betrieb, 288, 433
AB-Betrieb, 288, 433
Abschätzanalyse, 56, 447
Abtastfrequenz, 540
Abtasthalteschaltung, 542
   mit gesteuertem MOS-Schalter, 542
Abtasttheorem, 540
Abwärts-Mischstufe, 460
Abwärtswandler, 194, 519
AC-Analyse, 28
   Einstellungen, 48
AC-Arbeitsgerade, 297
AC-Multimeter, 27
A/D-Wandler, 483, 535, 545, 552, 557
   Ein-Rampenverfahren, 546
   Iterationsverfahren, 548
   Parallelverfahren, 552
   Quantisierungsfehler, 535, 541, 549
   Sukzessive Approximation, 548
   VHDL-AMS Modell, 550
   Zählverfahren, 545
   Zwei-Rampenverfahren, 546
AGC, 458
Aktive Signaldetektoren, 269
Amplitude-Shift-Keying, 475
Amplitudenmodulation, 186, 475
Analog/Digital Wandlung, 545
Analog/Digitale Schnittstelle, 523
Analoge Filterschaltungen, 272
   Bandpass, 172, 273
   Bandstoppfilter, 173, 274
   Hochpass, 172, 273, 379
   Tiefpass, 66, 172, 272
Analoger Modellteil, 78, 526

Analogmultiplizierer, 475, 494
Analogspeicher, 542
Angepasster Tiefpass/Hochpass, 172
anisotrope Ätzung, 576
Anti-Blockier-Systemen, 17
Antialiasing-Filter, 541
Arbeitsgerade des Eingangskreises, 296, 385
ASIC, 10
ASIC-Design, 567
ASK-Modulation, 475
Astabiler Multivibrator, 278, 477
Attribut-Eigner, 42
Attribut-Name, 40, 42
Attribut-Wert, 40, 42
Attribute an Symbolen, 41
   Implementation-Attribut, 42
   Implementation Path-Attribut, 42
   Implementation Type-Attribut, 42
   Reference-Attribut, 43
   Reference-Designator, 38
   Template-Attribut, 42
   Value-Attribut, 42
Audiosignal, 540
Aufwärts-Mischung, 460
Auto-Router, 13

B

Bandgap-Referenzschaltung, 376
Basisgrundschaltung, 310
Baugruppenträger, 13
Begrenzerschaltungen, 190
Best-Case, 677
Bias Point, 48
Binäre Phasenumtastung, 479

© Springer-Verlag Berlin Heidelberg 2018
J. Siegl und E. Zocher, *Schaltungstechnik,*
https://doi.org/10.1007/978-3-662-56286-4

Bipolartransistor
  Abschätzanalyse, 127, 282
  AC-Modellvarianten, 127
  Arbeitsgerade des Ausgangskreises, 297
  Arbeitsgerade des Eingangskreises, 296
  Arbeitspunkteinstellung und Stabilität, 288
  Ausgangskennlinien, 112
  Aussteuerung im Arbeitspunkt, 298
  Bahnwiderstände, 117
  Basisbahnwiderstand, 118, 120
  Basislaufzeit TF, 133
  DC-Modellvarianten, 125
  differenzieller Widerstand re, 123, 127
  Diffusionskapazität, 121, 127
  Early-Effekt, 120, 125
  Early-Spannung, 120
  Injektionsstrom, 114
  inverse Stromverstärkung BR, 123, 365
  Inverser Betrieb, 123
  Kleinsignalmodell, 120
  Kollektor-Basis-Raumladungszone, 119
  Ladungsdreieck, 119
  mit Stromquelle als Last, 331
  Normalbetrieb, 112
  optimaler Lastwiderstand, 295
  parallelgegengekoppelt, 286, 320
  physikalischer Aufbau, 117
  Rauschanalyse, 129, 309
  Rekombinationssperrstrom, 115
  Sättigungsbetrieb, 112, 122
  Sättigungssperrstrom IS, 113
  Schalteranwendungen, 359
  seriengegengekoppelt, 284, 322
  Simulationsmodell in VHDL-AMS, 137
  spannungsgesteuerter Schalter, 359
  Sperrbetrieb, 112, 123
  Sperrschichtkapazität, 117, 121
  Sperrstrom ICB0, 113, 117
  Steilheit im Arbeitspunkt, 121
  Stromverstärkung B, 113, 117
  Substratkapazität, 121
  systematische Arbeitspunktanalyse, 295
  Temperaturabhängigkeit UBE, 289
  Transistoreffekt, 114, 119
  Transitfrequenz, 123, 127
  Transitzeit der Ladungsträger in der Basis-
    zone, 123, 134
  Transportmodell, 125, 282
  Übertragungskennlinie, 112, 288

Bird's-Beak, 576
Bodediagramm, 27, 60
  Asymptoten, 60
  Eckfrequenzen, 60
  Frequenzgangverlauf, 60
  Primitivfaktoren, 61
  RC-Tiefpass, 66
  Verstärkerschaltung mit zwei Stufen, 69
BOM – Bill of Material, 36
Bondung, 569
BPSK-Modulator, 479
Brückengleichrichter, 178
Brückenverstärker, 266

C
C-Betrieb, 288, 434
Capture, 29, 35
  Add Libraries, 31
  Änderung des Widerstandswertes, 48
  Design Cache, 31
  Designsheet, 30
  Place Part, 31
  Place Wire, 31
  Taskleiste, 30
Carrier Frequency, 474
CE-Kennzeichnung, 15
Chip (Die), 569
CMOS-Inverter, 419
  Latch-Up Effekt, 422
  Schaltverhalten, 421
  spannungsgesteuerte Schalter, 423
  Verstärker, 425
CMOS-Logikfamilien, 523
CMOS Logikgatter, Dimensionierung, 659
CMOS-Logikgatter, Statisches Verhalten, 659
CMOS Logikgattern, 654
CMOS-NAND-Gatter, 424
CMOS-NOR-Gatter, 424
CMOS-Prozess, 582, 586, 592
CMOS-Schalter, 517
CMOS-Schaltkreistechnik, 363
CMOS-Standardprozess, 592
CMOS-Technologie, 539, 568
CMOS-Transmission-Gate, 425
CMP, 576
CMRR
  Gleichtaktunterdrückungsverhältnis, 248
Component Instantiation, 78, 88

Concurrent-Signal-Assignment, 78, 532
CVD, 573, 576

D

D Verstärker, 446
DAE, 76
D-FlipFlop, 481, 527
D-Flip-Flop, flankengetriggert, 669
Darlingtonstufen, 324
Datenblatt, 38, 72
D/A-Umsetzer, 535
D/A-Umsetzung
   mit gestuften Spannungen, 538
   mit gestuften Stromquellen, 537
   mit gewichteten Kapazitäten, 539
DC-Analyse, 28, 47, 58, 125
DC-Arbeitsgerade, 297
DC-Multimeter, 27
DC-Sweep-Analyse, 436, 453
De Morgan, 656
Delta-Sigma Modulat, 557
Delta-Sigma Wandler, 446, 557
Demodulator, 186, 483
Design, 30
Design Manager, 30
Designinstanz, 31, 35, 38, 525
Designsheet, 35, 37
Dezimator, 557
Dick-Oxid, 582
Dickschicht- oder Dünnfilmtechnik, 19
Differenzaussteuerung, 337
Differenzdiskriminator, 189
Differenzial-Algebraische-Gleichungssysteme,
   76
Differenziator, 159, 241, 458
Differenzstufe, 22, 252, 334, 433
   AC-Analyse bei Gleichtaktansteuerung, 342
   AC-Modell, 337, 342
   Aussteuerverhalten, 338
   basisgekoppelt, 347
   emittergekoppelt, 334
   gategekoppelt, 410
   in Kaskodeschaltung, 356
   mit Feldeffekttransistoren, 408
   Offsetverhalten, 342
   sourcegekoppelt, 408
   Strombegrenzung, 444
   Stromspiegel im Lastkreis, 351

Übertragungskennlinie, 334
   unsymmetrischer Ausgang, 345
   verfeinertes AC-Modell, 341
Diffusion, 583
Digital/Analog Wandlung, 535
Digitaler Modellteil, 77, 526
Diode, 45, 93
   Arbeitspunkt im Flussbereich, 46
   Backwarddioden, 174
   Detektordioden, 174
   Gleichrichterdioden, 173
   Kapazitätsdiode, 99
   Linearisierung im Arbeitspunkt, 47
   Modellbeschreibung, 93
   Photodioden, 174
   pin-Dioden, 174
   Schaltdioden, 173
   spektrales Rauschstromquadrat, 112
   statische Kennlinie, 94
   Testschaltung Speicherzeit, 101
   Tunneldioden, 174
Diodenbrücken, 544
Dioden-Modell, 94
   differenzieller Widerstand, 96
   Diffusionskapazität, 100
   Diodenstrom, 94
   Durchbrucheffekt, 98
   Durchbruchspannung, 98
   Idealtypisch, 95
   Korrektur-Diode, 96
   Realer Sperrstrom, 97
   Rekombinationssperrstrom, 96
   Speicherzeit, 100
   Sperrschichtkapazität, 94, 98
   Statische Modellparameter, 97
   Transportsättigungssperrstrom IS, 96
   verzögerter Stromkomponente, 94
Dioden-Modell vereinfacht
   Durchbruchbereich, 103
   Flussbereich, 102
   Sperrbereich, 102
Diodenschaltung
   Arbeitspunktbestimmung, 47
   Begrenzerschaltungen, 190
   Klemmschaltungen, 192
   Parallelbergenzer, 190
   Reihenbegrenzer, 190
   Schutzschaltungen, 193
   Signaldetektorschaltungen, 182

Spannungsquelle, 181
Spitzendetektor in Reihen- und Parallel-
schaltung, 182
Direct Conversion, 483
Doppelgegentakt-Mischer, 486
Doppelweggleichrichter, 176
Dotierverfahren, 583
Drehratensensor, 17
Durchflusswandler, 194
Dynamik, 215, 268
1dB-Kompressionspunkt, 215
Grenzsignalleistung, 215

E
Early-Effekt, 120
Einweggleichrichter, 175
Elektronik-Labor, 26
Elmore-Delay, 624, 625
Emitterfolger, 315
Emittergrundschaltung, 302
Empfangssignal, 460, 484
Empfindlichkeiten, 603
Entscheider, 512
Entwicklungsmethodik, 9
Entwicklungsprozess, 9
Entwurfszentrierung, 602
Ereignissteuerung, 529, 531
Ereignistabelle, 78, 529, 532
ESD (Electrostatic Discharge), 570
ESD Schutz, 252
Event-Queue, 77, 529, 532
EXOR-Phasenvergleicher, 496

F
Feinentwurf, 10, 12
Feldeffekttransistor, 140, 383
Abschnürbetrieb, 140, 142
Abschnürpunkt, 149, 635
Abschnürspannung Up, 141
AC-Ersatzschaltbild JFET, 145
AC-Ersatzschaltbild MOSFET, 152
AC-Modell JFET, 145, 389
Anreicherungstyp MOSFET, 148
Anwendung des Linearbetriebs, 404
Anwendungsschaltungen, 393
Arbeitspunkteinstellung und Arbeitspunkt-
stabilität, 385

Ausgangskennlinien, 143
Aussteuerung einer Verstärkerschaltung,
387
Aussteuerung im Arbeitspunkt, 388
Bulkanschluss MOSFET, 150
Depletion-MOSFET, 148
digitale Anwendungsschaltungen, 412
Drain-Grundschaltung, 395
Early-Effekt, 146
Early-Spannung, 146
Enhancement-MOSFET, 148
Exemplarstreuungen, 387
Gate-Grundschaltung, 394
Innenwiderstand der Stromquelle, 146
Inversionsladung MOSFET, 149
Inversionsschicht MOSFET, 149
Isolierschicht-Feldeffekttransistor MOS-
FET, 140
Kanalbreite W, 147
Kanallänge L, 147
Kanallängenlängenmodulation, 142
Kanalzone, 141
Kennlinien N-JFET, 144
Kennlinien P-JFET, 145
optimalen Lastwiderstand, 387
physikalischer Aufbau N-JFET, 141, 143
physikalischer Aufbau N-MOSFET, 147
Rauschen JFET, 146
Rauschen MOSFET, 152
Rekombinationssperrstrom IGSS, 142
Schwellspannung Up, 141
Source-Grundschaltung, 393
spektrale Rauschspannung am Eingang, 394
Sperrbetrieb, 141
Sperrschicht-Feldeffekttransistor JFET, 140
Sperrschichtkapazitäten, 142
Steilheit, 146, 389
Steuerung der Raumladungszonen (RLZ),
141
Stromergiebigkeit, 142
Stromquellen-Betrieb, 140, 142
Symbol JFET, 140
Symbol MOSFET, 150
Temperaturabhängigkeit der Übertragungs-
kennlinie, 387
Transkonduktanzkoeffizient, 142
Übertragungskennlinie, 143
Übertragungsleitwertparameter, 149
Verarmungstyp MOSFET, 148

Verstärkergrundschaltungen, 393
VHDL-AMS Modell N-MOSFET, 155
Widerstandsbetrieb, 141
Feld-Oxid (FOX), 582
Fertigungsdaten, 13
Fertigungsfreigabe, 10, 13
Fertigungstoleranzen, 677
Fertigungsunterlagen, 10
Field Programmable Gate Arrays, 523
FM-Demodulation, 486, 511
FM-Demodulator, 187
Flankendetektor, 188
FM-Tuner, 484
Footprint, 21, 40
Foster-Seeley-Diskriminator, 170
Frequency-Shift-Keying, 475, 477
Frequenzdiskriminator, 170
Frequenzgangausdruck, 61
Nennerpolynom, 61
Polynomdarstellung, 61
Übertragungsfunktion, 61
Zählerpolynom, 61
Frequenzgangkorrektur, 240
Frequenzmodulation, 475, 511
Frequenzsynthese, 513
FSK-Modulation, 477
Full-Custom Design, 567, 568
Functional Design, VII
Funkelrauschen, 108
Funkempfänger, 460, 483, 484
Funksender, 460
Funkstrecken, 460
Funktional gesteuerte Quellen, 40
Funktionale Verifikation, 26
Funktionsgeneratoren, 27
Funktionsgrundschaltungen, 22
Funktionsmodell, 25, 246, 524
Funktionsprimitive, 22
Funktionsschaltkreise, 22
Funktionsschaltungen, 3, 24, 302, 412, 433

G
Gategekoppelte Differenzstufe, 410
Gatelevel-Simulator, 267
Gegentaktansteuerung, 247
Gehäuse, 21
Gehäuseformen, 21
Generic-Attribut, 82, 532

Geradeausempfänger, 483
Gesteuerte Quellen, 36
getakteter Integrator, 560
getakteter Komparator, 558
Gilbert-Mischer, 472
Gleichrichterschaltungen, 174
Doppelweggleichrichter, 174, 177
Einweggleichrichter, 175
Spannungsverdopplerschaltungen, 179
Spannungsvervielfacherschaltungen, 179
Gleichtaktansteuerung, 247
Gleichtaktunterdrückung, 253, 334, 343
Glitches, 537

H
Halbwellendetektor, 270
Harmonic Balance Methode, 47
HC/HCT, 523
Hierarchische Vorgehensweise, 484
High-Speed Transistor, 592
High-Voltage Transistor, 592
Hochpass, 172, 273, 564
Angepasst, 172
Hold-Zeiten, 526
hot electrons, 642
Hybrid-Schaltungstechnik, 19

I
IEEE-Standard 1076.1, 77
Impedanznomogramm, 64
Impedanztransformator, 22
Implementation Path-Attribut, 42
Implementation Type-Attribut, 42
Implementation-Attribut, 42
Implementierungsspezifikation, 12
Induktiver Abstandssensor, 18
Induktivitäten, parasitäre, 618
Induktivitäten, planmäßige, 618
Inphase-Signal, 481
Instanziierung, 31, 38, 531
physikalischen Instanziierung, 37
virtuelle Instanziierung, 38
Instrumentenverstärker, 265
Integrator, 159, 271, 431
Integrierte Induktivitäten, 618
Integrierte Leitung, Induktivitätsbelag L', 620
Integrierte Leitung, Kapazitätsbelag C', 620

Integrierte Leitung, Leitungsbelag R', 620
Integrierte Leitung, Modell, 619
Integrierte Leitung, R-L-C-Modell, 622
Integrierte Leitung, Schichtwiderstand Rsh,
    Ltg, 620
Intermetall-Dielektrikum (IMD), 580, 583
I/O-Modell, 267, 526
Ionenimplantation, 583
I/Q-Demodulator, 483
I/Q-Mischer, 481
I/Q-Modulator, 481
Isolatoren, Dielektrika, 571
Iterations- bzw. Wägeverfahren, 548
Iterationsregister, 548

J
Jitter, 490
    Phasenjitter, 505, 512
Junction, 72

K
Kapazität, flächenspezifische, 612
Kapazität, randspezifisch, 612
Kapazitäten, 610
Kapazitäten, laterale Flächenkapazität, 612
Kapazitäten, laterale Koppelkapazität, 612
Kapazitäten, spannungsabhängig, 613
Kapazitäten, spannungsunabhängig, 611
Kapazitäten, Temperaturkoeffizienten, 617
Kapazitätsbelag, 161
    Koaxialkabel, 161
Kapazitiv gekoppelte Resonanzkreise, 167
Kapazitiver Spannungsteiler
    Impedanztransformator, 160
Kaskode-Schaltung, 328
Kernmaterial
    AL-Wert, 163
Kettenleiternetzwerk, 538
Klemmschaltungen, 192
Knoten-Admittanzgleichungen, 55
Komparator, 199, 210, 277, 334, 446, 467, 517,
    546, 552
Komparatorschwelle, 334
Komplementäre Emitterfolger, 440
Komplentäre Schaltungsstruktur, 654
Komplexgatter, 656
Kompressor/Expander-Verstärker, 268

Konstantspannungsquellen, 375
Konstantstromquellen, 368
Kontakt, 585
Kontaktlöcher, 579
Konzeptphase, 10
kristallines Silizium (Si), 569

L
Labormuster, 10
Ladungsträgerbeweglichkeit, 149
Lambda-Gridmaß, 592, 593
Lastenheft, 12
Latchup-Effekt, 589
Layout-Editor, 13
Layoutentwicklung, 13
Layouterstellung, 10
LC-Resonator, 166
    Güte, 167
    Induktiv gekoppelt, 169
    Kapazitiv gekoppelt, 167
    Kennwiderstand, 167
    Parallelresonanzkreis, 166
    Phasensteilheit, 166
    Resonanzfrequenz, 166
    Serienresonanzkreis, 169
LD (Lightly Doped), 577
LDD (Lightly Doped Drain), 578
Leistungsanpassung, 107
Leistungsverstärker, 315, 433, 460
Leiterbahnen, 585
Leiterplatte, 13
Leiterplattentechnik, 18
Leitungskontaktierung, 585
Lineare Schaltungen, 45
Linearisierte Schaltungen, 45
Linearisierung nichtlinearer Schaltungen, 45
    Taylor-Reihe erster Ordnung, 45
Linearverstärker, 199
    Ausgangswiderstand, 200
    Aussteuergrenzen, 207
    Dynamik, 215
    Eingangswiderstand, 200
    Grundmodell, 199
    innere Rauschquellen, 108, 210
    Makromodelle, 199
    Modell mit spannungsgesteuerter Strom-
        quelle, 204
    parallelgegengekoppelt, 228

PSpice-Makromodell, 201, 209
Rauschen, 210
rückgekoppelt, 216
Schnittstellenverhalten, 205
seriengegengekoppelt, 224
Verstärkungsfrequenzgang, 200
VHDL-AMS Modellbeschreibung, 203
Linienbreite Lmin, 569
Lizenzgebühr, 519
LNA, 460
Local Oscillator, 460, 485
LOCOS-Verfahren, 576
Logarithmischer Verstärker, 366
Logikfamilien, 523
Logikinstanz, 527
Logiksignal, 524
    Auflösungsfunktion, 525
    std_logic, 524
    Treiberstärke, 524
Logiksimulation, 77, 524, 534
    Algorithmus, 77
    Ereignistabelle, 78
    Folgeereignisse, 78
    VHDL-Modell, 77
Logiksystem
    Datenselektoren, 526
    Decoder/Encoder, 526
    Ereignissteuerung, 531
    FlipFlops, 526
    Funktionsblöcke, 525
    Funktionsmodell, 525
    I/O-Modell, 526
    Modellbeschreibung von Logikfunktionen
        in PSpice, 527
    PSpice Grundmodelle, 526
    PSpice Timing-Modell, 527
    PSpice-Funktionsmodell, 527
    Register, 526
    Schematic-Modell, 525
    Standard-Gatter, 526
    Subcircuit-Modell, 525
    Timing-Modell, 526
    Timing-Parameter, 526
    VHDL-Modell, 525
    Zähler, 526
Logikzustände, 524
Low-Leakage Transistor, 592
LSB, 535

M
Machbarkeitsstudie, 10
Makromodelle, 25
Makrozellen, 673
Makrozellentwurf, 673
Mapping, 21
Marketing, 10
Marketing Requirements, 11
Marktanalyse, 10
Maschen-Impedanzgleichungen, 55
Masse-Versorgungssystem, 13
Metallisierung, 585
Micron- , Submicron- und Deep-Submicron-
    Prozesstechnologien, 569
Mikrofonverstärker, 396
Miller-Effekt, 328
Mischer, 460, 472
Mittelwelle, 186
Mittelwellenempfänger, 186
MNA-Methode, 50
    Aufstellen der Netzwerkmatrix, 54
    Knoten-Admittanzgleichungen, 52
    Maschen-Impedanzgleichungen, 54
Model Editor, 31, 101
Model Library, 31, 40, 526
Modelle, 39
    Intrinsic-Modelle, 40
    Intrinsic-Modelle mit Parametersatz, 40
    Makromodelle, 39
    Modell-Referenz, 40
    Parametrisierbare Modelle, 43
    Registrierung, 43
    Schematic-Modelle, 40
    Subcircuit-Modelle, 41
Modulationsverfahren, 446, 475
Modulfertigung, 10
Modultest, 10
Monolithisch integrierte Schaltungstechnik, 19
MOS-Kapazität, flächenspezifisch C'_{OX}, 633
MOS-Schalter, 427, 467, 537
MSB, 535
Multi Metall Kondensator, 615
Multi-Emitter-Transistor, 365
Musteraufbauten, 26
Musterfertigung, 10
Musterprüfung, 15

N

Nachregistrierung, 31
Netzliste, 32, 35, 38
Netzwerkanalysator, 28
Newton-Methode, 54
Nichtlineare Schaltungen, 47
NMOS-Inverter, 402, 412
    mit ohmscher Last, 413
    mit selbstleitendem NMOS-Transistor als
        Last, 416
    mit selbstsperrendem NMOS-Transistor als
        Lastkreis, 414
Noise-Shaping, 564
Nyquist-Abtastung, 540, 564

O

Oberflächenpolierung (CMP), 580
Offsetverhalten, 255, 342
Operationsverstärker, 246
    AC – Parameter, 248
    Analog-Addierer, 268
    Analoge Integratoren, 271
    Ausgangsaussteuerbarkeit, 249
    Ausgangsoffsetspannung, 254, 257
    Aussteuerparameter, 248
    Datenblatt, 252
    DC -Parameter, 248
    Eingangsoffsetspannung, 248
    Eingangsoffsetstrom, 248
    Eingangsruhestrom, 247
    Gegentaktansteuerung, 247
    Gegentaktverstärkung, 247, 248
    Gesamtrauschspannung, 260
    Gleichtaktansteuerung, 247
    Gleichtaktunterdrückung, 253
    Gleichtaktunterdrückungsverhältnis, 248
    Makromodell, 250
    maximaler Ausgangsstrom, 249
    Offsetkompensation, 259
    Rauschen, 260
    Ruhestromkompensation, 258
    Slew – Rate – Parameter, 248
    Slew-Rate Verhalten, 261
    Strombegrenzung, 251
    Versorgungsparameter, 248
    Versorgungsspannungsempfindlichkeit, 249
    VHDL-AMS Modell, 264
Optischer Empfänger, 512, 513

OP-Verstärker μA741, 447
    Abschätzanalyse, 447
    Arbeitspunkteinstellung, 447
    erste Stufe, 449
    Slew-Rate Verhalten, 450
    Treiberstufe, 450
    zweite Stufe, 449
Orcad-Lite/PSpice, 92
Oszillator
    AM/FM-modulierbar, 461
    Laufzeit-Prinzip, 467
    Negativ-Impedanz-Oszillator, 461
    Resonanzkreis-Oszillator, 461
    spannungsgesteuert, 486
Oszilloskop, 27
Oxid-Kapazität, 149

P

Package, 21, 40
Pad-Zellen, 569
Parallegegenkopplung, 228, 233
Parallelbergenzer, 190
Parallelresonanzkreis mit Bandpasscharakteris-
    tik, 166
Part, 40
Passive Funktionsgrundschaltungen, 159
Patent, 516, 519
PCB, 13
PFD Phasendetektor, 487
Pflichtenheft, 12
Phasendetektor, 471, 486
    Zustandsdiagramm, 471
Phasenmodulation, 475
Phasenrauschen, 490, 511
Phasenregelkreis, 486
Phasenreserve, 240, 244, 507
Phasenvergleicher, 469
    VHDL-AMS Modellbeschreibung, 494
Photo/Ätztechnik, 18
Physical View, 21
Physikalischer Entwurf, 10
Pin-Namen am Symbol, 44
Pipeline-Umsetzer, 552
Place and Route, 673
Planartechnik, 570
PLL-Schaltkreis, 486
    Anwendungen, 511
    Aufbau und Wirkungsprinzip, 487

Fangbereich, 503
Fehlerübertragungsfunktion, 505
Frequenzsynthese, 513
Haltebereich, 502
Loop-Filter, 500
Phasenübertragungsfunktion, 504
Phasenvergleicher, 492
Rauschsignalunterdrückung, 489
Restphasenfehler, 489
spannungsgesteuerter Oszillator VCO, 490
Stabilität des Regelkreises, 507
statisches Verhalten im Haltebereich, 503
Systemverhalten, 502
Ziehbereich, 502
PLL-Synthesizer, 486
PMOS-Schalter, 655
pn-Übergang, 93
Raumladungszone, 93
Schwellspannung, 93
Polykristallines Silizium (Poly-Si), 584
POLY-POLY Kondensator, 613
Post-Layout-Simulation, 672, 675
Potenzialverschiebung, 378
Power-Supplies, 26
Pre-Layout-Simulation, 672
Probe, 32
Produktentwicklungsprozess, 10
Produktidee, 10
Project, 30
Propagation-Delays, 526
Property Editor, 32
Prototypenfertigung, 13
Prototypenverifikation, 26
Prototypfertigung, 10
PSpice
    ABM-Library, 36
    E, G, H, F, 36
    EValue, 36
    GValue, 36
    I - Stromquellen, 36
    S – Schalter, 193, 423
    SOURCE-Library, 37
    V - Spannungsquellen, 36
Puls-Weiten-Mod.-Verfahren (PWM), 446
Pulsweiten-Modulation, 557
PWM-Signal, 446

Q
QPSK-Modulator, 481
Quadratur-Signal, 481
Quantisierungsfehler, 535, 542
Quantisierungsrauschen, 541, 564
Quell-Signal, 460, 474
Querschalter, 359

R
Rail-to-Rail Verstärker, 207
Raster, Gridmaß, 673
Rauschanpassung, 214
Rauschen
    Kettenschaltung von Verstärkern, 214
Rauschen eines BJT-Verstärkers, 129
Rauschformung, 564
Rauschgrößen, 105
    Amplitudenrauschen, 105
    mittleres Rauschspannungsquadrat, 106
    Phasenrauschen, 105
    Rauschleistung, 107
    spektrale Rauschleistungsdichte, 106
    spektrale Rauschspannung, 105
    thermisches Rauschen, 106
    V(ONOISE), 107
Rauschmessplatz, 28
Rauschquellen, 109
    frequenzabhängige Rauschspgsquelle, 109
    frequenzabhängige Rauschstromquelle, 110,
        111
Rauschübertragungsfunktion, 564
Rauschzahl, 129, 211, 309
RC-Resonator, 165
    Resonanzfrequenz, 166
Receiver, 16
Reference-Designator, 36
Referenzbezeichner, 35
Referenzspannung, 182, 277, 375
Reflow-Löten, 15
Reflow-Lötverfahren, 19
Regelverstärker, 458
Registrierung, 31
Resonanztransformator, 171, 462
Resonator, 165, 166, 461
Rückkopplung, 216
    Gegenkopplung, 217
    offene Schleife, 217

Rückkopplungsfaktor, 217
Rückkopplungspfad, 216
Rückkopplungsschleife, 218
Schleifenverstärkung, 216, 217
Schwingbedingung, 216, 218

S
Sägezahngenerator, 446, 520, 545
Salicidation, 579
Salicide, 579
Sample&Hold-Schaltungen, 542
Sample&Hold-Stufe, 543
SAW-Resonator, 461
Schaltdioden, 544
Schalteranwendungen
    Abfallzeit, 362
    Anstiegszeit, 361
    Ausräumfaktor, 362
    Einschaltverzögerung, 361
    Speicherzeit, 362
    Übersteuerungsfaktor, 360
Schalter-Kondensator-Technik, 427
    Integratorschaltung, 431
    Ladungstransfer, 427
    RC-Tiefpass, 427
Schaltkreisfunktion, 21
Schaltkreissimulation, 29
Schaltkreissimulator, 35
Schaltnetzteil, 194, 519
    Durchflusswandler, 194
    primär getaktet, 195
    Schalttransistor, 194
    sekundär getaktet, 195
    Sperrwandler, 194
    Wirkungsgrad, 194
Schaltplan, 17
Schaltplaneingabe, 30, 35
Schalttransistor, 194, 359, 362
Schaltungsanalyse, 35
Schaltungsentwicklung, 10
Schematic, 29, 30
Schematic-Modelle, 40
Schematic-View, 44
Schleifenverstärkung, 217
Schmitt-Trigger, 276
    Hysterese, 276
    Schaltschwellen, 277
Schottky-Diode, 182, 544, 586

Schrotrauschen, 108
Schutzrechte, 519
Schutzschaltungen, 190
Schwall-Löten, 15
Schwingbedingung
    Selbsterregungsfrequenz, 220
SC-Technik
    Switched-Capacitor-Technik, 427
Self Alignment, 576
semistatische Master/Slave-Struktur, 669
semistatisches Latches, 669
Sensorelektronik, 17, 516
Sensorverstärker, 266
    Brückenverstärker, 266
Seriengegenkopplung, 233
Setup, 30
Set-Up-Zeiten, 526
Shallow Trench Isolation, 575, 579
Signal
    amplitudenmoduliertes (AM), 186
        Modulationsfrequenz, 186, 189
        Modulationsgrad, 186
        Trägerfrequenz, 186, 475
    frequenzmoduliertes (FM), 187, 484
        Demodulation, 187
        Modulationsfrequenz, 187
        Modulationshub, 187
        Trägerfrequenz, 187
Signalquellen, 26, 35, 37
    trapezförmige Impulsquelle, 37
    VPULSE, 37
    VSIN, 37
Signal-zu-Rauschleistungsverhältnis, 212, 542
Silizium, Amorphes Si, 569
Silizium, einkristallines (monokristallines) Si,
    569
Silizium, monokristallines Si, 569
Silizium, polykristallines Si (Poly-Si), 569
Simulation Profile, 32, 35
Slew-Rate-Parameter, 249
SMD, 18
Sourcegekoppelte Differenzstufe, 408
Spacer, 578
Spannungsfolger, 238, 457
spannungsgesteuerter Halbleiterschalter, 194
Spannungsgesteuerter Oszillator (VCO), 467
Spannungsgesteuerter Schalter, 359, 479
Spannungsregler, 177
Spannungsstabilisierungsschaltung, 181

Spannungsverdopplerschaltungen, 179
Spannungsvervielfacherschaltungen, 179
Spektralanalyse, 28
Spektraldarstellung, 28
Spektrumanalysator, 28
Sperrwandler, 194, 196
Spezifikation, 10
spezifische MOS-Kapazität C'_{OX}, 571
Spice, 40
Standardzellen, 673
Standardzellentwurf, 673
Steilheit, 110, 146, 204, 389, 402
Steilheitsmischer, 472
STI, 575, 582
Stimuli-Beschreibung, 530
Störimpulse, 537
Störspannung, 58
Stromflusswinkel, 176, 434
Stromspiegel, 349
Strukturgröße, 569
Stückliste, 13, 36
Subcircuit-Modelle, 41
Subsystementwicklung, 12
Subsystementwurf, 10
Suchindex (*.ind), 43
Superheterodyn-Prinzip, 483
Switch-Level, 424
Symbol, 21
    Attribute, 44
    Pin, 44
    Pin-Namen, 44
    Symbolkörper, 44
Symbol Editor, 29
Symbol Library, 31, 35
    ABM, 36
    ANALOG, 36
    EVAL, 36
    SOURCE, 36
    USER, 36
Symbolische Beschreibung, 35
Symbolpins, 36
System, rückgekoppeltes, 217
    Differenziator, 241
    Frequenzgang, 221
    Frequenzgangkorrektur, 234, 236
    Phasenreserve, 238
    Schleifenverstärkung, 222, 234
    Spannungsfolger, 238
    Stabilitätsbetrachtung, 234

Verstärkungs-Bandbreiteprodukt, 222
Systemaufteilung, 10
System-Design, 673
Systementwicklung, 11
Systementwurf, 10
Systemintegration, 15
Systemkonstruktion, 10
Systemprüfung, 10
Systemsimulation, 10
Systemspezifikation, 12
Systemtest, 10
SystemVision, 91

T
Tachometerschaltung, 271
Taktrückgewinnung, 486, 507, 512
Taktsignalsynchronisation, 486
Technologieknoten, 570
Teilelogistik, 14
Temperaturverhalten, 677
Testadapter, 28
Testbench, 26, 34
Testplatine, 28
Thermometercode, 552
Tiefpass, 172
    Angepasst, 172
Timer-Baustein 555D, 446, 520
Timing-Modell, 524, 526
Toleranzverhalten, 604
Torzeit, 546
Trace Expression, 33
Trägerfrequenzsignal, 475
TR-Analyse, 28, 49
    Abbruchschranke, 51
    adaptive Schrittweitensteuerung, 52
    Algorithmus, 50
    Einstellungen, 50
    Initial Conditions, 51
    Iterationsschritt, 53
    Maximalschrittweite, 52
    Zeitschrittweite, 51
Transimpedanzbeziehung, 230, 251, 287, 402
Transimpedanzverstärker, 517
Transistorschalter, 193
Transmitter, 16
Transportsättigungssperrstrom IS, 96, 113, 142
Treiberstärke, 524
Treiberstufen, 433

A-Betrieb, 434
Komplementäre Emitterfolger im AB-
    Betrieb, 442
Komplementäre Emitterfolger im B-Betrieb,
    440
Wirkungsgrad, 438
Treppengenerator, 267
Triodenbereich, 141
TriState-Ausgang, 424, 471, 499
TTL-Inverter, 365
TTL-Schaltkreistechnik, 363
Typical-Case, 676

U
Überabtastung, 540, 564
Überlagerungsempfang, 483, 484
Übersteuerungsstrom ICÜ, 360
Übertrager, 163
    Gegeninduktivität, 163
    gekoppelte Induktivitäten, 163
    Kernmaterial, 163
    Koppelfaktor, 163
    Übersetzungsverhältnis, 163
UKW-Übertragungssystem, 187

V
Value-Attribut, 44
VCO, 467, 477
    Makromodell, 490
    VHDL-AMS Modellbeschreibung, 491
VCO-Konstante, 490
VDE-Vorschriften, 15
Vektorvoltmeter, 28
Versorgungsimpedanz, 58
Versorgungsspannungenquellen, 26
VHDL, 76, 524
    Architecture, 528
    Component Instantiation, 78
    Concurrent Signal Assignment, 78, 529
    D-FlipFlop, 528
    Entity, 82, 528
    Entity Generic-Attribute, 82, 528
    Entity Port-Deklaration, 77, 528
    Process, 78, 528
    Strukturmodell, 78, 528
    Verhaltensmodell, 78, 528
VHDL-AMS, 76

Architecture, 83
Beschreibung einer Testschaltung, 85
Branch Quantities, 81
charakteristische Beziehungen, 78
Entity, 82
Entity-Declaration, 85
Entity Port-Declaration, 86
Flussgrößen, 79
Free Quantities, 78, 81
Generic-Attribute, 82
konservative Systeme, 79
Libraries und Packages, 80
Modellbeschreibung der Testbench für die
    Diodenschaltung, 88
Modellbeschreibung einer DC-Quelle, 87
Modellbeschreibung einer DCSweep-Span-
    nungsquelle, 89
Modellbeschreibung einer Diode (level0),
    87
Modellbeschreibung eines realen Widerstan-
    des, 90
Modellbeschreibung eines Widerstandes, 86
Modellbeschreibung für eine Testbench, 92
Nature, 80
nichtkonservative Systeme, 79
Quantity-Attribute, 83
Simultaneous Case Statement, 84
Simultaneous Procedural Statement, 84
Simultaneous Statements, 84
Terminals, 80
through QUANTITY, 79
Verhaltensmodell einer AC-Spannungs-
    quelle, 91
Verhaltensmodell einer Diode, 104
VHDL-Modell mit Testbench, 528
Video-Testsignale, 267
Virtuelle Induktivität, 274
Vollkunden Entwurf, 567
Vorselektion, 484
Vorserie, 10

W
Wafer, 569
Wärmeflussanalyse, 26, 71
    Gesamtverlustleistung, 72
    Junction, 72
    Lastminderungskurve, 72
    Leistungsbilanz, 71

Nennverlustleistung, 72
Pulsleistung, 75
Thermische Ersatzschaltung, 73
Verlustleistung, 74
Wärmekapazität, 74
Wärmeübergangswiderstand, 72
Wärmeverlustleistung, 71
Wärmewiderstand im Pulsbetrieb, 75
Wärmeverlustleistung, 71
Waveform-Analyzer, 32
Widerstände, integrierte, 597
Widerstände, Kontaktwiderstände, 602
Wilson-Konstantstromquelle, 370
Wirbelstromverluste, 516

Wirkungsgrad, 174, 194, 438, 442
Workspace, 29, 43
Worst-Case, 603, 677

Z
Zellbibliothek, 672
Zenerdiode, 174, 181
ZF-Verstärker, 485
Ziehbereich, 502, 506
Zieltechnologie, 13
Zustandsautomaten, 481
Zwischenfrequenzlage, 460, 472, 484

Printed in the United States
By Bookmasters